내가 뽑은 원픽!

최신 출제경향에 맞춘 최고의 수험서

2026

나무의사 필기

1차 · 2차 통합본

윤준원 편저

예문에듀 EDU

머리말

4차 산업혁명으로 인해 다양한 분야에서 변화의 바람이 불고 있습니다.
특히 환경에 대한 관심은 그 어느 때보다 높은데, 그중 산림자원을 활용해 새롭고 다양한 일자리를 창출하고, 국민 생활과 밀착한 산림복지서비스를 제공하겠다는 구상이 정부시책에 포함이 되어 있습니다. 그 대표적인 것이 바로 '나무의사'입니다. 나무의사는 말 그대로 나무가 아프거나 병이 들었을 때 이를 진단하고 치료해주는 전문가입니다.

2018년 '산림보호법'이 개정되면서 '나무의사 자격제도'가 도입되었고, 이제 본인 소유의 나무를 제외한 생활권 수목진료는 나무의사가 있는 나무병원을 통해서만 가능합니다.

나무의사를 필요로 하고 있으며 여러분들이 새로운 분야로 진출할 수 있는 좋은 기회라 생각됩니다.

일정한 수목진료분야 응시자격을 갖춘분들이 양성기관을 거쳐 보는 자격시험이지만, 1~9회까지 필기시험 결과를 보더라도 합격률이 10% 내외로 어려운 시험으로 보고 있습니다.

현장에서 근무를 하면서, 양성기관과 스터디 등에서 나무의사가 되려고 준비하시는 분들을 많이 만났는데 이 분들은 한결같이 어렵다, 공부할 양이 많다, 1차도 어렵고 2차도 어렵다, 문제 지문이 길다, 일하면서 하기 너무 힘들다는 등의 어려움을 말씀하십니다.

이에 필자는 어렵고 많은 양의 공부를 효율적으로 하려면 기본 용어부터 이해하고 문제를 많이 접해보시는 것이 좋다고 말씀드립니다. 본 자격에 도전하려는 분들은 기본 실력을 갖춘 분들이므로 포기만 하지 않으면 충분히 취득가능 시험입니다. 본서는 나무의사를 꿈꾸는 분들에게 조금이나마 도움이 되었으면 하는 바람으로 이 책을 출간하게 되었습니다. 미비한 점들이 있지만 꾸준히 보완해 가면서 나무의사를 준비하시는 분들의 지침서가 되도록 하겠습니다.

본 교재가 출간되기까지 도움을 주신 주경야독과 예문에듀 관계자분들께 감사드립니다.

나무의사 윤준원

TREE DOCTOR

나무의사 가이드

나무의사 자격정보

- 자격명 : 나무의사
- 자격의 종류 : 국가전문자격
- 자격발급기관 : 한국임업진흥원(KOFPI)
- 검정수수료 : 1차 20,000원, 2차 47,000원
- 관련근거 : 산림보호법 및 같은 법 시행령, 시행규칙

나무의사 제도 및 수목진료 체계

- 나무의사 : 수목의 피해를 진단 · 처방하고, 그 피해를 예방하거나 진료를 담당하는 전문가(처방전 발급)
- 수목진료 체계 : 나무의사가 있는 나무병원을 통해서만 수목진료가 가능함
  - ※ 농작물을 제외하고 산림과 산림이 아닌 지역의 수목, 즉 모든 나무를 대상으로 함
  - ※ 본인 소유의 수목을 직접 진료하는 경우, 국가 또는 지방자치단체가 실행하는 산림병해충 방제사업의 경우 제외
  - ※ 기존 나무병원 등록자는 유예기간(~2023년) 안에 자격을 취득하여야 함

시험과목

구분	시험과목	시험방법	배점	문항수
1차 시험	1. 수목병리학	객관식 5지택일형	100점	25
	2. 수목해충학		100점	25
	3. 수목생리학		100점	25
	4. 산림토양학		100점	25
	5. 수목관리학(가~다 포함) 가. 비생물적 피해(기상·산불·대기 오염 등에 의한 피해) 나. 농약관리 다. 「산림보호법」 등 관계 법령		100점	25

※ 시험과 관련하여 법률·규정 등을 적용하여 정답을 구해야 하는 문제는 시험시행일 기준으로 시행 중인 법률·기준 등을 적용하여 그 정답을 구해야 함

합격자 결정

- 제1차 시험 : 과목당 100점을 만점으로 하여 각 과목 40점 이상, 전 과목 평균 60점 이상인 사람을 합격자로 결정
- 제2차 시험 : 제1차 시험에 합격한 사람을 대상으로 서술형 필기시험과 실기시험 각 100점을 만점으로 하여 각 40점 이상, 전 과목 평균 60점 이상인 사람을 합격자로 결정

응시 자격

1. 「고등교육법」 제2조 각 호의 학교에서 수목진료 관련 학과의 석사 또는 박사 학위를 취득한 사람
2. 「고등교육법」 제2조 각 호의 학교에서 수목진료 관련 학과의 학사학위를 취득한 사람 또는 이와 같은 수준의 학력이 있다고 인정되는 사람으로서 해당 학력을 취득한 후 수목진료 관련 직무분야에서 1년 이상 실무에 종사한 사람
3. 「초 · 중등교육법 시행령」 제91조에 따른 산림 및 농업 분야 특성화고등학교를 졸업한 후 수목진료 관련 직무분야에서 3년 이상 실무에 종사한 사람
4. 다음 각 목의 어느 하나에 해당하는 자격을 취득한 사람

   ㉠ 「국가기술자격법」에 따른 산림기술사, 조경기술사, 산림기사 · 산업기사, 조경기사 · 산업기사, 식물보호기사 · 산업기사 자격
   ㉡ 「자격기본법」에 따라 국가공인을 받은 수목보호 관련 민간자격으로서 「자격기본법」 제17조제2항에 따라 등록한 기술자격
   ㉢ 「국가유산수리 등에 관한 법률」에 따른 국가유산수리기술자(식물보호 분야) 자격

5. 「국가기술자격법」에 따른 산림기능사 또는 조경기능사 자격을 취득한 후 수목진료 관련 직무분야에서 3년 이상 실무에 종사한 사람
6. 수목치료기술자 자격증을 취득한 후 수목진료 관련 직무분야에서 3년 이상 실무에 종사한 사람
7. 수목진료 관련 직무분야에서 5년 이상 실무에 종사한 사람

※ 비고

1. 수목진료 관련 학과란 조경과, 농업과, 임업과 및 수목의 피해를 진단 · 처방하고, 그 피해를 예방하거나 치료하는 활동과 관련된 학과로서 산림청장이 별도로 정하는 학과를 말한다.
2. 수목진료 관련 직무분야란 나무병원, 나무의사 양성기관 등 수목피해 진단 · 처방 · 치료와 관련된 사업 분야로 산림청장이 별도로 정하여 고시하는 분야를 말한다.
3. 나무의사 자격시험 응시를 위해서는 양성기관 교육을 필수로 이수해야 한다(양성기관 교육이수 150시간).

TREE DOCTOR

이 책의 특징

1 2025년 11회 기출문제 포함! 최신기출문제 완벽 제공

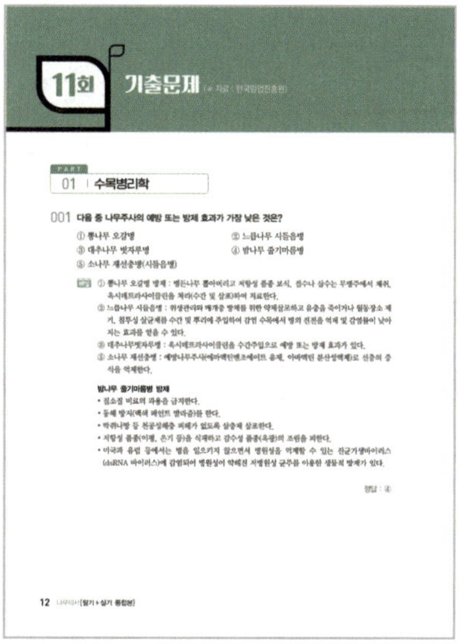

11회 기출문제 (※ 자료 : 한국임업진흥원)

PART 01 수목병리학

001 다음 중 나무주사의 예방 또는 방제 효과가 가장 낮은 것은?

① 뽕나무 오갈병 ② 느릅나무 시들음병
③ 대추나무 빗자루병 ④ 밤나무 줄기마름병
⑤ 소나무 재선충병(시들음병)

정답 : ④

12 나무의사 [필기+실기 통합본]

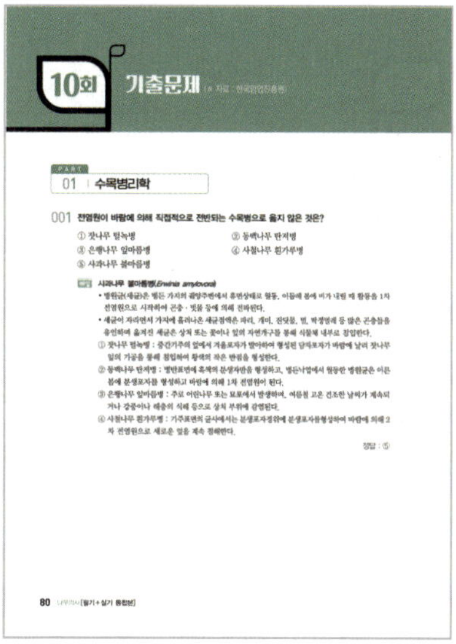

10회 기출문제 (※ 자료 : 한국임업진흥원)

PART 01 수목병리학

001 전염원이 바람에 의해 직접적으로 전반되는 수목병으로 옳지 않은 것은?

① 잣나무 털녹병 ② 동백나무 탄저병
③ 은행나무 잎마름병 ④ 사철나무 흰가루병
⑤ 사과나무 불마름병

정답 : ⑤

80 나무의사 [필기+실기 통합본]

※ 1차 시험 : 1, 2회(연습문제 수록), 3~7회 PDF 무료 제공 / 2차 시험 : 9회 PDF 무료 제공 (예문에듀 홈페이지–자료실)

2 평균 합격률 10% 돌파! 반복학습을 도와줄 과목별 기출 및 연습문제(926문제) 수록

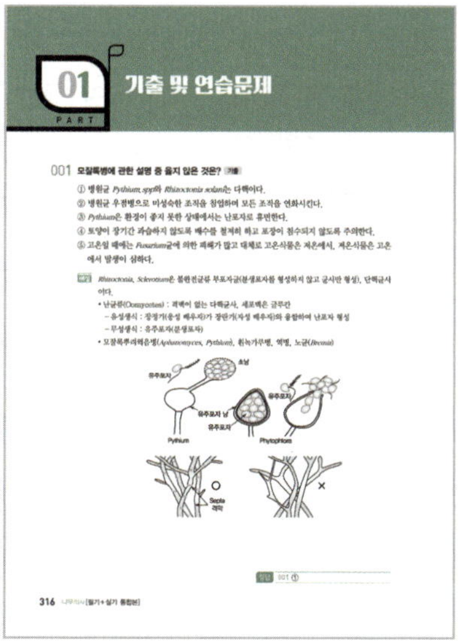

PART 01 기출 및 연습문제

001 모잘록병에 관한 설명 중 옳지 않은 것은? 기출

정답 001 ①

316 나무의사 [필기+실기 통합본]

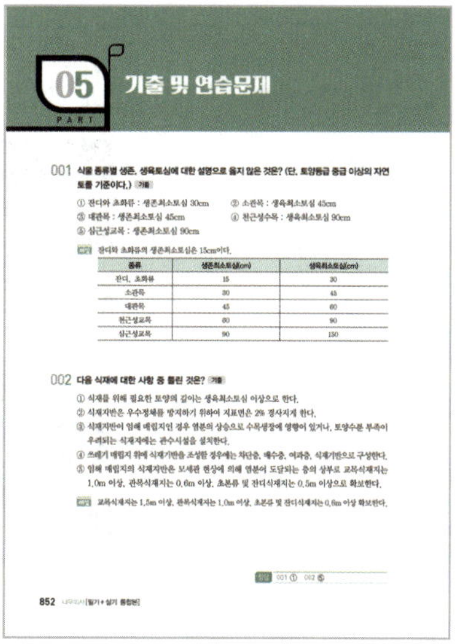

PART 05 기출 및 연습문제

001 식물 종류별 생존, 생육토심에 대한 설명으로 옳지 않은 것은? 기출

002 다음 식재에 대한 사항 중 틀린 것은? 기출

정답 001 ① 002 ⑤

852 나무의사 [필기+실기 통합본]

TREE DOCTOR

이 책의 특징

3 꼼꼼한 점검으로 단번에 합격! 최종점검 모의고사 수록

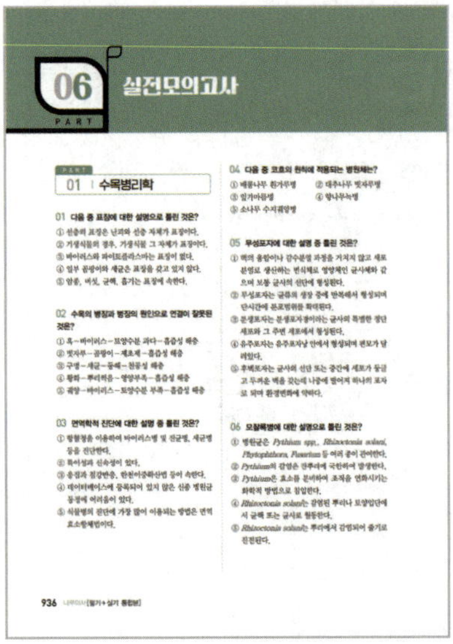

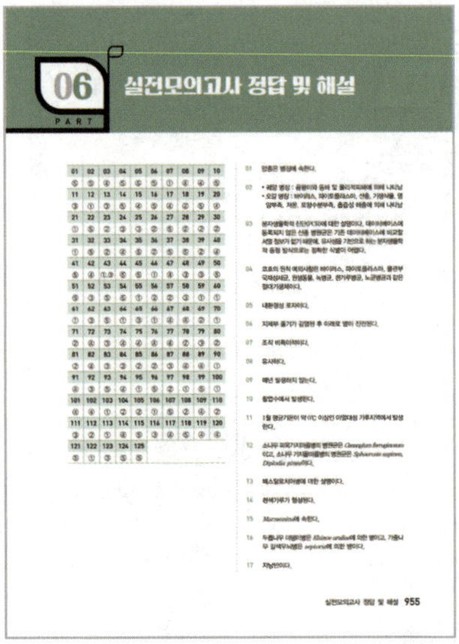

4 맛보기 실기시험 정보는 가라! 2차 시험 정보 및 기출 문제 풀이 수록

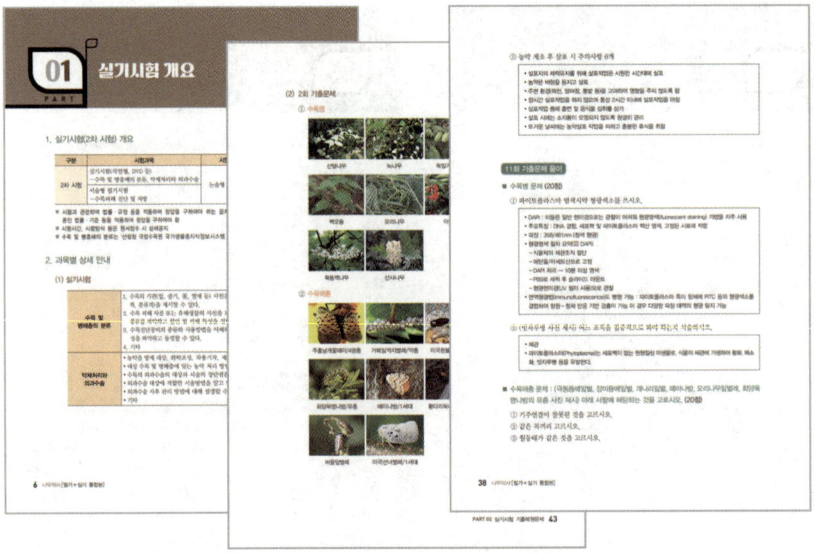

TREE DOCTOR

목차

HIDDEN CARD 최신기출문제

PART 01 수목병리학

PART 02 수목해충학

목차

PART 03 수목생리학

PART 04 산림토양학

PART 05 수목관리학

PART 06 실전모의고사

HIDDEN CARD

최신기출문제

Tree Doctor

11회 기출문제 (※ 자료 : 한국임업진흥원)

PART

01 | 수목병리학

001 다음 중 나무주사의 예방 또는 방제 효과가 가장 낮은 것은?

① 뽕나무 오갈병
② 느릅나무 시들음병
③ 대추나무 빗자루병
④ 밤나무 줄기마름병
⑤ 소나무 재선충병(시들음병)

해설 ① 뽕나무 오갈병 방제 : 병든나무 뽑아버리고 저항성 품종 보식, 접수나 삽수는 무병주에서 채취, 옥시테트라사이클린을 처리(수간 및 살포)하여 치료한다.
② 느릅나무 시들음병 : 위생관리와 매개충 방제를 위한 약제살포하고 유충을 죽이거나 월동장소 제거, 침투성 살균제를 수간 및 뿌리에 주입하여 감염 수목에서 병의 진전을 억제 및 감염률이 낮아지는 효과를 얻을 수 있다.
③ 대추나무빗자루병 : 옥시테트라사이클린을 수간주입으로 예방 또는 방제 효과가 있다.
⑤ 소나무 재선충병 : 예방나무주사(에마멕틴벤조에이트 유제, 아바멕틴 분산성액제)로 선충의 증식을 억제한다.

밤나무 줄기마름병 방제

- 질소질 비료의 과용을 금지한다.
- 동해 방지(백색 페인트 발라줌)를 한다.
- 박쥐나방 등 천공성해충 피해가 없도록 살충제 살포한다.
- 저항성 품종(이평, 은기 등)을 식재하고 감수성 품종(옥광)의 조림을 피한다.
- 미국과 유럽 등에서는 병을 일으키지 않으면서 병원성을 억제할 수 있는 진균기생바이러스(dsRNA 바이러스)에 감염되어 병원성이 약해진 저병원성 균주를 이용한 생물적 방제가 있다.

정답 : ④

002 〈보기〉에서 병을 일으키는 병원체가 담자균에 속한 것을 모두 고른 것은?

〈보기〉

ㄱ. 철쭉 떡병
ㄴ. 소나무 혹병
ㄷ. 뽕나무 오갈병
ㄹ. 밤나무 뿌리혹병
ㅁ. 벚나무 빗자루병
ㅂ. 대추나무 빗자루병
ㅅ. 밤나무 가지마름병
ㅇ. 잣나무 아밀라리아뿌리썩음병

① ㄱ, ㄴ, ㅅ
② ㄱ, ㄴ, ㅇ
③ ㄷ, ㄹ, ㅂ
④ ㄷ, ㅁ, ㅇ
⑤ ㄹ, ㅁ, ㅂ

해설 ㄱ. 철쭉 떡병(담자균)
ㄴ. 소나무 혹병(담자균)
ㄷ. 뽕나무 오갈병(파이토플라스마)
ㄹ. 밤나무 뿌리혹병(세균)
ㅁ. 벚나무 빗자루병(자낭균)
ㅂ. 대추나무 빗자루병(파이토플라스마)
ㅅ. 밤나무 가지마름병(자낭균)
ㅇ. 잣나무 아밀라리아뿌리썩음병(담자균)

정답 : ②

003 〈보기〉의 병원체 종류와 증상을 옳게 나열한 것은?

〈보기〉

ㄱ. 곰팡이
ㄴ. 세균
ㄷ. 바이러스
ㄹ. 파이토플라스마
ㅁ. 기생식물
ㅂ. 선충

① 혹 : ㄴ, ㄹ, ㅂ
② 점무늬 : ㄱ, ㄴ, ㄷ
③ 목재부후 : ㄱ, ㄷ, ㅁ
④ 뿌리썩음 : ㄱ, ㄹ, ㅂ
⑤ 빗자루 : ㄱ, ㄴ, ㄷ, ㄹ, ㅁ

해설

혹	병해	곰팡이, 바이러스, 세균, 선충, 기생식물
	장해	토양수분 과다
	충해	흡즙성해충, 충영형성해충
점무늬	병해	점무늬병균(대부분 곰팡이), 세균, 바이러스
	장해	대기오염
	충해	흡즙성해충

빗자루	병해	곰팡이, 파이토플라스마
	장해	제초제
	충해	흡즙성해충
목재 부후		곰팡이
뿌리 썩음		곰팡이, 세균, 선충

정답 : ②

004 수목병 및 병원체 진단에 관한 설명으로 옳지 않은 것은?

① 습실처리법은 곰팡이 감염이 의심될 때 주로 사용한다.
② 광학현미경으로 바이러스 감염에 의한 봉입체를 관찰할 수 있다.
③ 곰팡이에 의한 병 중에도 '코흐의 원칙'을 적용할 수 없는 경우도 있다.
④ 면역학적 진단을 하려면 대상 병원체에 대한 항혈청을 가지고 있어야 한다.
⑤ 썩고 있는 뿌리를 DAPI로 염색하여 형광현미경으로 관찰하면 감염 여부를 알 수 있다.

해설 **DAPI염색법(4',6 – diamidino – 2 – phenulindole)**
파이토플라스마의 진단방법으로 세포의 핵을 DAPI라는 dye로 염색한 것이다. DNA를 염색함으로써 핵과 chromatin의 morphology를 확인하거나 세포핵으로의 permeability를 light intensity 기준으로 비교하기 위해 사용한다.

정답 : ⑤

005 수목 또는 산림 쇠락에 관한 일반적인 설명으로 옳지 않은 것은?

① 도관을 갖고 있는 수종에서만 발생이 보고되고 있다.
② 생물적 요인과 비생물적 요인에 의하여 복합적으로 나타난다.
③ 한두 그루에 국한하지 않고 성숙목 또는 성숙림에서 광범위하게 발생한다.
④ 나무 생존에 대한 위협이라기보다는 자연 평형 유지 등 생태적 현상이라는 견해도 있다.
⑤ 비생물적 요인 등 1차 요인에 의해 시작되어 생물적 요인 등 2차 요인에 의해 피해가 심해진다.

해설 수목 또는 산림 쇠락은 수종에 관계 없이 발생한다.

- 나무 한두 그루에 국한되어 발생하는 것이 아니라 넓은 지역에 걸쳐 주로 성숙림 또는 성숙목에서 여러 수종에서 광범위하게 나타난다.
- 비교적 넓은 지역에서 자라는 하나 또는 여러 수종에서 특별한 원인이 알려지지 않은 채 활력이 점진적 또는 급격히 감퇴하거나 집단으로 고사하는 현상을 말한다.
- 생물적 요인, 비생물적요인 등 몇 가지 요인의 상호작용에 의해 나타나서 복합병해라 한다.
- 수목활력을 떨어뜨리는 환경요인(건축공사피해, 수분의 불균형, 답압된 토양, 대기오염 등 스트레스)이 발병을 좌우한다.
- 1차 요인에 이어서 2차적인 병원체나 해충들이 결국 수목을 쇠락시키거나 고사시킨다.

정답 : ①

006 다음 버섯과 관련된 설명으로 옳지 않은 것은?

㉠ 말(발)굽잔나비버섯(*Fomitopsis officinalis*)
㉡ 말똥진흙버섯(*Phellinus igniarius*)

① ㉠과 ㉡은 모두 목재부후균이다.
② ㉠은 주로 침엽수를, ㉡은 주로 활엽수를 감염한다.
③ ㉡의 피해가 심해지면 목질부가 스펀지처럼 쉽게 부서진다.
④ ㉠에 의한 피해를 심하게 받은 목질부는 네모 모양으로 금이 가면서 쪼개진다.
⑤ ㉠은 리그닌을 완전히 분해하지만, ㉡은 리그닌을 거의 분해하지 못한다.

해설

학명	버섯명	발생 부위	기주	특징
Fomitopsis officinalis	말(발)굽잔나비버섯	변재, 심재	침엽수	갈색부후
Phellinus igniarius	(말똥)진흙버섯	변재, 심재	활엽수	백색부후

분류	부후균병	발생 부위	종류
기생 부위	심재부후	살아 있는 수목의 줄기	진흙말굽버섯, 해면버섯, 덕다리버섯, 꽃구름버섯, 장수버섯
	근계부후	살아 있는 수목의 뿌리	뽕나무버섯, 시루뻔버섯, 해면버섯, 복령속버섯, 땅해파리버섯, 송편버섯
	변색부후	수목의 죽은 부분과 목재	구름버섯, 말굽버섯, 잔나비버섯, 조개버섯, 옷솔버섯, 구멍장이버섯, 치마버섯, 꽃구름버섯
분해 성분	백색부후	cellulose, hemicellulose, lignin을 분해	진흙버섯, 구름버섯, 말굽버섯, 시루뻔버섯, 장수버섯, 치마버섯, 영지버섯, 표고버섯, 느타리버섯
	갈색부후	cellulose, hemicellulose를 분해	잔나비버섯, 덕다리버섯, 해면버섯, 복령속버섯, 잣버섯, 개떡버섯

정답 : ⑤

007 밤나무에 발생하는 줄기마름병(㉠)과 가지마름병(㉡)에 관한 설명으로 옳지 않은 것은?

① ㉠균보다 ㉡균의 기주범위가 훨씬 넓다.
② ㉠균과 ㉡균 모두 감염 부위에 자낭각을 만든다.
③ ㉠균은 감염 부위에 분생포자각을 만들지만, ㉡균은 분생포자반을 만든다.
④ ㉠균과 ㉡균 모두 밤나무 가지와 줄기를 감염하지만, 병원균 속(genus)은 다르다.
⑤ ㉠과 ㉡의 발생을 줄이기 위해서는 밤나무의 비배와 배수 관리에 유의하여야 한다.

해설 밤나무줄기마름병과 가지마름병은 무성세대로 분생포자각을 만든다.

구분	밤나무 줄기마름병	밤나무 가지마름병
기주	밤나무	다범성병해 (과수와 유실수 포함한 각종 수목)
유성세대(월동 및 1차감염)	자낭각	자낭각
무성세대(병든부위)	분생포자각	분생포자각
병원균 속(genus)	*Cryphonectria parasitica*	*Botryosphaeria dothidea*
방제	비배, 배수관리 철처, 질소질비료 과용금지, 동해방지(백색 페인트), 천공성해충 피해를 입지 않도록 해야 함, 저항성품종 식재, 저병원성 균주 접종	비배, 배수관리 철저, 감염가지 소각, 적절한 가지치기, 접목 시에 도구를 수시로 소독, 아까시나무가 주요 전염원이므로 제거

정답 : ③

008 병든 가지를 접수로 사용하였을 때 접목부를 통하여 전염되는 병이 아닌 것은?

① 벚나무 번개무늬병
② 오동나무 빗자루병
③ 쥐똥나무 빗자루병
④ 포플러류 갈색무늬병
⑤ 포플러류 모자이크병

해설
- 포플러류 갈색무늬병(*Cercospora*)은 접목부에 의해 전염이 되지 않는다.
- 파이토플라스마와 바이러스(전신감염성)는 감염된 묘목을 통해 전파되므로 무병묘목생산이 중요하다.
  - 파이토플라스마 : 오동나무 빗자루병, 쥐똥나무 빗자루병
  - 바이러스 : 벚나무 번개무늬병, 포플러류 모자이크병

정답 : ④

009 전염경로를 차단하여 수목병을 관리하는 방법으로 옳지 않은 것은?

① 꽃사과나무 근처에 향나무를 심지 않는다.
② 소나무재선충 감염목은 발견 즉시 제거하여 소각한다.
③ 포플러류 조림지 근처에는 일본잎갈나무를 심지 않는다.
④ 장미 모자이크병 예방을 위하여 감염된 낙엽을 긁어모아 태운다.
⑤ 유관속 감염균이 우려되는 나무는 전정할 때 전정도구를 에틸알코올 70%로 자주 소독한다.

해설 수목바이러스병 방제법(장미모자이크병 등)에는 무병묘목생산, 접목, 꺾꽂이 등에 사용하는 도구 소독, 종자감염 방지, 감염된 나무 제거 등이 있다.

정답 : ④

010 식물병원체 중 세포벽을 가지고 있는 원핵생물의 생태에 관한 설명으로 옳지 않은 것은?

① 주로 상처나 자연개구를 통하여 기주식물로 침입한다.
② 화상병균은 토양 속에서 기주식물이 없으면 수가 급격히 감소한다.
③ 기주식물 밖에서도 살 수 있지만, 대부분 기주식물 안에서 기생한다.
④ 매개충에 의해 전반되는 것은 많으나, 매개충 체내에서 증식하는 것은 없다.
⑤ 뿌리혹병균(*Agrobacterium tumefaciens*)은 기주식물이 없어도 토양 속에서 오랫동안 살 수 있다.

해설
- 세균의 전파는 주로 물, 곤충, 동물, 인간에 의하여 이루어진다. 곤충은 세균을 식물체에 운반역할을 하며 자신의 증식과 전반을 곤충에 의존하기는 하나 전반적으로 필수적이지는 않다.
- 세포벽이 없는 파이토플라스마의 경우에도 매개곤충의 구침을 통해 곤충체 내로 들어가 침샘, 소화기관, 말피기씨관, 헤모림프, 지방체 등에서 증식한다.

정답 : ④

011 다음 수목병 진단 결과에서 (　　) 안에 알맞은 것은?

- 6~7월경 모과나무 잎에 노란색과 갈색 반점이 나타나며 잎의 뒷면 반점 부위에 회갈색 긴 털 모양인 (㉠)가 형성되어 있다.
- 이것을 광학현미경으로 관찰하면 노란색 둥근 (㉡)가 다수 보인다.

	㉠	㉡
①	녹포자기	녹포자
②	녹포자기	녹병정자
③	녹병정자기	녹포자
④	녹병정자기	녹병정자
⑤	겨울포자퇴	겨울포자

해설

Gymnosporangium asiaticum	향나무녹병	배나무 • 녹병정자(n) : 잎의 앞면 • 녹포자(n+n) : 잎의 뒷면	향나무(겨울포자) n+n→2n

- 6~7월 장미과 식물 잎과 열매에 노란색의 작은 반점이 많이 나타나며 반점 가운데에 검은색의 녹병정자기가 형성된다(잎의 앞면).
- 곧이어 잎이 뒷면에는 회색 내지 담갈색의 긴 털모양의 녹포자퇴 만들어지는데, 그 안에서 녹포자가 형성된다.
- 녹포자는 다시 향나무로 비산되어 향나무의 잎과 줄기 속에 침입하여 균사상태로 잠복하여 월동한다.

정답 : ①

012 옥신의 양이 증가되어 이상비대 증상을 일으키는 병이 아닌 것은?

① 철쭉 떡병
② 소나무 혹병
③ 향나무 녹병
④ 감나무 뿌리혹병
⑤ 대추나무 빗자루병

해설
- 파이토플라스마에 의한 병은 총생(곁눈이 지속적으로 형성하여 잔가지가 밀생), 빗자루(아주 작은 잎이 밀생)나 새집 둥우리와 같은 모습이 나타나며, 엽화현상으로 개화나 결실이 되지 않는다. 황화현상이나 위황현상도 나타나며 오갈증상을 보이기도 한다. 전체적으로 위축현상을 보인다(옥신의 양과 관계없음).
- 혹을 일으킬 수 있는 병해 : 곰팡이(녹병), 바이러스, 세균, 선충, 기생식물
- 철쭉 떡병(곰팡이 – 담자균),
- 소나무 혹병(곰팡이 – 담자균 – 녹병), 향나무 녹병(곰팡이 – 담자균 – 녹병)
- 감나무 뿌리혹병(세균)

정답 : ⑤

013 다음 특징을 나타내는 뿌리병은?

- 병원체보다 기주가 병 발생에 더 큰 영향을 미친다.
- 침엽수와 활엽수에 모두 발생한다.
- 병원체의 영양생장기관에는 유연공격벽이 존재한다.

① 뿌리혹선충병
② 흰날개무늬병
③ 리지나뿌리썩음병
④ 아밀라리아뿌리썩음병
⑤ 파이토프토라뿌리썩음병

해설
- 병원균 우점병 : 모잘록병, 파이토프토라뿌리썩음병, 리지나뿌리썩음병
- 기주 우점병 : 아밀라리아뿌리썩음병, 안노섬뿌리썩음병, 자주날개무늬병
- 아밀라리아뿌리썩음병
  - 침엽수와 활엽수 모두에 가장 큰 피해를 주는 산림병해 중 하나이다.
  - 북아메리카에서 병원성이 강한 *A. solidipes*에 의한 산림의 생산량 감소가 크다.
  - 국내에서 문제되고 있는 아밀라리아뿌리썩음병도 *A. solidipes*종에 의한 잣나무림 피해가 크다.
  - 담자균문 주름버섯목(유연공격벽, 꺽쇠연결체 형성)에 속하는 *Armillaria*균으로 기주범위가 광범위하다.
  - 목본류뿐만 아니라 딸기, 감자를 포함한 초본식물에도 병을 발생시킨다.
  - 수목의 연령과 상관없이 피해를 주나 임분의 연령이 증가할수록 감소하는 경향이 있다.
  - 표징 : 뿌리꼴균사다발, 부채꼴균사판, 뽕나무버섯
  - 자연림보다는 조림지에서 더 큰 피해를 준다.
  - 방제법 : 저항성 수종 식재, 그루터기 제거, 수분관리, 간벌, 비배관리, 해충방제 등

정답 : ④

014 목재부후에 관한 설명으로 옳지 않은 것은?

① 연부후 피해 목재는 마르면 할렬이 나타난다.
② 일부 진균과 방선균은 목재부후균 생장 억제 효과가 있다.
③ 감염 부위에 따라 뿌리, 밑동, 줄기, 가지 썩음으로 구분할 수 있다.
④ 아까시흰구멍버섯은 갈색부후균으로 심재를 먼저 분해하고 변재를 분해한다.
⑤ 음파, 전기저항 특성 등을 이용해 수목 내부 부후 정도를 측정할 수 있다.

해설
- 아까시흰구멍버섯(줄기밑둥썩음병)은 백색부후균으로 심재를 먼저 분해하고 변재를 분해한다.
- 연부후는 목재가 함수율이 높은 상태에서 발생하며 다습토양 접촉, 오랫동안 수침, 바닷물침지 고목재 등에서 발생, 표면이 연해지고 암갈색으로 변색, 내부는 건전상태이다.
- 목재부후균에 길항작용을 지닌 방선균, 세균, 진균 등의 미생물을 이용한 생물적 방제나 수목에서 유래한 억제물질을 사용한다.

정답 : ④

HIDDEN CARD

015 〈보기〉의 수목병을 일으키는 병원균의 속(genus)이 같은 것은?

〈보기〉

ㄱ. 감귤 궤양병
ㄴ. 배나무 뿌리혹병
ㄷ. 사과나무 화상병
ㄹ. 포도나무 피어스병
ㅁ. 살구나무 세균구멍병

① ㄱ, ㄷ
② ㄱ, ㅁ
③ ㄴ, ㅁ
④ ㄴ, ㄹ
⑤ ㄷ, ㄹ

해설
ㄱ. 감귤 궤양병(*Xanthomonas axonopodis*)
ㄴ. 배나무 뿌리혹병(*Agrobacterium tumefaciens*)
ㄷ. 사과나무 화상병(*Erwinia amylovora*)
ㄹ. 포도나무 피어스병(*Xylella fastidiosa*)
ㅁ. 살구나무 세균구멍병(*Xanthomonas arboricola*)

정답 : ②

016 수목병의 방제법에 관한 설명으로 옳지 않은 것은?

① 살충제와 살균제를 살포해 그을음병을 방제한다.
② 항생제 나무주사로 오동나무 빗자루병을 방제한다.
③ 일조와 통기를 개선하여 사철나무 흰가루병을 방제한다.
④ 살선충제 수관살포로 소나무 재선충병(시들음병)을 방제한다.
⑤ 혹을 도려낸 부위에는 석회유황합제 결정석회황 합제를 발라 뿌리혹병을 방제한다.

해설
- 살선충제(소나무재선충의 증식 억제)는 나무주사로 수체 내에 미리 침투 이행시켜놓아서 재선충의 감염, 발병을 예방하며 아바멕틴, 에마멕틴벤조에이트 제제 등을 사용한다.
- 수관살포는 매개충 방제로 매개충의 우화 및 후식 피해 시기인 5~7월에 페티트로티온 유제(50%) 또는 티아클로프리드 액상수화제(10%)를 3~4회 수관에 살포(항공 또는 지상)하여 성충을 구제하는 것이다.

정답 : ④

017 수목병원체가 기주에 침입하는 방법에 관한 설명으로 옳지 않은 것은?

① 바이러스는 선충에 의해 침입할 수 있다.
② 곰팡이와 세균은 자연개구로 침입할 수 있다.
③ 파이토플라스마는 매개충에 의해 침입할 수 있다.
④ 곰팡이는 수목 세포 내부로 직접침입할 수 있다.
⑤ 세균은 부착기와 흡기로 수목에 직접침입할 수 있다.

해설
- 세균은 직접침입은 할 수 없으나 크기가 아주 작아서 기주 수목에 생긴 상처나 기공, 피목, 수공, 밀선과 같은 자연개구를 통하여 침입할 수 있다.
- 세균은 대개 식물체의 표면에 오염원으로 존재하기 때문에 상처를 통해 침입 가능하다.
- 가지치기나 접목 등 수목관리작업과 자연재해, 곤충에 위한 상처가 세균에 감염되는 경로가 된다.
- 곰팡이의 부착기는 균사나 발아관의 끝부분이 부풀어 오른 것으로, 곰팡이가 기주식물에 부착하거나 침입하기 쉽도록 도와준다.

정답 : ⑤

018 다음 특징을 지닌 병원체가 일으키는 수목병에 관한 설명으로 옳지 않은 것은?

- 분류학적으로 몰리큐트강에 속한다.
- 세포는 원형질막으로만 둘러싸여 있다.
- 사부조직에 존재하고, 전신감염성이다.

① 매미충에 의해 주로 전반된다.
② 항생제 엽면살포와 토양관주는 방제 효과를 보기 어렵다.
③ 형광염색소를 이용한 형광현미경기법으로 진단할 수 있다.
④ 매개충은 병원체를 최초 획득한 후 기주수목에 바로 전반시킬 수 있다.
⑤ 병원체는 매개충 체내에 존재하며 매개충 탈피 과정에서도 살아남는다.

해설
- 매개충은 감염된 식물체에서 병원체를 흡즙 한 후 온도조건에 따라 10일 내지 45일 간의 잠복기를 거친 다음 다른 건전 식물체를 전염시킨다.
- 파이토플라스마는 매개충의 구침을 통해 곤충 내로 들어가 침샘, 소화기관, 말피기씨관, 헤모림프, 지방체에서 등에서 증식한다.
- 즙액전염, 종자전염, 토양전염 등은 되지 않는다.
- toluidine blue 조직염색(광학), confocal laser microscopy으로 진단한다.
- 조직 내 감염 DAPI 형광염색소를 사용한 신속, 간단한 형광현미경기법을 이용한다.

정답 : ④

019 병원성 곰팡이의 특징으로 옳은 것은?

① 상처를 통해 침입할 수 없다.
② 균핵과 후벽포자는 휴면을 위해 형성된다.
③ 담자균류는 영양생장기관의 단순공격벽 근처에 꺽쇄연결이 존재한다.
④ 유성생식을 통해 자낭균은 분생포자를, 담자균은 녹포자를 형성한다.
⑤ 분생포자는 주로 1차 전염원이 되고, 월동한 자낭과에서 형성된 자낭포자는 2차 전염원이 된다.

해설
- 곰팡이는 표피세포를 뚫고 직접침입(각피침입)이 가능하다.
- 식물을 가해하는 시기는 대부분 무성세대이고 유성세대는 월동이나 휴면 또는 유전적 변이를 통한 환경적응의 기작으로 해석할 수 있으며, 균핵과 후벽포자는 무성생식세대이다.
- 담자균류는 영양생장기관의 유연공격벽 근처에 꺽쇄연결이 존재한다.
- 자낭균류의 영양체는 분지하는 균사로 격벽이 있고, 격벽에는 물질 이동통로인 단순격벽공이 있다.
- 유성생식으로 자낭균은 자낭포자를 만들며 담자균은 담자포자를 만든다.
- 무성생식으로 자낭균과 담자균은 분생포자를 만든다.
- 유성(생식)세대 : 원형질융합과 핵융합 후 감수분열을 거쳐 난포자, 접합포자, 자낭포자, 담자포자를 생성한다.

–반수체(n) 세포의 원형질 융합(n+n)한 후

–핵융합(2n), 감수분열 (유전자 재조합)을 거쳐 생산한다.

- 무성포자세대 : 핵융합 없이 세포분열로 번식체를 생산하여 단시간 내 분포확대한다.

정답 : ②

020 〈보기〉에서 같은 종류의 자낭과를 형성하는 수목병만을 고른 것은?

〈보기〉

ㄱ. 섬잣나무 잎떨림병
ㄴ. 밤나무 줄기마름병
ㄷ. 물푸레나무 흰가루병
ㄹ. 곰솔 리지나뿌리썩음병
ㅁ. 단풍나무 타르점무늬병
ㅂ. 잣나무 송진가지마름병

① ㄱ, ㄷ, ㄹ
② ㄱ, ㄷ, ㅂ
③ ㄱ, ㄹ, ㅁ
④ ㄴ, ㄹ, ㅁ
⑤ ㄴ, ㅁ, ㅂ

해설 ㄱ. 섬잣나무 잎떨림병 : 반균강(자낭반)
ㄴ. 밤나무 줄기마름병 : 각균강(자낭각)
ㄷ. 물푸레나무 흰가루병 : 각균강(자낭구)
ㄹ. 곰솔 리지나뿌리썩음병 : 반균강(자낭반)
ㅁ. 단풍나무 타르점무늬병 : 반균강(자낭반)
ㅂ. 잣나무 송진가지마름병 : 각균강(자낭각)

자낭균류 유성생식세대 자낭과, 주요병해

자낭과	내역
자낭구(부정자낭균강)	• 자낭구 내에 자낭이 불규칙하게 산재(폐쇄형) • 흰가루병류, *Penicilium, Aspergillus*의 유성세대
자낭각(각균강)	• 머리구멍이 있거나, 없음 • 밤나무줄기마름병균, 동충하초, 탄저병, 일부 그을음병균 등
반균강(자낭반)	• 자낭반 위에 자낭나출, 보통 측사 있음 • 타르점무늬병, 소나무잎떨림병, 노균병, 균핵병, 리지나뿌리썩음병, 소나무 피목가지마름병
자낭자좌(소방자낭균강) =위자낭각	• 더뎅이병(*Elsinoe*), 검은별무늬병(*Venturia*)
나출자낭(반자낭균강)	• 자낭과 형성없음 • 벚나무 빗자루병(*Taphrina*속)

정답 : ③

021 적절한 풀베기로 병 발생 또는 피해확산을 감소시킬 수 있는 수목병만을 나열한 것은?

① 소나무 혹병, 향나무 녹병
② 곰솔 잎녹병, 전나무 잎녹병
③ 전나무 빗자루병, 전나무 잎녹병
④ 잣나무 털녹병, 오리나무 잎녹병
⑤ 모과나무 붉은별무늬병, 회화나무 녹병

해설
- 소나무류, 참나무류의 잎녹병이나 소나무 혹병 등의 경우, 겨울포자가 형성되기 전에 풀베기하면 중간기주에 침입한 병원균이 제거되므로 각종 녹병의 예방효과가 크다.
- 전나무 빗자루병(*Mellampsorella caryophyllacearum*) : 전나무(녹병정자, 녹포자)와 중간기주 점나도나물(여름포자, 겨울포자)에 발생한다.
- 회화나무 녹병 : 병든 낙엽을 태우거나 땅속에 묻는다. 가지에 생긴 혹이 발견 즉시 제거한다.

녹병균	병명	녹병정자, 녹포자세대	여름포자, 겨울포자세대
Cronartium ribicol	잣나무털녹병	잣나무	송이풀, 까치밥나무
C.quercuum	소나무혹병	소나무, 곰솔	졸참나무, 신갈나무
C.flaccidum	소나무 줄기녹병	소나무	모란, 작약, 송이풀
Coleosporium asterum	소나무잎녹병	소나무	황벽, 잔대, 참취
Gymnosporangium asiaticum	향나무녹병	배나무	향나무
Melampsore larici－populina	포플러잎녹병	낙엽송	포플러 (일본잎갈, 줄꽃, 현호색)
Uredinopsis komagatakensis	전나무잎녹병	전나무	뱀고사리
Chrysomyxa rhododendri	철쭉잎녹병	가문비나무	산철쭉

정답 : ③

022 뿌리혹선충에 관한 설명으로 옳지 않은 것은?

① 구침을 가지고 있으며 알로 증식한다.
② 2기 유충이 뿌리에 침입하여 정착한다.
③ 감염한 기주식물에 거대세포 형성을 유도한다.
④ 밤나무 아까시나무 오동나무 등 주로 활엽수 묘목을 가해한다.
⑤ 4차 탈피를 마치고 성충이 되면 암수의 형태가 유사해진다.

해설 4차 탈피를 마치고 성충이 되며 수컷은 벌레 모양으로 되어 뿌리 밖으로 나오며 암컷은 마지막 탈피 후 성충이 된 후에도 몸이 계속 커진다.

뿌리혹선충(내부기생성선충, 고착성)

- 구침을 가지고 있으며 알로 증식한다.
- 알에서 2령 유충으로 부화한 후 뿌리에 침입하여 식물세포를 구침으로 가해한다.
- 수컷은 뿌리 밖으로 탈출, 암컷은 처녀생식으로 500개 정도의 알을 산란한다.
- 2령 유충이 뿌리에 침입하여 정착하면 소시지 형태로 변한다.
- 기생당한 세포와 주변 세포들이 융합하고 핵분열을 거듭하여 거대세포로 변하며 주변에 물관부의 분화가 촉진되고 세포벽 이입생장이 형성되어 주변 세포로부터 물과 무기물의 유입이 촉진한다.
- 침엽수와 활엽수를 포함 약 1,000여 종의 나무를 가해하며 밤나무, 아까시나무, 오동나무 등의 활엽수에서 피해가 심하다.

정답 : ⑤

023 *Cercospora*속 또는 *Pseudocercospora*속이 일으키는 수목병에 관한 설명으로 옳지 않은 것은?

① 소나무 잎마름병은 주로 묘목에 발생한다.
② 때죽나무점무늬병균은 월동한 후 분생포자가 1차 전염원이 된다.
③ 느티나무흰무늬병균은 병반 안쪽에 분생포자경 및 분생포자가 밀생한다.
④ 벚나무갈색무늬구멍병균은 흑색 돌기 형태의 분생포자퇴나 자낭각을 형성한다.
⑤ 무궁화 점무늬병이 심하게 발생하면 기주의 수세는 약해지나 개화에는 영향이 없다.

해설 무궁화 점무늬병은 무궁화에서 그리 심한 편은 아니지만, 잎이 지저분한 모습을 나타내고, 조기낙엽되어 관상가치가 떨어지며 그늘진 곳에 밀식된 군락에서 흔히 발생한다. 심한 경우에는 수세를 약화시키며 개화도 불량해진다.

정답 : ⑤

024 소나무류 병명과 병원체 속(genus)의 연결이 옳지 않은 것은?

① 혹병 – *Cronartium*
② 가지마름병 – *Fusarium*
③ 피목가지마름병 – *Diplodia*
④ 가지끝마름병 – *Sphaeropsis*
⑤ 재선충병 – *Bursaphelenchus*

해설
- 피목가지마름병 – *Cenangium ferruginosum Fr.*
- 소나무 가지끝마름병 – *Sphaerosis sapinea, Diplodia pinea*

정답 : ③

025 삼나무 아랫가지의 잎이 회백색으로 변하고 검은 점들이 발견되었다. 광학현미경기법을 사용하여 이 부분에서 아래 병원체를 관찰하였다. 이에 관한 설명으로 옳지 않은 것은?

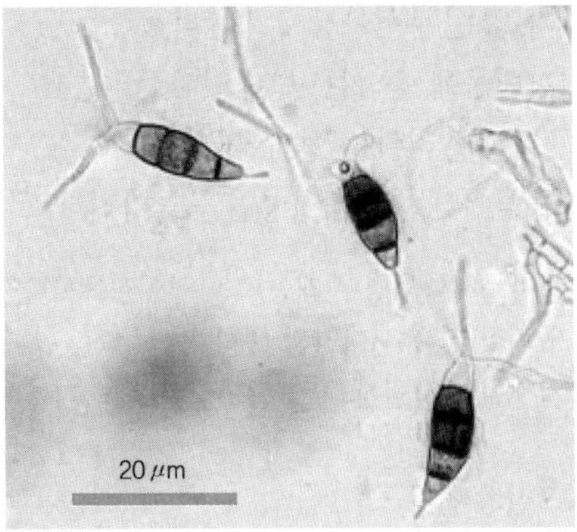

① 병원체의 무성세대 포자이다.
② 병원체의 유성세대 포자는 자낭포자이다.
③ 잎 표면에 뿔 모양의 분생포자덩이를 만든다.
④ 관찰한 포자의 중앙세포와 부속사의 특징에 따라 분류할 수 있다.
⑤ 분류학적 위치는 *Septoria*속이며, 다양한 수종에 잎점무늬병을 일으킨다.

해설 ***Pestalotiosis*속에 의한 병 : 불완전균아문 유각균강 분생포자반균목**

병명	병원균	병징 및 병환
은행나무 잎마름병	*P. ginkgo*	고온건조, 강풍, 해충, 부채꼴 모양으로 안쪽진행, 분생포자반
삼나무 잎마름병	*P. gladicola*	• 잎, 줄기 갈색~적갈색 → 회갈색 • 습할 때 분생포자 뿔모양
철쭉류 잎마름병	*Pestalotiosis spp.*	작은 점무늬 → 큰병반, 분생포자반 동심원상 형성
동백나무 겹무늬병	*P. guepini*	회색의 띠모양, 검은돌기(분생포자반)

***Septoria*속에 의한 병 : 불완전아균문 유각균강 분생포자균목/자낭균아문소방자낭균강**

병명	병원균	병징 및 병환
자작나무 갈색무늬병	*Septoria betulae*	적갈색 점무늬, 분생포자각
오리나무 갈색무늬병	*Septoria alni*	다각형 내지 부정형병반
느티나무 흰별무늬병	*Septoria beliceae*	다각형 내지 부정형병반
밤나무 갈색점무늬병	*Septoria quercus*	경계 황색의 띠
가중나무 갈색무늬병	*Septoria sp.*	겹둥근무늬, 흰색 포장덩이

정답 : ⑤

026 곤충 목(order)의 특징에 관한 설명으로 옳은 것은?

① 참나무 시들음병 매개충은 노린재목에 속한다.
② 벼룩목은 원래 날개가 없는 무시아강에 속한다.
③ 기생성 천적에는 사마귀목에 속하는 종이 있다.
④ 나비목 유충의 입 구조는 찔러빠는 형태이다.
⑤ 총채벌레목 곤충은 줄쓸어빠는 비대칭형입틀을 가진다.

해설 ① 광릉긴나무좀(참나무시들음병 매개충) : 딱정벌레목 – 바구미과 – 긴나무좀아과
② 벼룩목 : 날개가 퇴화 된 유시아강의 내시류
③ 기생성 천적 : 기생벌(맵시벌상과, 먹좀벌상과, 수중다리좀벌상과), 기생파리(쉬파리과, 기생파리과) 등
※ 사마귀목 : 포식성 천적
④ 나비목 유충의 입 구조는 씹는 형이며, 찔러빠는 형태를 가진 곤충은 노린재, 진딧물, 매미, 벼룩, 모기 등이다.

정답 : ⑤

027 곤충의 형태에 관한 설명으로 옳은 것은?

① 대벌레 머리는 후구식이다.
② 미국흰불나방의 번데기는 위용이다.
③ 소나무좀 유충은 배다리를 가지고 있다.
④ 매미나방 수컷성충의 더듬이는 실모양이다.
⑤ 아까시잎혹파리의 뒷날개는 곤봉 형태로 변형되어 있다.

해설 아까시잎혹파리의 뒷날개는 평균곤(퇴화되어 곤봉 형태)이다.
① 대벌레의 머리는 전구식이다.
② 미국흰불나방의 번데기는 피용이며, 위용에 속하는 것은 파리류이다.
③ 소나무좀 유충은 배다리 없으며, 나비목 유충이 배다리를 가지고 있다.
④ 매미나방 수컷성충의 더듬이는 깃털모양이며, 실모양에는 딱정벌레, 하늘소, 귀뚜라미, 바퀴가 있다.

더듬이 모양	곤충
깃털모양(우모상 : 강모가 발달 깃털모양)	모기(수컷), 나방(수컷)
채찍(강모상 : 마디가 가늘어 지고 매우 짧음)	잠자리류, 매미류
곤봉모양(방망이 : 끝이 굵어짐)	송장벌레, 나비목, 무당벌레
빗살모양(즐치상 : 머리 빗모양)	잎벌류, 뱀잠자리류
실모양(사상 : 가늘고 긴 모양)	딱정벌레, 하늘소, 귀뚜라미, 바퀴벌레
톱니모양(거치상 : 마디한쪽 비대칭)	방아벌레류

더듬이 모양	곤충
염주모양(구슬 : 각마디 둥근형태)	흰개미
무릎모양(팔굽, 슬상 : 두 번째마디에서 꺽임)	바구미, 개미
아가미모양(새상 : 얇은판 중첩)	풍뎅이

정답 : ⑤

HIDDEN CARD

028 곤충의 외표피에 관한 설명으로 옳지 않은 것은?

① 표피층의 가장 바깥쪽 부분이다.
② 가장 바깥층을 시멘트층이라 한다.
③ 색소침착이 일어나 진한 색을 띤다.
④ 방향성을 가진 왁스층이 표피소층 바로 위에 있다.
⑤ 수분 손실을 줄이고 이물질의 침입을 차단하는 기능을 한다.

해설
- 색소침착이 일어나 진한 색을 띠는 것은 원표피에서 일어나며, 경화과정이 일어나 멜라닌 색소침착이 동반되어 외원표피에 주로 어두운 갈색이 나타난다.
- 외표피(상표피) : 수분 손실을 줄이고 이물질의 침입을 차단하는 기능

시멘트층	왁스층보호, 수분조절기능(수공성과 호습성)
왁스층(지질층)	곤충의 몸 안과 밖으로 물이 이동하지 못하게 하는 장벽
단백질 외표피층(표피소층)	리포단백질과 지방산 사슬로 구성

- 원표피 : 키틴(N-acetyl-D-glucosamine)의 미세섬유

외원표피층(어두운 갈색)	• 경화반응 : 단백질 분자+퀴논화합물, 멜라닌 색소 침착동반(흑화) • 스클러로틴(비수용성 단백질)
중원표피층	외원표피와 내원표피의 사이층
내원표피층	아스로포딘(수용성 단백질)으로 표피의 유연성 부여
슈미트층	• 섬유는 없지만, 과립성인 무형의 층 • 아큐티클층이라고도 함

정답 : ③

029 곤충의 날개에 관한 설명으로 옳은 것은?

① 꿀벌은 날개가시형의 연결방식을 취한다.
② 외시류 곤충은 날개를 배 위로 접어놓을 수 없다.
③ 노린재목의 날개는 가죽질 형태로 변형되어 있다.
④ 딱정벌레목의 앞날개는 딱딱하게 변형되어 뒷날개를 보호한다.
⑤ 완전변태를 하는 모든 곤충은 비행할 수 있는 날개를 가지고 있다.

해설 ① 꿀벌 : 날개갈고리형 연결방식
② 외시류 : 날개를 배 위로 접어 놓을 수 있음
③ 노린재목 : 앞날개는 기부 절반이 가죽질로 끝 절반이 막질로 되어 있는 반초시
⑤ 완전변태를 하는 일부 유시곤충 중, 벼룩목은 날개가 없어짐

연결방식	내용
날개가시형	뒷날개 기부 앞쪽에서 앞날개 쪽으로 날개가시가 뻗어 나와 앞날개의 전연맥 아래쪽 기부에 있는 간진틀로 연결되는 방식(나비목)
날개걸이형	앞날개의 날개걸이맥 쪽에서 뒤로 뻗어 나온 날개걸이가 뒷날개의 기부와 겹치면서 연결되는 방식(나비목)
날개갈고리형	날개를 펼쳤을 때 뒷날개의 앞쪽에 날개걸쇠가 있어 앞날개의 뒤쪽과 연결되어 잡아주는 방식(벌목)

정답 : ④

030 곤충 소화기관에 관한 설명으로 옳지 않은 것은?

① 위식막은 중장의 상피세포를 보호한다.
② 여과실은 식엽성 곤충에서 발달된 구조이다.
③ 소화기관은 전장, 중장, 후장으로 구성된다.
④ 중장은 소화된 영양분을 상피세포를 통하여 혈림프로 흡수한다.
⑤ 모이주머니는 일시적인 먹이 저장소로 종에 따라 모양이 다양하다.

해설 매미나 깍지벌레, 그 밖의 흡즙성 곤충은 여과실이라는 특수한 기관이 있어 소화효소가 먹이에 닿기 전에 수분을 흡수한다.

정답 : ②

031 곤충의 배설과정에 관한 설명으로 옳지 않은 것은?

① 육상곤충은 암모니아보다 요산 배설이 유리하다.
② 말피기관은 함질소 노폐물을 거르는 역할을 한다.
③ 말피기관은 물이나 무기이온 등 몸에 필요한 성분을 능동적으로 재흡수한다.
④ 말피기관에서 형성된 1차 배설물은 소화관으로 이동하면서 최종 배설물로 전환된다.
⑤ 은신계는 전장벽에 붙어있어 삼투압차를 이용하여 전장에서 바로 노폐물과 함께 수분을 흡수한다.

해설
- 말피기기관은 전장벽에 붙어있어 삼투압차를 이용하여 전장에서 바로 노폐물과 함께 수분을 흡수한다. 주로 체강 중의 노폐물(주로 요산)을 흡수하여 체외로 방출시키고 수분을 재흡수하여 삼투압을 조절하는 기능이다. 능동수송을 통하여 칼륨이온과 물, 요산 등을 말피기관 속으로 흡수한 후, 물을 이용하여 세관의 요산을 물에 녹지 않는 나트륨염이나 칼륨염으로 전환시켜 소화관(후장)으로 보낸다.
- 후장의 흡수작용은 직장의 유두돌기나 복잡한 은신계에서 한다. 은신계는 딱정벌레에서 볼 수 있으며, 말피기관의 끝이 직장에 밀접되어 있고 막으로 싸여 있다. 어떤 경우에나 직장에서는 소화된 찌꺼기에서 수분을 재흡수하여 체액이나 말피기관으로 보낸다.

정답 : ⑤

032 곤충의 신경계에 관한 설명으로 옳은 것은?

① 억제성 신경전달물질은 GABA이다.
② 중대뇌는 광감각을 수용하는 신경절이다.
③ 휴지전위 시 신경세포와 세포돌기의 내부는 양전하를 띤다.
④ 흥분성 신경전달물질은 연접후세포막의 염소이온통로를 개방한다.
⑤ 중추신경계는 뇌, 뇌아래신경절, 가슴 및 내장신경절로 구성된다.

해설

전대뇌	눈의 신경이 연결되어 시엽을 포함하고, 겹눈과 홑눈의 시신경을 담당
중대뇌	더듬이와 연결되어 감각과 운동축색을 받으며, 촉감각을 담당(냄새와 청각을 담당)
후대뇌	전방신경절을 통해 내장신경계 연결(윗입술, 전위)

- 휴지전위 : 세포가 자극을 받지 않은 상태에서 형성되는 막전위시 내부는 음전하, 외부는 양전하를 가지며 이온 조성의 차이로 말미암아 안정 상태에서 세포막 안쪽의 전위는 바깥쪽에 비해 보통 $-60\sim90mV$ 정도 낮은데, 이 전위차를 휴지 전위라고 한다.
- 억제성 신경전달물질은 연접후세포막의 염소이온통로를 개방한다(억제성).
- 시냅스 중 상당수는 흥분성이 아닌 억제성이다. 억제성 시냅스란 과분극화를 일으키는 시냅스후 전위인데, 신경전달물질의 작용으로 개방되는 수용체 분자의 이온 통로는 K^+나 Cl^- 또는 이 두 이온 모두에 대해 선택적으로 작용하는 통로가 된다. 이와 같은 과분극 상태의 시냅스에서 기록한 전압 변동을 억제성 시냅스후 전위라 한다.

- 중추신경계(중앙신경계) : 신경절은 몸의 마디마다 한 쌍이 가까이 붙어서 배치되어 있다. 그 사이를 한 쌍의 신경선이 이어주고 있다. 머리에서 배 끝까지 이어져 있으며, 머리에는 신경절들이 모여 뇌를 구성하고 있다. 뇌는 세 가지 신경절들이 연합한 것으로, 전대뇌, 중대뇌, 후대뇌가 있다.
- 신경의 기본구조는 신경세포, 신경절, 신경계(중추, 내장, 말초)
- 중추신경계 : 뇌, 식도하신경절, 복부신경색(절), 가슴신경절
- 내장신경계 : 전장신경계, 중앙신경계, 후장신경계(소화관 관리와 지배)
- 말초신경계 : 각 신경절에서 몸의 각 조직까지 연결

정답 : ①

033 곤충의 감각기관에 관한 설명으로 옳은 것은?

① 다리의 진동과 청각 기능을 수행하는 것은 존스톤기관이다.
② 완전변태류의 유충에 있는 유일한 광감각기관은 윗홑눈이다.
③ 압력, 중력, 진동 등의 물리적 자극을 감지하는 것은 감간체이다.
④ 근육과 연결조직 등에 분포하여 다극성신경세포를 가지고 있는 것은 신장감각기이다.
⑤ 구기, 다리, 산란관 등에 분포하여 용액 상태의 물질에 반응하는 것은 냄새감각기이다.

해설
- 다리의 진동과 청각 기능을 수행하는 것은 고막기관이다.
- 완전변태류의 유충에 있는 유일한 광감각기관은 옆홑눈이다.
- 신장이나 굽힘, 압축, 압력, 중력, 진동 등의 물리적 자극을 감지하는 것은 접촉, 자기, 소리수용체에서 반응하며 기계감각기에 속한다.
- 감간체에는 빛을 감지하는 색소(로돕신)가 들어 있어 있으며 낱눈은 모자이크처럼 상을 맺게 하는 역할을 한다.
- 구기, 다리, 산란관 등에 분포하여 용액 상태의 물질에 반응하는 것은 화학감각기 중 미각수용체이다(설탕, 소금, 물, 단백질, 산에 반응하며 맛 감각기는 입틀에서 풍부하지만, 더듬이, 발목마디, 생식기(암컷의 산란관 끝부분) 등에서도 볼 수 있다).
- 곤충의 감각계는 기계감각기, 화학감각기, 광감각기가 있다.
- 기계감각기에는 털감각기, 종상감각기, 신장수용기, 입력수용기, 현음기관이 있다.
- 곤충의 현음기관 : 외골격의 두 내부 표면 사이의 간극을 잇는 하나 이상의 양극성신경이다.

무릎아래기관	많은 곤충의 다리에 위치에 위치하며 상대적으로 막대감각기 수가 적지만 매질의 진동에 매우 민감하게 반응한다.
고막기관	소리 진동에 반응하는 드럼과 같은 고막 아래에 놓여 있다. 노린재목은 가슴에, 메뚜기류, 매미류, 일부 나방류는 복부, 귀뚜라미류, 여치류는 앞다리 종아리마디에 있다.
존스턴기관	• 각 더듬이의 흔들마디 안에 있다. 일부 곤충에서 더듬이의 위치나 방향에 대한 정보를 제공하는 자기수용기로 기능한다. • 모기와 깔다구에서는 더듬이의 털이 공명성 진동을 감지하여 특정 진동수의 공기음에 반응한다.

정답 : ④

034 곤충의 호르몬에 관한 설명으로 옳지 않은 것은?

① 유약호르몬은 알라타체에서 분비된다.
② 앞가슴샘자극호르몬은 카디아카체에서 합성된다.
③ 번데기로 용화할 때는 유약호르몬의 농도가 낮아진다.
④ 탈피호르몬은 앞가슴샘에서 합성되어 혈림프로 분비된다.
⑤ 허물벗기호르몬(eclosion hormone)은 뇌의 신경분비세포에서 합성된다.

해설 앞가슴자극호르몬은 뇌의 신경 분비 세포에서 생성(합성)된다.

카디아카체의 생성 및 역할

- 곤충의 내분비계 기관 중 하나로, 주로 전흉선자극호르몬(=앞가슴샘자극호르몬)을 저장하고 분비한다.
- 카디아카체는 뇌의 신경분비세포에서 신호를 받은 후에 앞가슴샘자극호르몬을 방출하며, 신호를 받기 전까지는 방출하지 않는다.
- 어떤 의미에서 카디아카체는 뇌의 작은 메시지에 반응하여 몸으로는 큰 파동의 호르몬을 전달하는 신호증폭기로서 역할을 한다.

정답 : ②

035 수목해충의 산란행동에 관한 설명으로 옳지 않은 것은?

① 개나리잎벌은 잎의 조직 속에 줄로 1~2열로 산란한다.
② 복숭아유리나방은 수피 틈에 1개씩 산란한다.
③ 박쥐나방은 날아다니면서 알을 지면에 떨어뜨린다.
④ 솔껍질깍지벌레는 가지에 알주머니 형태로 낳는다.
⑤ 극동등에잎벌은 잎 가장자리 조직 속에 덩어리로 산란한다.

해설 극동등에잎벌의 암컷성충은 잎 가장자리 조직 속에 톱 같은 산란관을 집어넣어 일렬로 알을 낳으며 산란한 곳은 약간 부풀어 오르고 갈색으로 변한다. 부화유충은 무리지어 가해하다가 자라면서 점차 분산한다.

정답 : ⑤

036 곤충의 방어행동 관련 용어에 대한 설명으로 옳지 않은 것은?

① 의사는 적의 공격을 받았을 때 갑자기 죽은 체하는 행동이다.
② 위장은 주변과 유사하게 색깔을 바꾸어 구별하기 어렵게 하는 행동이다.
③ 경고는 냄새, 소리, 눈에 띄는 몸 색깔 등으로 상대에게 위협을 가하는 행동이다.
④ 은폐는 잎에 앉아 있는 곤충이 사람이 다가가면 잎의 뒷면으로 숨는 행동을 포함한다.
⑤ 베이트형 모방은 독을 가지고 있는 곤충들끼리 유사한 패턴을 유지하여 공격을 피하는 전략적 행동이다.

해설 뮐러형 모방은 독을 가지고 있는 곤충들끼리 유사한 패턴을 유지하여 공격을 피하는 전략적 행동이다.

의태 종류	영문	내용
표지의태 (베이츠형 의태)	Batesian mimicry	• 뚜렷한 외형이 맛없는 곤충을 연상케 하거나 포식자를 모방 • 무해한 종이 유해한 종을 모방하여 포식자로부터 보호받는 전략 • viceroy butterfly 왕나비는 monarch butterfly 왕나비를 닮아서 포식자로부터 보호받음(monarch butterfly는 조류에게 맛이 없는 먹잇감으로 인식) 예 재니등에, 꽃등에, 파리매, 유리나방 등은 꿀벌류나 말벌류를 모방하여 보호를 받음
공생의태 (뮐러형 의태)	Müllerian Mimicry	유해한 서로 비슷한 경고 패턴을 공유하여 포식자에게 경고하는 방식 예 벌과 말벌, 독나비들은 대체로 비슷함

정답 : ⑤

037 수목해충의 월동생태에 관한 설명으로 옳지 않은 것은?

① 호두나무잎벌레는 성충으로 월동한다.
② 거북밀깍지벌레는 교미 후 암컷성충만 월동한다.
③ 점박이응애는 수정한 암컷성충으로 수피나 낙엽 등에서 월동한다.
④ 벚나무모시나방은 노숙 유충으로 지피물이나 낙엽 밑에서 집단으로 월동한다.
⑤ 솔알락명나방은 노숙 유충으로 흙속에서 월동하거나 알이나 어린 유충으로 구과에서 월동한다.

해설 **벚나무모시나방**

- 어린 유충으로 지피물이나 낙엽 밑에서 집단으로 월동한다.
- 1년 1회 발생하며 월동한 유충은 4월경부터 활동하여 잎을 갉아 먹는다.
- 6월 중순~하순에 노숙 유충이 되며 잎을 뒷면으로 말고 고치를 만든다.

정답 : ④

038 감로와 분비물로 인해 발생되는 그을음병과 관련이 없는 해충류는?

① 잎응애류　　② 나무이류
③ 매미충류　　④ 가루이류
⑤ 깍지벌레류

해설
- 잎응애류(거미강) : 고온건조한 기후가 지속되면 피해 심함, 잎 뒷면에 세포액를 흡즙하여 잎이 황색, 흰색의 반점 형성. 밀도가 심하면 잎이 갈변 조기낙엽시키거나 퇴색되어 보인다.
- 그을음병(*Meliolaceae*) : 진딧물류, 깍지벌레류, 나무이류, 매미충류, 가루이류 등의 흡즙성곤충 분비물인 감로에 부생성 외부착생균 그을음병이 발생, 광합성을 방해한다.

정답 : ①

039 **솔수염하늘소의 방제 방법으로 옳지 않은 것은?**

① 성충 우화시기에 드론 · 지상방제를 실시한다.
② 목재 중심부 온도를 56.6℃에서 30분 이상 열처리한다.
③ 중대경목 벌채산물은 1.5cm 이하의 두께로 제재하여 활용한다.
④ 성충이 우화하기 전에 티아메톡삼 분산성액제로 나무주사를 한다.
⑤ 목질부에 있는 유충의 방제는 7월에 고사목을 벌채하여 훈증, 파쇄, 그물망, 피복 등을 실시한다.

해설
- 월동유충은 4월에 번데기 집을 짓고 성충은 5월 하순~8월 상순에 우화(6mm 탈출공)한다.
- 유충의 방제는 5월부터는 성충의 활동시기에 들어가기 때문에 4월 하순까지 고사목을 벌채하여 훈증, 소각, 파쇄, 매몰, 그물망피복 등을 실시한다.

정답 : ⑤

HIDDEN CARD

040 **'A' 수목해충의 발육영점온도를 10℃로 가정할 때 다음 표의 1주일간 일평균기온에 따른 유효적산온도(DD ; Degree Day)는?**

3월 / 일	11	12	13	14	15	16	17
평균기온(℃)	7	8	10	12	15	18	20

① 20
② 25
③ 30
④ 45
⑤ 90

해설 (12－10)×1＝2, (15－10)×1＝5, (18－10)×1＝8, (20－10)×1＝10이므로 2＋5＋8＋10＝25이다.
- 발육영점온도 : 곤충의 발육에 필요한 최저온도로 10℃ 이상만 유효
- 유효적산온도 : 곤충이 일정한 발육을 완료하기까지 필요한 총온열량

정답 : ②

041 **｢농촌진흥청 농약안전정보시스템｣에 등록된 약제의 해충 방제 시기 및 방법에 관한 설명으로 옳은 것은?**

① 매미나방은 유충발생초기인 7월에 경엽처리를 한다.
② 솔잎혹파리는 유충발생초기인 4월에 수관처리를 한다.
③ 밤나무혹벌은 성충발생최성기인 7월에 수관처리를 한다.
④ 오리나무잎벌레는 유충발생초기인 4월에 경엽처리를 한다.
⑤ 잣나무별납작잎벌(잣나무넓적잎벌)은 유충발생초기인 4~5월에 경엽처리를 한다.

해설 ① 매미나방은 4월 중순에 부화하여 약 2개월 가량이 유충기간에 경엽처리를 한다.
② 솔잎혹파리는 유충발생초기인 5월 하순~6월 하순에 수관처리를 한다.
④ 오리나무잎벌레는 유충발생초기인 5월 하순~7월에 경엽처리를 한다.
⑤ 잣나무별납작잎벌(잣나무넓적잎벌)은 유충발생초기인 7월 중순~8월 상순에 경엽처리를 한다.

정답 : ③

042 해충 발생밀도 조사방법과 대상해충의 연결이 옳은 것은?

① 먹이트랩 – 솔껍질깍지벌레
② 성페로몬트랩 – 솔잎혹파리
③ 유아등트랩 – 복숭아명나방
④ 털어잡기 – 소나무좀
⑤ 황색수반트랩 – 버즘나무방패벌레

해설 ① 먹이트랩 – 소나무좀
② 성페로몬트랩 – 솔껍질깍지벌레 또는 나방류, 우화상 – 솔잎혹파리
④ 털어잡기 – 활동성이 비교적 약한 수관부 서식해충으로 멸구, 매미충류
⑤ 황색수반트랩 – 총채벌레, 진딧물

정답 : ③

043 수목해충의 친환경 방제 방법에 관한 설명으로 옳지 않은 것은?

① 사사키잎혹진딧물은 성충이 탈출하기 전에 혹이 생긴 잎을 채취하여 매몰한다.
② 소나무좀은 신성충의 그해 산란 피해를 막기 위해 끈끈이롤트랩을 줄기에 감싼다.
③ 솔껍질깍지벌레는 성페로몬을 이용한 끈끈이트랩으로 수컷을 대량 유살한다.
④ 주둥무늬차색풍뎅이는 월동성충이 알을 낳기 전에 유아등을 이용하여 포획한다.
⑤ 큰이십팔점박이무당벌레는 잎 뒷면에 산란한 알덩어리를 채취하여 소각한다.

해설 **소나무좀 방제 방법**

- 소나무좀 유충에 기생하는 기생봉류, 맵시벌류, 기생파리류를 보호한다.
- 수세 쇠약목을 주로 가해하기 때문에 수세를 강화시키는 것이 가장 좋은 예방법이다.
- 수세가 쇠약한 나무는 미리 제거하고 원목과 침적은 5월 이전에 수피를 벗겨 번식처를 없애준다.
- 1~2월 중에 벌채된 소나무 원목을 1m가량 잘라 2월 하순에 임내 세워 유인한 후 5월 하순에 수피를 벗겨 유충을 구제한다.
- 3월 하순~4월 중순에 페니트로티온 유제 50% 또는 티아클로프리드 액상수화제 10% 500배액을 1주일 간격으로 2~3회 살포한다.

정답 : ②

044 진딧물류 중 기주전환을 하지 않는 종만을 나열한 것은?

① 곰솔왕진딧물, 붉은테두리진딧물
② 물푸레면충, 소나무왕진딧물
③ 소나무왕진딧물, 조록나무혹진딧물
④ 외줄면충, 호리왕진딧물
⑤ 조팝나무진딧물, 진사진딧물

해설 곰솔왕진딧물, 소나무왕진딧물, 조록나무혹진딧물, 호리왕진딧물, 진사진딧물은 기주 전환하지 않는다.

- 붉은테두리진딧물 : 여름기주(벼과식물), 겨울기주(벚나무 속)
- 물푸레면충 : 여름기주(전나무), 겨울기주(물푸레나무)
- 외줄면충 : 여름기주(대나무), 겨울지주(느티나무)
- 조팝나무진딧물 : 여름기주(명자나무, 귤나무), 겨울기주(사과나무, 조팝나무)
- 진사진딧물
  - 당단풍나무 등을 기주로 하여 살아가는 진딧물로 단식성에 완전생활환 진딧물로 연중 같은 기주에서 서식하며, 주로 신초 부위나 잎의 뒷면에 대규모의 군집을 형성한다.
  - 여름철에는 하면형의 새끼를 통해 월하한다. 무시충과 유시충 모두 흑갈색에 광택이 도는 체색을 가지며, 종아리마디는 전체가 흑갈색이다.
  - 초여름에는 일반적인 형태와 매우 다른 납작한 형태의 새끼가 나오는데 이는 하면에 특화된 형태이다.

정답 : ③

045 천적의 기주 및 방사시기에 관한 설명으로 옳지 않은 것은?

① 칠레이리응애는 점박이응애의 알과 성충을 포식한다.
② 진디혹파리 유충은 목화진딧물의 약충과 성충을 포식한다.
③ 콜레마니진디벌은 복숭아혹진딧물의 약충과 성충 몸속에 산란한다.
④ 혹파리살이먹좀벌은 솔잎혹파리 유충이 지면에 낙하하는 11월에 방사한다.
⑤ 중국긴꼬리좀벌은 밤나무혹벌의 기생성 천적으로 4~5월 하순 월 상순에 방사한다.

해설
- 혹파리살이먹좀벌은 솔잎혹파리 우화시기인 5월 중순~6월 하순 방사한다.
- 유충은 2회 탈피하며 9월 하순~다음해 1월에 벌레혹에서 탈출하여 땅에 떨어진다.
- 유충은 11월 중순이 최성기이다.

정답 : ④

HIDDEN CARD

046 수목해충인 잎벌류와 기주수목의 연결이 옳지 않은 것은?

① 극동등에잎벌－진달래, 철쭉
② 남포잎벌－야광나무, 쥐똥나무
③ 솔잎벌－곰솔, 잣나무
④ 장미등에잎벌－찔레꽃, 해당화
⑤ 좀검정잎벌－개나리, 광나무

해설 남포잎벌의 기주수목은 신갈나무, 떡갈나무이다.

정답 : ②

047 수목해충에 관한 설명으로 옳은 것은?

① 소나무허리노린재는 최근 정착한 외래해충으로 잣나무 종실을 가해한다.
② 황다리독나방은 일부 지역의 회화나무 가로수에서 돌발적으로 대발생하며, 섭식량도 많다.
③ 미국흰불나방은 북미로 출항하는 선박에 알덩어리가 존재하는지 여부를 검사받아야 한다.
④ 갈색날개노린재는 암컷성충이 산란을 위해 2년생 가지에 상처를 내기 때문에 가지가 말라 죽게 된다.
⑤ 매미나방은 연 2회 발생하는 것으로 알려졌으나 최근 남부지방에서 3화기 성충이 확인되고 있다.

해설 ② 황다리독나방은 층층나무 가해하는 단식성이다.
③ 매미나방은 북미로 출항하는 선박에 알덩어리가 존재하는지 여부를 검사받아야 한다.
④ 매미류 암컷성충이 산란을 위해 2년생 가지에 상처를 내기 때문에 가지가 말라 죽게 된다.
⑤ 매미나방은 연 1회 발생한다.

정답 : ①

048 수목해충별 가해부위, 연간 발생횟수, 월동태의 연결이 옳은 것은?

① 붉은매미나방 : 잎－1회－유충
② 솔알락명나방 : 잣송이－1회－성충
③ 사철나무혹파리 : 잎－1회－번데기
④ 루비깍지벌레 : 줄기 · 가지 · 잎－1회－암컷 성충
⑤ 밤혹응애(밤나무혹응애) : 잎－1회－암컷 성충

해설 ① 붉은매미나방 : 잎－1회－알로 월동
② 솔알락명나방 : 잣송이－1회－유충으로 월동
③ 사철나무혹파리 : 잎－1회－유충으로 월동
⑤ 밤혹응애(밤나무혹응애) : 잎－수회 발생함－암컷 성충

정답 : ④

049 다음 피해증상을 유발하는 수목해충은?

• 잎 아랫면에 기생하여 분비물로 흰색의 깍지를 만들어 덮는다.
• 여름형 깍지는 동심원형이고, 가을형은 편심원형이다.
• 잎 윗면에는 뿔 모양의 벌레혹을 만든다.

① 큰팽나무이
② 회화나무이
③ 뿔밀깍지벌레
④ 줄솜깍지벌레
⑤ 때죽납작진딧물

해설 **큰팽나무이**
• 팽나무만 가해하는 단식성해충이다.
• 약충이 잎 뒷면에 기생하여 잎 표면에 고깔 모양 뿔모양 벌레혹을 만든다.
• 잎 뒷면에 하얀색 털이 빽빽하게 난다.
• 형태가 동심원형인 여름형, 편심원형인 가을형으로 구분한다.

정답 : ①

050 〈보기〉의 수목해충 중에서 광식성만을 모두 고른 것은?

〈보기〉

ㄱ. 뽕나무이
ㄴ. 미국흰불나방
ㄷ. 왕공깍지벌레
ㄹ. 전나무잎응애
ㅁ. 검은배네줄면충
ㅂ. 뽕나무깍지벌레
ㅅ. 식나무깍지벌레
ㅇ. 줄마디가지나방

① ㄱ, ㄴ, ㄷ, ㄹ
② ㄴ, ㄹ, ㅂ, ㅅ
③ ㄴ, ㅂ, ㅅ, ㅇ
④ ㄴ, ㅁ, ㅂ, ㅅ
⑤ ㄷ, ㄹ, ㅁ, ㅇ

해설
• 단식성 : ㄱ. 뽕나무이, ㅁ. 검은배네줄면충, ㅇ. 줄마디가지나방
• 협식성 : ㄷ. 왕공깍지벌레
• 광식성 : ㄴ. 미국흰불나방, ㄹ. 전나무잎응애, ㅂ. 뽕나무깍지벌레, ㅅ. 식나무깍지벌레

구분	내용	종류
단식성	한 종의 수목만 가해하거나 같은 속의 일부 종만 가해	줄마디가지나방(회화나무), 회양목명나방(회양목), 개나리잎벌(개나리), 뽕나무명나방(뽕나무), 제주집명나방(후박나무), 밤나무혹벌(밤나무), 자귀나무뭉뚝날개나방(자귀, 주엽나무), 혹응애(구기자, 붉나무, 회양목, 향나무, 소나무)

구분	내용	종류
협식성	기주수목이 1~2개 과로 한정되어 가해하는 해충	솔나방, 솔잎벌, 북방수염하늘소, 광릉긴나무좀, 참나무재주나방, 대나무쐐기나방, 차독나방, 밤바구미, 도토리거위벌레, 벚나무깍지벌레, 쥐똥밀깍지벌레, 왕공깍지벌레, 소나무굴깍지벌레, 때죽납작진딧물, 외줄면충, 방패벌레류
광식성	여러과의 수목을 가해하는 해충	미국흰불나방, 독나방, 매미나방, 천막벌레나방, 애모무늬잎말이나방, 매실애기잎말이나방, 목화진딧물, 조팝나무진딧물, 복숭아혹진딧물, 뿔밀깍지벌레, 거북밀깍지벌레, 뽕나무깍지벌레, 식나무깍지벌레, 가루깍지벌레, 전나무잎응애, 점박이응애, 차응애, 오리나무좀, 가문비왕나무좀, 알락하늘소, 유리할락하늘소, 왕바구미

정답 : ②

PART

02 | 수목생리학

051 진정쌍떡잎식물의 성숙한 자성배우체(암배우체)에 있는 핵의 개수는?

① 5　　② 6

③ 7　　④ 8

⑤ 9

해설 자성배우체에는 반족세포 3개, 극핵 2개, 조세포 2개, 난세포 1개에 각각 핵이 있다.

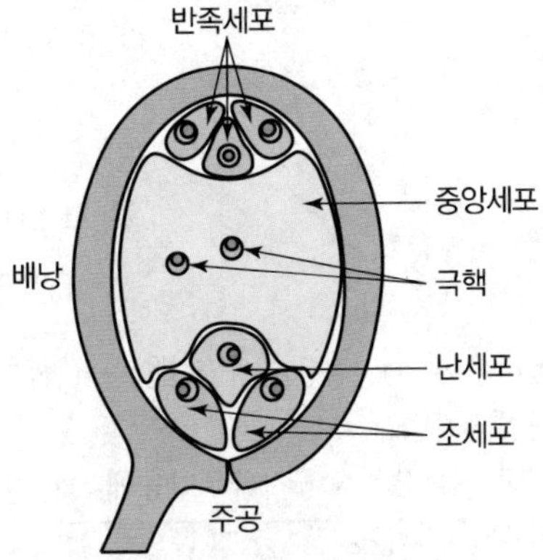

정답 : ④

052 〈보기〉에서 수목의 뿌리 생장에 관한 옳은 설명만을 고른 것은?

ㄱ. 뿌리털은 주피 세포에서 만들어진다.
ㄴ. 코르크 형성층은 피층에서 만들어진다.
ㄷ. 측근은 내초의 분열 활동으로 만들어진다.
ㄹ. 소나무와 상수리나무에서는 뿌리털이 형성되지 않는다.

① ㄱ, ㄴ
② ㄱ, ㄹ
③ ㄴ, ㄷ
④ ㄴ, ㄹ
⑤ ㄷ, ㄹ

해설 ㄱ. 뿌리털은 내초에서 만들어진다.
ㄴ. 코르크형성층은 줄기에서는 피층에서 생성되고, 뿌리에서는 내초에서 생성된다.
ㄷ. 뿌리의 측근은 주근(1차 뿌리)에서 수평 방향으로 뻗어나가며, 1차 뿌리의 원주상부(내피와 관다발 조직 사이)에서 형성된다.
ㄹ. 외생균근에 감염된 소나무와 상수리나무에서는 뿌리털이 형성되지 않으나 감염되지 않은 소나무와 상수리나무에서는 뿌리털이 형성된다.

정답 : 정답 없음

053 다음 중 잎의 자연적 수명이 가장 긴 수종은?

① 주목
② 소나무
③ 동백나무
④ 리기다소나무
⑤ 스트로브잣나무

해설 **상록수 잎의 수명**

수종	수명(년)	수종	수명(년)
대왕소나무	2	스트로브잣나무	2~3
방크스소나무	2~3	리기다소나무	2~3
잣나무	4~5	동백나무	3~4
테다소나무	2~5	전나무류	4~6
소나무	3~4	가문비나무류	4~6
주목류	5~6		

정답 : ①

054 수목에서 발견되는 탄수화물 중 갈락투론산(galacturonic acid)의 중합체만을 나열한 것은?

① 전분(starch), 포도당(glucose)
② 검(gum), 무실리지(mucilage)
③ 리그닌(lignin), 칼로스(callose)
④ 카로테노이드(carotenoid), 스테롤(sterol)
⑤ 헤미셀룰로스(hemicellulose), 셀룰로스(cellulose)

해설
- 갈락투론산은 펙틴 · 각종 식물의 점질물 · 세균의 다당류 등의 구성 성분이다.
- 갈락투론산 중합체 종류에는 펙틴, 검(gum), 무실리지(mucilage) 등이 있다.
- 검과 점액질(mucilage)
  - 갈락투론산의 중합체로 단백질로 함유된다.
  - 검은 수피와 종자껍질에 주로 존재한다.
  - 벚나무속에 병원균과 곤충의 피해를 입을 때 분비(검)한다.
  - 점액질 : 콩과식물의 콩꼬투리, 느릅나무 내수피와 잔뿌리 끝 주변에 분비되며, 잔뿌리의 윤활제 역할을 한다.

정답 : ②

055 버드나무류의 꽃에 해당하는 것만을 나열한 것은?

① 완전화, 양성화, 일가화
② 완전화, 양성화, 이가화
③ 완전화, 단성화, 이가화
④ 불완전화, 단성화, 일가화
⑤ 불완전화, 단성화, 이가화

해설 **목본 피자식물 꽃의 네 가지 기본구조에 따른 분류**

명칭	특징	수종
완전화	꽃받침, 꽃잎, 암술, 수술을 모두 가짐	벚나무, 자귀나무
불완전화	꽃받침, 꽃잎, 암술, 수술 중 한 가지 이상 부족함	버드나무류, 자작나무류, 가래나무류, 참나무과
양성화	암술과 수술을 한 꽃에 가짐	벚나무, 자귀나무
단성화	암술과 수술 중 한 가지만 가짐	버드나무류, 자작나무류
잡성화	양성화와 단성화가 한 그루에 달림	단풍나무, 물푸레나무
1가화	암꽃과 수꽃이 한 그루에 달림	참나무류, 오리나무류, 자작나무류, 가래나무과
2가화	암꽃과 수꽃이 각각 다른 그루에 달림	버드나무류, 포플러류

정답 : ⑤

056 중력을 감지하는 관주세포(평형세포)가 포함된 뿌리의 조직은?

① 내초　② 표피
③ 중심주　④ 뿌리골무
⑤ 분열지연중심부

해설 뿌리골무(근관)는 생장점 바깥부분을 말한다.

뿌리의 분류

- 어린뿌리의 분열 조직 정단분열조직은 끝부분에 존재
- 근관의 기능
  - 분열조직보호
  - 굴지성 유도
  - Mucigel을 분비(윤활유 역할)
  - 미생물이 많이 존재

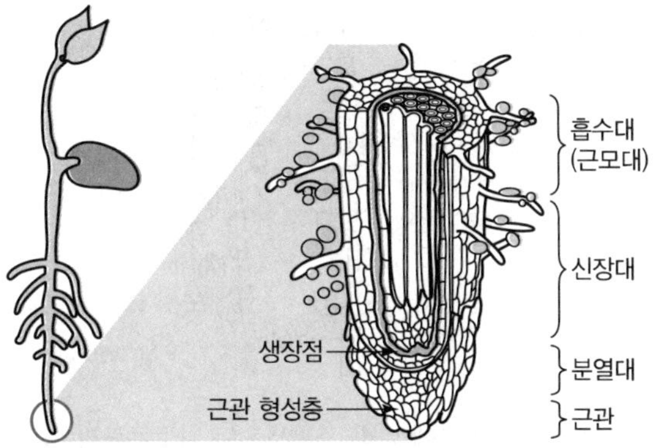

정답 : ④

057 성숙한 체세포(sieve cell) 소기관만을 나열한 것은?

① 리보솜, 핵　② 리보솜, 액포
③ 색소체, 액포　④ 미토콘드리아, 핵
⑤ 미토콘드리아, 색소체

해설 **체요소(체관요소)**

- 체세포(=사세포)는 나자(겉씨)식물의 체관을 구성하는 요소이고, 체관요소는 피자(속씨)식물의 체관을 구성하는 요소이다.
- 피자식물을 제외한 모든 유관속식물의 체요소는 덜 분화한 체세포(sieve cell)이다.
- 성숙한 체세포는 미토콘드리아와 색소체만 남고, 반세포로 분화된다.

구분	기본세포	보조세포	유세포	지지세포	물질이동 수단
피자식물	사관세포	반세포	사부유세포	사부섬유	사공, 사부막공(사역)
나자식물	사세포	알부민세포	사부유세포	사부섬유	사부막공(사역)

- 세포 내 소기관의 종류
  - 복막구조체(두겹의 막) : 핵, 엽록체, 미토콘드리아
  - 단막구조체(한겹의 막) : 소포체, 리보솜, 골지체, 퍼옥시솜, 올레오솜, 글리옥시솜, 액포
- 성숙한 체요소(체관요소)들이 연결된 모식도

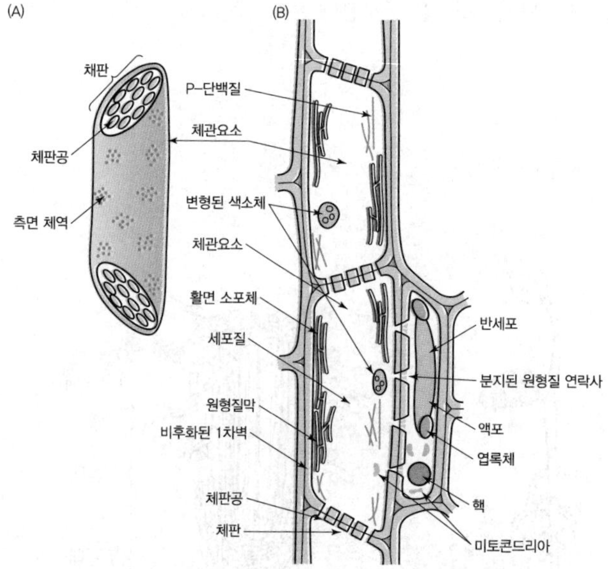

- 체관요소가 성숙해져 감에 따라 사관세포는 미토콘드리아와 색소체만 남고, 반세포로 분화된다.

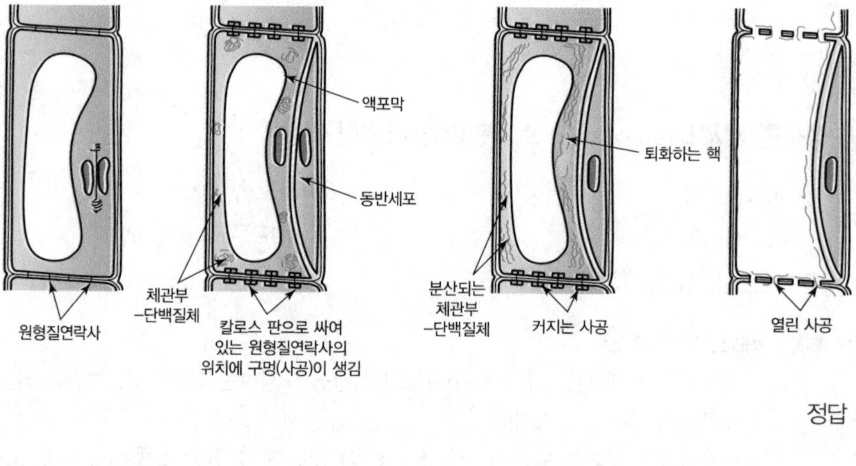

정답 : ⑤

058 지름이 큰 도관이 춘재에 환상으로 배열되는 수종만을 나열한 것은?

① 이팝나무, 느티나무, 회화나무
② 자작나무, 물푸레나무, 밤나무
③ 상수리나무, 목련, 아까시나무
④ 호두나무, 가래나무, 단풍나무
⑤ 신갈나무, 붉가시나무, 칠엽수

해설
- 환공재(춘재도관 지름이 추재도관보다 큼) : 참나무류, 음나무, 물푸레나무, 회화나무, 이팝나무, 느티나무
- 산공재(춘재도관 지름과 추재도관의 지름이 같음) : 단풍나무, 벚나무, 버즘나무, 포플러, 목련, 피나무, 자작나무, 버드나무, 플라타너스
- 반환공재 : 가래나무, 호두나무, 중국굴피나무

정답 : ①

059 줄기의 1차 분열조직과 이로부터 발생한 1차 조직의 연결이 옳은 것은?

① 원표피 – 내피
② 전형성층 – 주피
③ 개재분열조직 – 수
④ 기본분열조직 – 피층
⑤ 코르크형성층 – 표피

해설 코르크형성층은 줄기에서는 피층세포에서, 뿌리에서는 내초세포에서 기원한다.

정단분열조직	1차 분열조직	1차 조직	2차 분열조직 (측방분열조직)	2차 조직
줄기 정단 및 뿌리의 분열조직	원표피	표피		
	기본 분열조직	피층(줄기에서	코르크형성층	주피
		내초(뿌리에서)		
		수		
		잎살조직(잎)		
		1차물관부	관다발형성층	2차 물관부
	전형성층	1차 체관부		2차 체관부

※ 개재분열조직(절간분열조직, 부간분역조직) : 성숙한 조직이나 마디 사이에 끼어 있어서 이름 지어졌다. 예로 벼과 식물에서 줄기의 절간과 잎의 엽초와 엽신의 기부에 분포한다.

정답 : ④

060 다음 중에서 수액의 상승 속도가 빠른 수종부터 순서대로 나열한 것은?

① 가래나무 > 단풍나무 > 느티나무 > 소나무
② 단풍나무 > 느티나무 > 가래나무 > 소나무
③ 느티나무 > 가래나무 > 단풍나무 > 소나무
④ 단풍나무 > 느티나무 > 소나무 > 가래나무
⑤ 느티나무 > 단풍나무 > 소나무 > 가래나무

해설 수액의 상승 속도가 빠른 것부터 순서대로 나열하면 환공재 > 반환공재 > 산공재 > 가도관이다.
※ 앞의 58번 문제의 환공재와 산공재를 구별할 수 있어야 한다. 대부분의 활엽 수종은 환공재이므로 산공재인 단풍나무, 벚나무, 버즘나무, 포플러 등을 기억하여야 한다.

정답 : ③

061 (　　) 안에 들어갈 용어로 알맞은 것은?

- 비탈에서 자라는 나무는 이상재가 형성되기 쉽다.
- 침엽수는 비탈의 (㉠) 방향에 이상재가 생기고 이를 (㉡) 이상재라고 한다.
- 활엽수는 (㉢) 방향에 이상재가 생기고 이를 (㉣) 이상재라고 한다.

	㉠	㉡	㉢	㉣
①	위쪽	압축	위쪽	신장
②	위쪽	신장	아래쪽	압축
③	위쪽	압축	아래쪽	신장
④	아래쪽	신장	위쪽	압축
⑤	아래쪽	압축	위쪽	신장

해설 **이상재**

- 침엽수 : 바람이 불어가는 쪽(압축이상재)
- 활엽수 : 바람이 불어오는 쪽(신장이상재)
- 이상재의 형성은 식물호르몬(옥신)의 재분배로 인해 유도된다.

압축이상재	• 기울어진 수간의 아래쪽에 옥신의 농도 증가하여, 세포분열 촉진, 넓은 연륜 가짐 (정아나 수간에 IAA 처리 시 발생) • 에틸렌도 압축이상재 발생
신장이상재	• 기울어진 수간의 위쪽에 나타남 • 기울어진 수간의 위쪽에 옥신의 농도가 감소하여 발생 • 옥신을 처리하면 이상재 형성 억제하고 옥신의 길항제인 TIBA를 처리하면 이상재 형성 촉진

정답 : ⑤

062 다음 설명에 해당하는 식물호르몬은?

- 선구물질은 리놀렌산(linolenic acid)이다.
- 해충과 병원균에 대한 저항성에 관여한다.
- 수목에서 합성되는 곳은 줄기와 뿌리의 정단부, 어린잎과 열매 등이다.

① 폴리아민(polyamine)
② 사이토키닌(cytokinin)
③ 살리실산(salicylic acid)
④ 자스몬산(jasmonic acid)
⑤ 브라시노스테로이드(brassinosteroid)

해설 식물호르몬

호르몬의 종류		합성하는 곳	주요기능	선구물질
새로운 호르몬	브라시노스테로이드	종자, 열매, 잎, 새 가지, 꽃눈	줄기와 뿌리 세포 분화촉진, 생식기관 발달촉진, 낙화와 낙과 억제, 스트레스 저항성 증가, 노화 억제	캄페스테롤
	자스몬산	줄기 정단부, 어린잎, 뿌리 정단부, 미성숙 열매	뿌리생장과 광합성 억제 등 ABA와 유사한 기능, 곤충과 병원균에 저항, 노화 촉진	리놀렌산
	살리실산	잎, 병원균 침입된 잎	개화촉진, 꽃잎 노화 지연, 천남성꽃 열 발생, 병원균에 대한 전신적 저항	트랜스-신남산
	스트리고락톤	뿌리	새 가지의 분열 억제, 기생식물 발아 촉진, 수지상 균근균사 생장 촉진	베타카로틴
	폴리아민	식물체의 거의 모든 세포에 존재, 다른 호르몬보다 높은 농도에서 반응	세포분열 촉진, 막의 안정성, 열매성숙 촉진, 잎의 노쇠방지, 스트레스 내성, DNA와 RNA 및 단백질 합성 촉진	아지닌

정답 : ④

063 〈보기〉 중 뿌리에서 무기 양분의 능동적흡수와 이동에 관한 옳은 설명만을 고른 것은?

〈보기〉

ㄱ. 에너지가 소모되지 않는다.
ㄴ. 선택적이고 비가역적인 과정이다.
ㄷ. 무기 양분은 운반단백질에 의해 원형질막을 통과한다.
ㄹ. 뿌리 호흡을 억제하면 무기 양분의 흡수가 증가한다.

① ㄱ, ㄴ
② ㄱ, ㄹ
③ ㄴ, ㄷ
④ ㄴ, ㄹ
⑤ ㄷ, ㄹ

해설 **무기염의 선택적 흡수와 능동운반**

- 무기염의 흡수는 단순한 삼투압에 의한 현상이 아니다.
- 자유공간을 이용한 무기염의 이동은 비선택적, 가역적, 에너지 소모가 없다(수동운반).
- 식물이 무기염을 흡수하는 과정은 선택적, 비가역적, 에너지를 소모한다(능동운반).

※ 운반체설로 설명 : 운반체는 원형질막에 있는 단백질(능동운반의 주역)

- 능동운반
  - 원형질막의 운반체에 의한 운반
  - 농도가 낮은 곳에서 높은 곳으로 농도 구배에 역행운반
  - 대사에 에너지 소모
  - 선택적으로 이루어지는 무기염의 이동

정답 : ③

064 광호흡에 관한 설명으로 옳지 않은 것은?

① 햇빛이 있을 때 주로 잎에서 일어난다.

② 햇빛으로 잎의 온도가 올라가면 광호흡이 증가한다.

③ C_3 식물보다 C_4 식물에서 광합성량 대비 광호흡량이 더 많다.

④ 광합성으로 고정한 탄수화물의 일부가 다시 분해되어 미토콘드리아에서 CO_2로 방출되는 과정이다.

⑤ 퍼옥시솜에는 광호흡 과정에서 생성된 과산화수소를 제거하기 위한 카탈라제가 풍부하게 들어 있다.

해설 C_3 식물이 C_4 식물보다 광호흡량이 많다.

- 광호흡 : 광조건하에서만 일어나는 호흡
- 광호흡관여 기관 : 엽록체, 미토콘드리아, 퍼옥시솜

C_3 식물

- C_3 식물은 광합성으로 고정한 CO_2의 20~40%가량을 광호흡으로 방출한다.
- 광호흡은 야간호흡보다 2~3배정도 더 빠르게 진전된다.
- C_3 식물은 이산화탄소를 처음 고정하는 효소는 RuBP이다(친화력 $O_2 < CO_2$).

※ C_4 식물 : 낮의 광호흡량 > 밤의 호흡량

- C_4의 RuBP는 유관속초 세포에 국한된다(말산에서 CO_2 배출).

정답 : ③

065 〈보기〉에서 수분부족에 따른 수목의 반응으로 옳은 것만을 고른 것은?

ㄱ. 프롤린이 축적되어 삼투퍼텐셜을 높인다.
ㄴ. 심한 수분부족은 막단백질의 변형을 일으킨다.
ㄷ. 추재가 형성되는 시기가 늦어진다.
ㄹ. 체내 수분함량이 적어져 팽압이 감소하며 수분퍼텐셜이 낮아진다.

① ㄱ, ㄴ
② ㄱ, ㄹ
③ ㄴ, ㄷ
④ ㄴ, ㄹ
⑤ ㄷ, ㄹ

해설 ㄱ. 수분스트레스를 받으면 세포의 팽압감소, 광합성 중단으로 탄수화물 대사와 질소대사가 둔화되며 전분은 당류로 가수분해 되고 단백질합성 감소로 프롤린축적이 되어 삼투퍼텐셜을 낮춘다.
ㄷ. 수분스트레스는 춘재에서 추재로 빠르게 촉진이 되어 춘재 부분이 짧아지는 결과를 초래한다. 즉 춘재의 생장 감소율이 추재보다 더 크다.

- 수분스트레스로 proline 축적 : 글루탐산염(glutamate)로부터 proline이 합성될 때 귀환억제작용이 상실되어 체내에서 이용되지 않기 때문이다.
- 수분스트레스로 가장 예민하게 반응하는 것은 세포신장, 세포벽의 합성, 단백질의 합성이다.
- 수분퍼텐셜 −0.5MPa 때부터 abscisic acid를 생산한다.
- 수분부족 초기에 활성화되는 효소는 α −아밀라제와 리보뉴클레아제의 활동이 증가한다(가수분해효소가 전분 등을 분해하여 삼투퍼텐셜을 낮춰 건조저항성을 높인다.).
- 목부세포의 수, 직경생장의 지속시간, 목부와 사부의 비율, 춘재에서 추재의 이행시기 등에 영향을 준다.

정답 : ④

066 세포호흡에 관한 설명으로 옳은 것은?

① 세포질에서 크레브스회로가 진행된다.
② 호흡과정을 통해 물이 분해되고 산소가 방출된다.
③ 전자전달계는 기질 수준의 인산화를 통해 많은 ATP를 생성한다
④ 해당작용은 미토콘드리아에서 일어나며, 피루브산과 CO_2, ATP가 생성된다
⑤ 크레브스회로에서 생성된 NADH와 $FADH_2$는 전자전달계에 전자를 운반하는 역할을 한다.

해설 **호흡작용의 3단계**

- 1단계 해당작용(포도당 분해) : 세포기질(세포질)에서 일어난다. 산소를 요구하지 않는 단계이고 고등식물, 효모균에 의해 발생한다. 에너지(ATP) 생산효율 낮다.
- 2단계 Krebs 회로 : 3개의 CO_2를 발생시킨다. NADH, $FADH_2$를 생산하고, 미토콘드리아 기질에서 발생하며, 산소가 있어야 진행된다.
- 3단계 말단전자전달경로 : NADH로 전달된 전자와 수소가 최종적으로 산소에 전달되어 H_2O로 환원되면서 추가로 ATP 생산한다. 산소 소모, 호기성 호흡이 이루어진다.

정답 : ⑤

067 (   ) 안에 들어갈 용어로 적합한 것은?

> 종자 활력 간이검사법의 하나인 테트라졸륨 시험 시, 세포의 호흡에서 중추적 역할을 하는 (㉠) 효소는 테트라졸륨 용액과 결합하면 (㉡)이 되어 (㉢)색을 띠게 된다.

	㉠	㉡	㉢
①	탈수소	포르말린	검은
②	탈수소	포르마잔	붉은
③	탈산소	포르말린	노란
④	탈산소	포르마잔	붉은
⑤	탈산소	포르말린	검은

해설 '탈수소=산화된다', '탈산소=환원된다'라는 의미이다. 데히드로게나아제(산화효소)에 의해 붉은색의 포마잔으로 바뀌며, 살아 있는 조직이 붉은색으로 염색된다.

테트라졸리움 시험

- 종자 내 산화효소가 살아 있는지 여부를 여러 시약의 발색반응으로 검사
- 테트라졸리움이 산화효소에 의해 붉게 변색
- 시험단계
  - 1단계 : 물에 침적(18~20시간)
  - 2단계 : 종피에 상처유도(칼로 주공쪽을 약간 잘라냄)
  - 3단계 : 1% tetrazolium 용액에서 종자 침적(pH 6.5~7.0, 30℃, 48시간)
  - 4단계 : 종자가 핑크색으로 염색된 정도를 검사
- 단점 : 어떤 종자는 염색이 잘 안 되며, 염색 정도를 해석하는 데 어려움이 있고, 비정상발아를 찾아낼 수 없다.

정답 : ②

068 수목의 증산에 관한 설명으로 옳지 않은 것은?

① 증산작용은 잎의 온도를 낮춘다.
② 증산작용은 무기염의 흡수와 이동을 촉진한다.
③ 낙엽수는 한겨울에는 증산작용을 하지 않는다.
④ 잎의 표면에 각피를 두껍게 만들거나 털을 많이 만들어 증산을 억제한다.
⑤ 소나무류는 잎의 표피 안쪽 깊숙한 곳에 기공이 위치하여 증산을 억제한다.

해설 낙엽수는 한겨울에도 증산작용을 상당량 수행한다. 낙엽수는 잎이 없지만, 가지와 줄기의 표면에서 증산작용을 한다.

정답 : ③

069 〈보기〉에서 강한 빛에 의해 광합성 기구가 손상되는 것을 막기 위한 수목의 반응으로 옳은 것을 모두 고른 것은?

〈보기〉

ㄱ. 카로테노이드는 들뜬 에너지를 흡수하여 열로 방출한다.
ㄴ. 잔토필(xanthophyll) 회로에 따라 제아크산틴을 합성한다.
ㄷ. 광계 사이에 에너지 분배를 조절하여 광저해 현상을 억제한다.
ㄹ. 엽록체는 입사광에 평행한 측벽으로 이동하여 빛 흡수를 최소화한다.

① ㄱ, ㄴ
② ㄷ, ㄹ
③ ㄱ, ㄴ, ㄷ
④ ㄴ, ㄷ, ㄹ
⑤ ㄱ, ㄴ, ㄷ, ㄹ

해설 **카로테로이드**

- 식물체의 녹색 이외에 황색, 주황색, 적색, 갈색 등 다양한 색깔을 나타낸다.
- Isoprene(C_5H_8) 8개가 모인 화합물이다.
- 뿌리, 줄기, 잎, 꽃, 열매 등의 색소체에 존재한다.
  - carotene 중 β-carotene(노란색), xanthophyll(노란, 갈색) 중 lutein은 엽록체에서 가장 많이 존재하는 카로테노이드이다.
  - 카로테로이드는 암흑 속에서도 합성한다(노란색).
  - 무기영양소 결핍, 한발, 저온 등에도 남아 노란색을 나타낸다.
  - 광합성 보조색소로 햇빛에 의한 광산화 방지한다.

정답 : ⑤

070 수목의 호흡작용으로 옳지 않은 것은?

① 오존(O_3)에 노출되었을 때 잎의 호흡이 증가한다.
② 수피를 벗겨 상처를 만들면 호흡이 증가한다.
③ 광도가 높을 때 양엽의 호흡량은 음엽보다 낮다.
④ 답압과 침수는 산소의 공급을 방해하여 뿌리호흡의 감소를 유발한다.
⑤ 잎은 완전히 자란 직후에 중량 대비 호흡량이 가장 많다.

해설 양엽의 광보상점이 음엽보다 높다. 즉 호흡량이 더 많다.

광도

- 광보상점과 광포화점
  - 광보상점 : 호흡으로 방출되는 CO_2양=광합성으로 흡수하는 CO_2양
  - 광포화점 : 광도가 증가해도 더 이상 광합성량이 증가하지 않는 포화상태의 광도

HIDDEN CARD

• 양엽과 음엽

양엽	–높은 광도에서 광합성이 효율적이다. –광포화점 높고, 책상조직이 빽빽하게 배열되어 있다. –cuticle층과 잎의 두께가 두껍다.
음엽	–낮은 광도에서 광합성이 효율적, 양엽보다 넓다. –엽록소의 함량이 더 많고, 광포화점이 낮고, 책상조직이 엉성하다. –cuticle층과 잎의 두께는 얇다.

정답 : ③

071 수목의 광합성 명반응에 관한 설명으로 옳지 않은 것은?

① 엽록소가 있는 그라나에서 이뤄지며 산소가 발생한다.
② 빛에너지를 NADPH와 ATP에 저장하는 과정으로 물의 분해가 일어난다.
③ H^+이 루멘에 축적되어 틸라코이드막을 경계로 H^+ 농도의 차이가 발생한다.
④ ATP합성효소에 의해 H^+이 스트로마에서 루멘으로 들어오면서 ATP가 생성된다.
⑤ 물이 분해되면서 방출된 전자는 광계 Ⅱ에서 광계 Ⅰ로 전달되어 $NADP^+$를 환원시키는 데 기여한다.

해설 H^+를 받는 전자수용체는 엽록체 기질(스트로마)과 틸라코이드막의 내부공간(루멘)을 경계로 하는 틸라코이드막에 존재하는데 기질(스트로마)에 있는 H^+를 틸라코이드막 내부공간(루멘)에 축적시킨다. 즉, 전자수용체에 의해서 H^+이 이동하게 된다.

정답 : ④

072 무기영양소에 관한 설명으로 옳은 것은?

① 식물체 내에서 효소의 보조인자인 Mg, Si는 다량원소이다.
② 미량원소는 식물조직 내에 건중량의 0.1% 이하로 함유되어 있는 것을 말한다
③ Fe은 체내에서 이동이 용이하지 않으며, 기공의 삼투압을 가감하여 개폐시키는 작용을 한다.
④ 이동성이 빠른 원소인 P, Mg 등은 결핍증이 세포분열이 일어나는 곳인 어린잎에서 먼저 나타난다.
⑤ 무기영양소를 식물체 내에서 재분배하기 위해 이동시킬 때 사부를 이용하지 않고 목부를 통해 이동시킨다.

해설 ① 식물체 내에서 효소의 보조인자는 Mg, Mn 등 대부분 미량원소이다.
② 미량원소는 식물조직 내에 건중량의 0.1% 미만으로 함유되어 있는 것을 말한다.
③ Fe은 체내에서 이동이 용이하지 않으며, 기공의 삼투압을 가감하여 개폐시키는 작용을 하는 것은 K이다.

④ 이동성이 빠른 원소인 P, Mg 등은 결핍증이 세포분열이 일어나는 곳인 성숙잎에서 먼저 나타난다.
⑤ 무기영양소를 식물체 내에서 재분배하기 위해 이동시킬 때 목부를 통해 이동시킨다.

정답 : 정답 없음

073 수목의 균근에 관한 설명으로 옳은 것은?

① 내생균근균은 주로 담자균, 자낭균에 속한다.
② 균근균의 기주범위는 내생균근이 외생균근보다 훨씬 넓다.
③ 외생균근균은 균투를 형성하지 않아 뿌리털이 정상적으로 발생한다.
④ 내생균근은 온대지방에서는 소나무과, 참나무과, 자작나무과 등에서 흔히 발견된다.
⑤ 외생균근균의 균사는 뿌리의 피층보다 더 안쪽으로 침입하여 하르티히망을 만든다.

해설 ① 내생균근균은 접합자균에 속한다.
③ 내생균근균은 균투를 형성하지 않아 뿌리털이 정상적으로 발생한다.
④ 외생균근은 온대지방에서는 소나무과, 참나무과, 자작나무과 등에서 흔히 발견된다.
⑤ 외생균근균의 균사는 뿌리의 피층보다 더 안쪽으로 침입하지 않는다. 즉 내피는 침입하지 않는다.

정답 : ②

074 ( ) 안에 들어갈 용어로 알맞은 것은?

수목의 질산환원은 뿌리로 흡수된 (㉠)형태의 질소가 아미노산 합성에 이용되기 전에 (㉡)형태의 질소로 환원되는 과정이다. 산성토양에서 자라는 소나무류, 진달래류 등은 질산환원이 (㉢)에서 일어나지만 그렇지 않은 식물은 (㉣)에서 일어난다.

	㉠	㉡	㉢	㉣
①	NH_4^+	NO_3^-	뿌리	줄기
②	NO_3^-	NH_4^+	잎	뿌리
③	NH_4^+	NO_3^-	줄기	잎
④	NH_4^+	NO_3^-	잎	뿌리
⑤	NO_3^-	NH_4^+	뿌리	잎

해설 **질소환원**

• 질소환원장소

질소환원
↓
토양에서 뿌리로 NO_3^-흡수 → NH_4^+형태로 전환되어야 한다.

- Lupine형 뿌리에서 $NO_3^- \rightarrow NH_4^+$ 예 나자식물, 진달래류, 프로테아과
- 도꼬마리형 잎에서 $NO_3^- \rightarrow NH_4^+$ 예 나머지 식물
- 탄수화물 공급이 느려지면 질산환원도 둔화된다.

정답 : ⑤

075 〈보기〉에서 수목의 수분 흡수와 이동에 관한 설명으로 옳은 것만을 고른 것은?

〈보기〉

ㄱ. 여름철 증산작용이 활발한 낮에 근압이 높아진다.
ㄴ. 수간압의 증가로 고로쇠나무에서 수액이 흘러나오기도 한다.
ㄷ. 근압은 도관에서 기포에 의한 공동현상을 제거하는 데 기여한다.
ㄹ. 뿌리의 삼투압으로 물을 능동 흡수하여 수간압이 높아진다.

① ㄱ, ㄴ
② ㄱ, ㄹ
③ ㄴ, ㄷ
④ ㄴ, ㄹ
⑤ ㄷ, ㄹ

해설 ㄱ. 근압은 뿌리의 삼투압에 의하여 수분을 흡수하는 경우로 낙엽수가 겨울철에 수분을 능동적으로 흡수하는 것을 말한다.
ㄹ. 뿌리의 삼투압으로 물을 능동 흡수하 것을 근압이라고 한다.

근압과 수간압
- 근압 : 능동적흡수에 의해 생기는 뿌리 내의 압력을 말한다.
- 일액현상
  - 배수조직을 통해 수분이 밖으로 나와서 물방울이 맺힌다.
  - 초본식물은 야간에 기온이 온화, 토양의 통기성 좋고, 토양수분이 충분할 때 나타난다.
  - 대표수종 : 자작나무, 포도나무 – 나자식물은 발견되지 않는다.
- 수간압
  - 낮에 CO_2가 수간의 세포간극에 축적되어 압력이 증가하여 수액이 상처를 통해 누출한다.
  - 밤에 CO_2가 흡수되어 압력이 감소하면 뿌리에서 물이 상승하여 도관을 재충전한다.
  - 수간압의 조건 : 야간온도가 영하로 내려가고 주야간의 온도차가 10℃ 이상 발생할 때이다.

정답 : ③

076 도시숲 1ha에 질소성분 함량이 46%인 요소비료 200kg을 시비할 경우 공급될 질소량(kg)은?

① 46
② 92
③ 146
④ 192
⑤ 200

해설 요소 비료에 질소의 함량이 46%이므로 1 : 0.46=200 : X
∴ X=92

정답 : ②

077 C/N비(탄질률)에 관한 설명으로 옳지 않은 것은?

① 생톱밥은 분뇨에 비하여 C/N비가 크다.
② 식물의 C/N비는 생육 기간 중 변화될 수 있다.
③ 낙엽의 C함량 50%, N 함량 0.5%일 때 C/N비는 86이다.
④ C/N비가 큰 유기물은 작은 유기물보다 분해속도가 느리다.
⑤ 일반적으로 C/N 비가 30보다 높은 유기물을 토양에 가하면 식물은 일시적 질소기아현상을 나타낸다.

해설 낙엽의 C함량이 50%, N함량이 0.5%일 때 C/N비는 50/0.5이므로 100이다.

- C/N율이 높으면 : 생식생장이 강화됨(탄소와 질소가 풍부하고, 탄질율이 높은 경우에 개화와 결실이 충실하게 된다.)
- C/N율이 낮으면 : 영양생장이 강화

식물체 및 미생물의 탄질률

구분	%C	%N	C/N
가문비나무의 톱밥	50	0.05	600
활엽수의 톱밥	46	0.1	400
밀집	38	0.5	80
음식물 퇴비	30	2.0	2
부식산	58	1.0	58

정답 : ③

078 인(P)에 관한 설명으로 옳지 않은 것은?

① 핵산과 인지질 등의 구성요소이다.
② 수목 잎의 인 함량은 N나 K보다 낮다.
③ 인산의 유실은 토사유출과 동반하여 일어날 수 있다.
④ 알칼리성 토양에서 인은 Fe, Al 등과 결합하여 불용화된다.
⑤ 식물 중 인의 기능은 광합성을 통하여 얻은 에너지를 저장하고 전달하는 것이다.

해설 산성토양에서 인은 Fe, Al 결합하여 불용화되며, 알칼리성 토양에서는 Ca 결합하여 불용화된다.

정답 : ④

079 다음 표에서 ㉡, ㉣, ㉥에 알맞은 특성을 바르게 나열한 것은?

구분	모래	미사	점토
유기물 분해속도	㉠	중간	㉡
pH 완충 능력	㉢	중간	㉣
양분 저장 능력	㉤	중간	㉥

	㉡	㉣	㉥
①	느림	낮음	높음
②	느림	높음	높음
③	빠름	낮음	높음
④	빠름	높음	낮음
⑤	빠름	높음	높음

해설

구분	모래	미사	점토
수분보유능력	낮음	중간	높음
통기성	좋음	중간	나쁨
유기물 함량 수준	낮음	중간	높음
유기물 분해	빠름	중간	느림
풍식 감수성	중간	높음	낮음
수식 감수성	낮음	높음	낮음
온도 변화	빠름	중간	느림
양분저장능력	나쁨	중간	높음
pH 완충 능력	낮음	중간	높음

정답 : ②

080 도시공원 내 산성토양 개량용 석회 물질의 시용에 관한 설명으로 옳지 않은 것은?

① 석회요구량은 필요한 석회량을 $Ca(OH)_2$로 계산하여 나타낸 값이다.
② 개량에 사용되는 석회물질은 토양 교질의 Al과 직접 반응한다.
③ 유기물 함량이 높은 토양은 낮은 토양보다 석회요구량이 더 많다.
④ 동일한 양의 석회를 시용할 때는 입자가 고운 석회물질의 반응이 더 빠르다.
⑤ 점토 함량이 높은 토양은 모래 함량이 높은 토양보다 석회요구량이 더 많다.

해설 석회요구량은 산성토양 또는 활성 Al에 의한 산성피해가 우려되는 토양의 pH를 일정수준으로 중화시키는 데 필요한 석회물질의 양을 $CaCO_3$으로 환산하여 나타낸 값이다. 목표 pH는 경제성과 작물의 종류를 모두 고려하여 설정한다.

정답 : ①

081 토양의 점토광물에 관한 설명으로 옳지 않은 것은?

① 2 : 1형 점토광물로 장석, 운모 등이 있다.
② 비규산염 2차 광물로 AlOOH, FeOOH 등이 있다.
③ 비팽창형 점토광물로 kaolinite, chlorite 등이 있다.
④ Si와 O로 이루어진 규산염광물의 기본구조는 규소사면체이다.
⑤ 비결정형 점토광물인 allophane은 화산지대 토양의 주요 구성 물질이지만 일반토양의 점토에도 존재한다.

해설
- 2 : 1형 광물 종류
  - 비팽창형 : illite(2 : 1의 층상구조를 가지면 2 : 1층들 사이의 공간에 K이 비교적 많이 함유)
  - 팽창형 : smectite(montmorillonite, beidellite, saporonite, nontronite) vermiculite
- 2 : 2 : 1형
  - chlorite(비팽창형광물) 2 : 1층들 사이에 K^+ 대신 brucite층이 있다.
- 주요 1차광물 종류
  - 석영과 장석 : 가장 치밀한 구조, 전기적으로 안정, Si－O형태이다.
  - 백운모 : 가운데의 팔면체층의 중심양이온이 모두 Al^{3+}이다.
  - 흑운모 : 알루미늄8면체 중 Al^{3+}가 Fe^{2+}나 Mg^{2+}로 치환이 일어난다.
  - 장석류 : 정장석(K), 조장석(Na) 등이 있다.
  - 각섬석류 : 국내에서 가장 쉽게 발견된다.
  - 휘석류 : 쉽게 풍화(경질의 광물)되며, 화학식은 $Ca(Mg, Fe)Si_2O_6$이다.
  - 감람석 : 가장 간단한 구조($(Mg, Fe)SiO_4$)하며 풍화되기 쉽고, 미량원소의 공급원이 된다.

정답 : ①

082 토양용액에 존재하는 다음 이온 중 일반적으로 농도가 가장 낮은 것은?

① K^+
② Ca^{2+}
③ Mg^{2+}
④ SO_4^{2-}
⑤ $H_2PO_4^-$

해설 다량원소

원소	함량	흡수형태	식물체내 주요 작용
칼륨(K)	1.0%	K^+	식물생장 조절물질의 공급 및 기공의 개폐작용
칼슘(Ca)	0.5%	Ca^{2+}	세포의 신장과 분열 및 조직 강화
마그네슘(Mg)	0.2%	Mg^{2+}	엽록소 구성원
인(P)	0.2%	$H_2PO_4^-$, HPO_4^{2-}	세포 및 체구성물질과 대사 에너지
황(S)	0.1%	SO_4^{2-}	아미노산 합성

정답 : ⑤

083 토양침식성인자(soil erodibility factor) K에 관한 설명으로 옳지 않은 것은?

① K값의 범위는 0~0.1이다.
② K값이 0.04 보다 큰 토양은 쉽게 침식된다.
③ 토양이 가진 본래의 침식가능성을 나타내는 것이다.
④ K값은 풍력의 단위침식능력에 의한 유실량을 나타낸다.
⑤ 토양 구조의 안정성은 K값에 영향을 끼치는 중요한 특성이다.

해설
- 풍식에서의 K는 토양면의 조도인자를 나타낸다.
- 풍식예측공식 $E=I\times K\times C\times L\times V$
  (여기서, I : 토양풍식성인자, K : 토양면의 조도, C : 기후인자, L : 포장의 나비, V : 식생인자)
- 토양침식성인자(soil erodibility factor) K(0~0.1 사이)
  - 토양이 가지는 본래의 침식가능성을 나타내며, 강우의 단위 침식능력에 의하여 유실된 양
  - 나지상태로 유지된 길이 22.1m, 경사 9%의 표준포장에서 실시한 시험
  - K에 영향을 끼치는 두 가지 요인 : 침투율과 토양구조의 안전성
  - 침투율이 높으면 유거량이 적어지고 토양구조가 안정화되면 빗물의 타격력에 견디는 힘이 강해짐
  - 침투율이 높은 토양에서는 0.025 정도나 그 이하이며, 침투율이 낮은 토양은 0.04 정도나 이보다 큼

정답 : ④

084 토양미생물에 관한 설명으로 옳지 않은 것은?

① *Frankia*속은 오리나무와 공생한다.
② 조류(algae)는 광합성을 할 수 있는 엽록소를 가지고 있다.
③ *Achromobacter*속을 식물에 접종하면 질소 고정력이 증가한다.
④ *Azotobacter*속, *Clostridium*속 등은 단생(독립) 질소고정균이다.
⑤ *Nitrosomonas*속, *Nitrobacter*속 등은 질소화합물을 산화하여 에너지를 얻는다.

해설 *Achromobacter*속은 탈질작용에 관여한다.

정답 : ③

HIDDEN CARD

085 석회암 등을 모재로 하여 생성된 토양으로 Ca과 Mg 함량이 높은 산림 토양군은?

① 갈색산림토양군
② 암적색산림토양군
③ 적황색산림토양군
④ 화산회산림토양군
⑤ 회갈색산림토양군

해설 **암적색 산림토양군(DR ; Dark Red forest soils)**

- 석회암 등을 모재로 하는 토양에 주로 출현하는 약산성토양으로 모재층에 가까워질수록 암적색이 강하게 나타난다.
- 염기성암에서 유래하여 Ca^{++}, Mg^{++}함량이 높고 점질이 많아 견밀하고 통기성이 불량한 토양으로 물리적 성질이 불량한 토양이다.

정답 : ②

086 토양의 수분퍼텐셜에 관한 다음 설명에서 ( ) 안에 들어갈 알맞은 용어는?

- 비가 오거나 관수 후 대공극에 채워진 과잉 수분을 제거하는 데 (㉠)퍼텐셜이 작용한다.
- 토양 표면에 흡착되는 부착력과 토양입자 사이의 모세관에 의하여 만들어지는 힘 때문에 퍼텐셜이 (㉡) 생성된다.
- 주로 수면 이하에서 상부의 물 무게에 의해 (㉢)퍼텐셜이 생성된다.
- 토양 용액 중에 존재하는 이온이나 용질의 농도 (㉣) 차이로 퍼텐셜이 발생한다.

	㉠	㉡	㉢	㉣
①	매트릭	중력	삼투	압력
②	매트릭	중력	압력	삼투
③	삼투	매트릭	중력	압력
④	중력	매트릭	압력	삼투
⑤	중력	삼투	압력	매트릭

해설 **수분퍼텐셜 종류**

- 중력퍼텐셜
  - 중력의 작용으로 인하여 물이 가질수 있는 에너지
  - 기준점 위인 경우 +, 아래인 경우 − 값을 가짐
- 매트릭퍼텐셜(matric potential)
  - 건조토, 스펀지에서 나타나는 물 부착력
  - 부착력과 토양공극내 모세관 작용에 의해서 생성된 물의 에너지
  - 기준상태인 자유수에 비하여 낮은 퍼텐셜, 항상 − 값을 가짐
- 압력퍼텐셜(pressure potential)
  - 물이 누르는 압력
  - 기준 : 대기와 접촉하고 있는 수면, 지하수면을 기준으로 지하수면은 0
  - 포화상태의 토양 + 값
  - 불포화상태의 토양에서는 토양수분이 대기압과 평형상태이므로 0
- 삼투퍼텐셜(osmotic potential)
  - 토양 중에 존재하는 이온이나 용질 때문에 생김
  - 용액 중의 이온이나 분자들은 수화현상으로 물 분자들을 끌어당기기 때문에 물의 퍼텐셜에너지가 낮아짐
  - 기준 : 순수한 물을 0으로 하기 때문에 토양용액은 항상 −값을 가짐

정답 : ④

087 매립지의 알칼리성 토양을 개량하는데 적합한 토양개량제는?

① 탄산칼슘($CaCO_3$)　② 황산칼슘($CaSO_4$)
③ 수산화칼슘[$Ca(OH)_2$]　④ 탄산마그네슘($MgCO_3$)
⑤ 탄산칼슘마그네슘[$CaMg(CO_3)_2$]

해설 **황산칼슘**

화학식 $CaSO_4$으로 석고비료는 용해도가 높아 칼슘공급이 원활하게 되어 간척지, 임해매립지 토양의 나트륨(Na)을 효율적으로 치환 · 제거할 수 있고, 알칼리성 임해매립지 토양을 중성화시키며, 식재지반의 입단화, 토양구조개선, 나트륨피해를 줄여주는 칼슘공급 토양개량제이다.

정답 : ②

088 수목 시비에 관한 설명으로 옳은 것은?

① 미량원소 결핍은 보통 한 성분에 의해 나타나는 경우가 많다.
② 양분 결핍 여부를 판단하기 위한 가장 좋은 방법은 잎분석이다.
③ 질소가 결핍되면 어린잎과 새순에서 먼저 부족현상이 나타난다.
④ 양분 공급량에 따라 생체량이 증가하는 현상을 보수점감의 법칙이라 한다.
⑤ 경사지에 위치하는 어린 수목에 시비할 때는 양쪽 수관 끝에 측방시비하는 것이 좋다.

해설
- 결핍증은 산림에서 미량 원소 중에서 흔하게 나타나는데, 산성과 알칼리성 토양 모두에서 발생한다(Fe, Cu, Zn, Mo, Mn, B).
- 질소가 결핍되면 초기 생육이 현저하게 떨어지고, 생육기간이 경과할수록 오래된 잎에서 시작하여 점차 위쪽 어린잎으로 결핍증이 확산된다.
- 보수점감의 법칙 : 비료의 시용량이 적은 범위 내에서는 일정 시용량에 따른 수량의 증가량이 크지만, 어느 범위 이상으로 시용량이 많아지면 일정량을 시비하는 데 사용되는 수량 증가량은 점점 작아지고 마침내는 시비량을 증가하여도 수량은 증가하지 못하는 상태에 도달하게 되는 것

정답 : ②

089 다음 설명에 해당하는 필수원소가 수목 내에서 일으키는 생리작용은?

- 결핍 시 침엽수의 잎끝이 괴사하거나 갈색으로 변하고 잎 중간에 황색 띠가 나타나는 증상을 보인다.
- 활엽수에서는 담녹색 잎맥과 잎맥 주위가 담황색으로 변하는 결핍증상을 보인다.

① 과산화물 제거
② 단백질의 구성성분
③ 세포막의 기능 유지
④ ATP의 기능 활성화
⑤ 공변세포의 팽압 조절

해설 **마그네슘**

- 엽록소의 구성성분이며, ATP와 결합하여 제 기능을 하도록 활성화
- 기능 : 광합성, 호흡작용, 핵산합성에 관여하는 효소의 활성제 역할

활엽수	–성숙잎의 엽맥과 엽맥 사이와 가장자리가 황화, 잎이 얇고 조기낙엽(엽맥에 인접한 엽육조직은 늦게까지 엽록소를 보유하므로 정상) –가지는 결핍될 때까지 정상생육
침엽수	–잎끝이 오렌지~적색으로 변색, 성숙잎에서 그리고 수관하부에서 먼저 시작 –잎에서 변색된 곳과 녹색의 경계가 뚜렷

정답 : ④

090 ( ) 안에 들어갈 알맞은 용어는?

- 부식집적작용 중 분해가 양호한 유기물은 (㉠)이다.
- 침엽수 등의 식생에 의하여 공급되는 유기물이 토양미생물의 활동 부족으로 일부분만 분해된 것은 (㉡)이다.
- 그 중간단계의 특성을 보이는 유기물은 (㉢)이다.

	㉠	㉡	㉢
①	moder	mull	mor
②	mor	moder	mull
③	mor	mull	moder
④	mull	mor	moder
⑤	mull	moder	mor

해설 **육성부식의 종류**

- Mor(초기부식, 조부식) : 산성 침엽수림의 토양에서 낙엽의 부식화가 덜 된 초기화 단계의 부식을 말한다.
- Moder : Mor(초기부식단계)와 Mull(완성된 부식)의 중간단계를 말한다.
- Mulll(완성된 부식) : 초원에서 관찰될 수 있다. 토양의 수분상태, 지온, 식물, 양분, 토성 등이 토양생물의 활동에 좋은 상태를 제공하므로 동식물의 유체가 잘 분해되어 생성된 부식은 무기성분과 유기성분이 혼합되어 유기, 무기복합체를 이루어 안정된 부식이 형성된다. 대표적인 토양이 체르노젬이며, 토색은 흑색이다.

정답 : ④

091 산불 피해지의 용적밀도가 미피해지에 비해 높아지는 이유가 아닌 것은?

① 토양입단의 증가
② 세근 점유 공간의 감소
③ 유기물층 소실에 따른 부식 유입의 감소
④ 침식에 의한 유기물 및 세립질 토양 입자의 유실
⑤ 토양 소동물의 감소로 인한 토양 내 이동 공간의 축소

해설 산불 발생은 식생 소실, 표토의 낙엽 및 산림 잔유물 등 유기물원 감소, 토양 입단구조 변형을 일으키는데 입단이 파괴되고 감소한다. 산불이 강한 지역에서는 토양수분 반발층이 형성되기도 하며 용적밀도는 증가한다.

정답 : ①

092 〈보기〉에서 토양 내 H^+ 발생과 소비에 관한 옳은 설명 만을 고른 것은?

〈보기〉

ㄱ. 공중질소의 고정효소는 H^+을 발생시킨다.
ㄴ. 이산화탄소가 물에 용해되어 H^+을 발생시킨다.
ㄷ. 토양 내 전하의 균형은 H^+에 의해 이루어진다.
ㄹ. 정장석의 가수분해에 의한 풍화는 H^+을 발생시킨다.
ㅁ. 암모니아가 질산태질소로 산화되면서 H^+을 발생시킨다.

① ㄱ, ㄴ, ㄷ
② ㄱ, ㄷ, ㄹ
③ ㄱ, ㄹ, ㅁ
④ ㄴ, ㄷ, ㅁ
⑤ ㄴ, ㄹ, ㅁ

해설
- 점토에 흡착된 H^+의 해리[$Al^{3+} + H_2O \Leftrightarrow Al(OH)^{2+} + H^+$]
- 부식에 의한 산성화 : $-COOH$와 $-OH$에서 H^+의 해리
- CO2에 의한 산성화 : $CO_2 + H_2O \Leftrightarrow H_2CO_3 \Leftrightarrow H^+ + HCO_3^- \Leftrightarrow H^+ + CO_3^{2-}$
- 유기산에 의한 산성화 : 미생물에 의해 유기물이 분해될 때 유기산이 생성됨
- 무기산에 의한 산성화 : 산성비
- 비료에 의한 산성화 : $NH_4^+ + 2O_2 \rightarrow NO_3^- + H_2O + H^+$

정답 : ④

093 탈질작용에 관여하는 미생물속(genus)만을 나열한 것은?

① Bacillus, Mycobacter
② Bacillus, Micrococcus
③ Derxia, Nitrosomonas
④ Pseudomonas, Klebsiella
⑤ Beijerinckia, Azotobacter

해설
- 미생물이 혐기성 조건하에서 질산태 질소 또는 아초산태 질소를 호흡계의 전자 수용체로서 이용하고, N_2 또는 N_2O를 생성하는 과정에 관한 것을 말하며 탈질소라고 한다.
- 탈질균 : Bacillus, Chromobacterium, Corynebacterium, Micrococcus, Pseudomonas

정답 : ②

094 토양오염의 특징에 관한 설명으로 옳지 않은 것은?

① 농약의 장기간 연용 및 산성비는 점오염원이다.
② 미량원소인 Mo은 산성조건에서 용해도가 감소한다.
③ 부식은 Cu^{2+}, Pb^{2+} 등과 킬레이트 화합물을 형성할 수 있다.
④ 토양에 시비하는 질소 비료와 인산 비료는 강이나 호소의 부영양화를 일으킨다.
⑤ 오염된 토양을 개량하고 복원하는 방법에는 물리적 · 화학적 · 생물적 방법 등이 포함된다.

해설 **점오염원 및 비점오염원**

구분	점오염원	비점오염원
내역	• 폐수배출시설, 하수발생시설, 축사 등으로서 관거 · 수로 등을 통하여 일정한 지점으로 수질오염물질을 배출하는 오염원을 말한다. • 광산, 송유관, 유류 및 유독물저장시설	• 도시, 도로, 농지, 산지, 공사장 등으로서 불특정 장소에서 불특정하게 수질오염물질을 배출하는 오염원을 말한다. • 중금속, 산성비, 방사건 물질 등

정답 : ①

095 토양 내 점토와 부식의 함량이 각각 30%, 5%일 때의 양이온교환용량(cmolc/kg)은? (단, 점토와 부식의 양이온교환용량은 각각 30과 200이며 모래와 미사의 양이온교환용량은 0으로 가정한다.)

① 10　　② 14
③ 15　　④ 16
⑤ 19

해설 **토양의 양이온교환용량(CEC)**

- 점토의 종류와 함량, 부식의 함량, pH 등에 따라서 결정되며, 토양의 화학적 특성과 양분 보유능에 영향을 미칠 뿐만 아니라 적정 시비량 산출과 중금속 등 유해물질의 거동에 대한 지표로 사용된다. 점토의 함량 및 이를 구성하는 광물의 종류와 유기물함량에 의해서 토양의 CEC가 결정된다.
- CEC는 $30\% \times 30 = 9$, $5\% \times 200 = 10$, $9 + 10 = 19$
- 모래와 미사는 표면적이 매우 작아 토양의 양이온교환용량에 거의 기여하지 않는다.

정답 : ⑤

096 토양수분에 관한 설명으로 옳지 않은 것은?

① 토양수는 토양수분퍼텐셜이 높은 곳에서 낮은 곳으로 이동한다.
② 판상구조 토양의 수리전도도는 입상구조 토양의 것보다 크다.
③ 사질토양은 모세관의 공극량이 적어 위조점의 수분함량도 낮다.
④ 식질토양의 배수가 불량한 이유는 미세공극이 많이 발달해 있기 때문이다.
⑤ 텐시오미터법은 유효수분 함량을 평가할 수 있으며 관수시기와 관수량을 결정하는 데 활용된다.

해설
- 판상구조 토양의 수리전도도는 입상구조 토양의 것보다 낮다.
- 토양 수리전도도는 포화상태 또는 거의 포화상태인 조건에서 토양이 물을 전달하는 능력으로 판상구조의 경우, 조직이 매우 치밀하여 식물의 뿌리가 뻗기 힘들고, 투수를 방해하여 토양의 물리적 성질이 불량하다.

구상구조	• 입상구조라고도 함 • 유기물이 많은 표층토에서 발달하고, 입단이 구상을 나타냄 • 초지나 지렁이와 같은 토양동물의 활동이 많은 토양에서 발견됨 • 입단의 결합이 약함, 쉽게 부서짐
판상구조	• 접시와 같은 모양, 수평배열의 토괴로 구성된 구조 • 모재의 특성을 그대로 간직하고 있는 것이 특징 • 우리나라 논토양에서 많이 발견 • 용적밀도가 크고 공극률이 급격히 낮아지며 대공극이 없어짐 • 수분의 하향이동이 불가능해지고, 뿌리의 하향 발육이 나쁨 • 판상구조를 없애기 위해서는 깊이갈이(심경)을 권장

정답 : ②

097 음이온의 형태로 식물체에 흡수되는 원소만을 나열한 것은?

① Fe, S
② K, Mn
③ Ca, Zn
④ Mg, Cu
⑤ Mo, Cl

해설 **필수식물영양소 흡수형태 및 기능**

구분	원소	함량	흡수형태	식물체내 주요 작용
다량원소	탄소(C)	45%	CO_2, H_2O	
	산소(O)	45%		
	수소(H)	6%		
	질소(N)	1.5%	NH_4^+, NO_3^-	세포 원형질을 구성하는 단백질의 원소
	칼륨(K)	1.0%	K^+	식물생장 조절물질의 공급 및 기공의 개폐작용
	칼슘(Ca)	0.5%	Ca^{2+}	세포의 신장과 분열 및 조직 강화
	마그네슘(Mg)	0.2%	Mg^{2+}	엽록소 구성원

HIDDEN CARD

구분	원소	함량	흡수형태	식물체내 주요 작용
	인(P)	0.2%	$H_2PO_4^-$, HPO_4^{2-}	세포 및 체구성물질과 대사 에너지
	황(S)	0.1%	SO_4^{2-}	아미노산 합성
미량 원소	철(Fe)	100ppm	Fe^{2+}, Fe^{3+}	산화 · 환원효소의 합성
	염소(Cl)	100ppm	Cl^-	세포의 pH 조절과 아밀라아제의 활성
	망간(Mn)	50ppm	Mn^{2+}	광합성작용 과정 중 물의 광분해
	아연(Zn)	20ppm	Zn^{2+}	옥신류의 생성과 단백질 합성
	붕소(B)	20ppm	$H_2BO_3^-$	세포막 형성 및 유관속 발달
	구리(Cu)	6ppm	Cu^{2+}	산화 · 환원작용의 조절 관련 효소
	몰리브덴(Mo)	0.1ppm	MoO_4^{2-}	질산환원효소의 구성원소

정답 : ⑤

098 토양의 이온교환에 관한 설명으로 옳은 것은?

① 양이온교환용량에 대한 H^+의 총량을 염기포화도라 한다.
② Fe과 Al이 많은 산성토양에는 음이온 흡착용량이 매우 낮다.
③ 양이온교환용량은 점토보다 모래의 영향을 더 많이 받는다.
④ 양이온의 흡착 강도는 양이온의 수화반지름이 작을수록 증가한다.
⑤ 토양 pH가 증가하면 의존성 전하가 감소하기 때문에 양이온교환용량도 증가한다.

해설
- 교환성 염기 : 토양입자 표면에 흡착되어 있는 양이온 중 토양을 산성화시키는 H, Al을 제외한, 토양을 알칼리성으로 만들려는 경향이 있는 Ca, Mg, K, Na를 교환성 염기라고 한다.
- 염기포화도 = (Ca + Mg + K + Na)/CEC × 100%
- H^+ 농도가 높아지면 흡착이 증가하므로, Fe, Al 수산화물이나 점토광물이 많은 산성토양에서 매우 높은 음이온흡착용량을 나타낸다.
- 양이온교환용량은 모래보다 점토의 영향이 크며 점토는 양이온 교환 용량(CEC)이 높아 칼슘, 마그네슘, 칼륨 등의 양이온을 흡수하고 교환할 수 있다.
- 토양 pH가 증가하면 음전하가 증가하여 양이온교환용량(CEC)이 증가할 수 있다.

정답 : ④

099 **토성을 판별하기 위해 모래, 미사, 점토의 비율을 분석하는 방법만을 나열한 것은?**

① 피펫법, 비중계법
② 피펫법, 건토 중량법
③ 촉감법, 건토 중량법
④ 촉감법, 코어 측정법
⑤ 비중계법, EDTA, 적정법

해설 **모래를 제외한 미사와 점토를 분석하는 방법(Stokes의 법칙)**

- 체를 이용하여 모래는 제외(지름이 0.05mm 이상인 모래를 분석하는 데 사용)
- 미국 ASTM표준체를 기준, 토양에서는 체 번호 10번(2mm)부터 체 번호 325번(0.05mm)을 사용
- Stokes의 법칙 : 토양현탁액을 가만히 두면 토양입자들이 중력의 힘에 의해 침강하고, 큰 입자일수록 침강속도가 빠른 원리
- Stokes의 법칙을 이용하는 두 가지 방법 : 비중계법, 피펫법

피펫법	• 입자의 크기별 침강속도의 차이를 이용하여 직접 토양현탁액을 채취하고 조사한다(토양함량을 측정). • 유기물의 제거 등의 전처리과정을 거치고 침강법에서 토양입자의 실중량을 측정한다.
비중계법	• 토양입자가 침강함에 따라 현탁액 중의 토양함량이 낮아지고, 따라서 현탁액의 비중도 낮아진다. • 비중계법은 피펫법에서 유기물 분해 등의 일부 전처리과정을 생략하고 물리화학적 분산 후 침강 시 토양입자의 함량은 비중계로 측정하므로 피펫법보다 측정시간이 짧고 조작이 간편하며 많은 시료를 한 번에 분석할 수 있다.

정답 : ①

100 **'A' 도시공원에서 토양 코어(400cm^3)로 채취한 토양의 물리적 특성이 다음과 같을 때 이 토양의 공극률(%)은?**

건조 전 토양의 무게(g)	건조 후 토양의 무게(g)	고형 입자의 용적(cm^3)
600	440	220

① 40
② 45
③ 50
④ 55
⑤ 6

해설 입자밀도는 440/220=2이고 용적밀도는 440/400=1.1이므로 공극률은 [1-(1.1/2)]×100=(1-0.55)=0.45×100=45이다.

공극률(孔隙率, porosity, n)

- 토양부피 V에 대한 전체 공극부피 V의 비율(액상, 기상)
- 공극률=(1-용적밀도/입자밀도)
- 입자밀도(진밀도)=건조토 무게/건조토양의 부피
- 용적밀도=건조토 무게/전체 부피

정답 : ②

HIDDEN CARD

101 **식재지 환경과 그에 적합한 수종의 연결이 옳지 않은 것은?**

① 토양이 척박한 지역 – 보리수나무, 곰솔
② 배수가 잘 안 되는 지역 – 왕버들, 낙우송
③ 토양이 건조한 지역 – 호랑가시나무, 눈향나무
④ 고층건물에 가려진 그늘 지역 – 느티나무, 개잎갈나무
⑤ 염분을 함유한 바람이 많은 해안 지역 – 때죽나무 향나무

해설 느티나무와 개잎갈나무는 양수이므로 그늘진 곳에서는 생존이 어렵다.

조경수종의 내음성 정도

분류	기준	침엽수	활엽수
극음수	전광의 1~3%에서 생존 가능	개비자나무, 금송, 나한백, 주목	굴거리나무, 백량금, 사철나무, 식나무, 자금우, 호랑가시나무, 황칠나무, 회양목
음수	전광의 3~10%에서 생존 가능	가문비나무류, 비자나무, 솔송나무, 전나무류	너도밤나무, 녹나무, 단풍나무류, 서어나무류, 송악, 칠엽수, 함박꽃나무
중성수	전광의 10~30%에서 생존 가능	잣나무류, 편백, 화백	개나리, 노각나무, 느릅나무류, 때죽나무, 동백나무, 마가목, 목련류, 물푸레나무류, 산사나무, 산초나무, 산딸나무, 생강나무, 수국, 은단풍, 참나무류, 채진목, 철쭉류, 탱자나무, 피나무, 회화나무
양수	전광의 30~60%에서 생존 가능	낙우송, 메타세쿼이아, 삼나무, 소나무류, 은행나무, 측백나무, 향나무류, 개잎갈나무	가죽나무, 과수류, 느티나무, 등, 라일락, 모감주나무, 무궁화, 밤나무, 배롱나무, 벚나무류, 산수유, 아까시나무, 오동나무, 오리나무, 위성류, 이팝나무, 자귀나무, 주엽나무, 쥐똥나무, 층층나무, 백합나무, 양버즘나무
극양수	전광의 60% 이상에서 생존 가능	일본잎갈나무(낙엽송), 대왕송, 방크스소나무, 연필향나무	두릅나무, 버드나무, 붉나무, 예덕나무, 자작나무, 포플러류

※ 전광 : 햇빛이 최대로 비칠 때의 광도

정답 : ④

102 도시의 수목 생육 환경에 관한 설명으로 옳지 않은 것은?

① 대도시는 건물에 의한 대기의 흐름 변화 등으로 미기후의 변화가 크다.
② 대도시의 야간 상시조명이 주변 수목의 생식생장에 영향을 줄 수 있다.
③ 대기오염이 심한 도심환경의 경우 식재할 수 있는 가로수의 수종 선택이 제한될 수 있다.
④ 도시의 토양은 주기적인 낙엽 제거로 산림토양에 비해 용적밀도는 낮고, 투수계수는 높다.
⑤ 남부지방 수종을 중부지방 도심에 식재하면 극단적 기상 발생 시 큰 피해를 입을 수 있다.

해설 낙엽은 유기물의 효과를 기대할 수 있는데 이를 제거함으로써 유기물 공급과 반대효과를 얻는다.

유기물
- 모두 생물체로부터 기원하여 추가된 물질
- 유기물의 효과
  - 토양의 입단구조를 개선
  - 공극과 통기성을 증가(용적비중을 낮춤)
  - 토양온도의 변화를 완화
  - 토양의 보수력을 증가
  - 토양의 무기양료에 대한 흡착능력 향상
  - 유기물이 분해되어 무기양료가 됨
  - 토양미생물이 필요로 하는 에너지를 제공

정답 : ④

103 매립지 식재에 관한 설명으로 옳지 않은 것은?

① 폐기물매립지에는 키가 작고 천근성이며 내습성이 있는 수종을 식재한다.
② 해안매립지에는 곰솔, 감탕나무, 아까시나무, 녹나무 등을 식재한다.
③ 폐기물매립지 식재지반에는 가스수집정 우물과 가스배출용 배기파이프를 설치한다.
④ 해안매립지에서는 전기전도도(EC)가 이하인 물을 관수하여 0.7dS/m 토양 내 염분을 제거한다.
⑤ 해안매립지 식재지반에는 점토질 토양을 갯벌 바닥에 40cm 이상의 두께로 포설하여 염분차단층을 설치한다.

해설 해안매립지에 점토를 포설하면 삼투압과 모세관현상이 더 활성화되어 밑에 있는 염분이 지표로 올라오게 된다.

해안매립지
- 지하수위가 높고 염분이 표토로 올라옴
- 배수, 관수, 석고시비, 멀칭, 고농도 비료사용으로 염분을 제거함

정답 : ⑤

104 전정에 관한 설명으로 옳지 않은 것은?

① 죽은 가지는 지륭을 손상시키지 않고 바짝 자른다.
② 3개의 동일세력줄기가 발생한 낙엽활엽교목은 그중 1개를 억제한다.
③ 이듬해 꽃을 감상하고자 하는 백목련, 등, 치자나무는 당년에 꽃이 지자마자 전정한다.
④ 토피어리(topiary) 수목의 형태를 유지하기 위해서는 생육기간 중에 2회 이상 전정한다.
⑤ 송전선 주변의 수목은 필요한 만큼만 전정하고, 가지가 전선을 피해 자랄 수 있도록 유도한다.

해설 수목의 주지는 하나로 자라게 한다(줄기를 반드시 하나만 키우라는 의미가 아니라 같은 높이와 굵기를 가진 주지를 나란히 2개 자라게 하지 말라는 의미).

정답 : ②

105 (　　) 안에 들어갈 최솟값으로 적합한 것은? (단, 「ANSI A300」을 준용한다.)

그림과 같이 수간에 공동이 있는 수목은 외곽의 조직이 정상이어도 도복의 위험성이 있다. 그러나 건전한 목부의 두께(A)가 전체 직경(B)의 (　　) 이상이면 안전한 것으로 판단할 수 있다.

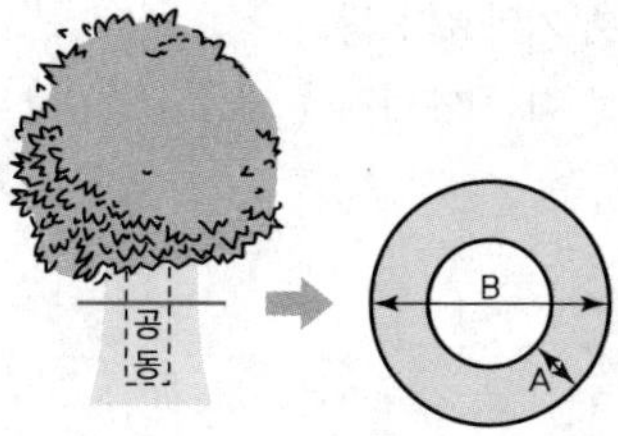

① 1/2
② 1/3
③ 1/4
④ 1/5
⑤ 1/6

해설 이 문제는 저자에 판단에는 정답 오류로 보인다. 이규화(저), 수목관리학(주)바이오사이언스 출판과 이경준 외(저) 조경수식재관리기술 서울대학교 출판문화원 출판을 보면 '건전부가 1/3 정도 남아있으면 안전하다고 본다.'라고 기술되어 있고, 저자가 ANSI300을 찾아본 결과도 아래와 같다. 따라서, ③이 아닌 ⑤가 정답으로 보인다.

① 현장 조사를 통해 확인되고 각종 지표를 통해 평가된 개별 결함 및 환경 요인들은 '수목 위험 평가표'를 이용하여 수목 결함으로 인한 파손 가능성을 종합적으로 평가해야 한다.
② 부위별 · 결함유형별로 위험수준에 따라 평가점수를 부여하고 점수에 따라 관망(2점 이하), 예방조치(3~4점), 보호조치(4~5점 이상) 등 해당 수준에 상응하는 대응 조치를 취해야 한다. '부후로 인한 목재 강도 손실 계산 공식에 맞춰 예를 들어보면 건전부가 1/6이 남는 직경 60cm, 부후직경이 5/6에 해당하는 50cm일 경우 $(50^3 \div 60^3) \times 100 = 57.87\%$로 4점을 넘어가므로 위험하다. 건전부가 1/3이 남는 경우 나무직경 60cm, 부후직경 40cm를 계산해보면 $(40^3) \div (60^3) \times 100 = 29.62\%$로 30% 이하이므로 3점에 해당하여 아직은 안전하다고 볼 수 있다.
③ 평가기준은 위의 수목 결함의 위험 수준을 뜻하는 것으로 점수가 높을수록 파손 우려가 높다.

수목 위험별 평가방법

위험수준	낮음	가능	예상	임박
평가기준(점수)	1점	2점	3점	4점

※ 미국 국가표준(TCIA)의 수목파손 한곗값(tree failure threshold) 0.3을 기준으로 목재 강도 손실이 10% 이하는 1점, 10~20% 2점, 20~30% 3점, 30% 초과는 4점으로 평가한다. 수목파손 한곗값이 0.3이라는 것은 수간의 강도가 30% 이상 손실되면 파손되기 쉽다는 것을 의미하며 원통 배관을 기준으로 수간 목재 중 70% 정도가 부후로 상실되었을 때 해당한다.

※ 부후로 인한 목재 강도 손실 계산 공식(Harris 등, 2004)

- 개구(開口, opening)가 없는 내부 공동 : $(d^3/D^3) \times 100$
- 개구를 통해 노출된 공동 : $d^3 + r(d^3 - D^3) \times 100/D^3$

(단, d : 부후 기둥의 직경, D : 수피 내부 평균 줄기 직경, r : 공동 개구 폭÷줄기 둘레)

정답 : ⑤

106 물리적 충격에 의해 손상된 수피의 치료 방법으로 옳은 것은?

① 구획화된 상처조직에 건전한 수피를 이식한다.
② 치료가 끝난 상처는 즉시 햇빛에 노출시킨다.
③ 들뜬 수피는 즉시 제자리에 밀착시키고 작은 못이나 테이프로 고정한다.
④ 상처 부위를 깨끗하게 손질한 다음 상처도포제를 여러 번 두껍게 바른다.
⑤ 상처 가장자리는 건전조직을 일부 제거하더라도 보기 좋은 모양으로 다듬어 준다.

해설 구획화된 상처조직은 이미 방어벽을 형성한 것이다.

들뜬 수피의 고정방법

- 상처를 받은 지 오래되지 않았다면 즉시 조치하여 형성층을 살릴 수 있다.
- 목질부와 수피 사이에 부서진 조각이나 이물질을 제거한다.
- 들뜬 수피를 제자리에 밀착하고 못을 박거나 테이프로 고정한다.
- 상처 부위에 젖은 천, 종이타올 혹은 보습제로 패드를 만들어 덮어 습도를 유지한다.
- 비닐로 패드를 덮어 단단히 고정한다(상처에 햇빛을 차단).
- 2주 후 유상조직이 자라는지 확인한다.

정답 : ③

107 **가지 기부에서 선단부까지의 길이가 6.0m와 9.0m인 두 개의 골격지를 줄당김으로 보강하고자 한다. 이때 기부로부터 각 고정장치의 설치 위치가 옳은 것은? (단, 위치 결정은 「ANSI A300」을 준용한다.)**

	6.0m 골격지	9.0m 골격지
①	1.0m	2.5m
②	2.0m	3.0m
③	3.0m	4.5m
④	4.0m	6.0m
⑤	5.0m	7.5m

해설 주지의 길이의 2/3 지점에 설치하므로 6.0×2/3=4m, 9×2/3=6m이다.

쇠조임 설치 기본사항

- 건전 목재 비율 : 건전한 목재가 수간이나 가지 직경의 40% 미만인 부후된 부위에서는 관통하는 고정 장치(anchor)를 설치해서는 안 되며, 동적 줄당김의 설치도 삼가야 한다.
- 케이블 설치 위치 : 케이블은 지지될 가지나 주지의 길이(높이)의 2/3 지점에 설치하되, 수목의 구조와 형태, 설치 지점의 강도, 주변 환경 등을 고려하여 조절할 수 있다. 길이(높이)는 지지될 분기로부터 측정된다. 케이블을 가지 연결지점에서 멀리 설치할수록 효과적이지만 멀어질수록 가늘어져 부하를 감당하기 어렵게 된다. 설치 위치가 안쪽으로 이동할수록 케이블의 강도를 높여준다.
- 케이블 각도 : 케이블 설치 각도는 케이블이 설치될 두 수목 조직이 이루는 각도를 양분하는 가상선에 대해 수직이 되게 한다.

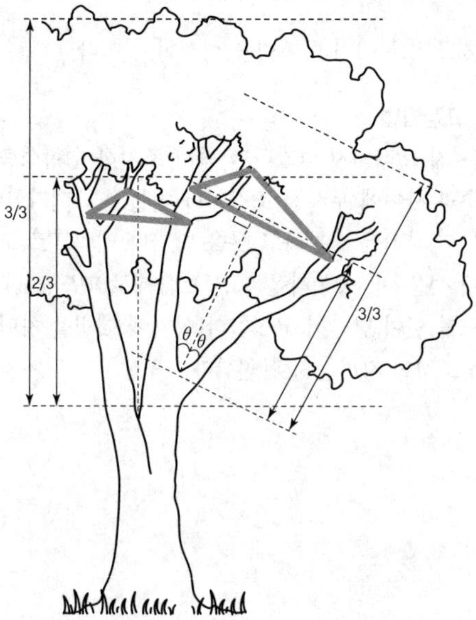

정답 : ④

108 수목의 동해에 관한 설명으로 옳은 것은?

① 사시나무, 자작나무, 오리나무는 동해를 자주 받는다.
② 생육기간 중에 낮은 기온으로 나타나는 저온 피해를 의미한다.
③ 고위도 생육 수종은 저위도 생육 수종보다 내한성이 약하다.
④ 피해를 받은 낙엽 활엽수의 어린 가지를 이른 봄에 제거한다.
⑤ 봄에 개화하고 열매가 다음 해에 익는 수종은 열매가 월동 중에 피해를 받을 수 있다.

해설 ① 사시나무, 자작나무 오리나무는 내한성이 강한 수종이다.
② 겨울 중에 낮은 기온으로 나타나는 저온 피해를 의미한다.
③ 고위도 생육 수종은 저위도 생육 수종보다 내한성이 더 강하다.
④ 피해를 받은 낙엽 활엽수의 어린 가지는 봄에 회복되는 것을 보고 천천히 제거한다.

정답 : ⑤

109 수목의 침수 후 나타나는 변화에 관한 설명으로 옳은 것은?

① 줄기의 신장이 촉진된다.
② 뿌리에서 다량의 옥신이 생성된다.
③ 잎이 안으로 말리고 오래 붙어있다.
④ 주목은 잎 아랫면에 과습돌기(edema, 수종 물혹)가 형성된다.
⑤ 벚나무, 층층나무는 침수 후 과습 토양에서 큰 피해가 없다.

해설 ① 줄기의 신장이 ABA, 에틸렌의 영향으로 생장이 정지된다.

과습피해

원인	토양 중에 수분이 너무 많으면 과습해지고, 배수불량한 토양이 되며, 산소부족으로 인해 뿌리가 제 기능을 하지 못함
병징	• 초기증상은 엽병이 누렇게 변하면서 아래로 처지는 현상(에틸렌) • 더 진행되면 잎이 작아지고 황화현상을 보이고 가지생장이 둔화 • 더 진전되면 잎이 마르고 어린 가지가 고사하며 동해에도 약함 • 주목에는 검은색 수종(edima)이 발생(사마귀 모양). 뿌리썩음병, 부정근 발생, 뿌리가 검은색으로 변색되고 벗겨짐 • 가장 확실한 후기 병징은 수관 꼭대기부터 가지가 밑으로 죽어 내려오면서 수관이 축소 • 과습에 높은 저항성 : 낙우송, 물푸레나무, 버짐나무류, 오리나무류, 포플러류, 버드나무류 • 과습에 낮은 저항성 : 가문비나무, 서양측백나무, 소나무, 전나무, 벚나무류, 아까시나무, 자작나무류, 층층나무
방제	• 침수된 물을 5일 이내에 배수하지 않으면 치명적 피해 • 배수불량한 토양 : 비가 많이 온 후 웅덩이(깊이 1m)의 물이 5일이 경과한 후에도 남은 경우 • 토양에 모래를 섞어 토양을 개량 • 명거배수 혹은 암거배수 시설을 통해 과습상태를 개선 • 과습 토양에서 잘 견디는 수종을 식재 • 활엽수가 침엽수에 비해 습해에 견디는 힘이 큼

정답 : ④

110 수목의 볕뎀(볕데기) 피해 및 관리에 관한 설명으로 옳은 것은?

① 어두운 색깔의 수피를 가진 나무는 피해가 적다.
② 햇볕에 노출된 토양의 온도가 상승하면 피해가 심해진다.
③ 햇볕에 노출된 줄기를 검은색 끈끈이롤트랩으로 감싼다.
④ 줄기의 상단부에서 피해가 심하여 이 부분을 마대로 감싼다.
⑤ 장마 후 고온 건조하면 묵은 잎보다 새잎에서 탈수 현상이 심하다.

해설 **볕뎀(볕데기, 피소)**

원인	• 도로포장으로 인한 지열 반사, 건물에서 열 반사, 지구온난화, 벽면의 유리의 햇빛 반사 등 • 수간의 남서쪽 수피가 오후 햇빛에 직접 노출되어 수피의 온도가 상승 • 이때 수분부족이 함께 오면 온도를 낮추는 증산작용을 못해 형성층가지 파괴
병징	• 남서쪽에 노출된 지표면에 가까운 수피가 여름철 햇빛과 열에 의해 형성층 파괴로 벗겨짐 • 대개 수직방향으로 불규칙하게 수피가 갈라지면서 괴사하여 수피가 지저분함 • 밀식 재배하던 수목, 그늘속에 있던 수피, 수피가 얇은 수종 • 죽은 수피는 매우 불규칙하게 벗겨지고 죽은 조직의 가장자리가 지저분하여 새로운 유상조직이 자라지 못함(부후균 침입의 원인) • 벚나무, 단풍나무, 목련, 매화나무, 물푸레나무, 배롱나무 등
방제	• 지상 2m 이내에서 피해가 생기므로 이 부분을 마대로 감싸줌 • 어린 나무는 흰색 도포제(석회황합제), 수성페인트 또는 종이테이프로 감싸줌 • 노출된 검은 토양을 유기물로 멀칭 • 상처가 발생한 경우 상처를 도려내고 상처도포제를 발라 새로운 유상조직의 형성을 유도함 • 관수를 실시하여 증산작용을 촉진하여 냉각효과를 발생시킴

정답 : ②

111 복토 또는 심식 피해에 관한 설명으로 옳지 않은 것은?

① 활엽수는 잎이 작아지고 황화된다.
② 수목의 지제부에 병목현상이 있고 뿌리가 썩는다.
③ 굵은 뿌리의 노출된 부분이 거의 없고, 잎이 일찍 떨어진다.
④ 활엽수에서는 수관의 아래에서 위로 가지 고사가 진행된다.
⑤ 침엽수 수관 전체의 잎이 퇴색하여 마르면 수세를 회복하기 힘들다.

해설 **복토나 심식 시 나타나는 증상**

- 초기증상은 잎에 황화증상이 나타남
- 잎이 작아지고 새 가지의 길이가 짧아지는 생장감소현상(영양결핍과 비슷)이 발생함
- 더 진전되면 수관의 맨 꼭대기에 있는 가지부터 잎이 탈락하면서 서서히 죽기 시작하여 밑으로 확산하며 여기저기 맹아가 발생함
- 수관이 축소되고 나무의 건강이 극도로 악화됨
- 뿌리를 파보면 잔뿌리의 발달이 없고, 뿌리껍질이 힘없이 벗겨짐

정답 : ④

112 백로류의 집단 서식으로 수목이 피해를 받았을 때 토양에 처리할 것으로 옳은 것은?

① 황, 석고
② 생석회, 소석회
③ 황산철, 킬레이트철
④ 붕사, 킬레이트아연
⑤ 황산구리, 황산망간

해설 백로의 배설물에는 요산이 있는데, 이 배설물 때문에 토양이 산성화되어 수목이 고사하게 된다. 그러므로 산을 중화시킬 수 있는 석회를 살포하면 된다.

정답 : ②

113 ( ) 안에 들어갈 원소로 옳은 것은?

(㉠)의 결핍증은 어린잎에서 먼저 나타나고, (㉡)의 결핍증은 성숙잎에서 먼저 나타난다.

	㉠	㉡
①	인	철
②	붕소	칼슘
③	질소	칼슘
④	칼슘	칼륨
⑤	질소	마그네슘

해설 **무기영양소의 이동성**

- 이동이 용이한 원소 : N, P, K, Mg. 결핍증세는 성숙잎부터
- 이동이 어려운 원소 : Ca, Fe, B. 결핍증세는 어린잎부터
- 이동이 중간인 원소 : S, Zn, Cu, Mo

정답 : ④

114 디캄바에 관한 설명으로 옳지 않은 것은?

① 뿌리와 잎을 통해 흡수된다.
② 광엽 잡초에 살초 효과가 있다.
③ 이동성이 우수하여 인접지에 약해가 발생할 수 있다.
④ 소나무 잎이 뒤틀리고 가지가 비대해지는 약해가 발생한다.
⑤ 약해가 발생하면 뿌리에서 지상부로 이동하는 옥신이 과다해진다.

해설 dicamba – H04

- 옥신 활성을 보이나 약하고, 식물체 내 또는 토양 중에서의 안정성이 더 높고 살포범위가 넓다.
- 광엽잡초, 화본과 잡초를 방제한다.

• 물에 잘 녹고 토양 중에서 쉽게 이동한다.
• 활엽수의 잎은 기형으로 자라면서 비대생장을 한다.
• 소나무의 경우 새 가지 끝이 굵어지면서 꼬부라지고, 잎이 붙어있는 가지 끝이 비대성장한다.
• 은행나무는 잎끝이 말려들어 가고, 주목은 황화현상을 일으킨다.

정답 : ⑤

115 나비목 유충의 중장에 작용하여 탁월한 살충효과를 나타내므로 살충제로 개발된 미생물은?

① Bacillus thuringiensis
② Streptomyces avermitilis
③ Pseudomonas fluorescence
④ Saccharopolyspora spinosa
⑤ Lumbriconereis heteropoda

해설 **해충의 중장 파괴(작용기작 11)**
• Basillus thuringiensis, israelensis, aizawai, kurstaki, tenebrionis 등 미생물 기원 살충제로 실용화되었다.
• Bt의 살충성분은 포자나 배양액 중의 δ－endotoxin이라 불리는 단백질 독소이다.

정답 : ①

116 아세타미프리드에 관한 설명으로 옳지 않은 것은?

① 작용기작 분류기호는 4a이다.
② 침투이행성 살충성분으로 토양처리가 가능하다.
③ 인축과 꿀벌에 독성이 낮아 IPM에 활용된다.
④ 솔잎혹파리나 왕벚나무혹진딧물 방제에 사용된다.
⑤ 신경전달물질 수용체를 차단하여 살충작용을 나타낸다.

해설 **니코틴계(4a, 4b)**
• 신경전달물질 수용체를 차단한다.
• 단점을 보완한 네오니코틴계 개발이 활발하다.
• 니코틴은 독성이 강하고 빛에 잘 분해 되어 잔효성이 짧다.
• 흡즙성 해충에 대해 살충력이 우수하다.

이미다클로프리드	• 해충의 중추신경의 시냅스 후막의 아세틸콜린수용체(AChR)에 작용하여 자극전달을 과다하게 하여 흥분, 마비를 통하여 살충한다. • 선충이나 응애에는 효과가 없다.
디노테퓨란	잎 뒷면에 처리하여도 잎 전체에 골고루 퍼져 안정적 효과를 보인다.
클로티아니딘	• 다양한 종류의 흡즙해충 방제에 효과적이다. • 신속한 살충효과와 잔효성이 긴 약제이다.
아세타미프리드	꿀벌에 대한 독성이 높다.
기타	티아메톡삼, 티아클로프리 등

정답 : ③

117 **포유동물과 해충 간 선택성이 높은 IGR(Insect Growth Regulator)계 성분으로 키틴 합성효소를 저해하여 성충보다 유충방제에 효과적인 것은?**

① 카탑
② 노발루론
③ 아바멕틴
④ 인독사카브
⑤ 테부페노자이드

해설 **노발루론**

- 벤조일유레아(Benzoylurea)계 살충제 : 키틴생합성 저해, 작용기작 15
- 곤충생장조절(IGR)계 : 곤충과 포유동물 사이에 높은 선택성
- 노발루론, 디플루벤주론, 루페뉴론, 비스트리플루론, 클로르플루아주론, 테플루벤주론, 트리플루뮤론

유약호르몬 활성물질-7	methoprene, fenoxycarb, pyriproxyfen
탈피호르몬 활성물질-18	tebufenozide, chromafenozide, halofenozide 등
키틴생합성 저해-15	bistrifluron, chlorfluazuron, novaluron, triflumurone
키틴생합성 저해-16	buprofezin

정답 : ②

118 **아미노산 생합성 억제작용기작을 갖는 비선택성 제초제로서, 경엽처리에는 사용되지만 토양에서 쉽게 흡착되거나 분해되어 토양처리제로 사용되지 않는 성분만을 나열한 것은?**

① 플라자설퓨론, 벤타존
② 플라자설퓨론, 비페녹스
③ 글루포시네이트, 시메트린
④ 티아페나실, 글리포세이트
⑤ 글루포시네이트, 글리포세이트

해설 **제초제**

작용기작 구분	기호	세부 작용기작 및 계통(성분)
지질(지방산) 생합성 저해	H01	• 아세틸CoA 카르복실화 효소 저해 • 플루아지포프-p-뷰틸, 펜옥사프로프-p-에틸, 세톡시딤, 클레토딤, 프로프옥시딤
아미노산 생합성 저해	H02	분지 아미노산 생합성 저해(ALS 저해)
	H09	• 방향족 아미노산 생합성 저해(EPSP 저해) • 글리포세이트, 글리포세이트암모늄, 글리포세이트이소프로필아민, 글리포세이트포타슘
	H10	• 글루타민 합성효소 저해 • 글루포시네이트암모늄, 글루포시네이트-피

정답 : ⑤

119 병원균의 호흡작용을 저해하는 살균제가 아닌 것은?

① 베노밀　② 카복신
③ 보스칼리드　④ 크레속심－메틸
⑤ 피라클로스트로빈

해설 살균제 중에 가장 많이 출제되는 작용기작 중 하나이고 다른 하나는 사1. 스테롤의 합성을 저해하는 약제인 트레아졸계(테부코나졸, 마크로부타닐, 비테르타놀, 멧코나졸, 디페노코나졸, 트리아디메폰, 시프로코나졸, 이프코나졸) 등이 있다. 베노밀은 세포분열의 저해(나1)인 벤지미다졸계에 속한다.

벤지미다졸계(Benzimidazole계)

- 나1. 세포분열 저해
- 고활성이며 광범위한 병해에 효과
- 대부분 물관으로 이동하여 과실보다 잎과 생장점으로 이행 효과
- 저항성을 유발하므로 교호 사용

베노밀(Benomyl)	식물의 경엽에 발생하는 병해, 저장병해, 종자전염성 병해 및 토양병해 등 광범위한 병해에 효과, 연용 피해야 한다.
카벤다짐(Carbendazim＝MBC)	베노밀, 티오파네이트 메틸의 생체 내 대사 활성물질로서 보호 및 치료 효과를 겸비한 침투이행성 살균제
티오파네이트 메틸(Tiophanatemethyl)	베노밀, 티오파네이트 메틸의 생체 내 대사 활성물질로서 보호 및 치료 효과를 겸비한 침투이행성 살균제

정답 : ①

120 약제 저항성 발달을 억제하기 위한 방안이 아닌 것은?

① 동일 품목 약제를 반복 사용한다.
② 경종적 방법이나 기계적 방법을 병행하여 방제한다.
③ 병해충의 발달 상황을 고려하여 농약 살포적기를 준수한다.
④ 경제적 피해허용수준을 준수하여 농약의 불필요한 사용을 억제한다.
⑤ 약제의 권장사용량 미만 사용이 양적저항성을 유발하므로 권장사용량을 준수한다.

해설 **약제 저항성 대책**

- 약제의 교호 사용
- 종합적방제
- 경종적 방제법
- 생물학적 방제수단 투입

정답 : ①

121 **버즘나무방패벌레를 8% 클로티아니딘 입상수용제로 방제하려 한다. 2,000배 희석 살포액을 100L 조제하여 수관살포할 때, 필요한 약량과 적절한 사용법을 옳게 연결한 것은?**

① 50g – 입제살포법
② 50g – 분무법
③ 50mL – 관주법
④ 20mL – 연무법
⑤ 20g – 미스트법

해설
- 고체상태의 약제는 g으로 측정하고, 액체상태의 약제는 부피인 mL로 측정한다.
- 희석살포약제는 배액법으로 조제하는 데 값을 구하는 방법은
  필요약량 = 살포량/희석배수, 필요약량 = (100L × 1,000mL)/2,000배 = 50g이다.
- 살포방법은 물에 희석하여 살포하므로 분무법을 사용한다.

정답 : ②

122 **농약 안전사용기준을 설정하는 데 고려하는 내용이 아닌 것은?**

① 사용 횟수
② 적용대상 농작물
③ 어독성과 방제효과
④ 사용제형과 사용시기
⑤ 약제의 잔류허용기준

해설 **농약허용물질목록화(PLS ; Positive List System)**
- 등록된 농약 이외에는 잔류농약 허용기준을 일률기준(0.01mg/kg = 0.01ppm)으로 관리
- 2019년 1월 1일 시행
- 해당 작물에 등록되지 않은 농약 판매 및 사용 금지
- 안전사용 기준
  – 등록된 농약만 사용
  – 희석 배수와 살포 횟수 준수
  – 출하 전 마지막 살포일 준수
  – 포장지 표기사항을 반드시 확인하고 사용

정답 : ③

123 「소나무재선충병 방제 지침」에 따른 소나무재선충병 집단발생지에 관한 설명으로 옳지 않은 것은?

① 1개 표준지 크기는 0.04ha(20m × 20m)이다.
② 1개 표준지 내 소나무류 비율이 25% 이상이다.
③ 1개 표준지 내 소나무류 중 이상 20% 고사한 경우이다.
④ 피해가 집단으로 발생한 경북 경주 · 안동 · 고령 · 성주 · 대구 달성 등 7개 지역을 특별방제구역으로 지정하였다.
⑤ 피해고사목과 기타고사목이 집단적으로 발생한 표준지가 1년 동안 25개 이상 예찰 · 조사된 읍 · 면 · 동을 말한다.

해설 **집단발생지**

피해고사목과 기타고사목이 집단적으로 발생한 표준지가 1년 동안 25개 이상 예찰 · 조사된 읍 · 면 · 동을 말한다. 단, 1개 표준지의 크기는 0.04ha(20m × 20m)로 하며, 표준지 안에 소나무류 비율이 25% 이상이고 소나무류가 10% 이상 고사한 경우로 한정한다.

※ 특별방제구역 : 경북 경주 · 포항 · 안동 · 고령 · 성주, 대구 달성, 경남 밀양 등 7개 시 · 군 지정 (산림청, 2024-11-01. [현장앨범] 경북 경주 특별방제구역 소나무재선충병 방제 수종전환 확대)

정답 : ③

124 「2025년도 산림병해충 예찰 · 방제계획」에 따른 소나무재선충병 확산 저지를 위한 기본방향 및 세부추진 계획에 관한 설명 중 옳지 않은 것은?

① 피해지역 추가 확산을 막기 위한 전략방제 추진력을 확보한다.
② 매개충 혼생 권역(충남 · 경북)은 9월부터 이듬해 4월까지 방제한다.
③ 북방수염하늘소 권역(경기 · 강원 · 충북)은 9월부터 이듬해 4월까지 방제한다.
④ 대규모 반복 · 집단적 피해 발생지에 대한 수종전환 방제 적극 도입한다.
⑤ 솔수염하늘소 권역(전북 · 전남 · 경남 · 제주)은 9월부터 이듬해 5월까지 방제한다.

해설 **(방제기간) 방제 대상목 급증에 따른 고사목 제거 기간 최대 확보**

- (기존) 매개충 우화기를 반영한 방제기간(10월~이듬해 3월, 제주 4월)
- (개선) 매개충 분포지역을 추가로 고려, 전국을 3개 권역으로 구분하여 확대
  - 북방수염하늘소 권역(경기 · 강원 · 충북) : 8월~이듬해 4월
  - 혼생 권역(충남 · 경북) : 9월~이듬해 4월
  - 솔수염하늘소 권역(전북 · 전남 · 경남 · 제주) : 9월~이듬해 5월

※ 특광역시 : 경기(서울 · 인천), 충남(대전 · 세종), 전남(광주), 경북(대구), 경남(울산 · 부산)

정답 : ③

125 **「산림보호법 시행령」 제12조의7에 따른 '나무의사 등의 자격취소 및 행정처분의 세부기준'에 관한 설명 중 옳지 않은 것은?**

① 나무의사 등의 자격증을 빌려준 경우 1차 위반 시 자격정지 2년에 처한다.

② 위반행위가 둘 이상일 경우 각각의 처분기준이 다를 때 그중 무거운 처분기준을 따른다.

③ 거짓이나 부정한 방법으로 나무의사 등의 자격을 취득한 경우 1차 위반 시 자격이 취소된다.

④ 둘 이상의 처분기준이 같은 자격정지인 경우에 각 처분 기준일을 합산한 기간 동안을 자격 정지하되 5년을 초과할 수 없다.

⑤ 위반행위의 횟수에 따른 행정처분 기준은 최근 3년 동안 같은 위반행위로 행정처분을 받은 경우에 적용받는다.

HIDDEN CARD

해설 **나무의사 등의 자격취소 및 정지처분의 세부기준(제12조의7 관련)**

1. 일반기준

가. 위반행위의 횟수에 따른 행정처분기준은 최근 3년 동안 같은 위반행위로 행정처분을 받은 경우에 적용한다. 이 경우 기간의 계산은 위반행위에 대하여 행정처분을 받은 날과 그 처분 후 다시 같은 위반행위를 하여 적발된 날을 기준으로 한다.

나. 가목에 따라 가중된 행정처분을 하는 경우 가중처분의 적용 차수는 그 위반행위 전 부과처분 차수(가목에 따른 기간 내에 행정처분이 둘 이상 있었던 경우에는 높은 차수를 말한다)의 다음 차수로 한다.

다. 위반행위가 둘 이상인 경우로서 그에 해당하는 각각의 처분기준이 다른 경우에는 그 중 무거운 처분기준에 따르고, 둘 이상의 처분기준이 같은 자격정지인 경우에는 각 처분기준을 합산한 기간 동안 자격을 정지하되 3년을 초과할 수 없다.

정답 : ④

10회 기출문제 (※ 자료 : 한국임업진흥원)

PART

01 | 수목병리학

001 전염원이 바람에 의해 직접적으로 전반되는 수목병으로 옳지 않은 것은?

① 잣나무 털녹병　　② 동백나무 탄저병
③ 은행나무 잎마름병　　④ 사철나무 흰가루병
⑤ 사과나무 불마름병

해설 **사과나무 불마름병(*Erwinia amylovora*)**

- 병원균(세균)은 병든 가지의 궤양주변에서 휴면상태로 월동, 이듬해 봄에 비가 내릴 때 활동을 1차 전염원으로 시작하여 곤충 · 빗물 등에 의해 전파된다.
- 세균이 자라면서 가지에 흘러나온 세균점액은 파리, 개미, 진딧물, 벌, 딱정벌레 등 많은 곤충들을 유인하며 옮겨진 세균은 상처 또는 꽃이나 잎의 자연개구를 통해 식물체 내부로 침입한다.

① 잣나무 털녹병 : 중간기주의 잎에서 겨울포자가 발아하여 형성된 담자포자가 바람에 날려 잣나무 잎의 기공을 통해 침입하여 황색의 작은 반점을 형성한다.
② 동백나무 탄저병 : 병반표면에 흑색의 분생자반을 형성하고, 병든낙엽에서 월동한 병원균은 이른 봄에 분생포자를 형성하고 바람에 의해 1차 전염원이 된다.
③ 은행나무 잎마름병 : 주로 어린나무 또는 묘포에서 발생하며, 여름철 고온 건조한 날씨가 계속되거나 강풍이나 해충의 식해 등으로 상처 부위에 감염된다.
④ 사철나무 흰가루병 : 기주표면의 균사에서는 분생포자경위에 분생포자를형성하여 바람에 의해 2차 전염원으로 새로운 잎을 계속 침해한다.

정답 : ⑤

002 봄에 향나무 잎과 줄기에 형성된 노란색 또는 오렌지색 구조체에 생성되는 것은?

① 녹포자
② 유주포자
③ 겨울포자
④ 여름포자
⑤ 녹병정자

해설 **유주포자(=유주자)**

- 난균류에서 유성생식으로는 난포자, 무성생식으로는 유주포자를 만드는데 2개의 편모를 갖고 있으며 털꼬리형, 민꼬리형 등이 있다.
- 병꼴균류, 난균류, 일부 세균들에서 볼 수 있는 것이 특징이다.
- 물속에서 헤엄치기 편하게 되어있는 포자로 1~2개의 편모로 아메바 운동을 한다.

구분	특징	기주
겨울포자	• 돌기, 혹, 빗자루 증상, 가지 및 줄기고사 • 4~5월에 비가 오면 겨울포자퇴가 혓바닥 모양의 담갈색 돌기가 부풀어 오름	향나무, 노간주나무
담자포자	겨울포자에서 담자포자 형성	
녹병정자기	6~7월, 잎과 열매 등에 노란색의 작은 반점이 많이 나타나고 가운데 녹병정자기형성	배나무(앞면)
녹포자	잎의 뒷면에 회색 내지 담갈색의 긴 털 모양의 녹포자퇴	배나무(뒷면), 장미과 식물
여름포자	향나무녹병은 여름포자 없음	

정답 : ③

003 병원균의 분류군(속)이 나머지와 다른 것은?

① 소나무 잎마름병
② 회양목 잎마름병
③ 명자나무점무늬병
④ 느티나무 갈색무늬병
⑤ 배롱나무 갈색점무늬병

해설 회양목 잎마름병(*Hyponectria buxi*, 검은 돌기, 분생포자각)은 관리부실로 발생하고, 비배관리 철저, *Macrophoma candollei*이다.

① 소나무 잎마름병(*Pseudocercosporapini-densiflorae*, 불완전균아문-총생균강-*Cercospora*)

③ 명자나무 점무늬병(=명자꽃점무늬병, *Pseudocercospora cydoniae*, 불완전균아문-총생균강-*Cercospora*)

④ 느티나무 갈색무늬병(*Pseudocercospora zelkovae* 불완전균아문-총생균강-*Cercospora*)

⑤ 배롱나무갈색점무늬병(*Pseudocercospora lythracearum* 불완전균아문-총생균강-*Cercospora*)

정답 : ②

HIDDEN CARD

004 표징을 관찰할 수 없는 것은?

① 회화나무 녹병
② 뽕나무 오갈병
③ 벚나무 빗자루병
④ 배나무 붉은별무늬병
⑤ 단풍나무 타르점무늬병

해설
- 뽕나무 오갈병 : 파이토플라스마, 표징은 없다.
- 표징(標徵, sign) : 전염성 병의 경우, 육안 또는 돋보기로 관찰 가능한 병원체의 모습. 곰팡이가 원인이 될 경우엔 대체로 표징의 식별이 가능하지만, 세균 또는 바이러스의 경우에는 병원체의 크기가 미세하기에 광학 현미경 또는 전자현미경을 통해서 병원체를 확인할 수 있으므로 표징이라 하지 않고 병원체라고 부른다.

① 회화나무 녹병 : 7월에 황갈색의 여름포자퇴
③ 벚나무 빗자루병 : 잎 뒷면에 나출자낭포자
④ 배나무 붉은별무늬병 : 잎 뒷면에 녹포자퇴형성
⑤ 단풍나무 타르점무늬병 : 가을철 표피 밑에 자좌(자낭반)형성

정답 : ②

005 무성생식으로 생성되는 포자를 모두 고른 것은?

ㄱ. 자낭포자	ㄴ. 담자포자
ㄷ. 난포자	ㄹ. 분생포자
ㅁ. 유주포자	ㅂ. 후벽포자

① ㄱ, ㅁ
② ㄱ, ㅂ
③ ㄴ, ㅂ
④ ㄷ, ㄹ
⑤ ㄹ, ㅁ

해설 **무성포자(asexual spore, 무성생식 세대)**
- 핵의 융합이나 감수분열 과정을 거치지 않고 세포분열로 생산하는 번식체이다.
- 무성포자는 균류의 생장 중에 반복해서 형성되며 단시간 내 분포 확대된다.
- 무성포자의 종류
  - 유주포자 : 포자낭포자의 한 종류로 균사의 일부에서 유주자포자를 형성한다(난균류).
  - 분생포자 : 균사 또는 특수한 균사세포로부터 직접 발달한다(자낭균류, 일부 담자균류).
  - 후벽포자 : 영양스트레스 조건에서 형성, 균사의 일부가 세포벽이 두꺼워져 세포벽의 대부분이 이중화되고 내구성을 가진 무성포자가 된다.

구분	분류	세포벽	격막	유성포자
유사 균류	난균강	글루칸	−	난포자
진정 균류	유주포자아문	키틴	−	접합자
	접합균아문	키틴	−	접합포자
	자낭균문	키틴	simple pore	자낭포자(8)
	담자균문	키틴	doli pore	담자포자(4)
	불완전균문	키틴	+	미발견

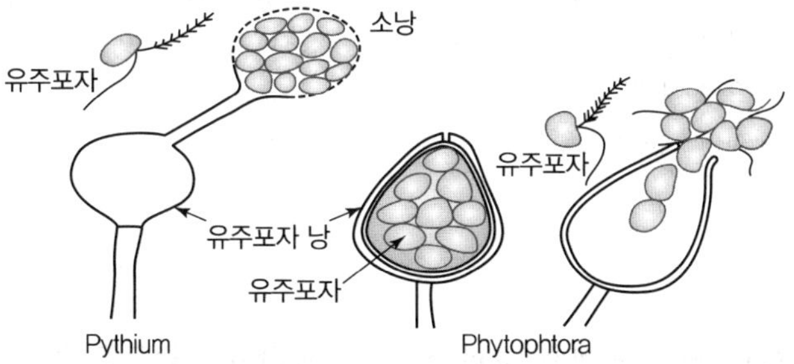

정답 : ⑤

006 수목병과 병원균이 형성하는 유성세대 구조체의 연결로 옳지 않은 것은?

① 밤나무 잉크병 – 자낭자좌
② 밤나무 줄기마름병 – 자낭각
③ 벚나무 빗자루병 – 나출자낭
④ 단풍나무 흰가루병 – 자낭구
⑤ 소나무 피목가지마름병 – 자낭반

해설 **밤나무 잉크병(*phytophthora katsrae,* 난균강)**

- 기주 : (저항성) 일본밤나무, 중국밤나무, (감수성) 유럽, 미국 밤나무
- 피해 : 유럽밤나무에 큰 피해, 어린나무에 발생이 심하다.
- 발생특성 : 어린나무에서 발생 심함. 습하고 배수불량 임지에서 발생한다.
- 병징 : 잎의 수 및 크기 감소(밤송이 미성숙) 수피 아래조직 갈변, 괴사 검은색 액체누출(잉크모양), 알콜냄새, 역한 냄새 수관 쇠락이 나타나고 병이 진전되면 고사된다.
- 방제 : 배수관리 철저, 저항성 품종식재

정답 : ①

007 수목 병원성 곰팡이에 관한 설명으로 옳지 않은 것은?

① 빗자루병을 일으킬 수 있다.
② Biolog 검정법을 통해 동정할 수 있다.
③ 기공과 피목을 통해 식물체 내부로 침입할 수 있다.
④ 휴면, 월동 구조체인 균핵과 후벽포자는 전염원이 될 수 있다.
⑤ 탄저병을 일으키는 *Colletotrichum*속은 강모(setae)를 형성하기도 한다.

해설 **Biolog 검정법**

- 탄소원 이용 여부를 이용한 검정법은 세균병의 진단 시 사용한다.
- 세균은 환원성무기물(수소, 황화수소, 암모니아, 일산화탄소)을 이산화할 때 발생되는 전자를 환원력으로 이용한다.
- 이산화탄소를 탄소원으로 이용한다.

정답 : ②

008 병의 진단에 사용하는 코흐(Koch)의 원칙에 관한 설명으로 옳지 않은 것은?

① 병원체는 반드시 병든 부위에 존재해야 한다.
② 재분리한 병원체의 유성생식이 확인되어야 한다.
③ 병반에서 분리한 병원체는 순수배양이 가능해야 한다.
④ 순수 분리된 병원체를 동종 수목에 접종했을 때 동일한 병징이 재현되어야 한다.
⑤ 병징이 재현된 감염 조직에서 접종했던 병원체와 동일한 것이 재분리되어야 한다.

해설 **병원성 검정(코흐의 법칙)**

- 병든 식물의 병징 부위에서 '병원체'를 찾을 수 있어야 한다.
- 병원체는 반드시 '분리'되고, 영양배지에서 '순수배양'되어 특성을 알아낼 수 있어야 한다.
- 순수배양된 병원체는 병이 나타난 식물과 같은 종 또는 품종의 건전한 식물에 접종 시 똑같은 증상이 나타나야 한다.
- 병원체는 '재분리배양'할 수 있어야 한다(절대기생체는 적용하기 어려움).

정답 : ②

009 병원체와 제시된 병명의 연결이 모두 옳은 것은?

ㄱ. 벚나무 빗자루병	ㄴ. 뽕나무 자주날개무늬병
ㄷ. 감귤 궤양병	ㄹ. 소나무 혹병
ㅁ. 호두나무 근두암종병	ㅂ. 배나무 붉은별무늬병
ㅅ. 쥐똥나무 빗자루병	ㅇ. 소나무재선충병

① 선충－ㅁ, ㅇ
② 세균－ㄷ, ㄹ
③ 곰팡이－ㄴ, ㄹ
④ 바이러스－ㄴ, ㅂ
⑤ 파이토플라스마－ㄱ, ㅅ

해설 ㄱ. 벚나무 빗자루병(곰팡이－자낭균)
ㄴ. 뽕나무 자주날개무늬병(곰팡이－담자균)
ㄷ. 감귤 궤양병(세균－*Xanthomonas*)
ㄹ. 소나무 혹병(곰팡이－담자균)
ㅁ. 호두나무 근두암종병(세균－*Agrobacterium*)
ㅂ. 배나무 붉은별무늬병(곰팡이－담자균－녹병)
ㅅ. 쥐똥나무 빗자루병(파이토플라스마)
ㅇ. 소나무재선충병(선충)

정답 : ③

010 포플러 잎녹병에 관한 설명으로 옳지 않은 것은?

① 중간기주로 일본잎갈나무(낙엽송) 등이 알려져 있다.
② 한국에서는 대부분 *Melampsoralarici－populina*에 의해 발생한다.
③ 한국에서도 포플러 잎녹병에 대한 저항성 클론이 개발 보급되었다.
④ 월동한 겨울포자가 발아하여 생성된 담자포자가 포플러 잎을 감염한다.
⑤ 여름포자는 핵상이 n＋n이며, 기주를 반복 감염하여 피해를 증가시킨다.

해설 겨울포자가 발아하여 형성된 담자포자가 중간기주 일본잎갈나무, 현호색을 침해한다.

포플러 잎녹병(*Melampsora* spp.)

- 발생특징 : 여름~가을에 걸쳐 병원균 침입을 받으면 정상잎보다 1~2개월 조기낙엽이 되고 생장 감소한다.
- 병든 나무가 급속히 말라 죽지는 않는다.
- *Melampsora larici－populina*의 기주 : 포플러류, 사시나무류, 중간기주 : 일본잎갈나무, 댓잎현호색
- *M. magnusiana*의 기주 : 포플러류, 사시나무류, 중간기주 : 일본잎갈나무, 현호색
- 포플러 잎녹병 병원체의 잠복기 : 4~6일

정답 : ④

HIDDEN CARD

011 병원체에 관한 설명으로 옳은 것은?

① 곰팡이는 자연개구로 침입할 수 없다.
② 식물기생선충은 구침을 가지고 있지 않다.
③ 바이러스는 식물체에 직접침입할 수 있다.
④ 세균은 수목의 상처를 통해서만 침입할 수 있다.
⑤ 파이토플라스마는 새삼이나 접목을 통해 전반될 수 있다.

해설 파이토플라스마는 새삼이나 접목을 통해 전반될 수 있으며, 영양번식체, 매개충, 뿌리접목 등으로 전반 가능하다.

① 곰팡이는 자연개구(기공, 피목, 수공, 밀선), 직접침입, 상처를 통한 침입을 한다.
② 식물기생선충은 구강형, 식도형 구침을 가지고 있다.
③ 바이러스는 접목 및 영양번식에 의해 전염이 되고, 매개생물(곤충, 응애, 선충, 곰팡이, 진딧물, 매미충, 멸구, 가루이, 나무이, 깍지벌레)이나 종자 및 꽃가루 등에 의해 전염이 된다.
④ 세균은 상처, 기공, 피목, 밀선 등의 자연개구부의 침입 가능하며 수목에 생긴 상처는 주요 감염 부위가 된다.

정답 : ⑤

012 바이러스에 관한 설명으로 옳지 않은 것은?

① 세포 체제를 가지고 있지 않다.
② 절대기생성이며 기주특이성이 없다.
③ 복제 시 핵산에 돌연변이가 발생할 수 있다.
④ 식물체 내 원거리 이동 통로는 주로 체관이다.
⑤ 유전자 발현은 기주의 단백질 합성기구에 의존한다.

해설 **바이러스의 특징**

- 절대기생성(순활물기생체)이며 기주특이성을 가지고 있다.
- 기본구조는 바이러스 게놈핵산과 이를 보호하는 단백질외피로 구성된 뉴클레오캡시드(핵단백질 구조물)이다.
- 바이러스는 번식할 때 자신의 DNA나 RNA를 그대로 복제해 다음 세대에 전달해야 하는데 복제하는 과정에서 실수가 일어나 구조가 달라지면 돌연변이가 나오고, 이 돌연변이가 변이 바이러스가 된다.
- 식물체 내 원거리 이동통로는 주로 체관이다.
- 감염 후, 세포의 단백질 합성기구들을 이용하여 자신의 유전물질을 복제한다.

정답 : ②

013 파이토플라스마에 관한 설명으로 옳지 않은 것은?

① 세포벽을 통해 양분흡수와 소화효소 분비를 조절한다.
② 매개충을 통해 전반되며 수목에 전신감염을 일으킨다.
③ 16S rRNA 유전자 염기서열 분석으로 동정할 수 있다.
④ 오동나무 빗자루병, 붉나무빗자루병등의 병원체이다.
⑤ 병든 나무는 벌채 후 소각하거나 옥시테트라사이클린 나무주사로 치료한다.

해설
- 파이토플라스마는 세포벽을 갖지 않으며 대신 일종의 원형질막으로만 둘러싸인 세포질이 있고 리보솜과 핵물질 가닥이 존재한다.
- 세포벽이 없으므로 세포벽 합성을 저해하는 페니실린 등의 항생제에는 저항성으로 효과가 없다. toluidine blue의 조직염색 confocal laser microscopy 등으로 검정하고 DAPI 등의 형광염색소를 사용하며, 형광현미경기법을 사용한다.

정답 : ①

014 수목병의 표징에 관한 설명으로 옳지 않은 것은?

① 호두나무 탄저병 : 병반위에 분생포자덩이를 형성한다.
② 회화나무 녹병 : 줄기와 가지에 길쭉한 혹이 만들어진다.
③ 삼나무 잎마름병 : 분생포자덩이가 분출되어 마르면 뿔 모양이 된다.
④ 아밀라리아뿌리썩음병 : 주요 표징 중 하나는 뿌리꼴균사다발이다.
⑤ 호두나무 검은(돌기) 가지마름병: 분생포자덩이가 빗물에 씻겨 수피로 흘러 내리면 잉크를 뿌린 듯이 보인다.

해설 **회화나무 녹병**
- 7월 초순부터 잎 뒷면에 표피를 뚫고 황갈색 가루덩이(여름포자)들이 나타난다.
- 8월 중순쯤부터는 황갈색 여름포자덩이는 사라지고, 흑갈색 가루덩이(겨울포자)가 나타나기 시작한다.
- 줄기와 가지에는 껍질이 갈라져 방추형의 혹이 생기며(병징), 가을에는 혹의 갈라진 껍질 밑에 흑갈색의 가루덩이(겨울포자)가 무더기로 나타난다(표징).

정답 : ②

015 수목병진단기법에 관한 설명으로 옳은 것은?

① 바이러스 봉입체는 전자현미경으로만 관찰된다.
② 그람염색법으로 소나무혹병의 병원균을 동정한다.
③ 사철나무대화병은 병환부를 습실처리하여 표징 발생을 유도한다.
④ 오동나무 빗자루병은 Toluidine blue를 이용한 면역학적 기법으로 진단한다.
⑤ 향나무 녹병진단을 위해 병원균 DNA ITS PCR의 부위를 증폭하여 염기서열을 분석한다.

해설 중합효소 연쇄 반응(PCR ; Polymerase Chain Reaction)은 DNA의 원하는 부분을 복제 · 증폭시키는 분자생물학적인 기술이다.
① 바이러스 봉입체는 내부병징인 봉입체의 진단은 광학현미경으로도 가능하다.
② 그람염색법은 세균 진단기법, 소나무 혹병은 담자균(곰팡이)에 의한 녹병의 병징은 표징(병원체)이 관찰되지 않으면 일반적인 잎과 줄기의 병해와 유사하다.
③ 사철나무대화병은 나무의 선단부줄기가 부채모양으로 변한다하여 불려진 이름으로 학계에서도 아직 병의 원인이 무엇인지 밝혀지지 않았다.
④ 파이토플라스마 진단은 전자현미경으로 진단, Toluidine blue 조직염색에 의한 광학현미경 진단과 DAPI 형광색소를 이용한 진단, aniline blue 염색 등이 있다.

정답 : ⑤

016 수목병을 관리하는 방법에 관한 설명으로 옳지 않은 것은?

① 배롱나무 흰가루병 일조와 통기 환경을 개선한다.
② 소나무 잎녹병 중간기주인 뱀고사리를 제거한다.
③ 소나무 가지끝마름병 수관 하부를 가지치기한다.
④ 대추나무 빗자루병 옥시테트라사이클린을 나무주사한다.
⑤ 벚나무 갈색무늬구멍병 병든 잎을 모아 태우거나 땅속에 묻는다.

해설 • 소나무 잎녹병의 중간기주 : 참취, 쑥부쟁이, 황벽나무
• 전나무 잎녹병의 중간기주 : 뱀고사리

정답 : ②

017 비기생성원인에 의한 수목병의 일반적인 특성으로 옳은 것은?

① 기주특이성이 높다.
② 병원체가 병환부에 존재하고 전염성이 있다.
③ 수목의 모든 생육단계에서 발생할 수 있다.
④ 환경조건이 개선되어도 병이 계속 진전된다.
⑤ 미기상변화에 직접적인(microclimate) 영향을 받지 않는다.

해설

특징	기생성병(전염성병)	비기생성병(비전염성병)
발병부위	식물체일부	식물체 전체
발병면적	제한적	넓음
병진전도	다양함	비슷함
종특이성	높음	매우 낮음
병원체존재	병환부에 있음	없음

정답 : ③

018 제시된 특징을 모두 갖는 병원균에 의한 수목병은?

• 분생포자를 생성한다.
• 세포벽에 키틴을 함유한다.
• 균사 격벽에 단순격벽공이 있다.

① 철쭉 떡병
② 동백나무 흰말병
③ 오리나무 잎녹병
④ 사과나무 흰날개무늬병
⑤ 느티나무 줄기밑둥썩음병

해설
• 철쭉 떡병 : 담자균, 유연공격벽
• 동백나무 흰말병 : 조류는 무성세대를 이루는 분생포자와 유주포자, 유성세대를 이루는 난포자를 만든다.
• 자낭균류는 균사 격벽이 단순격벽공, 담자균류는 균사 격벽이 유연공격벽이다.
• 난균강의 세포벽은 글루칸, 유주포자아문/접합균아문/자낭균문/담자균문/불완전균문의 세포벽은 키틴을 함유한다.
• 자낭균류는 무성세대를 이루는 분생포자, 유성세대를 이루는 자낭포자를 형성한다.

정답 : ④

019 *Ophiostoma*속 곰팡이에 관한 설명으로 옳지 않은 것은?

① 토양 속에 균핵을 형성한다.
② 천공성해충의 몸에 붙어 전반된다.
③ 느릅나무 시들음병의 병원균이 속한다.
④ 멜라닌 색소를 합성하여 목재 변색을 일으킨다.
⑤ 변재부의 방사유조직에서 생장하여 감염 부위가 나타난다.

해설 ***Ophiostoma*속 곰팡이, 자낭균류**

- 느릅나무 시들음병의 병원균(*Ophiostomanovo－ulmi*), 대부분의 목재변색은 *Ophiostoma*속 곰팡이에 의해 일어나며, *Ceratocystis*, *Ophiostoma*, *Graphium* 등이 있다.
- 멜라닌 색소 함유한 균사가 방사유조직에서 생장하여 변색된다.

정답 : ①

020 수목 뿌리에 발생하는 병에 관한 설명으로 옳은 것은?

① 파이토프토라 뿌리썩음병균은 유주포자낭을 형성한다.
② 안노섬 뿌리썩음병균은 아까시흰구멍버섯을 형성한다.
③ 리지나 뿌리썩음병균은 자낭반 형태의 뽕나무버섯을 형성한다.
④ 모잘록병은 기주우점병이며 주요 병원균으로는 *Pythium*속과 *Rhizoctoniasolani* 등이 있다.
⑤ 뿌리혹선충은 뿌리 내부에 침입하여 세포와 세포 사이를 이동하는 이주성내부 기생선충이다.

해설 ② 아까시흰구멍버섯을 형성하는 것은 줄기밑둥썩음병(백색부후균)이다.
③ 리지나 뿌리썩음병균은 자낭반 형태의 파상땅해파리버섯을 형성하고 뽕나무버섯을 형성하는 것은 아밀라리아 뿌리썩음병이다.
④ 모잘록병은 병원성 우점병이며 주요 병원균으로는 *Pythium*속과 *Rhizoctonia* 조직연화성병해가 있다.
⑤ 뿌리썩이선충이 이주성내부선충이고, 뿌리혹선충은 고착성내부기생선충이다.

정답 : ①

021 소나무 가지끝마름병에 관한 설명으로 옳지 않은 것은?

① 피해입은 새 가지와 침엽은 수지에 젖어 있다.
② 감염된 어린 가지는 말라 죽으며 아래로 구부러진 증상을 보인다.
③ 침엽 및 어린 가지의 병든 부위에는 구형 또는 편구형 분생포자각이 형성된다.
④ 가뭄, 답압, 과도한 피음등으로 수세가 약해진 나무에서는 굵은 가지에도 발생한다.
⑤ 병원균은 *Guignardia*속에 속하며 병든 낙엽 가지 또는 나무 아래의 지피물에서 월동한다.

해설 소나무 가지끝마름병의 병원균은 *Shpaeropsis sapinea*(=*Diplodia pinea*)속으로 병든 낙엽, 가지 또는 나무 아래의 지피물에서 월동한다.

정답 : ⑤

022 한국에서 발생하는 참나무 시들음병에 관한 설명으로 옳지 않은 것은?

① 주요 피해 수종은 신갈나무이다.
② 감염된 나무는 변재부가 변색된다.
③ 병원균은 유성세대가 알려지지 않은 불완전균류이다.
④ 물관부의 수분 흐름이 감소되어 나무 전체가 시든다.
⑤ 병원균은 기주수목의 방어반응을 이겨내기 위해 체관 내에 전충체를(tylose)를 형성한다.

해설 병원균이 전충체를 형성하는 것이 아닌, 활엽수 중에 환공재 수종에서 오래된 도관을 전충체로 채워 폐쇄시켜 목재부후균의 이동을 막는다.

전충체(tylose, 塡充體, 타일러스)
- 나무의 목재 중 오래된 부분의 도관 또는 가도관 내부에 2차적으로 발생한 세포분을 말한다.
- 스트레스를 받거나 병원체에 의해서 침입받는 동안 물관 속에서 형성되는데 수(pith)를 통해 물관 속으로 돌출된 인접한 살아 있는 유세포의 원형질체가 비정상적으로 자란 것이다.

정답 : ⑤

023 수목에 기생하는 겨우살이에 관한 설명으로 옳지 않은 것은?

① 진정겨우살이는 침엽수에 피해를 준다.
② 기주식물에 흡기를 만들어 양분과 수분을 흡수한다.
③ 수간이나 가지의 감염 부위는 부풀고 강풍에 쉽게 부러질 수 있다.
④ 방제를 위해 감염된 가지를 전정한 후 상처도포제를 처리하는 것이 좋다.
⑤ 진정겨우살이는 광합성을 할 수 있으나 수분과 무기양분은 기주식물에 의존한다.

해설 소나무과, 측백나무과 등에 피해를 주는 겨우살이는 난쟁이겨우살이이다. 그 외의 겨우살이는 활엽수에 피해를 준다.

정답 : ①

024 벚나무 번개무늬병에 관한 설명으로 옳지 않은 것은?

① 접목에 의한 전염이 가능하다.
② 병원체는 *American plum line pattern virus* 등이 있다.
③ 봄에 나온 잎의 주맥과 측맥을 따라 황백색줄무늬가 나타난다.
④ 병징은 매년 되풀이되어 나타나며 심할 경우 나무는 고사한다.
⑤ 감염된 잎의 즙액을 지표식물에 접종하면 국부병반이 나타나고 ELISA로 진단할 수 있다.

해설 바이러스병 중 한 번 감염되면 매년 병징이 되풀이되고, 생장에 문제가 생기어 심한 경우 말라 죽는 종류의 바이러스 병들이 있지만, 벚나무 번개무늬병의 경우에는 매년 병징이 나타날 뿐 수세에는 크게 지장이 없다.

벚나무 번개무늬병

- 왕벚나무 등 여러 종류의 벚나무에서 자주 발생한다.
- 병원체는 *American plum line pattern virus*(APLPV)이다.
- 매화나무, 자두나무, 복숭아나무, 살구나무 등에서도 유발된다.
- 5월경부터 잎의 중앙맥과 굵은 지맥을 따라 번개무늬 모양의 선명한 황백색 줄무늬 병반이 나타난다.
- 봄에 자라나온 잎에서만 병징이 나타나며, 그 후에 자라나 온 잎에서는 나타나지 않고, 주로 일부 잎에서만 나타난다.
- ELISA 진단키트로 진단한다.

정답 : ④

025 버즘나무 탄저병에 관한 설명으로 옳지 않은 것은?

① 병원균의 유성세대는 *Apiognomonia*속에 속한다.
② 병원균은 무성세대 포자형성 기관인 분생포자각을 형성한다.
③ 감염된 낙엽과 가지를 제거하면, 추가 감염을 예방하는 효과가 있다.
④ 봄에 잎이 나온 후 비가 자주 내릴 때 많이 발생하며, 어린잎과 가지가 말라 죽는다.
⑤ 잎이 전개된 이후에 감염되면, 엽맥을 따라 번개 모양의 갈색 병반을 보이며 조기낙엽을 일으킨다.

해설 **버즘나무 탄저병**

초봄에 발생하면 어린싹이 까맣게 말라 죽고, 잎이 전개된 이후에 발생하면 잎맥을 중심으로 번개 모양의 갈색반점이 형성되며 잎맥과 주변에는 분생포자반이 무수히 나타난다. 우리나라에서는 유성세대가 발견되지 않았으며 병든 낙엽이나 가지에서 균사 또는 분생포자반으로 월동한다.

	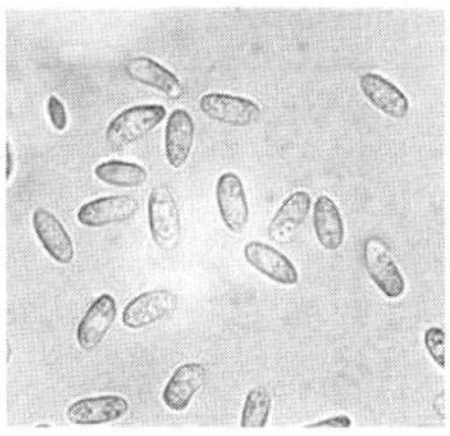		
잎의 탄저증상	병원균의 분생포자	잎 뒷면의 병징	새잎과 어린 가지가 말라 죽은 증상

정답 : ②

PART

02 | 수목해충학

026 곤충이 번성한 이유에 관한 설명으로 옳지 않은 것은?

① 외골격은 가볍고 질기며 수분 투과를 막는다.
② 식물과 공진화하여 먹이 자원에 대한 종 특이성이 발달하였다.
③ 크기가 작아 소량의 먹이로도 살아갈 수 있고 공간요구도가 낮다.
④ 이동분산능력을 증대시키는 날개가 있어 탐색활동이나 교미활동에 유리하다.
⑤ 세대 간 간격이 짧아 도태나 돌연변이가 일어나지 않아 종 다양성이 증가하였다.

해설 곤충의 높은 유전적 변이성(이차적인 DNA 해체되고 재구성)을 가지고 있어 급격한 환경변화에 적응할 수 있는 빠른 종 분화가 이루어지고 다산력이 뛰어나 도태 받을 기회와 돌연변이 기회가 주어진다.

정답 : ⑤

027 곤충의 기원과 진화에 관한 설명으로 옳은 것은?

① 데본기에 날개가 있는 곤충이 출현하였다.
② 무시류곤충은 캄브리아기에 출현하였다.
③ 근대 곤충 목(目, order)은 대부분 삼첩기에 출현하였다.
④ 다리가 6개인 절지동물류는 모두 곤충강으로 분류한다.
⑤ 곤충강에 속하는 분류군은 입틀이 머리덮개 안으로 함몰되어 있다.

해설 곤충의 진화는 데본기 무렵(무시충)부터 진행하여 석탄기 때 날개 있는 곤충이 출현했다. 근대곤충 목(目, order)은 대부분 삼첩기에 다양한 곤충이 대거 출현하였다.
톡토기강인 속입틀류는 낫발이목, 좀붙이목, 톡토기목과 곤충강은 육각아문에 속한다.

구분	시기	생물
신생대	제3기	근대 곤충류 번성
중생대	백악기	근대 곤충류 출현
	쥐라기	
	삼첩기	
고생대	이첩기	다양한 곤충 출현 및 소멸
	석탄기	유시곤충류 출현
	데본기	무시곤충류 출현
	실루리아기	육지동물
	오르도비스키	오르도비스키
	캄브리아기	절지동물(삼엽충, 갑각류)

육각아문의 주요 목 분류표

<table>
<tr><td rowspan="4">절지동물문</td><td rowspan="4">육각아문</td><td colspan="3">톡톡이강</td></tr>
<tr><td rowspan="3">곤충강</td><td colspan="2">무시아강</td></tr>
<tr><td>유시아강</td><td>외시류</td></tr>
<tr><td></td><td>내시류</td></tr>
</table>

※ 절지동물문에는 거미강, 새우강, 노래기강, 지네강, 곤충강이 있다.

정답 : ③

028 곤충 성충의 외부형태적 특징에 관한 설명으로 옳지 않은 것은?

① 홑눈은 낱눈 여러 개로 채워져 있다.

② 날개는 체벽이 신장되어 생겨난 것이다.

③ 더듬이의 마디는 밑마디, 흔들마디, 채찍마디로 되어 있다.

④ 입틀은 큰턱과 작은턱이 각각 1쌍이고 윗입술 아랫입술 혀로 구성되어 있다.

⑤ 다리의 마디는 밑마디, 도래마디, 넓적마디, 종아리마디, 발목마디로 되어 있다.

해설
- 낱눈이 모여서 1쌍의 겹눈(복안)이 된다.
- 홑눈은 절지동물 곤충류의 단일성 눈으로 퇴화 되어가는 눈으로 명암만 구분할 수 있음, 자외선을 포함한 청색이나 자색 등의 짧은 파장(300~600nm)의 빛에는 반응하기 쉽다.
- 앞홑눈은 모든 성충과 불완전변태류 약충에 있고 옆홑눈은 완전변태 유충에 있다.

정답 : ①

029 곤충의 특징에 관한 설명으로 옳은 것은?

① 외표피는 키틴을 다량 함유한다.

② 메뚜기류의 고막은 앞다리 넓적마디에 있다.

③ 중추신경계는 뇌와 앞가슴샘이 신경색으로 연결되어 있다.

④ 순환계는 소화관의 아래쪽에 위치하며, 대동맥과 심장으로 되어 있다.

⑤ 기관계에서 바깥쪽 공기는 기문을 통해 곤충 몸 안으로 들어가고 기관지와 기관, 소지를 통해 세포까지 공급된다.

해설
- 외표피은 곤충의 가장 바깥쪽 위치하며, 시멘트층은 표피 가장 바깥쪽에 있으며 피부샘에서 분비하는 단백질과 지질로 구성된다.
- 내부 외표피층은 외표피을 대부분 차지하며 지질단백질이 주요성분이다.
- 왁스층은 외표피은 바로 위쪽에 있으며 탄화수소, 지방산 및 에스터화합물이 주요성분으로 수분증산을 억제하여 곤충 체내의 수분유지를 해준다.
- 메뚜기, 나방류 : 복부(배)에서 소리 감지
  - 귀뚜라미, 여치 : 앞다리 종아리마디
  - 모기류 : 더듬이에 털이 소리 감지
  - 개미, 꿀벌, 흰개미 : 다리의 기계감각기로 진동 감지
  - 중추신경계는 소화관을 지배하는 내장신경계를 제외한 나머지들이 모여 중추신경계를 만들며 뇌, 식도하신경절, 복면신경색으로 구성된다. 순환계는 소화관의 등 쪽에 위치하며, 대동맥과 심장으로 되어 있다.

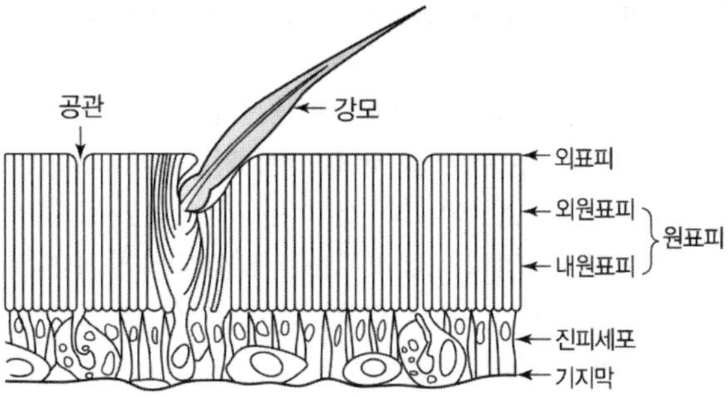

정답 : ⑤

030 곤충분류학 용어에 관한 설명으로 옳지 않은 것은?

① 속명과 종명은 라틴어로 표기한다.
② 계－문－강－목－과－속－종의 체계로 이루어져 있다.
③ 명명법은 「국제동물명명규약」에 규정되어 있다.
④ 신종 기재 시에는 1개체만 완모식표본으로 1설정한다.
⑤ 종결어미는 과명에서 '－inae'이고 아과명에서는 '－idea'이다.

해설 상과명의 어미는 '－oidea', 과명은 '－idea', 아과명은 '－inae', 종명은 '－ini'로 끝난다.

③ 국제동물명명규약(ICZN ; International Code of Zoological Nomenclature)에 의하면 완모식표본은 해당 이름을 가진 여러 종류의 명명된 표본들 중 한 가지로 이는 학명의 안전을 꾀하기 위한 표본이다.
- 동모식표본(isotype)은 완모식표본의 복제품이다.
- 완모식이외의 모든 표본을 부모식표본이라고 한다.

④ 모식표본은 신종 기재 시 학명을 적용할 때 기준표본이며 완모식표본은 신종을 기재할 때 사용한다.
- 정기준 표본 또는 완모식표본(holotype)이란 한 유기체의 물리적인 표본(혹은 그림)으로 해당 종(혹은 그보다 하위의 분류군)이 공식적으로 기재되었을 당시에 사용되었다고 알려진 표본이다.
- 종의 물리적인 표본(혹은 그림)이 한 개체일 수도 있고, 혹은 여러 개의 표본 중 하나일 수도 있으나 명시적으로 완모식표본이라고 지정되어야 한다.

정답 : ⑤

031 제시된 특징의 곤충 분류군 목(order)은?

- 잎을 가해하고 간혹 대발생한다.
- 주로 단위생식을 하며 독립생활을 한다.
- 수관부를 섭식하며, 알을 한 개씩 지면으로 떨어뜨린다.
- 앞가슴마디가 짧고 가운데가슴마디와 뒷가슴마디가 길다.

① 벌목(Hymenoptera)
② 대벌레목(Phasmida)
③ 나비목(Lepidoptera)
④ 메뚜기목(Orthoptera)
⑤ 딱정벌레목(Coleoptera)

해설 **대벌레목(Phasmida)**
- 시간에 따라 몸의 색이 바뀌는 종도 있으며, 주로 야행성이다.
- 포식자에게 잡힐 때에 다리의 도래마디와 넓적다리마디 사이를 끊고 도망가며 끊어진 다리는 탈피 시 재생한다.
- 크기는 7(중형)~10(대형)cm, 막대기나 잎 모양의 형태를 띤다.
- 머리는 작고 전구식, 겹눈은 작고 홑눈은 2~3개다.
- 앞가슴은 작고 3쌍의 다리는 가늘고 길다.
- 식성은 식식성이며, 열대와 아열대 지역에 많이 서식한다.

• 체색은 녹색을 띠나, 서식처에 따라 담갈색, 흑갈색, 황녹색을 띠는 것도 있다.
• 산림이나 과수 해충으로 때때로 대발생하며 피해받은 나무는 고사하지는 않으나 미관상 보기는 흉하다.
• 연 1회 발생하며 알은 1개씩 땅에 떨어뜨리며 낳고 알로 월동(3월 하순~4월에 부화)한다. 주로 단위생식을 한다.

정답 : ②

HIDDEN CARD

032 해충 개체군의 특징에 관한 설명으로 옳은 것은?

① 어린 유충기의 집단생활은 생존율을 낮춘다.
② 어린 유충기에 집단생활을 하는 종으로 솔잎벌이 있다.
③ 환경저항이 없는 서식처에서 로지스틱(logistic) 성장을 한다.
④ 생존곡선에서 제3형은 어린 유충기에서 죽는 비율이 높다.
⑤ 서열(경합)경쟁은 종간경쟁의 한 종류이며, 생태적 지위가 유사한 종간에 발생한다.

해설 생존곡선에서 제3형(C)은 어린 유충기에서 죽는 비율이 높다.
• 제1형 : 볼록형(사람, 대형포유류, 초기 사망률 낮고, 후기 사망률이 높음)
• 제2형 : 사선형(조류, 사망률이 일정함)
• 제3형 : 오목형(곤충, 어류, 초기 사망률이 높고, 후기 사망률은 낮은 상태 유지)
① 어린 유충기의 집단생활(군서생활)은 생존율을 높여준다.
② 어린 유충기에 솔잎벌은 한 침엽에 1마리씩 서식한다.
③ 로지스틱(logistic) 성장을 한다는 것은 특정한 환경에서 개체 수의 변화를 말한다.
• 환경저항이 있는 서식처에서 로지스틱(logistic) 성장을 한다.
• 환경저항이 없으면 기하급수적인 증가를 나타낸다.

※ 로지스틱 함수(logistic function) : 개체군의 성장 등을 나타내는 함수이다. 로지스트형 개체군 성장 모델(logistic model of population growth)은 개체군 생태학에서 개체군의 증가율을 설명하는 모델로 1838년 Verhulst가 고안해 냈다.

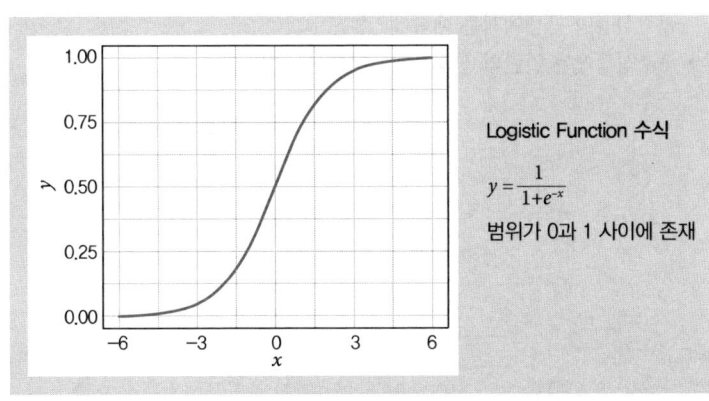

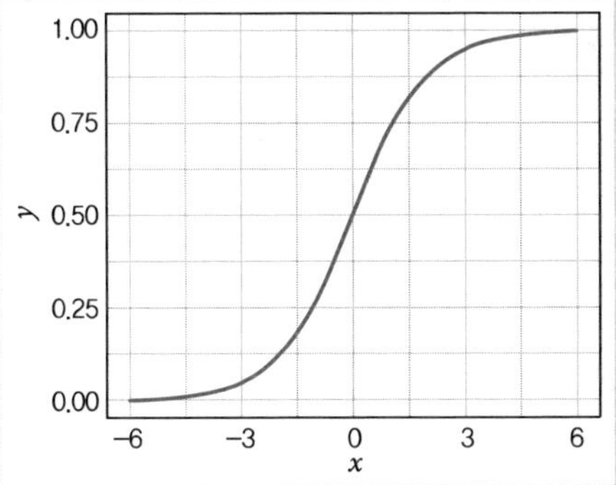

Logistic Function 수식

$$y = \frac{1}{1+e^{-x}}$$

범위가 0과 1 사이에 존재

⑤ 서열(경합)경쟁은 종내경쟁의 한 종류이다.

- 종내경쟁에는 무서열경쟁과 서열경쟁이 있으며, 서열경쟁은 어떤 종이 임계밀도를 넘었을 경우, 자원을 일부 개체들만 독점하여 경쟁 후에도 일정밀도가 유지가 되는 경쟁이다.
- 개체군의 크기가 커짐에 따라 감소하는데, 그 주요 원인은 먹이와 서식지에 대한 경쟁, 천적의 수와 공격능력의 증가 등을 들 수 있다.

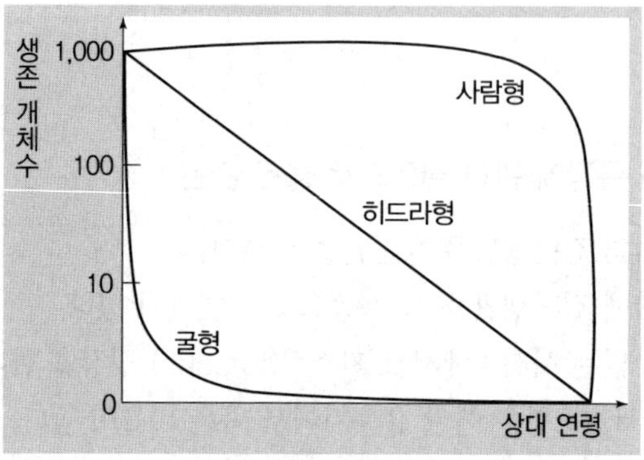

정답 : ④

033 곤충의 신경계에 관한 설명으로 옳지 않은 것은?

① 신경계에서 호르몬이 분비된다.

② 뇌에 신경절 2쌍이 연합되어 있다.

③ 말초신경계는 운동신경과 체벽에 분포한 감각신경을 포함한다.

④ 신경계는 감각기를 통해 환경자극을 전기에너지로 전환한다.

⑤ 내장신경계는 내분비기관, 생식기관, 호흡기관 등을 조절한다.

해설 뇌는 3개 신경절인 전대뇌, 중대뇌, 후대뇌로 되어 있다.

- 곤충의 신경계는 크게 중앙신경계, 내장신경계, 그리고 주변신경계로 구분된다. 척추동물과는 반대로 중추신경이 배에 있는 것이 특징이며, 뇌는 머리에 있고 척추동물로 치면 등의 척수 포지션의 중추신경이 곤충에게는 배쪽에 있다.
- 중추신경계는 일련의 신경절로 구성되어 있다.

정답 : ②

034 곤충의 내분비계에 관한 설명으로 옳지 않은 것은?

① 알라타체는 유약호르몬을 분비한다.
② 탈피호르몬은 뇌호르몬의 자극을 받아 분비된다.
③ 앞가슴샘은 유충과 성충에서 탈피호르몬을 분비하는 내분비기관이다.
④ 내분비계에는 앞가슴샘카디아카체, 알라타체, 신경분비세포가 있다.
⑤ 카디아카체는 뇌의 신경분비세포에서 신호를 받은 후에 저장된 앞가슴샘자극호르몬을 방출한다.

해설
- 앞가슴샘은 유충에서 탈피호르몬을 분비하는 내분비기관이다. 앞가슴샘은 머리 뒤쪽이나 앞가슴에 발달하는 한 쌍의 외배엽성분비기관으로 일정한 구조가 없이 산만한 모습을 보인다.
- 곤충의 탈피와 변태를 일으키는 탈피호르몬을 분비하기 때문에 성충으로 우화하면 이 샘도 퇴화되어 없어진다.

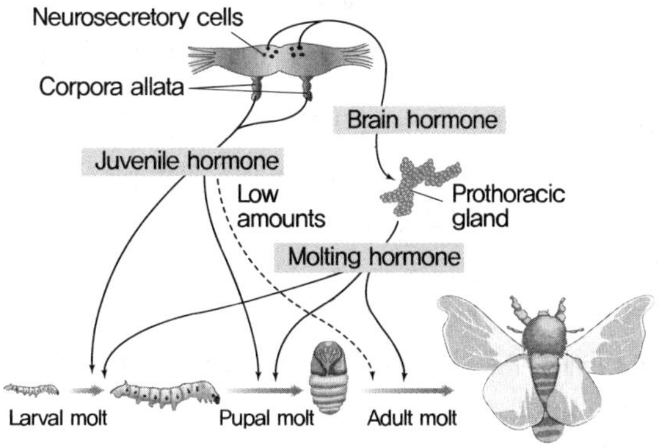

정답 : ③

035 곤충과 온도의 관계에 관한 설명으로 옳은 것은?

① 온대지역에서 고온치사 임계온도는 35℃이다.
② 적산온도법칙은 고온임계온도를 초과한 높은 온도에도 적용한다.
③ 발육속도는 해당 온도구간에서 발육기간(일)의 역수로 계산한다.
④ 유효적산온도는 [(평균온도－발육영점)÷발육기간(일)]로 계산한다.
⑤ 발육영점온도는 실험온도와 발육속도의 직선회귀식으로 얻은 기울기를 절편 Y값으로 나눈 것이다.

해설 ① 고온치사온도는 38~50℃, 곤충의 생존범위는 －15~50℃, 활동정지 온도는 －15~7℃, 38~50℃이다.
② 적산온도법칙은 발육영점이상의 온도에서 적용해야 한다.
④ 유효적산온도＝(발육기간 중 평균온도－발육영점온도)×경과일수
⑤ 발육영점온도는 실험온도와 발육속도의 직선회귀식으로 얻은 기울기를 나눈 것이다.

온도(x)와 발육율(y)의 관계

- 발육율공식 : y=ax+b(y는 발육율, x는 온도, a는 회귀계수, b는 회귀상수)
- 발육영점온도 : −b/a, 유효적산온도 : 1/a

정답 : ③

036 딱정벌레목과 벌목의 특징에 관한 설명으로 옳지 않은 것은?

① 바구미과는 나무좀아과와 긴나무좀아과를 포함한다.
② 딱정벌레목의 다식아목에는 하늘소과, 풍뎅이과 딱정벌레과가 포함된다.
③ 비단벌레과는 금속광택이 특징이며 유충기에 수목의 목질부를 가해한다.
④ 잎벌아목 성충의 산란관은 톱니 모양으로 발달하여 잎이나 줄기를 절개하고 산란한다.
⑤ 벌목의 잎벌아목과 벌아목은 뒷가슴과 제1배마디가 연합된 자루마디의 유무로 구분된다.

해설 딱정벌레과는 딱정벌레목의 식육아목에 포함되어 있다.

① 바구미과는 나무좀아과와 긴나무좀아과를 포함한다.
- 나무좀아과 – 소나무좀속 등
- 긴나무좀아과 – 긴나무좀속 등

③ 비단벌레과는 금속광택이 특징이며 유충기에 수목의 목질부를 가해한다. 딱정벌레목 비단벌레과의 비단벌레는 유충기에 나무속을 파먹고 자라는 해충이다.
④ 잎벌아목 성충의 산란관은 톱니 모양으로 발달하여 잎이나 줄기에 상처를 내고 산란한다.
⑤ 벌목의 잎벌아목과 벌아목은 뒷가슴과 제1배마디가 연합된 자루마디의 유무로 구분된다.
- 잎벌아목은 식식성(해충), 벌아목은 대부분 식충성 많다.
- 벌아목 개미허리처럼 자루마디(petiole)로 되어있고, 잎벌아목은 없다.

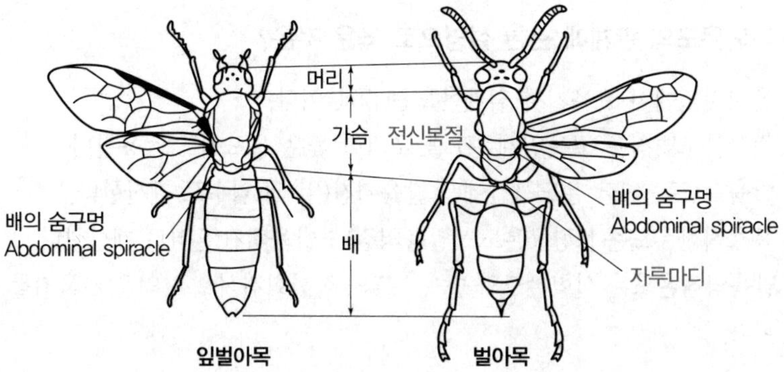

정답 : ②

037 곤충의 주성에 관한 설명으로 옳지 않은 것은?

① 양성주광성은 빛이 있는 방향으로 이동하려는 특성이다.
② 양성주풍성은 바람이 불어오는 방향으로 이동하려는 특성이다.
③ 양성주지성은 중력에 반응하여 식물체 위로 기어 올라가는 특성이다.
④ 양성주화성은 특정 화합물이 있는 방향으로 이동하려는 특성이다.
⑤ 주촉성은 자신의 몸을 주변 물체에 최대한 많이 접촉하려는 특성이다.

해설 중력에 반응하여 식물체 위로 기어 올라가는 특성으로 중력에 반응하여 식물체 위로 기어 올라가는 것은 곤충의 '음성주지성'이다.

정답 : ③

038 곤충의 적응과 휴면(diapause)에 관한 설명으로 옳지 않은 것은?

① 암컷 성충만 월동하는 곤충도 있다.
② 적산온도법칙은 휴면기간 중에도 적용한다.
③ 휴면 유도는 이전 발육단계에서 결정되는 경우가 많다.
④ 휴면이 일어나는 발육단계는 유전적으로 정해져 있다.
⑤ 휴면을 결정하는 여러 요인 중에서 광주기가 중요한 역할을 한다.

해설 적산온도법칙은 '일정한 발육을 하려면 일정량의 발육영점온도 이상의 온열을 접수해야 된다'는 법칙으로, 휴면기간에는 적산온도법칙 적용 불가하다.
① 암컷 성충만 월동하는 곤충에는 깍지벌레류(뽕나무깍지벌레) 중에 일부 혹은 모기 등이 있다.
③ 휴면 유도는 이전 발육단계에서 결정되는 경우가 많다.
④ 휴면이 일어나는 발육단계는 유전적 또는 환경적 또는 요인으로 결정된다.
⑤ 휴면을 결정하는 여러 요인 중에서 광주기가 중요한 역할을 한다(광, 온도, 습도, 먹이 등에 따라 휴면을 결정하는 요인이 되며, 환경 또는 광주기에 의해 휴면에서 재개할지 여부가 조절됨).

정답 : ②

039 곤충의 성페로몬과 이용에 관한 설명으로 옳지 않은 것은?

① 단일 혹은 2개 이상의 화합물로 구성된다.
② 신경혈액기관에서 생성되어 체외로 방출된다.
③ 개체군 조사 대량유살 교미교란에 이용된다.
④ 유인력결정에는 화합물의 구성비가 중요하다.
⑤ 한쪽 성에서 생산되어 반대쪽 성을 유인한다.

해설 페로몬은 외분비샘에서 생성된다(암컷 성충의 복부에서 생성되어 방출).

정답 : ②

040 천공성해충과 충영형성해충을 옳게 나열한 것은?

	천공성해충	충영형성해충
①	박쥐나방, 알락하늘소	돈나무이, 외발톱면충
②	개오동명나방, 광릉긴나무좀	외줄면충, 자귀나무이
③	복숭아유리나방, 벚나무사향하늘소	외발톱면충, 큰팽나무이
④	솔수염하늘소, 큰솔알락명나방	벚나무응애, 때죽납작진딧물
⑤	소나무좀, 목화명나방	공깍지벌레, 복숭아가루진딧물

해설
- 돈나무이, 자귀나무이, 벚나무응애, 공깍지벌레, 복숭아가루진딧물 : 흡즙성
- 외발톱면충 : 충영성, 개오동명나방 : 천공성, 목화명나방 : 식엽성

천공성해충
- 딱정벌레목, 나비목이 주로 천공을 한다.
- 나무좀류(소나무좀, 노랑소나무좀, 오리나무좀, 광릉긴나무좀, 앞털뭉뚝나무좀 등), 하늘소류(버들하늘소, 향나무하늘소, 솔수염하늘소, 북방수염하늘소, 알락하늘소, 미끈이하늘소, 벚나무사향하늘소 등)
- 바구미류(노랑무늬솔바구미, 흰점박이바구미 등)
- 비단벌레류(비단벌레)
- 나방류(박쥐나방, 복숭아유리나방, 솔애기잎말이나방, 소나무순나방, 큰솔알락명나방)

충영형성해충
- 혹파리류(솔잎혹파리, 사철나무혹파리, 아까시잎혹파리)
- 혹진딧물류(때죽나무납작진딧물, 사사키잎혹진딧물, 느티나무외줄진딧물)
- 혹응애류(회양목혹응애, 붉나무혹응애)
- 혹벌류(밤나무혹벌, 신갈마디혹벌, 참나무순혹벌, 갈참나무혹벌)
- 면충류(외줄면충)
- 나무이류(큰팽나무이, 오갈피나무이)

충영형성 부위에 따른 종류
- 동아에 혹을 형성 : 밤나무혹벌
- 잎의 기부에 혹 형성 : 솔잎혹파리
- 잎에 혹을 형성 : 느티나무외줄진딧물, 사사키잎혹진딧물, 신갈마디혹벌, 회양목혹응애
- 줄기에 혹을 형성 : 혹벌류, 참나무순혹벌, 갈참나무혹벌, 오갈피나무이

정답 : ③

041 제시된 생태적 특징을 지닌 해충으로 옳은 것은?

- 장미과 수목의 잎을 가해한다.
- 연 1회 발생하며 유충으로 월동한다.
- 유충의 몸에는 검고 가는 털이 있다.
- 유충의 몸은 연노란색이고 검은 세로줄이 여러 개 있다.

① 노랑쐐기나방
② 복숭아명나방
③ 황다리독나방
④ 노랑털알락나방
⑤ 벚나무모시나방

해설 ① 노랑쐐기나방 : 유충은 잎 뒷면을 식해, 연 1회 발생, 유충월동, 몸색은 황색, 몸 표면에 자모가 있다. 외연에 흑갈색 사선이 존재한다(주로 단풍나무, 밤나무, 버드나무, 포플러, 유자나무, 장미, 찔레, 해당화, 벚나무, 매실나무, 복사나무, 사과나무, 배나무, 차나무, 배롱나무, 석류, 감나무 등을 식해).
② 복숭아명나방 : 소나무류 중 잣나무 구과 피해, 연 2~3회 발생, 중령유충으로 월동, 유충의 머리는 흑갈색 몸은 도색바탕에 갈색점이 있다. 성충은 등황색, 주로 밤나무와 그 외 과실에 피해를 끼친다.
③ 황다리독나방 : 층층나무 피해, 연1회 발생하며 난괴형태로 월동, 1령유충은 짙은 갈색, 2령유충은 담갈색, 4~5령유충은 흑색, 성충은 기부가 백색털로 덮여 있다.
④ 노랑털알락나방 : 사철나무에서 피해 심하다. 연 1회 발생하며 가지 위에서 난으로 월동, 노숙 유충의 몸색은 담황색이며 여러 개의 흑갈색 종선이 있음, 미세한 털이 존재한다.

정답 : ⑤

042 해충의 외래종 여부 및 원산지의 연결이 옳은 것은?

	해충명	외래종 여부(○, ×)	원산지
①	매미나방	×	한국, 일본, 중국, 유럽
②	솔잎혹파리	×	한국, 일본
③	밤나무혹벌	○	유럽
④	별박이자나방	○	일본
⑤	갈색날개매미충	○	미국

해설 ② 솔잎혹파리 : ○, 1929년, 일본
③ 밤나무혹벌 : ○, 1958년, 일본
④ 별박이자나방 : ×, 한국, 일본, 중국, 러시아
⑤ 갈색날개매미충 : ○, 2010년, 중국

정답 : ①

043 벚나무류 해충의 가해 및 피해 특징에 관한 설명으로 옳지 않은 것은?

① 사사키잎혹진딧물 : 잎이 뒷면으로 말리고 붉게 변한다.
② 뽕나무깍지벌레 : 가지, 줄기에 집단으로 모여 흡즙한다.
③ 갈색날개매미충 : 1년생 가지에 산란하면서 상처를 유발한다.
④ 남방차주머니나방 : 유충이 잎맥 사이를 가해하여 구멍을 뚫는다.
⑤ 복숭아유리나방 : 유충이 수피를 뚫고 들어가 형성층 부위를 가해한다.

해설 사사키잎혹진딧물은 잎 표면에 잎맥을 따라 주머니 모양의 벌레혹 형성하며, 벌레혹은 황백색이 성숙하면서 황녹색~홍색이 된다.

정답 : ①

044 해충별 과명 가해 부위 및 연 발생, 세대 수의 연결이 옳지 않은 것은?

① 외줄면충 : 진딧물과 – 잎 – 수회
② 솔잎혹파리 : 혹파리과 – 잎 – 1회
③ 소나무왕진딧물 : 진딧물과 – 가지 – 1회
④ 루비깍지벌레 : 깍지벌레과 – 줄기 – 가지 – 잎 – 1회
⑤ 뿔밀깍지벌레 : 밀깍지벌레과 – 가지 – 잎 – 1회

해설 루비깍지벌레 : 밀깍지벌레과 – 줄기 – 가지 – 잎 – 1회(새 가지에 기생하여 흡즙가해)

정답 : ④

045 제시된 해충의 생태에 관한 설명으로 옳지 않은 것은?

- 소나무류를 가해한다.
- 학명은 *Tomicus piniperda* 이다.

① 성충으로 지제부 부근에서 월동한다.
② 연 1회 발생하며 월동한 성충이 봄에 산란한다.
③ 신성충은 여름에 새 가지에 구멍을 뚫고 들어가 가해한다.
④ 쇠약한 나무에서 내는 물질이 카이로몬 역할을 하여 월동한 성충이 유인된다.
⑤ 봄에 수컷 성충이 먼저 줄기에 구멍을 뚫고 들어가면 암컷이 따라 들어가 교미한다.

해설 암컷 성충이 수피를 뚫고 들어가면 수컷이 따라 들어가 교미한다.

정답 : ⑤

046 해충의 가해 및 월동 생태에 관한 설명으로 옳은 것은?

① 뽕나무이 : 성충으로 월동하며 열매에 알을 낳는다.
② 벚나무응애 : 잎 뒷면에서 흡즙하고 가지 속에서 알로 월동한다.
③ 사철나무혹파리 : 유충은 1년생 가지에 파고 들어가 충영을 만든다.
④ 아까시잎혹파리 : 땅속에서 번데기로 월동 후 우화하여 잎 앞면 가장자리에 알을 낳는다.
⑤ 식나무깍지벌레 : 잎 뒷면에 집단으로 모여 가해하며, 암컷이 약충 또는 성충으로 가지에서 월동한다.

해설 식나무깍지벌레는 잎 뒷면에 집단으로 모여 가해하며, 암컷이 약충 또는 성충으로 가지에서 월동한다.

① 뽕나무이 : 연 1회 발생, 성충으로 월동, 새잎이 나오기 시작하는 5~6월에 새눈에 산란한다.
② 벚나무응애 : 잎 뒷면에서 흡즙하고 가지 속에서 연 5~6회 발생, 잎 뒷면에 기생하며 흡즙, 나무껍질 틈에서 성충으로 월동한다.
③ 사철나무혹파리 : 유충은 1년생 잎 표면을 파고 들어가 충영을 만든다(연 1회 발생, 벌레혹 속에서 3령유충으로 월동, 부화한 유충은 잎 표면을 파고 들어가 벌레혹을 만듦).
④ 아까시잎혹파리 : 땅속에서 번데기로 월동 후 우화한다(연 2~3회 발생, 9월 하순경에 토양에서 번데기로 월동, 잎 뒷면 가장자리에 산란하고, 말린 잎 속에서 유충은 흡즙).

정답 : ⑤

047 종합적 해충방제 이론에서 약제방제를 해야 하는 시기로 옳은 것은?

① 일반 평형밀도에 도달 전
② 일반 평형밀도에 도달 후
③ 경제적 가해 수준에 도달 후
④ 경제적 피해 허용수준에 도달 전
⑤ 경제적 피해 허용수준에 도달 후

해설 **경제적 피해 허용수준에 도달 후 경제적 피해 수준**

- 의미 : 인간에게 경제적 손실을 초래하는 해충의 활동을 억제하는 것으로 해충의 밀도를 일정한 수준 이하로 조절하는 것이다(유해한 생물이 존재하더라도 그 밀도가 인간에게 심각한 피해를 초래할 정도가 아니면 굳이 시간과 경비를 투자하여 방제작업을 할 필요가 없음).
- 해충의 밀도가 높아져 이들의 피해를 방치했을 시 예상되는 손실액이 방제에 소요될 제반 비용보다 높을 경우는 방제수단을 적용해야 할 것이며, 이러한 해충에 의한 손실액과 방제 비용이 같을 때의 해충의 밀도를 '경제적 피해 수준(Economic Injury Level)'이라고 한다.

경제적 피해 수준

- 경제적 손실이 나타나는 해충의 최저밀도이다.
- 해충에 의하여 피해액과 방제비가 같은 수준의 밀도이다.
- 농업생산물의 경제성, 지역, 사회적 여건에 따라서 달라진다.

경제적 피해 허용수준

- 해충의 밀도가 경제적 피해 수준에 도달하는 것을 억제하기 위해서이다.
- 방제수단을 써야 하는 밀도수준이다.
- 경제적 피해가 나타나기 전에 방제를 할 수 있는 시간적 여유가 있어야 해서 경제적 피해 수준이 낮다.

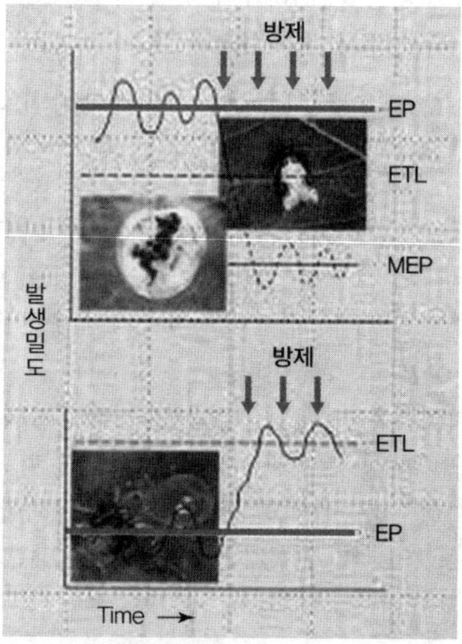

정답 : ⑤

048 곤충의 밀도조사법에 관한 설명으로 옳지 않은 것은?

① 함정트랩 : 지표면을 배회하는 곤충을 포획한다.

② 황색수반트랩 : 꽃으로 오인하게 하여 유인한 후 끈끈이에 포획한다.

③ 털어잡기 : 지면에 천을 놓고 수목을 쳐서 아래로 떨어지는 곤충을 포획한다.

④ 우화상 : 목재나 토양에서 월동하는 곤충류가 우화 탈출할 때 포획한다.

⑤ 깔때기트랩 : 수관부에 설치하고 비행성곤충이 깔때기 아래 수집통으로 들어가게 하여 포획한다.

해설 황색수반트랩 : 황색빛깔에 유인되는 진딧물 조사에 사용이 된다.

정답 : ②

049 해충과 천적의 연결이 옳지 않은 것은?

① 솔잎혹파리 – 솔잎혹파리먹좀벌
② 복숭아유리나방 – 남색긴꼬리좀벌
③ 붉은매미나방 – 독나방살이고치벌
④ 황다리독나방 – 나방살이납작맵시벌
⑤ 낙엽송잎벌 – 낙엽송잎벌살이뾰족맵시벌

해설
• 복숭아유리나방 천적 : 조류, 유충에 기생파리류, 좀벌류 등이 있으나 효과는 미미하다.
• 밤나무혹벌의 천적 : 남색긴꼬리좀벌, 노란꼬리좀벌, 노란다리남색좀벌, 노란꼬리벼룩좀벌, 큰다리남색좀벌, 배잘록꼬리좀벌, 상수리좀벌, 기생파리류

정답 : ②

050 해충의 예찰과 방제에 관한 설명으로 옳은 것은?

① 솔잎혹파리는 집합페로몬트랩으로 예찰하여 방제시기를 결정한다.
② 광릉긴나무좀 성충의 침입을 차단하기 위해 끈끈이롤트랩을 줄기 하부에서 상부 방향으로 감는다.
③ 미국흰불나방 유충 발생 초기에 곤충생장조절제인 람다사이할로트린수화제를 5월 말에 경엽처리한다.
④ 「농촌진흥청 농약안전정보시스템」에 따르면 솔껍질깍지벌레는 정착약충기에 약제로 방제하는 것이 효과적이다.
⑤ 「농촌진흥청 농약안전정보시스템」에 따르면 양버즘나무에 발생하는 버즘나무방패벌레는 겨울에 아세타미프리드액제를 나무주사하여 방제한다.

해설
① 솔잎혹파리는 성충 우화 최성기 조사 및 예측 정보 활용하여 방제시기를 결정한다.
② 광릉긴나무좀 성충의 침입을 차단하기 위해 끈끈이롤트랩을 줄기 하부에서 상부 방향으로 감는다.
③ 미국흰불나방 유충 발생 초기에 클로르플루아주론유제 2,000배액 경엽처리 또는 아바멕틴유제 원액 0.5ml/흉고직경cm 나무주사를 실시한다.
④ 솔껍질깍지벌레는 후약충 발생초기에 이미다클로프리드 분상성액제 0.6ml/흉고직경cm 나무주사하는 것이 효과적이다.
⑤ 「농촌진흥청 농약안전정보시스템」에 따르면 양버즘나무에 발생하는 버즘나무방패벌레는 6월 중순경에 직경 6mm의 드릴날을 이용, 이미다클로프리드 분산성액제 원액 0.3ml/흉고직경cm 나무주사하여 방제한다.

구분	예찰	시기 및 방법	방제
솔잎혹파리	우화상황	4월 10일까지 설치, 7월까지 실시	• 숲아베기, 토양건조 • 비닐피복으로 월동철 이동방지 • 이미다클로프리드 등 나무주사 • 5월 하순~6월 하순 및 토양처리(11~12월, 4월 하순~5월 하순) • 솔잎혹파리먹좀벌, 혹파리살이먹좀벌, 혹파리등뿔먹좀벌, 혹파리반뿔먹좀벌
	충영형성률	9~10월 전국고정조사지, 임의5본, 4방위, 중간부위 가지의 신초 2개씩	
솔껍질깍지벌레	알덩어리 발생 여부	• 4월경에 선단지 해당 도산림연구소(충남, 전북, 경북) • 선단지와 확산거리를 예찰	• 포식성 천적인 무당벌레류, 풀잠자리류, 거미류 등을 보호 • 천적에 의한 밀도 감소 효과는 약 11%로 비교적 낮은 편 • 4~5월 중 피해 식별이 쉬운 때에 예정지를 선정하고 7~8월에 열세목을 제거한 후 실시하여야 좋은 방제효과를 볼 수 있음

정답 : ②

PART

03 | 수목생리학

051 줄기 정단분열조직에 의해서 만들어진 1차 분열조직으로 옳은 것만을 나열한 것은?

① 수, 피층, 전형성층
② 주피, 내초, 원표피
③ 엽육, 원표피, 1차물관부
④ 원표피, 전형성층, 기본분열조직
⑤ 피층, 유관속형성층, 기본분열조직

해설 1차 성장(정단분열조직)은 길이 생장에 관여하며, 원표피, 전형성층, 기본분열조직에 의해 분화된 조직이다.

- 원조직(원표피) : 분열조직에서 가장 바깥쪽에 있는 조직으로 새로운 표피를 생성한다.
- 기본분열조직 : 식물의 대부분인 피층. 수를 구성, 유세포, 후각세포, 후벽세포로 구성된다.
- 전형성층 : 줄기와 뿌리 정단 부위에 있는 분열조직은 새로운 xylem(물관)과 phloem(체관)을 생성하며 전형성층은 길이생장(1기 생장)을 주도한다.
- 2차 성장(측방분열조직) : 형성층, 부름켜 등으로 정의하며 xylem과 phloem을 추가로 생성하여 줄기의 직경이 넓어져 식물은 부피 성장을 하게 된다.
- 일련의 과정을 통해서 식물의 줄기는 우리가 흔히 생각하는 나무의 줄기처럼 튼튼하고 두껍게 되며, 코르크 형성층은 바깥 부분에서 뿌리와 줄기의 표피를 나무껍질로 만드는 목질화를 진행한다.

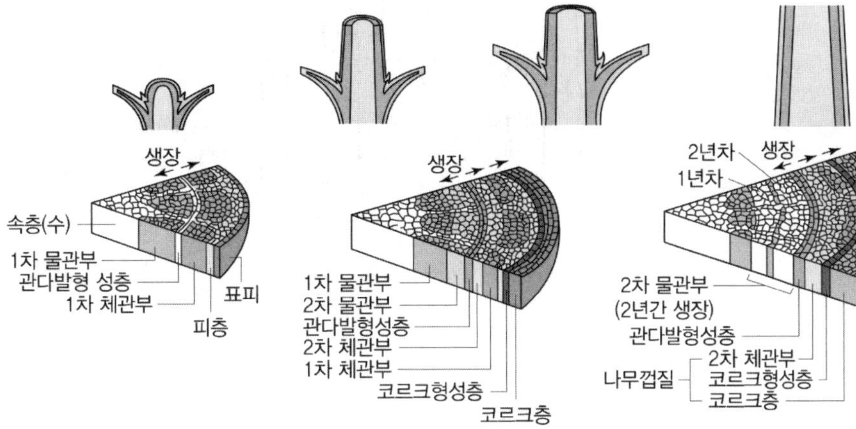

• 1차 생장 및 2차 생장비교

1차 생장	2차 생장
초본	목본
줄기세포가 식물의 배아 단계에서 형성	줄기세포인 형성층은 후기 배아 단계에서 형성
뿌리와 싹 끝에 분열조직에 의해서 길이 성장	줄기와 뿌리의 직경을 증가시키며 코르크 형성층으로 인해서 표피를 나무껍질같이 딱딱하게 만듦
원표피, 전형성층, 기본분열조직	피층, 유관속형성층

정답 : ④

052 수목의 수피에 관한 설명으로 옳지 않은 것은?

① 주피는 코르크형성층에서 만들어진다.

② 수피는 유관속형성층 바깥에 있는 조직이다.

③ 코르크형성층은 원표피의 유세포로부터 분화된다.

④ 코르크 세포의 2차벽에 수베린(suberin)이 침착된다.

⑤ 성숙한 외수피는 죽은 조직이지만 내수피는 살아 있는 조직이다.

해설 코르크형성층은 코르크만을 전문으로 생산하는 조직으로 뿌리는 내초세포로부터, 줄기는 피층세포로부터 생성된다.

① 주피는 코르크형성층에서 만들어지며 코르크 조직을 말하며, 안쪽부터 코르크 피층－코르크 형성층－코르크층으로 구분된다.

② 수피는 형성층 바깥쪽의 모든 조직을 의미함, 내수피(코르크층＋체관부)와 외수피로 구분된다.

④ 코르크 세포의 2차벽에 수베린(suberin)이 침착된다.

⑤ 성숙한 외수피는 죽은 조직이지만 내수피는 형성층에 인접한 살아 있는 조직으로 2차 사부와 코르크조직으로 구성된다.

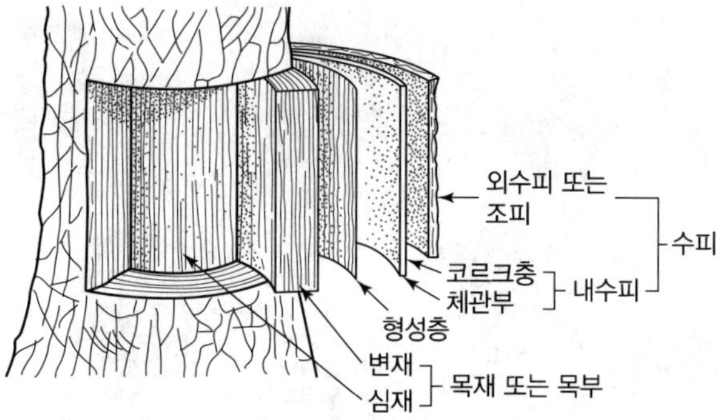

정답 : ③

053 C3 식물의 광호흡이 일어나는 세포소기관으로 옳은 것만을 나열한 것은?

① 엽록체, 소포체, 퍼옥시솜
② 액포, 리소좀, 미토콘드리아
③ 소포체, 리보솜, 미토콘드리아
④ 리보솜, 엽록체, 미토콘드리아
⑤ 엽록체, 퍼옥시솜. 미토콘드리아

해설 광합성의 탄소 고정 반응(암반응) 도중 C3 식물에서 일어나는 현상으로, 엽록체, 미토콘드리아, 퍼옥시좀을 거쳐 기온이 높고 대기 중 이산화탄소 농도가 낮을 경우, 루비스코가 이산화탄소 대신 산소를 RuBP에 결합시킨다.

RuBP(ribulose-1,5-bisphosphate)

- 카르복시화를 촉진시킨다.
- 지구상에서 가장 풍부한 효소로 엽록체 기질(stroma)에 존재한다.
- 광합성 중 암반응에서 RuBP에 작용하여 탄소(CO_2)를 고정한다.

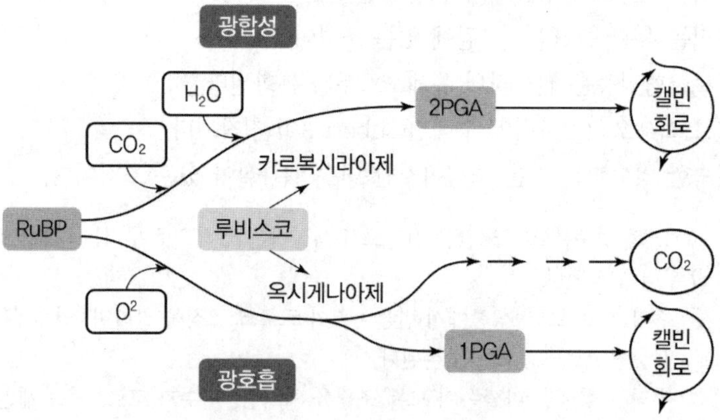

광호흡

- C3 식물에서 일어나는 반응으로 광합성과 반대로 이산화탄소를 흡수하지 않고 산소를 흡수해서 이산화탄소를 방출한다.
- 주간에 산소를 소모하면서 이산화탄소를 밖으로 내보내는 작용을 한다.

• 탄수화물의 일부가 분화된다(에너지 손실).
• 미토콘드리아에서 산소를 소모하고 CO_2 방출한다.
• 퍼옥시솜(Peroxins) : 베타산화작용(beta-oxidation)을 통해 지방산의 분해하고 과산화수소 등 활성산소를 환원한다.

정답 : ⑤

054 수목의 뿌리생장에 관한 설명으로 옳지 않은 것은?

① 세근은 주로 표토층에 분포하며 수분과 양분을 흡수한다.
② 내생균근을 형성한 뿌리에는 뿌리털이 발달하지 않는다.
③ 근계는 점토질토양보다 사질토양에서 더 깊게 발달한다.
④ 측근은 주근의 내피 안쪽에 있는 내초세포가 분열하여 만들어진다.
⑤ 온대지방에서 뿌리의 생장은 줄기보다 먼저 시작하고, 줄기보다 늦게까지 지속된다.

해설 외생균근을 형성한 뿌리에는 뿌리털이 발달하지 않는다.

외생균근
• 균사가 세포밖에 머물러 있으며 하티그망과 균투를 형성한다.
• 기주 : 소나무과, 참나무과, 버드나무과, 자작나무과
• 기주 선택성이 강하다.
• 곰팡이 종류 : 자낭균과 담자균
• 외생균이 있는 뿌리에는 뿌리털이 발달하지 않는다.

내생균근
• 균사가 세포 내부(피층의 각 세포 안)로 들어가서 가지모양의 균사를 만든다.
• 기주 : 초본류, 작물, 과수, 대부분의 산림수목
• 곰팡이 종류 : 접합자균
• 수목의 근계는 종자 내 배의 유근이 발달하여 직근이 되면서 발달하기 시작하여 측근이 생기고 다시 갈라지면서 세근이 형성된다.
• 근계는 주근이 갈라져서 측근을 만들고 재차 갈라지면서 엄청난 수의 가는 뿌리를 만들어 낸다.
• 심장근 시스템 : 보다 치밀한 뿌리 전개 구조를 유발하는 경사근과 측근에 더하여 중앙의 복잡한 수직근을 펼치는 것으로, 자작나무류, 낙엽송류, 참나무류, 피나무류에서 발견된다.

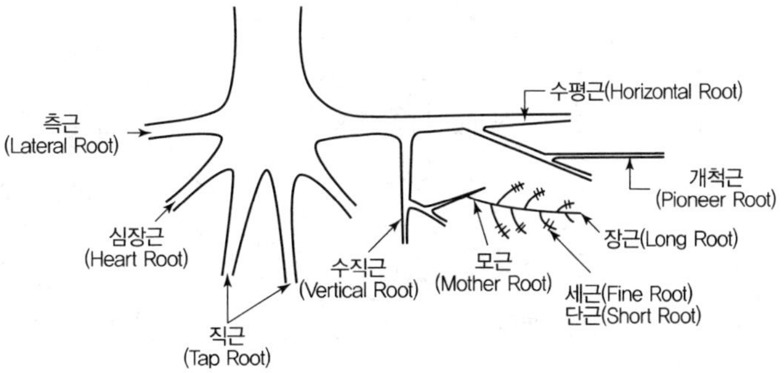

정답 : ②

055 줄기의 2차생장에 관한 설명으로 옳지 않은 것은?

① 생장에 불리한 환경에서는 목부생산량이 감소한다.
② 만재는 조재보다 치밀하고 단단하며 비중이 높다.
③ 정단부에서 시작되고, 수간 밑동 부근에서부터 멈추기 시작한다.
④ 고정생장 수종은 수고생장이 멈추기 전에 직경생장이 정지한다.
⑤ 일반적으로 수종이나 생육환경에 상관없이 사부보다 목부를 더 많이 생산한다.

해설 고정생장의 경우 수고의 생장의 경우는 봄에만 이루어지며, 직경의 생장은 수고의 생장이 멈추더라도 지속된다.

고정생장

- 동아 속에 이듬해 1년간 자랄 원기가 모두 들어 있는 경우로 봄에만 키가 크며, 봄 잎만 생산하며 키가 천천히 자란다(생장이 느림).
- 소나무, 잣나무, 전나무, 목련, 동백나무, 참나무류, 가문비나무, 솔송나무

정답 : ④

056 명반응과 암반응이 함께 일어나야 광합성이 지속될 수 있는 이유로 옳은 것은?

① 명반응 산물인 O_2가 암반응에 반드시 필요하기 때문이다.
② 명반응에서 만들어진 물이 포도당 합성에 이용되기 때문이다.
③ 명반응 산물인 ATP와 NADPH가 암반응에 이용되기 때문이다.
④ 암반응 산물인 포도당이 명반응에서 ATP 생산에 이용되기 때문이다.
⑤ 명반응이 일어나지 않으면 그라나에서 CO_2를 흡수할 수 없기 때문이다.

해설 ① 명반응 산물인 O_2가 암반응에 필요치 않으며 암반응에서 필요로 하는 것은 CO_2이다.
② 명반응에서 만들어진 ATP와 NADPH가 암반응에 이용된다.
④ 명반응은 엽록소의 그라나에서 빛에너지와 물과 반응하여 ATP를 생산한다.
⑤ 그라나에서는 빛에너지(+물)를 엽록소가 흡수하는 과정이지 CO_2를 흡수하지 않는다.

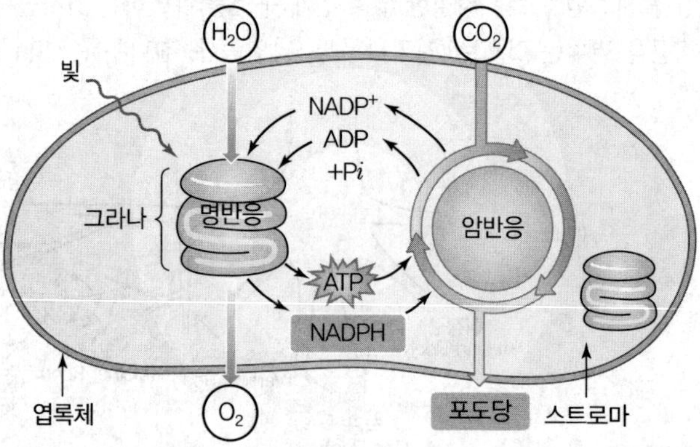

정답 : ③

057 수목의 줄기생장에 관한 설명으로 옳지 않은 것은?

① 정아를 제거하면 측아 생장이 촉진된다.
② 연간 생장한 마디의 길이는 1차생장으로 결정된다.
③ 고정생장수종은 정아가 있던 위치에 연간 생장 마디가 남는다.
④ 자유생장수종은 겨울눈이 봄에 성장한 직후 다시 겨울눈을 형성한다.
⑤ 고정생장수종의 봄에 자란 줄기와 잎의 원기는 겨울눈에 들어 있던 것이다.

해설 자유생장수종은 전년도 겨울눈 속에서 봄에서 자랄 새 가지의 원기가 만들어져 있다가, 봄에 겨울눈이 트면서 새 가지가 나와서 봄잎(춘엽)을 만들고, 곧 이어서 새로운 원기를 만들어 여름 내내 여름잎(하엽)을 만들면서 가을까지 계속 새 가지가 자라 올라온다.

정답 : ④

058 수목의 내음성에 관한 설명으로 옳지 않은 것은?

① 양수가 그늘에서 자라면 뿌리 발달이 줄기 발달보다 더 저조해진다.
② 내음성은 낮은 광도조건에서 장기간 생육을 유지할 수 있는 능력이다.
③ 음수는 낮은 광도에서 광합성 효율이 높아 그늘에서 양수보다 경쟁력이 크다.
④ 음수는 성숙 후에 내음성 특성이 나타나 나이가 들수록 양지에서 생장이 둔해진다.
⑤ 음수는 양수보다 광반에 빠르게 반응하여 짧은 시간 내에 광합성을 하는 능력이 있다.

해설 음수는 어릴 때에만 그늘을 선호하며, 유묘시기를 지나면 햇빛에서 더 잘 자란다.

정답 : ④

059 수목의 호흡작용에 관한 설명으로 옳은 것만을 모두 고른 것은?

ㄱ. O_2는 환원되어 물 분자로 변한다.
ㄴ. 해당작용은 산화적 인산화를 통해 ATP를 생산한다.
ㄷ. 기질이 환원되어 CO_2분자로 분해 된다.
ㄹ. TCA 회로에서는 아세틸가CoA가 C_4 화합물과 반응하여 피루빈산이 생산된다.
ㅁ. TCA 회로는 미토콘드리아에서 일어난다.

① ㄱ, ㄹ
② ㄱ, ㅁ
③ ㄴ, ㄷ
④ ㄷ, ㄹ
⑤ ㄹ, ㅁ

해설 ㄱ. $C_6H_{12}O_6 + 6O_2 \rightarrow 6CO_2 + 6H_2O$

ㄴ. 해당작용은 분자를 저분자 단위로 쪼개서 흡수 및 이용 가능한 형태로 만드는 과정으로 산소를 요구하지 않는 단계이며, 약간의 ATP와 NADH가 형성되지만 산화적 인산화 과정은 아니다. 산화적 인산화 과정은 말단전자경로를 지칭한다.

ㄷ. 기질($C_6H_{12}O_6$)은 산화대상물질로 산화되어 6개의 CO_2로 분해가 된다.

ㄹ. TCA 회로에서 C_2 화합물인 아세틸CoA가 C_4 화합물과 반응하면서 시트르산을 만든다.

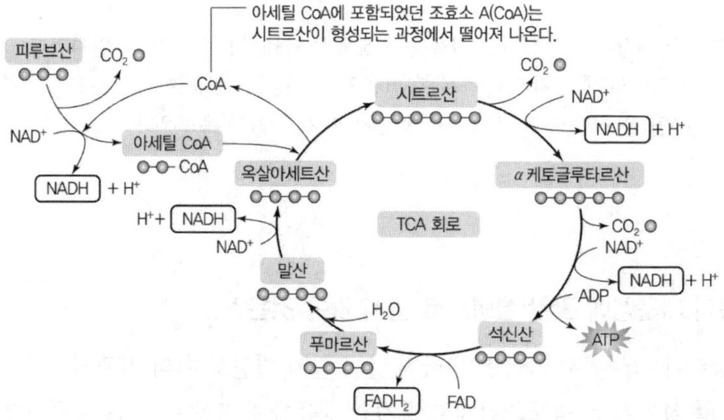

정답 : ②

060 수목 내의 탄수화물에 관한 설명으로 옳지 않은 것은?

① 포도당은 물에 잘 녹고 이동이 용이한 환원당이다.
② 세포벽에서 섬유소가 차지하는 비율은 1차벽보다 2차벽에서 크다.
③ 전분은 불용성 탄수화물이지만 효소에 의해 쉽게 포도당으로 분해된다.
④ 잎에서 자당(sucrose)은 엽록체 내에서 합성되고, 전분은 세포질에 축적된다.
⑤ 펙틴은 세포벽의 구성성분이며, 구성비율은 2차벽보다 1차벽에서 더 크다.

해설 잎에서 자당(sucrose = 설탕)은 세포질 내에서 합성되고, 전분은 낮 동안에 엽록체 스트로마에 커다란 과립의 형태로 축적된다.

정답 : ④

061 수목 내 질소의 계절적 변화에 관한 설명으로 옳은 것은?

① 가을철 잎의 질소는 목부를 통하여 회수된다.
② 질소의 계절적 변화량은 사부보다 목부에서 크다.
③ 잎에서 회수된 질소는 목부와 사부의 방사유조직에 저장된다.
④ 봄에 저장단백질이 분해되어 암모늄태질소로 사부를 통해 이동한다.
⑤ 저장조직의 연중 질소함량은 봄철 줄기 생장이 왕성하게 이루어질 때 가장 높다.

해설 잎에서 회수된 질소는 줄기와 뿌리의 목부와 사부의 방사유조직에 저장되며 사부를 통해 이루어진다. 특히, 단풍나무, 버드나무, 포플러 등의 종류에서는 내수피의 유세포에 단백질체가 가을과 겨울에 축적되고 봄에는 분해되며, 아미노산, 아미드류, 우레이드류 등의 형태로 목부를 통해 새로운 잎으로 이동한다.

수목의 질소대사, 질산환원

- 질소의 이동은 사부를 통해 이루어지며, 회수된 질소는 줄기와 뿌리의 목부와 사부의 방사유조직에 저장된다.
- 사부를 통해 질소의 이동 및 저장이 발생하므로 목부보다는 사부에서 변화량이 크다.
- 봄에 저장단백질이 분해되어 아미노산, 아미드류, 우레이드류 등의 형태로 사부를 통해 잎으로 이동한다.
- 저장조직의 연중 질소함량은 낙엽 전 질소를 회수하는 시점이 가을이므로 가을과 겨울에 연중 질소함량이 높다.

정답 : ③

HIDDEN CARD

062 페놀화합물에 관한 설명으로 옳지 않은 것은?

① 수용성 플라보노이드는 주로 액포에 존재한다.
② 이소플라본은 병원균의 공격을 받은 식물의 감염 부위 확대를 억제한다.
③ 리그닌은 주로 목부조직에서 발견되며, 초식동물로부터 보호하는 역할을 한다.
④ 타닌(tannin)은 목부의 지지능력을 향상해 수분이동에 따른 장력에 견딜 수 있도록 한다.
⑤ 초본식물보다 목본식물에 함량이 많으며, 리그닌과 타닌은 미생물에 의한 분해가 잘 안 된다.

해설 타닌은 곰팡이나 박테리아의 침입을 막고 타감물질역할을 한다.

- 페놀화합물 : 페닐계(C_6H_{5-})+수산기(−OH), 방향족 고리 화합물, 약간의 수용성, 리그닌, 타닌, 플라보노이드그룹이다.
  - 목본식물의 페놀함량이 초본식물보다 많다.
  - 테다소나무 어린 가지 : 건중량의 43%가 페놀(리그닌 포함)
  - 미생물에 의해 분해가 잘 안되기 때문에 타감작용을 한다.
- 플라보노이드(탄소수 15개, 저분자화합물인 파이토알렉신)
  - 수용성으로 세포내의 액포에 존재한다.
  - 꽃잎의 화려한 붉은색, 보라색, 청색깔을 만든다(예 안토시아닌).
  - 플라보노이드 중에서 이소플라본은 식물이 병원균의 공격을 받을 때 감염 부위가 확대되는 것을 억제하기 위해서 합성하는 저분자화합물인 파이토알렉신역할을 한다.
- 리그닌 : 목부조직에서 발견되며, 초식동물로부터 보호 역할을 하고 소화를 못 시킨다(기피물질).
  - 방향족 알코올의 중합체, 대부분의 용매에 불용성이다.
  - 목본식물건중량의 15~20% 점유한다.
  - 세포벽(중엽층, 1차벽, 2차벽)의 구성성분, 섬유소의 압축강도를 높인다.
  - 목부의 지지능력을 향상해 수분이동에 따른 장력에 견딜 수 있도록 한다.

- 타닌(tannin) : 복합페놀(폴리페놀)의 중합체
  - 미생물(곰팡이, 박테리아)의 침입을 억제한다.
  - 떫은 맛으로 초식동물이 기피한다.
  - 감의 탈삽 : 수용성 타닌을 불용성 타닌으로 만드는 과정이다.
  - 타감물질 : 낙엽이 썩은 후에 토양에 남아 오래된 숲에서 종자발아를 억제한다.
- 초본식물보다 목본식물에 함량이 많으며, 리그닌과 타닌은 미생물에 의한 분해가 잘 안 된다.

정답 : ④

063 수목의 지질대사에 관한 설명으로 옳지 않은 것은?

① 종자에 있는 지질은 세포 내 올레오솜에 저장된다.
② 지방은 분해된 후 글리옥시솜에서 자당으로 합성된다.
③ 지질은 탄수화물에 비해 단위 무게당 에너지 생산량이 많다.
④ 가을이 되면 내수피의 인지질 함량이 증가하여 내한성이 높아진다.
⑤ 지방 분해는 O_2를 소모하고 에너지를 생산하는 호흡작용에 해당한다.

해설 지방 분해는 O_2를 소모하고 에너지를 생산하는 호흡작용으로써, 수용성이 아닌 지방을 이동시킬 때에는 일단 분해부터 시켜야 하는데, 글리옥시솜이라는 세포소기관에서 분해를 시킨다. 분해된 지방은 세포기질에서 설탕으로 합성된다.

정답 : ②

064 수목의 질소화합물에 관한 설명으로 옳지 않은 것은?

① 엽록소, 피토크롬, 레그헤모글로빈은 질소를 함유한 물질이다.
② 효소는 단백질이며 예로 탄소 대사에 관여하는 루비스코가 있다.
③ 원형질막에 존재하는 단백질은 세포의 선택적 흡수 기능에 기여한다.
④ 핵산은 유전정보를 가지고 있는 화합물이며 예로 DNA와 RNA가 있다.
⑤ 알칼로이드 화합물은 주로 나자식물에서 발견되며, 예로 소나무의 타감물질이 있다.

해설 알칼로이드 화합물은 질소대사 2차산물로 쌍자엽초본식물 주로 발견되며, 목본식물이다. 나자식물(소나무)에는 일부 발견된다.

정답 : ⑤

065 수목의 호흡에 관한 설명으로 옳지 않은 것은?

① 형성층 조직에서는 혐기성 호흡이 일어날 수 있다.
② Q_{10}은 온도가 10℃ 상승함에 따라 나타나는 호흡량 증가율이다.
③ 균근이 형성된 뿌리는 균근이 미형성된 뿌리보다 호흡량이 증가한다.
④ 종자를 낮은 온도에서 보관하는 것은 호흡을 줄이는 효과가 있다.
⑤ 눈비늘(아린)은 산소를 차단하여 호흡을 억제하므로 눈의 호흡은 계절적 변동이 없다.

해설 아린(비늘잎 눈껍질)은 눈의 연약한 조직과 잎의 원기를 보호하는 작은 비늘형잎으로, 눈의 호흡은 휴면기간 동안 최저 수준을 유지하다가 봄철 개엽시기에 호흡량이 증가한다.
① 형성층 조직에서는 혐기성 호흡이 일어난다.
② Q_{10}은 온도가 10℃ 상승함에 따라 나타나는 호흡작용이 2배 가량 증가한다.
③ 균근이 형성된 뿌리는 균근이 미형성된 뿌리보다 호흡량이 증가한다.
④ 종자를 낮은 온도에서 보관하는 것은 호흡을 줄이는 효과가 있다.

정답 : ⑤

066 다음은 나자식물의 질산환원과정이다. (㉠), (㉡), (㉢)에 들어갈 내용을 순서대로 옳게 나열한 것은?

NO_3^- —질산 환원효소 (㉠)→ (㉡) —아질산 환원효소 (㉢)→ NH_4^+

	㉠	㉡	㉢
①	엽록체	NO_2	액포
②	색소체	NO^-	세포질
③	액포	NO_2^-	색소체
④	세포질	NO_2^-	색소체
⑤	액포	NO^-	엽록체

해설 **질산환원과정 두 단계**
- 질산태 NO_3^- → 아질산태 NO_2^- : 질산환원효소(nitrate reductase)에 의해 이루어짐(세포질 내)
- 아질산태 NO_2^- → 암모늄태 NH_4^+ : 아질산환원효소(nitrite reductase)에 의해 이루어짐[엽록체 또는 plastid(색소체)]

정답 : ④

067 무기양분에 관한 설명으로 옳은 것은?

① 철은 산성토양에서 결핍되기 쉽다.
② 대량원소에는 철, 염소, 구리, 니켈 등이 포함된다.
③ 질소와 인의 결핍증상은 어린잎에서 먼저 나타난다.
④ 식물 건중량의 1% 이상인 대량원소와 그 미만인 미량원소로 나눈다.
⑤ 칼륨은 광합성과 호흡작용에 관여하는 다양한 효소의 활성제 역할을 한다.

해설 칼륨은 조직의 구성성분이 아니나, 광합성과 호흡작용에 관여하는 효소의 활성제, 전분과 단백질 합성효소의 활성화, 세포의 삼투압 향상, 기공의 개폐에 관여한다.
① 철은 산성토양에서 산성토양에서는 Fe, Cu, Mn, Zn 유효도가 증가한다.
② 대량원소 : C, H, O, N, S, P, K, Mg, Ca, 미량원소 : Fe, Mn, Zn, Cu, Cl, B, Mo, Ni
③ 인(P), 질소(N), 칼륨(K), 마그네슘(Mg)의 결핍증상은 성숙잎부터 나타난다.
④ 식물 건중량의 미량원소는 체내 0.1% 이하 함유하며 ppm으로 표시, 이상은 대량원소

정답 : ⑤

068 수목의 균근 또는 균근균에 관한 설명으로 옳지 않은 것은?

① 균근형성률은 토양의 비옥도가 낮을 때 높다.
② 균근은 토양에 있는 암모늄태질소의 흡수를 촉진한다.
③ 내생균근은 세포의 내부에 하티그망(Hartignet)을 형성한다.
④ 외생균근을 형성하는 곰팡이는 담자균과 자낭균에 속하는 균류이다.
⑤ 외생균근은 균사체가 뿌리의 외부를 둘러싸서 균투를 형성(fungal mantle)한다.

해설
- 외생균근 : 세포의 내부에 하티그망(Hartignet)을 형성한다.
- 내생균근 : 낭상체(vesicular)－수지상체(arbuscular) mycorrhizae(VAM), 진달래형, 난초형

정답 : ③

069 수액 상승에 관한 설명으로 옳은 것은?

① 교목은 목부의 수액 상승에 많은 에너지를 소비한다.
② 목부의 수액 상승은 압력유동설로 설명한다.
③ 수액의 상승 속도는 대체로 환공재나 산공재가가 도관재보다 빠르다.
④ 산공재는 환공재에 비해 기포에 의한 도관폐쇄 위험성이 상대적으로 더 크다.
⑤ 수액이 나선 방향으로 돌면서 올라가는 경향은 가도관재보다 환공재에서 더 뚜렷하다.

해설 수액의 상승 속도는 대체로 환공재나 산공재가 가도관재보다 빠르다.
- 쌍자엽식물 : 1시간당 40~70cm
- 소나무류 : 1시간당 18~20cm

① 수액의 상승은 부착력, 응집력에 의해 에너지의 소비가 없이 상승한다.
  • 탄수화물의 운반 : 압류설(압력유동설)로 설명

④ 환공재 : 산공재에 비해 기포에 의한 도관폐쇄 위험성이 상대적으로 더 크며 참나무류, 음나무, 느티나무, 밤나무 등이 있다.
  • 산공재 : 직경이 작아서 환공재처럼 문제가 심각하지 않다.
  • 침엽수 가도관 : 막공폐쇄 현상이 일어나 5년 경과하면 물이 제대로 이동하지 못한다.

⑤ 수액이 나선 방향으로 돌면서 올라가는 경향은 환공재보다 가도관에서 더 뚜렷하다.
  • 활엽수 : 수직으로 곧게 올라가는 경향이 있다.
  • 침엽수 : 돌면서 올라간다. 소나무는 4m 올라가면 한 바퀴 돈다.

정답 : ③

070 생식과 번식에 관한 설명으로 옳지 않은 것은?

① 수령이 증가할수록 삽목이 잘 된다.
② 수목은 유생기(유형기)에는 영양생장만 한다.
③ 화분 생산량은 일반적으로 풍매화가 충매화보다 많다.
④ 봄에 일찍 개화하는 장미과 수종의 꽃눈원기는 전년도에 생성된다.
⑤ 수목의 품종 특성을 그대로 유지하기 위해서는 무성번식으로 증식한다.

해설 수령이 증가할수록 삽목이 잘 안 된다.
  • 유생기간 : 삽목의 용이성
  • 잎의 모양 : 서양담쟁이 열편 혹은 결각, 뾰족하다.
  • 가시의 발달 : 귤나무, 아까시나무는 어릴 때 가시가 발달된다.
  • 엽서 : 유칼리잎의 배열 각도가 변한다.
  • 곧추선 가지 : 잎갈나무의 경우 직립성을 보인다.
  • 낙엽의 지연성 : 참나무류, 너도밤나무류 가을 낙엽이 지연된다.
  • 수간의 해부학적 특성 : 환공재 특성이 늦게 나타나며 춘재에서 추재로의 '전이'가 점진적으로 나타난다.
  • 매끈한 수피와 덩굴성 특징과 포복성

정답 : ①

071 꽃눈원기형성부터 종자가 성숙할 때까지 3년이 걸리는 수종은?

① 소나무
② 배롱나무
③ 신갈나무
④ 가문비나무
⑤ 개잎갈나무

해설 • 개화 당년에 결실하는 수종 : 이깔나무, 전나무, 편백, 가문비나무, 삼나무
• 개화 다음해에 결실하는 수종 : 소나무, 잣나무, 섬잣나무, 상수리

분류	종자 성숙 특성	수종
갈참나무류	개화 당년에 익음	갈참, 졸참, 신갈, 떡갈, 종가시, 가시, 개가시
상수리나무류	개화 이듬해에 익음	상수리, 굴참, 정릉참, 붉가시, 참가시

• 소나무 속의 수종들은 '개화－수정 소요시간 13개월＋개화－종자 소요시간이 약 17개월' → 약 30개월 정도 소요
• 종자 성숙시기라는 것은 개화~수정 소요시간을 제외한 순수하게 개화－종자 성숙 소요시간을 의미한다.

정답 : ①

072 수목의 수분퍼텐셜에 관한 설명으로 옳은 것은?

① 수분퍼텐셜은 항상 양수이다.
② 삼투퍼텐셜은 항상 0 이하이다.
③ 삼투퍼텐셜은 삼투압에 비례하여 높아진다.
④ 살아 있는 세포의 압력퍼텐셜은 항상 0 이하이다.
⑤ 물은 수분퍼텐셜이 낮은 곳에서 높은 곳으로 흐른다.

해설 삼투퍼텐셜은 항상 음수(－)이다.
① 수분퍼텐셜은 항상 0보다 작은 음수이다.
③ 삼투퍼텐셜은 삼투압에 반비례하여 높아진다.
④ 살아 있는 세포의 압력퍼텐셜은 ＋, 0, －이다.
⑤ 수분퍼텐셜이 높은 곳에서 수분퍼텐셜이 낮은 곳으로 이동한다.
• 삼투퍼텐셜(＝용질퍼텐셜)
　－용질이 나타내는 삼투압에 의한 것으로 값은 항상 0보다 작은 음수(－)이다.
　－순수한 물은 '0'의 값을 가진다.
　－삼투퍼텐셜은 값이 작을수록 물을 가지고 싶어 하는 힘이 존재하며 삼투압은 값이 클수록 물을 가지고 싶어 하는 힘이 존재한다(서로 반비례 관계임).
• 압력퍼텐셜
　－살아 있는 세포의 압려퍼텐셜은 세포가 수분을 흡수함으로써 원형질막이 세포벽을 향해 밀어내서 나타내는 압력(팽압)을 의미한다.
　－＋, 0, － 모두 가능하다.

정답 : ②

073 식물호르몬에 관한 설명으로 옳은것은?

① 옥신 : 탄소 2개가 이중결합으로 연결된 기체이며 과실 성숙을 촉진한다.
② 에틸렌 : 최초로 발견된 호르몬으로 세포신장 정아 우세에 관여한다.
③ 아브시스산 : 세스퀴테르펜의 일종으로 외부 환경 스트레스에 대한 반응을 조절한다.
④ 시토키닌 : 벼의 키다리병을 일으킨 곰팡이에서 발견되었으며 줄기생장을 촉진한다.
⑤ 지베렐린 : 담배의 유상조직 배양연구에서 밝혀졌으며 세포분열을 촉진하고 잎의 노쇠를 지연시킨다.

해설 **아브시스산**

- sesqui－terpene의 일종이다.
- 잎, 열매, 뿌리, 종자 등에서 생성된다.
- 운반은 목부와 사부를 이용하고 유관속 조직 밖의 유세포도 이용한다.
- 생리적 효과로 생장 억제, 휴면 유도, 탈리현상, 스트레스 감지, 모체 내 종자 발아 억제가 있다.

① 옥신
- 최초로 발견된 호르몬으로 세포신장, 정아우세에 관여한다.
  - －줄기의 굴광성 : 빛의 반대쪽에서 농도가 높아져 세포의 신장을 촉진한다.
  - －뿌리의 굴지성 : 햇빛 반대 방향에서 높아져 신장한다.
  - －뿌리의 생장 : 낮은 농도에서 생장 및 발근 촉진, 높은 농도에서 생장을 억제한다.
- 정아 우세 현상 : 정아가 옥신을 생산하여 측아의 발달을 억제함, 침엽수 원추형 수관 유지한다.
- 제초제 효과 : 합성 옥신(2－4－D)을 고농도로 사용한다.
  - －천연옥신 : IAA, IBA, PAA
  - －인공옥신 : 2－4－D, 2－4－5－T, NAA, MCPA

② 에틸렌
- C_2H_4의 구조이다.
- 살아 있는 모든 조직에서 생산되며, 옥신을 대량으로 처리하면 발생한다.
- 기체이므로 세포간극이나 빈 공간을 통하여 온몸으로 퍼진다.
- 과실의 성숙 촉진, 상편 생장 유도, 줄기와 뿌리의 생장 억제, 개화를 촉진한다.

④ 시토키닌
- 담배 유상조직배양에서 발견된다.
- 어린 기관(종자, 열매, 잎)과 뿌리 끝에서 생합성한다.
- 생장 촉진, 세포분열과 기관 형성 촉진, 노쇠방지, 정아우세를 억제하면서 측아와 측지의 발달을 촉진한다.

⑤ 지베렐린
- diterpene의 일종이다.
- 종자와 어린잎, 뿌리에서 합성되며 목부와 사부를 통해서 운반되며 양방향 이동한다.
- 줄기의 신장, 개화 및 결실, 휴면타파한다.

정답 : ③

074 종자에 관한 설명으로 옳은 것을 모두 고른 것은?

ㄱ. 배는 자엽, 유아, 하배축, 유근으로 구성되어 있다.
ㄴ. 두릅나무와 솔송나무는 배유종자를 생산한다.
ㄷ. 배휴면은 배 혹은 배 주변의 조직이 생장억제제를 분비하여 발아를 억제하는 것이다.
ㄹ. 콩과식물의 휴면타파를 위한 열탕처리는 낮은 온도에서 점진적으로 온도를 높이면서 진행한다.

① ㄱ, ㄴ
② ㄱ, ㄹ
③ ㄴ, ㄷ
④ ㄴ, ㄹ
⑤ ㄷ, ㄹ

해설 ㄱ. 배 : 식물의 축소형에 해당한다(자엽, 유아, 하배축, 유근).
ㄴ. 배유종자 : 에너지를 배유에 저장한 종자(두릅나무, 소나무, 솔송나무), 무배유종자 : 에너지를 자엽(떡잎)에 저장한 종자(콩과식물, 참나무류)
ㄷ. 배휴면 : 종차 채취 시 미성숙배를 가지는 경우, 후숙으로 극복 가능하다(은행나무, 물푸레나무).
- 생리적 휴면 : 종자에 생장억제물질인 에브시스산이 축적된다(단풍나무, 물푸레나무, 사과나무, 소나무류).
- 종피휴면 : 종피가 딱딱하거나 지방질을 가진다(호두나무, 잣나무, 아까시나무).
- 종자에 생장촉진물질 부족 : 지베렐린(개암나무), 사이토키닌(단풍나무)
- 중복휴면 : 위의 세 가지 중 2개 이상 있는 경우(향나무, 주목, 피나무, 층층나무, 소나무류)
- 2차 휴면 : 종자 저장을 잘못하여 마르면서 생긴 휴면

ㄹ. 콩과식물의 휴면타파를 위한 열탕처리는 끓는 물에 담근다.

종자의 휴면타파

- 후숙 : 시간이 경과하면 익는다(배휴면, 종피휴면이 경미할 경우).
- 저온처리 : 1~5도에서 1~6개월 저장(배휴면, 종피휴면, 생리적 휴면)
  - 노천매장 : 야외 땅속에 매장하여 월동시킴
  - 층적 : 용기 속에 종자와 습사(습한 모래)를 교대로 쌓음
- 열탕 처리 : 끓는 물에 잠깐 담근다(아까시나무 : 3초간)(종피휴면).
- 약품 처리 : 지베렐린 혹은 과산화수소 용액(배휴면 경미할 경우)
- 상처 유도 : 진한 황산, 줄칼, 사포, 콘크리트 믹서
- 추파법 : 가을에 파종함, 잣나무(얼었다 녹았다 하면서 종피휴면을 없앰)

정답 : ①

075 제시된 설명의 특성을 모두 가진 식물호르몬은?

- 사이클로펜타논(cyclopentanone)구조를 가진 화합물로, 불포화지방산의 일종인 리놀렌산에서 생합성된다.
- 잎의 노쇠와 엽록소 파괴를 촉진하고, 루비스코효소 억제를 통한 광합성 감소를 유발한다.
- 환경 스트레스, 곤충과 병원균에 대한 저항성을 높인다.

① 폴리아민(polyamine)
② 살리실산(salicylic acid)
③ 자스몬산(jasmonicacid)
④ 스트리고락톤(strigolactone)
⑤ 브라시노스테로이드(brassinosteroid)

해설 **자스몬산**

- 리놀렌산으로부터 유래하는 식물 신호전달분자이다.
- 곤충, 균류 병원체에 대한 식물 방어를 활성화한다.
- 꽃밥과 꽃가루의 발달을 포함하는 식물생장을 조절(억제)한다.
- ABA와 비슷한 기능으로 광합성 억제, 뿌리생장 억제, 낙엽 촉진, 노화와 종자휴면을 촉진한다.
- 막지질에 존재하는 리놀렌산으로부터 유래되어, ABA와 비슷한 기능을 한다. 광합성 억제, 뿌리생장 억제, 낙엽 촉진, 노화와 종자휴면 촉진, 곤충과 병원균 저항성
- 단백질 분해효소 저해제와 같은 여러 생물적, 비생물적 스트레스에 따른 유전자의 발현을 활성화한다.
- 합성장소 : 줄기와 뿌리의 정단부, 어린잎, 미성숙 열매

① 폴리아민
- 세포의 분열과 화경의 신장 촉진, 괴근의 형성, 뿌리의 분화 유도, 배의 발생, 과실의 숙성 등 다양한 생리적 작용에서 활성등 생리적 촉진기능을 한다.
- DNA, RNA, 단백질 합성 촉진, 잎의 노화 방지, 막의 안정성 유지, 열매 성숙 촉진, 스트레스 내성 증진, 다른 호르몬보다 높은 농도에서 반응을 일으킨다.

② 살리실산
- 병원균에 대한 방어기작을 담당하는 주요 식물호르몬으로서 NPR1 및 PR 유전자의 발현을 조절하여 병원균을 사멸하는 역할을 한다.
- 생물학적 및 비생물학적 스트레스에 대한 다중 반응의 활성화 및 조절에 필수적인 역할을 한다.
- 병원균이 식물을 침입하면 식물은 살리실산 생합성이 촉진되고 살리실산(SA) 신호전달과정에 의해 병원균에 의해 공격받은 부위에 초과민반응(HR반응)을 유도시켜 병균이 식물 전체로 이동하지 못하게 감염 세포조직의 자살을 유도하고 감염되지 않은 부위는 저항성이 지속되어 1차 감염 이후 2차 감염이 발생하더라도 병원균에 의한 피해가 적게 나타나게 한다.

④ 스트리고락톤
- 곁눈 성장, 줄기 높이, 잎 모양, 노화, 종자발아, 곁뿌리 등 발육 과정을 제어한다.
- 내생균근을 형성하는 기주 뿌리가 스트리고락톤을 분비하면 내생균근곰팡이가 기주를 인식하는 신호로 작용하여 포자 발아를 촉진

HIDDEN CARD

⑤ 브라시노스테로이드

- GA와 비슷한 기능, 줄기와 뿌리의 세포분화 촉진, 생식기관 발달 촉진, 낙화와 낙과 억제, 스트레스 저항성 증진
- 합성장소 : 종자, 열매, 잎, 순, 꽃눈
- 생리적 기능 : 촉진기능

정답 : ③

PART
04 | 산림토양학

076 제시된 특성을 모두 가지는 점토광물로 옳은 것은?

- 비팽창성 광물이다.
- 층 사이에 brucite라는 팔면체층이 있다.
- 기저면 간격(interlayer spacing)은 약 1.4nm이다.

① 일라이트(illite)
② 클로라이트(chlorite)
③ 헤마타이트(hematite)
④ 카올리나이트(kaolinite)
⑤ 버미큘라이트(vermiculite)

해설 chlorite

- 2:1:1의 혼층형 비팽창형광물이다.
- 운모와 유사한 구조로 2:1층들 사이의 공간에 자리 잡고 있는 K^+ 대신 brucite[$Mg(OH)_2$] 팔면체층을 가진다.

비팽창형	1 : 1형 광물	kaolinite, halloysite
	2 : 1형 광물	illite, 혼층형(chlorite)
팽창형	2 : 1형 광물	vermiculite, montmorillonite, beidellite, saporonite, nontronite

정답 : ②

077 **산림토양과 농경지토양의 차이점을 비교한 내용으로 옳은 것만을 고른 것은?**

	비교사항	산림토양	농경지토양
ㄱ.	토양 온도의 변화	크다	작다
ㄴ.	낙엽 공급량	적다	많다
ㄷ.	토양 동물의 종류	많다	적다
ㄹ.	미기상의 변동	작다	크다

① ㄱ, ㄴ
② ㄱ, ㄷ
③ ㄴ, ㄷ
④ ㄴ, ㄹ
⑤ ㄷ, ㄹ

해설

구분	산림토양	경작토양
유기물 함량	많음	적음
C/N율	높음(섬유소의 계속적 공급)	낮음(시비효과)
타감물질	축적됨(페놀, 타닌)	거의 없음
pH	낮음(humicacid 생산으로 강산성)	중성부근
양이온치환능력	낮음	높음(점토함량 높음)
비옥도	낮음	높음(시비효과)
무기태질소형태	주로 암모늄(NH_4^+)	주로 질소(NO_3^-)
토양미생물	곰팡이	박테리아, 곰팡이
질산화작용	억제됨(낮은 pH)	왕성함(중성 pH)

정답 : ⑤

078 **USDA의 토양분류체계에 따른 12개 토양목 중 제시된 토양목을 풍화정도(약 → 강)에 따라 옳게 나열한 것은?**

- Alfisols(알피졸)
- Entisols(엔티졸)
- Oxisols(옥시졸)
- Ultisols(울티졸)

① Alfisols → Entisols → Ultisols → Oxisols
② Entisols → Alfisols → Oxisols → Ultisols
③ Entisols → Alfisols → Ultisols → Oxisols
④ Oxisols → Entisols → Alfisols → Ultisols
⑤ Oxisols → Ultisols → Alfisols → Entisols

해설 • 엔티졸(Entisol, 미숙토) : 미숙 또는 발달되지 않은 토양으로 ochric 표층보다 발달이 안 됨. 낙동통, 관악통
• 인셉티졸(Inceptisol, 반숙토) : 발달 시작한 젊은 토양, 온대, 열대습윤, 삼각통, 지산통, 백산통
• 알피졸(Alfisol, 성숙토) : 습윤 온대 또는 아열대, B층 집적토, 염기포화도 35% 이상의 성숙토, 평창통, 덕평통
• 울티졸(Ultisol, 과숙토) : 온난 습윤 또는 열대, 아열대에서 생성, 염기포화도 35% 이하의 산성토, 봉계통, 천곡통
• 옥시졸(Oxisol) : 풍화가 가장 많이 진행된 토양, Al과 Fe 산화물이 풍부한 산화층(습윤열대)

정답 : ③

079 면적 1ha 깊이 10cm인 토양의 탄소 저장량(Mg = ton)은? (단, 이 토양의 용적밀도, 탄소농도, 석력함량은 각각 1.0g/cm³, 3%, 0%로 한다.)

① 0.3
② 3
③ 30
④ 300
⑤ 3,000

해설 **용적밀도 = 토양의 무게/전체용적(부피)**
• 면적 1ha 깊이 10cm에 대한 부피를 계산 : $10,000m^2 \times 0.1m = 1,000m^3$
• 부피에 해당하는 탄소의 농도를 계산 : $1,000m^3 \times 0.03 = 30$톤

정답 : ③

080 토양의 수분 침투율에 관한 설명으로 옳지 않은 것은?

① 다져진 토양은 침투율이 낮다.
② 동결된 토양에서는 침투현상이 거의 일어나지 않는다.
③ 입자가 큰 토양은 입자가 작은 토양보다 침투율이 높다.
④ 식물체가 자라지 않던 토양에 식생이 형성되면 침투율이 감소한다.
⑤ 침투율은 강우 개시 후 평형에 도달할 때까지 시간이 지남에 따라 감소한다.

해설 식물은 빗방울의 직접적인 타격으로부터 토양의 입단을 보호하여 침식을 막는다. 뿌리는 입단구조를 발달시키며 피복에 의한 유속의 감소나 토양 건조방지효과 등 토양의 보수능력을 증가시킨다.

토양의 수분 침투율
• 토성과 구조 : 자갈, 모래 많은 토양이 높다.
• 식생 : 지표면을 덮고 있는 식생의 특성에 따라 강수량이 지표면에 도달하는 양이 다르다.
• 표면봉합과 덮개 : 빗방울이 토양표면에 도달하면 토양입단의 파괴가 시작됨. 분산된 토양입자들이 공극을 막는 표면봉합은 침투율을 감소시키는 반면, 유거와 침식을 증가시킨다.

- 토양의 소수성 : 유기물을 많이 포함하고 있는 토양에서는 토양입자들의 물에 대한 친화력이 낮아 토양 내로 물이 쉽게 침투하지 못 한다(토양이 건조할 때 잘 나타남).
- 토양이 동결 : 지표면에 도달한 수분은 토양공극 내에서 결빙되므로 더 이상 수분의 이동통로로 작용하지 못 한다.

정답 : ④

081 입단 형성에 관한 설명으로 옳지 않은 것은?

① 응집현상을 유발하는 대표적인 양이온은 Na^{+}이다.
② 균근균은 균사뿐 아니라 글로멀린을 생성하여 입단 형성에 기여한다.
③ 토양이 동결－해동을 반복하면 팽창수축이 반복되어 입단 형성이 촉진된다.
④ 유기물이 많은 토양에서 식물이 가뭄에 잘 견딜 수 있는 것은 입단의 보수력이 크기 때문이다.
⑤ 토양수분 공급과 식물의 수분흡수에 따라 토양의 젖음－마름 상태가 반복되면 입단 형성이 촉진된다.

해설 Na은 수화반지름이 커서 부착 및 응집, 입단화를 분산시킨다.

정답 : ①

082 토성이 식토, 식양토, 사양토, 사토 순으로 점점 거칠어질 때 토양특성의 변화가 옳게 연결된 것은?

	보수력	비표면적	용적밀도	통기성
①	감소	감소	감소	감소
②	감소	감소	증가	증가
③	감소	감소	감소	증가
④	증가	증가	증가	변화 없음
⑤	증가	감소	감소	변화 없음

해설 토성이 거칠어질수록 보수력, 비표면적은 감소하며 용적밀도, 통기성은 증가한다.

입자의 크기가 토양의 성질에 미치는 요인들

구분	모래	미사	점토
수분보유능력	낮음	중간	높음
통기성	좋음	중간	나쁨
배수속도	빠름	느림－중간	매우 느림
유기물분해	빠름	중간	느림
풍식감수성	중간	높음	낮음

구분	모래	미사	점토
수식감수성	낮음	높음	낮음
양분저장능력	나쁨	중간	높음
pH완충능력	낮음	중간	높음

정답 : ②

083 5개 공원 토양의 수분보유곡선이 그림과 같을 때 유효수분함량이 가장 많은 곳은?

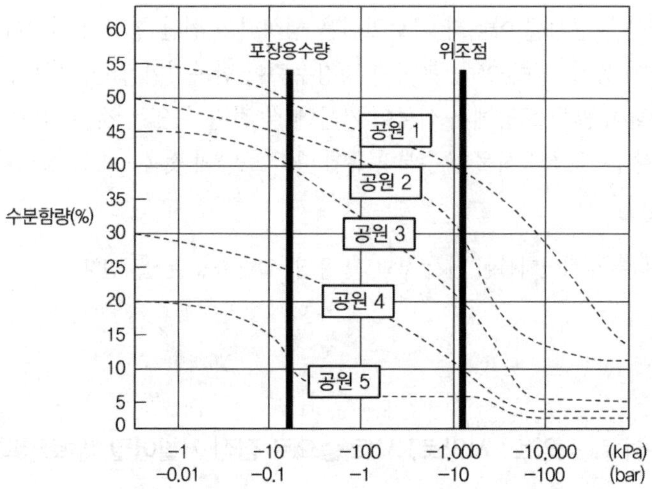

① 공원 1
② 공원 2
③ 공원 3
④ 공원 4
⑤ 공원 5

해설
- 공원 1(50－40＝10), 공원 2(45－30＝15), 공원 3(40－20＝20), 공원 4(25－10＝15), 공원 5(10－5＝5)
- 유효수분 : 포장용 수량과 위조점 사이의 수분으로 식물이 흡수 및 이용할 수 있는 수분을 의미한다.

정답 : ②

084 토양의 화학적 특성에 관한 설명으로 옳지 않은 것은?

① Fe^{3+}는 산화되면 Fe^{2+}로 된다.
② 풍화가 진행될수록 pH가 낮아진다.
③ 점토는 모래보다 양이온교환용량이 크다.
④ 산이나 염기에 의한 pH 변화에 대한 완충능력을 갖는다.
⑤ 산성 토양에 비해 알칼리성 토양에서 염기포화도가 높다.

해설 Fe^{3+}는 환원되면 Fe^{2+}로 된다($Fe^{2+} \rightarrow Fe^{3+}$산화).
- 산화 : 물질이 전자를 잃은 상태로 산화수의 증가($Fe^{2+} \rightarrow Fe^{3+} + e^-$)
- 환원 : 물질이 전자를 얻은 상태로 산화수의 감소[$Fe^{3+} + e^-$(전자) $\rightarrow Fe^{2+}$]

정답 : ①

085 '농촌진흥청고시' 2023 – 24 제5조(비료의 성분)에 따른 비료(20 – 10 – 10) 100kg 중 K의 무게(kg)는? (단, K, O의 분자량은 각각 39g/mol, 16g/mol이다. 소수점은 둘째 자리에서 반올림하여 소수점 첫째 자리까지 구한다.)

① 4.4
② 5.0
③ 8.3
④ 10.0
⑤ 20.0

해설
- K_2O의 총 mol = (39 × 2) + (16 × 1) = 94g/mol = K_2의 mol/K_2O의 mol
  = 10kg × (78/94) = 10kg × 0.83 = 8.3
- 20질소 – 10인 – 10칼리 = 100kg × (10/100) = 10kg = 10kg × 0.83 = 8.3kg

정답 : ③

086 산림토양 산성화의 원인으로 옳은 것을 모두 고른 것은?

ㄱ. 황화철 산화
ㄴ. 질산화작용
ㄷ. 토양유기물 분해로 인한 유기산 생성
ㄹ. 토양호흡으로 생성되는 CO_2의 용해
ㅁ. 식물 뿌리의 양이온 흡수로 인한 H^+ 방출

① ㄱ
② ㄱ, ㄴ
③ ㄱ, ㄴ, ㄷ
④ ㄱ, ㄴ, ㄷ, ㄹ
⑤ ㄱ, ㄴ, ㄷ, ㄹ, ㅁ

해설 **토양산성화의 원인**
- 토양의 산성화 : H^+의 증가, 염기의 용탈, 교환성양이온 중에서 수소이온과 여러 형태의 Al–hydroxyl이온이 차지하는 비율이 증가함
- 모암 : 산성암인 화강암과 화강편마암
- 기후 : 강우에 의한 염기의 용탈
- 점토에 흡착된 H^+의 해리[$Al^{3+} + H_2O \Leftrightarrow Al(OH)^{2+} + H^+$]
- 부식에 의한 산성화 : –COOH와 –OH에서 H^+의 해리
- CO_2에 의한 산성화 : $CO_2 + H_2O \Leftrightarrow H_2CO_3 \Leftrightarrow H^+ + HCO_3^- \Leftrightarrow H^+ + CO_3^{2-}$

- 유기산에 의한 산성화 : 미생물에 의해 유기물이 분해될 때 유기산이 생성됨
- 무기산에 의한 산성화 : 산성비
- 비료에 의한 산성화 : $NH_4^+ + 2O_2 \rightarrow NO_3^- + H_2O + H^+$

정답 : ⑤

087 제시된 설명과 1차 광물의 연결로 옳은 것은?

ㄱ. 가장 간단한 구조의 규산염광물이며, 결정구조가 단순하기 때문에 풍화되기 쉽다.
ㄴ. 전기적으로 안정하고 표면의 노출이 적어 풍화가 매우 느리며, 토양 중 모래 입자의 주성분이다.

	ㄱ	ㄴ
①	각섬석	휘석
②	감람석	석영
③	휘석	장석
④	감람석	휘석
⑤	각섬석	석영

해설 **1차 광물 풍화의 내성이 강한 것부터 약한 순서**

석영 → 백운모 → 미사장석 → 정장석 → 흑운모 → 조장석 → 각섬석 → 휘석 → 회장석 → 감람석

정답 : ②

088 화산회로부터 유래한 토양에 많이 함유되어 있으며 인산의 고정력이 강한 점토광물은?

① 알로판(allophane)
② 돌로마이트(dolomite)
③ 스멕타이트(smectite)
④ 벤토나이트(bentonite)
⑤ 할로이사이트(halloysite)

해설 **알로판(allophane)**

- 화산재로부터 유래한 토양의 주성분으로 비결정형 점토광물로 결정을 이루지 못하는 비정질 또는 무정질이라고 한다.
- pH 의존적인 음전하, 풍화과정에서 생성되는 중간산물이다.
- 제주도의 화산회토양으로 양이온교환능이 크다.

정답 : ①

089 화학적 반응이 중성인 비료는?

① 요소　　② 생석회
③ 용성인비　　④ 석회질소
⑤ 황산암모늄

해설

화학적 산성비료	과인산석회, 중과인산석회, 황산암모늄(유안)
화학적 중성비료	요소, 염화가리, 콩깻묵
화학적 알칼리성비료	재, 석회질소, 생석회, 용성인비

정답 : ①

090 토양유기물분해에 영향을 미치는 설명으로 옳은 것을 모두 고른 것은?

ㄱ. 유기물 분해속도는 토양 pH와 관계없이 일정하다.
ㄴ. 페놀화합물이 유기물 건물량의 3~4% 포함되어 있으면 분해속도가 빨라진다.
ㄷ. 탄질비가 200을 초과하는 유기물도 외부로부터 질소를 공급하면 분해속도가 빨라진다.
ㄹ. 리그닌 함량이 높은 유기물은 리그닌 함량이 낮은 유기물보다 분해가 느리다.

① ㄱ, ㄴ　　② ㄱ, ㄷ
③ ㄴ, ㄷ　　④ ㄴ, ㄹ
⑤ ㄷ, ㄹ

해설 ㄷ. C/N율이 높은 유기물이 가해지면 질소부족현상이 발생하게 되는데 질소를 공급해 준다면 분해속도는 빨라진다.
ㄹ. 페놀화합물(리그닌, 타닌, 플라보노이드)은 미생물이 분해를 잘하지 못해서 가장 마지막까지 토양에 남아 있게 된다.
ㄱ. 유기물의 분해는 중성에서 활성이 높고 가장 빨리 일어나며 산성이나 알칼리가 되면 분해속도는 감소한다.
ㄴ. 페놀화합물이 유기물 건물량의 3~4% 포함되어 있으면 분해속도가 느려진다.

정답 : ⑤

091 **A, B 두 토양의 소성지수(plastic index)가 15%로 같다. 두 토양의 액성한계(liquid limit)에서의 수분함량이 각각 40%, 35%라면 두 토양의 소성한계(plastic limit)에서의 수분함량(%)은?**

	A	B
①	15	15
②	25	20
③	40	35
④	50	55
⑤	55	50

해설 **소성지수(PI) = LL(액성한계) − PL(소성한계)**

- A : 15% = 40% − 소성한계 → 25%
- B : 15% = 35% − 소성한계 → 20%

토양물리성

- 소성(plasticity) : 모양만 변하고, 힘을 제거하면 원래 상태로 돌아가지 않는 성질
- 수분상태에 따라 부스러짐 → 소성을 가짐 → 유동상태
- 소성을 가지는 수분함량
  - 최소수분함량(소성하한, 소성한계, PL ; Plastic Limit)
  - 최대수분함량(소성상한, 액성한계, LL ; Liquid Limit)
- 소성지수(PI) = LL(액성한계) − PL(소성한계)

정답 : ②

092 **균근에 관한 설명으로 옳지 않은 것은?**

① 토양 중 인의 흡수를 촉진한다.
② 상수리나무에서 수지상체를 형성한다.
③ 병원균이나 선충으로부터 식물을 보호한다.
④ 강산성과 독성 물질에 의한 식물 피해를 경감한다.
⑤ 균사가 뿌리세포에 침투하는 양상에 따라 분류한다.

해설
- 외생균근 : 소나무과, 참나무과, 버드나무과, 자작나무과에서는 균사가 세포 밖에 머물러 형성된다.
- 내생균근 : 균사가 피층의 세포벽을 뚫고 들어가 세포 안에서 나뭇가지 모양의 수지상체를 형성한다.

정답 : ②

093 유기물질을 퇴비로 만들 때 유익한 점만을 모두 고른 것은?

ㄱ. 퇴비화 과정 중 발생하는 높은 열로 병원성 미생물이 사멸된다.
ㄴ. 유기물이 분해되는 동안 CO_2가 방출됨으로써 부피가 감소되어 취급이 편하다.
ㄷ. 질소 외 양분의 용탈 없이 유기물을 좁은 공간에서 안전하게 보관할 수 있다.
ㄹ. 퇴비화 과정에서 방출된 CO_2 때문에 탄질비가 높아져 토양에서 질소기아가 일어나지 않는다.

① ㄱ, ㄴ
② ㄱ, ㄷ
③ ㄱ, ㄹ
④ ㄴ, ㄷ
⑤ ㄴ, ㄹ

해설
- 퇴비는 계속해서 발효의 과정을 거치고 있으므로 양분의 용탈이 많아 적당한 장소와 용기에 보관을 잘해야 한다.
- 퇴비를 제조할 때 탄질비가 높은 볏짚이나 톱밥을 넣지만, 퇴비화 과정을 거치면서 탄질비가 낮아진다.
- 부숙되지 않은 퇴비를 많은 양 시비하게 되면 질소기아가 발생한다.

정답 : ①

094 필수양분과 주요 기능의 연결로 옳지 않은 것은?

① Mg : 엽록소 구성 원소
② Mo : 기공의 개폐 조절
③ P : 에너지 저장과 공급
④ Zn : 단백질 합성과 효소 활성
⑤ Mn : 과산화물제거효소의 구성성분

해설 K는 기공의 개폐를 조절한다.

정답 : ②

095 제시된 설명에 모두 해당하는 오염토양 복원 방법은?

- 비용이 많이 소요된다.
- 현장 및 현장 외에 모두 적용할 수 있다.
- 전기적으로 용융하여 오염물질 용출이 최소화된다.
- 유기물, 무기물, 방사성 폐기물 등에 모두 적용할 수 있다.

① 소각(incineration)
② 퇴비화(composting)
③ 유리화(vitrification)
④ 토양경작(land farming)
⑤ 식물복원(phytoremediation)

HIDDEN CARD

해설 **유리화**

- 안정화/고형화 처리기술에 포함되며 전기적으로 오염된 토양 및 슬러지를 용융시킴으로써 용출 특성이 매우 작은 결정구조로 만드는 방법이다.
- 가열/용융공정에서 토양에 들어있는 대부분의 오염물질이 열분해되거나 표면으로 이동하여 연소, 산화되고 방출가스는 방출가스처리장치로 보내진다.
- 휘발성 유기물질, 준휘발성 유기물질, 디옥신, PCBs 등의 처리에 적용된다.
- 대상물질을 유리화시킴으로 유기성 물질을 파괴하고 중금속물질은 고정시키는 확실한 처리기술이지만, 비용이 많이 소요되므로 넓은 면적의 오염 부지에서는 적용하기가 어렵다,

정답 : ③

096 간척지 염류토양 개량방법으로 옳은 것을 모두 고른 것은?

ㄱ. 내염성 식물을 재배한다.
ㄴ. 유기물을 시용한다.
ㄷ. 양질의 관개수를 이용하여 과잉염을 제거한다.
ㄹ. 효과적인 토양배수체계를 갖춘다.
ㅁ. 석고를 시용한다.

① ㄱ
② ㄱ, ㄴ
③ ㄱ, ㄴ, ㄷ
④ ㄱ, ㄴ, ㄷ, ㄹ
⑤ ㄱ, ㄴ, ㄷ, ㄹ, ㅁ

해설 **염류토양의 개량**

- 배수의 상태와 관개수의 질을 개선한다. (ㄷ)
- 배수체계를 확립해야 한다. (ㄹ)
- 화학성개량보다 물리성개량이 더 필요하다. (ㅁ)
- 가용성염류를 효과적으로 용탈시켜야 한다.
- 유기물로 분해시키는 방법이다. (ㄴ)
- 내염성작물을 이용하는 방법이다. (ㄱ)
- 다른 흙을 섞는 방법이다(객토).
- 땅을 깊게 파헤지는 방법이다(심경).

정답 : ⑤

097 산불발생지 토양에서 일어나는 변화로 옳지 않은 것은?

① 토색이 달라진다.
② 침식량이 증가한다.
③ 수분 증발량이 증가한다.
④ 수분 침투율이 증가한다.
⑤ 토양층에 유입되는 유기물의 양이 감소한다.

해설
- 지표면에 식생이 불에 모두 타면 노출된 표토의 공극을 산불로 인한 '재'가 토양공극이 막히고, 불투수층의 형성으로 침투율은 감소, 재는 햇빛을 효율적으로 흡수하기 때문에 토양의 온도가 상승한다.
- 낙엽과 생물량의 연소과정에서 방출되는 양이온 때문에 산불 직후 토양의 pH 증가, 칼륨, 칼슘, 마그네슘의 증가
- 암모니아태질소 함량이 증가하며, 유효인 함량이 증가한다.

정답 : ④

098 제시된 식물 생육 반응곡선을 따르지 않는 것은?

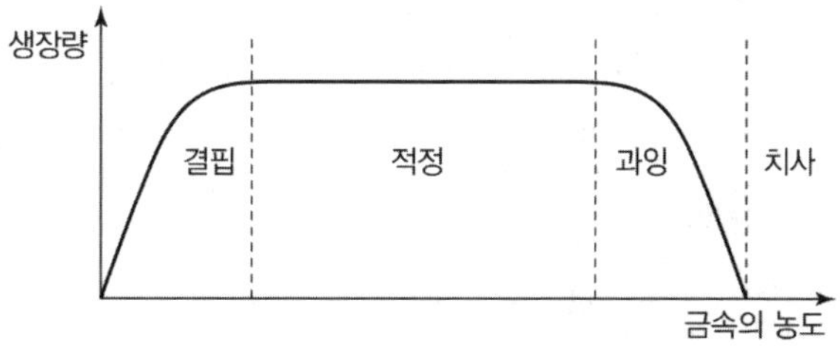

① Cd
② Cu
③ Fe
④ Mo
⑤ Zn

해설 Cd의 경우에는 필수원소가 아니어서 과잉(독성단계 혹은 상위한계농도)에서만 존재한다.
- 필수 중금속 : Cu, Fe, Zn, Mn, Mo
- 중금속은 한계농도가 두 종류 존재하며, 하위한계농도(LCC)와 상위한계농도(UCC)로 구성된다.

정답 : ①

099 「토양환경보전법 시행규칙」 제1조의2(토양오염물질)에 규정된 토양오염물질로만 나열되지 않은 것은?

① 구리, 에틸벤젠
② 카드뮴, 톨루엔
③ 철, 벤조(a)피렌
④ 아연, 석유계 총탄화수소
⑤ 납, 테트라클로로에틸렌

해설 철은 해당되지 않는다.

토양오염물질로 규정된 물질

카드뮴, 2-디클로로에탄, 비소, 수은, 납, 불소, 구리, 아연, 니켈, 유기인화합물, 다이옥신 벤젠, 벤조피렌, 에틸벤젠, 크실렌, 6가크롬, 폴리클로리네이티드비페닐. 페놀, 툴루엔

<table>
<tr><th colspan="2" rowspan="2">항목</th><th colspan="3">우려기준</th><th colspan="3">대책기준</th></tr>
<tr><th>1지역</th><th>2지역</th><th>3지역</th><th>1지역</th><th>2지역</th><th>3지역</th></tr>
<tr><td colspan="2">카드뮴</td><td>4</td><td>10</td><td>60</td><td>12</td><td>30</td><td>180</td></tr>
<tr><td colspan="2">구리</td><td>150</td><td>500</td><td>2,000</td><td>450</td><td>1,500</td><td>6,000</td></tr>
<tr><td colspan="2">비소</td><td>25</td><td>50</td><td>200</td><td>75</td><td>150</td><td>600</td></tr>
<tr><td colspan="2">수은</td><td>4</td><td>10</td><td>20</td><td>12</td><td>30</td><td>60</td></tr>
<tr><td colspan="2">납</td><td>200</td><td>400</td><td>700</td><td>600</td><td>1,200</td><td>2,100</td></tr>
<tr><td colspan="2">6가크롬</td><td>5</td><td>15</td><td>40</td><td>15</td><td>45</td><td>120</td></tr>
<tr><td colspan="2">다연</td><td>300</td><td>600</td><td>2,000</td><td>900</td><td>1,800</td><td>5,000</td></tr>
<tr><td colspan="2">니켈</td><td>100</td><td>200</td><td>500</td><td>300</td><td>600</td><td>1,500</td></tr>
<tr><td colspan="2">불소</td><td>400</td><td>400</td><td>800</td><td>800</td><td>800</td><td>2,000</td></tr>
<tr><td colspan="2">유기인화합물</td><td>10</td><td>10</td><td>30</td><td>–</td><td>–</td><td>–</td></tr>
<tr><td colspan="2">PCBs</td><td>1</td><td>4</td><td>12</td><td>3</td><td>12</td><td>36</td></tr>
<tr><td colspan="2">시안</td><td>2</td><td>2</td><td>120</td><td>5</td><td>5</td><td>300</td></tr>
<tr><td rowspan="2">페놀류</td><td>페놀</td><td rowspan="2">4</td><td rowspan="2">4</td><td rowspan="2">20</td><td rowspan="2">10</td><td rowspan="2">10</td><td rowspan="2">50</td></tr>
<tr><td>펜타클로로페놀</td></tr>
<tr><td colspan="2">벤젠</td><td>1</td><td>1</td><td>3</td><td>3</td><td>3</td><td>9</td></tr>
<tr><td colspan="2">톨루엔</td><td>20</td><td>20</td><td>60</td><td>60</td><td>60</td><td>180</td></tr>
<tr><td colspan="2">에틸벤젠</td><td>50</td><td>50</td><td>340</td><td>150</td><td>150</td><td>1,020</td></tr>
<tr><td colspan="2">크실렌</td><td>15</td><td>15</td><td>45</td><td>45</td><td>40</td><td>135</td></tr>
<tr><td colspan="2">TPH</td><td>500</td><td>800</td><td>2,000</td><td>2,000</td><td>2,400</td><td>6,000</td></tr>
<tr><td colspan="2">트리클로로에틸렌</td><td>8</td><td>8</td><td>40</td><td>24</td><td>24</td><td>120</td></tr>
<tr><td colspan="2">테트라클로로에틸렌</td><td>4</td><td>4</td><td>25</td><td>12</td><td>12</td><td>75</td></tr>
<tr><td colspan="2">벤조(a)피렌</td><td>0.7</td><td>2</td><td>7</td><td>2</td><td>6</td><td>21</td></tr>
</table>

정답 : ③

100 **현장에서 임지생산능력을 판정하기 위한 간이산림토양 조사 항목이 아닌 것은?**

① 방위　　② 지형
③ 토성　　④ 견밀도
⑤ 경사도

해설 방위는 간이산림토양 조사 항목과 무관하다.

- 임지생산능력(=지위지수) : 토양, 지형, 입지, 환경인자 등에 의해 결정됨
- 간이산림토양 조사항목 : 토심, 지형, 건습도, 경사, 퇴적양식, 침식, 견밀도, 토성
- 1급 : 55점 이상, 2급 : 54~45점, 3급 : 44~35점, 4급 : 34~25점, 5급 : 24~8점

토양인자별 점수기준표

인자	구분	점수	구분	점수	구분	점수	구분	점수	구분	점수	구분	점수
토심	90cm 이상	12	90~60cm	9	60~30cm	5	30cm	1				
지형	평탄지	11	산록	8	완구릉지	6	산복	4	산정	1		
견습도	적윤	11	습윤	8	건조	6	과습	3	과건	1		
경사도	5° 이상	9	5~15°	8	15~20°	7	20~30°	5	30~45°	3	45°<	1
퇴적양식	봉적토	9	포행토	5	잔적토	1						
침식	없다	9	있다	6	심	3	매우심	1				
견밀도	송	9	연	7	견	4	강견	1				
토성	사양	6	식양토	4	사양	3	사토	2	미숙토	1		

정답 : ①

101 수목의 상처 치유 및 치료에 관한 설명으로 옳은 것은?

① 내수피가 보존되어 있어야 유합조직이 형성될 수 있다.
② 긴 상처에 부착할 수피 조각은 못으로 고정하고 건조시킨다.
③ 오염을 방지하기 위해 상처 면적의 두 배 이상 수피를 제거한다.
④ 들뜬 수피는 제자리에 고정하고 햇빛이 비치게 투명 테이프로 감싼다.
⑤ 새순이 붙어 있는 건강한 가지를 이용하여 넓게 격리된 수피를 연결한다.

해설 내수피(코르크조직+사부조직)+외수피=수피

② 상처가 수평방향으로 길게 이어져 있을 경우에는 이식하려는 수피를 약 5cm 길이로 잘라서 연속적으로 밀착하여 부착시킨 후 작은 못으로 고정해야 한다.
③ 상처 부위를 깨끗하게 청소한 다음 상처의 위 아래에서 높이 2cm가량의 살아 있는 수피를 수평방향으로 벗겨내고 격리된 상하 상처 부위에 다른 곳에서 벗겨 온 비슷한 두께의 신선한 수피를 이식하여 덮어야 한다.
④ 수피 이식이 끝나면 젖은 천으로 패드를 만들어 덮은 다음 비닐로 덮어서 건조하지 않게 하고 그늘을 만들어 주는 것이 좋다. 수피 이식은 형성층의 세포분열이 왕성한 봄에 실시할 경우 가장 성공률이 높다.
⑤ 새순이 붙어있지 않은 건강한 나무에서 벗겨 온 수피가 필요하다.
※ 주피(周皮, periderm)는 코르크조직으로서 조피 바로 아래에 위치하며, 유관속형성층보다 바깥쪽에 위치한다.

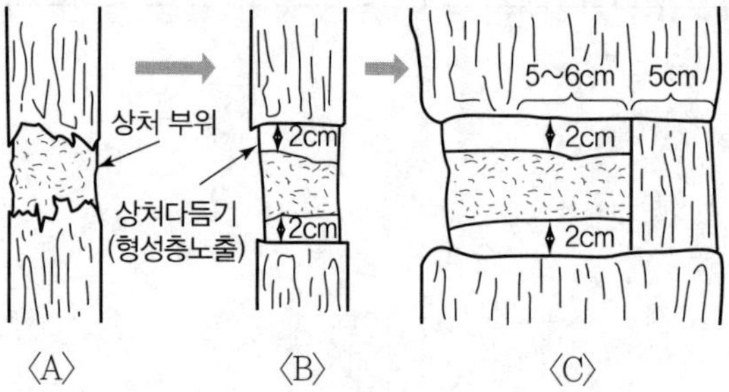

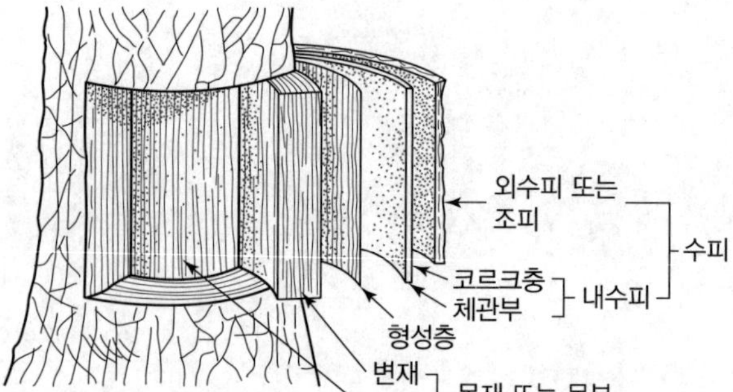

정답 : ①

102 토목공사장에서 수목을 보전하는 방법에 관한 설명으로 옳지 않은 것은?

① 바람 피해가 예상되면 수관을 축소한다.
② 햇볕 피해를 예방하기 위해 그늘에 있던 줄기는 마대로 감싼다.
③ 부득이하게 중장비가 이동하는 곳에서는 지표면에 설치한 유공철판을 제거한다.
④ 차량이 수관폭 내부로 접근하지 못하도록 보전할 수목의 주변에 울타리를 설치한다.
⑤ 보전할 수목에 도움이 안 되는 주변의 수목은 밑동까지 바짝 자르거나 뿌리까지 제거한다.

해설 공사용 유공철판을 깔아 답압 등을 방지한다
※ 유공철판은 공사할 때 쓰는 구멍이 있는 철판을 말한다.

정답 : ③

103 수목의 상태에 따른 피해 발생에 관한 설명으로 옳은 것은?

① 밑동을 휘감는 뿌리가 있으면 바람 피해의 가능성이 적다.
② 줄기의 한 곳에 가지가 밀생하면 가지 수피가 함몰될 가능성이 크다.
③ 가지가 줄기에서 둔각으로 자라면 겨울에 찢어질 가능성이 크다.
④ 수간에 큰 공동이 있으면 수간 하중 감소로 바람 피해의 가능성이 적다.
⑤ 음파로 줄기를 조사하여 음파가 목재를 빠르게 통과하는 부위가 많으면 부러질 가능성이 크다.

해설 줄기의 한 곳에 가지가 밀생하면 여러 가지가 수피를 뚫고 함몰될 가능성이 크며 휘감은 뿌리가 있는 밑동부분이 잘록해지며 지탱할 중심주와 측근, 심장근이 없어 바람피해의 가능성이 크다.
③ 가지를 만드는 각도는 예각, 평각, 둔각 3가지로 어린나무 가지가 기부(마디)에서 위로 향하도록 하는 예각, 성목이 되어 수평으로 자라는 모습을 평각, 아래로 처진 모습을 둔각으로 표현한다. 예각으로 자라면 설해 등으로 찢어지는 일이 발생할 수 있다.

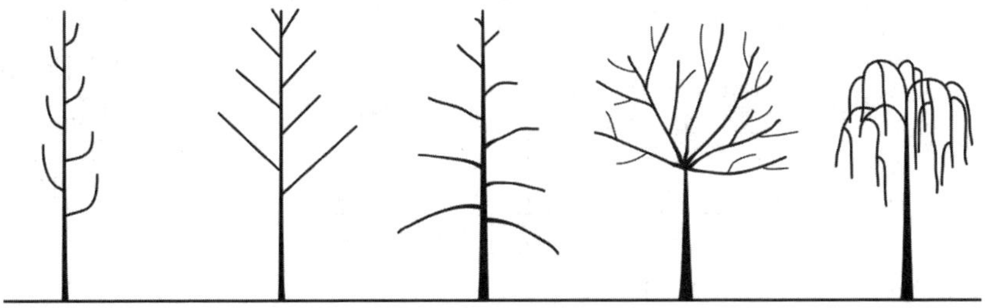

④ 수간에 큰 공동이 있으면 수간 하중 감소로 바람 피해의 가능성이 가능성이 높아진다.
⑤ 음파가 목재를 빠르게 통과한다는 것은 목재 내부에 병, 손상, 균열, 공동, 부후 등이 없어서 저항이 없다는 뜻이다.

• 음파가 느리게 진행되거나 우회하는 것은 목재의 조직이 성기거나 빈부분이 있다는 것이다.
• 음파 단층사진(Sonic Tomograph)을 이용하여 수목 내부의 부패(decay), 공동(cavity) 여부를 측정하고 영상화할 수 있다.
• 수목 내부의 음파속도
  - 탄성률과 밀도와 관계있으며 비파괴적이다.
  - 파란색과 분홍색은 부후정도를 나타내며, 녹색은 부후가 진행되고 있는 단계를 나타내고, 갈색과 검은색은 목재의 건강 부위를 나타낸다.

정답 : ②

104 제시된 수종 중 양수 2종을 고른 것은?

ㄱ. 낙우송	ㄴ. 녹나무
ㄷ. 회양목	ㄹ. 느티나무
ㅁ. 비자나무	ㅂ. 사철나무

① ㄱ, ㄹ
② ㄴ, ㄷ
③ ㄷ, ㅁ
④ ㄹ, ㅁ
⑤ ㅁ, ㅂ

해설
• 극음수 : ㄷ. 회양목, , ㅂ. 사철나무
• 음수 : ㄴ. 녹나무, ㅁ. 비자나무
• 양수 : ㄱ. 낙우송, ㄹ. 느티나무

분류	기준	침엽수	활엽수
극음수	전광의 1~3%에서 생존 가능	개비자나무, 금송, 나한백, 주목	회양목, 사철나무, 호랑가시나무, 굴거리나무, 백량금, 식나무, 황칠나무
음수	전광의 3~10%에서 생존 가능	가문비나무, 비자나무, 솔송나무, 전나무류	화살나무, 너도밤나무, 녹나무, 단풍나무류, 서어나무류, 송악, 칠엽수, 함박꽃나무, 개쉬땅나무, 생강나무, 매자나무
중용수	전광의 10~30%에서 생존 가능	잣나무류, 편백, 화백	철쭉류, 진달래, 개나리, 회화나무, 때죽나무, 동백나무, 산사나무, 산딸나무, 생강나무, 수국, 은단풍, 목련류, 수수꽃다리, 좀작살나무, 백당나무, 병꽃나무, 꽃댕강나무, 덜꿩나무

분류	기준	침엽수	활엽수
양수	전광의 30~60%에서 생존 가능	소나무류, 은행나무, 측백나무, 향나무류, 히말라야시다, 낙우송, 메타세콰이아, 삼나무	느티나무, 수수꽃다리, 모감주나무, 무궁화, 밤나무, 배롱나무, 벚나무류, 플라타너스, 쥐똥나무, 튤립나무, 자귀나무, 이팝나무, 산수유, 오동나무, 오리나무, 등나무, 위성류, 층층나무, 주엽나무, 박태기나무, 싸리나무, 해당화, 장미, 옥매화, 나무수국, 꽃말발도리, 모란, 산철쭉, 히어리
극양수	전광의 60% 이상에서 생존 가능	대왕송, 방크스소나무, 낙엽송, 연필향나무	버드나무, 자작나무, 붉나무, 포플러류, 두릅나무, 예덕나무

정답 : ①

105 느티나무 가지를 길게 남겨 전정하였는데 남은 가지에서 시작되어 원줄기까지 부후되고 있다. 이 현상의 원인에 관한 설명으로 옳은 것은?

① 전정 상처가 유합되지 않았기 때문이다.
② 남겨진 가지에 지의류가 발생하였기 때문이다.
③ 전정 시 가지밑살(지륭)이 제거되었기 때문이다.
④ 원줄기의 지피융기선이 부후균에 감염되었기 때문이다.
⑤ 수목의 과민성반응에 의하여 가지와 원줄기의 세포들이 사멸했기 때문이다.

해설 전정 상처가 유합되지 않아서 길게 남은 가지터기로 인해 부후균의 침입을 받아 원줄기까지 피해 발생한다.
② 지의류(두 개의 식물, 즉 조류와 균류, 곰팡이 사이의 공생자)는 부후의 원인은 아니다.
③ 전정 시 가지밑살(지륭)이 남아 있으나 위 부분부터 썩어 들어간다.
④ 가지를 길게 남겨 전정한 것은 원줄기의 부후와는 상관없다.
⑤ 과민성 반응은 미생물이 감염한 자리의 주변세포가 죽어 양분을 박탈하여 병원체의 확산을 방지한다. 과민반응 동안 생산되는 화학물질은 살리실산으로 부후와는 상관없다.

정답 : ①

106 수목의 다듬기 전정 시기에 관한 설명으로 옳지 않은 것은?

① 향나무는 어린 가지를 여름에 전정해도 된다.
② 무궁화는 4월에 전정하여도 당년에 꽃을 볼 수 있다.
③ 측백나무는 당년지를 늦봄에 잘라서 크기를 조절한다.
④ 백목련은 등나무 개화기 전에 전정하면 다음 해에 꽃을 볼 수 없다.
⑤ 중부지방에서는 소나무의 적심을 잎이 나오기 전인 5월 중하순경에 실시한다.

해설 봄꽃류(진달래, 철쭉류, 목련 등)는 꽃이 진 후~7월 이전까지 전정하는 것이 좋다. 목련 꽃눈 분화시기는 5월 상순에서 중순이며, 꽃은 그다음 해 3~4월에 핀다. 등나무는 5~6월에 개화 후 바로 꽃눈이 생긴다. 꽃이 진 이후에 전정하면 다음 해 꽃을 볼 수 있다.

전정시기	수종	비고
춘기전정 (4~6월)	상록활엽수(감탕나무, 녹나무 등)	4월 잎이 떨어지고 새잎이 날 때
	침엽수(소나무, 반송, 섬잣나무 등)	순지르기(5월)
	봄꽃류(진달래, 철쭉류, 목련 등)	꽃이 진 후~7월 이전까지
	여름꽃류(무궁화, 배롱나무, 장미류)	이른 봄(눈이 발아하기 전)
	산울타리(쥐똥나무, 화양목, 사철나무 등)	5월 말
	유실수(복숭아, 사과, 포도 등)	이른 봄
하기전정 (7~8월)	낙엽활엽수(단풍나무류, 자작나무 등)	강전정은 피함
	일반수목	도장지, 포복지, 맹아지 등
추기전정	낙엽활엽수 일부	강전정은 동해의 위험
	상록활엽수 일부	남부지방에서만 전정
	침엽수 일부	묵은 잎 따내기
	산울타리	전체 2회 정도 실시
동기전정 (12~3월)	일반 교목류 전체	수형을 잡기 위한 굵은 가지 전정
	가로수 전정(내한성 수종)	강전정, 두목작업포함

정답 : ④

107 제시된 내용 중 수목의 이식성공률을 높이는 방법을 모두 고른 것은?

ㄱ. 어린나무를 이식한다.
ㄴ. 지주목을 5년 이상 유지한다.
ㄷ. 생장이 활발한 시기에 이식한다.
ㄹ. 용기묘는 휘감는 뿌리를 절단한다.
ㅁ. 굴취 전에 수간을 보호재로 피복한다.

① ㄱ, ㄴ, ㄷ
② ㄱ, ㄴ, ㄹ
③ ㄱ, ㄹ, ㅁ
④ ㄴ, ㄷ, ㅁ
⑤ ㄷ, ㄹ, ㅁ

해설 ㄱ. 휴면기, 봄철 새로운 뿌리의 발생이 생기기 직전, 낙엽 전후 이식한다.
ㄴ. 지주목은 2년이 되면 제거하거나 존치가 필요한 경우 재결속한다.
ㄷ. 지주대를 제거하지 않고 장기간 사용하면 초살도가 작아져서 바람 저항성이 약해진다.
ㄹ. 휘감는 뿌리는 생육을 저해할 수 있다.

ㅁ. 수간의 상처 보호와 수분증발, 일소현상, 병충해의 침해를 방지하기 위하여 새끼, 마대 등으로 수간을 피복한다.

이식 시기

• 뿌리가 휴면상태에 놓여 있을 때 옮기는 것이 가장 바람직하다.
• 봄철 이식은 땅이 녹고 뿌리가 아직 휴면상태에 있을 때 하는 것이 좋으며 온대지방의 수종들은 겨울눈이 트기 2~3주 전에 새 뿌리를 만들기 시작하기 때문이다.
• 겨울철 휴면상태에 있는 수목의 뿌리는 토양 온도가 5° 이상 상승할 때 비로소 자라기 시작한다. 토양의 온도는 측정을 할 수 있지만 번거로운 수단을 동원해야 하고, 실제로 뿌리가 새로 자라 나오는가를 알 수 없다. 그래서 지상부의 겨울눈을 관찰하여 가늠할 수 있다.

정답 : ③

108 과습에 대한 저항성이 큰 수종으로만 나열한 것은?

① 낙우송, 벚나무, 사시나무
② 전나무, 오리나무, 버드나무
③ 곰솔, 아까시나무, 층층나무
④ 낙우송, 물푸레나무, 오리나무
⑤ 가문비나무, 버드나무, 양버즘나무

해설

호습성수종	내습성	내건성
낙우송, 메타세퀴이아, 귀룽나무, 느티나무, 물푸레나무, 용버들, 물푸레, 오리나무, 버드나무류, 포플러류, 단풍나무류, 버즘나무	리기다소나무, 메타쉐콰이어, 사철, 팔손이, 목련, 칠엽수, 홍단풍, 자귀나무, 보리수, 아그배나무, 등나무	리기다소나무, 방크스소나무, 소나무, 편백, 곰솔, 향나무, 화백, 눈향나무, 둥근측백, 가시나무, 감탕나무, 동백나무, 붉가시나무, 떡갈나무, 상수리나무

정답 : ③

109 수목에 필요한 무기양분 중 철에 관한 설명으로 옳지 않은 것은?

① 엽록소 생성과 호흡과정에 관여한다.
② 토양에 과잉되면 수목에 인산이 결핍될 수 있다.
③ 결핍 현상은 알칼리성 토양에서 자라는 수목에서 흔히 나타난다.
④ 결핍되면 침엽수와 활엽수 모두 잎에 황화현상이 나타난다.
⑤ 체내 이동성이 낮아 성숙한 잎에서 먼저 결핍 증상이 나타난다.

해설 체내 이동성이 낮아(Fe, Ca) 어린잎에서 먼저 결핍 증상이 나타난다.

정답 : ⑤

110 대기오염물질인 오존(O_3)과 PAN에 관한 설명으로 옳은 것은?

① 오존과 PAN은 황산화물과 탄화수소의 광화학 반응으로 발생한다.
② 오존은 해면조직에 PAN은 책상조직에 가시적인 피해를 일으킨다.
③ 오존은 성숙한 잎보다 어린잎이, PAN은 어린잎보다 성숙한 잎이 감수성이 크다.
④ 느티나무와 왕벚나무는 오존 감수성 수종이며, 은행나무와 삼나무는 오존 내성 수종이다.
⑤ 오존의 피해 증상은 엽록체가 파괴되어 백색 반점이 나타나면서 괴사되나 황화현상은 나타나지 않는다.

해설 느티나무와 왕벚나무는 오존 감수성 수종이며, 은행나무와 삼나무는 오존 내성 수종이다. 오존은 질소산화물이 자외선에 의해 산화 시 발생하며, PAN은 질소산화물과 탄화수소가 자외선에 의해 광화학 산화반응으로 발생(NOx－질소산화물)한다.

② 오존은 책상조직에, PAN은 해면조직에 가시적인 피해를 일으킨다.
③ 오존은 어린잎이 황산화 물질을 만들어 저항하므로 성숙잎 피해증상이 먼저 발생한다. PAN은 미성숙잎의 피해가 먼저 발생한다.
⑤ 오존의 피해 증상은 활엽수에서는 황백화현상, 적색화현상, 윗잎 표면의 표백화가 일어나고, 침엽수에서는 괴사, 황화현상의 반점, 왜성 황화된 잎이 된다.

오존에 대한 감수성 및 저항성

감수성 수종	저항성수종
생장이 빠른 수종	생장이 느린 수종
느릅나무, 포플러, 당단풍나무, 왕벚나무, 능수버들, 목련, 느티나무, 자귀나무, 개나리 등	소나무, 곰솔, 전나무, 은행나무, 삼나무, 화백, 낙엽송, 녹나무, 소귀나무, 가시나무, 가문비나무

정답 : ④

111 제설염 피해에 관한 설명으로 옳지 않은 것은?

① 상록수는 수관 전체 잎의 90% 이상 피해를 받으면 고사할 수 있다.
② 낙엽활엽수에서 잎 피해는 새싹이 자라면서 봄 이후에 증상이 나타난다.
③ 제설염을 뿌리기 전에 수목 주변의 토양표면을 비닐로 멀칭해 주면 예방효과가 있다.
④ 상록수는 겨울철에 증산억제제를 평소보다 적게 뿌려 줌으로써 피해를 줄일 수 있다.
⑤ 수액이 위로 곧게 상승하는 수종은 흡수한 뿌리와 같은 방향에서 피해증상이 나타난다.

해설 평소보다 증산억제제를 많이 뿌려 줌으로써 제설염 피해를 감소시킬 수 있다.

- 제설제 피해 : 엽육조직에 염이 축적되어 잎이 괴사하거나 탈수현상이 초래된다.
- 염류집적에 의한 토양용액의 수분퍼텐셜 감소로 뿌리 수분 흡수 억제 및 탈수현상이 초래되며 뿌리의 수분흡수장애와 건기 동안의 증발산량 증가로 잎의 수분스트레스가 초래된다.
- 엽으로부터 증산작용을 줄이기 위한 기공 폐쇄로 광합성과 물질대사가 저하되어 생장 둔화 및 수세 쇠약이 초래된다.
- 토양이 알칼리화 됨으로써(pH 7.0 이상) 필수 영양원소인 철(Fe)의 결핍이 초래된다.
- 가시적 피해 증상 : 수세 쇠약, 소엽화, 잎의 가장자리가 탈들어감(괴사), 잎의 황화현상

가로수의 염화칼슘피해 방지책

- 토양산도교정 : 유안비료 등을 이용하여 토양 pH를 적정수준으로 교정해 준다.
- 환토와 객토 : 염류가 집적된 토양을 제거한 후 신선한 토양(산흙)으로 바꾸어 주거나, 새 흙과 기존 흙을 혼합해 준다.
- 유기물 자재 이용 : 목탄, 부엽토 등을 기존 토양과 혼합해 토양의 통기성과 배수성을 개선시킨다.

정답 : ④

112 산불에 관한 설명으로 옳은 것은?

① 산불의 3요소는 연료, 공기, 바람이다

② 산불 확산 속도는 평지가 계곡부보다 훨씬 빠르다.

③ 내화수림대 조성에 적합한 수종은 황벽나무, 굴참나무, 가시나무, 동백나무 등이다.

④ 산불은 지표화, 수간화, 수관화, 지중화로 구분되며, 한국에서 피해가 가장 큰 것은 수간화이다.

⑤ 산불로 인한 재는 질소 성분이 많고, 인산석회와 칼륨 등이 있어 토양척박화를 막아 준다.

해설 ① 산불의 3요소는 연료, 열, 공기이고 산불에 영향을 주는 3요소는 연료, 지형, 기상이다.

② 지형은 산불의 진행 방향과 불의 확산 속도에 중요한 영향을 끼치며, 지표면의 물리적 특징(고도, 방향, 경사, 형태, 장애물)도 확산 속도에 영향을 끼친다. 30° 정도의 급경사지에서는 평지보다 최대 3배 빠르게 산불이 확산된다.

④ 산불은 지표화, 수간화, 수관화, 지중화로 구분되며, 한국에서 피해가 가장 큰 것은 수관화이다.

⑤ 산불로 발생하는 재는 질소, 인, 칼륨, 황과 같은 영양소와 미량금속(Fe, Mn, Zn, Ba, Cu 등)을 함유하고 있으나 토양의 물리적 성질이 약해져 빗물이 흙속으로 스며들지 못하고 지표면으로 빠르게 흘러 많은 양의 흙을 쓸고 내려가게 되어 토양유실로 척박하게 만든다,

내화수림대 조성에 적합한 수종

- 수피가 두껍게 발달한 수종
- 잎의 수분함량이 높아 수관에 의한 열 차단 효과가 큰 수종
- 산불피해 후 맹아발생이 잘 되는 수종

구분	층위	내화성 수종
온대	교목성	은행나무, 굴참나무, 상수리나무, 떡갈나무, 느티나무, 물푸레나무, 황철나무, 황벽나무, 백합나무, 아까시나무, 낙엽송
	아교목성	소태나무, 쇠물푸레, 마가목
	관목성	누리장나무, 닥나무, 사철나무, 탱자나무
난대	교목성	가시나무류, 녹나무, 먼나무, 생달나무, 후박나무, 참식나무, 육박나무, 소귀나무, 조록나무, 먼나무
	아교목성	아왜나무, 굴거리나무, 동백나무류, 붓순나무, 비쭈기나무, 후피향나무, 까마귀쪽나무
	관목성	사스레피나무, 식나무, 팔손이, 짱짱나무, 협죽도

정답 : ③

113 토양경화(답압)에 의해 발생하는 현상이 아닌 것은?

① 용적밀도 감소　　② 가스 교환 방해
③ 뿌리 생장 감소　　④ 토양공극률 감소
⑤ 수분침투율 감소

해설 용적밀도는 증가한다(=토양의 무게/부피). 답압이 발생하면 토양의 대공극비율이 감소하여 밀도와 기계적인 저항이 증가하기 때문에 토양 내 공기와 수분의 유통이 불량하게 되며, 이로 인해 약화된 토양 내 미생물 활동과 뿌리생장은 수목의 활력과 생장의 위축으로 이어진다.

정답 : ①

114 수목 생장에 필수인 미량원소만 나열한 것은?

① 아연, 구리, 망간　　② 카드뮴, 납, 구리
③ 구리, 수은, 비소　　④ 납, 아연, 알루미늄
⑤ 알루미늄, 카드뮴, 망간

해설
- 대량원소 : C, H, O, N, S, P, K, Mg, Ca
- 미량원소 : Fe, Cl, Mn, B, Zn, Cu, Mo, Ni

정답 : ①

115 다음 (　　) 안에 들어갈 명칭이 옳게 연결된 것은?

구조식	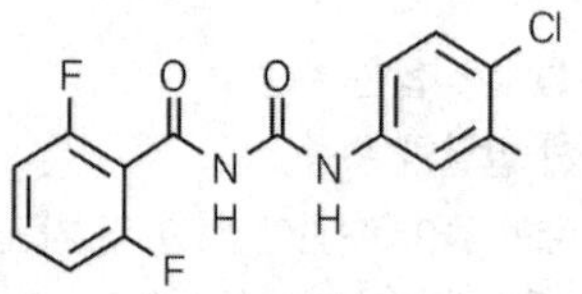
(ㄱ)	1-(4-chlorophenyl)-3-(2,6-difluorobenzoyl)urea
(ㄴ)	디플루벤주론 수화제
(ㄷ)	diflubenzuron
(ㄹ)	디밀린

	ㄱ	ㄴ	ㄷ	ㄹ
①	상표명	화학명	일반명	품목명
②	일반명	품목명	상표명	화학명
③	품목명	일반명	화학명	상표명
④	화학명	상표명	품목명	일반명
⑤	화학명	품목명	일반명	상표명

해설 • 화학명 : 화합물이 가지는 공통 구조에서 유래되었다.
• 일반명 : ISO, BSI, ANSI에서 승인, 채용되어 국제적 통용되며, 모핵화합물의 기본구조를 암시, 단순화시킨 것(mancozeb)이다.
• 품목명 : 농림수산부(KMAF)에서 농약의 제제화와 관련하여 붙여진 이름으로 영문의 일반명을 한글로 표시하고 뒤에 제형을 붙였다(만코제브유제, 수화제).
• 상품명 : 농약제조회사에서 붙인 이름으로 제조회사에 따라 조제처방이 다르다. 일반적으로 여러 가지 상품명으로 판매된다.
• 시험명 : 농약개발회사의 약자, 또는 약종의 상징문자에다 선택번호를 부여하여 농약개발기간 동안 사용한다.

정답 : ⑤

116 농약 사용 방법에 관한 설명으로 옳지 않은 것은?

① 농약 살포 방법은 분무법, 미스트법, 미량살포법 등 다양하다.
② 농약의 작물부착량은 제형, 살포액의 농도, 작물의 종류에 따라서 달라진다.
③ 농약의 효과는 살포량에 비례하기 때문에 많은 양을 살포할수록 효과는 계속 증가한다.
④ 무인 멀티콥터로 농약을 살포할 때 기류의 영향을 크게 받기 때문에 주변으로 비산되는 것을 주의해야 한다.
⑤ 희석살포용 농약의 경우 정해진 희석배율로 조제하여 살포하지 않으면 약효가 저하되거나 약해가 유발될 수 있다.

해설 농약의 효과는 특정 한계점 이하에서는 비례하나, 한계점 이후로는 살포량을 증가할수록 효과가 점차 떨어진다.

구분	특징	살포입자 크기
분무법	• 일반적인 희석용농약의 다량 살포에 적합 • 분무액의 입자를 작게 하여야 함	100~200μm
미스트법	• 입자를 미립화하여 살포의 균일성을 향상 • 고속으로 회전하는 송풍기의 풍압으로 약액분출방식 • 과수 전용 고속분무기, 분무법 대비 살포액의 농도 3~5배, 살포액량 1/3~1/5배 • 살포시간, 노역, 자재 절감	35~100μm
미량살포	• 농약원액 또는 고농도의 미량살포방법, 주로 항공살포에 많이 이용 • 식물, 곤충표면에 부착성이 우수함 ※ 미세한 살포입자에 정전기를 유도하여 부착성을 향상	

정답 : ③

117 제제의 형태가 액상이 아닌 것은?

① 액제　　② 유제
③ 미탁제　　④ 수용제
⑤ 액상수화제

해설

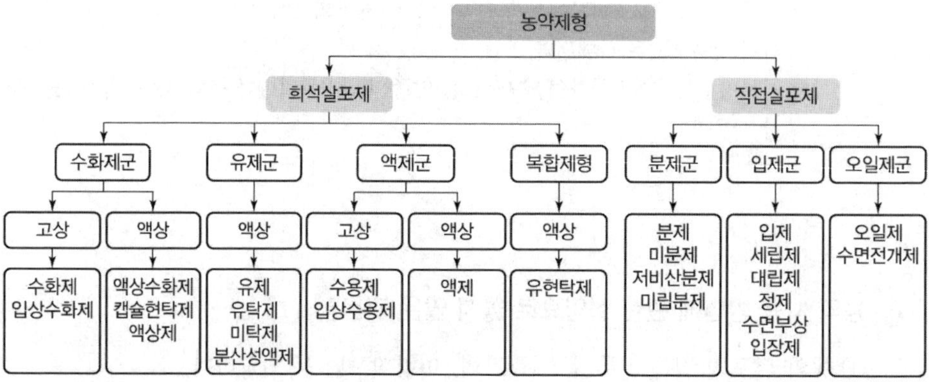

정답 : ④

118 농약 안전사용기준 설정 과정의 모식도이다. (　　) 안에 들어갈 용어로 옳게 연결된 것은? (단, ADI : 1일 섭취허용량, MRL : 농약잔류 허용기준, NOEL : 최대무독성용량이다.)

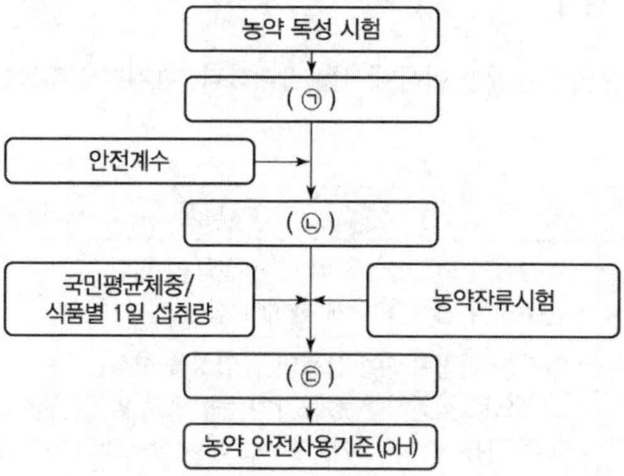

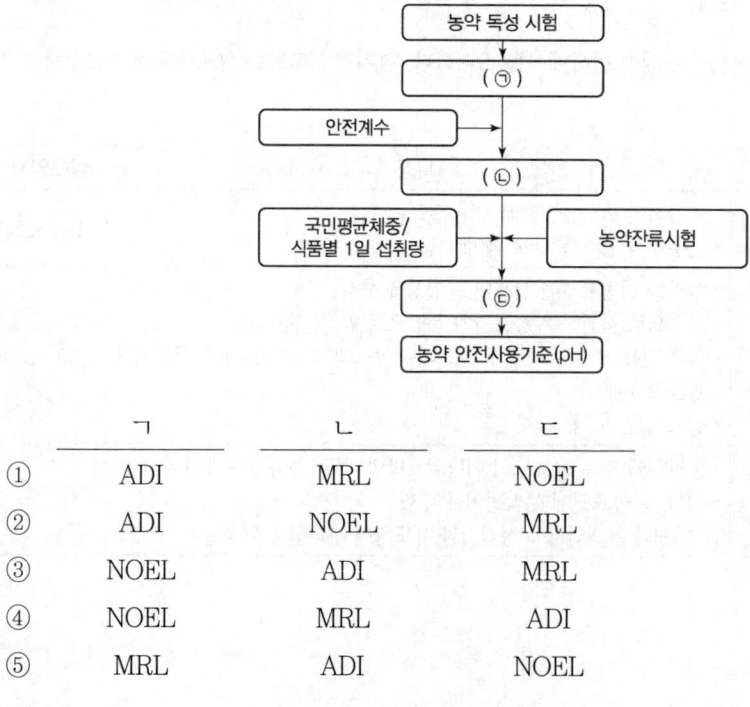

	ㄱ	ㄴ	ㄷ
①	ADI	MRL	NOEL
②	ADI	NOEL	MRL
③	NOEL	ADI	MRL
④	NOEL	MRL	ADI
⑤	MRL	ADI	NOEL

해설 **농약잔류와 안전사용**

- 인체 1일 섭취허용량(ADI)
  - 실험동물에 매일 일정량의 농약을 장시간(약 2년) 투여하여 2세대 이상에 걸쳐서 자손에 미치는 영향을 조사한다.
  - 전혀 건강에 영향이 없는 양(부작용량, NOEL ; No Observed Effect Level)을 구한 후 100배의 안전계수(적어도 0.01배)를 곱하여 산출한 값이다.
  - 사람이 어떤 약물을 평생동안 걸쳐서 섭취해도 현재의 독물학적 지식으로는 전혀 장해를 받지 않는 1일당 최대량을 의미한다.
- 잔류허용한계(잔류한계농도, MRL ; Maximum Residue Limit)
- 허용한계(ppm) $= \dfrac{\text{ADI(mg/kg/일)} \times \text{체중(kg)}}{\text{적용농산물섭취량(kg/일)}}$

정답 : ③

HIDDEN CARD

119 에르고스테롤 생합성 저해 작용기작을 지닌 살균제가 아닌 것은?

① 메트코나졸(metconazole)
② 테부코나졸(tebuconazole)
③ 펜피라자민(fenpyrazamine)
④ 마이클로뷰타닐(myclobutanil)
⑤ 피라클로스트로빈(pyraclostrobin)

해설
- 피라클로스트로빈(pyraclostrobin) : 다3, 호흡 저해(에너지 생성저해복합체3, 퀴논 외측에서 시토크롬 bc1 기능저해)
- 에르고스테롤 : 자외선에 의하여 비타민 D_2로 전환될 수 있는 식물성 스테롤로 때로는 비타민 D_2 전구체라고 불린다.

작용기구	작용기작	계통	성분명
사1	막에서 생합성 스테롤 저해	이미다졸계	트리플루미졸, 프로클로라즈
		트리아졸계	디니코나졸, 마이클로뷰타닐, 메트코나졸, 비터타놀, 사이프로코나졸, 시메코나졸, 에폭시코나졸, 이미벤코나졸, 이프코나졸, 테부코나졸, 테트라코나졸, 트리아디메놀, 트리아디메폰, 트리티코나졸, 펜뷰코나졸, 프로피코나졸, 플루실라졸, 플루퀸코나졸, 헥사코나졸
		피리미딘계	페나리몰, 뉴아리몰

정답 : ⑤

120 살충제 설폭사플로르(sulfoxaflor)의 작용기작은?

① 키틴합성 저해(15)
② 라이아노딘 수용체 변조(28)
③ 신경전달물질 수용체 변조(4c)
④ 현음기관 통로 변조 TRPV(9b)
⑤ 아세틸콜린에스테라제 저해(1a)

해설
- 4c(설폭시민계) : 설폭사플로르는 솔나방 방제용, 곤충신경계 작용, 신경전달물질 수용체를 차단
- 15 : 키틴 합성 저해, 곤충 · 응애 생장 조절, IGR, 벤자마이드계, 벤조닐우레아계
- 28 : 곤충신경계 라이아노딘수용체 조절, 디아마이드계, 메타디아마이드계

정답 : ③

121 글루포시네이트암모늄 + 티아페나실 액상수화제의 유효성분별 작용기작을 옳게 나열한 것은?

① 엽록소 생합성 저해(H14) + 광계 II 저해(H05)
② 글루타민 합성효소 저해(H10) + 광계 II 저해(H05)
③ 글루타민 합성효소 저해(H10) + 엽록소 생합성 저해(H14)
④ 아세틸 CoA 카르복실화 효소 저해(H01) + 글루타민 합성효소 저해(H10)
⑤ 엽록소 생합성 저해(H14) + 아세틸CoA 카르복실화 효소 저해(H01)

해설 글루타민 합성효소 저해(H10) + 엽록소 생합성 저해(H14)
- 글루포시네이트암모늄 : 아미노산 생합성 저해, 접촉형 제초 성분
- 티아페나실
  - 밭작물 휴간, 과원 등에 적용 가능한 신물질 비선택성제초제
  - 광합성 저해효과를 가지고 있어 맑은 날 효과가 더 빨리 나타남. 글리포세이트저항성제초제

정답 : ③

122 농약의 대사과정 중 복합기능 산화효소(mixed function oxidase)가 관여하는 반응이 아닌 것은?

① 에폭시화
② O－탈알킬화
③ 방향족 수산화
④ 니트로기의 아민 변환
⑤ 산소 원자의 황 원자 치환

해설 니트로기의 아민 변환은 니트로기(NO_2)의 산소를 환원하여 아민(NH)으로 변환하는 환원작용이다.
- 인정된 협력제의 작용기작은 다른 살충제처럼 직접 효소나 생리작용을 저해하는 것이 아니라 살충제와 함께 사용되면 살충제보다 더 쉽게 산화효소계(mixed function oxidase)에 의해 산화되기 때문에 살충제의 산화대사/무독화 작용이 지연되어 살충제 단독으로 사용할 때 보다 그 약효가 상승된다고 알려져 있다.

• 복합기능 산화효소 : 다양한 종류의 화합물을 산화하는데 사용되는 효소의 그룹으로 이러한 효소들은 여러 가지 화합물을 동시에 처리할 수 있는 능력을 가지고 있는 효소
  – 농약이나 다른 화학물질을 인간이나 동물의 체내에서 비활성화하거나 더 쉽게 배출되도록 변환
  – 농약에 대한 생체 대사 및 생리적 작용, 해독 과정에서 핵심적인 역할
  – 에폭시화 : 에폭시 이중 결합을 가진 화합물의 탄소 원자 중 하나가 산소 원자와 결합하여 고리 형태의 구조를 형성하는 산화효소의 반응 메커니즘
  – O – 탈알킬화 : 물질이 산화효소에 의해 촉매되는 반응
  – 방향족 수산화 : 방향족 화합물에서 수산화기(–OH)가 도입되는 화학반응으로 산화되는 반응
  – 산소 원자의 황 원자 치환 : 산소원자의 황 원자 치환은 화학적으로 산화 반응에 해당함

정답 : ④

123 **'소나무재선충병 방제지침' 소나무류 보존 가치가 큰 산림 중 '소나무 보호 육성'을 위한 법적 관리지역에 포함되지 않는 것은?**

① 국립공원 내 소나무림
② 소나무 문화재용 목재생산림
③ 소나무종자공급원(채종원, 채종림)
④ 산림유전자원보호구역 내 소나무림
⑤ 금강소나무림 등 특별수종육성권역

해설 국립공원은 '소나무재선충병 방제지침' 중 '소나무 보호 및 육성 관리지역'에 포함되어 있지 않다.

소나무류 보존가치가 큰 산림지역

구분	대상
소나무 보호, 육성을 위한 법적 관리지역	보호수
	천연기념물(시, 도, 기념물)
	산림유전자원보호구역 내 소나무림
	소나무 종자공급원(채종원, 채종림)
	소나무 문화재용 목재생산림(특수용도목재생산구역)
	금강소나무림 등 특별수종 육성권역

정답 : ①

124 **「산림보호법 시행령」 제12조의10에 따른 나무병원 등록의 취소 또는 영업정지의 세부기준에 관한 설명으로 옳지 않은 것은?**

① 부정한 방법으로 나무병원 등록을 변경한 경우 등록이 취소된다.
② 나무병원등록 기준에 미치지 못하는 경우 3차 위반 시 등록이 취소된다.
③ 나무병원의 등록증을 다른 자에게 빌려준 경우 1차 위반 시 영업정지 6개월, 2차 위반 시 등록이 취소된다.

④ 위반행위의 횟수에 따른 행정처분 기준은 최근 5년 동안 같은 위반행위로 행정처분을 받은 경우에 적용한다.

⑤ 위반행위가 고의나 중대한 과실이 아닌 사소한 부주의나 오류로 인한 것으로 인정되는 영업정지인 경우 그 처분의 2분의 1 범위에서 감경할 수 있다.

해설 나무병원의 등록증을 다른 자에게 빌려준 경우 1차 위반 시 영업정지 12개월, 2차 위반 시 등록이 취소된다.

나무병원의 등록 및 영업 정지 기준

위반행위	근거법조문	행정처분				벌금	과태료		
		1차	2차	3차	4차		1차	2차	3차
거짓이나 부정한 방법으로 등록	제21조의10 제1호	취소				1년 또는 1천만원			
등록 기준 미달	제21조의10 제2호	6개월	12개월	취소					
위반하여 변경등록하지 않은 경우	제21조의10 제3호	3개월	6개월	12개월	취소				
부정한 방법으로 변경등록	제21조의10 제3호	취소							
등록증 대여	제21조의10 제4호	12개월	취소			500만원			
자료 제출/조사, 검사 거부	제21조의10 제4호	1개월	3개월	6개월	12개월				
5년간 3회 이상 영업 정지된 경우	제21조의10 제5호	취소							
폐업	제21조의10 제6호	취소							
등록 없이 진료한 자						500만원			
처방전 없이 농약을 사용하거나 처방전과 다르게 농약을 사용한 경우							150	300	500
진료부 없거나 진료사항 기록하지 않거나 거짓 진료 기록							50	70	100
직접 진료 없이 처방전 발급							50	70	100
처방전 발급 거부자							50	70	100
보수 교육을 받지 않은 자							50	70	100

※ 일반 기준 : 위반 행위가 둘 이상인 경우, 무거운 처분에 따르며, 처분 기준이 같은 영업정지인 경우 처분 기준 합산한 기간 동안 영업을 정지하되 1년을 초과할 수 없다.

정답 : ③

125 **「산림보호법 시행규칙」 제19조의9(진료부, 처방전등의 서식 등)에 따라 나무의사가 작성하는 진료부에 명시되지 않은 항목은?**

① 생육환경 ② 진단결과
③ 수목의 표시 ④ 수목의 상태
⑤ 처방 처치 등 치료방법

해설 **「산림보호법 시행규칙」 제19조의9**

1) 진료 일자
2) 수목의 소유자 또는 관리자의 성명 · 전화번호
3) 수목의 소재지, 수목의 종류, 본수(本數) 또는 식재면적, 식재연도 또는 수목의 나이 등 수목의 표시에 관한 사항
4) 수목의 상태 및 진단
5) 처방 · 처치 등 치료방법

② 나무의사는 진료부에 다음 각 호의 사항을 기재해야 한다. 이 경우 진료부를 진료일부터 5년간 보관해야 한다.
1. 진료 일자
2. 수목의 소유자 또는 관리자의 성명 · 전화번호
3. 수목의 소재지, 수목의 종류, 본수(本數) 또는 식재면적, 식재연도 또는 수목의 나이 등 수목의 표시에 관한 사항
4. 수목의 상태 및 진단
5. 처방 · 처치 등 치료방법(농약을 사용하거나 처방한 경우에는 농약의 명칭 · 용법 · 용량및 처방일수를 포함한다)

③ 나무의사는 처방전 등을 수목 개체별로 발급해야 한다. 다만, 집단으로 서식하고 있는 수목이 다음 각 호의 요건을 모두 갖춘 경우에는 하나의 처방전 등으로 일괄하여 발급할 수 있다.
1. 병해충 피해의 확산을 막거나 예방하기 위해 필요한 경우일 것
2. 처방 대상 수목의 종류가 같을 것. 다만, 건해 · 습해 등 비생물적 요인으로 인해 수목에 피해가 발생한 경우는 제외한다.
3. 수목의 상태 또는 처방 · 처치 등 치료방법이 같을 것

④ 나무의사는 처방전을 발급하는 때에는 다음 각 호의 사항을 기재한 후 서명하거나 도장을 찍어야 한다. 이 경우 처방전 부본(副本)을 처방전 발급일부터 5년간 보관해야 한다.
1. 진료 일자, 발급 일자, 처방전의 유효기간(30일을 초과할 수 없다)
2. 수목의 소유자 또는 관리자의 성명 · 전화번호
3. 수목의 소재지, 수목의 종류, 본수 또는 식재면적, 식재연도 또는 수목의 나이, 수목의 높이, 흉고직경 등 수목의 표시에 관한 사항
4. 햇빛 조건, 토양 견밀도(堅密度), 토양 산도(酸度), 토양 습도(濕度), 관리사항 등 생육환경에 관한 사항
5. 수목의 상태 및 진단
6. 농약의 명칭 · 용법 · 용량 및 처방일수(30일을 초과할 수 없다) 등 처방에 관한 사항
7. 나무병원의 명칭, 등록번호, 주소, 전화번호
8. 처방전을 작성하는 나무의사의 성명 및 자격번호

⑤ 제4항 제1호 및 제6호에도 불구하고 나무의사는 병해충 예방을 위해 같은 농약을 반복 투약해야 하는 경우에는 산림청장이 정하여 고시하는 기간을 넘지 않는 범위에서 처방전의 유효기간 및 처방일수를 달리 정할 수 있다.

정답 : ①

9회 기출문제 (※ 자료 : 한국임업진흥원)

PART 01 | 수목병리학

001 수목병원체 관찰 및 진단법으로 옳지 않은 것은?

① 세균－그람염색법을 이용한 광학현미경으로 관찰
② 곰팡이－포자와 균사를 광학현미경으로 관찰
③ 바이러스－음성염색법을 이용한 광학현미경으로 관찰
④ 파이토플라스마－DAPT 염색법을 이용한 형광현미경으로 관찰
⑤ 선충－베르만(Baermann) 깔때기법을 이용한 광학현미경으로 관찰

해설 파이토플라스마나 바이러스의 형태적 특성은 투과전자현미경으로 관찰할 수 있으며 식물바이러스의 관찰에는 일반적으로 Direct Negative 염색법(DN법)이 많이 사용되고, 바이러스 감염 여부 및 형태와 크기 등으로 바이러스 그룹을 어느 정도 추정이 가능하다. 그람 염색 결과 자주색으로 염색되는 세균은 그람 양성이며, 분홍색으로 염색되는 세균은 그람 음성이다. 식물병원세균은 *Clavibacter*를 비롯한 *Corynebacterium*계열의 5개 속만이 그람 양성균이고, 나머지는 모두 그람 음성균이다. 베르만(Baermann) 깔때기법은 선충이 시료 속에서 물로 이동하여 깔때기 아랫부분에 모이는 원리를 이용한 선충분리방법이다. 작업이 간단하고 짧은 시간에 선충분리가 가능하나 이동성이 없는 선충은 분리되지 않고 사용할 수 있는 시료의 양이 적다는 단점이 있다. 소나무재선충의 크기는 약 0.8mm이고 폭은 22μm이다.

정답 : ③

002 수목 병원균류의 영양기관은?

① 버섯
② 균사체
③ 자낭구
④ 분생포자좌
⑤ 분생포자층

해설 병원균의 영양기관에는 균사체, 균사속, 균사막, 근상균사속, 균핵, 자좌 등이 있으며 포자, 분생자병, 자실체, 버섯 등은 번식(생식)기관이다.

정답 : ②

003 포플러류 모자이크병의 병징으로 옳지 않은 것은?

① 잎의 황화
② 잎의 뒤틀림
③ 잎자루와 주맥에 괴사반점
④ 기형이 되는 잎들은 조기 낙엽
⑤ 잎에 불규칙한 모양의 퇴록반점

해설 퇴록은 엽록체의 녹색이 퇴색하여 연하게 되는 것으로 늦은 봄부터 활짝 다 핀 잎에 불규칙한 모양의 퇴록반점이 다수 나타나면서 차츰 모자이크 증상을 띤다. 포플러의 품종에 따라서는 모자이크 증상과 함께 엽맥이 붉게 변하거나 엽맥에 괴저반점이 나타나기도 한다. 병징이 진전되면서 잎자루와 중륵에 괴사반점이 생기면 잎은 뒤틀리면서 모양이 일그러지며 일찍 떨어진다. 병징이 심한 잎은 조직이 굳어져서 손으로 쥐게 되면 잘 부서지기도 한다. 잎의 모자이크 증상은 기온이 높은 여름철에는 일시적으로 소실되었다가 초가을부터 다시 나타난다.

정답 : ①

004 백색부후에 관한 설명으로 옳지 않은 것은?

① 대부분의 백색부후균은 담자균문에 속한다.
② 주로 활엽수에 나타나지만, 침엽수에서도 나타난다.
③ 조개껍질버섯, 치마버섯, 간버섯 등은 백색부후균이다.
④ 목재 성분인 셀룰로스, 헤미셀롤로스, 리그닌이 모두 분해되고 이용된다.
⑤ 부후된 목재는 암황색으로 네모난 형태의 금이 생기고 쉽게 부러진다.

해설 백색부후균은 목재부후균으로 나무의 구성성분 중에서 나무를 단단하게 유지시키는 복잡한 구조의 리그닌을 분해하여 나무가 썩으면서 하얗게 변화되기 때문에 백색부후균이라 칭한다. 뽕나무버섯, 느타리, 잔나비불로초, 구름송편버섯, 말굽버섯 등도 백색부후균에 속한다.

정답 : ⑤

005 수목병의 병징에서 병든 부분과 건전한 부분의 경계가 뚜렷하지 않은 것은?

① 붉나무 모무늬병
② 포플러 잎마름병
③ 회양목 잎마름병
④ 쥐똥나무 둥근무늬병
⑤ 참나무 갈색둥근무늬병

해설 회양목 잎마름병은 병든 잎은 잎 전체가 마르면서 일찍 떨어져 수관의 일부가 손실되므로 조경용 수목으로서의 가치가 떨어진다.

① 붉나무 모무늬병 : 병반은 잎에 1~3mm 정도의 갈색의 모난 반점이 흩어지거나 또는 모여서 나타나고 얼마 후 회백색으로 되며 건전부와 병반의 경계는 적갈색~농갈색으로 되어 뚜렷하게 구분된다.

② 포플러 잎마름병 : 이른 봄 어린잎에 형성된 갈색의 작은 반점이 급속히 확대되어 중앙부는 회색, 주변은 옅은 갈색으로 띠므로 건전부와 뚜렷한 경계를 이룬다.
④ 쥐똥나무 둥근무늬병 : 처음에는 지름 1~5mm의 퇴색 부위가 생기고 차츰 암갈색의 전형적인 둥근무늬를 나타낸다. 병든 잎은 전체적으로 퇴색되므로 병든 나무는 건전한 나무에 비해 전체적으로 색택이 옅어 보인다.
⑤ 참나무 갈색둥근무늬병 : 잎에 둥글고 작은 회갈색 점무늬가 많이 나타나며 때로는 합쳐져서 불규칙한 모양이 된다. 잎의 앞면에는 건전한 부분과 병든 부분의 경계가 뚜렷한 적갈색이 되고 뒷면에는 흔히 병반 위에 분생포자가 밀생하여 담갈색으로 보인다.

정답 : ③

006 수목의 내부 부후진단 시 상처를 최소화한 기기 또는 방법은?

① 생장추
② 저항기록드릴
③ 현미경 조직 검경
④ 분자생물학적 탐색
⑤ 음파 단층 이미지분석

해설 음파 단층 이미지분석은 나무를 절단하지 않고 수목부후를 진단할 수 있는 음파 단층 촬영기, 비파괴 측정 장비(Arbortom)이다.
① 생장추 : 살아 있는 수목에 상대적으로 적은 손상을 입혀 목질화된 줄기의 일부를 채취하는 도구로 나이테 측정이 가능하다.
② 저항기록드릴 : 수목 부패 여부를 진단하는 장비로서 이는 목재 내부의 열화 탐지, 부후 및 질병 진행 상황 등을 사전에 진단 또는 예찰하는 용도이다. 신속하고 정확하게 또는 현장에서 쉽게 측정을 실행할 수 있는 휴대용 장비이다.

정답 : ⑤

007 분생포자가 1차 전염원이 아닌 수목병은?

① 사철나무 탄저병
② 포플러 갈색무늬병
③ 느티나무 갈색무늬병
④ 쥐똥나무 둥근무늬병
⑤ 소나무류 갈색무늬병(갈색무늬잎마름병)

해설 포플러 갈색무늬병의 병원균은 병든 낙엽에서 월동한 후 자낭각을 형성하고 자낭포자를 비산하여 1차 전염원이 된다.
① 사철나무 탄저병 : 분생포자반
③ 느티나무 갈색무늬병 : 분생포자경, 분생포자
④ 쥐똥나무 둥근무늬병 : 분생포자
⑤ 소나무류 갈색무늬병(갈색무늬잎마름병) : 분생포자층(분생포자)

정답 : ②

008 사과나무 불마름병(화상병)의 방제법으로 옳지 않은 것은?

① 매개충 방제
② 테부코나졸 약제살포
③ 병든 가지는 매몰 또는 소각
④ 도구는 사용할 때마다 차아염소산나트륨으로 소독
⑤ 감염된 가지는 감염 부위로부터 최소 30cm 아래에서 제거

해설 테부코나졸은 트리아졸계이며 작용기작(사1)은 세포막 구성 성분인 에르고스테롤 생성을 방해하여 곰팡이 세포막 기능을 교란시켜 방제 효과를 나타내는 살균제이다.

사과나무 불마름병(화상병)의 방제법

- 청결한 관리 : 오염원의 유입을 차단하기 위해 과원 출입 시 손과 발, 장갑, 모자, 작업복 등을 철저히 소독하고, 사용하는 모든 작업도구를 70% 에탄올 또는 락스 4배 희석액에 5분 이상 담가 깨끗이 소독
- 건전한 묘목과 접수 사용, 파리 등 곤충 관리, 방제약제 적기 살포, 농가 준수 사항, 접수 · 묘목 관리 철저, 발생지 잔재물 이동 금지, 매몰지에 대한 사후관리를 철저
- 스트렙토마이신, 옥시테트라사이클린, 코퍼옥시클로라이드, 가스가마이신

정답 : ②

009 수목병원균의 월동장소로 옳지 않은 것은?

① 대추나무 빗자루병 – 고사된 가지
② 삼나무 붉은마름병 – 병환부의 조직 내부
③ 명자나무불마름병(화상병) – 병든 가지의 궤양 주변부
④ 단풍나무 역병(파이토프토라뿌리썩음병) – 감염 뿌리 조직
⑤ 소나무 가지끝마름병(디플로디아순마름병) – 병든 낙엽 또는 가지

해설 대추나무 빗자루병은 모무늬매미충이 전염시키는 세균의 일종인 파이토플라스마(*Phytoplasma*)에 의해 발생한다. 전년도에 감염된 나무의 양분 이동통로에서 월동하다가 이듬해 나무 생육이 시작되며 병징이 발현되어 주로 6~9월에 발생한다.

정답 : ①

010 **수목에 발생하는 병에 관한 설명으로 옳지 않은 것은?**

① 배롱나무 흰가루병의 피해는 7~9월 개화기에 심하다.
② 미국밤나무는 일반적으로 밤나무줄기마름병에 감수성이 크다.
③ 포플러류 점무늬잎떨림병은 주로 수관 하부의 잎에서 시작된다.
④ 느티나무 흰별무늬병에서 흔하게 나타나는 증상은 조기낙엽이다.
⑤ 소나무 재선충병 매개충은 우화, 탈출 시기 살충제를 살포하여 방제한다.

해설 느티나무 흰별무늬병은 주로 묘목에서 발생하고 큰 나무에서는 땅가부근의 맹아지에서 발생한다. 이 병으로 인해 조기낙엽은 되지는 않으나 심하게 병이 발생한 묘목은 성장이 크게 떨어진다.

정답 : ④

HIDDEN CARD

011 ***Marssonina*속에 의한 병 발생 및 병원균의 특성에 관한 설명으로 옳은 것은?**

① 분생포자각을 형성한다.
② 분생포자는 막대형이며 여러 개의 세포로 나뉘어 있다.
③ 은백양은 포플러류 점무늬잎떨병에 감수성이 있다.
④ 증상이 심한 병반에는 털이 밀생한 것처럼 보인다.
⑤ 장미 검은무늬병은 봄비가 잦은 해에는 5~6월에도 심하게 발생한다.

해설 ① 불완전균아문 유각균강으로 분생포자반균을 형성한다.
② 분생포자는 무색의 두 포자이다.
③ 은백양은 일본사시나무에 저항성이 있다.
④ *Collectotrichum*속은 분생포자반에 강모한다.

***Marssonina*에 의한 병**

병명	병원균	특징
포플러 점무늬잎떨림병	*M. brunnea*	이태리계 개량포플러 감수성, 6월 장마철 분생포자가 1차 전염원, 저항성수종은 백양, 사시나무류
참나무 갈색둥근무늬병	*M. martinii*	둥글고 작은 회갈색 점무늬, 뒷면 분생포자 형성
장미 검은무늬병	*M. rosae*	작은 암갈색, 흑갈색원형, 흰 점질물의 포자덩이

정답 : ⑤

012 다음에 설명된 수목 병원체에 관한 내용으로 옳은 것은?

> • 원핵생물계에 속하며 일정한 모양이 없는 다형성미생물이다.
> • 세포벽이 없고 원형질막으로 둘러싸여 있다.

① 병원체는 감염된 수목의 체관부에 기생한다.
② 주로 즙액, 영양번식체, 매개충에 의해 전반된다.
③ 매미충류, 나무이, 꿀벌 등이 매개충으로 알려져 있다.
④ 옥시테트라사이클린과 페니실린계 항생제에 감수성이 있다.
⑤ 병원체의 크기는 바이러스보다 크고 세균과 유사하다.

해설 **파이토플라즈마**

• 바이러스와 세균의 중간영역에 위치하는 미생물로 지름은 0.3~1.0μm 정도이다.
• 세포벽이 없고 구형, 난형, 불규칙한 타원형과 같은 일종의 원형질막으로 둘러싸여 있다.
• 세균은 막대모양으로 길이가 1~3μm, 폭이 1μm이다.
• 체관부에 기생하며 주로 흡즙성곤충(매미충류)의 매개전염이 이루어진다
• 옥시테트라사이클린에는 감수성, 페니실린계 항생제에는 저항성을 나타낸다.
• 병원체의 크기는 바이러스보다 크고 세균보다는 작다(바이러스 < 파이토플라스마 < 세균).

정답 : ①

013 한국에 적용 살균제가 등록되어 있는 수목병은?

① 사철나무 탄저병
② 명자나무 점무늬병
③ 칠엽수 잎마름병(얼룩무늬병)
④ 멀구슬나무 점무늬병(갈색무늬병)
⑤ 동백나무 갈색잎마름병(겹둥근무늬병)

해설 ②, ③, ④, ⑤ 현재 등록약제 없다.

살균제 등록내역(사철나무 탄저병)

품목	주성분 함량	상표명	작물보호제 지침서	인축독성	어독성	희석배수
크레속심메틸입상수화제	50%	미소팜	작물보호제 지침서	Ⅳ급 (저독성)	Ⅱ급	2,000배
트리플록시스트로빈 입상수화제	50%	에이플	작물보호제 지침서	Ⅳ급 (저독성)	Ⅰ급	4,000배
크레속심메틸입상수화제	50%	해비치	작물보호제 지침서	Ⅳ급 (저독성)	Ⅱ급	2,000배
아족시스트로빈, 프로피코나졸유제	15.2 (5.7+9.5)%	헤드웨이	작물보호제 지침서	Ⅳ급 (저독성)	Ⅱ급	1,000배

정답 : ①

014 수목병관리법으로 옳지 않은 것은?

① 쥐똥나무 빗자루병 – 매개충방제
② 밤나무 가지마름병 – 주변 오리나무 제거
③ 밤나무 잉크병 – 물이 고이지 않게 배수 관리
④ 전나무 잎녹병 – 발생지 부근의 뱀고사리 제거
⑤ 소나무 리지나뿌리썩음병 – 주변에서 취사행위금지

해설 밤나무 가지마름병은 아까시나무의 주요 전염원이 되므로 밤나무, 호두나무, 사과나무 재배지 주변의 아까시는 제거한다.

정답 : ②

015 수목병의 병징 및 표징에 관한 설명으로 옳지 않은 것은?

① 철쭉류 떡병 – 잎이 국부적으로 비대
② 밤나무 갈색점무늬병 – 건전부와의 경계에 황색 띠 형성
③ 버즘나무 탄저병 – 주로 엽육조직에 적갈색 반점 다수 형성
④ 은행나무 잎마름병 – 분생포자반에서 분생포자가 포자덩이뿔로 분출
⑤ 호두나무 탄저병 – 잎자루와 잎맥에 흑갈색 병반이 형성되면서 잎은 기형이 됨

해설 버즘나무 탄저병은 잎맥을 중심으로 번개모양으로 갈색반점이 형성되며 조기낙엽된다.

정답 : ③

016 회색고약병에 관한 설명으로 옳지 않은 것은?

① 병원균은 깍지벌레 분비물을 영양원으로 이용한다.
② 두꺼운 회색 균사층이 가지와 줄기 표면을 덮는다.
③ 병원균은 외부기생으로 수피에서 영양분을 취하지 않는다.
④ 병원균은 *Septobasidium spp.*로 담자포자를 형성한다.
⑤ 줄기 또는 가지 표면의 균사층을 들어내면 깍지벌레가 자주 발견된다.

해설 고약병은 깍지벌레와 공생하며, 초기에는 깍지벌레의 분비로부터 영양 섭취하여 번식한다. 깍지벌레는 두꺼운 균사층에 의해 외부로부터 보호를 받으며 균사층 표면의 담자포자는 바람에 의해 깍지벌레 분비물로 날아가서 생장하여 고약병을 일으킨다. 회색고약병은 기주범위가 넓어 다른 기주로 병이 확산되기도 한다.

정답 : ③

017 편백, 화백 가지마름병에 관한 설명으로 옳지 않은 것은?

① 병반조직 수피 아래에 분생포자층을 형성한다.
② 감염된 가지와 줄기의 수피가 세로로 갈라진다.
③ 분생포자는 방추형이면 세포 6개로 나뉘어 있다.
④ 감염 부위에서 누출된 수지가 굳어 적색으로 변한다.
⑤ 병원균은 *Seiridium unicorne*(=*Monochaetiau nicornis*)이다.

해설 수피가 점차 찢어져 수지가 흘러내리고 수지가 굳어져 흰색으로 되는데 감염 부위가 가지를 한 바퀴 돌게 되면 피해가 나면 적갈색으로 말라 죽는다.

정답 : ④

018 회화나무 녹병에 관한 설명으로 옳지 않은 것은?

① 병원균은 *Uromyces truncicola*이다.
② 줄기와 가지에 방추형 혹이 생기고 수피가 갈라진다.
③ 병든 낙엽과 가지 또는 줄기의 혹에서 겨울포자로 월동한다.
④ 잎 아랫면에 황갈색 가루덩이가 생긴 후 흑갈색으로 변한다.
⑤ 늦은 봄 수피의 갈라진 틈에 흑갈색 가루덩이(포자퇴)가 나타난다.

해설 가을에 접어들면 여름포자는 사라지고 겨울포자로 겨울을 난다. 줄기와 가지에는 껍질이 갈라져 방추형 혹이 생기며 가을에는 혹의 갈라진 껍질 및 에흑갈색의 가루덩이가(겨울포자) 무더기로 나타난다.

정답 : ⑤

019 뿌리혹병(근두암종병)에 관한 설명으로 옳지 않은 것은?

① 목본과 초본식물에 발생한다.
② 토양에서 부생적으로 오랫동안 생존할 수 있다.
③ 한국에서는 1973년 밤나무 묘목에 크게 발생하였다.
④ 병원균은 그람음성세균이며 짧은 막대모양의 단세포이다.
⑤ 주요 병원균으로는 *Agrobacterium tumefaciens, A, radiobacter* K84 등이 있다.

해설 *Agrobacterium, radiobacter* K84는 장미 뿌리혹병의 생물적 방제이고, K84 균주 처리에 의한 지상부혹의 생물적 방제이다.

정답 : ⑤

020 느릅나무 시들음병에 관한 설명으로 옳지 않은 것은?

① 세계 3대 수목병 중 하나이다.
② 매개충은나무좀으로 알려져 있다.
③ 병원균은 뿌리접목으로 전반되지 않는다.
④ 방제법으로는 매개충방제, 감염목제거 등이 있다.
⑤ 병원균은 자낭균문에 속하며, 학명은 *Ophiostoma(novo–)ulmi*이다.

해설 느릅나무 시들음병의 매개충은 유럽느릅나무좀으로 기주 수목의 잔가지를 가해하여 상처를 낼 때 감염된다. 물관을 가해할 때 유입되며, 병원균은 수목의 아래 방향으로 증식 이동하여 뿌리 부위에도 존재하다가 뿌리접목을 통하여 인접한 나무의 물관으로 이동하기도 한다.

정답 : ③

021 병원균의 속(genus)이 동일한 병만 고른 것은?

ㄱ. 밤나무 잉크병
ㄴ. 참나무 급사병
ㄷ. 삼나무 잎마름병
ㄹ. 철쭉류 잎마름병
ㅁ. 포플러 잎마름병
ㅂ. 동백나무 겹둥근무늬병

① ㄱ, ㄴ, ㄹ
② ㄱ, ㄴ, ㅁ
③ ㄷ, ㄹ, ㅁ
④ ㄷ, ㄹ, ㅂ
⑤ ㄷ, ㅁ, ㅂ

해설 ㄱ. 밤나무 잉크병(*Phytophthora katsurae*) : 기주는 밤나무며 병든 뿌리와 수간의 하부에서 잉크처럼 검은 액체가 스며 나오는 것에서 보인다.
ㄴ. 참나무 급사병(*Phytophthora ramorum*) : 캘리포니아의 해안가 및 남부 오레곤에서 발생하며, 참나무에 수피궤양을 일으키고 참나무가 갑자기 고사한다.
ㄷ. 삼나무 잎마름병(*Pestalotiopsis gladicola*) : 피해는 잎과 작은 가지뿐만 아니라 녹색줄기에도 암갈색의 괴사병반을 형성한다. 병반이 확대되어 줄기 전체에 나타나면 그 윗부분은 말라 죽게 된다. 병든 조직에서 월동 후 새롭게 나온 병원균의 포자가 비와 바람에 의하여 전파되며, 장마철이나 태풍 시기에 많은 포자가 이동하여 전염된다.
ㄹ. 철쭉류 잎마름병(*Pestalotiopsis spp*) : 진달래, 참꽃나무, 철쭉류(철쭉, 산철쭉 등) 등 각종 식물에서 흔히 발생하고, 다습한 환경에서 많이 발생하며 장마철부터는 대부분의 개체에서 발병한다.
ㅁ. 포플러 잎마름병(Septotis populiperda) : 봄부터 장마철까지 조기낙엽의 주원인이다. 어린잎에 갈색의 작은 점무늬로 시작하여 겹둥근 무늬를 형성하면서 급격히 진전되며, 분생포자퇴 형성한다. 병든 부분과 건전부의 경계가 뚜렷하다.
ㅂ. 동백나무 겹둥근무늬병(*Pestalotiopsis guepini*) : 기주는 동백나무이며, 오래된 잎과 어린 열매에 흔히 발생하고 잎과 열매가 일찍 떨어진다. 병든 부위는 마른 상태로 썩으며, 겹무늬가 생기고 후에 분생포자가 형성되어 검은 색을 띠게 된다. 줄기의 감염 부위 위쪽으로는 시들고 말라 죽는다. 병든 과실은 검게 썩어 상품가치를 잃게 된다.

정답 : ④

022 흰날개무늬병의 특징만 고른 것은?

ㄱ. 감염목의 뿌리표면에 균핵이 형성된다.
ㄴ. 감염된 나무뿌리는 흰색 균사막으로 싸여 있다.
ㄷ. 뿌리꼴균사다발이나 뽕나무버섯이 중요한 표징이다.
ㄹ. 병원균은 리지나뿌리썩음병과 동일한문(phylum)에 속한다.

① ㄱ, ㄴ
② ㄱ, ㄷ
③ ㄴ, ㄷ
④ ㄴ, ㄹ
⑤ ㄷ, ㄹ

해설 **흰날개무늬병**

- 자낭균의 일종으로 자낭세대와 불완전세대가 알려져 있다.
- 배수가 잘 되고 수분이 충분한 토양에서 잘 발생하며 유기물을 많이 사용하면 유기물에서 병원균이 증식되어 밀도가 높아진다.
- 토양병해로서 항상 토양 속에 존재하며 나무가 쇠약해지면 침입한다.
- 강전정, 과다한 결실, 과도한 건조를 피해야 한다.
- 피해나무의 뿌리에 백색의 흰균사가 얽히고 수피 속의 형성층에도 얇은 균사층이 형성된다.
- 병든 나무는 쇠약해져 잎이 누렇게 변하고 낙엽된다.
- 굵은 뿌리의 표피를 제거하면 목질부에 백색 부채모양의 균사막과 실모양의 균사 속을 확인할 수 있고 시간이 경과하면 흰색의 균사는 회색 혹은 흑색으로 변한다.

정답 : ①, ④

023 아래 수목병 증상을 나타내는 병원균은?

- 봄에 새순과 어린잎이 회갈색으로 변하면서 급격히 말라 죽는다.
- 여름부터 초가을까지 말라 죽은 침엽 기부의 표피를 뚫고 검은색 작은 분생포자각이 나타난다.

① *Marssonina rosae*
② *Lecanosticta acicola*
③ *Sphaeropsis sapinea*
④ *Entomosporium mespili*
⑤ *Drepanopeziza brunnea*

해설 *Diplodia pinea*(=*Sphaeropsis sapinea*)

- 봄에 자라 나오는 새순과 어린 침엽이 회갈색으로 변하면서 급격히 말라 죽으며, 늦게 감염된 다 자란 침엽은 누렇게 시들면서 밑으로 '축' 쳐진다.
- 병징은 보통 새순과 당년생 잎에만 나타나며 묵은 잎은 병에 걸리지 않는다.
- 말라 죽은 새순과 어린 가지에서는 송진이 흘러나와 잎과 뒤엉키며, 송진이 굳으면 가지는 쉽게 부러진다.

• 늦은 여름부터 초가을에 걸쳐 누렇게 말라 죽은 잎의 아래쪽에 표피를 뚫고 검은색의 바늘머리만 한 자실체가 다수 나타난다. 이것은 병원균의 병자각으로서 디플로디아마름병을 진단하는 데 중요한 표징이 된다.
• 감염된 2년생 솔방울의 인편 위에도 수많은 병자각이 나타나며, 이들 병자각 안에는 흑갈색의 분생포자가 많이 들어있다.

① 장미검은무늬병 : *Marssonina rosae*
② 소나무류 갈색무늬잎마름병(갈반병) : *Lecanosticta acicola*
④ 홍가시나무 점무늬병(반점병) : *Entomosporium mespili*
⑤ 포플러류 점무늬잎떨림병 : *Drepanopeziza brunnea*

정답 : ③

024 침엽수와 활엽수를 모두 가해하는 뿌리썩음병만 고른 것은?

ㄱ. 흰날개무늬병	ㄴ. 자주날개무늬병
ㄷ. 리지나뿌리썩음병	ㄹ. 안노섬뿌리썩음병
ㅁ. 아밀라리아뿌리썩음병	ㅂ. 파이토프토라뿌리썩음병

① ㄱ, ㄴ, ㄹ
② ㄱ, ㄴ, ㅁ
③ ㄱ, ㄷ, ㄹ
④ ㄴ, ㄷ, ㅂ
⑤ ㄴ, ㅁ, ㅂ

해설 침엽수와 활엽수를 모두 가해하는 뿌리썩음병은 ㄴ. 자주날개무늬병, ㅁ. 아밀라리아뿌리썩음병, ㅂ. 파이토프토라뿌리썩음병이다.

ㄱ. 흰날개무늬병 : 10년 이상 된 사과과수원에서 주로 발생
ㄴ. 자주날개무늬병 : 주로 활엽수와 침엽수에 모두 발생하는 다범성 병해
ㄷ. 리지나뿌리썩음병 : 소나무류, 전나무류, 가문비나무류, 낙엽송류, 솔송나무 등 침엽수에 발생
ㄹ. 안노섬뿌리썩음병 : 적송과 가문비나무기 감수성 수종으로 주로 침엽수에서 피해를 입힘
ㅁ. 아밀라리아뿌리썩음병 : 온대, 열대 지방의 자연림과 조림지에서 자라는 침엽수와 활엽수에 모두 가장 피해를 주는 산림병해
ㅂ. 파이토프토라뿌리썩음병 : 침엽수, 활엽수 기주범위가 넓으며 조직 비특이적 병해

정답 : ⑤

025 수목의 줄기 부위를 부후하는 균만 고른 것은?

ㄱ. 말굽버섯(*Fomes fomentarius*)	ㄴ. 느타리버섯(*Pleurotus ostreatus*)
ㄷ. 왕잎새버섯(*Meripilus giganteus*)	ㄹ. 해면버섯(*Phaeolus schweinitzii*)
ㅁ. 덕다리버섯(*Laetiporus sulphureus*)	ㅂ. 소나무잔나비버섯(*Fomitopsis pinicola*)

① ㄱ, ㄴ, ㄷ
② ㄱ, ㄷ, ㅂ
③ ㄴ, ㄹ, ㅁ
④ ㄴ, ㅁ, ㅂ
⑤ ㄷ, ㄹ, ㅁ

해설 ㄱ. 말굽버섯 : 담자균류, 백색부후균, 심재부후에서 생기는 균사의 자실체이다. 형태적으로 말굽처럼 생겼다 하여 이름 붙여진 다년생의 구멍장이버섯이며, 균모는 말굽모양이나 종형 또는 둥근 산 모양이다.

ㄴ. 느타리버섯 : 주름버섯목 느타리과에 굴(oyster) 모양으로 생긴 넓은 5~25cm의 갓을 가졌다. 흰색부터 회색까지, 또는 짙은 갈색의 색상이다. 참나무나 너도밤나무 같은 활엽수의 고목, 그루터기에 군생하며, 봄에서 가을까지 자란다.

ㄷ. 왕잎새버섯 : 그 돋는 모양새가 활엽수(특히 참나무류, 너도밤나무) 그루터기 주변에 삥 둘러 크게 돋아 잎새버섯과 혼동하기 아주 쉽다.

ㄹ. 해면버섯 : 전나무, 가문비나무, 전나무, 소나무 및 낙엽송과 같은 침엽수의 그루터기 뿌리에 부패를 일으키는 진균 식물 병원체이다.

ㅁ. 덕다리버섯 : 나무에 부패를 일으키는 목재부후균으로 갈색부후를 일으켜 유기물인 나무를 무기물로 분해하는 작용을 한다.

ㅂ. 소나무잔나비버섯 : 구멍장이버섯과 잔나비버섯속에 속하는 다년생버섯으로 주로 침엽수의 생·고목이나 넘어진 나무에 자라며 갈색부후를 일으킨다.

정답 : ④

PART

02 | 수목해충학

026 노린재목에 관한 설명으로 옳지 않은 것은?

① 노린재아목, 매미아목, 진딧물아목 등으로 나뉜다.
② 진딧물은 찔러서 빨아 먹은 전구식 입틀을 갖고 있다.
③ 식물을 가해하면서 병원균을 매개하는 종도 있다.
④ 노린재아목의 일부 종은 수서 또는 반수서생활을 한다.
⑤ 진딧물아목의 미성숙충은 성충과 모양이 비슷하지만 기능적인 날개가 없다.

해설 곤충의 입의 위치는 하구식(나비목), 전구식(딱정벌레), 후구식(매미목, 노린재류)이 있다.

정답 : ②

027 매미나방의 분류 체계를 나타낸 것이다. ( ) 안에 들어갈 명칭을 순서대로 나열한 것은?

- 강 Class : Insecta
- 목 Order : Lepidoptera
- 과 Family : (ㄱ)
- 속 Genus : (ㄴ)
- 종 Species : (ㄷ)

① Erebidae, Lymantria, dispar
② Erebidae, Lymantria, auripes
③ Notodontidae, Lvela, dispar
④ Notodontidae, Lvela, ausripes
⑤ Notodontidae, Lymantria, dispar

해설
- 계 : 동물계(Animalia)
- 문 : 절지동물문(Arthropoda)
- 강 : 곤충강(Insecta)
- 목 : 나비목(Lepidoptera)
- 과 : 태극나방과(Erebidae)
- 속 : Lymantria
- 종 : 매미나방(L. dispar)

정답 : ①

028 유충(약충)과 성충의 입틀이 서로 다른 곤충목을 나열한 것은?

① 나비목, 벼룩목
② 나비목, 총채벌레목
③ 딱정벌레목, 벼룩목
④ 딱정벌레목, 파리목
⑤ 총채벌레목, 파리목

해설 나비목은 성충의 입틀은 대롱형, 유충의 입틀은 저작형이다. 벼룩목 성충은 날개가 없고 둥글넙적하며 날카로운 흡수형구기로 포유류나 조류에 기생하여 피를 빨아먹으며, 유충은 희고 길며 저작형구기를 가지고 부식물 섭취한다.
- 총채벌레목 : 줄쓸어빠는 입틀
- 딱정벌레목 : 유충(저작형)
- 파리목 : 성충(흡취형), 구더기(파먹는 형)

정답 : ①

HIDDEN CARD

029 벚나무류를 가해하는 해충을 모두 고른 것은?

ㄱ. 벚나무깍지벌레	ㄴ. 미국선녀벌레
ㄷ. 회양목명나방	ㄹ. 복숭아유리나방

① ㄱ　　② ㄴ, ㄷ
③ ㄱ, ㄴ, ㄹ　　④ ㄴ, ㄷ, ㄹ
⑤ ㄱ, ㄴ, ㄷ, ㄹ

해설 회양목명나방은 단식성, 회양목만 가해한다.

정답 : ③

030 곤충 생식기관 부속샘의 분비물에 관한 설명으로 옳지 않은 것은?

① 정자를 보관한다.　　② 알의 보호막 역할을 한다.
③ 암컷의 행동을 변화시킨다.　　④ 정자가 이동하기 쉽게 한다.
⑤ 산란 시 점착제 역할을 한다.

해설 수컷은 저정낭에 정자를 보관하고 암컷의 저정낭(수정난) 보다 훨씬 더 오래 저장한다. 부속샘은 수컷 정액의 구성성분이 되는 여러 단백질들을 합성 분비하고, 짝짓기할 때 정자와 함께 암컷에 전달되어 여러가지 생리적, 행동적 변화를 유발하는 역할을 한다. 정액과 정협을 만들어 정자의 이동이 쉽게 도와주며, 암컷의 경우 알의 보호막이나 점착액을 분비하여 알을 싸준다.

정답 : ①

031 곤충과 날개의 변형이 옳지 않은 것은?

① 대벌레 – 연모(fringe)
② 오리나무좀 – 초시(elytra)
③ 갈색여치 – 가죽날개(tegmina)
④ 아까시잎혹파리 – 평균곤(haltere)
⑤ 갈색날개노린재 – 반초시(hemelytra)

해설 연모는 앞, 뒷날개의 뒷가장자리에 있는 털을 말하며, 총채벌레의 날개가 연모이다.

정답 : ①

032 성충의 외부 구조에 관한 설명으로 옳은 것은?

① 백송애기잎말이나방은 머리에 옆홑눈이 있다.
② 네문가지나방의 기문은 머리와 배 부위에 분포한다.
③ 갈색날개매미충의 다리는 3쌍이며 배 부위에 있다.
④ 알락하늘소의 더듬이는 머리에 있으며 세 부분으로 구성된다.
⑤ 진달래방패벌레의 날개는 앞가슴과 가운데가슴에 각각 1쌍씩 있다.

해설 ① Stemmata(낱눈, 옆홑눈)는 완전변태류 유충의 눈에 해당한다.
② 곤충의 호흡은 주로 기문으로 이루어진다. 가슴에 각 1쌍, 복부에 8쌍이 기본이다.
③ 앞가슴, 가운데가슴, 뒷가슴의 세 부분으로 되어 있으며 배쪽에서 각각 한 쌍의 다리가 나 있다.
⑤ 가운데가슴에 1쌍의 앞날개와 뒷가슴에 1쌍의 뒷날개가 있다.

정답 : ④

033 곤충의 말피기관에 관한 설명으로 옳은 것은?

① 맹관으로 체강에 고정된 상태이다.
② 중장 부위에 붙어 있으며 개수는 종에 따라 다르다.
③ 분비작용과정에서 많은 칼륨이온이 관외로 배출된다.
④ 육상곤충의 단백질 분해 산물은 암모니아 형태로 배설된다.
⑤ 대사산물과 이온 등 배설물을 혈림프에서 말피기관 내강으로 분비한다.

해설 ① 맹관으로 체강에 자유롭게 떠 있는(다른 조직과 연결되지 않은) 상태이다.
② 후장 시작 부위에 붙어 있으며 개수는 종에 따라 다르다.
③ 분비작용과정에서 많은 칼륨이온이 조직 내로 흡수하여 삼투압을 높인다.
④ 육상곤충의 질소대사산물을 암모니아 형태로 배설된다.

정답 : ⑤

034 곤충의 내분비계에 관한 설명으로 옳은 것은?

① 알라타체는 탈피호르몬을 분비한다.
② 카디아카체는 유약호르몬을 분비한다.
③ 내분비샘에서 성페로몬과 집합페로몬을 분비한다.
④ 신경분비세포에서 분비되는 호르몬은 엑디스테로이드이다.
⑤ 성충의 유약호르몬은 알에서의 난황 축적과 페로몬 생성에 관여한다.

해설 전대뇌에서 신경분비세포가 호르몬을 분비 → 카디아카체가 이를 다시 전흉선자극호르몬으로 바꿔 전흉선을 자극 → 거기서 엑디손 등의 탈피스테로이드류를 분비

② 카디아카체 : 심장박동 조절에 관여

④ 신경내분비세포 : 신경계에서 변형된 Neuron이며 뇌에서 주로 존재 대부분의 곤충 호르몬 생산하나 유충호르몬은 예외, 이들 호르몬의 합성과 방출은 신경내분비세포로부터 신경호르몬에 의해 지배

구분	역할
전흉선	머리 뒤쪽 가슴부위에 위치, Ecdysone(용화/탈피 호르몬)을 분비하여 표피의 탈피 과정을 촉진
엑디스테로이드	탈피를 촉진하는 작용을 가진 스테로이드, 암컷 성충의 난소에도 생산되어 난성숙에 관여
알라타체	유약호르몬(juvenile hormone)을 분비하여 변태와 생식에서 조절 역할
유약호르몬	• 가장 보편적 JH III • 주요 작용은 유충기에는 유충 형질 유지, 성충기에는 난소 성숙 등 생식기능의 발달 • 유충호르몬이 분비된 후에 전흉선호르몬이 분비되면서 유충 탈피를 일으킴

정답 : ⑤

035 각 해충의 연간 발생횟수, 월동장소, 월동태를 옳게 나열한 것은?

① 몸큰가지나방－3회, 흙속, 알
② 독나방－3~4회, 낙엽 사이, 알
③ 갈색날개매미충－1회, 가지 속, 알
④ 극동등에잎벌－1회, 낙엽 및 흙속, 번데기
⑤ 이세리아깍지벌레－1회, 가지 속, 번데기

해설 ① 몸큰가지나방 : 연 2회, 지표면의 낙엽 밑, 흙속에서 번데기로 월동한다. 유충은 층층나무, 상수리나무, 진달래나무, 벚나무, 칡, 녹나무 등의 잎을 먹는다.

② 독나방 : 연 1회, 유충으로 나무껍질사이, 지피물 밑 군서로 월동한다. 유충이 많은 수종의 잎을 식해하지만 수목에 커다란 피해를 유발하지는 않는다. 하지만 각 충태에 독이 있는 털과 인분이 있어 인체의 피부에 닿으면 심한 염증을 일으킨다.

④ 극동등에잎벌 : 연 3~4회, 고치를 짓고 그 안에서 유충으로 월동한다.

⑤ 이세리아깍지벌레 : 연 2~3회, 3령 약충 또는 성충으로 월동한다.

정답 : ③

036 두 해충의 온도(x)와 발육률(y)의 관계에 관한 설명으로 옳은 것은?

> • 해충 A : y=0.01x−0.1
> • 해충 B : y=0.02x−0.2

① 두 해충의 발육영점온도는 같다.
② 두 해충의 유효적산온도는 같다.
③ 해충 A의 발육영점온도는 12℃이다.
④ 해충 A의 유효적산온도는 50온일도(degree day)이다.
⑤ 같은 환경 조건에서 해충 A의 발육이 해충 B보다 빠르다.

해설 y=aX−b에서 발육영점온도와 유효적산온도는 다음과 같다.

• 발육영점온도 T=−b/a(단위 : ℃)
 −해충 A : −0.1/0.01=10
 −해충 B : 0.2/0.02=10
• 유효적산온도 K=1/a(단위 : DD ; Degree−Days)
 −해충 A : 1/0.01=100
 −해충 B : 1/0.02=50

정답 : ①

037 겨울철에 약제 처리가 적합한 해충을 나열한 것은?

① 꽃매미, 소나무재선충
② 오리나무잎벌레, 꽃매미
③ 소나무재선충, 솔껍질깍지벌레
④ 갈색날개매미충, 솔껍질깍지벌레
⑤ 갈색날개매미충, 오리나무잎벌레

해설 수간 천공 시 송지유출 여부로 나무주사 시기는 동기(1~2월)이다. 솔껍질깍지벌레는 5~6월 부화약충시기에 약제살포를 하거나 11~3월 후약충시기에 나무주사를 해 사전 방제가 가능하다.

정답 : ③

038 단식성해충으로 나열한 것은?

① 박쥐나방, 큰팽나무이　② 박쥐나방, 붉나무혹응애
③ 큰팽나무이, 붉나무혹응애　④ 노랑쐐기나방, 큰팽나무이
⑤ 노랑쐐기나방, 붉나무혹응애

해설 단식성해충은 한 종의 수목만 가해하거나 같은 속의 일부 종만 기주로 하는 해충을 말한다.
- 회화나무 : 줄마디가지나방, 회양목 : 회양목명나방, 개나리 : 개나리잎벌
- 자귀나무 : 자귀뭉뚝날개나방

※ 단식성충영해충 : 밤나무혹벌, 구기자혹응애, 붉나무혹응애, 회양목혹응애, 큰팽나무이

정답 : ③

039 소나무재선충와 솔수염하늘소의 특성에 관한 설명으로 옳지 않은 것은?

① 소나무재선충은 소나무, 곰솔, 잣나무에 기생하여 피해를 입힌다.
② 솔수염하늘소는 제주도를 제외한 전국에 분포하며 1년에 2회 발생한다.
③ 솔수염하늘소 부화유충은 목설을 배출하고 2령기 후반부터는 목질부도 가해한다.
④ 소나무 침입한 재선충분산기 4기 유충은 바로 탈피하여 성충이 되고 교미하여 증식한다.
⑤ 솔수염하늘소 성충은 우화하여 어린가지의 수피를 먹고 몸에 지니고 있는 소나무재선충을 옮긴다.

해설 솔수염하늘소는 연 1회 발생한다.

정답 : ②

040 해충과 방제 방법의 연결이 옳지 않은 것은?

① 솔나방 – 기생성천적을 보호
② 말매미 – 산란한 가지를 잘라서 소각
③ 매미나방 – 성충 우화시기에 유아등으로 포획
④ 이세리아깍지벌레 – 가지나 줄기에 붙어있는 알덩이를 제거
⑤ 솔잎혹파리 – 지표면에 비닐을 피복하여 성충이 월동처로 이동하는 것은 차단

해설 유충이 월동처의 이동을 차단한다. 11월 하순~12월 상순경 토양에서 월동 중인 애벌레를 구제할 목적이 있다.

정답 : ⑤

041 수목해충의 약제 처리에 관한 설명으로 옳지 않은 것은?

① 꽃매미는 어린 약충기에 수관살포한다.
② 갈색날개매미충은 어린 약충기인 4월 하순부터 수관살포한다.
③ 미국선녀벌레는 어린 약충기에 수관 살포한다.
④ 밤바구미는 성충 우화기인 6월 초순경에 수관살포한다.
⑤ 솔나방은 월동한 유충의 활동기인 4월 중순과 하순경에 경엽살포한다.

해설 밤바구미는 약제살포로는 방제가 어렵고 수확한 밤을 훈증시키는 방법이 효과적이다. 수확 당시에는 아주 어린 애벌레 상태이기 때문에 수확 직후 곧바로 훈증하여야 하는데 시기를 놓치지 않는 게 중요하며 훈증시기가 늦으면 애벌레가 자라게 되므로 시기를 놓치지 않고 훈증을 하면 방제효과가 높다.

정답 : ④

042 수목해충의 천적에 관한 설명으로 옳은 것은?

① 꽃등에의 유충과 성충 모두 응애류를 포식한다.
② 개미침벌은 솔수염하늘소 번데기에 내부기생한다.
③ 중국긴꼬리좀벌은 밤나무혹벌유충에 외부기생한다.
④ 혹파리살이먹좀벌은 솔잎혹파리유충에 내부기생한다.
⑤ 홍가슴애기무당벌레는 진딧물류의 체액을 빨아 먹는 포식성이다.

해설 ① 꽃등에의 구더기들은 진딧물이나 깍지벌레 해충들을 잡아먹는다.
② 개미침벌은 솔수염하늘소 번데기에 외부기생한다.
③ 중국긴꼬리좀벌은 전년에 형성된 벌레혹 내부에서 월동하며, 겨울에 전정한 가지는 밤나무의 뿌리 근처에 모아서 기생봉이 우화하는 시기까지 방치 제거하면 기생봉의 밀도를 더욱 높일 수가 있다.
⑤ 홍가슴애기무당벌레는 진딧물류를 잡아먹는 먹는 포식성이다.

정답 : ④

043 제시된 수목해충의 방제법으로 옳지 않은 것은?

> • 곰팡이를 지니고 다니면서 옮긴다.
> • 연간 1회 발생하며, 주로 노숙 유충으로 월동한다.
> • 유충과 성충이 신갈나무 목질부를 가해하여 외부로 목설을 배출한다.

① 나무를 흔들어 낙하한 유충을 죽인다.
② 우화 최성기 이전까지 끈끈이롤트랩을 설치한다.
③ 고사목과 피해목의 줄기와 가지를 잘라서 훈증한다.
④ 6월 중순을 전후하여 페니트로티온 유제를 수간살포한다.
⑤ 4월 하순부터 5월 하순까지 ha당 10개소 내외로 유인목을 설치한다.

해설 털어잡기는 활동성이 비교적 약한 수관부 서식해충으로 버들꼬마잎벌레 등에 이용한다. 광릉긴나무좀(*Platypus koryoensis*)은 딱정벌레목(Coleoptera), 긴나무좀과(Platypodidae), 긴나무좀아과(Platypodinae)이다. 암브로시아(Ambrosia) 나무좀류인 광릉긴나무좀은 참나무시들음병(oak wilt)을 유발하는 것으로 추정되는 병원균(*Raffaelea quercus-mongolicae*)을 참나무류에 매개하는 역할이다. 국내 분포하는 참나무 가장 큰 수종은 신갈나무(*Quercus mongolica*)로 알려져 있으며, 이 밖에도 다른 참나무류, 서어나무 등이 있다. 2004년 국내에서는 처음으로 경기도 성남시에서 참나무류 집단 고사 현상이 발견되었고 현재는 전국으로 확산되어 있는 실정이다.

정답 : ①

044 해충에 의한 피해 또는 흔적의 연결로 옳지 않은 것은?

① 때죽납작진딧물 – 잎에 혹 형성
② 물푸레면충 – 줄기나 새순에 구멍이 뚫림
③ 전나무잎응애 – 잎의 변색 또는 반점 형성
④ 천막벌레나방 – 거미줄과 유사한 실이 있음
⑤ 매실애기잎말이나방 – 잎을 묶거나 맒

해설 군집을 형성한 후에는 기주식물의 잎이 뒤틀려 말려지며, 대량의 밀랍을 분비한다.

정답 : ②

045 격발현상에 관한 설명이다. 2차 해충에게 이러한 현상이 일어나는 이유를 옳게 나열한 것은?

> 살충제 처리가 2차 해충에 유리하게 작용하여 개체군의 증가 속도가 빨라지거나 그 밀도가 종전보다 높아지는 현상이다.

① 항생성, 생태형
② 생태형, 천적 제거
③ 천적제거, 항생성
④ 경쟁자 제거, 항생성
⑤ 천적제거, 경쟁자 제거

해설 격발 현상은 자연 상태에서는 해충과 천적 간에 어느 정도 생태적인 균형이 유지되고 있는데 특정 해충을 대상으로 약제를 계속 사용하면, 보다 감수성인 천적의 밀도가 감소하고 천적에 의해 억제되던 다른 해충이 급격히 증가하는 현상이다.

정답 : ⑤

046 해충과 밀도 조사방법의 연결이 옳지 않은 것은?

① 소나무좀 – 유인목트랩
② 벚나무응애 – 황색수반트랩
③ 복숭아명나방 – 유아등트랩
④ 잣나무별납작잎벌 – 우화상
⑤ 솔껍질깍지벌레 – 성페로몬트랩

해설 진딧물의 예찰은 황색수반(노란색 바탕의 물그릇)이나 끈끈이트랩을 이용한다. 응애류 예찰요령은 최초 주당 4엽씩 엽을 채취, 총 5주에서 20엽을 조사하여 응애(약 · 충 포함)가 서식하고 있는 엽수를 기록한다.

정답 : ②

047 버즘나무방패벌레와 진달래방패벌레에 관한 공통적인 설명으로 옳은 것은?

① 성충이 잎 앞면의 조직에 1개씩 산란한다.
② 성충의 날개에 X자 무늬가 뚜렷이 보인다.
③ 낙엽 사이나 지피물 밑에서 약충으로 월동한다.
④ 약충이 잎 앞면과 뒷면을 가리지 않고 가해한다.
⑤ 잎응애 피해 증상과 비슷하지만 탈피각이 붙어 있어 구별된다.

해설 응애 피해와 비슷하지만 피해 부위에 검은색의 벌레 똥과 탈피각이 붙어 있으므로 성충과 약충이 서식하지 않아도 응애 피해와 구별된다.

- 진달래방패벌레
  - 등면에 X자 모양의 흑갈색 무늬가 있지만, 버즘나무방패벌레는 등면에 뚜렷한 2개의 검은 반점이 있는 것으로 구분한다.
  - 철쭉류의 잎 뒷면에 모여 살면서 흡즙가해하며 잎 표면은 황백색으로 변화시킨다.

– 성충으로 월동하며, 월동성충은 봄에 잎의 조직 내에 1개씩 산란한다.
– 유충은 5월경부터 나타나 가을까지 4~5회 발생하며, 낙엽에서 월동한다.

• 버즘나무방패벌레
– 성충태로 수피 틈에서 월동하며, 이른 봄 월동한 성충은 잎 뒷면 엽맥 사이에 무더기로 산란하고 2~3일이 지나면 부화한다.
– 부화한 약충은 30~40일 정도 흡즙가해하며, 북미지방에서는 연 2세대 경과하는데 남부에서는 그 이상인 것으로 알려져 있다.

정답 : ⑤

048 각 수목해충의 기주와 가해 부위를 옳게 나열한 것은?

① 식나무깍지벌레 성충 – 사철나무, 잎
② 벚나무모시나방 유충 – 벚나무, 가지
③ 황다리독나방 유충 – 층층나무, 가지
④ 주둥무늬차색풍뎅이 유충 – 벚나무, 잎
⑤ 느티나무벼룩바구미 성충 – 느티나무, 가지

해설 ② 벚나무모시나방 유충 : 벚나무, 잎
③ 황다리독나방 유충 : 층층나무, 잎
④ 주둥무늬차색풍뎅이 성충 : 벚나무 등(광식성), 잎, 유충(뿌리)
⑤ 느티나무벼룩바구미 성충, 유충 : 느티나무, 잎

정답 : ①

049 흡즙성, 천공성, 종실 해충 순으로 옳게 나열한 것은?

① 박쥐나방, 자귀나무이, 밤바구미
② 자귀나무이, 박쥐나방, 솔알락명나방
③ 복숭아명나방, 돈나무이, 솔알락명나방
④ 자귀나무이, 도토리거위벌레, 복숭아 유리나방
⑤ 백송애기잎말이나방, 솔알락명나방, 복숭아유리나방

해설 • 흡즙성 : 진딧물류, 깍지벌레류, 방패벌레류, 나무이류, 선녀벌레, 매미충류등 노린재목과 응애류
• 천공성 : 솔수염하늘소, 북방수염하늘소, 광릉긴나무좀, 나무좀, 하늘소류, 바구미류, 비단벌레류, 유리나방류, 박쥐나방류와 일부 명나방류
• 종실해충, 구과해충 : 밤바구미, 복숭아명나방, 백송애기잎말이나방, 솔알락명나방

정답 : ②

050 수목해충의 물리적 또는 기계적 방제법에 해당하는 설명을 모두 고른 것은?

ㄱ. 수확한 밤을 30℃ 온탕에 7시간 침지처리한다.
ㄴ. 간단한 도구를 사용하여 매미나방알을 직접 제거한다.
ㄷ. 해충 자체나 해충이 들어가 있는 수목조직을 소각한다.
ㄹ. 석회와 접착제를 섞어 수피에 발라 복숭아유리나방의 산란을 방지한다.

① ㄱ
② ㄱ, ㄴ
③ ㄱ, ㄴ, ㄷ
④ ㄱ, ㄴ, ㄹ
⑤ ㄱ, ㄴ, ㄷ, ㄹ

해설
- 물리적 방제 : 온도, 습도, 색깔의 이용, 이온화에너지
- 기계적 방제 : 포살법, 유살법, 소각법, 매몰법, 박피법, 파쇄, 제재법, 진동법, 차단법

정답 : ⑤

PART

03 | 수목생리학

051 환공재, 산공재, 반환공재로 구분할 때 나머지와 다른 수종은?

① 벚나무
② 느티나무
③ 단풍나무
④ 자작나무
⑤ 양버즘나무

해설
- 환공재 : 참나무, 물푸레나무, 느티나무, 느릅나무, 팽나무, 회화나무, 아까시나무, 이팝나무, 밤나무, 음나무
- 산공재 : 단풍나무, 벚나무, 양버즘나무, 자작나무, 포플러, 칠엽수, 목련, 피나무
- 반환공재 : 호두나무, 가래나무, 중국굴피나무

정답 : ②

052 수목의 뿌리에서 코르크형성층과 측근을 만드는 조직은?

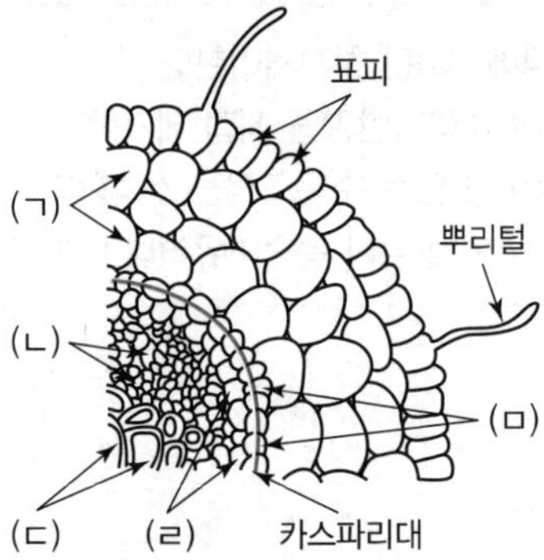

① ㄱ
② ㄴ
③ ㄷ
④ ㄹ
⑤ ㅁ

해설 ㄱ : 피층, ㄴ : 사부, ㄷ : 목부, ㄹ : 내초, ㅁ : 내피이다. 내초세포 외에도 주위의 유세포, 심지어 내피도 왕성하게 분열에 가담하여 측근이 발생하고, 내초의 세포가 분열하여 코르크형성층으로 된다.

정답 : ④

053 잎에 유관속이 두 개 존재하고 엽육조직이 책상조직과 해면조직으로 분화되지 않은 수종은?

① 주목
② 소나무
③ 잣나무
④ 전나무
⑤ 은행나무

해설

분류	엽속 내 숫자	유관속	아린	목재 성질	수종
소나무	2개, 3개	2개	잎이 질 때까지	비중 높고 굳으며 춘재에서 추재의 전이가 급함	소나무, 곰솔, 리기다, 테다, 방크스소나무
잣나무	3개, 5개	1개	첫 해 탈락	비중 낮아 연하고 춘재에서 추재의 전이 점진적임	잣나무, 섬잣나무, 스트로브잣나무, 백송

정답 : ②

054 수목의 꽃에 관한 설명으로 옳지 않은 것은?

① 버드나무는 2가화이다.
② 자귀나무는 불완전화이다.
③ 벚나무는 암술과 수술이 한 꽃에 있다.
④ 상수리나무는 암꽃과 수꽃이 한 그루에 달린다.
⑤ 단풍나무는 양성화와 단성화가 한 그루에 달린다.

해설 자귀나무는 완전화이며 양성화이고, 하나의 화서 안에 수꽃과 양성화가 함께 있는 방식이다.

명칭	뜻	예
완전화	꽃받침, 꽃잎, 수술, 암술을 모두 갖춘 꽃	벚나무, 자귀나무
불완전화	위의 네 가지 중 한 가지 이상 결여한 꽃	버드나무류, 자작나무류
양성화	암술과 수술을 한 꽃에 가짐	벚나무, 자귀나무
단성화	암술과 수술 중 한 가지만 가짐	버드나무류, 자작나무류
잡성화	양성화와 단성화가 한 그루에 달림	물푸레나무, 단풍나무
1가화	암꽃과 수꽃이 한 그루에 달림	참나무류, 오리나무류
2가화	암꽃과 수꽃이 각각 다른 그루에 달림	버드나무류, 포플러류, 소철류, 은행나무

정답 : ②

055 온대지방 수목에서 지하부의 계절적 생장에 관한 설명으로 옳은 것은?

① 잎이 난 후에 생장이 시작된다.
② 생장이 가장 활발한 시기는 한 여름이다.
③ 지상부의 생장이 정지되기 전에 뿌리의 생장이 정지된다.
④ 수목을 이식하려면 봄철 뿌리 발달이 시작한 후에 하는 것이 좋다.
⑤ 지상부와 지하부생장 기간 차이는 자유생장보다 고정생장 수종에서 더 크다.

해설
- 고정생장 : 수고생장은 이른 여름(8월) 정지하지만 뿌리 생장은 가을까지(11월까지)
- 자유생장 : 수고생장 9월, 뿌리생장은 10월(잎갈나무), 12월(자작)

① 뿌리의 신장은 이른 봄에 줄기의 신장보다 먼저 시작하고 가을에 줄기보다 더 늦게까지 생장한다.
② 봄에 줄기생장이 시작되기 전에 자라기 시작하고 왕성하게 자라다가 여름에 다소 감소하다가 가을에 다시 생장이 왕성해진다.
③ 지하부의 생장은 지상부에 있는 줄기의 생장과 무관하게 시작되고 정지한다고 할 수 있다.
④ 수목을 이식하려면 봄철 뿌리 발달이 시작한 전에 이식하는 것이 이상적이다.

정답 : ⑤

056 수목의 직경생장에 관한 설명으로 옳지 않은 것은?

① 유관속형성층이 생산하는 목부는 사부보다 많다.
② 유관속형성층의 병층분열은 목부와 사부를 생산한다.
③ 유관속형성층의 수층분열은 형성층의 세포수를 증가시킨다.
④ 유관속형성층이 봄에 활동을 시작할 때 목부가 사부보다 먼저 만들어진다.
⑤ 유관속형성층이 안쪽으로 생산한 2차 목부조직에 의해 주로 이루어진다.

해설 온대지방에서는 봄에 형성층이 세포분열을 제개할 때 사부조직이 목부조직보다 먼저 만들어진다.

정답 : ④

057 온대지방 낙엽활엽수의 무기영양에 관한 설명으로 옳은 것은?

① 가을이 되면 잎이 Ca 함량은 감소한다.
② 가을이 되면 잎의 P · K 함량은 증가한다.
③ Fe, Mn, Zn, Cu는 필수미량원소에 해당한다.
④ 양분요구도가 낮은 수목은 척박지에서 더 잘 자란다.
⑤ 무기양분 요구량은 농작물보다 많고 침엽수보다 적다.

해설 ① 낙엽 전 Ca 함량은 급격히 증가한다.
② 가을이 되면 잎의 P · K 함량은 급격히 감소한다.
④ 양분요구도가 낮은 수목은 척박지에서도 견딜 수 있다.
⑤ 무기양분 요구량은 농작물보다 적고 침엽수보다 많다(농작물 > 활엽수 > 침엽수 > 소나무류).

정답 : ③

058 수목 뿌리에서 무기이온의 흡수와 이동에 관한 설명으로 옳은 것은?

① 뿌리의 호흡이 중단되더라도 무기이온의 흡수는 계속된다.
② 세포질 이동은 내피 직전까지 자유공간을 이동하는 것이다.
③ 자유공간을 통해 무기이온이 이동할 때는 에너지를 소모하지 않는다.
④ 내초에는 수베린이 축적된 카스파리대가 있어 무기이온 이동을 제한한다.
⑤ 원형질막을 통한 무기이온의 능동적 흡수과정은 비선택적이고 가역적이다.

해설 ① 뿌리의 호흡이 중단되면 무기이온의 흡수는 중단된다.
② 세포벽이동(apoplastic)은 내피 직전까지 자유공간을 이동하는 것이다.
④ 내피에는 수베린이 축전된 카스파리대가 있어 무기이온 이동을 제한한다.
⑤ 원형질막을 통한 무기이온의 능동적 흡수과정은 선택적이고 가역적이다. 막 단백질을 통해 수용성(친수성, 포도당, 아미노산 등), 극성 물질, 전하를 띤 이온 등은 촉진 확산, 능동 수송의 방법으로 막을 통과한다.

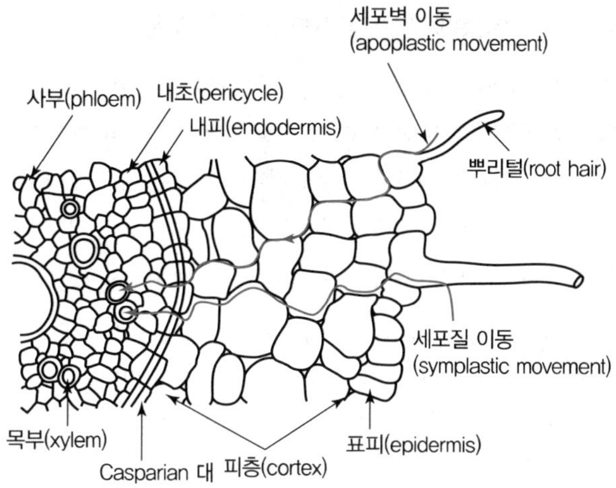

정답 : ③

059 햇빛이 있을 때 기공이 열리는 기작으로 옳지 않은 것은?

① K^+이 공변세포 내로 유입된다.

② 공변세포 내 음전하를 띤 malate가 축전된다.

③ 이른 아침에 적색광보다 청색광에 민감하게 반응한다.

④ H^+−ATPase가 활성화되어 공변세포 안으로 H^+가 유입된다.

⑤ 공변세포의 기공 쪽 세포벽보다 반대쪽 세포벽이 더 늘어나 기공이 열린다.

해설 H^+−ATPase가 활성화되면 ATP를 사용하여 H^+를 공변세포 밖으로 방출하여 공변세포와 주변세포 간의 양성자 기울기를 형성한다.

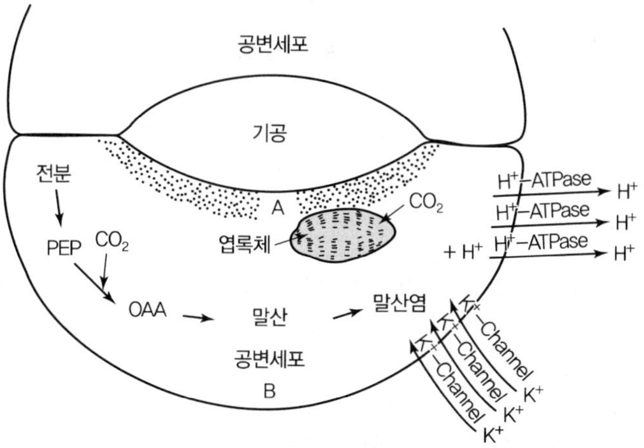

- 기공이 열릴 때의 공변세포의 생화학적 변화
- 전분이 분해되어 음전기를 띤 유기산으로 되고, 이를 중화시기키기 위해 양전기를 띤 칼륨이온이 주변에서 모여들어 삼투압이 증가하면서 수분을 흡수하여 기공이 열림

정답 : ④

060 수목의 수분흡수와 이동에 관한 설명으로 옳은 것은?

① 액포막에 있는 아쿠아포린은 세포의 삼투조절에 관여한다.
② 토양용액의 무기이온농도와 뿌리의 수분흡수속도는 비례한다.
③ 능동흡수는 증산작용에 의해 수분이 집단유동하는 것을 의미한다.
④ 이른 봄 고로쇠나무에서 수액을 채취할 수 있는 것은 근압 때문이다.
⑤ 일액현상은 온대지방에서 초본식물보다 목본식물에서 흔하게 관찰된다.

해설 아쿠아포린(aquaporin)은 세포막에서 물의 촉진 확산을 담당하는 막 단백질로 물은 세포막 안과 밖의 삼투압(Osmotic pressure) 차이에 의해서 움직인다.

② 수분이동이 빠르고 양분농도가 높을 때는 집단류가 큰 역할을 하지만, 토양용액의 양분농도가 낮을 때는 확산이 중요한 역할을 한다.
③ 수동흡수는 식물이 증산작용을 왕성하게 하고 있을 때, 잎에서 증산작용으로 생기는 끌어올리는 힘에 의해서 나무뿌리가 수동적으로 수분을 흡수하는 경우로, 대부분의 수분흡수는 이 방법에 의하여 일어난다.
④ 이른 봄 고로쇠나무에서 수액을 채취할 수 있는 것은 수간압 때문이다. 이때 수간압은 줄기와 가지의 물관부 세포의 수축과 팽창에 의해 생기는 압력으로 두 지점의 압력차에 의해 압력이 높은 곳에서 낮은 곳으로 수액이 이동한다. 낮에 기온이 올라 이산화탄소가 수간의 세포 간격에 축적되어 압력이 증가하면 상처를 통해 수액이 밖으로 흘러 나오고 밤에 이산화탄소가 흡수되어 압력이 감소하면 뿌리에서 수분을 흡수하여 다시 압력이 생긴다.
⑤ 일액현상은 온대지방에서 목본식물보다 초본식물에서 흔하게 관찰된다.

정답 : ①

061 햇빛을 감지하여 광형태형성을 조절하는 광수용체를 고른 것은?

ㄱ. 엽록소 a	ㄴ. 엽록소 b	ㄷ. 피토크롬
ㄹ. 카로티노이드	ㅁ. 크립토크롬	ㅂ. 포토트로핀

① ㄱ, ㄴ, ㄷ
② ㄱ, ㄹ, ㅂ
③ ㄴ, ㄹ, ㅁ
④ ㄷ, ㄹ, ㅁ
⑤ ㄷ, ㅁ, ㅂ

해설 ㄱ. 엽록소 a : 광합성에 필요한 빛에너지를 흡수하는 녹색을 띠는 주색소(청록색의 빛을 반사)이다. 모든 식물과 조류에서 반응 중심 엽록소 역할을 하여 주변에서 모인 빛에너지로 들뜬 전자를 최초 전자 수용체에 전달하는 역할이다.

ㄴ. 엽록소 b : 안테나 색소 역할을 하는 보조색소로 육상식물과 녹조류 등에 존재하며 이를 통해 육상식물이 녹조류에서 진화한다. 엽록소 a와 b는 약 3:1의 비율로 존재한다.

ㄷ. 피토크롬 : 광질에 반응하는 광수용체 중의 하나로 종자의 발아에서 개화까지 식물생장의 전과정에 관여한다. 적색광과 원적생광에 반응을 보이고 비교적 낮은 광도에서도 예민하게 반응하며 두 가지 다른 형태로 존재한다. 적색광(파장 660nm)을 비추면 Pr 형태에서 Pfr 형태로 바뀌고, 원적색광(파장 730nm)을 비추면 다시 Pr 형태로 바뀐다.

ㄹ. 카로티노이드(테트라테르페노이드) : 광합성을 돕고 자외선의 유해 작용을 막는 일종의 식물 색소이다. 카로티노이드는 빛 에너지를 흡수해 가장 중요한 광합성 색소인 엽록소에 전달함으로써, 광합성에서 부수적 역할을 수행하며 빨간색, 주황색 또는 노란색 계열의 색소군으로 구성된다.

ㅁ. 크립토크롬[플라빈(flavin)계 색소] : 식물의 빛 형태 형성에 중요한 역할을 하는 색소 단백질이자 파이토케미컬, 청색광효과라고 부르는 불가역적 반응이다. 적색광과 근적외선과 반응하는 피토크롬계색소와 함께 형태형성에 관여하며, 활성화되면 줄기의 성장을 억제한다. 안토시아닌의 합성을 촉진해 단파장 빛 스트레스에 대응하고 식물의 생체 주기를 재설정한다.

ㅂ. 포토트로핀(Phototropin) : 식물의 청색광수용체 플라빈계색소 단백질의 일종으로 굴광성(줄기 따위가 빛의 방향으로 굽는 현상)이다. 엽록체 이동, 잎의 전개, 기공의 개폐 등 광합성에 영향을 주는 움직임을 조절하는 식물 특이 청색광수용체이다.

정답 : ⑤

062 스트레스에 대한 수목의 반응으로 옳은 것은?

① 바람에 자주 노출된 수목은 뿌리 생장이 감소한다.
② 가뭄스트레스를 받으면 춘재 구성세포의 직경이 커진다.
③ 대기오염물질에 피해를 받으면 균근형성이 촉진된다.
④ 상륜은 발달 중인 미성숙 목부세포가 서리 피해를 입어 생긴다.
⑤ 동일 수종일지라도 북부산지 품종은 남부산지보다 동아 형성이 늦다.

해설 ① 수목은 바람에 노출됨으로써 바람에 대한 저항성이 증가한다.
② 가뭄스트레스를 받으면 춘재 구성세포의 직경이 작아진다.
③ 대기오염물질에 피해를 받으면 균근형성이 억제된다.
⑤ 북부산지 품종은 남부산지보다 동아 형성이 빠르다.

정답 : ④

063 수목의 호흡에 관한 설명으로 옳은 것은?

① 뿌리에 균근이 형성되면 호흡이 감소한다.
② 형성층에서는 호기성 호흡만 일어난다.
③ 그늘에 적응한 수목은 호흡을 높게 유지한다.
④ 잎의 호흡량은 잎이 완전히 자란 직후 최대가 된다.
⑤ 유령림은 성숙림보다 단위 건중량당 호흡량이 적다.

해설 ① 뿌리에 균근이 형성되면 호흡이 증가한다.
② 형성층은 외부와 직접 접촉하지 않기 때문에 산소공급이 부족하여 혐기성 호흡이 일어나는 경향이 있다.
③ 그늘에 적응한 수목은 호흡을 낮게 유지한다.
⑤ 유령림은 성숙림보다 단위 건중량당 호흡량이 크다.

답 : ④

064 줄기의 수액에 관한 설명으로 옳지 않은 것은?

① 사부수액은 목부수액보다 pH가 낮다.
② 수액상승속도는 침엽수가 활엽수보다 느리다.
③ 수액상승속도는 증산작용이 활발한 주간이 야간보다 빠르다.
④ 목부수액에는 질소화합물, 탄수화물, 식물호르몬 등이 용해되어 있다.
⑤ 환공재는 산공재보다 기포에 의한 공동화현상(cavitation)에 취약하다.

해설 목부수액의 pH는 산성(pH 4.5~5.0)이며 사부수액은 알칼리성(pH 7.5)이다. 목부수액(*xylem sap*)은 토양으로부터 증산류를 타고 상승하는 도관(혹은 가도관) 내의 수액을 말하며, 사부수액(*phloem sap*)은 사부를 통한 탄수화물의 이동액을 말한다.

정답 : ①

065 유성생식에 관한 설명으로 옳지 않은 것은?

① 화분 입자가 작을수록 비산거리가 늘어난다.
② 온도가 높고 건조한 낮에 화분이 더 많이 비산된다.
③ 잣나무의 암꽃은 수관 상부에 수꽃은 수관 하부에 달린다.
④ 피자식물은 감수기간에 배주 입구에 있는 주공에서 수분액을 분비한다.
⑤ 소나무는 탄수화물 공급이 적은 상태에서 수꽃이 더 많이 만드는 경향이 있다.

해설 나주식물은 감수기간에 노출된 배주의 입구에 있는 주공에서 수분액을 분비한다.

정답 : ④

066 수목의 호흡과정에 관한 설명으로 옳지 않은 것은?

① 해당 작용은 세포질에서 일어난다.
② 기질이 산화되어 에너지가 발생한다.
③ 크렙스회로는 미토콘드리아에서 일어난다.
④ 말단전자전달경로의 에너지 생산효율이 크렙스회로보다 높다.
⑤ 말단전자전달경로에서 전자는 최종적으로 피루브산에 전달된다.

해설
- NADH로 전달된 전자와 수소가 최종적으로 산소(O_2)에 전달되어 물(H_2O)로 환원되면서 추가로 효율적으로 ATP를 생산하는 과정이다.
- 호흡은 세포질과 미토콘드리아에서 일어나며 해당작용은 포도당을 두 분자의 피루브산으로 나눈다.
- 피루브산은 CO_2와 조효소 A가 결합한 아세틸로 분리된다.
- 크렙스회로에서 아세틸기는 두 분자의 이산화탄소로 파괴된다.
- 전자전달 연쇄는 미토콘드리아 내막을 경계로 양성자 기울기가 일어난다.
- 화학삼투와 산화적 인산화는 미토콘드리아에서 ATP를 생성한다.

정답 : ⑤

067 수목에서 탄수화물에 관한 설명으로 옳지 않은 것은?

① 공생하는 균근균에 제공된다.
② 단백질을 합성하는데 이용된다.
③ 호흡과정에서 에너지 생산에 이용된다.
④ 겨울에 빙점을 낮춰 세포가 어는 것은 방지한다.
⑤ 잣나무 종자의 저장물질 중 가장 높은 비율을 차지한다.

해설 지질은 종자나 과일의 중요한 저장물질이며 농축된 에너지에 해당한다.

정답 : ⑤

068 다당류에 관한 설명으로 옳지 않은 것은?

① 전분은 주로 유세포에 전분립으로 축적된다.
② 셀룰로스는 포도당 분자들이 선형으로 연결되어 있다.
③ 펙틴은 중엽층에서 세포들을 결합시키는 접착제 역할을 한다.
④ 세포의 2차벽에는 헤미셀룰로스가 셀룰로스보다 더 많이 들어 있다.
⑤ 잔뿌리 끝에서 분비되는 점액질은 토양을 뚫고 들어갈 때 윤활제 역할을 한다.

해설 2차 세포벽에는 셀룰로스 다음으로 헤미셀룰로스(30%)가 있다.

정답 : ④

069 수목의 사부수액에 관한 설명으로 옳은 것은?

① 흔하게 발견되는 당류는 환원당이다.
② 탄수화물은 약 2% 미만으로 함유되어 있다.
③ 탄수화물과 무기이온이 주성분이며 아미노산은 발견되지 않는다.
④ 참나무과수목에는 자당(sucrose)보다 라피노스(raffinose) 함량이 더 많다.
⑤ 장미과 마가목속 수목은 자당(sucrose)과 함께 소르비톨(sorbitol)도 다량 포함하고 있다.

해설 ① 흔하게 발견되는 당류는 비환원당이다.
② 사부수액에는 당류가 보통 20% 가량 함유되어 있다.
③ 탄수화물 이외에도 아미노산, K, Mg, Ca, Fe이 포함되어 있다.
④ 참나무과 수목에는 자당(sucrose)은 다량 들어 있으나 소르비톨(sorbitol)도 포함되어 있지 않다.

정답 : ⑤

070 수목의 호르몬에 관한 설명으로 옳은 것은?

① 옥신은 줄기에서 곁가지 발생을 촉진한다.
② 뿌리가 침수되면 에틸렌 생장이 억제된다.
③ 아브시스산은 겨울눈의 휴면타파를 유도한다.
④ 일장이 짧아지면 브라시노스테로이드가 잎에 형성되어 낙엽을 유도한다.
⑤ 암 상태에서 발아한 유식물에 시토키닌을 처리하면 엽록체가 발달한다.

해설 ① 옥신은 발근(뿌리 생장) 촉진, 굴광성, 굴지성, 잎의 탈락 억제(낙엽 방지), 곁눈생장 억제(정단우성, 정아우성), 제초제 역할을 한다.
② 침수식물에서 에틸렌이 조직 내에 축적되기 때문에 생장이 촉진된다.
③ 아브시스산(ABA)은 식물의 생장 조절 물질 중 하나로 휴면 유도, 기공 개폐, 생장 억제, 노화 및 낙엽 촉진 등의 효과가 있다.
④ 브라시노스테로이드는 옥신과 다른 작용기작으로 분열조직의 세포신장을 촉진한다.

정답 : ⑤

071 수목의 질산환원에 관한 설명으로 옳지 않은 것은?

① 흡수된 NO_3^-는 아미노산 합성 전에 NH_4^+로 환원된다.
② 잎에서 질산환원은 광합성속도와 부(−)의 상관관계를 갖는다.
③ 산성토양에서 자라는 진달래류는 질산환원이 뿌리에서 일어난다.
④ 산성토양에서 자라는 소나무의 목부수액에는 NO_3^-가 거의 없다.
⑤ 질산환원효소(nitrate reductase)에 의한 환원은 세포질에서 일어난다.

해설 탄수화물 공급이 느려지면 질산환원도 둔화된다. 즉 광합성 속도와 보조를 맞춘다는 뜻이다.

① 토양에서 뿌리로 흡수된 NO_3^- 형태의 질소는 아미노산 합성에 이용되기 전, 먼저 NH_4^+ 형태로 바뀌어야 한다.

③ 산성토양에서 잘 견디는 소나무류와 진달래류는 NO_3^-가 적은 토양에서 자라면서 질산환원이 뿌리에서 이루어진다.

⑤ 질산환원효소에 의한 질산태질소(NO_3^-)의 환원과정은 세포질 내에서 일어난다.

정답 : ②

HIDDEN CARD

072 목본식물의 질소함량변화에 관한 설명으로 옳지 않은 것은?

① 낙엽수나 상록수 모두 계절적 변화가 관찰된다.

② 오래된 가지, 수피, 목부의 질소함량비는 나이가 들수록 감소한다.

③ 줄기 내 질소함량의 계절적 변화는 사부보다 목부에서 더 크다.

④ 질소함량은 낙엽 직전에 잎에서는 감소하고 가지에서는 증가한다.

⑤ 봄철 줄기 생장이 개시되면 목부내부 질소함량이 감소하기 시작한다.

해설 목부보다는 사부의 변화가 더 심하며 주로 살아 있는 내부피와 줄기와 뿌리의 사부조직에 질소를 저장한다.

정답 : ③

073 수목의 지방 대상에 관한 설명으로 옳지 않은 것은?

① 지방은 에너지 저장수단이다.

② 지방의 해당작용은 엽록체에서 일어난다.

③ 지방분해과정의 첫 번째 효소는 라파아제(lipase)이다.

④ 지방의 분해는 O_2를 소모하고 ATP를 생산하는 호흡작용이다.

⑤ 지방은 글리세롤과 지방산으로 분해된 후 자당(sucrose)으로 합성된다.

해설 지방의 분해에는 3개의 세포소기관, 올레오솜, 글리옥시솜, 미트콘드리아가 관련된다.

정답 : ②

074 수목의 페놀화합물에 관한 설명으로 옳지 않은 것은?

① 감나무 열매의 떫은맛은 타닌 때문이다.
② 플라보노이드는 주로 액포에 존재한다.
③ 페놀화합물은 토양에서 타감작용을 한다.
④ 이소플라본은 파이토알렉신기능을 한다.
⑤ 나무좀의 공격을 받으면 리그닌 생산이 촉진된다.

해설 침엽수가 나무좀의 공격을 받으면 목부의 유세포가 추가로 수지도를 만들어 수지의 분비를 촉진하여 나무좀의 피해를 적게 해 준다.

페놀화합물

- 리그닌, 타닌, 플라보노이드가 중요한 그룹으로 폴리페놀은 심재에서 많이 추출되며 목본식물은 초본식물보다 훨씬 많음
- 리그닌 : 건중량의 15~25% 차지, 셀룰로스 다음으로 지구상에 많은 유기화합물, 세포벽 구성성분
- 타닌 : 떫은맛으로 초식동물이 싫어하도록 유도, 타감물질(식물의 생장 억제) 역할
- 플라보노이드 : 식물이 병원균의 공격을 받으면 감염 부위 확대 억제 물질 파이토알렉신 역할

정답 : ⑤

075 광합성에 영향을 주는 요인으로 옳은 설명을 고른 것은?

ㄱ. 침수는 뿌리호흡을 방해하여 광합성량을 감소시킨다.
ㄴ. 성숙잎이 어린잎보다 단위면적당 광합성량이 적다.
ㄷ. 수목은 광도가 광보상점 이상이어야 살아갈 수 있다.
ㄹ. 그늘에 적응한 나무는 광반(sunfleck)에 신속하게 반응한다.
ㅁ. 수목은 이른 아침에 수분부족으로 인한 일중침체 현상을 겪는다.
ㅂ. 상록수의 광합성량은 낙엽수보다 완만한 계절적 변화를 보인다.

① ㄱ, ㄴ, ㄷ
② ㄱ, ㄷ, ㄹ, ㅁ
③ ㄱ, ㄷ, ㄹ
④ ㄴ, ㄷ, ㄹ, ㅁ
⑤ ㄴ, ㄹ, ㅁ

해설 ㄴ. 어린 숲일 때 엽량이 많고 생조직이 많아 호흡량이 성숙림보다 높다. 어린 숲일 때 광합성량이 적다.
ㅁ. 일중침체는 여름철 낮에 자주 나타난다.

정답 : ③

076 SiO_2 함량이 66% 이상인 산성암은?

① 반려암
② 섬록암
③ 안산암
④ 현무암
⑤ 석영반암

해설

냉각장소 \ SiO_2 함량	산성암 (SiO_2 > 66%)	중성암 (SiO_2 66~52%)	염기성암 (SiO_2 < 52%)
심성암	화강암	섬록암	반려암
반심성암	석영반암	섬록반암	휘록암
화산암(분출암)	유문암	안산암	현무암

정답 : ⑤

077 배수와 통기성이 양호하며 뿌리의 발달이 원활한 심층토에서 주로 발달하는 토양구조는?

① 괴상구조
② 단립구조
③ 입상구조
④ 판상구조
⑤ 견과상구조

해설

구조	입단의 상태	층위
입상(구상)	작은 구상, 입단사이간격, 유기물 많은 표토층, 입단 결합 약함	A층위
판상	습윤지토양, 배수불량, 용적밀도 큼	논토양, 경반층
괴상	• 블록다면체, 입단사이 간격 좁음 • 배수와 통기성 양호, 뿌리의 발달	Bt층위, 심토층
각주상	• 세로배열(수직형태), 건조 · 반건조 • 배수불량, 팽창점토에서 발달	Bt층위, 심토층
원주상	수평면이 둥글게 발달, Na, B층	논토양, 심토층

정답 : ①

HIDDEN CARD

078 모래, 미사, 점토 함량(%)이 각각 40, 40, 20인 토양의 토성은?

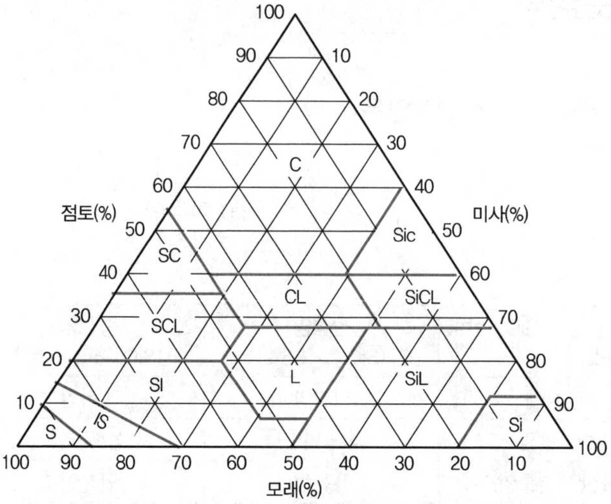

① L(양토) ② SL(사양토)
③ CL(식양토) ④ SiL(미사질양토)
⑤ SCL(사질식양토)

해설 L(Loam : 양토), C(Clay : 점토), Si(Silt : 미사), S(Sand : 모래)

정답 : ①

079 점토광물 중 양이온교환용량(CEC)이 가장 높은 것은?

① 일라이트(illite) ② 클로라이트(chlorite)
③ 카올리나이트(kaolinite) ④ 할로이사이트(halloysite)
⑤ 버미큘라이트(vermiculite)

해설 점토광물 CEC 순서는 알로폰(allophane) > 버미큘라이트(vermiculite) > 몽모리오라이트(montmorillonite) > 할로이사이트(halloysite) > 일라이트(illite) > 클로라이트(chlorite) > 카올리나이트(kaolinite)이다.

정답 : ⑤

080 한국의 산림토양특성에 관한 설명으로 옳지 않은 것은?

① 토양형으로 생산력을 예측할 수 있다.
② 가장 널리 분포하는 토양은 암적색산림토양이다.
③ 토양의 분류 체계는 토양군, 토양아군, 토양형 순이다.
④ 주로 모래 함량이 많은 사양토이며 산성토양이다.
⑤ 수분 상태는 건조, 약건, 적윤, 약습, 습으로 구분한다.

해설 산림토양 가운데 갈색산림토가 가장 많고 우리나라 산림 전체 면적의 77.1%를 차지한다. 또한 사양토가 26.1%를 차지하며, 양토(45.4%) 다음으로 많다.

- 갈색산림토양군(B ; Brown forest soils) : 전국 산지에 대부분 출현하는 토양
- 토양군 : 용이하게 식별이 가능한 토색을 주된 기준
- 토양아군 : 전형적인 토양아군과 다른 토양군으로 이행적인 토양아군의 특징을 포함할 수 있도록 명명
- 토양형 : 수분조건, 토양단면의 형태의 차이 및 토양성숙도의 차이에 의해 명명

토양군	기호	토양아군	기호	토양형	기호
갈색산림토양 (Brown forest soils)	B	갈색산림토양	B	갈색의 건조한 산림토양	B_1
				갈색의 약건한 산림토양	B_2
				갈색의 절윤한 산림토양	B_3
				갈색의 약습한 산림토양	B_4
		적갈계갈색산림토양	rB	적색계갈색건조산림토양	rB_1
				적색계갈색약건산림토양	rB_2
적황색산림토양 (Red & Yellow forest soils)	R · Y	적색산림토양	R	적색건조산림토양	$R \cdot Y-R_1$
				적색약건산림토양	$R \cdot Y-R_2$
		황색산림토양	Y	황색의 건조한 산림토양	R · Y-Y
암적색산림토양 (Dark Red forest soils)	DR	암적색산림토양	DR	암적색의 건조한 산림토양	DR_1
				암적색의 약건한 산림토양	DR_2
				암적색의 적윤한 산림토양	DR_3
		암적갈색산림토양	DRb	암적갈색건조산림토양	DRb_1
				암적갈색약건산림토양	DRb_2
회갈색산림토양 (Gray Brown forest soils)	GrB	회갈색산림토양	GrB	회갈색건조산림토양	GrB_1
				회갈색약건산림토양	GrB_2
화산회산림토양 (Volcamic ash forest soils)	Va	화산회산림토양	Va	화산회건조산림토양	Va_1
				화산회약건산림토양	Va_2
				화산회적윤산림토양	Va_3
				화산회습윤산림토양	Va_4
				화산회자갈많은산림토양	Va-gr
				화산회성적색건조산림토양	$Va-R_1$
				화산회성적색약건산림토양	$Va-R_2$
침식토양 (Eroded soils)	Er	침식토양	Er	약침식토양	Er_1
				강침식토양	Er_2
				사방지토양	Er-c

토양군	기호	토양아군	기호	토양형	기호
미숙토양 (Immature soils)	Im	미숙토양	Im	미숙토양	Im
암쇄토양 (Lithosols)	Li	암쇄토양	Li	암쇄토양	Li
8개 토양군		11개 토양아군		28개 토양형	

정답 : ②

081 온대 또는 열대의 습윤한 기후에서 발달하며 cambic, umbric 표층을 가지는 토양목은?

① 알피졸(Alfisol)
② 울티졸(Ultisol)
③ 엔티졸(Entisol)
④ 앤디졸(Andisol)
⑤ 인셉티졸(Inceptisol)

해설 인셉티졸(Inceptisol)은 토층분화가 중간 정도인 토양으로, cambic(변화 발달 초기 약한 토양), umbric(염기 결핍 BS<50%, 암색표층) 표층을 갖고 있다.

정답 : ⑤

082 광물의 풍화 내성이 강한 것부터 약한 순서로 나열한 것은?

① 미사장석 > 백운모 > 흑운모 > 감람석 > 석영
② 감람석 > 석영 > 미사장석 > 백운모 > 흑운모
③ 백운모 > 흑운모 > 석영 > 미사장석 > 감람석
④ 석영 > 백운모 > 미사장석 > 흑운모 > 감람석
⑤ 흑운모 > 백운모 > 감람석 > 석영 > 미사장석

해설 **1차 광물 내성**

석영 > 백운모 > 미사장석 > 정장석 > 흑운모 > 조장석 > 각섬석 > 휘석 > 회장석 > 감람석

정답 : ④

083 칼륨과 길항관계이며 엽록소의 구성성분인 식물 필수 원소는?

① 인
② 철
③ 망간
④ 질소
⑤ 마그네슘

해설 **마그네슘**

- 엽록소의 성분으로서 엽록소의 생성에 밀접한 관계가 있으며 단백질의 생성 이전에도 관여함
- 식물체 내에서 인산의 이동과 지방의 생성에도 필요함
- 염화가리, 유안, 유석회 등의 과잉 사용은 마그네슘을 방출하게 되고, 그 결핍을 일으키게 됨
- 결핍은 성잎부터 먼저 나타나고 어린잎으로 나타나며, 잎맥 사이가 황변하고 황백화 현상이 있음

정답 : ⑤

084 물에 의한 토양침식에 관한 설명으로 옳지 않은 것은?

① 유기물 함량이 많으면 토양유실이 줄어든다.
② 토양에 대한 빗방울의 타격은 토양입자를 비산시킨다.
③ 분산 이동한 토양입자들은 공극을 막아 수분의 토양침투를 어렵게 한다.
④ 강우강도는 강우량보다 토양침식에 더 많은 영향을 미치는 인자이다.
⑤ 토양유실은 면상침식이나 세류침식보다 계곡침식에서 대부분 발생한다.

해설 토양유실은 대부분 가시적으로 확실히 구별되는 협곡침식(계곡침식)보다 면상침식이나 세류침식에 의하여 일어나는 것이다.

정답 : ⑤

085 토양의 질산화작용 중 각 단계에 관여하는 미생물의 속명이 옳게 연결된 것은?

1단계	2단계
$NH_4^+ \rightarrow NO_2^-$	$NO_2^- \rightarrow NO_3^-$

① *Nitrocystis*, *Rhizobium*
② *Nitrosomonas*, *Frankia*
③ *Nitrosospira*, *Nitrobacter*
④ *Rhizobium*, *Nitrosococcus*
⑤ *Pseudomonas*, *Nitrosomonas*

해설 암모니아 산화균, 아질산 산화균이다.

$$NH_4^+ \xrightarrow{O_2} NO_2^- \xrightarrow{O_2} NO_3^-$$

$NH_4^+ \rightarrow NO_2^-$: *Nitrosomonas*, *Nitrosococcus*, *Nitrosospira*

$NO_2^- \rightarrow NO_3^-$: *Nitrobacter*

정답 : ③

086 **토양포화침출액의 전기전도도(EC)가 4dS/m 이상이고, 교환성나트륨퍼센트(ESP)가 15% 이하이며, 나트륨흡착비(SAR)는 13 이하인 토양은?**

① 염류토양
② 석회질토양
③ 알칼리토양
④ 나트륨성토양
⑤ 염류나트륨성토양

해설 **염류집적토양의 분류**

구분	EC(전기전도도)	ESP(교환성나트륨)	SAR(나트륨흡착비)	pH
정상토양	<4.0	<15	<13	<8.5
염류토양	>4.0	<15	<13	<8.5
나트륨성토양	<4.0	>15	>13	>8.5
염류나트륨성토양	>4.0	>15	>13	<8.5

정답 : ①

087 **균근에 관한 설명으로 옳지 않은 것은?**

① 균근은 균과 식물뿌리의 공생체이다.
② 인산을 제외한 양분 흡수를 도와준다.
③ 굴참나무는 외생균근, 단풍나무는 내생균근을 형성한다.
④ 균사는 토양을 입단화하여 통기성과 투수성을 증가시킨다.
⑤ 식물은 토양으로 뻗어나온 균사가 흡수한 물과 양분을 얻는다.

해설 균류는 식물이 토양에서 인, 질소 등과 같은 무기 양분의 흡수를 도와준다.

정답 : ②

088 **토양의 완충용량에 관한 설명으로 옳지 않은 것은?**

① 식물양분의 유효도와 밀접한 관계가 있다.
② 완충용량이 클수록 토양의 pH 변화가 적다.
③ 모래함량이 많은 토양일수록 완충용량은 커진다.
④ 부식의 함량이 많을수록 완충용량은 커진다.
⑤ 양이온교환용량이 클수록 완충용량은 커진다.

해설 토양 pH의 완충용량은 외부에서 토양에 산 또는 알칼리성 물질을 가할 때 pH의 변화를 억제하는 능력이다. 토양의 양이온치환용량이 클수록 완충용량이 커지며, 점토나 부식물이 많은 토양일수록 pH 완충용량이 커서 pH값을 변화시키는 데에는 더 많은 석회를 시용해야 한다.

정답 : ③

089 **산불이 산림토양에 미치는 영향으로 옳은 설명만 고른 것은?**

ㄱ. 교환성양이온(Ca^{2+}, Mg^{2+}, K^{+})은 일시적으로 증가한다.
ㄴ. 입단구조붕괴, 재에 의한 공극폐쇄, 점토입자분산 등으로 토양용적밀도가 감소한다.
ㄷ. 지표면에 불투수층이 형성되어 침투능이 감소하고 유거수와 침식이 증가한다.
ㄹ. 양이온교환능력은 유기물 손실양에 비례하여 증가한다.

① ㄱ, ㄴ
② ㄱ, ㄷ
③ ㄱ, ㄹ
④ ㄴ, ㄷ
⑤ ㄴ, ㄹ

해설 ㄴ. 산불로 인하여 표층 토양의 용적밀도(g/cm^3)는 1~15% 증가한다.
ㄹ. 양이온교환능력은 유기물 손실양에 비례하여 감소한다.

정답 : ②

090 **콩과식물의 레그헤모글로빈 합성에 필요한 원소는?**

① 규소
② 나트륨
③ 셀레늄
④ 코발트
⑤ 알루미늄

해설 콩과식물은 인간의 헤모글로빈과 비슷한 레그헤모글로빈이라는 물질을 갖고 있다. 이는 근류에서 발견되는 산소친화성이 강한 미오글로빈형 단위체로 산소와의 결합력이 인간의 헤모글로빈보다 10배 정도 높다. 그래서 질소고정효소가 잘 작동하도록 산소를 낮추는 역할과 호흡이 필요한 부위에 산소를 제공하는 2가지 역할을 동시에 수행하기에 적합하다. 코발트는 뿌리혹박테리아의 활동 또는 레그헤모그로빈의 형성에 관여하는데 비타민 B12를 구성하는 중심원소이며, 비타민 B12는 오로지 미생물에서만 생합성한다.

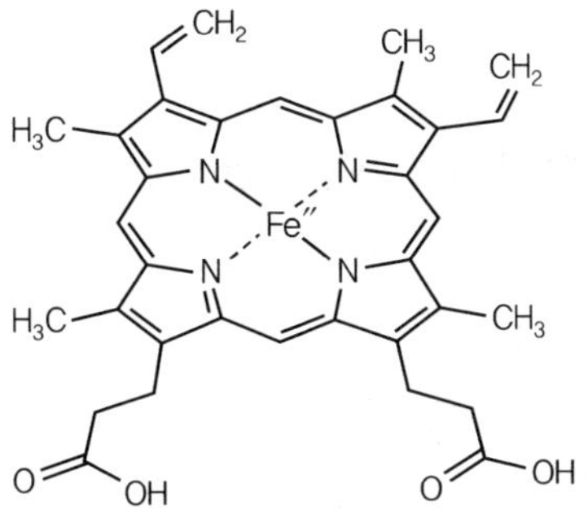

정답 : ④

091 토양유기물 분해에 관한 설명으로 옳지 않은 것은?

① 토양이 산성화 또는 알칼리화되면 유기물 분해속도는 느려진다.
② 페놀화합물 함량이 유기물 건물 중량의 3~4%가 되면 분해속도는 빨라진다.
③ 발효형 미생물은 리그닌의 분해를 촉진시키는 기폭효과를 가지고 있다.
④ 탄질비가 300인 유기물도 외부로부터 질소가 공급되면 분해속도가 빨라진다.
⑤ 리그닌과 같은 난분해성 물질은 유기물분해의 제한요인으로 작용할 수 있다.

해설 페놀화합물 함량이 유기물 건물 중량의 3~4%가 되면 분해속도는 매우 느려진다.
- 대부분의 미생물이 중성에서 활성이 높음
- 기폭효과 : 발효형 미생물이 분해 저항성이 큰 부식이나 리그닌의 분해를 촉진시키는 효과

정답 : ②

092 식물영양소의 공급기작에 관한 설명으로 옳은 것은?

① 인산이 칼륨보다 큰 확산계수를 가진다.
② 칼슘과 마그네슘은 주로 확산에 의해 공급된다.
③ 식물이 필요로 하는 영양소의 대부분은 집단류에 의해 공급된다.
④ 집단류에 의한 영양소 공급기작은 접촉교환학설이 뒷받침한다.
⑤ 뿌리차단(root interception)에 의한 영양소 흡수량은 뿌리가 발달할수록 적어진다.

해설 ① 칼륨이 인산보다 큰 확산계수를 가진다.
② 인산과 칼륨은 주로 확산에 의해 공급된다.
④ 뿌리차단에 의한 공급기작은 접촉교환학설이 뒷받침한다.
⑤ 뿌리차단(root interception)에 의한 영양소 흡수량은 뿌리가 발달할수록 더 많이 공급받을 수 있다.

정답 : ③

093 식물체 내에서 영양소와 생리적 기능의 연결로 옳지 않은 것은?

① 칼륨－이온 균형 유지
② 붕소－산화환원반응 조절
③ 칼슘－세포벽 구조 안정화
④ 인－핵산과 인지질의 구성원소
⑤ 니켈－요소분해효소의 보조인자

해설 식물체 내의 호흡(광합성) 또는 산화환원반응, 효소성분생산은 구리의 기능이다. 붕소는 핵산합성과 광합성 및 뿌리 끝 생장에 관여하며, 세포의 발달과 생장에 필수적이다.

정답 : ②

094 석회질비료에 관한 설명으로 옳지 않은 것은?

① 토양 개량으로 양분 유효도 개선을 기대할 수 있다.
② 석회석의 토양 산성 중화력은 생석회보다 더 높은 편이다.
③ 석회고토는 백운석($CaCO_3$, $MgCO_3$)을 분쇄하여 분말로 제조한 것이다.
④ 소석회는 알칼리성이 강하므로 수용성 인산을 함유한 비료와 배합해서는 안 된다.
⑤ 부식과 점토함량이 낮은 토양의 산도 교정에는 생석회를 많이 사용하지 않아도 된다.

해설

구분	주성분화합물	함유석회량(CaO)%
소석회	$Ca(OH)_2$	60
석회석	$CaCO_3$	45
석회고토	$CaCO_3$. $MgCO_3$	53
생석회	CaO	80

정답 : ②

095 답압이 토양에 미치는 영향으로 옳은 것은?

① 입자밀도가 높아진다.
② 수분 침투율이 증가한다.
③ 표토층입단이 파괴된다.
④ 토양 공기의 확산이 증가한다.
⑤ 토양 3상 중 고상의 비율이 감소한다.

해설 ① 용적밀도가 높아진다.
② 수분 침투율이 낮아진다.
④ 토양 공기의 확산이 감소한다. 공기 사이에 가스의 확산에 의한 이동 때문이다. 토양산소의 결핍은 답압의 피해가 주된 원인이다.
⑤ 토양 3상 중 기상의 비율이 감소한다.

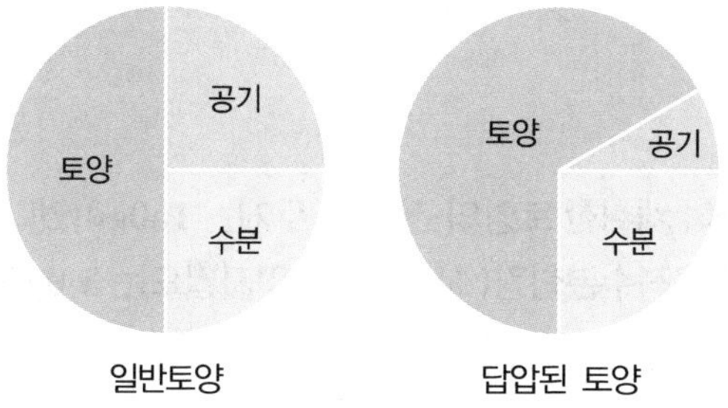

정답 : ③

096 토양콜로이드 입자의 표면에 흡착된 양이온 중 토양을 산성화시키는 원소만 모두 고른 것은?

ㄱ. 수소	ㄴ. 칼륨	ㄷ. 칼슘
ㄹ. 나트륨	ㅁ. 마그네슘	ㅂ. 알루미늄

① ㄱ, ㄹ　　② ㄱ, ㅂ
③ ㄱ, ㅁ, ㅂ　　④ ㄴ, ㄷ, ㄹ, ㅁ
⑤ ㄱ, ㄴ, ㄷ, ㄹ, ㅁ

해설 **토양산성화의 원인**

- 토양의 산성화 : H^+의 증가, 염기의 용탈
- 교환성양이온 중에서 수소이온과 여러 형태의 Al-hydroxyl이온이 차지하는 비율 증가
- 모암 : 산성암인 화강암과 화강편마암
- 기후 : 강우에 의한 염기의 용탈
- 점토에 흡착된 H^+의 해리[$Al^{3+}+H_2O \Leftrightarrow Al(OH)^{2+}+H^+$]
- 부식에 의한 산성화 : −COOH와 −OH에서 H^+의 해리
- CO_2에 의한 산성화 : $CO_2+H_2O \Leftrightarrow H_2CO_3 \Leftrightarrow H^++HCO_3^- \Leftrightarrow H^++CO_3^{2-}$
- 유기산에 의한 산성화 : 미생물에 의해 유기물이 분해될 때 유기산이 생성됨
- 무기산에 의한 산성화 : 산성비
- 비료에 의한 산성화 : $NH_4^++2O_2 \rightarrow NO_3^-+H_2O+H^+$

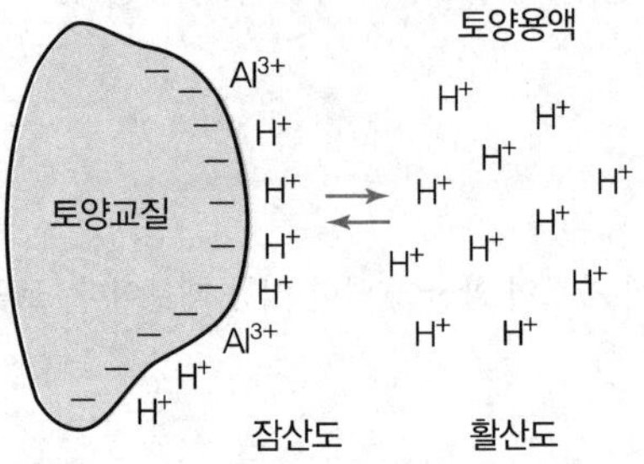

정답 : ②

097 토양코어(부피 100cm³)를 사용하여 채취한 토양의 건조 후 무게는 150g이었다. 중량수분함량이 20%일 때 토양의 공극률(%)과 용적수분함량(%)은? (단, 입자밀도는 3.0g/cm³, 물의 밀도는 1.0g/cm³이다.)

① 30, 20　　② 40, 20
③ 40, 30　　④ 50, 30
⑤ 60, 30

해설 • 중량수분함량 = 수분의 무게/건조토의 무게
• 수분의 무게 = 중량수분함량 × 건조토의 무게 = 0.2 × 150 = 30g
• 용적밀도 = 건조토의 무게/전체 부피 = 150/100 = 1.5g/cm³
• 용적수분함량 = 중량수분함량 × 용적밀도 = 20 × 1.5 = 30%
• 공극률 = 1 − (1.5/3.0) = 0.5 = 50%

정답 : ④

098 토양수분 특성에 관한 설명으로 옳지 않은 것은?

① 위조점은 식물이 시들게 되는 토양수분상태이다.
② 포장용수량은 모든 공극이 물로 채워진 토양수분 상태이다.
③ 흡습수와 비모세관수는 식물이 이용하지 못하는 수분이다.
④ 물은 토양수분퍼텐셜이 높은 곳에서 낮은 곳으로 이동한다.
⑤ 포장용수량에 해당하는 수분함량은 점토의 함량이 높을수록 많아진다.

해설 포장용수량은 충분한 공극이 공기로 있어 식물 · 미생물 생육에 좋은 통기성을 제공하고, 수분이 포화된 상태의 토양에서 증발을 방지하면서 중력수를 완전히 배제하고 남은 수분 상태이다.

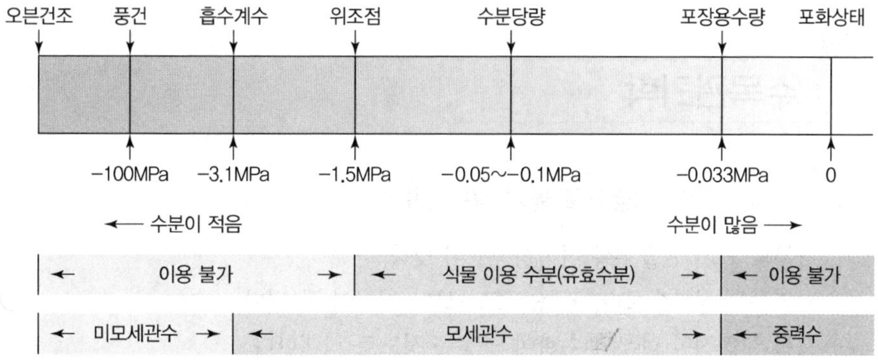

정답 : ②

099 토양의 용적밀도에 관한 설명으로 옳지 않은 것은?

① 답압이 발생하면 높아진다.
② 공극량이 많을 때 높아진다.
③ 유기물 함량이 많으면 낮아진다.
④ 토양 내 뿌리 자람에 영향을 미친다.
⑤ 공극을 포함한 단위용적에 함유된 고상의 중량이다.

해설 공극량(액상 + 기상)이 많을 때 용적밀도는 낮아지며 용적밀도는 공극량에 반비례한다.

답 : ②

100 **질소 저장량을 추정하고자 조사한 내용이 아래와 같을 때, 이 토양 A층의 1ha 중 질소 저장량 (ton)은?**

- A층 토심 : 10cm
- 용적밀도 : $1.0 g/cm^3$
- 질소농도 : 0.2%
- 석력 함량 : 0%

① 0.02
② 0.2
③ 2
④ 20
⑤ 200

해설
- $1ha=10,000m^2$
- 용적밀도=건조토 무게/전체 부피
- 토양무게=용적밀도×전체 부피=1.0×1,000×0.1×10,000=1,000,000kg=1,000톤

따라서, 질소 저장량=1,000톤×0.002=2톤이다.

정답 : ③

PART 05 | 수목관리학

101 **수목 이식에 관한 설명으로 옳지 않은 것은?**

① 나무의 크기가 클수록 이식성공률이 낮다.
② 낙엽수는 상록수보다, 관목은 교목보다 이식이 잘 된다.
③ 교목은 인접한 나무와 수관이 맞닿을 정도로 식재한다.
④ 수피 상처와 피소를 예방하고자 수간을 피복한다.
⑤ 대경목의 뿌리돌림은 이식 2년 전부터 2회 걸쳐 실시하는 것이 바람직하다.

해설 교목의 식재는 성목이 되었을 때의 인접 수목 간의 상호간섭을 줄이기 위하여 적정 수관폭을 확보한다. 맞닿을 경우 작은 나무가 피압을 당하게 되고 수광량이 줄어들어 직경생장에 지장을 받게 되어 정상적인 생장이 어렵게 된다.

정답 : ③

102 가로수에 관한 설명으로 옳지 않은 것은?

① 내병충성과 강한 구획화 능력이 요구된다.
② 보행자 통행에 지장이 없는 나무로 선정한다.
③ 보도 포장의 융기와 훼손을 예방하려고 천근성수종을 선정한다.
④ 식재지역의 역사와 문화를 적합하고 향토성을 지닌 나무를 선정한다.
⑤ 난대지역에 적합한 수종으로는 구실잣밤나무, 녹나무, 먼나무, 후박나무 등이 있다.

해설 **가로수**

- 직립성이며 지하고가 높고 대기오염에 강한 수종
- 가능한 한 띠녹지를 조성하며, 보도 폭의 유효폭원과 포장재의 투수성을 확보하고 가로수 생육환경 요소로 배수함
- 통기성을 고려한 토양구조을 만들어야 함

가로수 수종의 선정 및 구비조건

- 수형이 정돈되어 있을 것
- 발육이 양호할 것
- 가지와 잎이 치밀하게 발달하였을 것
- 병충의 피해가 없을 것
- 재배수인 경우 활착이 용이하도록 미리 이식하였거나 완전한 뿌리끊기 및 뿌리돌림을 실시하여 세근이 잘 발달하였을 것
- 기후와 토양에 적합한 수종
- 역사와 문화에 적합하고 향토성을 지닌 수종
- 주변 경관과 어울리는 수종
- 국민의 보건에 나쁜 영향을 끼치지 아니하는 수종
- 환경오염 저감, 기후 조절 등에 적합한 수종
- 그 밖의 특정 목적에 적합한 수종

정답 : ③

103 다음 설명에 해당하는 전정 유형은?

- 한 번에 총엽량의 1/4 이상을 제거해서는 안 된다.
- 성숙한 나무가 필요 이상으로 자라 크기를 줄일 때 적용하는 방법이다.
- 줄당김, 수간외과수술 등과 연계하여 나무의 파손 가능성을 줄일 목적으로 적용한다.

① 수관 솎기
② 수관 청소
③ 수관 축소
④ 수관 회복
⑤ 수관 높이기

HIDDEN CARD

해설

수관축소	• 성숙목이 처음 식재 당시의 목적에 맞지 않게 필요 이상 크게 자라면 크기를 줄여 주어야 한다. • 두목작업을 실시하면 수형도 기형적으로 되고 맹아지가 대량으로 발생하여 수형을 망친다.
수관솎기	• 가지가 빽빽하게 모여 있는 곳에서 직경 5cm 미만의 가지를 제거하고 수관 안쪽에 공기가 잘 통과할 수 있도록 전체 수관밀도의 1/3가량을 제거하는 것으로(침엽수의 경우 1/3 이하) 수관 꼭대기부터 시작하여 밑으로 내려오면서 실시한다. • 수관을 솎아 베면 나머지 가지에 더 많은 햇빛과 공간을 주기 때문에 옆 가지의 발생이 촉진되고 가지의 초살도(가지 밑부분이 윗부분보다 굵어지는 정도)가 증가하고 하중이 감소해 바람에 잘 견딜 수 있게 된다.
수관청소	• 고사했거나 부러진 가지, 병들어 약하게 붙은 가지, 서로 교차하고 활력이 낮은 가지, 맹아지 등을 제거하는 비교적 간단한 작업이다. • 작업 후에는 햇빛이 잘 들어 병충해가 줄고 수목이 건강해진다. • 가지가 너무 많이 발달한 나무는 각 가지가 가늘고 길게 자라면서 바람에 부러지기 쉽고 수관 안쪽에 가지가 많아서 수관 안으로 햇빛이 적게 들어온다. 이럴 때 수관청소를 우선 실시한다.

답 : ③

104 다음 설명에 해당하는 수종은?

- 층층나무과의 낙엽활엽교목이다.
- 가지 끝에 달리는 산방꽃차례에 흰색 꽃이 5월에 핀다.
- 잎은 어긋나고 측맥은 6~9쌍이며 뒷면에 흰 털이 발달한다.
- 열매는 핵과이고 둥글며 검은색으로 익는다.

① *Cornus kousa*
② *C. walterri*
③ *C. officinalis*
④ *C. controversa*
⑤ *C. macrophylla*

해설 *Cornus controversa*(층층나무)의 잎은 어긋나기, 꽃은 산방꽃차례이며 흰색이다. 열매는 핵과이고 검은색이다.

① *Cornu skousa*(산딸나무) : 꽃잎, 수술은 각각 4개, 잎은 마주나기, 열매는 취과, 붉은색
② *Cornus walteri*(말채나무) : 잎은 마주나기, 꽃은 취산꽃차례이며 흰색, 열매는 핵과, 검은색
③ *Cornus officinalis*(산수유) : 잎은 마주나기, 꽃은 노란색의 산형꽃차례, 열매는 장과이며 긴 장타원형
⑤ *Cornus macrophylla*(곰의말채나무) : 잎은 마주나기, 꽃은 취산꽃차례, 열매는 핵과이며 둥글고 검은색

정답 : ④

105 수목관리방법이 옳은 것은?

① 공사현장이 수목보호구역은 수목의 형상비를 기준으로 설정한다.
② 고층건물의 옥상 녹지에 목련, 소나무, 느릅나무 등 경관수목을 식재한다.
③ 토양유실로 노출된 뿌리에서 경화가 확인되면 원지반 높이까지만 흙을 채운다.
④ 산림에 인접한 주택은 건물 외벽으로부터 폭 10m 이내에 교목과 아교목을 혼식하여 방화수림대를 조성한다.
⑤ 내한성이 약한 식수대(planter) 생육수목을 야외에서 월동시킬 경우, 노출된 식수대 외벽에 단열재를 설치한다.

해설 ① 수목을 보호하기 위해서는 낙수선 안쪽을 수목보호구역으로 설정하여 보호한다.
② 옥상녹화 목적은 에너지절약, 환경개선 등을 위한 수목을 식재한다. 교목을 피하고 관목과 아교목 위주로 식재한다.
③ 토양유실로 노출된 뿌리는 복토하면 안 된다.
④ 내화수림대의 폭은 30m 내외로 한다. 조림작업을 할 경우에는 마을, 도로, 농경지의 인접 산림에 참나무류 등 활엽수종을 중심으로 내화수림대를 조성한다. 토양 답압이나 뿌리피해를 초래하는 공사 활동이 수목보호구역 내에서 일어나는 것을 방지하기 위해 부지 정지, 굴착 등의 작업을 시작하기 전에 견고한 보호 울타리를 설치하고 울타리 안쪽은 보존될 수목을 위해 작업 활동이 금지된 구역임을 나타내는 표지(sign)를 부착해야 하며 이는 공사가 완료될 때까지 유지되어야 한다.
⑤ 내한성이 약한 식수대(planter) 생육수목을 야외에서 월동시킬 경우, 노출된 식수대 외벽에 단열재를 설치한다.

정답 : 모두 정답

106 수목지지시스템의 적용방법이 옳지 않은 것은?

① 부러질 우려가 있는 처진 가지에 지지대를 설치한다.
② 할렬로 파손 가능성이 있는 줄기를 쇠조임한다.
③ 기울어진 나무는 다시 곧게 세우고 당김줄을 설치한다.
④ 쇠조임을 위한 줄기 관통구멍의 크기는 삽입할 쇠막대 지름의 2배로 한다.
⑤ 결합이 약한 동일세력줄기의 분기 지점으로부터 분기 줄기의 2/3가 되는 지점을 줄당김으로 연결한다.

해설 쇠조임방법은 관통 쇠조임과 데드엔드쇠조임이 있다. 관통형쇠조임을 위한 구멍은 조임 강봉직경과 같거나 크게 뚫는다. 구멍을 뚫을 때 구멍이 너무 크면 빗물이 스며들기 때문에 쇠막대기가 꼭 맞을 만큼의 구멍만 있어야 한다. 너트로 한쪽 끝을 고정할 때 워셔(washer)를 이중으로 쓴다.

정답 : ④

HIDDEN CARD

107 녹지의 잡초에 관한 설명으로 옳지 않은 것은?

① 잡초종자는 수명이 길고 휴면성이 좋다.
② 방제법으로 경종적, 물리적, 화학적 방법 등이 있다.
③ 대부분의 잡초 종자는 광조건과 무관하게 발아한다.
④ 다년생 잡초에는 쑥, 쇠뜨기, 질경이, 띠, 소리쟁이, 개밀 등이 있다.
⑤ 병해충의 서식지, 월동장소 등을 제공하여 병해충 발생을 조장하는 잡초종도 있다.

해설 잡초의 발아는 수분, 산소, 온도 및 광조건을 필요로 한다.
- 광발아종자 : 바랭이, 쇠비름, 개비름, 향부자, 강피, 참방동사니
- 암발아종자 : 별꽃, 냉이, 광대나물, 독말풀
- 광무관계 종자 : 화곡류, 옥수수
- 종자의 발아습성 : 발아의 주기성, 계절성, 준동시성 및 연속성

정답 : ③

108 두절에 대한 가로수의 반응으로 옳지 않은 것은?

① 뿌리 생장이 위축된다.
② 맹아지가 과도하게 발생한다.
③ 절단면에 부후가 발생하기 쉽다.
④ 저장된 에너지가 과다하게 소모된다.
⑤ 지제부의 직경생장이 급격하게 증가한다.

해설 두절은 수목을 작게 유지하는 축소절단으로 주지가 제거되므로 직경생장이 줄어든다. 당년지나 1년생 가지를 어떤 눈에서 절단하는 것으로 축소절단에 해당한다. 두목전정은 나무의 주간과 골격지 등을 짧게 남기고 전봇대 모양으로 잘라 맹아지만 나오게 하는 전정이다.

정답 : ⑤

109 우박 및 우박 피해에 관련된 내용으로 옳지 않은 것은?

① 상층 수관에 피해를 일으키는 경우가 많다.
② 우박 피해는 줄기마름병 피해와 증상이 흡사하다.
③ 지름 1~2cm인 우박은 14~20m/s 속도로 낙하한다.
④ 가지에 난 우박 상처가 오래되면 궤양 같은 흔적을 남긴다.
⑤ 우박은 불안정한 대기에서 만들어지며 상승기류가 발생하는 지역에 자주 내린다.

해설 조경수의 경우에는 우박때문에 잎이 찢어지고 잔가지가 부러지고 수피에 상처를 만드는 가벼운 피해를 입는다. 우박은 위에서 떨어지면서 잔가지 수피의 위쪽에만 상처를 만들어 가지 전체에 퍼지는 줄기마름병과 구별된다.

정답 : ②

110 수목의 낙뢰 피해에 관한 설명으로 옳지 않은 것은?

① 방사조직이 파괴되어 영양분을 상실한다.
② 대부분의 경우 나무 전체에 피해가 나타난다.
③ 피해 즉시보다 일정기간 생존 후 고사하는 사례가 많다.
④ 수간 아래로 내려오면서 피해 부위가 넓어지는 것이 특징이다.
⑤ 느릅나무, 칠엽수 등 지질이 많은 수종에서 피해가 심하다.

해설 ② 전기가 수피를 타고 땅속으로 가면서 수피가 깊게 파이거나 갈라진다.
⑤ 느릅나무는 피해가 심하나 칠엽수는 피해가 적다

수종별 낙뢰 감수성

낙뢰 위험도	수종
높음	느릅나무, 단풍나무, 물푸레나무, 솔송나무, 아까시나무, 야자수, 참나무류, 백합나무, 포플러
보통	가문비나무, 개오동, 버즘나무, 소나무류, 자작나무
낮음	너도밤나무, 가시칠엽수, 호랑가시나무

정답 : ②, ⑤

111 수목의 기생성병과 비기생성병의 특징에 관한 설명으로 옳은 것은?

① 기생성병은 기주 특이성이 높지만, 비기생성병은 낮다.
② 기생성병과 비기생성병 모두 표징이 존재하는 경우도 있다.
③ 기생성병은 수목 조직에 대한 선호도가 없지만, 비기생성병은 있다.
④ 기생성병은 병의 진전도가 비슷하게 나타나지만, 비기생성병은 다양하게 나타난다.
⑤ 기생성병은 수목 전체에 같은 증상이 나타나나, 비기생성병은 증상이 임의로 나타난다.

해설 ② 기생성병은 표징이 존재하지만, 비기생성병은 표징이 존재하지 않는다.
③ 기생성병은 수목 조직에 대한 선호성이 있다(조직 특이적병해).
④ 비기생성병은 병의 진전이 비슷하게 나타나지만, 기생성병은 같은 수목에서도 다르게 나타날 수 있다.
⑤ 비기생성병은 수목 전체에 같은 증상이 나타나고, 기생성병은 증상이 임의적으로 나타난다.

비전염성병 피해의 특징

- 수종에 구분 없이 피해 장소에서 자라는 거의 모든 나무에서 동일한 병징이 나타난다.
- 여러 가지 다른 수종에서도 비슷한 증상을 보인다.
- 주변 환경에 따른 피해
  - 집단적인 피해 : 특수한 방위, 지형, 경사, 주변 건물, 인접도로, 특수 시설과의 거리 등 특별한 위치에서 발병하는 경우가 많다.
  - 일부 수목의 피해 : 수관의 방위, 위치, 수고에 따라서 피해유형이 다르게 나타날 수 있다.
- 병징이 나타나는 속도 : 급성 병징, 만성 병징

정답 : ①

112 **1991년에 만들어진 도시공원의 토양조사결과 pH 8.5이며, EC는 4.5ds/m이다. 이 토양에서 일어나기 쉬운 수목 피해에 관한 설명으로 옳은 것은?**

① 균근 형성률이 증가한다.
② 잎의 가장자리가 타들어간다.
③ 잎 뒷면이 청동색으로 변한다.
④ 소나무 줄기에서 수지가 흘러내린다.
⑤ 엽육조직이 두꺼운 수종에서는 과습돌기가 만들어진다.

해설 조경수에 적합한 토양은 pH 5.5~6.6으로 pH 8.5는 알칼리토양이다. 전기전도도(EC)는 0.5dS/m 미만이 되어야 하나 4.5dS/m로 지나치게 높아 염류가 집적된 토양으로 활엽수는 토양용액의 삼투압이 더 높아 수분을 흡수하기 어려워 잎의 가장자리가 타들어가며, 소나무는 잎 끝부터 갈변하며 심하면 신초까지 말라버려 가지 전체가 고사할 수 있다
① 알칼리성 토양에서는 균근 형성률이 떨어진다.
③ 잎의 뒷면이 청동색으로 변하는 것은 PAN의 피해 현상이다.
④ 푸사리움가지마름병, 가지끝마름병(디프로디아잎마름병)과 조류 등에 의해 피해가 발생한다.
⑤ 과습돌기(edema)는 토양이 과습할때 나타나는 현상이다. 주목에는 검은색 수종(edema)이 발생(다른 수종에도 나타남)한다.

조경수 생육에 필요한 원소의 기준

구분	함량
토성	사질양토－양토
산도	pH 5.5~6.5
전기전도도	0.5dS/m 미만
유기물	2.0% 이상
양이온치환용량(CEC)	10~20cmolc/kg 이상
염분농도	0.05% 미만

정답 : ②

113 **햇볕에 의한 고온 피해로 옳지 않은 것은?**

① 목련, 배롱나무는 피소에 민감하다.
② 성숙잎보다 어린잎에서 심하게 나타난다.
③ 양엽에서는 햇볕에 의한 고온 피해가 일어나지 않는다.
④ 엽육조직이 손상되어 피해 조직에서는 광합성을 하지 못한다.
⑤ 피소되어 형성층이 파괴되면 양분과 수분 이동이 저해된다.

해설 양엽은 음엽보다 건조에 견디는 힘이 크지만, 여름철 고온이 지속되면서 일사량이 높을 경우 과다한 증산작용으로 탈수상태에서 피해가 나타난다. 고온 피해는 포막의 손상에서 비롯되는데 세포막에 있는 지방질의 액화와 단백질의 변성으로 세포막이 제 구실을 못해 새나온다. 특히 잎의 경우에는 엽록체를 구성하는 막이 기능을 상실하여 광합성을 수행하지 못한다.

정답 : ②, ③

114 **도시공원의 토양 분석표이다. 조경수 생육에 부족한 원소는?**

구분	함량
총 질소	0.13%
유효인산	20mg/kg
교환성칼륨	1cmolc/kg
교환성칼슘	5cmolc/kg
교환성마그네슘	2cmolc/kg

① 인
② 질소
③ 칼륨
④ 칼슘
⑤ 마그네슘

해설 도시공원의 토양 분석표에서 부족한 원소는 인이다.

조경수 생육에 필요한 원소
• 질소 : 0.12% 이상
• 인 : 100~200mg/kg
• 칼륨 : 0.25~0.5cmolc/kg
• 칼슘 : 0.25 ~0.5cmolc/kg
• 마그네슘 : 0.15 이상

정답 : ①

115 농약 명명법에서 제품의 형태를 표기하는 것은?

① 상표명
② 일반명
③ 코드명
④ 품목명
⑤ 화학명

해설 농약의 유효성분에 적절한 보조제를 첨가하여 실용상 적합한 형태 즉, 제형(formulation)으로 가공한다.

화학명	• 농약의 유효 성분의 화학구조에 따라 붙여지는 전문적 과학적인 명칭 • IUPAC(국제순수 및 응용화학연합) 정함 • 2,2-dichlorvinyl dimethyl phosphate
일반명	• 농약을 구성하는 화합물의 이름을 암시하면서 단순화시킨 것으로 국제적으로 통용됨 • dichlorvos, imidacloprid
품목명	• 농약의 제제화와 관련된 이름으로 영문의 일반명을 한글로 표시하고 뒤에 제형을 붙임 • 이미다클로프리드 미탁제, 베노밀 수화제
상표명 (상품명)	• 농약을 제품화할 때 농약회사에서 붙인 고유의 이름으로 같은 농약이라도 생산회사에 따라 이름이 다름 • 코니도, 크로스, 어드마이어, 노다지

답 : ④

116 다음 내용에 해당하는 농약의 제형은?

- 유탁제의 기능을 개선한 것
- 유기용제를 소량 사용하여 조제한 것
- 살포액을 조제하였을 때 외관상 투명한 것
- 최근 나무 주사액으로 많이 사용하는 것

① 미탁제
② 분산성액제
③ 액상수화제
④ 입상수용제
⑤ 캡슐현탁제

해설 미탁제는 액상 또는 점질액상으로서 물에 희석하였을 때 미세하게 유화된다.

유탁제 (EW)	• 유제에 사용되는 유기용제를 줄이기 위한 방안으로 개발된 제형 • 소량의 소수성 용매에 원제를 용해하고, 유화제를 사용하여 물에 유화시켜 제제 • 유화성이 우수한 유화제 선발이 가장 중요
미탁제 (ME)	• 유탁제의 기능을 더욱 개선, 살포액은 투명한 상태 • 유제나 유탁제에 비해 약효가 우수

제제형태	분류기준
유제(EC)	액상으로서 물에 희석하였을 때 유화됨
액제(SL)	액상으로서 물에 희석였을 때 용해됨
액상수화제(SC)	액상 또는 점질액상으로서 물에 희석하였을 때 수화됨
수화제(WP)	분상으로서 물에 희석하였을 때 수화됨
입제(GR)	입상으로서 원상태로 사용됨
입상수화제(WG)	과립상으로서 물에 희석하여 사용됨
분산성액제(DC)	교질상태의 제형으로서 물에 분산됨
미탁제(ME)	액상 또는 점질액상으로서 물에 희석하였을 때 미세하게 유화됨
수용제(SP)	분상 또는 정제로서 물에 희석하였을 때 용해됨
훈증제(GA)	가스가 발생되어 살충, 살균을 함
훈연제(FU)	가열에 의해 연기상태로 사용됨
캡슐제(CG)	캡슐상으로서 원상태로 사용됨
캡슐현탁제(CS)	미세캡슐 제형으로서 물에 희석하였을 때 수화됨
유탁제(EW)	액상 또는 점질액상으로서 물에 희석하였을 때 유화됨
유현탁제(SE)	액상 또는 점질액상으로서 물에 희석하였을 때 수화 및 유화됨

정답 : ①

117 유기분사방식으로 분무 입자를 작게 만들어 고속으로 회전하는 송풍기를 통해 풍압으로 살포하는 방법은?

① 분무법
② 살분법
③ 연무법
④ 훈증법
⑤ 미스트법

해설 **미스트법**

- 분무법을 개선하여 살포액의 입자크기를 더 작게 함으로써 노동력을 절감하고, 살포의 균일성을 향상시킨 방법
- 살포액 분사노즐에 압축공기를 같이 주입하는 유기분사방식이며, 살포액 입자를 더 작게 만들어 분출한 후 고속으로 회전하는 송풍기를 통해 풍압으로 살포액을 분출시켜 더 멀리 살포
- 살포액량을 1/3~1/5로 줄여 살포 가능

정답 : ⑤

118 농약의 독성평가에서 특수 독성 시험은?

① 최기형성시험
② 염색체이상시험
③ 피부자극성시험
④ 급성경구독성 시험
⑤ 지발성신경독성 시험

해설 최기형성시험은 임신된 태아 동물의 기관 형성기에 농약을 경구 투여하여 임신 말기에 배자의 사망, 배자의 발육 지연 및 기형 등을 알아보는 시험 특수 독성 시험이다.

정답 : ①

119 미국흰불나방 방제에 사용되는 디아마이드(diamide)계 살충제의 작용기작은?

① 키틴합성 저해
② 나트륨이온통로 변조
③ 라이아노딘수용체 변조
④ 아세틸콜리에스테라제 저해
⑤ 니코틴 친화성 아세틸콜린수용체의 경쟁적 변조

해설 **디아마이드계(28)**

- 라이아노딘수용체(근육세포 내 칼슘채널 저해)와 결합하여 근육을 마비시키는 약제
- 유효성분 : Flubendiamide
- Cyantrannililprole, Cylaniliprole, tetranniliprole, Flubendiamide(사이안트라닐리프롤, 클로란트라닐리프롤, 테트란니리프롤, 플루벤디아마이드)

키틴합성 저해(15)

- 곤충의 표피를 형성하는 데 필요한 키틴생합성을 저해하여 탈피 및 용화가 불가능하게 하는 지효성 약제
- 종 특이성이 높아 적용 해충의 범위가 좁음
- 곤충의 발육단계의 한정된 기간에만 효력을 나타냄
- 인축에 대한 독성이 낮음
- 비표적곤충(꿀벌, 천적 등)에 부작용이 적음
- 환경위해성이 낮음
- 노발루론, 노비플루무론, 디플루벤주론, 테플루벤주론

곤충신경계작용, Na통로 조절(3a)

- 포유동물에 대한 독성이 매우 낮으며, 수분과 광에 의하여 쉽게 분해되는 문제점이 있음
- 접촉독 및 식독작용에 의한 살충효과
- 합성피레스로이드계 : 인축에 저독성이고 살충력은 높으나 빛에 약하고 빨리 분해되며, 해충과 저곡해충 방제용으로 고온보다 저온에서 약효가 발현됨
- 비펜트린, 사이할로트린, 펜프로파트린, 델타메트린

정답 : ③

120 **플루오피람 액상수화제(유효성분 함량 40%)를 4,000배 희석하여 500L를 조제할 때 소요되는 약량과 살포액의 유효성분 농도는? (단, 희석수의 비중은 1이다.)**

	약량(ml)	농도(ppm)
①	125	50
②	125	100
③	125	200
④	250	100
⑤	250	200

해설
- 소요약량=(500×1,000ml)/4,000=125ml, 1ppm=1L/1,000,000이고, 1ml=1L/1,000이고, 1%=10,000ppm이다.
- 그러면 유효성분의 약량은 125×0.4=50ml, 살포액(500L)의 유효성분 농도=(50ml/500L)×100=0.01%이다.
- 'ppm은 L당 얼마 정도의 양이 들어있는가?'이므로 0.01%=100ppm이다.

정답 : ②

121 **아바멕틴미탁제에 관한 설명으로 옳지 않은 것은?**

① 접촉독 및 소화중독에 의하여 살충효과를 나타낸다.
② 꿀벌에 대한 독성이 강하여 사용에 주의하여야 한다.
③ 소나무에 나무주사 시 흉고직경 cm당 원액 1ml로 사용하여야 한다.
④ 작용기작은 글루탐산 의존성 염소이온 통로 다른 자리 입체성 변조이다.
⑤ 미생물 유래 천연성분 유도체이므로 계속 사용하여도 저항성이 생기지 않는다.

해설 저항성의 발생원인은 한 가지 작용기작의 약제를 연용하므로써 발생한다.

농약의 저항성
- 약제저항성 : 한 가지 약제를 연속하여 사용했을 때 방제 대상이 약제에 대한 저항성이 강한 개체가 살아남는다.
- 교차저항성 : 한 가지 약제에 대하여 저항성이 발달한 병원균, 해충, 잡초가 이전에 한 번도 사용한 적이 없는 약제에 대해 저항성을 보인다.
- 복합저항성 : 작용기작이 서로 다른 2종 이상의 약제에 대해 저항성을 나타낸다.

정답 : ⑤

HIDDEN CARD

122 테부코나졸 유탁제에 관한 설명으로 옳지 않은 것은?

① 스트로빌루린계 살균제이다.
② 작용기작은 사1로 표기한다.
③ 세포막 스테롤 생합성 저해제이다.
④ 침투이행성이 뛰어나 치료 효과가 우수하다.
⑤ 리기다소나무 푸사리움 가지마름병 방제에 사용한다.

해설 **테부코나졸**

- 막에서 스테롤 생합성 저해(사1), 트레아졸계(사1)
- 식물의 생장점으로 흡수, 침투이행성, 보호 및 치료 효과
- 약해 없고 Ergosterol의 생합성 저해
- 디니코나졸, 디페노코나졸, 맷코나졸, 비테르타놀, 헥사코사졸

스트로빌루린계(다3)

- 호흡 저해(에너지 생성 저해)
- 미토콘드리아의 전자전달계를 저해
- 살포된 유효성분이 침투성과 침달효과가 있어 우수한 방제효과
- 2차 감염을 막아 치료효과 우수
- 아족시스트로빈(Azoxystrobin), 오리사스트로빈(Orysastrobin), 트리플록시스트로빈(Trifloxy-strobin), 피라클로스트로빈(Pyraclostrobin), 피콕시스트로빈(Picoxystrobin)

정답 : ①

123 「농약관리법 시행규칙」상 잔류성에 의한 농약 등의 구분에 의하면 '토양잔류성농약 등은 토양 중 농약 등의 반감기간이 (　　)일 이상인 농약 등으로서 사용결과 농약 등을 사용하는 토양(경지를 말한다)에 그 성분이 잔류되어 후작물에 잔류되는 농약 등'이라고 정의하고 있다. (　　) 안에 들어갈 일수는?

① 60　　② 90
③ 120　　④ 180
⑤ 65

해설 토양잔류성농약은 농약의 반감기간이 180일 이상인 농약으로서 병해충방제를 위하여 사용한 성분이 토양에 남아 후작물에 잔류되는 것을 말한다.

※ 우리나라에서 사용 중인 농약의 대부분은 반감기가 120일 미만으로 토양 중 농약잔류의 우려가 없는 편이다.

정답 : ④

124 **「소나무재선충병 방제특별법 시행령」상 반출금지구역에서 소나무를 이동하였을 때 위반 차수별 과태료 금액이 옳은 것은? (단위 : 만원)**

	1차	2차	3차
①	30	50	150
②	50	100	150
③	50	100	200
④	100	150	200
⑤	100	150	300

해설 위반 치루별 과태료 금액은 1차는 100만 원, 2차는 150만 원, 3차는 200만 원이다.

「소나무재선충병 방제특별법」 제10조(소나무류의 이동제한 등)

① 반출금지구역에서는 소나무류의 이동을 금지한다.

「소나무재선충병 방제특별법 시행령」 제6조(과태료의 부가기준)

위반행위	과태료 (금액 단위 : 만원)		
	1차 위반	2차 위반	3차 위반
해당 산림의 연접 토지소유자는 재선충병 피해방제를 위한 산림소유자 등의 토지 출입에 응하여야 한다.	30	50	100
산림소유자 등은 제4조의 규정에 의하여 국가 및 지방자치단체가 재선충병 방제를 위해 필요한 조치를 할 경우 협조하여야 한다.	30	50	100
산림소유자는 모두베기 방법에 의한 감염목 등의 벌채작업을 한 경우에는 사전 전용허가를 받은 경우를 제외하고는 농림축산식품부령이 정하는 바에 따라 그 벌채지에 조림을 하여야 한다.	해당 조림 비용 전액		
소나무류를 취급하는 업체에 대하여 관련 자료를 제출하게 할 수 있으며, 소속 공무원에게 사업장 또는 사무소 등에 출입하여 장부 · 서류 등을 조사 · 검사하게 하거나 재선충병 감염 여부 확인에 필요한 최소량의 시료를 무상으로 수거하게 할 수 있다.	50	100	150
소나무류를 취급하는 업체는 소나무류의 생산 · 유통에 대한 자료를 작성 · 비치하여야 한다.	50	100	200
누구든지 제10조(반출금지구역에서는 소나무류의 이동을 금지한다), 제10조의2(반출금지구역이 아닌 지역에서 생산된 소나무류를 이동하고자 하는 자는 농림축산식품부령이 정하는 바에 따라 산림청장 또는 시장 · 군수 · 구청장으로부터 생산확인표를 발급받아야 한다.)에 따라 위반한 소나무류를 취급하여서는 아니 된다.	100	150	200
다음 명령 위반 시 1. 감염목 등의 소유자 또는 대리인에 대한 해당 임목의 벌채명령 2. 감염목 등의 소유자 또는 대리인에 대한 해당 임목의 훈증, 소각, 파쇄 등의 조치명령 3. 감염목 등의 소유자 또는 대리인에 대한 해당 임목 등의 양도 · 이동의 제한 또는 금지명령 4. 발생지역의 운반용구, 작업도구 등 물품이나 작업장 등 시설의 소유자 또는 대리인에 대한 해당 물품 또는 시설의 소독 등의 조치명령	50	100	150

정답 : ④

HIDDEN CARD

125 **2023년도 산림병해충 예찰, 방제계획에 제시된 주요 산림병해충에 관한 기본방향으로 옳지 않은 것은?**

① 솔껍질깍지벌레 : 해안가 우량 곰솔림에 대한 종합방제사업 지속 발굴, 추진
② 소나무재선충병 : 드론예찰을 통한 예찰체계 강화로 사각지대 방제 및 누락 방지
③ 참나무시들음병 : 매개충의 생활사 및 현지 여건을 고려한 복합방제로 피해 확산 저지
④ 솔잎혹파리 : 피해도 '심' 이상 지역, 중점관리지역 등은 임업적 방제 후 적기에 나무주사 시행
⑤ 외래, 돌발, 혐오 병해충 : 대발생이 우려되는 외래, 돌발 병해충에 사전 적극 대응해 국민생활 안전 보장

해설 솔잎혹파리는 피해도 '중' 이상 지역, 중점관리지역, 주요 지역 등은 임업적 방제 후 적기에 나무주사를 시행한다.

답 : ④

8회 기출문제 (※ 자료 : 한국임업진흥원)

PART 01 | 수목병리학

001 20세기 초 대규모로 발생하여 수목병리학의 발전을 촉진시키는 계기가 된 병을 나열한 것은?

① 밤나무 줄기마름병, 느릅나무 시들음병, 잣나무 털녹병
② 참나무 시들음병, 느릅나무 시들음병, 배나무 불마름병(화상병)
③ 대추나무 빗자루병, 포플러 녹병, 소나무 시들음병(소나무재선충병)
④ 향나무 녹병, 밤나무 줄기마름병, 소나무 시들음병(소나무재선충병)
⑤ 소나무 시들음병(소나무재선충병), 잣나무털녹병, 소나무류(푸자리움)가지마름병

해설 20세기 세계 3대 수목병은 밤나무 줄기마름병, 느릅나무 시들음병, 잣나무 털녹병 등이다.

정답 : ①

002 생물적 · 비생물적 원인에 대한 수목의 반응으로 나타나는 것이 아닌 것은?

① 궤양
② 암종
③ 위축
④ 자좌
⑤ 더뎅이

해설 자좌(stoma)는 병든 부분에 밀착해 형성되는 균사덩이(표징)이다.

정답 : ④

003 수목병과 생물적 방제에 사용되는 미생물의 연결이 옳지 않은 것은?

① 모잘록병 – *Trichoderma spp*
② 잣나무 털녹병 – *Tuberculina maxima*
③ 안노섬뿌리썩음병 – *Peniophora gigantea*
④ 참나무 시들음병 – *Ophiostoma piliferum*
⑤ 밤나무 줄기마름병 – dsRNA 바이러스에 감염된 *Cryphonectria parasitica*

해설 *Ophiostoma piliferum*는 청변균 방제 미생물이다.

정답 : ④

004 수목에 나타나는 빗자루 증상의 원인이 아닌 것은?

① 곰팡이
② 제설제
③ 제초제
④ 흡즙성 해충
⑤ 파이토플라스마

해설 빗자루 증상은 (병해)곰팡이, 파이토플라스마, (장해)제초체, (충해)흡즙성 해충 등이 있다.

정답 : ②

005 수목병과 진단에 사용할 수 있는 방법의 연결이 옳지 않은 것은?

① 근두암종 – ELISA 검정
② 뽕나무 오갈병 – DAPI 형광염색병
③ 흰가루병 – 자낭구의 광학현미경 검경
④ 벚나무 번개무늬병 – 병원체 ITS 부위의 염기서열 분석
⑤ 소나무 시들음병(소나무재선충병) – Baermann 깔대기법으로 분리 후, 현미경 검경

해설 벚나무 번개무늬병은 바이러스에 의한 병으로 진단에는 면역학적 진단인 효소결합항체법(ELASA) 과 중합효소연쇄반응법(PCR)을 많이 사용한다.

- 세균 동정 : 16S rRNA 유전자를 사용
- 진균 동정 : Internal Transcribed Spacer(ITS) 또는 28S rRNA 유전자의 D1/D2 부위를 이용한 염기서열분석법을 가장 많이 이용

정답 : ④

006 *Pestalotiopsis sp.*에 의해 발생하는 수목병은?

① 사철나무 탄저병
② 철쭉류 잎마름병
③ 회양목 잎마름병
④ 참나무 둥근별무늬병
⑤ 홍가시나무 점무늬병

해설 *Pestalotiopsis sp.*에 의한 수목병

병명	병원균	병징 및 병환
은행나무 잎마름병	*P.ginkgo*	고온건조, 강풍, 해충, 부채꼴 모양으로 안쪽 진행, 분생포자반
삼나무 잎마름병	*P.gladicola*	• 잎, 줄기 : 갈색~적갈색 → 회갈색 • 습할 때 분생포자 뿔 모양
철쭉류 잎마름병	*Pestalotiopsis sp.*	작은 점무늬 → 큰병반, 분생포자반 동심원상 형성
동백나무 겹무늬병	*P.guepini*	회색의 띠 모양, 검은 돌기(분생포자반)

정답 : ②

007 병원균의 세포벽에 펩티도글리칸(peptidoglycan)이 포함된 수목병은?

① 감귤 궤양병
② 포플러 잎녹병
③ 참나무 시들음병
④ 드릅나무 더뎅이병
⑤ 느티나무 흰별무늬병

해설 펩티도글리칸(peptidoglycan)은 원핵생물 세포벽의 주성분으로서 다당류의 짧은 펩티드 고리가 결합한 화합물이다. 세균이 환경의 강한 삼투압을 견디고 독특한 형태를 유지할 수 있는 것은 펩티도글리칸층이 세포를 둘러싸고 있기 때문이다. 세균에 의한 병으로는 혹병, 불마름병, 잎가마름병, 세균성구멍병, 감귤 궤양병(모든 종류의 감귤에 발생) 등이 있다.

정답 : ①

008 소나무의 외생균근(ectomycorrhizae)에 관한 설명으로 옳지 않은 것은?

① 균근균은 대부분 담자균문에 속한다.
② 뿌리와 균류가 공생관계를 형성한다.
③ 뿌리병원균의 침입으로부터 뿌리를 방어한다.
④ 뿌리표면적이 넓어지는 효과로 인(P) 등의 양분 흡수를 용이하게 한다.
⑤ 베시클(vesicle)과 나뭇가지 모양의 아뷰스큘(arbuscule)을 형성한다.

해설 내생균근은 식물의 뿌리에 감염되어 토양 내 무기양분과 수분을 식물에 공급하고, 식물로부터는 탄수화물과 아미노산을 공급받는다. 소낭(vesicle)과 나뭇가지 형태의 수지상체 등을 형성한다.

정답 : ⑤

009 곤충이 병원체의 기주 수목 침입에 관여하지 않는 병은?

① 참나무 시들음병
② 대추나무 빗자루병
③ 사철나무 그을음병
④ 사과나무 불마름병(화상병)
⑤ 소나무 푸른무늬병(청변병)

해설 ① 참나무 시들음병 : 광릉긴나무좀
② 대추나무 빗자루병 : 마름무늬 매미충
④ 사과나무 불마름병(화상병) : 파리, 개미, 진딧물, 벌, 딱정벌레
⑤ 소나무 푸른무늬병(청변병) : 소나무좀, 소나무줄나무좀

정답 : ③

010 수목병을 일으키는 유성포자가 아닌 것으로 나열된 것은?

ㄱ. 난포자	ㄴ. 담자포자	ㄷ. 분생포자
ㄹ. 유주포자	ㅁ. 자낭포자	ㅂ. 후벽포자

① ㄱ, ㄴ, ㄷ
② ㄴ, ㄷ, ㅂ
③ ㄷ, ㄹ, ㅁ
④ ㄷ, ㄹ, ㅂ
⑤ ㄹ, ㅁ, ㅂ

해설 • 유성세대
－원형질 융합, 핵융합
－감수분열을 통한 유전자 재조합, 월동, 휴면 시
－난포자, 접합포자, 자낭포자, 담자포자
• 무성세대
－무성포자로 식물을 가해하는 시기
－분생포자, 유주포자, 분열포자, 후막포자(=후벽포자)

정답 : ④

011 배수가 불량한 곳에서 피해가 특히 심한 수목병을 나열한 것은?

① 밤나무 잉크병, 장미 검은무늬병
② 라일락 흰가루병, 회양목 잎마름병
③ 향나무 녹병, 단풍나무 타르점무늬병
④ 소나무류(푸자리움) 가지마름병, 철쭉류 떡병
⑤ 밤나무 파이토프토라뿌리썩음병, 전나무 모잘록병

해설 밤나무 파이토프토라뿌리썩음병과 전나무 모잘록병은 *Phytophthora* 병원균으로 습한 토양에서 운동성 있는 포자가 형성된다.

정답 : ⑤

012 병든 낙엽 제거로 예방 효과를 거둘 수 있는 수목병을 나열한 것은?

① 모과나무 점무늬병, 참나무 시들음병
② 칠엽수 얼룩무늬병, 소나무류 잎떨림병
③ 버즘나무 탄저병, 소나무류 피목가지마름병
④ 소나무류(푸지리움) 가지마름병, 사철나무 탄저병
⑤ 소나무 시들음병(소나무재선충병), 단풍나무 타르점무늬병

해설 칠엽수 얼룩무늬병, 소나무류 잎떨림병 등은 병든 낙엽을 제거함으로써 예방할 수 있다.

정답 : ②

013 수목 뿌리에 발생하는 병에 관한 설명으로 옳지 않은 것은?

① 모잘록병은 병원균 우점병이다.
② 리지나 뿌리썩음병균은 파상땅해파리버섯을 형성한다.
③ 파이토프토라뿌리썩음병균은 미끼법과 선택배지법으로 분리할 수 있다.
④ 아까시 흰구멍버섯에 의한 줄기밑둥썩음병은 변재가 먼저 썩고 심재가 나중에 썩는다.
⑤ 아밀라리아 뿌리썩음병은 기주 우점병으로 토양 내에서 뿌리꼴균사다발이 건전한 뿌리 쪽으로 자란다.

해설 줄기밑둥썩음병은 심재가 먼저 썩고 나중에 변재도 썩는다.

정답 : ④

014 환경 개선에 의한 수목병 예방 및 방제법의 연결이 옳지 않은 것은?

① 철쭉류 떡병 – 통풍이 잘 되게 해 준다.
② 리지나 뿌리썩음병 – 산성토양일 때에는 석회를 시비한다.
③ 자주날개무늬병 – 석회를 살포하여 토양산도를 조절한다.
④ 소나무류 잎떨림병 – 임지 내 풀 깎기 및 가지치기를 한다.
⑤ *Fusarium sp.*에 의한 모잘록병 – 토양을 과습하지 않게 유지한다.

해설 *Fusarium*균에 의한 모잘록병은 비교적 건조한 토양에서 잘 발생하므로 해가림, 관수 등을 통해 묘상 토양의 습도를 인위적으로 조정해야 한다.

정답 : ⑤

015 병원체가 같은 분류군(문)인 수목병으로 나열된 것은?

ㄱ. 소나무 혹병	ㄴ. 철쭉류 떡병	ㄷ. 뽕나무 오갈병
ㄹ. 벚나무 빗자루병	ㅁ. 밤나무 가지마름병	ㅂ. 대추나무 빗자루병
ㅅ. 호두나무 근두암종병	ㅇ. 사과나무 자주날개무늬병	

① ㄱ, ㄴ, ㄷ
② ㄱ, ㄴ, ㅇ
③ ㄴ, ㄷ, ㅅ
④ ㄷ, ㄹ, ㅇ
⑤ ㄹ, ㅂ, ㅅ

해설
- 담자균 : ㄱ. 소나무 혹병(녹병), ㄴ. 철쭉류 떡병, ㅇ. 사과나무 자주날개무늬병
- 파이토플라스마 : ㄷ. 뽕나무 오갈병, ㅂ. 대추나무 빗자루병
- 자낭균 : ㄹ. 벚나무 빗자루병, ㅁ. 밤나무 가지마름병
- 세균 : ㅅ. 호두나무 근두암종병

정답 : ②

016 *corynespore cassiicola*에 의한 무궁화점무늬병에 관한 설명으로 옳은 것은?

① 이른 봄철부터 발생한다.
② 건조한 지역에서 흔히 발생한다.
③ 어린잎의 엽병 및 어린줄기에서도 나타난다.
④ 수관 위쪽 잎부터 발병하기 시작하여 아래쪽 잎으로 진전한다.
⑤ 초기에는 작고 검은 점무늬가 나타나고 차츰 겹둥근무늬가 연하게 나타난다.

해설 ① 장마철 이후 발생한다.
② 그늘지고 습한 곳에서 흔하다.
③ 잎에 나타나며 어린줄기도 침해한다.
④ 수관의 아랫잎부터 시작하여 위쪽으로 진전한다.

정답 : ⑤

017 밤나무 잉크병의 병원체에 관한 설명으로 옳지 않은 것은?

① 격벽이 없는 다핵균사를 형성한다.
② 세포벽의 주성분은 글루칸과 섬유소이다.
③ 장정기(antheridium)의 표면이 울퉁불퉁하다.
④ 무성생식으로 편모를 가진 유주포자를 형성한다.
⑤ 참나무 급사병 병원체와 동일한 속(genus)이다.

해설 장란기에 대한 설명으로 밤나무 잉크병의 병원체는 *Phytophthora katsurae*로 난균강에 속한다.
⑤ 참나무 급사병은 *Phytophthora ramorum*에 의한 급사병이다.

정답 : ③

018 다음 증상을 나타내는 수목병은?

- 죽은 가지는 세로로 주름이 잡히고 성숙하면 수피 내 분생포자반에서 포자가 다량 유출된다.
- 포자가 빗물에 씻겨 수피로 흘러내리면 마치 잉크를 뿌린 듯이 잘 보인다.

① 밤나무 잉크병
② Nectria 궤양병
③ Hypoxylon 궤양병
④ 밤나무 줄기마름병
⑤ 호두나무 검은(돌기)가지마름병

해설 호두나무 검은(돌기)가지마름병(*Melanconis juglandis*)은 호두나무, 가래나무 등에서 발생하며, 10년생 이상의 나무 중 통풍과 채광이 부족한 수관 내부의 2~3년생 가지나 웃자란 가지에서 잘 발생한다.

정답 : ⑤

019 〈보기〉 중 병원균이 자낭반을 형성하는 수목병을 나열한 것은?

〈보기〉

ㄱ. 버즘나무 탄저병
ㄴ. 밤나무 줄기마름병
ㄷ. 낙엽송 가지끝마름병
ㄹ. 단풍나무 타르점무늬병
ㅁ. 소나무류 피목가지마름병
ㅂ. 소나무류 리지나뿌리썩음병

① ㄱ, ㄴ, ㄷ
② ㄴ, ㄷ, ㄹ
③ ㄴ, ㅁ, ㅂ
④ ㄷ, ㄹ, ㅁ
⑤ ㄹ, ㅁ, ㅂ

해설 ㄱ. 버즘나무 탄저병 : *Apiognomonia veneta*라는 병원곰팡이에 의하여 발생하고 가지의 병든 부위와 병든 낙엽에서 균사 외 미성숙 포장덩이로 월동하여 이듬해에 감염원이 된다.

ㄴ. 밤나무 줄기마름병 : 병든 부위에서 형성된 자낭각 및 병자각의 형태로 겨울을 지낸 후 자낭포자 및 병포자가 비산되어 전염원이 된다.

ㄷ. 낙엽송 가지끝마름병(*Guignardia laricina*) : 수피 아래에 구형의 자낭각이 단독 또는 집단으로 형성한다.

정답 : ⑤

020 녹병균의 핵상이 2n인 포자가 형성되는 기주와 병원균의 연결이 옳지 않은 것은?

① 향나무－향나무 녹병균
② 신갈나무－소나무 혹병균
③ 산철쭉 －산철쭉 잎녹병균
④ 전나무－전나무 잎녹병균
⑤ 황벽나무－소나무 잎녹병균

해설

녹병균	병명	녹병정자, 녹포자세대	여름포자, 겨울포자
Cronartium ribicola	잣나무 털녹병	잣나무	송이풀, 까치밥나무
C. quercuum	소나무 혹병	소나무, 곰솔	졸참, 신갈나무
C. flaccidum	소나무 줄기녹병	소나무	모란, 작약, 송이풀
Gymnosporangium asiaticum	향나무 녹병	배나무	향나무
Melampsor elarici－populina	포플러 잎녹병	낙엽송	포플러류
Uredinopsis komagatakensis	전나무 잎녹병	전나무	뱀고사리
Chrysomyxa rhododendri	철쭉 잎녹병	가문비나무	산철쭉

정답 : ④

021 수목병과 증상의 연결이 옳지 않은 것은?

① 소나무 잎마름병－봄에 침엽의 윗부분(선단부)에 누런 띠 모양이 생긴다.
② 소나무류(푸자리움) 가지마름병－신초와 줄기에서 수지가 흘러내려 흰색으로 굳어 있다.
③ 회양목 잎마름병－병반 주위에 짙은 갈색 띠가 형성되며, 건전 부위와의 경계가 뚜렷하다.
④ 버즘나무 탄저병－잎이 전개된 이후에 발생하면 잎맥을 중심으로 번개 모양의 갈색 병반이 형성된다.
⑤ 참나무 갈색둥근무늬병－잎의 앞면에 건전한 부분과 병든 부분의 경계가 뚜렷하게 적갈색으로 나타난다.

해설 회양목 잎마름병은 처음에 잎 뒷면에 작은 회갈색 반점이 나타나고 병이 진전됨에 따라 주맥을 경계로 장타원형으로 커진다. 병반 주위는 농갈색 띠에 의해 뚜렷이 구분되나 건전부와의 경계는 명확하지 않다.

정답 : ③

022 다음 중 병원균의 유성생식 자실체 크기가 가장 작은 수목병은?

① 자주날개무늬병
② 안노섬 뿌리썩음병
③ 배롱나무 흰가루병
④ 아밀라리아 뿌리썩음병
⑤ 소나무류 피목가지마름병

해설 배롱나무 흰가루병의 유성생식 자실체 크기는 30×10μm이다.
① 자주날개무늬병 : 자실체가 일반 버섯과는 달리 헝겊처럼 땅에 깔린다.
② 안노섬 뿌리썩음병 : 담자균문 민주름버섯목, 구멍장이버섯과, 말굽버섯과 등
④ 아밀라리아 뿌리썩음병 : 뽕나무버섯 자실체의 길이는 5~20cm이며 갓은 원형이고 너비는 4~15cm이다.
⑤ 소나무류 피목가지마름병 : 자낭반은 접시 모양으로 직경 2~5mm이다.

정답 : ③

023 한국에서 선발 육종하여 내병성 품종 실용화에 성공한 사례는?

① 포플러 잎녹병
② 벚나무 빗자루병
③ 장미 모자이크병
④ 대추나무 빗자루병
⑤ 밤나무 줄기마름병

해설 포플러 잎녹병(Dorskamp)의 경우 봉화 1, 현사시 3이 한국에서 만연하고 있는 *Melampsora* 잎녹병균에 저항성이 높은 클론으로 선발되었다.

정답 : ①

024 벚나무 빗자루병에 관한 설명으로 옳지 않은 것은?

① 병원균은 *Taphrina wiesneri*이다.
② 유성포자인 자낭포자는 자낭 내에 8개가 형성된다.
③ 벚나무류 중에서 왕벚나무에 피해가 가장 심하게 나타난다.
④ 감염된 가지에는 꽃이 피지 않고 작은 잎들이 빽빽하게 자라 나오며 몇 년 후에 고사한다.
⑤ 병원균의 균사는 감염 가지와 눈의 조직 내에서 월동하므로 감염 가지는 제거하여 태우고 잘라낸 부위에 상처 도포제를 바른다.

해설 유성포자는 나출된 자낭(반자낭균강) 내에 8개의 자낭포자가 형성된다.

정답 : ②

025 소나무 푸른무늬병(청변병)에 관한 설명으로 옳은 것은?

① 목재 구성성분인 셀룰로스, 헤미셀룰로스, 리그닌이 분해된다.
② 상처의 송진 분비량이 감소하고 침엽이 갈변하며 나무 전체가 시들기 시작한다.
③ 멜라닌 색소를 함유한 균사가 변재 부위의 방사유조직을 침입하고 생장하여 변색시킨다.
④ 감염목의 변재 부위는 병원균의 증식으로 갈변되고 물관부가 막혀서 수분 이동 장애가 발생한다.
⑤ 습하고 배수가 불량한 지역에서 뿌리가 감염되고 수피 제거 시 적갈색의 변색 부위를 관찰할 수 있다.

해설 ① 목재의 질을 저하시킬 뿐, 목재부후균과는 달리 목재의 강도에는 영향을 미치지 않는다.
② 소나무 시들음병(소나무 재선충)에 대한 설명이다.
④ 참나무 시들음병에 대한 설명이다.
⑤ 밤나무 잉크병에 대한 설명이다.

정답 : ③

PART 02 | 수목해충학

026 곤충의 일반적인 특성에 관한 설명으로 옳지 않은 것은?

① 변태를 하여 변화하는 환경에 적응하기가 용이하다.
② 몸집이 작아 최소한의 자원으로 생존과 생식이 가능하다.
③ 지구상에서 가장 높은 종 다양성을 나타내고 있는 동물군이다.
④ 내골격을 가지고 있어 몸을 지탱하고 외부의 공격으로부터 방어할 수 있다.
⑤ 날개가 있어 적으로부터 도망가거나 새로운 서식처로 빠르게 이동할 수 있다.

해설 곤충은 몸이 외골격(exoskeleton)으로 이루어져 외부의 악환경이나 외상, 각종 질병균의 침입으로부터 몸을 보호하고 체내 수분 증발을 방지하며 골격 내 근육을 부착하는 등의 장점을 가진다.

정답 : ④

027 곤충 분류체계에서 고시군(류) – 외시류 – 내시류에 해당하는 목(order)을 순서대로 나열한 것은?

① 좀목 – 잠자리목 – 메뚜기목
② 하루살이목 – 노린재목 – 벌목
③ 돌좀목 – 하루살이목 – 잠자리목
④ 잠자리목 – 딱정벌레목 – 파리목
⑤ 하루살이목 – 사마귀목 – 노린재목

해설 • 고시류 : 잠자리목, 하루살이목
• 외시류(불완전변태) : 강도래목, 집게벌레목, 민벌레목, 사마귀목, 바퀴목, 흰개미목, 흰개미붙이목, 대벌레목, 메뚜기목, 다듬이벌레목, 이목, 총채벌레목, 노린재목
• 내시류(완전변태) : 벌목, 딱정벌레목, 부채벌레목, 뱀잠자리목, 풀잠자리목, 약대벌레목, 밑들이목, 벼룩목, 파리목, 날도래목, 나비목

정답 : ②

028 곤충 체벽에 관한 설명으로 옳은 것은?

① 표면에 있는 긴털은 주로 후각을 담당한다.
② 원표피에는 왁스층이 있어 탈수를 방지한다.
③ 원표피의 주요 화학적 구성성분은 키토산이다.
④ 허물벗기를 할 때는 유약호르몬의 분비량이 많아진다.
⑤ 단단한 부분과 부드러운 부분을 모두 가지고 있어 유연한 움직임이 가능하다.

해설 ① 센털(강모) 등을 통해 외부로부터 자극을 내부로 전달해 주는 역할을 한다.
② 상표피(외표피)의 가장 바깥쪽에 시멘트층-왁스층이 존재하며, 소수성을 지녀 탈수를 방지하고 빛의 반사 정도나 각도에 따라 체색이 달라진다.
③ 체벽의 주요 구성요소는 큐티클(cuticle)이다.

정답 : ④, ⑤

029 딱정벌레목에 관한 설명으로 옳은 것은?

① 부식아목에는 길앞잡이, 물방개 등이 있다.
② 다리가 있는 유충은 대개 4쌍의 다리를 가지고 있다.
③ 대부분 초식성과 육식성이지만, 부식성과 균식성도 있다.
④ 딱지날개는 단단하여 앞날개를 보호하는 덮개 역할을 한다.
⑤ 대부분의 유충과 성충은 강한 입틀을 가지고 있고 후구식이다.

해설 ① 길잎잡이, 물방개 등은 육식성이다.
② 딱정벌레 유충은 머리 근처에 6개(3쌍)의 다리가 있다.
④ 딱정벌레류의 겉날개는 단단하여 속날개와 배를 보호한다.
⑤ 딱정벌레의 유충, 성충의 입틀은 전구식이다.

정답 : ③

030 곤충의 눈(광감각기)에 관한 설명으로 옳지 않은 것은?

① 적외선을 식별할 수 있다.
② 겹눈은 낱눈이 모여 이루어진 것이다.
③ 완전변태를 하는 유충은 옆홑눈이 있다.
④ 낱눈에서 빛을 감지하는 부분을 감간체라 한다.
⑤ 대부분 편광을 구별하여 구름 낀 날에도 태양의 위치를 알 수 있다.

해설 곤충들은 사람의 눈에 보이는 가시광선보다 짧은 파장의 빛(자외선)을 감지할 수 있다.

정답 : ①

031 곤충 배설계에 관한 설명으로 옳지 않은 것은?

① 말피기관은 후장의 연동활동을 촉진한다.
② 배설과 삼투압은 주로 말피기관이 조절한다.
③ 육상곤충은 일반적으로 질소를 요산 형태로 배설한다.
④ 수서 곤충은 일반적으로 질소를 암모니아 형태로 배설한다.
⑤ 진딧물의 말피기관은 물을 재흡수하며 소관 수는 종에 따라 다르다.

해설 진딧물에는 아예 말피기관이 없는 반면 메뚜기는 200개 이상을 가지고 있다.

정답 : ⑤

032 곤충 내분비계 호르몬의 기능에 관한 설명으로 옳은 것은?

① 유시류는 성충에서도 탈피호르몬을 지속적으로 분비한다.
② 앞가슴샘은 탈피호르몬을 분비하여 유충의 특징을 유지한다.
③ 알라타체는 내배엽성 내분비기관으로 유약호르몬을 분비한다.
④ 탈피호르몬 유사체인 메토프렌(Methoprene)은 해충방제제로 개발되었다.
⑤ 신경호르몬은 곤충의 성장, 항상성 유지, 대사, 생식 등을 조절한다.

해설 ① 유시류는 성충이 되면 탈피호르몬을 분비하지 않는다.
② 유약호르몬(JH ; Juvenile Hormone)은 곤충의 알라타체에서 분비되는 호르몬이며 애벌레에서는 유충의 형질을 보존하고 성충에서는 생식샘의 성숙에 관여한다.
③ 뇌에 있는 한 쌍의 분비선인 알라타체는 외배엽성이다.
④ 메토프렌(Methoprene)은 유약호르몬 Met(Methoprene−tolerant) 수용체를 조절할 수 있는 화합물을 포함하는 해충방제제이다.

정답 : ⑤

033 곤충의 의사소통에 관한 설명으로 옳지 않은 것은?

① 꿀벌의 원형춤은 밀원식물의 위치를 알려준다.
② 애반딧불이는 루시페인으로 빛을 내어 암 · 수가 만난다.
③ 일부 곤충에 존재하는 존스턴기관은 더듬이의 채찍마디(편절)에 있는 청각기관이다.
④ 복숭아혹진딧물은 공격을 받을 때 뿔관에서 경보페로몬을 분비하여 위험을 알려준다.
⑤ 매미는 복부 첫마디에 있는 얇은 진동막을 빠르게 흔들어 내는 소리로 의사소통한다.

해설 존스턴기관은 더듬이의 팔굽마디(흔들마디)에 있는 청각기관이다.

정답 : ③

034 곤충 카이로몬의 작용과 관계가 없는 것은?

① 누에나방은 뽕나무가 생산하는 휘발성 물질에 유인된다.
② 복숭아유리나방 수컷은 암컷이 발산하는 물질에 유인된다.
③ 포식성 딱정벌레는 나무좀의 집합페로몬에 유인된다.
④ 소나무좀은 소나무가 생산하는 테르펜(terpene)에 유인된다.
⑤ 꿀벌응애는 꿀벌 유충에 존재하는 지방산에스테르화합물에 유인된다.

해설
- 타감물질 : 다른 종에게 보내는 신호물질 예 카이로몬, 알로몬, 시노몬 등
- 페로몬 : 종 내 신호를 보내는 물질로 복숭아유리나방의 성페로몬은 행동 유기페로몬 예 성페로몬, 집합페로몬, 경보페로몬, 길잡이페로몬, 분산페로몬 등

정답 : ②

035 월동태가 알, 번데기, 성충인 곤충을 순서대로 나열한 것은?

① 황다리독나방, 솔잎혹파리, 목화진딧물
② 외줄면충, 느티나무벼룩바구미, 호두나무잎벌레
③ 백송애기잎말이나방, 솔알락명나방, 복숭아명나방
④ 미국선녀벌레, 버즘나무방패벌레, 오리나무잎벌레
⑤ 소나무왕진딧물, 미국흰불나방, 버즘나무방패벌레

해설
- 알로 월동 : 황다리독나방, 목화진딧물, 외줄면충, 미국선녀벌레, 소나무왕진딧물
- 유충으로 월동 : 솔잎혹파리, 솔알락명나방, 복숭아명나방
- 번데기로 월동 : 백송애기잎말이나방, 미국흰불나방
- 성충으로 월동 : 느티나무벼룩바구미, 호두나무잎벌레, 버즘나무방패벌레, 오리나무잎벌레

정답 : ⑤

036 곤충의 형태에 관한 설명으로 옳지 않은 것은?

① 매미나방 유충은 씹는 입틀을 갖는다.
② 줄마디가지나방 유충은 배다리가 없다.
③ 아까시잎혹파리 성충은 날개가 1쌍이다.
④ 미국선녀벌레 성충은 찔러 빠는 입틀을 갖는다.
⑤ 뽕나무이 약충은 배 끝에서 밀랍을 분비한다.

해설 줄마디가지나방은 가지나방아과로서 대표적인 식엽성 해충(회화나무 가해)이다. 유충이 복부 여덟 번째 마디에 있는 한 쌍의 다리를 사용하여 나뭇가지에 붙어서 의태 행동을 보이는 것으로 널리 알려져 있다.

정답 : ②

037 풀잠자리목과 총채벌레목에 관한 설명으로 옳지 않은 것은?

① 총채벌레는 식물바이러스를 매개하기도 한다.
② 총채벌레는 줄쓸어빠는 비대칭 입틀을 가지고 있다.
③ 볼록총채벌레는 복부에 미모가 있고 완전변태를 한다.
④ 명주잠자리는 풀잠자리목에 속하며 유충은 개미귀신이라 한다.
⑤ 풀잠자리목 중에 진딧물, 가루이, 깍지벌레 등을 포식하는 종은 생물적 방제에 활용되고 있다.

해설 볼록총채벌레는 총채벌레목으로 복부에 미모가 있고 불완전변태를 한다.

정답 : ③

038 곤충 신경계에 관한 설명으로 옳지 않은 것은?

① 신경계를 구성하는 기본 단위는 뉴런이다.
② 신경절은 뉴런들이 모여 서로 연결되는 장소를 일컫는다.
③ 뉴런이 만나는 부분을 신경연접이라 하며, 전기적 신경연접과 화학적 신경연접이 있다.
④ 신경전달물질에는 아세틸콜린과 GABA(Gamma－AminoButyric Acid) 등이 있다.
⑤ 뉴런은 색이 있는 세포 몸을 중심으로 정보를 받아들이는 축삭돌기와 내보내는 수상돌기로 구성되어 있다.

해설
- 수상돌기(가지돌기) : 중심으로부터 뻗어 나오는 수지(줄기에서 뻗어 나온 나뭇가지) 형태로서, 다른 신경세포들로부터 정보를 수용하는 구조물이다.
- 축삭돌기(신경돌기, 축색) : 다른 신경세포들에 정보를 전달하는 구조물로 통상 1개이며, 매우 길고 정보를 내보내는 역할을 한다. 세포 본체(세포체)에서 길게 뻗어진 전선 같은 모양이며, 수상돌기보다 길이가 매우 긴 편이다.

정답 : ⑤

039 트랩을 이용한 해충 밀도 조사 방법과 대상 해충의 연결이 옳지 않은 것은?

① 유아등 – 매미나방
② 유인목 – 소나무좀
③ 황색수반 – 진딧물류
④ 말레이즈 – 벚나무응애
⑤ 성페로몬 – 복숭아명나방

해설 말레이즈 트랩(Malaise trap)은 곤충이 벽면을 만나면 위로 올라가는 습성을 이용한 곤충채집기구로서 얇은 그물망으로 된 벽과 지붕으로 구성되며, 파리목, 벌목, 나비목 등의 밀도 조사에 주로 이용된다. 응애류는 끈끈이트랩 등을 사용한다.

정답 : ④

040 해충의 발생 예찰을 위한 고려사항이 아닌 것은?

① 발생량
② 발생 시기
③ 약제 종류
④ 해충 종류
⑤ 경제적 피해

해설 약제의 종류는 발생 예찰이 끝난 후의 고려사항이다.

정답 : ③

041 종합적 해충 관리에 관한 설명으로 옳지 않은 것은?

① 자연 사망요인을 최대한 이용한다.
② 잠재 해충은 미리 방제하면 손해다.
③ 일반평형밀도를 해충은 낮추고 천적은 높이는 것이 해충 밀도 억제에 효과적이다.
④ 경제적 피해 허용 수준에 도달하는 것을 막기 위하여 경제적 피해(가해) 수준에서 방제한다.
⑤ 여러 가지 방제 수단을 조화롭게 병용함으로써 피해를 경제적 피해 허용 수준 이하에서 유지하는 것이다.

해설 경제적 피해가 나타나기 전에 방제 수단을 사용할 수 있는 시간적 여유가 있어야 하기 때문에 경제적 피해 수준보다는 낮은 특징이 있다.

정답 : ④

042 벚나무 해충 방제에 관한 설명으로 옳지 않은 것은?

① 벚나무모시나방은 집단 월동 유충을 포살한다.
② 벚나무응애는 월동 시기에 기계유제로 방제한다.
③ 벚나무사향하늘소 유충은 성페로몬트랩으로 유인 · 포살한다.
④ 복숭아혹진딧물은 7월 이후에는 월동 기주에서 방제하지 않는다.
⑤ 벚나무깍지벌레는 발생 전에 이미다클로프리드 분산성 액제를 나무주사하여 방제한다.

해설 벚나무사향하늘소 유충 방제를 위해서 나무의 줄기에 약제를 살포한 후 비닐 등으로 감싸 훈증 효과를 주는 방제법을 주로 사용한다. 성페로몬트랩으로는 성충을 유인 · 포살한다.

정답 : ③

043 해충과 천적의 연결로 옳은 것은?

① 밤나무혹벌 – 남색긴꼬리좀벌
② 미국흰불나방 – 주둥이노린재
③ 복숭아명나방 – 긴등기생파리
④ 솔잎혹파리 – 독나방살이고치벌
⑤ 오리나무잎벌레 – 혹파리살이먹좀벌

해설
- 미국흰불나방 – 긴등기생파리
- 복숭아순나방 – 명충알벌
- 솔잎혹파리 – 솔잎혹파리먹좀벌과 혹파리살이먹좀벌
- 오리나무잎벌레 – 거북무당벌레
- 매미나방 – 주둥이노린재
- 짚시나방(텐트나방) – 독나방살이고치벌

정답 : ①

044 A 곤충의 온도(X)와 발육률(Y)의 회귀식이 Y = 0.05X – 0.5이다. 1년 중 7, 8월에는 일일 평균 온도가 12℃이고, 그 외의 달은 10℃ 이하로 가정하면, A 곤충의 연간 발생세대수는? (단, 소수점 이하는 버린다.)

① 1회
② 2회
③ 4회
④ 6회
⑤ 8회

해설
- 발육영점온도 : y = 0, y = ax + b, ax = –b, x = –b/a = –(–0.5/0.05) = 10℃
- 7, 8월 두 달은 발육영점온도 이상(= 62일)이고 나머지 달은 무효이므로 62 × 2 = 124일
- 유효적산온도(DD) : 기울기의 역수 1/a = 1/0.05 = 20

따라서, 연간 발생세대수 = 124/20 = 6.2 = 6회

정답 : ④

045 해충의 기계적 방제에 대한 설명으로 옳지 않은 것은?

① 일부 깍지벌레류는 솔로 문질러 제거한다.
② 해충이 들어 있는 가지를 땅속에 묻어 죽인다.
③ 소나무재선충병 피해목은 두께 1.5cm 이하로 파쇄한다.
④ 광릉긴나무좀 성충과 유충은 전기 충격으로 제거한다.
⑤ 주홍날개꽃매미나 매미나방은 알 덩어리를 찾아 문질러 제거한다.

해설 전기를 이용한 방제법은 물리적 방제법에 해당되며, 온도, 습도, 색깔을 이용하거나 이온화 에너지, 음파 등을 이용한 방제법도 물리적 방제법이다. 기계적 방제에는 포살법, 유살법, 소각법, 매몰법, 박피법, 파쇄, 제재, 진동, 차단법 등이 있다.

정답 : ④

046 병원균 매개충과 충영을 형성하는 해충의 연결이 옳은 것은?

① 광릉긴나무좀 – 외줄면충
② 솔수염하늘소 – 목화진딧물
③ 장미등에잎벌 – 큰팽나무이
④ 알락하늘소 – 때죽납작진딧물
⑤ 벚나무사향하늘소 – 조팝나무진딧물

해설
- 광릉긴나무좀[*Platypus koryoensis*(*Murayama*)] : 참나무시들음 병원균인 *Raffaelea sp.*를 매개함
- 솔수염하늘소 : 소나무재선충병의 매개충
- 충영을 형성하는 것 : 외줄면충, 큰팽나무이, 때죽납작진딧물
- 목화진딧물, 조팝진딧물 : 충영 만들지 않음
- 장미등에잎벌, 알락하늘소, 벚나무사향하늘소 : 매개충 아님

정답 : ①

047 다음 중 종실을 가해하는 해충은?

① 도토리거위벌레, 전나무잎응애
② 복숭아명나방, 오리나무잎벌레
③ 솔알락명나방, 호두나무잎벌레
④ 대추애기잎말이나방, 버들바구미
⑤ 백송애기잎말이나방, 도토리거위벌레

해설
- 전나무잎응애 : 잎에서 양분 흡수
- 복숭아명나방 : 유충이 사과, 복숭아, 밤, 자두, 살구 등의 과실을 가해
- 오리나무, 호두나무잎벌레 : 유충과 성충이 잎을 가해
- 솔알락명나방 : 구과(잣송이)를 가해하여 잣 수확을 감소시키는 해충
- 대추애기잎말이나방 : 유충은 대추 잎이 전개되는 봄부터 1개의 잎 또는 주위의 여러 개의 잎을 함께 묶어 갉아먹고 가해하며, 과일이 커지면 구멍을 뚫고 들어가 가해
- 버들바구미 : 천공성 해충의 하나로 묘목과 어린 나무에 주로 피해를 줌

정답 : ⑤

048 곤충의 과명 – 목명의 연결이 옳은 것은?

① 솔잎혹파리 – Cecidomyiidae – Diptera
② 솔나방 – Lasiocampidae – Hymenoptera
③ 오리나무잎벌레 – Diaspididae – Coleoptera
④ 갈색날개매미충 – Ricaniidae – Lepidoptera
⑤ 벚나무깍지벌레 – Chrysomelidae – Hemiptera

해설 ② 솔나방 – Lasiocampidae – Lepidoptera
③ 오리나무잎벌레 – Chrysomelidae – Coleoptera
④ 갈색날개매미충 – Ricaniidae – Hemiptera
⑤ 벚나무깍지벌레 – Pseudaulacaspis – Hemiptera

정답 : ①

049 갈색날개매미충과 미국선녀벌레에 관한 설명 중 옳지 않은 것은?

① 미국선녀벌레 약충은 흰색 밀랍이 몸을 덮고 있다.
② 갈색날개매미충의 1년에 1회 발생하며, 알로 월동한다.
③ 갈색날개매미충은 잎과 어린 가지 등에서 수액을 빨아먹는다.
④ 갈색날개미미충의 수컷은 복부 선단부가 뾰족하고, 암컷은 둥글다.
⑤ 미국선녀벌레는 1년생 가지 표면을 파내고 2열로 알을 낳는다.

해설 미국선녀벌레는 기주식물의 수피 아래 갈라진 틈 사이에 날개로 산란한다.

정답 : ⑤

050 다음 〈보기〉의 설명에 해당하는 해충을 순서대로 나열한 것은?

〈보기〉
ㄱ. 수피와 목질부 표면을 환상으로 가해한다.
ㄴ. 지주전환을 하며 쑥으로 이동하여 여름을 난다.
ㄷ. 유충이 겨울눈 조직 속에서 충방을 형성하여 겨울을 난다.
ㄹ. 바나나 송이 모양의 황록색 벌레 혹을 만들고 그 속에서 가해한다.

	ㄱ	ㄴ	ㄷ	ㄹ
①	박쥐나방	복숭아혹진딧물	붉나무혹응애	밤나무혹벌
②	박쥐나방	사사키잎혹진딧물	밤나무혹벌	때죽납작진딧물
③	알락하늘소	목화진딧물	때죽납작진딧물	사철나무혹파리

④	복숭아유리나방	사사키잎혹진딧물	큰팽나무이	솔잎혹파리
⑤	복숭아유리나방	조팝나무진딧물	사사키잎혹진딧물	큰팽나무이

해설 ㄱ. 박쥐나방 : 토양에서 월동한 난은 봄에 부화하여 초기에는 쑥 등 잡초 줄기 속에서 살다가 6월경에 포도나무 등 과수나무로 이동하여 가해

ㄴ. 사사키잎혹진딧물 : 벚나무 잎에 기생하는 산림해충으로, 벚나무 잎 표면의 엽맥을 따라 땅콩 모양의 충영을 형성

ㄷ. 밤나무혹벌 : 밤나무의 눈에 기생하여 충영을 만들고, 연 1회 발생하여 눈(芽)의 조직 내에서 유충으로 월동

ㄹ. 때죽납작진딧물 : 때죽나무에 피해를 많이 주며 어린 가지 끝에 황녹색인 방추형의 벌레혹을 만들고 진딧물이 탈출한 후 벌레혹이 황색으로 변하여 미관상 좋지 않음

정답 : ②

PART

03 | 수목생리학

051 개화한 다음 해에 종자가 성숙하는 수종은?

① 소나무, 신갈나무 ② 소나무, 졸참나무

③ 잣나무, 굴참나무 ④ 잣나무, 떡갈나무

⑤ 가문비나무, 갈참나무

해설 • 참나무속 분류와 아속의 특징

갈참나무류(white oak)	상수리나무류(red oak)
• 종자는 개화 당년에 익음 • 낙엽성 : 갈참나무, 졸참나무, 신갈나무, 떡갈나무 • 상록성 : 종가시나무, 가시나무, 개가시나무	• 종자는 개화 이듬해에 익음 • 낙엽성 : 상수리나무, 굴참나무, 정릉참나무 • 상록성 : 붉가시나무, 참가시나무

• 소나무속 : 2년에 걸쳐 종자가 성숙
 – 소나무류 : 소나무, 리기다소나무, 곰솔 등
 – 잣나무류 : 잣나무, 섬잣나무, 눈잣나무 등
• 소나무과 그 밖의 속 : 당년에 성숙(전나무류, 가문비나무류, 낙엽송류)

정답 : ③

052 잎의 구조와 기능에 관한 설명으로 옳지 않은 것은?

① 소나무 잎의 유관속 개수는 잣나무보다 많다.
② 1차 목부는 하표피 쪽에, 1차 사부는 상표피 쪽에 있다.
③ 대부분 피자식물은 기공의 수가 앞면보다 뒷면에 많다.
④ 나자식물에서는 내피와 이입조직이 유관속을 싸고 있다.
⑤ 소나무류는 왁스층이 기공의 입구를 싸고 있어 증산작용을 효율적으로 억제한다.

해설 1차 목부는 상표피에 존재, 2차 목부는 하표피에 존재한다.

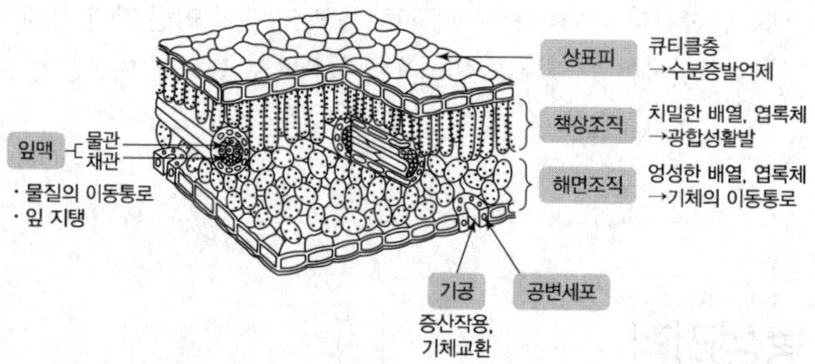

정답 : ②

053 수목이 능동적으로 에너지를 사용하는 활동을 〈보기〉에서 모두 고른 것은?

〈보기〉

ㄱ. 잎의 기공 개폐
ㄴ. 수분의 세포벽 이동
ㄷ. 목부를 통한 수액 상승
ㄹ. 세포의 분열, 신장, 분화
ㅁ. 원형질막을 통한 무기영양소 흡수

① ㄱ, ㄹ, ㅁ
② ㄴ, ㄷ, ㄹ
③ ㄷ, ㄹ, ㅁ
④ ㄱ, ㄴ, ㄹ, ㅁ
⑤ ㄱ, ㄷ, ㄹ, ㅁ

해설
- 자유공간을 이용한 무기염의 이동은 비선택적, 가역적, 에너지 소모가 없다(수동운반).
  ㄴ. 수분의 세포벽 이동(자유공간 이동, 아포플라스트)
  ㄷ. 목부를 통한 수액 상승(증산작용으로 수동적 수분이동)
- 식물이 무기염을 흡수하는 과정은 선택적, 비가역적, 에너지를 소모한다(능동운반).
  ㅁ. 원형질막을 통한 무기영양소 흡수
- 세포분열 및 기공의 개폐에는 에너지가 소모된다(능동적).
  ㄱ. 잎의 기공 개폐
  ㄹ. 세포의 분열, 신장, 분화

정답 : ①

054 수목의 뿌리생장에 관련된 설명으로 옳은 것은?

① 주근에서는 측근이 내피에서 발생한다.
② 외생균근이 형성된 수목들은 뿌리털의 발달이 왕성하다.
③ 온대지방에서 뿌리의 신장은 이른 봄에 줄기의 신장보다 늦게 시작한다.
④ 수목은 봄철 뿌리의 발달이 시작되기 전에 이식하는 것이 바람직하다.
⑤ 주근은 뿌리의 표면적을 확대시켜 무기염과 수분의 흡수에 크게 기여한다.

해설 **이식**

- 이식시기
  - 봄철, 겨울눈이 트기 2~3주 전에 이식하는 것이 가장 좋은 방법
  - 수목은 봄철에 겨울눈이 트기 2~3주 전부터 새 뿌리를 만들기 시작함
- 가을 이식을 불리하게 하는 것 : 지구 온난화
- 이식하기에 가장 부적절한 시기 : 5월 중순(나무 뿌리가 가장 왕성하게 자라는 때)

측근형성

- 내초의 병층분열 → 수층분열 → 측근
- 이 과정에서 상처가 생겨 병원균, 박테리아가 침입하기도 함

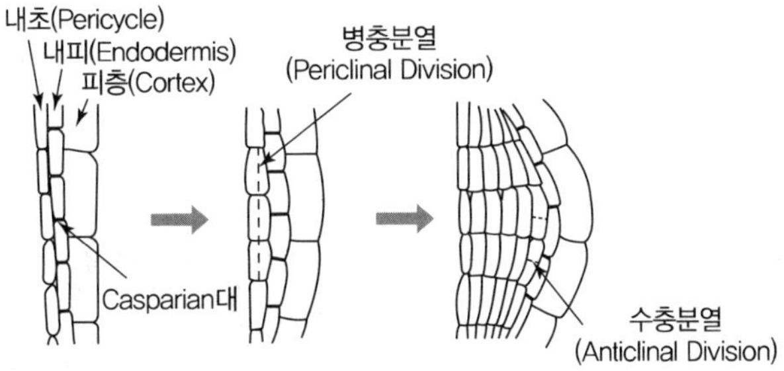

정답 : ④

055 온대지방 수목의 수고생장에 관한 설명으로 옳은 것은?

① 느티나무와 단풍나무는 고정생장을 한다.
② 도장지는 침엽수보다 활엽수에 더 많이 나타난다.
③ 액아가 측지의 생장을 조절하는 것을 유한생장이라 한다.
④ 임분 내에서는 우세목이 피압목보다 도장지를 더 많이 만든다.
⑤ 정아우세 현상은 지베렐린이 측아의 생장을 억제하기 때문이다.

해설
- 유한생장 : 소나무, 가문비, 참나무, 주목
- 무한생장 : 느릅나무, 버드나무, 버즘나무, 아까시나무, 자작나무
- 고정생장 : 소나무, 잣나무, 전나무, 가문비나무, 솔송나무, 참나무류, 목련, 동백나무
- 자유생장 : 회양목, 사철나무, 영산홍, 등나무, 주목, 은행나무, 일본잎갈나무(낙엽송), 단풍나무, 철쭉, 버드나무, 개나리, 쥐똥나무, 대왕송, 테다소나무

눈
- 아직 자리지 않은 어린 가지(정단분열조직 가짐)
- 위치 : 정아, 측아, 액아(주로 새잎을 만듦)
- 함유조직 : 엽아, 화아, 혼합아
- 활동상태
  - 잠아 : 주맹아(지상부 그루터기), 피자식물의 도장지, 나자식물의 맹아지
  - 부정아 : 근맹아(지하부 뿌리)

정답 : ②

056 수목의 광합성에 관한 설명으로 옳은 것은?

① 회양목은 아까시나무보다 광보상점이 낮다.
② 포플러와 자작나무는 서어나무보다 광포화점이 낮다.
③ 광도가 낮은 환경에서는 주목이 포플러보다 광합성 효율이 좋다.
④ 광합성은 물의 산화과정이며, 호흡작용은 탄수화물의 환원과정이다.
⑤ 단풍나무류는 버드나무류보다 높은 광도에서 광보상점에 도달한다.

해설 음수는 광보상점, 광포화점 둘 다 낮다. 양수는 광보상점, 광포화점 둘 다 높다.
- 광보상점 : 호흡으로 방출되는 CO_2양=광합성으로 흡수하는 CO_2양
- 광포화점 : 광도가 증가해도 더 이상 광합성이 증가하지 않는 포화상태의 광도

내음성	수목의 종류
극음수	주목, 개비자나무, 나한백, 사철나무, 회양목, 굴거리나무
음수	전나무, 가문비나무, 솔송나무, 너도밤나무, 서어나무, 함박꽃나무, 칠엽수, 녹나무, 단풍나무류
중용수	잣나무, 편백, 느릅나무류, 참나무류, 은단풍, 목련, 동백나무, 물푸레나무, 산초나무, 층층나무, 철쭉류, 피나무, 팽나무, 굴피나무, 벚나무류
양수	은행나무, 소나무류, 측백나무, 향나무, 낙우송, 밤나무, 오리나무, 버짐나무, 오동나무, 사시나무, 일본잎갈나무, 느티나무, 아까시나무
극양수	방크스소나무, 왕솔나무, 잎갈나무, 연필향나무, 버드나무, 자작나무, 포플러

정답 : ①

057 질소고정 미생물의 종류, 생활 형태와 기주식물을 바르게 나열한 것은?

① *Cyanobacteria* – 내생공생 – 소철
② *Frankia* – 내생공생 – 오리나무류
③ *Rhizobium* – 외생공생 – 콩과식물
④ *Azotobacter* – 외생공생 – 나자식물
⑤ *Clostridium* – 외생공생 – 나자식물

해설 **질소고정 미생물의 종류와 기주 및 질소고정량**

구분	미생물 종류	생활 형태	기주	질소고정량
단독	*Azotobacter*	호기성		0.2~1.0
	Clostridium	혐기성		15~44
공생	*Cyanobacteria*	외생공생	지의류, 소철	3~4
	Rhizobium	내생공생	콩과식물	100~200
	Bradyrhizobium	내생공생	콩과식물	
	Frankia(방선균)	내생공생	오리나무류, 보리수나무류	12~300

정답 : ②

058 광색소와 광합성색소에 관한 설명으로 옳지 않은 것은?

① Pfa는 피토크롬의 생리적 활성형이다.
② 크립토크롬은 일주기현상에 관여한다.
③ 적색광이 원적색광보다 많을 때 줄기생장이 억제된다.
④ 카로티노이드는 광산화에 의한 엽록소 파괴를 방지한다.
⑤ 엽록소 외에도 녹색광을 흡수하며 광합성에 기여하는 색소가 존재한다.

해설 적색광은 잎이 햇빛을 직접 받는 상태이고, 원적색광은 그늘진 상태이다.

피토크롬
- 적색광(파장 660nm) 비추면 Pr 형태 → Pfr 형태
- 원적색광(파장 730nm) 비추면 Pfr 형태 → Pr 형태(환원되는 양은 정확하게 시간에 비례)

크립토크롬(cryptochrome) 주요 기능
- 자귀나무와 같이 24시간 주기로 야간에 잎이 접히는 일주기 현상
- 생체리듬을 조절하고 종자와 유묘의 생장을 조절
- 철새의 경우 자기장을 감지하여 이동 경로를 찾음

카로테노이드
- 식물에 노란색, 오렌지색, 적색 등을 나타냄
- 엽록소를 보조하여 햇빛을 흡수하는 보조색소 역할(500~600nm)
- 광도가 높을 경우 광산화작용에 의한 엽록소 파괴 방지

정답 : ③

059 수목의 형성층 활동에 대한 설명으로 옳지 않은 것은?

① 옥신에 의해 조절된다.
② 정단부의 줄기부터 형성층 세포분열이 시작된다.
③ 상록활엽수가 낙엽활엽수보다 더 늦은 계절까지 지속한다.
④ 임분 내에서 우세목이 피압목보다 더 늦게까지 지속된다.
⑤ 고정생장 수종은 수고생장과 함께 형성층 활동도 정지된다.

해설 고정생장은 당년에 자랄 원기가 전년도에 형성된 동아 속에 형성되는 것을 말한다. 즉 동아의 성장이 끝난 후에도 직경생장(형성층의 활동)은 계속할 수 있다.

정답 : ⑤

060 괄호 안에 들어갈 내용으로 바르게 나열된 것은?

- 밀식된 숲은 밀도가 낮은 숲보다 호흡량이 (ㄱ).
- 기온이나 토양 온도가 상승하면 호흡량이 (ㄴ)한다.
- 노령이 될수록 총 광합성량에 대한 호흡량의 비율이 (ㄷ)한다.
- 잎 주위의 이산화탄소 농도가 높아지면 기공이 닫혀 호흡량이 (ㄹ)한다.

	ㄱ	ㄴ	ㄷ	ㄹ
①	많다	증가	증가	감소
②	많다	증가	증가	증가
③	많다	증가	감소	증가
④	적다	감소	감소	감소
⑤	적다	감소	증가	감소

해설 **임분의 밀도와 그늘**

- 밀식된 임분은 광합성량은 적고, 호흡량은 그대로이다.
- 형성층의 표면적이 더 많아 호흡량이 증가한다.

산림의 종류

- 전체 호흡량은 숲의 성숙 정도와 위도에 따라 다르다.
- 단위 건중량당 호흡량 : 어린 숲>성숙한 숲
- 총 광합성량 대비 호흡량 비율 : 어린 숲<성숙한 숲

온도와 호흡

- Q_{10} : 10℃ 상승 시 호흡량의 증가율
- 대부분의 식물은 5~25℃에서 Q_{10}의 값이 2.0~2.5이다.
- 야간의 온도가 주간보다 낮아야(5~10℃ 정도) 수목이 정상적으로(광합성 고정탄수화물>호흡소모량) 성장한다.

정답 : ①

061 탄수화물의 합성과 전환에 관한 설명으로 옳은 것은?

① 줄기와 가지에는 수와 심재부에 전분 형태로 축적된다.
② 전분은 잎에서는 엽록체, 저장조직에서는 전분체에 축적된다.
③ 잎에서 합성된 전분은 단당류로 전환되어 사부에 적재된다.
④ 엽육세포 원형질에는 포도당이 가장 높은 농도로 존재한다.
⑤ 열매 속에 발달 중인 종자 내에서는 전분이 설탕으로 전환된다.

해설 **탄수화물의 합성과 전환**

- 탄수화물의 합성은 광합성의 암반응으로부터 시작
- 엽록체 속에서 캘빈회로을 통하여 단당류 합성, 전환
- 광합성을 하는 잎의 세포 내에는 단당류인 포도당, 과당의 농도보다 2당류인 설탕의 농도가 높음
- 설탕의 합성은 세포질에서 이루어짐
- 설탕으로의 전환에는 조효소인 UTP가 에너지를 공급
- 전분은 가장 주요한 저장 탄수화물로 잎－엽록체, 저장조직－전분체(색소체)에 축적
- 탄수화물은 다른 형태로, 특히 지방이나 단백질을 합성하기 위한 예비 화합물로 쉽게 전환됨
- 자라고 있는 종자 : 설탕 → 전분, 성숙해 가는 종자 : 전분 → 설탕
- 셀룰로스, 펙틴과 같이 세포벽에 부착된 탄수화물은 전환되지 않음

정답 : ②

062 수목 내 탄수화물 함량의 계절적 변화에 관한 설명으로 옳지 않은 것은?

① 겨울에 줄기의 전분 함량은 증가하고 환원당의 함량은 감소한다.
② 낙엽수는 계절에 따른 탄수화물 함량 변화폭이 상록수보다 크다.
③ 가을에 낙엽이 질 때 줄기의 탄수화물 농도가 최고치에 달한다.
④ 초여름에 밑동을 제거하면, 탄수화물 저장량이 적어 맹아지 발생을 줄일 수 있다.
⑤ 상록수는 새순이 나올 때 줄기의 탄수화물 농도는 감소하고 새 줄기의 탄수화물 농도는 증가한다.

해설 **탄수화물의 계절적 변화**

- 탄수화물 최고치 : 낙엽수－낙엽 질 때, 늦가을
- 탄수화물 최저치 : 늦은 봄
- 겨울철 전분의 함량은 감소하고 환원당의 함량은 증가함(전분 → 설탕, 환원당, 내한성 증가)

정답 : ①

HIDDEN CARD

063 식물에서 질소를 포함하지 않는 물질은?

① DNA, RNA
② 니코틴, 카페인
③ ABA, 지베렐린
④ 엽록소, 루비스코
⑤ 아미노산, 폴리펩타드

해설 **주요 질소화합물과 기능**

- 아미노산, 단백질 그룹
- 핵산 관련 그룹
  - 핵산은 피리미딘(pyrimidine), 푸린(purine), 5탄당, 인산으로 구성 예 DNA, RNA
  - 핵산은 세포의 핵에 존재, 유정정보를 가진 염색체의 중요한 화합물
  - Nucleotide : 핵산의 기본단위[purine + 단당류(5탄당) + 인산]로 조효소의 역할도 함
  - 조효소 : 효소의 활동을 도움 예 AMP, ADP, ATP, NAD, NADP, Coenzyme A
  - 티아민(thiamine), 시토키닌(cytokinins, 식물호르몬)
- 대사중개물질 그룹
  - 질소를 함유한 대사에 관여하는 물질 중 가장 흔한 것은 피롤(pyrrole)
  - 4개의 pyrrole이 모여 포르피린(porphyrin)을 형성
  - porphyrin 화합물 : 엽록소(chloropyll), phytochrome, hemoglobin
  - IAA(옥신의 일종)도 질소를 가지고 있음
- 대사의 2차 산물 그룹
  - 알칼로이드(alkaloids) : 질소를 함유한 환상화합물로, 쌍자엽식물에 나타나고 나자식물에는 별로 없음 예 초본식물 : morphine, atropine, ephedrine, quinine 등, 목본식물 : 차나무(caffeine)
  - 알칼로이드는 잎, 수피 또는 뿌리에 주로 축적됨
- ABA(아브시스산, C15H20O4) : 식물 성장 억제, 스트레스 반응 유도, 종자 숙성
- 지베렐린(C19H22O6) : 식물 성장 촉진, 종자 발아 유도, 엽면 발육 촉진

정답 : ③

064 수목의 질소대사에 관한 설명으로 옳은 것은?

① 탄수화물 공급이 느려지면 질소환원도 둔화된다.
② 소나무류는 주로 잎에서 질산태 질소가 암모늄태로 환원된다.
③ 산성토양에서는 질산태 질소가 축적되고, 이를 균근이 흡수한다.
④ 흡수한 암모늄 이온은 고농도로 축적되며, 아미노산 생산에 이용된다.
⑤ 뿌리에 흡수된 질산은 질산염 산화효소에 의해 아질산태로 산화된다.

해설 **질소환원장소**

질소환원
↓
토양에서 뿌리로 NO_3^-흡수 → NH_4^+형태로 전환돼야 함

- Lupine형 뿌리에서 NO_3^- → NH_4^+ 예 나자식물, 진달래류, 프로테아과
- 도꼬마리형 잎에서 NO_3^- → NH_4^+ 예 나머지 식물
- 탄수화물 공급이 느려지면 질산환원도 둔화됨

뿌리에서 흡수되는 형태
- 대부분 질산태(NO_3^-) 형태로 흡수
- 경작토양에서 NH_4^+ 비료는 질산화박테리아에 의해 NO_3^-로 토양용액에 녹음
- 산성토양은 질산화박테리아를 억제하여 NH_4^+(암모늄태질소)를 축적(균근의 도움을 받아 흡수)

정답 : ①

065 낙엽이 지는 과정에 관한 설명으로 옳지 않은 것은?

① 분리층의 세포는 작고 세포벽이 얇다.
② 신갈나무는 이층 발달이 저조한 수종이다.
③ 옥신은 탈리를 지연시키고, 에틸렌은 촉진한다.
④ 탈리가 일어나기 전 목전질이 축적되며 보호층이 형성된다.
⑤ 겨울철 잎의 색소변화와 함께 엽병 밑부분에 이층 형성이 시작된다.

해설 **낙엽 전의 질소이동**
- 수목은 낙엽에 대비해 어린잎에서부터 엽병 밑부분에 이층을 사전에 형성
- 이층의 세포는 다른 부위에 비해서 세포가 작고 얇음
- 낙엽이 지면 분리층에 suberin, gum 등을 분비하여 보호층 형성(탈리현상)
- N, P, K는 감소하고, Ca, Mg은 증가함
- 이때 회수된 질소는 사부의 방사선 유조직에 저장하고 이때 질소의 이동은 사부를 통해 이루어짐
- 봄철 저장단백질은 분해되어 목부를 통해 새로운 잎으로 이동함

정답 : ⑤

066 〈보기〉의 수목에 함유된 성분 중 페놀화합물로 나열된 것은?

〈보기〉

ㄱ. 고무	ㄴ. 큐틴	ㄷ. 타닌
ㄹ. 리그닌	ㅁ. 스테롤	ㅂ. 플라보노이드

① ㄱ, ㄴ, ㄹ
② ㄱ, ㄷ, ㅂ
③ ㄴ, ㄷ, ㅂ
④ ㄷ, ㄹ, ㅁ
⑤ ㄷ, ㄹ, ㅂ

해설

종류	예
지방산 및 지방산 유도체	파미트산, 단순지질(지방, 기름), 복합지질(인지질, 당지질), 납(wax), 큐틴, 수베린
이소프레노이드 화합물	정유, 테르펜, 카로티노이드, 고무, 수지, 스테롤
페놀화합물	리그닌, 타닌, 플라보노이드

정답 : ⑤

067 수목의 물질대사에 관한 설명으로 옳은 것은?

① 광주기를 감지하는 피토크롬은 마그네슘을 함유한다.

② 세포벽의 섬유소는 초식동물이 소화할 수 없는 화합물이다.

③ 지방은 설탕(자당)으로 재합성된 후 에너지가 필요한 곳으로 이동한다.

④ 겨울철 자작나무 수피의 지질함량은 낮아지고 설탕(함량)은 증가한다.

⑤ 콩꼬투리와 느릅나무 내수피 주변에서 분비되는 검과 점액질은 지질의 일종이다.

해설

- 지방의 분해와 전환
  - 지방은 에너지 저장 수단으로, 분해는 O_2를 소모하고 ATP를 생산하는 호흡작용
  - 지방 분해 : oleosome에 있는 리파아제 효소에 의해 지방이 glycerol과 지방산으로 분해하고 지방의 분해는 3개 소기관[glyoxysome(단막), oleosome(불완전한 반막), mitochondria(이중막)]이 관련됨. 지방은 분해된 후 말산염 형태로 세포질로 이동되어 역해당작용에 의해 설탕으로 합성된 후 다른 곳으로 이동
- 피롤 4개와 Mg 하나가 결합한 것은 엽록소
- 검과 점액질(mucilage)
  - 갈락투론산의 중합체로 단백질을 함유(다당류의 일종)
  - 검은 수피와 종자껍질에 주로 존재
  - 벚나무속에 병원균과 곤충의 피해를 입을 때 분비(검)
  - 점액질 : 콩과식물의 콩꼬투리, 느릅나무 내수피와 잔뿌리 끝으로 잔뿌리의 윤활제 역할
- cellulose(섬유소)가 가장 흔함 : 세포벽의 구성, 초식동물의 먹이, 1차벽(9~25%), 2차벽(41~45%), 목부 경우 섬유 사이를 리그닌이 채워 세포벽을 구성
- 수목의 내한성은 탄수화물의 함량과 인지질의 함량과 관계가 있음. 전분이 설탕으로 바뀌어 축적하며, 인지질과 당단백질의 함량이 증가함

정답 : ③

068 잎과 줄기의 발생과 초기 발달에 관한 설명으로 옳지 않은 것은?

① 잎차례는 눈이 싹트면서 결정된다.
② 눈 속에 잎과 가지의 원기가 있다.
③ 전형성층은 정단분열조직에서 발생한다.
④ 잎이 직접 달린 가지는 잎과 나이가 같다.
⑤ 소나무 당년지 줄기는 목질화되면 길이 생장이 정지된다.

해설 잎차례는 수목의 성숙 정도에 따른 특징이다.

유시성(유형)의 특징

- 잎의 모양
- 가시의 발달
- 엽서(잎차례) : 잎이 배열하는 순서와 각도가 성숙하면서 변화 예 유칼리나무
- 삽목의 용이성
- 곧추선 가지
- 낙엽의 지연성
- 수간의 해부학적 특성
- 그 밖에 유형기에 밋밋한 수피와 덩굴성 특징을 가지기도 함

정답 : ①

069 방사(수선)조직에 관한 설명으로 옳지 않은 것은?

① 전분을 저장한다.
② 2차생장 조직이다.
③ 중심의 수에서 사부까지 연결된다.
④ 방추형 시원세포의 수층분열로 발생한다.
⑤ 침엽수 방사조직을 구성하는 세포에는 가도관세포가 포함된다.

해설 수선조직은 수간의 횡단면에서 방사방향으로 중앙부를 향해 뻗어 있으며, 살아 있는 유세포이다. 방추형 시원세포의 병층분열로 발생한다.

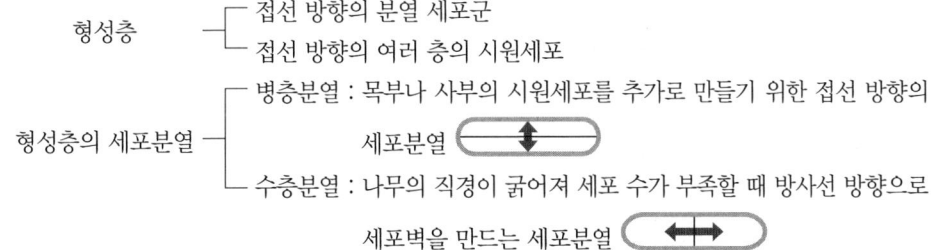

형성층의 세포분열

- 형성층
  - 접선 방향의 분열 세포군
  - 접선 방향의 여러 층의 시원세포
- 형성층의 세포분열
  - 병층분열 : 목부나 사부의 시원세포를 추가로 만들기 위한 접선 방향의 세포분열 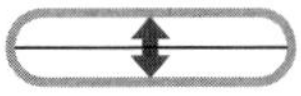
  - 수층분열 : 나무의 직경이 굵어져 세포 수가 부족할 때 방사선 방향으로 세포벽을 만드는 세포분열 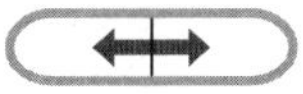

정답 : ④

070 **무기영양소인 칼슘에 관한 설명으로 옳지 않은 것은?**

① 산성 토양에서 쉽게 결핍된다.
② 심하게 결핍되면 어린 순이 고사한다.
③ 펙틴과 결합하여 세포 사이의 중엽층을 구성한다.
④ 세포 외부와의 상호작용에서 신호전달에 필수적이다.
⑤ 칼로스(callose)를 형성하여 손상된 도관 폐쇄에 이용된다.

해설 칼로스(callose)는 유합조직을 말한다. 침엽수는 송진을 축적하고, 활엽수는 검이나 전충체로 도관을 차단한다.

칼슘
- 칼슘은 세포벽에서 중엽층 구성, 세포막의 정상적 기능에 기여
- amylase 효소 등의 활성제 역할
- 결핍 시 뿌리 끝, 줄기 끝, 어린잎에서 결핍현상이 나타내고 분열조직이 기형으로 죽음

토양산도에 따른 무기영양소의 유용성 변화
- 산성 토양에서 결핍 현상 : P, Ca, Mg, B 등
- 알칼리성 토양에서 결핍 현상 : Fe, Cu, Zn 등

정답 : ⑤

071 **도관이 공기로 공동화되어 통수 기능이 손실되는 현상과 양(+)의 상관관계가 아닌 것은?**

① 근압의 증가
② 벽공의 손상
③ 가뭄으로 인한 토양의 건조
④ 도관의 길이와 직경의 증가
⑤ 목부의 반복되는 동결과 해동

해설 근압은 능동적 흡수에 의해 생기는 뿌리 내의 압력을 말한다(삼투압에 의해 발생).

일액현상
- 배수조직을 통해 수분이 밖으로 나와서 물방울이 맺히는 것
- 초본식물은 야간에 기온이 온화하고 토양의 통기성이 좋으며 토양수분이 충분할 때 나타남
- 대표수종 : 자작나무, 포도나무(나자식물은 발견되지 않음)

정답 : ①

072 버섯을 만드는 외생균근을 형성하는 수종으로 나열된 것은?

① 상수리나무, 자작나무, 잣나무
② 다릅나무, 사철나무, 자귀나무
③ 대추나무, 이팝나무, 회화나무
④ 왕벚나무, 백합나무, 사과나무
⑤ 구상나무, 아까시나무, 쥐똥나무

해설 **외생균근(주로 목본식물)**

• 곰팡이의 균사가 세포 안으로 들어가지 않고 기주세포 밖에만 머묾
• 균사는 뿌리 표면을 두껍게 싸서 균투를 형성
• 뿌리 속 피층까지 침투하여 세포 간극에 하티그망을 형성
• 피층보다 더 안쪽으로 들어가지 않음
• 효율적으로 무기염 흡수
• 담자균과 자낭균
• 숲의 나이 15~80년의 가장 생활력이 왕성할 때, 기주선택성 강함
• 기주식물의 범위

소나무과	소나무, 전나무, 가문비나무, 일본잎갈나무, 솔송나무류
참나무과	참나무, 밤나무류, 너도밤나무류
버드나무과	버드나무, 포플러류
자작나무과	자작나무류, 오리나무류, 서어나무류, 개암나무류
피나무과	피나무, 염주나무

정답 : ①

073 토양의 건조에 관한 수목의 적응반응이 아닌 것은?

① 기공을 닫아 증산을 줄인다.
② 잎의 삼투퍼텐셜을 감소시킨다.
③ 조기낙엽으로 수분 손실을 줄인다.
④ 휴면을 앞당겨 생장기간을 줄인다.
⑤ 수평근을 발달시켜 흡수표면적을 증가시킨다.

해설 수평근보다 수직근을 발달시킨다(심근성).

내건성의 근원

• 심근성
 – 심근성 수목 : 테다소나무, 루브라참나무
 – 천근성 수목 : 피나무, 낙우송, 자작나무
• 건조저항성
• 건조인내성
• 건조회피성(건조도피성)

정답 : ⑤

074 수분 함량이 감소함에 따라 발생하는 잎의 시듦(위조)에 관한 설명으로 옳은 것은?

① 위조점에서 엽육세포의 팽압은 0이다.
② 위조점에서 엽육세포의 삼투압은 음(−)의 값이다.
③ 엽육세포의 팽압은 수분함량에 반비례하여 증가한다.
④ 위조점에서 엽육조직의 수분퍼텐셜은 삼투퍼텐셜보다 작다.
⑤ 영구적인 위조점에서 엽육세포의 수분퍼텐셜은 −1.5MPa이다.

해설 위조점이란 뿌리 내의 수분퍼텐셜과 토양 용액의 수분퍼텐셜이 같은 상태이다.

삼투퍼텐셜

- 주로 액포 속에 용해되어 있는 나타내는 삼투압을 표시한 것이다.
- 값은 항상 0보다 작은 음수(−)이다.
- 삼투퍼텐셜=삼투압(물을 흡수하려는 힘을 압력으로 표시함)을 수치로 표시한 것으로 삼투퍼텐셜이 저하되면 삼투압은 상승하고, 삼투압의 값은 항상 음수(−)이다.

압력퍼텐셜(φp)

- 세포가 수분을 흡수함으로써 원형질막이 세포벽을 향해 밀어내서 나타내는 압력(팽압)
- 값은 +, −, 0을 가짐
  - 수분을 충분히 흡수한 경우 : +
  - 수분을 잃어 원형질 분리가 일어난 경우 : 0
  - 증산작용으로 인해 도관세포 내에서 장력하에 있는 경우 : −

※ 삼투퍼텐셜 ↔ 압력퍼텐셜(서로 반대 방향으로 작용)

정답 : ①

075 지베렐린 생합성 저해물질인 파클로부트라졸을 처리했을 때 수목에 미치는 영향으로 옳은 것은?

① 조기낙엽을 유도한다.
② 줄기조직이 연해진다.
③ 신초의 길이 생장이 감소한다.
④ 잎의 엽록소 함량이 감소한다.
⑤ 꽃에 처리하면 단위결과가 유도된다.

해설 **지베렐린의 상업적 이용**

- 감귤, 월귤(vaccinium) : 착과 촉진
- 포도나무와 사과나무 : 과실의 크기, 품질 향상
- 바나나, 귤 : 노쇠와 과실 성숙 지연
- 생장억제제 : GA의 생합성을 방해하여 줄기의 생장 억제 예 포스폰−D(Phosphon−D), Amo−1618, CCC(Cycocel), 파크로부트라졸(pacrobutrazol)

정답 : ③

076 토양 입단화에 대한 설명으로 옳지 않은 것은?

① 유기물은 토양입단 형성 및 안정화에 중요한 역할을 한다.
② 나트륨이온은 점토입자들을 응집시켜 입단화를 촉진시킨다.
③ 다가 양이온은 점토입자 사이에서 다리 역할을 하여 입단 형성에 도움을 준다.
④ 뿌리의 수분흡수로 토양의 젖음－마름 상태가 반복되어 입단 형성이 가속화된다.
⑤ 사상균의 균사는 점토입자들 사이에 들어가 토양입자와 서로 엉키며 입단을 형성한다.

해설 나트륨이온은 가수 이온의 반경이 커 토양입자를 분산시키며 토양의 입단화를 방해한다.

정답 : ②

077 도시숲 토양에서 답압 피해를 관리하는 방법으로 옳지 않은 것은?

① 수목 하부의 낙엽과 낙지를 제거한다.
② 토양 표면에 수피, 우드칩, 매트 등을 멀칭한다.
③ 토양 내에 유기질 재료를 처리하여 입단을 개선한다.
④ 토양에 구멍을 뚫고 모래, 펄라이트, 버미큘라이트 등을 넣는다.
⑤ 나지 상태가 되지 않도록 초본, 관목 등으로 토양 표면을 피복한다.

해설 수목 하부의 낙엽과 낙지 제거는 답압 피해를 가중시킨다.

정답 : ①

078 토양 수분퍼텐셜에 대한 설명으로 옳지 않은 것은?

① 매트릭(기질)퍼텐셜은 항상 음(－)의 값을 갖는다.
② 토양수는 퍼텐셜이 높은 곳에서 낮은 곳으로 이동한다.
③ 수분 불포화 상태에서 토양수의 이동은 압력퍼텐셜의 영향을 받지 않는다.
④ 중력퍼텐셜은 임의로 설정된 기준점보다 상대적 위치가 낮을수록 커진다.
⑤ 불포화 상태에서 토양수의 이동은 주로 매트릭(기질)퍼텐셜에 의하여 발생한다.

해설 중력퍼텐셜은 임의로 설정된 기준점보다 상대적 위치가 높으면 커지고 낮을수록 작아진다.

정답 : ④

079 〈보기〉 중 부식에 대한 설명으로 옳은 것을 모두 고르면?

〈보기〉

ㄱ. 토양 입단화를 증진시킨다.
ㄴ. 양이온 교환 용량을 증가시킨다.
ㄷ. pH의 급격한 변화를 촉진한다.
ㄹ. 모래보다 g당 표면적이 작다.
ㅁ. 미량원소와 킬레이트 화합물을 형성한다.

① ㄱ, ㄴ
② ㄱ, ㄴ, ㄹ
③ ㄱ, ㄴ, ㅁ
④ ㄱ, ㄴ, ㄹ, ㅁ
⑤ ㄴ, ㄷ, ㄹ, ㅁ

해설 부식은 완충 능력이 있어 pH의 급격한 변화를 막아주며, 모래보다 g당 표면적(비표면적)이 크다.

정답 : ③

080 산림토양 내 미생물에 관한 설명 중 옳지 않은 것은?

① 공생질소고정균은 뿌리혹을 형성하여 공중질소를 기주식물에게 공급한다.
② 사상균은 종속영양생물이기 때문에 유기물이 풍부한 곳에서 활성이 높다.
③ 한국 산림토양에서 방선균은 유기물 분해와 양분 무기화에 중요한 역할을 한다.
④ 조류(algae)는 독립영양생물로 광합성을 할 수 있기 때문에 임상에서 풍부하게 존재한다.
⑤ 세균 중 종속영양세균은 가장 수가 많으며 호기성, 혐기성 또는 양쪽 모두를 포함하기도 한다.

해설 산림토양에서 곰팡이는 유기물과 낙엽을 분해하는 과정에서 핵심 역할을 한다. 낙엽이 썩을 때 분해되지 않는 섬유소를 분해시키며 균근은 목본식물의 수분과 양분 흡수, 양분 순환에서 매우 중요한 역할을 한다.

방선균(Actinomycetes)

- 세균과 곰팡이의 중간적 성질을 가지는 것으로, 사상세균 또는 방선균이라고도 한다.
- 습도가 높고 유통이 좋은 곳에서 생육이 활발하며, 생육 적정 pH가 6.0~7.5로서 산성에 매우 약하므로 산림토양에는 거의 존재하지 않는다.
- 리그닌(lignin), 케라틴(keratin)과 같은 저항성 유기물을 분해하여 암모니아태 질소로 변화시킨다.

정답 : ③

081 토양 산성화의 원인으로 옳지 않은 것은?

① 염기포화도 증가
② 유기물 분해 시 유기산 생성
③ 식물 뿌리와 토양 미생물의 호흡
④ 질소질 비료의 질산화작용에 의한 수소 이온 생성
⑤ 지속적인 강우에 의한 토양 내 교환성 염기 용탈

해설 염기포화도 증가는 염류화(=알칼리화)를 말하며, 산성화와는 반대 개념이다.

정답 : ①

082 토양 공기 중 뿌리와 생물의 에너지를 생성하는 과정에서 발생하며, 대기와 조성비율 차이가 큰 기체는?

① 질소
② 아르곤
③ 아산화황
④ 이산화탄소
⑤ 일산화탄소

해설

구분	대기(%)	심토층(%)
질소(N_2)	79	75~80
산소(O_2)	20.9	3~10
이산화탄소(CO_2)	0.035	7~18
수증기	20~90	98~100

정답 : ④

083 토양의 교환성 양이온이 다음과 같은 경우 염기성포화도는? (단, 양이온 교환 용량은 16cmolc/kg이다.)

- H^+ = 3cmolc/kg
- K^+ = 3cmolc/kg
- Na^+ = 3cmolc/kg
- Ca^{2+} = 3cmolc/kg
- Mg^{2+} = 3cmolc/kg
- Al^{3+} = 1cmolc/kg

① 19%
② 25%
③ 50%
④ 75%
⑤ 100%

해설 염기포화도(%) = [교환성 염기의 총량(cmolc/kg) ÷ 양이온 교환 용량(cmolc/kg)] × 100
= [{3(K^+) + 3(Na^+) + 3(Ca^{2+}) + 3(Mg^{2+})} ÷ 16] × 100 = 75

정답 : ④

084 온대 습윤 지방에서 주요 1차 광물의 풍화 내성이 강한 순으로 배열된 것은?

① 휘석 > 백운모 > 흑운모 > 석영 > 회장성
② 흑운모 > 백운모 > 석영 > 휘석 > 각섬석
③ 백윤모 > 정장석 > 흑운모 > 감람석 > 휘석
④ 석영 > 백운모 > 흑운모 > 조장석 > 각섬석
⑤ 석영 > 백운모 > 흑운모 > 정장석 > 감람석

해설 **1차 광물 풍화 내성 정도**
석영 > 백운모(K) > 미사장석(K) > 정장석(K) > 흑운모(K) > 조장석(Na) > 각섬석(Ca, Mg, Fe) > 휘석(Ca, Mg, Fe) > 회장석(Ca) > 감람석(Mg, Fe)

정답 : ④

085 농경지토양과 비교하여 산림토양의 특성으로 볼 수 없는 것은?

① 미세기후의 변화는 농경지토양보다 적다.
② 낙엽과 고사근에 의해 유기물이 토양으로 환원된다.
③ 산림토양의 양분 순환은 농경지토양에 비해 빠르다.
④ 산림토양의 수분 침투능력은 농경지토양보다 낮다.
⑤ 낙엽층은 산림토양의 수분과 온도의 급격한 변화를 완충시킨다.

해설 산림토양의 수분 침투능력은 농경지토양보다 높다.

정답 : ④

086 토양조사를 위한 토양단면 작성 방법 중 옳지 않은 것은?

① 토양단면은 사면 방향과 직각이 되도록 판다.
② 깊이 1m 이내에 기암이 노출된 경우에는 기암까지만 판다.
③ 토양단면 내에 보이는 식물 뿌리는 원상태로 남겨둔다.
④ 낙엽층은 전정가위로 단면 예정선을 따라 수직으로 자른다.
⑤ 임상이나 지표면의 상태가 정상적인 곳을 조사지점으로 정한다.

해설 토양단면 내에 보이는 식물 뿌리는 종류, 양과 크기 등 순으로 기재하고 잘라낸다.

정답 : ③

087 토양생성 작용에 의하여 발달한 토양층 중 진토층은?

① A층+B층
② A층+B층+C층
③ O층+A층+B층
④ O층+A층+B층+C층
⑤ O층+A층+B층+C층+R층

해설 • 진토층 : A층, E층, B층
• 전토층 : A층, E층, B층, C층

정답 : ①

088 온난 습윤한 열대 또는 아열대 지역에서 풍화 및 용탈 작용이 일어나는 조건에서 발달하여, 염기포화도 35% 이하인 토양목은?

① Oxisol
② Ultisol
③ Entisol
④ Histosol
⑤ Inceptisol

해설 울티졸(Ultisol)은 점토집적층이 있으며, 염기포화도가 35% 이하인 산성토양이다.
① 옥시졸(Oxisols) : Al과 Fe의 산화물이 풍부한 적색의 열대 토양으로, 풍화가 가장 많이 진척된 토양
③ 엔티졸(Entisols) : 토양 생성 발달이 미약하여 층위의 분화가 없는 새로운 토양
④ 히스토졸(Histosols) : 물이 포화된 지역이나 늪지대에 분포하는 유기질 토양
⑤ 인셉티졸(Inceptisol) : 토양의 층위가 발달하기 시작한 젊은 토양

정답 : ②

089 기후 및 식생대의 영향을 받아 생성된 성대성 토양은?

① 소택토양
② 암쇄토양
③ 염류토양
④ 충적토양
⑤ 툰드라토양

해설 • 성대성 토양 : 라테라이트, 적색토, 사막토, 체르노젬, 밤색토, 갈색토, 포드졸, 툰드라
• 해안소택토양 : 해안 지대의 진펄에서 이루어진 간대성 토양으로, 물기가 많고 이탄층과 갈매층이 발달함

정답 : ⑤

090 한국 산림토양의 특성이 아닌 것은?

① 산림토양형은 8개이다.
② 토성은 주로 사양토와 양토이다.
③ 산림토양의 분류체계는 토양군, 토양아군, 토양형 순이다.
④ 토양단면의 발달이 미약하고 유기물 함량이 적은 편이다.
⑤ 화강암과 화강편마암으로부터 생성된 산성토양이 주로 분포한다.

해설 국내 산림토양 분류 방식은 '토양군(8) – 토양아군(11) – 토양형(28)'이다.

정답 : ①

091 수목이 쉽게 이용할 수 있는 인의 형태는?

① 무기인산 이온
② 철인산 화합물
③ 칼슘인산 화합물
④ 불용성 유기태 인
⑤ 인회석(apatite) 광물

해설 수목이 잘 흡수되는 인산은 무기태로 정인산(H_2PO_4)의 형태이며 유기물에 있는 유기태 인산도 무기태 인산으로 분해되는 인산이라 할 수 있다.

정답 : ①

092 코어(200cm^3)에 있는 300g의 토양시료를 건조하였더니 건조된 시료의 무게가 260g이었다. 이 토양의 액상, 기상의 비율은 얼마인가? (단, 토양의 입자 밀도는 2.6g/cm^3, 물의 비중은 1.0g/cm^{3}로 가정한다.)

① 20%, 20%
② 20%, 25%
③ 20%, 30%
④ 30%, 20%
⑤ 30%, 30%

해설
- 용적밀도 = 260/200 = 1.3g/cm^3
- 중량수분함량 = 40/260 ≒ 15.4%
- 용적수분함량 = 15.4 × 1.3 = 20.02%

따라서, 액상은 20%, 기상은 30%이다.

정답 : ③

093 토양 입자 크기에 따라 달라지는 토양의 성질이 아닌 것은?

① 교질물 구조
② 수분보유력
③ 양분 저장성
④ 유기물 분해
⑤ 풍식 감수성

해설 입자의 크기가 영향을 미치는 토양의 성질에는 수분보유력, 통기성, 배수 속도, 유기물 함량 수준, 유기물 분해, 온도 변화, 압밀성, 풍식 감수성, 수식 감수성, 팽창 수축력, 차수 능력, 오염물질 용탈 능력, 양분 저장 능력, pH 완충 능력 등이 있다.

정답 : ①

094 토양 산도(acidity)에 대한 설명으로 옳지 않은 것은?

① 토양산도는 활산도, 교환성 산도 및 잔류 산도 등 세 가지로 구분한다.
② 산림에서 낙엽의 분해로 발생하는 유기산은 토양의 산도를 감소시킨다.
③ 산림토양에서 pH값은 가을에 가장 높고 활엽수림이 침엽수림보다 높다.
④ 산림에 있는 유기물층과 A층은 주로 산성을 띠고, 아래로 갈수록 산도가 감소한다.
⑤ 한국 산림토양은 모암의 영향도 있지만, 주로 강우 현상에 의한 염기용탈로 산성을 띤다.

해설 산림에서 낙엽의 분해로 발생하는 유기산은 토양의 산도를 증가시킨다.

정답 : ②

095 토양 질소 순환 과정에서 대기와 관련된 것을 〈보기〉 중 고르면?

〈보기〉

ㄱ. 질산염 용탈 작용
ㄴ. 질산염 탈질 작용
ㄷ. 암모니아 휘산 작용
ㄹ. 미생물에 의한 부동화 작용
ㅁ. 콩과식물의 질소 고정 작용

① ㄱ, ㄴ, ㄷ
② ㄱ, ㄴ, ㄹ
③ ㄱ, ㄷ, ㅁ
④ ㄴ, ㄷ, ㅁ
⑤ ㄴ, ㄹ, ㅁ

해설 질소 순환은 질소고정 → 암모니아화 반응 → 질산화 반응 → 탈질산화의 반복을 말한다.

정답 : ④

096 균근에 대한 설명으로 옳지 않은 것은?

① 근권 내 병원균 억제
② 식물생장호르몬 생성
③ 토양 입자의 입단화 촉진
④ 난용성 인산의 흡수 촉진
⑤ 수목의 한발 저항성 억제

해설 균근은 수목의 한발 저항성을 증대시켜 준다.

정답 : ⑤

097 괄호 안에 들어갈 용어를 순서대로 나열한 것은?

요소(urea) 비료는 생리적 (ㄱ) 비료이며, 화학적 (ㄴ) 비료이고, 효과 측면에서는 (ㄷ) 비료이다.

	ㄱ	ㄴ	ㄷ
①	산성	중성	속효성
②	중성	산성	완효성
③	중성	중성	속효성
④	산성	염기성	완효성
⑤	중성	염기성	완효성

해설 요소 비료는 생리적 중성 비료이며, 화학적 중성 비료이고, 효과 측면에서는 속효성 비료이다.

생리적 반응

시비 후 토양 중에서 식물 뿌리의 흡수 작용이나 미생물의 작용을 받은 뒤에 나타나는 반응

생리적 산성 비료	황산암모늄(유안), 염화암모늄, 황산칼륨, 염화칼륨 등
생리적 중성 비료	질산암모늄, 요소, 과인산석회, 중과인산석화, 석회질소 등
생리적 염기성 비료	석회질소, 용성인시, 나뭇재, 칠레초석, 토마스인비, 퇴비, 구비 등

화학적 반응

수용액의 직접적인 반응

화학적 산성 비료	과인산석회, 중과인산석회
화학적 중성 비료	황산암모늄(유안), 염화암모늄, 요소, 질산암모늄(초안), 황산칼륨, 콩깨묵, 어박 등
화학적 염기성 비료	석회질소, 용성인비, 나뭇재, 토마스인비 등

정답 : ③

098 특이산성토양의 특성에 대한 설명으로 옳지 않은 것은?

① 토양의 pH가 3.5 이하인 산성토층을 가진다.
② 황화수소(H_2S)의 발생으로 수목의 피해가 발생한다.
③ 한국에서는 김해평야와 평택평야 등지에서 발견된다.
④ 담수 상태에서 환원 상태인 황화합물에 의해 산성을 나타낸다.
⑤ 개량 방법은 석회를 사용하는 것이나 경제성이 낮아 적용하기가 어렵다.

해설 지하 수위가 낮아지거나 인위적인 배수 체계를 통하여 통기성이 좋아지면 황철석의 산화 과정을 통하여 pH가 4.0 이하인 강한 산성을 띤다.

정답 : ④

099 토양의 특성 중 산불 발생으로 인해 상대적으로 변화가 적은 것은?

① pH
② 토성
③ 유기물
④ 용적밀도
⑤ 교환성 양이온

해설 토성은 산불로 인한 변화가 없다.

정답 : ②

100 산림토양에서 미생물에 의한 낙엽 분해에 관한 설명으로 옳지 않은 것은?

① 낙엽에 의한 유기물축적은 열대림보다 온대림에서 많다.
② 낙엽의 분해율은 분해 초기에는 진행이 빠르지만 점차 느려진다.
③ 주로 탄질비(C/N)가 높은 낙엽이 분해 속도와 양분 방출 속도가 빠르다.
④ 양분 이온들은 미생물의 에너지 획득 과정의 부산물로서 토양수로 들어간다.
⑤ 낙엽의 양분 함량이 많고 적음에 따라 미생물에 의한 양분 방출 속도가 다르다.

해설 질소 비율(탄질비)이 높을수록 무기(분해)화가 천천히 진행되고 양분의 방출 속도가 느리다.

정답 : ③

PART
05 | 수목관리학

101 미상화서(꼬리꽃차례)인 수종은?

① 목련, 동백나무
② 벚나무, 조팝나무
③ 등나무, 때죽나무
④ 작살나무, 덜꿩나무
⑤ 버드나무, 굴참나무

해설 **미상화서**
- 꽃잎이 없는 것 : 포플러류, 가래나무류 등
- 꽃잎, 꽃받침이 없는 것 : 버드나무류
- 수꽃의 꽃대가 연하여 밑으로 쳐지는 화서이며, 대부분은 포로 싸인 단성화
- 버드나무과, 참나무과, 자작나무과, 가래나무과, 포플러류

정답 : ⑤

102 도시숲의 편익에 대한 설명으로 옳지 않은 것은?

① 유거수와 토양침식을 감소시킨다.
② 잎은 미세먼지 흡착 기여도가 가장 큰 기관이다.
③ 건물의 냉 · 난방에 소요되는 에너지 비용을 절감한다.
④ 휘발성 유기화합물(VOC)을 발산하여 O_3 생성을 억제한다.
⑤ SO_2, NOx, O_3 등 대기오염물질을 흡수 또는 흡착하여 대기의 질을 개선한다.

해설 휘발성 유기화합물(VOCs)은 대기 중으로 휘발되어 악취를 유발하고, 광화학반응을 일으켜 O_3를 발생시키게 되며 2차 미세먼지의 원인물질이 되는 탄화수소화합물을 일컫는다. 벤젠이나 포름알데히드, 톨루엔, 자일렌, 에틸렌, 스틸렌, 아세트알데히드 등을 통칭하기도 한다.

도시숲의 편익
- 나무와 숲은 미세먼지를 흡착하거나 정화하는 기능을 갖고 있다.
- 수목은 잎과 수피의 표면이 불규칙하고 거칠기 때문에 미세먼지를 흡착할 수 있다.
- 큐티클층에 부착된 미세먼지는 그 속으로 함몰되거나 광합성을 하면서 흡수되어 정화되기도 한다.
- 미세먼지를 흡착하는 능력은 잎과 수피의 구조와 숲의 형태에 따라 차이가 난다.
- 상록성이며, 잎이 작고, 엽량이 많으며, 털이 많고, 표면이 거칠고, 가장자리에 굴곡이 많으면 흡착 능력이 더 크다.
- 흡착 능력이 큰 침엽수 : 주목, 측백나무, 낙우송, 엽초(잎의 기부)가 있는 소나무류 등
- 흡착 능력이 큰 활엽수 : 처진자작나무, 느릅나무, 팥배나무류 등
- 잎의 미세먼지 흡착 능력이 큰 수종일수록 광합성이 더 감소한다.

정답 : ④

103 식물건강관리(PHC) 프로그램에 관한 설명으로 옳지 않은 것은?

① 인공 지반 위에 식재한 경우 균근을 활용한다.
② 환경과 유전 특성을 반영하여 수목을 선정하고 식재한다.
③ 병해충 모니터링과 수목 피해의 사전 방지가 강조된다.
④ PHC의 기본은 수목 식별과 해당 수목의 생리에 대한 지식이다.
⑤ 교목 아래에 지피식물을 식재하는 것이 유기물로 멀칭하는 것보다 더 바람직하다.

해설 식물건강관리 프로그램(PHC ; Plant Health Care): 종합적병해충관리(IPM) 개념을 조경수 관리에 응용하기 위해 개발한 프로그램으로 수종 선정(각 수종의 고유특성을 기초로 하여 수종을 선택), 햇빛 관리, 수형의 조절, 토양 관리, 하층식생 관리, 균근의 활용 등이 포함되어 있다.

멀칭
- 수목을 이식한 후 볏짚, 솔잎, 나무껍질, 우드 칩 등으로 멀칭
- 토양의 수분 증발을 억제하여 활착에 도움
- 피복하는 면적은 근분직경의 3배가량 되게 원형으로 실시, 5~10cm로 깖
- 이식목의 지표면과 그 주변에 잔디, 초화류, 화관목을 심는 것은 부적당함
- 잔디나 화관목이 수분과 양료를 빼앗아 감

정답 : ⑤

104 수목 이식에 관한 설명 중 옳지 않은 것은?

① 일반적으로 7월과 8월은 적기가 아니다.
② 가시나무와 층층나무는 이식 성공률이 낮은 편이다.
③ 대형수목 이식 시 근분의 높이는 줄기의 직경에 따라 결정한다.
④ 근원직경 5cm 미만의 활엽수는 가을이나 봄에 나근 상태로 이식할 수 있다.
⑤ 교목은 한 개의 수간에 골격지가 적절한 간격으로 균형 있게 발달한 것을 선정한다.

해설 대형 수목 이식 시 근분의 높이(=뿌리 부분의 높이)는 일반적으로 수목의 뿌리가 분포하는 토양 표면으로부터 75cm까지이며, 최고 100cm 정도면 충분하다. 근원직경의 3~5배 정도의 뿌리분 크기가 적절하며, 대형 수목의 경우 접시형으로 근원직경의 5배 정도로 하는 것이 좋다. 근분의 크기는 근원직경이 30cm 이상인 경우 수간직경의 6~8배 정도이다,

이식적기
- 온대지방에서 수목을 이식하기에 적절한 시기는 수목이 휴면 상태에 있는 기간(늦가을~이른 봄)
- 가을 이식의 경우 낙엽이 진 후 아직 토양이 얼기 전에 가능(이상난동과 겨울 가뭄으로 상록수 고사 가능성 높음)
- 봄철 새로운 뿌리의 발생은 잎이 트는 시기보다 2주 이상 앞섬
- 낙엽활엽수는 봄 이식이 적당하며, 침엽수는 이식 시기가 좀 더 긺
- 상록활엽수는 봄 이식이 유리함
- 수목 이식에 부적당한 시기는 7월과 8월로, 높은 증산작용과 뿌리의 발생이 가장 저조함

정답 : ③

HIDDEN CARD

105 전정에 관한 설명으로 옳지 않은 것은?

① 자작나무, 단풍나무는 이른 봄이 적기이다.
② 구조전정, 수관솎기, 수관축소는 모두 바람의 피해를 줄인다.
③ 구획화(CODIT)의 두 번째 벽(Well 2)은 종축유세포에 의해 형성된다.
④ 침엽수 생울타리는 밑부분의 폭을 윗부분보다 넓게 유지하는 것이 좋다.
⑤ 주간이 뚜렷하고 원추형 수형을 갖는 나무는 전정을 거의 하지 않아도 안정된 구조를 형성한다.

해설 성숙한 자작나무, 단풍나무는 이른 봄보다 늦가을, 겨울 초기, 아니면 잎이 완전히 나온 후 전정을 하여 수액이 나오는 시기를 피한다.

전정(가지치기)

- 이론적으로 가장 적절한 가지치기 시기는 수목의 휴면 상태인 이른 봄
- 한국 중부지방의 경우 입춘이 지나고 2월 중순부터 실시
- 활엽수는 가을에 낙엽이 진 후 봄에 생장을 개시하기 전 휴면 기간 중 아무 때나 가지치기
- 침엽수는 이른 봄에 새 가지가 나오기 전에 실시

※ 수종에 따라 이른 봄에 가지를 치면 수액이 흘러 상처 치유를 지연시킴

정답 : ①

106 수목의 위험성을 저감하기 위한 처리 방법으로 옳지 않은 것은?

① 죽었거나 매달려 있는 가지 : 수관을 청소하는 전정을 실시한다.
② 매몰된 수피로 인한 약한 가지 부착 : 줄당김이나 쇠조임을 실시한다.
③ 부후된 가지 : 보통 이하의 부후는 길이를 축소하고, 심하면 쇠조임을 실시한다.
④ 부후된 수간 : 부후가 경미하면 수관을 축소 전정하고, 심하면 해당 수목을 제거한다.
⑤ 초살도가 낮고 끝이 무거운 수평 가지 : 가지의 무게와 길이를 줄이고 지지대를 설치한다.

해설 쇠조임은 부후된 가지에 강한 지지력을 제공할 수 있지만, 부후가 쇠조임 주변으로 확산될 수 있기 때문에 주의해야 하며 심하면 실시하지 않는다. 건전한 목재가 수간이나 가지 직경의 40% 미만인 부후된 부분에는 관통하는 지지 시스템이 더 적합할 수 있다.

수관회복

- 태풍, 병충해, 뿌리 고사, 사고, 지나친 두목작업, 이식, 노쇠목으로 수형이 많이 훼손된 나무 등의 경우 수형을 바로잡고 건강을 회복시키기 위하여 실시
- 수간이 건전하고 골격지가 살아 있는 경우 과감한 전정을 통해 구제
- 죽은 가지 및 피해 가지는 제거
- 수관 회복과 외과수술을 병행하여 수간을 복구

정답 : ③

107 수목관리자의 조치로 옳지 않은 것은?

① 토양경도가 3.6kg/cm²인 식재부지를 심경하였다.
② 배수관로가 매설된 지역에 참느릅나무를 식재하였다.
③ 제초제 피해를 입은 수목의 토양에 활성탄을 혼화처리하였다.
④ 해안매립지에 염분차단층을 설치하고, 성토한 다음 모감주나무를 식재하였다.
⑤ 복토가 불가피하여 나무 주변에 마른 우물을 나들고, 우물 밖에 유공관을 설치한 다음 복토하였다.

해설 배수관로 지역에 참느릅나무를 식재할 경우 뿌리가 관로를 막아 침수의 피해를 일으킬 수 있다.
※ 참느릅나무는 습기가 많고 비옥한 계곡이나 하천변에서 잘 자라지만 건조와 수분스트레스도 잘 견딘다.

염해에 강한 수종

분류	수목의 종류
교목류	동백나무, 곰솔, 섬잣나무, 산벚나무, 때죽나무, 모감주나무, 수양버들, 아까시나무, 이팝나무, 위성류, 팽나무 등
관목류	산철쭉, 화살나무, 무화과나무, 댕강나무, 해당화, 순비기나무, 탱자나무, 천선과나무, 좀작살나무, 개나리 등

정답 : ②

108 조상(첫서리) 피해에 관한 설명으로 옳지 않은 것은?

① 별채 시기에 따라 활엽수의 맹아지가 종종 피해를 입는다.
② 생장휴지기에 들어가기 전 내리는 서리에 의한 피해이다.
③ 남부지방 원산의 수종을 북쪽으로 옮겼을 경우 피해를 입기 쉽다.
④ 찬 공기가 지상 1~3m 높이에서 정체되는 분지에서 가끔 피해가 나타난다.
⑤ 잠아로부터 곧 새순이 나오기 때문에 수목에 치명적인 피해는 주지 않는다.

해설 **조상(첫서리)**

- 원인 : 늦가을에 나무가 생장하고 있어 내한성이 없는 상태에서 별안간 온도가 0℃ 이하로 내려가거나 잎 등에 피해를 주는 것
- 병징
  - 새순과 잎에서 나타나는데 소나무의 경우 잎의 기부가 피해를 입어 잎이 밑으로 쳐짐
  - 모든 새순을 죽여 그 후유증이 1~2년간 지속되어 만상보다 더 나무의 모양을 훼손
  - 나무가 왜성 혹은 관목형으로 변하기도 함
- 방제
  - 늦여름 시비를 자제하여 가을에 생장을 일찍 정지시킴
  - 일기예보에 따라 서리가 오기 전에 스프링클러로 안개비를 만들거나 연기를 발생시키거나 송풍기로 바람을 만들어 피해를 줄임

정답 : ⑤

109 한해(건조 피해)에 관한 설명으로 옳지 않은 것은?

① 토양에서 수분 결핍이 시작되면 뿌리부터 마르기 시작한다.
② 인공림과 천연림 모두 수령이 적을수록 피해를 입기 쉽다.
③ 포플러류, 오리나무, 들메나무와 같은 습생식물은 한해에 취약하다.
④ 조림지의 경우에 수목을 깊게 심는 것도 한해를 예방하는 방법이다.
⑤ 침엽수의 경우 건조 피해가 초기에 잘 나타나지 않기 때문에 주의가 필요하다.

해설 **수분스트레스**

- 잎과 줄기에서 수분퍼텐셜이 낮아지면 수분 부족 현상은 뿌리까지 전달되지만 뿌리에서는 시간적으로 늦게 나타난다. 또한 수분을 공급하는 토양에 존재하여 제일 먼저 회복한다.
- 낮의 증산작용으로 수분을 과다하게 잃고 수분의 부족으로 나타남
- 천근성 수종과 토심이 낮은 곳에서 자라는 수목이 더 피해가 큼
- 내건성 높은 수종 : 소나무, 곰솔, 향나무, 가죽나무, 회화나무, 사철나무, 사시나무, 아까시나무 등
- 내건성 약한 수종 : 낙우송, 삼나무, 느릅나무, 칠엽수, 물푸레나무, 단풍나무, 층층나무, 버드나무, 포플러, 들매나무 등

정답 : ①

110 바람 피해에 관한 설명으로 옳은 것은?

① 천근성 수종인 가문비나무와 소나무가 바람에 약하다.
② 수목의 초살도가 높을수록 바람에 대한 저항성이 낮다.
③ 폭풍에 의한 수목의 도복은 사질토양보다 점질토양에서 발생하기 쉽다.
④ 주풍에 의한 침엽수의 편심생장은 바람이 부는 반대 방향으로 발달한다.
⑤ 방풍림의 효과를 충분히 발휘시키기 위해서는 주풍 방향에 직각으로 배치해야 한다.

해설 **방풍식재용 수목**

- 심근성이면서 가지가 강한 수종
- 지엽이 치밀한 수종
- 낙엽수보다는 상록수가 바람직
- 파종하여 자란 자생수종으로 직근을 가진 수종
- 소나무, 곰솔, 향나무, 가시나무, 아왜나무, 동백나무 등

방풍림 혹은 방풍벽 설치

- 상록수로 된 방풍림이나 인공방풍벽을 북서향에 조성하여 한랭한 바람 차단
- 대개 풍상측은 수고의 5배, 풍하측은 10~25배의 거리까지 효과
- 일반적으로 수고를 높게, 임분대의 폭을 넓게, 차폐를 어느 정도 높게 하면 감소효과가 증가
- 풍속이 감소하면 증산이 억제되고 지온이나 기온이 상승함
- 방풍림 효과를 충분히 발휘하려면 주풍 방향에 직각으로 배치
  - 주로 겨울 계절풍의 영향을 크게 받으므로 북서 방향에 대해 직각으로 조성

– 해풍이나 염풍은 해안선에 직각 방향으로 조성
– 폭풍은 대개 남서~남동에 면하는 쪽에 임분대를 설치
– 임분대의 폭은 대개 100~150m가 적당함

정답 : ⑤

111 제설염 피해에 관한 설명으로 옳지 않은 것은?

① 침엽수는 잎 끝부터 황화현상이 발생하고 심하면 낙엽이 진다.
② 일반적으로 수목 식재를 위한 토양 내 염분한계농도는 0.05% 정도이다.
③ 상대적으로 낙엽수보다 겨울에도 잎이 붙어 있는 상록수에서 피해가 더 크다.
④ 토양 수분퍼텐셜이 높아져서 식물이 물과 영양소를 흡수하기가 어려워진다.
⑤ 피해를 줄이기 위해 토양 배수를 개선하고, 석고를 사용하여 나트륨을 치환해준다.

해설 제설염으로 인해 토양 수분퍼텐셜이 낮아져서 식물이 물과 영양소를 흡수하기가 어려워진다.
※ 수분은 수분퍼텐셜이 높은 곳에서 낮은 곳으로 이동한다.

정답 : ④

112 수종별 내화성에 관한 설명으로 옳지 않은 것은?

① 소나무는 줄기와 잎에 수지가 많아 연소의 위험이 높다.
② 가문비나무는 음수로 임내에 습기가 많아 산불 위험도가 낮다.
③ 녹나무는 불에 강하며, 생엽이 결코 불꽃을 피우며 타지 않는다.
④ 은행나무는 생가지가 수분을 많이 함유하고 있어 잘 타지 않는다.
⑤ 리기다소나무는 맹아력이 강하여 산불 발생 후 소생하는 경우가 많다.

해설

구분	내화력이 강한 수종	내화력이 약한 수종
침엽수	은행나무, 잎갈나무, 분비나무, 가문비나무, 개비자나무, 대왕송 등	소나무, 곰솔, 삼나무, 편백 등
상록활엽수	아왜나무, 굴거리나무, 후피향나무, 붓순, 합죽도, 황벽나무, 동백나무, 비쭈기나무, 사철나무, 가시나무, 회양목 등	녹나무, 구실잣밤나무 등
낙엽활엽수	피나무, 고로쇠나무, 마가목, 고광나무, 가중나무, 네군도단풍나무, 난티나무, 참나무, 사시나무, 음나무, 수수꽃다리 등	아까시나무, 벚나무, 능수버들, 벽오동, 참죽나무, 조릿대 등

정답 : ③

113 괄호 안에 들어갈 내용을 바르게 나열한 것은?

> PAN의 피해는 주로 (ㄱ)에 나타나고, O_3에 의한 가시적 장해의 조직학적 특징은 (ㄴ)이 선택적으로 파괴되는 경우가 많으며, 느티나무는 O_3에 대한 감수성이 (ㄷ).

	ㄱ	ㄴ	ㄷ
①	어린잎	책상조직	작다
②	어린잎	책상조직	크다
③	어린잎	해면조직	작다
④	성숙잎	해면조직	작다
⑤	성숙잎	책상조직	크다

해설 PAN

- 활엽수 : 잎의 뒷면에 광택이 나면서 후에 청동색으로 변함
- 고농도에서 잎 표면도 피해(엽육조직 피해)
- 아황산가스와 오존은 성숙엽에 피해가 생기고, PAN은 어린잎에 피해가 발생함

오존(O_3)

- 활엽수 : 잎 표면에 주근깨 같은 반점 형성, 책상조직이 먼저 붕괴되며 반점이 합쳐져 표면이 백색화
- 침엽수 : 잎끝의 괴사, 황화현상의 반점, 왜성 황화된 잎
- 오존에 강한 수종
  - 활엽수 : 삼나무, 곰솔, 편백, 화백, 서양측백나무, 은행나무 등
  - 침엽수 : 버즘나무, 굴참나무, 졸참나무, 개나리, 금목서, 녹나무, 광나무, 돈나무, 태산목 등

정답 : ②

114 산성비의 생성 및 영향에 관한 설명으로 옳지 않은 것은?

① 활엽수림보다 침엽수림이 산 중화 능력이 더 크다.
② 황산화물과 질소산화물이 산성비 원인 물질이다.
③ 활성 알루미늄으로 인해 인산 결핍을 초래한다.
④ 토양 산성화로 미생물, 특히 세균의 활동이 억제된다.
⑤ 잎 표면의 왁스층을 심하게 부식시켜 내수성을 상실한다.

해설 활엽수림의 산 중화 능력이 더 크다. 활엽수가 침엽수보다 산성비에 대한 완충효과가 큰 것은 활엽수에 양이온 성분이 많아 산성비의 수소이온농도를 치환시켜 화학적 특성이 변하게 하기 때문이다

산성비

- 정의 : pH 5.6 이하의 강우를 뜻함
- 아황산가스와 질소산화물이 햇빛에 의해 산화되어 각각 황산과 질산으로 변한 후 빗물에 녹아 산성비가 됨
- 토양이 산성화되어 토양 내 알루미늄의 독성이 나타나고 칼슘과 마그네슘의 흡수가 방해되어 결핍 증상을 유발
- 큐티클층을 용해하여 얇게 만들고, 이로 인해 칼륨 같은 무기물이 용탈됨
- 엽록소를 감소시켜 광합성을 저해하고, 생장장애를 초래하여 발아나 개화가 지연됨
- 산성비의 피해

pH 3.0 이하	수목의 가시적 피해 : 잎의 황색 반점 및 조직의 파괴
pH 3.1~4.5	수목의 간접적 피해 : 엽록소 파괴, 잎의 양료 용탈
pH 4.6~5.5	수목 간접적 피해 : 엽록소 감소, 광합성 저해, 종자 발아 및 개화 지연

- 산성비에 저항성 수목

침엽수	곰솔, 소나무, 리기다소나무, 전나무, 편백, 삼나무, 일본잎갈나무 등
활엽수	자작나무, 참나무, 느티나무, 포플러, 밤나무, 양버즘나무, 은행나무 등

정답 : ①

115 침투성 살충제에 관한 설명으로 옳지 않은 것은?

① 흡즙성 해충에 약효가 우수하다.

② 유효성분 원제의 물에 대한 용해도가 수 mg/L 이상이어야 한다.

③ 네오니코티노이드계 농약인 아세타미프리드, 티아메톡삼이 있다.

④ 보통 경엽처리제로 제형화하며, 토양에 처리하는 입제로는 적합하지 않다.

⑤ 흡수된 농약이 이동 중 분해되지 않도록 화학적, 생화학적 안정성이 요구된다.

해설 **침투성 살충제**

- 약제가 식물체 내로 흡수, 이행되어 식물체 각 부위로 이동 분포되는 특징
- 접촉독제는 살포 부위에만 부착되지만, 침투성 살충제는 흡즙성 해충에 대한 약효가 우수함
- 약제가 침투성을 나타내기 위해서는 물에 대한 용해도가 수 mg/L 이상이어야 하며, 이동 중 분해되지 않도록 화학적 · 생화학적 안정성이 요구됨
- 침투성 살충제 구분

반침투성	약제가 부착된 잎 표면의 왁스질 큐티클에서 확산에 의해 잎의 밑면으로 이동하지만 작물체 전체로는 이동하지 못함
침투이행성	토양에 살포하여도 작물 전체로 이행됨

- 토양에 살포하는 입제 제형이 가능함

정답 : ④

HIDDEN CARD

116 천연식물보호제가 아닌 것은?

① 비펜트린
② 지베렐린
③ 석회보르도액
④ 비티쿠르스타키
⑤ 코퍼하이드록사이드

해설 • 구리제

무기구리제	• 보르도액 : 황산구리와 생석회가 주성분 • copper hydroxide, copper sulfate, copper oxychloride
유기구리제	• 구리 이온의 침투가 무기구리제보다 월등, 1/10로 같은 효과 • oxine copper, DBRDC

• BT쿠르스타키균(Bacillus Thuringiensis var. kurustaki) = BT균제
• 피레스로이드계 – 3a, Na 통로 조절
 – 제충국의 분말인 pyrethrin은 천연살충제
 – 작용기작은 신경축색에서의 신경자극전달을 저해, 반복흥분 등을 유발하여 살충(이른바 녹다운 효과)
 – 포유동물에 대한 독성이 매우 낮음. 수분 및 광에 의해 쉽게 분해
 – 어독성이 높아 수도용으로 사용 금지였으나 최근 안전한 약제 개발
• 비펜트린 : 3a 합성피레스로이드계(Na 통로 조절)
• pyrethrin : 제충국의 분말로 천연피레스로이드계
• 펜발레레이트(Fenvalerate) · 델타메트린 · 사이퍼메트린(cypermethrin)
• 기타 : Fluvalinate, flucythrinate, fenpropathrin, cyfluthrin, cyhalothrin, 비펜트린(bifenthrin), acrinathrin, etofenprox 등

정답 : ①

117 보호살균제에 관한 설명으로 옳지 않은 것은?

① 정확한 발병 시점을 예측하기 어려우므로 약효 지속기간이 길어야 한다.
② 병 발생 전에 식물에 처리하여 병의 발생을 예방하기 위한 약제이다.
③ 식물의 표피조직과 결합하여, 발아한 포자의 식물체 침입을 막아준다.
④ 발달 중의 균사 등에 대한 살균력이 낮아, 일단 발병하면 약효가 떨어진다.
⑤ 석회보르도액과 각종 수목의 탄저병 등 방제에 쓰이는 만코제브는 이에 해당한다.

해설

보호살균제 (protectant)	• 약제가 식물체 내로 침투하는 능력 낮음 • 병 발생 전에 살포하여야 효과적임
직접살균제 (eradicant)	• 병원균의 발아, 침입 방지뿐만 아니라 침입한 병원균을 살멸시킬 수 있으므로 발병 후에도 사용이 가능한 식물체 내로의 침투력이 있는 것 • 많은 유기합성 살균제 및 항생물질이 해당함 • 주로 병원균 포자의 발아억제 또는 살멸로 병원균이 식물체 내에 침입하는 것을 방지함

정답 : ③

118 반감기가 긴 난분해성 농약을 사용하였을 때 발생할 수 있는 문제점으로 옳지 않은 것은?

① 토양의 알칼리화
② 토양 중 농약 잔류
③ 후작들의 생육 장해
④ 잔류농약에 의한 만성독성
⑤ 생물농축에 의한 생태계 파괴

해설
- 토양 조건에 따른 잔류 : 일반적으로 토양의 pH가 높을수록 농약의 분해가 촉진됨
- 토양잔류성 농약 : 농약의 반감기간이 180일 이상인 농약으로서 병해충방제를 위하여 사용한 성분이 토양에 남아 후작물에 잔류되는 것

※ 우리나라에서 사용 중인 농약의 대부분은 반감기가 120일 미만으로 토양 중 농약잔류의 우려가 없는 편이다.

정답 : ①

HIDDEN CARD

119 농약의 제형 중 액제(SL)에 관한 설명으로 옳지 않은 것은?

① 원제가 극성을 띠는 경우에 적합한 제형이다.
② 원제가 수용성이며 가수분해의 우려가 없는 것이어야 한다.
③ 원제를 물이나 메탄올에 녹이고, 계면활성제를 첨가하여 제제한다.
④ 저장 중에 동결에 의해 용기가 파손될 우려가 있으므로 동결방지제를 첨가한다.
⑤ 살포액을 조제하면 계면활성제에 의해 유화성이 증가되어 우윳빛으로 변한다.

해설 **액제(SL)**
- 원제가 수용성이며 가수분해의 우려가 없는 경우에 물 또는 메탄올에 녹이고, 계면활성제나 동결방지제를 첨가하여 제제한 액상제형
- 살포액은 투명함
- 겨울철에 저장할 때에는 주의 필요
- 극성을 띰(물에 잘 녹음)

정답 : ⑤

120 잔디용 제초제 벤타존이 벼과와 사초과 식물 사이에 보이는 선택성은 어떠한 차이에 의한 것인가?

① 약제와의 접촉
② 체내로의 흡수
③ 작용점으로의 이행
④ 대사에 의한 무독화
⑤ 작용점에서의 감수성

해설 **제초제의 선택성 요인**

• 생리 · 생태적 선택성

형태학적 선택성	쌍자엽식물(근엽생 중심부에 생장점), 단자엽식물(수직성 잎)
처리시기 선택성	천근성인 잡초는 빨리 자라므로 발아전 제초제 살포(파라콰트, 글리포세이트)
처리위치 선택성	토양처리형 제초제를 뿌리면 얕은 표층에 자라는 잡초 제거
배치 선택성	나무에 잎이 없을 때 비선택성 제초제를 살포
제초제의 토양흡착성	제초제가 수용성이면 깊이 침투하여 심근성 식물에 작용하고 제초제가 흡착성이 강하면 표층의 천근성 식물에 작용함
식물체 내 이행성	• 2,4-D는 화본과 식물과 광엽잡초 사이에 선택성을 보임 • 콩과와 화본과 중 콩과가 감수성

• 생화학적 선택성

활성화 기작	모화합물 자체는 제초활성이 없으나 식물체 내에서 활성화되어 살초함(2,4-DB, MCPB 등)
불활성 기작	• 분해에 의한 불활성화 : 제초제 활성 전에 효소와 작용하여 분해 • 콘쥬게이트 형성에 의한 불활성화 : 식물체의 구성성분과 결합하여 불활성화(2, 4-D, 벤타존 등) • 벤타존은 벼에는 영향이 없고, 금방동사니(사초과)에는 살초 효과

정답 : ④

121 신경 및 근육에서의 자극 전달 작용을 저해하는 살충제에 해당하지 않는 것은?

① 비펜트린(3a) ② 아바멕틴(6)
③ 디플루벤주론(15) ④ 페니트로티온(1b)
⑤ 아세타미프리드(4a)

해설 • 마크로라이드계-6, 염소통로 활성화
  -아바멕틴은 방선균에서 분리
  -살선충, 살응애
  -약제 : abamectin, emamectin, benzoate, milbemectin 등
• 네오니코틴노이드계-4a, 신경전달물질 수용체 차단
  -독성이 강하고 빛에 잘 분해되어 잔효성 짧음
  -흡즙성 해충에 살충효과가 우수
  -약제 : imidacloprid, acetamiprid, clothianidin, dinotefuran, nitenpyram, thiacloprid, thiamethoxam 등
• diamid계-28, 라이아노딘 수용체 조절
  -2010년 이후 개발 약제, 근육 수축 시 근육을 과도하게 수축시킴
  -약제 : chloranraniliprole, cyantraniliprole, cyclaniliprole, Flubendiamide

• 벤조닐우레아계－15, 키틴생합성 저해
－IGR(곤충생장조절제), 인축독성이 낮고, 환경오염 적고, 곤충과 동물 간에 선택독성이 높음
－약제 : bistrifluron, chlorfluazuron, novaluron, lufeluron, triflumuron
• bufrofezin－16, 키틴생합성 저해
－IGR(곤충생장조절제)
• 벤조일하이드라진(benzoylhydrazine)계－18, 탈피호르몬수용체 기능 향상
－IGR(곤충생장조절제)
－테부페노자이드(tebufenozide), 메톡시페노자이드(methoxyfenozide)

정답 : ③

HIDDEN CARD

122 **여러 가지 수목병에 사용되는 살균제인 마이클로뷰타닐과 테부코나졸의 작용기작은?**

① 스테롤합성 저해, 스테롤합성 저해
② 단백질합성 저해, 단백질합성 저해
③ 지방산합성 저해, 지방산합성 저해
④ 스테롤합성 저해, 단백질합성 저해
⑤ 지방산합성 저해, 스테롤합성 저해

해설 **마이클로뷰타닐 : 트레아졸계 살균제－살균제 주요 작용기작**
• 세포분열 저해
－저항성 유발
－경엽살포용, 포자발아, 발아관 신장, 부착기 형성, 균사 생장 저해
－벤지미다졸계(나1) : 베노밀, 티오파네이트메틸, 카벤다짐
• 호흡 저해(에너지 생성 저해) : 스트로빌루린계－아족시스트로빈, 멘데스트로빈, 오리사스트로빈, 트리플옥시스트로빈
• 막에서 스테롤 생합성 저해
－트레아졸계 : 식물의 생장점으로 흡수, 침투이행성, 보호 및 치료 효과
－약해 없음. Ergosterol의 생합성 저해(사1)
－디니코나졸, 디페노코나졸, 맷코나졸, 비테르타놀, 헥사코사졸
• 세포벽 생합성 저해
－난균문 방제 살균제 : 유사균류는 에르고스테롤이 존재하지 않음
－CAA살균제(카르복실 acid amide) : 미메토모르프, 벤티아빌리카브, 발리페날레이트
• 다점 접촉 : 보르도액, 만코제브(디티오카바메이트계＝유기황계)

정답 : ①

123 「소나무재선충병 방제지침」에 따른 소나무재선충병 예방사업 중 나무주사 대상지 및 대상목에 관한 설명으로 옳지 않은 것은?

① 집단발생지 및 재선충병 확산이 우려되는 지역
② 발생지역 중 잔존 소나무류에 대한 예방조치가 필요한 지역
③ 발생지역 중 피해 외곽지역 단본 형태로 감염목이 발생하는 지역
④ 국가 주요시설, 생활권 주변의 도시공원, 수목원, 자연휴양림 등 소나무류 관리가 필요한 지역
⑤ 나무주사 우선순위 이외 지역의 소나무류에 대해서는 피해 고사목 주변 20m 내외 안쪽에 한해 예방 나무주사 실시

해설 매개충 나무주사 대상지는 다음의 우선순위에 따른다.

- 선단지 및 재선충병 확산이 우려되는 지역, 다만, 송이, 식용 잣 채취지역 등 약제 피해가 우려되는 지역은 제외
- 발생지역 중 피해 외곽지역 단본 형태로 감염목이 발생하는 지역

대상목 선정

- 예방 및 합제 나무주사 우선순위 이외 지역의 소나무류에 대하여는 피해고사목 주변 20m 내외 안쪽에 한해 예방나무주사 실시
- 재선충병에 감염되지 않은 우량한 소나무류를 선정하고, 형질이 불량하거나 쇠약한 나무, 가슴높이 지름이 10cm 미만인 나무 등은 제외
- 전수조사 방법으로 조사하되, 나무주사 구역이 넓은 경우 등은 표준지조사를 실시하고 필요한 경우 대상목 선목 실시
- 단목벌채, 소구역모두베기, 모두베기 등의 방제 효과를 높이기 위하여 잔존 소나무에 대하여는 벌채방법에 따른 나무주사를 시행

정답 : ①

124 「산림병해충 방제규정」에 따른 방제용 약종의 선정기준이 아닌 것은?

① 경제성이 높을 것
② 사용이 간편할 것
③ 대량구입이 가능할 것
④ 항공방제의 경우 전착제가 포함되지 않을 것
⑤ 약효시험 결과 50% 이상 방제효과가 인정될 것

해설 **「산림병해충 방제규정」 제53조(약제선정 기준)**

① 방제용 약종은 「농약관리법」에 따라 등록된 약제 또는 「농림축산식품부 소관 친환경농어업 육성 및 유기식품 등의 관리 · 지원에 관한 법률 시행규칙」에 따라 유기농업자재로 공시 · 품질 인증된 제품 중에서 다음의 기준에 따라 선정한다.

1. 예방 및 살충 · 살균 등 방제효과가 뛰어날 것
2. 입목에 대한 약해가 적을 것

3. 사람 또는 동물 등에 독성이 적을 것
4. 경제성이 높을 것
5. 사용이 간편할 것
6. 대량구입이 가능할 것
7. 항공방제의 경우 전착제가 포함되지 않을 것

정답 : ⑤

125 **「산림보호법」에 따른 과태료 부과기준의 개별 기준 중 다음의 과태료 금액에 해당하지 않는 위반행위는?**

- 1차 위반 : 50만원
- 2차 위반 : 70만원
- 3차 위반 : 100만원

① 나무의사가 보수교육을 받지 않은 경우
② 나무의사가 진료부를 갖추어 두지 않은 경우
③ 나무병원이 나무의사의 처방전 없이 농약을 사용한 경우
④ 나무의사가 정당한 사유 없이 처방전 등 발급을 거부한 경우
⑤ 나무의사가 진료사항을 기록하지 않거나 또는 거짓으로 기록한 경우

해설 처방전 없이 농약을 사용하거나 처방전과 다르게 농약을 사용한 경우 1차 위반 시 150만원, 2차 위반 시 300만원, 3차 위반 시 500만원의 과태료에 처한다.

나무의사 자격 등록 및 취소 조건

위반 행위	근거 법조문	행정 처분				벌금	과태료		
		1차	2차	3차	4차		1차	2차	3차
거짓이나 부정한 방법으로 자격 취득	제21조6항 의 1호	취소				1년 또는 1천만원			
동시에 두 개 이상의 병원 취업	제21조6항 의 2호	2년 정지	취소			500만원			
결격사유에 해당된 경우	제21조6항 의 3호	취소							
자격증 대여	제21조6항 의 4호	2년 정지	취소			1년 또는 1천만원			
정지 기간에 수목 진료	제21조6항 의 5호	취소				500만원			
고의로 수목진료를 사실과 다르게 행한 행위	제21조6항 의 6호	취소							
과실로 수목진료를 사실과 다르게 행한 행위	제21조6항 의 7호	2개월	6개월	12개월	취소				

위반 행위	근거 법조문	행정 처분				벌금	과태료		
		1차	2차	3차	4차		1차	2차	3차
거짓이나 부정한 방법으로 처방전 발급	제21조6항의 8호	2개월	6개월	12개월	취소				
자격 취득 없이 수목 진료한 자						500만원			
나무의사 등의 명칭을 사용한 자									
진료부 없거나 진료사항 기록하지 않거나 거짓 진료 기록							50	70	100
직접 진료 없이 처방전 발급							50	70	100
처방전 발급 거부한 자							50	70	100
보수교육을 받지 않은 자							50	70	100

※ 일반 기준 : 위반 행위가 둘 이상인 경우, 무거운 처분에 따르며, 처분 기준이 같은 영업정지인 경우 처분 기준 합산한 기간 동안 영업을 정지하되 1년을 초과할 수 없다.

나무병원의 등록 및 영업 정지 기준

위반 행위	근거 법조문	행정 처분				벌금	과태료		
		1차	2차	3차	4차		1차	2차	3차
거짓이나 부정한 방법으로 등록	제21조의10 제1호	취소				1년 또는 1천만원			
등록기준 미달	제21조의10 제2호	6개월	12개월	취소					
위반하여 변경등록하지 않은 경우	제21조의10 제3호	3개월	6개월	12개월	취소				
부정한 방법으로 변경 등록	제21조의10 제3호	취소							
등록증 대여	제21조의10 제4호	12개월	취소			500만원			
자료 제출/조사·검사 거부	제21조의10 제4호	1개월	3개월	6개월	12개월				
5년간 3회 이상 영업 정지된 경우	제21조의10 제5호	취소							
폐업	제21조의10 제6호	취소							
등록 없이 진료한 자						500만원			
처방전 없이 농약을 사용하거나 처방전과 다르게 농약을 사용한 경우							150	300	500

※ 일반 기준 : 위반 행위가 둘 이상인 경우, 무거운 처분에 따르며, 처분 기준이 같은 영업정지인 경우 처분 기준 합산한 기간 동안 영업을 정지하되 1년을 초과할 수 없다.

정답 : ③

PART

01

수목병리학

Tree Doctor

CHAPTER 01

수목병리학의 일반

1. 수목병리학(Tree pathology)

(1) 정의

① 수목과 그를 구성하는 집단적 유기체인 산림의 건강에 대해 연구하는 학문
② 수목의 병적현상을 대상으로 병의 원인, 발병 과정, 발병 조건, 병의 생리, 저항성 기작 등을 밝히고 이를 바탕으로 병의 진단, 예방, 치료방법을 탐구, 개발하는 학문
③ Robert Hartig : 수병학의 아버지(균근의 Hartig net 및 임목부후연구)로 불리며 수목병리학 체계 갖춤

(2) 우리나라의 주요 수목병

① 포플러류 녹병 : 조기낙엽으로 인한 생장장애로 낙엽송을 중간기주로 하는 *Melampsora larici-populina*와 현호색류를 중간기주로 하는 *M.magnusiana*가 분포
② 잣나무 털녹병 : 송이풀 및 까치밥나무류가 중간기주
③ 대추나무 빗자루병 : 파이토플라스마에 기인하는 병으로 매개충은 마름무늬매미충, 옥시테트라사이클린을 수간주에 주입함으로써 병을 효과적으로 치료
④ 오동나무 빗자루병 : 파이토플라스마에 기인하는 병으로 담배장님노린재, 썩덩나무노린재, 오동나무애매미충이 매개충이며 옥시테트라사이클린을 수간주에 주입함으로써 병을 효과적으로 치료
⑤ 소나무 재선충 : 소나무, 곰솔, 잣나무가 기주이며 솔수염하늘소는 주로 소나무를 북방수염하늘소는 잣나무의 재선충의 매개충임
⑥ 소나무류 송진가지마름병 : 리기다소나무에 심하며 병원균은 *Fusarium circinatum*임
⑦ 참나무 시들음병 : 신갈나무에 피해를 주며, 광릉긴나무좀이 병원균을 매개

(3) 세계 3대 수병

① 느릅나무시들음병
② 밤나무줄기마름병
③ 잣나무털녹병

(4) 수목병해의 원인

① 생물적, 비생물적 원인으로 구분

② 생물적 원인 : 병원체, 때로 좁은 의미의 병의 원인
- ㉠ 곰팡이 : 개구부와 상처침입, 부후균, 대부분의 수목병해
- ㉡ 세균 : 개구부와 상처침입, 뿌리혹병, 세균성 궤양병, 불마름병
- ㉢ 선충 : 뿌리감염, 목부감염(재선충병)
- ㉣ 바이러스 : 전신성 병해, 모자이크 병징
- ㉤ 파이토플라스마 : 전신적 병해, 대추나무빗자루병, 오동나무 빗자루병
- ㉥ 기생성 종자식물 : 겨우살이, 새삼 등

③ 비생물적 원인 : 생육에 적당하지 않은 환경적 요인, 온도, 수분, 토양, 오염물질
- ㉠ 온도, 수분, 토양, 대기오염, 화학물질 등
- ㉡ 답압 피해, 제초제 피해, 염화칼슘 피해 등

④ 생물적, 비생물적 요인의 본질을 이해하면 진단 및 처방이 가능하게 됨
- ㉠ 생물적(기생성, 전염성) : 기주 선호성, 부위별 감염성, 다양한 진전
- ㉡ 비생물적(비기생성, 비전염성, 생리병) : 광범위, 기주 무차별, 비슷한 진전

(5) 기생성과 비기생성병 특징

특징	기생성병	비기생성병
발병부위	식물체 일부	식물체 전체
발병면적	제한적	넓음
병 진전도	다양함	비슷함
종 특이성	높음	매우 낮음
병원체 존재	병환부에 있음	없음

2. 수목병의 성립(발생)

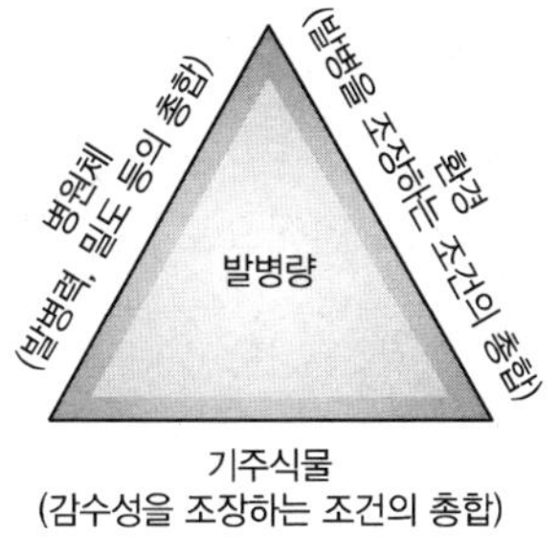

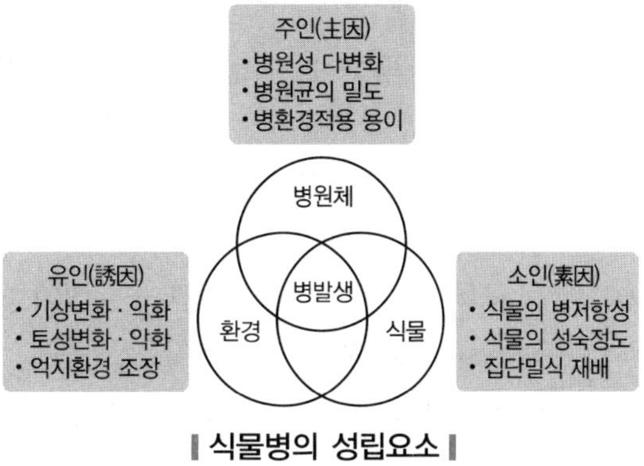

▎식물병의 성립요소▕

(1) 병삼각형

① 병리현상을 이해하기 위한 가장 기본적 중요한 개념

② 발병 관계 3대 요소는 기주(소인), 병원체(주인), 환경요인(유인)으로 이 중 어느 하나라도 "0"이면 병의 발생은 없음

③ 기주 : 내병성(저항성), 이병성(감수성), 수령(성숙도), 식재장소(적지적수, 고도), 식재거리, 대면적 식재일 경우 유전적 균일성이 영향을 줌

④ 병원체 : 발병력, 밀도 등의 총합, 병원성의 차이로 병원이 생물 또는 바이러스

㉠ 레이스(race) : 한 종내 유전적으로 지리적으로 독특한 교배집단, 또는 정해진 종의 식물체를 감염시키는 병원균 집단

㉡ 병원균 : 세균, 진균(곰팡이)

⑤ 환경 : 병원체의 증식 및 전파, 기주의 생육상태에 영향을 미치는 정도로 강수량, 온도, 양료, 비료, 제초제, 농약 등이 영향

⑥ 병삼각형을 활용한 방제방법

㉠ 농약살포 : 병원체(주인) 배제

㉡ 저항성품종 이용 : 기주(소인) 배제

㉢ 환경조절 : 발병환경(유인) 배제

(2) 병환(disease cycle)

① 병이 성립하기 위한 기주와 병원체와의 연속적인 일련의 사건으로 생명체의 출현과 소멸 생활사

② 병환의 주요단계 : 접종 – 접촉 – 침입 – 기주인식 – 감염 – 침투 – 정착 – 병원체의 생장 · 증식 – 병징발현 – 전파 – 월동

③ 침입

㉠ 직접침입(각피침입) : 표피세포를 뚫고 직접 침입 → 균류

㉡ 자연 개구부인 기공, 수공, 피목침입 : 균류(녹병균, 흰가루병균, 노균병균등), 세균

㉢ 상처침입 → 균류, 세균, 바이러스

④ 전염 : 병원체가 기주식물로 이동하는 과정(바람, 물, 곤충, 종자, 토양에 의한 전염 등으로 방제법과 관련됨)

⑤ 부착 : 병원균은 식물체 표면에 부착하여 식물체와 병원체의 상호인식으로 침입(감수성) 또는 저지(저항성)를 결정

㉠ 균류 : 포자발아 → 발아관 → 부착기형성

㉡ 세균 : 세포외 다당이 부착을 도움

㉢ 바이러스, 파이토플라스마 : 매개충에 의하여 기주 세포 내 주입

⑥ 기타

㉠ 병원균의 활동 최적온도는 20~30℃, 어두운 곳과 습기 많은 곳에서 활동하며 이를 방제에 적용

㉡ 생존방식으로 월동은 조직 내 균사로 월동하며 월동포자는 후막포자가 있음. 이듬해 1차 전염원 됨

㉢ 병원체 : 휴면체로 월동하며 봄에 최초로 감염하는 곰팡이의 포자, 균핵, 세균, 바이러스의 개체, 선충의 성충, 유충 등을 1차 전염원이라 함

㉣ 1차 전염원의 존재 : 병든식물의 잔재, 종자, 영양번식기관, 토양, 잡초, 곤충 등에 존재

(3) 병원체의 침입에 대한 기주식물의 방어

① 물리적 방어 : wax, hairs(trichome), cuticle, 표피 외벽두께, 기공, 피목, 후벽세포

② 화학적 방어(저해제 inhibitor)

㉠ 식물표면으로 배출하는 저해제 : 지상부표면, 뿌리표면에서 물질분비 *Botrytis*, *Cercospora* 포자발아 억제

예 양파 : 보라색, 주황색, 흰색, 보라 양파는 protocatechuic acid, cathecol 등 phenolics 다량 함유, 탄저병에 저항성

㉡ 세포에 존재하는 저해제(항상 존재, 일부는 감염 시 증가)

- phenolics, tannin, 일부 식물 단백질 : 가수분해효소 저해, 외래 ribosome 불활성화, 곰팡이 막투과성 교란
- lectin : 곰팡이 용해, 생장억제
- 용균 lysis : 세포벽이 약하여 세포액이 밖으로 나와 박테리아가 죽는 현상

(4) 독소의 수용체 결여

① 독소는 기주세포의 특수한 수용체 또는 감수성 부위에 부착하여 반응

② 병원체 생존 및 감염 발달에 필수적 물질 결여 : 병원균 생장 및 증식 불가 감염 저지

예 *Rhizoctonia* : 필수물질 첨가 배지에서만 감염욕 hyphal cushion 형성

Venturia inaequalis(검은별 무늬병) : 특정 생장요소 합성 능력 결여 균주 비병원성으로 바뀜

(5) 수목병의 발생

① 곰팡이

㉠ 자연개구(기공, 피목, 수공, 밀선) 또는 수목의 방어벽을 뚫기 위하여 물리적, 화학적 무기 사용

㉡ 대부분 곰팡이는 상처를 통해서만 수목 내로 침입

㉢ 수목에서는 감염된 조직을 구획화(compartmentalization)
㉣ 건조한 조건에서 아주 민감하며 어둡고 습기가 많은 곳에서 잘 자람
㉤ 곰팡이 생장 최적온도 20~30℃

② 세균
㉠ 상처, 기공, 피목, 수공, 밀선과 같은 자연개구로 침입
㉡ 전정, 접목 도구 또는 곤충의 몸에 붙어서 상처가 생긴 모든 수목침입

③ 선충
㉠ 유근 가해, 뿌리에 괴사부위나 병반, 혹 형성
㉡ 구침을 통한 바이러스 전염
㉢ 수목의 쇠락을 유발하는 복합병해원인

④ 바이러스
㉠ 기주식물체 내에서 스스로 증식(복제)
㉡ 기주 수목 내에서 지속적으로 인접한 세포로 새로 감염시켜 전체로 퍼지는 전신적 병원균
㉢ 절대기생체 : 살아 있는 기주체에서만 기생
㉣ 곤충에 의한 매개(흡즙성곤충), 상처를 통한 매개(영양번식, 전정), 선충, 종자, 꽃가루에 의한 매개

(6) 병원체의 영양섭취양식

① 절대기생체(순활물기생체) : 살아 있는 식물체만을 이용하여 영양을 섭취할 수 있으며 죽은 식물체나 병원체가 기주식물로부터 떨어질 경우에는 증식되지 않고 일부를 제외하고는 인공배양 되지 않음
예 바이러스, 바이로이드, 파이토플라스마, 균류(노균병균, 흰가루병, 녹병균, 무사마귀병균)

② 비절대기생체(임의부생체, 임의기생체) : 살아 있는 식물체뿐만 아니라 죽은 생물이나 식물 잔재 등의 유기물로부터 영양을 섭취, 인공배양 가능
예 탄저병등 대부분의 식물병원균(균류와 세균)

③ 조건부생체(임의부생체) : 생활사의 대부분을 식물에 기생하여 지내며 나머지 일부는 죽은 생물이나 유기물등으로부터 영양을 얻어 생활
④ 조건기생체(임의기생체) : 보통은 유기물에 의존하며, 조건에 따라서는 식물에 기생하고 인공배양이 쉬움

3. 수목병의 진단

(1) 병징 : 나무에 나타난 이상 증상

① 생육장애 : 왜화, 쇠퇴, 위축, 억제, 웃자람, 분열조직 활성화, 이상증식, 상편생장, 이층 형성, 퇴색, 얼룩, 잎맥투명화

② 저장물질의 수송 장애

③ 수분과 무기염류의 장애

④ 수분 수송 장애

⑤ 물질 이동 장애

⑥ 기능장애 : 황화, 수화작용, 괴저증상, 고무질, 수지즙액분비 등

⑦ 2차 대상의 장애 : 안토시아닌의 발달 지연

⑧ 재생능력의 장애

(2) 표징 : 병징에 나타난 병원체

① 병원균의 영양기관(표징)

㉠ 균사, 균사속 : 병든 부위의 표피와 주변부, 수피 밑 등에 형성되며, 백색, 회색, 암녹색, 갈색, 자색 및 흑색을 띤 가는 실 모양

㉡ 균사막 : 땅가부근의 줄기와 뿌리의 표피, 수피 밑에 형성되며 백색~담황색 또는 자갈색을 띤 막상. 부채꼴, 버섯냄새(뿌리썩음병, 자주빛날개무늬병)

㉢ 근상균사속(뿌리꼴균사다발) : 땅가부근의 줄기의 표피와 수피 밑, 병든 뿌리 주변의 땅속 등에서 형성되며 실, 가는 끈, 손바닥 모양 등 식물 뿌리의 형상. 색깔은 백색, 갈색, 자갈색, 흑색(아밀라리아, 리지나뿌리썩음병)

㉣ 균핵 : 병든 부분의 표피나 수피 밑 또는 이 부위와 떨어진 장소에 형성되는 균사덩이(괴)로 회색, 자색, 흑색, 광택이 있는 것과 없는 것으로 나뉨(미립균핵병, 벚나무균핵병)

㉤ 자좌 : 병든 부분에 밀착해 형성되는 균사덩이로 외부에 뚜렷하게 나타나지 않는 점이 균핵과 구별(삼나무 붉은마름병등)

② 병원균의 생식기관(표징)

㉠ 포자(spore) : 자실체의 내 · 외부에 형성되는 경우 표피조직의 외부로 포자가 집단적으로 형성. 육안적 뚜렷한 특징. 가루(분말), 점괴, 각, 돌기모양색은 백색, 황색, 흑색 등

㉡ 자실체(fruit body) : 포자가 형성되는 기관으로 병든 부분에 밀착해 형성되지만 때로는 떨어진 부위에 형성

- 자실체가 대형, 육안으로 관찰하기 쉬운 것(버섯류) : 소나무류리지나뿌리썩음병, 심재 · 변재부후병등 자실체 등
- 자실체가 작아서 육안으로 식별이 어렵기 때문에 루페 등으로 확대해 확인할 수 있는 것 : 잣나무잎떨림병의 자낭반

ⓒ 작은 돌기(소립점, 자낭균류의 자낭각, 자낭반, 불완전균류의 병자각, 분생자퇴) : 페스타로치아 잎마름병, 포플러잎 마름병 등
ⓔ 그을음(불완전균류의 분생자병, 분생포자) : 그을음병균의 분생포자 등
ⓜ 가루(분말) : 녹병균의 하포자, 흰가루병균의 분생포자 등
ⓑ 주머니(낭상물) : 녹병균의 수포자퇴 등
ⓢ 점괴 : 세균의 점괴 등

(3) 수목병의 진단법

① 육안진단
② 배양적습실처리 : 병징 · 표징 없을 때, 수입종자검역 시 사용
③ 영양배지법 : 배양적 습실처리 안될 때 근자외선, 형광등으로 처리
④ 생리화학적 : 황산구리법(자색)은 세균(Biolog)을 구분
⑤ 해부학적 : 형태, 내부변색, X-체, 시들음, 미세절편기
⑥ 현미경적 진단
ⓐ 해부현미경 : 1차적인 진단 수행
ⓑ 광학현미경 : 해부현미경보다 높은 배율로 진균과 세균 관찰
ⓒ 전자현미경 : 전자빔을 광원으로 활용
- 투과전자현미경 : 세포내부, 세균의 부속사, 바이러스입자 관찰
- 주사전자현미경 : 진균, 세균, 식물의 표면정보(포자표면의 돌기, 무늬등 버섯, 녹병균 분류에 이용)

ⓓ 현미경의 종류: 접안렌즈 수에 따라(단안, 쌍안 현미경, 광원에 따라 광학현미경, 전자현미경으로 나눔)

<table>
<tr><th rowspan="2">항목</th><th colspan="2">광학현미경</th><th rowspan="2">전자현미경</th></tr>
<tr><th>보통현미경</th><th>실체(해부)현미경</th></tr>
<tr><th>광원</th><th>가시광선</th><th>가시광선</th><th>단파장 전자빔</th></tr>
<tr><td>관찰 시료</td><td>• 프레파라트
• 슬라이드글라스 + 카버글라스</td><td>실물</td><td rowspan="7">• 투과전자현미경(TEM) : 보통 현미경과 같은 원리로 작용
• 주사전자현미경(SEM) : 실체현미경과 같은 원리로 작용</td></tr>
<tr><td>관찰 대상</td><td>세포의 단편관찰</td><td>동식물 해부 및 입체관찰</td></tr>
<tr><td>관찰 장면</td><td>평면상</td><td>입체상(3차원)</td></tr>
<tr><td>빛과의 관계</td><td>빛이 시료를 통과하는 상</td><td>빛이 시료에 반사되는 상</td></tr>
<tr><td>초점</td><td>조동나사 및 미동나사조절</td><td>배율조정나사 및 조동나사 조절</td></tr>
<tr><td>경동(상)위치</td><td>이동식
(실물과 상하좌우가 반대임)</td><td>–</td></tr>
<tr><td>재물대상위치</td><td>이동식(실물과 좌우가 반대임)</td><td>고정식(실물과 같음)</td></tr>
</table>

⑦ 면역학적 진단 : 항혈청을 이용하여 바이러스병 및 진균병, 세균병 진단
㉠ 특이성과 신속성
㉡ 응집과 침강반응
㉢ 면역확산법(한천이중확산법)
㉣ IF법
㉤ 면역효소항체법(ELISA법)
㉥ 기타 : ISEM법, dot-blot assay, dip-stick 등

⑧ 분자생물학적인 기술 : 진단과 동정에 DNA를 이용하는 방법
㉠ PCR법(Polymerase Chain Reaction, 중합효소연쇄반응) : DNA의 원하는 부분을 복제 증폭시키는 분자생물학적인 기술
㉡ 병원체가 지닌 특이적인 배열(특정 영역)만을 단시간에 증폭시켜 병원체를 효율적이고 정확한 진단

(4) 코흐의 법칙

① 미생물이 특정 질병을 일으키는 원인임을 증명하는 방법이다.
② 병원체는 반드시 병환부에 존재해야 한다.
③ 병원체는 배지상에서 순수 배양되어야 한다.
④ 순수 배양된 병원체를 접종하면 같은 병을 일으켜야 한다.
⑤ 접종된 식물로부터 같은 병원체를 다시 분리할 수 있어야 한다.

※ **코흐의 원칙 예외사항**
바이러스, 파이토플라스마, 물관부국재성세균, 원생동물, 녹병균, 흰가루병균, 노균병균과 같은 절대기생체

4. 수목병해의 관리

(1) 식물검역

식물병원체가 존재하지 않던 지역에 새로이 유입 시 훨씬 심한 피해는 병원체가 존재하지 않았던 지역에서 생장한 식물은 병원체에 저항성 인자를 선발할 기회가 없었기 때문에 병원체에 의해 쉽게 공격을 받음

(2) 전염경로의 차단

병원체의 생활사를 충분히 파악하여 제1차 전염원을 제거, 박멸하는 것이 가장 효과적
예 향나무 녹병, 잣나무 털녹병, 소나무 혹병 등 대부분의 녹병균은 중간기주를 제거하여 병원균의 생활사를 차단
※ 줄기녹병에서 매자나무를, 잣나무 털녹병에서 까치밥나무를 제거함

(3) 내병성 품종육종

① 가장 경제적이고 쉬우면서 안전하고 효율이 높은 방법 중의 하나임
② 내병성 육종에 의해 중요병해에 대한 저항성이 높은 식물을 증식하여 사용하는 것은 다소 시간이 걸리더라도 그 효과가 확실하며, 또한 저렴하게 실행할 수 있는 방제방법

(4) 기주식물의 저항성개선에 의한 병 방제

식물체를 어떤 병원체로 접종하면 일시적이거나 반영구적으로 면역이 가능한데, 이것은 식물체 내에 병원체에 대한 저항성이 유도되기 때문한 처리로는 바이러스를 이용하는 교차보호와 다른 여러 병원균에 의한 유도 또는 전신획득 저항성이 알려짐

(5) 육림적 수단에 의한 방제

발병에 관여하는 각종 환경조건을 개선하여 병의 발생과 확산을 막고, 조경수목에 좋은 환경을 만들어 병에 대한 저항력을 높여서 피해를 경감시키는 환경적 방제법

(6) 약제방제(화학적 방제)

수목용 살균제로 등록된 약제는 극히 적어 농작물용으로 등록된 살균제를 주로 활용하고 있으므로 약종별 사용농도, 조제방법, 독성 및 살포방법에 차이가 있어 약제 살포 시 이에 대한 세심한 주의가 필요함

(7) 생물학적 방제

기주식물에 대하여 선택성이 높고 저항성 획득이 적으며 환경에의 부작용이 적은 생물적 방제연구가 보다 중요함

5. 수목 병해 치료

(1) 수간주입

① 처리하고자 하는 약액을 나무줄기에 구멍을 뚫고 직접 넣어주는 것은 말함
② 우수한 치료효과를 가진 살균제와 항생제 등으로 나무병의 치료에 많이 이용
③ 목적에 따라서 비료, 살충제, 생장조절제 등을 수간 주입하는 경우가 많음

(2) 수간주입방법들의 비교

구분	중력식	미세압력식	흡수식	삽입식
주입기용량(mL)	1,000	10	약 10	1 이하
주입구멍지름(mm)	5~10	5	15~20	10
약액의 농도	낮음	높음	높음	낮음, 높음
약해발생의 가능성	낮음	높음	높음	낮음, 높음
설치속도	느림	빠름	빠름	빠름
주입속도	느림	빠름	빠름	느림
설치비용	적음	많음	적음	많음
주입기의 내구성	재사용	1회용	주입기 없음	1회용

① 중력식 수간주입법

㉠ 우리나라에서 가장 많이 사용하는 방법으로 대량주입임[저농도의 많은 양 주입(용량 1L 인)]

㉡ 수간주입용 플라스틱통에 약액을 나무 윗부분의 가지에 매달고 비닐관과 플라스틱 주입관을 나무줄기의 주입구멍에 연결하여 중력과 수액의 흐름에 의하여 약액을 주입

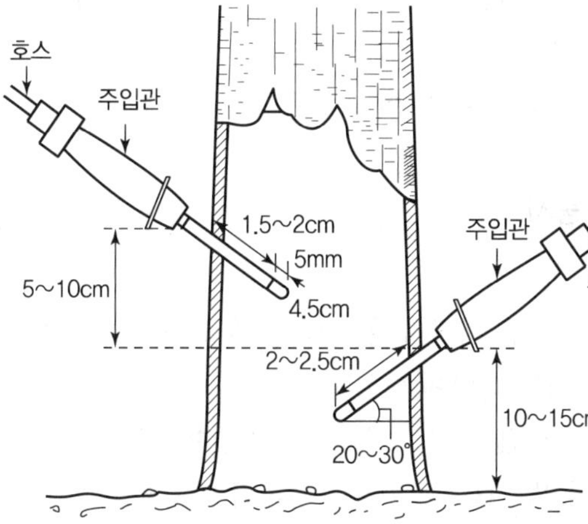

나무의 줄기에 전기드릴로 주입공을 뚫고
주입관을 연결하는 방법

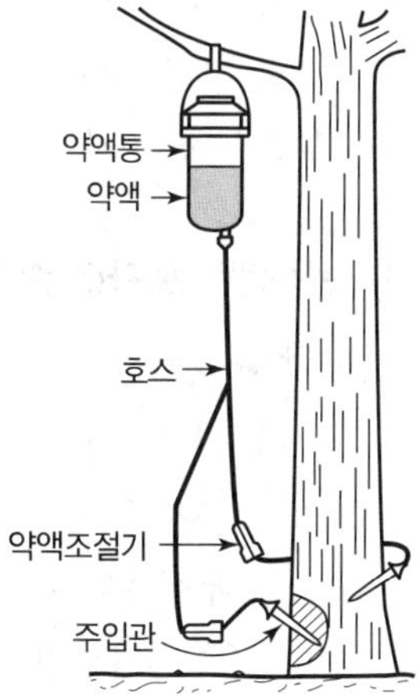

약액의 수간주입장면

② 미세압력식 수간주입법

㉠ 물질의 활발한 이동은 대부분 당년에 생겨난 조직에서 일어나며, 크기가 5mm인 소량 주입임

㉡ 당해에 생겨난 목재까지만 구멍을 뚫고 물질을 주입하여도 최대로 흡수되고 퍼질 수 있음

㉢ 미국의 Mauget사에서 개발한 방법

③ 유입식 수간주입법 : 줄기에 비교적 큰 구멍을 뚫고 직접주입함

CHAPTER 02

생물적 요인에 의한 수목병해

1. 곰팡이의 개념

(1) 5계설 중 진화분류수준으로 다세포 진핵생물

※ 5계 : Kingdom Animalia(동물계), Plantae(식물계), Fungi(균계), Protista(원생생물계), Monera(단생생물)

(2) 생존양식으로는 엽록소가 없고 흡수/유기물 섭취하는 종속영양

(3) 균류(곰팡이) = 진균 = 사상균 + 효모, 버섯

① 균사 : 균류의 몸을 이루고 있는 가는 실 모양의 다세포 섬유로, 균사는 반복적으로 가지를 쳐서 그물 구조의 균사체를 이룸

② 영양체 : 균사로 생장 식물의 뿌리, 줄기, 잎과 동일

(4) 번식체 : 포자로 증식 식물의 종자

① 무성포자

㉠ 핵의 융합이나 감수분열 과정을 거치지 않고 세포분열로 생산하는 번식체로 영양체인 균사체와 같으며 보통 균사의 선단에 형성

㉡ 무성포자는 균류의 생장 중에 반복해서 형성되며 단시간에 분포범위(=피해확산)를 확대

예 흰가루병(무성포자), 녹병(여름포자), 대부분의 점무늬병들

㉢ 종류

- 분생포자(conidium) : 분생포자경이라는 균사의 특별한 정단세포와 그 주변 세포에서 형성
- 유주포자(zoospore) : 유주포자낭 안에서 형성되며, 편모가 달려 있음

• 후벽포자(후막포자, chlamydospore) : 균사의 선단 또는 중간의 세포가 둥글고 두꺼운 벽을 갖는데 나중에 떨어져 하나의 포자로 되며, 내환경성 포자

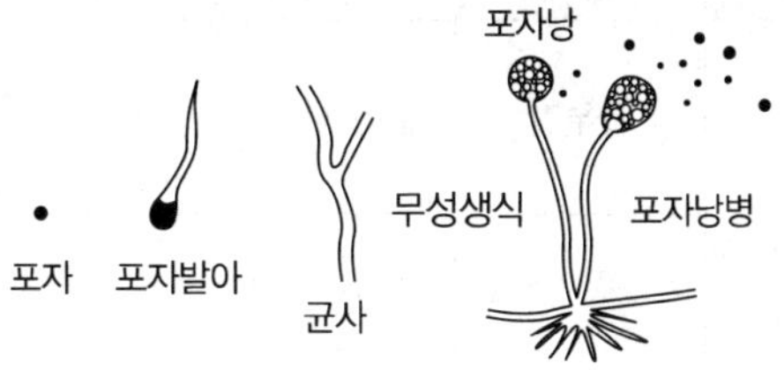

② 유성포자(유성생식세대 포자의 이름이 곧 분류군의 이름이 됨)

㉠ 다른 두 개의 세포가 융합(균사융합)과 감수분열과정(유전자 재조합)을 거쳐 형성

㉡ 유성포자는 대부분 일년에 한 번 형성되고, 유전적으로 다양한 것이 만들어지며 불리한 환경에도 생존할 기회가 많음

㉢ 종류 : 난포자(oospore), 접합포자(zygospore), 자낭포자(ascospore), 담자포자(basidiopsore)

(5) 균사체에서 외부로 소화 효소를 분비하여 주변의 유기물을 분해한 후 흡수

(6) 키틴 성분으로 이루어진 세포벽을 가지고 있으며, 운동성이 없음

(7) 균류는 운동성이 없는 대신 균사가 빠르게 생장하여 뻗어나가며, 균사의 굵기보다 길이를 늘임으로써 양분 흡수 면적을 넓힘

(8) 동식물의 사체에 붙어 기생 생활이나 공생 생활을 하며, 생태계에서 분해자 역할

(9) 균사의 구조 : 격벽이 있는 격벽 균사와 격벽이 없는 다핵체 균사

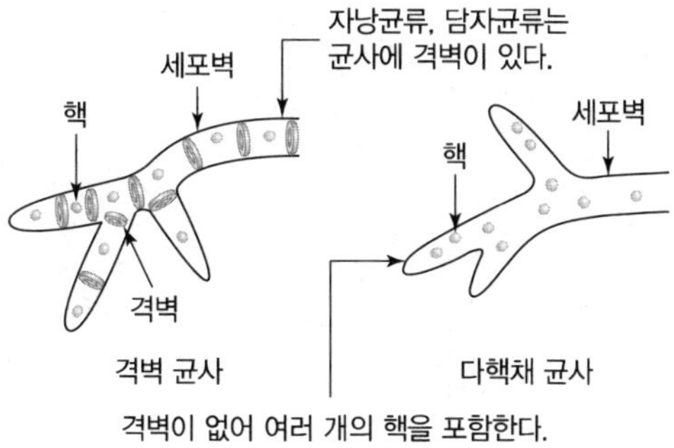

PART 01 수목병리학

2. 곰팡이의 분류

구분	분류	세포벽	격막	유성포자	무성포자	주요병
유사균류	난균강	글루칸	없음(다핵)	난포자	유주자(두개편모)	역병, 파이토프토라뿌리썩음병, 노균병, 밤나무잉크병, 모잘록병
진정균류	유주포자아문(병꼴균류)	글루칸+키틴	없음(다핵)	유주포자낭	유주자(한개편모)	Olpidium속 일부
	접합균문	키틴	없음(다핵)	접합포자	무성포자	Endogone(균근)
	자낭균문	키틴	simple pore	자낭포자(8개)	분생포자	흰가루병, 리지나뿌리썩음병 등 주요 병해
	담자균문	키틴	doli pore	담자포자(4개)	분생포자, 후벽포자	녹병, 깜부기병, 떡병, 목재부후병, 아밀라리아뿌리썩음병
	불완전균문	키틴	있음	미발견	분생포자	탄저병 등 대부분의 잎병

(1) 난균강

① 격벽이 없는 다핵균사, 세포벽은 글루칸

② 유성생식 : 장란기(대)+장정기(소)=난포자(oospore)

③ 무성생식 : 유주포자(유주포자낭), 분생포자(직접발아)

④ 종류

㉠ 모잘록병, 뿌리썩음병 : *Aphanomyces, Pythium*

㉡ 흰녹가루병 : *Albugo, Pustula, Wilsoniana*

㉢ 역병 : *Phytophthora*

㉣ 노균병 : *Bremia, Bremiella, Pernosclerospora, Pernospora, Plasmopara, Pseudoperonospora, Sclerophthora, Sclerospora*

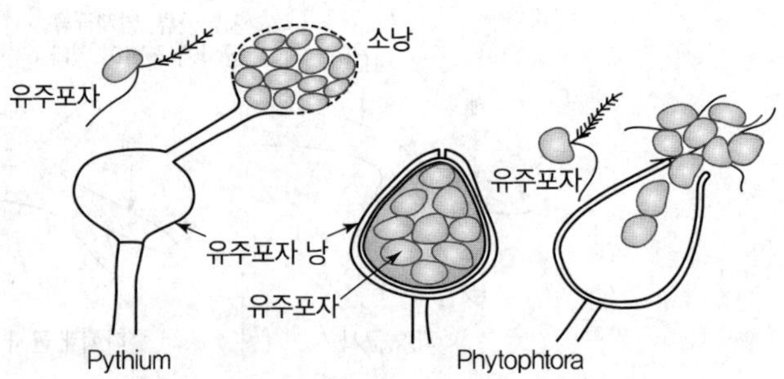

(2) 접합균아문

① 부생균, 비운동성포자, 무격벽균사

② 접합포자(zygospore) 형성

③ 종류

㉠ 균근균 : *Endogone*속, *Entrophospore, Gigaspore, Glomus*

㉡ 곤충 기생곰팡이 : *Entomophthora, Massospora*속

㉢ *Choanephora, Rhizopus, Mucor*

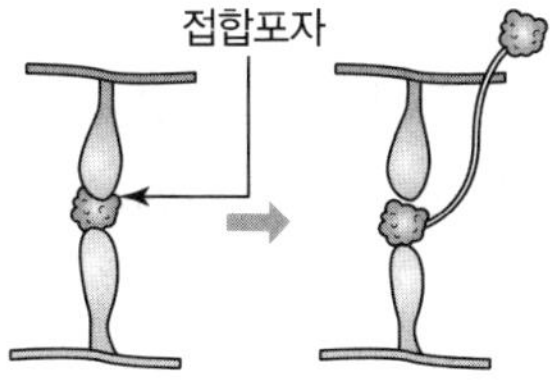

(3) 자낭균(아)문, 자낭균류(Ascomycetes)

구분	형태	해당균
반자낭균강 (병반위에 나출)	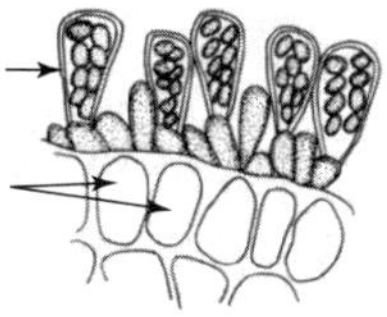	*Taphrina* 대부분 효모류(*Saccharomyces*)
부정자낭균강 (자낭구로 머릿구멍(공구) 또는 개구 없음)	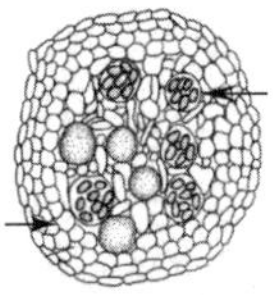	*Penicillium*, 흰가루병균, *Aspergillus*
각균강 (머리구멍 ○, × 단일벽)	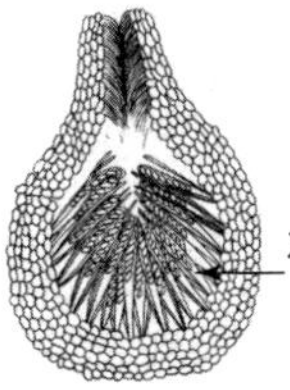	*Cordyceps*(동충 하초) 등 몇몇 버섯, 맥각병, 탄저병균, 일부 그을음병균
반균강 (자낭반은 나출된 자실층)	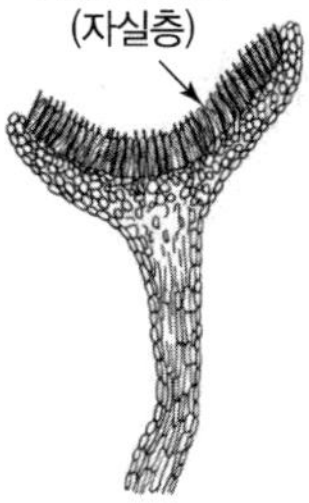	*Rhytisma*, *Lopho dermium*, *Scletotinia* 주발버섯류 고무버섯

※ 당흰가루병균목 : 절대기생균으로 자낭구를 형성하면 자낭구의 외부에 특별한 모양을 한 부속사의 모양과 자낭구 안에 있는 자낭의 수에 속(genus)이 결정되며 자낭이 자낭구 안에 규칙적으로 배열되어 각균강에 소속시킨다(일부 부정자낭균강에 소속시키는 경우도 있음).

① 자낭. 자낭포자형성
② 단순한 격벽공(simple septal pore)
③ 완전 및 불완전 세대
④ 대부분 식물병원균, 일부 약용버섯(곰보버섯), 동충하초, 효모, 동물 병원균
⑤ 종류
㉠ 반자낭균강 : 자낭과 형성 안함, 단일벽 → 효모, *Taphrina*
㉡ 부정자낭균강 : 자낭구 형성 → *Penicillium*, *Aspergillus*, 흰가루병균
㉢ 각균강 : 자낭각 형성, 탄저병균, 동충하초(Cordyceps)
㉣ 반균강 : 자낭반 형성, *Rhytisma*, *Lophodermium*, *Scletotinia*
㉤ 소방자낭균강 : 자낭좌자(자낭2중벽) 형성, *Elsinoe*, *Mycosphaerella*, *Guignardia*

(4) 담자균아문(Basidiomycetes)

① 가장 진화 고등균류
② 유성생식포자 4개가 담자기에 형성
③ 유연격벽공(dolipore septum), 1핵 단상체
④ 담자기, 담자포자 형성 균류, 1,400속, 22,000여 종
⑤ 종류 : 녹병균류, 깜부기병균류, 목재부후병균류

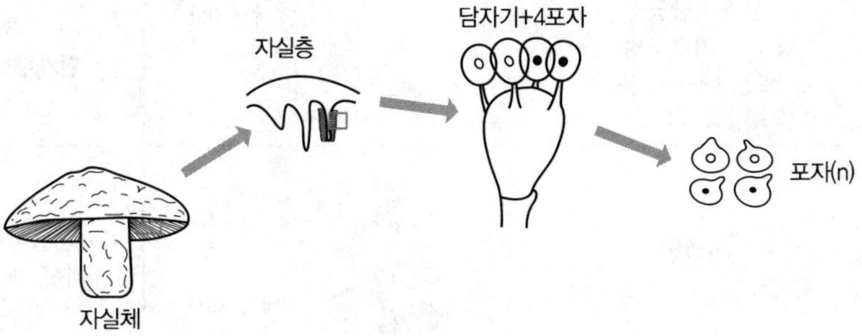

(5) 불완전균문

① 완전세대가 없거나 발견되지 않은 균류, 대부분 자낭균류, 일부 담자균류
② 종류
㉠ 유각균강 : 분생포자과
- 분생포자각균목 : *Ascochyta*, *Macrophoma*, *Phoma*, *Phomopsis*, *Phyllosticta, Septoria*
- 분생포자반균목 : *Collectotrichum, Entomosporium, Marssonina, Pestalotiopsis*

㉡ 총생균강 : 분생포자좌, 분생포자다발, 분생포자경
- *Alternaria*, *Aspergillus*, *Botrytis*, *Cercospora*, *Pyricularia*, *Corynespora*, *Fusarium*, *Helmi*, *Penicillium*, *Pyricularis*, *Verticillum*

㉢ 무포자균류 : 분생포자를 형성 않고 균사만 알려진 곰팡이

- *Rhizoctonia solani* 와 *Sclerotium*

3. 공생성곰팡이 : 균근

(1) 형태 및 기능

① 균근을 형성하는 뿌리는 보통 2차 생장을 하지 않으며 근관이 없는 잔뿌리로 침엽수종 총 뿌리의 90~95%

② 뿌리의 흡수면적을 증가시켜 양분의 흡수 및 인의 순환에 중요한 역할

(2) 분류

① 내생균류 : 피층세포 내에 존재, 접합균문, 후벽포자

㉠ 격벽이 없는 균사 : VA균근(온열대수목, 단풍나무, 히말라야삼목, 삼나무)

㉡ 격벽이 있는 균사 : 난초형, 철쭉형

② 외생균류 : 담자균문(Amanita, Boletus~), 자낭균문

㉠ Hartig net 형성 : 소나무과, 참나무과, 자작나무과, 피나무과, 버드나무과

㉡ 오리나무, 버드나무, 유칼리 : 내 · 외생균 같이 존재

4. 뿌리병해

(1) 병원균 우점병

① 개념 : 병원균 미성숙한 조직을 침입. 어릴 때 또는 생육후기 *Phytophthora* spp, *Rhizinaund ulata*, *Rhizoctonia solani*, *Fusarium* spp. *Phythium* spp 조직연화균

② 모잘록병

㉠ 묘목을 밀식, 습하고 햇볕이 잘 들지 않는 조건, 종자활력이 약해지거나 너무 깊이 파종하여 연약한 부분이 토양 중에 노출 시 발생

㉡ 출아 후, 전 모잘록

㉢ 중복감염이 발생 : *Pythium* spp.

㉣ *Rhizoctonia solani* : 습한 곳, 비교적 건조한 곳, 균사, 균핵으로 월동

㉤ 방제 : 환경조절(소독, 배수)과 경종적방법(파종량 조절, 적기 솎음, 질소질비료 과용 삼가), 병든 유묘는 즉시 제거

③ 파이토프토라뿌리썩음병(*Phytophthora cactorum, P. cinnamomi*)

㉠ 병원균 우점병, 조직 비특이적 병해, 연화성병해

㉡ 뿌리에서 줄기, 과실 등 거의 모든 부위, 모두 병원균

㉢ 초기 잔뿌리는 죽고 그 후 큰 뿌리는 갈색, 흑색, 쇠락증상

㉣ 습하고 배수가 불량한 곳에서 발병

㉤ 방제 : 튼튼한 나무, 침투성 살균제로 토양소독이나 종자소독 실시

④ 리지나뿌리썩음병(*Rhizina undulata*)

㉠ 자낭균이며 직경 3~10cm, 두께 25mm인 원반형, 부정형의 버섯 자실체, 색깔 적갈색. 테두리 황백색으로 파상땅해파리버섯이 표징으로 나타남

㉡ 포자 발아에 적당한 높은 온도(40℃)로서 일반적으로 대부분의 곰팡이들의 포자는 20~30℃의 상온에서 발아

㉢ 뿌리의 껍질 목부표면(형성층)에 나무좀류와 같은 천공성 해충들의 가해 흔적(식흔)과 유사한 방사상의 부후흔적

㉣ 방제 : 농약 살포, 석회, 병원체 이동 방지용 도랑 설치(약 10m 떨어져서 깊이와 폭이 약 50cm 정도 되는 도랑), 산림 내 출입통제

(2) 기주우점병

① 개념

㉠ 병원균의 영향보다 기주가 병 발생에 더 많은 영향을 미치는 특성을 지닌 만성적인 병으로 오래 발생하여 기주수목은 생장이 지연되거나 결실률이 저하됨

㉡ 병원성우점병보다 환경의 영향을 더 많이 받음 → 뿌리썩음병, 시들음병(*Verticillium, Fusarium*) : 조직특이적 병

② 아밀라리아 뿌리썩음병(*Armillaria mellea, A. ostoyae*) : 담자균아문

㉠ 초본 및 목본 식물 다수

㉡ 6월부터 가을에 걸쳐 잎 전체가 갈색. 줄기 밑동이나 굵은 뿌리에서 송진이 유출

㉢ 수피를 벗기면 버섯 냄새가 나는 흰색 균사층이 형성

㉣ 목질부와 감염된 뿌리에는 흑갈색 실 모양의 근상균사다발의 표징이 나타남

※ 근상균사다발 : 뿌리모양으로 형성된 균사다발

㉤ 초가을에는 병든 나무의 뿌리나 줄기 밑동에 자실체인 뽕나무버섯이 무리지어 형성

㉥ 방제 : 자실체 및 병든 뿌리는 발견 즉시 제거, 주변에 깊은 도랑을 파서 균사확산 저지대구축

③ 안노섬뿌리썩음병(*Heterobasidion annosum*) : 담자균문

㉠ 적송과 가문비나무 감수성

㉡ 조밀, 밀집지역에서 발생, 건강한 나무에는 발생하지 않음

㉢ 위황, 가지마름, 침엽수(구멍장이버섯과 말굽버섯)

④ 자줏빛날개무늬병(*Helicobasidium mompa*) : 담자균목이목

㉠ 다범성병해, 개간 과수원 발생

㉡ 조기황화, 낙엽, 위조, 균핵형성, 자색 자실체

㉢ 예방 : 잔재가 충분히 썩은 유기물 시용, 석회 살포로 토양산도 조절

⑤ 흰날개무늬병(*Rosellinia necatrix*) : 자낭균 꼬투리버섯목

㉠ 10년 이상된 과수원

㉡ 수목 쇠약, 뿌리는 흰색의 균사막으로 쌓임

5. 줄기에 발생하는 병해

※ **침입단계**

- 1단계 : 병원균이 상처를 통하여 수목으로 들어간 후 휴면기 동안 수피를 침입하여 죽임
- 2단계 : 수목은 감염된 조직의 가장자리에 유합조직을 형성하여 병원균의 침입억제
- 3단계 : 병원균은 다음 휴면기간 동안 유합조직를 침입
- 4단계 : 수목은 새로운 유합조직을 형성

※ **병해종류**

- 윤문형 괘양 : 궤양 표면과 가장자리에 유합조직이 많고 둥근 모양의 궤양
- 확산형 괘양 : 궤양 가장자리에 유합조직이 거의 없고 길쭉한 타원형 모양
- 괘양마름 : 둥글거나 타원형의 궤양을 형성

(1) 밤나무줄기마름병[*Cryphonectria parasitica* (Murril) Barr]

① 동양의 풍토병으로 줄기가 말라 죽는 병

② 1900년경 동양에서 수입하여 간 밤나무가 미국, 유럽의 밤나무림을 황폐화

③ 우리나라 밤나무는 저항성품종

④ 자좌 수피밑에 형성, 갈라진 틈으로 돌출 : 황색~황갈색의 자좌(자낭각이 20~60개)가 형성

⑤ 배수가 불량한 곳이나, 수세가 약한 경우 발생하기 쉬움

⑥ 가지치기나 인위적 상처 또는 초기의 병든 부분을 도려내고 지오판도포 처리

⑦ 방제

㉠ 비료주기는 적기에 사용하며, 질소질비료의 과용을 피하고 동해나 피소를 막기 위하여 백색페인트를 칠하고, 박쥐나방 등 천공성해충의 살충제를 살포함

㉡ 저항성품종 단택, 이취, 삼초생, 금추 등을 식재함

㉢ 중복기생성이며 저병원성 dsRNA(바이러스)를 이용한 생물적 방제

(2) 밤나무 잉크병(*Phytophthora katsurae*)

① 수피 위나 수피가 갈라진 틈사이로 검은색의 액체가 흘러나옴

② 형성층이 갈색으로 변색되고 목질부까지 갈색으로 변색되며, 변색부는 점차 짙은 갈색 병반이 확대되어 줄기를 한바퀴 돌면 감염된 밤나무는 죽어버림. 감염된 부분은 오래되면 말라서 움푹 들어가고 균열

③ 방제

㉠ 재배단지가 밀식, 배수가 되지 않은 곳에서 병이 발생하므로 간벌, 정지, 전정 등 재배관리, 재배조건을 개선함

㉡ 역병이 발생되면 피해목을 즉시 제거하고 병 발생 우려지역은 지제부 1~1.5m까지의 수간에 벤레이트, 톱신 등을 살포. 토양 소독

(3) 밤나무 가지마름병(*Botryosphaeria dothidea* Ces&de Nor)

① 다범성으로 유실수 중 밤나무, 사과나무에 많이 발생

② 자낭각을 형성, 뿌리 암갈색을 띄며, 열매 감염 시 과육은 진물, 연부 발생

③ 방제 : 비배관리, 배수관리, 가지치기나 접목장비소독, 주변 아까시나무 제거

(4) 포플러류 줄기마름병(*Valsa sordida* Nitschke)

① 수세 약한 수목, 추운지방에서 발생

② 분생포자각 도출, 황색, 적갈색 포장덩이, 자낭각

③ 방제

㉠ 상처의 예방과 수세의 유지에 신경쓰고 삽수의 채취나 접목 시에 상처부위에 도포제 발라줌

㉡ 내병성 품종인 *Populus nigra*× *maximowiczii*을 심음

(5) 오동나무 줄기마름병(*Valsa paulowniae*)

① 부란병으로 알려졌으며, 치명적인 병해로 추운지방에서 서리나 동해에 의한 수세가 약해진 나무에서 발생

② 자낭각은 8월부터 이듬해 4월까지 병든 부위에 나타남

③ 방제 : 눈따기 일찍 실시, 시비 배수관리 철저, 동해, 피소예방, 혼식하면 예방효과

(6) 호두나무 검은 돌기가지마름병(*Melanconis juglandis*)

① 호두나무, 가래나무에 발생하며, 10년생 이상의 나무에서 통풍과 채광이 부족한 수관에서 잘 발생

② 병든가지는 회갈색, 회백으로 죽고 함몰되며 건전 부위와 뚜렷한 구분

③ 포자는 빗물에 씻겨 수피로 흘러내리면 잉크를 뿌린 듯 보임

④ 방제 : 병든 가지는 잘라서 태우고 자른 부분은 도포제 발라 줌

(7) Nectria 궤양병(*Nectria galligena* Bres) : 다년생 윤문형성

① 병원균은 매년 형성층 조금씩 파괴, 봄에 수목은 유합조직형성

② 90% 정도의 환상박피까지는 생장 감소 없음

③ 호두, 백양, 단풍, 자작, 느릅, 참피, 사과나무 등 활엽수에는 일반적인 병해

④ 붉은색 자낭각이 궤양의 가장자리에 생김

⑤ 병원균의 불완전세대 : *Cylindrocarpon*

(8) Hypoxylon 궤양병(*Hypoxylon mammatum*)

① 백양나무에서 많이 발생하며 궤양의 색깔은 노란색~오렌지색

② 무성세대때 피해는 수피 바깥층이 털모양 일어나 벗겨짐

③ 유성세대 : 감염 후 2~3년 자좌와 자낭각(흰색 → 검은색)

(9) Scleroderris 궤양병(*Gremmeniella abietina*)

① 기주는 적송과 뱅크스소나무, 소나무류의 확산형궤양병

② 자낭반형성, 침엽기부 노랗게 변함

(10) 소나무류 수지궤양병(송진가지, 푸사리움마름병 *Fusarium circinatum*)

① 기주는 리기다, 곰솔, 테다소나무, 리기테다소나무

② 강한 병원균, 1월 평균기온이 약 0℃ 이상인 아열대성 기후지역 발생

③ 줄기, 가지, 새가지, 구과, 노출된 뿌리 수지가 흘러내림(수지궤양)

④ 상처 통해 침입하며, 균주는 β튜브링, TEF, r-DNA 등

⑤ 농약방제 불가능하며 병든 가지, 줄기 소각, 수종갱신 또는 숲가꾸기

⑥ 종자소독으로 병원균 제거

(11) 소나무피목가지마름병(*Cenangium ferruginosum*)

① 기주는 소나무, 곰솔, 잣나무, 전나무, 가문비나무의 줄기, 가지
② 해충피해나 이상건조 등에 수세가 약할 때 발생
③ 자낭반을 형성하며 피해부위와 건전 부위 경계 뚜렷
④ 송진이 유출되며 죽은 부위는 검은색의 돌기(병원균의 미숙한 자실체)가 다수 형성
⑤ 방제로는 고사한 나무와 병든 가지를 잘라 소각하며 솎아베기를 실시, 죽은 가지는 제거함

(12) 소나무 가지끝마름병(*Sphaerosis sapinea*= *Diplodia pinea*)

① 분생포자각(소공 있는 검은색 구형)을 형성하며, 병원성이 약한 기생균
② 수지에 젖어 있고 수지가 흐름, 어린 침엽 퇴색
③ 비배관리 및 풀베기를 실시하며 통풍이 잘 되게 함
④ 가뭄이나 해충피해 등 약해진 나무에 잘 걸림

(13) 낙엽송 가지끝마름병(*Guignardia laricina*)

① 기주는 일본잎갈나무
② 수피 아래 자낭각 형성, 검은색 분생포자각 형성
③ 새잎이나 가지가 감염되며 가지 끝이 아래로 처짐, 눈마름증상
④ 묘포에서부터 관리하며 주변에 방풍림을 조성

(14) 편백, 화백 가지마름병(*Seiridium unicorne*) : 수지동고병

① 기주는 편백, 화백, 노간주나무 등 측백나무과
② 불완전균류에 속하며 분생포자층은 방추형, 6개 세포로 양끝 세포무색이며 부속사가 있으며 중앙 4개는 암갈색
③ 이식묘 또는 10년생 이하의 어린나무에서 발생, 수지가 흰색
④ 방제 : 감염된 가지를 포함한 건전한 부위까지 잘라 태움. 보르도액 살포

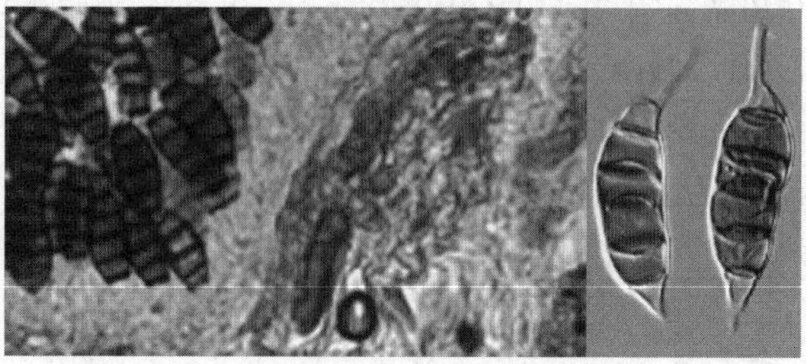

(15) 잣나무 수지동고병(*Valsa abieties*)

① 자낭균문 자낭균아강 동고병균목
② 감염 부위 아래 분생포자각 형성
③ 습한 조건에서 달걀색, 갈색의 끈적끈적한 분생포자 덩이가 누출

(16) 참나무 급사병(*Phytophthora ramorum*) : 참나무수지궤양병

① 초기병징 : 참나무류에서 가지가 늘어나거나 시들음 증상
② 점무늬 병징과 점액이 누출됨, 궤양위에 포자를 형성하지 않음
③ 방제법 : 스트레스를 줄여줌

(17) 회색/갈색고약병(*Septobasidium bogoriense*)

① 그늘지고 통풍이 불량한 곳에서 잘 발생
② 회백색 또는 회색균사층 형성
③ 담자포자로 깍지벌레와 공생관계로 확산
④ 방제 : 석회황합제 살포, 균사층을 긁어내고 도포제를 바름

(18) 벚나무 빗자루병(*Taphrina wiesneri*)

① 기주 : 왕벚나무, 겹벚나무 등 벚나무속(Prunus sp.) 식물
② 병원균 : 주로 병든 가지와 눈조직 내에서 균사상태로 월동하며, 인공배양 중에는 효모형태로 생장
③ 한국, 유럽, 북아메리카, 오스트레일리아, 뉴질랜드, 일본 등 전 세계에서 발생함. 특히, 제주도는 30년생 이상 나무에 피해가 심함
④ 자낭균문으로 자낭포자와 분생포자(출아포자=나출자낭)가 형성
⑤ 감염된 가지 혹이 나고 뭉쳐서 빗자루 모양이 됨
⑥ 잎의 뒷면에 회백색 가루의 나출자낭으로 뒤덮임
⑦ 병원균이 세포생장을 촉진하는 auxin과 세포분열에 관여하는 cytokinin을 생산하여 식물체에 이상증상을 일으킴. 특히, 잎의 기공개폐에 이상을 초래하여 증산 및 광합성 등이 원활하지 못하여 나무가 쇠약
⑧ 병든 가지에서 나온 잎은 건전 잎에 비해 크기가 작고 약간 두툼해지며, 4월 중순 이후 병든 부분의 잎은 쪼글쪼글해지고, 잎 뒷면에는 미세한 흰색가루(병원균의 포자)가 많이 형성되며 병든 잎은 검은 갈색을 띠면서 말라 죽음
⑨ 방제
㉠ 감염된 가지 뭉치는 잘라내어 태우고 잘라낸 부분에는 지오판 도포제 발라줌. 2~3년간 계속하여 병든 가지 잘라냄

㉡ 시비 등으로 나무의 수세를 회복

㉢ tebuconazole 수화제 살포를 병행하여 실시

6. 잎에 발생하는 병해

(1) *Cercospore* : 불완전균아문 총생균강 총생균목

병명	병원균	병징 및 병환
소나무 잎마름병	*Mycosphaerella gibsonii*	• 곰솔(해송), 적송묘목에서 발생 • 검은색 융기, 자좌분생포자 • 습한지역발생, 통풍, 배수필요
삼나무 붉은마름병	*Passalora sequoiae*	• 삼나무, 낙우송 묘포에서 발생 • 통풍유지, 배수관리, 질소비료삼가
포플러 갈색무늬병	*Pseudocercospora salicina*	묘목과 성목 조기낙엽
느티나무 갈색무늬병	*Pseudocercospora zelkowae*	독립수는 거의 발생안 함
벚나무 갈색무늬구멍병	*Mycosphaerella cerasella*	점무늬→이층→구멍(부정형)
명자꽃 점무늬병	*Pseudocercospora cydoniae*	부정형병반, 자좌
무궁화 점무늬병	*Pseudocercospora abemoschi*	회색의 털 같은 균사체

※ 배롱나무 갈색무늬병, 족제비싸리 점무늬병, 때죽나무 점무늬병, 두릅나무 뒷면모무늬병, 쥐똥나무 둥근무늬병, 멀구슬나무 갈색무늬병, 모과나무 점무늬병

(2) 무궁화 점무늬병(*Corynespora cassiicola*)

① 그늘지고 습한 곳에서 발생하며, 일조가 양호하고 통풍이 좋은 곳에서 발생하지 않음

② 처음에는 작고 검은 점무늬로 시작하여 동심윤문이 열게 나타남

(3) Hyphomycetes에 의한 병

① 소나무 갈색무늬 잎마름병(*Lecanosticta acicula*)

㉠ 심한 낙엽을 일으켜 생장 방해

㉡ 곰솔 묘목에서 피해

㉢ 가을부터 황색, 회록색 반점, 2~3mm의 황갈색 띠 형성, 분생포자가 1차 전염원

㉤ 병든 잎 소각, 봄비 온 후 약제 살포

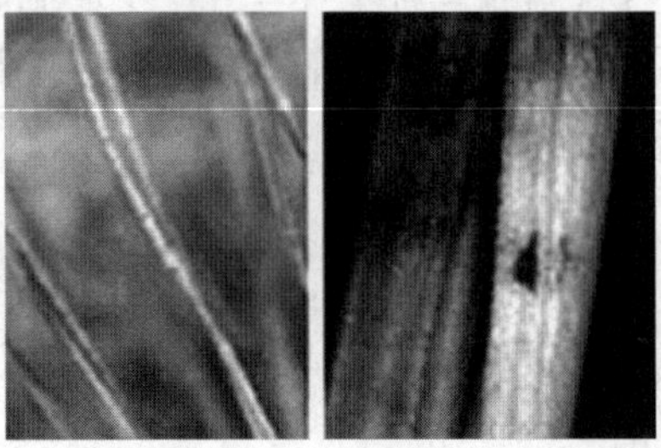

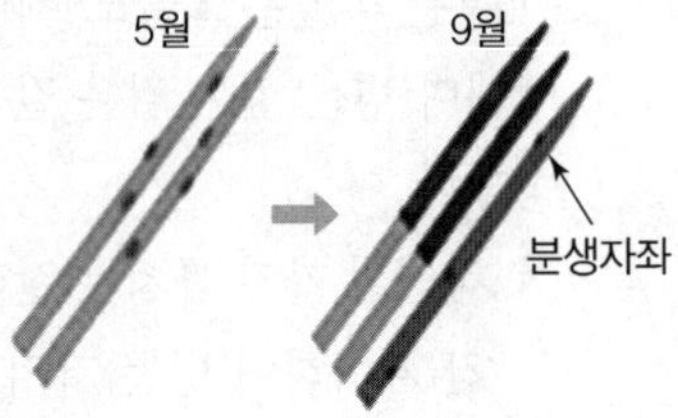

② 소나무 디플로디아순마름병(*Sphaeropsis/Diplodia*) : 세계에서 발생하는 중요한 병

㉠ 기주 : 소나무, 곰솔, 잣나무, 백송, 리기다소나무

㉡ 봄에 자라 나오는 새순과 어린 침엽이 회갈색으로 변하면서 급격히 말라 죽으며 늦게 감염됨. 자란 침엽은 누렇게 시들면서 밑으로 '축' 쳐짐

㉢ 병징은 보통 새순과 당년생 잎에만 나타나며 묵은 잎은 병에 걸리지 않음. 어린새순에서 송진, 까만 점, 분생포자각

㉢ 감염된 2년생 솔방울은 매년 다량의 분생포자를 방출하기 때문에 병원균의 전파에 매우 중요한 역할

㉣ 방제

- 봄에 가지의 새순이 나올 때부터 시작해서 2주 간격으로 베노밀수화제, 톱신엠수화제 등의 살균제를 2～3회 살포
- 가을과 봄에 비료를 주거나 수목영양제를 수간주입하여 수세를 증진
- 겨울에 죽은 가지들을 잘라내어 태우거나 땅 속 깊이 묻음
- 어린 조림지에서는 풀베기와 수관 하부의 가지치기를 해서 통풍이 잘 되도록 함

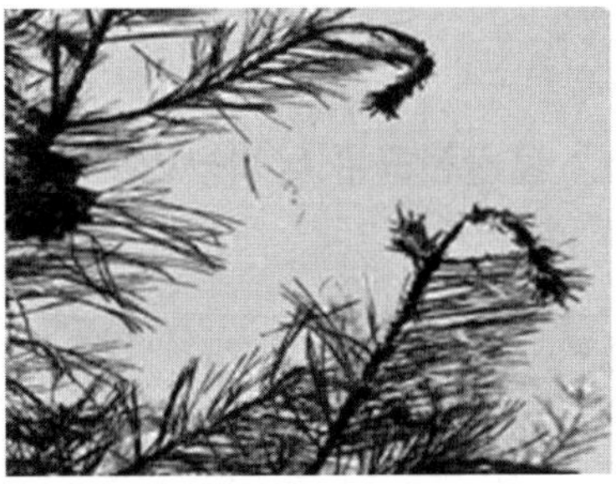

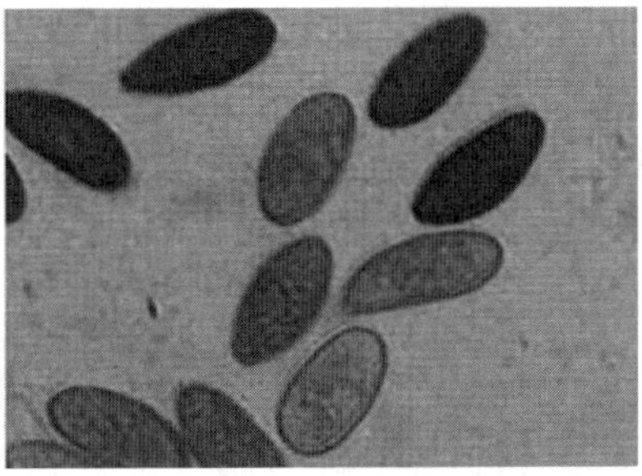

(4) Coelomycetes에 의한 병

① *Marssonina*에 의한 병 : 불완전균아문 유각균강 분생포자반균

병명	병원균	병징 및 병환
포플러 점무늬잎떨림병	*M. brunnea*	이태리계 개량포플러감수성, 6월 장마철, 분생포자가 1차 전염원 저항성수종은 백양, 사시나무류
참나무 갈색둥근무늬병	*M. martinii*	둥글고 작은 회갈색 점무늬, 뒷면 분생포자형성
장미 검은무늬병	*M. rosae*	작은 암갈색, 흑갈색원형, 흰 점질물의 포자덩이

② *Entomosporium*에 의한 병

병명	병원균	병징 및 병환
홍가시나무 점무늬병	*E. mespili*	붉은색 작은점 → 홍자색
채진목 점무늬병	*E. mespili*	독립수는 발병 없음, 6월 90% 떨어짐

(5) *Pestalotiopsis*에 의한 병 : 불완전균아문 유각균강 분생포자반균목

병명	병원균	병징 및 병환
은행나무 잎마름병	*P. ginkgo*	고온건조, 강풍, 해충, 부채꼴 모양으로 안쪽진행, 분생포자반
삼나무 잎마름병	*P. gladicola*	잎, 줄기 갈색~적갈색 → 회갈색 습할 때 분생포자 뿔모양
철쭉류 잎마름병	*Pestalotiopsis spp.*	작은 점무늬 → 큰 병반, 분생포자반 동심원상 형성
동백나무 겹무늬병	*P. guepini*	회색의 띠모양, 검은돌기(분생포자반)

(6) *Collectotrichum*에 의한 탄저병 : 불완전균문 유각균강, 분생포자반규목/완전세대 *Glomerella*

병명	병원균	병징 및 병환
호두나무 탄저병	*Colletotrichum gloeosporioides (Glomerella cingulata)*	병환부 움푹 파임, 기형, 담색포자덩이
사철나무 탄저병	*Gloeosporium euonymicola*	회색병반 및 갈색 경계띠, 강모
오동나무 탄저병	*Collectotrichum kawakamii*	작은점(담갈색) → 암갈색, 병반 노랗게, 줄기 함몰
동백나무 탄저병	*Collectotrichum sp.*	가장자리 적갈색, 병반 안쪽 검은색돌기

※ 기타 : 개암나무탄저병(Monostichella), 버즘나무탄저병(Apiognomonia veneta)

(7) *Elsinoe*에 의한 병 : 자낭균아문/무성세대 *Sphaceloma*

두릅나무 더뎅이병(*Elsinoe araliae*) : 뒤틀리며 기형, 코르코화

(8) *Septoria*에 의한 병 : 불완전아균문 유각균강 분생포자균목/자낭균아문소방자낭균강

병 명	병원균	병징 및 병환
자작나무 갈색무늬병	*Septoria betulae*	적갈색 점무늬, 분생포자각
오리나무 갈색무늬병	*Septoria alni*	다각형 내지 부정형병반
느티나무 흰별무늬병	*Septoria beliceae*	다각형 내지 부정형병반
밤나무 갈색점무늬병	*Septoria quercus*	경계 황색의 띠
가중나무 갈색무늬병	*Septoria sp.*	겹둥근무늬, 흰색 포장덩이

(9) 소나무 잎떨림병(엽진병 : *Lophodermium* spp.)

① 소나무, 잣나무, 스트로브잣나무 등의 묘목과 조림목
② 당년생 잎을 감염하는 병원성
③ 3~5월 묵은 잎 1/3 이상 떨어짐
④ 자낭반(반균노란색), 갈색띠
⑤ 방제 : 통풍, 병든 잎 소각, 7~9월 자낭포자비산 시 살균제 살포

(10) 포플러 잎마름병(*Septotis populiperda*) : 조기낙엽, 생장저조

(11) 칠엽수얼룩무늬병(*Guignardia aesculi*) : 소방자낭균강

적갈색 얼룩무늬, 분생포자각

(12) 철쭉류 떡병(*Exobasidium*) : 담자기, 담자포자

① 4월 말 잎과 꽃눈 흰색덩어리, 이상비대, 증식, 안토시아닌색소
② 부생적 *Cladosporium*류(불완전균류)

(13) 타르점무늬병(*Rhytisma acerinum*) : 검은색 자좌, 반균강

① 아황산가스에 민감하며 밀집된 지역에서 발생하지 않음
② 단풍나무, 버드나무, 인동덩굴

(14) 흰가루병 : 자낭균아문 각균강 흰가루병균목, 절대기생체

① 병원균의 균사는 대부분 기주식물의 표면에 존재, 일부의 균사와 흡기를 조직 속에 박고 영양분을 섭취
② 어린 눈, 새순이 침해를 받으면 위축되어 기형, 나무생육, 미관적 가치를 크게 떨어뜨림

③ 방제 : 낙엽은 모두 모아서 태움. 봄에 새순이 나오기 전에는 석회유황합제를 1~2회 살포하고 여름에는 만코지수화제, 지오판수화제, 베노밀수화제 등을 2주 간격 살포함. 묘포 장마철 이후 반드시 예방위주의 약제 살포

구분	수목명
Erysiphe	사철나무, 목련, 쥐똥나무류, 인동, 꽃댕강나무, 양버즘나무, 단풍나무류, 배롱나무, 꽃개오동
Sawadaea	모감주
Podosphaera	장미, 조팝나무
Pseudoidium	수국

※ 흰가루병과 그을음병의 비교

구분	흰가루병	그을음병
병명	*Phyllactiniacorylea, Erysiphe, Podosphaera, Sawadaea, Cystotheca*	*Meliolacea, Astertinacea*
특징	균종에 따라 기주특이성	부생성외부 착생균, 깍지벌레, 진딧물, 가루이의 배설물에 의해 발생
설명	가을이 되면 잎의 균총위에 작고 둥근 노란 알갱이(자낭구)가 다수 나타나기 시작하고 성숙하면 검은색	잎 앞면에 원형 그을음 모양 균총을 형성. 종종 서로 합쳐져서 모양이 불규칙한 커다란 병반. 균총내부에는 작고 검은 점(자낭각)이 산재

7. 녹병

(1) 녹병균 : 담자균문 녹병균목

① 종자식물 및 양치식물을 침해

② 순활물기생체(살아 있는 식물조직에서만 살아갈 수 있는 기생체=절대기생체)

(2) 녹병균의 생활사

① 이종기생균 : 서로 다른 두종의 기주를 필요로 함. 기주교대

② 기주의 형성층과 체관부의 세포간극 침입 후 흡기로 세포막을 뚫고 들어감

※ 주요 수목의 이종기생성 녹병균

녹병균	병명	녹병정자, 녹포자세대	여름포자, 겨울포자
Cronartium ribicola	잣나무 털녹병	잣나무	송이풀, 까치밥나무
C. quercuum	소나무 혹병	소나무, 곰솔	졸참, 신갈나무
C. flaccidum	소나무 줄기녹병	소나무	모란, 작약, 송이풀
Gymnosporangium asiaticum	향나무 녹병	배나무	향나무
Melampsor elarici-populina	포플러 잎녹병	낙엽송	포플러류
Uredinopsis komagatakensis	전나무 잎녹병	전나무	뱀고사리
Chrysomyxa rhododendri	철쭉 잎녹병	가문비나무	산철쭉

(3) 녹병균의 생활환과 핵상

기호	세대형	특징	핵상	비고
0	녹병정자	단세포, 평활, 기주식물표피, 곤충유혹	n	원형질융합녹포자생성, 유성생식
Ⅰ	녹포자	단세포 구형, 난형, 녹포자기	n+n	기주교대
Ⅱ	여름포자	단세포 구형, 난형, 반복감염	n+n	여름포자퇴 (분생포자역할)
Ⅲ	겨울포자	포자퇴(갈색, 검은색), 담자기(4개 담자포자)	n+n→2n	월동, 동포자
Ⅳ	담자포자	무색단핵포자	n	소생자, 기주교대

(4) 녹병의 종류

① 소나무류 잎녹병

병원균	기주	중간기주
Coleosporium asterum	소나무, 잣나무	참취, 개미취, 과꽃, 개쑥부쟁이, 까실쑥부쟁이
C. eupatorii	잣나무	골등골나무, 등골나물
C. campanulae	소나무	금강초롱꽃, 넓은잔대
C. phenllodendri	소나무	넓은잎황벽나무, 황벽나무
C. xanthoxyli	곰솔	산초나무

② 잣나무 털녹병(*Cronartium ribicola*) : 세계 3대 수목

㉠ 1854년 러시아의 발틱해 연안 처음 발견되어 1900년 전후 유럽 전역, 북미 전파

㉡ 스트로브잣나무림에 큰 피해

㉢ 15년생 이하 잣나무에서 많이 발생하며 장령목에 감염된 잣나무는 2~4년간의 잠복기 거쳐 줄기에 병징

㉣ 병원균은 잎의 기공침입 줄기로 전파되어 잎에 황색의 미세한 반점을 형성하며 균사가 침입된 줄기는 수피가 황색~등황색 나타냄

㉤ 2년 후 적갈색으로 변하며 방추형으로 부풀고, 8월 이후는 표면에 황색을 띤 달콤한 점질상 물방울이 생기고 이듬해 4~6월에는 수피를 파괴하고 백색막에 쌓인 수포자퇴가 분출

③ 소나무 혹병(*Cronartium quercuum*) : 참나무속이 중간기주

㉠ 혹 형성된 병든 부위의 표면 : 거칠고 조직이 연약해 강한 바람, 폭설 등에 의해 부러지기 쉬워 발견 즉시 조치

㉡ 4~5월 혹 표면이 갈라지면서 녹포자가 발생함. 중간기주에 5~6월경 잎 뒷면에 여름포자, 8~9월에는 여름포자가 소실 겨울포자덩이가 잎 뒷면을 덮음

㉢ 중간기주 및 병에 걸린 소나무를 제거, 9~10월에 참나무류에서 소나무로 옮겨감. 그 전에 트리아디메폰 수화제를 2주 간격 3회 살포하고 2~3월경 테부코나졸유제를 흉고직경 10cm당 1개 나무주사로 예방

④ 향나무녹병 : 산당화, 꽃사과, 산사나무, 명자나무 등 조경수

㉠ 미관적 가치가 떨어지고 잎 뒷면에 발생되는 녹포자퇴는 사람들에게 혐오감을 줌

㉡ 과일의 상품성과 생산량을 크게 저하시켜 농가에 큰 피해(붉은별무늬병)

병원균	기 주	중간기주
Gymnosporangium asiaticum	향나무류(잎)	배나무류, 명자나무, 산당화, 모과나무, 산사나무
G. yamadae	향나무류(잎)	사과나무, 꽃사과
G. Japonicum	향나무류(줄기, 가지)	윤노리나무
G. cornutum	노간주나무(가지, 줄기)	팥배나무

⑤ 기타 녹병

㉠ 버드나무 잎녹병(*Melampsore capraearum*) : 중간기주 일본잎갈나무

㉡ 포플러 잎녹병

- *Melampsorelarici-populina* : 일본잎갈나무, 댓잎현호색
- *M. magnusiana* : 일본잎갈나무, 현호색

㉢ 오리나무 잎녹병(*Melampsoridium alni*)
- 오리나무, 두메오리나무
- 중간기주는 일본잎갈나무

㉣ 회화나무녹병(*Uromyces truncicola*) : 담자균, 동종기생성
- 1년에 2회 발생하며 줄기에 감염되면 가지가 혹 발생
- 잎에 감염된 경우에는 여름철 조기낙엽 증상으로 수세가 급격히 쇠약

8. 시들음 병해

(1) 느릅나무 시들음병(*Ophiostoma ulmi*) : 자낭균문

① 매개충 : 유럽느릅나무좀(목부형성층을 가해) → 병원균은 아래방향으로 증식 이동
② 미국느릅나무 감수성, 시베리아, 중국 등 아시아계통 저항성
③ 방제 : 위생관리, 매개충 방제살포, 유인목, *Psedomonas*속 세균, *Ophiostoma, verticillium* 속 균주접종

(2) 참나무 시들음병(*Raffaelea quercus-mongolicae*) : 2004년 성남, 신갈나무

① 매개충 : 광릉긴나무좀(*Platypus koryoensis*)
② 수컷 페르몬 발산 암컷 유인, frass, 하부에서 지상 2m 이내
③ 병원균 목재변색, 물관부 물과 양분이동 방해
④ 방제 : 끈끈이롤트랩설치, 유인목, 페르몬트랩, 훈증

(3) 참나무 시들음병(*Ceratocystis fagacearum*)

① 매개충 : nitidulid 나무이(균사매트의 달콤한 냄새에 유인), 새
② 방제법 : 위생관리, 균사매트제거, 살균제 대량주입법, 발생지역 전정삼가, 훈증제 사용

(4) Verticillium 시들음병(*verticillium dahlia*)

① 기주 : 단풍나무, 느릅나무
② 천천히 발달하여 수목을 죽임
③ 상처를 통해 감염되며 감수성 수종 뿌리에 균핵상태로 존재
④ 방제 : 감염된 수종 벌채

9. 목재의 부후 및 변색

(1) 세포벽의 구조

① 주요성분 : 셀룰로스(40~50%), 헤미셀룰로스(25~40%), 리그닌(20~35%), 기타 페놀화합물 등으로 구성

② 목재부후 종류

㉠ 분해하는 성분에 따라서 세 가지로 분류

- 백색부후균 : 목재의 세포벽을 구성하고 cellulose(hemicelluose 포함)와 lignin을 모두 분해, 활엽수 더 흔하게 관찰됨. 담자균
- 갈색부후균 : cellulose는 분해하고 lignin을 분해하지 못해 목재가 최종적으로 갈색, 침엽수 더 흔하게 관찰됨. 담자균
- 연부균 : 2차 세포벽의 cellulose와 hemicellulose를 분해 겉면에 사각무늬를 남겨짐. 자낭균과 불완전균. 살아 있는 나무보다 물로 포화되었거나 흙에 직접 닿아 있는 목재의 표면을 분해

㉡ 위의 세 가지 부후균은 모두 cellulose를 분해하는 효소인 cellulase를 분비하여 1개 혹은 2개의 포도당 단위로 끊어 놓음

㉢ 방제 : 줄기에 상처가 생기지 않게 주의, 가지치기 후 절단부위에 티오판도포제를 바르고, 밑동에 구름버섯이 많이 발생한 개체를 제거

③ 목재변색

㉠ 목재변색균에 의하여 유발되고 목재의 질 저하시킴. 강도에는 영향 없음

㉡ 오염균 : *Penicillium*(녹색, 누런색), *Aspergillus*(검은색, 녹색), *Fusarium*(붉은색), *Rhizopus*(회색)

㉢ 원인 : 변색곰팡이, 목재부후균, 목재건조과정에서 화학적 반응에 의한 변색

㉣ 주로 자낭균류와 불완전균류에 속하는 균으로 벌채된 후 오래되지 않은 목질부의 표면에 서식하며 이들이 생산한 포자가 목재의 변색을 일으키는 균류

㉤ 원인균 : Ophiostomatoid fungi에 속하는 *Ophiostoma*, *Ceratocystis*속의 곰팡이, *Leptographium* 등

㉥ 매개충 : 소나무좀과 소나무줄나무좀

CHAPTER

03 세균에 의한 수목병해

1. 진핵세포와 원핵세포비교

(1) 진핵세포

① 고등미생물
② 핵막이 있음
③ 핵 분열 시 유사분열
④ 곰팡이, 효모, 조류, 버섯, 원생동물

(2) 원핵세포

① 하등미생물
② 핵막이 없음
③ 진핵세포에 비해 구조가 단순
④ 무성생식
⑤ 세균, 방선균, 남조류

2. 식물병원세균(원핵생물)

원핵생물은 핵막이 없어 염색체는 세포질 중에 노출되며, 세포질 내에는 미토콘드리아나 소포체 등이 없고 2분법으로 증식함

(1) 형태와 구조

① 구형, 타원형, 막대형, 나선형이 있으나 대부분의 식물병원세균은 단세포이고 방선균을 제외하면 짧은 막대모양
② 크기는 폭 0.5~1.0μm, 길이 1~5μm이고 균체에는 0~수개의 편모
③ *Streptomyces*는 균사를 형성하고, 공중 균사 선단에 포자 형성
④ *Phytoplasma* 및 *Spiroplasma*는 세포벽이 없기 때문에 부정균
⑤ 점질층 또는 협막으로 싸여 있으며, 세포질에는 염색체, 리보좀
⑥ 세균에 따라 플라스미드(plasmid, 核외 유전자), 내생포자

(2) 다당류

기주세포에 흡착과 누출 촉진, 수침상 병반형성, 도관의 폐쇄로 위조 유발

(3) 효소

식물병원세균이 생산하는 펙티나아제, 셀룰라아제는 병원성으로 작용

(4) 식물독소

아미노산 대사나 당 대사에 관계하는 효소를 저해하여 식물의 황화(chlorosis)의 원인이 되며 병세 진전을 촉진

(5) 식물호르몬

혹을 형성하는 세균은 인돌초산, 사이토키닌 등의 식물호르몬은 세포분열과 신장 촉진

(6) 항생물질, 박테리오신

다른 세균이나 사상균에 대하여 활성이 있는 항균물질(antibiotic) 생산, 다른 세균에 대하여 살균 작용을 나타내는 박테리오신(bacteriocin) 생산

(7) 박테리오파지

세균에 기생하여 증식하는 바이러스. 세균의 동정, 식물 병원 세균의 생태 연구, 세균병 방제 등에 이용

3. 세균성 식물병의 병징과 방제

(1) 세균성 식물병의 병징

Agrobacterium	뿌리혹, 가지혹, 줄기혹, 털뿌리
Clavibacter	감자둘레썩음병, 토마토궤양 및 시들음, 과일점무늬, 접합대생
Erwinia	마름, 시들음, 무름
Pseudomonas	점무늬, 바나나나무시들음, 마름(라일락), 궤양 및 눈마름
Xanthomonas	점무늬, 썩음, 흑색잎맥, 인경썩음, 귤나무궤양, 호두나무마름
Streptomyces	감자더뎅이, 고구마 썩음

(2) 방제

① 대체로 방제하기 어렵기 때문에 한 가지 이상의 방제수단이 요구
② 건전한 종자(차아염소산나트륨과 염산용액 소독)와 건전한 묘의 사용
③ 저항성 품종 사용

④ 병든 식물체 사용한 도구나 사람의 손등을 깨끗이 하여 전반 방지
⑤ 토양소독 : 증기나 전기열 또는 포름알데히드처리
⑥ 항생제 스트렙토마이신, 옥시테트라사이클린 사용 → 저항성 생김
⑦ 생물적 방제에는 박테리오신을 생산하는 *Agrobacterium* 길항균을 종자나 묘목에 처리

4. 세균성 식물병

(1) 혹병(근두암종병, *Agrobacterium tumefaciens*)

① 막대모양이며, 극모 한 개 가짐
② 기주 : 배, 사과, 포도, 감 등 과수, 유실수 목본, 초본
③ 그람음성, 비항산성, 호기성, 고온다습한 염기성토양
④ 방제 : 상처를 막고, 건전한 묘목 식재, 석회 시 용량 줄이고 유기물 충분히 시용
⑤ 도구소독, 병든 나무 제거 태우고, 토양소독

(2) 불마름병(화상병, *Erwinia amylovora*)

① 짧은 막대모양이며, 4~6개 주생편모
② 장미과 수목에 발생 → 문헌기록 있으며, 2015년 경기도 안성에서 최초 발생
③ 병든 부분 물이 스며드는 듯한 모양
④ 늦은 봄 어린잎, 꽃, 작은가지 시듦 → 갈색, 검은색 불에 타는 듯한 모습
⑤ 방제 : 감염된 가지 잘라냄(최소 30cm 이상 아래), 궤양의 외과수술, 질소함량 비료사용 피함, 매개곤충방제, 스트렙토마이신과 구리 살균제 시용

(3) 잎가마름병(*Xylella fastidiosa*)

① 활엽수의 물관부에 기생
② 잎가 가장자리 갈색, 물결모양, 노란색둥근무늬
③ 매미충류전반, 물관부국재성세균(FXLB)
④ 활력유지(비배관리), 항생제 수량 주입
⑤ 방제 : 활력유지, 가뭄의 피해방지

(4) 세균성구멍병(*Xanthomonas campestris* pv. Pruni)

① 1개 극모, 막대모양, 노란색(배지), 호기성 그람음성
② 잎맥따라 1mm 정도의 백색 부정형병반 → 구멍
③ 2년생 열매가지 및 새가지에 혹 형성 → 봄형 가지병반, 여름형 가지병반
④ 열매 갈색, 암갈색의 병반수지유출

⑤ 병원균 새가지 피하조직 월동, 흑갈색, 자갈색, 강우량, 태풍

⑥ 방제 : 봉지를 씌워 재배, 농용신수화제 살포

(5) 감귤 궤양병(Xanthomons axonopodis)

① 가장 심각한 세균성병, 과실품질감소 미성숙과실이 떨어짐

② 조기낙엽, 반점 → 중앙부표피 파괴 황색, 회갈색, 코르크화

③ 최적온도 20~30℃, pH 6.6

④ 병원균은 빗물과 섞여 비산하며, 기공 또는 상처를 통해 침입

04 CHAPTER 파이토플라스마

1. 파이토플라스마의 특징과 진단

① 원핵생물(*Mollicutes*) 사부의 체관즙액
② 지름 0.3~1.0μm 정도 구형, 난형, 불규칙한 타원형
③ 전자현미경으로 외부형태 관찰
④ 세포벽을 갖지 않으며 일종의 원형질막으로 구성
⑤ toluidine blue의 조직염색에 의한 광학현미경기법 및 confocal laser microscopy 등에 의한 파이토플라스마 입자 검정
⑥ 조직 내 감염 DAPI 형광염색소를 사용한 신속하고 간단한 형광현미경기법으로 체관에 있는 플라스마와 바이러스의 DNA와 결합에 의한 형광을 관찰
⑦ 기타 형광염색기법 : berberine sulfate, bisbenzimide, acridine orange 등

2. 파이토플라스마의 생태 및 방제

① 파이토플라스마와 식물스피로플라스마는 주로 체관 즙액에 존재
② Sieve element에 존재하면서 당(sugar)의 이동을 방해
③ 유관속막힘(blockage), 에너지 소실과 비정상적 생장 등이 종합적으로 나타남
④ 매미충류에 의해 식물체로 전염되며 나무이와 멸구류도 전염
⑤ 잠복기 거친 후 전염 : 매개곤충의 침샘, 소화기관, 말피기관, 헤모림프, 지방체 등에서 증식함. 잠복기간은 10~45일간이며 어린식물이 성숙한 식물보다 훨씬 보독이 잘 됨
⑥ 파이토플라스마는 전신병이며 뿌리에서 월동
⑦ 방제 : 병든 나무는 벌채 및 소각하며, 테트라사이클린계(HCL) 수간주사로 치료 가능하며 엽면살포나 토양살포는 효과가 없음

3. 파이토플라스마에 의한 주요 수목병

종류	매개충	특징	기주
오동나무 빗자루병	담배장님노린재 썩덩나무노린재 오동나무애매미충	세계 주요 수목병 총생, 엽화증상, 조기낙엽	오동나무, 일일초, 나팔꽃, 금잔화
대추나무 빗자루병	마름무늬매미충	1950경 대추명산지, 한국, 중국, 일본, 엽화, 빗자루, 황화	대추, 뽕, 쥐똥, 일일초
뽕나무 오갈병	마름무늬매미충	뽕나무 중 가장 무서운 병 저항성 품종 없음, 오갈증상, 왜소	뽕, 대추, 일일초, 클로버
붉나무 빗자루병	마름무늬매미충	매우 작고 누른색, 위축, 총생	붉나무, 대추나무, 일일초, 새삼
쥐똥나무 빗자루병	마름무늬매미충	총생, 위축, 빗자루병	

4. 선충

(1) 선충의 특징

① 선충문 무척추 하등동물, 절대활물기생체(뿌리기생)
② 형태는 1mm 내외로 육안식별 어렵고 현미경을 통해 관찰됨
③ 자웅이형이며 큐티클로 덮여 있음. 수컷은 교접낭, 암컷은 음문을 가짐
④ 식물성 기생선충은 대부분 토양선충으로 부생선충
⑤ 구침에 따라 구강형, 식도형(이동성 외부기생선충)
⑥ 생활사는 알, 유충, 성충(2주~2달)으로 나누며 유충의 성장은 탈피를 통해 이루어짐
⑦ 1령 유충에서 4회 탈피로 성충이 되며 유성생식인 양성생식과 무성생식인 단위생식이나 처녀생식이 있음
⑧ 기생형태는 외부, 내부, 반내부 기생선충, 이주성, 고착성

(2) 발병과 병징

① 지상 : 성장저해, 위축, 황화, 시들음, 쇠락증상
② 뿌리 : 괴저병반, 뿌리혹, 토막뿌리

(3) 선충의 진단, 동정과 분류

① 진단 : Baermann funnel법
② *Dorylaimoid* 목(식도형 : 두 부분) : *Nepovirus, Tobravirus*
→ *Xiphinema, Longidorus, Paratrichodorus, Tobravirus*

③ *Tylenchida*목 → *Aphelenchina, Tylenchina*

- *Aphelenchina* : 식도구가 체폭의 2/3 이상인 선충
- *Aphelenchoides, Bursaphelenchus* : 지상부 가해선충
- *Aphelenchus* : 식균선충

(4) 소나무재선충병(*Bursaphelenchus xylophilus*)

① 기주-매개충-병원체 등 3가지 요인 간의 밀접한 상호작용으로 발생하여, 단기간에 급속히 고사하고 감염되면 치료 회복이 불가능 100% 고사

② 소나무, 해송, 잣나무, 섬잣나무에 감염되면 단기간에 급속히 나무가 붉게 시들어 말라 죽음

③ 소나무재선충은 이동할 수 없기 때문에 매개충의 몸 속으로 들어가 새로운 건강한 나무로 이동하여 확산

④ 매개충 : 솔수염하늘소(*Monochamus alternatus*)와 북방수염하늘소(*M. saltuarius*)

⑤ 소나무재선충이 침입한 나무는 급속하게 증식된 소나무재선충에 의해 송진 분비가 멈추고 알코올, 테르펜과 같은 휘발성 물질이 분비되고 또한 수분과 양분의 흐름에 이상이 발생

⑥ 묵은 잎부터 변색, 시간이 경과하면 잎 전체가 붉은색으로 우산살 모양으로 잎이 아래로 처지면서 완전 고사

⑦ 9월 이후로 감염시기가 늦어질 경우 병징이 늦게 나타나 이듬해에 고사되기도 하며, 일부 가지만 죽는 경우도 있음

⑧ 잣나무의 경우 후기에는 전신 감염 증세, 소나무나 해송과 달리 감염초기 정상적으로 보이는 잎이 부분적으로 관찰되는 등 발병 진전 속도가 지연되는 경우도 있음

⑨ 원거리 관찰 시 최상부만 붉게 고사된 나무나 우세목이면서 최상부가 고사되기 시작한 경우 감염의 심목으로 간주

⑩ 학명 : *Bursaphelenchus xylophilus*

㉠ 북미대륙 원산의 식물기생성선충으로 가는 실과 같은 구조를 갖고 있으며, 길이는 0.6~1.0mm

㉡ 알, 4회의 유충기, 4회의 탈피를 거쳐 암 · 수 성충으로 성장

㉢ 2기 유충에서 분산형 3기 유충으로 탈피하게 되며, 이 시기가 소나무재선충이 매개충의 체내로 침입하는 단계

㉣ 성충은 교미 후 30일 전후하여 약 100여 개 정도의 알을 낳음

㉤ 25℃ 조건에서 1세대 기간은 약 5일이며 1쌍의 소나무 재선충이 20일 후 20여만 마리 이상으로 증식

㉥ 소나무재선충 분산기 3기 유충은 분산기 4기 유충으로 탈피하고 매개충 성충(기문)에 올라탐

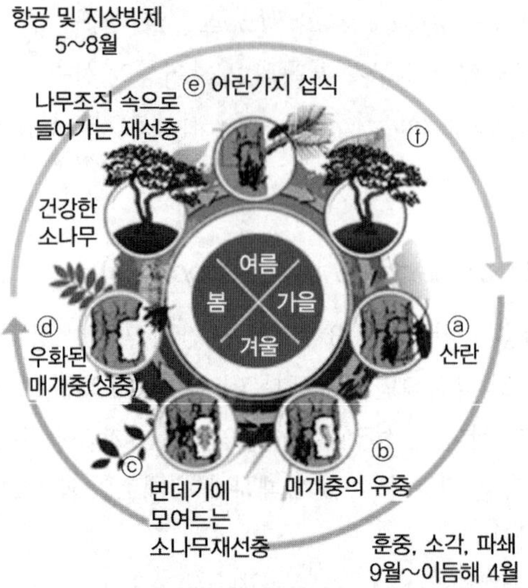

⑪ 방제

㉠ 소각 : 확실한 효과, 산불 때문에 방제시기가 제한적, 열해목의 발생

㉡ 훈증 : 고사된 나무를 1~2m^3 크기로 쌓아놓고 비닐을 씌운 후 훈증, 유충을 성충으로 탈출하기 전에 죽임

㉢ 메탐소디움의 원액을 피해목 1m^3당 1ℓ씩 약제 투입 후 신속히 밀봉함. 처리 뒤에 7일 이상 경과 후 매개충이 100% 폐사하는 우수한 방제효과가 있어 가장 많이 사용하는 방제법. 매개충의 서식이 가능한 직경 2cm 이상의 잔가지까지 철저히 수거

㉣ 항공방제 : 성충 발생시기인 5~7월 사이에 메프유제등 중복하여 살포함. 매개충이 소나무를 가해하기 전에 방제함. 예방, 피해확산을 저지할 수가 있으며 넓은 면적의 산림에 적용

(5) 지하부선충병(내부기생성 선충에 의한 뿌리병)

① 뿌리혹선충(*Meloidogyne*속 고착성내부선충)

㉠ 거대세포(혹표면 : 흰색 → 갈색, 검은색) 형성되며, 암컷의 피해가 큼

㉡ 따뜻한 지역 및 온실에서 활동, 뿌리기능을 퇴화시킴

㉢ 기주 : 침엽수, 활엽수(밤나무, 아까시, 오동나무)

㉣ 방제 : 살선충제로 토양소독, 돌려짓기 실시

② 감귤선충(*Tylenchulus semipenetrans*)

㉠ 제주도 감귤재배지 발견, 반내부기생성선충

㉡ 기주 : 감귤, 감, 포도, 올리브

㉢ 쇠락현상 및 결실불량, 누렇게 되고 조기낙엽

③ 뿌리썩이선충(*Pratylenchidae* 이주성 내부기생선충)

㉠ 기주 : 삼나무, 편백, 소나무, 일본잎갈나무, 가문비나무 등 감수성

㉡ 뿌리 내에 산란, 침입부위는 *Fusarium* 등 병균이 침입함

㉢ 무병묘목 사용, *Pratylenchus*류 선충은 휴한하면 효과적

(6) 외부기생성 선충에 의한 뿌리병

① 토막뿌리병

㉠ Dorylaimida목의 창선충속(*Xiphinema*)과 궁침선충속(*Trichodorus*, *Paratrichodorus*)

㉡ 바이러스를 매개, 침엽수 묘목가해

㉢ 뿌리 정단부 가해, 뿌리손상, 생장지연 및 잎이 누렇게 됨

② 참선충목 외부기생성선충(*Tylenchus*, *Ditylenchus*)

표피세포와 뿌리털 흡즙, 뿌리의 발육저해, 식물위축을 일으킴

③ 균근과 관련된 뿌리병

㉠ 식균성 토양선충은 작물에서는 곰팡이병원균을 가해하여 발병을 억제하나 균근과 공생관계에 있는 수목에서는 균근을 가해

㉡ 토양식균선충 : *Tylenchus, Ditylenchus, Aphelenchoides, Aphelenchus*

5. 바이러스에 의한 수목병해(핵단백질, 절대활물기생체)

(1) 담배모자이크 바이러스에서 세계 최초로 발견

(2) 바이로이드

감자걀쭉병에서 단백질 외피가 없는 나출된 고리모양의 외가닥 RNA분자, 지금까지 알려진 가장 작은 식물병원체

(3) 바이러스 구조와 형태

① 게놈핵산과 이를 보호하는 단백질외피로 구성된 뉴클레오캡시드 형태

② 한 종류의 바이러스는 외가닥이나 겹가닥으로 된 RNA 또는 DNA 중 하나만 가지는데 대부분 식물바이러스는 외가닥 RNA

③ 형태 : 식물바이러스는 대부분 곧은 막대, 실모양이나 공모양, 타원체모양

(4) 외부병징

① 모자이크(포플러, 오동나무, 아까시, 느릅, 서향, 남천세엽)
② 잎맥투명(장미, 사과, 사철),
③ 번개무늬(벚, 장미)
④ 퇴록둥근무늬(식나무 둥근무늬병)
⑤ 꽃얼룩무늬(동백나무 바이러스병)
⑥ 목부천공(사과고접, 감귤 tristeza)

(5) 내부병징

① 결정상봉입체
② 과립상봉입체
③ 이상미세구조

(6) 식물바이러스의 전염

① 곤충, 응애, 선충, 상처 등을 통해 전염됨
② 즙액접촉에 의한 전염(기계적, 즙액전염) : 농작업, 수목관리 시 전염
③ 접목 및 영양번식체에 의한 전염 : 뿌리접목 시 전염
④ 곤충, 응애, 선충, 곰팡이, 새삼 등에 전염 : 흡수구를 가진 곤충과 응애
⑤ 비영속형전반 : 구침에 묻은 바이러스가 수초~수분 내 전반
⑥ 영속형전반 : 충체 내에서 일정한 잠복기간이 지난 후에 전반
⑦ 순환형 바이러스는 증식형 바이러스임 : 진딧물 충제 내에서 증식
⑧ 증식형 바이러스 : 보독충에 의해 일생동안 지속적으로 전반
⑨ 경란전염 : 증식형 바이러스중에서 보독충의 알을 통한 전염
⑩ 종자 및 꽃가루에 의한 전염

(7) 수목바이러스병의 진단

① 외부병징에 의한 진단 : 1차적으로 잎, 꽃, 줄기, 열매 등에 외부병징으로 유전적인 장해와 제초제의 오용, 미량요소의 결핍 및 과다 등의 병징과 유사
② 전자현미경에 의한 진단 : DN법(Direct Negative) → 즙액을 1~2% 인산텅스텐산 용액으로 염색
③ 내부병징에 의한 진단 : 결정상, 과립상 봉입체(X-체)
④ 검정식물에 의한 진단 : 명아주, 동부콩, 오이, 호박, 천일홍, Nicotiana glutinosa(TMV 국부병반)

⑤ 면역학적 진단법 : 효소결합항체법(ELISA, 특이항체)
⑥ 중합효소연쇄반응법(PCR) : 바이러스의 특이적인 primer

(8) 우리나라 수목바이러스

① 포플러 모자이크(Poplar Mosaic Virus ; PopMV, 외가닥바이러스)
㉠ 재적 감소(40~50%), deltoides, 퇴록반점이 점차 모자이크 증상
㉡ 방제 : Nicotiana glutinosa와 동부콩으로 진단, 무감염목 사용, 제2인산소다액에 소독

② 장미모자이크(ApMV, PNRSV, ArMV, TSV)
㉠ 황백색퇴록반점
㉡ PNRSV, ArMV : 꽃가루와 종자에 의한 전반

③ 벚나무번개무늬병(APLPV, 다립자 외가닥 RNA바이러스)
㉠ 5월 잎맥에 번개모양의 황백색줄 무늬병반(봄에 나온 잎만 발생), 접목전염
㉡ Nicotiana glutinosa와 동부콩진단

6. 종자식물에 의한 피해

① 기생성 종자식물(쌍떡잎식물) : 꽃과 종자로 번식, 흡기로 수분 양분 흡수
㉠ 겨우살이(*Viscum album* var. coloratum, *Loranthus* sp., *Taxillus* sp) : 활엽수(참나무), 침엽수를 기주로 하며 광합성 작용도 함
㉡ 새삼 : 뿌리와 엽록체 없으며, 흡기를 내어 유관속 조직에 양분과 수분을 빼앗아 먹음. 아까시나무, 싸리나무, 버드나무, 포플러나무, 오동나무 등에 기생
㉢ 오리나무더부살이 : 오리나무 뿌리에 기생

② 조류 : 습한 환경을 선호하며 질소원 이용, Cephaleuros(흰말병) 녹조류는 열대식물에서 점무늬병 일으킴
③ 지의류 : 균류와 조류와 공생체(보통 녹조류, 혹은 청록색 세균과 공생하는 복합 유기체), 아황산가스나 불소에 민감, 질소공급원
④ 비기생성 종자식물 피해 : 덩굴류(칡)

PART 01

기출 및 연습문제

001 모잘록병에 관한 설명 중 옳지 않은 것은? 기출

① 병원균 *Pythium.spp*와 *Rhizoctonia solani*는 다핵이다.

② 병원균 우점병으로 미성숙한 조직을 침입하며 모든 조직을 연화시킨다.

③ *Pythium*은 환경이 좋지 못한 상태에서는 난포자로 휴면한다.

④ 토양이 장기간 과습하지 않도록 배수를 철저히 하고 포장이 침수되지 않도록 주의한다.

⑤ 고온일 때에는 *Fusarium*균에 의한 피해가 많고 대체로 고온식물은 저온에서, 저온식물은 고온에서 발생이 심하다.

해설 *Rhizoctonia*, *Sclerotium*은 불완전균류 무포자균(분생포자를 형성하지 않고 균사만 형성), 단핵균사이다.

- 난균류(Oomycetes) : 격벽이 없는 다핵균사, 세포벽은 글루칸
  - 유성생식 : 장정기(웅성 배우자)가 장란기(자성 배우자)와 융합하여 난포자 형성
  - 무성생식 : 유주포자(분생포자)
- 모잘록뿌리썩음병(*Aphanomyces*, *Pythium*), 흰녹가루병, 역병, 노균(*Bremia*)

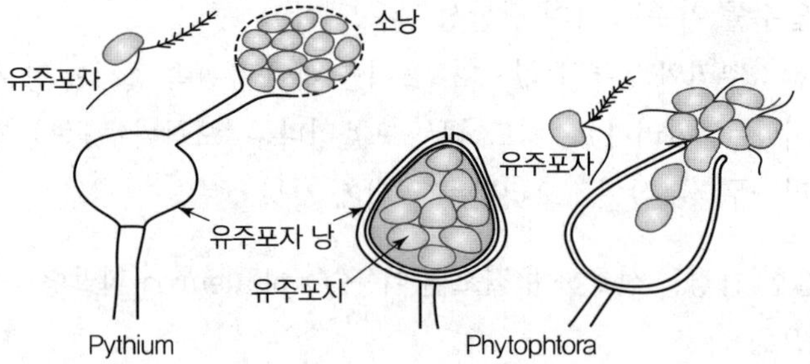

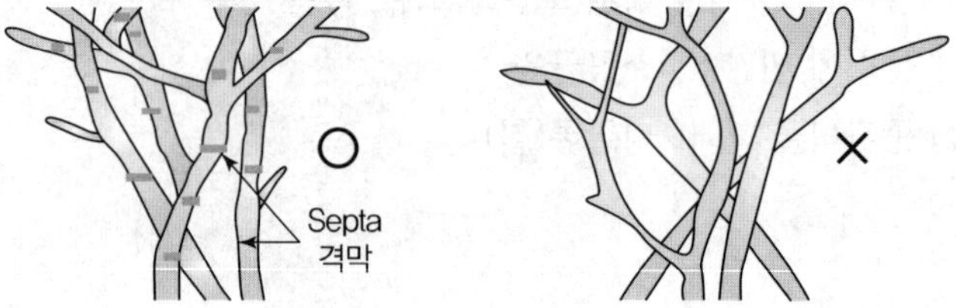

정답 001 ①

구분	분류	세포벽	격막	유성포자	주요병
유사균류	난균강	글루칸	–	난포자	역병, 뿌리썩음병, 노균병
진정균류	유주포자아문	키틴	–	접합자	
	접합균아문	키틴	–	접합포자	
	자낭균문	키틴	simple pore	자낭포자(8)	흰가루병
	담자균문	키틴	dolipore	담자포자(4)	녹병균, 깜부기병균, 목재부후균
	불완전균문	키틴	+	미발견	탄저병, 잎마름병

002 다음 중 수목 병원체에 대한 설명으로 옳지 않은 것은? 기출

① 식물 기생선충은 구침을 가지고 있으며 바이러스를 매개하기도 한다.
② 자낭균과 담자균에는 격벽이 있으며 유성세대가 알려져 있다.
③ 기생식물은 부착기로 양분과 수분을 흡수하며 겨우살이와 새삼이 있다.
④ 파이토플라스마는 체관 속에 존재하고 세포벽을 갖지 않는 원핵생물이다.
⑤ 바이러스의 유전정보는 DNA에만 있고 생물계에서 최초로 발견된 것은 담배모자이크 바이러스이다.

해설 바이러스의 유전정보는 RNA, DNA에 있으며 식물바이러스의 핵산은 외가닥 RNA이다.

003 다음 중 아밀라리아 뿌리썩음병에 대한 설명으로 틀린 것은? 기출

① 기주우점병이다.
② 수목에는 피해를 주나 초본류에는 피해를 주지 않는다.
③ 근상균사속과 부채꼴균사판이 표징이다.
④ 잣나무의 경우 밑둥부분에서 토양 근접부분까지 송진이 흘러 굳어 있는 병진이 관찰된다.
⑤ 방제방법으로는 저항성품종을 식재하거나 산성인 토양에서 발생하므로 석회를 시용한다.

해설 초본류에도 피해를 준다.

- 아밀라리아 뿌리썩음병 : 담자균문, 주름버섯목, 목, 초본, 수목연령 상관없고 임분 연령 증가 시 감소, 기주우점병(뿌리썩음병, 시들음병)에 속한다.
- 기주 우점병 : 기주가 병원균보다 영향이 크고 만성적이며 환경의 영향을 받는다. 아밀라리아 뿌리썩음병, 안노섬뿌리썩음병, 자주빛날개무늬병, 흰날개무늬병, 구멍장이버섯속 등이 포함된다.

정답 002 ⑤ 003 ②

004 **다음 중 파이토플라스마병과 바이러스병에 대한 설명으로 틀린 것은?** 기출

① 식물바이러스병은 선충에 의해 옮겨지기도 한다.

② 식물바이러스의 핵산은 대부분 외가닥 RNA이다.

③ 파이토플라스마병은 영양체를 통해서만 전염되나 즙액, 종자, 토양전염은 되지 않는다.

④ 파이토플라스마병은 병든 식물의 체관에만 존재한다.

⑤ 파이토플라스마병은 테트라사이클린과 페니실린에 감수성이다.

해설 파이토플라스마, 스피로플라스마는 테트라사이클린에 감수성이고 페니실린에 저항성이다.

- 식물바이러스 : 곤충(흡즙성 – 진딧물, 매미충, 멸구, 가루이, 깍지벌레, 나무이, 노린재), 응애, 선충, 곰팡이에 전염된다.
- 파이토플라스마 : 매미충류, 나무이, 멸구류 등이 매개충이며 10~45일의 잠복기간이 있고 어린 식물이 보독이 잘 된다. 체관즙액이 존재하며 경란전염은 되지 않는다.
- 세균의 항생제 : 스트렙토마이신(streptomycin), 옥시테트라사이클린(oxytetracycline)

005 **병원균의 한 종이나 한 분화형 또는 변종 중에서 기주의 품종에 대한 기생성이 다른 것은 무엇이라고 하는가?** 기출

① 레이스

② 파이토알렉신

③ 교차방어

④ 박테리오파지

⑤ 분화형

해설 병원균의 종은 항상 안전한 것이 아니고 교잡, 돌연변이, 이질다상핵형성으로 병원성이 다른 많은 분화형이 발생한다.

① 레이스 : 농작물의 벼도열병의 레이스는 한국, 일본, 필리핀 등에서만 발생. 저항성 품종도 재배 중 감수성으로 됨. 새로운 레이스가 출현

② 파이토알렉신 : 감염 저해 작용

③ 교차방어 : 처음에 접종한 바이러스가 나중에 접종된 근연의 바이러스(2차 바이러스) 감염에 대한 방어 작용

④ 박테리오파지 : 세균에 기생하여 증식하는 바이러스

정답 004 ⑤ 005 ①

006 다음 중 참나무시들음병에 대한 설명으로 틀린 것은? 기출

① 병원균은 곰팡이 *Raffaelea quercus-mongolicae*이다.
② 매개충인 광릉긴나무좀(*Platypus koryoensis*)은 2004년 이전에는 발견되지 않았다.
③ 병의 피해는 주로 신갈나무에서 발생한다.
④ 피해가 심한 경우 나무에서 알코올 냄새가 난다.
⑤ 매개충의 주요침입 부위인 하부에서 지상 2m까지 끈끈이롤 트랩을 감아 침입과 탈출을 방지한다.

해설 2004년 이전에도 기록에 있던 곤충이다.

007 다음 중 이종기생성 녹병균의 기주와 중간기주 연결이 잘못된 것은? 기출

① 소나무혹병 – 참나무류
② 곰솔잎녹병 – 산초나무
③ 전나무잎녹병 – 뱀고사리
④ 소나무줄기녹병 – 참취, 쑥부쟁이
⑤ 소나무잎녹병 – 금강초롱꽃

해설
- 소나무줄기녹병 – 모란, 작약
- 소나무잎녹병(*Colesporium companulae*)–금당초롱꽃, 넓은 잔대, 참취, 쑥부쟁이

008 *Entomosporim* 병원균이 일으키는 병은? 기출

① 홍가시 점무늬병
② 모감주 흰가루병
③ 동백나무 겹둥근무늬병
④ 모과나무 점무늬병
⑤ 벚나무 갈색무늬구멍병

해설
- 모감주 흰가루병 : *Sawadaea koelreuteriae*
- 동백나무 겹둥근무늬병 : *Pestalotiopsis guepini*
- 모과나무 점무늬병 : *Pseudocercosporella chaenomelis*
- 벚나무 갈색무늬구멍병 : *Mycosphaerella cerase*
- *Cercospora* : 소나무 잎마름병, 삼나무 붉은마름병, 포플러갈색무늬병, 느티나무 갈색무늬병, 벚나무 갈색무늬구멍병
- *Corynespore* : 무궁화 점무늬병

정답 006 ② 007 ④ 008 ①

009 다음 설명 중 흰가루병의 특징이 아닌 것은? 기출

① 병균류는 자낭균아문에 속하며 속으로는 *Phyllactinia*, *Erysiphe*, *Podosphaera*, *Sawadaea, Cystotheca* 등이 있다.

② 배양이 가능하다.

③ 방제방법으로는 봄에 새순이 나오기 전에는 석회유황합제를 살포하며 여름에는 만코지수화제, 지오판수화제 등을 살포한다.

④ 병원균은 주로 병든 낙엽의 흰가루병반 위에서 자낭구의 상태로 겨울을 나고, 봄에 자낭구안에 들어 있는 자낭포자를 방출한다.

⑤ 통기불량, 일조부족, 질소과다 등은 발병요인이 된다.

해설 흰가루병은 자낭균류, 흰가루병균목, 절대기생체로 배양이 가능하지 않으며 기주특이성이 있다.

010 다음 중 밤나무 줄기마름병에 대한 설명으로 틀린 것은? 기출

① 병원균은 *Cryphonectria parasitica*으로 북아메리카에서 유입되었고 아시아에는 존재하지 않았던 병이다.

② 주된 병징은 껍질부위의 궤양과 잎의 시들음 증상이며, 병환부에는 적황색 또는 등황색을 띤 무성세대의 분생포자각과 유성세대의 자낭각이 형성된다.

③ 방제방법으로 병을 거의 일으키지 않으면서 병원균을 억제할 수 있는 dsRNA바이러스를 가지고 있는 저병원성균주를 이용해 왔다.

④ 질소질비료의 과용을 피하고 백색페인트를 줄기에 칠하여 일소나 동해 등의 피해를 예방해야 한다.

⑤ 장마가 끝난 후 밤나무줄기에서 돼지꼬리 모양의 spore horn(포자각)이 많이 관찰된다.

해설 원래는 아시아에 존재하였으며 일본밤나무, 중국밤나무는 대체로 저항성 품종으로 이평, 은기가 있다.

정답 009 ② 010 ①

011 다음 중 피목가지마름병에 대한 설명으로 틀리는 것은? 기출

① 해충피해, 이상 건조 등에 의해 수세가 약해지면 발생한다.
② 병원균은 *Cenangium ferruginosum* Fr.이다.
③ 병원균은 건강한 나무에는 침입할 수 없는 약한 병원성을 가지는 2차 병원균이라 할 수 있다.
④ 늦은 봄부터 여름까지 죽은 가지 및 줄기의 피목에는 암갈색의 자낭반이 형성된다.
⑤ 장마 시기 후에 병 발생지역의 고사한 나무와 병든 가지를 잘라 태운다.

해설
- 식재밀도를 적절히 유지, 장마 시기 전에 병 발생 예찰을 통하여 고사한 나무와 병든 가지를 잘라 태운다.
- 생육 단계별 적합한 무육작업(어린나무 가꾸기, 덩굴 제거, 솎아베기 등)을 실시하여 건전한 임분을 육성한다.

012 다음 중 화상병에 대한 설명으로 옳지 않은 것은? 기출

① 모과나무도 발생한다.
② 병원균은 *Erwinia amylovora*이다.
③ 방제약제는 보르도액과 스트랩토마이신이 있다.
④ 국내에서는 2015년 안성, 안동에서 처음 확인되었다.
⑤ 검역금지 병해로 수입 시 철저히 확인한다.

해설 세균병으로 장미과 과수에 발생하며 2015년 천안, 안성에서 처음 확인되었다. 병징은 잎, 꽃, 가지가 불에 탄 듯 검은색으로 변하는 증상이 나타난다.

013 벚나무빗자루병에 대한 설명 중 옳지 않은 것은? 기출

① 병원균은 자낭균으로 *Taphrina wiesneri*이다.
② 병원균 포자낙하법으로 분리된다.
③ 꽃눈이 잎눈으로 엽화현상이 나타난다.
④ 4월 하순~5월 하순 병든 부위 잎 앞면에서 회백색의 병원체가 형성된다.
⑤ 겨울부터 이른 봄 사이에 빗자루 모양의 가지 전체를 잘라 태우고 자른 부위에 상처도포제를 바른다.

해설 잎 뒷면에 병원체가 형성된다.

정답 011 ⑤ 012 ④ 013 ④

014 식물 병원성 세균에 대한 설명으로 옳은 것은? 기출

① 세포생물이며 핵과 DNA가 막으로 둘러싸여 있지 않은 원핵생물이다.
② 식물세균병으로 최초 발견된 병은 핵과류세균성구멍병이다.
③ 식물체의 체관부에 존재하면서 통도조직의 기능에 이상을 일으킨다.
④ 뿌리혹병 *Agrobacterium* 그람양성균으로 Ti-plasmia를 가지고 있다.
⑤ 플라스미드는 세균과 세균 사이의 이동이 가능하다.

해설 ① 핵이 없다.
② 최초로 발견된 것은 사과나무 불마름병이다
③ 물관부에 존재한다.
④ *Agrobacterium* 그람음성이다.
※ 펩티도글리칸층 : 세균이 환경의 강한 삼투압을 견디고 독특한 형태를 유지할 수 있는 세균세포 표층

015 소나무 재선충병(시들음병)에 대한 설명으로 옳지 않은 것은? 기출

① 소나무는 감수성이 높고 곰솔은 저항성이 높다.
② 솔수염하늘소와 북방수염하늘소가 병원체를 매개한다.
③ 소나무와 잣나무의 병을 일으키는 병원체는 같은 종이다.
④ 피해는 수령에 관계없이 갑자기 침엽이 변색하여 나무전체가 말라 죽는 증상을 나타낸다.
⑤ 병원체 *Bursaphenchus xylophilus*이다.

해설 곰솔도 감수성이다.

016 다음 중 곰팡이의 일반적인 동정 방법으로 옳지 않은 것은? 기출

① ITS 부위는 PCR 중복 염기서열로 분석한다.
② 포자는 일반적으로 고배율광학현미경으로 관찰한다.
③ 광학현미경에 의한 균사나 포자퇴는 그대로 떼어서 검경할 수 있으나 병든 조직의 내 · 외부에 형성된 자실체는 얇게 절편을 만들어 검경한다.
④ toluidine blue의 조직염색에 의한 광학현미경기법을 사용한다.
⑤ 수분을 함유한 생체시료는 2% 글루타르알데하이드에서 고정, 알코올이나 아세톤으로 탈수, 초산이소아밀로치환, 임계점건조 등의 과정을 거쳐 완전히 건조된 시편은 증착하여 관찰한다.

해설 toluidine blue의 조직염색, confocal laser microcopy, DAPI(형광염색소사용) – 파이토플라스마

정답 014 ⑤ 015 ① 016 ④

017 *Pestalotiopsis*속에 대해 옳지 않은 것은? 기출

① 불완전균아문 분생포자반균목에 속한다.
② 은행나무 잎마름병도 여기에 속한다.
③ 분생포자반에 짧은 분생포자경에 분생포자가 형성된다.
④ 병반위에 육안으로 판단되는 검은 포자가 형성된다.
⑤ 분생포자는 부속사를 가지고 있는 대부분의 가운데 세 세포가 착색되어 있다.

해설 회갈색포자가 형성되며 완전세대는 자낭균아문 각균강이다.
Pestalotiopsis : 은행나무 잎마름병, 삼나무 잎마름병, 철쭉류잎마름병, 동백나무 겹둥근무늬병

018 밤나무 줄기마름병에 대하여 옳은 것은? 기출

① 병원균은 *Cryphonectria endothia*이다.
② 서유구의 행포지에 기술되어 있다.
③ 저병원성균주인 dsRNA바이러스로 치료가 가능하다
④ 병반위에 육안으로 판단되는 검은 포자가 형성된다.
⑤ 1900년경 북미에서 들어와 아시아에서 밤나무림을 황폐화시켰다.

해설 ① 병원균은 *Cryphonectria parasitica*이다.
② 서유구의 행포지에 기술되어 있는 것은 잣나무 털녹병, 배나무붉은별무늬병이다.
④ 황갈색의 자낭각을 형성한다.
⑤ 원래 아시아에 존재하였던 병으로 1900년대 북미로 유입되었다.

019 소나무 피목가지마름병에 대하여 옳은 것은? 기출

① 병원균은 자낭각 자낭포자를 가진다.
② 지제부에 송진이 많이 누출된다.
③ 자낭 내에 형성된 자낭포자수가 4개이다.
④ 병든 부위에 수피를 벗기면 흰색 균사체를 쉽게 발견할 수 있다.
⑤ 해충피해, 기상변동 등 수세가 약해지면 집단발병한다.

해설 ① 자낭반포자를 형성한다.
② 송진이 적게 누출된다.
③ 8개의 포자가 형성된다.
④ 황갈색의 균사체 발견된다.

정답 017 ④ 018 ③ 019 ⑤

020 다음 중 수목병의 화학적 방제에 대한 설명으로 옳지 않은 것은? 기출

① 보르도액은 보호살균제이다.
② 상처도포제로 톱신페스트와 클로르피크린을 사용한다.
③ 몰리큐트에 의한 병은 테트라사이클린으로 방제가 가능하다.
④ 리기다소나무 푸사리움가지마름병은 테부코나졸 나무주사로 방제한다.
⑤ 병원균의 균사 억제, 사멸 가능한 약제로 테부코나졸, 베노밀이 있다.

해설
- 보호살균제 : 병이 발생하기 전에 작물체에 처리하여 예방을 목적으로 사용되는 것으로 약효 지속 기간이 길어야 하며 물리적으로 부착성 및 고착성이 양호하여야 함(예 석회보르도액 등)
- 훈증제 : 클로르피크린(토양소독제겸 곰팡이나 선충에도 유효). 뿌린 후 2~3주일이 지나야 사용하며 그 전에는 약해 발생

021 다음 중 자낭균류에 대한 설명으로 틀린 것은? 기출

① 각균강은 호리병 모양의 자낭각이 있으며 흰가루병균, 탄저병균, 맥각병균이 이에 속한다.
② 반자낭균강은 자낭과를 형성하지 않고 병반위에 나출되며 자낭은 단일벽이며 식물병원균으로는 *Taphrina*속과 목재부후균은 대부분 여기에 속한다.
③ 부정자낭균강은 공모양의 자낭구가 있으며 *Penicilium*과 *Aspergillus*속의 유성세대가 이에 속한다.
④ 반균강은 쟁반모양의 자낭반으로 되어있으며 주발버섯, 고무버섯을 비롯한 각종 버섯류이며 식물병원균으로는 *Rhytisma, Lophodermium, Schletotinia*속이 있다.
⑤ 소방자낭균강은 자낭자좌를 가지며 자낭은 이중벽으로 되어 있고 식물병원균으로는 *Elsinoe, Mycosphaerella, Guignardia*속과 각종 수목의 그을음병균이 있다.

해설
- 흰가루병균 : 자낭구에 속함
- 목재부훈균 : 담자균

022 난균강에 속하는 수목병균의 설명이 잘못된 것은? 기출

① 난균강(Class Oomycetes)은 균사가 잘 발달되어 있고, 격벽이 있는 다핵 균사이다.
② 최근에는 진균에서 난균류를 분리하여 난균문(Phylum Oomycota)이라고 한다.
③ 유성생식은 대형의 장란기와 소형의 장정기 사이에 수정이 이루어져 난포자(Oospore)를 형성한다.
④ 무성생식으로 유주포자낭에서 직접 발아하는 경우가 있는데 이 유주포자낭을 분생포자라고 한다.
⑤ 유주포자는 2개의 편모를 갖고 있다.

해설 난균강은 격벽이 없는 균사이다.

정답 020 ② 021 ①, ② 022 ①

023 담자균류에 대한 설명 중 잘못된 것은? 기출

① 담자균류는 곰팡이 중에서 가장 진화도가 높은 고등 균류이며 30,000여 종이 있다.
② 담자균류에는 녹병균 및 깜부기병균, 대부분의 버섯이 이에 속한다.
③ 담자균의 영양체는 균사가 잘 발달되어 있고 격벽은 자낭균류보다 복잡한 구조이다.
④ 담자포자는 일반적으로 1핵의 단상체이며, 원형질융합, 핵융합으로 생기고 감수분열을 하지는 않는다.
⑤ 담자기 안에 대개 4개의 담자포자가 형성된다.

해설 담자포자는 감수분열을 한다.

024 균근에 대한 설명 중 잘못 기술된 것은? 기출

① 내생균류는 뿌리 피층세포 내에 존재하며 일정기간 생장한 후에도 없어지지 않는다.
② 내생균근을 형성하는 격벽이 없는 곰팡이를 VA 내생균근이라 하며 온대성 수목 특히, 단풍나무, 히말라야 삼목, 관상식물 등은 VA균근을 형성한다.
③ VA균근은 컨테이너묘목을 생산하는데 인공 접종하여 활용하고 있다.
④ 외생균류는 소나무과, 참나무과, 자작나무과, 피나무과, 버드나무과 등에서 잘 생긴다.
⑤ 내외생균류는 내생균근과 외생균근의 중간적인 균근으로 피층세포내의 세포에 침입한 균사와 Hartignet을 동시에 형성하는 특징이 있다.

해설 일정기간 생장한 후에 죽는다.

025 리지나뿌리썩음병의 병환 및 방제방법 기술 중 맞지 않는 것은? 기출

① 이 병의 포자는 소나무뿌리 근처 온도가 35~45도로 증가한 곳에서 발아한다.
② 뿌리의 피층이나 사부로 침입하여 감염된 세포는 수지로 가득 차고 균사가 갈색으로 변하면서 목질화된다.
③ 이 병은 감염과정에서 병원균에 분비되는 섬유소 분해효소 또는 펙틴 분해효소가 관여하여 발생하는 연화성병으로 알려져 있다.
④ 이 병은 불난 자리에서 많이 발생하므로 임지 내에서는 모닥불을 피우거나 취사행위 등 불을 취급하는 일을 금지한다.
⑤ 피해목은 벌채하고 주로 알칼리토양에서 피해가 심하므로 석회를 시비하지 않도록 한다.

해설 산성토양에서 피해가 심하다.

정답 023 ④ 024 ① 025 ⑤

026 **자주빛날개무늬병에 대한 다음 기술 중 맞지 않는 것은?** 기출

① 활엽수, 침엽수에 모두 발생한다.

② 감염된 나무의 지상부병징은 수세약화와 새가지의 생장불량 등이며, 조기 황화 및 조기 낙엽이 되며, 고온기에는 심한 시들음현상이 나타난다.

③ 지하부병징으로는 뿌리표면에 자갈색의 균사가 퍼지며 끈 모양의 균사 다발로 휘감기고 균핵이 형성된다.

④ 병든 나무의 땅가부근에는 균사망이 발달하여 부근의 흙덩이나 잔가지 등을 감싸 자주색의 헝겊같은 피막을 형성한다.

⑤ 병원균은 *Heterobasidium mompa*이고, 자낭균문 목이목에 속하며 자실체가 헝겊처럼 땅에 깔리는 모습이다.

해설 *Helicobasidium mompa*는 담자균이다.

027 **밤나무 줄기마름병의 병징 및 병환으로 적절하지 않은 것은?** 기출

① 가지나 줄기에 생긴 상처에 병반이 형성되는데 수피가 황갈색 내지 적갈색으로 변한다.

② 유합조직이 형성되기도 하고 암종모양으로 부풀고 길이 방향으로 균열이 생긴다.

③ 병든 부분이 줄기를 한바퀴 돌면 윗부분은 말라 죽지만 뿌리는 살아 있어 맹아가 발생한다.

④ 병원균은 죽은 나무에서 자실체로 월동한 후 이듬해 봄부터 늦가을까지 포자로 감염된다.

⑤ 거칠게 갈라터진 병든 부위의 수피를 떼어내면 백색의 두툼한 균사판이 나타난다.

해설 황색의 두툼한 균사판이 나타난다.

028 **줄기에 생기는 궤양의 종류 및 병해에 대한 설명 중 잘못된 것은?** 기출

① 줄기에 발생하는 궤양은 윤문형, 확산형, 궤양마름 세 그룹으로 이루어진다.

② 윤문형 궤양은 궤양 표면과 가장자리에 유합조직이 많고 둥근 모양의 궤양이 나타난다.

③ 확산형 궤양은 병원균의 이동은 윤문형보다 빠르므로 가장자리에 유합조직이 거의 나타나지 않는다.

④ 확산형 궤양은 수목의 부피생장보다 더 빠르게 확장되며, 감염된 후 몇 년 내에 환상박피(girdling)가 일어난다.

⑤ 궤양마름은 둥글거나 타원형의 궤양을 형성하고 생장기간 동안 급속히 발달되며 유합조직이 거의 없거나 나타나지 않고 죽지 않는다.

해설 병원균은 아주 급속히 발달하므로 가지나 수목은 전체가 1~2년 내에 죽기도 한다.

정답 026 ⑤ 027 ⑤ 028 ⑤

029 세계 3대 수목 유행병이 아닌 병으로만 이루어진 조합은? 기출

가. 밤나무가지마름병(Botryosphaeria canker)
나. 오엽송류털녹병(white pine blister rust)
다. 느릅나무시들음병(Dutch elm disease)
라. 참나무시들음병(oak wilt)
마. 밤나무줄기마름병(chestnut blight)

① 가, 나
② 다, 라
③ 나, 마
④ 가, 라
⑤ 다, 마

해설
- 밤나무줄기마름병 – *Cryphonectria parasitica*
- 오엽송류털녹병 – *Cronartium ribicola*
- 느릅나무시들음병 – *Ophiostoma ulmi*

030 다음 중 병리학 발전 과정에 대하여 잘못 기술한 것은? 기출

① 19세기 독일의 하티그(Hartig)는 부후재중의 자실체와의 관계를 처음으로 밝히는 등 수목병리학의 아버지로 불리고 있다.
② 조선 후기 실학자 서유구는 농사직설에서 배나무 붉은별무늬병이 향나무와 신비적인 관계가 있다는 것을 인정하였다.
③ 1936년 임업시험장에서 근무하던 Tanaki Goroku는 가평 도유림에서 잣나무 털녹병을 처음 발견하고 조선임업회보에 발표하였다.
④ 우리나라 녹병균 203종을 수록한 조선산수균는 우리나라의 녹병균의 분류에 관한 최초의 연구논문이다.
⑤ Hemmi Takewo는 단풍나무의 갈색점무늬병균인 Septoria acerina를 비롯한 14종의 병원균을 동정하고 조선삼림식물병원균의 연구를 발표하였다.

해설 서유구의 행포지에서 그 관계를 인정하였다.

정답 029 ④ 030 ②

031 우리나라 주요 수목병 연구에 대한 내용 중 틀리게 기술하고 있는 것은? 기출

① 포플러 잎녹병은 낙엽송과 현호색이 중간기주이며 저항성인 이태리 포플러 1호와 2호가 있다.
② 잣나무털녹병의 중간기주는 송이풀류에서 여름포자와 겨울포자 세대가 발견되었고 섬잣나무는 저항성이다.
③ 대추나무 빗자루병은 옥시테트라사이클린으로 방제가 가능하다.
④ 오동나무 빗자루병의 매개충은 담배장님노린재, 썩덩나무노린재, 오동나무애매미충이다.
⑤ 우리나라에서 발견된 재선충은 일본에서 보고된 소나무재선충과 같은 종으로 확인되었으나 매개충은 일본의 하늘소와는 다른 종이다.

해설 일본의 하늘소와는 같은 종이다.
Bursaphelenchus xylophilus – *Monochamus alternatus*, M. *Saltuarius*
※ 스피로플라스마는 페니실린에 저항성이고 테트라사이클린에는 감수성이다.

032 수목병 발견 연도와 발생지가 틀린 것은? 기출

① 잣나무털녹병 – 1936년 – 가평
② 대추나무빗자루병 – 1973년 – 보은
③ 소나무재선충병 – 1988년 – 부산
④ 소나무류송진가지마름병 – 2002년 – 인천
⑤ 참나무시들음병 – 2004년 – 성남

해설
- 대추나무빗자루병 – 해방 전에도 존재
- 소나무류송진가지마름병 – 1996년

033 수목병의 생물적 원인과 내용 연결이 틀린 것은? 기출

① 곰팡이 – 점무늬병, 탄저병, 뿌리혹병
② 세균 – 불마름병, 잎가마름병, 감귤 궤양병
③ 파이토플라스마 – 빗자루병, 오갈병
④ 기생성종자식물 – 새삼, 겨우살이, 칡
⑤ 원생동물 – 코코넛야자 hartrot병

해설
- 세균 : 뿌리혹병, 세균성궤양병, 불마름병
- 비기생성 : 칡

정답 031 ⑤ 032 ②, ④ 033 ①, ④

034 다음 중 수목병의 발생과 관련하여 잘못된 설명은? 기출

① 병삼각형은 병원체, 기주 수목, 환경으로 세 가지 요인 중 어느 하나라도 수치가 0이 되면 병은 발생되지 않는다.
② 병환의 주요단계는 '접촉–침입–기주인식–감염–침투–정착–병원체 증식–병징발현–병원체 전반–재접종' 순으로 이루어진다.
③ 월동하면서 휴면상태로 생존하였다가 봄이나 가을에 감염을 일으키는 것을 2차 전염원이라 한다.
④ 병원체가 기주수목과 접촉하게 되는 것을 접종(inoculation)이라 하고 기주 수목을 감염시킬 수 있는 병원체의 특정세포를 전염원이라 한다.
⑤ 선충은 성충 또는 알이 전염원이 되며, 기생식물은 종자가 전염원이 된다.

해설 월동하면서 휴면상태로 생존하였다가 봄이나 가을에 감염을 일으키는 것을 1차 전염원이라 한다.

035 다음 중 수목병의 매개체와 병원이 잘못연결된 것은? 기출

① 소나무재선충병–솔수염하늘소–*Bursaphelenchus xylophilus*
② 참나무시들음병–광릉긴나무좀–*Raffaelea quercus-monglolicae*
③ 대추나무빗자루병–마름무늬매미충–*Phytoplasma*
④ 잣나무털녹병–바람–*Cronatium ribicola* Fisher
⑤ 동백나무 탄저병–빗물–*Septoria* sp.

해설 동백나무 탄저병–빗물–*Collectotrichum* sp.

036 바이러스와 파이토플라스마에 의한 수목병 설명이 잘못된 것은? 기출

① 파이토플라스마는 바이러스보다 크지만 세균보다는 작다.
② 바이러스는 전신적 병원균으로 살아 있는 기주체에서만 기생할 수 있는 절대기생체이다.
③ 파이토플라스마는 새로운 매개충 내에서 약 3일간 잠복기간이 필요하며 경란전염이 될 수 있다.
④ 바이러스에 감염된 수목은 감염된 후에도 새로운 세포와 기관을 형성하므로 오랜 기간 생존 할 수 있다.
⑤ 바이러스는 곤충과 상처 및 선충, 종자, 꽃가루에 의해서 옮겨지기도 한다.

해설 10~45일 잠복기간이 있으며 경란전염이 없다.

정답 034 ③ 035 ⑤ 036 ③

037 수목병과 병원균이 다르게 짝지어진 것은? 기출

① 리지나뿌리썩음병 – *Rhizina undulata*

② 밤나무줄기마름병 – *Cryphonectria parasitica*

③ 소나무수지 궤양병 – *Fusarium circinatum*

④ 벚나무빗자루병 – *Taphrina wiesneri*

⑤ 잣나무털녹병 – *Septoria betulae*

해설 잣나무털녹병 – *Cronartium ribicola*

038 다음 중 수목에 병을 일으키는 곰팡이의 포자 및 균사체의 생존기간이 제일 긴 것은? 기출

① *Heterobasidion annosum*

② *Armillaria mellea*

③ *Cronartium ribicola*

④ *Phytophthora cinnamomi*

⑤ *Melampsora medusae*

해설 ① *Heterobasidion annosum*(균사체 : 63년, 담자포자 : 18개월 이상)

② *Armillaria mellea*(균사체 : 6~14년)

③ *Cronartium ribicola*(녹포자 : 8주, 여름포자 : 7개월, 겨울포자 : 2개월, 담자포자 : 10분)

④ *Phytophthora cinnamomi* (유주포자 : 32주)

⑤ *Melampsora medusae* (여름포자 : 5년)

039 수목병해의 예방을 위한 관리 방법이 아닌 것은? 기출

① 수목병의 발생 예찰

② 내병성 품종 식재

③ 전염병 경로 차단

④ 발병환경 개선

⑤ 외과수술

해설 외과수술은 부패 발생 후 치료에 해당한다.

정답 037 ⑤ 038 ① 039 ⑤

040 수목의 병징과 병징의 원인이 옳지 않은 것은? 기출

① 황화 – 햇빛부족
② 마름 – 뿌리손상
③ 구멍 – 세균
④ 궤양 – 세균
⑤ 빗자루 – 곰팡이

해설
- 궤양 : 곰팡이, 세균
- 구멍 : 곰팡이, 세균, 바이러스
- 빗자루 : 곰팡이, 파이토플라스마, 제초제

041 다음 중 수목병 진단방법에 대해 잘못 기술한 것은? 기출

① 여과지 습실 처리법은 배양적 진단 방법으로 수입종자를 검역할 때 가장 많이 사용하고 있다.
② 생리 화학적 진단에는 바이러스병에 걸린 감자의 진단에 이용되고 있는 황산구리법이 대표적이다.
③ 분자생물학적 진단은 DNA를 이용하는 방법으로 DNA를 추출한 후에 ELISA법을 이용하여 병원균을 동정한다.
④ 주사전자현미경은 전자빔을 시료에 주사하여 반사된 전자빔을 포획하여 상을 형성하며 진균, 세균, 식물의 표면정보를 얻기 위하여 이용하는데 버섯, 녹병균등의 분류에 많이 이용된다.
⑤ 면역학적 진단은 항혈청을 만든 다음 진단하려는 식물즙액이나 분리한 병원체와 반응시켜 이미 알고있는 병원체와 같은 것인지를 조사하는 방법이다.

해설 분자생물학적 진단은 DNA를 이용하는 방법으로 DNA를 추출한 후에 중합효소연쇄반응법(PCR)을 이용하여 병원균을 동정한다. 면역학적 진단에는 효소결합항체법인 ELISA이 있다.

042 다음 중 코흐의 법칙을 적용할 수 있는 병원체는? 기출

① TMV
② *Phytoplasma*
③ 물관부국재성 세균
④ *Collectotrichum* spp.
⑤ 원생동물

해설 코흐의 법칙을 적용할 수 없는 것은 바이러스, 파이토플라스마, 물관부국재성세균, 원생동물이다.
※ 코흐의 법칙 : 병든 식물에서 병원체 → 병원체 분리 후 순수배양 → 배양된 병원체 건전 식물에 접종하면 똑같은 증상 → 재분리할 수 있어야 한다.

정답 040 없음 041 ③ 042 ④

043 **다음 중 수목병 병징의 설명이 잘못된 것은?** 기출

① 잎맥이 물에 젖은 듯 투명하게 보이는 것은 주로 바이러스의 감염 시 나타난다.
② 잎의 엽록소가 일부 또는 전체적으로 파괴되어 녹색이 옅어지는 것은 퇴색이다.
③ 잎자루나 잎맥의 윗부분이 아랫부분보다 더 많이 자라게 하여 잎이 아래쪽으로 처지거나 쭈글쭈글하게 오그라드는 현상은 이상증식이다.
④ 세포가 비정상적으로 분열하여 변형조직이 만들어지는 것은 분열조직 활성화이다.
⑤ 안토시아닌의 발달이 지연되어 식물체 색깔에 변화가 나타나는 것은 2차 대사의 장애이다.

해설 상편생장에 대한 설명이다. 이상증식은 세포의 비정상적인 분열을 말한다.

044 **다음 곰팡이 표징 중 생식기관이 아닌 것은?** 기출

① 분생포자경
② 뿌리꼴균사다발
③ 자낭반
④ 분생포자각
⑤ 자낭구

해설
- 영양기관 : 균사체, 균사매트, 뿌리꼴균사다발, 자좌, 균핵, 흡기
- 생식기관 : 포자, 분생포자경, 포자낭, 노균병 또는 흰가루병, 분생포자반, 분생포자좌, 분생포자각, 자낭반, 자낭, 자낭각, 자낭구, 담자기, 버섯

045 **우리나라에서 크게 발생하여 상당한 경제손실을 입히고 주목을 받았던 수목병이 아닌 것은?** 기출

① *Melampsoralarci-populina*
② *Fusarium circinatum*
③ *Bursaphelenchus Xylophilus*
④ *Raffaeleaquercus-mongolicae*
⑤ *Cryphonectria parasitica*

해설
- *Melampsoralarci –populina* : 낙엽송 중간기주
- *Melampsora magnusiana* : 현호색류 중간기주

정답 043 ③ 044 ② 045 ⑤

046 산불발생 직후에 많이 발생하는 수목병의 병원균으로 맞는 것은? 기출

① *Rhizina undulata*
② *Armillaria spp.*
③ *Heterobasidion annosum*
④ *Rosellina necatrix*
⑤ *Rhizoctonia solani*

해설 리지나뿌리썩음병은 병원체인 파상땅해파리버섯의 포자는 상온에서는 발아되지 않고 비교적 고온에서 발아되는 특성을 갖고 있다.

047 수목병의 발생의 생태적 방제법 중 기술이 잘못된 것은? 기출

① 무병 건전묘의 식재가 중요하다.
② 조림시기는 묘목의 휴면기에 심은 것이 원칙이며 이미 생장을 개시한 후에 심으면 뿌리썩음병, 페스탈로티아병, 잿빛곰팡이병, 탄저병, 줄기마름병이 발생하기 쉽다.
③ 토양전염병은 배수, 통풍관리를 통해 묘상의 과습을 피해야 하며 *Fusarium* 균에 의한 모잘록병은 과습한 토양에서 잘 발생하므로 해 가림, 관수 조절로 묘상습도를 낮추도록 한다.
④ 자줏빛 날개무늬병은 개간 직후의 임지에서 피해가 심하므로 석회를 많이 주어 유기물을 빨리 분해시키는 것이 중요하다.
⑤ 임지에 잡초와 잡목이 없도록 풀베기, 덩굴치기, 제벌과 간벌같은 임지무육을 실시하면 좋다.

해설 *Fusarium*균은 건조한 토양에서 잘 발생한다.

048 다음 중 생물적 요인의 수목 병해에 대하여 잘못 설명한 것은? 기출

① 식물병이란 식물의 세포나 조직이 생물적 또는 환경적 요인에 의하여 식물체 기능에 이상이 발생하여 증상이 나타나는 것을 말한다.
② 생물적 요인에 의한 수목병은 전염성이며, 병든 부위에 원인체가 존재하는 특성을 지니고 있다.
③ 병원체로는 곰팡이, 세균, 파이토플라스마, 바이러스, 원생동물, 선충, 기생성 종자식물, 곤충이 있다.
④ 바이러스, 파이토플라스마, 식물기생선충, 원생동물, 기생식물은 절대기생체이다.
⑤ 병원체는 기주인 식물에 기생하여 영양분을 섭취하는 기생체인데 기생방법에 따라 절대기생체와 임의부생체 또는 임의기생체로 나눌 수 있다.

해설 곤충은 비지속적 발병을 일으키므로 병원체에는 포함하지 않는다.

정답 046 ① 047 ③ 048 ③

049 **다음 중 생물적 요인의 수목병해에 대하여 잘못 기술된 것은?** 기출

① 곰팡이의 대부분은 절대기생체이다.
② 수목에 발생하는 병해 중 곰팡이에 의한 병의 종류가 가장 많다.
③ 곰팡이의 종류는 다양하여 흰가루병균처럼 절대기생성이 있는가 하면 목재의 변색균이나 부후균처럼 부생성인 것도 있다.
④ 일반적으로 곰팡이는 영양분을 섭취하기 위해 잎, 줄기 또는 뿌리의 내 · 외부에서 독소, 효소, 생장조절물질 등을 분비하여 수목의 조직이나 세포를 파괴하고 대사작용에 지장을 초래한다.
⑤ 세균에 의한 수목병해는 그 수가 매우 적은데 일반적으로 세균은 곰팡이의 뿌리병 발생에 중요한 억제 인자로 작용한다.

해설 곰팡이는 대부분 임의기생체, 임의부생체로 부생균이다.

050 **다음 중 선충의 수목병해에 대하여 잘못 설명하고 있는 것은?** 기출

① 소나무 재선충과 같이 지상부에 발생하는 병도 있지만 대부분 토양에서 뿌리를 가해한다.
② 선충의 영양분 흡즙뿐만 아니라 선충의 흡즙에 의한 물리적 손상과 선충의 분비물에 의해 세포나 조직의 형태 및 생리적 변화도 생긴다.
③ 생활사는 알, 유충, 번데기, 성충으로 나눌 수 있다.
④ 수목에 피해를 주는 식물선충은 길이가 1mm 내외로 크기가 작아 현미경 통해 관찰된다.
⑤ 선충은 병을 일으키는 소인 또는 병을 악화시키는 요인으로 작용하며 다른 병원체를 운반하기도 한다.

해설 선충의 생활사는 알, 유충, 성충이다. 4회 탈피한다.

051 **다음 중 수목에 병을 일으키는 바이러스, 기생식물, 원생동물에 대한 설명 중 틀린 것은?**

① 바이러스, 파이토플라스마는 절대기생체로 부분적으로 발생하며 대부분 곤충이나 접목에 의해서 감염된다.
② 기생성종자식물은 절대기생체로 흡기(haustorium)를 기주식물에 박고 물, 무기물, 영양분을 탈취한다.
③ 원생동물은 단세포의 운동성이 있는 유기체로 대부분 자유생활을 한다.
④ 원생동물은 편모충의 일부가 식물병을 일으키는 것으로 알려져 있다.
⑤ 원생동물은 주로 유관속 세포에 번식하여 전신성 병해를 유발하며, 뿌리접목이나 곤충에 의해 전염된다.

해설 전신적 감염으로 부분적으로 발생하지 않는다.

정답 049 ① 050 ③ 051 ①

052 곰팡이에 대한 설명 중 틀린 것은?

① 곰팡이는 생물 5계 중 균계(Kingdom Fungi)에 속하는 생물을 총칭한다.
② 식물병리학에서 진균이라 함은 점균을 포함하는 것이다.
③ 지구상에서는 약 10만종의 곰팡이가 알려져 있고 식물에 병을 일으키는 곰팡이는 약 30,000종이 있다.
④ 곰팡이는 형태에 따라 사상균과 효모로 나뉠 수 있는데 수목에 병을 일으키는 곰팡이는 모두 사상균이다.
⑤ 지하부에서 균근, 지상부에서 내생균으로 존재하지만 주로 식물병원균으로 존재한다.

해설 진균에는 점균을 포함하지 않는다.

053 곰팡이 균사에 대한 설명 중 잘못 기술된 것은?

① 균사는 세포벽(cell wall)이 있는 것과 없는 것이 있다.
② 수목에 병을 일으키는 곰팡이에는 사상균과 일부 효모균이 있다.
③ 유주포자균류와 접합균균류는 무격벽균사로서 세포내 여러 개의 핵이 존재한다.
④ 자낭균류와 담자균류는 격벽이 있으며 하나의 세포에 1개 또는 2개의 핵을 가진다.
⑤ 균체는 실 모양의 균사체로 되어 있으며 나뭇가지 모양으로 분지하는데, 가지의 일부분을 균사라 한다.

해설 균사는 세포벽이 모두 있으며 격벽이 없는 것과 있는 것이 있다. 또한 효모균은 수목의 병을 일으키지 않는다.

054 다음 중 곰팡이의 형태가 다른 하나는?

① 불완전균류
② 무격벽균사
③ 유주포자균류
④ 접합균류
⑤ 하등균류

해설 불완전균류은 격벽이 있으며 무격벽균사, 유주포자균류(난균강), 접합균류, 하등균류는 격벽이 없다.

정답 052 ② 053 ①, ② 054 ①

055 무성생식으로 만들어지는 포자가 아닌 것은?

① 분열포자
② 후벽포자
③ 접합포자
④ 분생포자
⑤ 유주포자

해설 접합포자는 접합균아문에서 모양과 크기가 비슷한 배우자낭이 유성생식에 의해 합쳐서 만들어진다.

056 곰팡이의 분류체계는 생물 5계 중 어떤 계에 속하는가?

① Kingdom Plantae
② Kindom Animalia
③ Kingdom Fungi
④ Kingdom Protista
⑤ Kingdom Monera

해설 곰팡이의 분류체계는 균계(Kingdom Fungi)에 속하며, 생물 5계는 식물계, 동물계, 균계, 원생생물계, 원핵생물계이다.

057 곰팡이의 분류체계 설명 중 맞지 않게 기술한 것은?

① 곰팡이 명명법은 2003년부터 1균 1명 체계를 채택하고 있다.
② 진균문을 유주포자균아문, 접합균아문, 자낭균아문, 담자균아문, 불완전균아문으로 나눈다.
③ 곰팡이는 무성세대의 학명과 유성세대의 학명을 같이 사용해 왔는데 한 가지 학명을 선택하는 것을 논의 중에 있다.
④ 최근 분자생물학의 발달에 따라 생물의 새로운 분류방식이 소개되고 있으나 한시적인 분류체계이다.
⑤ 균계는 진균문과 점균문으로 크게 나뉜다.

해설 곰팡이 명명법은 2013년부터 1균 1명 체계를 채택하고 있다.

058 난균강에 속하는 수목병균의 설명이 잘못된 것은?

① 난균강는 균사가 잘 발달되어 있고 격벽이 있는 다핵 균사이다.
② 최근에는 진균에서 난균류를 분리하여 난균문이라고 한다.
③ 유성생식은 대형의 장란기와 소형의 장정기 사이에 수정이 이루어져 난포자를 형성한다.
④ 무성생식으로 유주포자낭에서 유주포자를 형성하는 경우와 직접 발아 경우를 분생포자라고 한다.
⑤ 유주포자는 2개의 편모를 갖고 있다.

해설 격벽이 없는 다핵 균사이다.

정답 055 ③ 056 ③ 057 ① 058 ①

059 난균강에 속하지 않는 수목병균은?

① *Phythim* ② *Phytophthora*
③ *Cercospora* ④ *Peronospora*
⑤ *Bremia*

해설 *Cercospora*는 불완전균류 총생균강에 속한다.

060 다음 설명 중 빈칸에 해당하는 것은?

> 난균강의 균류는 세포벽의 구성성분이 주로 β-glucans이며 하이드록시프롤린과 소량의 섬유소를 가질 뿐만 아니라 라이신 생합성 경로나 스테롤대사 등에서 ( )과(와) 유사하다.

① 조류(藻類) ② 접합균류
③ 원핵생물 ④ 담자균류
⑤ 자낭균류

061 유주포자균아문에 대한 설명 중 잘못된 것은?

① 유주포자균류는 유주포자에 편모를 가지고 있는데 다른 균류에서는 나타나지 않는다.
② 균사는 격벽이 없는 다핵 균사이다.
③ 세포벽은 키틴이 주성분이다.
④ 무성포자인 유주포자는 후단에 1개의 털꼬리형 편모를 가진다.
⑤ 대부분은 습한 토양에서 부생생활을 하며 식물병원균으로 *Olpidium, Physoderma, Synchytrium*이 있다.

해설 무성포자인 유주포자는 후단에 1개의 민꼬리형 편모를 가진다. 유주포자균아문은 진균 중에서 무성생식세포인 한 개의 편모를 가지고 있다. 병꼴균류가 여기에 속한다. 난균류의 유주포자는 두 개의 편모를 가진다.

정답 059 ③ 060 ① 061 ④

062 접합균아문에 대한 설명 중 잘못 기술한 것은?

① 균사에는 격벽이 없으나, 노화되거나 생식기관이 형성됨에 따라 격벽이 형성되기도 한다.
② 접합균류를 규정짓는 중요한 특징은 모양과 크기가 다른 배우자낭이 합쳐져 접합포자를 만든다는 것이다.
③ 접합균류는 대부분 부생생활을 한다.
④ 접합균류에는균근곰팡이인 *Endogone*속, 곤충기생곰팡이인 *Entomophthora*와 *Massospora*속, 토양서식 아메바나 선충 등을 잡아먹는 포식균류 등이 포함된다.
⑤ 대표적인 *Choanephora, Rhizopus, Mucor*속이 있다.

해설 접합포자는 접합균아문에서 모양과 크기가 비슷한 배우자낭이 유성생식에 의해 합쳐서 만들어진다.

063 자낭균에 대한 설명 중 잘못 기술된 것은?

① 곰팡이 중에서 가장 큰 분류균이며 약 64,000종이 있다.
② 자낭균의 균사는 잘 발달되어 있고, 균사의 세포벽은 키틴으로 되어 있다.
③ 균사의 격벽에는 물질 이동이 가능한 유연공격벽이 있다.
④ 무성세대와 유성세대로 이루어지며, 무성세대는 불완전세대, 분생포자세대라고 한다.
⑤ 유성세대는 완전세대 또는 자낭포자세대라고 유성생식으로 자낭포자를 형성한다.

해설 균사의 격벽에는 물질 이동통로인 단순격벽공이 있다.

064 자낭균류 분류에서 다른 하나는?

① 부정자낭균강 ② 반자낭균강
③ 각균강 ④ 반균강
⑤ 총생자낭균강

해설 총생자낭균강은 불완전균류에 속한다.

정답 062 ② 063 ③ 064 ⑤

065 자낭균류에 대한 설명 중 틀린 것은?

① 반자낭균강은 자낭과를 형성하지 않고 병반 위에 나출되며, 자낭은 단일벽이고 *Taphrina*속과 목재부후균은 대부분 여기에 속한다.
② 각균강은 호리병 모양의 자낭각이 있으며 흰가루병균, 탄저병균, 맥각병균이 이에 속한다.
③ 부정자낭균강은 공모양의 자낭구가 있으며 *Penicilium*과 *Aspergillus*속이 이에 속한다.
④ 반균강은 쟁반모양의 자낭반으로 되어 있으며 식물병원균으로는 *Rhytisma, Lophodermium, Schletotinia*속이 있다.
⑤ 소방자낭균강은 자낭자좌를 가지며 자낭은 이중벽으로 되어 있고 식물병원균으로는 *Elsinoe, Mycosphaerella, Guignardia*속과 각종 수목의 그을음병균이 있다.

해설 목재부후균은 담자균에 속한다. 또한 흰가루병균은 자낭구(=부정자낭균)이다.

066 담자균류에 대한 설명 중 잘못된 것은?

① 담자균류는 곰팡이 중에서 가장 진화도가 높은 고등 균류이다.
② 담자균류에는 녹병균 및 깜부기병균, 대부분의 버섯이 이에 속한다.
③ 담자균의 영양체는 균사가 잘 발달되어 있고 격벽은 자낭균류보다 복잡한 구조이다.
④ 담자포자는 일반적으로 1핵의 단상체이며, 원형질융합, 핵융합으로 생기고 감수분열을 하지는 않는다.
⑤ 담자기 안에 대개 4개의 담자포자가 형성된다.

해설 담자포자는 일반적으로 1핵의 단상체이며, 원형질융합, 핵융합으로 생기며 감수분열을 한다.

067 불완전균류에 대한 설명 중 잘못 기술된 것은?

① 불완전균류는 유성세대가 발견되지 않아 무성세대만 알려진 균류들이다.
② 무성세대형태가 자낭균류와 비슷하여 유성세대가 발견되면 거의 자낭균류에 속하게 된다.
③ 유각균강은 분생포자각을 형성하는 분생포자각균목에는 *Septoria*, 분생포자반균목에는 *Pestalotiopsis, Marssonina*속이 있다.
④ 총생균강에는 분생포자과를 형성하지 않고 분생포자좌나 분생포자경에 분생포자를 형성하며 *Alternaria, Aspergillus, Botrytis, Fusarium, Cercospora, Collectotrichum*속 등이 있다.
⑤ 무포자균강은 식물병원균으로는 *Rhizoctonia* 와 *Sclerotium*속 등이 있다.

해설 *Collectotrichum*은 불완전균류 중 유각균에 속한다.

정답 065 ①, ② 066 ④ 067 ④

068 곰팡이의 역할에 대한 기술 중 잘못된 것은?

① 곰팡이 종류에는 부생성곰팡이, 기생성곰팡이, 공생성곰팡이 등이 있다.
② 산림생태계에서 가장 중요한 역할은 섬유소, 리그닌을 분해하여 유기양분으로 변환시켜 생태계의 순환이 이루어지게 하는 것이다.
③ 기생성곰팡이에는 궤양병균, 점무늬병균, 시들음병균, 가지마름병균, 뿌리썩음병균이 있다.
④ 공생성곰팡이에는 균근을 들 수 있으며, 곰팡이를 의미하는 mycos와 뿌리를 의미하는 rhizom의 그리스어 복합어이다.
⑤ 균근은 현화식물에서 주로 나타나며, 뿌리의 흡수면적을 증가시켜 양분의 흡수, 특히 인(phosphorus)의 순환에 중요한 역할을 한다.

해설 리그닌을 분해하여 무기양분으로 변환한다.

069 균근에 대한 설명 중 잘못 기술된 것은?

① 내생균류는 뿌리 피층세포 내에 존재하며 일정기간 생장한 후에도 없어지지 않는다.
② 내생균근을 형성하는 격벽이 없는 곰팡이는 VA내생균근이라 하며 온대성 수목 특히 단풍나무, 히말라야 삼목, 관상식물 등은 VA균근을 형성한다.
③ VA균근은 컨테이너묘목을 생산하는데 인공 접종하여 활용하고 있다.
④ 외생균류는 소나무과, 참나무과, 자작나무과, 피나무과, 버드나무과 등에서 잘 생긴다.
⑤ 내 · 외생균류는 중간적인 균근으로 이 균은 피층세포내의 세포에 침입한 균사와 Hartignet을 동시에 형성하는 특징이 있다.

해설 내생균류는 뿌리 피층세포 내에 존재하며 일정기간 생장한 후에 없어지거나 분해된다.

070 균근에 대한 설명 중 맞게 기술된 것은?

① 내생균근이 형성된 소나무 뿌리는 Y자로 분지된다.
② 내생균류 중 격벽이 있는 균사를 지닌 것에는 난초형과 철쭉형이 있다.
③ 내생균류는 균사에 의해 그물망 모양의 Hartignet이 형성된다.
④ 외생균근을 형성하는 곰팡이는 담자균문만 있다.
⑤ 소나무류에는 한 종류의 균근만 존재하며 다른 균근과 중복하여 형성되지 않는다.

해설 ① 소나무뿌리에는 외생균근이 형성된다.
③ 내생균은 구형의 베시클(vesicle)과 분지된 나뭇가지모양인 아뷰스큘 구조를 가진다.
④ 자낭균도 일부 있다.
⑤ 중복되어 형성된다.

정답 068 ② 069 ① 070 ②

071 뿌리에 발생하는 곰팡이 병해에 대한 설명 중 맞지 않는 것은?

① 잔뿌리는 표토층 30cm 이내에 80% 이상 분포하고 있다.
② 대부분 곰팡이는 임의기생체로 토양에서 부생적으로 생존할 수 없다.
③ 뿌리병의 원인은 매우 다양해서 병의 원인을 진단하기가 쉽지 않다.
④ 목재부후균은 뿌리를 통해 감염되면 줄기를 따라 위로 진전하여 심재에서 자라면서 목재를 부후시킨다.
⑤ 수목 주위 환경이 불량해 지면 병원균의 밀도가 증가할 수 있다.

해설 토양에서 부생적으로 생존 가능하다.

072 뿌리병해의 발생 및 병징으로 잘못 기술된 것은?

① 생장이 왕성한 건전한 뿌리를 직접 침입하지는 않는다.
② 수목의 뿌리접촉과 뿌리접목에 의해서도 침입하는데, 동일 수종이 밀집된 경우 쉽게 전염될 수 있다.
③ 뿌리에 침입한 병원균은 뿌리 둘레를 에워싸고 생장하면서, 지제부줄기 테두리를 부후시켜 나무 전체를 말라 죽인다.
④ 뿌리 병해 초기 증세는 잎의 크기가 작아지고 색깔이 변하여 영양결핍으로 보이지만, 병이 진전되면서 시들음과 가지마름증상을 보이게 된다.
⑤ 단순한 식생으로 조림 시에 특정 토양 병원 곰팡이밀도가 증가하게 된다.

해설 기생성이 강한 병원균은 생장이 왕성한 건전한 뿌리를 직접 침입하기도 한다.

073 뿌리병해의 종류 중 병원균 우점병이 아닌 것은?

① *Phytophtohora* spp.
② *Rhizoctonia* spp.
③ *Fusarium* spp.
④ *Armillaria* spp.
⑤ *Phytium* spp.

해설 병원균 우점병은 미성숙한 조직을 침입하여 어릴 때 발생 · 발병하거나 생육후기 노화촉진을 한다.
※ 기주우점병 : 환경의 영향을 많이 받으며 *Armillaria* spp, 자주빛날개무늬병, 흰날개무늬병 등이 있다.

정답 071 ② 072 ① 073 ④

074 모잘록병해에 대한 기술 중 틀린 것은?

① 밀식하거나 습하고 햇볕이 잘 들지 않는 조건과 너무 깊이 파종하여 연약한 부분이 토양에 오래 노출될 때 발병이 심하다.
② 어린 묘목의 지제부가 흑갈색으로 변하고 잘록해지며 쓰러지는 출아 후 모잘록과 땅속에서 발아전 후 부패하는 출아 후 모잘록으로 구분할 수 있다.
③ 병원균 중 *Phytium* spp.은 환경이 좋지 않은 상태에서는 난포자로 휴면한다.
④ *Rhizoctonia solani*는 습한 곳과 비교적 건조한 곳에서도 발병하며, 효소나 독소에 의한 침입도 관찰된다.
⑤ *Rhizoctonia solani*는 뿌리털이나 잔뿌리로 침입하여 줄기까지 위로 병이 진전된다.

해설 지제부 발생하여 아래로 진전된다(*Phytium* spp.은 뿌리털에서 지제부로).

075 파이토프토라 뿌리썩음병에 대한 기술 중 틀린 것은?

① 연화성병해로 병원균은 줄기, 과실 등 거의 모든 부위를 침입한다.
② 감염초기에는 잔뿌리가 죽고 그 후 큰뿌리에 흰색의 병반이 나타나며 지주근까지 진전된다.
③ 침엽수의 경우에는 전년에 비해 크기가 작고 녹색이 옅어지며 이듬해에는 잎 전체가 누렇게 변한다.
④ 주요병원균으로는 *Phytophthora cactorum, P. cinnamomi* 가 있으며 열대, 아열대 지역에서 문제가 되고 있다.
⑤ *Phytophthora* 뿌리썩음병은 무성생식을 하거나 장란기와 장정기의 유성생식 구조를 만들고 난포자를 형성하는 유성생식으로도 증식한다.

해설 큰뿌리에 갈색~흑색의 병반이 나타난다.

076 파이토프토라 뿌리썩음병 병환 및 방제법에 관한 기술 중 틀린 것은?

① 병원균은 감염뿌리의 조직이나 식물 잔해에서 난포자, 후벽포자 또는 균사상태로 월동한다.
② 근균이 형성되어도 병의 감염을 차단하지 못 한다고 알려져 있다.
③ 나무를 튼튼하게 유지하는 것이 발병을 줄일 수 있는 최선의 방법이다.
④ 습하고 비옥도가 낮은 지역에서 심하게 발생하기 때문에 배수와 시비관리를 철저히 한다.
⑤ 병발생 지역에 나무를 심을 때에는 병든 수목의 잔뿌리를 제거하고 토양 훈증 실시, 침투성살균제로 토양 소독이나 종자 소독을 실시하는 것이 좋다.

해설 근균이 먼저 형성되면 병원균의 침입을 차단한다.

정답 074 ⑤ 075 ② 076 ②

077 리지나뿌리썩음병에 대한 설명 중 맞지 않는 것은?

① 리지나뿌리썩음병은 소나무류 전나무류 낙엽송류 솔송나무 등 침엽수에만 발생한다.
② 우리나라에서는 1982년 경주에서 처음 발견되었다.
③ 공원지역이나 휴양지에서 피해가 많이 나타나며 최근 동해안 대형 산불이 발생한 지역에서도 발생하고 있다.
④ 병징으로는 초기에 땅가의 잔뿌리가 흑갈색으로 부패하고, 점차 굵은 뿌리로 확대되며 전체가 갈색으로 변한다.
⑤ 병원균은 담자균문 반균강 주발버섯목 파상땅해파리버섯으로 알려져 있다.

해설 리지나뿌리썩음병은 자낭균문 반균강, 주발버섯목에 속하는 파상땅해파리버섯이다.

PART 01 수목병리학

078 리지나뿌리썩음병의 병환 및 방제 방법 기술 중 맞지 않는 것은?

① 포자는 소나무 뿌리 근처온도가 35~45도로 증가한 곳에서 발아한다.
② 뿌리의 피층이나 사부로 침입하여 감염된 세포는 수지로 가득 차고 균사가 갈색으로 변하면서 목질화된다.
③ 감염과정에서 병원균에 분비되는 섬유소 분해효소 또는 펙틴 분해효소가 관여하여 발생하는 연화성병으로 알려져 있다.
④ 이 병은 불난자리에서 많이 발생하므로 임지 내에서는 모닥불을 피우거나 취사 행위 등 불을 취급하는 일을 금지한다.
⑤ 피해목은 벌채하고 주로 알칼리토양에서 피해가 심하므로 석회를 시비하지 않도록 한다.

해설 산성토양에서 심하므로 석회로 중화한다.

079 다음 중 기주우점병에 대한 설명으로 맞지 않는 것은?

① 기주우점병은 기주가 병발생에 더 많은 영향을 미치는 특성을 지닌 병이다.
② 대부분의 뿌리썩음병과 시들음병이 여기에 속한다.
③ 병원균 우점병과는 달리 감염된 수목은 빨리 죽지 않으며 일종의 만성적인 병이다.
④ 이 병은 조직 특이적병으로 병원성 우점병보다 환경의 영향을 덜 받는다.
⑤ 아밀라리아 뿌리썩음병, 안노섬뿌리썩음병, 자줏빛날개무늬병, 흰날개무늬병이 있다.

해설 환경의 영향을 더 받는다.

정답 077 ⑤ 078 ⑤ 079 ④

080 아밀라리아뿌리썩음병에 대한 다음 기술 중 틀린 것은?

① *Amillaria* spp.에 속한 균이 일으키는 수목 뿌리병으로 침엽수에만 피해를 준다.
② 우리나라에서는 *A. solidipes*라는 종에 의한 잣나무림의 피해가 주를 이루고 있다.
③ 담자균문의 주름버섯목에 속하며 초본식물에도 병을 발생시킨다.
④ 산림 내에서 부생체로서 역할과 자연 간벌자로의 역할을 하는 이로운 요소도 있다.
⑤ 환경적인 요소로 스트레스를 받은 수목은 이 병에 대한 감수성이 증가한다.

해설 활엽수와 침엽수에 모두 피해를 준다.

081 아밀라리아 뿌리썩음병의 표징에 대한 설명 중 틀린 것은?

① 주요 표징으로 뿌리꼴균사다발, 부채꼴균사판, 뽕나무버섯 등이 있다.
② 아밀라리아병에 걸린 잣나무에서는 송진이 흘러나와 굳어 있는 병징을 볼 수 있다.
③ 부후에 관여하는 아밀라리아균은 갈색 부후곰팡이에 속한다.
④ 나무밑둥을 잘라보면 부후된 부분에서는 Zone line이 있어 경계가 명확하다.
⑤ 뽕나무 버섯은 매년 발생하지 않으나 발생 후 몇 주 안에 말라 고사하게 된다.

해설 아밀라리아균은 백색 부후곰팡이에 속한다.

082 아밀라리아 뿌리썩음병에 대한 기술 중 맞지 않는 것은?

① 뿌리꼴균사다발은 뿌리같이 보이는 흰색의 보호막 안에 실처럼 가는 균사가 뭉쳐 있는 다발로 구두끈처럼 보이기도 한다.
② 뿌리꼴균사다발은 토양 또는 뿌리를 통해 자라며 인접한 기주나무의 뿌리를 통해 전염된다.
③ 뿌리꼴균사다발의 지름과 형태는 아밀라리아종마다 틀리다.
④ 부채꼴균사판은 수피와 목질부 사이에서 자라는 하얀 부채모양의 균사 조직으로 버섯냄새가 난다.
⑤ 뽕나무 버섯은 늦은 여름 또는 가을(8~10월)에만 관찰이 가능하며 뿌리부근에서 발견된다.

해설 뿌리꼴균사다발은 뿌리같이 보이는 검은색~갈색의 보호막안에 실처럼 가는 균사뭉치이다.

정답 080 ① 081 ③ 082 ①

083 아밀라리아병환과 방제에 대한 기술 중 잘못된 것은?

① 아밀라리아균은 죽은 나무에서 수년간 생존이 가능하기 때문에 임지에서 지속적으로 병을 일으킬 수 있다.
② 아밀라리아균은 뿌리를 통해 다른 기주로 감염이 되며 뽕나무 버섯의 담자포자에 의해서는 감염되지 않는다.
③ 저항성 수종을 식재하면 방제에 도움이 되나 저항성 수종을 선별하기가 쉽지 않다.
④ 북미에서 그루터기를 제거하여 병의 확산 속도를 늦추었다는 연구 보고가 있다.
⑤ 아밀라리아병원균과 경쟁적 관계에 있는 곰팡이를 이용하여 병원균의 확산을 늦추는 방제법으로 기내(in vitro)에서 효과가 있다는 연구 보고가 있다.

해설 드물지만 새로운 감염중심부는 뽕나무버섯에서 생산된 담자포자에 의해 감염된다.

084 자주빛날개무늬병에 대한 다음 기술 중 맞지 않는 것은?

① 활엽수, 침엽수에 모두 발생한다.
② 감염된 나무의 지상부병징은 수세약화와 새가지의 생장불량 등이며, 조기 황화 및 조기 낙엽이 되고 고온기에는 심한 시들음 현상이 나타난다.
③ 지하부병징으로는 뿌리표면에 자갈색의 균사가 퍼지며 끈 모양의 균사 다발로 휘감기고 균핵이 형성된다.
④ 병든 나무의 땅가분근에는 균사망이 발달하여 부근의 흙덩이나 잔가지 등을 감싸 자주색의 헝겊같은 피막을 형성한다.
⑤ 병원균은 *Helicobasidium mompa*이고, 자낭균문 목이목에 속하며 자실체가 헝겊처럼 땅에 깔리는 모습이다.

해설 병원균은 *Helicobasidium mompa*이고, 담자균문 목이목에 속하는 버섯이다.

085 흰날개무늬병에 대한 설명 중 잘못 기술된 것은?

① 흰날개무늬병은 10년 이상 된 사과 과수원에서 주로 발생하며, 심한 곳은 20%의 감염률을 나타낸다.
② 지상부병징은 수목이 쇠약하여 말라 죽고 나무뿌리는 흰색의 균사막으로 싸여 있다.
③ 굵은 뿌리의 표피를 제거하면 목질부에 부채모양의 균사막과 균사다발을 확인할 수 있다.
④ 병원균은 *Rosellinia necatrix*로 담자균문 꼬투리버섯목에 속한다.
⑤ 발병된 나무는 방제가 어렵고 예방이 최선이며, 석회를 살포하여 토양산도를 조절한다.

해설 병원균은 *Rosellinia necatrix*이고, 자낭균문 꼬투리버섯목이다.

정답 083 ② 084 ⑤ 085 ④

086 **구멍장이버섯속에 의한 뿌리썩음병에 대한 기술 중 옳지 않은 것은?**

① 구멍장이버섯속에 속하는 여러 종은 담자균으로 알려져 있다.
② 수령이 오래된 나무에서 많이 발생하며, 목재부후균으로 알려져 있다.
③ 자실체의 갓은 원형~깔때기형이고, 갓의 이면은 관공으로 되어있다.
④ 감염된 뿌리는 담황색으로 부후된다
⑤ 아까시재목버섯에 의한 줄기밑둥썩음병은 아까시, 벚나무 등 활엽수에서 주로 발생한다.

해설 감염된 뿌리는 백색으로 부후된다.

087 **다음 뿌리썩음병에 대한 기술 중 잘못된 것은?**

① 아까시재목버섯은 대가 없으며, 갓의 기부는 수피에 넓고 두껍게 부착되어 있다.
② 아까시재목버섯이 많이 발생해 있으면 밑둥이 이미 썩었으므로 나무를 빨리 벌채하여 도복으로부터 인명과 재산피해를 예방한다.
③ 영지버섯속에 의한 뿌리썩음병은 뿌리와 하부 줄기에 감염되며, 병원균은 심재에 침입하여 병이 진전되면 바람에 뿌리가 뽑히거나 부러지게 된다.
④ 영지버섯속에 의한 뿌리썩음병은 느티나무, 소나무가 특히 감수성이다.
⑤ 버섯에서 방출된 담자포자는 여름철 습할 때 비산되어 감수성 수목의 뿌리나 줄기 하부에 생긴 상처를 통해 침입한다.

해설 단풍나무, 참나무가 감수성이다.

088 **줄기에 발생하는 궤양 발달 과정에 대한 기술 중 잘못된 것은?**

① 병원균이 상처를 통하여 수목으로 들어간 후 휴면기 동안 수피를 침입하여 죽인다.
② 수목은 감염된 조직의 가장자리에 유합조직(callus)을 형성하여 병원균의 침입을 억제시키려고 노력한다.
③ 병원균은 수목의 휴면기간 동안 유합조직을 침입한다.
④ 수목은 새로운 유합조직을 형성한다.
⑤ ③과 ④의 과정이 격년으로 반복되며 궤양이 형성된다.

해설 ③과 ④의 과정이 매년으로 반복되며 궤양이 형성된다.

정답 086 ④ 087 ④ 088 ⑤

089 줄기에 생기는 궤양의 종류 및 병해에 대한 설명 중 잘못된 것은?

① 줄기에 발생하는 궤양은 윤문형, 확산형, 궤양마름 세 그룹으로 이루어진다.
② 윤문형 궤양은 궤양 표면과 가장자리에 유합조직이 많고 둥근 모양의 궤양이 나타난다.
③ 확산형 궤양은 궤양 가장자리에 유합조직이 거의 없고 병원균의 이동은 윤문형보다 빠르므로 가장자리에 유합조직이 거의 나타나지 않는다.
④ 확산형 궤양은 수목의 부피생장보다 더 빠르게 확장되며, 감염된 후 몇 년 내에 환상박피(girdling)가 일어난다.
⑤ 궤양마름은 둥글거나 타원형의 궤양을 형성하고 생장기간 동안 급속히 발달되며, 궤양마름이 발생하여도 수목은 잘 죽지는 않는다.

해설 가지나 수목 전체가 1~2년 내에 죽는다.

090 줄기 병원균의 생활사와 병해의 처치 방법으로 적절하지 않은 것은?

① 줄기병해는 우선적으로 상처가 생기지 않도록 하는 것이 중요하다.
② 감염된 조직을 제거하기 위해서는 외과적 수술치료가 도움이 된다.
③ 궤양을 유발하는 병원곰팡이는 절대기생체로 수목의 수피나 죽은 가지에서 부생적으로 존재한다.
④ 자실체는 공기 전염성 포자와 빗물에 의해 이동하는 누출포자의 두 종류를 형성한다.
⑤ 줄기병해를 치료한 후에는 관수와 시비가 필요하다.

해설 궤양을 유발하는 병원곰팡이는 임의기생체이다.

091 밤나무 줄기마름병에 대한 설명 중 잘못된 것은?

① 병원균은 *Cryphonectria parasitica*로서 담자균에 속한다.
② 병원균은 미국의 동부지역과 유럽의 밤나무림을 황폐화시켰다.
③ 일본밤나무와 중국밤나무는 대체로 저항성이다.
④ 자좌는 수피밑에 형성되며 수피의 갈라진 틈으로 돌출한다.
⑤ 돌출된 자좌는 지름 1~2mm로 표면은 황색 내지 황갈색이다.

해설 밤나무 줄기마름병은 자낭균이다.

정답 089 ⑤ 090 ③ 091 ①

092 밤나무 줄기마름병의 병징 및 병환으로 적절하지 않은 것은?

① 가지나 줄기에 생긴 상처에 병반이 형성되는데 수피가 황갈색 내지 적갈색으로 변한다.
② 유합조직이 형성되기도 하고 암종모양으로 부풀고 길이 방향으로 균열이 생긴다.
③ 병든 부분이 줄기를 한 바퀴 돌면 윗 부분은 말라 죽지만 뿌리는 살아 있어 맹아가 발생한다.
④ 병원균은 죽은 나무에서 자실체로 월동한 후 이듬해 봄부터 늦가을까지 포자로 감염된다.
⑤ 거칠게 갈라터진 병든 부위의 수피를 떼어내면 백색의 두툼한 균사판이 나타난다.

해설 황색의 두툼한 균사판이 나타난다.

093 밤나무 줄기마름병 방제법으로 맞지 않는 것은?

① 가지치기를 한 후에는 상처에 도포제를 발라준다.
② 질소질비료를 과용하지 않고 동해를 막기 위해 백색 페인트를 발라준다.
③ 박쥐나방 등 천공성해충의 피해가 없도록 살충제를 살포한다.
④ 감수성 품종인 이평, 은기의 조림을 피하고, 저항성 품종인 옥광을 식재한다.
⑤ 진균 기생바이러스(dsRNA 바이러스)에 감염되어 병원성이 약해진 저병원성균주를 이용한 생물적 방제에 대한 연구가 진행되고 있다.

해설 저항성품종인 이평, 은기의 조림을, 감수성품종인 옥광을 피한다.

094 밤나무 잉크병에 대한 기술 중 잘못된 것은?

① 병원균 *Phytophthora katsurae*는 한국, 일본에서 활동하며, *P. cambivora*는 미국, 유럽에서 활동하고 있다.
② 습하고 배수가 불량한 임지에서 병원균의 분생포자가 뿌리를 가해하고 감염시키며 병든 뿌리와 수간의 하부에서 잉크처럼 검은색의 액체가 스며 나온다.
③ 감염된 수목에서는 잎의 수와 크기가 작아지고 밤송이는 성숙되지 않은 채로 달려 있다.
④ 깃 부분에 검은 괴저증상이 나타나며 수피제거 시 목질부에서 건전 부위와 구분되는 암갈색의 변색부위를 관찰할 수 있다.
⑤ 우리나라에서는 2007년에 처음으로 보고되었고 병원균은 휴면상태로 토양 내에서 수년간 생존 가능하다.

해설 습하고 배수가 불량한 임지에서 병원균의 유주포자가 뿌리를 가해한다.

정답 092 ⑤ 093 ④ 094 ②

095 밤나무 가지마름병에 대한 기술 중 맞지 않는 것은?

① 병원균은 *Botryosphaeria dothiea*이며 자낭균에 속한다.
② 자낭반이 초기에는 표피 아래에 묻혀 있다가 검은색으로 표피 위로 거칠하게 나타난다.
③ 뿌리에 감염되면 7월경에 지상부의 잎이 누렇게 변하고 차츰 적갈색으로 변하면서 말라 죽는다.
④ 과육은 진물이 나오면서 썩어 연부되고 점차 검은색으로 변하면서 특유의 술냄새가 난다.
⑤ 아까시나무는 주요 전염원이므로 밤나무, 호두나무, 사과나무 재배지 주변의 아까시나무는 제거한다.

해설 자낭각이 초기에는 표피 아래에 묻혀 있다.

096 포플러류 줄기마름병에 대한 기술 중 맞지 않는 것은?

① 우리나라에서는 1965년 이태리포플러 재배단지에서 처음으로 발견되었다.
② 줄기에 상처가 나거나 수세가 약해지면 발생하기 쉬우며 특히 더운 지방에서 피해가 심하다.
③ 병원균은 *Valsa sordida*이며 유성세대와 무성세대가 있고 분생포자각이 수피 밑에서 돌출되며 심할 때에는 포자덩이가 말라서 마치 실 부스러기가 붙어 있는 것처럼 보인다.
④ 수피가 얇은 어린가지에서는 약간 함몰된 갈색의 병반이 형성되고 이것이 확대되어 가지를 한 바퀴 돌면 그 윗부분은 말라 죽는다.
⑤ 내병성품종인 *Populus nigrax maximowiczi*나 *P. euamericana* I-214를 심는다.

해설 추운 지방에서 피해가 심하다.

097 소나무류 수지궤양병에 대한 설명 중 맞지 않는 것은?

① 이 병의 다른 이름은 송진가지마름병, 푸자리움가지마름병이라고도 한다.
② 이 병은 1946년 미국 노스캐롤라이나 지역에서 처음으로 보고되었다.
③ 우리나라에서는 리기다소나무에서 처음 발병이 확인되었고 피해가 크다.
④ 병원균은 여러 이름으로 명명되다가 *Fusarium circinatum*으로 최종 사용되고 있다.
⑤ 감염된 가지와 구과에서 수지가 흘러내리는 궤양이 형성되나 종자에 의해 전염되지는 않는다.

해설 종자전염이 된다.

정답 095 ② 096 ② 097 ⑤

098 소나무류 수지궤양병에 병징 및 방제에 대한 설명 중 맞지 않는 것은?

① 궤양이 형성된 수피 아래의 목질부가 수지에 젖게 되는 특징적인 진단키가 있다.
② 병원균은 상처를 통해 수목으로 침입하는데 히말라야삼나무 바구미 등 곤충은 병원균의 매개체로 작용할 수 있다.
③ 생물적 방제는 효과적이지 못하며 감염된 나무에 살균제의 수간주입이 효과적이다.
④ 수종별로 발병의 차이가 있으므로 저항성품종의 개발이 절실히 요구된다.
⑤ 수지궤양병균은 녹병과 생태적으로 관련이 없다.

해설 수지궤양병균은 녹병과 생태적으로 관련이 있는 것으로 알려져 있다.

099 소나무류 피목가지마름병에 대한 기술 중 맞지 않는 것은?

① 병원균은 *Cenagium ferruginosum*으로 자낭균문에 속하며 자낭반이 형성된다.
② 소나무, 곰솔, 잣나무, 전나무, 가문비나무의 줄기 및 가지에서 주로 발생한다.
③ 피해 입은 2~3년생 이상의 가지는 적갈색으로 말라 죽으며, 침엽은 위쪽에서 기부로 갈변되면서 떨어진다.
④ 해충피해, 이상건조 등으로 수세가 약해지면 넓은 면적에서 발생한다.
⑤ 감염성 무성포자를 생성하지 않으므로 최초감염은 유성포자인 자낭포자에 의해 일어난다.

해설 침엽은 기부에서 위쪽으로 갈변되면서 떨어진다.

100 소나무 가지끝마름병에 대한 기술 중 맞지 않는 것은?

① 병원균은 *Sphaeropsis sapinea*로 검은색 분생포자반이 기주조직을 뚫고 나온다.
② 디플로디아순 마름병이라고도 하며 어린 가지는 말라 죽어 밑으로 처진다.
③ 피해 입은 새가지와 침엽은 수지에 젖어 있고 병든 가지는 쉽게 부러진다.
④ 병원균은 병든 낙엽, 가지에서 임의기생균으로 월동하며 빗물이나 바람에 의해 전반된다.
⑤ 비배관리를 철저히 하고 어린나무조림지에서는 풀베기를 실시하고 통풍을 좋게 한다.

해설 분생포자각이 기주조직을 뚫고 나온다.

정답 098 ⑤ 099 ③ 100 ①

101 낙엽송 가지끝마름병에 대한 기술 중 맞지 않는 것은?

① 병원균은 *Guignardia larcina*로 자낭각이 수피 아래에 단독 또는 집단으로 형성된다.
② 1개의 자낭에 8개의 타원형 단세포 자낭포자가 들어 있다.
③ 새로 나온 잎이나 가지가 감염되며, 감염 부위는 약간 퇴색, 수축되고 수지로 희게 보인다.
④ 어린 묘목에서는 감염 부위의 위쪽이 말라 죽고, 이식묘에서는 죽은 가지가 총생하여 빗자루 모양을 한 무정묘(無頂苗)가 되기도 한다.
⑤ 2차 생장을 한 숨은 눈(잠아)은 감염되지 않는다.

해설 숨은 눈(잠아)은 때때로 감염된다.

102 편백, 화백 가지마름병에 대한 다음 기술 중 옳지 않은 것은?

① 편백, 화백, 노간주나무 등 측백나무과 수목에 주로 발생한다.
② 병원균은 *Seridium unicorne*이며 불완전균류에 속한다.
③ 분생포자는 방추형으로 4개의 세포로 나누어져 있다.
④ 감염 부위에 형성된 수지 밑에는 분생포자층이 수피를 뚫고 솟아 올라온다.
⑤ 묘포에서의 생육기에 보르도액을 적절하게 살포하여 예방한다.

해설 분생포자는 방추형으로 6개의 세포로 나누어져 있다.

103 잣나무 수지동고병에 대한 다음 기술 중 옳지 않은 것은?

① 우리나라에서는 1988년 경기도 가평 잣나무조림지에서 처음 발견되었다.
② 병원균은 *Valsa abieties*이며 자낭균문에 속하며 분생포자각이 형성된다.
③ 가지치기를 한 부위를 중심으로 감염되며, 점차 아래로 진전된다.
④ 분생포자각에서 달걀색 내지 갈색의 끈적끈적한 분생포자덩이가 누출된다.
⑤ 경기도와 강원도의 잣나무 식재지에서 발생하여 대규모로 고사되는 피해가 발생되고 있다.

해설 일부 국한된 지역에서만 발견되고 피해율이 5% 정도이다.

정답 101 ⑤ 102 ③ 103 ⑤

104 참나무 급사병에 대한 다음 기술 중 옳지 않은 것은?

① 병원균은 *Phytophthora ramorum*으로 감염되면 1~2년 이내에 고사하게 된다.
② 오직 참나무류 수목에서만 감염되는 원인균으로 보고되어 있다.
③ 초기 병징은 가지가 늘어지거나 시들음 증상이 나타난다.
④ 병이 진전되면서 줄기 위 3m 높이까지 적갈색 내지 흑색의 점액누출궤양이 나타난다.
⑤ 아직까지 효과적인 치료방법이 알려져 있지 않고 나무의 수분과 영양결핍을 스트레스를 줄여 주는 것이 감염피해를 입지 않는 방법으로 추천되고 있다.

해설 철쭉류 가지마름병이나 돌참나무류나 참나무류 수목에서 감염되는 원인균으로 보고되어 있다.

105 회색/갈색고약병에 대한 다음 기술 중 옳지 않은 것은?

① 병원균은 *Septobasidium bogoriense*이며 가지나 줄기에 고약을 붙인 것처럼 보인다.
② 균사층은 초기에 타원형이지만 차츰 세로 방향으로 길게 뻗어 불규칙한 모양이 된다.
③ 6~7월경 균사층의 표면은 담자포자인 흰가루로 덮이면서 회백색이 된다.
④ 고약병균은 방패벌레와 공생하며 초기에는 방패벌레의 분비물을 섭취하며 증식한다.
⑤ 병의 예방을 위하여 겨울철에 석회황합제를 살포하고 감염된 곳은 균사층을 긁어낸 후 지오판 도포제를 바른다.

해설 깍지벌레와 공생한다.

106 벚나무 빗자루병에 대한 다음 기술 중 맞지 않는 것은?

① 병원균은 *Taphrina wiesneri*로 자낭균문에 속하며 자낭포자와 분생포자를 형성한다.
② 전국적으로 발생하며 왕벚나무에서 가장 피해가 크다.
③ 나출된 자낭안에 8개의 자낭포자가 형성되고 잎 뒷면에는 회백색의 가루로 뒤덮인다.
④ 감염된 가지에서는 꽃이 피지 않고 작은 잎들로 빽빽하게 되나 나무가 죽지는 않는다.
⑤ 감염된 가지 뭉치는 잘라내어 태우고, 잘라낸 부분에는 지오판도포제를 발라준다.

해설 말라 죽게 된다.

정답 104 ② 105 ④ 106 ④

107 *Cercospora* spp.에 의한 병해 기술 중 맞지 않는 것은?

① 불완전균아문 총생균강(Hyphomycetes)에 속한다.
② 과거 *Cercospora*속이었으나 분생포자의 색깔, 형태 등에 따라 여러 속으로 세분되었다.
③ *Cercospora*류의 곰팡이는 잎의 병원체이며 잎 외에 다른 곳은 침해하지 않는다.
④ 대개 점무늬로부터 병징이 시작되어 큰 병반을 형성하기도 한다.
⑤ 병징의 중요한 특징은 병반 위에 분생포자경과 분생포자가 밀생하며, 집단적으로 나타날 때는 융단같이 보인다.

해설 어린줄기까지 침해한다.

108 소나무 잎마름병에 대한 기술 중 맞지 않는 것은?

① 병원균은 *Mycosphaerella gibsonii*이다.
② 적송과 해송의 묘목에 주로 발생하며, 잎이 갈변되면서 생장이 크게 위축된다.
③ 봄에 침엽의 아랫부분에 띠 모양으로 황색 점무늬가생기고, 병반이 커지면서 갈변한다.
④ 병반 위에 작은 점은 융기는 표피조직 밑에 형성된 자좌가 각피를 뚫고 돌출되어 분생포자경 및 분생포자가 형성된 것이다.
⑤ 묘포는 통풍이 잘되는 곳을 택하고 짚 등으로 토양을 피복해도 발병을 줄일 수 있다.

해설 봄에 침엽의 윗부분에 발생한다.

109 삼나무 붉은마름병에 대한 기술 중 맞지 않는 것은?

① 삼나무와 낙우송의 묘목에서 발생하며, 병든 잎과 어린 줄기가 빨갛게 말라 죽는다.
② 병원균은 *Passalora sequoiae*이며 무성세대는 *Cercospora sequoiae*이다.
③ 지면의 가까운 잎이나 줄기에서 나타나며, 병든 부위는 갈색으로 변하며 위로 향한다.
④ 줄기에서 월동한 병원균은 봄비가 온 후 자좌에 분생포자를 형성하여 1차 전염원이 된다.
⑤ 방제법은 병든 묘목은 뽑아 태우며, 통풍에 유의하고 질소비료의 과용을 삼간다.

해설 잎에서 월동한 병원균이 1차 전염원이 된다.

정답 107 ③ 108 ③ 109 ④

110 **포플러 갈색무늬병에 대한 기술 중 맞지 않는 것은?**

① 병원균은 *Pseudocercospora salicina*이다.
② 포플러류에 흔히 발생하며 이태리 포플러, 은백양, 황철나무에는 매년 예외 없이 발생한다.
③ 처음에는 잎에 갈색 점무늬가 나타나고 점차 암갈색으로 둥글게 확대된다.
④ 묘목과 성목 모두 조기낙엽을 일으켜 수세를 약화시킨다.
⑤ 병든 낙엽에서 월동한 후 자낭반을 형성하고 자낭포자를 비산하여 1차 전염원이 된다.

해설 병원균은 병든 낙엽에서 월동 후 자낭각을 형성한다.

111 **느티나무 갈색무늬병에 대한 기술 중 맞지 않는 것은?**

① 병원균은 *Pseudocercospora zelkowae*이며 무성세대는 *Cercospora zelkowae*이다.
② 느티나무의 묘목에 주로 발생하여 조기 낙엽을 일으키므로 묘목의 생장을 위축시킨다.
③ 집단식재지보다 독립수에서 잘 발생한다.
④ 병원균은 병든 낙엽에서 월동하며 이듬해 병반에서 분생포자가 형성되어 1차 전염원이 된다.
⑤ 방제법은 병든 묘목을 긁어모아 태우거나 땅속에 묻고 살균제를 살포한다.

해설 독립수에서 잘 발생하지 않는다.

112 ***Pseudocercospora*속 수목병에 대한 다음 기술 중 맞지 않는 것은?**

① 대부분 잎에 생기는 병으로 점무늬를 형성한다.
② 대부분 병든 낙엽에서 월동한 병원균이 이듬해 봄 분생포자로 1차 전염원이 된다.
③ 무궁화 점무늬병은 잎 표면에 옅은 점무늬가 나타나고 점차 부정형의 지저분한 흑갈색 점무늬로 진전된다.
④ 배롱나무 갈색무늬병은 흰가루병과 그을음병이 복합적으로 나타나서 피해를 가중시킨다.
⑤ 모과나무점무늬병은 붉은별무늬병도 많이 발생하나 붉은별무늬병은 8~9월에, 점무늬병은 5~6월에 주로 발생한다.

해설 붉은별무늬병은 5~6월에 점무늬병은 8~9월에 주로 발생한다.

정답 110 ⑤ 111 ③ 112 ⑤

113 *Corynespora*속 수목병에 대한 기술 중 맞지 않는 것은?

① 자낭균아문 각균강에 속한다.
② 식물병으로 무궁화 점무늬병(*Corynespora cassiicola*)이 잘 알려져 있다.
③ 무궁화 점무늬병은 검은 점무늬로 시작되어 동심윤문이 옅게 나타난다.
④ 그늘지고 습한 곳에서 자라는 흔히 발생하며 일조 및 통풍에 유의한다.
⑤ 가중나무, 순비기나무, 황매화가 기주식물로 알려져 있다.

해설 불완전균아문 총생균강 총생균목에 속한다.

114 소나무류 갈색무늬잎마름병과 디플로디아순마름병에 대한 설명 중 맞지 않는 것은?

① 소나무류 갈색무늬잎마름병은 소나무에 심한 낙엽을 일으켜 생장을 방해한다. 우리나라에서는 곰솔의 피해가 크다.
② 소나무류 갈색무늬 잎마름병 병징은 폭 2~3mm의 황갈색 띠를 형성하며 가을에 병반의 표피 밑에 까만 점(분생포자)이 생긴다.
③ 두 병 모두 불완전균아문 총생균강(Hyphomycetes)에 속한다.
④ 소나무류 디플로디아순마름병은 분생포자반의 분생포자가 봄비에 비산되어 전염된다.
⑤ 소나무류 디플로디아순마름병은 봄에 자라나오는 새순과 어린 침엽이 회갈색으로 변하면서 급격히 말라 죽는다.

해설 디플로디아순마름병은 분생포자반의 분생포자각이 봄비에 비산되어 전염된다.

자낭균의 특징
- 곰팡이 중에서 가장 큰 분류군
- 효모, 일부버섯(식용버섯), 맥각균, 밤나무줄기마름병
- 격벽, 세포벽 키틴, 단순격벽공
- 균사조직 : 균핵, 자좌
- 유성세대 : 완전세대, 자낭포자세대
- 무성세대 : 불완전세대, 분생포자세대

정답 113 ① 114 ④

각균강 (머리구멍 ○, × 단일벽)	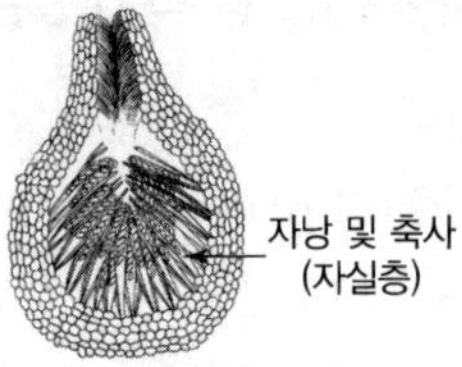	Cordyceps(동충하초) 등 몇몇 버섯, 맥각병, 탄저병균, 일부 그을음병균
반균강 (자낭반은 나출된 자실층)	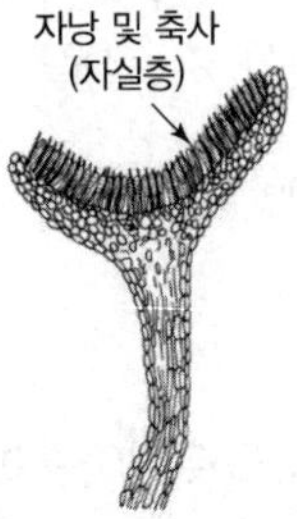	Rhytisma, Lophodermium, Scletotinia 주발버섯류 고무버섯

• 소방자낭균강 : 2중벽－Elsinoe, Venturia, Mycosphaerella, Guignar

115 *Marssonina*속의 수목병에 대한 설명 중 맞지 않는 것은?

① 불완전균아문 유각균강 분생포자반목에 속하는 무성세대와 자낭균아문 반균강균핵병목에 속하는 유성세대가 있다.

② *Marssonina*속은 약 70여 종이 있으며 대부분 점무늬병을 일으킨다.

③ 분생포자반이 표피를 찢고 나출되며, 분생포자반 안쪽에 병렬된 분생포장경에서 습할 때 분생포자가 다량으로 생기며 전염원이 된다.

④ 분생포자는 무색으로 윗세포와 아랫세포로 두 개이며 크기와 모양이 다른 경우가 많다.

⑤ 포플러류 점무늬잎떨림병, 홍가시나무 점무늬병, 장미 검은무늬병이 있다.

해설 홍가시나무 점무늬병은 *Entomosporium*속에 속한다.

116 포플러류 점무늬잎떨림병에 대한 설명 중 맞지 않는 것은?

① 병원균은 *Marssonina brunnea*이다.

② 이태리계 개량포플러는 저항성이고, 은백양과 일본사시나무는 감수성이다.

③ 초기병징은 갈색의 작은 점으로 나타나고 나중에는 온통 갈색의 점으로 뒤덮인다.

③ 장마철에 심하며 8월 초부터 낙엽이 지기 시작해서 8월 하순에는 가지 끝에 어린잎만 남게 된다.

④ 병든 낙엽은 소각하며 6월부터 살균제를 2주 간격으로 살포한다.

해설 이태리계 개량포플러는 감수성이고, 은백양과 일본사시나무는 저항성이다.

정답 115 ⑤ 116 ②

117 참나무 갈색둥근무늬병에 대한 설명 중 맞지 않는 것은?

① 병원균은 *Marssonina martinii*이다.
② 한국, 일본 등 아시아에서만 이 병이 발생하고 있고 피해는 경미한 편이다.
③ 잎에 둥글고 작은 회갈색 점무늬가 많이 나타나며, 나중에는 불규칙한 모양이 된다.
④ 잎의 앞면에는 건전한 부분과 병든 부분의 경계가 뚜렷한 적갈색이 되고, 뒷면에는 병반 위에 분생포자가 밀생하여 담갈색이 된다.
⑤ 병든 낙엽에서 월동한 병원균은 이듬해 분생포자를 형성하여 1차 전염원이 된다.

해설 전 세계적으로 참나무류에 발생하나 피해는 경미하다.

118 장미 검은무늬병에 대한 설명 중 맞지 않는 것은?

① 병원균은 *Marssonina rosae*로 장미를 비롯한 Rosa속 식물에서 흔히 발생한다.
② 장마철 이후에 피해가 심하며 잎에 암갈색의 원형 병반이 생기며 병반주위는 자주색이다.
③ 표피를 찢고 노출된 분생포자반에서 습할때 분생포자가 다량으로 형성된다.
④ 병든 잎에서 자낭각의 형태로 월동하고 이듬해 봄 자낭포자가 비산하여 1차 전염원이 된다.
⑤ 병든 낙엽은 긁어모아 태우거나 땅속에 묻고, 5월경부터 10일 간격으로 살균제를 3~4회 살포한다.

해설 잎에 암갈색의 원형 병반이 생기며 병반주위는 황색이다.

119 *Entomosporium*속에 의한 병에 대한 설명 중 옳지 않은 것은?

① 자낭균아문에 속하며 점무늬병을 일으키고 홍가시나무, 채진목, 다정큼나무가 기주이다.
② Entomo(곤충)와 sporium(포자)의 합성어로 분생포자는 곤충을 연상시키는 모양이다.
③ 홍가시나무 점무늬병은 제주도 및 남부지역에서 많이 심는 홍가시나무에서 흔히 발생한다.
④ 홍가시나무 점무늬병은 붉은색의 작은 점들이 나타나고, 나중에 2~4mm의 회갈색 둥근 병반으로 진전되며 병반주변은 홍자색으로 변한다.
⑤ 채진목점 무늬병은 잦은 봄비에 햇잎과 어린가지에 점무늬가 생기고 6월 말에 90% 이상이 떨어져서 앙상한 가지 끝에 작은 잎만 달린 모습이 된다.

해설 불완전균아목에 속한다.

정답 117 ② 118 ② 119 ①

120 *Pestalotiopsis*속에 의한 병에 대한 설명 중 옳지 않은 것은?

① 불완전균 유각균강 분생포자균목에 속하며, 완전세대는 자낭균아문 각균강 구균목에 속한다.
② 분생포자반에 병렬된 분생포자경 위에 분생포자가 형성되고 비가 오면 포장덩이뿔로 분출된다.
③ 분생포자는 독특한 모양으로 중앙의 세 세포는 착색되어 있고 양쪽의 세포는 무색이다.
④ *Pestalotiopsis*속은 대부분 잎을 침해하며, 큰 병반을 형성하고 잎마름증상을 나타낸다.
⑤ 은행나무 잎마름병, 소나무 잎마름병, 철쭉류 잎마름병, 동백나무 겹둥근무늬병이 있다.

해설 소나무 잎마름병은 *Cercospora*에 의한 병이다.

121 *Collectotrichum*에 의한 탄저병에 대한 기술 중 옳지 않은 것은?

① 불완전균아문 유각균강 분생포자반균목에 속하며 완전세대는 자낭균아문 각균강 구균목에 속한다.
② 사과나무, 배나무, 감귤나무, 감나무 등 거의 모든 과수류에서 문제가 된다.
③ 탄저병균은 잎, 어린줄기, 과실에 침해하고 적갈색의 병반이 돌출되는 것이 특징이다.
④ 병반위 분생포자반은 무색의 분생포자경이 병렬되며, 그 위에 분생포자가 밀생한다.
⑤ 분생포자반 위에 환경에 따라 강모(剛毛)가 생기기도 한다.

해설 기주에서 움푹 들어가고 흑갈색의 병반이 돌출되는 것이 특징이다.

122 수목 탄저병에 대한 기술 중 옳지 않은 것은?

① 호두나무 탄저병은 *Glomerella*속에 속하며 잎, 잎자루, 어린가지를 침해하고, 잎은 기형으로 변하고 잎 전체가 검게 변하여 말라죽는다.
② 사철나무 탄저병은 *Collectotricum*속에 속하며 분생포자반에 병렬된 분생포자경위에 단세포인 작은 분생포자가 밀생하고 있다.
③ 오동나무 탄저병은 *Collectotricum*속에 속하며 어린 실생묘에서 발생하면 모잘록병과 비슷하며 전멸하기도 한다.
④ 동백나무 탄저병은 *Collectotricum*속에 속하며 병반 앞쪽에 검은색 돌기의 분생포자반이 생겨 뚜렷한 겹둥근무늬를 형성한다.
⑤ 개암나무 탄저병은 *Glomerella*속에 속하며 세계적으로 묘목에서 성목까지 흔히 발생한다.

해설 *Monostichella*속에 속한다.

정답 120 ⑤ 121 ③ 122 ⑤

123 *Elsinoe*속에 의한 병에 대한 기술 중 맞지 않는 것은?

① 자낭균아문에 속하며, 무성세대는 *Sphaceloma*이고, 수목류에 더뎅이병을 일으킨다.
② 기주식물은 오렌지류의 과수, 두릅나무, 느티나무, 산수유, 으름에서 흔히 볼 수 있다.
③ 두릅나무 더뎅이병은 장마철 전후 태풍과 비바람이 지나간 후 많이 발생한다.
④ 새로 자라나는 어린 가지와 잎에 발생하며 지름 2mm의 둥글고 작은 점이 생긴다.
⑤ 병반은 코르크화 되면서 부스름 딱지처럼 보이며 분생포자 상태로 월동한다.

해설 균사상태로 월동한다.

124 *Septoria*속에 의한 수목병에 대한 설명이 잘못 기술된 것은?

① 불완전균아문 유각균 분생포자균목에 속하며, 유성세대는 자낭균아문 소방자낭균강 갈반병균목에 속한다.
② 주로 잎에 작은 점무늬를 형성하며, 잎자루나 줄기에는 거의 침해하지 않는다.
③ 병반의 분생포자각은 육안으로 확인될 정도로 뚜렷하게 보이며 머릿구멍이 있다.
④ 기주식물로는 자작나무, 오리나무, 느티나무 밤나무, 가중나무가 있다.
⑤ 분생포자는 방추형 내지 막대기 모양이며 무색으로 격벽이 없다.

해설 불완전균으로 분생포자는 방추형 내지 막대기 모양이며 무색으로 격벽이 있다.

125 *Septoria*속에 수목병에 대한 기술 중 잘못 된 것은?

① 자작나무 갈색무늬병은 묘목과 어린나무에 흔히 발생하고 성목에서는 발생하지 않는다.
② 오리나무 갈색무늬병 방제는 병든 낙엽을 제거하고 파종 시 종자소독을 실시한다.
③ 느티나무 흰별무늬병은 성목에서는 수관에 발생하고 조기낙엽을 일으킨다.
④ 밤나무 갈색점무늬병은 병반과 건전부와의 경계에 황색의 띠가 형성되는 것이 특징이다.
⑤ 가중나무 갈색무늬병은 작은 갈색 반점이 점차 겹둥근무늬를 띠면서 확대된다.

해설 조기낙엽을 일으키지 않는다.

정답 123 ⑤ 124 ⑤ 125 ③

126 소나무류 잎떨림병에 대한 기술 중 잘못된 것은?

① 병원균은 *Lophodermium*속에 속하며 전 세계 소나무류에 널리 발생한다.
② 봄에 잎이 적갈색으로 변하므로 마치 죽은 나무처럼 보이나 치명적이지는 않다.
③ 대부분 병원성이 매우 약하거나 부생균이나, *L. seditiosum*은 병원성이 있다.
④ 3~5월에 묵은 잎의 1/3 이상이 적갈색으로 변해 대량으로 떨어지며 새순만 남게 된다.
⑤ 새로 침입받은 잎은 노란 점무늬가 나타나며 갈색 띠모양으로 진전되고 당년 봄에 잎이 떨어진다.

해설 이듬해 봄 잎이 떨어진다.

127 포플러 잎마름병에 대한 설명 중 맞지 않는 것은?

① 포플러류에 흔히 발생하며, 주로 봄부터 장마철까지 조기낙엽의 주원인이다.
② 어린 잎에 갈색의 작은 점무늬로 시작되어 겹둥근무늬를 형성하면서 급격히 진전된다.
③ 병든 부분과 건전 부위의 경계가 뚜렷하지 않으며 잎 전체가 황화되면서 일찍 떨어진다.
④ 가을에는 병든 낙엽위에 균핵이 형성되어 월동하며, 이듬해 자낭반이 형성된 후 자낭포자가 비산한다.
⑤ 방제는 병든 낙엽을 모아서 제거하고 눈이 틀 무렵에 살균제를 3~4회 살포한다.

해설 병든 부분과 건전 부위의 경계가 뚜렷(*Septotis populiperda*)하다.

128 칠엽수 얼룩무늬병에 대한 다음 설명 중 맞지 않는 것은?

① 병원균은 *Guignardia aesculi*이며 가시칠엽수와 일본침엽수에 흔히 발생한다.
② 봄부터 장마철까지 지속적 나타나며 6~7월에 병세가 가장 심하다.
③ 희미한 점무늬가 차츰 갈색으로 변하고, 진전되면 적갈색 얼룩무늬를 형성한다.
④ 병반위에 까만 점들은 분생포자각이며, 미성숙한 위자낭각의 상태로 월동한다.
⑤ 봄비를 맞으면 자낭포자가 방출되면서 1차 전염원, 여름부터는 병든 잎에 형성된 분생포자각에서 형성된 분생포자가 2차 전염원이 된다.

해설 8~9월에 병세가 가장 심하다.

정답 126 ⑤ 127 ③ 128 ②

129 철쭉류의 떡병에 대한 다음 기술 중 맞지 않는 것은?

① 병원균은 *Exobasidium*속이며 철쭉류와 진달래류에서 흔히 발생한다.
② 4월 말부터 잎과 꽃눈이 국부적으로 비후되면서 흰색의 덩어리로 변한다.
③ 처음에는 광택이 있으나 곧바로 자낭포자가 밀생하여 흰 가루로 뒤덮인 것처럼 보인다.
④ 햇빛이 쬐는 면은 안토시아닌 색소가 발달하여 핑크빛으로 변하게 된다.
⑤ 흰 부분이 흑회색으로 변하는 것은 *Cladosporium* 곰팡이가 부생적으로 자란 것이다.

해설 철쭉류의 떡병은 담자포자이다.

130 타르점무늬병에 대한 다음 기술 중 맞지 않는 것은?

① 병원균은 *Erisphe* spp.이며 오존가스에 민감해서 도시지역에서는 거의 발생하지 않는다.
② 이 병은 나무의 생장에는 크게 영향을 주지 않으나 잎 표면에 새까만 병반이 생겨 관상 가치를 떨어뜨린다.
③ 병반의 검정 점은 병원균의 자좌이며 안쪽은 분생포자각이 되고 분생포자를 형성한다.
④ 병든 잎은 이듬해 5~6월경 병반 위에서 자낭반이 형성되고 자낭포자가 비산하게 된다.
⑤ 단풍나무는 병든 낙엽을 태우거나 땅속에 묻고 봄비가 온 후 살균제를 2~3회 살포한다.

해설 병원균은 *Rhytisma acerinum*, *R. punctatum*이다.

131 흰가루병에 대한 다음 기술 중 맞지 않는 내용은?

① 흰가루병은 담자균아문 각균강 흰가루병균목에 속하며 절대기생체이다.
② 대표적인 속으로는 *Erysiphe, Phyllactinia, Podosphaera, Sawadaea, Cystotheca* 등이 있다.
③ 대개 6~7월에 발생하여 장마철 이후 급격이 심해진다.
④ 대체로 잎에 발생하지만 어린 줄기와 열매에도 발생하며 흰가루를 뿌려 놓은 듯 보인다.
⑤ 가을철에는 흑갈색의 자낭과가 형성되기도 하며, 무성세대로 월동하는 경우도 있다.

해설 자낭균아문에 속한다.

정답 129 ③ 130 ① 131 ①

132 흰가루병에 대한 설명 중 잘못 기술된 것은?

① 사철나무 흰가루병은 햇빛이 잘 들지 않고 바람이 잘 통하지 않는 곳에서 흔히 발생한다.
② 모감주나무 흰가루병은 수세가 불량한 나무와 맹아의 어린잎 줄기에서 잘 발생한다.
③ 목련 흰가루병은 일본목련과 자목련은 피해가 적으며, 백목련은 눈에 띄게 발생한다.
④ 쥐똥나무 흰가루병은 쥐똥나무, 왕쥐똥나무는 잘 발생하며, 광나무에는 발생하지 않는다.
⑤ 인동 흰가루병은 붉은인동에서 대발생하여 관상 가치를 떨어뜨린다.

해설 일본목련, 백목련은 피해가 적고 자목련은 크다.

133 흰가루병에 대한 설명 중 잘못 기술된 것은?

① 장미 흰가루병은 어떤 품종이든 쉽게 걸리나 해당화와 생열귀에 큰 피해를 준다.
② 양버즘나무 흰가루병은 2005년 남부지방에서 처음 발견되어 전국으로 확산 중이며 주로 어린 잎에 발생하여 새순이 오그라지는 병징을 보인다.
③ 단풍나무 흰가루병 기주 중국단풍나무는 햇빛이 잘 들고 통풍이 잘 되어도 심하게 발생한다.
④ 배롱나무 흰가루병은 7~9월 개화기에 흔히 발생한다.
⑤ 조팝나무 흰가루병은 대체로 5월에 발생하므로 다른 수종에 비해 일찍 발견된다.

해설 2012년에 남부지방에서 큰 피해를 입었다.

134 그을음병에 대한 설명 중 잘못 기술된 것은?

① 대부분 *Meliolaceae* 및 *Capnodiaceae*과에 속한다.
② 병원균은 기주식물에 직접 침입하여 기주식물에서 양분을 섭취하거나 진딧물, 깍지벌레 등 흡즙성 곤충의 분비물을 영양원으로 한다.
③ 병원균은 기주특이성이 없고 공통적으로 암갈색 내지 암흑색의 균사와 포자를 갖고 있다.
④ 그을음병은 대부분 포자가 바람에 날려 전파되지만, 진딧물, 깍지벌레 등이 매개한다.
⑤ 그을음병은 균사 또는 자낭각의 상태로 겨울을 나고 이듬해 전염원이 된다.

해설 분비물을 영양원으로 하는 부생성 외부착생균이다.

정답 132 ③ 133 ② 134 ②

135 녹병에 대한 기술 중 맞지 않는 것은?

① 녹병균은 담자균문 녹병균목에 속하며 전 세계적으로 150속 6,000여 종이 알려져 있다.
② 녹병은 종자식물뿐만 아니라 양치식물을 침해하며 식물조직 내에서만 살아 갈 수 있다.
③ 대부분이 녹병균들은 두 종의 기주를 필요로 하는 이종기생균이며 경제적으로 중요한 쪽을 중간 기주, 그렇지 않은 쪽을 기주라고 한다.
④ 녹병균은 일반적으로 녹병정자, 녹포자, 여름포자, 겨울포자, 담자포자로 구성된다.
⑤ 순활물기생체 또는 절대기생체이다.

해설 경제적으로 중요한 쪽을 기주, 그렇지 않은 쪽을 중간기주라 한다.

136 녹병균과 여름포자세대 중간기주와 연결이 잘못 연결된 것은?

① 잣나무 털녹병 – 송이풀, 까치밥나무
② 소나무 혹병 – 졸참나무, 신갈나무
③ 소나무 잎녹병 – 황벽나무
④ 소나무 줄기녹병 – 모란, 작약
⑤ 향나무 녹병 – 배나무

해설 향나무 녹병은 여름포자세대가 없다.

137 녹병균에 대한 설명 중 맞지 않는 것은?

① 잣나무털 녹병균은 장세대종이다.
② 배나무 붉은별무늬병균은 중세대종이다.
③ 녹병정자세대를 갖지 않는 종을 단세대종이라 한다.
④ 겨울포자세대는 핵융합으로 핵상이 2n이 된다.
⑤ 녹병정자세대는 원형질융합을 하여 녹포자를 형성하며 핵상은 n+n이 된다.

해설 녹병정자세대는 원형질융합을 하여 녹포자를 형성하며 핵상은 n이다.

138 잣나무 털녹병에 대한 설명 중 맞지 않는 것은?

① 잣나무와 스트로브잣나무는 감수성이며 섬잣나무와 눈잣나무는 저항성으로 피해가 없다.
② 병원균은 *Cronartium ribicola*이며 1936년 경기도 가평에서 처음 발견되었다.
③ 병든 가지 또는 줄기의 수피는 흰색 또는 회색으로 변하면서 수지가 흘러 지저분하게 보인다.
④ 담자포자는 잣나무류잎의 기공을 통해 침입한다.
⑤ 방제는 잣나무 묘포에 10일 간격으로 보르도액을 2~3회 살포한다.

해설 노란색, 갈색으로 변한다.

정답 135 ③ 136 ⑤ 137 ⑤ 138 ③

139 소나무 줄기녹병에 대한 다음 설명 중 맞지 않는 것은?

① 병원균은 *Cronatium flaccidum*이며 인도, 중국, 일본 등 아시아에서만 발생하고 있다.
② 우리나라에서는 1934년에 중간기주로 참작약이 기록되어 있고 1978년 강원도 태백시에서 천연림 소나무에서 처음 발견되었다.
③ 중간기주로는 백작약, 참작약, 모란이 있다.
④ 봄에 수피를 뚫고 황색의 녹포자기가 돌출하며 녹포자기가 터지면서 녹포자가 비산한다.
⑤ 중간기주의 뒷면에 황색의 여름포자퇴가 형성되고 나중에 갈색의 겨울포자퇴가 된다.

해설 유럽에서도 발생한다.

140 소나무 잎녹병에 대한 설명 중 맞지 않는 것은?

① 병든 나무의 잎은 일찍 떨어져 생장이 둔화되지만 급속히 말라 죽지는 않는다.
② 병원균은 *Coleosporium*속이며 소나무, 잣나무, 곰솔이 기주식물이다.
③ *C. phellodendri*는 소나무에 피해를 주며 여름, 겨울포자의 중간기주는 산초나무이다.
④ 피해를 받은 침엽은 처음에는 황색을 띠지만 포자의 비산이 끝나면 회백색으로 죽게된다.
⑤ 방제는 중간기주식물을 제거하며 겨울포자가 발아하기 전에 9~10월에 2~3회 살포한다.

해설 *C. phellodendri*의 중간기주는 황벽나무, *C. xanthoxyli*의 중간기주는 산초나무이다.

141 소나무 혹병에 대한 설명으로 맞지 않는 것은?

① 병원균은 *Cronatium quercuum*이며 백작약, 참작약, 모란이 중간기주이다.
② 북미나 유럽에서는 줄기마름병을 일으켜 피해가 대단히 심하다.
③ 혹은 해마다 비대하여 30cm 이상에도 이르며 4~5월경에는 혹에서 단맛이 나는 점액이 나오는데 여기에 녹병정자가 포함되어 있다.
④ 혹의 표면이 거칠게 갈라지면서 녹포자기가 도출하며, 여기에서 녹포자가 비산하여 중간기주의 잎으로 옮아간다.
⑤ 5~6월에 중간기주 잎 뒷면에 여름포자퇴가 형성되며, 7월 이후에 겨울포자퇴가 형성된다.

해설 참나무류가 중간기주이다.

정답 139 ① 140 ③ 141 ①

142 전나무 잎녹병에 대한 설명 중 맞지 않는 것은?

① 병원균은 *Uredinopsiskoma katakensis*이며 1986년 강원도 횡성에서 처음 발견되었다.
② 뱀고사리가 중간기주이다.
③ 5월 하순~7월 중순 사이에 전나무의 당년생 침엽에 옅은 녹색을 띤 작은 반점이 나타나고, 뒷면에는 녹병정자를 함유한 점액이 맺힌다.
④ 침엽의 뒷면에 둥근 기둥 모양의 녹포자기가 한 줄로 형성되며, 터지면서 녹포자가 비산하게 되고 병든 잎은 낙엽된다.
⑤ 뱀고사리잎은 7월 중순부터 뒷면에 여름포자퇴가 돌출, 10월이 되면 담황색의 월동성 여름포자퇴가 형성되어 죽은 잎에서 월동, 겨울포자퇴도 형성된다.

해설 침엽의 뒷면에 둥근 기둥 모양의 녹포자기가 2줄로 형성된다.

143 향나무 녹병에 대한 다음 기술 중 옳지 않은 것은?

① 병원균은 *Gymnosporangium* spp.이며 향나무와 노간주나무의 잎가지를 침해한다.
② 중간기주인 배나무, 사과나무의 붉은별무늬병을 일으키는 병원균은 같다.
③ *Gymnosporangium*속 녹병균은 여름포자세대를 형성하지 않는 중세대녹병균이다.
④ 향나무 부근에는 장미과 식물을 심지 않도록 하며, 향나무와는 2km 이상 떨어져야 한다.
⑤ 향나무에는 3~4월과 7월에, 중간기주인 장미과 식물에는 4월 중순부터 6월까지 10일 간격으로 적용약제를 살포한다.

해설 배나무의 붉은별무늬병은 *G. asiaticum*이며 사과나무 붉은별무늬병은 *G. yamadae*이다.

144 버드나무 잎녹병에 대한 다음 기술 중 옳지 않은 것은?

① 병원균은 *Melampsora*속 녹병균으로 알려져 있고 중간기주는 일본에서 일본잎갈나무로 보고되었고 우리나라에서도 확인되었다.
② 6월부터 버드나무의 잎 뒷면과 작은 가지에 황색의 여름포자가 나타나서 반복 전염된다.
③ 초가을이 되면 여름포자의 형성은 중단되고 표피 밑에서 겨울포자가 형성된다.
④ 병든 잎은 일찍 떨어지게 되고 병든 낙엽에서 월동한 후 봄에 중간기주에 침입한다.
⑤ 병든 잎은 모아서 태우며, 5~9월에 적용 약제를 10일 간격으로 살포한다.

해설 중간기주는 버드나무류이며 포플러잎녹병의 중간기주가 일본잎갈나무, 댓잎현호색이다.

정답 142 ④ 143 ② 144 ①

145 오리나무 잎녹병에 대한 다음 기술 중 맞지 않는 것은?

① 병원균은 *Melampsora*속이며 기주는 오리나무와 두메오리나무만 보고되어 있다.
② 일본잎갈나무가 중간기주로 알려져 있으나, 우리나라에서는 보고되어 있지 않다.
③ 6~7월경 잎이 표면에 황색반점이 나타나며, 잎의 뒷면에는 녹포자가 형성된다.
④ 가을이 되면 겨울포자가 표피조직 밑에 형성되므로, 갈색을 띠고 약간 볼록하게 된다.
⑤ 일본잎갈나무의 잎에 형성되는 녹포자는 오리나무잎에 반복하여 감염되며, 중간기주가 보이지 않는 곳에서도 발생할 정도로 감염 유효거리는 상당히 멀다.

해설 6~7월경 잎이 표면에 황색반점이 나타나며 잎의 뒷면에는 여름포자가 형성된다.

146 회화나무 녹병에 대한 다음 기술 중 옳지 않은 것은?

① 병원균은 *Uromyces truncicola*속이며, 이 녹병균의 중간기주는 일본잎갈나무로 알려져 있다.
② 회화나무 녹병은 잎, 가지 및 줄기에 발생한다.
③ 병든 낙엽과 줄기의 혹에서 겨울포자로 월동한 후에 봄에 발아해서 담자포자를 만들고 이 담자포자가 새잎과 어린가지를 감염시킨다.
④ 7월 초순부터 뒷면의 표피를 뚫고 황갈색의 가루덩이(여름포자)들이 나타나며, 여름포자는 빗물이나 바람에 전반되어 초가을까지 잎과 어린가지에 반복 감염을 일으킨다.
⑤ 8월 중순부터 황갈색의 여름포자 사이에 흑갈색의 겨울포자가 나타나며 줄기와 가지에는 껍질이 갈라져 방추형의 혹이 생기며 매년 비대해진다.

해설 회화나무 녹병은 기주교대하지 않는다.

147 느릅나무 시들음병에 대한 다음 기술 중 맞지 않는 것은?

① 병원균은 *Ophiostoma ulmi*로 자낭균문에 속하며 우리나라에는 아직 보고되지 않았다.
② 유럽느릅나무좀이 기주 수목이 잔가지를 가해하여 상처를 낼 때 감염된다.
③ 나무좀이 물관을 가해할 때 나무좀의 몸체 표면에 있던 병원균이 물관 내로 유입되며 유입된 병원균은 수목의 윗부분으로 증식 이동하게 된다.
④ 미국느릅나무는 감수성을 나타내고 아시아 계통은 대체로 저항성을 나타내고 있다.
⑤ 방제법은 죽은 느릅나무와 통나무를 제거하여 남아 있는 유충을 죽이거나 매개충의 월동장소를 제거하는 것이 필요하다.

해설 유입된 병원균은 수목의 아랫방향으로 증식 이동하게 된다.

정답 145 ③ 146 ① 147 ③

148 참나무 시들음병에 대한 다음 기술 중 옳지 않은 것은?

① 병원균은 *Raffaelea quercus-mongolicae*이며 2004년 경기도 성남에서 발견되었다.
② 신갈나무에서 피해가 크며, 매개충은 광릉긴나무좀으로 암브로시아 딱정벌레이다.
③ 수컷이 쇠약한 신갈나무에 침입한 후 페로몬을 발산하여 암컷을 유인, 수정하여 산란하고 부화한 유충이 물관 내에서 물과 양분을 빼앗아 수목이 고사하게 된다.
④ 감염되어 고사한 신갈나무는 갈색으로 변한 잎이 죽은 나무에 달린 채로 남아 있다.
⑤ 매개충의 침입을 방지 위해 끈끈이롤트랩을 수간 하부에서 지상 2m 높이로 감아 준다.

해설 병원균이 물관부에서 생장하면서 물과 양분의 이동을 방해한다.

149 미국 중남부지방에서 발생하는 참나무 시들음병에 대한 기술 중 옳지 않은 것은?

① 병원균은 *Ceratocytis*속에 속하며 루브라참나무와 큰떡갈나무에 큰 피해를 주고 있다.
② 천공성 해충인 미국 하늘소에 의해 전반되며 최근에 죽은 수피아래 곰팡이 균사매트에서 나오는 달콤한 냄새에 유인된다.
③ 뿌리의 접목도 병원균의 전반 수단이 되고 있다.
④ 살균제(Alamo, Propiconazole)를 건전목에 주입하면 감염예방 효과가 있다.
⑤ 감염된수목은 벌채하여 훈증처리하며, 생장기에는 전정을 삼가는 것이 좋다.

해설 nitidulid 나무이 매개충이다.

150 *Verticillium* 시들음병에 대한 기술 중 옳지 않은 것은?

① 병원균은 *Verticillum*속으로 토양 전염원과 뿌리접촉을 통하여 감염되는 뿌리병이다.
② 이병은 수목뿐만 아니라 농작물에서도 시들음병을 일으키고 있다.
③ 단풍나무와 느릅나무에 피해를 많이 주고 있으며 완만한 시들음 증상을 나타낸다.
④ 특징적인 병징은 감염된 가지줄기뿌리의 목부에 갈색의 줄무늬가 보인다.
⑤ 토양 내에서 휴면상태인 균핵이 발아하여 뿌리를 감염시키게 된다.

해설 *Verticillium* 유관 속 시들음병이다.

정답 148 ③ 149 ② 150 ①

151 목재부후에 대한 다음 기술 중 맞지 않는 것은?

① 뿌리부후균과 줄기부후균으로 나뉘며 세포벽성분인 리그닌, 셀룰로스, 헤미셀룰로스를 양분으로 하여 목재의 질을 저하시켜 경제적 피해를 입히고 있다.
② 목재부후의 여부를 확인하기 위하여 탐색하는 방법 중 비파괴적 방법으로는 컴퓨터 단층 X선 촬영이 있다.
③ 목재보존제로 최근에는 인체 저독성인 ACQ(alkaline copper quat) 목재보존제를 많이 사용하고 있다.
④ 수목의 주요성분 중 헤미셀룰로스가 40~50%로 가장 많은 성분을 차지하고 있다.
⑤ CODIT 이론은 수목은 침입하는 미생물에 대하여 억제벽을 형성하여 구획화하여 방어하는 개념이다.

해설 셀룰로스 40~50%, 헤미셀룰로스 25~40%로 셀룰로스가 가장 많다.

152 목재부후 및 변색균의 종류에 대한 다음 기술 중 옳지 않은 것은?

① 갈색부후균은 주로 침엽수에 나타나며 셀룰로스, 헤미셀룰로스는 분해하나 리그닌을 분해하지 못한다.
② 백색부후균은 리그닌까지 분해시키며 분해가 진행된 목재는 흰색의 스폰지처럼 쉽게 부서진다.
③ 연부후균은 목재가 함수율이 높은 상태에서 발생되며, 표면이 연해지고 암갈색으로 변하지만 내부는 건전상태를 유지한다.
④ 목재변색은 목재 변색균에 의하여 목재를 변색시키나 목재의 강도에는 영향이 크다.
⑤ 목재 청변균은 *Ophiostoma, Ceratocystis*속의 곰팡이에 의하고 소나무좀이 매개하는 것으로 알려져 있다.

해설 목재의 강도에는 영향이 없다.

153 세균에 대한 다음 설명 중 맞지 않는 것은?

① 세균은 단세포이다.
② 유전물질인 DNA가 막으로 둘러싸여 있지 않은 원생생물로 DNA와 작은 리보솜이 있는 세포질로 이루어졌다.
③ 식물병원균으로는 1878년 미국 Burrill에 의해 사과 불마름병 관찰에서 처음 알려졌다.
④ 지금까지 1,600여 종의 세균이 보고되어 있으나 식물병으로는 180여 종이 알려졌다.
⑤ 세균은 일반적으로 파이토플라스마 보다 크고 곰팡이보다는 작다.

해설 유전물질인 DNA가 막으로 둘러싸여 있지 않은 원핵생물이다.

정답 151 ④ 152 ④ 153 ②

154 세균의 분류에 대한 다음 설명 중 맞지 않는 것은?

① *Agrobacterium, Pseudomonas, Xanthomonas, Corynebacterium, Erwinia, Streptomyces*의 6개 속이 알려져 왔는데, 분자생물학적기법으로 분류가 확장되었다.
② 세균은 그람양성균과 음성균으로 나누어질 수 있는데 식물병원세균은 *Clavibacter*를 비롯한 *Corynebacterium* 계열의 5개 속은 그람양성균이며 나머지는 모두 그람양성균이다.
③ RLO 또는 FXLB로 알려져 왔던 물관부국재성 세균은 *Xylella*속으로 분류되었다.
④ 분류상 동일한 종으로 분류되더라도 형태적, 생리적, 병리학적 특징이 다를 수 있다.
⑤ *Agrobacterium*과 *Streptomyces*속은 과거와 그대로이며 재분류되지 않았다.

해설 *Corynebacterium* 계열의 5개 속은 그람양성균이며 나머지는 모두 그람음성균이다.

155 세균의 형태를 기술한 다음 내용 중 맞지 않는 것은?

① 식물에 병을 일으키는 세균은 대부분 막대 모양이고 길이가 1~3μm, 폭이 1μ 정도이다.
② 세균은 가장 바깥쪽에 얇지만 단단한 세포벽과 그 바로 안쪽에 세포막을 갖고 있다.
③ 세포벽은 양분흡수와 대사 부산물, 소화효소 및 기타 물질의 분비를 조절한다.
④ 염색체 DNA는 하나 이상의 작은 원형의 유전물질을 지니는데 이를 RNA라고 한다.
⑤ 세균은 이동하는 데 도움이 되는 편모를 가지고 있는데, 편모가 간혹 없는 세균도 있다.

해설 염색체 DNA는 하나 이상의 작은 원형의 유전물질을 지니는데 플라스미드(plasmid)라고 한다.

156 세균의 증식 및 전반에 관한 다음 설명 중 옳지 않은 것은?

① 식물병원세균은 한 세포가 두 세포로 나누어지는 이분법이라는 무성생식법으로 매우 빠르게 증식할 수 있다.
② 세균은 환경이 적당하면 50분에 한 번씩 분열하여 새로운 세대가 만들어진다.
③ 식물병원세균은 대부분 기주식물 내에서 기생생활을 하지만 기주 밖에서는 병든 식물의 잔재물이나 토양의 유기물을 분해하면서 살아간다.
④ 세균의 전파는 주로 물, 곤충, 동물 또는 인간에 의해서 이루어지며, 물은 세균을 토양표면 또는 토양 속에서 감수성 식물이 존재하는 곳으로 운반해 준다.
⑤ 뿌리혹병을 일으키는 *Agrobacterium*은 기주식물이 없어도 오랜 기간을 살 수 있다.

해설 세균은 환경이 적당하면 20분에 한 번씩 분열한다.

정답 154 ② 155 ④ 156 ②

157 **세균이 나무에 침입하는 경로에 대한 설명 중 맞지 않는 것은?**

① 세균은 수목의 기공, 피목, 수공, 밀선 등 자연적으로 난 구멍을 통하여 들어갈 수 있다.
② 세균은 대개 식물체의 표면에 오염원으로 존재하기 때문에 상처를 통해 침입 가능하다.
③ 세균은 곰팡이와 달리 그들의 힘으로 직접 식물조직을 파고 들어 갈 수 있다.
④ 가지치기나 접목 등 수목관리작업과 곤충에 의한 상처가 세균에 감염되는 경로가 된다.
⑤ 기주식물로 감염 전에는 병든 식물의 잔재물이나 흙속의 유기물에서 부생적으로 살아간다.

해설 직접 식물조직을 파고들어 갈 수 없다.

158 **세균성 식물병의 속별 병징을 기술한 것 중 잘못 연결된 것은?**

① *Agrobacterium* : 뿌리혹, 가지혹, 줄기혹, 털뿌리
② *Calivibacter* : 감자둘레썩음, 토마토궤양 및 시들음, 과일점무늬, 접합대생
③ *Erwinia* : 마름, 시들음, 무름
④ *Pseudomonas* : 점무늬, 혹, 궤양 및 눈마름
⑤ *Xanthomonas* : 감자 더뎅이, 고구마 썩음

해설 • *Streptomyces* : 감자 더뎅이, 고구마 썩음
• *Xanthomonas* : 점무늬, 썩음, 흑색잎맥, 호두나무마름, 귤 궤양

159 **세균성 식물병 방제에 대한 설명 중 잘못 기술한 것은?**

① 건전한 종자와 건전한 묘의 사용으로 포장이나 작물이 세균에 의해 오염되는 것을 피한다.
② 일반적으로 농약을 이용한 세균병방제는 효과가 적으므로 저항성품종을 사용한다.
③ 식물병원세균에 오염된 토양은 증기, 전기열, 포름알데히드로 처리할 수 있으나 제한적이다.
④ 생물적방제는 박테리오신을 생산하는 *Agrobacterium* 길항균을 종자나 묘목에 처리하면 뿌리혹병을 방제할 수 있다.
⑤ 스트렙토마이신과 옥시테트라사이클린 항생제의 사용은 식물세균병에 저항성을 갖는 균주가 발생하기 어렵기 때문에 사용하는데 제약이 적다.

해설 스트렙토마이신과 옥시테트라사이클린 항생제의 사용은 저항성을 갖는 균주가 빠르게 발생하기 때문에 사용하는 데 많은 제약이 따른다.

정답 157 ③ 158 ⑤ 159 ⑤

160 혹병(근두암종병)에 대한 다음 기술 중 잘못 기술하고 있는 것은?

① 병원균은 *Agrobacterium tumefaciens*이며 배나무 등 과수와 밤나무 등 유실수 등 많은 목본, 초본식물에 발생한다.
② 그람양성균으로 흙속에서도 수년 동안 살 수 있으며, 겨울에도 150일 이상 생존가능하다.
③ 고온다습한 염기성 토양에서 잘 발생하므로 석회 시 용량을 줄이고 수세를 튼튼하게 한다.
④ 병원균이 상처를 통해 침입하였을 경우 침입부위에 혹이 형성되면서 초기에는 조직이 연한 갈색으로 약하고 무르나, 6개월 이상 경과하면 짙은 갈색으로 변하면서 딱딱해진다.
⑤ 접목에 사용하는 도구는 70% 알코올로 소독하는 등 포장의 위생관리를 철저히 한다.

해설 그람음성균으로 흙속에서도 수년 동안 살 수 있다.

161 불마름병(화상병)에 대하여 잘못 기술하고 있는 것은?

① 병원균은 *Erwinia*속이며 짧은 막대모양과 4~6개의 편모를 가지고 있다.
② 병원균은 병든 가지의 궤양주변부에서 휴면상태로 월동하여 이듬해 봄비에 활동을 시작한다.
③ 세균이 자라면서 가지에 흘러나오는 세균점액(ooze)은 파리, 개미, 진딧물 등 많은 곤충을 유인하고, 이 곤충들이 감수성인 나무의 꽃, 잎사귀, 가지 등으로 병원체를 옮긴다.
④ 2005년 경기도 안성에서 처음 발견되었고, 식물방역법으로 발병주를 모두 제거 및 폐원 조치하였다.
⑤ 병징은 늦은 봄에 어린잎과 꽃, 작은 가지들이 갑자기 시들고, 빠른 속도로 검은색으로 변하여 마치 불에 탄 듯 보이게 된다.

해설 2015년 경기도 안성에서 처음 발견되었다.

162 세균성 구멍병에 대한 다음 기술 중 옳지 않은 것은?

① 병원균은 *Xanthomonas*속으로 1개의 극모를 가진 막대모양의 그람양성 세균이다.
② 복숭아, 자두, 살구, 매실 등 핵과류에 발생한다.
③ 잎맥을 따라 1mm정도의 부정형 백색 병반이 나타나서 갈색으로 변하고 병반에 구멍이 생기며 심하면 낙엽된다.
④ 병원균은 새가지 피하조직의 세포간극에서 잠복 월동하며, 4월경에 증식을 시작한다.
⑤ 과실의 감염을 줄이기 위해서 봉지를 일찍 씌워 재배하고, 약제에 대한 내성을 가질 가능성이 있으므로 다른 항생제를 번갈아 사용한다.

해설 그람음성 세균이다.

정답 160 ② 161 ④ 162 ①

163 감귤궤양병에 대한 다음 설명 중 옳지 않은 것은?

① 병원균은 *Xanthomonas*속으로 짧은 막대 모양이며 1개의 편모를 가지고 있다.
② 혐기성이며, 생육 최저온도는 5도이고 최고온도는 35도이다.
③ 비를 동반한 풍속 6~8m 이상의 강풍이 불 때 많이 감염되므로 방풍림의 조성이 필요하다.
④ 귤굴나방을 철저히 방제하여 2차 전염을 막고, 병든 잎이나 가지를 제거, 소각하여 전염원밀도를 낮추는 것이 좋다.
⑤ 병징으로는 과실, 잎 그리고 잔가지에 괴사병징을 나타내며, 과실의 품질을 저하시키거나 수량을 감소시키고 미성숙 과실이 떨어지는 피해가 나타난다.

해설 혐기성이 아닌 호기성이다.

164 파이토플라스마에 대한 설명 중 맞지 않는 것은?

① 파이토플라스마는 지름 0.3~1μm로 바이러스보다는 크지만 세균보다는 작다.
② 파이토플라스마는 세포벽과 원형질막으로만 둘러싸인 세포질이 있고 리보솜과 핵물질 가닥이 존재한다.
③ 파이토플라스마는 인공배양에 성공하지 못 하고 있고 식물병원성 스피로플라스마는 인공배양에 성공하였다.
④ 유전자 분석기술을 활용하여 무병 증식용 대목을 생산하여 방제하는데 기여하고 있다.
⑤ DAPI 형광염색소를 사용하여 신속하고 간단한 형광현미경 기법의 개발로 식물조직 내의 파이토플라스마의 감염 여부를 신속히 알 수 있게 되었다.

해설 파이토플라스마는 세포벽 대신 일종의 원형질막으로 둘러싸여 있다.

165 파이토플라스마의 분류와 생태에 관한 다음 기술 중 옳지 않은 것은?

① 과거에는 마이코플라스마목이 세균강에 속해 있었는데 이제는 몰리큐트강에 속한다.
② 대부분의 파이토플라스마는 식물의 체관 즙액 속에 존재하며, 흡즙성 곤충인 매미충류에 의하여 식물체 내로 전염된다.
③ 매개충은 감염된 식물체 내에서 흡즙을 한 후 온도조건에 따라 10일 내지 45일간의 잠복기를 거친 다음 건전 식물체를 전염시키게 된다.
④ 성숙한 식물보다는 어린 식물을 흡즙하였을 때 보독이 잘되며 매개충은 탈피과정에서도 살아남아 경란전염도 가능하다.
⑤ 식물체에서 매개충 체내로 들어가면, 매개충의 창자에서 증식하고, 헤모림프로 들어가서 내장을 감염시키며 뇌와 침샘에 도달한 후 새로운 식물로 전파하게 된다.

해설 경란전염은 하지 않는다.

정답 163 ② 164 ② 165 ④

166 오동나무 빗자루병에 대한 기술 중 맞지 않는 것은?

① 매개충으로는 담배장님노린재, 갈색날개노린재, 오동나무애매미충이 알려져 있다.
② 기주는 오동나무, 일일초, 나팔꽃, 금잔화이다.
③ 감염된 나무는 새로 자라나온 가지나 줄기에서 곁눈이 터져서 초가을까지 연약한 잔가지가 총생하여 빗자루나 새집 둥우리 같은 모습을 하게 된다.
④ 병든 가지는 건전한 가지보다 일찍 시들어 조기낙엽지고 가지도 마르며 수년간 병징이 계속 나타나다가 결국 고사하게 된다.
⑤ 방제법은 옥시테트라사이클린 수용액을 수간 주입하여 치료하며 흉고직경이 10cm 이하면 1g/1L 용량으로 1회 주입한다.

해설 매개충으로는 담배장님노린재, 오동나무애매미충, 썩덩나무노린재가 알려져 있다.

167 대추나무 빗자루병에 대한 설명 중 옳지 않은 것은?

① 대추나무 빗자루병은 1950년대에 처음 발생하였고, 한국, 중국, 일본에서 발생하고 있다.
② 매개충은 담배장님노린재이며 기주는 대추나무, 뽕나무, 쥐똥나무, 일일초이다.
③ 병징은 잔가지와 황록색의 작은 잎이 밀생하여 빗자루 모습을 하고, 꽃봉오리가 잎으로 변하는 엽화현상 때문에 개화 및 결실이 되지 않는다.
④ 병든 나무의 지상부에 존재하던 파이토플라스마는 가을에 뿌리 쪽으로 이동하여 월동한다.
⑤ 흉고직경 10cm기준 1g/1L 용량으로 옥시테트라사이클린을 1~2회 수간주입 한다.

해설 매개충은 마름무늬매미충이다.

168 뽕나무 오갈병에 대한 다음 설명 중 옳지 않은 것은?

① 매개충은 마름무늬매미충이며, 기주는 뽕나무, 대추나무, 일일초가 있다.
② 1973년 상주지방에 발생하여 150만 그루 이상 제거한 적이 있는 무서운 병이다.
③ 감염된 뽕나무는 초기에는 연한 위황 증상을 나타내고 병세가 진전됨에 따라 잎이 말리면서 오갈 증상을 보이게 된다.
④ 매개충 외 접목, 종자, 즙액, 토양을 통해서도 전염된다.
⑤ 병든 나무는 뽑아버리고 저항성 품종을 보식한다.

해설 매개충과 접목에 의해서 전염되나 종자, 즙액, 토양을 통해서는 전염되지 않는다.

정답 166 ① 167 ② 168 ④

169 붉나무 빗자루병에 대한 다음 설명 중 옳지 않은 것은?

① 붉나무 빗자루병은 1973년 전북지방에서 처음 발견되었고, 전국 각지에서 발병하고 있다.
② 매개충은 오동나무애매미충과 새삼에 의해서도 매개되는 것으로 나타났다.
③ 병든 나뭇잎은 매우 작고 누른색을 띠며, 전체적으로 위축되어 보이며 잔가지가 총생, 엽화현상이 나타나서 열매를 맺지 못한다.
④ 기주로는 붉나무, 대추나무, 일일초, 새삼이 있다.
⑤ 방제방법으로는 병든 나무는 뽑아버리고, 매개충을 구제하고 새삼의 기생을 막는다.

해설 붉나무 빗자루병은 마름무늬매미충과 새삼에 의해서도 매개되는 것으로 나타났다.

170 파이토플라스마 방제에 대한 다음 설명 중 맞지 않는 것은?

① 전신감염성이기 때문에 병든 나무의 분근묘 등 영양체를 통해서 전염되나 즙액전염, 종자전염, 토양전염은 되지 않는다.
② 위황, 잎의 왜소화, 절간생장 감소 및 위축, 엽화현상, 가지의 과도한 이상생장, 빗자루증상, 불임 등이 있으며, 형성층의 괴저현상도 나타난다.
③ 대추나무 빗자루병 방제에 옥시테트라사이클린, 페니실린 항생제를 수간주사하여 치료에 성과를 얻고 있다.
④ 병든 영양기관을 50도의 온수에 10분간, 30도의 물에는 3일간 침지하면 효과가 있다.
⑤ 최근에는 테트라사이클린 항생제에 의한 수간주입과 살충제를 이용한 매개충구제 등 복합방제법을 이용하기도 한다.

해설 대추나무 빗자루병 방제는 옥시테트라사이클린으로만 가능하다.

171 다음 스피로플라스마에 대한 다음 기술 중 옳지 않은 것은?

① 스피로플라스마는 나선형 마이코플라스마로 우리나라에 병원성은 아직 보고된 것이 없다.
② 꿀벌 등 곤충을 감염시키거나 식물 표면 등에 착생하거나 내부에 부생해 사는 것도 있다.
③ 스피로플라스마는 구형 또는 약간의 달걀형이며, 지름 100~240nm이고 나선형 및 비나선형 필라멘트 형태 등을 하고 있다.
④ 스피로플라스마는 기주식물이나 매개충으로부터 분리하여 인공배지에서 배양할 수 없다.
⑤ 페니실린에 저항성이고, 테트라사이클린에는 감수성이다.

해설 스피로플라스마는 는 파이토플라스마와는 달리 기주식물이나 매개충으로부터 분리하여 인공배지상 배양할 수 있다.

정답 169 ② 170 ③ 171 ④

172 선충에 대한 다음 설명 중 맞지 않는 것은?

① 식물성 기생선충의 대부분은 생활사의 일부 또는 전부가 토양을 경유하는 토양선충이다.
② 토양선충을 먹이습성에 따라 식균성, 식세균성, 포식성, 잡식성, 식물기생성, 곤충기생성으로 나눠어진다.
③ 식물선충이 수목에 피해를 줄만큼 밀도가 증가하는 경우는 드문 편이다.
④ 식물선충은 대부분 길이가 5mm 내외로 육안을 통해 관찰할 수 있다.
⑤ 구침의 형태는 식도에서 유래하는 식도형구침과 구강에서 유래하는 구강형구침이 있다.

해설 대부분의 길이가 1mm 내외로 크기가 작고 가늘어 육안으로 식별이 어렵고 주로 현미경을 통해 관찰한다.

173 선충의 생활사에 대한 다음 설명 중 잘못된 것은?

① 전형적인 식물선충의 생활사는 알, 유충, 성충으로 나눌 수 있다.
② 한 세대의 길이는 선충의 종류에 따라 짧게는 2주에서, 길게는 2달이 소요된다.
③ 식물선충은 1령 유충에서 성충이 되기까지 5회 탈피하는데, 보통 알 속에서 1차 탈피하여 2령 유충이 된다.
④ 식물선충은 2차, 3차 탈피하면 각각 3령, 4령 유충이 된다.
⑤ 선충은 생식방법으로 양성생식과 단위생식이나 처녀생식 등의 무성생식이 있다.

해설 유충에서 성충이 되기까지 4회 탈피(4령유충－성충)한다.

174 선충의 기생형태와 생태에 대한 설명 중 잘못된 것은?

① 식물선충은 임의기생체로 토양이나 식물의 뿌리에 기생한다.
② 소나무, 야자나무 시들음병재선충은 토양선충에서 제외된다.
③ 선충은 깊이 30cm 내외의 토양에 주로 분포하나 뿌리가 땅속 깊숙이 뻗는 수목의 경우는 이보다 훨씬 깊은 곳에서도 서식한다.
④ 선충의 전반은 주로 수동적인 방법에 의존하는데, 토양수나관개수 등 물을 따라 이동하는 것이 가장 흔하며, 바람이나 사람, 농기계 등을 따라 전반된다.
⑤ 식물선충은 기생방법에 따라 외부기생선충, 내부기생선충 및 반내부기생선충으로 나눌 수 있으며, 암컷성충의 운동성에 따라 이주성, 고착성으로 구분할 수 있다.

해설 선충은 절대활물기생체이다.

정답 172 ④ 173 ③ 174 ①

175 선충의 발병과 병징에 대한 설명 중 잘못된 것은?

① 식물체 내부 또는 외부에서 구침을 통해 기주 식물체로부터 영양분을 탈취하여 식물에 피해를 준다.
② 내부기생성 선충의 경우 침입 후 조직 내에서 이동하거나 성장에 의해 주변의 세포를 파괴하고 조직을 괴사시킨다.
③ 고착성선충의 경우 감수성 식물에서는 뿌리조직 내에 양육세포, 합포체, 거대세포가 형성되어 통도기능 등 식물의 생리에 지장을 초래한다.
④ 병원체로서의 역할뿐만 아니라 다른 병원체의 감염을 촉발시키는 소인이나 이미 발생한 병을 악화시키는 요인으로도 작용한다.
⑤ 선충은 곰팡이는 매개하나 세균 및 바이러스는 전반하기 어렵다.

해설 선충은 곰팡이, 세균, 바이러스를 복합적으로 전염시킨다.

176 선충병의 진단과 선충의 분리 및 분류에 대한 설명 중 잘못된 것은?

① 뿌리 선충의 병징은 뿌리의 괴저병반, 뿌리혹, 토막뿌리 등이 있고, 복합적 감염으로 선충에 의한 특징적인 병징이 잘 나타나지 않는다.
② 선충을 분리하는 방법에는 Petri funnel법이 있다.
③ 선충의 비중을 이용하거나 여러 가지 크기의 체를 이용하여 선충을 분리하는 방법도 있다.
④ 형태적인 특성에 의해서 분류, 동정되며 구침의 존재여부, 크기 및 형태, 식도모양, 두부 및 꼬리모양, 난소의 수, 생식기의 모양과 위치 등으로 구분한다.
⑤ 식물선충문(Nematoda)의 *Dorylaimida*목과 *Tylenchida*목에 포함되어 있다.

해설 선충을 분리하는 방법에는 Baermann funnel법이 있다.

177 소나무 시들음병에 대한 다음 기술 중 맞지 않는 것은?

① *Bursaphelenchus xylophilus*가 병을 일으키며 우리나라 유일한 지상부선충병이다.
② 한국과 일본뿐만 아니라 미국, 대만, 중국, 포르투갈, 프랑스에도 발생이 보고되고 있다.
③ 우리나라에서는 1988년 부산에서 처음 발생하여 전국으로 확대되고 있다.
④ 적송과 해송이 매우 감수성이며, 리기다소나무, 미국 테다 소나무, 잣나무는 저항성으로 알려져 있다.
⑤ 감염 후 증상은 상처로부터 나오는 송진량이 감소되며, 몇 주 내에 침엽이 황화되면서 시들기 시작하며, 침엽이 갈변하면서 나무전체가 말라 죽게 된다.

해설 리기다소나무는 저항성이다.

정답 175 ⑤ 176 ② 177 ④

178 소나무재선충의 생활사와 방제에 대한 설명 중 맞지 않는 것은?

① 소나무재선충의 길이는 약 0.8mm이고 폭은 22μm이다.
② 솔수염하늘소(*Monochamus alternatus*)가 매개충이며, 미국의 매개충과는 다르다.
③ 병든 나무에서 자라나온 하늘소 성충이 상처난 가지나 줄기를 통해 다른 소나무에 침입하면 매우 빨리 증식하여 통도작용을 저해 하고 감염 후 3주 정도 되면 쇠락증상을 보인다.
④ 여름철 선충의 생육이 좋을 때 생활사의 주기는 10일 정도이다.
⑤ 선충의 밀도가 어느 정도에 이르게 되면 불리한 환경에서도 견딜 수 있는 영속유충으로 변하며 영속유충은 하늘소 유충에 감염되어 하늘소가 성충이 되어 비산할 때 함께 이동한다.

해설 여름철 선충의 생육이 좋을 때 생활사의 주기는 4일 정도이다.

179 뿌리혹선충병에 대한 다음 설명 중 맞지 않는 것은?

① 병원체는 *Meloidogyne*속에 속하는 고착성 내부기생성선충이다.
② 침엽수 및 주로 밤나무, 아까시나무, 오동나무 등의 활엽수에서 피해가 심하다.
③ 뿌리혹의 형성에 의해 뿌리 끝이 말라죽어 뿌리기능이 퇴화하며 심하게 감염되면 말라 죽게 된다.
④ 기생당한 세포와 주변 세포들이 융합하고 핵분열을 거듭하여 거대세포로 변하며, 혹의 표면은 처음에는 흰색이지만 나중에는 갈색 내지 검은색으로 변한다.
⑤ 알에서 부화한 1령 유충이 뿌리에 침입하여 구침으로 세포 내용물을 빨아들이며 성장하며, 4차 탈피 후 성충이 된다.

해설 알에서 부화한 2령 유충이 뿌리에 침입한다.

180 감귤선충에 대한 다음 설명 중 맞지 않는 것은?

① 병원체는 *Tylenchulus*속에 속한 선충으로 전 세계 감귤재배지에서 흔히 발견된다.
② 이 선충은 고착성으로 몸의 일부만이 뿌리 내에 들어가 있는 외부기생성선충이다.
③ 기주식물로는 감귤 외에 감, 포도, 올리브 등이 알려져 있다.
④ 알에서 부화한 2기 유충이 뿌리를 침입하여 표피세포를 흡즙하고 탈피를 통해 성장한다. 선충 감염부분은 검게 변색되고 미생물에 의해 2차 감염되어 감염 부위가 괴사한다.
⑤ 선충이 존재하지 않는 포장에 무병 묘목이나 살선충제 처리를 한 묘목을 심는다.

해설 반내부기생성 선충이다.

정답 178 ④ 179 ⑤ 180 ②

181 뿌리썩이선충에 대한 기술 중 맞지 않는 것은?

① *Pratylenchus*속 선충이 병원체이며, 이주성 내부기생선충이다.
② 선충에 감염되면 뿌리에 상흔이나 균열이 생기고 조직이 파괴되어 뿌리가 썩게 된다.
③ 삼나무 묘목에 피해가 크며 우리나라에서는 사과나무, 감나무, 복숭아나무 등에서 6종이 분리된 보고가 있다.
④ *Pratylenchus*속 선충에 의해서는 지름 1mm 이상의 큰뿌리가 피해를 받는다.
⑤ 성충은 감염된 뿌리내부에 산란하며 유충과 성충은 주로 뿌리의 피층조직안을 이동하면서 양분을 흡수한다.

해설 1mm 이하 잔뿌리가 피해를 받는다.

182 외부기생성선충에 대한 설명으로 맞지 않는 것은?

① 토막(코르크)뿌리병, 참선충목의 외부기생성선충이 있다.
② 토막뿌리병은 창선충속(*Xiphinema*)과 궁침선충속(*Trichodorus*) 선충의 뿌리기생에 의해 주로 발생하며 피해를 받은 뿌리는 부풀어 오르거나 코르크화 된다.
③ 창선충속은 보통 식물 선충보다 10배 이상 크고 바이러스를 매개하는 선충이다.
④ 참선충과의 *Tylenchus*와 *Ditylenchus* 선충은 산림토양에 가장 많이 분포하며, 1980년대 철원 산림개간지 인삼포장에 큰 피해가 있었다.
⑤ *Pratylenchus* 선충은 기주범위가 좁으므로 돌려짓기를 하면 예방에 도움이 된다.

해설 *Pratylenchus* 선충은 기주범위가 넓다.

183 바이러스에 관한 다음 기술 중 옳지 않은 것은?

① 바이러스는 살아 있는 세포 내에서만 증식하고, 기주생물에 병을 일으킬 수 있는 감염성을 지닌 핵단백질 입자를 말하다.
② 인공배지에서는 배양되지 않는 절대활물기생체로 코흐의 법칙이 적용된다.
③ 세계 최초로 발견된 바이러스는 식물바이러스인 담배모자이크바이러스(TMV)이다.
④ 바이로이드는 지금까지 알려진 가장 작은 식물 병원체이며, 바이러스의 1/50 크기이다.
⑤ 바이러스는 동 · 식물뿐만 아니라 곰팡이, 세균 등 모든 생물군에서 발견되고 있다.

해설 절대순활물기생체로 코흐의 법칙이 적용 안 된다.

정답 181 ④ 182 ⑤ 183 ②

184 바이러스의 구조와 형태에 대한 다음 설명 중 맞지 않는 것은?

① 바이러스의 기본구조는 바이러스 게놈핵산과 이를 보호하는 단백질 외피로 구성된 핵단백질 구조물이다.
② 대부분의 식물바이러스의 핵산은 외가닥 DNA이다.
③ 형태는 대부분 막대모양~실모양, 공모양이고 일부는 타원체 모양이다
④ 곧은 막대모양 바이러스인 TMV입자의 구조는 바이러스 입자의 중앙에 있는 나선형의 외가닥 사슬을 따라 2,130개의 동일한 단백질 소단위가 나선상으로 배열하고 있다.
⑤ 공모양의 바이러스의 경우는 일정수의 단백질 소단위가 모여서 캡소미어를 만들고 이들 캡소미아가 정이십면체에 배열되어 공모양의 캡시드를 이룬다.

해설 대부분의 식물바이러스의 핵산은 외가닥 RNA이다.

185 식물바이러스 병징에 대한 다음 설명 중 맞지 않는 것은?

① 감염식물의 몸 전체에 바이러스가 퍼지는 경우를 전신감염이라 하고 그 결과 전신적으로 나타나는 증상을 전신병징이라고 한다.
② 특정 바이러스를 검정 식물의 잎에 접종하였을 때 바이러스가 다른 곳으로 이동하지 않고 접종엽의 병반부에만 머무는 것을 국부감염 병징을 국부병징이라 한다.
③ 거의 모든 식물 바이러스는 자연상태에서 전신감염을 일으키며 국부감염의 경우는 없다.
④ 기주가 바뀌더라도 같은 바이러스는 동일병징을 유발한다.
⑤ 환경조건이 바뀌면 바이러스의 병징이 일시적으로 소실하는 경우도 있다.

해설 기주가 바뀌면 같은 바이러스라도 전혀 다른 병징을 유발한다.

186 바이러스 외부 병징과 병명이 일치하지 않는 것은?

① 모자이크 : 포플러 모자이크병, 오동나무 모자이크병, 느릅나무 모자이크병
② 잎맥투명 : 장미 모자이크병, 사과 모자이크병, 사철나무 모자이크병
③ 번개무늬 : 벚나무 모자이크병, 장미 모자이크병
④ 꽃얼룩무늬 : 식나무둥근무늬병
⑤ 목부천공 : 사과고접병, 감귤 tristeza바이러스병

해설 • 꽃얼룩무늬 : 동백나무 바이러스
• 퇴록둥근무늬 : 식나무둥근무늬병

정답 184 ② 185 ④ 186 ④

187 바이러스 내부병징에 대한 다음 설명 중 맞지 않는 것은?

① 바이러스 감염세포 내에 나타나는 이상구조를 봉입체라고 한다.
② 세포 내 봉입체는 전자 현미경으로만 관찰할 수 있고 바이러스 감염여부를 알 수 있다.
③ 바이러스 감염세포 내에 다각체 또는 바늘모양의 결정을 결정상봉입체라고 한다.
④ 구형 또는 타원형의 부정형 봉입체를 과립상봉입체라며 흔히 X-체라고 부른다.
⑤ 풍차모양봉입체, 다발모양봉입체, 층판상봉입체는 이상미세구조이다.

해설 바이러스에 감염된 식물의 조직 내부에는 광학현미경이나 전자현미경으로 관찰할 수 있다.

188 식물바이러스에 대한 설명 중 잘못 기술된 것은?

① 전염방법에는 즙액접촉에 의한 전염, 접목 및 영양번식체에 의한 전염, 곤충, 응애, 선충, 곰팡이 새삼과 같은 매개생물에 의한 방법, 종자 및 화분에 의한 방법이 있다.
② 수목바이러스 중에는 즙액전염을 하는 바이러스가 많지 않다.
③ 새삼을 바이러스 감염 식물에 활착시키고 이것을 접종할 식물에 연결시키면 감염이 되나, 이종식물 간에는 교통이 가능하지 않다.
④ 곤충에 의한 바이러스의 전반 방식 중 영속형전반은 체내에 들어간 바이러스가 일정한 잠복 기간이 지난 후에 식물에 전반 되는 것을 말한다.
⑤ 증식형 바이러스중에는 보독충의 알을 통해서 바이러스가 경란전염되기도 한다.

해설 이종식물 간에 바이러스를 접종하는데 새삼이 유용하게 쓰인다.

189 수목 바이러스병의 진단방법에 대한 다음 기술 중 맞지 않는 것은?

① 진단방법에는 내외부병징관찰, 검정식물접종, 전자현미경 관찰, 면역학적 방법, PCR 방법 등이 있다.
② 검정식물에 의한 진단에 사용되는 식물은 동부콩, 오이, 호박, 천일홍이 있다.
③ 전자현미경 관찰은 주로 Direct Negative 염색법(DN)이 사용된다.
④ 바이러스 특이항체를 이용한 면역학적 진단 방법으로 PCR법이 많이 사용되며, 바이러스 진단용 키트를 만들어 신속하게 진단할 수 있다.
⑤ 중합효소연쇄반응법(PCR)은 증폭으로 얻은 바이러스 유전자의 염기서열을 NCBI가 제공하는 BLAST과 상동성 검색을 하여 바이러스의 동정과 유연관계를 알 수 있다.

해설 특이항체를 이용한 면역학적 진단 방법으로는 효소결합항체법(ELISA)이 가장 널리 사용되고 있다.

정답 187 ② 188 ③ 189 ④

190 식물바이러스의 명명과 분류에 대한 설명이 다른 것은?

① 바이러스의 명명과 분류작업은 국제바이러스 분류위원회(ICTV)에서 하고 있다.
② 핵산의 종류(RNA 또는 DNA)및 가닥의 수, 극성, 형태와 크기, 게놈의 염기서열 등이 분류의 키가 된다.
③ ICTV의 명명규약에서 바이러스의 종명은 라틴명명법을 사용한다.
④ ICTV의 규약에 따라 바이러스의 목, 과, 속, 종명은 이탤릭체로 표기하고 두문자(頭文字)는 로마글자체(정자)로 표기한다.
⑤ 포플러 모자이크바이러스는 Poplar Mosaic Virus로, 두문자는 PopMV로 표기한다.

해설 현재는 영명을 종명으로 사용하고 있다.

191 다음 수목바이러스 방제 방법에 대한 기술 중 맞지 않는 것은?

① 대부분의 바이러스는 감염된 묘목을 통해 전파되기 때문에 무병묘목생산이 중요하다.
② 바이러스 없는 접수와 삽수를 채취하기 위하여 주기적으로 ELISA기법이나 PCR기법으로 바이러스 검정을 실시해서 무병 어미나무를 확보하는 것이 필수적이다.
③ 느릅나무녹반 바이러스나 장미의 *Prunus necrotic ringspot virus*는 종자에 바이러스를 감염시키므로 감염나무를 제거해야 한다.
④ 감염식물의 생장점을 배양하면 바이러스 없는 무독 식물을 얻을 수 있다.
⑤ 바이러스에 감염된 어미나무를 온실에서 열풍으로 열처리 25~35℃, 7~12일간을 하면 바이러스를 불활성화 할 수 있다.

해설 온실에서 열처리 35~40℃, 7~12일간을 하면 바이러스를 불활성화 할 수 있다.

192 포플러 모자이크병에 대한 다음 설명 중 맞지 않는 것은?

① 병원체는 Poplar Mosaic Virus(PopMV)로 실모양의 외가닥 RNA 바이러스이다.
② 모든 종류의 포플러에 발생하며, 특히 *deltoides* 계통의 포플러에서 많이 발생하고 있다.
③ 늦봄부터 잎에 불규칙한 모양의 퇴록반점이 나타나면서 진전되면 잎자루와 주맥에 괴사반점이 생기고 잎은 뒤틀리면서 조기 낙엽된다.
④ 종자전염을 하며, 주로 감염된 어미나무에서 채취한 삽수를 통해 전염된다.
⑤ 지표식물인 *Nicotiana megalosiphon*과 동부콩으로 국부병반을 진단할 수 있다.

해설 종자전염은 하지 않는다.

정답 190 ③ 191 ⑤ 192 ④

193 장미 모자이크병에 대한 다음 설명 중 맞지 않는 것은?

① 병원체는 4종이 알려져 있으며 Prunus necrotic ringspot virus(PNRSV)–Ilar virus와 Apple mosaic virus가 빈번하게 검출되며 혼합감염되는 경우는 없다.

② 장미 모자이크병에 감염되면 꽃의 품질과 수량이 떨어질 뿐만 아니라 수세가 약화되어 겨울철의 한해에 취약해진다.

③ 봄부터 번개무늬, 그물무늬, 둥근무늬, 얼룩무늬 등 다양한 무늬의 황백색퇴록병반이 나타나는데 이를 모자이크 병징이라고 한다.

④ 시판되는 ELISA 진단 키트로 장미 모자이크 병 4종류의 바이러스를 검정할 수 있다.

⑤ Prunus necrotic ringspot virus는 꽃가루와 종자에 의해서도 전반되며, Arbis mosaic virus는 선충에 의해서도 전반된다.

해설 바이러스의 단독 혹은 혼합감염에 의해 일어난다.

194 벚나무 번개무늬병에 대한 다음 설명 중 맞지 않는 것은?

① 병원체는 American plum line pattern virus(APLPV)이다.

② 크기가 다른 4개의 구형~간균모양 입자로 구성되어 있다.

③ 병원체는 DNA 바이러스이다.

④ 지표식물인 *Nicotiana megalosiphon*과 동부콩과 ELISA 진단 시약으로 진단한다.

⑤ 방제법으로는 바이러스에 감염되지 않은 대목과 접수를 사용해서 묘목을 육성한다.

해설 병원체는 외가닥 RNA이다.

195 겨우살이에 의한 수목피해에 대한 설명 중 맞지 않는 것은?

① 활엽수, 침엽수에 기생하는 겨우살이에는 *Viscum album var. coloratum, Loranthus* sp. *Taxillus* sp. 등이 있다.

② 나무의 조직 내부에 뿌리 대신에 흡기를 집어 놓고 수분과 양분을 흡수하여 살아간다.

③ 겨우살이는 참나무류에 큰 피해를 주며, 일부는 소나무 등 침엽수에도 기생한다.

④ 종자는 열매를 먹은 새의 주둥이나, 배설물에 섞여서 다른 나무로 옮겨지며, 기주식물의 가지 위에서 발아하여 흡기로 나뭇가지에 피층을 뚫고 내부로 침입한다.

⑤ 겨우살이가 자라고 있는 부위로부터 아래쪽으로 50cm 이상을 잘라내고 도포제를 바른다.

해설 활엽수에 대한 설명으로 침엽수는 해당이 없다.

정답 193 ① 194 ③ 195 ①

196 참나무 쇠락에 대한 다음 설명 중 맞지 않는 것은?

① 미국에서 나타나는 참나무 시들음병균(*Ceratocystis fagacearum*)이 주된 원인이다.
② 토양 배수불량, 산등성이의 토심이 얕고 돌이 많은 토양도 발병 소인이 될 수 있다.
③ 가뭄과 서리가 일반적인 유기 인자이며, 미국 동부지역에서는 매미나방과 같이 식엽성해충이 주된 유기 인자가 된다.
④ 미국 동북지역에서는 아밀라리아뿌리썩음병균 및 천공성해충이 주된 기여 인자가 된다.
⑤ 성숙하기 전에 단풍이 들거나 싹이 늦게 트는 것, 가지와 줄기 생장 저하가 병징이 된다.

해설 참나무 시들음병균(*Ceratocystis fagacearum*)이 주된 원인이 아닌 것으로 보고 있다.

197 자작나무 마름병에 대한 다음 설명 중 맞지 않는 것은?

① 1930년에서 50년 사이, 미국과 캐나다 동부지역 산림에서 문제가 된 적이 있다.
② 발병소인으로 초기 피해 및 고사율은나무의 영급과 크기에 의존하며, 습한 곳에 피해가 심하다.
③ 벌목에 따른 노출 등으로 토양기온이 상승되면 여름에 잔뿌리의 고사율이 토양온도 2℃ 상승에 따라 6%에서 20%로 증가한다.
④ 아밀라리아 병원균은 쇠약해진 수목의 뿌리를 침입하여 병을 심화시킨다.
⑤ 천공성 해충이 쇠약한 자작나무에 치명적인 손상을 주는 것은 기여 인자에 속한다.

해설 6%에서 60%로 증가했다.

정답 196 ① 197 ③

PART

02

수목해충학

Tree Doctor

CHAPTER 01

곤충의 분류 및 특징

1. 곤충의 분류

(1) 곤충의 계통

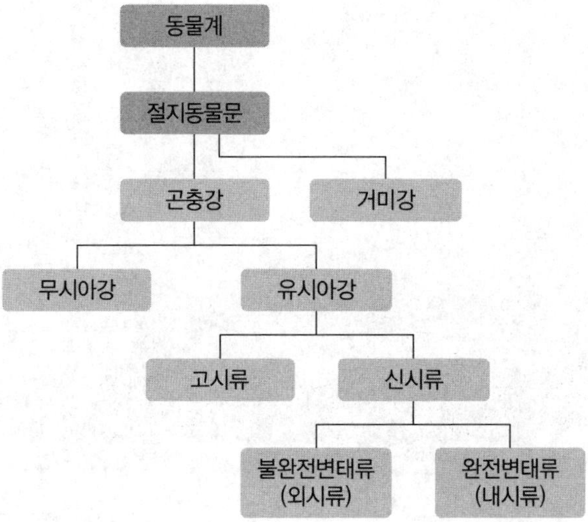

(2) 절지동물문의 특징

① 산림해충으로 곤충강, 거미강이 해당

② 체절화(마디화)된 몸과 부속지를 가진 무척추동물

㉠ 거미강 : 전체부(두흉부), 후체부로 구분, 더듬이 대신 촉지(더듬이다리)

㉡ 곤충강 : 머리(겹눈과 1쌍의 더듬이), 가슴(보행다리), 배(부속지없음)

③ 외골격 : 키틴으로 된 큐티클층

④ 개방순환계 : 등쪽에 심장이 있으며 개방순환계

⑤ 잘 발달된 머리와 입틀

(3) 곤충의 번성 이유

① 작은크기

㉠ 몸의 구조는 대형에서 점차 소형으로 진화함

㉡ 적은 먹이로도 몸을 지탱하며 적으로부터 숨어살기에 편한 이점

② 날개

㉠ 무시곤충에서 유시곤충으로 분산능력을 최대한 확대할 수 있으며 어디로든 이주와 이입이 가능

㉡ 교미와 생식력을 높일 수 있으며, 먹이를 얻는 범위도 크게 넓힐 수 있음

③ 외부가 키틴질의 외골격

㉠ 수분의 과다 증발을 막을 수 있고, 몸 안의 기관을 더욱 잘 보호함

㉡ 좁은 공간에 끼어들기에 편리

④ 몸구조의 적응성

㉠ 날개는 대부분 얇은 막질로 되어 있어 나는데 공기의 저항을 적게 받고 몸의 무게에 비해 날개가 크고 잘 움직일 수 있게 되어 있음

㉡ 힘을 적게 들이고도 빠르고 민첩하게 날 수 있음

㉢ 수중 유영생활을 하는 물방개는 기관이 변형된 기관아가미로 되어 수중호흡이 가능

㉣ DDT해독을 위해 효소가 생성됨

⑤ 우수한 생식력 : 암컷의 산란력이 커서 보통 1회에 수십~수백 개의 알을 생산하며, 세대(한살이)기간이 짧고, 수컷 없이 암컷만으로 생식하는 단위생식으로 단기간에 기하급수적으로 증가

⑥ 변태

㉠ 알, 유충(또는 약충), 성충의 시기를 거치는 불완전변태를 하는 원시형과 유충 다음에 번데기라는 하나의 단계를 더 거치는 완전변태를 행하는 고등형으로 진화

㉡ 알과 번데기는 곤충의 생활사 중 신진대사를 최대한 정지시키는 시기로서 기후변화 및 기타 물리 화학적인 불리한 환경을 극복하는데 유리

㉢ 생물적 환경인 외부의 공격으로부터 은신, 스스로를 숨기는 데 적합하도록 여러 가지 색깔과 형태로 변형되어 최대한의 종족 보전과 개체군을 형성

⑦ 변온성 동물 : 혹한 속에서도 그들의 세포 안에 동결방지물질을 생산해 얼지 않고 살아남음

(4) 곤충의 분류

① 분류의 단위 : 강, 아강, 목, 아목, 과, 아과, 속, 아속, 종, 아종, 변종의 순

② 목분류는 일반적으로 입과 날개의 진화정도 · 날개의 모양 · 변태의 방식 및 진화 정도로 분류

(5) 린네의 이명법(SystemaNaturae, 1758)

① 속명+종명+(명명자) : 국제동물 명명규약(ICZN)

② 안정성, 보편성, 유일성, 독특성의 특징을 가짐

예 *Bombyx mori* Linneaus(일반명 : 누에나방)

2. 곤충의 분류

(1) 개요

① 날개가 없는 무시아강(Apterygota)과 날개를 가진 유시아강(Pterygota)으로 나눈다.

② 유시아강은 다시 날개를 접을 수 없는 고시류(Paleoptera)와 접을 수 있는 신시류(Neoptera)로 분류한다.

③ 신시류는 다시 불완전변태하는 외시류와 완전변태하는 내시류로 분류한다.

(2) 무시아강

① 톡토기목

② 낫발이목

③ 좀붙이목

(3) 유시아강

① 고시류

㉠ 하루살이목 : 하루살이

㉡ 잠자리목 : 잠자리

② 신시류

불완전변태류	완전변태류
• 집게벌레목 : 집게벌레 • 바퀴목 : 바퀴(위생해충) • 사마귀목 : 사마귀 • 대벌레목 • 갈르와벌레목 • 메뚜기목 : 메뚜기, 여치, 귀뚜라미 • 흰개미붙이목 • 강도래목 : 강도래 • 민벌레목 • 다듬이벌레목 • 털이목 : 닭털이, 개털이 • 이목 : 몸이 • 흰개미목: 일흰개미, 병정흰개미	• 벌목 : 벌, 말벌 개미, 잎벌 • 딱정벌레목 : 딱정벌레, 바구미 • 부채벌레목 : 부채벌레 • 뱀잠자리목 : 뱀잠자리 • 풀잠자리목 : 풀잠자리, 개미귀신 • 약대벌레목 : 약대벌레 • 밑들이목 : 밑들이 • 벼룩목 : 벼룩 • 파리목 : 모기, 파리, 각다귀, 등애 • 날도래목 : 날도래 • 나비목(Lepisoptera) : 나비, 나방

불완전변태류	완전변태류
• 총채벌레목 • 노린재목 : 육서, 반수서, 진수서군 • 매미목 : 진딧물, 깍지벌레, 멸구 · 매미충 • 기타 : 대벌레붙이목, 집게벌레목	

3. 무시아강

(1) 낫발이목(Protura)

① 눈, 더듬이, 날개가 없고 앞날개가 더듬이 역할

② 증절변태로 애벌레 시기에 탈피하면서 배마디 수 증가

(2) 돌좀목(Archeognatha)

① 입은 단구 관절형이라는 점에서 원시적임

② 겹눈이 잘 발달해서 밤에 빛에 반사

③ 더듬이가 길고 날개는 없음(단구 관절과 큰턱이 하나)

④ 숲속 습한지역과 바위 주변에 살며 조류 부식물을 먹음

⑤ 등이 꼽추처럼 휘어져 있고 30cm 점프함

(3) 좀목(Thysanura)

① 외구형의 씹는 입

② 좀은 의류 서적의 해충, 매우 빨리 기어다님

4. 유시아강 – 외시류(불완전변태)

(1) 바퀴목(Blattaria)

① 짙은 밤색, 외국에는 노란색, 앞날개는 혁질이고 뒷날개는 막질

② 다리 밑마디가 잘 발달, 야행성이며 죽은 나무를 먹음

③ 셀룰로스를 분해하는데 장내 공생균에 의하여 소화

④ 난생인 경우 주로 알주머니 난협을 배 끝에 매달고 다님

⑤ 이질 바퀴 등 집안의 심각한 해충

(2) 사마귀목(Mantodea)

① 앞가슴이 길고 앞다리가 포획지로 변형
② 다리를 떼고 도망가는 자기절단을 보이기도 함
③ 육식성으로 작은 새나 생쥐도 공격
④ 꽃사마귀류는 특히 꽃잎을 닮은 의태
⑤ 산란 시 난협을 형성하여 나뭇가지나 바위에 붙임

(3) 대벌레목(Phasmida)

① 식식성이고 독립생활을 하지만 드물게 대발생
② 앞가슴에서 방어 물질을 냄
③ 약충은 위기상황 시 다리가 저절로 떨어지는 자동절단이 가능하며 재생 가능
④ 1년에 1회 발생하며 제주도에서 흔하게 볼 수 있음

(4) 메뚜기목(Orthoptera)

① 농림해충으로 초식성임
② 땅 위 또는 풀, 나무 위에서 생활하며 목초 경작지에서 큰 피해를 줌
③ 2대 아목으로 분류하며 메뚜기아목과 여치아목이 있음
④ 5령 또는 그 이상의 약충기를 보내며 알은 하나 또는 그 이상 흙속에 낳음
⑤ 날개를 비벼서 소리를 내며 주로 수컷이 냄

(5) 흰개미붙이목(Embioptera)

① 전 세계 450종이 있으며, 국내 미발생
② 부식물 이끼를 먹고, 실크를 뽑아냄

(6) 강도래목(Plecoptera)

① 약충은 수질오염에 지표로 아가미에 배가 달려 있음
② 성충이 되면 아가미가 없어지면서 흔적이 남음

(7) 털이목(Mallopaga)

① 털이류는 대개 조류에 외부 기생하지만 일부는 포유류에도 기생
② 대부분 표피나 깃털의 분비물을 먹지만 피를 먹는 것도 있음
③ 페리칸 입안에 기생, 닭 등 가축에 기생하여 알을 적게 낳게 하거나 깃털이 빠지게 함

(8) 민벌레목(Zoraptera)

① 전세계 34종 국내에 없음
② 곰팡이 죽은 곤충 등을 먹지만 작은 곤충류나 선충을 잡아먹기도 함

(9) 흰개미목(Isoptera)

① 목재의 해충으로 계급별 형태가 다른 다형종이며 사회생활(생식군, 병정개미, 일개미)을 함
② 개미와 비슷하게 생겼으나 분류학상으로는 바퀴에 더 가까움
③ 촉각은 염주모양이며 씹는 형인 큰 턱
④ 생식군은 막질의 날개를 가지고 눈도 잘 발달
⑤ 암컷은 교배 후 탈피할 때마다 난소가 늘어나고 배도 확장
⑥ 병정개미는 머리가 크고 단단하게 경화
⑦ 종에 따라서는 이마가 뾰족하게 솟았고, 그 끝에는 이마샘이 있어 고약한 분비물로 적 퇴치
⑧ 장내 공생균이 나무의 셀룰로스 분해
⑨ 일개미는 색이 연하고 경화 안 됨
⑩ 집은 주로 흙, 진흙, 타액 등을 이용하여 지하나 죽은 나무, 살아 있는 나무 등 고문화재 해충

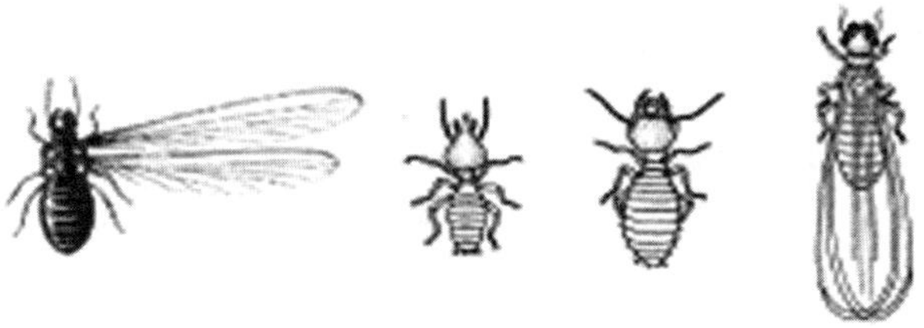

(10) 총채벌레목(Thysanoptera)

① 미소곤충(0.6~12mm)으로 매우 작으며, 몸통이 가늘고 길며 돌출된 겹눈을 가짐
② 두 쌍의 날개는 매우 좁으며 긴 털이 많아 총채처럼 보이는 것이 특징인데, 날개가 없는 종도 있음(날개맥이 퇴화)
③ 꽃이나 줄기의 즙을 빨거나 균류, 혹은 다른 절지동물을 잡아먹음(포식성)
④ 일부 식물성 바이러스 매개
⑤ 번데기 상태 이전의 전용 시기가 있는 것이 특징이며, 약충의 형태가 성충과 비슷

⑥ 작물의 즙을 빠는 해충(줄쓸어빠는 입 : 왼쪽의 큰 턱만 잘 발달)

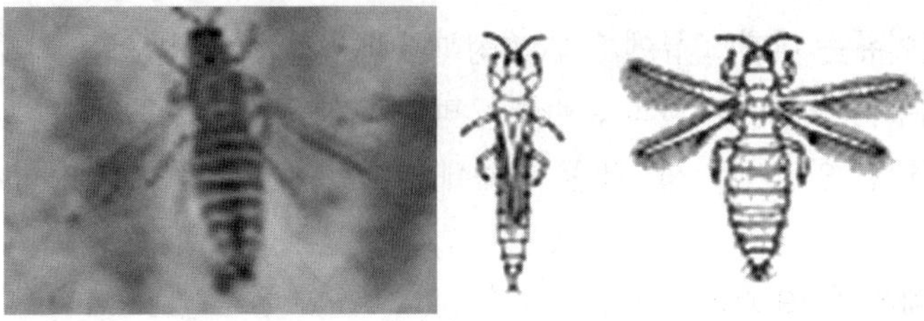

(11) 노린재목(Hemiptera)

① 육서군 : 노린재과, 방패벌레과, 빈대붙이과

② 반수서군 : 소금쟁이과, 갯노린재과

③ 진수서군 : 송장헤엄치게과, 물벌레과

④ 2쌍의 날개는 구조가 다름. 앞날개의 반은 밑부분이 혁질, 끝부분은 얇은 막질로 뒷날개는 전체가 얇은 막질(반굳은날개)

⑤ 구기는 먹이를 찔러 빨기 좋게 적응

⑥ 육지에 사는 종은 체벽에 있는 10쌍의 숨구멍으로 호흡, 수서생활을 하는 종은 호흡기관이 다양한 형태로 변형

⑦ 겹눈은 돌출되어 있고 잘 발달. 홑눈은 있거나 없음

⑧ 더듬이는 보통 4마디 혹은 5마디로 구성되어 있으며, 반수서군에서는 뚜렷이 보이지만 진수서군에서는 감추어져 있음

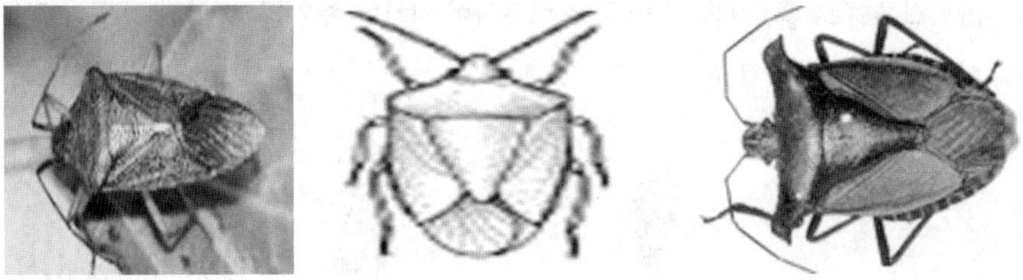

(12) 매미목(Homoptera)

① 최근에는 노린재목의 아목으로 취급

② 몸의 크기는 0.3~80mm로 다양하며 농림, 산림해충 중 가장 많으며 전세계 44,000여종

③ 복문아목 : 나무이과, 가루이과, 진딧물과, 깍지벌레과

④ 경문아목 : 멸구과, 매미과, 뿔매미과, 매미충과, 거품벌레과

⑤ 식물의 즙액을 빨아 먹는 해충으로써, 종류에 따라 꽃, 종자, 잎, 줄기, 뿌리 등의 모든 부분을 해침

⑥ 멸구류, 매미충류, 깍지벌레류는 배설물인 감로로 인해 그을음병 유발

⑦ 대부분 양성생식, 난생을 하나 단성생식을 하는 종류도 있음

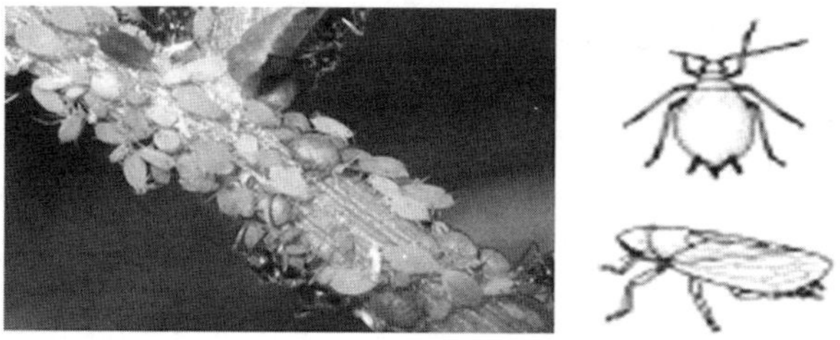

5. 유시아강 – 내시류(완전변태)

(1) 벌목(Hymenoptera)

① 잎벌, 꿀벌과 개미를 포함
② 대개 막상의 날개를 2쌍을 가지고 있으며 앞날개가 큼
③ 뒷날개의 앞끝을 따라 난 작은 갈고리에 의해 날개가 서로 맞물림
④ 구기는 물거나 빠는 형, 2개의 커다란 겹눈과 더불어 머리 꼭대기에 홑눈
⑤ 더듬이는 구조가 매우 다양
⑥ 산란기는 배 끝에 있으며 찌르거나 쏘는 데 적합
⑦ 많은 벌은 배의 복측에 밀랍선이 있는데, 왁스는 새끼가 살아가고 먹이를 저장할 집을 만드는 재료
⑧ 유충은 다양한 모양, 다리(배다리)가 없는 애벌레, 구더기 모양

(2) 딱정벌레목[Coleoptera, 딱지날개(초시, elytra)]

① 전세계 약 28만종으로 전체 곤충강의 40%를 차지
② 곤충강 33목 중 가장 큰 목으로 미소형부터 특대형까지 크기가 다양
③ 홑눈이 없고 큰 턱, 앞날개는 단단한 각질로 되어있고 얇은 막질의 뒷날개로 비행
④ 서식지나 섭식방법, 생활사가 다양
㉠ 하늘소, 잎벌레, 거저리등은 식식성으로 나무, 잎, 곡류를 먹음
㉡ 길앞잡이, 무당벌레(유충, 성충) 등은 포식성

⑤ 유충은 긴 원통모양으로 굼벵이형, 송충이형, 약충형, 무각형
⑥ 가뢰류는 과변태를 함

⑦ 반딧불의 어떤 종류는 유충은 물 속에 살며 포식성이나 성충은 육상에서 살며 섭식을 하지 않음

(3) 부채벌레목(Strepsiptera)

① 과변태, 벌목 또는 멸구류 기타곤충 외부에 기생
② 1.5~4mm의 미소형으로 검은색이나 갈색
③ 날개가 특징적이어서 가평균곤(앞날개퇴화)
④ 수컷은 한 쌍의 날개와 겹눈을 가지고 암컷은 성충도 유충과 같은 형태
⑤ 수컷은 성체로는 몇시간 밖에 살지 못함
⑥ 부화 후의 유충은 활동성이 있고 도약이 가능
⑦ 숙주 내부에 침투한 후의 탈피한 유충은 구더기 형태로 변해 운동성이 떨어지는 과변태 단계를 거침

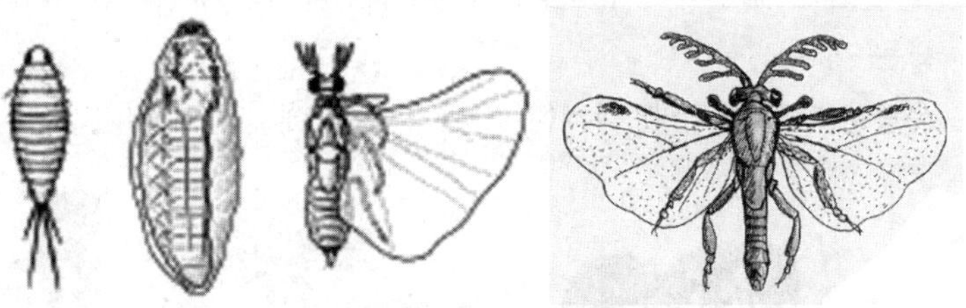

(4) 뱀잠자리목(Megaloptera)

① 대형 곤충, 유충은 물속에 성충과 번데기는 육지에 삶
② 배의 각 마디에 쌍으로 된 기관 아가미
③ 유충은 연못이나 시냇물에서 수생동물을 잡아먹음
④ 성충의 날개는 매우 크고 넓으며 가두리 무늬. 위로 접을 수 없으며 주로 배의 등쪽에 지붕처럼 겹쳐 놓음
⑤ 머리는 편평하며 촉각은 가늘고 길며 구기는 저작형

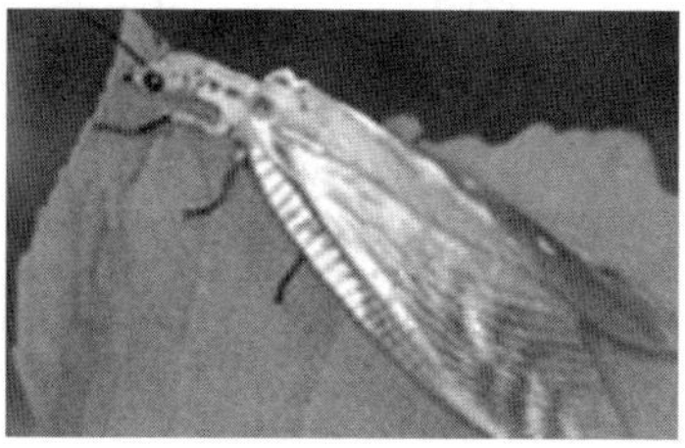 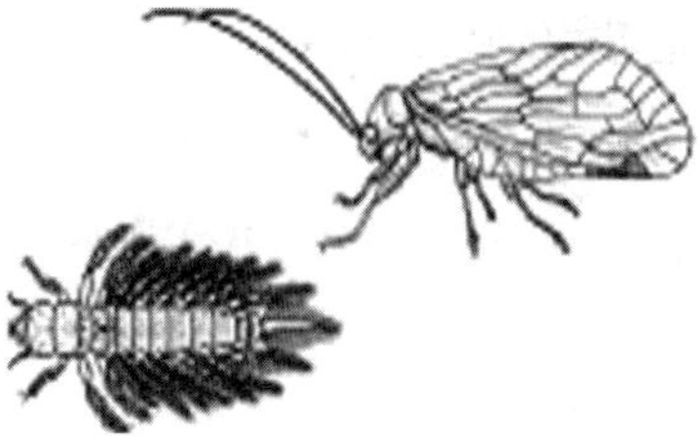

(5) 풀잠자리목(Neuroptera)

① 큰 턱이 매우 길게 발달, 육서종은 진딧물 개미의 천적
② 성충은 부드러운 몸에 시맥이 발달한 잠자리와 비슷한 날개가 두 쌍
③ 씹는 구기
④ 사마귀붙이과는 사마귀와 비슷한 앞다리를 가지며 유충은 낫 모양의 큰 턱과 흡입구
⑤ 온대지방과 열대, 아열대 지방에 넓게 분포

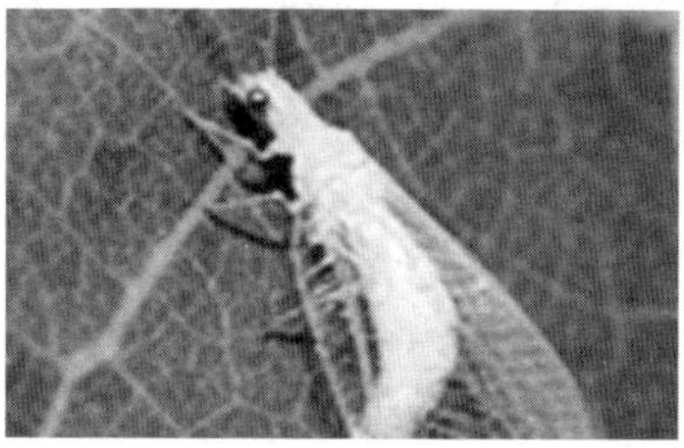 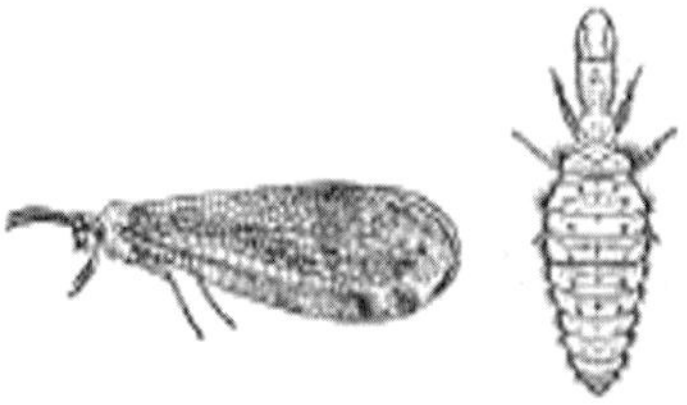

(6) 약대벌레목(Raphidiodea)

① 앞다리는 포획형 아님(풀잠자리목, 사마귀붙이 : 포획형)
② 몸은 얇고 길며, 투명하고 큰 2 쌍의 날개에는 맥이 많음
③ 촉각은 사상으로 가늘고 길며, 씹는 구기
④ 앞가슴과 머리 뒷부분이 길게 연장되어 마치 긴 목을 가진 것처럼 생김
⑤ 유충은 나무껍질 속에서, 성충은 나무 줄기나 잎 위에서 다른 곤충을 잡아먹음(육식성)

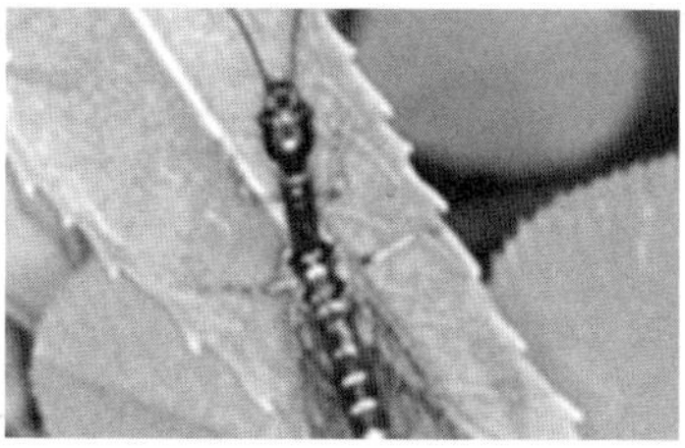 

(7) 밑들이목(Mecoptera)

① 유충, 성충 모두 잡식성
② 크기가 같은 2쌍의 막성날개를 가지며 일부 종은 날개가 없음
③ 길쭉한 주둥이 끝에 저작형 구기를 갖고 있으며 긴 촉각은 마디가 많고 실 모양. 다리는 매우 길며 집게발. 겹눈이 잘 발달
④ 수컷의 외부생식기는 전갈의 꼬리처럼 생김
⑤ 주로 꿀, 과일, 이끼 등을 먹으며 수컷은 작은 곤충도 먹음
⑥ 알은 흙이나 축축한 낙엽더미에 낳음
⑦ 시원한 곳을 선호하여 산이나 해안가에서 발견

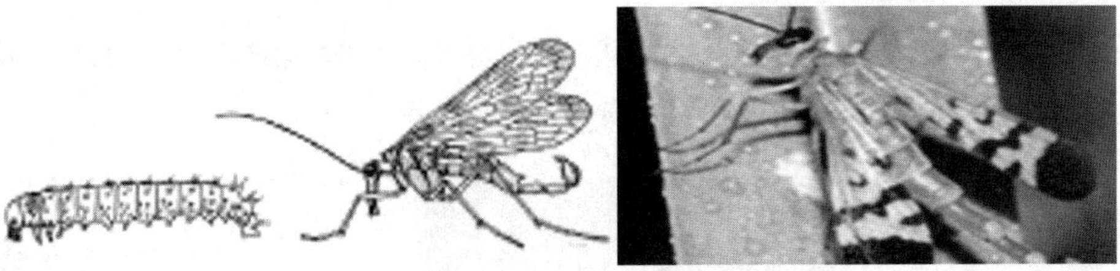

(8) 벼룩목(Siphonaptera)

① 소형으로 날개가 없고 둥글 넙적하며, 날카로운 흡수형구기를 가짐
② 인두와 다리의 근육이 특히 잘 발달
③ 두 개의 홑눈이 있고, 털과 가시가 많고 유충은 희고 길며 저작형구기를 가짐
④ 소형곤충으로 홑눈이 2개, 짐승 외부에 기생 흡혈, 페스트 발진열 매개 위생곤충
⑤ 유충은 부식물을 먹으며, 고치를 틀어 번데기 시기를 보냄
⑥ 성충은 포유류나 조류에 기생하여 피를 빨아먹으며 숙주에 대한 종 특이성이 약함

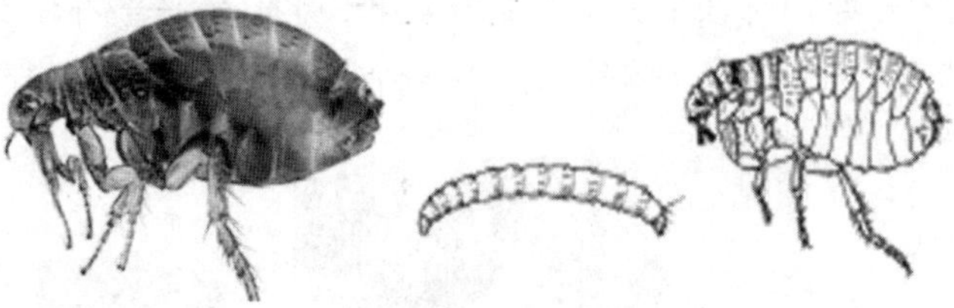

(9) 파리목(Diptera)

① 유충은 구더기모양, 번데기는 위용
② 흡혈성인 모기 등은 학질 뇌염 이질 등을 매개하는 위생곤충
③ 뒷날개는 퇴화(평균곤)

④ 광대파리매 등과 같이 다른 벌레를 잡아먹는 것, 저녁 때나 밤에 활동하는 모기 및 흡혈성인 것에는 모기 외에 소등에 · 각다귀 등의 종류, 집파리과의 침파리 · 체체파리, 나방파리과의 침나방파리 등
⑤ 해충의 천적으로 유용. 유충의 탈피 횟수는 3~8회
⑥ 다양한 환경에 적응

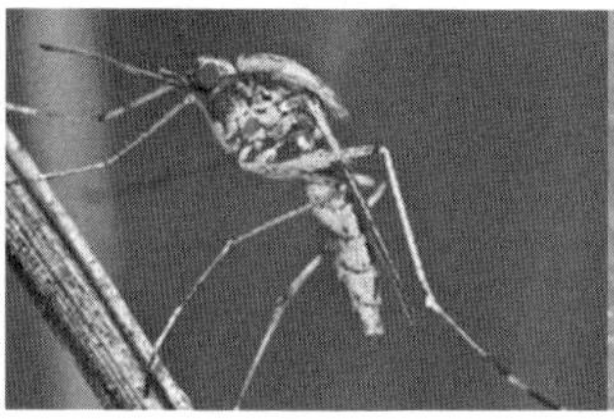
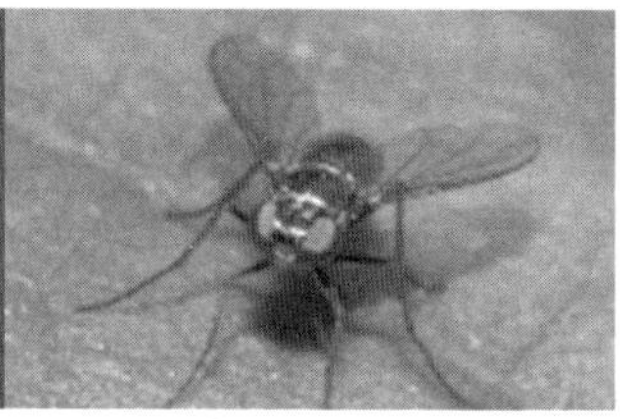
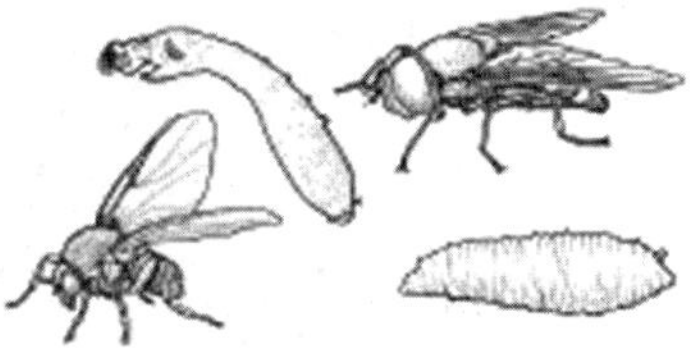

(10) 날도래목(Trichoptera)

① 날개에 털. 유충은 물속에 살고 실을 토해 굴뚝 모양 집
② 더듬이는 긴 실모양, 큰 턱은 퇴화. 작은턱수염과 아랫입술수염이 잘 발달
③ 유충은 머리, 앞가슴등판, 다리 등이 경화, 큰턱이 잘 발달되어 있으며 배마디가 막질로 되어 있음. 물고기의 주식
④ 대개 밤에 활동하기를 좋아하고 빛에 잘 유인, 낮에 날아다니는 종류도 흔히 무리를 지어 위와 같은 행동
⑤ 대부분 식물즙과 화밀을 먹고 사는 데 일부는 육식성. 암컷은 알을 수중으로 방출하거나 물 표면 혹은 그 밑에 있는 바위나 식물에 두며 며칠 만에 알이 부화되어 유충
⑥ 수서환경의 오염지표

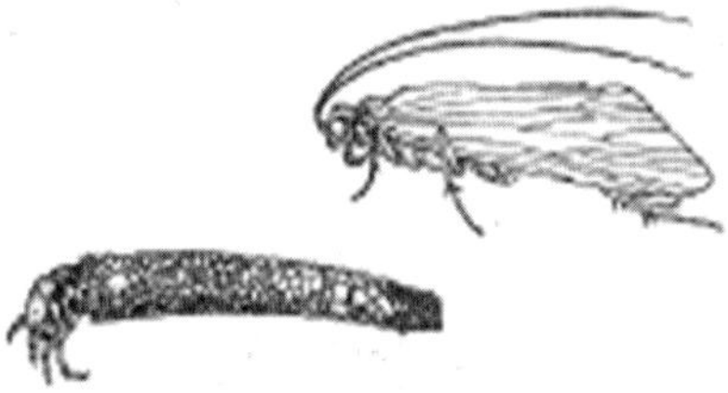

(11) 나비목(Lepidoptera)

① 나방류와 나비류
② 전 세계 수목해충에 가장 많음
③ 성충은 털이 변형된 비늘(인편)로 덮여 있는 작은 몸과 큰 두 쌍의 날개
④ 성충의 머리에는 커다란 겹눈과 두 개의 홑눈
⑤ 빨기에 적당한 대롱형 구기, 유충은 저작형구기
⑥ 유충은 보통 8쌍의 배다리

⑦ 다리가 없는 것부터 11쌍의 다리를 가진 것 까지 다양
⑧ 분류학적으로는 원시나방아목, 선조나방아목, 단문아목, 이문아목(Ditrysia)의 4개 목, 모든 나비류는 이문아목에 속함
⑨ 일 년에 두 세대 2~3년에 한 세대를 거치는 종까지 다양
⑩ 침샘이 변형된 silk gland에서 실을 분비하여 고치나 그물을 만듦

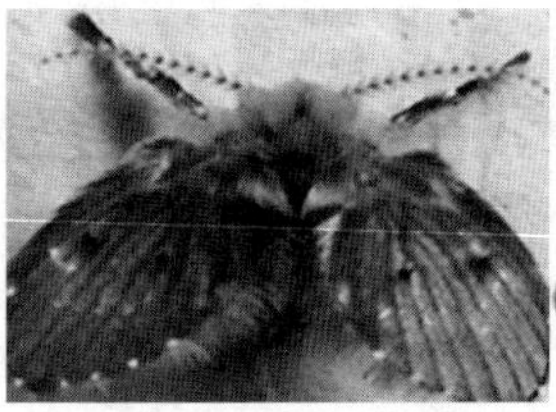

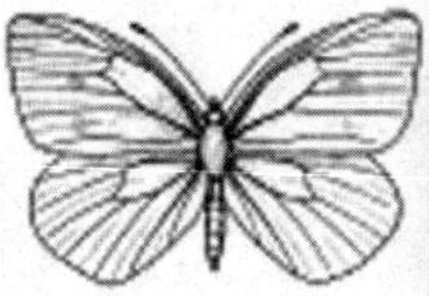

CHAPTER 02 곤충의 행동

1. 변태의 의미

성충이 되는 것을 변태(탈바꿈)라 하며 효율적인 삶과 위험을 최소화

(1) 변태의 종류

변태의 종류		경과	예
완전변태		알－유충－번데기－성충	나비목, 딱정벌레목, 파리목, 벌목 등
불완전변태	반변태	알－유충－성충 (유충과 성충의 모양이 다름)	잠자리목, 하루살이목 등
	점변태	알－유충(약충)－성충 (유충과 성충의 모양이 비슷)	메뚜기목, 총채벌레목, 노린재목 등
	증절변태	알－약충－성충 (탈피 거듭할수록 복부의 배마디가 증가. 전약충－제2약충－제3약충)	낫발이목
	무변태	부화 당시부터 성충과 같은 모양	톡토기목
과변태		알－유충－의용－용－성충 (유충, 번데기 사이에 의용의 시기)	딱정벌레목의 가뢰과

2. 가해습성에 따른 해충 분류

종류	해충명
흡즙성해충	응애, 진딧물, 깍지벌레, 방패벌레
식엽성해충	회양목명나방, 흰불나방, 풍뎅이류, 잎벌, 집시나방, 느티나무 벼룩바구미
천공성해충	소나무좀, 노랑무늬솔바구미, 하늘소(향나무, 알락), 박쥐나방
충영형성해충	솔잎혹파리, 진딧물류(외줄면충), 혹응애(향나무, 회양목), 큰팽나무이
종실해충	도토리거위벌레, 밤바구미

3. 생식의 종류

양성생식	암수가 교미하는 것으로 대부분의 곤충이 해당
단위생식 (=단성생식)	수정되지 않은 난자가 발육하여 성체가 되는 것으로 암컷만으로 생식하며 처녀생식(밤나무순혹벌, 민다듬이벌레, 벼물바구미, 수벌, 무화과깍지벌레, 여름철의 진딧물류 등)
다배생식	1개의 알에서 두 개 이상의 곤충이 발생하는 것으로 난핵이 분열하여 다수의 개체가 됨(벼룩좀벌과, 고치벌과)
유생생식	유충은 성숙한 난자를 갖고 있으며 난자는 단위생식에 의해 발생(일부 혹파리과)
자웅동체	생식기의 외부에서 난자가 생기고 안쪽에서 정자가 생김(이세리아깍지벌레)

4. 월동형태

월동충태	알	유충	번데기	성충
풍뎅이	–	구리풍뎅이	–	주둥무늬차색풍뎅이
나방	매미(집시)나방 황다리독나방 텐트나방 어스렝이나방 박쥐나방	솔나방(5령충) 큰솔알락명나방 회양목명나방 벼슬집명나방 복숭아명나방 독나방 차주머니나방 복숭아유리나방 꼬마쐐기나방(고치)	소나무순나방 미국흰불나방 자귀뭉뚝날개나방 백송애기잎말이나방	–
노린재목	미국선녀벌레 갈색날개매미충 꽃매미	–	–	–
잎벌류	누런솔잎벌	잣나무넓적잎벌 개나리잎벌 남포잎벌	솔잎벌 낙엽송잎벌	–
잎벌레류	참긴더듬이잎벌레	–	–	오리나무잎벌레 호두나무잎벌레
혹파리류	–	솔잎혹파리(땅)	아까시잎혹파리	–
혹벌	–	밤나무혹벌(눈)	–	–
하늘소	–	북방수염하늘소 솔수염하늘소 벚나무하늘소 알락하늘소 미끈이하늘소	–	향나무하늘소
깍지벌레류	주머니깍지벌레	솔껍질깍지벌레 소나무가루깍지벌레	–	벚나무깍지벌레 사철나무깍지벌레 뽈밀깍지벌레

월동충태	알	유충	번데기	성충
깍지벌레류				식나무깍지벌레 거북밀깍지벌레
방패벌레류	–			
응애류	전나무잎응애	–	–	점박이응애
진딧물류	알로 월동 : 복숭아혹진딧물, 사사키잎혹진딧물, 느티나무알락진딧물, 배롱나무알락진딧물 ※ 예외 : 조록나무혹진딧물 난생성충으로 월동			
좀	–	–	–	소나무좀 오리나무좀
바구미	–	밤바구미	–	왕바구미 느티나무벼룩바구미
기타	대벌레	도토리거위벌레	–	오갈피나무이(이끼)

5. 외래 침입해충

① 외국이 원산지면서 국내로 우연히 또는 인위적으로 유입된 해충들로 천적이 없고, 수목의 방어능력도 없어 생태계 건강성에 중요한 위험요인임

② 식물들이 새로운 침입해충에 대하여 방어능력이 없거나 떨어지는 이유로 침입해충은 새로운 서식처에서 대발생하여 생태계를 교란시킴

③ 급증이유 : 새로운 교역 대상국과의 교역량 증가와 기후변화로 인한 온도 상승

④ 우리나라 전체 산림병해충 피해의 약 70%를 차지

⑤ 대표적인 산림해충으로는 솔잎혹파리(*Thecodiplosis japonensis*), 솔껍질깍지벌레(*Matsucoccus thunbergianae*), 미국흰불나방(*Hyphantria cunea*), 소나무재선충병의 병원체인 소나무재선충(*Bursaphelenchus xylophilus*)

⑥ 유입시기

구분	연도	원산지	피해수종
이세리아깍지벌레	1910	미국/대만	귤
솔잎혹파리	1929	일본	소나무, 곰솔
미국흰불나방	1958	미국	대부분 활엽수
밤나무혹벌	1958	일본	밤나무
솔껍질깍지벌레	1963	일본	곰솔, 소나무
소나무재선충	1988	일본	소나무, 곰솔, 잣나무
버즘나무방패벌레	1995	북미	버즘나무, 물푸레
아까시잎혹파리	2001	북미	아까시나무
주홍날개꽃매미	2006	중국	대부분 활엽수
미국선녀벌레	2009	미국	대부분 활엽수
갈색날개매미충	2010	중국	대부분 활엽수

CHAPTER 03 곤충의 구조와 기능

1. 외부구조

① 머리 : 전구식(딱정벌레과), 하구식(메뚜기), 후구식(매미)
② 가슴 : 앞가슴(앞다리), 가운데 가슴(가운데 다리, 앞날개), 뒷가슴(뒷다리, 뒷날개)
③ 배 : 보통 11마디

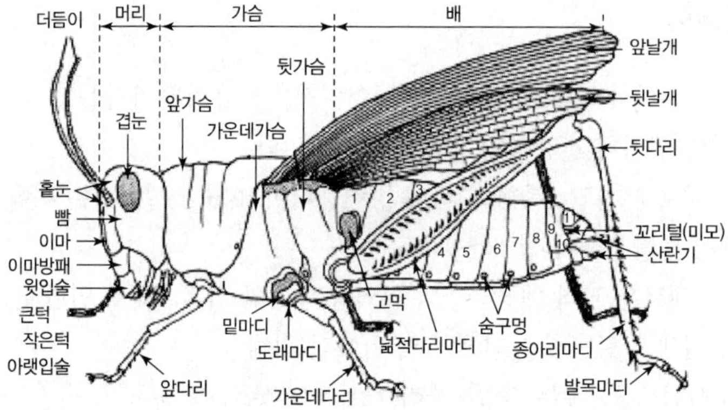

2. 외골격(체벽)

① 외골격 : 외부충격 및 병원균으로부터 내부조직 보호, 탈수방지, 외부 자극을 내부로 전달, 경고함과 함께 유연성 제공
② 상표피(왁스층, 시멘트층) – 외원표피 – 내원표피 – 진피 – 기저막
③ 키틴 : 큐티클의 주 화학성분으로서 절지동물의 외골격으로는 N – 아세틸글루코사민이(단당류)들이 사슬처럼 연결된 일종의 다당류
④ 외표피(상표피) : 표피소층(리포단백질+지방산)과 왁스층
⑤ 원표피 : 외원표피과 내원표피, 경화반응을 하며 레실린(탄성단백질), 엘라스틴(고무와 같은 탄성) 등도 있음

⑥ 진피 : 상피세포 분비조직, 탈피액분비 및 분해된 내원표피물질 흡수, 상처재생을 하며 외분비샘으로 특화

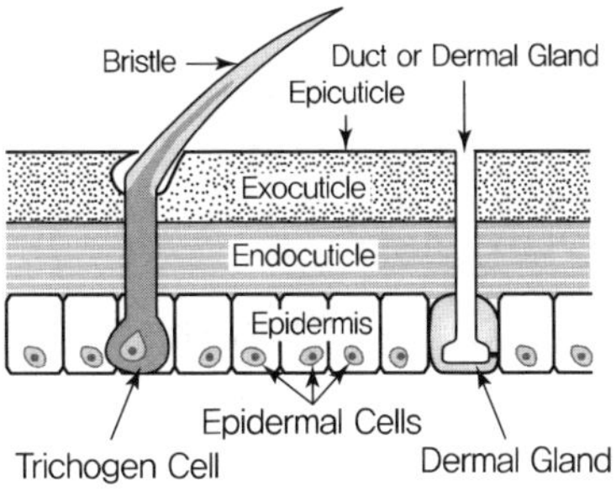

3. 눈

복안(겹눈 : 낱눈이 모여서 이루어짐)과 단안(홑눈 : 복안 보조)으로 구성

4. 입틀

① 윗입술, 큰 턱 한쌍, 작은 턱 한쌍, 아랫입술로 구성
② 뚫어(찔러) 빠는 입 : 노린재, 매미, 벼룩, 모기, 깍지벌레
③ 줄쓸어 빠는 입(비대칭) : 총채벌레
④ 흡관형입(빨대주둥이) : 나비목
⑤ 흡취형 : 파리
⑥ 씹고 핥는 입 : 벌
⑦ 입 퇴화 : 하루살이

5. 더듬이(촉각)

① 후각수용체, 습도센서 및 소리감지(존스턴기관)를 하며 밑마디(기절), 흔들마디(병절 : 소리감지), 채찍마디로 구성

② 실모양(사상) : 딱정벌레, 귀뚜라미, 바퀴류, 하늘소(A)
③ 짧은 털 : 잠자리류, 매미류(B)
④ 염주모양(구슬) : 흰개미 (C)
⑤ 톱니모양 : 방아벌레류(D)
⑥ 가시털(자모상) : 집파리(I)
⑦ 곤봉모양(방망이) : 송장, 무당벌레(E)
⑧ 빗살모양(즐치상) : 홍날개, 잎벌, 뱀잠자리(H)
⑨ 깃털모양(우모상) : 수컷의 나방, 모기의 수컷(J)
⑩ 무릎모양(팔굽,슬상) : 개미, 바구미(F)
⑪ 잎 모양 : 풍뎅이

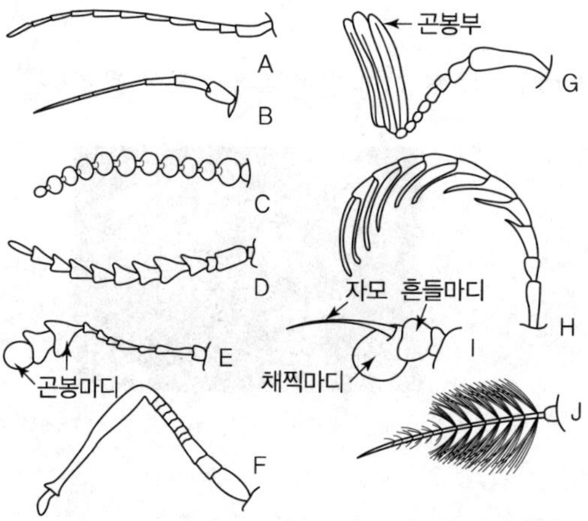

6. 다리

밑마디(기절) – 도래마디(전절) – 넓적다리마디(퇴절) – 종아리마디(경절) – 발목마디(부절)로 구성

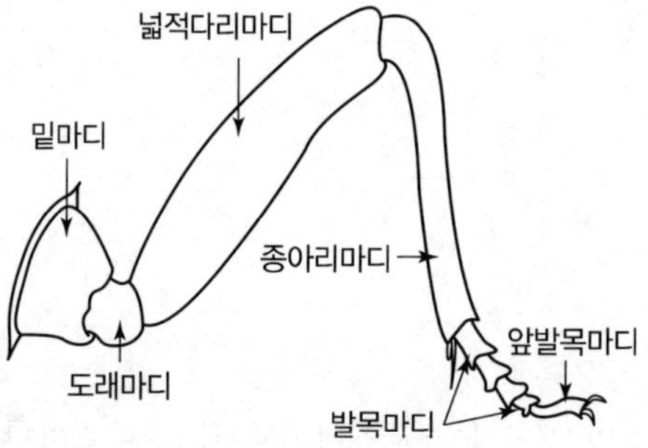

7. 날개

① 전연, 외연, 둔연(전연맥, 아전연맥, 경맥, 중맥, 주맥, 둔맥)으로 구성
② 전연맥 : 날개를 앞가장자리를 따라 나오는 세로맥
③ 딱지날개(초시) : 딱정벌레, 집게벌레
④ 반초시 : 노린재아목
⑤ 가죽날개 : 메뚜기, 바퀴목, 사마귀목
⑥ 평균목 : 안정기 역할, 파리목

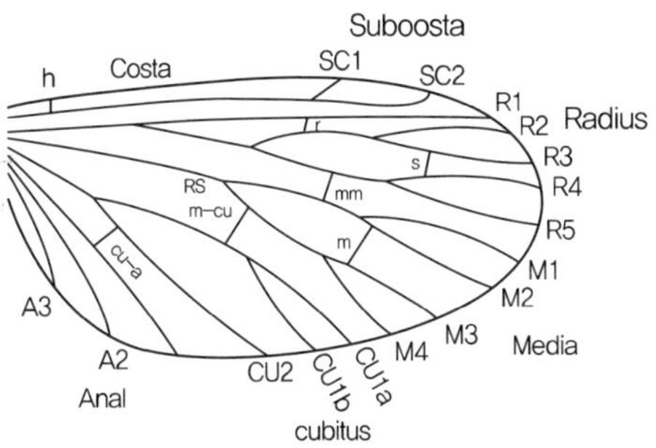

- C(costa) : 전연맥
- SC(subcosta) : 아전연맥
- R(radius) : 경맥
- M(media) : 중맥
- Cu(cubitus) : 주맥
- A(anal veins) : 둔맥

8. 곤충의 내부(소화계)

① 전장(인두, 식도, 모이주머니, 전위) : 음식물의 섭취, 보관, 제분, 이동
② 중장(위맹낭) : 소화, 흡수역할
③ 후장(유문, 회장, 결장, 직장) : 수분 재흡수
④ 말피기소관 : 함질소노폐물 제거, 삼투압조절, 체강 또는 혈액으로부터 물과 함께 요산 등을 흡수하여 회장으로 보냄
⑤ 지방체 : 사람의 간과 같은 대사, 합성 및 저장을 담당(영양세포, 요세포, 균세포)

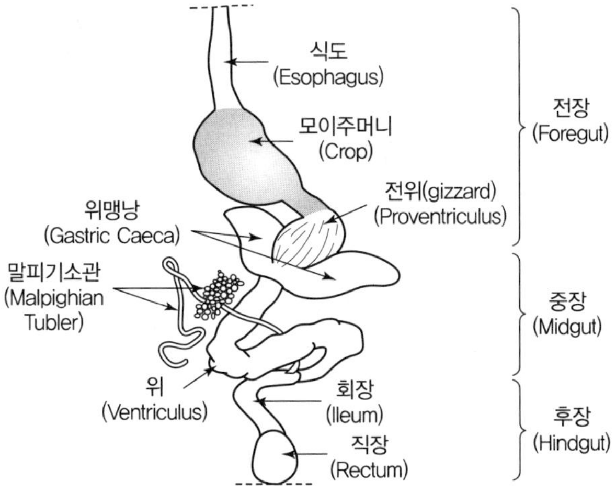

9. 생식계

① 수컷의 생식기관(정소, 정소소관, 저정낭, 사정관, 수정관), 암컷의 생식기관(난소, 난소소관, 저정낭샘, 수란관)

② 수컷의 생식기 : 정자 생성, 보관, 교미 시 정자 이동

㉠ 정소/정소소관 : 정자 생성

㉡ 부수샘 : 정협(정자주머니), 암컷의 행동변화 유도

③ 암컷의 생식기 : 난소, 난소소관, 정자 보관, 수정, 산란

㉠ 저정낭(수정낭) : 정자 보관

㉡ 저정낭샘 : 정자에 영양 공급

㉢ 부수샘 : 보호막, 점착액추가, 난협(난낭), 독샘, 젓샘

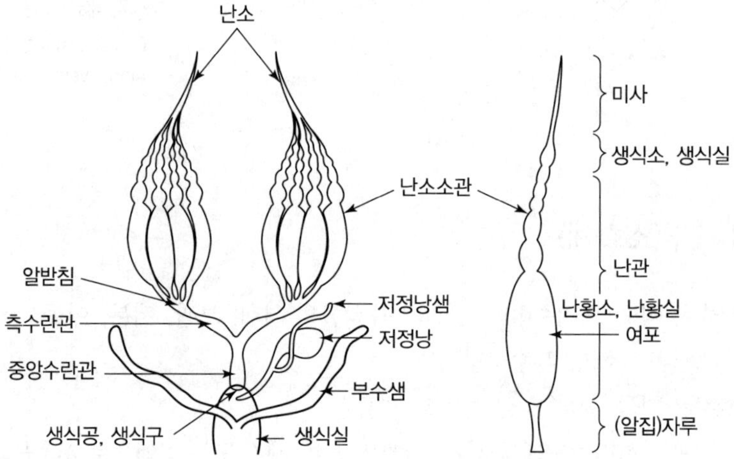

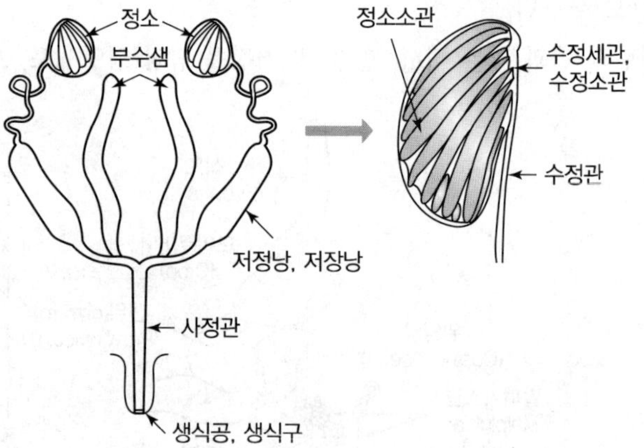

10. 순환계

① 개방혈관계(혈림프, 산소운반은 주로 기관에서 역할)
② 구성 : 곤충의 심실은 보통 9개로 각 심실 양쪽에 1쌍의 심문
③ 기저막 : 혈액과의 물질교환을 도움
④ 혈액순환 : 머리, 더듬이, 다리, 날개, 체강순
   ㉠ 혈장 : 수분의 보존, 양분의 저장, 영양물질과 호르몬의 운반(수분 85%), 약산성, 외시류(Na, Cl), 내시류(유기산)
   ㉡ 혈구 : 식균작용, 상처치유, 해독작용(원시혈구, 포낭세포, 편도혈구)

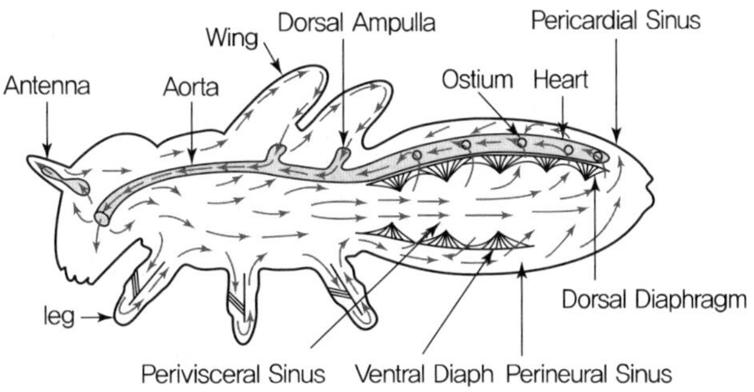

11. 기관계

① 기문과 기관(외표피)으로 구성 : 능동적 호흡은 불가능하며 공기전달은 확산과 통풍으로 가스교환은 농도차구배로 작용, 외부 이물질 차단 역할
② 나선사 : 형태유지하게 하며 기낭은 벌류에서 공기순환에 역할, 부력 증가
③ 개방기관계으로 기문이 공기중에 노출 : 쌍기문식(파리목유충), 전기문식(파리목번데기), 후기문식(모기 유충)
④ 폐쇄기관계(아가미, 피부호흡) : 물방개, 강도래, 실잠자리, 기생벌의 일부
⑤ 기문밸브 : 수분증발 조절, 확산에 의한 산소전달 한계(곤충크기의 제한요인)

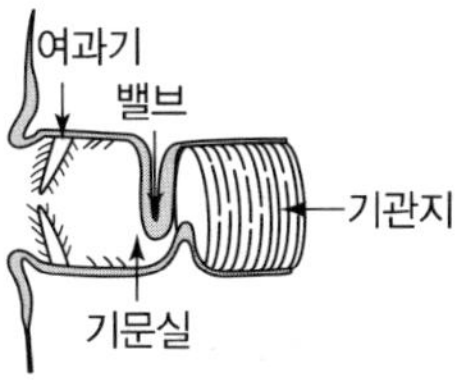

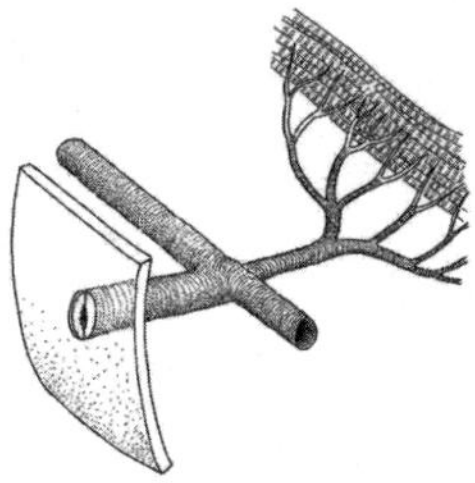

12. 신경계

① 신경세포(뉴런), 감각뉴런(신경절 내에서 정보전달), 운동뉴런(반응정보를 근육/조직으로 전달)

② 중앙신경계(중추신경계) : 신경절(뇌, 식도하신경절), 신경선

㉠ 뇌(3쌍의 신경절) : 전대뇌(복안과 단안), 중대뇌(더듬이), 후대뇌(윗입술과 전위), 식도하신경절(윗입술을 제외한 입)

㉡ 전장신경계(내장신경계, 교감신경계) : 장, 내분비기관, 생식기관, 호흡계 등 담당

㉢ 말초신경계(주변신경계) : 운동신경, 감각신경

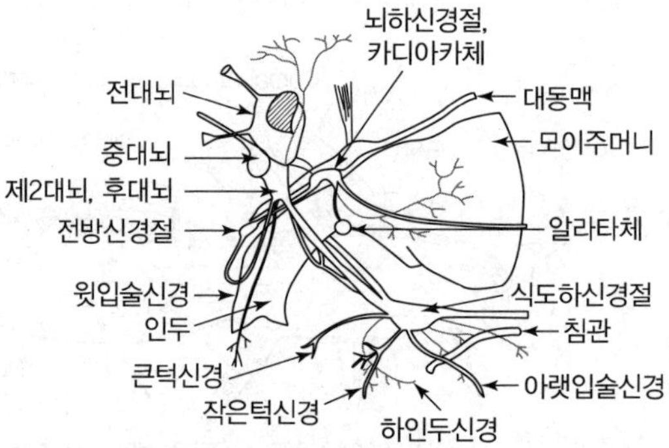

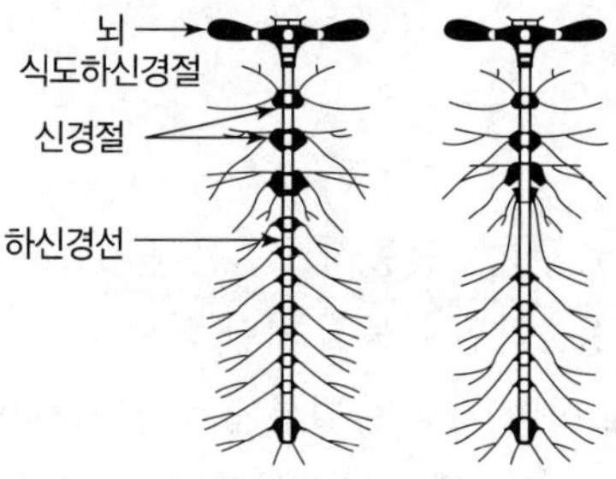

13. 내분비계

① 체내의 호르몬 체계, 혈액을 따라 이동하며 적은 양으로 자극. 억제성, 항상성유지, 행동조정, 성장발육, 생리적 활동조정

② 신경분비세포(주로 전대뇌) : 신경분비호르몬, 신경펩타이드

③ 카디아카체(전흉선자극호르몬, PTTH) : 신호증폭기

④ 엑디스테로이드(전흉선, 전흉샘, 앞가슴샘) : 탈피 관련 호르몬으로 섭식에 의해 공급, 엑디손, 20－하이드록시엑디손, 성충되면 퇴화됨

⑤ 알라타체(유약호른몬, JH) : 변태조절(유충의 형태 유지), 변태를 막는 역할, 생식적 성장조절, 알에 난황 축적, 부수샘활동 조절, 페르몬생성, 유충, 약충일 때 생산자극, 성충이 되는 것을 억제

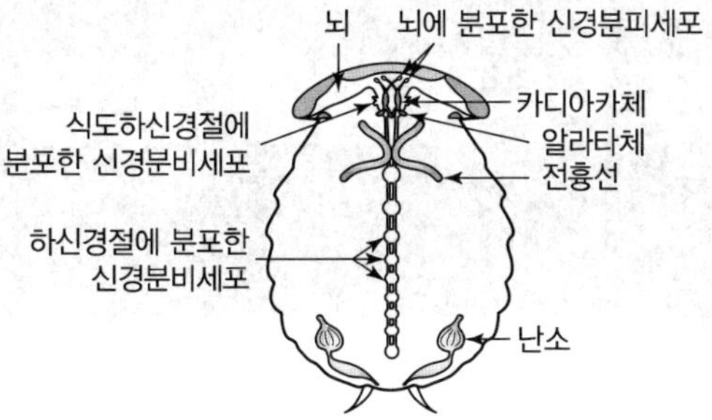

14. 외분비계(외배엽에서 생성)

① 페르몬 : 종 내, 종 간에 신호를 보내는 신호물질

㉠ 성페르몬 : 이성유인, 교미 페르몬, 성유인 페르몬, 종 특이성

㉡ 집합호르몬 : 암수특이성 없음, 적 방어, 기주식물공략, 사회성 유지

㉢ 분산페르몬 : 산란 시 간격호르몬

㉣ 길잡이페르몬 : 효과가 오래 지속

㉤ 경보페르몬 : 도피, 방어, 사회성곤충(뿔매미, 진딧물)

② 타감물질 : 다른 종에게 보내는 신호물질

㉠ 카이로몬 : 분비자에 손해, 감지자에 이득

㉡ 알로몬 : 분비자에 이득, 감지자에 무익무해

㉢ 시노몬 : 분비자, 감지자에 모두 이익

③ 기타 외분비샘 : 왁스(밀납 : 깍지벌레상과, 백납 : 쥐똥나무밀깍지), 랙샘(몸 보호, 색), 머리샘(큰턱 : 여왕벌, 작은턱, 아랫입술 : 침샘), 실샘(누에나방), 방어샘(악취샘), 유인샘, 독샘(벌류)

CHAPTER 04

곤충의 생식과 성장

1. 생식

① 알(알의 인지질 이중층 세포막 : 난황막, 배자의 먹이 : 난황) 산란 시 고려사항 : 보호와 섭식, 알주머니(난낭, 난협) : 사마귀, 바퀴.
② 부화 : 알이 깨는 것(부화 후 알껍질을 먹어치우는 것은 영양분 섭취와 자신의 흔적을 없애는 방편)
③ 우화 : 번데기에서 성충이 되는 것
④ 다배발생 : 알 하나에서 여러 마리의 애벌레가 나오는 것, 기생봉 숙주의 몸에 재빨리 낳아야 하므로 다배발생은 효율적임

2. 배자발생

① 알이 수정되면서 일어나는 발육과정, 세포증식, 곤충의 모든 조직과 기관으로 성장, 이동, 분화
② 외배엽 : 표피, 외분비샘, 뇌 및 신경계, 감각기관, 전장 및 후장, 호흡계, 외부생식기
③ 중배엽 : 심장, 혈액, 순환계, 근육, 내분비샘, 지방체, 생식선(난소 및 정소)
④ 내배엽 : 중장

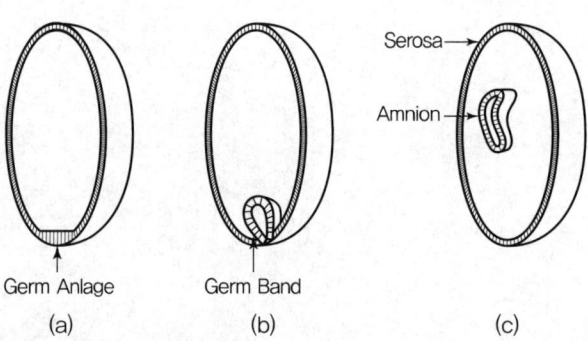

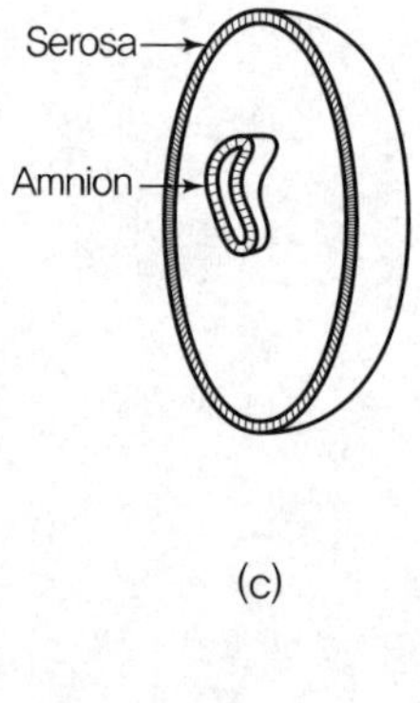

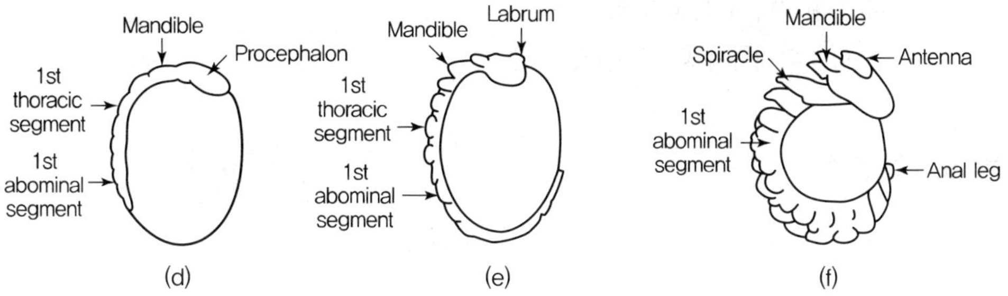

▌배아발달순서▐

3. 탈피

① 탈피과정은 표피층 분리와 탈피로 구분, 바깥에 남은 헌 큐티클을 벗어 버림

② 표피층 분리 : 외골격이 진피로부터 분리

③ 허물 (탈피각)을 벗고 1~2시간 후면 색이 짙어지고 몸도 단단해짐. 허물 벗기는 보통 4~8회이나 원시적 곤충 일부 성충이 된 후 탈피

④ 탈피순서

㉠ 내원표피를 진피로부터 분리

㉡ 진피 불활성 탈피액 채움

㉢ 표피소층 생산

㉣ 탈피액 활성화

㉤ 옛 내원표피의 소화 및 흡수

㉥ 진피세표가 새로운 원표피 생산

4. 변태

① 곤충의 형태가 바뀌는 것으로 1령 유충에서 2령 유충으로는 탈피하지만 변태는 아님

② 변태과정은 진화학적 체계와 관련됨

③ 크기가 커지는 탈피는 계속되나 약충과 성충의 형태적 차이가 없는 경우 : 좀목 등 원시적인 목에서 나타남

④ 애벌레의 종류

㉠ 좀붙이형 : 기는 유충, 무당벌레, 풀잠자리류

㉡ 딱정벌레 유충형 : 딱정벌레과

㉢ 방아벌레 유충형 : 거저리, 방아벌레, 외골격 단단함

㉣ 굼벵이형 : 풍뎅이유충, C자, 배다리 없음

㉤ 판형 : 딱정벌레목 물삿갓벌레과

ⓑ 나비유충형 : 나비목, 배다리 있음
ⓢ 구더기형 : 파리류유충, 집파리, 쉬파리

5. 번데기의 종류

① 나용 : 부속지가 몸과 따로 움직일 수 있으며 저작형과 비저작형이 있음
② 피용 : 부속지는 몸과 한데 붙어 있음
㉠ 수용 : 복부 끝의 갈고리 발톱을 이용하여 머리를 아래로 하여 매달린 번데기(네발나비과)
㉡ 대용 : 갈고리 발톱으로 몸을 고정하고 띠실로 몸을 지탱하는 띠를 두른 번데기(호랑나비과, 흰나비과, 부전나비과)

③ 위용 : 유각 안에 있는 파리의 나용
④ 전용 : 다 자란 유충이 고치를 만들고 나서 유충과 번데기의 중간형태

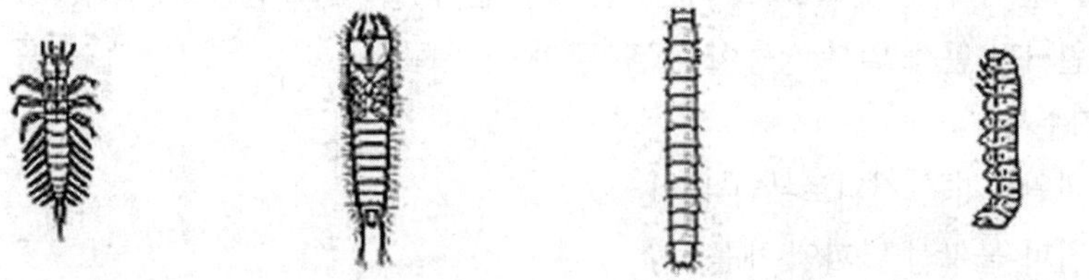

좀붙이형 딱정벌레유충형 방아벌레유충형 나비유충형

판형 굼벵이형 구더기형

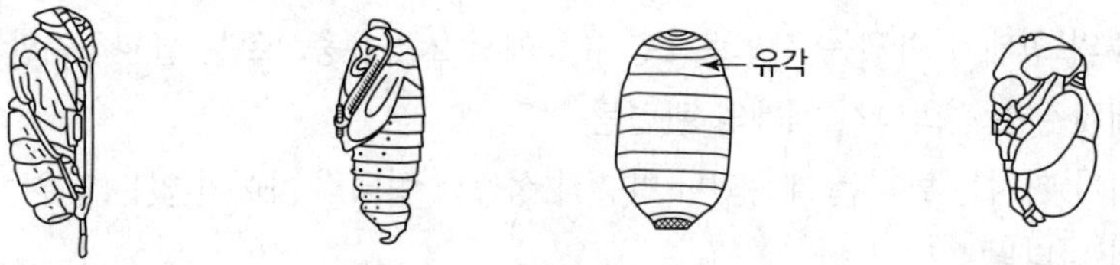

나용 피용 위용 유각 안에 있는 파리의 나용

6. 곤충의 상호관계

① 종 내 상호작용(개체군의 밀도와 관련)
- ㉠ 밀도가 높을 때는 배우자 발견 용이
- ㉡ 밀도가 낮을 때는 수정율이 떨어짐
- ㉢ 일정 지역 내 최고 밀도는 그 지역 내 공급가능 자원의 크기에 좌우되며 자원에 제한이 있을 경우 종 내 경쟁이 발생
- ㉣ 종 내 경쟁정도는 밀도 증가에 의해 커지고 최대밀도가 크면 죽거나 전출
- ㉤ 고밀도일 때는 체형, 체색에 변화가 보이고 행동이 극히 활발

② 종간 상호작용 : 2종 이상의 먹이와 은신처 등 생활 요구자원이 같을 때 종간경쟁이 일어나며 경쟁 결과 지는 쪽은 그 서식처에서 제거

③ 상리공생 : 서로 이득을 보는(개미와 진딧물, 꿀벌과 작물수정의 관계)

④ 편리공생 : 일방적 이득관계

⑤ 기생생물 : 곤충, 응애, 선충, 미생물(박테리아, 바이러스) 등
- ㉠ 곤충침해 미생물로 해충방제(생물적 방제)
- ㉡ 나비목유충 : 박테리아 → BT균
- ㉢ Virus → 곤충 감염 세포 내의 핵, 세포질에서 다각체인 생산바이러스 등이 발견

7. 온 · 습도에 대한 반응

① 온도 : 많은 곤충은 그늘진 곳을 좋아하고 체온조절기능을 갖고 있음
- ㉠ 주간에 행동하는 곤충은 서늘한 날씨조건에서는 정온에 가장 활동
- ㉡ 더운 날씨 조건에서는 아침, 저녁에 활동이 활발

② 습도 : 습도 선호행동은 몸의 부피에 비해 표면적이 큰 곤충의 함수량 조절기능도 중요

8. 분산과 이동

① 운동, 먹이찾기, 짝찾기, 편승, 환경요인에 차이

② 이동곤충의 특징 : 운동기능이 강화되며 영양적 기능은 억압되어 먹이나 배우자 자극에 반응하지 않고 계속 움직임

③ 암컷은 항상 이동에 참가하나 수컷은 그렇지 않음

④ 이동중인 암컷은 성적 미숙상태가 많고 이동하는 종은 번식력이 큼

⑤ 이동의 원인 : 불리한 환경조건(과밀도, 먹이부족, 단일조건 등)에 처하면 호르몬의 변화로 이동, 진딧물 밀도가 높아지면 유시충 발생

⑥ 먹이 찾기 : 앉아서 기다리기, 은폐(파리매), 위장, 함정 이용하기
⑦ 개미지옥(명주잠자리의 유충인 개미귀신), 열심히 찾아다니기

9. 기생

① 기생성 곤충 : 숙주곤충의 몸 안이나 표면에 살면서 즉시 숙주를 죽이지는 않고 기생. 벌목의 맵시벌, 좀벌. 먹좀벌의 상과와 파리목의 침파리
② 외부기생성 : 숙주곤충의 외부에 기생하는 것
③ 내부기생성 : 숙주 곤충의 조직 속에 침입하여 살며 영양을 섭취하는 것
④ 기생의 다양성
㉠ (외부 · 내부)기생충, 포식기생충
㉡ 과기생
㉢ 다기생
㉣ 다배발생
㉤ (임의, 절대) 중복포식기생충

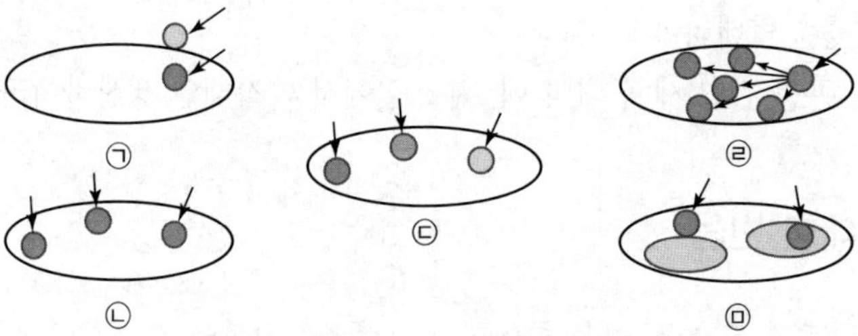

10. 환경

① 4대 요소 : 기상, 먹이, 서식장소, 곤충의 상호관계
② 휴면
㉠ 생활하는 도중에 추운겨울이나 건조기 등 부적한 환경에 부딪쳤을 때 이를 극복할 수 있는 방법은 환경이 좋은 곳으로 이주하거나 휴면하는 방법
㉡ 휴면상태 : 발육자체를 멈추고 좋은 환경이 다시 돌아올 때까지 기다림
③ 기상조건
㉠ 해와 계절에 따라 변동되며 곤충의 생존에 큰 영향을 끼침
㉡ 주요 기상요인 : 온도, 습도, 광 등
④ 온도 : 생존가능 허용범위(온도 0~50℃), 최적온도 (22~38℃)
⑤ 광식성 : 목화진딧물, 조팝진딧물, 복숭아혹진딧물, 전나무잎응애, 점박이응애, 차응애, 미국흰불나방, 독나방, 매미나방, 천막벌레나방, 애모무늬잎말이나방, 오리나무좀, 알락하늘소

11. 수목이 해충에 대한 저항성

① 내성 : 해충의 피해를 받은 상태에서 감수성 품종에 비하여 생장이나 수확에 영향을 덜 받고 피해 조직을 회복하는 능력
② 항생성 : 해충이 기주를 가해했을 때 생리작용에 어떤 형태의 불리한 영향을 주는 것으로 유독한 물질, 영양소의 부족 또는 결핍, 유해 물질, 영영소 간의 불균형으로 해충이 치사하거나 발육이 저해 또는 지연되는 것
③ 비선호성, 항객성 : 산란과 섭식 등 해충의 행동에 관여하는 작물의 특성

12. 기주 범위에 따른 구분

① 단식성 해충 : 특정 수목 한 종 또는 같은 속(genus)의 일부 종만을 가해하는 해충
② 협식성 해충 : 계통적으로 근연한 여러 종류의 수목[같은 과(family)의 여러 속(genus) 또는 여러 종(species)]을 섭식하는 해충
③ 광식성 해충 : 매우 넓은 범위의 다양한 수목을 가해하는 해충을 의미하며, 매우 다양한 종류의 식물을 섭식

구분	설명
단식성 해충	• 줄마디가지나방－회화나무, 검은베네줄면충－느릅나무, 자귀뭉뚝날개나방－자귀나무 · 주엽나무, 제주집명나방－후박나무, 진사진딧물-단풍나무, 대륙털진딧물-버드 나무, 뽕나무깍지벌레-벚나무, 노랑털알락나방-사철나무, 황다리독나방-층층나무, 앞털뭉뚝나무좀-느티나무, 별박이자나방-쥐똥나무, 버들재주나방-포플러류, 외줄면충－느티나무 • 회양목명나방, 개나리잎벌, 밤나무혹벌, 뽕나무이, 팽나무이, 팽나무벼룩바구미, 느티나무벼룩바구미, 솔잎혹파리, 아까시잎혹파리, 두충밤나방, 감나무주머니 깍지벌레, 후박나무방패벌레, 조록나무혹진딧물 • 소나무 : 솔껍질깍지벌레, 소나무가루깍지벌레, 소나무왕진딧물, 소나무좀류, 솔잎혹파리, 소나무혹응애 • 응애류 : 구기자혹응애, 붉나무혹응애, 회양목혹응애, 향나무잎응애 등
협식성 해충	• 방패벌레류, 천공성해충, 솔나방, 광릉긴나무좀 • 쥐똥밀깍지벌레, 왕공깍지벌레, 벚나무깍지벌레, 소나무굴깍지벌레
광식성 해충	• 나방 : 미국흰불나방, 독나방, 매미나방, 천막벌레나방, 애모무늬잎말이나방 • 진딧물 : 목화진딧물, 조팝나무진딧물, 복숭아혹진딧물, 붉나무진딧물 • 깍지벌레 : 뿔밀, 거북밀, 뽕나무, 식나무, 가루, 이세리아 • 응애 : 전나무잎응애, 점박이응애, 차응애 • 천공성 : 오리나무좀, 알락하늘소, 왕바구미, 가문비왕나무좀 • 미국선녀벌레, 갈색날개매미충, 주홍날개꽃매미, 주둥무늬차색풍뎅이

CHAPTER 05 수목해충의 예찰 및 진단

1. 수목해충의 발생조사

① 직접조사 : 전수, 표본, 축차조사, 원격탐사

② 축차조사

㉠ 밀도조사를 순차적으로 누적하면서 방제 여부를 결정하는 방법

㉡ 표본조사와 달리 표본크기가 정해져 있지 않고 관측치의 합계가 미리 구분된 계급에 속할 때가지 표본추출을 계속하는 방법

㉢ 해충의 밀도에 따라 표본수를 조정

㉣ 시간과 노력을 절감하고 신속하게 피해정도를 추정하여 방제여부의 결정 및 방제 대상자의 선정에 유용하게 활용

2. 주요 수목해충의 예찰조사현황

① 소나무재선충 매개충 : 11월 말까지 우화 조사목 적치하고 4월~8월에 조사

② 솔수염하늘소 : 우화일(50%)은 6월 중하순

③ 북방수염하늘소 : 5월 중하순에서 6월 상순

④ 솔잎혹파리 : 우화상황(4월 10일까지 설치~7월까지 조사)과 충영형성률을 조사(9~10월에 5본, 4방위에서 중간 신초 2개씩)

⑤ 솔껍질깍지벌레 : 4월경 선단지, 곰솔림, 알 덩어리 발생여부조사

⑥ 솔나방 : 전국 고정조사지, 임의 20본 선정, 수관 상하부(직경×길이 $100cm^3$정도, 5월~9월) 가지 조사 및 유충 수 조사, 곰솔, 리기다소나무

⑦ 오리나무잎벌레 : 5월과 7월에 전국의 고정조사지 30본 조사목 선정, 상부 100개의 잎, 하부 200개의 잎에서 알덩어리, 성충의 밀도를 조사

⑧ 참나무시들음병 : 매개충은 유인목을 설치, 끈끈이롤트랩을 부착 4월~8월까지 유인된 상황 조사

⑨ 잣나무납작잎벌 : 5월경 고정조사지 0.5×0.5m의 조사구 10개소씩 선정 설치, 30cm 깊이 토중유충수 조사, 돌발적 발생

⑩ 미국흰불나방 : 6~8월 전국 29개소 고정조사지, 각 50본 조사대상, 피해율, 본당 충소수조사, 유아등 또는 페르몬트랩

⑪ 버즘나무방패벌레 : 8월경, 전국 9개 지역, 가로수 1km 구간 조사목 30본 선정(경 : 20% 미만, 중 : 20~50%, 심 : 50% 이상)
⑫ 밤나무 해충 : 도별 3개군 조사구(7~9월), 복숭아명나방(피해송이/전체밤송이, 페르몬)과 밤바구미는 피해율과 조사와 우화일, 밤나무혹벌은 피해율
⑬ 돌발해충 : 최근 나비목 해충이 가장 빈번, 특히 독나방아과 해충이 가장 발생이 높음

3. 주요 수목해충의 예찰조사

① 유아등 : 광선 자외선 근처 스펙트럼은 320~400nm, 특정한 종의 개체군 변동 비교나 성충의 우화시기 추정에 유용
② 성페르몬트랩 : 나방류나 솔껍질깍지벌레의 수컷성충을 유인
　㉠ 종 특이성, 대상해충만 포획, 미량으로 효과 우수, 발생시기, 밀도예측
　㉡ 딱정벌레나 노린재류 : 집합페르몬

③ 우화상 : 해충이 약충이나 번데기에서 탈피하여 성충으로 우화하는 것은 조사하기 위한 장치
④ 말레이즈트랩 : 곤충이 날아다니다 벽에 부딪히면 위로 올라가는 습성을 이용
⑤ 에탄올 : 나무좀류를 유인
⑥ 먹이트랩, 흡충기, 쓸어잡기, 털어잡기 등

4. 수목해충진단 (1)

잎 갉아 먹음	나비류, 나방류, 잎벌–유충, 잎벌레류–유충. 성충, 풍뎅이류, 메뚜기류, 대벌레류, 달팽이류
잎 변색	진딧물류, 잎응애류, 방패벌레류, 매미충류, 총채벌레류, 노린재류, 나무이류등흡즙성해충
잎 굴	굴나방류, 벼룩바구미
조직 비틀어짐, 부풀고 혹	혹진딧물류, 혹응애류, 총채벌레류, 나무이류, 혹파리류, 혹벌류
종자, 구과에 벌레똥이나 가해흔적	잎말이나방류, 명나방류, 바구미류
감로 이로 인한 그을음병	진딧물류, 깍지벌레류, 매미충류, 나무이류, 가루이류, 선녀벌레류
잎에 똥조각 및 탈피각	방패벌레류
잎이 철해지거나 겹침	잎말이나방류, 거위벌류, 잣나무납작잎벌
주머니형태 벌레집	주머니나방

PART 02 수목해충학

5. 수목해충진단 (2)

주머니형태 벌레집	주머니나방
거품이 있음	거품벌레
솜이나 밀납	진딧물류, 나무이류, 선녀벌레류
줄기, 새순에 구멍	순나방류, 나무좀벌류(2차피해)
가지, 줄기, 새순 및 수목전체고사 -피해부분구멍, 톱밥, 벌레똥, 나무진, 송진, 수액	하늘소, 바구미류, 나무좀류, 유리나방류
솜이나 밀랍	깍지벌레류, 솜벌레류, 진딧물류,
뿌리를 갉아먹음	풍뎅이류유충, 땅강아지
월동 개체(직접피해 없음)	잣나무넓적잎벌유충, 번데기, 솔잎혹파리유충, 잎벌레류

6. 물리적 방제

① 온도 : 소나무재선충(목재활용) 56℃ 30분 유지, 전자파 60℃ 1분 이상 유지, 밤바구미밤 30℃ 온탕 7시간

② 습도 : 몸 수분 50~90%, 솔잎혹파리(토양건조), 수입원목(물속저장으로 천공성해충), 소나무재선충(열건조기 19% 이하)

③ 색깔 : 진딧물류-황색계유인, 백색, 은색 기피

④ 이온화에너지 : 감마선, X-선, 전자빔, 불임조장

⑤ 기타방제법 : 음파, 감압법, 전기충격(광릉긴나무좀)

7. 기계적 방제

① 손이나 기구 이용, 인력, 비용이 많이 소요, 산림청 권장(포살, 유살, 소각, 매몰, 박피, 파쇄, 제거, 진동, 차단)

② 솔-솔깍지벌레, 철사-복숭아유리나방 유충, 전정-미국흰불나방, 천막벌레나방, 독나방, 매미나방, 알덩이 제거-주홍날개꽃매미, 매미나방, 밤나무 왕진딧물, 천막벌레나방

③ 유인목설치 : 소나무좀, 노랑애나무좀, 하늘소류, 바구미류

④ 페르몬유살법(친환경적) : 미국흰불나방, 회양목명나방, 복숭아유리나방, 솔껍질깍지벌레

⑤ 파쇄법 : 소나무재선충병 매개충 1.5cm이하

⑥ 유살법(습성 및 주성이용) : 나무좀, 하늘소류, 바구미, 소나무재선충매개충

⑦ 등화유살법 : 이동성 있는 성충(일반적인 곤충까지 유인)

⑧ 기타 : 소각법, 매몰법, 박피법(벌채목재), 진동법, 차단법

8. 생물적방제

① 천적을 이용하는 방법

② 기생성천적

㉠ 기생벌류 : 맵시벌상과, 먹좀벌상과, 좀벌상과

㉡ 기생파리류 : 쉬파리과, 기생파리과

㉢ 내부기생성천적(긴 산란관) : 먹좀벌류와 진디벌류

㉣ 외부기생성천적 : 개미침벌, 가시고치벌(솔수염하늘소)

㉤ 솔잎혹파리 : 솔잎혹파리먹좀벌, 혹파리살이먹좀벌, 혹파리등뿔먹좀볼, 혹파리반뿔먹좀벌

③ 포식성천적 : 무당벌레, 사마귀, 풀잠자리등의 씹는 형 입틀을 가진 곤충류, 포식성거미류, 응애류, 잣나무납작잎벌의 토중 유충 포식자인 두더지

④ 천적유지식물 : 친적의 밀도를 지속적으로 유지될 수 있도록 천적유지식물을 이용하면 효과가 있음

9. 곤충병원성 미생물

① 바이러스, 세균, 곰팡이, 원생동물, 선충을 이용하는 방법

② 바이러스(베큘로바이러스, 기주세포 복제) : 자외선에 의한 활성 저하

㉠ 핵다각체병 바이러스(경구감염) : 나비목유충, 일부 잎벌류, 파리목

㉡ 과립병 바이러스(경구, 경란) : 나비목유충

③ 세균 : 내생포자 형성하는 포자형성 세균류, B.T(소화중독)

④ 곰팡이 : 백강균, 녹강균, 90% 이상의 높은 습도

⑤ 선충 : 곤충에 기생하여 해충을 죽이거나 불임 유발, 뛰어난 살충력, 대량증식과 보관 가능, 기존 농약 살포용 기구사용 가능, 화학농약이나 곤충성세균과 혼용가능, 인축에 대한 안정성

10. 생육환경의 개선

해충명	중간기주	중간기주 체류기간	주요 가해수종
목화진딧물	오이, 고추	5~10월	무궁화, 석류
복숭아혹진딧물	무, 배추	5~10월	복숭아나무, 매실
때죽납작진딧물	나도바랭이새	7월~가을	때죽나무
조팝나무진딧물	명자꽃, 귤나무	5~10월	사과나무, 조팝나무
검은배네줄면충	벼과식물	7~9월	느릅나무, 참느릅나무
사사키잎혹진딧물	쑥	5~10월	벚나무류
외줄면충	대나무	5~10월	느티나무
일본납작진딧물	조릿대, 이대	여름철	때죽나무
복숭아가루진딧물	억새, 갈대	6월~가을	벚나무류

06 해충별 생활사 및 방제

CHAPTER

1. 응애

① 눈에 보이지 않을 정도의 극미한 해충
② 거미강 해충, 진딧물과 같이 군서생활
③ 거미 특징인 실을 배설, 침엽수보다는 상록수 엽록소 탈색으로 수세 저하로 피해
④ 잎에서 즙액을 빨아 먹으면 잎의 엽록소가 파괴, 피해 초기에 잎이 녹색을 잃게 되어 회록색으로 되면서 잎의 색이 갈변, 마치 먼지가 묻은 것 같은 모양을 나타냄
⑤ 연 5회 정도 발생하며 봄~초여름과 늦여름~늦가을에 특히 심함
⑥ 고온건조기에 심하게 발생, 피해를 받은 잎 초기 회백색으로 퇴색, 피해가 진전됨에 따라 갈색으로 변함 일찍 말라 떨어짐

㉠ 전나무잎응애 : 잎 표면에 기생, 연 5~6회 발생, 알로 월동

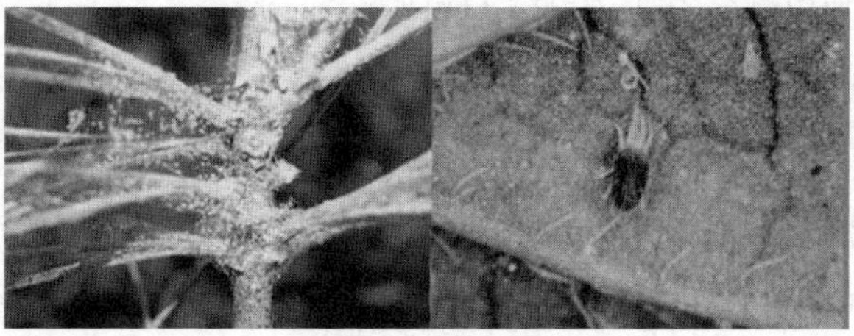

㉡ 점박이응애(*Tetranychus urticae*)

- 가해 수종 : 밤나무, 복사나무, 배나무, 사과나무, 뽕나무류, 산딸기, 장미, 찔레나무, 해당화, 벚나무류, 조록싸리 등 대부분의 활엽수
- 피해 : 가해 수종의 잎 뒷면에 기생 흡즙가해, 정밀 관찰하면 잎 표면이 퇴색, 황색
- 농약 사용을 지속적으로 사용한 나무에서 종종 대발생
- 형태 : 암컷 성충의 몸길이는 0.4~0.5mm, 체색은 적색

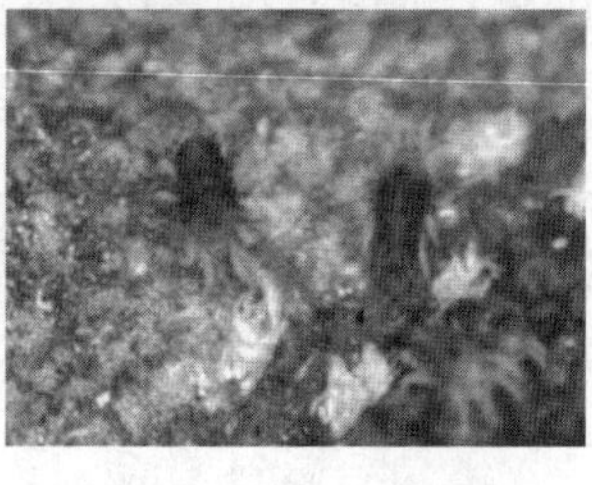

⑦ 생물적 방제 : 포식성 천적인 꽃노린재, 검정명주딱정벌레, 흑선두리먼지벌레, 납작 선두리먼지벌레 등을 보호

⑧ 물리적 방제 : 피해가 심한 잎을 제거하여 소각

2. 진딧물(Aphidoidea)

① 소나무왕진딧물, 조팝나무진딧물, 목화진딧물 등

② 대부분 0.5~8mm 이내의 크기로 충체는 유선형

③ 봄철에 부화약충이 단위생식으로 밀도가 급격히 증가

④ 육안에 의한 진단이 용이, 당 성분을 많이 함유한 배설물(감로)을 배출하여 기주의 광합성을 저해, 그을음병을 초래, 병원성 미생물들에 의한 2차 피해를 유발

⑤ 최고 연 24회까지 번식하며, 수컷이 없이도 번식 가능

⑥ 방제 : 약제 방제법은 약충과 성충 발생 시기에 메타, 포리스유제를 살포

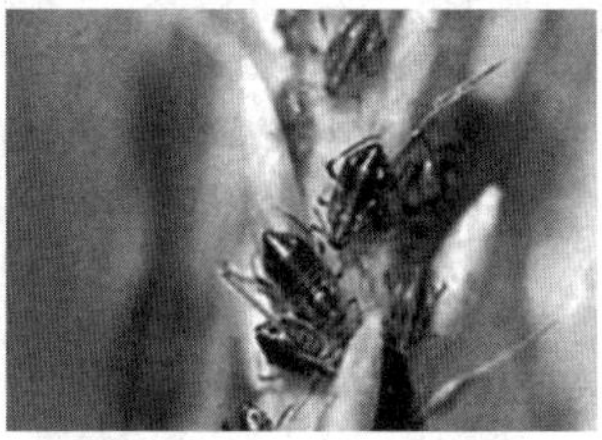

⑦ 기주전환 진딧물의 생활사

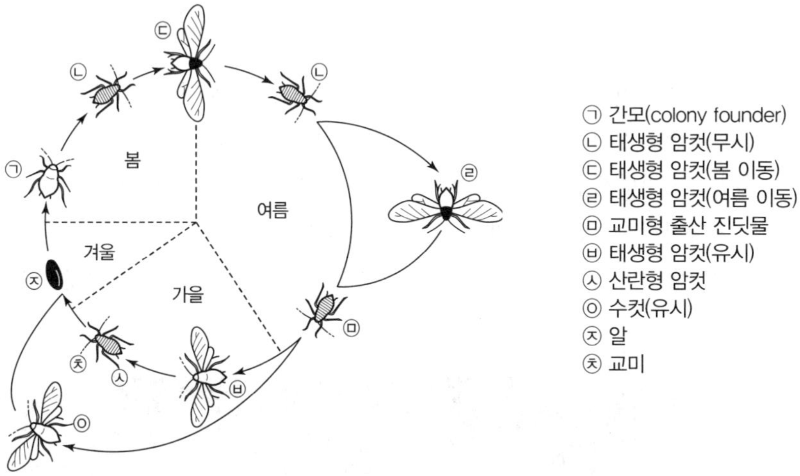

▌기주전환 진딧물의 생활사▐

3. 깍지벌레(*Coccoidea Handlirsch*)

① 솔껍질깍지벌레, 거북밀깍지벌레, 사철나무깍지벌레 등 부화약충이 탈피 후 한 곳에 정착기주의 수액을 빨아먹음.

② 충체는 종에 따라 다양한 형태, 밀납성분으로 싸여 있어 육안으로 발견이 용이

③ 번식력이 매우 강하고 군서생활을 하는 특성으로 인해 피해를 입은 수목의 수세를 약화, 그을음병과 고약병 등을 유발

④ 몸길이가 1~8mm(총 28종 정도)

⑤ 종에 따라 연 1회에서 2~3회까지 발생

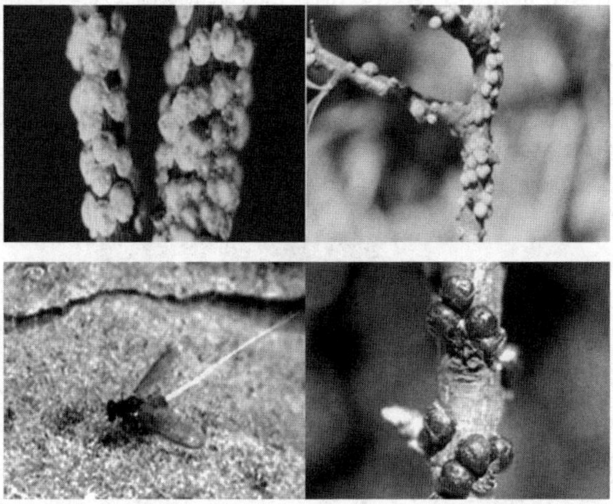

⑥ 깍지벌레류

㉠ 줄솜깍지벌레 : 연 1회 발생, 3령충으로 월동, 4~5월에 산란, 원형의 긴 난낭을 형성

㉡ 쥐똥밀깍지벌레 : 연 1회 발생, 성충 나뭇가지에서 월동

㉢ 소나무가루깍지벌레 : 연 2회 발생, 약충태로 월동, 그을음병, 피목가지마름병

㉣ 소나무굴깍지벌레 : 연 2회 발생, 그을음병 유발

㉤ 거북밀깍지벌레 : 월동성충은 주로 월동기 전정작업 중에 감나무 수분수줄기에 많이 붙어 있음

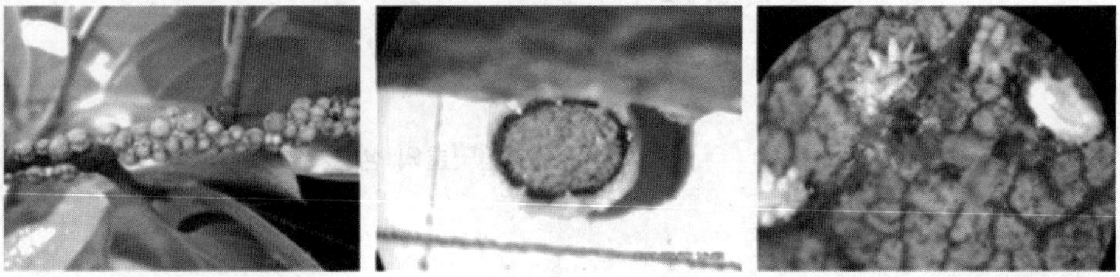

⑦ 솔껍질깍지벌레(*Matsucoccus matsumurae*)

㉠ 겨울피해, 암컷 날개 없음(불완전변태), 수컷(완전변태)

㉡ 암수 성충이 나타나는 시기는 4월 중순이 최성기. 발육이 왕성 5월 상순에서 6월 중순 부화 약충으로 가지 위를 기어 다님

㉢ 가지의 인편 밑 또는 수피 틈에 정착, 몸 주위에 왁스 물질을 분비 인피부에 실과 같은 입을 꽂고 즙액을 흡수

㉣ 6월부터 약 4개월 간 하기휴면(정착약충)

㉤ 11월 이후 발육이 왕성해져 후약충으로 되고 이 시기는 발이 보이지 않고, 둥근 몸통만 있으며 가장 피해를 많이 주는 형태

㉥ 수컷은 다음 해 3~4월에 전성충이 출현하며, 2~3일 후 타원형의 고치를 지음

4. 방패벌레[*Stephanitis pyrioides*(*Scott*)]

① 버즘나무방패벌레, 진달래방패벌레 등 성충의 크기는 대부분 4~5mm 이내

② 방패모양의 반투명한 날개가 몸체를 덮고 있음

③ 성충과 약충이 잎 뒷면에서 수액을 빨아먹고 잎은 회백색으로 변색

④ 응애류에 의한 피해와 유사, 가해부위에 부착되어있는 탈피각과 배설물로 구분이 가능

⑤ 잎 뒷면에 검은 벌레똥과 탈피각이 있어 쉽게 관찰

⑥ 방패벌레 종류

㉠ 버즘나무방패벌레 : 연 2~3세대, 성충으로 수피 틈에서 월동

㉡ 진달래방패벌레 : 연 4~5회 발생하며 성충으로 낙엽이나 지피 밑에서 월동

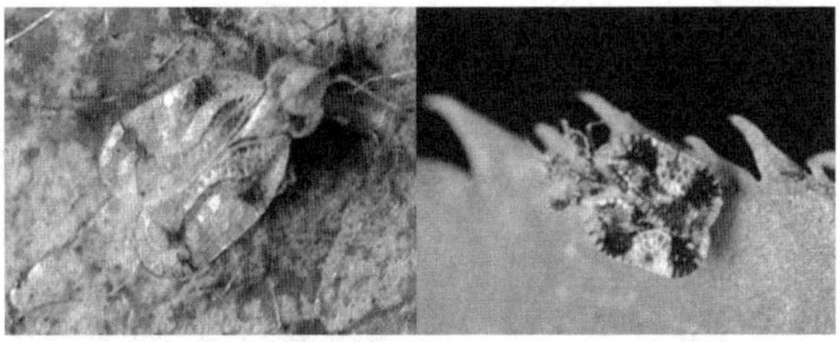

5. 나무이류

① 매미목으로 밀납을 분비하며 집단으로 기생

② 회화나무이, 오갈피나무이, 뽕나무이 등 성충은 매미모양으로 크기는 5mm 이내, 약충은 대부분 하얀 밀가루와 같은 밀납을 뒤집어쓰고 있음

③ 잎의 뒷면이나 어린 가지에 성충과 약충이 집단적으로 가해하여 피해 잎을 변형시키고 변색 및 조기 탈락

④ 주로 새잎이나 잎자루에 붙어 수액을 흡즙. 진딧물과 마찬가지로 감로(배설물)의 분비가 심해 하층 식생대에 그을음병을 유발

⑤ 연 2회 발생하는 것으로 알려져 있으나 기상 온난화로 인해 6월부터 10월 중에 3회 이상도 발생

⑥ 큰팽나무이(*Celtisapis japonica Miyatake*)

㉠ 팽나무류(*Celtisspp*)를 기주로 하는 큰팽나무이

㉡ 뽀족팽나무이는 약충이 잎 뒷면에 기생해 잎 표면에 뽀족한뿔 모양의 벌레혹을 만들어 기생

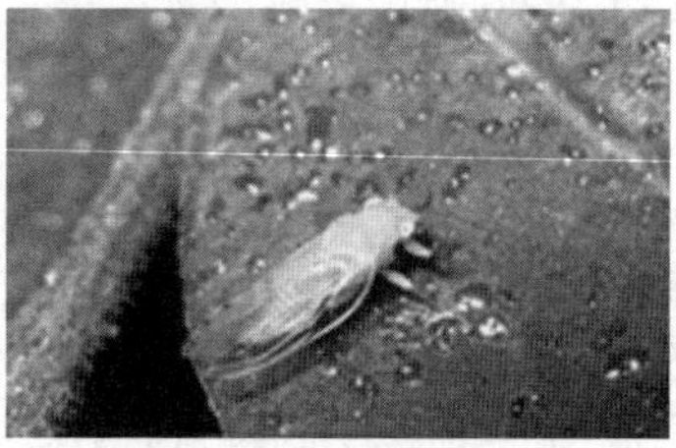

6. 솔나방(*Dendrolimus spectabilis*)

① 연 1회 발생하고 제5령충으로 월동(수피틈이나 지피물 밑에 숨어서 유충으로 월동), 연 64m가량의 습식량

② 봄에 17℃ 이상 되는 날이 계속되는 4월경에 월동처에서 나와 솔잎을 먹고 자라 3회의 탈피를 거쳐 8령충이 됨

③ 노숙유충은 7월 초 · 중순에 솔잎 사이에 실을 토하여 고치를 만들고 몸을 비틀어 고치에 몸의 센털을 찔러놓고 번데기가 됨

④ 봄에 17℃ 이상 되는 날이 계속되는 4월경에 월동처에서 나와 솔잎을 먹고 자라 3회의 탈피를 거쳐 8령충이 됨

7. 잣나무별납작잎벌(잣나무넓적잎벌, *Acantholyda parki*)

① 땅속에 흙집을 짓고 유충으로 월동

② 가해특성 : 잎을 철해서 가해

③ 지표로부터 1~25cm의 흙속에서 유충으로 월동

④ 연 1회 발생하는 것이 보통이며 일부는 2년에 1회 발생

⑤ 지표로부터 5~25cm 깊이의 흙속에서 월동한 유충은 5월 하순~7월 중순에 번데기
⑥ 6월 중순~8월 상순에 성충으로 우화하며 우화 최성기는 7월 상순~하순으로 지역 및 임지환경에 따라 차이
⑦ 성충은 잣나무의 가지 또는 잎에서 교미하고 그 해에 새로 나온 침엽의 위쪽에 1~2개씩 산란

8. 누런솔잎벌[*Neodiprion sertifera*(Geoffroy)]

① 연 1회 알로 월동
② 유충이 모여 살면서 솔잎을 식해
③ 어린 소나무림과 소개된 임분 및 임연부에 많이 발생하며 울폐된 임분에는 거의 없음
④ 묵은 잎을 식해, 나무가 죽는 경우는 적으나 피해가 계속되면 고사
⑤ 4월 중순~5월 상순에 부화하여 2년생 잎을 식해
⑥ 유충기는 평균 30일로서 수컷은 4회, 암컷은 5회 탈피하여 종령 유충이 됨
⑦ 노숙한 유충은 5월 하순부터 땅으로 내려와 낙엽, 지피물 밑 또는 2~3cm 깊이의 흙속에서 고치를 짓고 그 속에서 유충으로 약 150일 경과

9. 미국흰불나방(*Hyphantria cunea* Drury)

① 1년에 보통 2회 발생, 수피 사이나 지피물밑 등에서 고치를 짓고 그 속에서 번데기로 월동
② 가해수종 : 대부분의 활엽수 160여종
③ 피해 : 북미 원산, 아시아 지역에 침입(1958년 한국)
④ 유충 1마리가 100~150cm^2의 잎을 섭식하며 1화기보다 2화기의 피해가 심함
⑤ 산림 내에서 피해는 경미한 편이나 도시 주변의 가로수, 조경수, 정원 수에 특히 피해가 심함
⑥ 방제 : 유충이 분산하기 전에 지엽을 제거. 트리므론수화제, 디프수화제를 살포

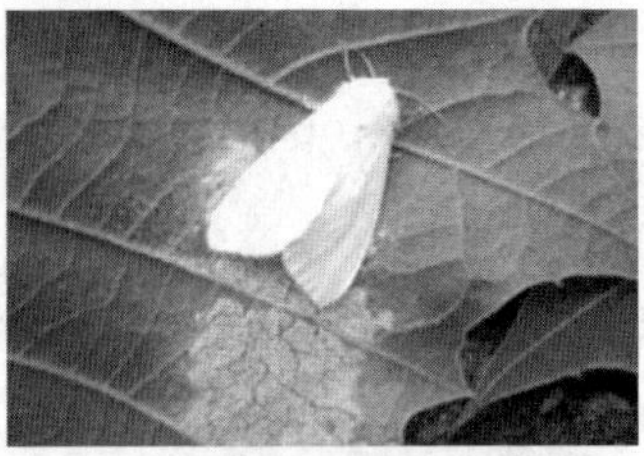

미국흰불나방(유충)　　　미국흰불나방(번데기)

10. 매미나방(집시나방, *Lymantria dispar* Linnaeus)

① 연 1회 발생하여 알로 줄기에서 월동
② 유충기간은 45~66일로 기주식물에 따라 차이가 있음
③ 4월 중순경 부화, 6월 중순~7월 상순 번데기
④ 유충 1마리가 1세대 동안 수컷이 700~1,100cm^2, 암컷이 1,100~1,800cm^2의 참나무 잎을 먹음
⑤ 4월 중순경 부화, 7월 상순~8월 상순 우화
⑥ 방제 : 난괴를 4월 이전에 채취 소각. 유충기에 주론, 디프, 메프수화제를 살포

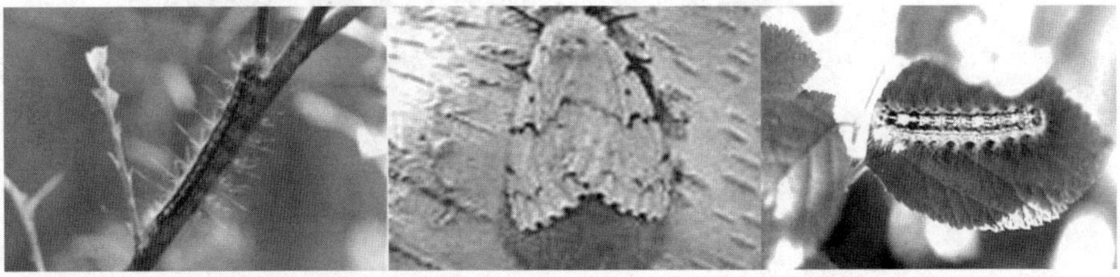

11. 남포잎벌(*Caliroa carinata* Zombori)

① 1년에 1회 발생 유충상태로 토양 내에서 월동
② 1996년부터 경북 상주지방의 신갈나무림에서 발생
③ 유충이 엽육만 식해, 피해잎은 갈색으로 변색
④ 우화 최성기는 6월 중 · 하순
⑤ 기주의 잎 뒷면에 잎맥을 따라 일렬로 산란하며 산란수는 150~200개 정도

⑥ 유충발생 초기인 6월 하순~7월 상순에 페니트로티온 유제(50%) 1~2회 살포
⑦ 포식성천적인 풀잠자리류, 무당벌레류, 거미류, 응애류 등을 보호, 기생성 천적인 좀벌류, 맵시벌류, 기생파리류 등을 보호
⑧ 유충이 모여서 잎을 가해하므로 피해 잎을 채취하여 소각
⑨ 방제 : 잎맥에 일렬로 산란한 잎을 채취하여 소각

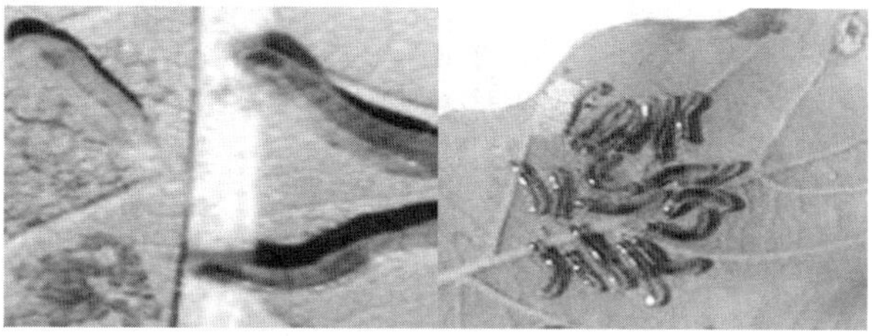

12. 극동등에잎벌(*Arge similis* Vollenhoven)

① 유충은 5~9월에 철쭉류, 영산홍의 잎을 가해하고 잎 뒷면에 군서
② 대발생하면 잎 전체를 식해하여 고사시킴
③ 잎의 가장자리에서 주맥을 향해 먹으면서 주맥만 남김
④ 연 3~4회 발생하며 고치(낙엽 밑 또는 흙속)를 짓고 그 안에서 유충으로 월동
⑤ 암컷성충은 톱과 같은 산란관을 잎 가장자리 조직 속에 삽입하여 산란
⑥ 처음에는 여러마리가 함께 있다가 자라면서 분산함
⑦ 암컷 성충은 단위생식

13. 장미등에잎벌(*Arge pagana* Panzer)

① 유충이 군서하면서 잎을 식해 잎가부터 식해하며 주맥만 남김
② 성충의 체장은 8mm 정도, 머리와 가슴은 흑색이고 배는 황색
③ 애벌레가 처음에는 가위로 오려낸 듯 둥근 모양으로 먹는 습성
④ 1년에 3회 발생하나 추운 지역에서는 2회만 발생
⑤ 애벌레 형태로 토양 속에서 월동

⑥ 풀잠자리, 무당벌레, 거미 등 포식성 천적과 좀벌, 맵시벌, 기생파리 등 기생성 천적이 있으므로 보호

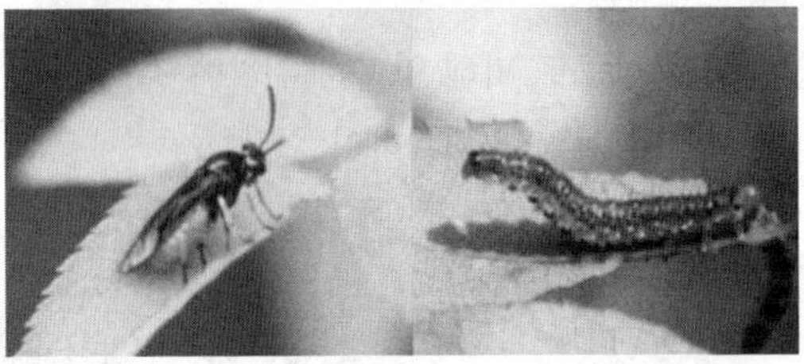

14. 개나리잎벌(*Apareophora forsythiae* Sato)

① 개나리 잎만 식해, 피해가 심한 때 줄기만 남음
② 유충은 모여 살며 가해기간은 약 1개월
③ 도로변, 공원 등 개나리 식재면적이 증가됨에 따라 피해가 심해지는 경향
④ 연 1회 발생, 노숙유충태로 흙집을 짓고 그 속에서 월동
⑤ 성충은 4월에 부화하여 매개엽 조직 속에 1~2열로 산란하며 수명은 6일 정도

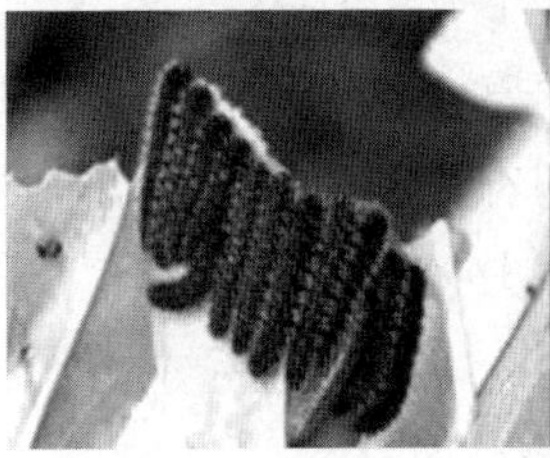

15. 솔잎벌[*Nesodiprion japonicas*(Marlatt)]

① 날개는 투명하며 다리는 검은색이고 두흉부에는 점각이 있음
② 수컷의 가운데 가슴은 황백색, 더듬이에 우상돌기 있음
③ 홑눈과 안판을 제외하고는 작은 털이 밀생
④ 유령림에 많이 발생하며 잎을 식해하며 밀도가 높으면 임목을 고사시킴
⑤ 연 2~3회 발생하며 그 해의 온도와 환경조건에 따라 다름
⑥ 성충은 침엽 중간 부근에 한 잎당 한 개의 알을 낳고 산란수는 약 70개 정도
⑦ 항상 침엽의 끝을 향해 머리를 두고 잎을 가해

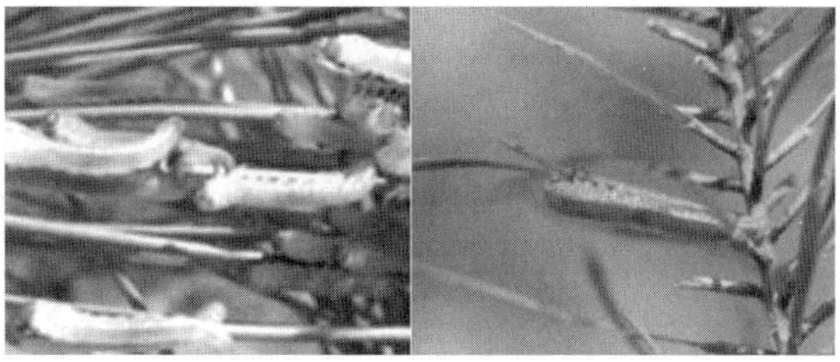

16. 낙엽송잎벌[*Pachynematus itoi*(Okutani)]

① 국지적으로 대발생하며 뭉쳐서 잎을 갉아 먹어 가지만 앙상하게 남기며 임분전체가 잿빛으로 변함
② 3령부터는 분산하여 가해하며 신엽을 가해하지 않고 2년 이상 잎만 가해. 한번 발생한 지역에서는 재발생하지 않는 전형적인 돌발해충
③ 1화기는 성비가 암수=1 : 9 정도로 수컷이 절대적으로 많지만 2화기는 오히려 암컷이 약 60%로 수컷보다 비율이 높음
④ 산란은 주로 1단지엽－2단지엽－3단지엽 순으로 함
⑤ 유충의 1~4령까지는 군서 생활하며 5령은 흩어져서 가해함
⑥ 천적으로는 맵시벌 2종과 북방청벌붙이기생봉 및 기생파리류를 보호

17. 호두나무잎벌레[*Gastrolina depressa*(Baly)]

① 갓 부화한 유충은 분산하지 않고 군상으로 잎을 섭취하며 2령부터 분산하여 가해
② 3령은 흩어져서 가해하며 주맥을 남기고 엽육만 가해, 새순의 엽육만 남기고 먹기 때문에 기주가 고사한 것처럼 보임
③ 연 1회 발생하며 6월 하순에 우화한 신성충은 이듬해 4월까지 낙엽 밑이나 수피틈에서 성충태로 월동
④ 번데기는 잎 뒷면이나 가해한 엽맥에 매달려 있음

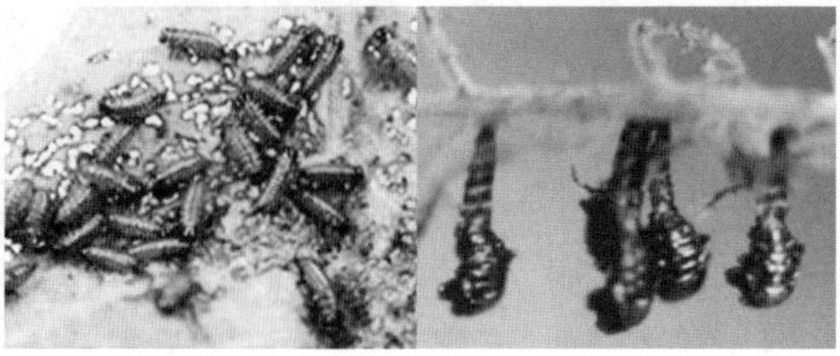

18. 버들잎벌레(*Chrysomela vigintipunctata* Scopoli)

① 성충과 유충이 버드나무, 포플러류의 잎을 식해, 묘목이나 어린 나무에 피해가 심함
② 연 1회 발생하며 성충으로 흙속에서 월동
③ 성충은 4월경에 출현하여 새잎을 식해하며 잎 뒷면에 수십 개의 알을 덩어리로 산란
④ 어린유충은 군서하여 잎을 식해하고 성장하면 분산하여 잎맥만 남기고 식해. 5월경에 노숙유충은 잎 뒷면에 꼬리를 붙이고 번데기가 됨

19. 참긴더듬이잎벌레[*Pyrrhalta humeralis*(Chen)]

① 유충이 새잎을 잎맥만 남기고 식해
② 성충의 피해는 7월 상순~8월 상순, 유충과 동시에 가해
③ 피해로 나무가 죽지는 않으나 피해부위가 갈색으로 변함
④ 연 1회 발생하며 가해수종의 동아나 가지에서 알로 월동
⑤ 생물적 방제 : 천적인 무당벌레류, 풀잠자리류, 거미류, 조류 등을 보호
⑥ 물리적 방제 : 동아나 새가지에서 월동 중인 알을 제거, 문질러 죽임, 유충이 가해 중인 잎을 채취하여 소각

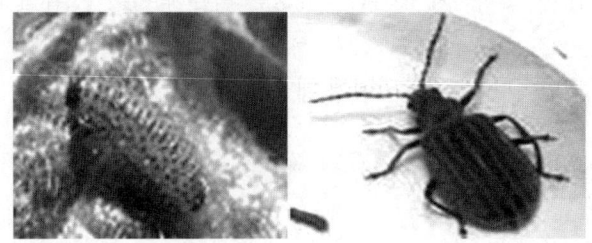

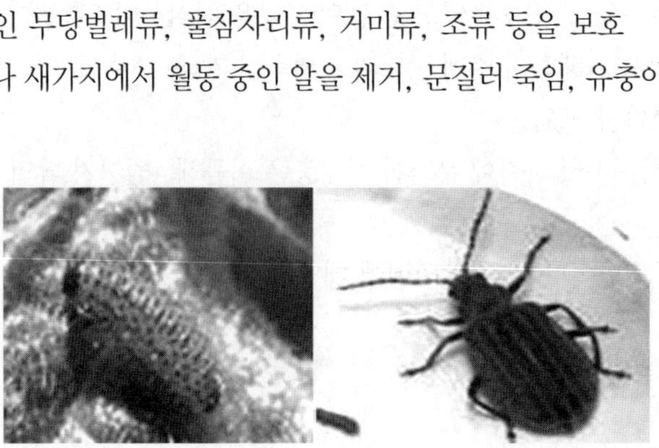

20. 제주집명나방[*Orthaga olivacea*(Warren)]

① 가지 끝부분의 잎을 얽어매어 커다란 바구니모양의 집에 그 속에 유충이 몇 마리씩 살면서 잎 가해, 때때로 대발생하여 나무전체의 가지 끝부분에 많은 집을 만듦
② 식해로 인해 잎의 수가 현저히 감소, 피해는 8~9월에 나타남
③ 고치 속의 유충으로 월동
④ 난지의 녹나무에는 넓은 범위에 걸쳐 발생
⑤ 밑가지의 부분, 집 속에는 다시 실로 꾸러미모양의 가늘고 긴 집을 만들고 그 속에 유충이 살고 있기 때문에 약제의 효과가 충분히 발휘되지 않음

21. 자귀뭉뚝날개나방(*Homadaula anisocentra* Meyrick)

① 한국, 일본, 중국, 북아메리카에 분포
② 자귀나무, 주엽나무 등 가해
③ 유충이 실을 토하여 잎끼리 겹치게 그물망을 만들고 집단으로 갉아먹음
④ 배설물이 그물망 안에 남아 있어 지저분하게 보임
⑤ 성충 앞날개 광택, 암갈회색에 검은색 점
⑥ 연 2회 발생, 번데기로 월동

22. 목화명나방[*Notarcha derogata*(Fabvicius)]

① 무궁화에 특히 피해를 줌
② 유충이 잎을 둥글게 말고 그 속에서 가해
③ 어린유충은 거미줄을 치고 잎 살만 가해하지만 자라면서 잎 전체를 말고 가해
④ 연 2~3회 발생하고 유충으로 월동

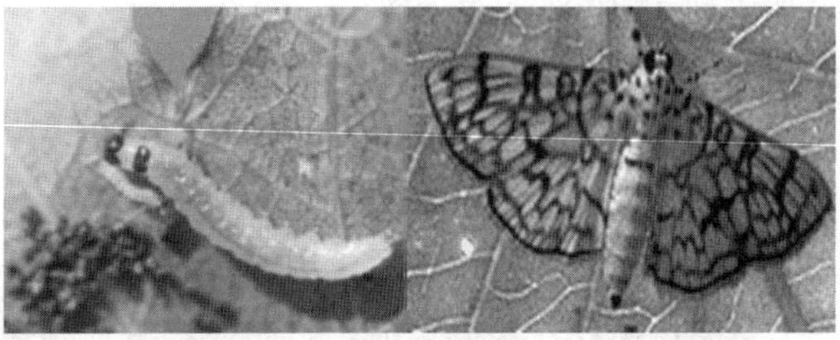

23. 벚나무모시나방[*Elcysma westwoodi*(Vollenhoven)]

① 어린 유충은 잎 뒷면의 잎살만을 가해, 중령 때는 잎에 작은 구멍을 만들면서 가해, 노숙하면 모조리 식해
② 유충이 주로 장미과 식물의 잎을 가해 돌발적으로 대발생
③ 연 1회 발생하며 어린 유충으로 지피물이나 낙엽 밑에서 집단 월동
④ 성충은 낮에 활동, 밤의 불빛에도 모이며 교미 전인 이른 아침에 수십마리가 군비하는 것이 특징

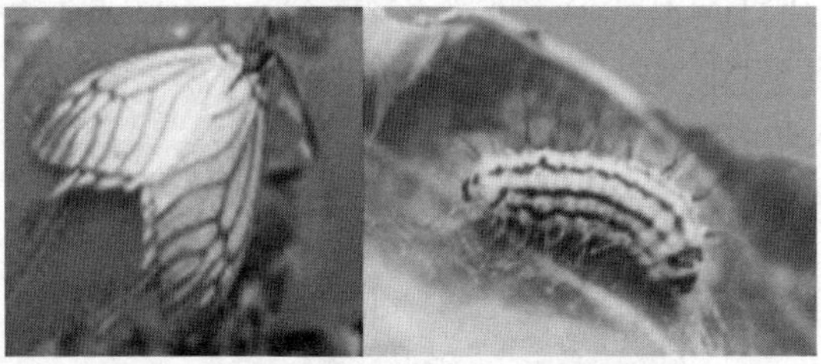

24. 황다리독나방[*Ivela auripes*(Butler)]

① 1년에 1회 발생, 난괴형태로 월동
② 유충이 단식성으로 층층나무의 잎만 식해하며, 유충 한 마리의 섭식량은 많으나 대발생하지는 않음. 주맥을 남기고 모조리 섭식
③ 부화 유충이 난각을 섭취하지 않고 수간을 타고 올라가 층층나무의 새순을 가해
④ 황다리독나방 기생고치벌 성충과 포식성 천적인 풀잠자리류, 무당벌레류, 거미류 등 및 기생성 천적인 좀벌류, 맵시벌류, 알좀벌류 등을 보호함. 수간에서 월동 중인 난괴를 채취

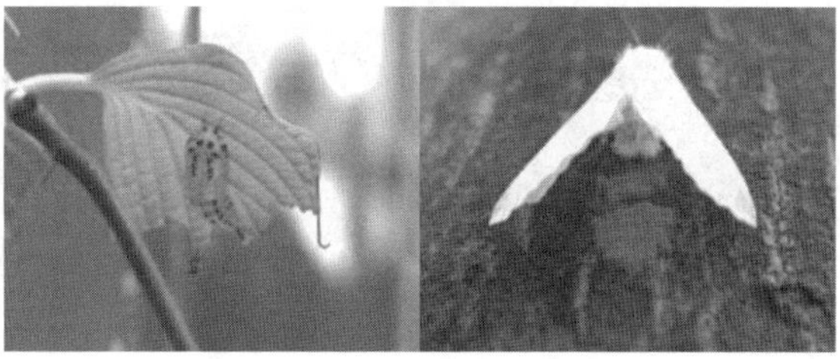

25. 꽃매미, 주홍날개꽃매미(*Lycorma delicatula*)

① 연 1회 발생, 성충은 비를 피할 수 있는 곳이면 나무줄기, 시멘트 기둥 등 어디에나 산란을 하고 알로 월동, 알은 30~50개씩 무더기로 산란

② 피해정보 : 우리나라에서는 2006년 관악산에서 최초로 발견, 이후 경기도와 충청남도의 포도밭에서 발생

③ 중국, 일본, 인도 등에 분포하는 종으로 우리나라에서 발생된 꽃매미는 중국에서 유입된 외래해충으로 추정

④ 약충과 성충이 줄기에서 즙액을 빨아먹어 수세를 떨어뜨리고, 배설물에 의해 과실에 그을음이 생겨 상품가치가 저하

26. 회양목명나방(*Glyphodes perspectalis*)

① 유충이 거미줄을 토하여 잎을 묶고 그 속에서 잎을 식해, 대발생하여 잎을 모조리 식해, 년 1~2회 발생, 유충은 6령기를 거침, 유충으로 월동

② 유충시기인 4월과 8월에 페니트로티온유제(50%)

③ 곤충병원성 미생물인 Bt균, 다각체바이러스를 살포

④ 포식성천적 무당벌레류, 풀잠자리류, 거미류등을 보호

⑤ 유충을 쪼아 먹는 조류 및 기생성 천적인 좀벌류, 맵시벌류, 알좀벌류, 기생파리류 등을 보호

⑥ 피해가 심한 가지는 제거하여 소각, 벌레의 밀도가 낮을 때는 손으로 잡아 제거

27. 천막벌레나방(텐트나방, *Malacosoma neustia* Linne)

① 연 1회 발생하고 알은 반지 모양모양으로 난괴상태로 월동
② 4월 중 · 하순에 부화하며 부화유충은 실을 토하여 천막모양의 집을 만들고 낮에는 그 속에서 쉬고 밤에만 나와 식해
③ 4령기까지는 모여 사는 생활을 하고 5령기부터는 분산하여 가해
④ 6월 중순경 노숙한 유충은 나뭇가지나 잎에 황색의 고치를 만들고 번데기가 됨
⑤ 대발생한 때에는 한 나무를 다 먹고 나면 다른 나무로 이동하여 가해

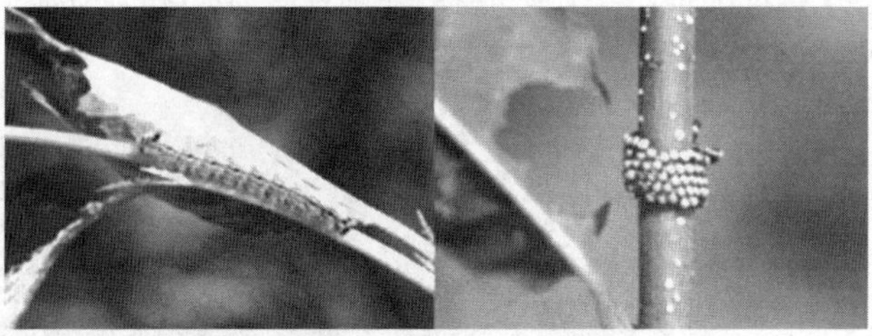

28. 어스렝이나방[밤나무산누에나방, *Dictyoploca japonica*(Moore)]

① 한국, 일본, 시베리아에 분포
② 밤나무, 호두나무, 대추나무, 감나무, 배나무, 사과나무, 참나무류, 배롱나무, 단풍나무류, 뽕나무 등 활엽수 가해
③ 피해 : 밤나무에서 많이 발생하며 국소적으로 대발생
④ 생태 : 연 1회 발생하며 줄기의 수피위에서 알로 월동
⑤ 4월 하순~5월 초순 어린 유충은 모여 살면서 잎을 가해, 성장하면서 분산 가해
⑥ 산란은 1~3m의 높이의 줄기에 300개 내외의 알을 무더기로 산란
⑦ 4월 이전에 나무 줄기의 알덩이를 제거, 어린 유충기인 5월에는 군서생활을 하므로 피해 잎을 채취하여 땅에 묻거나 소각

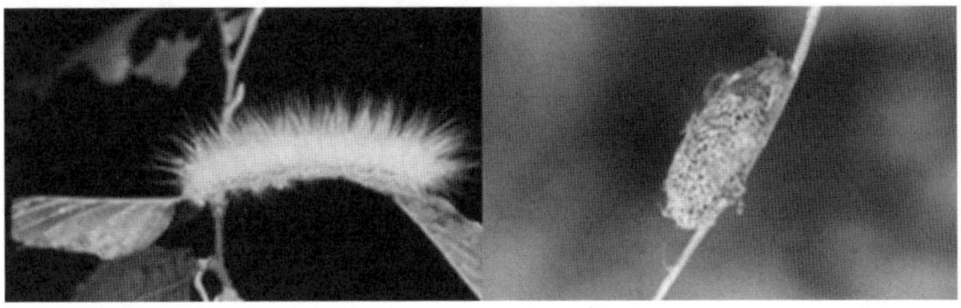

29. 차주머니나방[*Eumeta minuscula*(Butler)]

① 산지에서는 밀도가 낮으나 정원수, 가로수, 과수재배지 등에 밀도가 높음
② 가해 나무의 잎을 식해하나 크게 피해를 주지는 않음
③ 연 1회 발생하며 주머니 안에서 유충으로 월동
④ 성충은 5월 하순~8월에 우화하며 수컷 성충은 저녁에 활발히 날아다니며 주머니 속에 있는 암컷과 교미
⑤ 암컷 성충은 주머니 속에서 산란하며 알은 6월 하순~8월 상순에 부화하여 주머니에서 탈출하여 바람을 이용하여 분산
⑥ 유충은 가을까지 잎을 식해한 후 주머니 상단을 가지에 고정시키고 월동, 기생파리류가 천적으로 알려져 있으므로 보호

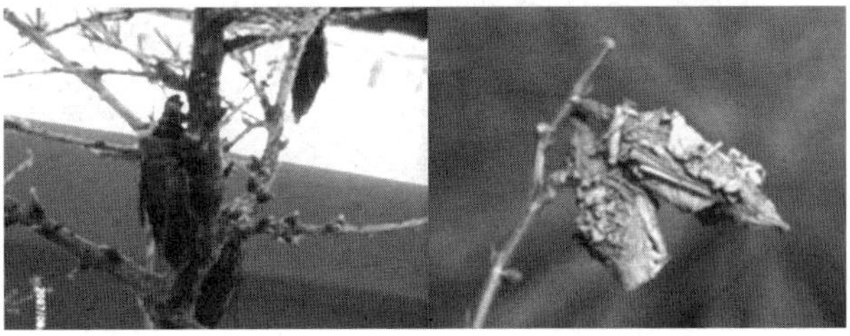

30. 주둥무늬차색풍뎅이[*Adoretus tenuimaculatus*(Waterhouse)]

① 한국, 중국, 일본, 대만, 인도에 분포
② 밤나무, 사과나무, 배나무, 감나무, 포도나무, 참나무류, 호두나무, 대추나무, 오리나무 등 대부분의 활엽수
③ 성충이 가해 수종의 잎을 잎맥만 남기고 식해하며, 주위에 풀이 많으면 피해가 자주 발생함. 암컷 성충의 몸길이는 9.5~12mm
④ 몸은 짙은 갈색, 앞날개에 백색의 짧은 털로 된 점모양의 무늬, 유충은 유백색
⑤ 생태 : 연 1회 발생, 성충으로 월동하여 이듬해 5~6월에 출현하여 잎을 식해, 성충은 야행성 산란은 흙속에 하며, 유충은 부식질이나 잡초의 뿌리를 가해함

31. 구리풍뎅이[*Anomala cuprea*(Hope)]

① 성충은 감나무 등 기주식물의 잎을 식해, 유충은 땅속에서 각종 묘목의 뿌리를 잘라 먹거나 껍질을 갉아 먹어 큰 피해
② 연 1회 발생하며 유충은 땅속 30cm 아래에서 월동하지만 추운 지방에서는 2~3년에 발생함. 성충은 7~9월에 출현하며, 우화 최성기는 8월
③ 부화한 유충은 부식질이나 식물의 세근을 먹고 2~3령의 노숙유충기에는 묘포에서 묘목의 뿌리를 먹음
④ 파종 또는 상체시기에 이미다클로프리드 입제(2%), 포식성천적인 거미류, 무당벌레류, 풀잠자리류, 조류 등을 보호, 유아등 또는 유살 등을 설치

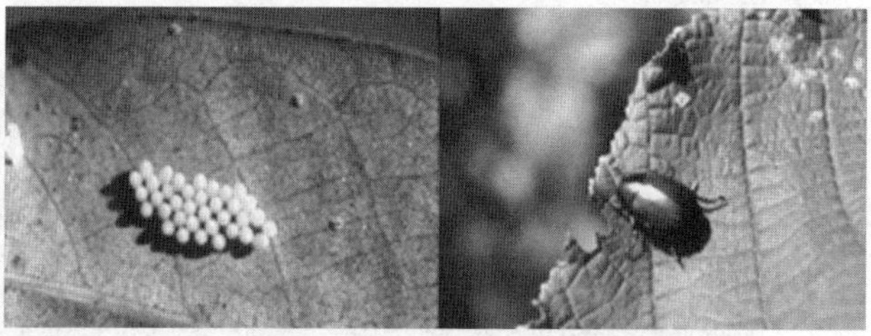

32. 오갈피나무이[*Heterotrioza ukogi*(Shinji)]

① 1년에 2회 발생하며 성충으로 월동
② 소량의 왁스 물질
③ 잎과 줄기에 기생하여 직접적인 흡즙에 의한 피해, 충영을 형성
④ 좁은 면적에 많은 개체가 충영을 형성하는 경우는 충영이 상호 연결되어 모양이 불규칙하고 흉함
⑤ 월동한 성충은 4월 상순~5월 중순까지 월동처(이끼 등)에서 오갈피나무의 잎이나 줄기로 이동하기 시작
⑥ 4월 하순에 가장 많은 개체수가 발생

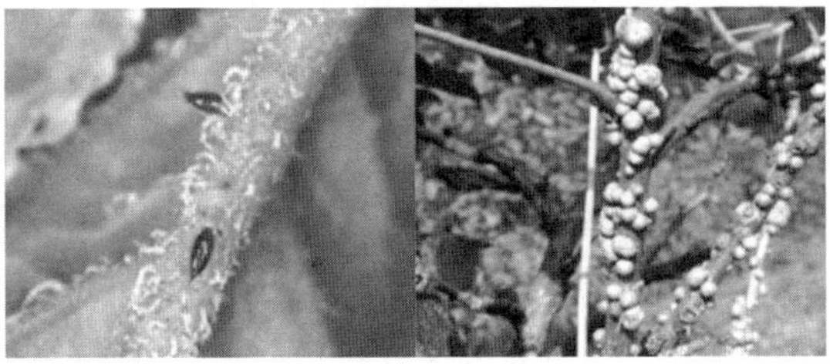

33. 대벌레목[*Baculum elongatum*(Thunberg)]

① 한국, 일본 분포, 밤나무, 사과나무, 배나무, 감나무, 포도나무, 호두나무, 참나무류, 아까시나무, 대추나무 등 대부분의 활엽수
② 산림이나 과수 해충으로 오래 전부터 알려져 있으며 때때로 대발생하고 약충과 성충이 집단적으로 대이동함. 잎을 모조리 먹어 피해받은 나무가 고사하거나 죽지는 않으나 미관상 보기는 흉함
③ 생태 : 연 1회 발생하며 알로 월동하며 3월 하순~4월에 부화
④ 생물적 방제 : 알과 어린 약충을 포식하는 포식성 천적 풀잠자리, 무당벌레류, 사마귀류, 풀색딱정벌레, 검정명주딱정벌레, 청노린재 등을 보호

34. 느티나무벼룩바구미[*Rhynchaenus sanguinipes*(Roelofs)]

① 5~6월에 피해받은 잎이 갈색으로 변함. 성충의 몸길이는 2~3mm이며 황적갈색
② 연 1회 수피에서 월동, 4월 중순~5월 초순에 출현하며 잎에 1~2개 산란
③ 5월 초~하순에 잎속으로 잠입 성장, 성충과 유충이 엽육을 식해
④ 피해를 받은 나무가 고사되는 경우는 드물지만 5~6월에 피해받은 잎이 갈색으로 변해 경관을 해침
⑤ 성충은 주둥이로 잎표면에 구멍을 뚫고 흡즙, 유충은 잎의 가장자리를 갉아 먹음

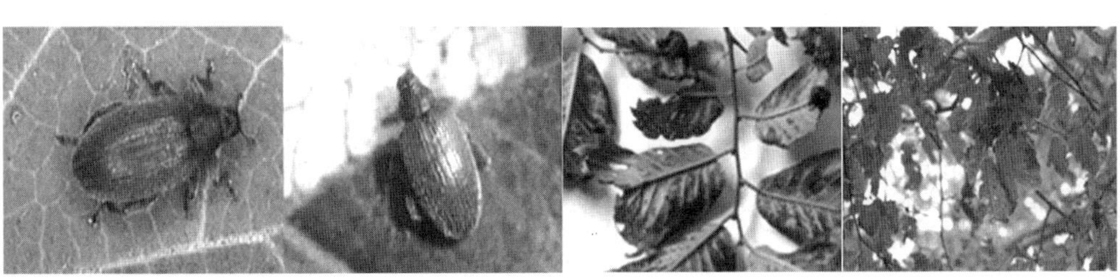

PART 02 수목해충학

35. 복숭아유리나방(*Synanthedon hector* Butler)

① 1년에 1회 발생, 우화최성기는 8월 초순
② 유충이 줄기나 가지의 수피 밑 형성층 부위를 식해하므로 나무가 쇠약
③ 가해부에 가지마름병균이나 부후균이 들어가 심하면 나무 전체가 고사
④ 노숙유충은 수피 밑에 고치를 짓고 번데기가 되며 번데기는 꼬리 끝의 가시를 이용해 몸은 반 정도 밖으로 내놓고 우화하는 습성
⑤ 성충은 주행성이며 교미하지 않은 암컷은 강한 성페로몬을 발산하여 수컷을 유인
⑥ 교미는 오후 5~6시경에 가장 많이 하고 수피의 갈라진 틈에 산란

복숭아유리나방 유충

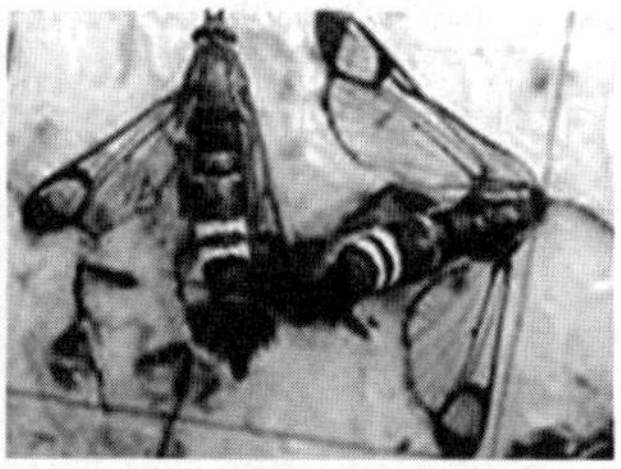
복숭아유리나방

36. 향나무하늘소[측백나무하늘소, *Semanotus bifasciatus*(Motschulsky)]

① 유충은 수피를 뚫고 침입해 형성층을 갉아먹음
② 유충이 형성층을 가해할 때 목설을 밖으로 배출하지 않음
③ 연 1회 발생하고 줄기나 가지의 가해부위에서 성충으로 월동
④ 유충은 형성층을 불규칙하고 편평하게 먹어 들어가면서 갱도에 똥을 채워 놓음
⑤ 9월에 노숙유충이 되면 목질부속으로 뚫고 들어가 번데기 집을 만들고 번데기가 됨

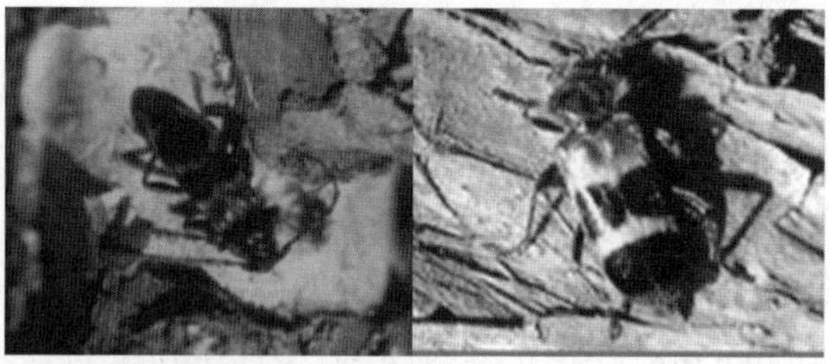

37. 알락하늘소(*Anoplophora malasiaca* Thomson)

① 유충이 줄기의 아래쪽에서 목질부 속으로 파먹어 들어가며 톱밥과 같은 부스러기를 밖으로 배출되어 쉽게 발견
② 종령유충 시기에 아래쪽 지제부로 이동하여 줄기의 형성층을 식해하므로 피해 발생

③ 최근 조경수, 정원수에서 피해가 심하며, 특히 은단풍나무에 피해가 심함
④ 1회 노숙유충으로 월동, 성충 우화시기는 6월 중순~7월 중순
⑤ 산란기에 수간 밑동을 비닐로 싸거나 석회유를 도포. 이유화탄소로 훈증

38. 미끈이하늘소(참나무하늘소, *Massicus raddei*)

① 2년에 1회 발생하며 10~20년생의 건전목에 피해가 많음
② 유충이 형성층을 식해하며 수액의 이동을 차단
③ 목질부에 구멍을 뚫어 놓으므로 목재의 가치를 떨어뜨리고 피해 부위가 바람에 잘 부러짐
④ 성충은 7~8월에 출현하여 야간에 활동하며 가지 흔적, 수피의 상처부위에 주로 산란. 노숙유충은 섭식량이 많아 많은 톱밥을 밖으로 배출

39. 북방수염하늘소(*Monochamus saltuarius*)

① 중부지방의 잣나무림에서 소나무재선충을 매개하는 곤충
② 직접적인 피해는 크지 않으나 소나무재선충 매개충이기 때문에 문제해충으로 취급
③ 유충이 형성층과 목질부를 식해, 주로 수세 쇠약목, 고사목에서 발견 건전한 나무에는 산란을 하지 않음
④ 연 1회 발생하고 유충으로 월동하며 2년에 1회 발생
⑤ 침입공으로부터 1~2cm 깊이에 번데기집을 만들고, 그 속에 유충이 서식
⑥ 목질부속의 가해부위에서 월동한 유충은 4월경에 수피와 가까운 곳에 번데기 집을 만들고 번데기가 됨

40. 솔수염하늘소(*Monochamus alternatus* Hope, 1842)

① 소나무재선충을 매개하는 곤충
② 소나무류의 수피 밑에서 유충이 형성층과 목질부를 식해
③ 주로 수세 쇠약목, 고사목에서 발견되며 건전한 나무에는 산란을 하지 않음
④ 수피와 목질부 사이에 길이 1cm 내외의 목설이 밀집되어 있음
⑤ 연 1회 발생하고 유충으로 월동하며 추운 지방에서는 2년에 1회 발생
⑥ 목질부속의 가해부위에서 월동한 유충은 4월경에 수피와 가까운 곳에 번데기 집을 만들고 번데기가 됨
⑦ 최성기는 6월 중 · 하순, 수피에 약 6mm 가량 되는 원형의 구멍을 만들고 밖으로 나와 어린 가지의 수피를 갉아 먹음(후식)

※ 북방수염하늘소와 솔수염하늘소 비교

구분	북방수염하늘소	솔수염하늘소
형태 및 특징	• 이마, 윗입술, 큰턱의 강모가 약하게 발달 • 측면에서, 복부 말단의 돌기물이 약하게 발달 • 중간 · 뒷다리 퇴절과 경절 사이의 강모가 약하게 발달	• 이마, 윗입술, 큰턱의 강모가 강하게 발달 • 측면에서, 복부 말단의 돌기물이 강하게 발달 • 중간 · 뒷다리 퇴절과 경절 사이의 강모가 강하게 발달
체장(mm)	♀ 18.1, ♂ 16.7	♀ 21.0, ♂ 19.9
시기	4월 중순~5월 하순(5중)	6월 중하순(6중)
지역	경기, 강원, 충북, 충남, 전북, 경북에 분포(북방계통)	경남, 전남, 제주 및 경북 일부에 분포(남방계통)
	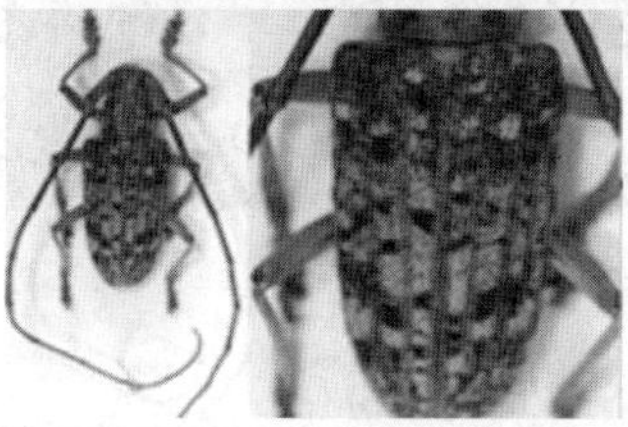	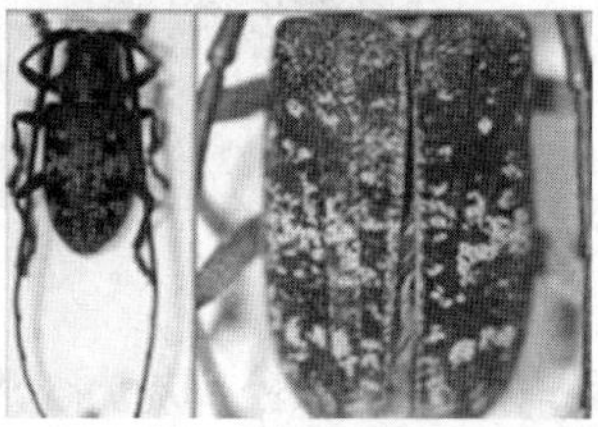

41. 소나무좀(*Tomicus piniperda* Linnaeus)

① 소나무, 곰솔, 잣나무 등 소나무류에만 기생
② 연 1회 발생, 봄, 여름 가해
③ 성충으로 월동하여 3월 말~4월 초에 쇠약목의 수피에 구멍을 뚫고 들어가 1차 피해를 입히고 2회 탈피한 후 번데기를 짓고 6월 초에 2차피해를 입힘
④ 방제 : 봄철 수목이식 시 수간에 살충제를 뿌리고 부직포로 싸매어 성충의 산란을 막거나 훈증함
⑤ 3월 중하순~4월 중순에 수간에 메프, 다수진유제 3~4회 살포

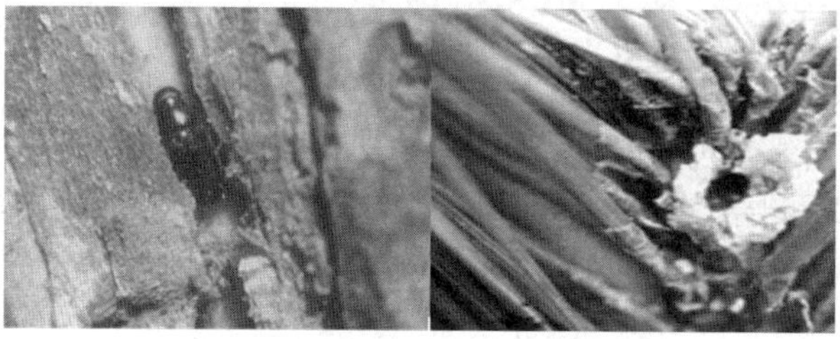

42. 오리나무좀[*Xylosandrus germanus*(Blandford)]

① 가해 : 각종의 침엽수, 활엽수
② 피해 : 건전한 나무보다는 수세가 약한 나무, 벌채 원목, 침적한 나무, 고사목 등을 주로 가해
③ 외부로 백색의 벌레똥을 배출하므로 발견이 용이
④ 목질부에 침입하여 갱도에 암브로시아균을 배양
⑤ 생물적 방제 : 천공성 해충을 쪼아 먹는 각종 조류를 보호
⑥ 물리적 방제 : 번식처의 피해목, 고사목을 제거하여 소각

43. 박쥐나방[*Endoclyta excrescens*(Butler)]

① 어린 유충은 잡초의 지제부, 초본 줄기 환상 식해, 조경수의 수피와 목질부 표면을 환상으로 식해, 거미줄을 토하여 벌레똥과 먹이 찌꺼기로 바깥에 철하므로 혹같이 보임
② 성충발생은 1년 혹은 2년에 한 번씩 발생하며 성충은 8월 하순~10월 상순에 우화
③ 생물적 방제 : 천공성해충을 쪼아 먹는 각종 조류를 보호
④ 물리적 방제 : 피해목, 고사목을 제거하거나 침입 구멍에 철사를 이용하여 유충을 찔러 죽임. 어린 유충기에는 초목류를 가해하므로 풀깎기를 철저히 하면 발생 억제

44. 바구미(*Curculio noidea*)

① 성충의 몸길이가 10mm이며 연 1회 발생 성충으로 월동

② 소나무류, 포플러류, 버드나무류, 모과나무를 가해하며 유충은 형성층을 가해하여 가지를 고사시키고 6~7월에 성충이 새가지에 피해를 줌

③ 바구미 종류

㉠ 떡갈나무벼룩바구미 : 참나무류 중에도 졸참나무, 상수리나무에 특히 피해가 심하며, 성충과 유충이 잎을 가해하여 여름에 잎이 변색, 낙엽.

㉡ 소나무노랑점바구미 : 소나무좀과 마찬가지로 소나무류의 벌채목이나 수세쇠약목을 가해하는 2차해충으로 조경용으로 소나무와 잣나무의 성목을 이식하는 사례가 많아지면서 발생

45. 밤바구미[*Curculio sikkimensis*(Heller)]

① 연 1회 발생, 노숙유충으로 흙집에서 월동, 우화최성기는 9월 상중순

② 밤의 종실해충, 복숭아명나방과 함께 가장 피해를 많이 주는 해충

③ 밤을 수확하여 식용하려고 쪼개면 나오는 벌레가 밤바구미유충

④ 종피와 과육사이에 산란된 알에서 부화한 유충이 과육을 먹고 자람

⑤ 조생종보다 중 · 만생종에 피해가 많고 밤송이의 자모 밀도가 높은 품종에 피해가 낮은 경향

⑥ 알과 유충이 구과내에서 서식하므로 천적의 침입이 어려움

⑦ 성충이 불빛에 잘 유인되므로 유아등이나 유살 등을 이용

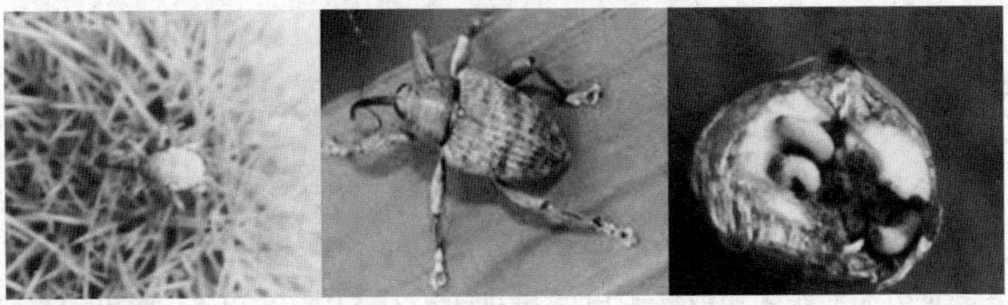

46. 도토리거위벌레[*Mecorhis ursulus*(Roelofs)]

① 연 1회 발생, 노숙유충이 땅속에 흙집을 짓고 월동

② 국내에는 북부, 중부, 남부, 제주도 등지에 분포기록

③ 몸길이는 8.5~10.5mm, 몸은 검은색 혹은 흑갈색

④ 몸 전체에는 황색 또는 겨자색의 긴 털이 반문을 형성. 또한 검은색의 긴 털이 수직으로 서 있음

⑤ 성충은 6~9월에 발견, 참나류의 구과인 도토리에 주둥이로 구멍을 뚫고 산란한 후, 도토리가 달린 가지를 주둥이로 잘라 땅으로 떨어뜨림

⑥ 알에서 부화된 유충이 과육을 식해

47. 복숭아명나방[*Dichocrocis punctiferalis*(Guenee)]

① 한국, 일본, 중국, 대만, 인도, 자바, 호주 등에 분포
② 밤나무에 특히 심하며 호두나무, 포도나무, 과수의 대부분과 침엽수, 잣나무 구과에 특히 피해가 많음
③ 밤을 수확하였을 때 외관상 벌레구멍이 대부분 이 해충의 피해
④ 성페로몬 트랩, 곤충병원성미생물인 Bt균(Bacillus thuringiensis)이나 다각체바이러스를 살포

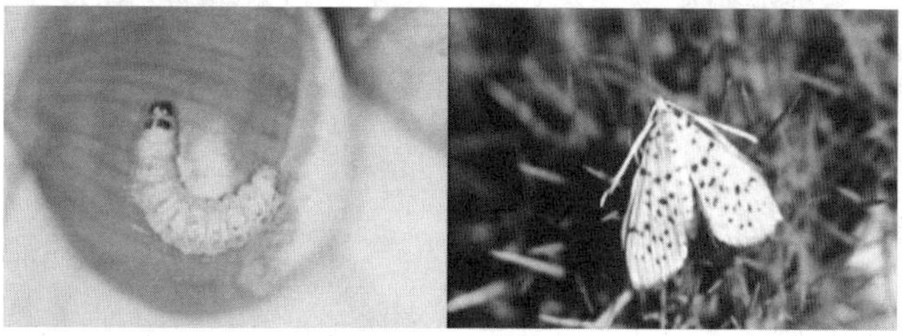

48. 솔거품벌레(*Aphrophora flavipes* Uhler)

① 5~6월경 새 가지에 기생하여 흡즙하며 항시 체표에 거품 모양의 물질을 분비, 약충은 이 거품 안에서 수액을 흡즙
② 대발생하면 새 가지 1개에 5~6마리가 기생
③ 해충의 흡즙에 의한 생장저해 등의 실제적인 피해는 적으나 거품덩어리 때문에 미관을 해침
④ 연 1회 발생하며 나무의 조직 속에서 알로 월동
⑤ 성충은 7~8월경 출현하며 약충과 같이 수액을 흡즙하지만 거품을 분비하지는 않음
⑥ 약충의 동작은 느리지만 성충은 매우 민첩하고 잘 나름

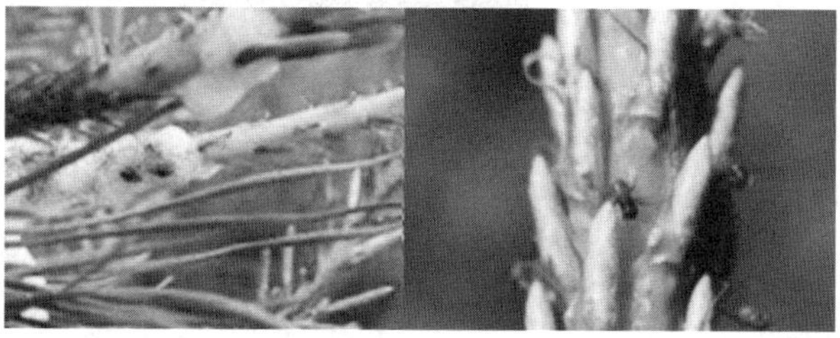

49. 갈색날개매미충(*Ricania* sp)

① 기주식물에 집단 흡즙하면 식물은 생육이 불량해짐. 많은 양의 배설물은 잎이나 과실에 그을음병을 일으켜 상품성을 떨어뜨림

② 가장 큰 피해는 신초 조직을 찢고 알을 낳는 습성으로 인해 신초가 말라죽을 수 있다는 것. 1년생 가지에 열매를 맺는 경우 피해가 치명적임

③ 이동하는 성충을 막기 위해서 방충망 설치. 노란색롤 끈끈이 트랩을 산림에 감아 놓으면, 예찰과 함께 방제효과도 기대

④ 월동 알이 붙어 있는 가지 잘라줘야 하며, 알덩어리는 왁스물질로 덮혀 보호를 받고 있기 때문에 약제 방제가 어려움

50. 벚나무사향하늘소(*Aromia bungii*)

① 벚나무 생식 및 방어 목적으로 냄새를 분비하는 특징인 "사향"

② 벚나무사향하늘소의 체색은 광택이 있는 검은색이나 앞가슴 등판의 일부가 주황색

③ 유충이 줄기 속에서 목질부를 갉아 먹어 외부에 배설물과 수지가 배출

④ 벚나무사향하늘소는 제주도를 제외한 전국에 분포

⑤ 일부 국가에서는 검역 과정에서 발견되어 문제가 되지 않았지만, 벚나무사향하늘소가 정착한 국가에서는 크게 문제

⑥ 2년에 1회 발생하고 줄기나 가지에서 유충으로 월동

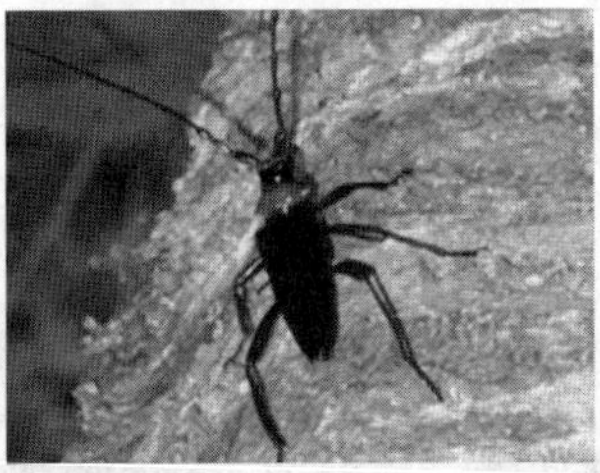

51. 솔잎혹파리(*Thecodiplosis japonensis*)

① 연 1회 발생, 유충으로 월동
② 성충의 몸길이가 2.5mm이내의 작은 파리
③ 5월 중순~7월 중순 사이 불규칙하게 발생
④ 솔잎기부에 충영을 만들고 더이상 자라지 못함
⑤ 수컷은 교미 후 수시간 내 죽고 암컷은 산란을 위해 1~2일 생존
⑥ 천적 : 솔잎혹파리먹좀벌, 혹파리살이먹좀벌이

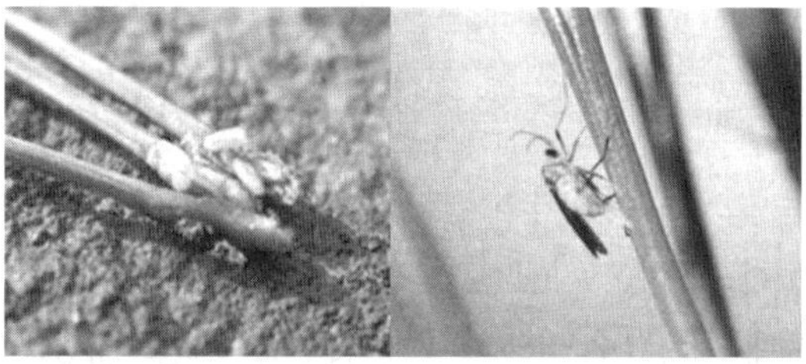

52. 느티나무 외줄진딧물(외줄면충, *Paracolopha morrisoni*)

① 느티나무 잎에 표주박 모양의 녹색 벌레혹을 형성, 수액을 흡즙 가해, 알로 수피 속에서 월동
② 유시태생 암컷성충이 벌레혹으로부터 탈출하면 벌레혹은 갈변하여 경화된 채로 잎 위에 남음
③ 대발생하면 전체잎에 벌레혹이 형성되기 때문에 미관을 해침
④ 5월 하순~6월 상순 대나무로 이주
⑤ 방제 : 포식성 천적인 무당벌레류, 풀잠자리류, 거미류 등을 보호, 피해 잎을 제거하여 소각

53. 때죽나무 납작진딧물[*Ceratovacuna nekoashi*(Sasaki)]

① 때죽나무와 쪽동백에 기생
② 6월 상순에 어린 가지 끝에 황록색의 방추형 혹을 형성
③ 7월에 중간기주인 나도바랭이새로 이주한 후 가을에 다시 돌아옴
④ 약제를 살포하기보다는 타 해충 발생 시 방제를 통하여 동시 방제효과

⑤ 포식성 천적인 무당벌레류, 풀잠자리류, 거미류 등을 보호
⑥ 성충이 탈출하기 전에 벌레혹을 채취 소각

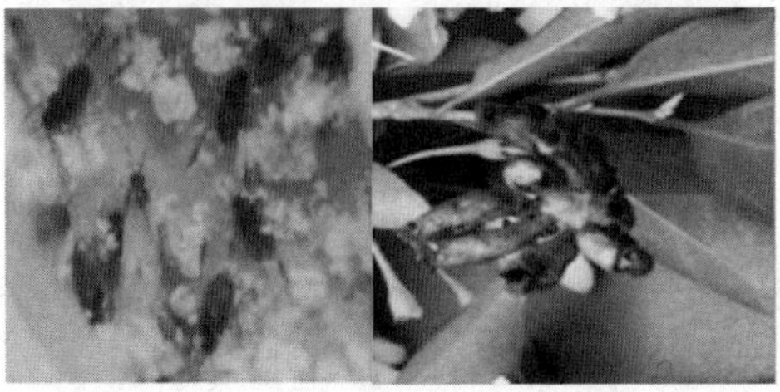

54. 혹응애

① 한 나무 안에서는 스스로 이동하며 멀리 있는 다른 기주로 이동할 경우는 바람, 빗물, 흐르는 물등을 타고 이동하고 곤충, 사람, 가축의 몸에 붙어서 이동함
② 혹응애의 월동은 대부분 기주 식물의 벌레혹 안에서 주로 성충으로 월동하며, 버드나무혹응애의 경우는 이듬해 자라는 겨울눈의 잎과 잎 사이에서 월동함
③ 혹응애로는 회양목혹응애, 밤나무혹응애, 붉나무혹응애, 버들혹응애, 구기자혹응애, 배혹응애 정도가 있으며 최근 이팝나무와 광나무에서도 혹응애가 발견

55. 큰팽나무이[*Celtisapis japonica*(Miyatake)]

① 약충이 잎 뒷면에 기생하여 분비물로 백색의 깍지를 동그랗게 만듦
② 잎 앞면에는 뿔모양의 녹색 벌레혹 형성
③ 연 2회 발생하고 성충은 여름형은 6~7월, 가을형은 10~11월에 출현하며, 알로 월동
④ 이미다클로프리드액상수화제(8%) 1,000배액을 1~2회 살포
⑤ 포식성 천적인 무당벌레류, 풀잠자리류, 거미류 등을 보호
⑥ 피해 잎을 제거하여 소각

56. 사사키잎혹진딧물[*Tuberocephalus sasakii*(Matsumura)]

① 벚나무 새눈에 기생하는 진딧물로 잎표면의 엽맥을 따라서 주머니 모양를 잎맥을 따라 벌레혹 형성
② 벌레혹의 길이는 20mm, 폭은 8mm로 경화
③ 벚나무 가지에서 알로 월동하며 4월 상순에 부화하여 새 눈의 뒷면에 기생
④ 5월 하순~6월 중순 유시태생 암컷이 출현하며 중간기주인 쑥에 이동
⑤ 쑥의 잎 뒷면에서 여름에 있고 10월 하순경 유시 산성암컷과 유시 수컷이 출현
⑥ 포식성 천적인 무당벌레류, 풀잠자리류, 거미류 보호

57. 아까시잎혹파리(*Obolodiplosis robinae*)

① 5월 초순에 우화한 성충은 새 잎에 산란, 부화유충은 새 잎을 말음
② 6월 이후 성숙잎의 가장자리 말아서 피해, 흰가루병과 그을음병 동반
③ 아까시꿀을 채밀하는 시기에 피해가 시작
④ 침투성살충제인 이미다크로프리드 10% 수화제 등
⑤ 풀잠자리유충, 포식성총채벌레, 기생파리류, 기생봉 보호

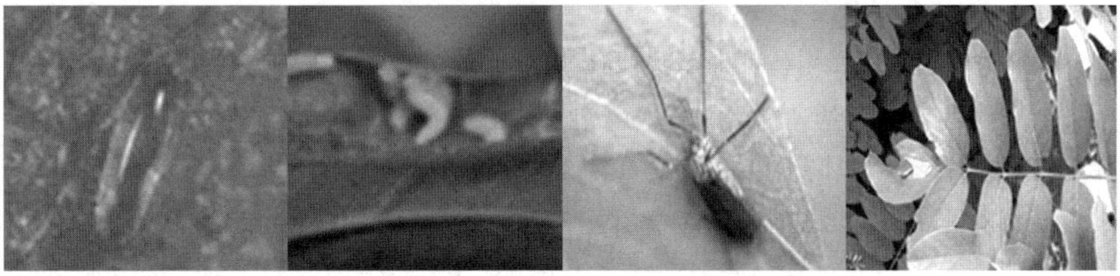

58. 밤나무혹벌(*Dryocosmus kuriphilus*)

① 밤나무의 잎눈에 기생, 직경 10~15mm의 벌레혹 형성, 잎이 밀생, 개화, 결실이 되지 않음
② 벌레혹은 성충 탈출 후 7월 하순부터 말라 죽으며 피해가 심하면 나무 전체가 고사
③ 내충성 품종에 산란하여 부화한 유충은 잘 자라지 못하기 때문에 실질적인 피해가 없음. 돌출하기 전인 4월까지는 육안으로 피해를 식별할 수 없음
④ 중국긴꼬리좀벌, 남색긴꼬리좀벌, 노란꼬리좀벌, 큰다리남색좀벌
⑤ 경종적방제로 내충성품종인 산목율, 순역, 옥광율, 상림 등

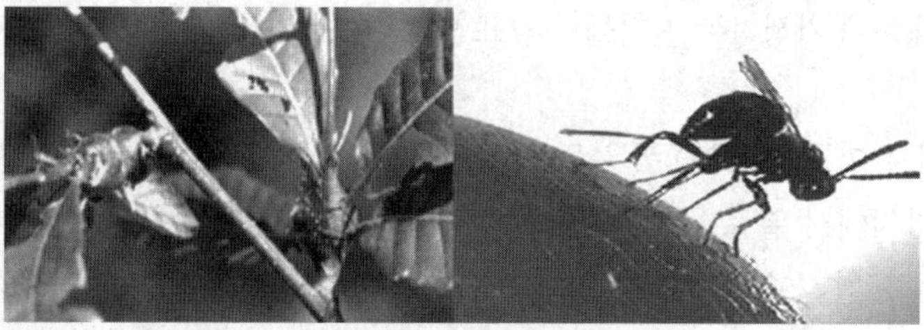

59. 사철나무혹파리(*Masakimyia pustulae* Yukawa et Sunose)

① 연 1회 발생, 벌레혹속에서 3령충으로 월동
② 유충이 사철나무 잎 뒷면에 울퉁불퉁하게 부풀어 오른 벌레혹 형성
③ 성충은 우화 당일 새로 자라고 있는 잎 뒷면에 산란
④ 기생성 천적인 기생봉류와 기생파리류를 보호
⑤ 정원수인 경우 피해 잎을 채취하여 소각하거나 땅에 묻음

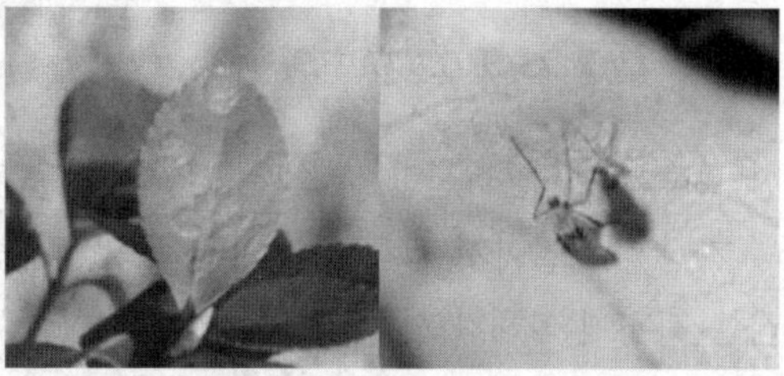

60. 광릉긴나무좀[*Platypus koryoensis* (Murayama)]

① 침입공에 페니트로티온유제(50%) 50~100배액 희석 침입공에 주입
② 피해 임지 피해목을 길이 1m로 잘라 메탐소듐액제(25%)를 m^3당 1ℓ를 처리 1주일 이상 훈증
③ 광릉긴나무좀에 기생하는 천적류를 보호, 딱따구리류 및 해충을 잡아먹는 각종 조류를 보호
④ 피해지의 고사목, 피압목 등 광릉긴나무좀의 서식처를 미리 제거

⑤ 참나무시들음병 방제방법

구분	대상	시기	처리방법 및 기준
소구역선택베기	피해지	11월~이듬해 3월	5ha 미만, 참나무류 위주 벌채
벌채훈증	고사목	7월~이듬해 4월	벌채훈증(메탐소듐), 그루터기도 훈증처리
끈끈이롤트랩	전년도 피해목	4월	중점관리지역 및 고사목을 중심으로 20m 내 집중 설치
	신규 피해목	5~6월	
대량포획장치	전년도 피해목	4월	줄기에 설치
유인목설치	피해지	4월	20cm 원목 이용, 10개소/ha
지상 약제살포	피해지	6월	줄기에 살충제(페니트로티온유 제) 살포

61. 소나무재선충 매개충

① 유충 : 알에서 약 7일 후 부화하며, 형성층 부위를 섭식하며 성장. 수피로부터 목질 내부에 폭 1cm, 길이 3cm 내외의 터널을 만들며 가해하기 시작

② 60~80일 후 성장한 노숙유충은 터널 끝부분에 번데기방을 만들고 월동

③ 겨울을 지난 노숙유충은 이듬해 4~5월에 수피 밑 1~2cm 부위에서 번데기로 용화하는 데 목질부 내 소나무재선충이 매개충체내로 들어가는 시기

④ 성충 : 번데기에서 약 20일 후 성충으로 우화, 직경 5~8mm 원형의 탈출공을 통해 탈출

⑤ 4~8월까지 우화 탈출하며 8~10월까지 임내활동

⑥ 6~10월 쇠약목 또는 고사목에 산란(개체 당 평균 100개 내외, 15~30일간)

⑦ 수천~수십만 마리 선충을 보유 탈출한 뒤 후식을 하며 산란과정에서 감염된 소나무재선충의 매개충이 체내로 침입하는 단계는 2기 유충에서 분산형 3기 유충으로 탈피시기

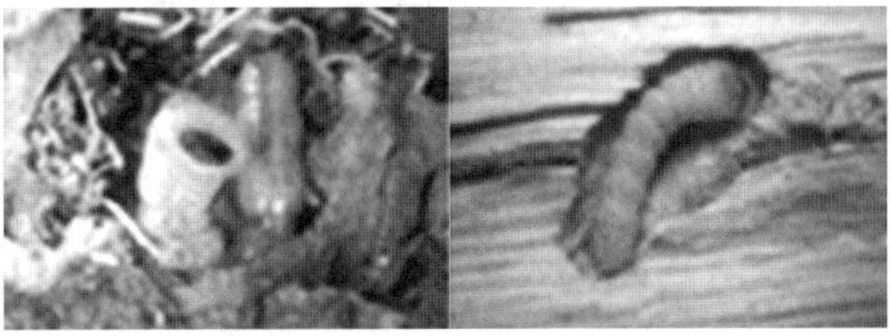

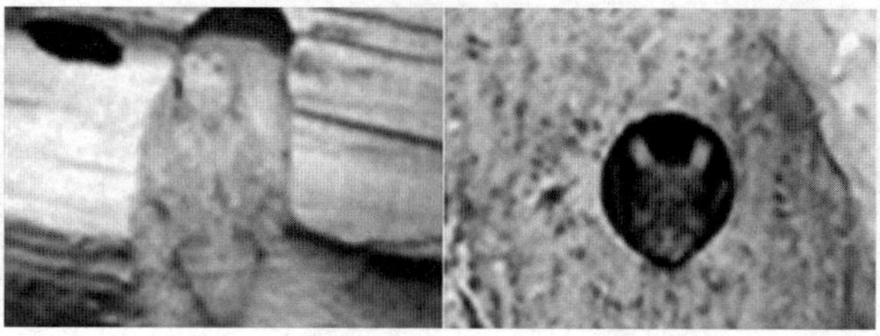

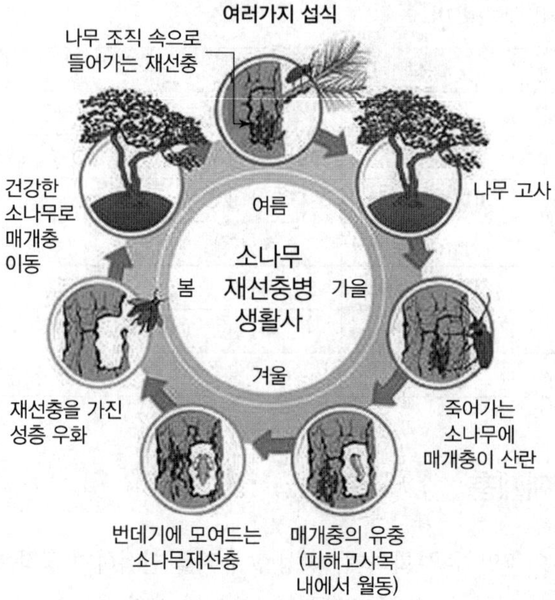

⑧ 북방수염하늘소, 솔수염하늘소방제

㉠ 항공살포, 지상살포

- 북방수염하늘소 분포지역은 4월 중순~6월 하순까지
- 북방수염하늘소와 솔수염하늘소 혼생지는 4월 중순~8월 중순까지
- 솔수염하늘소분포지역은 5월 중순~8월 중순까지
- 살포 횟수는 약효 지속기간을 고려하여 15일 간격으로 반복 실시

㉡ 매개충 유인트랩 설치 : 피해정도가 "극심" 또는 "심"인 지역에서 재선충병피해가 매년 반복적으로 발생하거나 당해연도 피해고사목이 전체 소나무류의 30% 이상 발생한 곳

- 북방수염하늘소만 분포하는 지역 3월 초순~4월 초순까지 설치 완료
- 북방수염하늘소와 솔수염하늘소의 혼생지 3월 초순~4월 초순까지 설치 완료

PART 02 기출 및 연습문제

001 다음 설명 중 해충 방제법으로 옳지 않은 것은? 기출

① 광릉 긴나무좀은 끈끈이트랩을 1.5m 이내 설치한다.
② 미국 흰불나방은 5월 상순~8월 중순에 알덩어리를 소각한다.
③ 솔잎혹파리의 나무주사는 피해 "중" 이상에서 실시한다.
④ 미국선녀벌레는 산림 공공기관 방제 시 옆에 있는 농림지역도 같이 방제한다.
⑤ 솔껍질깍지벌레와 소나무재선충이 혼합 발생한 경우 소나무재선충 방제에 준하여 방제한다.

해설 끈끈이트랩을 2m까지 설치해야 한다.

- 기계적 방제
  - 차단법 : 포살법, 유살법, 소각법, 매몰법, 박피법, 파쇄(소나무재선충 1.5cm 이하), 제재, 진동법, 차단법
  - 포살법 : 알로 월동하는 것들[주홍날개꽃매미, 매미나방(짚시), 밤나무왕진딧물, 천막벌레나방(텐트), 박쥐나방]
  - 유살법 : 나무좀, 하늘소류, 바구미, 소나무재선충매개충
- 솔잎혹파리 : 충영조사율 9~10월, 임의의 5본, 사방 중간가지 신초
- 농작물+ 산림 : 주홍날개꽃매미, 미국선녀벌레, 갈색날개매미충

002 다음 중 곤충과 성충의 입을 옳게 연결한 것은? 기출

① 아까시잎혹파리 – 씹는 입
② 동양 하루살이 – 빨아먹는 입
③ 벚나무 깍지벌레 – 빠는 관입형
④ 벚나무 모시나방 – 뚫어빠는 입
⑤ 불록총채벌레 – 줄쓸어빠는 입

해설
- 뚫어(찔러)빠는 입 : 노린재, 매미, 벼룩, 모기
- 줄쓸어빠는 입(비대칭) : 총채벌레
- 흡관형 입(빨대주둥이) : 나비목
- 흡취형 : 파리
- 씹고는 핥는 입 : 벌
- 입 퇴화 : 하루살이
- 찔러빠는 형 : 깍지벌레, 노린재류

정답 001 ① 002 ⑤

003 다음 중 외래해충이 아닌 것은? 기출

① 솔잎혹파리　② 미국흰불나방
③ 갈색날개매미충　④ 아까시잎혹파리
⑤ 진달래방패벌레

해설 외래침입해충은 천적이 없고 수목의 방어능력이 없다.

외래침입해충 유입 순서

이세리아깍지벌레(1910) → 솔잎혹파리(1929) → 미국흰불나방, 밤나무혹벌(1958) → 솔껍질깍지벌레(1963) → 소나무재선충(1988), 버즘나무방패벌레(1995) → 아까시잎혹파리(2002) → 꽃매미(2006) → 미국선녀벌레(2009) → 갈색날개매미충(2010)

004 다음 중 밤바구미에 대한 설명으로 틀린 것은? 기출

① 배설물을 배출하지 않는다.
② 복숭아명나방과 함께 밤나무의 중요한 종실해충이다.
③ 조생종보다 중, 만생종에 피해가 적다.
④ 노숙유충이 땅속에서 흙집을 짓고 월동한다.
⑤ 종피와 과육 사이에 산란 된 알에서 부화한 유충이 과육을 먹고 자란다.

해설 중, 만생종이 조생종보다 피해가 크다

- 훈증할 시에는 이류화탄소로 25℃에서 용적 $1m^3$당 80ml를 투입하여 12시간 훈증한 후 깨끗한 물에 12시간 침지하였다가 저온에 저장한다.
- 훈증제는 독성이 강하고 중독 위험이 높다.

005 깍지벌레류 중 약충에서 성충까지 이동을 하는 과는? 기출

① 공깍지붙이과　② 왕공깍지벌레과
③ 테두리깍지벌레과　④ 가루깍지벌레과
⑤ 깍지벌레과

해설 도롱이, 짚신, 가루깍지벌레는 약충에서 성충까지 이동한다.

- 깍지벌레 : 대부분 종은 난생(일부 난태생), 약충 이동, 암컷 정착 후 이동 안 함
- 암컷(불완전변태) – 2령 유충 – 성충,
- 수컷(완전변태) – 2령 유충전용 – 번데기 – 날개 가진 성충

정답 003 ⑤　004 ③　005 ④

006 **곤충의 생식기관의 명칭과 기능 중 틀린 것은?** 기출

① 수컷의 정자낭은 수컷의 정자를 저장한다.
② 암컷의 저장낭은 암컷의 난자를 보관한다.
③ 부속샘은 암컷인 경우 보호막이나 점착액을 분비하여 알을 감싼다.
④ 부속샘은 수컷인 정액의 정자주머니를 만들고 정액 형성을 도우며 정자의 이동에 관여한다.
⑤ 알을 낳는 방식은 난생 외에 난태생이나 태생인 경우가 있다.

해설 저장낭은 수컷의 정자가 암컷의 몸 안에 들어가 수정이 이루어지기 전에 교미를 통해 확보된 정자를 보관하는 곳이다.

007 **해충밀도와 관련하여 곤충의 개체군 조사방법 중 표본의 크기가 정해져 있지 않고 관측지 조사 합계가 미리 구분된 계급에 속할 때까지 표본추출 하는 방법은?** 기출

① 원격탐사 ② 전수조사
③ 축차조사 ④ 생명표 이용
⑤ 피해지수조사

해설 직접조사에는 전수, 표본, 축차조사, 원격탐사가 있다. 그중 축차조사는 밀도조사를 순차적으로 누적하면서 방제 여부를 결정하는 방법으로 표본조사와 달리 표본크기가 정해져 있지 않다. 또한, 관측지의 합계가 미리 구분된 계급에 속할 때까지 표본추출을 계속한다. 해충의 밀도에 따라 표본수를 조정, 시간과 노력을 절감하고 신속하게 피해정도를 추정하여 방제여부의 결정 및 방제대상자의 선정에 유용하게 활용한다.

008 **다음 설명에 해당하는 해충으로 옳은 것은?** 기출

- 노숙유충의 몸길이는 35mm
- 유충이 실을 토해 잎을 말고 그 속에서 가해
- 연 2~3회 발생하며 유충으로 월동

① 개나리 잎벌 ② 황다리독나방
③ 회양목명나방 ④ 노랑털알락나방
⑤ 벚나무모시나방

해설 회양목명나방은 유충이 잎 여러 개나 작은 가지를 묶고 그 속에서 가해한다.

정답 006 ② 007 ③ 008 ③

009 **곤충이 번성하게 된 원인과 예시가 잘못 연결된 것은?** 기출

① 날개가 있다. – 유일한 무척추동물이다.
② 외골격이 있다. – 키틴으로 만들어져 있다.
③ 세대교체가 빠르다. – 암컷은 저정낭에 오랫동안 정자를 보관한다.
④ 번식능력이 크다. – 암컷이 무성생식을 통해 자손을 생산한다.
⑤ 변태를 한다. – 유충의 일차적인 기능은 분산과 번식이다.

해설 유충이 아닌 성충의 일차적인 기능에 해당한다.

010 **다음 중 연결이 옳지 않은 것은?** 기출

① 솔나방 – 식엽성 – 협식성
② 미국흰불나방 – 식엽성 – 광식성
③ 천막벌레나방 – 식엽성 – 광식성
④ 목화진딧물 – 흡즙성 – 단식성
⑤ 점박이응애 – 흡즙성 – 광식성

해설 목화진딧물은 광식성에 해당한다. 광식성을 하는 종류에는 목화, 조팝, 복숭아혹진딧물, 전나무잎응애, 점박이응애, 차응애, 미국흰불나방, 독나방, 매미나방, 천막벌레나방, 애모무늬잎말이나방, 오리나무좀, 알락하늘소가 있다.

011 **진딧물과 응애의 공통점으로 옳은 것은?** 기출

① 다리가 3쌍
② 키틴성 외골격
③ 폐쇄순환계
④ 날개
⑤ 환형동물문에 속함

해설 진딧물과 응애는 절지동물문에 속한다.

012 **곤충 A의 발육임계온도는 10℃이다. 4일간 9℃, 12℃, 10℃, 15℃일 때 누적온일도(DD)는?** 기출

① 6
② 7
③ 9
④ 12
⑤ 15

해설
- 유효적산온도(발육에 영향을 미치는 유효온도의 누적된 양) = (발육기간 중의 평균온도 – 발육영점온도) × 발육일 수
- 일반적인 온도 15~32℃, 일장은 휴면 진입 여부를 결정한다.

정답 009 ⑤ 010 ④ 011 ② 012 ②

013 더듬이 형태와 곤충의 연결이 옳지 않은 것은? 기출

① 무릎모양(슬상) – 개미
② 실모양(사상) – 흰개미
③ 가시털모양(자모상) – 집파리
④ 아가미모양(새상) – 풍뎅이
⑤ 짧은털(강모상) – 매미류

해설
- 실모양(사상) : 딱정벌레, 귀뚜라미, 바퀴류, 하늘소
- 염주모양(구술) : 흰개미
- 빗살모양(즐치상) : 나방
- 곤봉모양(방망이) : 무당벌레
- 잎모양 : 풍뎅이
- 깃털모양(우모상) : 수컷의 나방, 모기의 수컷
- 무릎모양(팔굽, 슬상) : 개미, 바구미
- 톱니모양(거치상) : 방아벌레

014 수목 해충에 대한 설명 중 옳지 않은 것은? 기출

① 황다리독나방 : 참나무류를 가해하는 단식성이며 난괴형태로 월동한다.
② 매미나방 : 알로 수간에서 월동하며 암컷은 몸이 무거워 날지 못한다.
③ 밤나무혹벌 : 연 1회 발생하며 눈의 조직에서 유충으로 월동한다.
④ 솔껍질깍지벌레 : 하기휴면을 6월부터 중 4개월간 하며 11월 이후 후약충이 가장 큰 피해를 준다.
⑤ 향나무하늘소 : 수간이나 가지를 환상으로 가해, 피해발견이 어렵다.

해설 황다리독나방은 층층나무(단식성)의 잎만 식해하며 난괴형태로 월동한다.

015 집합페로몬의 대한 설명 중 옳지 않은 것은? 기출

① 종 내 또는 종간에 신호를 보내는 신호물질이다.
② 외분비계물질이다.
③ 알로몬의 일종이다.
④ 암수 특이성이 없다.
⑤ 먹이의 공유, 사회성을 유지하는 데 사용된다.

해설 종 특이성이 매우 높으며, 감도가 높아 미량으로도 큰 효과가 있다. 환경오염이 없으며 다양한 화학적 성분으로 구성되고 인위적 합성이 가능하다.
- 알로몬 : 방어를 위해 이용되는 화학적 대응 수단, 포식자에 대한 이용(배설물, 독소)
- 카이로몬 : 수신자 유리

정답 013 ② 014 ① 015 ③

016 다음 설명에서 해당하는 해충은? 기출

- 출항하는 선박 피해가 최소화되도록 주요 항구 주변 2km 이내 및 녹지 산림지역을 중심으로 공동예찰 · 방제 지원, 28개 항구에서 국제식물검역인증원과 공동 예찰 · 방제 추진으로 방제효과 제고하고 있다.
- 미국, 캐나다, 멕시코, 칠레 등으로 입항하는 선박에 대해 무감염증명서 제출을 의무화한다.

① 솔잎혹파리 ② 매미나방
③ 진달래방패벌레 ④ 갈색날개매미충
⑤ 어스렝이나방

해설 매미나방(아시아매미나방)에 대한 설명이다.

017 다음 중 벌목의 특징으로 옳지 않은 것은? 기출

① 기생성 벌과는 숙주의 체내에서 자신의 유충이 발육하기 전까지 숙주를 죽이는 것도 있다.
② 대부분의 종은 특정 서식처 또는 특정기주에 아주 좁게 적응되어 있다.
③ 개미류는 분업을 통한 복잡하고 진화된 사회체계를 가진 종이다.
④ 성충의 경우 꿀벌을 제외하고 나머지는 씹는 형 입틀이다.
⑤ 잎벌류의 미성충은 나방유충형으로 잘 발달 된 머리덮개와 씹는 형 입틀이 있으며 육질성배다리가 있다.

해설 유충이 발육 전까지는 죽이지 않는다.

018 수목이 해충에 대한 저항성을 나타내는 용어 설명 중 (   )에 들어갈 적합한 것은? 기출

- (   ) : 해충의 피해를 받은 상태에서 감수성품종에 비하여 생장이나 수확에 영향을 덜 받고 피해 조직을 회복하는 능력
- (   ) : 해충이 기주를 가해했을 때 생리작용에 어떤 형태의 불리한 영향을 주는 것으로 유독한 물질, 영양소의 부족 또는 결핍, 해물질, 영영소 간의 불균형으로 해충이 치사하거나 발육이 저해 또는 지연되는 것
- (   ) : 산란과 섭식 등 해충의 행동에 관여하는 작물의 특성

① 내성 – 비선호성 – 항생성 ② 내성 – 항생성 – 비선호성(항객성)
③ 비선호성 – 항생성 – 내성 ④ 비선호성 – 항생성 – 감수성
④ 내성 – 비선호성 – 저항성

해설 차례대로 내성, 항생성, 비선호성(항객성)에 대한 설명이다.

정답 016 ② 017 ① 018 ②

019 해충분류군(목명)이 바르게 연결되지 않은 것은? 기출

① 나비목 – Lepidoptera
② 노린재목 – Hemiptera
③ 딱정벌레목 – Coleoptera
④ 파리목 – Diptera
⑤ 벌목 – Neuroptera

해설 • 벌목 – Hymenoptera
• 풀잠자리목 – Neuroptera

020 완전변태 과정 중 번데기의 형태와 곤충의 연결이 옳지 않은 것은? 기출

① 피용 – 나비류
② 피용 – 나방류
③ 피용 – 파리류
④ 나용 – 딱정벌레류
⑤ 나용 – 풀잠자리류

해설 파리의 대부분은 위용에 해당한다.

021 다음 중 배다리가 있는 곤충은? 기출

① 굼뱅이형
② 나비유충형
③ 좀붙이형
④ 구데기형
⑤ 방아벌레유충형

해설 나비유충형은 나비목에 해당하는 애벌레로 배다리가 있다.

022 솔껍질깍지벌레에 대한 설명 중 옳지 않은 것은? 기출

① 연 1회 해송에 많이 발생하며 하부잎부터 피해를 준다.
② 암컷은 '알 – 부화약충 – 정착약충 – 후약충 – 성충'의 단계를 거친다.
③ 수컷은 '알 – 전성충 – 번데기 – 성충'의 단계를 거치는 완전변태를 한다.
④ 정착약충태로 하면(여름잠)을 한다.
⑤ 4월 상순~6월 중순에 가장 피해를 준다.

해설 동기에 피해를 준다(6월부터 4개월 동안 하기휴면).

정답 019 ⑤ 020 ③ 021 ② 022 ⑤

023 다음 설명 중 틀린 것은? 기출

① 딱정벌레목은 유충은 좀붙이형, 굼벵이형, 방아벌레형이 있다.
② 매미아목은 매미, 멸구, 매미충을 대표하는 매미아목과 진딧물, 깍지벌레를 대표하는 진딧물아목으로 구분한다.
③ 노린재아목은 육서, 수서 및 반수서 등 다양한 곤충의 집합체이다
④ 총채벌레목은 불완전변태류이지만 비단고치의 변태과정을 거친다.
⑤ 부채벌레목의 수컷은 뒷날개가 앞날개보다 작다.

해설 수컷은 뒷날개가 앞날개보다 크다.

024 다음 중 빈칸 안에 들어갈 용어로 적절한 것은? 기출

> 생존에 불리한 환경조건에 처할 경우 대사와 발육이 느린 속도로 진행되다가 환경조건이 좋아지면 즉시 정상상태를 회복하는 현상을 (㉠)라고 한다. 반면 고온기, 저온기, 건조기 등의 특정한 환경조건에 처하면 대사와 발육이 정지상태로 들어가고 환경조건이 호전된다고 하더라도 일정기간 발육을 다시 시작하지 않는 현상을 (㉡)이라 한다.

	㉠	㉡
①	휴지	휴면
②	휴면	휴지
③	휴면	휴한
④	휴한	휴면
⑤	휴지	휴한

해설
- 휴면(자발 : 의무적, 타발 : 기회적)이란 부적절한 환경을 극복하기 위한 수단, 규칙적이고 광범위한 계절적 변화에 곤충이 발육을 억제하는 것으로 온도, 습도, 먹이부족, 천적 또는 경쟁 종의 억압 등의 요인이 있다.
- 휴지는 불규칙, 단기적, 국부적으로 환경변화에 반응하여 일시적으로 중단하는 것을 말한다.

정답 023 ⑤ 024 ①

025 곤충의 소화기관 및 배설기관의 명칭과 기능에 대한 설명 중 옳지 않은 것은? 기출

① 인두는 입과 식도 사이의 부분이다.

② 전위는 모이주머니의 뒷부분에 위치하며 내막은 큐티클층이 발달한 이빨돌기가 있으며 중장으로부터의 먹이가 역류하는 것을 방지한다.

③ 중장의 주된 역할은 영양분 흡수이다.

④ 말피기기관은 함질소노폐물을 제거하기 위해 존재하며 삼투압조절이나 에너지활용 역할을 한다.

⑤ 지방체의 물질은 알이나 번데기가 성숙하거나 탈피할 때 또는 휴면기간에는 증가한다.

해설 탈피할 때, 휴면기간 등에서 지방체의 물질은 감소한다.

- 중장 : 위맹낭(소화, 흡수 역할)
- 후장 : 유문, 회장, 결장, 직장
- 독성 요소, 암모니아 : 요소
- 소낭 : 액체 음식을 임시 저장
- 전장 : 섭취, 저작과 먹이 수송, 저장의 기능(식도, 모이주머니, 전위)
- 중장 : 소화와 흡수, 위맹낭(위의 일부가 늘어난 것), 위심막은 얇은 단백질 피막으로 중장 내부를 보호
- 말피기관 : 후장(중장 끝부분)에 위치, 배설과 삼투조절을 담당, 염류 · 요산 흡수, 물은 삼투압으로 흡수, 배설과 삼투조절의 주기관, 맹관의 일종, 진딧물류 없음

026 해충과 기주(중간포함)의 연결이 옳지 않은 것은? 기출

① 황다리독나방 – 층층나무

② 남포잎벌 – 참나무류

③ 외줄면충 – 느티나무, 대나무

④ 사사키잎혹진딧물 – 아카시나무, 쑥

⑤ 박쥐나방 – 초본, 활엽수, 침엽수

해설 사사키잎혹진딧물은 벚나무나 중간기주(쑥)에 기생한다.

027 곤충의 생활사 중 이주의 잠재적 이점이 아닌 것은? 기출

① 천적으로부터 피신하며 보다 유리한 양육조건을 찾는다.

② 경쟁을 감소하거나 과밀화를 경감한다.

③ 새로운 서식처를 점유한다.

④ 대체 기주식물로 집합한다.

⑤ 근친교배를 최소화하기 위한 유전자급원의 재조합이 가능하다.

해설 대체 기주식물로 분산한다.

정답 025 ⑤ 026 ④ 027 ④

028 곤충의 번데기에 대한 설명 중 옳지 않은 것은? 기출

① 위용 : 끝에서 두 번째 유충의 단단한 외골격 내에 몸이 들어있고 주로 파리의 대부분이 여기에 속한다.

② 나용 : 발육하는 모든 부속지가 자유롭고 외부적으로 보이며 딱정벌레, 풀잠자리류가 여기에 속한다.

③ 피용 : 발육하는 부속지가 껍질 같은 외피로 몸에 밀착되어 있다.

④ 수용 : 복부 끝의 갈고리 발톱을 이용하여 머리를 아래로 하여 매달린 번데기이며 부전나비와 네발나비가 여기에 속한다.

⑤ 대용 : 갈고리 발톱으로 몸을 고정하고 띠실로 몸을 지탱하는 따른 두른 번데기이며 호랑나비, 흰나비가 여기에 속한다.

해설 네발나비과는 수용, 호랑나비, 흰나비, 부전나비는 대용에 속한다.

029 곤충의 외골격에 대한 설명 중 옳지 않은 것은? 기출

① 외표피는 수분손실을 줄이고 이물질의 침입을 차단하는 기능을 한다.

② 원표피는 키틴의 미세섬유로 되어있다.

③ 진피는 상피세포로서 단일층으로 형성된 분비조직이다.

④ 많은 곤충의 진피세포 중 일부가 내분비샘으로 특화되어 있다.

⑤ 기저막은 부정형의 뮤코다당류 및 콜라겐 섬유의 협력적인 이중층으로 물질의 투과에 관여하지 않는다.

해설 외골격은 '외표피 – 원표피 – 진피 – 기저막'으로 이루어져 있다. 그중 진피는 상처재생을 하며 일부가 외분비샘으로 특화되어 있다.

030 다음 중 진화순서의 연결로 옳지 않은 것은? 기출

① 외배엽 : 표피, 외분비샘, 뇌 및 신경계

② 외배엽 : 감각기관, 전장 및 후장, 외부생식기

③ 중배엽 : 심장, 혈액, 순환계, 근육

④ 중배엽 : 내분비샘, 지방체, 생식선(난소 및 정소)

⑤ 내배엽 : 호흡계, 중장

해설 호흡계는 외배엽, 중장은 내배엽에 해당한다.

정답 028 ④ 029 ④ 030 ⑤

031 다음 중 육상 절지동물의 배설계인 말피기관에 대한 설명으로 옳지 않은 것은? 기출

① 먼저 염류, 물, 질소 노폐물이 말피기관으로 유입된다.
② 말피기관에서 대변에 오줌을 배설한다.
③ 마지막으로 대변과 오줌은 항문을 통해 배출한다.
④ 절지동물의 곤충류, 거미류, 다지류에서 볼 수 있는 특수한 배설기관이다.
⑤ 중장과 후장과의 경계부에 열린 다수의 기다란 실 모양의 관으로서, 노폐물이 직접 체외로 배출된다.

해설 노폐물이 직접 체외로 배출되지 않는다.

032 다음 중 어스렝이 생활사에 대한 설명으로 옳지 않은 것은? 기출

① 성충은 연 1회 7~9월에 발생한다.
② 유충은 참나무 · 상수리나무 · 밤나무 등의 잎을 먹는 다식성 해충이다.
③ 유충은 머리와 몸은 녹색을 띠며 몸길이가 70~90mm에 달한다.
④ 큰 고치를 만들며 알은 땅에 떨어뜨려 낳는다.
⑤ 알로 월동하며, 한국 · 일본 · 타이완 · 중국에 분포한다.

해설 알은 나뭇가지에 붙여 낳는다

033 소나무재선충 매개충의 유충 퇴치방법으로 옳지 않은 것은? 기출

① 목재의 중심부 온도를 56℃ 이상에서 30분 유지한다.
② 전자파를 이용하여 벌채산물을 최소 60℃ 이상에서 1분 이상 유지한다.
③ 용재의 가치가 큰 벌채목은 열기 건조기를 이용하여 함수율 30% 이하가 되도록 건조처리한다.
④ 용재의 가치가 중대경목 벌채산물을 1.5cm 이하의 두께로 제재하여 목재로 활용한다.
⑤ 4월 하순까지 고사목을 벌채하여 훈증, 소각, 파쇄, 매몰, 그물망 피목 등 실시하며 매개충 페르몬 유인트랩을 설치한다.

해설 함수율이 19% 이하가 되도록 처리하여야 한다.

정답 031 ⑤ 032 ④ 033 ③

034 곤충의 외분비계 물질인 페르몬과 타감물질에 대한 설명으로 옳지 않은 것은? 기출

① 페르몬은 아주 작은 양으로도 신호물질로 작용할 수 있다.
② 성페르몬은 종 특이성을 나타낸다.
③ 집합페르몬은 적으로부터 방어, 기주식물의 효과적 공략이나 먹이의 공유, 사회성을 유지하는 데 사용한다.
④ 산란 시 간격페르몬을 통해 다른 개체들이 가까이에 알을 낳지 못하도록 한다.
⑤ 타감물질 중 생산자에게 유리한 호르몬은 시노몬이다.

해설 분비자에게는 도움이 되지만 감지자에게 손해가 되는 통신물질은 알로몬이다.

035 다음에서 설명하는 살충제는? 기출

모기, 파리 방제 약제로 1975년 유입된 유약호르몬이며 제충국의 분말인천연살충제로서 과거 오랫동안 사용됐다. 분사식 모기향에서는 주로 프탈트린(phthalthrin)이나 퍼메트린(permethrin) 등이 쓰이는데 이런 것들이 곤충의 중추 신경절공격으로, 포유류에는 저독성(무독성은 아님)인 반면 곤충에 대해서는 충분한 유독성, 다른 유기 화합 살충제에 면역이 생긴 곤충도 아직 이 살충제에는 민감하게 반응하므로 직접치사보다는 대상물을 기절시키고 질식시켜 죽이는 화합물이다.

① 유기염소계
② 피레스로이드계
③ 카바메이트계
④ 네오니코티노이드계
⑤ 네레이스톡신계

해설 피레스로이드계 살충제에 대한 설명이다.

036 다음 특징을 가진 진딧물은? 기출

• 가지에 공모양의 큰 벌레혹을 형성
• 연 2~3회 발생하며 10월부터 성충으로 월동하나 알 또는 약충으로 월동
• 9월 상순부터 출현하여 기주의 눈 속에 잠입
• 벌레혹 속에 있는 혹응애가 2~3회 번식하다가 벌레혹 내에서 월동
• 눈 속에 잠입하여 꽃봉오리와 같은 벌레혹을 형성하므로 회양목 생장과 수형 유지에 지장을 주며 3월 중순경이 되면 월동한 벌레혹은 변색

① 붉나무혹응애
② 회양목혹응애
③ 사철나무혹파리
④ 외줄면충
⑤ 때죽나무진딧물

해설 회양목혹응애(Eriophyesbuxis)에 대한 설명이다.

정답 034 ⑤ 035 ② 036 ②

037 다음 중 외래해충이 들어온 순서로 맞는 것은? 기출

가. 솔잎혹파리
나. 미국흰불나방
다. 솔껍질깍지벌레
라. 꽃매미

① 가－나－다－라
② 나－가－다－라
③ 가－라－다－나
④ 다－나－가－라
⑤ 라－가－나－다

해설 **외래해충 유입순서**
이세리아깍지벌레(1910)→솔잎혹파리(1929)→미국흰불나방, 밤나무혹벌(1958)→솔껍질깍지벌레(1963)→소나무재선충(1988)→버즘나무방패벌레(1995)→아까시잎혹파리(2002)→꽃매미(2005)→미국선녀벌레(2009)→갈색날개매미충(2010)

038 다음 특징을 가진 진딧물은? 기출

자두나무, 매실나무 등의 가지나 줄기에 난 울퉁불퉁한 사이에서 알로 월동한다. 알에서 깨어난 간모는 늦가을까지 단위생식을 계속하며 연 10여 차례 발생한다. 유충은 연한 초록색으로 밀랍가루로 덮여 있다.

① 느티나무알락진딧물
② 복숭아혹진딧물
③ 복숭아가루진딧물
④ 목화진딧물
⑤ 호리왕진딧물

해설 **복숭아가루진딧물(*Hyalopterus pruni*, 노린재목진딧물과)**
- 크기 : 몸길이 유시성충 1.5mm, 무시성충 1.75mm
- 기주 : 매실, 복숭아, 살구, 자두 등 벚나무속나무와 갈대, 억새
- 분포 : 한국, 일본 중국, 타이완 등 전세계적
- 몸 빛깔은 녹색, 흰색 밀랍가루로 덮여 있고 발생이 심할 경우 감로를 분비하기 때문에 그을음병을 일으킴

정답 037 ① 038 ③

039 다음 중 탈피과정 순서로 올바른 것은? 기출

ㄱ. 표피층 분리	ㄴ. 탈피액의 활성화
ㄷ. 진피세포가 새로운 원표피 분리	ㄹ. 탈피
ㅁ. 새로운 외골격 팽창	

① ㄱ－ㄴ－ㄷ－ㄹ－ㅁ
② ㄴ－ㄱ－ㄷ－ㄹ－ㅁ
③ ㄴ－ㄱ－ㄷ－ㅁ－ㄹ
④ ㄷ－ㄱ－ㄴ－ㄹ－ㅁ
⑤ ㄱ－ㄴ－ㄷ－ㅁ－ㄹ

해설 **탈피과정 순서**

내원표피를 진피로부터 분리 → 진피 불활성 탈피액 채움 → 표피소층 생산 → 탈피액 활성화 → 옛 내원표피의 소화 및 흡수 → 진피세표가 새로운 원표피 생산

040 다음 해충 중 월동형태가 다른 하나는? 기출

① 꼬마버들잎벌레
② 두점알벼룩잎벌레
③ 오리나무잎벌레
④ 호두나무잎벌레
⑤ 참긴더듬이잎벌레

해설 벼룩, 버들잎벌레는 성충으로, 참긴더듬이잎벌레는 알로 월동한다.

해충별 월동형태

- 진딧물－알
- 깍지벌레－성충(주머니깍지－알, 솔껍질, 소나무가루깍지－유충)
- 하늘소－유충 (향나무－성충)
- 나방－알－매미, 황다리독, 텐트, 어스랭이, 박쥐, 미국선녀, 꽃매미
- 나방－번데기－미국흰불, 자귀뭉뚝, 백송애기잎말이, 소나무순

041 기생성 천적에 대한 설명 중 옳지 않은 것은? 기출

① 기생벌에는 맵시벌상과, 먹좀벌상과, 좀벌상과 등이 있다.
② 기생파리류는 쉬파리과, 기생파리과 등이 있다.
③ 내부기생성 천적은 긴 산란관으로 기주의 체내에 알을 낳고 부화유충의 체내에서 영양을 섭취한다.
④ 내부기생성 천적은 기주의 체내에서 기생하며 솔수염하늘소 천적으로는 개미침벌, 가시고치벌이 있다.
⑤ 솔잎혹파리천적은 혹파리뿔먹좀벌, 혹파리반뿔먹좀벌, 솔잎혹파리먹좀벌, 혹파리살이먹좀벌가 있다.

해설 외부기생성 천적은 기주의 체외에서 기생한다.

정답 039 ① 040 ⑤ 041 ④

042 자귀뭉뚝날개나방에 대한 설명으로 옳지 않은 것은? 기출

① 유충이 실을 토하여 잎끼리 겹치게 그물망을 만들고 집단으로 갉아 먹어 피해 잎은 갈색으로 변한다.
② 배설물이 그물망 안에 남아 있어서 지저분하게 보인다.
③ 성충의 앞날개는 11~15mm이며 앞날개는 다소 광택이 나는 암갈회색에 검은색 점이 산재해 있다.
④ 1년에 2회 발생한다.
⑤ 알로 가해식물의 수피틈이나 나무 밑의 지피물에서 월동한다.

해설 알이 아닌 번데기로 월동한다.

043 밤나무혹벌에 대한 설명으로 옳지 않은 것은? 기출

① 밤나무 눈에 기생하면 직경 10~15mm의 벌레혹이 형성되므로, 기생부위에 작은 잎이 총생하며 신초가 자라지 못하고 개화, 결실되지 않는다.
② 벌레혹은 성충 탈출 후인 7월 하순부터 말라 죽으며 피해목은 고사하는 경우가 많다.
③ 연 1회 발생하며 눈의 조직 내에서 유충으로 월동한다.
④ 월동유충은 동아 내에 충방을 형성하나 맹아기(4월) 이전에는 육안으로 피해를 식별할 수 있다.
⑤ 성충은 약 1주일간 충영 내에 머물러 있다가 구멍을 뚫고 6월 하순~7월 하순에 외부로 탈출하며 새눈에 3~5개씩 산란한다. 성충의 수명은 4일 내외이고 산란수는 200개 내외이다.

해설 육안으로 피해를 식별할 수 없다.

044 다음 중 간접조사로 이용되는 해충상의 연결이 잘못된 것은? 기출

① 유아등 – 매미나방
② 먹이트랩 – 소나무좀
③ 우화상 – 솔수염하늘소
④ 말레이즈트랩 – 파리
⑤ 성페르몬 – 노린재

해설
- 성페르몬 – 나방류
- 집합페르몬 – 노린재

정답 042 ⑤ 043 ④ 044 ⑤

045 곤충의 순환계에 대한 설명 중 올바른 것은? 기출

① 폐쇄순환계이다.
② 혈구는 내배엽에서 발생하였다.
③ 혈장은 식균작용과 응고작용을 한다.
④ 혈구는 양분 저장, 운반작용을 한다.
⑤ 부맥박기관은 혈액의 순환과 역류방지를 하는 기관이다.

해설 ① 폐쇄순환계가 아닌 개방순환계이다.
② 혈구는 중배엽에서 발생한다.
③ 혈장은 수분의 보존, 양분의 저장, 영양물질과 호르몬의 운반을 담당한다.
④ 혈구는 식균작용, 응고작용을 한다.

곤충의 순환계

- 곤충 체액은 혈림프로 혈액+림프액, 등혈관이 심장으로 여러 개가 존재, 혈액은 근육의 수축과 등혈관의 연동수축으로 진행
- 외배엽 : 표피, 외분비샘, 뇌 및 신경계, 감각기관, 전장 및 후장, 호흡계, 외부생식기
- 중배엽 : 심장, 혈액, 순환계, 근육, 내분비샘, 지방체, 생식선(난소 및 정소)
- 내배엽 : 중장

046 다음 각 목의 특징으로 옳지 않은 것은? 기출

① 하루살이목은 미성충 때 아가미를 가지며 날개가 생긴 후 다시 탈피하는 곤충이다.
② 노린재아목은 전구식에서 나오는 기다란 찔러 빠는 입틀을 가지고 있다.
③ 부채벌레목의 대부분 벌 및 말벌, 메뚜기, 노린재목에 속하는 종의 내부기생자로 살아간다.
④ 총채벌레류는 입틀은 좌우 같지 않고 왼쪽 큰턱이 한 개만 발달하여 이것으로 먹이의 즙액을 빨아 먹는다.
⑤ 흰개미목은 번데기 과정을 가지는 완전변태군에 속한다.

해설 번데기 과정이 없는 불완전변태군에 해당한다.

047 다음 중 해충에 대한 특징으로 옳지 않은 것은? 기출

① 나무이과는 기주특이성을 가지고 있다.
② 진딧물은 식물바이러스뿐만 아니라 배설물로는 그을음병을 일으킨다,
③ 박쥐나방과의 어린 유충은 초본류를 가해하고 성숙한 유충은 수목의 줄기에 침입하여 터널을 만든다.
④ 응애류는 높은 습도를 좋아한다.
⑤ 나무좀아과의 성충은 몸 일부에 공생균의 포자를 저장하는 기관이 있다.

해설 응애류는 낮은 습도에서 서식한다.

정답 045 ⑤ 046 ⑤ 047 ④

048 다음 중 곤충의 번성과 관련한 설명으로 옳지 않은 것은? 기출

① 외골격은 여러 단백분자가 결합한 다당류인 키틴으로 만들어져 있다.
② 작은 몸집은 생존과 생식에 필요한 최소한의 자원으로 유지할 수 있다
③ 비행능력은 개체군이 새로운 서식처로 빠르게 이동을 가능하게 한다.
④ 번식능력 중 암컷은 저장낭을 들 수 있다.
⑤ 변태는 유충과 성충이 서로 같은 유형의 먹이를 섭식하며 환경자원의 이용 등을 의미한다.

해설 변태는 유충과 성충이 서로 다른 먹이를 섭식한다.

049 다음 중 곤충의 외골격에 대한 설명으로 옳지 않은 것은? 기출

① 외골격은 환경에 대한 감각영역을 제공한다.
② 외골격은 바깥부분부터 외표피 – 원표피 – 진피 – 기저막으로 구성되어 있다.
③ 원표피는 N – acetylglucosamine이라는 단당류가 $\beta - 1.4$결합으로 연결되어 있다.
④ 기적막은 상피세포의 단일층으로 형성된 분비조직이다.
⑤ 외골격의 화학적 주요 구성성분은 키틴이다.

해설 상피세포의 단일층으로 형성된 분비조직은 진피이다.

- 진피 : 외골격을 이루는 여러 가지 물질을 분비하는 동시에 탈피액을 분비하여 분해된 내원표피물질을 흡수하고 상처를 재생
- 기저막 : 표피세포의 내벽 역할
- 외골격 : 몸을 보호, 근육의 부착면, 건조에 대한 방수장벽

050 다음 중 절지동물에 대한 설명으로 옳지 않은 것은? 기출

① 폐쇄순환계를 가지고 있다.
② 키틴성분의 큐티클이라는 물질로 싸여있다.
③ 탈피를 한다.
④ 거미류와 응애류는 협각류에 속하며 더듬이가 없다.
⑤ 마디화 된 부속지가 있다.

해설 절지동물은 개방혈관계를 가지고 있다.

정답 048 ⑤ 049 ④ 050 ①

051 곤충의 배에 대한 설명 중 틀린 것은?

① 기본적으로 11마디로 되어있으나 진화된 종류에는 7마디까지 줄어들기도 한다.
② 배다리는 육질의 운동성 부속지로 모든 유충에서 볼 수 있다.
③ 꿀벌 중 일벌의 침은 산란기가 변형된 것이다.
④ 뿔관은 진딧물의 마지막 배마디 위판에 붙어있는 짧은 관으로 방어물질인 경고 페르몬을 분비하며 감로도 분비한다.
⑤ 하루살이나 잠자리와 같은 수서곤충의 애벌레는 배 아가미를 가지고 있다.

해설 일부 나비목뿐만 아니라 밑들이목 및 일부 벌목의 유충에서 볼 수 있다.

052 다음 설명 중 옳지 않은 것은?

① 머리는 하구식, 전구식, 후구식이 있다.
② 더듬이는 냄새, 페르몬, 습도 변화, 진동, 풍속 등을 감지하며 밑마디, 흔들마디, 채찍마디가 있다.
③ 눈은 많은 낱눈이 모여 이루어진 복안과 복안의 보조역할을 하는 단안으로 이루어져 있다.
④ 입은 윗입술, 아랫입술, 큰턱, 작은턱의 4가지 구성요소 이루어져 있다.
⑤ 딱정벌레의 날개는 반굳은 날개이며 노린재 날개는 굳은 날개이다.

해설 딱정벌레의 날개는 굳은 날개이며 노린재 날개는 반굳은 날개이다.

053 곤충의 신경계와 내분비계에 대한 설명 중 옳지 않은 것은?

① 중앙신경계에는 시신경을 담당하는 전대뇌, 더듬이를 담당하는 중대뇌, 전위를 담당하는 후대뇌가 있다.
② 식도하신경절은 모든 입의 신경을 담당한다.
③ 앞가슴샘은 탈피를 촉진하는 엑디스테로이드를 생산하며 성충이 되면 퇴화된다.
④ 카디아카체는 뇌의 작은메세지를 증폭하여 큰 파도의 호르몬을 전달하게 한다.
⑤ 알라타체는 1쌍으로 되어있으며 성적성숙을 촉진하는 유약호르몬을 생산한다.

해설 식도하신경절은 윗입술을 제외한 모든 입의 신경을 담당하며, 윗입술은 후대뇌에서 담당한다.

정답 051 ② 052 ⑤ 053 ②

054 곤충의 외분비계에 대한 설명 중 옳지 않은 것은?

① 페르몬은 동일 종의 한 개체가 다른 개체에게 정보를 전달하는 화합물질로 아주 적은 양으로도 신호물질로 작용할 수 있다.
② 성페르몬의 구조를 최초로 밝힌 것은 누에에서의 봄비콜(bombykol)이라는 페르몬이다.
③ 성페르몬의 대표적인 활용방법에는 유인제방출기와 트랩자재가있다.
④ 기생벌이나 기생파리가 자신의 숙주 냄새에 끌리는 것은 카이로몬으로 볼 수 있다.
⑤ 알로몬은 분비자와 감지자 모두에게 도움이 되는 물질이다.

해설 알로몬이 아닌 시노몬에 대한 설명이다. 알로몬은 분비자에게는 도움이 되지만 감지자에게 손해가 되는 경우이다.

055 다음 중 곤충의 생태적 · 행동적 특징으로 옳지 않은 것은?

① 다배발생은 주로 기생봉(기생벌)에서 나타난다.
② 나용은 다리, 더듬이, 날개 등의 부속지가 몸과 구분되어 떨어진 상태의 형태며 딱정벌레류에서 볼 수 있다.
③ 나비유충형은 배다리를 가진다.
④ 굼벵이형 풍뎅이유충은 몸은 뚱뚱하고 C자 모양으로 배다리가 있다.
⑤ 위용은 파리류에서의 번데기를 말한다.

해설 풍뎅이는 배다리가 없다.

056 다음 중 곤충의 배자 층별 발육이 잘못 연결된 것은?

① 외배엽 : 표피, 전장, 중장, 후장
② 외배엽 : 신경계, 호흡계
③ 외배엽 : 외분비샘, 감각기관
④ 중배엽 : 순환계, 지방체
⑤ 중배엽 : 내분비샘, 생식선

해설 중장은 내배엽에 해당한다.

정답 054 ⑤ 055 ④ 056 ①

057 다음 중 해충별 예찰에 관련한 설명으로 옳지 않은 것은?

① 솔수염하늘소의 50% 우화일은 6월 중하순이며, 북방수염하늘소의 50% 우화일이 5월 중하순에서 6월 상순이다.

② 솔잎혹파리예찰은 우화상황과 충영형성률을 조사한다.

③ 솔껍질깍지벌레는 4월경에 선단지의 곰솔림에서 알덩어리 발생 여부를 조사한다.

④ 오리나무잎벌레는 5월과 7월에 전국의 고정조사지에서 30본의 조사목을 선정하여 상부 100개의 잎, 하부 200개의 잎에서 알덩어리와 성충의 밀도를 조사한다.

⑤ 참나무시들음병의 매개충은 유인목을 설치하여 끈끈이롤트랩을 부착한 후 6월부터 10월까지 유인된 상황을 조사한다.

해설 끈끈이롤트랩을 부착한 후 4월 중순~8월까지 유인된 상황을 조사한다.

058 다음 중 해충별 예찰에 관련한 설명으로 옳지 않은 것은?

① 잣나무납작잎벌 – 지표면 30cm 조사구(0.5×0.5m) 20개

② 미국흰불나방 – 유아등 또는 페르몬트랩

③ 버즘나무방패벌레 – 조사목 30본 선정

④ 밤나무해충 – 도별 3개군 조사구, 복숭아명나방, 밤바구미는 피해율 조사, 밤나무혹벌은 우화시기

⑤ 돌발해충 – 최근 나비목 해충이 가장 빈번하게 발생하였고 특히 독나방아과해충이 가장 발생이 높음

해설 밤나무해충은 각 도별 3개군 조사구로 복숭아명나방, 밤바구미는 피해율과 우화시기, 밤나무혹벌은 피해율을 조사한다.
③ 버즘나무방패벌레 – 경(20% 미만), 중(20~50%), 심(50%)

059 다음 중 기계적 방제에 대한 설명으로 옳지 않은 것은?

① 알덩이 제거 – 주홍날개꽃매미, 매미나방, 밤나무 왕진딧물, 천막벌레나방

② 유인목 설치 – 소나무좀, 노랑애나무좀, 하늘소류, 바구미류

③ 페르몬유살법 – 미국흰불나방, 회양목명나방, 복숭아유리나방, 솔껍질깍지벌레

④ 파쇄법 – 소나무재선충병 매개충

⑤ 박피법 – 참나무시들음병 매개충

해설 '박피법 – 소나무재선충병 매개충'이다.

정답 057 ⑤ 058 ④ 059 ⑤

060 천적에 대한 설명 중 옳지 않은 것은?

① 기생벌류에는 맵시벌상과, 먹좀벌상과, 좀벌상과 등이 있다.
② 기생파리류에는 쉬파리과 기생파리과가 있다.
③ 내부기생성천적은 먹좀벌류와 잔디벌류가 속한다.
④ 솔수염하늘소의 천적에는 개미침벌이나 가시고치벌 등이 있다.
⑤ 잣나무납작잎벌의 천적에는 토중유충을 포식하는 땅강아지가 있다.

해설 잣나무납작잎벌의 천적으로는 두더지가 있다.

061 천적에 대한 설명 중 옳지 않은 것은?

① 포식성 천적에는 무당벌레, 사마귀, 풀잠자리 등의 빠는 형 입틀을 가진 곤충류이다.
② 솔잎혹파리의 방제에 이용되는 많이 천적은 솔잎혹파리먹좀벌과 혹파리살이먹좀벌이다.
③ 곤충에 대한 병원성을 가지고 있는 바이러스는 핵다각체병 바이러스와 과립병 바이러스이다.
④ 해충방제에 상용화된 세균은 내생포자를 형성하는 포자형성 세균류이다.
⑤ 친적의 밀도를 지속적으로 유지될 수 있도록 천적유지식물을 이용하면 효과가 있다.

해설 포식성 천적은 무당벌레, 사마귀, 풀잠자리 등의 씹는 형 입틀을 가진 곤충이다. 빠는 형은 꽃등애유충, 풀잠자리유충, 침노린재 등이 있다.

062 수목해충의 예찰에 관한 설명으로 옳지 않은 것은?

① 유아등으로 쓰는 광선은 적외선 스펙트럼이 많이 사용되고 있다.
② 나방류나 솔껍질깍지벌레의 수컷성충을 유인하기 위한 성페르몬트랩이 개발되어 있다.
③ 우화상은 해충이 약충이나 번데기에서 탈피하여 성충으로 우화하는 것을 조사하기 위한 장치이다.
④ 말레이즈트랩은 곤충이 날아다니다 벽에 부딪히면 위로 올라가는 습성을 이용한 것이다.
⑤ 에탄올은 나무좀류를 유인하는 효과가 매우 크다.

해설 유아등으로 쓰는 광선은 자외선 근처 스펙트럼으로 범위는 320~400nm이다.

정답 060 ⑤ 061 ① 062 ①

063 **다음 중 기계적 방제에 대한 설명으로 옳지 않은 것은?**

① 포살법 – 복숭아유리나방 유충 – 철사이용
② 포살법 – 매미나방 – 알 제거
③ 유살법 – 나무좀 – 유인목 설치
④ 유살법 – 하늘소 – 페르몬 방제
⑤ 유살법 – 광릉긴나무좀 – 끈끈이롤트랩

해설 '차단법 – 광릉긴나무좀 – 끈끈이롤트랩'이다.

064 **다음 곤충의 성장에 대한 설명으로 옳지 않은 것은?**

① 곤충의 근육섬유를 수축시키는 무기이온은 Ca^{2+}이다.
② 곤충의 미성숙한 나이를 평가는 Dyar's 법칙에 따라 정규직선 회귀식을 가진다.
③ 탈피각의 증가분으로 해당 곤충의 실제 나이를 결정할 수 있다.
④ 일부 곤충은 Przibram's 법칙이 적용되는 데 매령기마다 체중이 2배이고 몸치수의 증가비율은 1.26이다.
⑤ 성충으로 탈피할 때 유약호르몬의 분비가 증가한다.

해설 분비가 급격히 떨어지거나 분비되지 않는다.

065 **다음 중 해충의 동기주와 하기주의 연결이 옳지 않은 것은?**

① 때죽나무납작진딧물 – 바랭이 – 때죽나무
② 느티나무외줄면충 – 대나무 – 느티나무
③ 오배자면충 – 이끼 – 붉나무
④ 오갈피나무이 – 이끼 – 오갈피나무
⑤ 사사키잎혹진딧물 – 쑥 – 느티나무

해설 사사키잎혹진딧물은 쑥, 벚나무에 기생한다.

정답 063 ⑤ 064 ⑤ 065 ⑤

066 **중간기주와 주요 가해 수종의 진딧물 연결이 잘못된 것은?**

① 목화진딧물－오이, 고추－무궁화, 석류
② 복숭아혹진딧물－무, 배추－복숭아, 매실
③ 때죽납작진딧물－나도바랭이새－때죽나무
④ 조팝나무진딧물－명자나무, 귤나무－사과나무, 조팝나무
⑤ 검은배네줄면충－쑥－느릅나무

해설 검은배네줄면충은 벼과식물, 느릅나무이고 사사키잎혹진딧물은 쑥, 벚나무이다.

067 **단위생식에 대한 설명으로 옳지 않은 것은?**

① 수컷생산 단위생식은 벌목의 모든 종과 총채벌레류 및 깍지벌레류의 일부 종에서 나타난다.
② 수컷생산 단위생식은 모든 암컷은 배수체가 2n이고 모든 수컷은 n이다.
③ 수컷생산 단위생식은 사회성 개미류, 꿀벌류, 말벌류의 집단구조진화에서 중요한 요소이다.
④ 암컷 단위생식은 많은 진딧물류와 깍지벌레류, 일부 바퀴류와 대벌레류에서 발견된다.
⑤ 암컷 단위생식에서 암컷은 어미와 같은 유전자를 가진 배수체 n의 알을 생산한다.

해설 암컷은 암컷 단위생식에서 배수체 2n의 알을 생산한다.

068 **다음 설명 중 옳지 않은 것은?**

① 돌발해충은 문제가 되지 않던 해충이 환경조건의 변화 등으로 대발생하여 경제적 피해수준을 넘는 경우이다.
② 2차해충은 방제로 인해 평형이 파괴되어 천적과 같은 밀도제어 요인이 없어지면서 급격히 증가하는 해충이다.
③ 대부분 산림생태계를 구성하는 수많은 곤충류는 비경제해충에 속한다.
④ 잠재해충은 비경제해충 중 환경이 바뀌어 밀도의 증가로 돌발해충이나 주요해충으로 될 가능성이 있는 해충이다.
⑤ 솔잎혹파리나 솔껍질깍지벌레는 2차해충이라 부르기도 한다.

해설 솔잎혹파리, 솔껍질깍지벌레는 주요해충(1차해충)이다.

정답 066 ⑤ 067 ⑤ 068 ⑤

069 곤충에 관한 설명 중 옳지 않은 것은?

① 절지동물문은 몸이 머리와 가슴이 융합된 두흉부와 복부의 2부분으로 구성되고 더듬이가 없는 협각아문과, 머리와 가슴이 분리되고 큰턱과 더듬이가 있는 대악아문으로 크게 나뉜다.
② 곤충류는 가운데가슴과 뒷가슴으로부터 각각 1쌍의 날개가 나와 2쌍의 날개를 갖는다.
③ 곤충의 소화기관은 전장, 중장, 후장으로 구성되며 모두 큐티클로 싸여 있으며 배설기관으로는 말피기기관을 두고 있다.
④ 대부분 알을 낳는 난생이며 일부는 어린 유충을 낳는 난태생도 있다.
⑤ 불완전변태류는 어린벌레와 어른벌레가 형태적으로 큰 차이를 보이지 않는 반면, 완전변태류는 어린벌레와 어른벌레의 형태가 완전히 틀리다.

해설 중장(흡수)은 큐티클층이 없다.

070 탈피에 대한 설명 중 옳지 않은 것은?

① 오래된 큐티클의 일부를 소화시키고 새로운 큐티클을 생성하는 과정을 탈피라고하며 이는 오래된 큐티클 속에서 진행된다.
② 허물을 벗기 전 오래된 큐티클이 진피세포로부터 떨어져 나오고 그 공간에 진피세포로부터 새로운 큐티클 형성에 필요한 물질과 함께 내부 큐티클을 녹여내는 효소(탈피액)가 분비되며 외부큐티클을 녹인다.
③ 탈피액에 의해 녹은 큐티클성분은 진피세포에 흡수되어 새로운 큐티클 생성에 이용된다.
④ 날개가 있는 곤충의 경우 우화 직후에는 날개가 쭈글쭈글하게 접혀 있는 상태에서 날개맥 사이로 혈액을 공급하여 날개를 편다.
⑤ 좀과 같이 성충이 된 후에도 탈피를 계속하는 곤충도 있지만 대부분의 곤충은 성충이 된 후에는 탈피하지 않으며 몸의 크기도 더이상 증가하지 않는다.

해설 외부큐티클은 녹이지 못한다.

정답 069 ③ 070 ②

071 변태에 대한 설명으로 옳지 않은 것은?

① 곤충의 변태와 탈피는 앞가슴샘에서 생성되는 탈피호르몬과 알라타체에서 생성되는 유약호르몬에 의해 조절된다.

② 하루살이, 잠자리, 강도래는 약충이수서생활을 하며 아가미호흡을 해 어른벌레와 모습이 완연히 다르며 약충들은 나이아드(naiad)라고 부르기도 한다.

③ 약충과 달리 유충은 복안을 갖고 있지 않으며 종류에 따라서 가슴에 다리가 있기도 하고 없기도 하다.

④ 곤충에 있어서 1년 동안의 세대수를 화기라고 하는데 1화기란 그 해의 1번째 세대를 말하며 2화기는 그 해의 2번째 세대를 뜻한다.

⑤ 원래 날개가 없는 톡토기, 낫발이, 좀, 좀붙이 등과 같은 무시아강 곤충들도 자라면서 형태적으로 많은 변화를 가져온다.

해설 형태적 변화가 거의 없어 변태하지 않는 것(무변태)처럼 보인다.

072 다음 중 곤충에 관한 설명으로 옳지 않은 것은?

① 곤충의 호흡기관인 기관과 중장을 제외한 소화기관 역시 체벽이 함입되어 이루어진 것이기 때문에 큐티클로 이루어져 있다.

② 날개에 힘을 주기 위해 시맥이 지나고 있으며 시맥 속으로는 신경과 기관이 들어있고 우화 직후에는 혈액이 차 있다.

③ 구침을 박은 후에 침을 분비하는데 이 침이 포식곤충에서는 독의 역할을 수행하며 기생곤충에서는 항혈액응고제의 역할을 한다.

④ 쓸고빠는 입은 총채벌레에서만 볼 수 있는 유형으로, 씹는 입과 뚫고빠는 입의 중간 단계로 볼 수 있다.

⑤ 나방류 성충은 빨대 입을 가졌기 때문에 식물에 해를 주고 유충은 대부분이 씹는 입을 가지고 식물체의 잎을 가해한다.

해설 식물즙액을 먹거나 또는 거의 먹지 않으므로 식물에 해를 주지 않는다.

정답 071 ⑤ 072 ⑤

073 다음 설명 중 틀린 것은?

① 생물의 발달된 형태에 따라 유기체들을 계통화시키는 단위는 종이며 가장 기본이 된다.
② 곤충의 진화 순서는 무시류-유시류-불완전변태류-완전변태류이다.
③ 곤충의 근연그룹으로 무척추동물에 속하며, 날개와 더듬이가 없고, 4쌍의 다리와 1쌍의 홑눈을 가지며, 기관이 변한 서폐로 호흡하는 무리에 속하는 종은 응애이다.
④ 거미류의 기관계는 책허파(서폐)로서, 복부의 앞쪽 끝에 책을 쌓아놓은 것 같은 모양의 기관이다.
⑤ 좀붙이목은 날개가 발달하고 가장 원시적인 곤충에 속하며 몸은 대개 가늘고 길면서 편평하며 배 끝에 한 쌍의 미모가 있다.

해설 좀붙이목은 무시아강에 해당하며 날개가 없다.

074 다음 설명 중 옳지 않은 것은?

① 키틴은 절지 동물에서 거의 전부에 존재하며 N-아세틸글루코사민이 β -글루코사이드 결합으로 구성, 외골격의 주성분을 이룬다.
② 곤충의 구기는 윗입술, 큰턱, 작은턱, 아랫입술로 되어있다.
③ 대부분 파리의 입은 아랫입술이 입술판으로 변형되어 노출된 음식물을 핥는다.
④ 나비의 입은 1쌍의 큰턱이 융합되어 변형된 주둥이로 빠는 구기를 가진다.
⑤ 노린재류의 입은 빨대 형태로 변형되어 찔러빠는 형태로 되어있다.

해설 1쌍의 작은턱이 융합되어 변형된 주둥이로 빠는 구기를 가진다.

075 다음 설명 중 옳지 않은 것은?

① 메뚜기는 큰턱의 발달로 저작형의 구기를 가진다.
② 잠자리 유충의 입은 아랫입술의 변형으로 핥기에 적합한 구기를 가진다.
③ 개체 발생 과정에서 구조와 외형이 매우 다르게 변하는 것을 과변태라하며 해당 곤충류는 가뢰, 부채벌레, 매미기생나방, 사마귀붙이류 등이 있다.
④ 곤충은 개방형 순환계로 물질의 이동과 내분비를 조절하고 등쪽에 위치하며, 심장과 대동맥으로 이루어져 있다.
⑤ 대부분 곤충은 성충이 된 후 탈피하지 않는다.

해설 잠자리 유충은 포식에 적합한 구기를 가진다.

정답 073 ⑤ 074 ④ 075 ②

076 다음 설명 중 옳지 않은 것은?

① 뇌와 심장은 등쪽에 있고 신경절은 배쪽에 있다.
② 산소를 운반하는 역할은 기관계에서 하며, 공기는 기문를 통하여 들어간다.
③ 기관지는 표피가 내부로 함입된 구조로 내벽은 키틴성 큐티클로 이루어져 있다.
④ 혈림프는 액체성인 혈구과 세포성인 혈장으로 구성되어 있다.
⑤ 곤충의 혈림프로 방출되는 탄수화물의 저장태는 비환원성 이당류인 트레할로스이다.

해설 혈림프는 액체성인 혈장과 세포성인 혈구로 구성되어 있다.

077 다음 설명 중 옳지 않은 것은?

① 입의 구조가 저작형인 것에는 솔수염하늘소, 말벌, 미국흰불나비유충, 광릉긴나무좀유충, 무당벌레유충 등이 있다.
② 솔껍질깍지벌레의 후약충과 침노린재의 입의 구조는 찔러빠는 형태로 되어있다.
③ 미국흰불나방의 성충의 입의 구조는 흡취형이다.
④ 꽃노랑총재벌레는 줄쓸어빠는 형이다.
⑤ 두쌍의 날개는 가운데가슴과 뒷가슴에 있다.

해설 미국흰불나방 성충은 흡관형 입(빨대주둥이)이다.

078 다음 설명 중 옳지 않은 것은?

① 털진드기목는 거미강에 속한다.
② 노린재목에는 솔거품벌레, 솔껍질깍지벌레, 목화진딧물, 미국선녀벌레 등이 있다.
③ 벌목은 꿀벌, 등검은말벌, 붉은불개미, 흰개미, 가시고치벌 등이 있다.
④ 완전변태(내시류)에는 약대벌레목, 풀자리목, 뱀잠자리목, 벌목, 딱정벌레목, 나비목, 부채벌레목, 날도래목, 파리목, 밑도래목, 벼룩목이 있다.
⑤ 탈피호르몬은 앞가슴샘자극호르몬이 뇌에 있는 신경내분비세포에서 만들어져서 카디아카체로부터 분비하고, 전흉선에 존재하는 PTTH수용체에 결합하여 20－HE을 합성해 분비를 촉진한다.

해설 흰개미는 흰개미목에 속하며 벌목이 아니다.

정답 076 ④ 077 ③ 078 ③

079 다음 설명 중 옳지 않은 것은?

① 유약호르몬은 알라타체이다.
② 곤충의 알은 난각(외난각, 내난각), 세포질에 난황, 수정을 위하여 정자가 들어갈 수 있는 정공을 가지고 있고, 난황막은 난모세포의 기능을 유지하는 데 중요하다.
③ 외골격의 역할은 가스 교환, 골격 유지, 수분 손실 억제, 근육 부착 등이며 '외표피－외원표피－내원표피－표피세포(진피)－기저막' 순이다.
④ 진피세포는 상피세포의 단일층으로 형성된 분비조직이며 탈피액분비, 내원표피물질의 흡수, 상처 재생 등이며 내분비샘으로 특화되어 페르몬, 기피제를 생성한다.
⑤ 멜라닌색소은 곤충의 큐티클에서 발견되는 색소인데, Tyrosine이 전구물질이다.

해설 진피세포는 상처 새쟁 등 외분비샘으로 특화되어 있다.

080 다음 설명 중 옳지 않은 것은?

① 말피기관은 곤충 체내에서 척추동물의 신장과 유사한 역할을 하고 pH나 무기이온의 농도를 조절하는 배설기관으로 배설물이 혈림프로 말피기관 내강에서 유출된다.
② 주광성은 빛, 주지성은 중력, 주촉성은 접촉, 주화성은 화학물질의 냄새에 반응하는 것이다.
③ 총 개체 수가 200마리 성비 0.55일 때 곤충의 암컷 숫자는 110마리이다.
④ 해충발생 불리한 산림 조치는 피압목, 쇠약목 제거 및 단순림면적 소규모, 복층림(혼효림) 조성으로 생태계의 안정성 확보 등이다.
⑤ 잠재해충의 해충화는 농약에 의해 천적이 감소된 경우, 가뭄, 동해 등의 기상재해에 의하여 수서가 약해진 경우, 오래된 나무가 활력이 감퇴한 경우이다.

해설 배설물이 혈림프에서 말피기관 내강으로 유입된다.

081 다음 설명 중 옳지 않은 것은?

① 곤충병원성 미생물의 발견은 누에에서 굳음병의 원인인 곰팡이 Beauveria bassiana이다.
② 지방체는 사람의 간과 같은 역할을 하며, 완전변태류의 애벌레에서 흰색, 노란색 보이고 몸에 필요한 물질의 대사, 합성 및 저장하므로 성장, 탈피, 생식에 중요한 역할을 한다.
③ 고생대 캄브리아기 6억년 전에 삼엽충과 갑각류가 발생하였고 곤충은 지금으로부터 약 4억년 전 고생대 데본기에 출현하였다.
④ 곤충은 절지동물문에 속하나 거미와는 다른 강이다.
⑤ 나비목의 종류가 가장 많으며 전체 곤충의 40%이다.

해설 딱정벌레목의 종류가 가장 많으며 전체 곤충의 40%이다.

정답 079 ④ 080 ① 081 ⑤

082 다음 설명 중 옳지 않은 것은?

① 곤충의 체벽은 표피(외표피 – 원표피), 진피층, 기저막으로 구성되어 있다.
② 우리나라에 산림에 피해를 주는 산림해충은 대부분 솔나방 같은 토종해충이다.
③ 우리나라에서는 소나무류 해충이 주요해충으로 취급되는 편이다.
④ 탄수화물은 6탄당 단당류인 포도당으로 흡수되며, 단백질은 흡수될 때 아미노산 형태로 흡수된다.
⑤ 곤충의 탄수화물은 혈림프에서 트레할로스로 저장된다.

해설 외래침입해충[솔잎혹파리(1929), 솔껍질깍지벌레(1963)]이 우리나라 산림에 피해를 준다.

083 다음 설명 중 옳지 않은 것은?

① 곤충에서 지질의 소화는 디글리세이드, 모노글리세이드, 글리세롤 및 유리지방산으로 소화된다.
② 낫발이목과 톡토기목은 기관계가 발달되어 있다.
③ 기관소지(tracheole)는 대사활동이 왕성한 기관에 더 발달되어 있다.
④ 곤충에 따라 기관계에서 방어물질분비와 방어용 소리를 내기도 한다.
⑤ 공기주머니는 1, 2차 기관지가 부풀어져 만들어진 기관이다.

해설 기관계는 기관의 끝에 있는 가는 관으로 낫발이목과 톡토기목은 기관계 자체가 없거나 발달되어 있지 않다.

084 다음 설명 중 옳지 않은 것은?

① 외시류는 불완전변태를 한다.
② 곤충의 생장은 탈피를 통해서 일어나며 불연속적이고 주기적이다.
③ 앞가슴샘이 탈피호르몬을 분비하는 것은 앞가슴자극호르몬(PTTH)의 자극으로 일어난다.
④ 허물벗기 호르몬은 우화 시에만 일어난다.
⑤ 꿀벌에서 유충 혈림프 내에 유약호르몬 농도를 측정해 보면 여왕벌 유충이 일벌보다 10배 이상 높다.

해설 우화 시에만 일어나는 것이 아니라, 부화, 유충의 탈피, 용화 시에도 방출된다.
- 용화 : 곤충의 유충이 번데기가 되는 것
- 우화 : 완전변태(갖춘탈바꿈)를 하는 곤충의 번데기가 성충(자란벌레)이 되는 것

정답 082 ② 083 ② 084 ④

085 **다음 설명 중 옳지 않은 것은?**

① 유충발육과 성충의 생식활동에 영향을 주는 것은 유약호르몬이며 이때 활성을 보이는 것은 알라타체이다.
② 환경조건에 관계없이 특정 발육단계에 도달하면 모든 개체가 휴면에 들어가는 것을 절대휴면(obligatory diapause)이라 한다.
③ 휴면의 유기와 종료 요인은 온도, 먹이량과 질, 수분 등이 있으나 가장 정확한 환경요인은 일장이다.
④ 페르몬은 내분비물질(ecomone)이라고 하며, 종 내, 종 간의 통신 목적에 이용되는 통신물질(semiochemical)이다.
⑤ 곤충의 외분비샘은 거의 모든 몸 부위에 존재하며 많은 종에서 머리, 가슴, 배에 있고, 이들을 구조에 따라 1종, 2종, 3종 샘으로 구분한다.

해설 페르몬은 외배엽에서 생성되는 외분비물질이다.

086 **다음 설명 중 옳지 않은 것은?**

① 곤충은 자신을 보호하기 위해 방어 물질을 분비하는데 이것은 분비샘에서 분비한다.
② 카디아카체는 내분비샘으로 주로 탈피와 관련된 신경분비세포 물질을 분비한다.
③ 같은 시기에 출생한 집단에 대하여 시간이 경과함에 따라 사망원인과 개체 수 변화 등에 대한 자료표를 생명표라고 한다.
④ 솔잎혹파리－혹파리살이먹좀벌, 밤나무혹벌－중국긴꼬리좀벌, 솔수염하늘소－개미침벌, 매미나방-무늬수중다리좀벌은 공존관계이다.
⑤ 곤충의 말피기관은 혈림프의 이온조성과 삼투압의 조절기능도 담당한다.

해설 공존관계가 아닌 천적관계에 해당한다.

087 **다음 설명 중 옳지 않은 것은?**

① 말피기관은 원하지 않는 물질을 체외로 배출하고 필요한 화합물은 체내에 남게 하는 배설기관이다.
② 말피기관은 최종적으로 배설하는 질소대사물질은 독성이 매우 낮고, 수용성이 아주 낮은 요산 형태로 배설하거나 특정세포에 저장한다.
③ 갈색날개매미충(2010, 중국), 꽃매미(2006, 중국), 아까시잎혹파리(2001, 북미), 버즘나무방패벌레(1995, 북미), 미국흰불나방(1958, 미국)은 외래침입해충이다.
④ 미국흰불나방은 산림 내에서 피해는 경미하며, 조경수, 가로수에 피해를 주고 있는 활엽수 해충이다.
⑤ 매미나방은 외래침입해충에 해당한다.

해설 매미나방은 외래침입해충이 아닌 고유종이다.

정답 085 ④ 086 ④ 087 ⑤

088 다음 설명 중 옳지 않은 것은?

① 곤충의 내분비 호로몬은 생장과 탈피, 변태, 생식, 배자발생 등 여러 가지 생리현상 등이 호르몬의 직 · 간접 영향을 받는다.
② 내분비 호르몬 중 난 발육에 영향을 주는 것은 유약호르몬이다.
③ 신경분비세포에서 분비되는 호르몬은 펩티드 종류와 아민계화합물이다.
④ 유충 간에 탈피는 비교적 유약호르몬의 농도가 높은 상태에서 탈피호르몬이 분비될 때 일어난다.
⑤ 해충 방제는 경제적 피해수준(Economic Injury Level) 이상으로 높이는 것이 방제의 목표이다.

해설 해충 방제는 경제적 피해수준(Economic Injury Level) 이하로 높이는 것이며, 종합적방제관리가 최선이다.

089 다음 설명 중 옳지 않은 것은?

① 농 · 임업 공동해충에는 미국선녀벌레, 꽃매미, 갈색날개매미충, 목화진딧물 등이 있다.
② 극동등에잎벌은 장미, 철쭉에 피해를 준다.
③ 풀잠자리의 유충의 배에는 다리가 없고 유충과 성충 모두 포식성 천적이며, 번데기는 나용이다.
④ 곤충의 방어물질를 총칭하여 시노몬이라하고 알카로이드, 테르페노이드, 페놀, 퀴논 등이 있다.
⑤ 곤충의 독샘에서 분비하는 물질은 대부분 효소이다.

해설 곤충의 방어물질을 알로몬이라고 한다.
⑤ 말벌독액 성분은 70% 이상 활성 펩타이드나 효소 같은 펩타이드성이다.

090 다음 설명 중 옳지 않은 것은?

① 일반적으로 곤충의 생식기는 유충 단계에서 어느 정도 형태가 갖추어진다.
② 평균보정살충율은 '(대조구생존율 + 처리구생존율)/대조구생존율'이다.
③ 밀도효과란 개체군 밀도가 상승하면 더 낮도록 작용하는 것이다.
④ 개체군은 하나의 유전자급원을 형성하고, 하나의 진화적 단위이다.
⑤ 서식체에서 먹이가 충분하고 천적이나 병 작용이 없으면 시간이 경과함에 따라 개체군의 밀도는 지수함수적으로 증가한다.

해설 무처리구의 생충율 대비 처리구생충율에 대한 보정사충율을 구하여 처리하는 평균값은 '(대조구생존율 – 처리구생존율)/대조구생존율'로 구한다.

정답 088 ⑤ 089 ④ 090 ②

091 다음 설명 중 옳지 않은 것은?

① 콜레마니진딧벌은 진딧물류의 천적이다.
② 불임충방사는 수컷의 생식능력을 제거하는 것으로 화학적 방제이다.
③ DDT는 화학적 방제역사에 있어, 유기합성살충제 개발에 중요한 전기를 마련하였다.
④ 생물학적 방제를 위한 천적의 도입은 많은 연구와 시간이 동반한다.
⑤ 강독성 BT－toxin개발은 바이러스유전자 재조합을 이용한 유전적 방제법이다.

해설 Bacillus thuringiensis는 그람 양성 박테리아이자 살충 효과를 가진 토양미생물로 상업적으로 널리 쓰이는 성공적인 미생물 살충제 중 하나로 바이러스가 아닌 곤충미생물 세균 Bacillus이다.

092 다음 설명 중 옳지 않은 것은?

① 침엽수, 특히 소나무류의 그을음병은 깍지벌레류의 배설물에 2차적으로 기생하는 부생성 그을음병균에 의한 것이 대부분이다.
② 레시린은 고무와 같은 특성을 가지는 탄력 있는 단백질로 주로 날개의 기부, 메뚜기 뒷다리처럼 도약형 다리에 많이 분포한다.
③ 뿔관(각상관)은 진딧물의 마지막 배마디위판에 붙어 있는 짧은 한 쌍의 관으로 방어물질, 경고페르몬, 감로를 분비한다.
④ 개체군 밀도의 변동 Nt＝Noe(b－d)t 이다(단, Nt : t시간 후의 개체수, No : 최소의 개체수, e : 자연대수, b : t시간 동안의 출생률, d : t시간 동안의 사망률, t : 극히 짧은 시간).
⑤ 해충의 개체군 밀도는 S－모양의 지수함수적 성장형을 보이며 현재 밀도의 변동율은 '출생율－사망률＋이입율－이출율'로 나타낼 수 있다.

해설 해충의 개체군 밀도는 J－모양을 나타낸다.

093 다음 설명 중 옳지 않은 것은?

① 유효적산온도은 1일 평균기온에서 발육영점온도를 빼고 그 값을 누적시키며, 유효적산온도 단위는 일도(Degree Days ; D.D)로 쓴다.
② 광릉긴나무좀의 피해는 주로 흉고직경이 30cm 가 넘는 대경목에서 피해가 크다.
③ 항공살포에서는 고농도로 희석하거나 원액을 그대로 사용하며 살포시 살포입자가 초미량인 ULV(Ultra Low Volume) 살포가 이루어진다.
④ 격발현상은 대상해충과 천적과 경쟁자까지 제거하여 약제살포 후 해충밀도가 빨라지고 약제처리 전보다 밀도가 높아지는 것이다.
⑤ 살비제는 주로 성충과 유충을 죽이므로 큰 효과를 볼 수 있다.

해설 성충, 유충, 약충, 알까지 죽여야 효과가 있다.

정답 091 ⑤ 092 ⑤ 093 ⑤

094 다음 소화기관에 대한 설명 중 올바른 것은?

① 곤충의 소화계 배열에서 입에서부터 순서는 인두, 식도, 모이주머니, 위맹낭이며 이들을 전장이라고 한다.
② 전장은 식도, 모이주머니(소낭), 전위 등으로 구성되어 있고 입과 식도 사이를 인두라고 한다.
③ 말피기관은 소화계에 속하며 중장과 후장 사이에 위치하여 소화작용을 한다.
④ 소화기관은 외배엽이 함입하여 생기는 전장과 후장 그리고 중배엽에서 생성된 중장이 있다.
⑤ 중장은 큐티클층으로 구성되어 있다.

해설 ① 위맹낭은 중장에 해당한다.
③ 밀피기관은 배설계에 해당하고, 보통 체강에 떠있으며 끝이 후장에 밀착해 있다.
④ 중장은 내배엽에서 생성된다.
⑤ 중장은 큐티클층이 없다.

095 다음 중 생장, 변태, 탈피에 관여하는 요소들의 연결이 잘못된 것은?

① 카다아카체 : 심장 박동 조절에 관여
② 알라타체 : 성충으로의 발육을 촉진하는 유약호르몬을 생성
③ 앞가슴샘 : 탈피호르몬 edysone 분비
④ 지방체 : 곤충의 기관 사이에 차 있는 백색의 조직
⑤ 편도세포 : 탈피할 때 표피의 어떤 생성물질을 합성하는 특수에 관여하는 황갈색을 띤 대형세포

해설 알라타체는 발육을 억제하는 역할을 한다.

096 다음 설명 중 옳지 않은 것은?

① 무시충은 데본기 4억년 전에 유시충은 석탄기 3억 5천년 전에 대부분 곤충이첩기(페름기) 2억 8천년 전에 발생하였다.
② 무시아강은 톡토기, 낫발이, 좀붙이, 돌존 등이 있고 유시아강이며 고시류에는 하루살이, 잠자리류, 집게벌레류가 있다.
③ 더듬이에서 흔들마디(팔굽마디)는 소리감지(존스톤기관)을 하며 채찍마디에서는 냄새를 감지한다.
④ 다리는 밑마디(기절) – 도래마디(전절) – 넓적다리(퇴절) – 종아리다리(경절) – 발마디(부절)로 구성되어 있다.
⑤ 날개에는 딱정벌레류는 초시로, 노린재유는 반초시로 되어있다.

해설 집게벌레목은 고시류가 아닌 외시류에 해당한다.

정답 094 ② 095 ② 096 ②

097 다음 설명 중 옳지 않은 것은?

① 나비목의 날개는 겹쳐진 인편으로 덮여 있다.
② 날개는 외골격이 늘어난 것이며 시맥으로 그 모양이 유지된다.
③ 순환계에서 혈액은 혈림프와 혈구로 구성되어 있으며 헤모글로빈이 없어 투명한 색으로 헤모시아닌(구리)과 산소와의 결합력이 강하다.
④ 암컷 생식계는 알집, 수란관, 수정낭, 부속샘 등으로 수컷 생식에는 정집, 수정낭, 부속샘, 저장낭, 사정관으로 구성되어 있다.
⑤ 카티아카체는 심장 박동의 조절에 관여하며 알라타체는 성충의 발육을 억제하는 유충(약)호르몬이다.

해설 헤모시아닌(구리)과 산소와의 결합력이 약하다.

098 다음 설명 중 옳지 않은 것은?

① 단위생식(처녀생식)에는 밤나무 혹벌, 무화과깍지벌레, 진딧물이 있다.
② 다배생식은 1개 알에서 두 개 이상의 곤충이 발생하며 벼룩좀벌과, 고치벌과 등이 있다.
③ 수컷 단위생식은 벌목의 모든 종과 총채벌레류 및 깍지벌레류의 일부 종에서 나타난다.
④ 단위생식은 안정된 환경에 살면서 풍부한 먹이 자원을 활용하는 종에게 분명한 이점이 된다.
⑤ 단위생식을 하는 많은 종들은 여러 세대의 무성생식 끝으로 계절환으로 진화하였다.

해설 적어도 1세대의 양성생식을 포함하는 계절환으로 진화하였다.

099 다음 설명 중 옳지 않은 것은?

① 곤충병원성 미생물 종류에는 바이러스, 세균, 균류, 선충, 원생동물이 이용되고 있다.
② 병원성을 가지는 바이러스로 핵다각체병바이러스(NPV), 과립형바이러스(GV)는 기주의 세포핵 안에서 복제하는 베큘로바이러스과에 속한다,
③ 포자형 중에서 가장 잘 알려진 곤충병원성 바이러스로는 Bacillus spp의 BT제가 있다.
④ 곤충성 병원성 곰팡이는 Beauveria bassisna이 있다.
⑤ 곤충병원성 선충은 곤충에 기생하여 해충을 죽이는데 일부는 불임을 유발하거나 생식력을 감소시키는 작용을 한다.

해설 포자형 중에서 가장 잘 알려진 곤충병원성 바이러스는 세균(Bacillus thuringiensis)이다.

정답 097 ③ 098 ⑤ 099 ③

100 다음 산림해충에 대한 설명 중 옳지 않은 것은?

① 외래해충은 원산지에서는 크게 문제가 되지 않지만, 대부분이 천적을 동행하지 않기 때문에 극심한 피해를 나타낸다.
② 1960년대에 산지와 도로변의 사방지의 오리나무류가 식재되면서 오리나무잎벌레가 주요 해충화된 것을 들 수 있다.
③ 어떤 원인으로 해충의 밀도억제요인이 약화되거나 제거되어 해충밀도가 높아짐으로써 피해가 커지는 경우로서 돌발 해충에 의한 피해가 있다.
④ 매미목에는 흡수성해충인 진딧물류와 깍지벌레류로 대별되며 해충의 종류와 가해수종이 다양한 주요해충군에 속한다.
⑤ 1차해충이란 특정해충의 방제로 인해 곤충상이 파괴되면서 새로운 해충이 주요해충화하는 경우로서 응애, 진딧물, 깍지벌레류 등 미소흡수성 해충이 대표적인 예이다.

해설 1차해충이 아닌 2차해충에 대한 설명이다.

101 다음 중 응애에 대한 설명으로 옳지 않은 것은?

① 응애도 거미가 실을 이용하여 분산하는 것처럼 분산에 실을 이용한다(사과응애, 귤응애 등).
② 거미류에 속하는 응애는 황록색 또는 적색의 작은 벌레로 고온 건조기에 심하게 발생해 나무에 큰 피해를 입힌다.
③ 응애의 피해를 받은 잎은 초기에 회백색으로 퇴색되고, 피해가 진전됨에 따라 갈색으로 변하며 일찍 말라 떨어진다. 잎 뒷면을 보면 응애의 알껍데기가 마치 흰 가루가 묻어 있는 것처럼 보이며, 미세한 응애가 이동하는 것이 관찰된다.
④ '알 – 애벌레 – 제1약충 – 제2약충 – 성충'으로 나눌 수 있다.
⑤ 다리는 유충에서는 여섯 개, 제2약충 이후는 여덟 개가 된다.

해설 다리는 제1약충 이후에 여덟 개가 된다.

102 다음 설명 중 광식성 해충이 아닌 것은?

① 미국흰불나방, 독나방, 매미나방, 천막벌레나방, 애모무늬잎말이나방
② 목화, 조팝나무, 복숭아혹진디물, 붉나무소리진디물, 뿔밀깍지벌레
③ 이세리아깍지벌레, 샌호제깍지벌레, 전나무잎응애, 점박이응애, 차응애
④ 오리나무좀, 알락하늘소, 왕바구미, 가문비나무좀, 붉은목나무좀
⑤ 회양목명나방, 주머니깍지벌레, 뽕나무이 솔잎혹파리, 소나무왕진디물, 황다리독나방

해설 단식성에는 느티나무벼룩바구미, 팽나무벼룩바구미, 회양목명나방, 주머니깍지벌레, 뽕나무이, 솔잎혹파리, 소나무왕진디물, 황다리독나방이 있다.

정답 100 ⑤ 101 ⑤ 102 ⑤

잎을 가해하는 해충 (식엽성)	솔나방, 매미(집시)나방, 붉은매미나방, 벚나무모시나방, 회양목명나방, 삼나무 독나방, 독나방, 황다리독나방, 어스렝이나방, 미국흰불나방, 버들재주나방, 미류재주나방, 텐트나방, 텐트불나방, 소나무거미줄 잎벌, 솔노랑잎벌, 잣나무넓적잎벌, 오리나무잎벌레, 호두나무잎벌레, 개나리잎벌, 낙엽송잎벌, 극동등애잎벌, 장비등애잎벌, 거세미나방, 회양목명나방, 남포잎벌, 참나무재주나방, 대벌레, 주둥무늬차풍뎅이, 느티나무 벼룩바구미, 장미등애잎벌, 남포잎벌, 제주집명나방, 벚나무모시나방, 노랑쐐기나방
충영을 만드는 해충 (충영성)	솔잎혹파리, 밤나무혹벌, 사사키잎혹진딧물, 큰팽나무이, 느티나무외줄진딧물, 때죽납작진딧물, 아까시잎혹파리, 붉나무혹응애, 밤나무혹응애
분열조직을 가해하는 해충	소나무좀, 복숭아유리나방, 포도유리나방, 광릉긴나무좀애소나무좀, 노랭애나무좀, 왕소나무좀, 소나무노랑점바구미, 소나무흰점바구미, 점박이수염긴하늘소, 미끈이하늘소, 알락하늘소, 측백하늘소, 알락박쥐나방, 박쥐나방, 소나무순명나방, 솔수염하늘소, 북방수염하늘소, 밤바구미, 벚나무사향하늘소, 복숭아 유리나방
종실을 가해하는 해충	솔알락명나방, 백송애기잎말이나방, 밤바구미, 밤나무혹벌, 복숭아명나방, 도토리거위벌레
즙액을 빨아먹는 해충(흡즙성)	가루깍지벌레, 솔껍질깍지벌레, 꽃매미, 방패벌레, 진딧물, 갈색날개매미충, 진달래방패벌레, 전나무잎응애, 매미나방, 소나무왕진딧물, 총채벌레류, 진딧물류, 깍지벌레류

103 다음 중 알로 월동하는 해충이 아닌 것은?

① 매미나방, 박쥐나방, 어스렝이나방, 천막벌레 나방
② 꽃매미, 미국선녀벌레, 갈색날개매미충, 버들바구미
③ 독나방, 대벌레, 말매미, 목화진디물
④ 조팝나무진디물, 사사키잎혹진디물, 외줄면충, 검은베네줄면충
⑤ 솔껍질깍지벌레, 소나무가루깍지벌레, 남포잎벌, 개나리잎벌

해설 솔껍질깍지벌레, 소나무가루깍지벌레, 남포잎벌, 개나리잎벌은 유충으로 월동한다.

104 유충형태로 월동하는 해충이 아닌 것은?

① 하늘소류, 광릉긴나무좀, 솔나방
② 솔알락명나방, 차주머니나방, 복숭아심식나방
③ 회양목명나방, 복숭아명나방, 밤바구미
④ 낙엽송잎벌, 밤나무혹벌, 잣나무넓적잎벌
⑤ 솔껍질깍지벌레, 소나무가루깍지벌레, 사철나무혹파리

해설 낙엽송잎벌은 번데기로, 깍지벌레는 대부분 성충으로 월동한다.

정답 103 ⑤ 104 ④

105 다음 중 성충형태로 월동하는 해충이 아닌 것은?

① 미국흰불나방, 낙엽송잎벌, 아까시잎 혹파리
② 오리나무좀, 소나무좀
③ 느티나무벼룩바구미, 호두나무잎벌레
④ 벚나무깍지벌레, 뽕나무 뿔밀깍지벌레
⑤ 루비깍지벌레, 버즘나무방패벌레

해설 미국흰불나방, 낙엽송잎벌, 아까시잎 혹파리는 번데기로 월동한다. 번데기로 월동하는 해충에는 미국흰불나방, 낙엽송잎벌, 솔잎벌, 소나무순나방, 자귀뭉뚱날개나방, 백송애기잎말이나방, 아까시잎 혹파리 등이 있다.

106 다음 설명 중 옳지 않은 것은?

① 미국흰불나방의 예찰조사는 6월과 8월에 전국 29개 조사지에서 각 50본의 조사목을 대상으로 피해율과 본 총수를 조사한다.
② 버즘나무 방패벌레는 8월경에 조사한다.
③ 미국흰불나방은 나방살이납작맵시벌, 천막벌레나방은 독나방살이고치벌, 미국선녀벌레는 집벼룩좀벌이, 꽃매미는 집게벌이 천적이다.
④ 진딧물은 진디혹파리, 총체벌레는 애꽃노린재, 이세리아깍지벌레는 배달리아무당벌레, 응애는 칠레이리응애가 천적이다.
⑤ 곤충목에는 벌목(Hymenoptera), 나비목(Lepidoptera), 메뚜기목(Orthoptera), 딱정벌레목(Coleoptera) 등이 있다.

해설 꽃매미는 2011년 꽃매미벼룩좀벌이 천적으로 확인됐다. 2009년 북미지역이 원산인 미국선녀벌레는 선녀벌레집게벌이 천적으로 선발되었다.

107 다음 중 우리나라 솔잎혹파리에 의한 피해에 대한 설명으로 옳지 않은 것은?

① 우리나라에서 솔잎혹파리 피해는 감소 추이에 있다.
② 충영형성율이 50% 이상이면 피해가 "심"한 것으로 나무가 반드시 죽는다.
③ 천적인 혹파리살이먹좀벌과 솔잎혹파리먹좀벌이 전국적으로 분포하여 피해를 안정화하고 있다.
④ 일본에서 침입한 외래해충이다.
⑤ 학명은 Thecodiplosis japonensis이며, 1년에 1회 발생한다.

해설 충영형성율이 50%라고 해서 반드시 죽지는 않고, 방제하면 회복이 가능하다.

정답 105 ① 106 ③ 107 ②

108 생장, 변태, 탈피에 관여하는 호르몬의 연결이 잘못된 것은?

① 카디아카체 : 심장 박동의 조절에 관여
② 알라타체 : 성충으로의 발육을 촉진하는 유약호르몬을 생성
③ 앞가슴샘 : 탈피호르몬인 ecdysone 분비
④ 지방체 : 곤충의 기관 사이에 차 있는 백색의 조직
⑤ 편도세포 : 탈피할 때 표피의 어떤 생성물질을 합성하는 특수작용에 관여하는 황갈색을 띤 대형세포

해설 알라타체는 성충으로의 발육을 억제하는 호르몬이다.

109 진딧물의 생활사에 관한 설명 중 옳지 않은 것은?

① 간모는 진딧물의 월동란이 봄에 발육한 것으로 날개가 없이 새끼를 낳는 단위생식형 암컷을 말한다.
② 간모는 알 대신 1령 약충을 낳으며 무성생식으로 생긴 알에서 부화한 것이다.
③ 진딧물은 대부분 암컷을 만들어 낸다.
④ 유시충이 발생되는 경우는 발생 밀도가 높아 먹이가 부족할 때 이동을 위해 날기 위해서이다.
⑤ 불완전변태를 하며 개미, 기생벌, 파리와 공생한다.

해설 양성생식으로 알에서 부화한다.

110 해충 종합 관리의 기본원칙에 대한 설명 중 옳지 않은 것은?

① 병해충만 국한해서 병해충문제를 해결하려는 것이 아니라 토양, 시비, 관수 등 재배관리와 연계하여 종합적인 관리를 실시하는 것이다.
② 천적에 독성이 높은 농약은 사용을 제한하고 선택성 농약을 위주로 사용한다.
③ 병충해의 발생상황, 생육단계 및 기상조건에 따라 살포간격과 방제횟수를 조성한다.
④ 화학적, 생물적, 기계, 물리적, 경종적 방제를 적절하게 사용하는 것은 의미한다.
⑤ 경제적 피해수준은 경제성, 지역, 사회적 여건에 따라 달라지며 경제적 피해가 나타나는 최고 밀도를 말한다.

해설 경제적 피해가 나타나는 최저 밀도를 말한다.

정답 108 ② 109 ② 110 ⑤

111 곤충의 개체군의 특성에 대한 설명 중 옳지 않은 것은?

① 일정한 시간과 공간에 생활하는 같은 종의 집단이다.
② 단위당 개체수로 표현되는 밀도, 출생률, 사망률, 이입률, 이출률로 계산될 수 있다.
③ 서식지역의 환경요인이 충분할 경우, 개체군 밀도는 지수함수적 증가한다.
④ 서식지역의 한정된 자원에 의한 경우, 환경수용력범위 내의 로지스틱 성장한다.
⑤ 개체군의 생존곡선에서 곤충은 제1형을 나타낸다.

해설 곤충의 생존곡선은 제 3형을 나타낸다.
- 제1형 : 연령이 어린 개체들이 사망률이 낮은 경우(인간, 대형동물)
- 제2형 : 사망률이 연령에 관계없이 일정
- 제3형 : 어린 연령의 개체수들이 사망률(90%)이 매우 높은 경우

112 곤충의 의사소통 중 아래와 같은 특징을 가지고 있는 것은?

- 장점
  - 환경적인 장벽에 한정되지 않는다.
  - 먼 거리에서 효과적이다.
  - 낮이나 밤이나 효과적이다.
  - 적은 양만 필요하기 때문에 대사적으로 저렴하다.
- 단점
  - 정보의 양이 적다.
  - 위쪽 방향으로는 효과가 없다.

① 촉각 의사소통　② 소리 의사소통
③ 화학 의사소통　④ 시각 의사소통
⑤ 정위행동

해설 화학 의사소통에 해당하는 사항으로 곤충은 화학적 신호에 더 많이 의존한다.

정답 111 ⑤　112 ③

113 타감작용(Allelopathy) 현상에 대한 설명 중 옳지 않은 것은?

① 어떤 식물체가 합성 화학물질을 배출하여 자신은 아무런 영향을 받지 않고 다른 인접 식물체에 해를 끼치는 작용이다.
② 타감물질에는 phenolic compound, tannin, terpenoid, flavonoid, alkaloid 등이 있다.
③ 1차 대사물질이라고 할 수 있다.
④ terpene alcohol과 hydrocarbon의 복합형태인 pyrethrin은 현재 매우 중요한 천연 살충제로서 곤충을 재빠르게 마비시키나, 포유류와 정온동물에 대하여 미미한 독성을 보인다.
⑤ Terpene계 화합물 중 Neem 나무에서 분리된 azadirachtin 등의 살충효과는 합성살충제를 대체시킬 수 있는 화합물로 많은 관심을 받고 있다.

해설 1차 대사물질이 아닌 2차 대사물질에 해당한다.

114 소나무재선충병 피해목에 대한 처리방법 중 옳지 않은 것은?

① 소나무재선충병 피해목은 두께 15mm 이하로 파쇄한다.
② 박피는 벌채된 목재에서 매개충의 산란을 방지하며 부화되어 수피아랫부분에 서식하고 있는 하늘소류 유충을 노출시키는 것이다.
③ 용재가치가 큰 벌채산물을 열기건조기를 이용하여 함수율 29% 이하가 되도록 처리하여 활용한다.
④ 벌채산물의 중심부 온도를 56℃ 이상에서 30분 이상 유지하거나, 전자파(마이크로웨이브)를 이용하여 벌채산물전체(표면포함)에 최저 60℃에서 지속적으로 1분 이상 유지한다.
⑤ 훈증처리 후 6개월이 경과한 훈증더미를 대상으로 우선순위에 따라 순차적으로 제거하고, 필요에 따라 6개월 미만의 훈증더미도 함께 제거할 수 있다.

해설 함수율 19% 이하가 되도록 처리하여 활용한다.

115 곤충의 소화기관에 대한 설명 중 옳지 않은 것은?

① 전장은 외배엽성에서 형성되었으며 인두, 식도, 소낭, 전위로 이루어져 음식물을 일시저장하기도 하며 음식을 부수거나 넘기는 등 역류를 방지한다.
② 모이주머니(소낭)에서 각종 소화효소가 나와서 소화하는 데 도움을 준다.
③ 매미나 깍지벌레, 그 밖의 흡즙성 곤충은 여과실이라는 특수한 기관이 있어 소화효소가 먹이에 닿기 전에 수분을 흡수한다.
④ 중장은 내배엽성에서 형성 위맹낭, 위, 위심막으로 형성되어 있으며 음식물을 분해, 흡수하는 역할을 한다.
⑤ 후장은 외배엽성에서 형성되었으며 회장, 결장, 직장으로 구성 배설물 재흡수한다.

해설 중장에서 소화효소가 나와 소화할 때 도움을 준다.

정답 113 ③ 114 ③ 115 ②

116 다음 설명 중 옳지 않은 것은?

① 주촉성은 자신의 몸 중 최대한 표면적을 주변물지에 접촉하고자 하는 행동습성이다.
② 포식자에 대항하는 데 이용하는 알로몬으로는 배설물, 독소 등이 있다.
③ 페로몬은 다양한 화학적성분으로 구성되어 있어 원하는 해충에 작용할 수 있도록 인위적으로 합성할 수 없다.
④ 곤충의 활동정지(휴지) 불규칙이고 단기적, 국부적인 환경변화에 곤충이 반응하여 운동을 정지하는 것이다.
⑤ 자신을 상대방에게 띄지 않게 하는 은폐적 의태와 반대로 자신을 드러내는 표지적 의태가 기본적으로는 배경에 자신을 어울리게 하는 은폐색(보호색)의 범주에 포함시킬 수 있다.

해설 인위적으로 합성하여 이용하기도 한다.

117 곤충의 기회적 휴면의 경우에 휴면진입 여부를 결정하는 가장 중요한 환경요인은?

① 일조시간
② 온도
③ 습도
④ 강수량
⑤ 먹이

해설 휴면에 가장 영향을 주는 요인은 일조시간이다.

118 진달래방패벌레에 대한 설명 중 옳지 않은 것은?

① 응애의 피해와 비슷하지만 피해부위에 검은색의 벌레똥과 탈피각이 붙어 있으므로 성충과 약충이 서식하지 않아도 응애피해와 구별이 된다.
② 연 4~5회 발생하며 성충으로 낙엽사이나 지피 밑에서 월동한다.
③ 주로 가해수종의 잎 뒷면에 모여 살면서 흡즙 가해하며 잎표면은 황백색으로 변한다.
④ 생물적 방제로 포식성 천적인 무당벌레류, 풀잠자리류, 거미류 등을 보호한다.
⑤ 피해를 받아서 나무가 죽는 경우가 많고 수세가 쇠약해지고 미관도 해친다.

해설 나무가 거의 죽지 않는다.

정답 116 ③ 117 ① 118 ⑤

119 갈색날개매미충에 대한 설명 중 옳지 않은 것은?

① 약충은 작물의 새 줄기에 붙어 흡즙해 생장에 피해를 줄 뿐만 아니라 배설물이 과실이나 잎에 붙어 그을음병을 유발시켜 광합성을 저해해 농산물의 상품성과 수량을 떨어뜨린다.
② 유인용 끈끈이트랩은 과수원 사이에 설치해 근거리 성충을 포획한다.
③ 주로 1년생 가지에 2줄로 산란한 후 톱밥과 흰색 밀납물질을 섞어서 덮는다.
④ 중국 동부지역 원산으로, 여러 과수류와 가로수의 해충으로 기록되어 있다.
⑤ 약제방제의 가장 효율성이 높은 시기는 7월이다.

해설 약제방제의 가장 효율성이 높은 시기는 5월이다.

120 다음에서 설명하는 해충은?

- 북미 원산의 곤충이며 1990년대 후반에 유럽으로 유입된 이래로 빠르게 여러 나라로 확산하고 있는 해충이다.
- 바늘잎을 따라 손가락 모양으로 길쭉하게 산란하며 알은 황갈색을 주사기 같은 주둥이를 구과(솔방울)의 종자 날알에 찔러 넣어 침의 효소로 종자 내용물을 용해하여 빨아먹는다.
- 종자형성 초기에 종자를 탈락시켜 속이 빈 종자를 형성하거나 속이 반만 찬 종자를 형성하는 것이 그 주된 피해로 알려져 있다.
- 유충은 초기에는 잎을 먹다가 솔방울 형성기에는 차츰 방울로 옮겨가서 종자형성에 해를 끼치게 된다.

① 백송애기잎말이나방
② 솔알락명나방
③ 밤바구미
④ 소나무허리노린재
⑤ 복숭아명나방

해설 소나무허리노린재에 대한 설명이다.

121 곤충의 유효적산온도 법칙에 대한 설명 중 옳지 않은 것은?

① 발육영점온도 이상의 온량만 관련되며 종에 따라 다르다.
② 유효적산온도는 세대에 따라 다를 수 있고, 발육영점온도는 생존허용온도보다 높다.
③ 대부분의 0~40℃가 생존범위온도이며 발육 영점온도 이상의 유효 온도의 합이 일정량에 도달될 때 발육이 끝나는 성질이 있다.
④ 월동 중의 곤충들은 조직 내에 글리세롤(glycerol)과 같은 동해방어물질이 생성된다.
⑤ 발육 영점온도는 일반적으로 10℃ 정도이다.

해설 발육 영점온도는 4℃ 정도이다.

정답 119 ⑤ 120 ④ 121 ⑤

122 광릉긴나무좀의 형태 및 생태적 특징으로 옳은 것은?

① 암컷(4.4~5.6mm), 수컷(4.2~4.5mm) 모두 등판에 균낭이 있다.
② 광릉긴나무좀은 2004년 8월 경기도 성남에서 처음 피해 발견되었다.
③ 참나무시들음병에 의한 고사율 100%에 가깝다.
④ 고사목의 경우 2m 이상 높은 부위에는 분포하지 않고 주로 1.5m 이하에서 약 90% 정도의 침입공이 분포한다.
⑤ 성충은 5~6월에 모갱을 통하여 밖으로 달아나며 새로운 숙주식물의 심재부를 파먹은 후 산란한다.

해설 ① 암컷 등판에 균낭이 있다.
② 한국, 대만, 러시아의 극동지역에 분포하며 우리나라는 1935년에 처음 발견되었다.
③ 침입목의고사율은 17%~21% 정도이다.
④ 4~5m 이상 높은 부위에도 분포 2m에서 90% 정도 존재한다.

123 다음 설명 중 틀린 것은?

① 시맥 중 날개의 가장 맨 앞에 가장 굵은 맥인 전연맥, 그 뒤로 아전연맥, 이어서 경맥, 중맥, 주맥, 둔맥 순이다.
② 멜라닌이 많은 곤충의 큐티클에서 발견되는 색소로 Tyrosine이 전구물질이며 주로 표피의 검정과 갈색을 형성하는 데 중요한 색소이다
③ 말피기관은 배설기관으로 신장에서 높은 혈압을 이용하여 혈액을 여과하는 척추동물과 달리 상피조직의 이온이 능동수송에 따른 삼투압 구배로 배설물질이 혈림프에서 말피기관 내강으로 유입된다.
④ 전위는 소낭에 저장 중인 먹이가 전장으로 이동하는 것을 조절하는 밸브나 필터 역할과 동시에 단단한 음식을 부수는 데 관여한다.
⑤ 알은 난각으로 쌓여 있고 수정을 위하여 정자가 들어갈 수 있는 정공이 있다.

해설 전위는 먹이가 중장으로 이동하는 것을 조절한다.

124 곤충의 주성 중 주화성에 대한 설명으로 옳은 것은?

① 빛에 반응하는 행동양식
② 중력에 반응하는 행동양식
③ 자신의 몸 중 최대한의 표면적을 주변 물질에 접촉하게 시키고자 하는 행동양식
④ 화학물질의 냄새에 반응하는 행동양식
⑤ 열에 반응하는 행동양식

정답 122 ⑤ 123 ④ 124 ④

해설 주화성이란 곤충의 화학 물질에 대한 집합으로 도피작용도 주화성에 해당한다.

주성

- 외부로부터의 자극에 의하여 강제적으로 행하여지는 무의식적인 생물의 행동
- 자극의 종류에 따라 주화성(물질주성), 주기성(공기주성), 주광성(광주성), 주촉성(접촉주성), 주농성(농주성), 주수성(물주성), 주지성(땅주성), 주전성(전기주성), 주열성(열주성), 주류성(흐름주성) 등으로 나눔
- 자극원을 향하여 나갈 때는 양이라 하고, 자극원과 반대방향으로 나갈 때는 음이라 함

125 다음에 해당하는 해충의 이름은?

- 소나무류에 기생하는 나무좀류 가운데 가장 흔한 종으로서 쇠약한 가지나 고사된 가지에 주로 기생하고 때로는 건전한 나무에도 기생
- 고사목이나 벌채 원목의 수피가 얇은 부분의 수피 밑을 가해하며 여름에 고사한 나무의 가지와 줄기 윗부분에서 많이 발견
- 연 2~4회 발생하며 성충으로 월동
- 일부일처제와 유사한 사회성 생활을 하는 특징
- 부화한 유충은 모갱과 직각방향으로 유충갱을 뚫어 나가며 유충갱에 벌레똥을 가득 채워 놓음
- 생활사가 짧아 자주 발생, 공격의 선구자, 치명적, 쇠약목가지에 좁쌀 굵기의 맑은 송진이 방울로 맺히거나 말라 있음

① 소나무좀 ② 노랑애나무좀
③ 소나무솜벌레 ④ 소나무굴깍지벌레
⑤ 소나무가루깍지벌레

해설 노랑애나무좀(노랑소나무좀)에 대한 설명이다.

126 다음 설명 중 옳지 않은 것은?

① 곤충의 입틀은 기본적으로 윗입술, 아랫입술, 큰턱, 작은턱이 있으며 작은턱과 아랫입술에는 수염을 가지고 있다.
② 홑눈은 겹눈의 빛에 대한 민감성을 증대시켜 주고 빛에 대한 방향 행동에도 중요한 역할은 한다.
③ 솔껍질깍지벌레의 후약충은 저작형 입틀을 가지고 있다.
④ 등검은말벌은 저작형 입틀을가진다.
⑤ 곤충에서 산소를 운반하는 역할을 담당하는 것은 기관계이다.

해설 저작형이 아닌 흡즙형 입틀을 가진다. 약충이 가는 실모양의 구침을 수피에 꽂고 가해할 때 양료의 손실하고, 세포막을 파괴한다.

정답 125 ② 126 ③

127 다음에 해당하는 해충의 이름은?

> • 무시태생 암컷성충은 소형, 암녹색을 띠며 백색 밀랍으로 덮여 있음
> • 머리는 작고, 가슴과 배는 볼록하며, 등면은 막질로 가는 털, 더듬이는 4절, 무시태생성충은 타원형으로 머리와 가슴이 검은색, 배는 암색, 등면은 혁질로 가는 털이 있으며 더듬이는 6절
> • 주박모양의 녹색 벌레혹을 형성하며 수액을 흡즙 가해
> • 1년에 수회 발생. 수피틈에서 알로 월동
> • 5월 하순~6월 상순 유시태생암컷 성충이 출현하여 중간기주인 대나무류에 이주
> • 무시태생성충이 낳은 약충은 중간기주의 근부에서 여름을 지내고 10월 중하순 유시태생 암컷성충이 출현하여 주기주인 느티나무로 이동

① 때죽납작진딧물　② 사사키혹잎진딧물
③ 외줄면충　④ 소나무굴깍지벌레
⑤ 소나무가루깍지벌레

해설 외줄면충에 대한 설명이다.

128 다음의 특징을 가지는 해충은?

> • 잔디를 가해하며 성충으로 월동
> • 활엽수 잎을 가해, 유충 때 부식질이나 잡초뿌리 가해
> • 흰색의 짧은 털들이 몸 전체 분포
> • 유아등 설치, 포식성 천적 보호

① 말매미　② 곱추무당벌레
③ 참긴더듬이잎벌레　④ 느티나무벼룩바구미
⑤ 주둥무늬차색풍뎅이

해설 주둥무늬차색풍뎅이에 대한 설명이다.

정답 127 ③　128 ⑤

129 다음의 특징을 가지는 해충은?

- 초식성
- 쥐똥나무잎의 뒷면에서 잎맥만 남기고 갉아 먹음
- 1년 1회 발생

① 말매미
② 곱추무당벌레
③ 참긴더듬이잎벌레
④ 느티나무벼룩바구미
⑤ 주둥무늬차색풍뎅이

해설 곱추무당벌레에 대한 설명이다.

130 다음의 특징을 가지는 해충은?

- 1년 3회 발생, 성충으로 월동
- 구기자나무잎 뒷면에서 잎맥만 남기고 갉아 먹음
- 알을 세워서 규칙적으로 붙여 놓음, 무더기 산란 20~30개
- 성충을 죽이거나 알 채취 소각

① 큰이십팔점박이무당벌레
② 곱추무당벌레
③ 참긴더듬이잎벌레
④ 느티나무벼룩바구미
⑤ 주둥무늬차색풍뎅이

해설 큰이십팔점박이무당벌레에 대한 설명이다.

131 다음의 특징을 가지는 해충은?

- 유충이 새잎을 잎맥만 남기고 식해
- 성충의 피해는 7월 상~8월 상에 많이 나타나며 유충과 동시에 가해
- 피해로 나무가 죽지는 않으나 피해부위가 갈색으로 변색
- 연 1회 발생하며 가해수종의 동아나 가지에서 알로 월동
- 유충의 영기는 3령이며 5월 중 · 하순에 낙엽 밑이나 흙속에서 번데기가 된다.
- 신성충은 6월 상 · 중순경에 출현하여 9월 중순부터 늦가을까지 새가지, 잎자루, 동아의 조직 내에 10여개씩 무더기로 산란한다.

정답 129 ② 130 ① 131 ③

① 큰이십팔점박이무당벌레　　② 곱추무당벌레
③ 참긴더듬이잎벌레　　④ 느티나무벼룩바구미
⑤ 주둥무늬차색풍뎅이

해설 참긴더듬이잎벌레에 대한 설명이다.

132 다음의 특징을 가지는 해충은?

- 성충, 유충이 잎살을 식해, 성충 몸길이 2~3mm. 체색은 황적갈색
- 뒷다리가 발달하여 벼룩처럼 잘 뜀
- 성충은 주둥이로 잎 표면에 구멍을 뚫고 흡즙하고 유충은 잎의 가장자리를 갉아 먹으며 피해를 받은 나무가 고사되는 경우는 드물지만 5~6월에 피해 받은 잎이 갈색으로 변해 경관을 해침(1980년대 중반부터 눈에 띄었으며 1990년대 중반 이후부터는 전국에서 피해가 관찰)
- 성충은 기주 잎이 피기 시작하는 4월 중~5월 초에 출현하여 잎살을 가해, 잎에 1~2개씩 산란

① 큰이십팔점박이무당벌레　　② 곱추무당벌레
③ 참긴더듬이잎벌레　　④ 느티나무벼룩바구미
⑤ 주둥무늬차색풍뎅이

해설 느티나무벼룩바구미에 대한 설명이다.

133 다음의 특징을 가지는 해충은?

- 연 1회 발생하고 새알처럼 생긴 고치 속에서 유충으로 월동
- 유충은 잡식성으로 여러 수종의 잎을 식해하며 체표면에 자모가 있어 피부에 접촉하면 통증을 느낌
- 어린 유충은 잎 뒤에서 잎살만 먹지만 자란 후에는 잎의 주맥만을 남기고 식해

① 버들재주나방　　② 독나방
③ 차독나방　　④ 노랑쐐기나방
⑤ 황다리독나방

해설 노랑쐐기나방에 대한 설명이다.

정답 132 ④　133 ④

134 다음의 특징을 가지는 해충은?

- 산수유, 감나무등 53과 11종 가해
- 성충의 수컷은 복부선단부가 뾰족한 반면 암컷은 둥글다
- 약충은 항문을 중심으로 노란색 밀랍물질을 부채살모양으로 형성, 4회탈피

① 갈색날개매미충 ② 주홍날개꽃매미
③ 미국흰불나방 ④ 매미나방
⑤ 미국선녀벌레

해설 갈색날개매미충에 대한 설명이다.

135 다음의 특징을 가지는 해충은?

- 가지와 잎 등에 집단으로 번식, 과수와 농작물의 즙을 빨아 먹음
- 약충의 경우 잎을 갉아 먹고 배설하는 감로로 수목의 이파리와 과실에 그을음병을 유발, 상품성을 저하로 국내에서 해충으로 지정
- 5mm 정도로 전체적으로 연한 청록색을 띠고 있으며, 머리와 앞가슴은 연한 황갈색, 유충은 하얀색을 띠며 하얀 왁스물질을 배설, 식물체 표면을 뒤덮으며 양의 주광성
- 국내 토착 천적으로 무당벌레와 풀잠자리가 약충을 포식

① 갈색날개매미충 ② 주홍날개꽃매미
③ 미국흰불나방 ④ 매미나방
⑤ 미국선녀벌레

해설 미국선녀벌레에 대한 설명이다.

정답 134 ① 135 ⑤

136 산림해충 방제에 대한 설명으로 옳은 것은?

① 외국에서 문제가 되지 않는 곤충은 국내에 들어와서도 문제가 되지 않는다.
② 카이로몬(kairomone)은 동종의 다른 개체를 모으는 데 이용할 수 있는 물질이다.
③ 산림해충 종합방제의 목표는 다양한 방제방법을 조화롭게 적용하여 해충을 박멸하는 것이다.
④ 혹파리살이먹좀벌, Beauveriabassiana, Bacillus thuringiensis는 생물적 방제에 사용된다.
⑤ 단순림에는 여러 종류의 해충이 서식하나 이들의 세력은 서로 견제되며 천적의 종류도 다양하여 해충밀도가 높지 않은 것이 보통이다.

해설 ① 천적이 없어 국내에 들어오면 문제가 대량 발생한다.
② 페르몬은 동종의 다른 개체를 모으는 데 이용할 수 있는 물질이다.
카이로몬은 다른 개체 간의 신호물질로 분비한 개체에는 대체로 해가 되고 이를 인지한 개체에는 도움이 된다.
③ 철저히 살멸하는 것이 아니라 작물의 수량과 가격에 피해가 없을 정도로만 방제하는 것이다.
⑤ 단순림이 아닌 혼효림에 대한 설명이다.

137 진딧물류의 중간기주 연결이 잘못된 것은?

① 사사키잎혹진딧물 – 쑥
② 때죽납작진딧물 – 나도바랭이새
③ 복숭아혹진딧물 – 배추, 무
④ 조팝나무진딧물 – 명자나무, 귤나무
⑤ 벚잎혹진딧물 – 억새, 갈대

해설 벚잎혹진딧물은 쑥에, 복숭아가루진딧물은 억새, 갈대에 기생한다.

138 솔껍질깍지벌레, 소나무좀, 매미나방의 공통점으로 가장 옳은 것은?

① 불완전변태한다.
② 알로 월동한다.
③ 수목에 치명적인 병원균을 매개한다.
④ 유충 또는 약충 시기에 수목을 가해한다.
⑤ 성충은 모두 날개가 있다.

해설 솔껍질깍지벌레(불완전변태, 후약충상태로 월동, 암컷성충 날개 없음), 소나무좀(완전변태, 성충으로 월동), 매미나방(완전변태, 알로 월동), 모두 병원균 매개충 아니며 유충, 약충(솔껍질깍지벌레는 후약충) 시기에 수목을 가해한다.

정답 136 ④ 137 ⑤ 138 ④

139 잎, 줄기에 모두 가해하는 해충은?

① 오갈피나무이
② 붉나무혹응애
③ 때죽납작진딧물
④ 진달래방패벌레
⑤ 비단벌레

해설 ②, ③, ④ 잎을 가해하는 해충이다.
⑤ 목재를 가해하는 해충이다.

140 가로수에 피해를 주는 버즘나무방패벌레에 대한 설명으로 옳지 않은 것은?

① 양버즘나무 외에도 물푸레나무, 닥나무 등을 가해하기도 한다.
② 우리나라에서는 성충으로 월동하고, 이듬해 봄에 엽맥 사이에 산란한다.
③ 양버즘나무에서 1990년대부터 돌발 발생한 외래해충이다.
④ 잎 뒷면의 가해 부위에는 황금색 배설물이 붙어 있으므로 쉽게 알 수 있다.
⑤ 임목을 고사시킬 정도로 심한 피해를 주지 않으나 가로수인 버즘나무의 잎을 변색시켜 경관을 크게 해친다.

해설 가해 부위에는 검은색 배설물이 붙어있다.

141 해충 발생 밀도조사법에 대한 연결이 잘못된 것은?

① 유아등조사법 : 주광성을 지닌 해충의 발생 시기, 발생량, 발생 장소
② 수반조사법 : 청색수반으로 색에 유인되는 성질 이용
③ 공중포충망조사법 : 매미충류 등의 비래해충조사
④ 페로몬조사법 : 합성페로몬 이용으로 사과잎말이나방, 복숭아심식나방
⑤ 먹이유살조사법 : 미끼 이용으로 멸강나방, 고자리파리 등

해설
- 예찰법
  - 야외조사 및 관찰에 의한 방법 : 예찰 등에 유살된 해충 수, 포장에서의 서식밀도에 대한 조사나 관찰 등 가장 기본적인 발생예찰방법
  - 통계적 예찰법 : 환경요인과 발생 시기 또는 발생량 사이 성립되는 회귀식을 계산하여 발생을 예측(연속형 변수들에 대해 두 변수 사이의 모형을 구한 후 적합도를 측정해 내는 분석 방법)
  - 예찰식 계산 시 주의사항 : 극단적인 변동량은 제외, 예측범위를 통계자료의 변동범위 내로 한정, 상관관계의 유의성을 충분히 고려, 이상 발생이나 대발생의 예찰에 적용 불가능
- 실험적 예찰법: 해충의 발생을 실험적 방법으로 예찰하려는 것
  예 나방류의 1세대 발생량, 월동유충 체중, 월동세대 : 이듬해 발생유형 예측, 실험으로 얻은 휴면 종료 이후 적산온량 : 발생 시기 예측
- 컴퓨터를 이용한 예찰법 : 시뮬레이션 모델 작성(통계적 처리를 통한 발생 시기, 발생량의 예측), 크로스모델 작성(피해량, 요방제밀도의 추정)

정답 139 ① 140 ④ 141 ②

142 해충 발생 밀도조사법에 대한 연결이 잘못된 것은?

① 표본조사법 : 해충의 밀도조사를 순차적으로 누적하면서 방제여부를 결정하는 방법, 대면적의 산림해충조사에 시간, 노력 절감
② 털어잡기 : 지면에 일정한 크기의 천이나 끈끈이판을 놓고 일정한 힘으로 수목을 쳐서 떨어지는 해충 수를 조사하는 방법
③ 동력흡충기법: 절대밀도조사법으로 이용하며 잎에 서식하는 미소곤충의 조사에 유용
④ 말레이즈트랩 : 곤충이 날아다니다 텐트 형태의 벽에 부딪히면 위로 올라가는 습성. 벌, 파리 등 날아다니는 화분매개 곤충을 조사
⑤ 함정트랩 : 지표면에서 서식하는 딱정벌레나 거미류 등을 조사

해설 축차조사법에 대한 설명이다.

143 다음 설명 중 옳지 않은 것은?

① 유효적산온도는 생물이 일정한 발육을 완료하기 위해 필요한 총온열량. 곤충의 발육상태, 발육속도 등을 예측하여 방제에 이용된다.
② 유효적산온도는 '(측정온도－발육영점온도)×측정온도'에서의 발육 일수이다.
③ 어떤 곤충의 사육 시 20℃에서 15일 걸릴 경우 유효적산온도는 150일이다(발육영점온도는 10℃).
④ 어떤 곤충 유충의 발육율(y)과 온도(x)와의 관계식을 'y＝ax＋b'와 같이 표현했을 때 이 곤충의 발육 영점온도를 추정하는 방법은 '－a/b'이다.
⑤ 1일 유효적산온도는 '(1일 최고온도－1일 최저온도)/2－발육영점온도'이다. 단, 일별 최저온도가 발육 영점온도보다 낮으면 최저온도는 발육 영점온도로 대치하고, 일별 최고온도가 발육 영점온도보다 낮으면 그 유효적산온도는 0으로 한다.

해설 곤충의 발육 영점온도를 추정하는 방법은 '－b/a'이다.

144 다음 중 분류학상 같은 목에 해당하지 않는 것은?

① 꿀벌 ② 등검은말벌
③ 붉은불개미 ④ 가시고치벌
⑤ 오리나무잎벌레

해설 오리나무잎벌레는 딱정벌레목에 해당한다.

정답 142 ① 143 ④ 144 ⑤

145 다음 중 불완전변태를 하는 곤충목은?

① 풀잠자리목 ② 흰개미목
③ 딱정벌레목 ④ 파리목
⑤ 나비목

해설 풀잠자리목, 딱정벌레목, 파리목, 나비목, 부채벌레목, 밑들이목, 날도래목, 벼룩목, 벌목은 완전변태를 하는 곤충에 해당한다.

146 다음에 해당하는 해충의 이름은?

- 한국, 일본, 시베리아에 분포하며 가해수종은 밤나무, 호두나무, 대추나무, 감나무, 배나무, 사과나무 등이고 특히 밤나무에서 많이 발생하며 국소적으로 대발생하여 피해를 주기도 한다.
- 성충은 몸길이는 45mm 정도이고 번데기는 긴 타원형 망상형고치 속에서 생활한다.
- 연 1회 발생하며 줄기의 수피위에서 알로 월동한다.
- 4월 하순~5월 초순에 부화한 어린 유충은 군서생활을 하면서 잎을 가해하지만 성장하면서 분산하여 가해한다.

① 매미나방 ② 밤나무산누에나방
③ 미국흰불나방 ④ 주홍날개꽃매미
⑤ 갈색날개매미충

해설 학명은 *Dictyoploca japonica*(Moore)로 나비목, 산누에나방과에 해당한다.

147 다음 중 소나무좀 방제법이 아닌 것은?

① 3월 하순~4월 중순에 페니트로티온유제(50%) 또는 티아클로프리드액상수화제(10%) 500배액을 1주일 간격으로 2~3회 살포한다.
② 기생성천적인 좀벌류, 맵시벌류, 기생파리류 등을 보호한다.
③ 수세 쇠약목을 주로 가해하기 때문에 수세를 강화하는 것이 가장 좋은 예방법이다.
④ 4~5월 중에 벌채된 소나무 원목을 1m 가량 잘라 2월 말에 임내에 세워 유인 산란시킨 후 5월 중에 껍질을 벗겨 유충을 구제한다.
⑤ 숲 가꾸기 지역 내 벌채목을 제거하여 6월에 신성충의 후식 피해를 막는다.

해설 1~2월 중에 벌채된 소나무 원목을 이용한다.

정답 145 ② 146 ② 147 ④

148 매미나방 천적이 아닌 것은?

① 풀색딱정벌레
② 검정명주딱정벌레
③ 황다리독나방기생고치벌레
④ 무늬수중다리좀벌
⑤ 긴등기생파리

해설 기타 천적으로는 나방살이납작맵시벌, 송충알벌, 독나방살이고치벌, 짚시벼룩좀벌, 황다리납작맵시벌, 송충잡이자루맵시벌, 포라맵시벌, 흰발목벼룩좀벌, 오렌지다리납작맵시벌, 검정다리꼬리납작맵시벌 등이 있다.

149 다음 중 노린재목 곤충이 아닌 것은?

① 솔거품벌레
② 가루민다듬이벌레
③ 솔껍질깍지벌레
④ 목화진딧물
⑤ 미국선녀벌레

해설 노린재목은 진딧물아목에, 가루민다듬이는 다듬이벌레목에 해당한다. 진딧물아목에 해당하는 것은 나무이과, 가루이과, 면충과, 솜벌레과, 진딧물과, 뿌리혹벌레과, 도롱이깍지벌레과, 이세리아깍지벌레과,주머니깍지벌레과, 왕공깍지벌레과, 가루깍지벌레과, 밀깍지벌레과, 어리공깍지벌레과, 테두리깍지벌레과, 표주박깍지벌레과 등이 있다.

150 다음 중 깍지벌레에 대한 설명으로 옳지 않은 것은?

① 주머니깍지벌레 – 배롱나무에 피해를 많이 주며 1년 2회 발생하며 암컷 깍지 속에서 알로 월동하며 일부는 약충으로 월동한다.
② 소나무가루깍지벌레 – 2차적으로 배설물의 감로로 인하여 그을음병이 발생되고 피목가지마름병을 발생시키는 원인이 되기도 한다.
③ 거북밀깍지벌레 – 충체가 밀랍으로 덮여 있어 약제가 직접 닿지 못하고 농약의 남용으로 천적이 감소하여 방제에 어려움을 겪고 있는 해충이다.
④ 뿔밀깍지벌레 – 1년 1회 발생하며 수정한 암컷성충으로 월동한다.
⑤ 공깍지벌레 – 매실나무에 밀도가 높은 편이고 2차적으로 갈색고약병, 회색고약병 등이 발생한다.

해설 사철깍지벌레는 2차적으로 갈색고약병, 회색고약병 등을 유발시킨다.

정답 148 ③ 149 ② 150 ⑤

PART

03

수목생리학

Tree Doctor

CHAPTER 01

수목의 구조

1. 수목이란?

(1) 임목과 수목

① 수목 : 일반적으로 살아 있는 나무
② 임목 : 나무가 숲을 이루고 있을 경우

(2) 종자식물은 2차 생장을 하지 않는 초본과 2차 생장을 하는 목본식물로 구별

① 2차 생장 : 유관속 형성층에 의해 2차 조직인 2차 목부와 2차 사부를 만드는 것을 의미
② 야자류를 제외하고 유관속 형성층에 의한 2차 생장을 통해 직경이 증가하는 식물이라 정의

(3) 방추형 시원세포

주로 접선면에서 분열하여 안쪽의 세포는 2차 물관부로 분화, 바깥쪽의 세포는 2차 체관부로 분화함

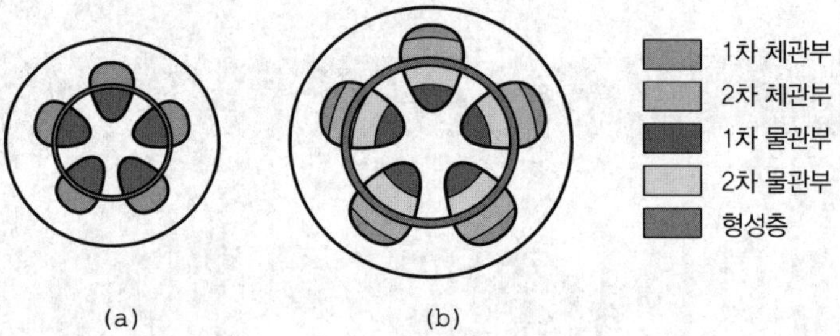

▌형성층/발달과정▌

2. 수목의 형태

(1) 구분

기관은 영양기관(잎, 줄기, 뿌리)과 생식기관(꽃, 열매, 종자)으로 나뉨

(2) 잎

① 식물만이 가지고 있는 독특한 기관, 줄기에서 발생

② 기능 : 광합성 작용으로 탄수화물을 생산. 광합성으로 만들어진 탄수화물을 분해하는 호흡작용(엽록체 : 빛과 이산화탄소를 이용하여 광합성 작용)

③ 나무의 종류마다 모양이 다르고, 줄기에 대한 배열 상태에 따라 변화가 많아 잎 모양과 그 배치 형태만으로 나무를 구별

(3) 나자식물(겉씨식물)의 잎

① 잎차례 : 잎줄기에 배열되어 붙어 있는 모양

㉠ 편백, 메타세쿼이아 : 대생(마주나기)

㉡ 은행나무, 낙우송 : 호생(어긋나기)

㉢ 소나무 : 총생(마디 사이가 짧게 어긋나면서 더부룩하게 잎이 달려 있는 것)

② 잎의 모양

㉠ 소나무, 잣나무, 곰솔, 리기다소나무 등의 잎은 바늘 모양이며 그 길이가 10cm 내외로 깂

㉡ 주목, 비자나무, 낙엽송(일본잎갈나무) 등의 잎은 2cm 내외로 짧으며 측백나무, 편백 등은 비늘 모양

㉢ 은행나무는 부채 모양으로 활엽수와 같은 모양을 하고 있으나 잎맥은 침엽수의 특징인 나란히맥임

㉣ 잎은 주변 환경 조건에 대한 반응이 작으므로 피자식물과 비교할 때 잎의 변이가 작음

㉤ 대부분의 나자식물은 가을이 되어도 잎이 떨어지지 않지만, 은행나무, 일본잎갈나무, 메타세쿼이아, 낙우송 등은 잎이 떨어짐

㉥ 특히 인간 생활에 유용하게 이용되는 소나무, 잣나무, 전나무, 가문비나무(주로 솔방울을 가진 나무) 등 대부분의 나무가 나자식물에 속해 있으며, 잎 모양이 바늘 모양이므로 나자식물을 보통 침엽수라 함

③ 잎의 단면

㉠ 은행나무, 주목, 전나무 등은 책상조직과 해면조직으로 분화되어 있으나 소나무는 분화되어 있지 않음

㉡ 소나무의 표피조직은 두꺼운 세포벽과 왁스로 되어 있어 효율적으로 증산 억제

㉢ 표피조직의 아래에는 수지구가 있으며 이곳에서 송진을 분비함

㉣ 표피조직 안쪽에는 치밀한 단일 세포층으로 되어 있는 내피가 있으며, 내피 안쪽에는 유관속, 즉 관다발이 있음

분류(아속)	엽속 내 숫자	유관속	아린	목재성질	수종
소나무류	2개, 3개	2개	잎이 질 때까지	비중 높음, 굳음, 춘재, 추재가 급함	소나무, 곰솔, 리기다, 테다, 방크스소나무
잣나무류	3개, 5개	1개	첫해 탈락	비중 낮음, 연함, 전이가 점진적	잣나무, 섬잣나무, 스트로브잣나무, 백송

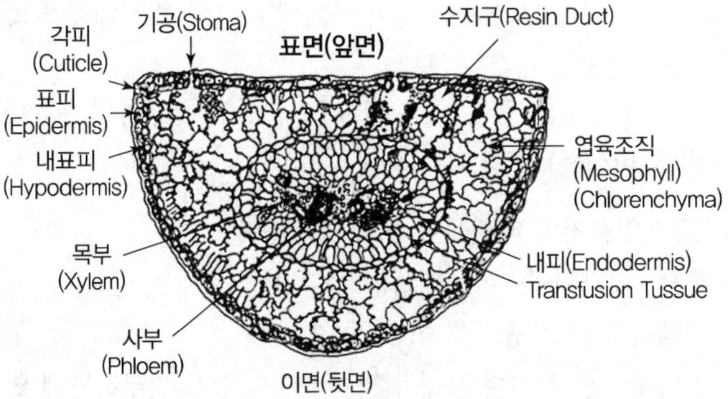

(4) 피자식물(속씨식물)의 잎

① 잎차례 : 잎이 햇빛을 많이 받을 수 있도록 줄기에 규칙적으로 잎이 돋아나는 방식이며 나무에 따라 다양함. 호생, 대생, 윤생의 세 가지로 구분

② 잎의 종류와 모양 : 형태 및 모양이 다양하며, 잎사귀, 잎자루, 턱잎으로 구성됨. 햇빛을 많이 받을 수 있도록 넓게 발달한 잎사귀는 광합성 장소로서 잎맥이 분포함

㉠ 잎자루 : 잎사귀를 줄기에 붙이는 역할. 턱잎은 잎자루 좌우에 한 쌍씩 부착

㉡ 잎 : 배열에 따라 1개의 잎사귀로 되어 있는 것은 홑잎, 2개 이상의 잎사귀로 되어 있는 것은 겹잎이라 하고, 겹잎의 한 잎을 작은 잎이라 함

③ 잎의 단면 : 표피조직, 책상조직, 해면조직, 잎맥 등으로 구성

㉠ 표피조직 : 엽록체가 없는 투명한 층으로 잎의 뒷면에 기공이 있음

㉡ 책상조직 : 세포가 규칙적으로 다량으로 배열. 햇빛을 최대한 받을 수 있도록 구성. 엽록체가 많아서 광합성이 활발하게 이루어지며 주로 잎면 표피 아래쪽에 분포

㉢ 해면조직 : 세포가 불규칙적으로 엉성하게 배열되어 있으며, 엽록체가 적어 광합성량도 적음

㉣ 쌍떡잎식물은 그물맥, 외떡잎식물은 나란히맥으로 되어 있으며, 물관과 체관이 있어 물과 양분의 이동 통로 역할을 함

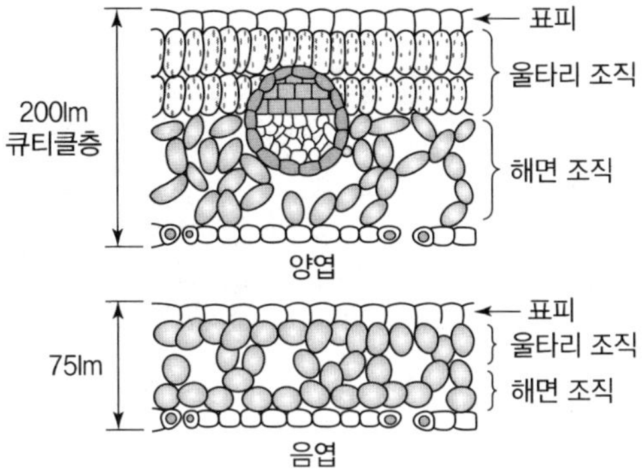

(5) 눈의 종류

① 정아 : 가지 끝의 한복판에 자리 잡고 있는 눈을 의미하며 주지를 만듦

② 측아 : 정아의 측면에 각도를 가지고 발달하며 주로 측지를 만듦

③ 액아 : 대와 잎 사이의 겨드랑이에 위치한 비교적 작은 눈을 의미하며, 주로 새로운 잎을 만들어 냄

④ 잠아 : 눈 중에서 자라지 않고 계속 휴면 상태에 남아 있는 눈

⑤ 부정아 : 줄기 끝이나 엽액에서 유래하지 않고, 수목의 오래된 부위에서 불규칙하게 형성되는 것. 상처 입은 유상조직이나 형성층 근처에서 만들어지며 아흔이 없음

⑥ 엽아 : 잎을 만드는 눈

⑦ 화아 : 꽃을 만드는 눈

⑧ 혼합아 : 잎, 꽃, 가지를 함께 만드는 눈

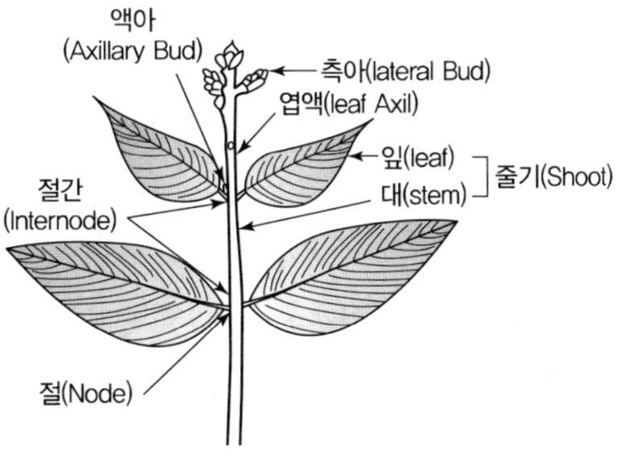

(6) 기공

① 표피조직 중 2개의 공변세포에 의해 만들어진 구멍으로 빛과 습도에 따라 여닫게 됨. 광합성에 적합하지 못한 환경, 즉 밤에 수분이 부족할 때, 햇빛이 부족하거나 강할 때, 온도가 지나치게 높거나 낮을 때, 바람이 셀 때 닫힘

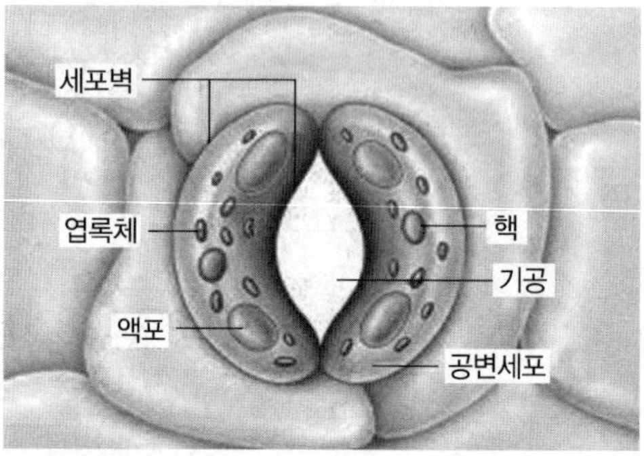

② 대기와 직접 이산화탄소와 산소를 교환하는 곳으로, 광합성을 하기 위해 이산화탄소를 흡수하면서 산소를 밖으로 보내는 동시에 수분을 내보내는 증산작용을 함

㉠ 생화학적 반응을 거쳐 칼륨이온(K^+)과 유기산(음전기)의 농도가 높아져 삼투포텐셜(약 -3.5MPa)을 낮춤

㉡ 햇빛을 받으면 공변세포의 전분이 분해되어 3탄당인 PEP로 변하고, 이어서 CO_2를 흡수해 유기산인 OAA로 바뀌면서 malic acid(말산)가 됨

㉢ 말산은 해리되어 음전기를 띤 $malate^-$의 농도가 높아지면 주변세포에서 칼륨이온이 공변세포 안으로 들어옴

㉣ malate와 K^+으로 인해 삼투포텐셜이 낮아져 수분을 흡수할 수 있게 됨

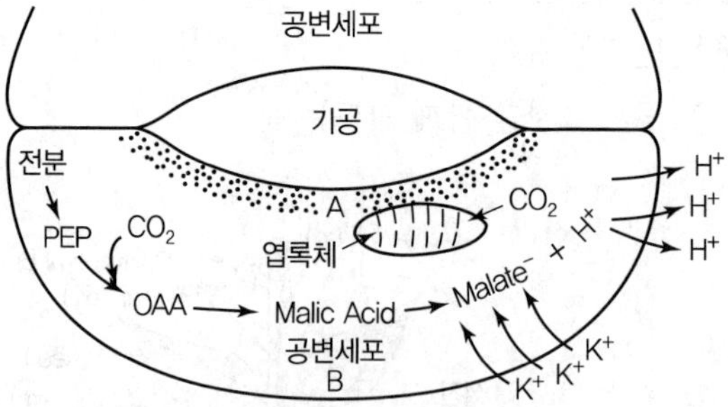

※ 종자 성숙 특성

- 개화 당년에 결실하는 수종 : 이깔나무, 전나무, 편백, 가문비나무, 삼나무
- 개화 다음해에 결실하는 수종 : 소나무, 잣나무, 섬잣나무, 상수리나무

분류(아속)	종자 성숙 특성	수종
갈참나무류	개화 당년에 익음	갈참, 졸참, 신갈, 떡갈, 종가시, 가시, 개가시
상수리나무류	개화 이듬해에 익음	상수리, 굴참, 정릉참, 붉가시, 참가시

(7) 줄기(stem)

① 씨눈의 싹이 생장한 것으로서 싹에서 잎을 제외한 부분

② 나무껍질(줄기보호), 부름켜, 물관, 체관, 수로 구성

③ 기능 : 양분 및 수분의 운반, 몸체의 지지, 호흡, 물질의 저장 등

④ 줄기에 관다발과 형성층(부름켜)이 있어 2차 생장이 이뤄지고 단단하고 굵어짐

⑤ 수관 지탱, 뿌리에서 흡수한 수분과 무기영양분을 위쪽으로 이동시키고 탄수화물을 주로 아래 방향으로 운반, 저장하는 기능

⑥ 목본식물의 줄기는 유관 속 형성층에 의해 2차 생장이 이루어짐

※ 나무가 굵은 단일 줄기를 가지고 있을 때에는 수간이라 부르며, 이것을 목재로 이용

⑦ 물관부 : 뿌리에서 흡수한 물과 양분의 이동통로

⑧ 체관부 : 광합성으로 만든 영양분(탄수화물)의 이동통로

⑨ 부름켜 : 세포가 분열하여 부피 생장을 하는 장소로서 목본식물 줄기의 가장 중심에 위치한 수는 죽은 세포로 구성

⑩ 굵은 나무를 가로로 잘랐을 때 짙은 색을 띠는 가운데 부분을 심재, 옅은 색을 띠는 바깥부분을 변재라 함

⑪ 고정생장과 자유생장

구분	고정생장	자유생장
생장 방법	겨울눈 속에 다음해 자랄 줄기의 원기를 가지고 있다가 봄에 싹이 트고 여름에 일찍 성장이 멈춤	겨울눈 속에 있던 원기가 봄에 자라 봄 잎이 되고 새로 만든 어린 원기가 여름 내내 새 잎(여름잎) 생산. 가을까지. 춘엽, 하엽
수종	소나무, 잣나무, 가문비나무, 참나무	팽나무, 은행나무, 낙엽송, 포플러, 버드나무, 자작나무

(8) 형성층(부름켜)

① 형성층 : 나무의 줄기와 뿌리의 지름을 굵게 만들어 주는 조직으로서, 수피 바로 안쪽에 원통형으로 모든 가지를 둘러싸고 있으며 그 두께가 아주 얇음

② 분열조직 : 수목에서 세포분열을 왕성하게 하는 분열조직은 위치에 따라서 두 가지로 구분

㉠ 정단분열조직 : 새로운 잎과 가지 그리고 뿌리를 만드는 분열조직으로 식물의 가지와 뿌리의 끝부분에 있음

㉡ 측방분열조직 : 형성층과 같이 직경을 증가시키는 분열조직으로 줄기의 옆부분에 있음

③ 나무가 살아 있는 한 분열조직은 생육기간 동안 거의 쉬지 않고 세포분열을 계속함

④ 형성층은 봄에 일찍 세포분열을 개시하여 자신보다 안쪽으로는 목부를 만들고 바깥쪽으로는 사부를 만들어 직경이 굵어지더라도 형성층의 위치는 항상 마지막에 생산된 목부와 사부 사이에 남게 됨

⑤ 줄기가 외부의 충격으로 껍질이 벗겨질 때 형성층이 노출되면서 나무껍질에 붙어서 함께 떨어져 나가고 매끈매끈한 흰 부분이 노출되는데, 이것이 마지막으로 생산된 목부조직임

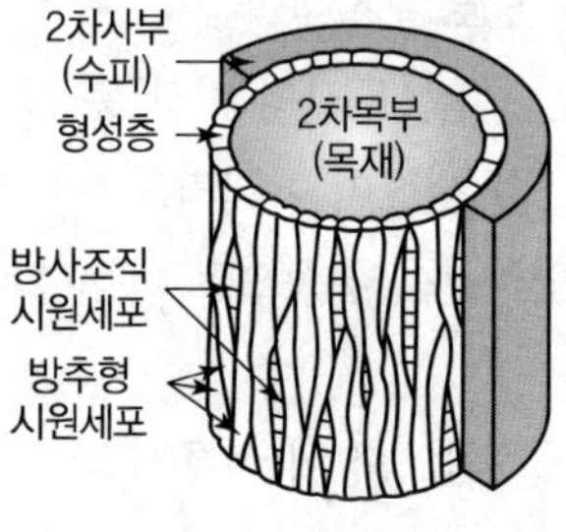

형성층

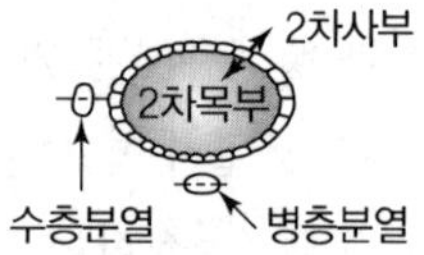

형성층시원세포의 분열

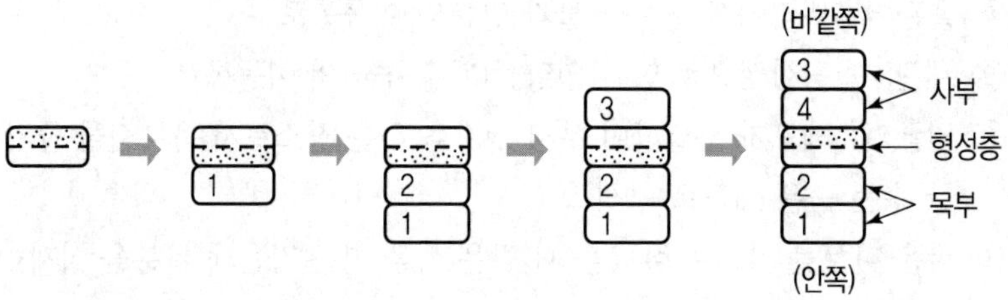

숫자는 세포가 만들어진 순서이며, 점박이 세포는 계속 형성층으로 남아 있게 됨

(9) 심재와 변재

① 심재

㉠ 굵은 나무의 줄기를 횡단면으로 잘랐을 때 한복판에 짙게 착색된 부분, 형성층이 오래 전에 생산한 목부조직

㉡ 시간이 경과함에 따라 세포가 죽어 버리고 대신 기름, 껌, 송진, 타닌, 페놀 등의 물질이 축적되어 짙은 색깔을 나타냄

㉢ 죽어 있는 조직으로 생리적 역할이 없으며, 단지 나무를 기계적으로 지탱해 주는 역할을 담당하므로, 고목의 경우 심재가 썩어서 없어지더라도 나무가 살아갈 수 있음

② 변재

㉠ 줄기의 횡단면상에서 심재 바깥쪽의 비교적 옅은 색을 가진 부분

㉡ 형성층이 비교적 최근에 생산한 목부조직으로서 수분이 많고 살아 있는 부분

㉢ 뿌리로부터 수분을 위쪽으로 이동시키는 중요한 역할을 담당함과 동시에 탄수화물을 저장함

㉣ 변재의 두께는 수종에 따라서 다른데, 아카시아나무와 같이 최근 2~3년 전에 생산된 목부만이 변재인 경우도 있고, 벚나무와 같이 10년 전에 생산된 목부가 변재로 남아 있는 경우도 있음. 또한 버드나무, 포플러나 피나무처럼 구별이 어려운 경우도 있음

(10) 연륜

① 온대지방에서 자라는 목본식물은 줄기의 횡단면상에 둥근 테를 형성하는데, 이는 봄에 형성된 목부(춘재)와 여름에 형성된 목부(추재)의 해부학적 구조가 다르기 때문

② 1년에 대개 1개의 테를 만들기 때문에 이로써 나무의 나이를 알 수 있으며, 따라서 이를 연륜(나이테)이라 함

③ 춘재 : 봄철에 만들어지고 세포의 지름이 크고 세포벽이 얇음

④ 추재 : 여름과 가을에 걸쳐서 만들어지고 세포의 지름이 작고 세포벽이 두꺼워짐

⑤ 추재와 춘재 사이에 뚜렷한 경계선이 만들어짐

(11) 목재의 구조

① 목재 : 형성층에 의해 안쪽으로 만들어진 2차 목부, 수피 안쪽에 있는 모든 조직을 의미

㉠ 형성층이 세포분열을 통해 만드는 세포는 대부분 종축 방향

㉡ 나무의 키가 자라는 방향인 수직 방향(섬유방향)으로 길게 자라는 세포. 나자식물과 피자식물은 각각 구성성분이 다름

② 피자식물(활엽수)의 경우 종축방향으로 배열하고 있는 세포는 도관, 가도관 등

㉠ 목부섬유는 모두 2차벽으로 2차 세포벽이 완성된 후 생긴 두꺼운 세포벽

㉡ 세포 내용물 즉, 원형질을 가지고 있지 않은 중앙이 비어 있는 성숙세포

㉢ 도관은 긴 파이프와 같이 격막이 없고 위 아래가 뚫려서 5~10cm가량 연속하여 연결되어 있으며 수분 이동이 원활토록 하고 지탱의 역할을 함

③ 나자식물(침엽수) : 가도관은 종축방향으로 배열되어 있는 세포로 목부의 90% 이상을 차지하며 횡단면상의 구조가 비교적 단순함. 그 외 세포로는 수지구세포가 있음

㉠ 가도관 : 폭이 20~30μm, 길이가 2~3mm로서, 길이가 폭보다 약 100배가량 더 긴 세포. 관끼리의 상하 연결 부위가 수분 이동에 비효율적

㉡ 연결 부위에는 두 세포의 세포벽이 그대로 남아 있고 막공이라고 하는 아주 작은 구멍이 있는 곳에만 2차 세포벽이 없어서 수분 이동은 막공의 얇은 막공격막을 통해서만 가능하며, 따라서 수분의 이동 속도가 아주 느림

㉢ 심재에 있는 가도관의 막공은 얇은 막이 한쪽으로 치우쳐 막의 중앙에 위치한 볼록한 원절에 의해 막공 폐쇄가 늘어나므로 수분 이동이 거의 불가능

④ 수선

㉠ 피자식물이나 나자식물 모두 수평 방향으로의 물질 이동은 수선을 통해 이루어짐

㉡ 수선은 유세포로 이루어져 있으며, 원형질을 가지고 있는 살아 있는 세포

㉢ 탄수화물을 저장하고 필요할 때에는 세포분열을 재개할 수 있는 능력을 가짐

(12) 수피

① 줄기의 형성층 바깥쪽에 있는 모든 조직을 통틀어 일컫는 말로 성숙한 목본 줄기의 경우 사부 및 코르크 조직으로 이루어지는 내수피와 맨 외곽 부위의 딱딱한 외수피에 해당하는 조피로 구성

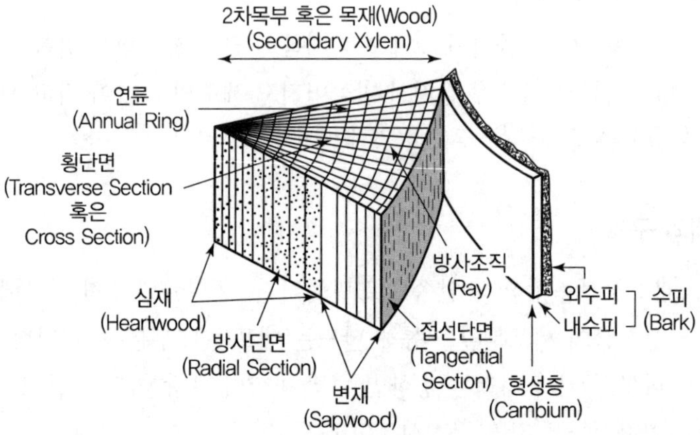

② 사부 : 광합성으로 만들어진 탄수화물을 이동시키는 중요한 역할, 코르크 형성층의 기원

③ 조피 : 수분의 손실을 막고, 외부로부터의 충격이나 병원균의 침입을 막아줌

④ 피목 : 외부와의 공기 유통을 원활하게 하기 위하여 세포가 엉성하게 배열된 작은 구멍

⑤ 2차 생장을 시작하지 않은 어린 줄기의 경우, 원통형의 형성층이 만들어지기 이전에는 맨 외곽부에 표피가 존재, 그 밑에 피층이 있으며, 전 형성층에 의하여 만들어진 1차 사부가 탄수화물의 이동을 담당하다가, 형성층이 만들어지면 2차 사부가 생산되어 탄수화물의 이동을 담당함

⑥ 2차 사부를 구성하는 세포

㉠ 피자식물 : 사관세포, 반세포, 사부유세포, 사부섬유

㉡ 나자식물 : 사관세포 대신 사세포, 반세포 대신 알부민세포

(13) 주피

① 주피는 코르크 조직으로서 표피 바로 아래에 위치하며 유관속 형성층보다 바깥쪽에 위치

② 첫해에 형성층의 활동으로 지름이 굵어지기 시작하면 표피조직은 벗겨져 없어짐

③ 표피조직이 벗겨지기 전에 피층에서 원통형의 주피가 먼저 만들어짐

④ 일련의 세포층으로 되어 있는데, 그중에서 제일 먼저 만들어지는 것이 코르크 형성층

⑤ 코르크 형성층은 세포분열을 하여 바깥쪽으로 코르크층을 만들어서 표피를 대신하여 보호 기능을 담당케 하고, 안쪽으로는 목전피층을 만듦

⑥ 목전피층은 엽록체를 가지고 있어 녹색을 띠는 경우가 많으며 전분을 저장함

⑦ 직경생장은 대부분 유관속 형성층에 의해 이루어지지만, 코르크 형성층도 측방분열조직의 하나로서 직경생장에 어느 정도 기여

⑧ 수종에 따라서 독특한 모양의 수피를 가지는 것은 처음 생긴 주피의 위치, 추후에 생기는 주피의 형태, 사부세포의 구성과 배열 상태에 따라서 수피의 모양이 다르기 때문

⑨ 자작나무의 경우 얕은 위치에 처음 생긴 주피가 계속 남아 있으면서 얇은 코르크층 위주로 코르크층을 만들기 때문에 두꺼운 코르크층을 가지게 되며, 10년 간격으로 코르크층을 벗겨내면 코르크 형성층이 죽지만, 밑에서 새로운 코르크 형성층이 재생됨

(14) 환공재와 산공재

① 환공재

㉠ 지름이 큰 관공이 1~수열씩 열을 지어 연륜 주위를 따라 환상으로 배열되는 것

㉡ 밤나무속, 가시나무류를 제외한 참나무속, 느릅나무속, 아카시아나무속, 물푸레나무속, 음나무, 오동나무, 회화나무, 이팝나무 등

② 산공재

㉠ 같은 크기의 도관이 연륜 전체에 골고루 산재하는 것

㉡ 단풍나무, 포플러, 피나무, 벚나무, 플라타너스, 버드나무, 자작나무, 칠엽수, 목련, 상록성 참나무류

③ 반환공재 : 호두나무, 가래나무, 중국굴피나무

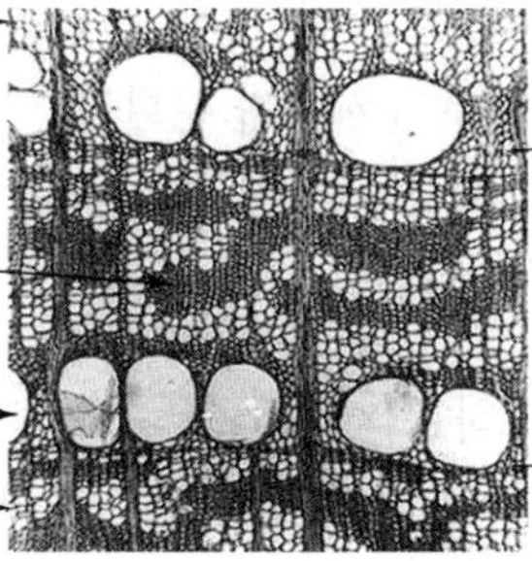

(15) 뿌리

① 뿌리의 모양, 분포, 자라는 방식 등은 나무에 따라 매우 다양 독특한 형태

② 뿌리는 나무를 지지해 주고, 성장에 필요한 물과 양분을 흡수, 때로는 탄수화물을 저장

(16) 근계의 분류

① 근계

㉠ 유묘시절에는 수종에 따라서 유전적으로 형태가 독특, 특징이 두드러지게 나타남

㉡ 일반적으로 밑으로 깊숙이 빠른 속도로 자라 내려가는 직근과 옆 방향으로 넓게 퍼지는 측근으로 구분

㉢ 나무가 나이를 먹으면 환경조건의 영향을 받기 때문에 고유의 모양이 점점 모호해짐

② 일반적으로 배수가 잘되고 건조한 토양에서는 주로 직근의 발달이 깊게 이루어지는 반면, 습기가 많거나 배수가 불량한 토양에서는 직근 대신 측근이 얕게 퍼짐

③ 소나무류의 경우에는 장근과 단근의 구별이 뚜렷

㉠ 장근 : 빨리 뻗어 나가면서 새로운 근계를 개척, 형성층에 의해 직경이 굵어지면서 주근을 이루며 오래도록 살아남음

㉡ 단근 : 뻗어나가는 장근에서 기원하여 천천히 자라는데, 형성층이 없어서 직경생장을 하지 않으며, 1년 혹은 2년간 살다가 죽어 버림. 실제 수분과 영양분 흡수를 담당, 곰팡이와 균근을 형성하는 세근이 됨

(17) 어린뿌리의 분열조직

① 어린뿌리의 정단 분열조직은 끝부분에 있으며 세포분열구역, 세포신장구역, 세포분화구역, 뿌리털구역이 연속적으로 존재함

② 근관에 의해 보호. 분열된 세포는 종축 방향으로 세포 신장을 도모하고, 세포가 신장되면서 곧이어 사부와 목부의 세포가 분화됨

③ 뿌리털이 나타나기 시작하는 곳 : 유관속 조직의 분화가 완성

④ 근관

㉠ 분열조직을 보호하는 기능 외에 중력의 방향을 감지하여 굴지성을 유도

㉡ 탄수화물로 만든 mucigel을 분비, 토양입자를 뚫고 지나가는 데 윤활제 역할

㉢ mucigel 주변에는 토양미생물이 많이 서식

※ mucigel : 식물의 뿌리에서 분비되는 점액물질

⑤ 뿌리의 생장은 이른 봄에 줄기보다 먼저 시작, 가을에 줄기보다 더 늦게까지 지속됨

⑥ 뿌리의 신장 속도는 계절에 따라서 다른데, 가장 왕성하게 자랄 때는 하루에 1mm에서 수 cm까지 다양함

⑦ 뿌리의 분포는 소나무와 같이 심근성, 낙엽송 중간형, 밤나무와 같이 천근성 등이 있음

⑧ 세근

㉠ 수종에 관계없이 표토 부근에 대부분 모여 있음

㉡ 참나무와 소나무 숲의 경우 포토 12cm 내에 전체 세근의 90%가 존재할 만큼 표토에 집중

㉢ 주 원인 : 표토에는 산소 공급이 쉬워 세근의 호흡에 유리하고 낙엽이 쌓여 양료가 많기 때문

⑨ 뿌리의 수평적 분포는 수관폭보다 더 넓게 퍼지는데, 과수의 경우 모래토양에서 수관폭의 3배, 점토에서는 1.5배까지 퍼짐

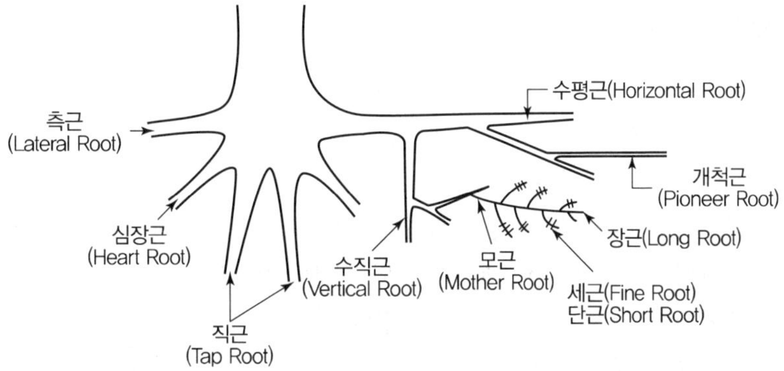

※ 목본식물의 조직의 분류

종류	기능	관련 조직 또는 세포
유조직	원형질을 가지고 살아 있으면서 신장, 세포 분열, 탄소동화작용, 호흡, 양분 저장, 저수, 통기, 상처 치유, 부정아와 부정근 생성 등 가장 왕성환 대사작용을 담당	생장점, 분열조직, 형성층, 수선, 동화조직, 저장조직, 저수조직, 통도조직 등의 유세포
표피조직	어린 식물의 표면을 보호, 수분 증발 억제	표피층, 털, 기공, 각피층, 뿌리털
코르크조직	표피조직을 대신하여 보호, 수분 증발 억제, 내화	코르크층, 코르크 형성층, 수피, 피목
분비조직	점액, 유액, 고무질, 수지 등을 분비함	수지구, 선모, 밀선
후각조직	어린 목본 식물의 표면 가까이에서 지탱 역할을 하는 특수한 형태의 유세포	엽병, 엽맥, 줄기
후막조직	목본식물의 지탱 역할을 담당, 세포벽이 두껍고 원형질이 없음	호두껍질, 섬유세포
목부	수분 통도 및 지탱	도관, 가도관, 수선, 춘재, 추재
사부	탄수화물의 이동 및 지탱. 코르크 형성층의 기원	사관세포, 반세포

CHAPTER 02

햇빛과 광합성

1. 태양광선의 생리적 효과

(1) 개요

① 태양광선은 파장이 다른 여러 가지 전자기파로 구성

② 파장대에 따라 자외선, 가시광선, 적외선으로 나뉘며 햇빛은 태양광선 중에서 인간의 눈에 보이는 가시광선 부분을 일컫는 것

③ 가시광선보다 파장이 짧은 자외선은 대기권을 통과하면서 오존층에서 대부분 흡수되며 파장이 더 긴 적외선은 탄산가스와 수분에 흡수됨

④ 대기권을 통과한 태양광선은 가시광선이 주종을 이루며, 녹색식물은 인간의 눈과 마찬가지로 파장 340~760nm의 가시광선 부근의 광선을 이용

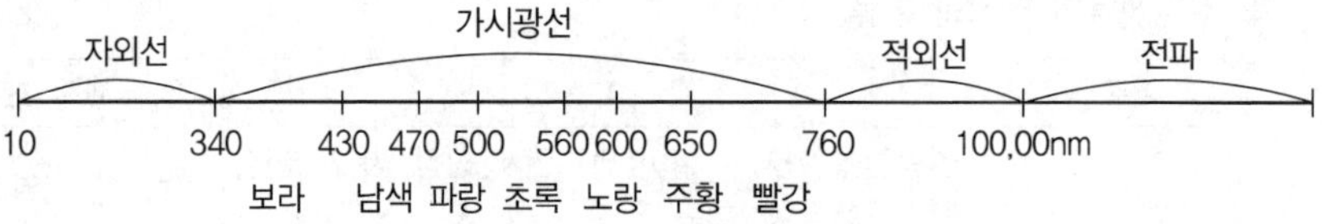

▌태양복사에너지의 스펙트럼(파장의 단위 : nm)▐

⑤ 660~730nm의 적색 광선은 식물의 형태와 생리에 독특한 역할

(2) 태양에너지가 식물에 끼치는 생리적 영향

① 광에너지에 따라서 고에너지 광효과와 저에너지 광효과의 두 부분으로 나눔

㉠ 고에너지 광효과 : 광도가 1,000lx 이상에서 나타나 광합성을 가능케 함

㉡ 저에너지 광효과 : 광도가 100lx 이하에서도 생리적 효과를 나타내는 경우

② 광주기나 굴광성 등은 저에너지 광효과 때문

③ 어두운 활엽수림에 있는 종자가 발아되지 않는 이유는 광합성을 할 수 있는 가시광선은 적고 적외선의 양이 많기 때문

(3) 햇빛의 세 가지 성질

① 태양의 광질(light quality) : 빛의 색깔(무지개색)

㉠ 빽빽하게 나무가 자라고 있는 산림의 경우 햇빛이 임관을 통과하여 임상에 도달할 때, 파장의 구성성분, 즉 광질이 변화함

㉡ 단풍나무 활엽수림 밑의 임상에는 파장이 긴 적색광선이 주종을 이루고 있으며, 소나무 침엽수림 밑의 임상에는 가시광선의 스펙트럼이 골고루 분포함

② 광도(light intensity) : 빛의 밝기(조도)

㉠ 광도는 광합성 속도에 큰 영향을 끼치기 때문에 식물로 하여금 광도에 따라서 적응하도록 유도

㉡ 한 나무 내에서 볼 때, 햇빛에 항상 노출되어 있는 양엽과 항상 그늘 속에 있는 음엽의 형태가 다르게 분화

㉢ 수종 간에는 그늘에서도 자랄 수 있는 음수와 그늘에서는 살 수 없는 양수로 진화

㉣ 광도가 감소하면 수목의 줄기에 비해서 뿌리의 생장량이 상대적으로 더 많이 감소함

③ 일장(日長, day length) 또는 광주기 : 낮과 밤의 상대적인 길이의 변화로 식물의 개화에 중요한 영향을 미침

㉠ 수목에서 생장 개시 및 휴면에 더 중요한 영향

㉡ 온대지방에서 자라는 목본식물은 낮의 길이가 바뀌는 것을 통하여 계절의 변화를 감지

※ 낮의 길이가 짧아지는 것으로 감지하며, 온도로 감지하는 것이 아님

㉢ 광주기에 따라 수목의 줄기생장, 직경생장, 낙엽 시기, 휴면 진입 및 타파, 내한성, 종자 발아 등이 결정됨

㉤ 많은 종류의 수목이 계절의 변화에 따라서 점차 생리적으로 준비하는 시기가 일치하게 됨으로써 동시에 개화하고 동시에 휴면에 들어가게 됨

(4) 일장(日長, day length) 또는 광주기

① 개화

㉠ 초본은 일반적으로 광주기에 반응을 나타내지만 목본의 경우 반응을 나타내지 않음

㉡ 소나무의 경우 8, 16, 24시간의 광주기에서 개화가 억제되는 경향, 16시간과 24시간 처리에 줄기 신장됨

㉢ 테타소나무의 경우 장일하에서 여름 늦게까지 생장시켜 휴면을 늦추면 개화가 촉진됨

② 줄기생장

㉠ 온대지방 : 단일조건은 많은 경우 줄기생장을 정지시키고 동아의 형성을 촉진, 장일조건은 휴면을 지연시키거나 휴면을 억제함

㉡ 광주기 : 줄기생장의 양상과 눈의 휴면 진입 시기 등 결정, 다가오는 추운 겨울을 알려주는 가장 확실한 자료

예 아카시나무나 단풍나무는 늦여름 일장이 짧아지면 줄기생장이 정지되고 동아가 형성, 미리 일장을 15시간 정도로 길게 하고 온도를 높여주면 줄기생장은 겨우내 계속될 수 있음

- 고정생장 : 낮 시간이 긴 여름 일찍 줄기생장이 중단되는 것이 일반적인데, 이러한 수종의 줄기생장 정지는 일장이 짧아지는 것에 의해 결정되는 것으로 보이지 않음
- 자유생장 : 가을까지 줄기생장을 계속하기 때문에 단일조건에 의해 생장이 정지된다고 할 수 있음
- 유한생장 : 단일조건하에 두면 휴면 상태의 정아를 형성
- 무한생장 : 단일조건에서 줄기의 끝이 죽어 버리면서 생장을 정지함

③ 휴면타파

㉠ 광주기가 수목의 눈의 휴면을 제거하는 효과는 수종 및 휴면의 정도에 따라 다름

㉡ 유럽적송과 참나무는 여름 일찍 동아를 형성하는 고정생장을 하는데, 여름에 형성된 눈의 휴면은 장일처리나 연속광으로 없앨 수 있음

㉢ 이들 수종의 동아가 한겨울에 휴면 상태에 있을 때에는 장일처리로 휴면이 타파되지 않으며, 단지 저온처리만이 효과가 있음

④ 낙엽

㉠ 어떤 수종의 낙엽은 광주기에 의해 결정되고, 또 다른 수종은 광주기보다는 온도에 더 예민하게 반응을 보임

㉡ 튤립나무는 장일조건에서는 잎이 붙어 있고, 단일조건에서는 낙엽이 짐

㉢ 아카시나무와 자작나무는 단일조건하에서도 온도가 내려가지 않으면 잎이 붙어 있음

⑤ 직경생장

㉠ 많은 수목의 경우, 직경생장은 줄기가 자라고 있는 동안에 이루어지고, 줄기생장이 정지하면 곧 직경생장이 중단됨

㉡ 자라고 있는 줄기가 식물호르몬을 생산하여 밑으로 내려보냄으로써 형성층 세포분열을 촉진

㉢ 광주기는 줄기의 생장과 직경생장에 함께 영향을 줌

㉣ 고정생장을 하는 수목의 경우 줄기생장은 여름 일찍 정지하지만 직경생장은 더 늦게까지 계속되는 경향

㉤ 광주기가 직경생장을 가을까지 연장시킬 수 있음

⑥ 지역품종

㉠ 북반구의 고위도 : 생육기간이 짧은 반면, 여름에 일장이 길. 일장이 짧아지기 시작하면 즉시 생장을 정지함으로써 첫서리의 피해를 미리 방지하려고 함

㉡ 봄에는 늦서리의 피해를 막기 위하여 일장이 길어질 때까지 기다린 후 늦게 싹이 트는 습성을 가진 광주기 지역품종

㉢ 고위도에 자라는 지역품종을 남쪽의 저위도 지방으로 옮겨서 심으면, 여름에는 저위도 지방의 낮의 길이가 고위도 지방보다 짧기 때문에 일찍 생장을 정지하여 생장이 불량해짐

㉣ 반대로 남쪽 산지에 자라는 품종을 북쪽에 심으면, 일장이 길어서 가을 늦게까지 자라다가 첫서리 피해를 받을 수 있음

2. 광색소

(1) 파이토크롬(phytochrome)

① 식물체 내에 있는 색소 중에서 광질에 반응을 나타내도록 하는 색소

② 분자량이 120,000달톤가량 되는 두 개의 동일한 폴리펩티드로 구성, 피롤(pyrrole)이 4개 모여서 이루어진 발색단

③ 파이토크롬은 암흑 속에서 기른 식물체 내에 가장 많은 양이 들어 있으며, 햇빛을 받으면 합성이 일부 금지되거나 파괴됨

④ 파이토크롬은 식물체 내 대부분의 기관에 존재하는데, 뿌리를 포함하여 생장점 근처에 가장 많이 존재함

⑤ 세포 내에서는 세포질과 핵 속에 존재하지만, 소기관이나 원형질막 혹은 액포 내에는 존재하지 않는 것으로 보임

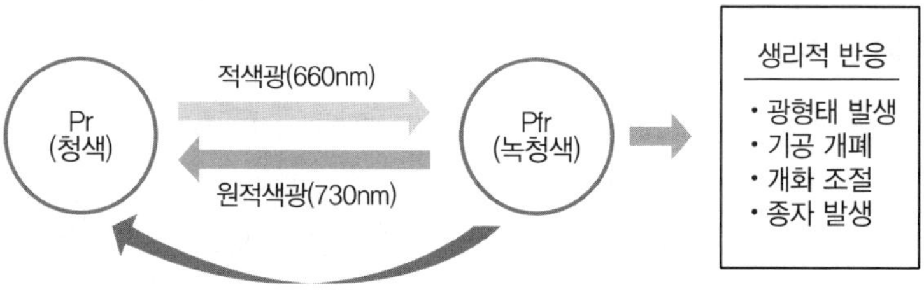

⑥ 비교적 낮은 광도에서도 예민하게 반응을 나타내는데, 어떤 파장의 빛을 받느냐에 따라 두 가지 다른 형태로 존재

㉠ 적색광(파장 660nm)을 비추면 Pr형태에서 Pfr형태로 바뀜

㉡ 원적색광(파장 730nm)을 비추면 다시 Pr형태로 바뀜

㉢ 단백질에 부착되어 있는 발색단의 pyrrole 분자배열이 햇빛을 받음으로써 변화하기 때문에 나타나는 현상

⑦ 소나무류 : 두 가지 흡광정점이 656nm와 741nm로 약간 짧음
⑧ 햇빛하에서 광색소는 두 가지 중에서 한 형태로만 존재하는 것이 아니며, 단지 적색광을 비추면 전체 광색소의 80%가 Pfr로 존재하고 원적색광을 비추면 99%가 Pr형태로 존재하는 것
⑨ Pfr는 생리적으로 활성을 띠는 형태로 여러 가지 광주기 현상, 종자 휴면, 광형태 변화 등을 지배
⑩ 암흑 속에서 Pfr은 Pr로 천천히 시간에 비례해 환원되거나 파괴됨(특히 Pfr는 식물이 시간을 측정할 수 있는 장치)
⑪ 암흑속에서 Pfr가 Pr로 환원되는 양은 정확하게 시간에 비례하며, 식물은 Pfr과 Pr의 상대적 비례로써 밤의 길이를 측정
⑫ 특히 단일성 식물의 경우는 밤의 길이를 10분 이내의 오차로 정확히 측정하여 개화시기를 탐지함

(2) 크립토크롬(Cryptochrome)

① 19세기 후반부터 식물이 햇빛을 향해 자라는 주광성은 청색과 보라색 광선에 의해 효과가 나타난다는 사실이 알려짐
② 파장은 320~450nm 부근, 자귀나무와 같이 24시간 주기로 야간에 잎이 접히는 일주기현상 혹은 생체리듬을 조절하고, 종자와 유묘의 생장을 조절
③ 생물에 따라 광학적 흡수 파장에 차이는 있으나, 이러한 반응을 나타내는 일련의 색소를 크립토크롬이라고 함
④ 여러 가지 파장 중에서 자외선도 효과가 있으나 주로 450nm 부근의 청색과 보라색 광선의 효과가 가장 크며, 식물에 따라서는 파이토크롬과 크립토크롬 두 광색소가 함께 작용하여 햇빛에 대한 반응을 나타내는 것으로 보임

(3) 포토트로핀

① 청색광(400~450nm)과 자외선(320~400nm)를 흡수하는 flavoprotein의 일종
② 식물의 주광성과 굴지성을 조절하는 광수용체
③ 잎에 많이 존재하며, 기공이 열릴 때 햇빛 감지, 잎의 확장, 줄기생장을 유도하는 주요 기능을 담당

3. 광합성

(1) 개요

① 녹색식물이 태양에너지를 이용하여 자신이 필요로 하는 에너지를 만드는 과정

② 엽록소가 태양에너지를 모아서 원동력을 제공해 주면 공기 중의 이산화탄소(CO_2)와 물을 원료로 탄수화물을 만들어 냄(탄소동화작용)

$$6CO_2+6H_2O-\text{빛에너지} \rightarrow C_6H_{12}O_6+6O_2$$

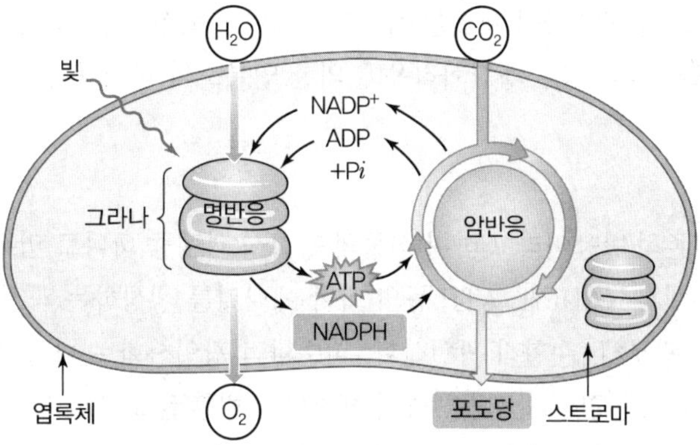

(2) 광합성 색소

① 엽록소 : 광합성에 관여하는 가장 핵심적인 색소로 잎파랑치라고도 함

② 엽록소는 엽록체라고 하는 작은 크기의 소기관에 들어 있는 색소로 지구상에서 가장 흔한 색소 중의 하나

③ 엽록체는 지름이 5μm, 두께가 약 2~3μm이며 투과성 막으로 둘러싸임

④ 엽록체의 구조 : 엽록소를 함유하는 부분인 그라나(grana : 명반응)와 엽록소가 없는 부분인 스트로마(stroma : 암반응)로 구분

⑤ 주로 녹색 잎의 엽육세포, 어린 가지의 수피와 어린 과일

⑥ 목본식물 엽록소는 엽록소a(청록색), 엽록소b(황록색)가 주종

⑦ 엽록소 : 피롤(pyrrole)이 4개 모여 고리를 만들며, 고리의 한복판에 Mg 분자, 주로 탄소와 수소가 결합된 비극성 화합물로 물에는 녹지 않고, 에테르에 녹는 지질 화합물

(3) 흡수 스펙트럼과 작용 스펙트럼

① 엽록소는 인간의 눈과 마찬가지로 태양광선 중에서 가시광선 부근의 햇빛을 주로 흡수하며 적색 부근과 청색 부근의 빛을 흡수

② 녹색 부근을 반사하기 때문에 녹색으로 보임

③ 흡수 스펙트럼은 엽록소 a와 b가 다소 차이는 있으나 녹색 부근의 빛은 흡수하지 않고 반사하는 것이 유사함

④ 파장별로 광합성 조사 결과 녹색광에서도 광합성을 효율적으로 실시하는 것으로 보아 엽록소 이외에 녹색광을 이용하여 광합성에 기여하는 색소가 존재할 것으로 보임

(4) 카로테노이드(carotenoids)

① 이소프렌(C_5H_8)이 여러 개 모여 이뤄진 이소프레노이드 화합물

② 식물에게 노란색, 오렌지색, 적색 등을 나타내는 색소

③ 엽록소를 보조하여 햇빛을 흡수함으로써 광합성 시 보조색소 역할을 담당하는 것

④ 광도가 높을 경우 광산화작용에 의한 엽록소의 파괴를 방지하는 것

(5) 명반응

① 광의존적 반응이라고 하며 식물의 광합성 과정중 하나로 엽록소에서 태양의 빛 에너지를 흡수해서 NADPH, ATP 등의 화학 에너지를 생성하는 과정

② 물의 광분해, 순환적 광인산화, 비순환적 광인산화로 나눌 수 있음

③ 비순환적 광인산화 : 반응 중심 색소에서 방출된 고에너지 전자가 전자 전달계를 거쳐 원래의 반응 중심 색소로 되돌아가지 않는 비순환적 전자 흐름을 나타내는 과정

㉠ 광계 Ⅱ의 P680이 빛에너지를 받아 물이 분해되어 전자와 수소 이온(H^+)가 생성

㉡ 고에너지 전자($2e^-$)를 방출하며 P680이 산화됨, 물이 분해되어 O_2가 발생

㉢ 방출된 고에너지 전자($2e^-$)는 1차 전자 수용체와 결합한 후 전자 전달계를 거치면서 에너지를 방출. 이때 방출된 에너지는 ATP 합성에 이용

㉣ 비순환적 광인산화에서는 ATP, NADPH, O_2가 생성

④ 순환적 광인산화

㉠ 광계 Ⅰ의 P700이 빛에너지를 받아 고에너지 전자($2e^-$)를 방출하며 P700이 산화됨

㉡ 방출된 고에너지 전자는 1차 전자 수용체와 결합하며 전자 전달계를 거치면서 에너지를 방출. 이때 방출된 에너지는 화학 삼투에 의한 ATP 합성에 이용됨

㉢ 전자가 다시 P700으로 환원되며 생성물은 ATP임

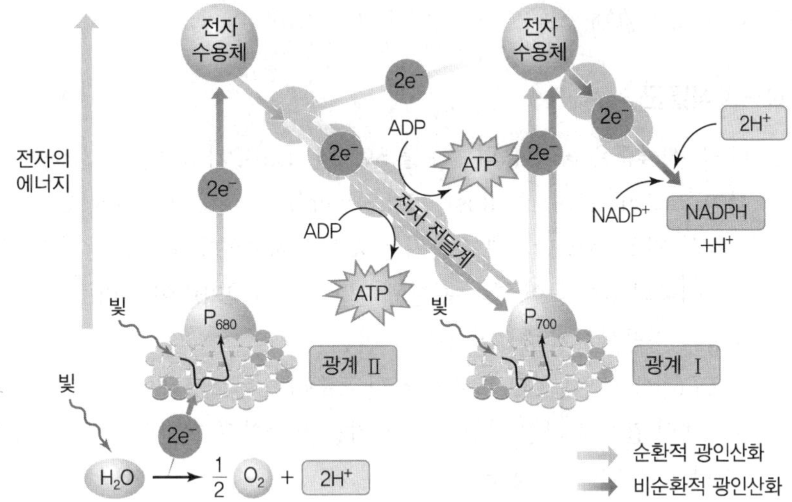

⑤ 암반응 : 이산화탄소(CO_2)를 이용하여 탄수화물을 합성하는 과정

㉠ 햇빛이 없어도 반응이 일어남

㉡ 광반응에서 생성된 ATP와 NADPH가 있을 경우에만 가능

㉢ CO_2를 환원시키면서 다른 기존의 탄수화물 속에 집어넣어 탄소의 숫자를 하나 더 증가시키는 것

㉣ CO_2 분자는 NADPH로부터 수소이온(H^+)을 받아들이기 때문에 환원, CO_2를 환원시키는 힘은 NADPH의 강력한 환원력에서 비롯. NADPH는 태양에너지에 의해 환원된 것이기 때문에 CO_2를 환원시키는 힘은 궁극적으로 태양에너지임

㉤ 광합성 과정은 환원과정이며, 탄수화물을 산화시키는 호흡작용과 비교하면 정반대 현상

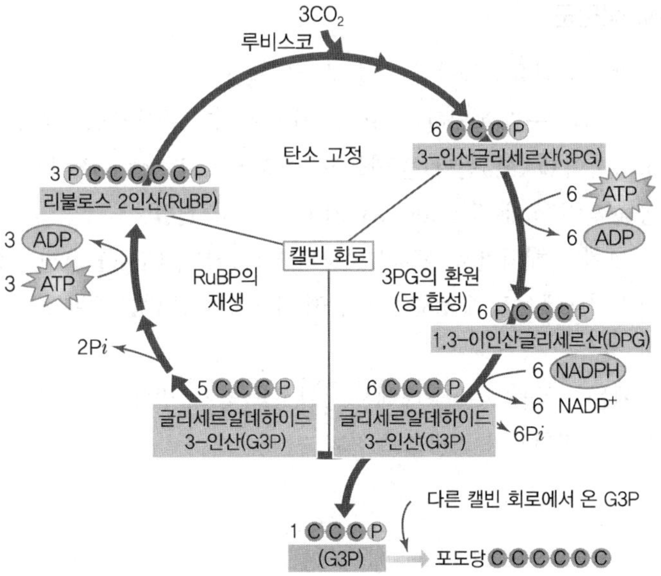

PART 03 수목생리학

4. C－3, C－4, CAM 식물

(1) C－3 식물군

① C－3 식물군은 공기 중의 CO_2를 5탄당인 RuBP가 고정

② 루비스코(rubisco, ribulose－1,5－bisphosphate carboxylase/oxygenase)는 탄소 고정의 최초 주요 단계에 수반되는 효소로 지구상에서 가장 흔한 단백질

③ 녹색식물의 잎에 들어 있는 총 단백질의 1/8~1/4가량이 루비스코 효소이기 때문에 초식동물의 영양섭취에 중요한 영향을 미침

④ RuBP(탄소 5개)는 CO_2 분자를 하나 흡수하여 탄소가 6개로 증가되지만, 곧 둘로 갈라져서 3개의 탄소를 가진 화합물 두 분자를 생산하고 캘빈싸이클(*calvincycle*)을 통해 다시 5탄당인 RuBP를 형성함

(2) C－4 식물군

① 목본식물 몇 종을 제외하고 대부분은 단자엽식물인 열대성 초본류

② 3개의 탄소를 가진 화합물이 CO_2를 고정하여 4개의 탄소를 가진 화합물을 생성

③ C－4 식물군이라는 명칭은 여기서 유래된 것, 이후 malic acid로 바뀌면서 결국 C－3 화합물과 비슷한 경로를 밟게 됨

④ C－4 식물군은 광도가 높고 기온이 30~35℃로 높을 때 C－3 식물군보다 광합성을 더 빨리 하여 건물량 생산이 아주 높음

⑤ 사탕수수, 옥수수, 수수 등 단자엽식물이 C－4 식물군

(3) CAM 식물군

① 사막지대 다육식물의 독특한 광합성 방식

② C－4 식물군과 동일하나 밤에는 기공을 열고 탄산가스를 흡수한 후 3탄당(PEP)이 CO_2를 고정하여 OAA(4탄당)을 만들고, 이것이 malic acid로 바뀐 후 액포에 저장되어 낮에 기공을 닫은 상태로 malic acid가 OAA로 환원됨

③ OAA가 분해되면서 CO_2가 방출되면 RuBP가 CO_2를 고정, 캘빈사이클을 거침

④ 사막지대에서 낮에 광합성을 위해 기공을 열면 많은 수분을 잃어버려 살아남기 위해 진화한 것

⑤ 낮에는 기공을 닫은 상태에서 광합성을 하고, 밤에는 기공을 열어 이산화탄소를 흡수, 저장하는 전천후 시스템으로 진화

(4) C－3. C－4, CAM 식물 광합성 비교

	C_3 식물	C_4 식물	CAM 식물
해당 식물	온대 식물(콩)	덥고 건조한 지역 식물 (사탕수수, 옥수수)	사막 식물 (선인장, 돌나무)
CO_2의 최초 고정 산물	PGA(C_3)	옥살아세트산, 아스파르트산, 말산	말산 (유기산)
특징	가공을 통해 CO_2를 광합성에 이용	CO_2를 체내에 저장하였다가 광합성에 이용	낮에 가공에 닫혀 있고 밤에 열림, 밤에 체내에 저장하였다가 낮에 이용
회로	칼빈 회로	C_4 회로＋칼빈 회로	C_4 회로＋칼빈 회로
광호흡	있음	없음	있음
최대 광합성 능력 (상댓값)	15~24	35~80	1~4

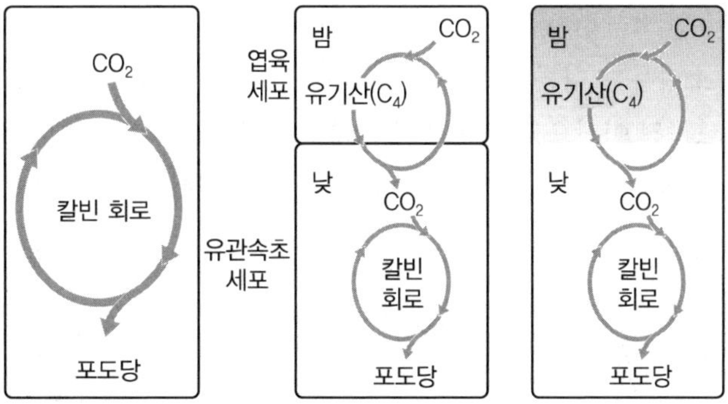

C_3 식물　　C_4 식물　　CAM 식물

(5) 광호흡

① 광조건하에서만 잎에서 일어나는 호흡작용
② 엽록체에서 광합성으로 고정한 탄수화물의 일부가 산소를 소모하면서 다시 분해되어 미토콘드리아에서 CO_2가 방출되는 과정
③ 야간의 호흡작용과 달리 햇빛이 있을 때에만 일어남
④ 광합성으로 초기에 고정된 물질의 일부가 분해되는 것
⑤ C－3식물군의 경우 광합성으로 고정한 CO_2의 1/4~1/3가량이 다시 광호흡으로 방출
⑥ 야간의 호흡작용보다 2~3배가량 더 빠른 속도로 진전됨
⑦ C－4 식물은 광호흡량이 매우 적으며, 이로 인해 C－4 식물의 광합성 속도가 C－3식물보다 빠름

5. 광합성에 영향을 주는 요인

(1) 광도

① 광보상점과 광포화점

㉠ 햇빛이 있어야 광합성이 이루어지므로 광도는 광합성에 직접적인 영향을 끼침

㉡ 암흑상태에서 식물은 호흡작용만을 함으로써 CO_2를 방출하지만 서서히 광도가 증가하면 광합성을 시작하여 CO_2를 흡수하기 시작하는데, 어떤 광도에 도달하면 호흡작용으로 방출되는 CO_2의 양과 광합성으로 흡수되는 CO_2의 양이 같아지는 광보상점에 도달하며, 식물은 광도가 광보상점 이상 되어야 살아갈 수 있음

㉢ 광보상점은 수종별, 개체 내의 잎의 종류에 따라서도 다르게 나타나며 대개 양엽의 경우 전광의 2% 정도인 2,000lx 정도임

㉣ 양수와 음수 간의 광보상점 차이는 비교적 크게 나타남

㉤ 양수인 소나무는 음수인 단풍나무보다 10배가랑 높은 광도에서 광보상점에 도달(양수인 소나무가 다른 나무의 그늘에서 살아가기 어려운 이유)

㉥ 광보상점 이상으로 광도가 계속해서 증가하면 광합성량이 증가하지만 어느 지점에 오면 더 이상 광합성량이 증가하지 않는데, 이를 광포화점이라 함

② 양엽과 음엽의 특징

<table>
<tr><th>구분</th><th>양엽</th><th>음엽</th></tr>
<tr><td>특징</td><td>• 빛을 잘 받는 남쪽의 양지쪽에 많이 분포
• 높은 광도에서도 광합성을 효율적으로 하도록 적응
• 광포화점이 높고 책상조직이 빽빽하게 배열
• 증산작용을 억제하기 위해 큐티클층과 잎의 두께가 두껍고 음엽에 비해 크기가 작음</td><td>• 햇빛이 부족한 그늘에 많고, 낮은 광도에서도 광합성을 효율적으로 하기 위해 잎이 양엽보다 더 넓으며 엽록소의 함량이 더 많음
• 광포화점이 낮고 책상조직이 엉성하게 배열
• 큐티클층과 잎의 두께가 얇음</td></tr>
<tr><td>비교</td><td colspan="2">• 양엽이 음엽보다 2배 정도 많이 광합성을 함
• 비오는 날, 그늘진 곳 등에서는 음엽이 광합성을 더 많이 함</td></tr>
</table>

③ 양수와 음수의 차이

구분	양수	음수
특징	• 그늘에서 잘 자라지 못하는 수종 • 음수보다 광포화점이 높아 높은 광도하에서 광합성을 더 많이 하여 음수보다 생장속도가 빠르지만 낮은 광도에서는 음수보다 광합성량이 저조	• 그늘에서도 잘 자라는 수종 • 낮은 광포화점으로 인해 높은 광도에서는 광합성 효율이 양수보다 낮음 • 낮은 광도에서는 광합성을 효율적으로 실시함과 동시에 광보상점도 낮고 호흡량도 적기 때문에 그늘에서의 경쟁력이 양수보다 높음 • 음수도 어릴 때에만 그늘을 선호하며 자라면 햇빛하에서 더 잘 자람

(2) 기후요인

① 온도

㉠ 광반응은 태양의 전자기에너지를 받아들이는 단계이기 때문에 온도의 영향을 적게 받지만 암반응은 효소에 의한 생화학적 CO_2 고정 과정이기 때문에 온도의 영향을 받음

㉡ 온대지방 목본식물의 경우 15~25℃에서 최대광합성을 하며 양엽은 25℃, 음엽은 20℃에서 최대광합성을 하게 됨

㉢ 20℃에서 30℃로 온도를 증가시키더라도 광합성량에는 큰 차이가 없는 이유는 이 온도 범위에서는 공기 중의 CO_2농도가 0.03%로 낮아서 CO_2의 제한요소로 작용하기 때문

② 수분

㉠ 수분이 과다하거나 부족하면 광합성에 큰 영향을 끼침

㉡ 수분 부족은 엽면적을 감소, 기공을 폐쇄시키며, 심하면 원형질 분리를 일으킴

㉢ 온대지방에서 자라는 중생식물은 약간의 수분 부족이 오더라도 광합성이 감소함

③ 일일 혹은 계절적 변화

㉠ 맑고 따뜻한 날 하루 중 광합성률의 주기적 변화는 광도, 온도, 수분관계가 모두 영향을 미치는 것

㉡ 해가 뜨면 수목은 광합성을 시작, 수분관계가 하루 중 가장 유리함에도 불구하고 낮은 광도와 온도로 인해 광합성량이 적음

㉢ 오전 12시가 가까워질 때 수목은 하루 중 가장 왕성한 광합성을 수행, 이것은 위의 세 가지 조건이 가장 적합한 시기이기 때문

㉣ 오전 동안 수목이 수분을 어느 정도 잃어버리면 일시적인 수분 부족 현상으로 기공을 닫게 되며, 일중 침체 현상이 나타나다가 수분 상태가 회복되면 오후 늦게 다시 회복세를 보임

④ 계절적 변화

㉠ 광합성의 계절적 변화는 수종에 따라 큰 차이가 있음

㉡ 고정생장을 하는 수종 : 봄에 빠른 속도로 줄기가 자라 초여름에 엽면적이 최대치에 도달하기 때문에 광합성량도 초여름에 최고치에 도달

㉢ 자유생장을 하는 수종 : 새로운 잎이 여름 내내 형성되기 때문에 광합성 최대치가 여름 늦게 나타남

㉣ 낙엽활엽수 : 가을에 잎이 변색되면 광합성량이 급속히 줄어듦

㉤ 상록침엽수 : 낮은 온도에서도 광합성을 실시하지만 봄에 점진적으로 증가하다 7~8월에 최고치를 나타내고 가을에 점진적으로 줄어듦

⑤ 탄산가스 농도 : CO_2 양이 증가함에 따라 광합성량도 증가하지만, CO_2 농도가 600ppm 이상일 때에는 오히려 감소

⑥ 수종과 품종 : 품종 간의 광합성 능력의 차이, 단위 면적당 기공수, 개체당 엽량, 생육기간, 광합성률의 계절적 변화 등

CHAPTER 03 호흡과 에너지 생산

1. 호흡의 개요

① 호흡기관 : 미토콘드리아

② 호흡 : 에너지를 가지고 있는 물질인 기질(주로 탄수화물)을 산화시켜서 에너지를 발생시키는 과정

③ 모든 유기물은 에너지를 가지고 있지만 그중에서도 호흡에 가장 효율적으로 쓰일 수 있는 물질은 6탄당의 포도당

④ 포도당이 완전히 산화되면 6개의 CO_2 분자로 분해되며 이때 발생된 ATP는 높은 에너지를 가진 화합물로 식물의 여러 대사과정에서 에너지를 공급해 주는 역할을 말함

$C_6H_{12}O_6$	+	$6O_2$	→	$6CO_2$	+	$6H_2O$	+	686kal	→	ATP 생산
산화대상 물질		환원대상 물질		산화된 물질		환원된 물질		(에너지 방출)		

2. 호흡작용의 기작

① 호흡작용의 기작은 일련의 생화학적 산화－환원 반응

② 기질이 되는 물질(주로 탄수화물)은 산화되어 CO_2가 되며, 흡수된 산소(O_2)는 환원되어 물(H_2O)이 됨

③ 해당작용, Krebs 회로 단계, 말단전자전달경로 3단계로 구성

㉠ 해당작용 : 포도당이 분해되는 과정

- 6개의 탄소를 가진 포도당이 탄소를 3개 가진 C3 화합물을 거쳐 2개의 C2 화합물로 변하면서 2분자의 CO_2를 방출하는 단계
- 산소를 요구하지 않으며 에너지 생산효율은 비교적 낮음

㉡ Krebs 회로 단계 : 4개의 CO_2를 발생시키면서 NADH를 생산하는 단계

㉢ 말단전자전달경로 단계(산화적 인산화)

- NADH로 전달된 전자와 수소가 최종적으로 산소(O_2)에 전달되어 물로 환원시키면서 ATP를 생산하는 과정으로 산소가 소모되어 호기성 호흡이라고도 함

• 결론적으로 포도당의 6개 탄소가 단계적으로 줄어들면서 최종적으로 6개의 CO_2 분자로 산화되며, ATP를 생산하는 과정

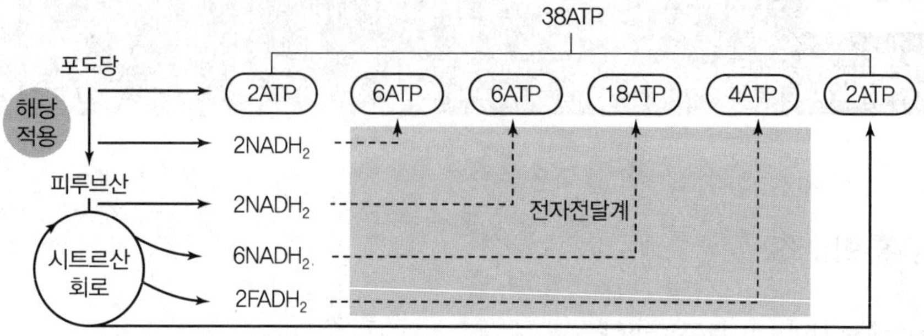

▌산소 호흡 과정에서의 ATP 생성▐

3. 산림에서의 호흡

① 어린 숲일 경우 왕성한 대사로 인하여 단위 건중량당 호흡량이 증가하는데, 이것은 성숙한 숲에 비하여 엽량이 많고 살아 있는 조직이 많기 때문

② 어린 임분에서는 전체 광합성량의 1/3가량이 호흡작용으로 이용

③ 참나무, 소나무 혼효림에서는 광합성량의 약 절반가량 이용

④ 극단적으로 노숙 임분에서는 광합성량의 90%까지 호흡작용으로 이용

4. 임분의 밀도와 그늘

① 밀식된 임분에서 수목이 자라는 속도가 느려지는 이유 중의 하나는 호흡량이 밀식되지 않은 임분보다 증가하기 때문

② 똑같은 단면적 합계를 가진 밀식된 임분과 밀식되지 않은 임분을 서로 비교할 경우 밀식된 임분은 개체수가 더 많으면서 작은 직경을 가지고 있기 때문에 호흡작용을 하는 형성층의 표면적이 더 많아 호흡량이 많아짐

③ 밀식된 임분은 저조한 광합성과 많은 호흡으로 인해 생장량이 감소하게 되며, 밀식된 임분은 적기에 간벌을 실시해야 하고 가지치기도 도움이 됨

④ 밀식된 임분 내 하층에서 햇빛을 제대로 받지 못하는 밑가지는 광합성량은 적지만 호흡량을 그대로 유지하고 있기 때문에, 수간의 직경생장에 기여할 만큼 탄수화물을 공급하지 못하거나 오히려 탄수화물을 빼앗아갈 수 있음

5. 수목의 나이

① 녹색식물의 일반적인 호흡량은 광합성량의 30~40%에 해당
② 나이가 증가할수록 뿌리와 줄기의 체적이 증가하여 호흡량이 증가하는 반면 엽량은 상대적으로 적게 증가하거나 감소하여 결국 호흡량의 비율이 증가

6. 수목의 부위

(1) 지상부

① 여러 기관 중에서 잎의 호흡 활동이 가장 왕성
② 잎은 대부분이 살아 있는 유세포로 구성되어 있어 호흡량이 많음
③ 호흡량은 잎이 완전히 만들어진 후 가장 왕성하고 시간이 지남에 따라 점차 감소하며, 가을에 생장을 정지하거나 낙엽 직전 최소로 줄어듦
④ 눈의 호흡은 휴면기간 동안 최저 수준을 유지하다가 봄철 개엽 시기에 급격히 호흡량이 증가하면서 새순이 자라고 가을에 생장이 정지할 때까지 왕성하게 유지
⑤ 굵은 가지나 수간의 호흡은 수피와 형성층 주변 조직에서 주로 일어나며, 새로 만들어진 사부와 최근 수년 이내 만들어진 목부조직이 생리적 활동을 하면서 이들이 호흡의 대부분을 차지
⑥ 형성층은 외부와 직접 접촉하지 않기 때문에 산소공급이 부족하여 혐기성 호흡이 일어나는 경향
⑦ 수피 중에 맨 바깥쪽에 있는 조피는 죽어 있는 조직이지만, 가스교환을 촉진하기 위하여 피목을 가지고 있으며 이 피목을 통하여 CO_2와 산소를 교환
⑧ 호흡량은 유세포가 모여 있는 부위에서 높게 일어나며, 죽은 세포로 되어 있는 부위에서는 호흡이 거의 일어나지 않음

(2) 지하부

① 세근은 살아 있는 유세포로 구성되어 세포분열이 왕성하고 무기염을 흡수하는데 많은 ATP를 소모하기 때문에 호흡량이 많음
② 나무 전체의 8% 정도를 담당, 소나무의 경우는 뿌리 호흡량이 더 많음
③ 세근은 산소 호흡이 용이한 표토 20cm 내외에 주로 분포하며 복토를 하게 되면 산소 공급이 원활하지 않아 생육을 크게 저하시키거나 수목을 고사시킬 수 있음
④ 침수가 장기간 계속될 때에는 뿌리에서 메탄과 에틸렌 가스가 생성되어 지상부로 이동하며, 이는 잎의 황화, 상편생장을 유발하여 잎이 아래로 휘말려 들어가거나 잎의 탈리현상을 나타내는 등 독작용을 나타냄

7. 온도와 호흡

① Q_{10} : 대부분의 식물은 온도가 올라감에 따라 호흡량이 같이 증가하는데, Q_{10}은 온도가 10℃ 상승함에 따라 나타나는 호흡량의 증가율을 말함

② 대부분의 식물의 Q_{10} 값은 5~20℃에서 2.0~2.5

③ 온도 주기 : 수목이 정상적인 생장을 하기 위해서는 낮의 기온보다 야간의 기온이 낮아야 하는데 이는 야간에 호흡작용을 최소로 억제하기 때문

㉠ 야간의 온도는 보통 주간 온도보다 5~10℃가량 낮은 것이 수목생장에 적합

㉡ 수목은 야간에 광합성을 중단하고 호흡만을 수행함

CHAPTER

04 탄수화물

1. 탄수화물의 중요한 기능

① 목본식물은 건중량의 75% 이상
② 세포벽의 주요 성분
③ 에너지를 저장하는 주요 화합물
④ 지방 · 단백질과 같은 다른 화합물을 합성하기 위한 기본물질
⑤ 광합성에 의해 처음 만들어지는 물질
⑥ 세포액의 삼투압을 증가시키는 용질
⑦ 호흡 과정에서 산화되어 에너지를 발생시키는 주요 화합물
⑧ 수목 생리대사에서 핵심을 차지하고 있는 화합물로서 세포액의 삼투압 증가와 호흡 시 에너지를 발생

2. 단당류

① 복잡한 탄수화물을 가수분해할 때 더 이상 분해할 수 없는 상태의 기본 단위로 알데히드기나 케톤기를 하나 가짐
② 가장 흔한 것은 5개를 가진 5탄당과 6개를 가진 6탄당
　㉠ 6탄당 포도당(glucose) : 살아 있는 유세포 내에 함유, 과일 내에 대량으로 함유
　㉡ 6탄당 과당(fructose) : 과일 속에 많은 당으로 보통 유세포 내에 있으며, 단풍나무와 자작나무의 경우 포도당과 더불어 목부의 수액 내에 대량으로 존재
③ ATP와 NAD 등의 구성성분, 핵산인 RAN, DNA의 기본골격
④ 광합성과 호흡작용에서 탄소의 이동에 직접적으로 관여
⑤ 물에 잘 녹고 이동이 용이하며 환원당으로서 다른 물질을 환원시킴

3. 올리고당류

① 단당류의 분자가 2개 이상 연결된 형태

② sucrose(설탕)

㉠ 2당류로서 포도당과 과당이 결합된 형태로 살아 있는 세포 내에 널리 분포하고 비교적 높은 농도로 존재함

㉡ 대사작용에서 중요한 위치, 저장 탄수화물의 역할

㉢ 사부를 통하여 이동하는 탄수화물의 주성분

㉣ 맥아당 : 전분이 분해될 때 생김

③ 3당류(raffinose), 4당류(stachyose), 5당류(verbascose)

㉠ 주로 사부조직에서 발견되며 비환원당으로서 농도는 낮은 편

㉡ 3당류(raffinose) : 너도밤나무의 눈이나 어린잎에서도 발견

㉢ 올리고당도 다당류와 같이 수용성이기 때문에 체내에서 이동이 쉽게 이루어짐

4. 다당류

① 단당류 분자가 수백 개 이상 결합한 것으로 대부분 직선 연결

② 물에 잘 녹지 않기 때문에 체내 이동이 잘 안 됨

③ 섬유소(셀룰로스) : 세포벽의 주성분으로 지구상 생물의 유기물 중에서 가장 흔한 화합물이며 초식동물의 주요한 먹이

④ 전분 : 목본식물의 가장 흔한 저장 탄수화물. 저장 부위는 살아 있는 유세포가 많은 곳으로 잎에 가장 많이 축적되며, 내수피의 사부조직에는 가을철에 많이 축적됨

⑤ 펙틴 : galacturonicacid의 중합체이며, 세포벽의 구성성분으로서 중엽층에서 이웃세포를 서로 접합시키는 시멘트 역할을 함

⑥ gum : 벚나무속 기둥이 상처를 받을 때 밖으로 분비되는 물질

⑦ Mucilage : 콩과식물의 경우 콩꼬투리, 느릅나무의 내수피, 잔뿌리의 표면 등의 주변에 분비되는 물질

5. 탄수화물의 합성과 전환

① 광합성을 하는 잎조직의 세포 내에는 단당류인 glucose나 fructose의 농도보다는 2당류인 설탕의 농도가 훨씬 더 높음

② 이는 Calvin Cycle에서 만들어진 화합물이 즉시 다른 당류로 합성된다는 것을 의미

③ 설탕의 합성은 엽록체 내에서 이루어지지 않고, 세포질에서 이루어짐
㉠ 전분 : 잎의 경우 엽록체에 직접 축적
㉡ 설탕 ↔ 전분 전환 : 자라는 종자에서는 주로 설탕이 전분으로 전환되며 과실 내에서는 전분이 설탕으로 전환되어 당도를 높임

6. 탄수화물의 축적과 분포

① 목본식물에 축적되는 탄수화물의 형태는 주로 전분으로 살아 있는 유세포에 저장되며 유세포가 죽으면 저장 탄수화물을 회수함
② 축적 농도는 뿌리가 높으나 수목이 생장함에 따라 지상부의 탄수화물 총량이 많아짐
③ 저장 탄수화물은 분열이 왕성한 곳으로 이동하여 새 조직을 형성하고, 대사에 필요한 에너지를 얻기 위한 호흡작용에 사용되며, 전분과 같은 저장물질로 전환됨
④ 공생관계의 세균 · 균근곰팡이에 탄수화물을 제공하고 무기염의 흡수를 촉진하며 잎이나 줄기, 뿌리로부터 용탈되어 없어지기도 함
⑤ 밤의 호흡작용과 계절적으로 겨울철 호흡에 사용되며 근맹아 등도 탄수화물에서 기인

7. 계절 변화

① 낙엽수는 가을에 낙엽이 질 때 줄기의 탄수화물 농도가 최고치에 도달하여 겨울철 내한성을 증대시키고 겨울철 호흡에 필요한 에너지를 생산하며, 봄에 신초와 잎의 개장을 위해 저장 탄수화물을 이용하여 탄수화물 함량은 늦은 봄에 최저치가 됨
② 잎이 개장되어 광합성을 시작하면서부터는 서서히 탄수화물 농도가 가을까지 증가
③ 아카시나무 : 겨울철 전분의 함량을 감소시키고 환원당의 함량을 증가시켜 내한성을 증대시킴
④ 상록수 : 계절적 변화가 덜한데, 뮤고소나무의 경우 1월에 최고치에 도달하고 4~7월 줄기 생장 기간에 최저치를 나타내고 있으나 최고치와 최저 간 2배 이상 차이가 나지는 않음
⑤ 재발성 개엽수종은 줄기생장을 반복할 때마다 탄수화물이 감소한 다음 회복됨
⑥ 탄수화물의 축적을 농도로 표시하면 지하부의 농도가 지상부보다 높음(뿌리가 중요한 탄수화물의 저장소 역할)
⑦ 수목의 나이가 증가할수록 지상부의 무게가 지하부보다 더 빨리 증가하기 때문에 탄수화물의 총량은 지상부에 더 많게 됨
⑧ 1년생 가지와 새잎에 많이 축적됨(초식동물이 이를 주로 먹는 이유)

8. 탄수화물 운반 : 사부조직에서 이루어짐

(1) 피자식물의 경우

① 사관세포 : 살아 있는 세포. 성숙하면 핵이 없어지며 종축 방향으로 길게 자라면서 위쪽과 아래쪽에 인접한 사관세포가 사관으로 서로 연결되어 탄수화물이 지름 2μm 내외의 사공을 통해 효율적으로 상하 방향으로 이동함

② 반세포 : 사관세포와 항상 인접하여 생겨나서 운명을 같이하는데, 세포질이 많고, 핵을 가지고 있는 살아 있는 세포로서 탄수화물 이동에 보조적 역할을 함

③ 사부유세포 : 탄수화물의 측면 이동을 도와주고 사부섬유는 물리적으로 조직을 단단하게 함

(2) 나자식물의 경우

① 기본세포는 사세포로 사관세포보다 길며 사관이 없고 사부막공을 통해 비효율적으로 탄수화물이 이동

② 보조세포는 알부민세포로 세포질이 많고 핵이 있음

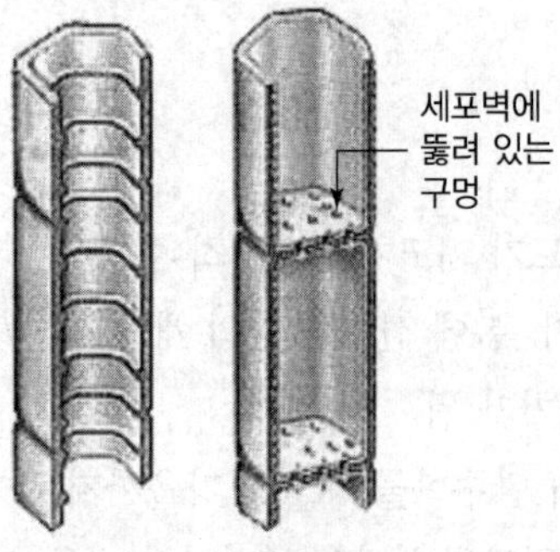

물관의 단면 체관의 단면

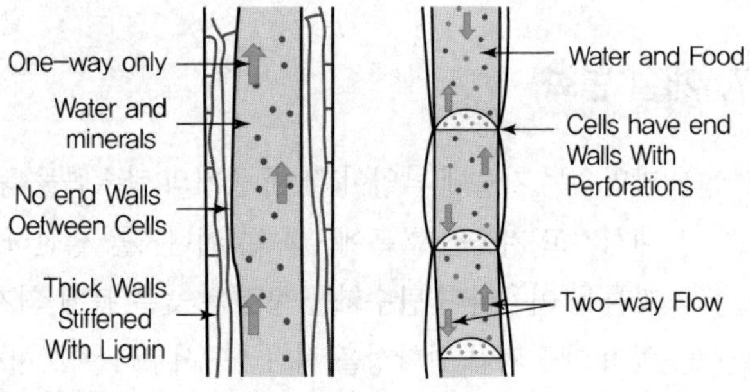

xylem vessel phloem vessel

(3) 운반물질의 성분

① 사부조직을 통해 운반되는 탄수화물은 수목별로 다르지만 근본적으로 비환원당만으로 구성

② 비환원당 : 다른 물질을 환원시킬 수 없는 당류로 가장 흔한 것은 2당류인 설탕

③ 단당류는 모두 알데히드기나 케톤기가 노출되어 있어 다른 물질을 환원시키며 줄기 사부조직에서는 발견되지 않음

④ 사부수액에는 보통 당류가 20% 정도 함유되어 있고 그 외 아미노산, K, Mg, Ca, Fe 등이 포함됨

⑤ 운반 속도 : 대부분의 운반속도는 1시간에 50~150cm 정도이며 이론상 목본쌍자엽식물은 40~70cm, 소나무류는 18~20cm 정도, 물푸레나무는 30~70cm가량 이동함

⑥ 운반 방향 : 잎에서 생성되어 탄수화물을 소비하는 비엽록조직으로 이동하는데, 주로 줄기 끝 분열조직, 열매, 형성층, 뿌리조직 등으로 이동

⑦ 수용부로서 탄수화물 요구도 : 열매 · 종자 → 어린잎 · 줄기 끝의 눈 → 성숙잎 → 형성층 → 뿌리 → 저장조직 순

⑧ 운반원리 : 압력 유동설이 가장 유력. 탄수화물 농도를 가진 광합성 세포 주변에서 탄수화물을 소모하는 낮은 농도를 가진 곳(수용부)으로 운반되는 것은 두 장소 간의 삼투압 차이에서 생기는 압력에 의해 수동적으로 밀려가기 때문이라는 학설

(4) 탄수화물을 운반하기 위한 조건

① 반투과성 막

② 종축 방향으로의 이동수단이 있어야 하며 저항이 적어야 함

③ 두 장소 간 삼투압의 차이가 존재해야 하며 압력이 있어야 함

④ 공급원에는 적재기작이, 수용부에는 하적기작이 있어야 함

(5) 수목에서 두 가지의 문제점

① 집단유동에서는 모든 물질이 같은 속도로 움직여야 하는데 실제 설탕과 물의 이동속도가 서로 다름. 탄수화물 이동 과정에서 수용부까지 가기 전에 중간지역 일부가 소모되기 때문으로 추정

② 실제 운반은 양방향성을 띠고 있는데 압력 유동설에 따르면 한 방향으로만 이동할 수 있다는 점

CHAPTER 05

단백질과 질소대사

1. 주요 질소화합물과 기능

① 아미노산과 단백질 그룹
② 핵산 관련 그룹
③ 대사 중개물질 그룹
④ 대사의 2차 산물 그룹

2. 그룹별 기능

(1) 아미노산과 단백질 그룹

① 아미노산 : 단백질의 구성성분으로서 알카리성을 띤 아미노기($-NH_2$), 산성을 띤 카르복실기($-COOH$)가 같은 탄소에 부착되어 있는 유기물을 의미
② 단백질은 여러 개의 아미노산이 peptide 연결을 하고 있는 화합물
③ 원형질의 구성성분으로 단백질은 세포막에 존재하여 세포막의 선택적 흡수기능에 기여하고, 엽록체에서는 엽록소와 카르테노이드가 단백질에 붙어 있어 효율적으로 광에너지를 모음
④ 모든 효소는 단백질로 구성, 크기가 다양
⑤ 녹색 잎에 들어 있는 단백질의 12~25%는 Rubisco 효소(광합성에서 CO_2를 붙잡는 역할을 함)로서, 지구상에서 가장 흔한 단백질. 광합성을 수행하는 엽록체와 호흡작용을 담당하는 미토콘드리아는 많은 효소를 함유하고 있어 단백질 함량이 높음
⑥ 저장물질로서 단백질 특히 종자 속에서 많이 발견
⑦ 전자 전달 매개체의 역할을 하는 단백질 : cytochrome은 광합성과 호흡작용에서 전자를 전달, ferredoxin은 광합성에서 전자를 전달

(2) 핵산 관련 그룹

① 핵산은 질소를 함유하고 있는 pyrimidine과 purine, 그리고 5탄당과 인산으로 구성. 대표적인 핵산으로 RNA와 DNA를 들 수 있음
② 핵산은 세포의 핵에 존재하며, 유전정보를 가지고 있는 염색체의 중요한 화합물

③ 동물 고유의 모양과 생물의 기능은 단백질과 효소에 의해 결정되는데, 핵산은 이러한 단백질의 합성을 결정하는 물질임

④ 염색체 내에 각 생물의 독특한 단백질 합성에 필요한 정보를 DNA(핵산의 일종)의 형태로 가지고 있다가 필요한 때에 필요한 만큼의 단백질을 합성할 수 있도록 조절

(3) 대사 중개물질 그룹

① 대표적으로 pyrrole로서 4개가 모여 porphyrin을 형성하는데 엽록소, 파이토크롬색소, 헤모글로빈 등이 있음

② 그 외 식물호르몬 중에서 옥신의 IAA 등이 있음

(4) 대사의 2차 산물 그룹

① 알카로이드가 대표적이며 질소를 함유하고 있는 환상화합물

② 목본식물에서는 카페인이 차나무에서 생산되며 알카로이드는 식물의 잎, 수피, 뿌리 등에 축적됨

3. 수목의 질소대사

① 뿌리에서 흡수되는 형태 : 작물과 대부분의 식물은 토양으로부터 질산태(NO_3^-)의 형태로 질소를 흡수

② 경작토양에서는 암모늄(NH_4^+) 질소비료를 시비한다 하더라도, 질산화 박테리아에 의해 곧 질산태(NO_3^-) 형태로 토양에 존재하게 됨

③ 식생천이가 극상에 도달한 침엽수림이나 초원지대 : 토양산성화가 심하고 분해가 잘 안 되는 타닌이나 페놀화합물이 축적되어 있어서 타감작용에 의해 질산화박테리아의 활동이 억제되어 토양 중에 암모늄태질소(NH_4^+)가 축적되며, 따라서 토양의 산성화가 심한 산림토양의 경우에는 수목이 균근의 도움을 받아 NH_4^+ 형태의 질소를 직접 흡수함

④ 질산환원 : 토양에서 뿌리로 흡수된 질산태(NO_3^-)질소는 아미노산 합성에 이용되기 전에 화학적으로 환원되어 암모늄태(NH_4^+) 질소 형태로 바뀌어야 하는데, NO_3^-가 NH_4^+로 환원되는 과정을 질산환원이라 함

⑤ 흡수된 NO_3^-는 뿌리에서 곧 NH_4^+로 환원되거나, 혹은 NO_3^-형태로 잎으로 이동된 후 잎에서 NH_4^+로 바뀌는데, 식물에 따라서 질산환원이 일어나는 장소가 다름

⑥ 목본식물의 경우 뿌리에서 질산환원이 일어나는 lupine형

⑦ 질산환원과정($NO_3^- \rightarrow NO_2^- \rightarrow NH_4^+$)

㉠ 질산태(NO_3^-)가 질산환원효소에 의해 아질산태(NO_2^-)로 되는 과정은 세포질 내에서 일어나며, 관련되는 소기관은 없음

㉡ 질산환원효소는 보결분자단으로 철분(Fe)을 함유하고 몰리브덴(Mo)을 가지고 있으며, NADH로부터 전자를 받아들여 NO_3^-를 NO_2^-로 환원시킴. 햇빛에 의해 활력도가 높아지기 때문에 낮에는 효소의 활력이 높고, 밤에는 줄어듦

㉢ 아질산태(NO_2^-)가 아질산환원효소에 의해 암모늄태(NH_4^+)로 되는 과정의 경우 lupine형이나 목본식물은 뿌리세포의 전색소체에서 잎으로부터 탄수화물의 공급이 있어야 일어남

4. 암모늄(NH_4^+)의 유기물화

① 암모늄(NH_4^+)은 질산환원으로 생겨나든지, 토양으로부터 직접 흡수되든지, 혹은 생물학적 질소고정작용에 의하여 생겨나든지 간에 식물체 내에 축적되지 않음

② 암모늄(NH_4^+)은 식물의 ATP생산을 방해하기 때문에 유독한 물질이며, 따라서 암모늄(NH_4^+)은 체내에서 유기물화됨

㉠ 글루탐산과 결합하여 글루타민을 만들고 알파－케토글루타르산(α－ketoglutaricacid)과 결합하여 두 분자의 글루탐산을 만들어서 다시 순환을 계속함

㉡ α－ketoglutaricacid에 NH_4^+이 부착되어 글루탐산이 생산되는 셈이며, 일련의 위의 과정을 환원적 아미노반응이라 함

㉢ 아미노기 전달 반응

- 환원적 아미노반응에서 생긴 글루탐산(glutamic acid)은 호흡작용에서 만들어진 OAA와 만나서 아미노기를 넘겨주고 자신은 알파케토글루타르산이 되며 OAA는 아스파라긴산(aspartic acid)이 됨
- 아미노산이 α－ketoacid에게 아미노기를 전달해 주는 반응

㉣ 광호흡 질소 순환

- 광호흡 시 Rubisco 효소는 산소와 결합한 후 몇 단계를 거쳐 CO_2를 방출하는데, 이때 암모늄도 동시에 발생시킴
- 실제로는 미토콘드리아에서 글리신이 분해되어 CO_2와 NH_4^+(암모늄)으로 됨

5. 질소의 체내 분포

① 수목체 내의 질소 함량 분포 : 주로 살아 있는 조직 내에 질소 함량이 높고 수간 중심의 지지 역할을 하는 2차 목부에는 질소 함량이 극히 적음

② 조직이 고사하면 질소를 회수하여 살아 있는 새로운 조직으로 재분배

③ 사과나무의 경우 10월 중 총 질소 함량의 75%가 지상부에 있고 그중 20%가 잎에 있으며, 귤나무의 경우 총 질소의 50% 정도가 잎에 있음

④ 연륜이 오래된 가지, 즉, 신초에서 멀어질수록 줄기의 질소 함량은 줄어듦. 특히 심재부에는 극히 낮고 변재부의 형성층에 가까울수록 질소 함량이 높으며 수피에도 질소 함량이 많은데, 특히 사부조직은 질소 함량이 높음

6. 질소의 계절적 변화

① 질소의 계절적 변화는 낙엽수나 상록수 모두에서 관찰되는 현상임
② 목본식물의 경우, 조직 내 질소 함량은 가을과 겨울철에 가장 높고, 저장된 질소를 이용하여 봄철에 줄기생장이 개시되면 감소하기 시작하다가 생장이 정지되면 다시 증가함
③ 이는 겨울철 목부와 사부에 저장된 질소가 봄에 새로운 잎과 가지의 형성에 기여하여 체내 질소 함량이 줄어드는 데 비해 뿌리에서 흡수되는 질소량은 상대적으로 적어 나타나는 현상
④ 질소가 가장 적은 시기는 봄철 줄기생장이 가장 왕성한 시기
⑤ 자유생장 수목 : 줄기가 자라 올라올 때마다 질소 함량이 줄어듦
⑥ 가을에 낙엽 지는 시기에 잎에 있는 질소는 줄기 및 가지로 이동하여 목부와 수피에 회수되므로 질소 함량이 점차 증가하며, 따라서 겨울철 질소 함량이 가장 높음. 질소 이동에는 아르기닌이 중요한 역할을 함

7. 낙엽 전 질소 이동

① 낙엽을 대비하여 엽병 밑부분에 이층을 형성하는데, 이층 세포는 세포가 작고 세포벽이 얇으며 가을에 분리층이 떨어져 나감
② 보호층에 수베린, 검 등의 분비물질이 나와 조직을 보호하는 탈리현상을 나타내는데, 이때 잎에서 가지고 있던 많은 무기영양소(N, P, K)는 회수되며, 질소는 수목에 따라 차이는 있으나 50% 내외가 회수되는 것으로 추정
③ 회수된 N, P, K는 가지와 줄기로 이동되어 저장되어 있다가 봄철 수목생장 시에 다시 사용됨

8. 질소고정

(1) 질소고정

① 질소가 식물이 이용할 수 있는 형태로 바뀌는 과정

※ 질소는 대기 중에 78%가 존재하지만 식물체가 이용할 수 없는 형태로 존재

② 생물적 질소고정 : N_2가 NH_4^+의 형태로 환원되는 과정으로 전핵생물만이 가지고 있는 독특한 과정. 녹조류나 고등식물은 이 기능이 없음

③ 광화학적 질소고정 : 대기 중의 질소(N_2)가 번개로 인한 전기방전으로 산화되어 NO, NO_2 로 된 후, NO_3^-의 형태로 빗물에 녹아 지표에 떨어지는 것(1년에 4kg/ha)

④ 상업적 질소고정 : 비료공장에서 생산하는 비료

(2) 질소고정 기작

① 질소고정 기작 : 전핵생물(원핵생물)의 니트로게나아제 효소에 의해 N_2가 물분자와 만나 NH_3로 전환되는데 이때 탄수화물을 이용한 호흡작용으로 생산되는 Mg · ATP가 조효소로 작용. 이 과정은 환원과정으로 산소가 있으면 안 됨

② 생물학적 질소고정 관련 미생물 및 식물(전핵생물만 질소고정)

㉠ Azotobacter(호기성), Clostridium(혐기성) : 자유생활

㉡ Rhizobium(내생공생) : 콩과식물(싸리류, 칡 등), 느릅나무과

㉢ Frankia(내생공생) : 오리나무, 보리수나무, 소귀나무, 담자리꽃나무

㉣ *Cyanobacteria*(외생공생) : 지의류, 소철

③산림 내 질소 고정량 : 산성화되어 박테리아가 싫어하는 산성토양이거나 질소고정에 불리한 토양 또는 C/N율이 25 : 1

9. 산림 내 질소 순환

① 낙엽이나 동물의 배설물 등에 포함된 유기질 질소는 토양미생물 등에 의해 암모늄(NH_4^+)으로 되고 암모늄(NH_4^+)은 산화되어 질산(NO_3^-)의 형태로 전환되는 질산화작용을 거침

② 질산화 과정에서 암모늄은 Nitrosomonas 박테리아에 의해 아질산이온(NO_2^-)으로 변하고 Nitrobacteria에 의해 NO_3^-로 전환

③ 경작토양이나 중성토양은 질산화작용을 하여 이들 박테리아에 의해서 NO_3^-의 형태로 전환되어 식물이 이용할 수 있게 질소를 고정하는데, 산림토양은 질산화작용이 거의 일어나지 않아 균근의 도움으로 NH_4^+의 형태로 직접 흡수

10. 산림토양에서 질산화작용이 잘 발생되지 않는 이유

① 낙엽분해에 의한 부식산(humicacid)에 의해 산림토양이 pH 5.0 전후로 산성화되어 질산화박테리아의 활동을 억제

② 식생천이가 극상에 가까울수록 타닌, 페놀화합물과 같은 타감물질을 축적하여 이들 박테리아의 활동이 억제되기 때문

③ 특히 침엽수일수록, 산성화가 심할수록, 위도가 높을수록, 해발고가 높을수록 질산화작용이 억제되는 경향

④ 식물의 뿌리는 NH_4^+(암모늄태) 상태의 질소를 흡수하기 어렵지만 균근의 도움으로 직접 흡수
⑤ NO_3^-은 식물뿌리가 흡수하지 못할 경우 물에 녹아 용탈
⑥ NH_4^+ 이온은 토양의 양이온치환능력에 의해 음전하의 토양입자와 결합되어 토양 중에 집적되므로 언제든지 이용할 수 있음

11. 산림토양 속에서 일어나는 질소의 변화

① 질산화작용이 거의 일어나지 않기 때문에 질소가 암모늄(NH_4^+) 형태로 존재, 수목 뿌리는 암모늄(NH_4^+)의 형태로 질소를 흡수
② 식물이 이용할 수 있는 질소는 토양 중에 이온의 형태로 물에 녹아 있고, 토양으로부터 무기질소를 흡수해야만 필수 아미노산을 자체적으로 합성할 수 있음
③ 식물은 광합성으로 탄수화물을 합성해서 에너지원으로 사용하며, 필요한 단백질을 자체 합성할 수 있다는 점이 동물과 다름

CHAPTER 06

지질

1. 지질(lipid)

(1) 특징

① 체내에서 극성(polarity)을 갖지 않는 물로, 극성을 가진 물에 잘 녹지 않고 대신 유기용매인 클로로포름, 아세톤, 벤젠이나 에테르에 잘 녹음

② 극성을 유발하는 산소(O) 분자를 극히 적게 또는 전혀 가지고 있지 않음

③ 탄소(C)와 수소(H)의 주성분

(2) 목본식물 내 지질의 종류

종류	예
지방산 및 지방산 유도체	palmitic산, 단순지질(지방, 기름), 복합지질(인지질, 당지질), 납, cutin, suberin
isoprenoid 화합물	terpenes, carotenoids, 고무, 수지, sterol
phenol 화합물	lignin, tannin, flavonoids

① 세포의 구성성분 : 원형질막은 인지질로 이루어져 있으며, 수용성 용질이 원형질막을 자유로이 통과하는 것을 억제하는 기능

② 페놀화합물인 리그닌 : 목본식물 세포벽의 주요한 구성성분

③ 저장물질 : 지질은 종자나 과일의 중요한 저장물질

④ 보호층의 조성 : wax, cutin, suberin은 잎, 줄기 또는 종자의 표면을 보호하는 피복층을 만듦

⑤ 저항성 증진 : 수지(resin)는 병원균이나 곤충의 침입을 막으며, 인지질은 수목의 내한성을 증가시킴

2. 2차 산물의 역할

(1) 고무, tannin, alkaloids 등

대사의 2차 산물로서 기능이 아직 잘 알려져 있지 않으나, 최근에 생태학적 중요성이 밝혀지고 있음

(2) 지질의 다섯 가지 기능

① 세포의 구성성분(원형질막 – 인지질, 세포벽 – 리그닌)
② 종자나 과일의 중요한 저장물질
③ 잎 · 줄기 · 종자의 표면 보호(왁스, 큐틴, 수베린 등)
④ 수지는 병원균의 침입을 방지하고, 인지질은 내한성을 증대시킴
⑤ 고무, tannin, alkaloids 등은 대사의 2차 산물

(3) 지방산과 지방산 유도체

① 지방산과 단순지질 : 지방과 기름은 화학적으로 매우 유사한 화합물, 세 분자의 지방산이 글리세롤과 3중으로 에스테르화하여 만들어진 것이 단순지질
② 지방산은 카르복실기(–COOH)를 하나 가지고 탄소수가 12~18개 사이인 산으로서 목본식물에서 주로 발견
③ 가장 흔한 것은 포화지방산인 palmitic 산이며, 불포화지방산 중에서는 oleic 산과 linoleic 산이 가장 흔함
④ 지방 : 주로 포화지방산으로 구성, 상온에서 고체로 존재
⑤ 기름 : 주로 불포화지방산으로 구성, 상온에서 액체로 존재
⑥ 추운 지방에서 자라는 식물은 따뜻한 지방의 식물보다 불포화지방산, 특히 linoleic 산과 linolenic 산의 함량이 많음

(4) 복합지질

① 복합지질은 단순지질에서 볼 수 있는 세 분자의 지방산 중에서 한 분자가 인산이나 당으로 대체된 형태의 지질
② 인산으로 대체된 것을 인지질이라 하는데, 이는 원형질막의 주요한 구성성분임
③ 인지질은 극성을 띤 부분(인산그룹)과 극성을 띠지 않은 부분(지방산)으로 나누어지는데, 이 성질 때문에 원형질막이 독특한 반투과성 기능을 함
④ 당지질은 인산 대신 당류로 대체된 지질로서 엽록체에서 주로 발견되며, 일부 미토콘드리아에도 존재함

⑤ 납(wax)

㉠ 긴 사슬을 가진 알콜이 긴 사슬을 가진 지방산과 에스테르를 만들어 이루어진 화합물로 산소분자를 거의 가지고 있지 않기 때문에 친수성이 매우 적음

㉡ Wax : 식물체 내에서도 물에 안 녹기 때문에 기공 주변에 왁스층을 형성하여 증산작용을 억제

⑥ 큐틴(cutin)

㉠ 잎, 꽃, 열매, 줄기 등의 표면에 방수성 각피층을 만드는데, 각피층(큐티클층)은 증산작용을 억제

㉡ 병원균의 침입을 방지, 물리적 손상을 방지하는 보호층의 역할

⑦ 각피층은 표면의 왁스층과 그 밑에 큐틴 및 펙틴이 결합하여 층을 만들며, 각피층의 두께는 햇빛에 노출된 양엽에서 두껍게 발달하고, 그늘에 있는 음엽에서는 얇게 발달

⑧ suberin(목전질) : 큐틴과 비슷한 성분으로 긴 사슬을 가진 지방산, 긴 사슬의 알콜, 페놀화합물의 중합체인데 큐틴보다 페놀화합물 함량이 많음

㉠ 목본식물 수피의 코르크 세포를 둘러싸고 있어 수분 증발을 억제하고, 낙엽 시 이층에 수베린을 분비하여 보호층을 만들어 낙엽 상처를 보호함

㉡ 또한 뿌리조직 보호 역할도 하며 어린뿌리 내피의 카스페리안대는 수베린으로 구성되어 있어 친수성이 적어 무기영양소의 자유로운 이동을 억제

(5) isoprenoid 화합물(테르펜류)

① 개요 : isoprenoids, terpenoids 또는 terpenes라고 부르며 기본적으로 isoprene(C_5H_8) 단위가 2개 이상 모여서 이루어진 것이며 이 그룹에는 정유, 고무(rubber), 수지(resin), carotenoids, sterols 등이 포함됨

② 정유 : 탄소수가 10~15개가량 되는 사슬모양 또는 고리모양의 terpene

㉠ 초본이나 수목의 잎, 꽃, 열매 등에서 독특한 냄새(향기)를 유발하는 휘발성 물질

㉡ 특히 소나무과, 녹나무과, 운향과의 목본식물에서 기공을 통해 밖으로 나가는데, 풀을 베었을 때 생기는 독특한 풀냄새를 만듦

㉢ 정유는 향료의 원료로 사용되는데 특히 소나무과에 속하는 나무의 잎, 목재 혹은 뿌리에서 정제한 정유는 turpentine이라 하며 경제적 가치가 큼

㉣ 타감작용 : 경쟁이 되는 다른 식물의 생장을 억제

㉤ 수분 : 곤충을 유인하는 역할

㉥ 포식자의 공격을 억제하는 역할

③ 카로테노이드(carotenoids)

㉠ 식물체에는 녹색 이외에 황색, 주황색, 적색, 갈색 등으로 다양함

㉡ carotenoids : isoprene 단위가 8개 모여 이뤄진 화합물로 뿌리, 줄기, 잎, 꽃, 열매 등의 색소체에 존재

㉢ carotenoids는 carotene과 xanthophyll의 두 가지로 구분

- Carotene : 탄화수소물 $C_{40}H_{56}$의 분자식 중 노란색소인 β-carotene은 비타민 A의 전구물질이며 동물에게 노란색소를 제공해 주는 주요한 영양원 역할
- Xanthophyll : 산소분자를 함유하여 노란색 내지 갈색을 띠는데, 그중 lutein은 β-carotene과 더불어 엽록체에 가장 많이 존재하는 카로테노이드

㉣ 카로테노이드는 암흑 속에서도 합성될 수 있기 때문에 암흑에서 자란 식물은 노란색을 띰

㉤ 생육환경이 나빠질 경우, 즉 무기영양소 결핍, 저온 등으로 생장이 불리해지면 엽록소는 곧 파괴되지만, 카로테노이드는 비교적 안정된 상태로 남아 노란색깔을 나타냄

㉥ 따라서 잎의 색은 엽록소에 의한 초록색에서 카로테노이드에 의한 노란색으로 바뀜

㉦ 카로테노이드의 기능은 광합성의 보조색소 역할을 하여 엽록소가 햇빛에 의해 광산화되는 것을 방지

④ 수지 : C_6~C_{30}의 탄소수를 가진 resin acid, 지방산, wax, terpenes 등 혼합체로, 열대지방의 활엽수와 침엽수에서 발견

㉠ 수지는 수목에서 저장에너지의 역할을 하지 않으며, 생리적 기능은 목재의 부패를 방지하는 기능

㉡ 수지를 많이 함유한 목재는 곰팡이에 의한 부패에 훨씬 더 강함

㉢ 나무좀의 공격에 대해 저항성을 만들어 줌

㉣ 수지 중에서 상업적으로 가장 중요한 것은 소나무류에서 채취하는 oleoresin

⑤ 고무 : 500~6,000개의 이소프렌 단위가 직선상으로 연결된 isoprenoids 화합물로서, isoprenoids 중에서 가장 분자량이 큼

㉠ 고무는 2,000여 종의 쌍자엽식물에서 형성, 유액에 함유됨

㉡ 상업적으로 중요한 고무는 열대지방의 수목에서 채취. 그중 대극과에 속하는 고무나무가 가장 많이 재배되며, 유액의 20~60%가 고무 성분

⑥ 스테롤

㉠ 6개의 isoprene 단위로 만들어짐

㉡ 식물에는 발견되는 스테롤은 식물스테롤이라 부르며, 그 예로는 sitosterol, stigmasterol, campesterol 등이 있음

(6) phenol 화합물

① 방향족 고리를 가지고 있는 화합물로 지질보다는 약간의 수용성임

② lignin, tannins, flavonoids 등 타감물질로 미생물에 의한 분해가 잘 안 되어 최후까지 남는 물질

③ 리그닌 : 여러 방향족 알콜이 복잡하게 연결된 고분자량의 중합체로 분자량이 크며, 대부분의 용매에 불용성이기 때문에 추출하기가 어려움

㉠ 목본식물 건중량의 15~25%를 차지하며 cellulose 다음으로 흔한 물질

㉡ 주로 목부조직에서 발견됨

㉢ 가장 중요한 기능은 세포벽의 구성성분으로서 cellulose의 미세섬유 사이를 충진하여 압축강도를 높임으로써 cellulose의 인장강도와 함께 목부의 물리적 지지력을 크게 해줌

㉣ 다른 기능은 목본식물의 cellulose가 동물이나 병원균 등으로부터 먹이가 되지 않도록 보호하는 것

④ 타닌 : polyphenol의 중합체, gallotannin은 gallicacid와 포도당의 중합체

㉠ 타닌은 곰팡이나 박테리아의 침입을 막아주며, 떫은맛으로 초식동물이 싫어하도록 유도

㉡ 낙엽 후에도 잘 분해되지 않아 타 식물의 생장을 억제하는 타감물질로도 작용

⑤ Flavonoids : 방향족 고리를 포함한 탄소 15개의 화합물

㉠ 이 기본구조에 당류가 결합하면 글리코시드라고 부름

㉡ 페놀화합물류 중에서는 드물게 수용성을 나타내서 꽃잎 등에서 붉은색, 보라색, 노란색 등 화려한 색깔을 만들며 주로 세포내의 액포(vacuole)에 존재

㉢ anthocyanins은 여러 가지 꽃 색깔을 나타내며, 열매, 잎, 줄기, 뿌리 등에도 존재

㉣ 열매나 꽃이 붉은색을 띠는 이유는 대부분 안토시아닌 때문. 가을철 단풍이 붉게 물드는 것은 잎에서 안토시아닌이 합성되어 축적됨으로써 붉게 나타나는 것

㉤ 반면 나자식물은 안토시아닌을 거의 가지고 있지 않음

㉥ 안토시아닌의 역할은 꽃을 아름답게 하여 번식과 수분을 용이하게 하는 것

(7) 수목 내 지질의 분포와 변화

① 수피의 지질함량은 목부의 심재나 변재보다 높음

② 열매나 종자의 지질함량은 영양조직보다 훨씬 더 높음

③ 지방이 분해되는 과정은 산소를 소모하고 ATP를 생산하는 호흡작용에 해당

④ 첫 단계는 리파아제 효소에 의해 지방이 글리세롤과 지방산으로 분해

CHAPTER

07 산림토양

1. 산림토양의 특징

(1) 주요 특징

① 경작토양은 주기적으로 갈아엎기 때문에 경운층이 있는 반면에, 산림토양은 경운층이 없고 대신 낙엽층이 있음

② 낙엽층의 존재와 분해로 인하여 산림토양의 물리적, 화학적, 생물학적 성질은 경작토양과 크게 다름

(2) 토양단면

① 산림토양에는 유기물층(organic layer), 즉 O층이 있음

㉠ L층(낙엽층) : 아직 원형을 알아볼 수 있는 낙엽이 있음

㉡ F층(발효층) : 곰팡이의 균사가 많음

㉢ H층(부식층) : 낙엽이 썩어 더 이상 분해되지 않는 부식이 축적

※ O층인 유기물층을 임상(forest floor)이라고도 함

② 용탈층(A층) : 입자가 작은 점토와 Fe · Al 산화물이 밑으로 용탈

③ 집적층(B층) : A층에서 용탈된 물질(작은 점토, Fe · Al 산화물)들이 축적되는 집적층

④ 모재층(C층) : 토양 생성작용이 없는 모재층

⑤ 모암층(R층)

※ 경작토양은 경운을 하여 유기물 층이 없음

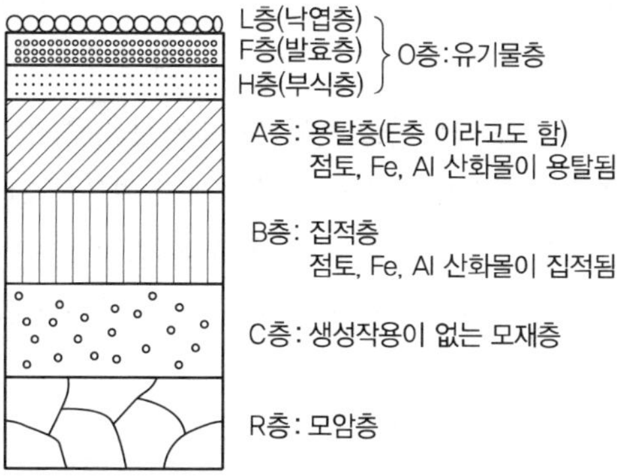

▌산림토양의 단면도(Kramer)▐

PART 03 수목생리학

(3) 물리적 성질

① 토성 : 토양 내 모래 · 미사 · 점토의 상대적인 혼합비율을 의미

㉠ 자갈 : 지름 2.0mm 이상

㉡ 모래 : 지름 2.0~0.02mm

㉢ 미사 : 지름 0.02~0.002mm

㉣ 점토 : 지름 0.002mm 이하

② 우리나라는 산지의 경사가 심해 집중 강우 시에 점토 등이 유실되어 모래 함량이 많고, 경사가 심해 배수 및 통기는 좋으나, 보수력, 보비력은 저하되어 한발 등에 의해 나무 생육이 불량해짐

③ 이들 지역에서는 양분요구도가 적고 건조인내성이 강함

④ 심근성 수종인 신갈나무, 소나무류가 주류를 이루어 생육하고 있으며, 반면 골짜기 등은 미사와 점토 함량이 높고 보수력과 영양소가 풍부하여 단풍나무, 서어나무, 물푸레나무, 전나무 등이 생육하기 좋은 조건을 갖추고 있음

⑤ 토양공극과 용적비중

㉠ 산림토양은 경작지보다 토양공극이 많은데, 그 이유는 임상에 유기물이 많고 답압이 없으며, 수목뿌리가 뻗으면서 토양구조를 느슨하게 하는 효과 때문. 따라서 산림토양은 토양의 용적비중이 작음

㉡ 산림토양은 공극률이 보통 40~60%가량 되며, 용적비중이 0.8~1.6가량 됨

㉢ 공극이 많은 산림토양은 부수적으로 통기성이 좋음

⑥ 토양수분 : 모세관수를 이용

(4) 화학적 성질

① 유기물 : 표토 15cm 내 유기물의 함량은 산림토양 쪽이 낙엽층 때문에 더 많음. 경작토양은 반복되는 경운과 경작으로 인하여 유기물이 쉽게 없어지며 토양유실로 인하여 유기물이 없어지기도 함

㉠ 장점

- 토양의 구조를 개량하고, 공극과 통기성을 증가
- 토양온도의 변화를 완화시켜 주며 보수력을 증가
- 무기영양소에 대한 흡착능력(양이온치환능력)을 증가
- 분해되어 영양소를 공급해 주며, 토양미생물이 필요로 하는 에너지를 제공

㉡ 단점

• 토양을 산성화시킴

• 낙엽이 완전히 분해되면 부식(C/N율이 10 : 1가량이 됨)이 되면서 부식산(humicacid)에 의해 토양이 산성화되는 경향이 있음

• 낙엽이 분해될 때 끝까지 분해되지 않고 남아 있는 페놀화합물과 타닌류가 다른 식물이나 미생물의 생장을 억제하는 타감효과(타감작용)를 가지고 있으며, 극상에 이른 산림은 갱신 등에 지장을 줄 수 있음

• 산림토양의 C/N율은 보통 15 : 1~ 30 : 1을 유지하는 데 비해 경작토양은 평균 8:1~15:1로서 산림토양보다 낮음

② 산도(pH) : 토양산도(pH)는 토양입자 중 음전기를 띠고 있는 점토와 부식의 표면에 수소이온(H^+)이 흡착되어 있는 양에 반비례하여 나타나는데, 이는 영양소 흡수에 큰 영향을 끼침

㉠ 토양산도에 따라서 토양미생물의 활동이 영향을 받는데, 특히 질산화박테리아의 활동이 결정되며, 이는 영양소의 유용성을 결정함

㉡ 토양 중에 있는 무기영양소 중에서 토양의 pH에 따라서 유용성이 크게 달라지는 것에는 인산(P), 칼슘(Ca), 마그네슘(Mg), 붕소(B) 등이 있음

㉢ 특히 인산(P)은 토양이 pH 5.0 이하로 내려가면 철분(Fe)이나 알루미늄(Al)과 결합하여 불용성 인산으로 바뀌므로, 식물이 흡수할 수 없게 되어 인산 결핍 현상을 나타냄

㉣ 산림토양의 pH : 경작토양보다 산성화되어 대부분 낮음. 5.0~6.0 사이가 많고, 5.0 이하도 자주 있음

㉤ 경작토양의 pH : 보통 6.0~6.5 사이

㉥ 주원인은 낙엽분해 시 생기는 humicacid 때문이며, 다른 이유는 경제성 때문에 산림에 석회질 비료를 쓰지 않기 때문

㉦ 따라서 산림토양에서는 인산이 불용성으로 존재하는 경우가 많으며, 부족한 인산을 얻기 위하여 토양곰팡이와 균근을 형성하여 곰팡이로 하여금 인산을 대신 흡수하도록 유도함

③ 양이온 치환능력(CEC)

㉠ 토양 중에는 양(+)이온의 형태를 가진 무기영양소들이 존재, 그중에서 양이온 형태의 영양소는 토양의 점토와 유기물에 의해 흡착되어 저장됨

㉡ 점토입자와 colloid 형태의 부식은 그 표면이 음전기를 띠고 있기 때문에 양전기를 띤 영양소를 흡착하여 저장하거나 다른 양이온과 교환함(토양의 비옥도의 척도)

㉢ 산림토양은 산성화가 많이 진전되어 양이온 영양소가 저장될 곳에 수소이온(H^+)이 자리 잡고 있으며, 점토 함량이 경작토양보다 적기 때문에 양이온 치환능력이 경작토양보다 낮음

㉣ 유기물의 양이온 치환능력은 점토보다 높으나 산림토양 내 유기물의 함량은 전체 토양 중에서 적은 부분을 차지하기 때문에 기여도가 점토보다 낮음

④ 생물학적 성질

㉠ 곰팡이의 중요성 : 토양 중에 있는 유기물은 토양생물에 의해 분해되어 식물이 이용할 수 있는 광물질 형태로 바뀜

㉡ 산림토양과 경작토양의 생물학적 성질을 비교할 때 가장 큰 차이점은 산림토양에는 박테리아의 숫자가 적고, 대신 곰팡이의 종류와 숫자가 많다는 것

㉢ 산림토양은 산성화가 많이 진전되어 박테리아가 번식하기에 부적절한 반면, 곰팡이는 산성토양에 대한 내성이 강하고 유기물이 많기 때문에 식물기생균이 번식하여 낙엽을 주로 분해

㉣ 특히 균근을 형성하는 균근곰팡이가 수목뿌리와 공생하기 때문에 곰팡이의 종류가 다양

⑤ 질산화박테리아의 억제

㉠ 산성을 띤 산림토양에서는 박테리아의 활동이 억제되기 때문에 질산화작용은 거의 일어나지 않음

㉡ 따라서 유기태 질소는 암모늄화작용에 의하여 암모늄(NH_4^+)으로 분해된 다음, 질산화박테리아의 활동이 없기 때문에 암모늄 형태로 남아 있게 되며, 수목은 암모늄 형태로 질소를 흡수하는데 이때 균근곰팡이의 역할이 중요함

㉢ 산림토양 용액 내에는 암모늄태질소가 주종을 이루며, 암모늄은 토양의 양이온 흡착능력에 의해 저장되었다가 수목뿌리에 흡수됨

CHAPTER

08 무기영양소

1. 무기영양소의 역할

① 식물조직의 구성성분 : Ca(세포벽), Mg(엽록소), N과 S(단백질), P(인지질)
② 효소의 활성제 : Mg, Mn등 대부분의 미량원소
③ 삼투압 조절제 : K(특히 기공), Na(내염성식물)
④ 완충제 : P
⑤ 유기산 완충제 : Ca, Mg, K
⑥ 막의 투과성 조절제 : Ca
⑦ 영양소별 역할
㉠ Ca : 세포벽 구성성분, 막의 투과성 조절제, 유기산 완충제
㉡ Mg : 엽록소 구성성분, 효소의 활성제, 유기산 완충제
㉢ P : 인지질 구성성분, 완충제 역할
㉣ K : 세포의 삼투압 조절(특히 기공)과 유기산 완충제

2. 필수원소

(1) 개요

그 원소 없이는 식물이 생활사를 완성할 수 없어야 하며, 그 원소가 필수적인 조직의 구성성분인 것

(2) 필수원소의 종류(17가지)

① 구분
㉠ 다량원소 : 식물조직 내에 건중량의 0.1%(1,000ppm) 이상 함유되어 있는 원소
㉡ 미량원소 : 건중량의 0.1% 이하로 함유되어 있는 원소

② 다량원소 : C, H, O, N, P, K, Ca, Mg, S
㉠ C, H, O는 CO_2와 H_2O, 무기영양소에 포함시키지 않고, 대기 중에 풍부하여 부족현상이 없음

㉡ N, P, K, Ca, Mg 의 다섯 가지 원소 중에서 Ca과 Mg은 토양 산성화가 극단적이지 않으면 부족현상은 거의 나타나지 않음

㉢ 비료의 3요소 : N, P, K은 농작물, 수목에서 가장 많이 요구하는 원소

③ 미량원소 : Fe, Cl, Mn, B, Zn, Cu, Mo, Ni

④ 기타

㉠ Si : 벼의 경우 필수원소

㉡ Na : 염생식물이나 C－4식물군에 필수원소

㉢ Co : 질소를 고정하는 미생물과 식물에서 필요한 필수원소로, 동물이 필요로 하는 비타민 B12의 구성성분

3. 필수원소의 기능과 결핍

① 17가지 원소 중에서 어느 하나라도 모자라면, 식물은 결핍증상을 나타냄

② 그러나 산림에서 미량원소 결핍은 Fe을 제외하고는 흔히 관찰되지 않는 현상

③ 눈으로 볼 수 있는 증상은 생장둔화로 인한 왜성화, 황화현상, 조직의 괴사 등

㉠ 왜성화

- 일반적으로 볼 수 있는 무기영양소의 결핍현상 중 가장 중요한 것으로 줄기 중에서 잎의 크기 감소하며 노란색을 띠고 괴사함
- 소나무류 : 침엽이 서로 갈라지지 못하고 합쳐지는 경우가 생김
- 라디아타소나무의 경우에는 아연 결핍으로 눈 근처에서 수지가 밖으로 나옴

㉡ 황화현상

- 엽록소의 합성에 이상이 생겨 나타나는 현상으로 엽록소의 구성성분인 N, Mg 결핍뿐만 아니라 K, Fe, Mn의 부족으로도 나타남
- 무기영양소의 결핍 이외에도 수분 부족, 이상기온, 독극물, 무기염류의 과다 등으로도 황화현상이 나타남
- 알카리 토양에서는 철분(Fe) 부족으로 황화현상이 나타남

4. 무기영양소의 이동성

① 무기영양소는 종류에 따라 이동성이 다르기 때문에 결핍현상이 먼저 나타나는 곳이 원소에 따라서 다름

② 식물체 내에서 이동이 용이하여 재분배가 쉽게 일어나는 원소는 성숙잎에서부터 어린잎으로 부족한 원소를 이동시키기 때문에 그 부족현상은 성숙잎에서 먼저 나타남(N, P, K, Mg은 이동이 쉬운 원소에 속함)

③ 체내 이동이 어려운 원소인 Ca, Fe, B 등의 경우 결핍현상이 세포분열이 왕성한 생장점, 열매, 어린잎 등에서 먼저 나타남
④ S, Zn, Mn, Cu, Mo은 이동성이 중간 정도에 속함
⑤ 무기영양소를 체내에서 재분배하기 위하여 이동시킬 때에는 식물은 목부(xylem)를 이용하지 않고, 사부를 통해 이동시킴
⑥ 따라서, 어떤 원소의 이동성이란 세포 내에서의 용해도와 사부조직으로 들어 갈수 있는 용이성을 의미

5. 각 원소의 기능과 결핍증

(1) 질소(N)

① 아미노산과 단백질, 그리고 엽록소의 주요 구성성분
② 무기영양소 중에서 가장 많은 양이 식물체 내에 함유되어 있기 때문에 가장 중요한 원소이며 일반 토양에서 부족하기 쉬움
③ 주로 유기물의 분해로 토양에 공급. 다른 원소보다 결핍증이 자주 나타나는데, 주요 결핍증은 성숙잎이 먼저 황화현상을 나타내는 것(질소가 쉽게 성숙잎에서 어린잎으로 이동하기 때문)
④ 질소가 결핍된 식물은 지상부의 생장이 저조하여 T/R율이 적어지는 데 반하여, 질소를 과다하게 시비할 때에는 잎이 짙은 녹색을 띠며 지상부가 왕성하게 자라 T/R율이 커짐

(2) 인산(Phosphorus ; P)

① 염색체의 구성성분인 핵산과 원형질막의 구성성분인 인지질에서 발견
② 에너지를 생산, 전달하는 과정에서 인산이 APT의 형태로 직접 관여하고 광합성, 호흡작용에서 당류와 결합하는 등 여러 가지 대사 주도
③ 식물체 내에 유기태 혹은 무기태의 형태로 존재하며 운반됨
④ $H_2PO_4^-$ 형태로 흡수되는데, 토양산도에 따라서 유용성이 달라짐
⑤ 토양 pH 5.0 이하에서는 인이 철분(Fe)이나 알루미늄(Al)과 결합하여 불용성 인산으로 바뀜
⑥ 토양 중 총 인의 함량은 보통 많은 편이나, 산림토양의 경우 낮은 pH로 인하여 유용성 인의 함량은 적음
⑦ 인은 식물체 내에서 운반이 용이. 성숙잎에서 어린잎으로 쉽게 이동
⑧ 결핍될 경우 왜성화로 묘목이 자라지 못함

(3) 칼륨(K)

① 건중량의 약 1%로서 많은 양이 조직 내에 들어 있지만 조직의 구성성분이 아니기 때문에 유기질 형태로 존재하지 않음
② 광합성과 호흡작용에 관여하는 효소의 활성재 역할을 하며, 철분과 단백질 합성효소를 활성화함
③ 세포의 삼투압을 높이는 데 기여하며, 특히 기공의 삼투압을 가감하여 개폐
④ 질소와 인 다음으로 결핍되기 쉬운 원소로서 K^{+}의 형태로 흡수
⑤ 체내에서 이동이 용이, 성숙잎에서 결핍증이 먼저 나타남
⑥ 잎에 검은 반점이 생기며, 주변에 황화현상이 나타남
⑦ 결핍된 식물 : 병에 대한 저항성이 약해져 뿌리썩음병이 잘 걸림

(4) 칼슘(Ca)

① 세포벽에서 calcium pectate로 중엽층을 구성하는 물질로 세포막의 정상적인 기능에 기여하고 amylase 효소 등의 활성제 역할을 함
② 세포질 내에 아주 낮은 농도로 존재하며 calmodulin이라는 단백질에 결합되어 다른 효소를 활성화
③ 체내에서 이동이 안 되기 때문에(사부로 적재가 안 됨) 결핍증은 항상 어린조직에서 나타남
④ 칼슘은 세포분열 시 중엽층을 만드는 데 필요하기 때문에 세포분열이 일어나는 정단조직, 즉 뿌리끝이나 어린잎에서 결핍현상이 나타나며, 분열조직이 기형으로 변하면서 죽음

(5) 마그네슘(Mg)

① 엽록소의 구성성분으로서 ATP와 결합하여 ATP가 제 기능을 하도록 활성화하며, 광합성, 호흡작용 그리고 핵산 활성에 관여하는 효소의 활성제 역할을 함
② 마그네슘은 체내에서 쉽게 이동이 되기 때문에 성숙잎에서 먼저 결핍증인 황화현상이 나타남
③ 황화현상은 엽맥과 엽맥 사이에 있는 조직에서 먼저 시작되며, 엽맥에 인접한 엽육조직은 늦게까지 엽록소를 보유
④ 결핍현상은 일반 토양에서는 거의 볼 수 없으나, 최근 산성비로 인하여 산림토양이 산성화된 유럽과 북미주의 산림에서 나타나고 있음

(6) 황(S)

① cysteine, methionine과 같은 아미노산의 구성성분이며 thiamine(비타민 B1), biotin(바이오틴), coenzyme(코엔자임A)와 같이 호흡작용에 관여하는 조효소의 구성성분
② 결핍현상은 일반 토양에서는 잘 볼 수 없으나, 체내에서 이동이 잘 안 되어 어린잎 전체(엽맥 포함)가 황화현상을 나타내고, 아미노산이 축적됨
③ 대기오염으로 SO_2가스가 많으면 기공으로 흡수된 후, 물과 반응하여 HSO_3^-(bisulfite)가 되는데, 이는 광합성을 방해하고 엽록소를 파괴함

(7) 철(Fe)

① 광합성과 호흡작용에서 전자를 전달하는 단백질과 효소의 구성성분
② 엽록소를 합성하는 단백질이 철분을 필요로 하므로 엽록체에 많이 존재
③ 철의 결핍현상은 수목의 미량원소 중에서 가장 흔하게 나타나는데 주로 알카리성 토양에서 관찰됨
④ 철은 체내에서 이동이 잘 안되기 때문에 어린잎에서 먼저 결핍증이 나타남
⑤ 증세는 Mg의 결핍증과 흡사하게 엽맥 사이 조직에서 먼저 시작되지만, 어린잎에서 나타난다는 것이 마그네슘과 다름

(8) 염소(Cl)

① 광합성에서 Mn과 함께 H_2O의 광분해를 촉진, 식물호르몬인 auxin(옥신)계통 화합물의 구성성분
② 삼투압을 높이는 데 기여
③ 천연 상태에서 자라는 작물이나 수목에서는 결핍증상을 찾아볼 수 없는데, 평소에 먼지, 빗물, 안개 등에 섞여 있다가 식물이 필요로 하는 만큼 공급되기 때문(결핍실험 : 공기차단)

(9) 망간(Mn)

① 엽록소 합성에 필수적이며 효소의 활성제
② 광합성 시 물(H_2O) 분자를 가르는 광분해를 촉진
③ 망간 결핍 현상은 자주 볼 수 없으나 알카리성 토양에서 나타나는 경우가 있으며, 잎에 반점을 만듦
④ 망간은 체내에서 이동이 잘 안 됨

(10) 붕소(B)

① 화분관의 생장에 관여, 핵산의 합성과 헤미셀룰로오즈의 합성에 관여
② 결핍현상 : 산림에서 철과 더불어 미량원소 중에서 흔하게 나타나는 편이며, 산성과 알카리성 토양 모두에서 나타남
③ 결핍 시 정단분열조직(줄기 끝과 뿌리 끝)이 죽고, 수분흡수력이 떨어짐
④ 밤나무의 경우 조기낙과 현상을 붕소 시비로 어느 정도 방지

(11) 아연(Zn)

① 아미노산 일종인 트립토판(tryptophan)의 생산에 관여함으로써 부수적으로 이 아미노산으로 만들어지는 식물호르몬인 auxin(옥신) 생산에 관여
② 결핍증상은 옥신 부족으로 인하여 절간생장이 억제되고, 잎이 작아짐

(12) 구리(Cu)

① 산화 · 환원 반응에 관여하는 효소의 구성성분이며 엽록체 단백질인 plastocyanin의 구성성분
② 매우 적은 양만 필요하기 때문에 작물이나 산림에서 결핍현상이 나타난 예가 극히 드물지만, 소나무의 어린 줄기와 잎이 꼬이는 증상이 있음

(13) 몰리브덴(Mo)

① 17가지 원소 중에서 체내에서 가장 작은 농도(0.1ppm 전후)로 발견
② 질산환원효소($NO_3^- \rightarrow NO_2^-$)의 구성성분
③ 핵산의 구성요소인 purines계(퓨린계)의 해체에 관여
④ 식물호르몬인 애브시식산(ABA)의 합성에 관여
⑤ 산림에서 결핍현상은 극히 드물게 관찰되나, 잎의 끝부분부터 황화현상과 괴사현상이 일어남

(14) 니켈(Ni)

① 1980년대에 들어서 필수원소임이 증명됨
② 1950년대에 염소가 추가된 이래 17개 원소 중에서 가장 최근에 추가된 원소
③ 질소대사에서 요소(urea)를 CO_2와 NH_4^+로 분해하는 urease 효소의 구성성분
④ 결핍되면 동부의 경우 잎에 요소가 축적되어 검은 반점으로 괴사하며, 보리의 경우 종자가 발아하지 않음
⑤ 목본식물에서는 아직 연구된 바가 없음

※ 16개 필수원소별 흡수 형태 및 체내 적정 농도

구분	원소	기호	흡수 형태	원자량	농도(ppm)
다량원소	탄소	C	CO_2	12.01	450,000.0
	산소	O	O_2, H_2O	16.00	450,000.0
	수소	H	H_2O	1.01	60,000.0
	질소	N	NO_3^-, NH_4^+	14.01	15,000.0
	칼륨	K	K^+	39.10	10,000.0
	칼슘	Ca	Ca^{2+}	40.08	5,000.0
	마그네슘	Mg	Mg^{2+}	24.32	2,000.0
	인	P	$H_2PO_4^-$, HPO_4^{2-}	30.98	2,000.0
	유황	S	SO_4^{3-}	32.07	1,000.0
미량원소	염소	CI	CI^-	35.46	100.0
	철	Fe	Fe^{3+}, Fe^{2+}	55.85	100.0
	붕소	B	H_3BO_3	10.82	20.0
	망간	Mn	Mn^{2+}	54.94	50.0
	아연	Zn	Zn^{2+}	65.38	20.0
	구리	Cu	Cu^+, Cu^{2+}	63.54	6.0
	몰리브덴	Mo	MoO_4^{3-}	95.95	0.1

출처 : 농촌진흥청 자료(토마토)

6. 수목 내 무기영양소의 분포와 변화

① 수목의 부위별 분포 : 수목 내 무기영양소는 일반적으로 살아 있는 조직에서 함량이 높고, 죽어 있는 조직에서는 낮음

② 특히 잎은 수목의 어느 부위보다도 대사작용이 왕성하기 때문에 영양소의 함량이 제일 높고, 수간은 대부분 죽어 있는 조직이므로 함량이 제일 낮음

③ 잎 > 측지 > 주지 > 수간의 순으로 무기영양소의 함량이 높음

④ 계절적 변화 : 수목 내 무기영양소의 함량은 계절별로 큰 차이

㉠ 잎은 대사작용이 왕성한 만큼 수명도 짧아 가장 변화의 폭이 큼

㉡ N, P, K 함량은 어린잎에서 가장 높고 낙엽 전에 가장 적은데, Ca은 오히려 낙엽 전에 더 증가하고 Mg 함량은 비슷한 수준임

㉢ N, P, K 등은 체내 이동이 용이하여 잎에서 줄기로 다시 회수됨

㉣ Ca은 체내 이동이 어려워 낙엽 후 분해되어 수목뿌리로 재흡수됨

㉤ 열대지방은 낙엽층이 없고 온대지방인 우리나라의 경우 솔잎의 완전분해는 7년, 활엽수의 완전분해는 5년이 걸림

㉥ 낙엽 속에는 많은 양분이 남아 있어 태우면 안 되고 긁어가서도 안 됨

㉦ 낙엽은 땅 속에 있는 수많은 미생물에 의해 자연분해, 유기물화

7. 수종에 따른 무기영양소의 요구

① 산림 수목은 농작물에 비해 영양소 요구량이 적으며, 생장속도 또한 느림
② 활엽수가 침엽수보다 더 많은 양분을 요구하며, 침엽수 중에서도 소나무는 가장 적은 양을 요구
③ 소나무가 척박한 토양을 좋아한다는 것은 아니며, 척박지에서도 생존할 수 있을 만큼 양분요구도가 적은 것을 의미함. 양분 함량이 많은 곳에서는 활엽수 등과의 경쟁에서 밀려 척박한 토양지대로 밀려난 것으로 보아야 함
④ 영양소 요구량 : 농작물(비옥한 토양) > 활엽수 > 침엽수 > 소나무류(척박한 토양)

8. 무기영양 상태 진단

① 가시적 결핍증 관찰
② 시비실험
③ 토양분석
④ 엽분석 : 이 중에서 가장 신빙성이 있는 방법
㉠ 엽분석 시 잎의 채취 시기는 7월 말~8월 초가 가장 적기
㉡ 채취 위치는 가지의 중간이고, 잎의 연령에 따라 차이가 있음

9. 엽면시비

① 개요 : 잎을 통해 무기영양소를 공급하는 것을 엽면시비라고 하며, 최근 장비가 발달하여 자주 사용
② 이식한 수목의 건강이 급속히 나빠졌거나 확실하고 빠른 시비 효과를 얻고자 할 경우 사용
③ 물에 잘 녹는 수용성 비료인 요소, 황산철, 일인산칼륨 같은 비료를 고압 분무기를 사용해 살포하는데, 제대로 시행하면 좋은 결과를 가져옴
④ 잎과 가지 표면에 뿌려진 무기 영양소는 잎의 큐티클층, 기공, 털(섬모), 가지의 피목을 통해 흡수됨
⑤ 엽면시비한 영양소의 흡수율을 높이기 위해서는 영양소와 전착제(계면활성제)의 농도가 중요
⑥ 영양소의 농도가 진할수록 시비 효과가 크지만, 너무 진하면 잎에 염분 피해가 나타남
⑦ 바닷물은 염분의 농도가 평균 3.5%인데, 잎에 직접 닿을 경우 피해를 줌
㉠ 가장 적절하면서 안전한 영양소의 농도는 0.2~0.5%
㉡ 0.5% 이상의 농도는 피해를 줄 수 있음

⑧ 전착제는 0.1% 정도로 첨가하여 잎에 물방울이 잘 부착되도록 함

CHAPTER

09 수분생리와 증산작용

1. 물의 독특한 성질

① 높은 비열 : 물 1g을 1℃ 올리는 데 소요되는 열량(1cal/g)
② 높은 기화열 : 1g의 물을 액체에서 기체 상태로 변화시키는 데 소요되는 열량(586cal/g)
③ 높은 융해열 : 물 1g을 고체에서 액체 상태로 바꾸는 데 소요되는 열량(80cal/g)
④ 극성 : 양전기와 음전기를 동시에 가짐
⑤ 자외선과 적외선의 흡수
  ㉠ 물은 높은 비열을 가짐으로써 온도의 급격한 변화를 방지
  ㉡ 높은 기화열을 가짐으로써 수증기로 바뀌는 것을 억제함
  ㉢ 훌륭한 냉각제 역할
  ㉣ 높은 융해열을 가짐으로써 물이 어는 속도를 늦추어 줌
  ㉤ 겨울철 해양생태계의 온도가 낮아지는 것을 막아줌

⑥ 물은 수소와 산소 간에 공유결합을 하지만, 전자를 잡아당기는 힘이 산소 쪽이 수소보다 커서 산소 쪽으로 더 가까이 잡아당김으로써 산소 쪽은 음전기를 띠고, 수소는 양전기를 띠어 극성을 나타냄($H^{+}-O^{-}-H^{+}$)
⑦ 극성 때문에 물은 훌륭한 용매(solvent) 역할을 하여 여러 가지 물질을 용해시킴
⑧ 또한 물은 공기 중에서 수증기 상태로 자외선을 흡수하여 생물에 대한 자외선의 피해를 막아주며, 적외선을 흡수하여 지표면의 온도상승을 완화시켜 줌

2. 식물에서 물의 기능

① 수목의 생장에 필요한 여러 가지 물질 가운데 가장 많은 양이 필요
  ㉠ 원형질의 구성성분. 살아 있는 세포 생중량의 80~90%
  ㉡ 광합성과 여러 가지 생화학적 가수분해의 반응물질
  ㉢ 기체, 무기염, 기타 여러 물질의 용매(solvent) 역할
  ㉣ 여러 대사물질을 다른 곳으로 운반시키는 운반체
  ㉤ 식물 세포의 팽압을 유지하는 데 필요

② 물의 기능 중에서 세포의 팽압을 유지하는 기능은 식물에서 매우 중요
③ 팽압은 세포의 확장, 기공의 개폐, 어린잎의 모양을 유지하고, 초본 식물의 줄기를 지탱하는 데 필요

3. 수분포텐셜

① 자유에너지 : 어떤 물질이 일을 할 수 있는 에너지를 의미
② 순수한 증류수는 자유에너지가 0. 증류수 안에 다른 물질이 녹아 있거나 물의 상대적인 위치에 따라 자유에너지는 증가 혹은 감소
③ 물은 자유에너지가 높은 곳에서 낮은 곳으로 이동
④ 수분포텐셜은 물이 이동하는 데 사용할 수 있는 에너지량을 의미
㉠ 그리스 문자인 Ψ(psi, 사이로 발음)로 표시, 국제적으로 사용하는 단위는 MPa
㉡ 수목에서 수분포텐셜은 삼투포텐셜, 압력포텐셜, 기질포텐셜의 세 요소로 구성

4. 수분포텐셜의 구성성분

(1) 삼투포텐셜

① 주로 액포 속에 용해되어 있는 여러 가지 용질이 나타내는 삼투압에 의한 것
② 보통 Ψs로 표시
③ 값은 항상 0 보다 작은 음수(－)

(2) 압력포텐셜

① 세포가 수분을 흡수함으로써 원형질막이 세포벽을 향해 밀어내서 나타내는 압력(팽압)을 의미
② 보통 Ψp로 표시, 그 값은 수분을 충분히 흡수한 세포(뿌리와 잎)의 경우 ＋값을, 수분을 잃어버려 원형질분리 상태에 있을 때 0값을 가짐
③ 왕성하게 증산작용을 하고 있는 도관세포 내에서는 장력하에 있기 때문에 －값을 가짐

(3) 기질포텐셜(＝매트릭포텐셜)

① 친수성을 가진 교질상태의 단백질과 전분입자 등의 표면에 흡착되어 있는 물 분자에 의한 것
② 평소에 수분을 어느 정도 함유하고 있는 세포에서는 0에 가까운 수치를 나타내 일반적으로는 식물의 수분포텐셜 구성성분으로서 무시됨
③ 건조한 종자나 토양에서는 기여도가 크며 －값을 나타냄

(4) 총 수분포텐셜

위 3요소를 모두 합치면 수분포텐셜은 항상 0보다 작은 값을 가지며, 수분 이동은 수분포텐셜이 높은 곳(－값이 작은 곳)에서 낮은 곳(－값이 큰 곳)으로 이루어 짐

5. 수분포텐셜의 구성성분 특징

(1) 삼투포텐셜

① 삼투포텐셜은 삼투압에 비례하여 낮아지므로 삼투압이 높을수록 수분을 흡수하려는 힘, 즉 수분포텐셜이 낮아짐
② 삼투포텐셜은 세포액의 빙점을 측정하거나, 원형질 분리 혹은 압력통을 사용하여 측정
③ 대부분 식물의 삼투포텐셜은 －0.4～－2.0MPa의 값을 나타내는데, 한 식물 내에서도 어린잎이 성숙잎보다 값이 더 낮아 수분부족으로 잎이 시들 때는 성숙잎부터 시들게 됨
④ 키가 큰 나무는 키가 작은 초본류보다 삼투포텐셜 값이 더 낮음
⑤ 사막지대의 식물은 건조한 토양으로부터 수분을 얻기 위해, 염생식물은 바닷물에서 수분을 얻기 위해 더 낮은 삼투포텐셜을 가짐(바닷물의 삼투포텐셜－2.4MPa)

(2) 압력포텐셜

① 세포가 수분을 흡수함으로써 부피가 커져서 원형질막이 세포벽을 향하여 밀어내는 압력, 즉 팽압을 의미
② 세포가 수분을 많이 흡수할수록 팽압이 커지므로 압력포텐셜의 값도 커짐
③ 삼투압은 세포 안으로 수분이 들어오도록 작용하는 힘이지만 팽압에 비례하여 수분이 더 이상 들어오지 못하도록 저항하는 힘이 세포벽으로부터 반작용으로 생기기 때문에 팽압과 삼투압은 반대방향으로 서로 작용
④ 따라서 팽윤상태의 압력포텐셜은 0에 가깝고, 보통 세포에서는 수분이 약간 빠져나가면서 용액의 농도가 진해져 삼투포텐셜은 더 낮아지고, 압력포텐셜도 낮아져 수분포텐셜 값이 약간 내려감
⑤ 왕성한 증산작용을 하는 도관세포는 수분이 더욱 빠져나가 장력하에 놓여 늘어진 상태로 있어 압력포텐셜은 0에 가깝게 됨
⑥ 중생식물의 세포단위로 볼 때의 수분스트레스
㉠ －0.5MPa 정도에서는 약간의 수분스트레스를 받음
㉡ －0.5～－1.2MPa 정도에서는 수분스트레스를 제법 받음
㉢ －1.5MPa 이하에서는 심한 수분스트레스를 받음

⑦ 도관의 장력과 수분포텐셜

㉠ 압력포텐셜은 일반세포에서 ＋값으로 작용, 수분을 많이 함유한 세포일수록 수분포텐셜을 높여주는 역할을 함

㉡ 팽윤세포는 수분포텐셜이 0이 되어 더 이상 수분을 흡수하지 않음

㉢ 증산작용을 하고 있는 수목의 경우, 도관(가도관)을 대상으로 하여 볼 때 압력포텐셜은 도관(가도관)에서 '－' 값으로 작용하여 수분포텐셜을 낮추는 데 기여함

㉣ 증산작용을 왕성하게 하고 있는 나무의 경우, 잎의 기공과 엽육조직에서 수분을 잃어버리면 엽육세포의 삼투압과 세포벽의 수화작용 등에 의해 주위의 도관(가도관)으로부터 엽육세포로 수분이 이동하게 됨

6. 수분포텐셜의 분포와 수분의 이동

① 토양 중에 있는 물이 뿌리 속으로 흡수되고, 목부를 통하여 잎까지 전달되어 기공에서 증산작용을 통해 대기권으로 들어가는 수분의 이동은 식물이 토양으로부터 대기까지 연속적인 체계를 형성함으로써 가능

② 수분이 중력의 역방향으로 올라가기 위해서는 수분포텐셜이 적절하게 구배를 만들어 주어야 함

③ 즉, 토양의 수분포텐셜이 가장 높고, 대기권이 가장 낮으며, 식물이 중간에 위치하면 수분은 수분포텐셜의 구배를 따라서 에너지의 소모 없이 이동하게 됨

④ 수분이 수십 m 높이까지 올라가기 위해서는 토관 내의 물기둥이 끊기지 않고 연결되어야 하는데, 물분자 간의 응집력에 의하여 이러한 연결이 가능

⑤ 또, 잎에서 끌어올리는 힘은 도관 내의 물을 장력하에 두어 추진력을 높여줌

⑥ 잎에서 대기로 수분이 이동하는 증산작용은 대기의 엄청나게 낮은 수분포텐셜 때문에 빠른 속도로 진전되며, 특히 엽육세포가 수분을 잃어버릴 때 엽육세포 주변의 도관에서 엽육세포로 수분이 이동하는 이유는 엽육세포의 삼투압과 세포벽의 수화작용 때문

⑦ 세 가지 요소(대기의 낮은 수분포텐셜, 엽육세포의 삼투압과 세포벽의 수화작용)가 물기둥을 잡아당기는 가장 중요한 추진력

※ **망그로브나무**

- 열대지방의 바닷가에 자라는 염생식물로서 뿌리가 바닷물에 항상 잠겨 있음
- 바닷물의 삼투압은 －2.4MPa가량 되기 때문에 망그로브 뿌리는 수분포텐셜이 이보다 낮아야 수분 흡수 가능
- 망그로브 뿌리의 수분포텐셜은 －2.5MPa이고, 망그로브 잎의 수분포텐셜은 －2.7MPa로서 바닷물보다 더 낮음
- 수분포텐셜이 바닷물은 －2.4MPa → 망그로브뿌리는 －2.5MPa → 망크로브잎은 －2.7MPa → 대기는 －30MPa로 수분포텐셜이 높은 곳에서 낮은 곳으로 이동하여 수분이 무난하게 바닷물에서 잎까지 전달

7. 수분의 흡수

① 식물의 수분 흡수는 대부분 뿌리를 통하여 이루어지지만, 뿌리 이외의 다른 부위에서도 약간의 수분이 흡수됨

② 잎의 각피층을 통하여 엽면시비한 비료가 흡수될 때 수분도 함께 흡수되며, 잎이 붙어 있던 엽흔, 수피의 피목과 수피의 갈라진 틈으로도 약간의 수분이 흡수되지만, 그 양은 적은 편

③ 뿌리의 구조와 수분흡수

㉠ 수목의 근계는 지름이 1mm 이하인 가느다란 세근으로부터 지름이 수 cm 이상이고 두꺼운 수피를 가지고 있는 굵은 뿌리까지 여러 가지 크기를 가지고 있으며, 복잡한 형태를 이룸

㉡ 어린뿌리를 통해 수분이 흡수되기 위해서는 표피와 피층을 통과해야 하는데, 이 두 층은 비교적 세포가 느슨하게 배열되어 있어서 수분의 이동이 비교적 쉽게 이루어짐

㉢ 수분이 내피까지 도달하면, 내피의 방사단면과 횡단면 세포벽에 발달한 카스페리안대 때문에 물은 세포벽이나 세포간극을 더 이상 통과할 수 없고, 내피의 원형질막을 통과해야 함

※ 카스페리안대 : suberin으로 구성된 띠로 인해 수분의 자유로운 출입이 차단됨

㉣ 새로 형성되는 측근은 내피 안쪽의 내초에서 기원되며, 주변의 조직을 찢으면서 자라 나오기 때문에 그 열린 공간을 통하여 수분이나 무기염이 자유로이 이동

㉤ 뿌리가 나이를 먹으면 코르크 형성층이 피층 바깥쪽에서 생기면서 표피, 뿌리털, 피층이 파괴되어 없어짐

㉥ 내초에서 형성층이 생기면 내피도 없어지고, 대신 목부, 사부, 그리고 목전질층(수베린층)이 생김

㉦ 수베린화 뿌리는 수분에 대한 친수성이 적은 편이지만 수분을 흡수하는 능력을 아직도 가지고 있다고 여겨짐

④ 수분흡수 기작

㉠ 수분포텐셜의 구배를 따라 수분포텐셜이 높은 토양에서 수분포텐셜이 낮은 식물의 뿌리 속으로 수분이 이동. 구배를 만드는 주체에 따라 수동흡수와 능동흡수로 나눔

㉡ 수동흡수 : 증산작용을 왕성하게 하고 있을 때 잎에서 증산작용을 함으로써 생기는 끌어올리는 힘에 의해 나무뿌리가 수동적으로 수분을 흡수하는 경우로 대부분의 수분흡수는 이 방법

㉢ 능동흡수 : 낙엽수가 증산작용을 거의 하지 않는 겨울철에 뿌리의 삼투압에 의하여 수분을 능동적으로 흡수하는 것

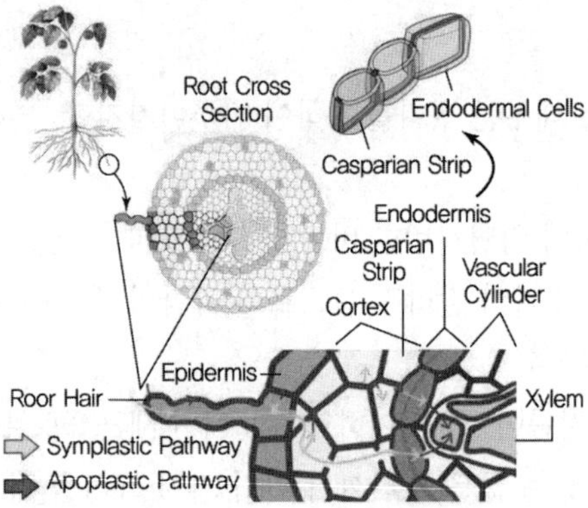

‖ Casparian Strip in Plant Roots ‖

8. 수동흡수와 능동흡수

(1) 수동흡수

① 증산작용을 왕성하게 하고 있는 모든 식물에서 볼 수 있는 현상

② 낮에 증산작용이 활발하게 진행되면 수분을 위에서 끌어올리는 힘에 의해 목부도관에 장력이 생기면서 뿌리의 도관에 축적되어 있는 무기염들이 수분 이동과 더불어 빨려 올라감

③ 뿌리의 삼투압에 의한 수분 흡수력은 약해지고, 대신 증산작용에 의한 수분의 집단유동을 따라 뿌리는 수동적으로 수분을 흡수하는 장치로 변하게 됨

④ 증산작용을 하고 있는 모든 식물은 이 방법으로 필요한 모든 물을 흡수하게 되며, 식물은 이 과정에서 에너지를 소모하지 않음

(2) 능동흡수

① 목본식물 : 낙엽수가 증산작용을 하지 않는 겨울철에 뿌리의 삼투압에 의해 수분을 흡수

② 초본식물 : 증산작용을 하지 않는 야간에 뿌리 내에 무기염을 축적하여 뿌리의 삼투압에 의하여 토양의 수분을 흡수

③ 이로 인해 뿌리에는 근압이 생기며, 초본식물의 경우 근압을 해소하기 위하여 일액현상이 나타나고, 자작나무와 포도덩굴의 줄기에 상처를 줄 경우, 수액이 밖으로 흘러나옴

④ 능동흡수는 목본식물이나 잎이 없는 겨울철에 증산작용을 하지 않을 때 관찰되기 때문에, 생육기간 중에는 수목의 수분흡수에 별로 기여하지 않는다고 여겨짐

⑤ 일액현상 : 초본류에서 뿌리가 수분을 충분히 흡수하면 근압을 해소하기 위해 엽맥 끝부분의 배수조직을 통해 수분을 배출시켜 물방울이 맺히는 현상

⑥ 수간압

㉠ 사탕단풍나무의 경우 수액 채취 시 야간온도가 영하로 내려갔다가 다음날 낮에 영상으로 따뜻해져야만 수액채취가 가능

㉡ 이는 수간압에 의한 현상 낮에 CO_2가 수간의 세포간극에 축적되어 압력이 증가하면 수액이 상처를 통해서 밖으로 흘러나오고, 밤에 CO_2가 흡수되어 압력이 감소하면 뿌리에서 물이 상승하여 도관을 재충전시키기 때문

9. 수분흡수를 위한 토양의 조건

① 토양수분 : 식물뿌리가 수분을 흡수하기 위해서는 토양 속에 수분이 적정 수준 함량되어 있어야 함

② 적정 수준 : 수분이 포화상태이거나 혹은 너무 메마르지 않은 상태를 의미

③ 토양수분의 포텐셜이 식물뿌리의 수분포텐셜보다 높아야 함

④ 비가 많이 온 직후 물은 토양의 모든 공간을 차지하여 포화상태이며 수 시간 혹은 하루 동안 중력에 의하여 배수되는 물인 중력수가 빠져나가면 토양은 모세관수를 가지게 됨

※ 모세관수 : 중력에 저항하여 토양입자와 물분자간의 부착력에 의하여 모세관 사이에 남아 있는 물로서 식물이 이용할 수 있는 물

⑤ 토양이 모세관수만을 최대로 보유하고 있을 때 포장용수량에 달해 있다고 하며, 이는 식물이 이용할 수 있는 물을 최대한으로 보유한 상태임. 이때 수분포텐셜은 −0.01MPa(−0.1 bar)

⑥ 그 후 계속적인 증발작용과 식물의 이용으로 토양수분은 감소하는데, 토양용액의 수분포텐셜이 감소하여 뿌리의 수분포텐셜과 일치하면 식물은 더 이상 수분을 흡수할 수 없게 되면서 시들기 시작

⑦ 이때의 토양수분 함량을 영구위조점이라고 하며, 식물의 수분포텐셜은 보통 −1.5MPa(−15bar)가량

⑧ 영구위조점 시점 : 토양이 함유하고 있는 수분은 작은 교질입자 주변에 존재하며, 화학적으로 결합한 결합수뿐으로 식물이 이용할 수 없는 형태

⑨ 식물이 이용 가능한 수분은 모세관수뿐이지만, 모세관수의 함량은 토성에 따라 다름

⑩ 토성(모래, 미사, 점토의 상대적인 혼합비율) 중에서 점토가 많으면 모세관수는 토양 건중량의 19~42%를 차지하며, 모래토양의 경우에는 3~13%를 차지

⑪ 따라서 모래토양은 점토보다 보수력이 적지만 토양수분이 3%에 달할 때까지 식물이 수분을 흡수할 수 있는 반면, 점토는 보수력은 모래보다 높지만 19%까지밖에 식물이 이용할 수 없음

⑫ 토양용액의 농도

㉠ 토양용액의 수분포텐셜은 물에 녹아 있는 용질의 삼투포텐셜과 토양입자 및 모세관에 부착되어 있는 수분의 기질포텐셜에 의하여 결정

㉡ 만일 토양의 삼투포텐셜이 −0.3MPa보다 낮아지면(토양용액에 여러 가지 무기염이 고농도로 녹아 있을 경우) 토양 중에 수분이 많더라도 식물은 수분흡수에 곤란을 받기 시작

⑬ 토양온도

㉠ 토양온도가 낮아질 경우 수목뿌리의 흡수력은 현저히 저하

㉡ 직접적인 이유 : 물에 대한 뿌리의 투과성이 감소하는데, 이것은 원형질막에 함유되어 있는 기질의 성질이 변화하여 물을 잘 통과시키지 않기 때문

㉢ 간접적인 이유 : 토양수분의 점성이 증가하여 토양 내에서 이동속도가 느려지기 때문

10. 증산작용

① 식물의 표면으로부터 물이 수증기의 형태로 방출되는 것을 의미하며, 증발의 한 형태

② 증산작용을 함으로써 식물 내 수분의 이동이 가능하며, 수액의 이동 속도나 토양으로부터의 수분흡수 속도가 증산작용의 속도에 따라 결정

③ 증산작용의 기능

㉠ 주로 기공을 통하여 이루어짐

㉡ 기공은 광합성을 위해 공기 중에 적은 농도로 있는 CO_2기체(약 0.035%)를 흡수하기 위해 열리는데 이때 부수적으로 수분을 잃음

④ 식물이 증산작용을 별로 할 수 없는 상태, 즉, 100%의 상대습도를 유지하는 테라리움 속에서도 식물은 건강하게 자람

⑤ 식물이 증산작용을 함으로써 얻은 두 가지 혜택

㉠ 무기염의 흡수와 이동이 증산작용으로 촉진되며, 도관을 타고 수분과 함께 위쪽으로 올라감

㉡ 낙엽수가 봄에 아직 잎이 없어 증산작용을 거의 하지 않을 때에도 무기염은 위쪽으로 이동

⑥ 식물체 내에는 사부의 용액을 목부와 연결하여 재분배시키는 순환체계가 있기 때문에 증산작용이 무기염이동에 필수적인 것은 아님

11. 기공의 개폐 기작

① 기공은 두 개의 공변세포에 의해 생기는 구멍으로서 공변세포가 수분을 흡수하면 열리는데, 공변세포 안쪽의 세포벽(오목한 쪽, 바깥쪽보다 두터운 세포벽을 가짐)은 거의 늘어나지 않고 바깥쪽 세포벽이 더 많이 늘어나면서 안쪽으로 복판에 구멍을 만듦

② 공변세포가 수분을 흡수하는 것은 삼투포텐셜이 낮아지기 때문인데, 공변세포는 생화학적 반응을 거쳐 칼륨이온(K^+)과 유기산(음전기)의 농도가 높아져 삼투포텐셜을 낮출 수 있음

③ 햇빛을 받으면 전분이 분해되어 화학적 반응을 거쳐 칼륨이온(K^+)이 공변세포 안으로 들어오면서 삼투포텐셜이 낮아져 수분을 흡수할 수 있게 됨(칼륨펌프)

④ 기공이 닫히는 과정은 위에서 설명한 과정의 역반응으로 일어남

⑤ 공변세포의 삼투포텐셜이 높아지면 수분이 밖으로 빠져나가고, 기공이 닫힘

⑥ 수분 부족으로 인하여 수분 스트레스를 받아서 기공이 닫히는 원리는 근본적으로 같으나 식물 호르몬인 abscisicacid(ABA)이 중간 역할을 함

⑦ 즉, 식물에 수분부족현상이 계속되면 ABA가 엽육조직에서 만들어지거나 혹은 뿌리가 스트레스를 받으면 뿌리에서 ABA가 만들어져 공변세포로 이동해서 칼륨이온(K^+)을 밖으로 나가도록 유도

12. 환경변화와 기공개폐

(1) 햇빛

① 기공이 열리는 데 필요한 광도는 전광의 1/1,000~1/30 가량으로 순광합성이 가능한 정도

② 기공은 아침에 해가 뜰 때 1시간에 걸쳐 열리며, 저녁에는 서서히 닫힘

(2) CO_2

① 엽육조직의 세포 간극에 있는 CO_2의 농도가 낮으면 기공이 열리고, CO_2의 농도가 높으면 기공이 닫힘

② 이때 기공이 열리고 닫히는 데 영향을 주는 CO_2의 농도는 대기 중의 CO_2가 아니고, 엽육조직의 세포 간극에 있는 CO_2의 농도를 의미

③ 야간이라도 CO_2가 전혀 없는 공기를 불어 넣어 주면 기공은 열림

④ 수분포텐셜 : 잎의 수분포텐셜이 낮아지면 수분스트레스가 커지며 기공이 닫히는데, CO_2의 농도나 햇빛과는 관계없이 독립적으로 작용

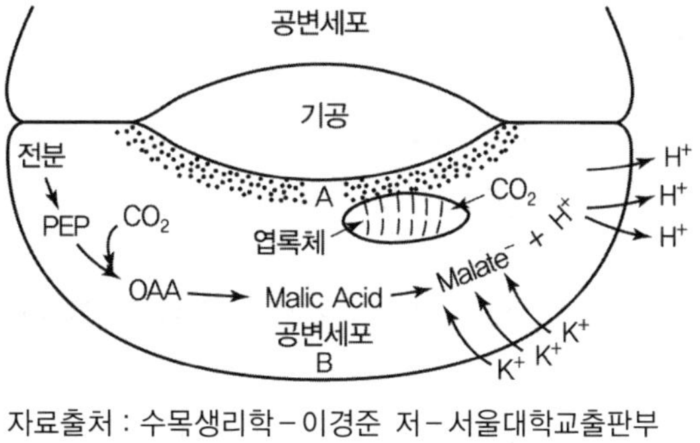

자료출처 : 수목생리학 – 이경준 저 – 서울대학교출판부

(3) 온도

온도가 높아지면 (30~35℃) 기공이 닫히는데, 수분스트레스가 커지거나 혹은 호흡작용이 높아짐으로써 잎 속의 CO_2 농도가 증가하여 간접적으로 나타나는 현상

(4) 잎의 영향

엽면적은 수목개체의 증산량에 큰 영향을 미치는데, 총 엽면적이 클수록 증산량이 많아짐

(5) 잎의 형태와 배열

① 잎의 크기가 크면 햇빛을 받아 온도가 올라가서 쉽게 식지 않기 때문에 증산작용이 많아짐(단엽으로 되어 있는 것보다는 작은 여러 개의 소엽으로된 복엽형태가 증산량을 줄이는 데 도움)
② 가느다란 침엽을 가진 소나무류의 잎이 활엽수보다 온도가 낮음
③ 잎의 표면에 각피층이 두껍거나 털이 많으면 증산량이 줄어들고, 잎 표면에서 광선반사가 잘되면 잎의 온도가 잘 올라가지 않아 증산작용이 적어짐
④ 잎이 햇빛을 향하고 있는 각도 혹은 배열상태에 따라 광합성량이 영향을 받으며, 이는 증산량도 마찬가지임
⑤ 소나무류의 침엽은 엽속에 여러 개의 잎이 모여 있기 때문에 서로 그늘을 만들어서 증산량을 효율적으로 감소시킴

(6) 잎의 해부학적 특성

① 잎의 구조는 환경 변화에 따라 크게 변형
② 소나무류의 기공은 표피에서 깊숙이 가라앉아 있고 그 부분을 wax층이 덮고 있으며 표피세포가 두껍기 때문에 건생형 잎이라고 할 수 있는데, 증산량이 상당히 적은 편
③ 반면 복숭아나무의 기공은 돌출되어 있으며, 표피세포가 얇기 때문에 증산량이 많음

13. 증산량 측정 방법

① 중량법 : 토양의 무게 변화로 증산량을 측정하는 방법
② 용적법 : 식물의 뿌리나 혹은 절단된 가지 부위를 물속에 묻고 증산작용으로 줄어드는 물의 부피를 측정하는 방법
③ 텐트법 : 잎, 가지 혹은 수목 전체를 투명한 용기 속에 밀봉하고, 공기 중의 수증기량의 변화를 측정하는 방법
④ 단위엽면적당 증산량이 가장 작은 수종은 가문비나무류이며, 가장 많은 것은 자작나무류
⑤ 계절적 변화 : 무엇보다도 기온의 영향을 받기 때문에 더운 여름에 높고, 추운 겨울에는 낮음

14. 수분 부족 및 수분스트레스

① 수분스트레스 : 수목이 토양에서 흡수하는 수분의 양보다 더 많은 양을 증산작용으로 잃어버림으로써 체내 수분함량이 줄고 생장량이 감소하는 현상
② 수분스트레스는 보통 잎의 수분포텐셜이 −0.2~−0.3MPa일 때부터 시작. 생리적으로 볼 때 세포가 팽압을 잃어버리고 기공이 닫히며 광합성이 중단됨으로써 탄수화물 대사와 질소 대사가 비정상적으로 되어 생장이 둔화됨
③ 전분은 당류로 가수분해되며, 단백질 합성이 감소되고 대신 아미노산의 일종인 proline이 축적되는 경향이 있음
④ 주로 더운 여름철 낮에 자주 볼 수 있는데, 이는 과도한 증산작용 때문에 일어나는 것
⑤ 더운 여름날 증산작용이 오전에 시작되면 온도의 상승과 더불어 증산량이 급속히 증가
⑥ 수목은 우선 잎과 인근의 변재 부근에서 수분을 조달하게 되지만 수분스트레스는 점점 밑으로 전달되어 수간까지 전달되는 데 반시간에서 6시간까지 걸림
⑦ 따라서 잎은 수목의 다른 부위에 비해서 훨씬 더 심한 수분스트레스를 더 오랫동안 받게 됨
⑧ 증산작용을 하지 않는 밤에 부족분을 흡수하여 수분 부족을 해소하기도 함

15. 생리적 변화

① 수분 부족으로 인한 영향 중에는 우선 체내의 수분함량이 적어져 팽압이 감소하며 수분포텐셜이 낮아지는 것을 들 수 있음
② 세포의 크기가 커지기 위해서는 물리적으로 잡아당기는 세포의 팽압이 필요
③ 수분스트레스를 받으면 세포 내 여러 가지 생리학적 반응의 속도를 감소시켜 효소의 활동을 둔화시키고, 세포 신장, 세포벽의 합성, 단백질 합성 등에 장애가 발생
④ 또한 잎의 크기가 작아지고 줄기 생장량도 저조해지며, 전반적으로 수목의 엽면적을 감소시켜 증산량을 감소시키지만 동시에 광합성량도 줄어듦

⑤ 줄기 및 수고생장
㉠ 수분스트레스를 받으면 잎의 크기가 작아지고 줄기생장이 저조하여 수목의 엽면적을 감소시킴으로써 증산량은 적어지지만, 광합성을 할 수 있는 능력도 줄어들게 됨
㉡ 수분스트레스는 수목의 수고생장에도 큰 영향을 주는데, 수목이 고유하게 가지고 있는 줄기 생장형에 따라 반응이 다르게 나타남

⑥ 직경생장
㉠ 수목의 직경생장은 수분 부족에 극히 예민한 반응을 보임
㉡ 목부세포의 수, 직경생장의 지속기간, 목부와 사부의 비율, 춘재에서 추재의 이행시기 등이 수분 부족에 큰 영향을 받음

⑦ 뿌리생장

㉠ 잎과 줄기에서 수분포텐셜이 낮아지면 수분 부족 현상은 궁극적으로 뿌리까지 전달되지만 뿌리에서는 시간적으로 늦게 나타남

㉡ 뿌리는 수목 전체에서 수분스트레스를 가장 늦게 받고, 수분스트레스를 받더라도 토양 중의 수분을 흡수하여 수분스트레스를 가장 먼저 회복하는 곳

㉢ 토양의 수분포텐셜이 −0.7MPa보다 낮아지면 뿌리의 생장은 거의 이루어지지 않고 뿌리가 스트레스를 받으면 그 영향은 다른 기관에 비해 크게 피해가 나타남

㉣ 사이토키닌의 합성 감소, ABA의 농도 증가, 기공 폐쇄 및 줄기 생장에 큰 영향을 줌

16. 내건성

① 식물이 한발에 견딜 수 있는 능력

② 생태학적으로는 건조한 지역 내 수종 간의 경쟁에서 살아남을 수 있는 기준

③ 조림학적으로는 토양수분이 적은 지역에 조림할 수 있는 수종을 선택하는 데 중요함

④ 수목은 초본식물에 비하여 근계가 비교적 깊이 발달하기 때문에 내건성이 큰 편

㉠ 내건성은 수종에 따라 큰 차이가 있어 수목의 분포에 중요한 역할

㉡ 내건성이 적은 수종은 수분이 많은 계곡 부위를 선호

㉢ 내건성이 큰 수종은 남향의 경사지와 산정상 부위를 차지

㉣ 수목이 가지고 있는 내건성의 근원 : 심근성, 건조저항성, 건조인내성, 한발기피성 등으로 분류하지만 목본식물에서는 한발기피성을 적용하지 않음

⑤ 심근성

㉠ 한발을 견딜 수 있는 가장 중요한 전략

㉡ 근계를 깊고 넓게 개척하여 한발에 대항하는 방법

㉢ 유칼리나무의 경우 뿌리가 지중 15m까지 내려가며 30m 깊이의 석회암지대까지 뿌리가 뻗어 내려감

㉣ 일반적으로 참나무류, 소나무 등은 심근성

- 천근성인 피나무, 낙우송, 자작나무 등에 비해 건조에 강함
- 건조한 지역일수록 심근성수종이 생존하는 데 유리함

⑥ 건조저항성

㉠ 저수조직, 건조한 환경에서도 살아갈 수 있는 저항성

㉡ 목본식물의 경우 수간이 보유하고 있는 수분은 증산량에 비하면 적은 편이지만 당일 증산량의 일부를 충당

㉢ 미송의 경우 : 변재에 저장된 물은 5~10일간의 증산량에 해당

㉣ 유럽적송의 경우 : 변재의 수분은 1일 증산량의 1/3을 충당

ⓜ 건조기간이 긴 지방에서 자라는 수목은 잎의 각피층이 두껍고 기공이 폐쇄된 상태에서 증산량이 아주 낮은 경엽을 가지고 있음
ⓑ 토양 중 수분함량이 낮으면 극히 적은 증산량을 보임
ⓢ 소나무의 경우 : 기공이 표피 깊숙이 자리하고 통로의 wax로 인해 증산량을 감소시키는 데 큰 역할

⑥ 건조인내성
ⓖ 마른 상태에서 피해를 입지 않고 견딜 수 있는 능력
ⓝ 이끼류, 지의류, 고사리류 등에서 볼 수 있는 성질. 원형질이 건조한 상태에서 견디다가 수분을 흡수, 즉시 생리활동을 재개
ⓓ 참나무류 : 뿌리의 건조인내성이 줄기보다 높아서 줄기가 말라 죽은 후에 뿌리에서 근맹아를 생산
ⓡ 소나무류 : 뿌리가 줄기에 비해 건조인내성이 약한 것으로 보임
ⓜ 건조 과정에서 수분이 줄고 대신 용질의 양이 증가하여 삼투포텐셜이 더 낮아지는데, 유칼리나무 묘목의 경우 건조에 노출됨으로써 삼투압 조정이 일어남
ⓑ 흡착수의 역할은 내한성뿐만 아니라 내건성에도 중요
ⓢ 미송 등에서는 잎 세포벽의 신축성이 수분포텐셜을 낮춰주기 때문에 건조인내성을 높여줌

17. 소나무의 내건성 기작

① 소나무, 곰솔, 백송, 리기다소나무, 잣나무, 섬잣나무, 눈잣나무 중 소나무는 다른 수종들보다 건조에 잘 견딤 → 산등성이, 경사가 심하고 돌이나 모래가 많은 남향의 건조한 땅 혹은 바위 위에서 주로 자라기 때문
② 소나무의 잎은 바늘형으로서 잎의 앞면(평평한 쪽)과 뒷면(반원형 쪽)이 모두 두꺼운 wax 층으로 싸여 있음
③ 표피 밑에는 다른 수종에 없는 내표피가 있음. 내표피는 서너 층의 세포로 되어 있고 표피보다 더 두꺼운 세포벽을 가져 기공을 닫을 경우 표피를 통한 수분 이탈을 최소한으로 줄임

CHAPTER 10

무기염의 흡수와 수액상승

1. 무기염의 흡수과정

① 식물은 공기 중에서 CO_2를 흡수하고, 토양에서 수분과 무기물을 흡수하면 단독으로 살아갈 수 있는 독립영양자
② 식물은 공기 중에 낮은 농도(0.035%)로 존재하는 CO_2를 잎을 통하여 흡수하며, 토양 중에 있는 필수영양소(무기염)는 뿌리를 통하여 물과 함께 흡수함
③ 필수영양소(무기염)가 토양에서 뿌리표면으로 이동
㉠ 뿌리세포 내 축적
㉡ 중앙의 목부조직을 향한 횡적 이동
㉢ 뿌리에서 줄기로 이동 : 목부에서 수액의 상승과 함께 일어나는 현상

2. 뿌리의 기능

① 식물 뿌리의 발달은 생육지 환경의 영향을 많이 받음
② 토양 중에 수분과 필수영양소(무기염)가 적으면 식물은 근계를 많이 발달시켜 흡수를 도모
③ 목본식물은 총 건중량의 20% 내외가 뿌리로 되어 있지만, 수분이 부족하면 뿌리의 비율이 증가
④ 식물은 수분과 필수영양소(무기염)의 흡수를 위하여 방대하게 뿌리를 분화시키고 또한 표피세포로부터 뿌리털을 만들어 뿌리표면적을 극대화시킴으로써 철저하게 필수영양소(무기염)를 찾아냄

3. 필수영양소(무기염)의 흡수기작

① 토양 중에 수분함량이 적절하고(포장용수량 근처) 필수영양소(무기염)가 과다하게 용해되어 있지 않다면 토양용액의 수분포텐셜은 보통 −0.1~−0.3MPa로 충분히 높고, 뿌리의 수분포텐셜은 삼투압 등에 의해 이보다 낮아 수분포텐셜구배를 만들어 주기 때문에 토양용액은 뿌리표면까지 확산에 의해 쉽게 도달하게 됨
② 수분포텐셜이 1.5MPa 정도로 낮으면 수분과 무기염의 확산 속도가 1/1,000로 줄어들기 때문에 토양용액은 수목뿌리로 이동할 수 없음

③ 자유공간을 이용한 필수영양소(무기염)의 이동은 비선택적 · 가역적이며 이 과정에서 에너지는 소모하지 않음

4. 자유공간의 개념

① 물과 무기염은 자유공간을 따라 이동하게 되는데 자유공간은 세포 사이의 간극 등으로서 물분자나 무기염 등이 자유롭게 드나들 수 있는 공간으로 1단계는 내피 직전까지임
② 자유공간 이동은 세포벽 이동과 같은 개념이며, 세포질 이동과는 대립되는 개념
③ Appolast : 식물조직 중에서 죽어 있는 부분, 즉 세포벽과 목부조직인 도관(가도관)세포로 이루어진 부분
④ Symplast : 세포의 살아 있는 부분. 즉, 원형질로 구성되어 원형질연락사로 이웃하고 있는 세포와 연결되어 있는 부분
⑤ 카스페리안대의 역할
  ① 흡수된 무기염이 내피에 도착하면 자유공간은 일단 없어짐
  ② 내피 직전까지 이동한 물과 무기염은 내피세포를 둘러싸고 있는 카스페리안대에 의해 자유로운 이동이 차단됨
  ③ 카스페리안대의 구성물질은 수베린이며, 친수성이 적은 지질성분으로 물과 무기염이 차단되어 내피에서부터는 자유공간의 개념이 없어짐
  ④ 이곳부터는 대신 물과 무기염이 원형질막을 반드시 통과하도록 하며, 원형질막상에서 필요로 하는 무기염을 선택적으로 흡수할 수 있도록 함
  ⑤ 운반체를 통해 에너지를 소모하여 선택적 흡수를 함

5. 선택적 흡수와 능동적 흡수

① 뿌리 내 무기염의 농도는 토양 용액의 농도보다 수십 배 또는 수백 배가량 더 높음
② 식물이 무기염을 흡수하는 과정은 선택적이며, 비가역적이며, 에너지를 소모함
③ 원형질막에는 이러한 선택적 흡수를 가능하게 하는 기작이 있으며, 이것을 설명하는 가장 유력한 학설은 운반체설
④ 운반체는 원형질막에 있는 단백질로서 능동운반의 주역을 담당
⑤ 능동운반 : 원형질막의 운반체에 의하여 농도가 낮은 곳에서 높은 곳으로 농도 구배에 역행하여 운반하는 것. 대사에너지를 소모하고 선택적으로 이루어지는 무기염의 이동을 의미

6. 원형질막과 운반체

① 원형질막 : 살아 있는 세포의 얇은 막으로서 세포벽 바로 안쪽에 있는데, 어린뿌리의 세포의 경우 도관을 제외한 모든 세포에 존재

② 세포질 이동은 원형질막을 통과하는 것이며, 원형질막을 통과할 때 선택적 흡수를 가능하게 함

③ 원형질막은 두 층의 인지질로 구성되어 있어 비교적 극성을 띠지 않기 때문에 극성을 띤 이온화된 무기염은 통과하기 어려움

④ 운반체는 원형질막에 자리 잡고 있는 단백질로서 원형질막 밖에서 특수이온과 결합하면 운반체가 구조적으로 변화를 일으키면서 방향을 전환하여 무기염이 안쪽으로 향하도록 해주며, 원형질막 안으로 들어온 무기염은 운반체와 분리됨

⑤ 무기염이나 기타물질이 원형질막을 통과하기 위해서는 각 물질별로 고유한 운반체에 의해 운반되어야 한다고 여겨지며, 운반체의 종류가 여러 가지가 있어 선택적 흡수를 가능하게 함

⑥ 원형질막의 단백질은 세 가지 형태로 존재하는데 그중 하나가 운반체이며 식물세포의 경우 설탕 운반체가 규명되어 있음. 그 외 ATPase효소와 통로 단백질 등이 있음

7. 균근(mycorrhiza)

① 식물의 어린뿌리가 토양 중에 있는 곰팡이와 공생하는 형태를 의미

② 곰팡이는 기주식물에게 필수영양소(무기염)를 대신 흡수하여 전달해 주고, 기주식물은 곰팡이에게 탄수화물을 전해줌으로써 공생관계를 유지

③ 균근은 산림생태계와 같이 무기영양소 함량이 적고, 산성화된 토양에서 수목에게 특히 더 큰 혜택을 주는데, 대표적으로 토양 중 인산의 흡수를 촉진하는 것과 산성토양에서 암모늄태(NH_4^+) 질소를 흡수할 수 있도록 해 주는 것을 들 수 있으며 부수적으로 수분 흡수에도 많은 도움을 줌

④ 외생균근과 내생균근

㉠ 외생균근

- 주로 목본식물에서 발견되는 형태로서, 곰팡이의 균사가 세포 안으로 들어가지 않고 기주세포 밖에서만 머물기 때문에 외생이라는 말을 쓰고 있음
- 균사는 뿌리 표면을 두껍게 싸서 균투를 형성하고, 뿌리 속으로는 피층까지 침투하여 세포와 세포 사이의 간극에 균사에 의한 하티그망을 만들며, 피층보다 더 안쪽으로는 들어가지 않음
- 외생균근에 감염된 뿌리는 뿌리털이 발생하지 않는 대신 균사가 뿌리털을 대신하여 토양 중 필수영양소(무기염) 흡수를 더 효율적으로 진행
- 기주범위는 거의 목본식물이며 곰팡이는 주로 담자균과 자낭균
- 대표적인 예로 소나무의 송이버섯을 들 수 있음

㉡ 내생균근

- 곰팡이의 균사가 기주식물의 세포 안으로 들어가기 때문에 내생균근이라고 하며, 균사가 뿌리의 피층세포 안으로 침투
- 세포 내로 침입하더라도 내피세포 직전까지만 감염되어 감염 부위가 피층세포에 국한되며, 내 · 외생균근 모두 내피를 침입하지 않고 뿌리 한복판의 통도조직을 침범하지는 않음
- 내생균근 균사는 뿌리 밖으로 자라 토양 중으로 멀리 뻗어나가며 외생균근과 같이 균투를 형성하지는 않아 뿌리털이 발생
- VAM, 진달래형균근, 난초형균근이 있으며, 기주범위는 외생균근이 형성된 식물을 제외한 대부분의 식물이 포함됨
- 접합자균이 대부분이며, 포자가 커서 바람에 전파되지 못함

㉢ 내 · 외생균근

- 외생균근의 변칙적인 형태로 외생균근 곰팡이의 균사가 세포 안으로 침투하여 자라는 형태
- 소나무류의 어린 묘목

⑤ 균근의 역할

㉠ 균근의 역할 중 가장 중요한 것은 필수영양소(무기염)의 흡수 촉진

㉡ 균근의 형성률 혹은 감염률은 토양의 비옥도가 높을수록 낮으며, 특히 토양 중에 있는 인산의 함량에 반비례하는데, 균근이 인산 흡수를 촉진할 수 있어 공생관계 필요성이 더욱 증가하기 때문

㉢ 균근은 뿌리를 둘러싸고 있거나 토양 중으로 뻗어 토양의 건조, 토양의 pH, 토양 독극물, 극단적인 토양 온도 변화 등에 대한 저항성을 높여줌

㉣ 뿌리표면을 먼저 점령하여 항생물질을 생산함으로써 타 병원균에 대한 저항성도 증가시킴

㉤ 암모늄태(NH_4^+) 질소의 흡수 : 산림토양은 낙엽 분해 등으로 부식산에 의해 토양이 산성화되어 질산화박테리아의 활동이 저해되므로 식물은 균근의 도움을 받아 암모늄태질소를 직접 흡수

㉥ 건조한 토양에서 수분을 흡수하는 능력이 큼

㉦ 일반적으로 수목의 뿌리는 토양의 수분포텐셜이 −0.7MPa 정도로 낮아지면 수분을 흡수할 수 없는데, 균근이 형성되면 균사 직경이 수목 뿌리 직경의 1/100 정도로 가늘어 수분흡수효율이 증가하며, 이에 따라 토양의 수분포텐셜이 −1.5~−2.0MPa까지 낮아도 수분흡수가 가능해짐

8. 내피 통과 후 무기염의 이동과 증산작용

① 내피 세포를 통과할 때에는 반드시 원형질막을 통과, 이때 선택적 흡수가 일어남

② 일단 내피를 통과한 필수영양소(무기염)는 내초를 거쳐 중앙 부위에 있는 통도조직인 도관(가도관)에 도착하고, 곧이어 줄기로 올라가는 과정은 다시 세포벽 이동에 해당

③ 특히 도관(가도관)은 원형질막뿐만 아니라 세포 내용물도 없는, 속이 비어 있는 죽은 세포로 수분과 무기염의 이동속도가 빠름

④ 일단 무기염이 도관에 도착하면 증산류를 따라서 도관을 타고 수동적으로 올라가게 됨

⑤ 무기염의 이동에 증산작용이 필수적인 것은 아니지만, 증산작용으로 인하여 무기염의 이동속도가 촉진됨. 집단유동

⑥ 도관 내 무기염의 이동속도는 증산 속도와 비례함

9. 수액 상승

① 관련조직 : 수분 이동에 대한 저항이 가장 적은 목부조직

② 목부조직에는 살아 있는 유세포와 죽어 있는 섬유와 도관이 있는데, 이 중에서 수분이 이동하는 곳은 죽어 있는 세포인 도관

③ 도관은 세포 내용물이 없이 비어 있어 수분 이동에 대한 저항이 적음

④ 나자식물 : 가도관을 이용하며, 가도관끼리 연결된 부위에 작은 막공을 통해 이동하는데 이로 인해 수액 상승에 다소 저항을 받음

⑤ 피자식물

㉠ 도관을 이용하여 수액을 상승시키는데 환공재 → 반환공재 → 산공재 순으로 수액 상승 속도에 차이가 남

㉡ 도관 양쪽이 모두 뚫려 수액 상승은 나자식물에 비해 저항이 적음(산공재 : 단풍나무, 피나무, 환공재 : 참나무, 밤나무, 느릅나무, 물푸레나무, 음나무)

㉢ 환공재 도관은 직경이 크고 길이가 매우 길어 수액을 효율적으로 이동시키지만 시간이 지남에 따라 기포, 전충제 등에 의해 도관이 막히는 tylosis현상이 발생하여 수분 이동이 어려워짐

㉣ 오히려 산공재는 이러한 문제를 해결할 수 있으며, 특히 가도관을 가진 나자식물은 가도관의 굵기가 매우 가늘고 가도관끼리 서로 끊어져 있어 기포발생이 억제되고 수액 상승이 정지될 우려가 적음

㉤ 수액 이동은 환공재의 경우 최근 1~2년 전에 형성된 도관을 이용하는 경우가 대부분이며, 산공재와 침엽수는 서너 개의 연륜에 걸쳐 수분이동을 함

10. 수액의 성분

① 목부수액(xylem sap) : 증산류를 타고 상승하는 도관(혹은 가도관) 내의 수액
② 사부수액(phloem sap) : 사부를 통한 탄수화물의 이동액
③ 일반적으로 목부수액을 '수액'이라 부르며, 무기염, 질소화합물, 탄수화물, 효소, 식물호르몬 등이 용해되어 있는 묽은 용액임
④ 목부수액은 산성(pH 4.5~5.0)인 데 비하여 사부수액은 알칼리성(pH 7.5)임

11. 수액의 상승 속도

① 수액의 상승 속도 측정 : 열동파법, 열균형법
② 수액 상승 속도
  ㉠ 침엽수의 경우 시간당 1.2m 이하로 느린 편
  ㉡ 단풍나무류를 포함한 산공재는 1시간당 1~6m가량
  ㉢ 참나무류를 포함한 환공재는 보통 1시간당 15~45m 가량이며, 최고 60m까지도 관찰됨
③ 수액의 상승 속도는 일중변화가 심한데, 증산작용을 하지 않는 야간에는 극히 느린 속도로 이동하며 증산작용을 왕성하게 하는 낮 12시부터 3시경까지는 가장 빠른 속도로 상승

④ 수액의 상승 각도
  ㉠ 목부조직에서 수액은 점진적으로 나선 방향으로 돌면서 올라감
  ㉡ 수액의 상승은 나선상 목리구조로 인해 수직 방향으로 올라가지 않고 나무를 감으면서 올라가 수액을 수관에 골고루 배분하는 역할

12. 수액의 상승 원리

① 뿌리에서 잎까지 중력의 역방향으로 수분이 이동하는 현상
  ㉠ 잎에서 증산작용으로 수분을 잃어버리면 잎의 수분포텐셜이 낮아져 수분포텐셜이 높은 뿌리로부터 잎까지 수분포텐셜의 구배가 이루어지고 수분은 수동적으로 이동
  ㉡ 뿌리와 잎을 연결하는 도관(혹은 가도관)은 장력하에 놓임

② 응집력설 : 뿌리에서 잎까지 수분포텐셜의 구배를 따라서 수분이 이동하지만, 두 곳을 연결하는 도관 내의 수분이 장력하에 있더라도 물기둥이 끊어지지 않고 연속적으로 연결될 수 있는 것은 물분자 간의 응집력 때문이라는 학설
  ㉠ 응집력 : 같은 성분의 분자끼리 서로 잡아당기는 성질
  ㉡ 물분자끼리의 응집력은 물분자 간의 수소이온 결합에 의해 생기며 물의 인장강도는 수백 Mpa에 해당하여 도관 내에서 관찰되는 장력을 충분히 견딜 수 있음

ⓒ 응집력설은 수고가 100m가 넘는 나무꼭대기까지 에너지를 소모하지 않으면서 수액(수분)이 상승되는 현상을 설명

ⓔ 응집력설 귀결

- 응집력은 물 분자 간에 끌어당기는 힘으로 식물이 수분 상승에서 수동적인 역할을 한다는 것을 의미하며 뿌리에서의 수분 흡수도 수동적이라는 것을 암시함
- 즉 수분(수액) 상승의 궁극적인 힘은 태양에너지에 의한 증산작용
- 물의 응집 성질은 순전히 물리적인 현상이며, 식물은 도관을 통하여 토양에서 대기까지 연속적인 환경(즉, 토양－식물－대기)을 조성해 주기만 하면 됨
- 식물은 수동적인 역할을 하며, 에너지를 소모하지 않음
- 식물은 기공의 개폐를 통하여 증산작용을 조절

ⓜ 수목에서 수액이 상승하는 과정

- 기공에서 증산작용을 개시, 잎의 엽육세포가 수분을 잃어버림
- 엽육세포의 삼투압과 수화작용에 의해 인근 도관(혹은 가도관)에서 수분이 엽육세포로 이동
- 수화작용 : 세포벽과 물분자 간의 부착력에 의하여 세포벽이 젖는 현상
- 도관이 탈수되어 밑에 있는 물을 잡아당김으로써 물기둥이 장력하에 놓임
- 물분자 간의 응집력에 의하여 도관 내 수분이 딸려 올라감
- 응집력이 뿌리까지 전달되어 토양으로부터 뿌리 속으로 수분이 이동

ⓑ 도관 내의 기포 발생

- 장력하의 도관 내 물기둥이 끊겨 수액의 상승에 장애를 가져옴
- 환공재가 심하고 침엽수재는 이러한 문제를 해결시킬 수 있어 공동 현상 없이 높은 곳까지 수액을 상승시킬 수 있음
- 대부분의 키가 큰 목재, 이용 가치가 높은 나무는 침엽수
- 환공재(참나무, 밤나무, 느릅나무, 물푸레나무, 음나무) : 새로운 잎을 만들기 전에 새로운 도관을 만들어서 수액을 상승시키고 전년도의 도관은 사용하지 않는 전략을 취함
- 산공재(단풍나무, 피나무) : 침엽수와 같이 기포가 짧은 가도관내에서 격리되어 해빙과 더불어 작은 기포는 다시 흡수
- 100m 나무꼭대기까지 수분을 끌어 올리는 데에는 가도관이 더 효율적이며, 키가 큰 나무는 대부분 침엽수

CHAPTER

11 유성생식과 개화생리

1. 유형기와 성숙기

(1) 유형기

① 수목이 영양생장만을 하면서 어린 형태로서 개화하지 않는 상태에 있는 것

② 유형기가 가장 긴 수목은 유럽의 너도밤나무임(30~40년)

③ 수목별 유형기

㉠ 너도밤나무 : 30~40년

㉡ 방크스소나무, 리기다소나무 : 3년

㉢ 낙엽송 : 10~15년

㉣ 잣나무 : 25~30년

④ 유형기가 길어지는 이유 : 에너지를 영양생장에만 투입함으로써 경쟁 속에서 수고생장을 도모, 산림 내에서 햇빛을 유리하게 받을 수 있도록 하려는 생존전략

(2) 성숙기

① 수목이 성장하여 개화하는 상태에 달해 있는 것

② 수목이 유형인가 성숙했는가는 개화 능력으로 판단

(3) 유형기의 특징

① 잎의 모양 : 담쟁이덩굴의 유엽은 열편으로 갈라지고 성엽은 둥글게 자람. 향나무의 유엽은 바늘같이 뾰족한 침엽이고 성엽은 비늘같은 인엽, 소나무 종자에서 발아한 첫해에 1차엽을 만드는데 유엽의 일종임

② 가시의 발달 : 귤나무, 아카시나무 등은 유형기에 가시가 발달

③ 엽서 : 유칼리나무잎은 배열 순서와 각도가 성숙하면서 변화

④ 삽목의 용이성 : 유형기에는 삽목이 쉬움

⑤ 곧추선 가지 : 낙엽송은 유형기에 가지가 왕성하게 곧추자람

⑥ 낙엽의 지연성: 참나무류의 경우 겨울에 낙엽이 늦게 짐

⑦ 수간의 해부학적 특성 : 활엽수의 경우 환공재의 특성이 어릴 때에는 잘 나타나지 않으며, 침엽수의 경우에는 춘재에서 추재로의 전이가 점진적으로 나타나고 추재의 비중이 비교적 낮음
⑧ 유형기에 밋밋한 수피와 덩굴성 특징이 나타남

(4) 생식생장과 영양생장의 관계

① 자라고 있는 열매는 영양소를 독점적으로 이용하는 강력한 수용부로 줄기, 뿌리, 형성층의 생장을 억제하는 경향. 서로 상반되는 경우가 대부분
② 사과나무 : 개화한 직후 모든 꽃을 제거하면 새 가지, 줄기, 뿌리의 생장이 촉진되며 잎의 크기가 커짐
③ 자작나무 : 열매가 대풍년으로 집중적으로 달린 수관에는 잎이 작아지거나 없어지며, 정아가 발달하다가 죽어버려 수관이 쇠퇴
④ 과수 : 격년결실로 풍년과 흉년이 교대로 나타나는데, 풍년에 과다하게 양분을 소모함. 이는 생리적으로 영양상태의 불균형을 가져오거나, 이미 자라고 있는 꽃눈의 발달을 억제하기 때문

2. 유성생식(꽃)

(1) 피자식물

① 꽃턱에 부착된 꽃받침, 꽃잎, 수술, 암술
② 완전화 : 꽃받침, 꽃잎, 수술, 암술을 모두 갖추고 있는 꽃
③ 불완전화: 4가지 기관 중 한 가지라도 모자라는 꽃(포플러류)
④ 꼬리화서 : 수꽃의 꽃대가 연하여 밑으로 처지는 화서
㉠ 꽃잎이 없고 포로 싸인 단성화, 버드나무과, 참나무과, 자작나무과
㉡ 꼬리화서를 가진 수목 중에 포플러와 가래나무류는 꽃잎이 없고, 버드나무류는 꽃잎과 꽃받침이 없음

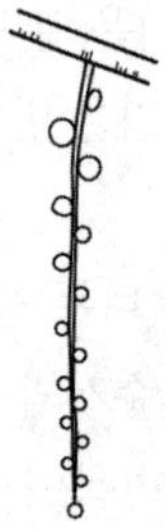

④ 피자식물 꽃의 기본 기관에 따른 분류

명칭	뜻	예
완전화	꽃받침, 꽃잎, 수술, 암술을 모두 갖춘 꽃	벚나무, 자귀나무
불완전화	위의 네 가지 중 한 가지 이상 결여한 꽃	버드나무류, 자작나무류
양성화	암술과 수술을 한 꽃에 가짐	벚나무, 자귀나무
단성화	암술과 수술 중 한 가지만 가짐	버드나무류, 자작나무류
잡성화	양성화와 단성화가 한 그루에 달림	물푸레나무, 단풍나무
1가화	암꽃과 수꽃이 한 그루에 달림	참나무류, 오리나무류
2가화	암꽃과 수꽃이 각각 다른 그루에 달림	버드나무류, 포플러류, 소철류, 은행나무

(2) 나자식물

① 배주가 노출되어 대포자엽 혹은 실편의 표면에 부착되어 있는 식물

② 양성화가 없으며, 모두 1가화 또는 2가화(소철류와 은행나무는 대표적인 2가화)

③ 구과목 : 솔방울을 맺는 수목에 속하는 소나무과, 낙우송과, 측백나무과는 1가화로서 암꽃과 수꽃이 한 그루에 달림

3. 화아원기

(1) 화아원기 형성

① 당년지 혹은 1년 이상 된 가지의 정단부에 정아가 생기거나 엽액이 생기며 과일이나 종자 생산에 영향을 줌

② 전정(pruning)을 실시하기 전에 반드시 알아두어야 함

③ 사과나무는 2년생 단지, 열대지방의 수목은 대개 당년생 가지에 부착

④ 대부분의 나자식물은 화아(꽃만 들어 있는 눈)를 생산하지만, 피자식물 중에는 혼합아(꽃과 잎을 함께 가진 눈)를 생산

⑤ 영양생장을 하는 줄기 끝은 무한생장을 하는데, 일단 생식생장으로 전환되면 유한생장을 하기 때문에 꽃눈으로 분화되면서 더 이상 다른 조직은 자라지 않음

(2) 피자식물

① 화아원기는 전년도에 이미 형성되어 있다가 월동 후 봄에 개화

② 화아의 원기가 형성되는 시기 : 대개 5~7월

③ 봄부터 6월까지 왕성한 영양생장을 끝내면 일시적으로 생장이 정지하는 동안 눈의 일부가 꽃눈으로 전환되면서 세포분열과 확장으로 화서를 만들며, 이 상태로 월동한 후 봄에 빠른 속도로 화서가 자라서 꽃이 핌

④ 참나무 : 수꽃의 원기형성과 꽃의 발달이 암꽃보다 먼저 이뤄짐

㉠ 수꽃의 화아원기는 5월 말에 형성

㉡ 암꽃의 화아원기는 7월 말에 형성

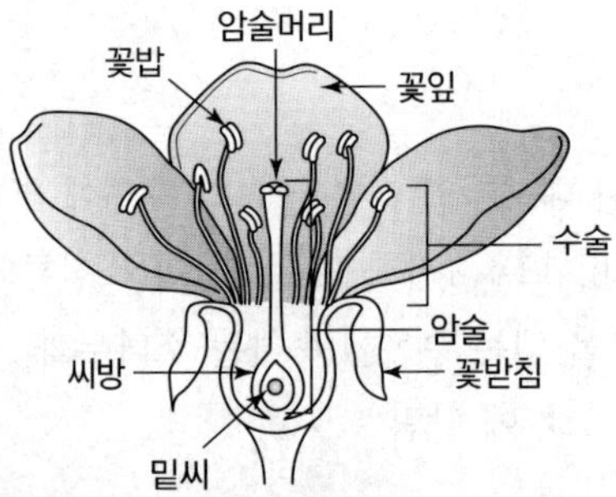

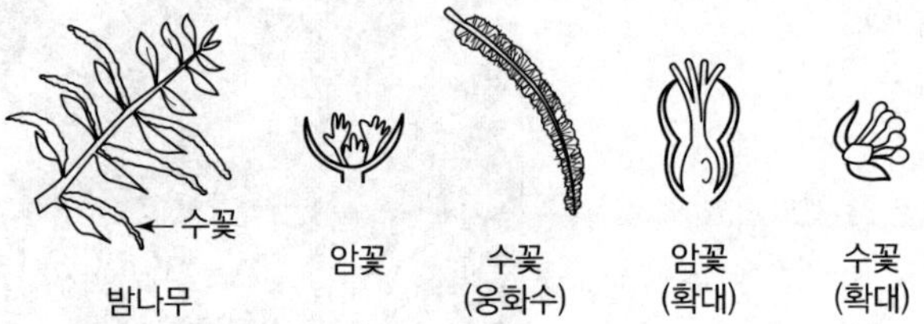

(3) 나자식물

① 화아의 원기가 전년도에 형성, 봄철에 개화

② 암꽃과 수꽃의 구별이 있기 때문에 형성 시기가 다름

③ 일반적으로 수꽃의 형성이 암꽃보다 먼저 이뤄짐

④ 젓나무류와 미송은 4월에 일찍 형성되며, 솔송나무류는 6월에, 가문비나무류와 잎갈나무류는 7월에 형성

⑤ 소나무류의 경우 수꽃은 6월 말에서 7월 초순에, 그리고 암꽃은 8월 말에 형성되는 것으로 추정

(4) 배우자의 형성

① 피자식물 : 배주가 심피 속에 싸여 있으며 배주의 맨 바깥 부분에는 주피가 있는데, 피자식물의 경우에는 이중으로 되어 있어서 외주피와 내주피로 구분됨(나자식물의 경우 한 개의 주피로 되어 있음)

② 나자식물 : 암꽃의 배주는 노출되어 있는데, 중심부에 주심이 크게 발달, 한 겹으로 된 주피가 주심을 둘러싸고 밖으로 더 자라서 두 개의 팔과 같이 되어 주공을 형성함으로써 화분이 들어올 수 있도록 함

③ 개화

㉠ 3월 중 가장 일찍 개화하는 수종 : 오리나무, 개암나무

㉡ 3월 말경에 개화하는 수종 : 잎갈나무

㉢ 4월 하순에 개화하는 수종 : 적송

㉣ 5월 중순에 개화하는 수종 : 잣나무

㉤ 6~7월 중에 개화하는 수종 : 자귀나무

㉥ 7~8월 중에 개화하는 수종 : 회화나무

㉦ 10월 중에 개화하는 수종 : 개잎갈나무, 히말라야시다

④ 소나무과에 속하는 수종(소나무속, 미송, 젓나무, 가문비나무류)

㉠ 암꽃과 수꽃의 위치가 수관에서 크게 다름

㉡ 암꽃은 주로 수관의 상단부에 달리고, 수꽃은 수관의 하단부에 위치함

㉢ 암꽃이 수관 꼭대기의 세력이 가장 왕성한 가지에 달리는 것은 수분 후 암꽃이 자라는 동안 많은 탄수화물을 요구하기 때문에 탄수화물을 가장 많이 공급할 수 있는 활력이 큰 역지에 암꽃이 달림으로써 충실한 종자의 생산을 도모하려는 것

㉣ 수꽃은 수관 아래쪽에 활력이 약한 가지에 달리는데, 탄수화물의 공급이 적은 상태에서는 수꽃으로 분화

⑤ 화분 생산

㉠ 충매화인 과수류, 피나무, 단풍나무, 버드나무류는 생산량이 적으며, 풍매화인 호두나무, 자작나무, 포플러, 참나무류, 침엽수는 많음

㉡ 풍매화는 바람에 의하여 화분 비산이 이루어지므로 날개가 있는 경우가 있으며, 대량으로 화분을 생산해서 수분의 성공 확률을 높임

㉢ 풍매화인 자작나무는 1개의 꽃밥에서 10,000개의 화분을 생산하지만, 충매화인 단풍나무는 1개의 꽃밥에서 1,000개가량밖에 생산되지 않음

⑥ 화분 비산 : 기상조건의 영향을 많이 받음

㉠ 비산은 온도가 높고 건조한 낮에 집중적으로 이루어지지만 야간에도 습도가 낮아지면 화분비산이 일어나는데, 건조하면 꽃밥의 세포가 말라 꽃밥이 열리도록 유도

㉡ 화분 비산 기간에 비가 오거나 온도가 낮으면 화분 비산이 적고, 또한 곤충의 활동이 위축되어 과실의 결실이 나빠짐

㉢ 화분 비산 거리는 화분 입자가 작을수록 멀어짐

㉣ 잣나무, 젓나무류의 경우 암꽃이 수관의 상단부에 집중적으로 달리고, 수꽃은 수관의 하단부에 모여 있는데 이것은 타가수분을 도모하기 위한 수단

4. 수분

(1) 피자식물

① 수분이란 화분이 수술에서 암술머리로 이동하는 현상을 의미

② 수분이 이루어질 때 주두가 감수성을 나타내서 화분을 받아들일 수 있는 상태에 있어야 수분이 성공적으로 이루어짐

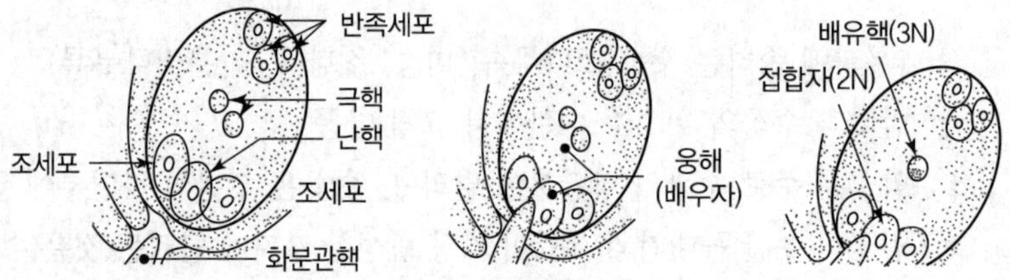

(2) 나자식물

① 암꽃이 감수성을 보이는 감수기간은 잎갈나무의 경우 1일, 미송은 4일, 젓나무, 솔송나무, 소나무류 등은 2주가량 지속

② 감수성을 보이는 기간에는 노출된 배주의 입구에 있는 주공에서 수분액을 분비, 화분이 부착되기 쉽게 하며, 주공 안으로 수분액이 후퇴할 때 화분이 함께 안으로 빨려 들어 수분액은 밤에 분비됨. 주성분은 당류

5. 수정

(1) 피자식물

① 화분립이 발아할 때 화분관핵과 생식핵이 화분관 속으로 들어가면서, 생식핵은 한 번 분열하여 두 개의 정핵을 만듦

② 화분관이 배주에 도달하면, 한 개의 정핵은 난자(egg)와 결합하여 배를 만들고, 다른 정핵은 2개의 극핵과 결합하여 배유를 만듦으로써 수정을 두 번 실시하는 중복수정
③ 염색체 수에서 배는 난자(n)와 정핵(n)이 결합하여 2n이 되고, 배유는 2개의 극핵(2n)과 정핵(n)이 결합하여 3n이 됨

(2) 나자식물

① 개화상태에서 암꽃의 배주는 난모세포를 형성하는 단계에 머물러 있으며, 아직 난자를 형성하지 않고 있음
② 수정과정에서 단일 수정
③ 수정과정에서 난세포의 소기관이 소멸되어 웅성배우체의 세포질 유전이 이루어짐
④ 소나무는 다음해 6월 하순에 수정이 되며, 수분부터 수정까지의 소요기간이 13개월, 가을에 종자가 성숙함

6. 배의 발달

① 수분 후 화분관이 발아하면 자방(피자식물의 경우) 혹은 배주(나자식물의 경우)는 일단 계속해서 생존할 수 있는 조건이 되며, 수분 후 일정한 기간이 지나면 수정이 이루어지지만, 배유는 성숙하면서 탄수화물, 단백질, 지방, 식물호르몬을 축척
② 배는 배유가 어느 정도 자란 다음 자라기 시작하여 배유로부터 영양소를 공급받게 됨
③ 다배현상 : 한 개의 배낭에 두 개 이상의 배가 형성되는 경우
④ 단위결과 : 종자가 없이 열매가 성숙하는 경우로 단풍나무, 느릅나무, 물푸레나무, 자작나무, 튤립나무 등에서 관찰됨

※ 나자식물에서도 관찰되나, 소나무속에서는 거의 관찰되지 않음

⑤ 소나무속의 수종은 수분이 되지 않아서 모든 배주의 발육이 중단되면 솔방울이 더 이상 자라지 않음
⑥ 피자식물 : 졸참나무는 개화 당년에 종자가 성숙하는데 개화부터 종자 성숙까지 약 5개월이 소요되며, 상수리나무와 굴참나무는 2년에 걸쳐 종자가 성숙
⑦ 나자식물 : 소나무속의 종자는 2년에 걸쳐 성숙, 젓나무류, 가문비나무류, 낙엽송류의 수목은 종자가 당년에 익음

7. 종자의 휴면

① 휴면 : 정의 성숙한 종자가 발아하기에 적합한 환경에서도 발아하지 못하는 상태에 있는 것

② 휴면의 원인 : 한 가지 또는 여러 가지가 중복해서 나타남

③ 배 휴면 : 종자 채취 당시 배가 미성숙한 미숙배 상태일 때 휴면하는 것으로, 후숙처리로 극복할 수 있음(물푸레나무, 덜꿩나무, 은행나무)

④ 종피휴면 : 종피가 발아에 필요한 가스의 교환이나 수분의 흡수를 억제하는 경우와 잣나무와 같이 종피가 물리적으로 견고하여 배가 발아할 수 없는 경우로, 전자의 경우 콩과식물 목본에서 주로 나타나며 종피 내 지방질이 많아 수분 · 가스교환이 어려움

⑤ 생리적 휴면

㉠ 배나 배 주변 조직에서 생장억제제를 분비하여 발아를 억제 : ABA가 배, 배유, 주심, 외종피, 과피 등에서 생산되어 배의 발육을 억제하는 경우이며, 단풍나무, 물푸레나무, 소나무류, 사과나무 등에서 볼 수 있음

㉡ 생장촉진제가 부족하여 생리적으로 발아할 수 있는 여건을 만들어 주지 못하는 경우 : 지베렐린이나 사이토키닌 등의 물질이 부족해서 휴면이 지속되는 경우로 개암나무 등에서 관찰됨

⑥ 2차 휴면

㉠ 종자가 모체에서 분리된 후 없던 휴면이 생기거나 휴면의 정도가 더 심해지는 경우

㉡ 산소부족, 수분과다, 고온 노출 등의 부적합한 환경으로 인해 발생하며, 휴면 타파가 더 어려워짐

⑦ 휴면 타파 방법

㉠ 후숙 : 배휴면, 종피휴면의 정도가 가벼울 경우 종자를 건조한 상태에서 보관하면 휴면상태 제거 가능

㉡ 저온처리

- 종자를 젖은 상태로 겨울철 땅속의 낮은 온도에서 보관하는 노천매장이나 저온처리, 층적을 통해 휴면을 타파하는 방법으로, 배휴면, 종피휴면, 생리적 휴면을 동시에 제거할 수 있음
- 젖은 종자를 1~5℃ 정도에서 공기 유통이 되도록 1~6개월간 처리

㉢ 노천매장 : 모래, 톱밥, 이탄 등을 종자와 혼합, 땅속에 묻은 상태로 월동시키는 재래적 방법

㉣ 층적 : 서양에서 실시하던 방법으로 젖은 모래와 종자를 한 층씩 교대로 쌓아 묻어두는 방법(장미과, 호두나무과, 소나무과 수종. 소나무의 경우 최소 30일 이상, 60일 정도가 적당)

㉤ 열탕처리

- 콩과식물의 경우 75~100℃의 물에 잠깐 담그어 종피를 부드럽게 하여 공기의 유통을 원활하게 함으로써 휴면을 타파하는 방법
- 열탕처리 후 점진적으로 낮은 온도의 물에 12~24시간가량 추가로 처리(예 아카시나무)

ⓗ 약품처리 : 배휴면이 경미할 경우, 과산화수소 용액에 종자를 담가 휴면을 타파(예 미송)

ⓢ 상처유도법

- 종피휴면을 하는 수종 중에서 아카시, 피나무 등의 종자에 진한 황산을 처리하여 종피를 부드럽게 하면 발아가 촉진됨
- 진한 황산에 보통 15~60분 정도 처리하되 잔류 황산은 세척
- 그 외 종피에 기계적 상처를 만들어 휴면을 타파

ⓞ 추파법 : 휴면 종자를 사전에 처리 없이 그대로 가을에 파종하는 방법(잣나무 등)

8. 종자의 발아방식

(1) 지상자엽형발아

① 발아할 때 배의 하배축이 길게 자라면서 자엽을 지상 밖으로 밀어내는 방식
② 자엽이 지상에서 펴지면 곧 유아가 자라서 본엽을 형성
③ 단풍나무, 물푸레나무, 아카시아나무, 대부분의 나자식물 등

(2) 지하자엽형발아

① 자엽은 지하에 남아 있고 상배축이 지상으로 자라 올라와서 본엽을 형성
② 종자가 큰 대립종자 : 참나무류, 밤나무, 호두나무, 개암나무류 등

(3) 발아생리

수분 흡수 → 식물호르몬 생산 → 효소 생산 → 저장물질의 분해와 이동 → 세포분열과 확장 → 기관 분화의 순서

(4) 발아의 환경 요인

① 광선 : 광도, 광주기, 파장
㉠ 수목의 종자가 빛의 파장에 반응을 나타내는 것은 파이토크롬 색소가 존재하기 때문
㉡ 종자가 천연광이나 적색광을 받으면 발아가 촉진

② 산소
③ 수분
④ 온도 : 식물이 생육할 수 있는 최저온도와 최고온도사이의 온도 범위(임계온도)
⑤ 산불
㉠ 폐쇄적인 구과(예 방크스소나무)
㉡ 물리적 발아 촉진, 타감작용(화학적 발아 억제)

(5) 줄기활력시험

① 종자가 살아 있는지의 여부를 조사하는 시험
② 테트라졸륨시험 : 살아 있는 조직은 핑크색으로 염색됨
③ 배추출시험 : 배를 추출하여 배양, 관찰

12 CHAPTER 식물호르몬

1. 식물호르몬

① 1926에 went가 귀리의 자엽초가 주광성 현상을 연구 : 옥신
② 벼의 키다리병 : 지베렐린(gibberellin)
③ 담배의 조직배양 : 사이토키닌(cytokinin) 발견
④ 수목의 휴면과 잎의 낙엽현상에 관한 연구 : 애브시식산(abscisicacid) 추출
⑤ 과일의 성숙과 관련된 연구 : 에틸렌(ethylene)

2. 옥신(auxin)

(1) 개요

호르몬 중에서 제일 먼저 알려진 것

(2) 종류

① 천연 : IAA, 4－chloro IAA, PAA, IBA 등
② 합성 : NAA, 2, 4－D, MCPA 등

(3) 생합성과 운반

① 생합성 : IAA의 생합성은 어린조직에서 주로 일어남
② 줄기 끝의 분열조직, 자라고 있는 잎과 열매에서 생산
③ 운반 : 목부나 사부를 통해 이동하지 않고, 유관 속 조직에 인접해 있는 유세포를 통해 이루어짐
㉠ 사부의 탄수화물 이동과 비교하였을 때 다른 점
- 옥신의 운반은 느리게 진행되어 1시간에 약 1cm가량 이동
- 이러한 속도는 단순한 확산보다는 10배가량 빠른 속도

㉡ 옥신의 운반은 극성을 띰 : 줄기에서는 항상 구기적 방향으로, 뿌리에서는 구정적 방향으로 이동
- 구기적 방향 : 나무의 밑동을 향한 방향을 의미

• 구정적 방향 : 나무의 분열조직(줄기 및 뿌리)이 있는 끝부분을 향한 방향을 의미
→ 옥신의 이동은 에너지를 소모하는 과정

㉢ ATP 생산을 억제하는 약제를 처리하면 옥신의 운반이 중단

(4) 생리적 효과

① 주광성 : 옥신이 햇빛의 반대 방향으로 이동하여 그쪽의 세포 신장을 촉진하여 햇빛 쪽으로 주광성을 띰

② 굴지성 : 뿌리에서 중력 방향으로 옥신이 이동하여 그쪽의 세포 신장을 억제하여 중력 방향으로 굴지성을 띰

③ 개화시성 결정

㉠ 소나무 등에서 옥신을 많이 생산하는 수관 상부에는 암꽃이 핌

㉡ 측백나무에서는 역지위에서 아래로 내려가면서 옥신의 농도 구배가 형성되며, 암꽃에서 수꽃으로 전환됨

㉢ 옥신함량이 높으면 암꽃이 많이 피는 것으로 보임

※ 옥신농도가 높은 곳이 반드시 암꽃이 피는 것은 아니며, 반대의 경우도 있음

④ 잎에서 생산된 옥신은 낙엽을 지연시키고 봄에 형성층 세포분열의 시작을 유도

⑤ 뿌리의 생장

㉠ 줄기와 뿌리에서 비슷한 농도로 존재 : 극히 낮은 농도의 옥신을 뿌리에 처리하면 뿌리의 신장을 촉진함

㉡ 높은 농도로 처리하면 뿌리에서 에틸렌이 생산되어 뿌리의 신장을 억제

㉢ 외부에서 처리한 옥신은 뿌리의 형성과 초기 발달을 촉진하지만 뿌리의 계속적인 신장을 억제함으로써 두 가지 다른 방향으로 뿌리의 생장에 영향을 줌

㉣ 줄기의 부정근 발달을 촉진하므로 삽목 시 합성옥신을 이용하여 줄기의 부정근을 유도

⑥ 정아우세

㉠ 정아가 생산한 옥신은 측아나 액아의 생장을 억제하여 정아우세현상이 나타남

㉡ 또 다른 쪽으로는 정아가 옥신을 생산함으로써 영양분이 주로 정아 쪽으로 이동하도록 유도하여 영양분을 독점하고, 이로써 측아의 발달이 상대적으로 둔화된다고도 보여짐

⑦ 제초제효과

㉠ 극히 낮은 농도에서는 세포의 신장을 촉진하지만, 고농도로 처리하면 대사 이상 작용을 하거나 식물을 고사시킴

㉡ 제초제나 살목제로도 사용(2,4－D, 2,4,5－T, MCPA, picloram 등)

3. 지베렐린(GA)

① 이소프렌이 4분자로 결합된 디테르펜의 일종으로 지질화합물
② 종류 : 산성을 띠며, GA3를 지베렐린이라고 부름
③ 목본식물 이외에 초본류, 고사리류, 이끼류, 녹조류, 박테리아, 곰팡이 등에서도 발견
④ 생합성 : 미성숙 종자에 높은 농도로 존재하며, 종자에서 많이 생산됨. 주로 어린잎에서 생산되고 그 외 뿌리 끝에서도 생성됨
⑤ 운반 : 목부와 사부를 통해 위 · 아래 양방향으로 운반

⑥ 생리적 효과
㉠ 신장생장 : GA의 생리적 효과 중에서 가장 눈에 띄는 것은 줄기의 신장 촉진
㉡ 옥신(Auxin)은 베어낸 자엽초나 줄기의 신장생장을 촉진하지만, GA는 원형 그대로의 식물에서 세포신장과 세포분열을 촉진
㉢ 옥신과 GA를 함께 처리하면 상승효과
㉣ 개화 및 결실 촉진
- 목본 쌍자엽식물에서는 GA 처리로 개화를 촉진시키지는 않음
- 과수에서 단위결과를 유도(복숭아와 사과)

⑦ 휴면과 종자
㉠ 옥신과 마찬가지로 어린잎에서 생산되어 휴면 상태의 형성층이 세포분열을 하도록 유도
㉡ 뿌리에서 생산된 GA는 목부수액을 따라 줄기로 운반되어 줄기의 생장이 시작되도록 자극
㉢ 종자에서 수분을 흡수하면 GA가 생산되어 효소의 생산은 촉진되나, 쌍자엽식물과 나자식물에서는 GA처리로 종자에서 전분이나 지방의 분해가 촉진되지는 않음

⑧ 상업적 이용
㉠ 감귤과 Vaccinium에서 착과를 촉진시킴
㉡ 포도와 사과나무에서 과실의 크기와 품질을 향상시킴
㉢ 바나나와 귤에서 열매의 노쇠 및 과실 성숙을 지연시키는 데 사용

4. 사이토키닌

① 1950년대 담배의 유상 조직의 조직배양 연구 중 세포분열을 촉진하는 물질을 찾아내는 과정에서 밝혀진 식물호르몬
② 식물의 세포분열을 촉진하고 잎의 노쇠를 지연시키는 물질
③ 종류 : 세포분열을 촉진하는 아데닌의 치환체를 총칭
㉠ 천연 : zeatin, BA 등
㉡ 합성 : 키네틴

④ 고등식물과 이끼류, 조류, 곰팡이, 박테리아에서도 발견되며, 박테리아와 곰팡이에서는 기주 식물의 발병에 관련되는 생리적 작용을 하고 곰팡이의 경우 생장 촉진에 기여함

⑤ 생합성

㉠ 사이토키닌이 가장 높은 농도로 존재하는 곳은 식물의 어린기관(종자, 열매, 잎)과 뿌리 끝부분

㉡ 합성장소로 가장 확실하게 알려진 곳은 뿌리 끝으로, 합성된 사이토키닌이 목부를 통해 줄기로 이동하며, 이것이 잎과 열매, 종자에 축적. 사부를 통해서도 일부 이동하지만 극히 제한적이어서 크게 영향을 주지는 않음

⑥ 생리적 효과

㉠ 세포분열과 기관 형성 : 유상조직의 조직배양 시 세포분열을 촉진

- 옥신함량이 낮고 사이토키닌의 함량이 높으면 유상조직이 줄기로 분화하여 눈, 대, 잎을 형성
- 옥신함량이 높고 사이토키닌의 함량이 낮으면 뿌리를 형성

㉡ 잎의 노쇠 지연 : 뿌리가 불량한 환경에 놓이면 목부의 사이토키닌 함량이 줄어들고, 이로 인해 줄기의 생장이 영향을 받음

㉢ 침수 등으로 장기간 방치되면 뿌리로부터의 사이토키닌 합성이 저하되어 성숙잎이 먼저 노쇠되고 낙엽 현상이 발생

㉣ 잎의 노쇠를 방지하는 것은 주변으로부터 영양분을 모아들이는 능력이 있기 때문

㉤ 어린잎은 성숙잎보다 사이토키닌 함량이 높아 성숙잎의 영양분을 빼앗아 와서 노쇠가 지연됨

㉥ 녹병균에 의해 잎이 피해를 받을 때 녹병균에 의해 생산된 사이토키닌이 엽록체의 노쇠를 지연시켜 green islands를 만들기도 함

㉦ 기타 효과

- 사과와 살구나무에서 액아에 사이토키닌 처리 시 정아우세현상이 소멸되고 측지가 발달함
- 지상자엽형 쌍떡잎초본식물에서 종자발아 시에 사이토키닌을 처리하면 떡잎의 발달이 촉진되는데 이는 세포분열과 세포신장이 동시에 촉진되기 때문
- 피자식물의 종자를 암흑에서 발아시킬 때 사이토키닌을 처리하면 엽록체 발달과 엽록소의 합성을 촉진함

5. 애브시식산(ABA)

① 목본식물의 휴면, 목화열매의 낙과현상을 연구하던 중 발견

② 15개의 탄소를 가진 세스퀴테르펜의 일종, 이소프렌의 3분자

③ 생합성 : 잎 – 엽록체, 열매 – 색소체, 뿌리, 종자 – 백색체 · 전색소체에서 생합성됨 → 색소체를 가지고 있는 여러 기관

④ 운반 : ABA의 식물체 내 운반은 목부와 사부를 통해 운반, 유관속조직 주변의 유세포를 통해 이동

⑤ 극성을 띠지 않음(ABA의 체내 이동은 GA와 유사)

⑥ 생리적 효과 : ABA의 가장 일반적인 생리적 효과는 생장 정지를 유도하는 것(생장억제제라고 부름)

⑦ 휴면 유도

㉠ ABA는 목본식물에서 눈과 종자의 휴면을 유도

㉡ 종자에서 배 · 배유 또는 주변조직에서 ABA를 생산하여 종자휴면을 유도

㉢ 광선처리, 후숙, 저온처리 등으로 휴면을 타파하면 ABA는 감소

⑧ 탈리현상촉진

㉠ ABA의 다른 효과는 잎, 꽃, 열매의 탈리현상을 촉진하는 것

㉡ 외부에서 처리할 때 ABA가 에틸렌보다는 효과가 적으며, ABA가 조기 노쇠현상을 유도하여 이로 인해 에틸렌이 생성되면 에틸렌이 직접적으로 탈리현상을 유발하기 때문에 ABA는 간접적으로 탈리작용을 유도

⑨ 스트레스 감지

㉠ 외부환경으로부터 받는 스트레스를 감지하는 스트레스 호르몬

㉡ 수분스트레스를 받으면 잎의 ABA 함량이 급격히 증가하여 기공을 폐쇄, 그 효과는 ABA가 없어지는 2~3일 동안 지속됨

- 수분스트레스로 공변세포의 ABA 농도가 20배 증가
- 뿌리에서 생산된 ABA가 목부를 통해 잎으로 이동하여 기공 폐쇄

㉢ 뿌리 중에서도 표토 가까이 있는 뿌리 끝에서 먼저 수분스트레스를 감지하여 ABA를 생산함

㉣ 수분스트레스 이외에 고온, 침수, 무기영양부족 등의 스트레스를 받아도 ABA의 함량이 증가

6. 에틸렌

① 과실의 성숙과 저장에 영향을 주는 기체
② 2개의 탄소가 이중결합으로 연결된 간단한 구조
③ 생산에는 ATP가 소모되고 산소를 요구하며, 심한 산소 부족 상태에서는 ACC 상태로 머물러 에틸렌 생산이 억제됨
④ 옥신 처리 시 에틸렌 생산이 촉진되고 식물에 상처, 압박 등을 줄 경우 에틸렌 생산이 촉진되어 종자식물의 모든 조직에서 생산
⑤ 에틸렌은 기체로 수용성이 아니어서 목부나 사부를 통해 이동하지 않고, CO_2처럼 빠른 속도로 세포간극이나 빈 공간을 통해 이동
⑥ 에틸렌은 지용성으로 지질에는 쉽게 녹아 원형질막에 쉽게 부착됨
⑦ 과실의 성숙 촉진
㉠ 과실 중 어떤 과실은 호흡량 변화가 결실 직후 가장 높다가 성숙하면서 급격히 저하되며, 익어 가면서 최소치를 나타내고 완전히 익기 전에 호흡량이 증가하는 climacteric 현상을 보임
㉡ 이 시점에서 산소를 요구하는 에틸렌 생산량이 증가하면서 과일의 성숙을 촉진, 이로 인해 호흡량이 증가하는 것
㉢ 반면 이런 호흡량 변화를 보이지 않는 과실은 에틸렌을 처리해도 효과가 없음

⑧ 침수된 경우의 효과
㉠ 식물 뿌리가 장기간 침수 시 뿌리에서는 에틸렌 전구물질인 ACC가 생성
㉡ ACC가 줄기로 올라와 산소공급을 받고 에틸렌으로 생합성 되면 잎의 황화, 줄기의 신장 억제, 줄기 비대 촉진, 잎의 상편생장, 탈리현상 등을 나타냄
⑨ 뿌리 신장도 억제, 간혹 부정근이 발생, 병원균에 의한 저항성 약화
⑩ 줄기와 뿌리의 생장 억제 : 에틸렌은 피자식물에서 줄기 · 엽병 · 뿌리의 신장생장을 억제, 종축 방향으로의 신장을 억제하는 대신 비대생장을 촉진하여 부위가 굵어짐
⑪ 종자발아 시 토양 위로 올라오는 상배축 또는 하배축이 토양을 뚫고 올라올 때 갈고리 모양을 갖추는데, 이는 에틸렌이 갈고리의 안쪽 세포의 신장을 억제함으로써 형성되는 것
⑫ 개화촉진 효과 : 대부분의 식물에서는 개화를 억제하지만, 망고, 바나나, 파인애플 등에서는 개화를 촉진함
⑬ 에틸렌과 옥신의 관계
㉠ 식물에 옥신을 처리하면 에틸렌 생산이 촉진
㉡ 잎 · 꽃 · 열매 등의 탈리현상은 옥신, 지벨렐린, 사이토키닌, ABA가 서로 상호 작용하여 발생하기 때문에 일부 영향을 줄 수는 있어도 분리해서 평가할 수는 없음

CHAPTER 13 조림과 무육생리

1. 간벌

① 최종 수확 이전에 서로 경쟁하고 있는 주목의 일부를 제거하여 잔존목에 생육공간을 제공하기 위한 무육방법
② 잔존목이 광선, 토양 수분, 무기영양소를 더 많이 이용할 수 있게 함
③ 수관의 크기가 커지며 엽면적이 증가하기 때문에 더 많은 탄수화물이 수간으로 이동하여 직경생장이 촉진됨
④ 직경생장이 촉진되므로 재적생장이 크게 증가하며, 추재의 비율이 높아져 재질도 우수해짐
⑤ 간벌은 잔존목의 수고생장에는 큰 영향을 주지 않음
⑥ 재적생장을 증가시키는 이점이 있지만, 반면에 수간의 하부와 상부의 직경의 차이를 나타내는 초살도를 증가시키기도 함
⑦ 초살도가 작은 원통형의 수간을 생산하기 위해서는 조림 당시 식재간격을 좁게 하여 수관폭이 작고 초살도가 작은 수간을 유도하여야 하며, 자연낙지를 유도하여 옹이가 없도록 하면 지하고가 높은 밋밋한 목재를 만들 수 있음
⑧ 간벌은 적절한 시기에 적절한 강도로 실시되어야 함

2. 시비

① 비료(fertilizer) : 양묘 과정에서 거의 필수적으로 쓰이며, 건전한 식재묘를 생산하는 데 중요
② 산지에 식재된 묘목의 활착은 양묘 과정에서 묘목의 활력 및 영양상태와 밀접한 관계가 있기 때문
③ 시비로 인한 생장촉진 효과는 기존 잎의 광합성 능력이 향상되거나 엽면적이 증가하여 나타남

3. 가지치기

① 수목의 일부 중에서 주로 역지 이하의 가지를 제거하는 행위

② 과수와 원예 분야에서는 결실 촉진, 수형 조절, 부패 방지, 상처 치유, 그리고 수목 이식을 위한 처리 등을 위해 사용

③ 임업에서는 수형 조절이 주목적인데, 옹이가 없고 통직한 완만재를 생산할 수 있을 뿐만 아니라 수간의 직경생장을 증대시킬 수 있는 중요한 육림작업임. 죽은 가지를 방치할 경우 부패된 껍질 등이 목재 내부에 남게되어 목재의 질을 저하시킬 뿐만 아니라 병충해나 산불발생의 원인이 되므로 죽은 가지의 제거는 매우 중요함

④ 조림 후 최초 가지치기는 맨 아래의 가지가 죽어가기 시작할 때까지 기다리는 것이 바람직하며, 살아 있는 가지를 자르면 상처를 주기 쉬움

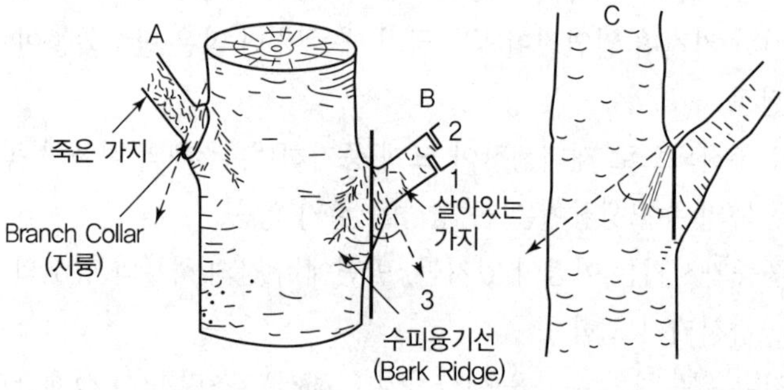

⑤ 작업요령 : 가지는 바짝 자르는 것이 원칙

㉠ A : 죽어 있는 가지는 지륭선을 따라 쉽게 제거

㉡ B : 살아 있는 가지를 제거할 때는 수피가 찢어지지 않게 세 단계에 걸쳐 자르며 최종 절단은 수피융기선에서 수직을 가상하여 융기선의 각도만큼 바깥쪽으로 각도를 주어 바짝 자름

㉢ C : 태풍 등의 피해로 굵은 수간 자체를 절단하고자 할 때에는 융기선의 각도만큼 안쪽으로 자르면 됨

⑥ 가지치기 시기

㉠ 수목의 휴면기인 겨울철이 가장 좋음 : 수피가 단단하여 작업하기 쉽고, 도장지가 발생할 가능성을 줄일 수 있음

㉡ 늦어도 형성층의 세포분열이 왕성한 5월 이전에 완료해야 함

⑦ 밑가지를 제거함으로써 초살도를 감소

⑧ 수목의 재질을 향상시킴

⑨ 살아 있는 가지를 제거하면 총광합성 면적은 감소, 나무 전체에 영향은 없음

⑩ 밑가지는 대개 활력이 작고 잎면적이 적은 반면에 호흡작용을 하는 형성층 조직의 비율이 상대적으로 많아서 자체적으로 생산한 탄수화물을 밖으로 내보낼 능력이 없거나 혹은 다른 부위로부터 탄수화물을 받아들여야 하는 기생적 위치에 있음. 따라서 밑가지를 제거하더라도 직경생장에는 영향을 주지 않으며 오히려 옹이를 제거하여 재질을 향상시킴

⑪ 수목의 수고생장은 정단 부위에서만 이루어지기 때문에 수관 상부에서 공급되는 탄수화물과 식물호르몬에 의해 영향을 받으며 밑가지를 제거한다 하더라도 수고생장에는 큰 영향을 주지 못함

⑫ 자연낙지 : 수목에서 측지가 생리적인 탈리현상에 의해 자연적으로 고사하여 이층이 형성되지 않은 상태에서 탈락하는 것

⑬ 단근

㉠ 개요 : 근계의 일부를 절단하는 것으로, 이로 인하여 지하부와 지상부의 비율이 변화하기 때문에 수목에 생리적으로 큰 변화를 가져옴

㉡ 목적 : 주로 이식에 대비하여 조밀한 잔뿌리의 발달을 촉진하고, 이식쇼크에 대한 저항성을 기르기 위한 것

㉢ 시기

- 연중 봄이 가장 적절한데, 그 이유는 봄철에 뿌리 발달이 가장 왕성하기 때문
- 가을철에 단근처리를 실시하면 광합성량이 적기 때문에 뿌리로 운반되는 탄수화물의 양이 적어서 새 뿌리의 발달이 미약해짐

⑭ 이식

㉠ 시기

- 봄철 겨울눈이 트기 2~3주 전에 나무를 이식
- 이른 봄, 토양이 녹으면서 온도가 상승하면 뿌리가 세포분열을 시작하여 모근으로부터 새 뿌리가 즉시 나오기 시작
- 이때 일평균기온이 적산온도의 기준이 되는 영상 5℃를 넘으면 지상부의 겨울눈도 세포분열을 시작
- 겨울눈이 분화하는 데 새 뿌리보다 시간이 더 걸림
- 결국 겨울눈이 트는 것을 최초로 감지할 수 있는 시기는 뿌리가 새로 나오는 시기보다 2~3주 정도 늦어지게 됨
- 수목은 봄철에 겨울눈이 트기 2~3주 전부터 새 뿌리를 만들기 시작하는 셈이며, 이 원칙은 수종과 지역에 관계없이 온대지방에서 적용되는 일반적인 수목생리현상

㉡ 가을 이식과 봄 이식

- 한반도는 서부유럽과 달리 겨울철이 춥고 건조한 대륙성 기후를 보이며, 동계 온도는 낮고 강우량은 극히 적으며 상대습도도 매우 낮음. 따라서 겨울 동안 건조 피해나 동해를 받을 수 있음

- 가을 이식을 더욱 불리하게 만드는 것은 지구온난화현상. 이상 난동은 강우가 동반하지 않으면 나무에게 심각한 문제를 가져오는데, 특히 낙엽수보다 상록수가 더 예민한 반응을 보임
- 소나무와 잣나무는 겨울에 기온이 올라가면 증산작용을 하며, 이는 토양이 건조한 상태에서도 계속됨(겨울 내내 비가 오지 않으면 서서히 잎이 마르고 봄이 되면 누렇게 변하면서 죽는 이유)

CHAPTER

14 스트레스 생리

1. 스트레스(stress, 압력)

① 생물학적 스트레스 : 식물이 생장이나 발달을 둔화시키거나 생장에 불리하게 작용하는 환경변화(원인)를 의미

② 식물이 생장하기에 적절한 환경은 식물의 종류에 따라 다르기 때문에 스트레스는 상대적인 개념(30℃는 고산식물에게는 고온이지만, 열대식물에게는 적정 온도)

요인분류	내용
기후적 요인	고온, 저온, 바람, 한발, 홍수, 폭설, 낙뇌, 화산폭발, 산불
생물적 요인	병균, 해충, 야생동물, 기생식물, 착생식물
인위적 요인	오염, 약제, 답압, 기계, 복토, 절토, 산불, 잘못된 전정
토양적 요인	불리한 토양의 물리적(배수불량) 및 화학적(영양결핍, 극단적인 산도)성질
조림적 요인	경쟁, 지나친 간벌, 수확

2. 온도

(1) 임계온도

식물이 생리적으로 활동할 수 있는 최고온도와 최저온도 사이의 범위(온대지방 기준 0~35℃ 정도)

(2) 피소(볕데기)현상

① 여름에 검은 토양의 표면이 햇빛에 노출되면 65℃까지 올라가며, 이때 강한 복사 광선에 의하여 토양 표면 근처에 있는 남쪽의 수간 조직이 건조하여 떨어져 나가는 것

② 여기서 생긴 상처 부위에 부후균이 침투하여 2차적인 피해를 유발함

③ 오동나무, 호두나무, 가문비나무등과 같이 코르크층이 발달되지 않고 평활한 수피를 가진 수종에서 자주 발생하며, 직사광선에 직접 노출되는 남서방향의 임연부의 성목이나 고립목에서 피해가 나타남

④ 울폐된 숲이 심하게 개방되지 않게 함으로써 강한 직사광선이 투입되는 것을 피하고, 고립목의 줄기는 짚으로 둘러주거나 흰 페인트칠하면 방지할 수 있음
⑤ 석회유 등을 발라 직사광선을 막아주는 것도 효과적

(3) 상렬

수간이 동결하는 과정에서 단열이 되어 있는 안쪽 목재보다 바깥쪽 목재가 더 수축하기 때문에 수직 방향으로 균열이 일어나는 피해

(4) 상륜

생육기간 중에 서리로 인하여 형성층의 시원세포에서 유래한 어린세포가 일시적으로 피해를 입어 나타나는 현상

(5) 열쇼크단백질

고온에 의하여 합성되는 단백질

(6) 냉해

① 생육기간 동안에 빙점 이상의 온도에서 나타나는 저온피해
② 열대와 아열대 지방의 수목은 15℃ 이하에서 피해가 나타남
③ 온대지방의 수목은 빙점 근처까지 온도가 내려갈 때 피해가 나타남

(7) 동해

① 빙점 이하의 온도에서 나타나는 식물의 피해
② 온도가 빙점 이하로 내려갈 때 세포 내에 얼음 결정이 형성되어 세포막을 손상시킴
③ 온도가 서서히 내려가서 얼음 결정이 세포 밖에 생기더라도 원형질이 탈수 상태에서 견디지 못함

(8) 내한성

① 내한성이 큰 수목 : 자작나무, 오리나무, 사시나무, 버드나무류
② 내한성이 증가하면서 뚜렷하게 증가하는 것 : 당류(sugar)
㉠ 당류는 전분의 가수분해로 생기며, 당류 중에서도 설탕의 함량이 증가하는데, 생장 정지와 호흡작용의 감소로 인하여 탄수화물의 이용이 감소하기 때문
㉡ 당류는 주로 액포 내에 저장됨으로써 수분이 세포 밖으로 결정되는 양을 감소시킴

3. 바람

① 역할

㉠ 긍정적 역할

- 화분과 종자의 비산에 도움
- 엽면의 공기경계층의 두께에 영향을 주어 더운 여름날 햇빛에 잎의 온도가 상승하는 것을 막아줌
- CO_2의 확산에 의한 공급을 촉진시킴

㉡ 부정적 역할 : 증산작용의 촉진, 풍도, 줄기의 기형 유도, 기공 폐쇄, 잎의 손상, 토양침식 등

② 풍해 : 바람에 의해 나타나는 물리적 및 생리적 피해

③ 풍도

㉠ 바람에 수간이 부러지거나 뿌리째 뽑히는 것

㉡ 침엽수가 활엽수보다 피해가 더 큼

㉢ 바람은 수목의 수고생장을 감소시킴

㉣ 수목의 형성층에 의한 직경생장은 바람에 의해 일반적으로 촉진됨

④ 초살도 증가

⑤ 바람에 의해 수목이 한쪽으로 기울면 형성층의 세포분열이 비정상으로 편심생장을 하여 이상재를 형성

⑥ 형성층의 세포분열이 비정상으로 편심생장을 하여 이상재를 형성

㉠ 침엽수류 : 압축이상재. 중심부에서 아래쪽 형성층의 세포분열이 촉진되어 목부조직이 비대

㉡ 활엽수류 : 신장이상재

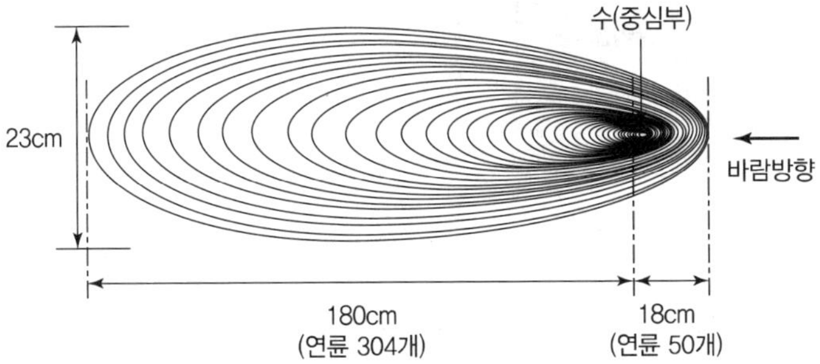

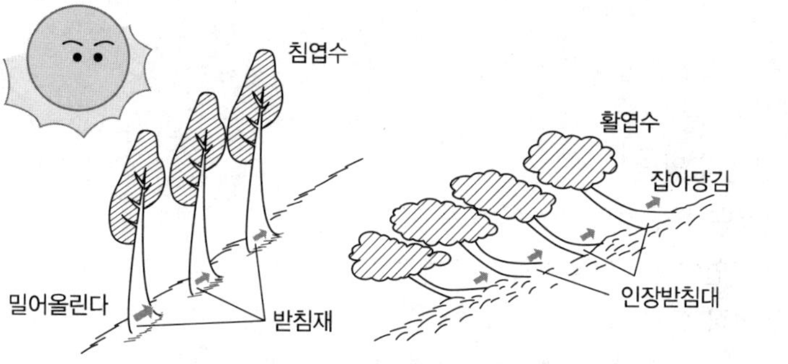

〈수목의 진단과 조치, 서영재/김재온 역〉 받침재(이상재)가 자라는 형태

4. 대기오염

(1) 개요

① 대기 중에 있는 물질이 정상적인 농도 이상으로 존재할 때를 일컫는 말

② 1차 오염물질 : 고체, 액체, 혹은 기체 형태, 천연적, 인공적 오염원에서 직접적으로 발생하는 오염물질

③ 2차 오염물질 : 방출된 물질로부터 대기권에서 새롭게 형성된 물질

형태	종류
황화합물	SOx(SO_2, SO_3^{2-}, SO_4^{3-}), H_2S(황화수소)
질소화합물	NH_3(암모니아), NOx(NO, NO_2, N_2O)
탄화수소 및 산소화물	CH_4(메탄), C_2H_2(아세틸렌), 알코올, 에테르, 페놀, 알데히드
할로겐 화합물	HF, HBr, Br_2 등
광화학 산화물	O_3, NO_3, PAN
미립자	검댕, 먼지, 중금속(Pb, As, Ti 등)

(2) 병징

① 수목의 여러 기관 중 외부 환경의 변화에 가장 예민하게 반응을 나타내는 곳은 잎으로 유세포가 집중적으로 모여 있으며 대사활동이 가장 왕성하기 때문

② 대기오염 물질은 기공을 통하여 잎 속으로 들어가서 엽육조직에 피해를 주기 때문에 가장 먼저 나타나는 병징은 잎의 황화현상

③ 만성피해는 대기오염이 치명농도 이하에서 장기간 계속될 때 황화현상으로 서서히 나타나는데, 기공 주변의 엽육조직에서 먼저 피해가 나타나면서 일부 조직의 괴사(necrosis)가 동반됨

④ 급성피해는 치명적인 농도에 급속히 노출될 경우 기공이 있는 하표피와 엽육조직이 붕괴하고 엽록체가 뒤틀리면서 책상조직도 파괴됨. 다만, 통도조직은 비교적 피해를 적게 받음
⑤ 활엽수의 경우 아황산가스(SO_2)에 노출되면 잎 가장자리 조직과 엽맥 사이에 있는 조직이 먼저 황화현상을 일으키며 침엽수의 잎은 잎의 끝부분이 적갈색으로 변함. 만성적인 피해가 계속되면 1년생 이상 된 잎이 대부분 고사하고 당년생 잎만 남게 됨
⑥ 오존(O_3) : 잎에 주근깨 같은 반점(fleck)이 생김
⑦ PAN : 잎 뒷면에 광택이 나면서 후에 청동색으로 변함
⑧ 불소(F) : 기체 형태의 오염물질 중에서 가장 독성이 크게 나타나는 물질로서 체내에 계속적으로 축적되고 황화현상이 잎 가장자리에서 중륵을 따라서 안으로 확대됨

(3) 독성 기작

① 아황산가스(SO_2) : 엽면의 기공을 통하여 식물체에 침입하고, 기공으로 흡수된 SO_2의 대부분은 황산 또는 황산염으로 되어 피해를 주게 됨
㉠ 생체 내에서 산화되어 황산으로 변하여 증산작용, 호흡작용, 동화작용 등의 여러 작용을 쇠퇴시키게 됨
㉡ 접촉량이 많고 가스의 흡수 속도가 빠르면 황산이 접촉 부위 부근에 축적되어 피해가 현저해질 수 있음
㉢ SO_2에 의한 급성증상은 잎의 주변부와 엽맥 사이에 조직의 괴사가 나타나고 연반현상도 나타나는 것

② 질소산화물(NOx)
㉠ 주로 차량의 배기가스와 각종 공장, 화력발전소의 연료 연소에 의하여 배출
㉡ NO_2는 동 · 식물에 유해하며 광화학적 스모그현상 및 산성비의 원인이 됨
㉢ 주 피해 징후는 잎의 표면에 수침상의 반전이 나타나 차츰 백색, 회백색, 남갈색의 연반이 불규칙한 반점 형태로 나타나고, 연반이 발생한 후에 낙엽현상, 낙과현상 등이 생기는 것

③ 오존(O_3)
㉠ 오존(O_3)은 2차 오염물질이며, 대기 중에서 질소산화물, 탄화수소(HC)가 자외선에 의한 촉매반응으로 광화학스모그를 생성, 이것이 축적된 광화학물질이 O_3과 PAN
㉡ 광화학스모그의 구성성분인 옥시던트의 90% 이상이 오존이며, 이것은 산화력이 강하기 때문에 많은 식물에 피해를 줌
㉢ O_3과 PAN에 의한 피해는 반드시 광에 노출될 때 발생
㉣ 오존의 일반적인 피해는 잎의 표면에 나타나는데, 엽록체가 파괴되어 피해를 받은 식물은 잎에 적색화 및 황화현상이 일어나고, 잎의 앞면이 표백화되며 백색의 작은 반점이 생기고 암갈색의 점상반점이 생김

ⓜ 또한 일반적으로 피해가 격심할 때 불규칙한 대형 괴사증상이 발생하고, 장기적으로 계속 영향을 받을 경우에는 잎, 꽃, 어린 열매의 낙과 및 생육의 감소 등이 일어남
ⓑ 가시적인 피해로는 책상조직이 선택적으로 파괴되는 경우가 많음

④ PAN

㉠ 대기 중에서 질소산화물, 탄화수소(HC)가 자외선에 의한 촉매반응을 통해 광화학 산화반응으로 형성되는 2차 오염물질로서, 옥시던트 중에 미량(2~10%)으로 존재하는, 산화력이 매우 강한 유기물
㉡ 잎의 뒷면이 광택을 두른 은회색 또는 갈색이 변한 은회색을 나타내며, 피해가 극심하게 되면 잎의 표면에도 장해가 나타남
㉢ 잎의 뒷면이 황백화되고 시간이 경과함에 따라 잎의 뒷면에 주로 은백색을 나타내는 식물과 청동색을 나타내는 식물이 있음
㉣ 유령기에 피해를 받으면 발육이 억제되어 결국 잎이 소형으로 되며 기형이 됨. 엽면적의 확대가 계속되는 미성숙 잎에 강하게 작용하며, 성숙잎에는 해가 발생하기 어려움
㉤ PAN은 어린잎에, SO_2은 성숙잎에 피해를 줌

⑤ 불화수소(HF)

㉠ 주로 알루미늄 제련 공장, 인광석을 주원료로 한 인산비료인 과인산석회 · 인산액 등을 제조하는 비료 공장, 불소화합물을 원료로 하는 타일 공장 및 기와 공장 등에서 배출
㉡ 식물에 대한 독성이 매우 강하여 ppb의 단위에서도 민감한 식물에서는 피해 징후가 나타남
㉢ 물에 쉽게 녹는 성질이 있어서 기공을 통하여 흡수된 후 빠른 속도로 잎의 선단부와 엽록 부분에 쌓임
㉣ 피해증상은 대부분 잎의 선단부와 엽록부에 괴사반점이 생기는 것이며, 괴사반점의 특징은 괴사 부분과 건전한 조직 간에 명확히 식별할 수 있는 갈색 밴드가 나타나는 것
㉤ 어린잎의 선단과 주변부에 백화현상 또는 황화현상을 일으킴
㉥ 피해를 받은 식물은 시들음 현상을 나타내기도 하며, 침엽수는 봄에 침엽이 신장할 때 피해가 크게 발생하고, 잎의 원형질과 엽록소가 분해되어 세포가 괴사함
㉦ 피해감정법은 클라디오스와 같은 지표식물을 현지에 식재하는 것

오염물질	병징	
	활엽수	침엽수
SO_2	• 잎의 끝부분과 엽맥 사이 조직의 괴사 • 물에 젖은 듯한 모양(엽육조직 피해)	• 물에 젖은 듯한 모양 • 적갈색 변색
NOx	• 초기 : 흩어진 회녹색반점 • 잎의 가장자리 괴사, 엽맥 사이 조직 괴사(엽육조직 피해)	• 초기 : 잎끝이 자홍색~적갈색으로 변색되고, 잎의 기부까지 확대 • 고사 부위와 건강 부위가 뚜렷

오염물질	병징	
	활엽수	침엽수
O_3	• 잎 표면에 주근깨 같은 반점 형성 • 책상조직이 먼저 붕괴 • 반점이 합쳐져서 표면이 백색화	• 잎끝의 괴사 • 황화현상의 반점 • 왜성 황화된 잎
PAN	• 잎 뒷면에 광택이 나면서 후에 청동색으로 변함 • 고농도에서 잎 표면도 피해(엽육조직 피해)	잘 알려져 있지 않음
HF	• 초기 : 잎 끝의 황화 • 잎의 끝에서부터 괴사 시작, 점차 기부로 진행되어 확대됨 • 황화조직의 고사	• 잎의 신장확대 • 유엽 끝의 황화현상 • 잎 기부로 고사 확대
중금속	• 엽맥 사이조직의 황화현상 • 잎끝과 가장자리의 고사 • 조기낙엽 • 잎의 왜성화 • 유엽에서 먼저 발병	• 잎의 신장 억제 • 유엽 끝의 황화현상 • 잎 기부로 고사 확대

(4) 대기오염이 산림에 미치는 구체적인 징후

① 잎의 황화현상, 엽량의 감소, 세근량의 감소, 연간 생장량의 저하

② 조기낙엽 : 병원균에 대한 저항력의 감소

③ 부정아의 이상 발생 : 광합성의 변화

④ 잎의 형태 변화 : 종자의 이상 생산

⑤ 식물체의 수분 평형 변화 및 쇠퇴목의 조기고사 등

(5) 중금속에 의한 독성

① 카드뮴(Cd), 구리(Cu), 납(Pb), 수은(Hg), 니켈(Ni), 바나듐(V), 아연(Zn), 크롬(Cr), 코발트(Co), 탈륨(Tl) 등에 의해 발생

② 효소작용의 방해, 항대사제의 역할, 주요 대사물질의 침전 혹은 분해, 세포막의 투과성 변경, 그리고 주요 원소를 대치함으로써 여러 가지 생리적 기능의 장애를 초래

(6) 산성비

① pH 5.6 이하에서는 대기오염물질인 아황산가스와 질소산화물이 햇빛에 산화되어 황산기(SO_4^{2-})와 질산기(NO_3^-)의 형태로 존재

② 산림에 산성비가 내리는 초기에는 비료의 역할을 하기 때문에 수목의 생장이 촉진되는 경우가 자주 있음

③ 토양의 산성화가 진전되면 생장장애가 나타나기 시작

(7) 조직용탈

① 강우, 이슬, 연무, 안개 등의 수용액에 의해 조직 내 물질이 조직 밖으로 빠져나가는 것을 의미

② 강우는 조직 내의 무기염을 용탈시키며, 그중에서 특히 K를 가장 많이 용탈시킴

(8) 산림쇠퇴

① 넓은 지역에서 자라는 한 수종 혹은 여러 수종의 수목에서 활력이 점진적으로 혹은 급격히 감퇴하거나 집단적으로 고사하는 현상으로, 산림고사(forest dieback)라고도 함

② 생장 감소 : 줄기, 절간, 직경생장 감소, 잎의 크기 감소, 황화현상, 조기낙엽

③ 가지의 고사와 바깥수관의 쇠퇴, 줄기와 가지의 부정아 발생

④ 세근과 균근뿌리의 파괴, 뿌리썩음병균에 의한 뿌리의 감염

⑤ 침엽수의 경우 침엽이 수년간 살아 있는 것이 정상인데, 2~3년생 침엽이 먼저 황화현상을 나타내면서 탈락하며 수관의 아래쪽에서부터 시작됨

⑥ 산림쇠퇴의 원인과 기작

㉠ 오염가스의 피해

㉡ 무기영양소의 용탈

㉢ 토양의 알루미늄 독성

㉣ 영양균의 불균형

㉤ 기후에 대한 저항성 약화

㉥ 병해충의 피해

PART 03 기출 및 연습문제

001 다음 중 잎자루(엽병), 엽맥, 줄기를 지탱하는 특수한 형태의 유세포조직은? 기출

① 후각조직
② 후막조직
③ 분비조직
④ 유조직
⑤ 코르크조직

해설

종류	기능	관련조직 또는 세포
후각조직	어린 목본 식물의 표면 가까이에서 지탱 역할을 하는 특수한 형태의 유세포	엽병, 엽맥, 줄기
후막조직	목본식물의 지탱 역할, 세포벽이 두껍고 원형질이 없음	호두껍질, 섬유세포
목부	수분 통도 및 지탱	도관, 가도관, 수선, 춘재, 추재
사부	탄수화물의 이동 및 지탱, 코르크 형성층의 기원	사관세포, 반세포
유조직	원형질을 가지고 살아 있으면서 신장, 세포 분열, 탄소동화작용, 호흡, 양분저장, 저수, 통기, 상처 치유, 부정아와 부정근 생성 등 가장 왕성한 대사작용을 담당	생장점, 분열조직, 형성층, 수선, 동화 조직, 저장 조직, 저수 조직, 통도 조직 등의 유세포
표피조직	어린 식물의 표면을 보호, 수분 증발 억제	표피층, 털, 기공, 각피층, 뿌리털
코르크조직	표피조직을 대신하여 보호, 수분 증발 억제, 내화	코르크층, 코르크 형성층, 수피, 피목
분비조직	점액, 유액, 고무질, 수지 등을 분비함	수지구, 선모, 밀선

002 다음 중 곰팡이와 나무좀의 공격에 대해 저항성을 가지며 C_{10}~C_{30}의 탄소수를 가지는 테르펜 화합물은? 기출

① 카로테로이드
② 수지
③ 정유
④ 셀룰로스
⑤ 스테롤

해설 수지는 C_{10}~C_{30}의 탄소수를 가진 resin acid, 지방산, wax, terpenes 등의 혼합체로 곰팡이 및 나무좀에 저항성을 가짐

정답 001 ① 002 ②

Isoprene의 개수	명칭	분자식	예
2	Monoterpenes	$C_{10}H_{16}$	정유, α－pinene
3	Sesquiterpenes	$C_{15}H_{24}$	정유, abscisic acid, 수지
4	Diterpenes	$C_{20}H_{32}$	수지, gibberellins, phytol
6	Triterpenes	$C_{30}H_{48}$	수지, latex, phytosterols
8	Tetraterpenes	$C_{40}H_{64}$	Carotenoids
N	polyterpenes	$(C_5H_8)n$	고무

003 다음 중 수목의 뿌리에서 질산태질소를 흡수한 후 암모늄태질소로 바뀌는 과정을 무엇이라 하는가? 기출

① 질산환원
② 암모늄화 작용
③ 환원적 아미노반응
④ 아미노기전달
⑤ 질산화 작용

해설
- 질산환원과 동화 : 질산환원효소에 의한 흡수된 NO_3^-가 NH_4^+로 환원되고, 이후에 아미노산이나 이차산물의 합성에 이용
- 암모늄 동화 : 대부분 뿌리에서 아미노산으로 동화된 후 이동하거나 일부 잎에서 아미노산으로 동화됨. 이렇게 흡수된 질소는 유기질소화합물 생성의 원료로 쓰이며 단백질, 효소, 비타민, 엽록소 등의 구성성분이 되어 식물의 생장을 좌우하고 수량에 크게 영향을 미침

004 다음 중 수목이 에너지를 소모하지 않을 때에 해당하는 것은? 기출

① 낙엽수가 증산작용을 하지 않는 겨울철에 뿌리의 삼투압에 의해 낮에 수분을 흡수하는 경우이다.
② 낮에 증산이 활발하게 진행되어 목부도관에 장력이 생기는 경우이다.
③ 뿌리의 활력이 왕성하여 뿌리로부터 물을 흡수하여 위로 밀어 올리는 근압이 높아지는 경우이다.
④ 기온이 낮고 습한 새벽 잎 가장자리의 수공에 이와 같은 물방울이 맺히는 현상이다.
⑤ 줄기를 전단하거나 도관부에 구멍을 내면 수액이 배출되어지는 현상이다.

해설 증산으로 인한 수분흡수를 수동흡수라 하면 이때에는 에너지가 필요하지 않는다. 반면 능동흡수는 세포에서 농도 차이를 극복하여 물질을 운반하는 과정이다. 즉, 세포막을 경계로 물질을 저농도에서 고농도로 이동하게 하는데 이때에는 에너지가 필요하다.

정답 003 ① 004 ②

005 다음 연륜 중 도관의 형태가 봄에 집중적으로 생성되어 세포의 지름이 크고 세포벽이 얇은 것은? 기출

① 산공재
② 환공재
③ 방사공재
④ 침엽수재
⑤ 수선유세포

해설 환공재는 지름이 큰 관공이 1열~수열씩 열을 지어 연륜 주위를 따라 환상으로 배열하는 것이다(밤나무속, 가시나무류를 제외한 참나무속, 느릅나무속, 아카시아나무속, 물푸레나무속, 음나무, 오동나무 등).
① 산공재 : 지름이 거의 비슷한 크기의 관공이 연륜 전체에 고르게 분포(버드나무속, 사시나무속, 자작나무속, 오리나무속, 단풍나무속, 피나무속, 층층나무속, 감나무속 등)
③ 방사공재(반환공재) : 관공이 방사상으로 배열하는 것(가시나무류, 꽝꽝나무, 호두나무류 등)

006 다음 목재에 대한 설명 중 올바른 것은? 기출

① 도관, 가도관은 살아 있는 세포다.
② 도관, 목부섬유, 가도관은 2차벽을 가진다.
③ 피자식물에도 수지구세포가 있다.
④ 가도관은 원절을 통해 막공개폐가 일어나므로 도관보다 더 효율적이다.
⑤ 수선은 피자식물에만 있으며 유세포이다.

해설 ① 원형질을 가지고 있지 않으며 중앙이 비어있는 세포이다.
③ 피자식물에는 수지구세포가 없다.
④ 도관이 더 효율적이다.
⑤ 수선은 피자, 나자 모두 있으며 수평 방향으로 물질이 이동한다.

007 다음 중 뿌리에 대한 설명으로 틀린 것은? 기출

① 뿌리털은 형성층에서 만들어진다.
② 소나무는 뿌리털이 없다.
③ 어린뿌리는 근관이 보호 역할을 한다.
④ 뿌리털이 나타나기 시작하는 곳은 유관속조직의 분화가 완성된 곳이다.
⑤ 개척근은 지름이 굵어지는 뿌리이다.

해설 뿌리털은 표피세포가 길게 밖으로 자라서 형성된다.

정답 005 ② 006 ② 007 ①

008 다음 중 줄기의 잠아에서 생성되는 것은? 기출

① 액아
② 엽아
③ 측아
④ 주맹아지
⑤ 화아

해설
- 눈 : 아직 자라지 않은 어린 가지로 끝에 정단분열조직 있음
- 정아 : 가지 끝 한복판으로 주지를 만듦
- 측아 : 정아의 측면에 각도를 가지고 발달하며 측지를 만듦
- 액아 : 대와 잎 사이 겨드랑이에 위치하고 주로 새로운 잎을 만듦
- 잠아 : 휴면 상태로 남아 있는 눈. 엽액에서 생겼다가 줄기가 굵어지면서 수피 바로 밑까지 계속해서 따라 나오면서 아흔을 남김. 그루터기의 맹아, 피자식물의 도장지, 나자식물의 맹아지 잠아에서 유래됨
- 부정아 : 오래된 부위에서 불규칙하게 형성. 상처입은 유상조직이나 형성층 근처에서 만들어짐. 즉시 생긴 것이며 아흔 없음
- 근맹아 : 오동나무, 포플러 뿌리에서 나오는 것
- 엽아 : 잎을 만드는 눈
- 화아 : 꽃을 만드는 눈
- 합아 : 잎, 꽃, 가지를 만드는 눈

009 다음 중 고정생장에 대한 설명이 아닌 것은? 기출

① 당년에 자랄 줄기의 원기가 전년도에 형성된 동아 속에 미리 형성된 것이다.
② 가문비나무, 식나무, 솔송나무, 적송, 잣나무, 너도밤나무가 있다.
③ 봄 일찍 생장을 끝마치게 되고 생장량이 적다.
④ 가을에 가뭄이 들었을 때 광합성이 저조하면 작은 눈이 만들어진다.
⑤ 당년 여름의 기상조건의 영향을 더 많이 받는다.

해설 자유생장에 대한 설명이다.

010 다음 중 형성층에 대한 설명으로 틀린 것은? 기출

① 한발이 지속될 때 형성층 활동이 둔화되어 세포분열이 거의 정지된다.
② 계절적 활동은 상록수가 낙엽수보다 오래 지속된다.
③ 봄에 줄기생장이 시작될 때 함께 시작하며 여름에 줄기생장 정지 후에도 더 지속되는 경향이 있다.
④ 직경생장은 주로 유관 속 형성층이 안쪽으로 생산한 2차 목부조직에 의해 이루어진다.
⑤ 코르크형성층은 비대생장에 기여하지 않는다.

해설 코르크형성층도 비대생장에 기여한다.
※ 측방분열조직 = 유관속형성층 + 코르크형성층

정답 008 ④ 009 ⑤ 010 ⑤

011 다음 설명 중 틀린 것은? 기출

① 옥신의 영향으로 가을에 수관 꼭대기부터 추재가 형성된다.
② IAA 농도가 높을수록 측아의 생장이 억제된다.
③ 옥신은 사이토키닌과 지베렐린의 분열조직으로의 이동을 증가시켜 새 가지의 생장을 더욱 촉진시키고, 사이토키닌과 지베렐린은 다시 무기양분의 이동을 증가시켜 생장을 촉진, 정부 우세성을 유발시킨다.
④ 이른 봄 눈에서 만들어진 옥신이 밑으로 이동하면서 형성층을 자극하여 세포분열을 유도, 형성층 활동은 나무 꼭대기와 눈 바로 아래부터 시작, 나무 밑동 부근에서 제일 늦게 시작된다.
⑤ 가을에는 잎에서 옥신 생산량이 줄어들면 밑으로 공급되는 옥신량이 감소하고 밑동에서 형성층 활동이 중단되고 옥신은 꼭대기에서 제일 늦게 활동한다.

해설 **추재 형성 기작**
잎의 옥신 생산량 감소 → 나무 밑동에서 추재 생산 시작 → 그 여파가 위로 전달됨

012 다음 중 목부와 사부의 생산에 관한 설명으로 틀린 것은? 기출

① 목부조직이 사부조직보다 먼저 만들어진다.
② 형성층 세포는 자기 자신이 둘로 갈라질 때 접선 방향으로 새로운 세포벽을 만드는 병층분열에 의하여 목부와 사부를 만들게 된다.
③ 생리적으로 체내 옥신의 함량이 높고 지베렐린의 농도가 낮으면 목부를 생산하고, 그 반대일 때는 사부를 생산한다.
④ 병층분열은 목부나 사부의 시원세포를 추가로 만들기 위해 횡단면상 접선방향으로 세포벽을 만드는 세포분열이다.
⑤ 수층분열은 직경생장으로 인해 형성층 자체의 세포수가 모자랄 때, 형성층의 시원세포수를 증가시키기 위해 방사선 방향으로 세포벽을 만드는 세포분열이다.

해설 사부조직이 목부조직보다 먼저 만들어진다.

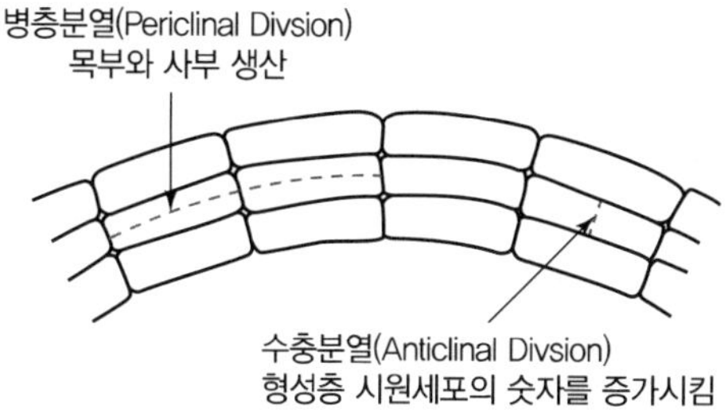

정답 011 ① 012 ①

013 다음 중 광합성과 관계없는 것은? 기출

① 캘빈회로
② PEP
③ RuBP
④ 틸라코이드막
⑤ Krebs회로

해설 시트르산회로(TCA, 크렙스)는 세포호흡의 중간 과정이다.

구분	광합성	세포호흡
정의	빛에너지 흡수, 유기물 합성 동화작용	유기물을 분해, 에너지를 방출하는 이화 작용
ATP 합성장소	엽록체의 틸라코이드막	세포질과 미토콘드리아
전자의 에너지 수송방향	틸라코이드 내부에서 스트로마로 H+이 확산될 때 ATP가 합성, 암반응에서 3PG의 환원 및 RuBP의 재생에 이용	세포질(해당작용)과 미토콘드리아 기질에서 일어나는 TCA회로에서는 기질 수준 인산화로ATP가 합성, 미토콘드리아 내막에서는 산화적 인산화로ATP가 합성
회로	캘빈회로	TCA회로

014 다음 중 수목의 호흡에 관한 설명으로 틀린 것은? 기출

① 고목이 될수록 호흡량이 많아진다.
② 과실 및 종자의 호흡량은 없다.
③ 밀식된 임분에서 수목이 자라는 속도가 느려지는 이유 중의 하나는 호흡량이 밀식되지 않은 임분보다 증가하기 때문이다.
④ 밀식된 임분은 개체수가 더 많으면서 작은 직경을 가지고 있기 때문에 호흡작용을 하는 형성층의 표면적이 더 많아 호흡량이 많아진다.
⑤ 밀식된 임분은 적기에 간벌을 실시해야 하며, 가지치기도 도움이 된다.

해설 과실과 종자도 호흡을 한다.

정답 013 ⑤ 014 ②

015 다음 중 다당류에 해당되는 것은? 기출

① 설탕

② 포도당

③ 과당

④ 전분

⑤ 라피노오스

해설

종류	하위분류	예
단당류	5탄당	Ribose, xylose,arabinose, ribulose
	6탄당	Glucose, fructose, mannose
올리고당	2당류	Maltose, lactose, cellobios, sucrose
	3당류	Raffinose
	4당류	Stachyose
	5당류	Verbascose
다당류		Starch, Cellulose−glucose, hemicellulose−xylan, mannan, galactan, araban, Pectin, mucilage, gum−galacturonic

016 다음 중 무기영양소인 질소를 많이 요구하는 수종은? 기출

① 보리수나무

② 오리나무

③ 담자리꽃나무

④ 소귀나무

⑤ 느티나무

해설 질소고정을 하지 못하는 수목은 질소요구량이 많다.

미생물종류	생활형태	기주
Cyanobacteria	외생공생	지의류, 소철
Rhizobium	내생공생	콩과식물, Parasponia(느릅나무)
Frankia	내생공생	오리나무류, 보리수나무, 담자리꽃나무, 소귀나무

017 다음 중 삼투포텐셜에 관한 설명으로 틀린 것은? 기출

① 용질의 농도가 낮은 쪽에서 높은 쪽으로 행해지는 인지질 이중층에서의 물의 확산을 말한다.

② 삼투압에 반비례하여 삼투압이 높을수록 수분을 흡수하려는 수분포텐셜은 낮아진다.

③ 대부분의 식물의 삼투포텐셜은 −0.4~−2.0Mpa이다.

④ 토양 수분의 이동에는 크게 기여하지 않으나 식물체의 뿌리와 토양 수분과의 관계에서는 중요한 역할을 한다.

⑤ 토양 용액 중에 존재하는 이온이나 용질 때문에 생기며 용액 중의 이온이나 분자들은 수화현상으로 물분자들을 끌어당기므로 물의 포텐셜에너지가 높아진다.

해설 물의 포텐셜에너지가 낮아진다.

정답 015 ④ 016 ⑤ 017 ⑤

018 다음 중 기공의 개폐에 대한 설명으로 틀린 것은? 기출

① 햇빛이 비추면 기공이 열린다.
② 엽육 속 CO_2 농도가 낮으면 열린다.
③ 수분스트레스가 높아지면 열린다.
④ 삼투압이 증가하면 열린다.
⑤ 유기산이 축적되면 열린다.

해설 잎의 수분퍼텐셜이 낮아지면 수분부족으로 수분스트레스가 커지며 수분이 증산되지 못하게 기공이 닫힌다.

- 열림기작 : H^+ → ATPase 가동 → H^+ Pumping → pH 증가, 과다분극 → K^+ 유입, 전하의 불균형 발생 → Cl^-, Malate 흡수 → 액포에 K^+, Cl^-, Malate 축적 → 삼투압 증가 → 수분 흡수(팽압 발생)
- 닫힘 기작 : 엽록체, 세포벽에 ABA 저장 → 세포막에 ABA 전달 → 세포질 Ca^{2+}농도 증가 → K^+ 흡수 Channel 활성 억제, K^+ 방출 Channel 활성화 → 음이온(Cl^-)방출 촉진 → 더욱 Depolarization → 삼투압이 낮아져 수분 방출(팽압 감소)

019 다음 중 엽면시비 시 적당한 농도는? 기출

① 0.1%
② 0.5%
③ 1.0%
④ 2.0%
⑤ 3.0%

해설
- 적절하고 안전한 영양소 농도는 0.2~0.5%
- 엽면 흡수되는 속도는 살포 후 24시간 내에 50%가 흡수
- 엽면시비는 미량요소의 공급이 필요하거나 뿌리의 흡수력이 약해졌을 때, 이식목의 건강이 급속히 나빠졌거나 확실하고 빠른 시비효과가 필요한 때 실시

020 다음 중 수목의 영양상태 진단을 위한 방법에 대한 설명으로 틀린 것은? 기출

① 엽분석 잎의 채취 시기는 7월 말~8월이며 채취 위치는 가지의 중간에서 한다.
② 엽분석이 가장 신빙성이 높다.
③ 진단할 수 있는 방법은 가시적 결핍증 관찰, 시비실험, 토양분석, 엽분석 등이 있다.
④ 정상적인 생장에 필요한 무기영양소의 표준함량이 설정된 후에는 쉽게, 경제적으로, 신빙성 있게 수목의 영양상태를 진단할 수 있다.
⑤ 시비처리 후 단기간의 토양분석을 통하여 후에 나타날 시비효과를 예측할 수 있는 방법이 개발되었다.

해설 토양분석이 아닌 엽분석을 통해서 예측한다.

정답 018 ③ 019 ② 020 ⑤

021 **다음 중 수액에 관한 설명으로 틀린 것은?** 기출

① 침엽수의 수액은 나선형으로 올라간다.
② 낙엽수인 메타세쿼이아는 직선으로 올라가는 것이 관찰된다.
③ 수액이 나선상으로 돌면서 올라가는 현상은 수분을 골고루 배분하는 역할을 하며 수간에 살충제나 영양제를 투입하고자 할 때 약제를 골고루 분산시키는 경향이 있다.
④ 방사유세포를 통하여 흐르는 액체는 수액에 포함되지 않는다.
⑤ 크게 목부수액과 사부수액으로 나눌 수 있다.

해설 수액은 나무의 도관이나 사부를 통해 유동하는 액체를 말하며 다음의 액체를 총칭한다. 크게 목부수액과 사부수액으로 구분한다.
- 목부의 도관이나 가도관을 통하여 상승하는 액체
- 내수피에 있는 사부조직의 도관을 통하여 내려오는 액체
- 방사유세포를 통하여 흐르는 액체
- 목질부, 가지의 손상 때 흐르는 액체
- 생활조직세포의 세포질 내에 있는 액체 등 수목의 체내에 존재하는 액체

022 **다음 중 생식생장과 영양생장과의 관계로 틀린 것은?** 기출

① 수목의 키나 지름이 커지는 것은 분열조직에 의해 이뤄지는데 이는 줄기와 뿌리의 끝부분과 형성층에만 있다.
② 수목은 꽃을 피우기 전에는 에너지를 영양생장에만 투입함으로써 수고(나무의 키) 생장을 빨리 도모해 햇빛을 유리하게 받으려는 특성을 가지고 있다.
③ 주가지가 옆가지보다 빨리 자라는 특징을 정아우세현상이라고 하고 그 예로는 낙우송, 메타세쿼이아, 전나무, 가문비나무, 백합나무 등이 있다.
④ 가을이 되어 잎에서 옥신생산이 줄어들기 시작하면 밑으로 공급되는 옥신의 양이 감소해 제일 먼저 나무 밑동 부근에서 형성층의 세포분열이 중단된다.
⑤ 어느 수종이든 어떤 환경이든 간에 사부 생산량이 목부보다 많으며 그 비율은 침엽수의 경우 평균 10 : 1가량이 된다.

해설 목부 생산량이 사부 생산량보다 많다.

정답 021 ④ 022 ⑤

023 다음 설명 중 올바른 것은? 기출

① 버드나무와 포플러류는 1가화다.
② 나자식물은 모두 양성화다.
③ 나자식물의 배유는 3n이 된다.
④ 참나무는 1가화이다.
⑤ 나자식물도 중복수정을 한다.

해설 ① 버드나무와 포플러는 2가화이다.
② 나자식물은 양성화가 없으며 모두 1가화나 2가화이다.
③ 나자식물은 단상(n)의 극핵이 그대로 수정 없이 발달하여 단상의 배유를 형성한다.
⑤ 나자식물은 중복수정이 없다.

명칭	뜻	예
단성화	암술과 수술 중 한 가지만 가진다.	버드나무, 자작나무
1가화	암꽃과 수꽃이 한 그루에 달린다.	참나무류, 오리나무류
2가화	암꽃과 수꽃이 각각 다른 그루에 달린다.	버드나무, 포플러류

024 다음 중 양성생식 없이 과실이 형성되는 것을 무엇이라 하는가? 기출

① 단위결과
② 무성생식
③ 영양생식
④ 아포믹시스
⑤ 단성생식

해설
- 단위결과 : 종자가 없이 열매가 성숙하는 경우
- 피자식물 : 일반 과수, 단풍, 느릅나무, 물푸레나무, 자작나무, 튤립나무 등에서 관찰
- 나자식물 : 비립종자만이 들어 있는 상태에서 솔방울이 완전히 성숙하는 경우로 잣(나무, 잎갈, 가문비, 향, 주목, 측백)나무 속에서 자주 관찰됨
- 단위생식 : 배주가 수정됨이 없이 배로 발달하여 종자가 형성되는 경우(산림수목에서는 아직 관찰된 일이 없음)

025 다음 중 피소에 대한 설명으로 틀린 것은? 기출

① 남서쪽에 노출된 수피가 여름철 햇빛과 열에 타서 형성층 조직이 죽어 벗겨지고 노출되는 현상이다.
② 수피가 얇은 수종인 벚나무, 단풍나무, 목련, 매화나무, 물푸레나무 등이 피해를 많이 본다.
③ 대책으로는 나무를 이식할 때 수피를 보호하기 위해 녹화마대로 감싼다.
④ 흉고직경 15~20cm 정도의 줄기 2m 이상에서 피해가 발생한다.
⑤ 수피에 흰 도포제(석회유)를 발라주면 더위로 인한 피해를 막을 수 있다.

해설 2m 이내에서 피해가 발생한다.

정답 023 ④ 024 ① 025 ④

026 다음 중 질소를 고정하는 식물을 모두 고른 것으로 올바른 것은? 기출

ㄱ. Lespedeza(싸리류)
ㄴ. Pueraria(칡)
ㄷ. Elaeagnus(보리수나무속)
ㄹ. Maackia(다릅나무)
ㅁ. Gleditsia(주엽나무)

① ㄱ
② ㄱ, ㄴ
③ ㄱ, ㄴ, ㄷ
④ ㄱ, ㄴ, ㄷ, ㄹ
⑤ ㄱ, ㄴ, ㄷ, ㄹ, ㅁ

해설
- 공생적으로 질소고정
  - 콩과식물이 기주인 Rhizobium 뿌리혹박테리아
  - 오리나무류, 보리수나무, 소귀나무 등 주로 목본류가 기주인 Frankia(방선균)
- 다릅나무 : 콩과의 낙엽활엽교목
- 주엽나무 : 콩과의 낙엽활엽교목

027 다음 중 겉씨식물에 대한 설명으로 틀린 것은? 기출

① 배낭모세포는 감수분열로 4개의 세포를 만들며, 이 중 3개는 퇴화하고 하나만 생장하여 배낭세포가 된다.
② 배낭의 핵 중에서 위쪽에 위치한 것 2개만이 장란기가 되어 그 속에 1개씩의 난세포(n)를 지니며, 나머지 핵은 배젖세포가 된다.
③ 배젖은 수정 전에 이미 만들어지므로 배젖세포의 핵상(염색체수)은 n이다.
④ 소나무의 경우는 정핵이 꽃가루관에 의해 운반되어 배낭에 도달하고, 장란기 속의 2개의 난세포와 각각 수정하고 발육하여 모두 배가 된다.
⑤ 속씨식물과 달리 중복 수정을 하지 않는다.

해설 수정란 중에서 발육하여 배가 되는 것은 1개뿐이다.

※ 배낭형성과정

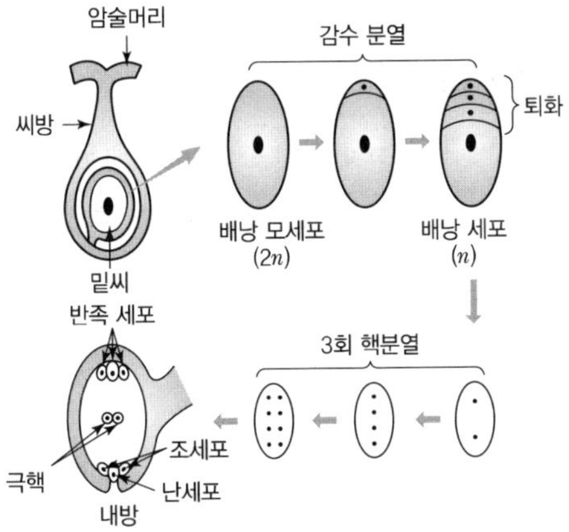

정답 026 ⑤ 027 ④

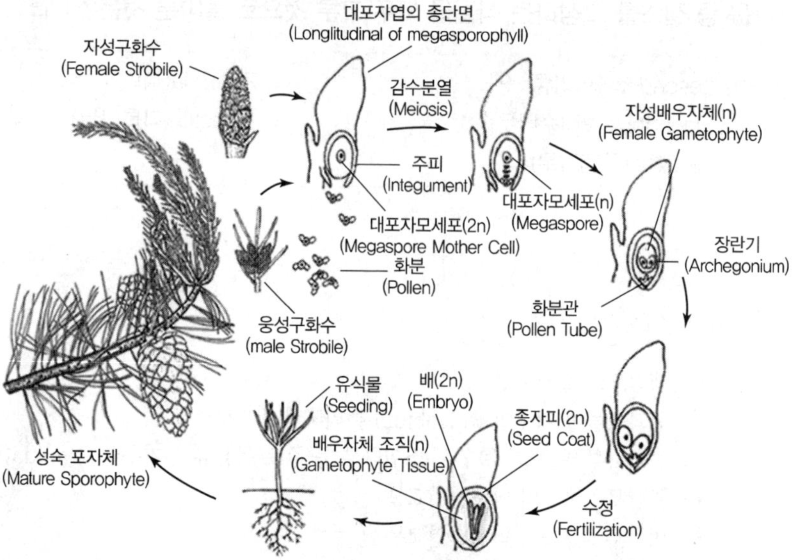

028 다음 중 다음해 개화되는 수종끼리 묶인 것은? 기출

① 소나무, 잣나무, 상수리나무
② 편백, 가문비나무, 삼나무
③ 신갈나무, 떡갈나무, 종가시나무
④ 이깔나무, 전나무, 삼나무
⑤ 종가시나무, 가시나무, 상수리나무

해설 • 개화 당년에 결실하는 수종 : 이깔나무, 전나무, 편백, 가문비나무, 삼나무
• 개화 다음해에 결실하는 수종 : 소나무, 잣나무, 섬잣나무, 상수리나무

분류	종자 성숙 특성	수종
갈참나무류	개화 당년에 익음	갈참, 졸참, 신갈, 떡갈, 종가시, 가시, 개가시
상수리나무류	개화 이듬해에 익음	상수리, 굴참, 정릉참, 붉가시, 참가시

029 다음 중 수목조직의 연결이 잘못된 것은? 기출

① 사부조직 – 사관세포, 반세포
② 표피조직 – 표피층, 뿌리털, 겉뿌리
③ 분비조직 – 수지구, 선모, 밀선
④ 코르코조직 – 코르크 형성층, 수피, 피목
⑤ 유조직 – 수조직, 형성층, 저장조직

해설 '내초 – 곁뿌리'이다.

정답 028 ① 029 ②

030 다음 중 균근에 대한 설명으로 틀린 것은? 기출

① 외생균근은 소나무, 너도밤나무, 자작나무, 버드나무 등에 특히 많다.
② 외생균근은 균사가 표피나 뿌리털을 통해 들어온 다음에 세포 사이로 확장될 뿐만 아니라 피층의 각 세포로 침투한다.
③ 내외생균근은 내생균근과 외생균근의 모습을 모두 갖고 있는 것을 말하는데 일반적으로 식물체가 어렸을 때 일어나는 현상이기도 하다.
④ 균근의 형성률 혹은 감염률은 토양의 비옥도가 높을수록 낮다.
⑤ 산림토양 내의 무기염 중 질소는 암모늄태질소를 흡수한다.

해설 외생균근이 아니라 내외생균근에 대한 설명이다.

031 다음 중 초살도에 대한 설명으로 틀린 것은? 기출

① 초기에 밀도가 너무 높아 수목의 생장이 저조하거나 토양이 척박한 경우에는 간벌에 대한 반응이 잘 나타나지 않는다.
② 간벌쇼크는 잎의 황화현상, 조직의 피소현상, 바람에 대한 저항성이 낮은 수종은 풍도현상, 생장 감소, 병해충 증가 등 고사현상으로 나타난다.
③ 풍도를 예방하기 위하여 천근성수종은 간벌을 일찍 점진적으로 실시한다.
④ 간벌로 인하여 흑변뿌리병과 같이 병이 증가하는 경우도 있고 나무좀과 같이 감소하는 경우도 있다.
⑤ 간벌은 재적생장을 감소시키며 초살도는 증가시킨다.

해설 간벌은 재적생장을 증가시키며 초살도도 증가시킨다.

032 다음 중 동해에 의한 수목의 피해에 대한 설명으로 틀린 것은? 기출

① 세포 내 결빙 현상은 세포의 수분 투과성이 높은 경우 원형질 내부로 결빙이 침투하여 원형질 콜로이드 구조에 기계적 장해를 줌에 따라 세포가 파괴되는 것이다.
② 급격한 동결이 일어날 경우 세포 내 결빙이 쉽게 일어나, 원형질 분리가 생기지 않고 수축하여 기계적 파괴가 일어나 쉽게 동사하게 된다.
③ 빙점 이하의 온도에서 나타나는 식물의 피해를 말한다.
④ 세포의 삼투압 증가에 의한 빙점 강하 또는 세포벽과 세포막의 결빙 방지에 의한 저온과 냉각으로 저온상태의 세포가 세포 내 물을 액체상태를 유지하여 살아남는다.
⑤ 내냉성식물들은 불포화지방산 증가와 산화 방지 및 가용성 단백질 생성을 통해 냉해를 예방한다.

해설 세포 내 결빙 현상은 세포의 수분 투과성이 낮은 경우 발생한다.

정답 030 ② 031 ⑤ 032 ①

033 다음 탄수화물에 대한 설명 중 틀린 것은? 기출

① 탄수화물은 탄소, 수소, 산소가 1 : 2 : 1의 비율로 구성되어 있다.
② 단당류는 조효소의 ATP, NAD 등의 구성성분이다.
③ Pectin은 galacturonicacid의 중합체이며 세포벽의 구성성분으로 중엽층에 있다.
④ Gum은 벚나무속의 나무가 나무기둥에 상처를 받을 때 분비되는 물질이다.
⑤ 전분은 뿌리의 유세포에 가장 많이 축적된다.

해설 전분은 잎에 가장 많이 축적된다.
- 올리고당(과당)
- 2당류
  - 자당(sucrose) : 포도당+과당
  - 맥아당(maltose), 셀로비오스(cellobiose) : 포도당+포도당
- 3당류 : 라피노오스 : 갈락토오스+포도당+과당
- 4당류 : 스타키오스 : 갈락토오스(2)+포도당(1)+과당(1)

034 다음 ABA(호르몬)에 대한 설명 중 틀린 것은? 기출

① 탄소 15개를 가진 세스퀘테르펜의 일종이다.
② 운반은 목부와 사부를 통해 이동하고 유세포를 통해서도 가능하며, 이때 극성을 띠지 않는다.
③ 생장 정지를 유도하는 것으로 생장억제제로 분류된다.
④ ABA 처리 시, 눈, 종자의 휴면을 유도한다.
⑤ 식물이 수분스트레스를 받으면 잎의 ABA 함량이 급격히 감소하여 기공폐쇄가 일어나며, 효과는 ABA가 없어질 때까지 지속된다.

해설 식물이 수분스트레스를 받으면 잎의 ABA 함량은 급격히 증가한다.

035 다음 중 지질의 종류와 기능에 대한 설명으로 틀린 것은? 기출

① 비극성 물질, 비수용성, 지용성으로 유기용매인 클로로포름, 아세톤, 벤젠, 에테르에 녹는다.
② 지방산 및 지방산 유도체로는 palmitic산, 단순지질(지방, 기름), 복합지질(인지질, 당지질), 왁스, 큐틴, 슈베린 등이 있다.
③ isoprenoid 화합물은 terpenes, carotenoides, 고무, 수지 등이 있다
④ phenol 화합물은 lignin, tannin, flavonoids, stero 등이 있다.
⑤ 원형질막의 인지질, 수용성 용질의 자유로운 통과를 억제하는 기능을 가진다.

해설 stero은 phenol이 아닌 isoprenoid 화합물에 속한다.

정답 033 ⑤ 034 ⑤ 035 ④

036 다음 중 유관속 형성층의 생성에 대한 설명으로 틀린 것은? 기출

① 고등식물 관다발의 물관부와 체관부의 경계에 있는 분열조직으로 물관부와 체관부가 2차 조직을 형성하기 때문에 관다발 형성층이라고도 부른다.

② 수목의 줄기나 뿌리는 형성층의 활동으로 해마다 비대생장한다.

③ 형성층의 세포는 세로 방향으로 길고 접선면에서 위아래 양 끝이 뾰족한 방추형 시원세포와 소형의 방사조직 시원세포가 있다.

④ 방추형 시원세포는 주로 접선면에서 분열하여 안쪽의 세포는 2차물관부로, 또 바깥쪽의 세포는 2차 체관부로 분화한다.

⑤ 방사조직 시원세포는 관다발 안을 방사방향으로 뻗는 2차방사조직을 형성하며 병층분열을 한다.

해설 방사조직 시원세포는 병층분열이 아니라 수층분열을 말한다.

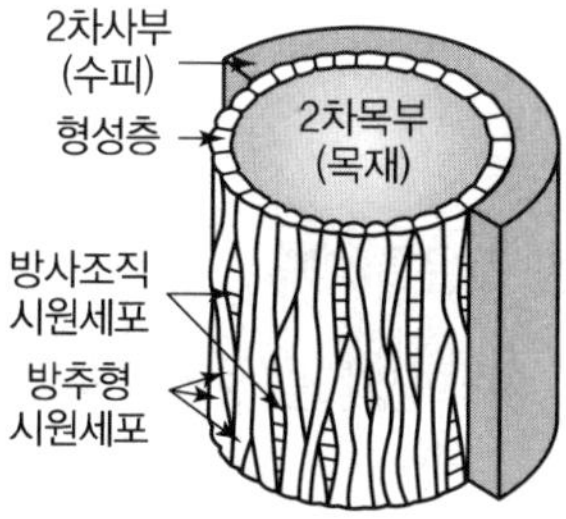

형성층

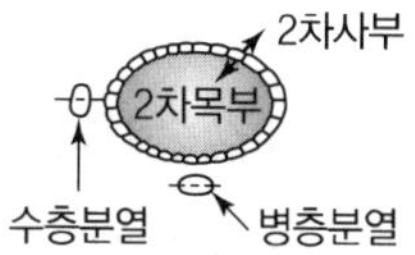

형성층 시원세포의 분열

037 다음 중 수목 내 질소 등 무기영양소의 계절적 변화에 대한 설명으로 틀린 것은? 기출

① 조직 내 질소 함량은 가을과 겨울에 가장 높다.

② 봄철에 줄기 생장이 개시되면 감소하기 시작하다가 생장이 정지되면 다시 증가한다.

③ 저장된 질소를 공급하는 조직은 주로 사부조직이다.

④ 목부와 수피의 저장과 이동에는 여러 가지 아미노산이 관여하는데, 가장 중요한 화합물은 arginine이다.

⑤ 목본식물의 낙엽 직전의 잎에는 N, P, K 같은 화합물은 증가하고, 대신 Ca, Mg과 같은 화합물은 감소한다.

해설 목본식물의 낙엽 직전의 잎에는 N, P, K 같은 화합물이 줄어들고, 대신 Ca, Mg과 같은 화합물은 증가한다.

정답 036 ⑤ 037 ⑤

038 **다음 중 식물호르몬에 대한 설명으로 틀린 것은?** 기출

① 에틸렌은 과일을 익게 하는 천연 호르몬이지만, 식물이 가뭄이나 추위와 같은 스트레스 상황에 처할 때도 배출되어 식물을 시들게 하고 과일을 지나치게 숙성시키기도 한다.
② 에틸렌의 전구물질은 ACC로, 가뭄, 침수, 상처, 감염 등의 자극에 대한 반응으로 합성된다.
③ 사이토키닌은 식물의 생장 촉진, 식물의 기관 형성, 종자의 발아와 세포분열의 촉진, 세포의 비대효과 등에 관여한다.
④ 사이토키닌은 발달하는 잎, 뿌리, 과실, 종자 등에서 생산되며, 천연적으로 나타나는 사이토키닌은 adenine에서 유래되었다.
⑤ 지베렐린은 키네틴, 키닌 등을 통틀어 일컫는 말로 잎과 곁눈의 생장을 촉진, 잎과 과일의 노화를 방지한다.

해설 지베렐린이 아니라 사이토키닌에 대한 설명이다.

039 **다음 중 식물의 유형기와 성숙기의 비교로 틀린 것은?** 기출

① 서양담쟁이덩굴 : 유엽은 결각으로 갈라지는 경향이 있고, 성엽은 둥글게 자란다.
② 향나무 : 유엽은 침엽이며, 성엽은 인엽이다.
③ 소나무류 : 종자에서 발아한 첫해에 1차엽을 만드는데 이는 유엽의 일종이다.
④ 가시의 발달 : 귤나무와 아카시나무의 경우, 유형기에 가시가 발달한다.
⑤ 삽목의 용이성 : 성숙기에 삽목이 쉽다.

해설 성숙기보다 유형기 때 삽목이 쉽다.

040 **다음 중 광합성 색소에 관한 설명으로 틀린 것은?** 기출

① 광합성 색소는 광합성에 필요한 빛에너지를 흡수하는 색소로 엽록체의 틸라코이드막에 있고, 엽록소와 보조 색소인 카로티노이드계 색소가 있다.
② 안테나 색소는 엽록소 a를 제외한 나머지 색소들로 대부분 반응 중심 색소의 주변에 분포해 있으면서 빛에너지를 흡수하여 반응 중심 색소에 전달해 준다.
③ 엽록소는 대표적인 광합성 색소로, C, H, O, N, Ca으로 구성되어 있으며 엽록소 a, b, c, d가 있다.
④ 카로티노이드계 색소는 빛을 분산시켜 강한 빛에 의해 엽록소가 파괴되는 것을 막아 주며. 카로틴, 잔토필 등이 있다.
⑤ 식물에는 보통 엽록소 a와 b가 3:1로 들어 있다.

해설 Ca이 아니라 Mg이다.

정답 038 ⑤ 039 ⑤ 040 ③

041 다음 중 질소가 식물이 이용할 수 있는 상태로 변하는 과정은? 기출

① 질소환원　② 질소고정
③ 암모늄화작용　④ 환원적 아미노작용
⑤ 아미노기 전달반응

해설 질소고정이란 대기권의 불활성 질소가스를 식물이 이용할 수 있는 형태로 변환시키는 것(생물학적, 광화학적, 산업적 고정)을 말한다.

질소고정방법	과정	생성조건
생물학적	$N_2+6H^+ \rightarrow 2NH_3$	Nitrogenase 효소
광화학적	$N_2+O_2 \rightarrow NO_2$, NO	번갯불
산업적	$N_2+3H_2 \rightarrow 2NH_3$	450℃, 1,000기압

042 다음 중 호흡작용에서 산소를 요구하지 않고 포도당을 분해하는 단계는? 기출

① 해당작용　② 캘빈회로
③ 호기성호흡　④ 말단전자전달회로
⑤ TCA회로

해설 해당작용이란 포도당이 분해되는 단계로 탄소를 3개 가진 C_3화합물을 거쳐서 2개의 C_2화합물로 변하면서 CO_2 분자를 2개 방출(산소를 요구하지 않는 단계)한다. 고등식물 및 효모균이 발효에 의해 알코올을 생산할 때에도 일어나는 반응으로 에너지생산효율이 낮다.
④ 말단전자전달경로 : NADH로 전달된 전자와 수소가 최종적으로 산소(O_2)에 전달되어 물(H_2O)로 환원되면서 추가로 효율적으로 ATP를 생산하는 과정(호기성 호흡)

043 다음 잎의 기공 개폐 반응에 대한 설명 중 옳은 것은? 기출

① 원적색광을 비추면 기공이 열린다.
② 아브시스산 농도가 높아지면 기공이 열린다.
③ 잎의 수분포텐셜이 높아지면 기공이 닫힌다.
④ 엽육 내 CO_2 농도가 낮아지면 기공이 열린다.
⑤ 공변세포에 칼륨농도가 낮아지면 기공이 열린다.

해설 ① 광도는 전광의 1/1,000~1/30으로 순광합성이 가능한 광도이면 열린다.
② ABA 농도가 높아지면 닫힌다.
③ 잎의 수분포텐셜이 낮아지면 기공 닫힌다.
⑤ 칼륨이온이 공변세포 안으로 들어오면 삼투포텐셜이 낮아져 기공이 열린다.

정답 041 ② 042 ① 043 ④

※ **기공의 개폐**

- 햇빛 : 광도는 전광의 1/1,000~1/30가량(순광합성이 가능한 광도). 기공은 아침에 해가 뜰 때 1시간에 걸쳐 열리며, 저녁에는 서서히 닫힘. 음수인 너도밤나무는 밝은 햇빛이 들어오면 3초 안에 기공을 열 만큼 짧은 기간의 햇빛을 최대한 이용하며, 양수인 튤립나무의 경우 20초 만에 열림
- CO_2 : 농도가 낮으면 기공이 열리며, 농도가 높으면 기공이 닫힘. 기공에 영향을 주는 CO_2의 농도는 엽육조직의 세포간극에 있는 CO_2의 농도를 의미. 야간이라도 CO_2가 전혀 없는 공기를 불어넣어 주면 기공은 열림
- 수분포텐셜 : 낮아지면 수분스트레스가 커지며 기공이 닫힘. CO_2의 농도나 햇빛과는 관계없이 독립적으로 작용
- 온도 : 높아지면(30~35℃) 기공이 닫힘. 수분스트레스가 커지거나 호흡작용이 높아짐으로써 CO_2 농도가 증가함에 따라 간접적으로 나타남

044 다음 중 수목의 수분포텐셜이 높은 순서대로 나열한 것은? 기출

가. 줄기	나. 성엽	다. 뿌리
라. 토양	마. 대기	

① 라－다－가－나－마
② 라－가－나－다－마
③ 마－가－나－다－라
④ 마－나－다－가－라
⑤ 다－나－가－라－마

해설 토양(－0.3) → 뿌리(－0.4) → 줄기(－0.7) → 성엽(－1.3) → 대기(－30.1)

- 토양용액의 수분포텐셜이 －0.3MPa로서 포장용수량보다 약간 낮다고 하면, 낮에 증산작용을 함으로써 수목 내의 수분포텐셜은 자연적으로 구배를 형성
- 잎에서 대기로 수분이 이동하는 증산작용은 대기의 엄청나게 낮은 수분포텐셜($\phi = -30.1$MPa, 2℃, 상대습도 80%의 경우) 때문에 빠른 속도로 진전됨. 특히 엽육세포가 수분을 잃어버릴 때 엽육세포 주변의 도관에서 엽육세포로 수분이 이동하는 이유는 엽육세포의 삼투압과 세포벽의 수화작용 때문

045 다음 중 고정생장과 자유생장에 대한 설명으로 옳은 것은? 기출

① 자유생장은 전년도에 줄기에 원기가 형성된다.
② 고정생장은 여름에 하엽을 생산한다.
③ 자유생장은 생장속도가 고정생장보다 빠르다.
④ 고정생장은 은행나무, 낙엽송 같은 침엽수와 참나무 등이다.
⑤ 자유생장은 봄 일찍 새가지가 자라 올라온 후 여름 이후에는 키가 거의 자라지 않는 생장을 보인다.

정답 044 ① 045 ③

해설

구분	고정생장	자유생장
생장 방법	겨울눈 속에 다음 해 자랄 줄기의 원기를 가지고 있다가 봄에 싹 트고 여름에 일찍 성장을 멈춤	겨울눈 속에 있던 원기가 봄에 자라 봄 잎이 되고 새로 만든 어린 원기가 여름 내내 새잎(여름잎) 생산, 가을까지 지속됨(춘엽, 하엽)
수종	소나무, 잣나무, 가문비나무, 참나무	팽나무, 은행나무, 낙엽송, 포플러, 버드나무, 자작나무

046 다음 중물을 흡수하여 종자가 발아하는 과정을 순서대로 연결한 것은? 기출

가. 식물호르몬	나. 효소생산	다. 저장물질의 분해와 이동
라. 세포분열	마. 기관분화	바. 수분흡수

① 가－나－다－라－마－바
② 바－가－다－라－마－나
③ 바－가－나－다－라－마
④ 마－가－나－다－라－바
⑤ 다－가－나－라－마－바

해설 **발아단계**

수분흡수 → 식물호르몬 생산 → 효소생산 → 저장물질 분해와 확장 → 세포분열 → 기관분화

047 다음 중 세포의 삼투압과 팽압에 대한 설명으로 틀린 것은? 기출

① 삼투압은 세포질이 고농도일 때 수분이 외부에서 세포질 내로 확산하여 들어가려는 압력이다.
② 삼투압이 크면 왕성하게 수분흡수를 한다.
③ 팽압은 세포질이 수분을 흡수하면 세포가 커짐으로써 원형질막을 미는 압력이다.
④ 막압은 팽압이 커지면 이에 저항하여 원형질막이 안쪽으로 수축하여 갖게 되는 압력으로, 이로 인하여 수분을 밖으로 내어 보내려는 작용을 갖게 된다.
⑤ 팽만상태는 삼투압이 막압보다 큰 상태로 세포의 크기가 최대가 된다.

해설
- 삼투압＝막압(수분 P＝0, 삼투압 P＝－20, 압력 P＝＋20)
- 체제유지 : 세포가 흡수를 하여 팽만상태로 만들려는 상태
- 원형질분리 : 세포 내의 수분이 삼투압이 높은 외액(용질의 농도가 높고 수분이 적음)으로 빠져 나가서 원형질이 세포막에서 떨어져 축소되는 현상 (막압＝0, 삼투 P＝－25)

※ 팽압은 세포질이 수분을 흡수하면 세포가 커지므로 원형질 막을 미는 압력이며 팽만상태는 삼투압＝막압일 때 세포의 크기가 최대로 된다.

정답 046 ③ 047 ⑤

048 다음 중 나자식물에 대한 설명으로 틀린 것은? 기출

① 꽃은 모두 암꽃, 수꽃으로 구별되는 단성화이고 꽃잎과 꽃받침이 없으며 풍매화이다.
② 목질부는 헛물관으로 되어 있으며 체관부에서는 반세포를 볼 수 있다.
③ 주심에서 분화한 배낭모세포가 감수분열하여 배낭세포를 만들고, 다시 체세포 분열을 되풀이하여 많은 양의 전분을 저장한 다세포배낭이 된다.
④ 발아 후 생기는 떡잎 수는 은행나무가 2개, 소나무, 잣나무류는 6~12개로 다양하다.
⑤ 밑씨 속에서 배젖 형성이 끝나면 수정이 이루어진다.

해설 체관부에서는 반세포를 볼 수 없다.

049 다음 중 종자가 발아할 때 자엽이 지하에 그대로 머물러 있고 상배축이 지상으로 자라 올라와 본엽을 형성하는 수종은? 기출

① 참나무, 호두나무
② 단풍나무, 밤나무
③ 아카시나무, 개암나무
④ 물푸레나무, 참나무
⑤ 호두나무, 물푸레나무

해설

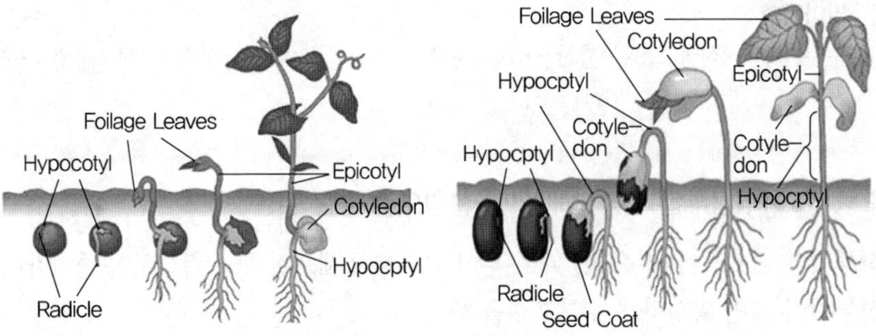

- 지하자엽형 : 종자가 비교적 큰 수종인 참나무류, 밤나무, 호두나무, 개암나무류의 발아양식
- 지상자엽형 : 단풍나무, 물푸레나무, 아카시나무 그리고 대부분의 겉씨식물

정답 048 ② 049 ①

050 다음 중 피토크롬에 대한 설명으로 틀린 것은? 기출

① 빛의 종류에 따라 가역적으로 변하는 식물체 내 색소 단백질이다.
② Pr형은 적색광(660nm)을 흡수하면 Pfr형으로 바뀐다.
③ Pfr형은 근적외선(730nm)의 흡수로 Pr형으로 바뀐다.
④ 발아나 식물 형태의 형성을 조절하는 기능을 수행하는 규범 표기는 Pfr형이다.
⑤ 적색광 조사 직후 근적외광을 조사하면 적색광 효과가 없어지지 않는다.

해설 근적외광을 조사하면 적색광 효과는 없어진다.

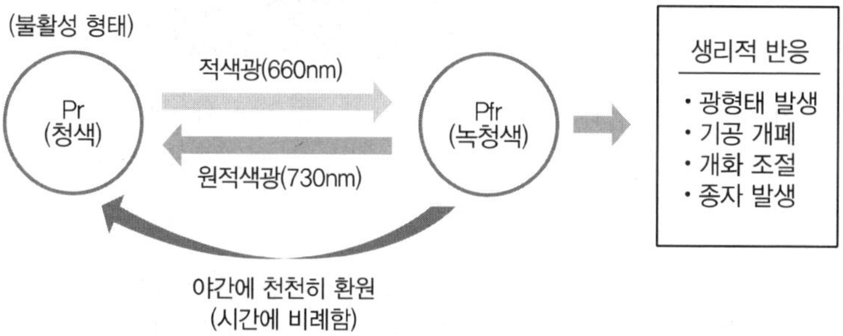

051 나자식물의 특징으로 옳지 않은 것은?

① 배유는 소포자체의 유전자를 가지고 있다.
② 배는 대포자체와 소포자체의 유전자를 가지고 있다.
③ 배주는 대포자엽 또는 실편의 표면에 부착되어 있다.
④ 꽃은 일가화 또는 이가화이며 단성화로 존재한다.
⑤ 배젖도 속씨식물에서와 마찬가지로 양분을 저장한다.

해설 배유는 대포자의 유전자를 가지고 있다.

- 밑씨 속의 배낭 모세포(대포자 모세포)는 감수 분열로 4개의 세포를 생성하고 이 중 3개는 퇴화하고, 하나만 남아 생장하여 배낭세포가 됨
- 핵 중에서 위쪽에 위치한 것 2개만이 장란기가 되어 그 속에 1개씩의 난세포(n)를 지니며, 나머지 핵은 배젖세포가 됨
- 배젖은 수정 전에 이미 만들어져 배젖세포의 핵상(염색체수)은 n
- 배젖도 속씨식물에서와 마찬가지로 양분을 저장함

정답 050 ⑤ 051 ①

052 **다음 그림은 어떤 수종 목부조직의 횡단면상에서 본 해부학적 구조이다. 구조의 이름과 이와 같은 구조를 가지는 수종이 바르게 연결된 것은?**

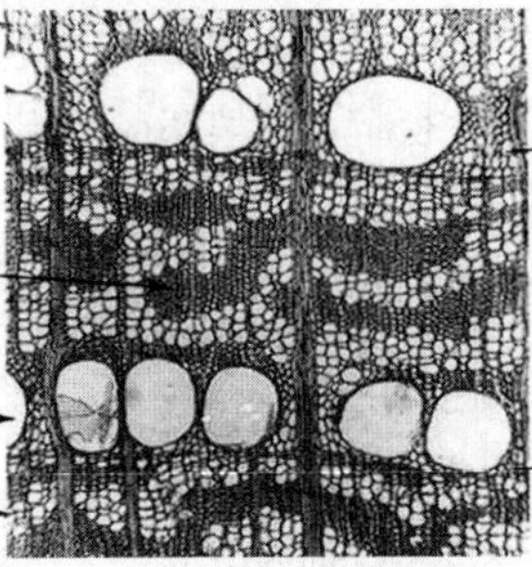

① 환공재－음나무
② 환공재－피나무
③ 반환공재－가래나무
④ 반환공재－가문비나무
⑤ 산공재－물푸레나무

해설 환공재는 지름이 큰 관공이 1~수열씩 열을 지어 연륜 주위를 따라 환상으로 배열하는 것으로 밤나무속, 가시나무류를 제외한 참나무속, 느릅나무속, 아카시아나무속, 물푸레나무속, 음나무, 오동나무 등이 이에 해당한다.

053 **수목의 줄기 구조에 대한 설명으로 옳지 않은 것은?**

① 형성층은 줄기의 직경을 증가시키는 분열조직이다.
② 변재는 뿌리로부터 수분을 위쪽으로 이동시키는 역할을 담당하는 부위이다.
③ 춘재는 세포의 지름이 크고 세포벽이 두껍다.
④ 나자식물은 가도관이 있고 도관이 없다.
⑤ 심재는 형성층이 오래 전에 생산한 목부조직으로서, 시간이 경과함에 따라 세포가 죽어 버린다.

해설
- 변재 : 형성층이 비교적 최근에 생산한 목부조직으로서 수분이 많고 살아 있는 부분. 뿌리로부터 수분을 위쪽으로 이동시키는 중요한 역할을 담당함과 동시에 탄수화물을 저장함
- 춘재 : 조직이 무르고 색이 밝음. 세포벽이 얇고 크기가 큰 형태의 세포가 형성
- 추재 : 조직이 치밀하고 색이 어두움. 세포벽은 두껍고 크기는 작은 세포가 형성

정답 052 ① 053 ③

054 나자식물의 생식에 대한 설명으로 옳은 것은?

① 일반적으로 암꽃의 화아형성이 수꽃보다 먼저 이루어진다.
② 수정 과정에서 난세포의 소기관이 소멸되어 자성배우체의 세포질유전이 이루어진다.
③ 개화 상태에서 암꽃의 배주는 난모세포를 형성하는 단계에 머물러 있으며 아직 난자를 형성하지 않고 있다.
④ 배수체(2n)인 자성배우체가 독자적으로 자라서 피자식물의 배유에 해당하는 양분저장 조직이 된다.
⑤ 밑씨는 심피에 싸여 있지 않고 노출되어 있으며, 보통 2장의 주피에 싸인 주심으로 이루어진다.

해설 ① 수꽃이 먼저 형성된다.
② 세포질유전은 수정 전에 이루어진다(밑씨 속에서 배젖 형성이 끝나면 수정이 이루어진다).
④ 자성배우체는 배수체(n)이다.
⑤ 1장의 주피에 싸여 있다.

055 다음 그림에서 A~D 에 해당하는 나무줄기 조직 명칭과 그 기능에 대한 설명으로 옳지 않은 것은? (단, 코르크층은 고려하지 않는다.)

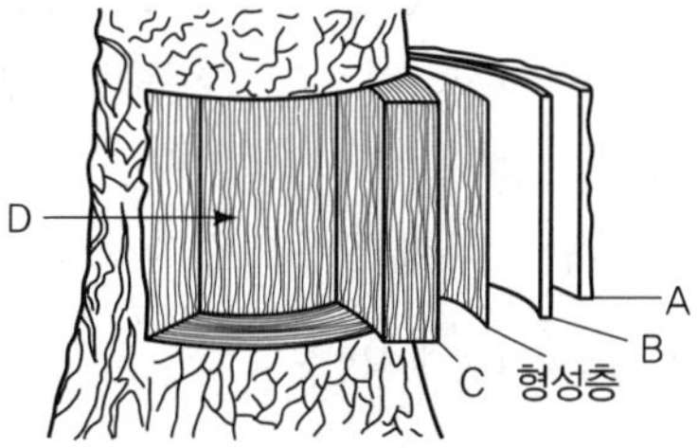

① A : 조피라고도 하며 외부의 충격이나 병원균으로부터 임목을 보호하고 수분 손실을 막아 준다.
② B : 체관부이며 형성층에서 만들어진 사부세포로 구성되어 있고 광합성 산물인 탄수화물의 이동통로이다.
③ C : 내수피이며 목부세포로 구성되어 있고 뿌리에서 흡수한 수분과 양분을 수체 각 기관으로 운반한다.
④ D : 심재라고 하며 탄닌, 페놀 등 여러 물질들이 축적되어 있는 목부세포로 구성되어 있고 생리적 역할은 없다.
⑤ 수선 : 피자식물, 나자식물 모두 수평 방향으로의 물질이동은 유세포로 구성된 수선을 통해서 이루어지는데, 유세포는 원형질을 가지고 있는 살아 있는 세포로서 탄수화물을 저장, 필요할 시 세포분열을 재개할 수 있다.

정답 054 ③ 055 ③

해설 내수피가 아니라 변재이다.

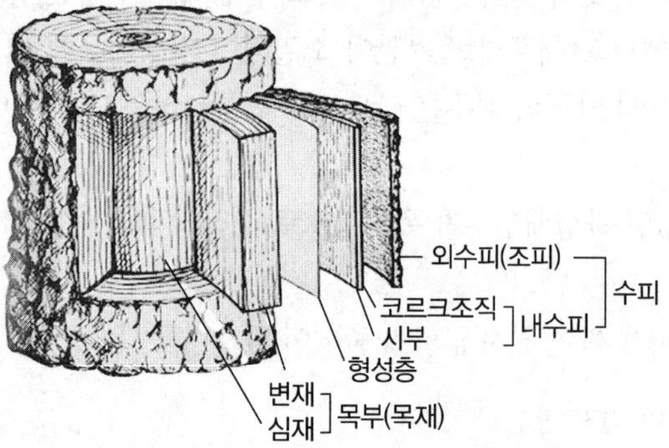

056 전형적인 속씨식물 잎의 기공(stomata) 개폐 기작에 대한 설명으로 옳지 않은 것은?

① 광합성 결과로 잎의 공기층에 이산화탄소(CO_2)가 감소하면 기공이 열린다.
② 수분 부족에 반응하여 생성되는 앱시스산(abscisicacid ; ABA) 호르몬은 기공을 열도록 하는 신호가 된다.
③ 공변세포가 주변 표피세포로부터 K^+을 능동적으로 축척할 때 기공이 열린다.
④ 공변세포는 세포벽의 두께가 일정하지 않고, 부풀었을 때 바깥쪽으로 휘어지도록 셀룰로스 미세섬유가 배열되어 있다.
⑤ 공변세포의 농도가 높아지면, 삼투압작용으로 잎의 표피로부터 수분이 유입된다.

해설 ABA 호르몬은 기공을 닫는 신호가 된다.

057 나무줄기의 신장생장 양식에 대해 바르게 설명하고 있는 것은?

① 자유생장을 하는 나무는 동아에 간직된 줄기의 원기가 봄에 싹이 트면서 자유롭게 생장한 후에 여름이 되면 일찍 생장을 멈춘다.
② 고정생장을 하는 나무는 대부분 자유생장을 하는 나무에 비해 연간 생장량이 많다.
③ 고정생장을 하는 대표적인 수종으로는 잣나무, 자작나무, 전나무가 있다.
④ 자유생장을 하는 대표적인 수종으로는 낙엽송, 이태리 포플러, 버드나무가 있다.
⑤ 춘엽, 하엽이 있는 것은 고정생장이다.

해설 ① 여름까지 생장한다.
② 자유생장 나무에 비해 생장량이 적다.
③ 자작나무는 자유생장을 한다.
⑤ 춘엽, 하엽이 있는 것은 자유생장이다.

정답 056 ② 057 ④

구분	고정생장	자유생장
생장 방법	겨울눈 속에 다음 해 자랄 줄기의 원기를 가지고 있다가 봄에 싹이 트고 여름에 일찍 성장 멈춤	겨울눈 속에 있던 원기가 봄에 자라 봄 잎이 되고 새로 만든 어린원기가 여름 내내 새잎(여름잎) 생산. 가을까지(춘엽, 하엽)
수종	소나무, 잣나무, 가문비나무, 참나무, 전나무	팽나무, 은행나무, 낙엽송, 포플러, 버드나무, 자작나무

058 수목에서 줄기의 직경생장에 대한 설명으로 옳지 않은 것은?

① 형성층에서는 병층분열과 수층분열의 두 가지 세포분열이 일어난다.

② 직경생장은 형성층 조직의 분열활동에 의해 이루어진다.

③ 수종이나 환경조건과 상관없이 목부의 생장량이 사부보다 많다.

④ 상록수는 활엽수에 비하여 형성층의 분열활동기간이 길다.

⑤ 정단분열조직과 코르크조직의 왕성한 활동에 의해 좌우된다.

해설 직경생장은 줄기에 있는 원통형의 형성층이 세포분열을 함으로써 줄기의 직경이 굵어지는 현상을 말한다. 정단분열은 길이생장에 관여한다.

- 정단분열조직 : 뿌리와 어린줄기 끝에 있음
- 측면분열조직 : 관다발과 코르크층의 부름켜에 있음
- 절간분열조직 : 마디 사이, 즉 줄기

059 대부분의 나자식물은 정아지가 측지보다 빨리 자람으로써 원추형의 수관형을 유지하게 된다. 이에 관여하는 식물호르몬은?

① auxins　② gibberellins

③ cytokinins　④ abscisicacid

⑤ ethylene

해설
- 옥신(auxin) : 정아우세, 직경생장, IAA, 4－chloro IAA, PAA, IBA
- 형성층은 나무꼭대기와 눈 바로 아래의 줄기에서 제일 먼저 시작되며 그 여파가 밑으로(구기적 방향) 전달되기 때문에 나무 밑둥 부분에서 제일 늦게 시작. 운반은 대단히 느려 1시간에 약 1cm 가량 움직임
- 늦은 여름에 추재를 만들기 시작하는 시기는 잎에서 옥신의 생산량이 줄어드는 시기와 일치하며, 나무 밑동에서부터 추재 생산이 시작되어 그 여파가 위로 전달됨

정답 058 ⑤ 059 ①

060 형성층의 계절적 활동에 대한 설명으로 옳은 것은?

① 나무 밑동에서 추재생산이 시작되어 위로 전달된다.
② 줄기생장과 비슷한 시기에 정지된다.
③ 형성층의 활동은 나무 꼭대기보다 나무 밑동 부분에서 먼저 시작된다.
④ 식물호르몬인 ABA에 의해 좌우된다.
⑤ 봄에 수고생장이 시작된 후 시작, 여름에 수고생장 시 같이 정지한 후 멈춘다.

해설 ②, ⑤ 봄의 수고생장이 시작될 때 함께 시작, 여름에 수고생장이 정지한 다음에도 가을까지 지속된다.
③ 생장은 나무 꼭대기와 눈 바로 아래의 가지에서 가장 먼저 시작된다.
④ 옥신에 의해 좌우된다.

061 활엽수 줄기의 발달에 대한 설명으로 수(pith)에서 피층 방향까지의 조직 배열순서가 바르게 나열된 것은?

① 2차목부 – 1차목부 – 형성층 – 1차사부 – 2차사부
② 1차목부 – 2차목부 – 형성층 – 2차사부 – 1차사부
③ 2차목부 – 1차목부 – 형성층 – 2차사부 – 1차사부
④ 1차목부 – 2차목부 – 형성층 – 1차사부 – 2차사부
⑤ 1차사부 – 2차사부 – 형성층 – 1차목부 – 2차목부

해설 병층분열에 의한 형성층의 목부와 사부 생산방식은 다음과 같다.

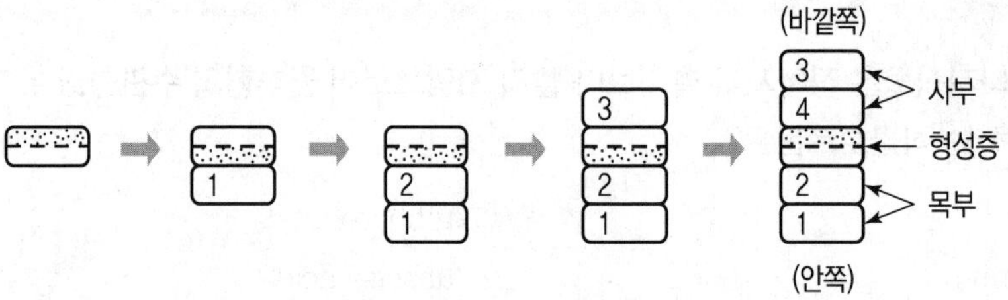

숫자는 세포가 만들어진 순서이며, 점박이 세포는 계속 형성층으로 남아 있게 됨

062 수목의 뿌리에 대한 설명으로 옳은 것은?

① 점토질 토양에서는 뿌리가 더 깊게 발달한다.
② 뿌리는 병립유관속이 같은 원주상에 배열되는 진정 중심주이다.
③ 외생균근에 감염된 수종들은 뿌리털을 형성하지 않는다.
④ 뿌리생장은 지상부에 있는 줄기생장과 함께 시작되고 정지한다.
⑤ 내피는 표피세포 아래 유조직 세포층으로 양분을 저장하는 역할을 한다.

정답 060 ① 061 ② 062 ③

해설 ① 모래질 토양에서 더 깊게 발달한다.
② 뿌리가 아니라 줄기에 대한 설명이다.
④ 뿌리생장이 먼저 시작하고 나중에 정지한다.
⑤ 내피가 아니라 피층에 대한 설명이다.

063 수목의 뿌리 분포에 대한 설명으로 옳은 것은?

① 소나무는 천근성, 밤나무는 심근성을 나타낸다.
② 사토보다 식토에서 근계가 깊게 발달한다.
③ 건조한 지역에 자라는 수목은 지상부/지하부의 비율이 높다.
④ 세근은 표토에 집중적으로 분포한다.
⑤ 피층은 분열기능을 갖고 있어서 뿌리의 2차적인 측근 형성에 관계한다.

해설 ① 소나무는 심근성, 밤나무는 천근성이다.
② 사토에서 깊게 발달한다.
③ 지상부/지하부의 비율이 낮다.
⑤ 내초는 내피 안쪽에 있는 세포군을 말한다.

064 형성층의 세포분화에 대한 설명으로 옳지 않은 것은?

① 생육환경이 불리해지면 사부보다 목부에서 생산량의 감소가 현저하게 나타난다.
② 옥신의 함량이 높고 지베렐린의 농도가 낮으면 목부보다 사부를 많이 생산한다.
③ 온대지방에서는 봄에 형성층의 활동이 시작되면 사부가 목부보다 먼저 만들어진다.
④ 수종이나 생육환경에 상관없이 목부가 사부보다 생산량이 많다.
⑤ 측생분열조직로 관다발형성층 및 코르크형성층 세포가 비대생장을 주도한다.

해설 옥신의 함량이 높고 지베렐린의 농도가 낮으면 사부보다 목부를 많이 생산한다.

065 식물의 물관을 따라 물이 줄기의 아래에서 잎이 있는 위쪽 방향으로 수송되는 원인에 해당하지 않는 것은?

① 수용부세포에서 물관세포로의 물의 능동 수송
② 물 분자와 물관세포벽 사이의 부착력
③ 물관부에서 물 분자 사이의 응집력
④ 잎의 기공에서 일어나는 증산작용
⑤ 도관의 장력 발생에 의한 작용

해설 능동 수송이 아닌 수동 수송이다.

정답 063 ④ 064 ② 065 ①

066 음지에서 다른 수목들과 경쟁하면서 생육할 수 있는 능력을 내음성이라고 정의할 때 내음성이 가장 강한 수종만으로 묶은 것은?

① 측백나무, 녹나무, 버드나무
② 주목, 회양목, 사철나무
③ 향나무, 솔송나무, 물푸레나무
④ 동백나무, 서어나무, 은행나무
⑤ 탱자나무, 피나무, 회화나무

해설

구분	전광비율	수종
극음수	1~3%에서 생존 가능	금송, 개비자나무, 나한백, 주목, 굴거리나무, 백량금, 사철나무, 식나무, 자금우, 호랑가시나무, 황칠나무, 회양목
음수	3~10%에서 생존 가능	가문비나무류, 솔송나무, 전나무류, 너도밤나무, 녹나무, 단풍나무류, 서어나무류, 송악, 칠엽수, 함박꽃나무
중성수	10~30%에서 생존 가능	잣나무류, 편백, 화백, 개나리, 노각나무, 느릅나무류, 때죽나무, 동백나무, 마가목, 목련류, 물푸레나무류, 산사나무, 산초나무, 산딸나무, 생강나무, 수국, 은단풍, 참나무류, 채진목, 철쭉류, 탱자나무, 피나무, 회화나무

067 내음성이 강한 수종들로만 짝지은 것은?

① 너도밤나무, 녹나무
② 자작나무, 동백나무
③ 낙우송, 측백나무
④ 방크스소나무, 연필향나무
⑤ 버드나무, 자작나무

해설

구분	전광 비율	수종
양수	전광의 30~60%에서 생존 가능	낙우송, 메타세쿼이아, 삼나무, 소나무류, 은행나무, 측백나무, 향나무류, 가중나무, 과수류, 느티나무, 라일락, 모감주나무, 무궁화, 밤나무, 배롱나무, 벚나무류, 산수유, 오동나무, 오리나무, 위성류, 이팝나무, 자귀나무, 주엽나무, 쥐똥나무, 튤립나무, 플라타너스
극양수	전광의 60% 이상에서 생존 가능	낙엽송, 대왕송, 방크스소나무, 연필향나무, 버드나무, 자작나무, 포플러류

정답 066 ② 067 ①

068 수목의 광합성과 내음성에 대한 설명으로 옳은 것은?

① 광합성의 반응은 엽록체의 그라나(grana)에서 진행되고, 암반응은 엽록체의 스트로마(stroma)에서 이루어진다.
② C－3 식물군은 C－4 식물군보다 광합성을 빨리 하여 생산성이 높다.
③ 상록성활엽수인 굴거리나무와 낙엽성활엽수인 자작나무는 모두 양수이다.
④ 광포화점은 수종 간의 차이가 있지만, 광보상점은 수종 간의 차이가 없다.
⑤ 음수의 광포화점은 양수보다 낮아, 광도가 높은 조건에서는 음수가 양수보다 생장율이 높다.

해설 ② C－4 식물군의 생산성이 C－3 식물군보다 높다.
③ 굴거리나무는 극음수이다.
④ 광보상점 역시 수종 간의 차이가 있다.
⑤ 광도가 높을 경우 음수가 양수보다 생장률이 낮다.

069 나무와 숲에 대한 설명으로 옳은 것은?

① 난대림의 특징 수종으로 가시나무, 녹나무, 후박나무, 때죽나무 등이 있다.
② 음수는 양수에 비하여 광보상점과 광포화점이 높기 때문에 높은 광도에서 광합성을 효율적으로 수행한다.
③ 우리나라 산림 중 소나무림이나 참나무류림은 천연적으로 조성된 1차림이 대부분이다.
④ 자작나무류에 비하여 서어나무류와 피나무류는 내음성이 강하다.
⑤ 내음성이 약한 양수에 해당하는 수종으로는 녹나무, 주목 등이 있다.

해설 ① 때죽나무는 온대림의 수종이다.
② 음수는 양수에 비하여 광보상점과 광포화점이 낮기 때문에 낮은 광도에서 광합성을 효율적으로 수행한다.
③ 우리나라 산림 중 소나무림이나 참나무류림은 2차림이 대부분이다.
⑤ 녹나무, 주목 등은 내음성이 강한 음수이다.

070 C－3 식물과 C－4 식물은 광합성의 탄소고정 과정에서 차이가 있다. 대기 중의 CO_2 를 첫 생성물인 유기산(유기탄소화합물)으로 고정하는 반응을 촉매하는 효소로 옳게 짝지어진 것은?

① C－3 식물－루비스코(rubisco), C－4 식물－카탈라아제(catalase)
② C－3 식물－루비스코(rubisco), C－4 식물－PEP 카르복실화효소(PEP carboxylase)
③ C－3 식물－PEP 카르복실화효소(PEP carboxylase), C－4 식물－루비스코(rubisco)
④ C－3 식물－RuBP환원효소(RuBPreductase), C－4 식물－PEP 카르복실화효소(PEP carboxylase)
⑤ C－3, C－4 식물－루비스코(rubisco)

정답 068 ① 069 ④ 070 ②

071 C－3 작물과 C－4 작물의 광합성 특성에 대한 비교 설명으로 옳지 않은 것은?

① CO_2보상점은 C－3 작물이 C－4 작물보다 높다.
② 광포화점은 C－3 작물이 C－4 작물보다 낮다.
③ CO_2첨가에 의한 건물생산 촉진효과는 대체로 C－3 작물이 C－4 작물보다 크다.
④ 광합성 적정온도는 대체로 C－3 작물이 C－4 작물보다 높은 편이다.
⑤ 광호흡은 C－3에서 일어나며 C－4에서는 일어나지 않는다.

해설 **C3, C4 및 CAM 식물 광합성 비교**

	C_3 식물	C_4 식물	CAM 식물
해당 식물	온대 식물(콩)	덥고 건조한 지역 식물 (사탕수수, 옥수수)	사막 식물 (선인장, 돌나무)
CO_2의 최초 고정 산물	PGA(C_3)	옥살아세트산, 아스파르트산, 말산	말산 (유기산)
특징	가공을 통해 CO_2를 광합성에 이용	CO_2를 체내에 저장하였다가 광합성에 이용	낮에 가공에 닫혀 있고 밤에 열림, 밤에 체내에 저장하였다가 낮에 이용
회로	칼빈 회로	C_4 회로＋칼빈 회로	C_4 회로＋칼빈 회로
광호흡	있음	없음	있음
최대 광합성 능력 (상댓값)	15~24	35~80	1~4

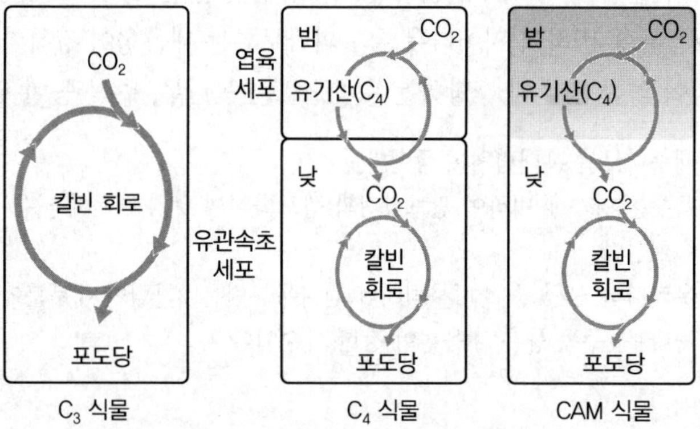

정답 071 ④

072 광합성에 대한 설명으로 옳은 것은?

① 광계 I 의 반응 과정에서 물이 분해되어 산소가 발생한다.
② 광계 II 만을 사용하는 순환적 전자 흐름은 NADPH를 생성한다.
③ 광계 II 의 반응 중심에 있는 엽록소는 700nm파장의 빛을 가장 효율적으로 흡수한다.
④ 캘빈회로는 이산화탄소, NADPH와 ATP를 사용하여 탄수화물을 생성한다.
⑤ 광계 II 는 순환적 광인산화와 비순환적 광인산화 두 가지 모두에서 작용한다.

해설 ① 광계 II 에 대한 설명이다.
②, ⑤ 광계 I 에 대한 설명이다.
③ 680nm 파장의 빛을 가장 효율적으로 흡수한다.

- 광계 1 : 순환적 광인산화와 비순환적 광인산화 두 가지 모두에서 작용하며, 700㎚ 이상의 긴 파장의 빛을 흡수하여 그 에너지를 크로로필 P700에 전달하는 광계로 ATP가 생성됨
- 광계 2 : 비순환적 광인산화에만 작용하며, 680㎚ 이상의 긴 파장의 빛을 흡수하여 그 에너지를 크로로필 P680에 전달하는 광계로 ATP가 생성됨

073 식물의 굴광현상에 대한 설명으로 옳지 않은 것은?

① 굴광현상에 효과적인 빛의 파장 영역은 440~480nm이다.
② 덩굴손의 감는 운동은 대표적인 굴광성 반응이다.
③ 굴광현상에 영향을 주는 유효한 빛은 청색광이다.
④ 식물의 줄기 한쪽에 빛을 조사하면 반대쪽의 옥신 농도는 높아진다.
⑤ 근단에서는 청색광에 대한 음성적인 굴광성 현상을 띤다.

해설 덩굴손의 감는 운동은 굴광성으로 설명할 수 없다.

074 다음 그림에 대한 설명으로 옳지 않은 것은?

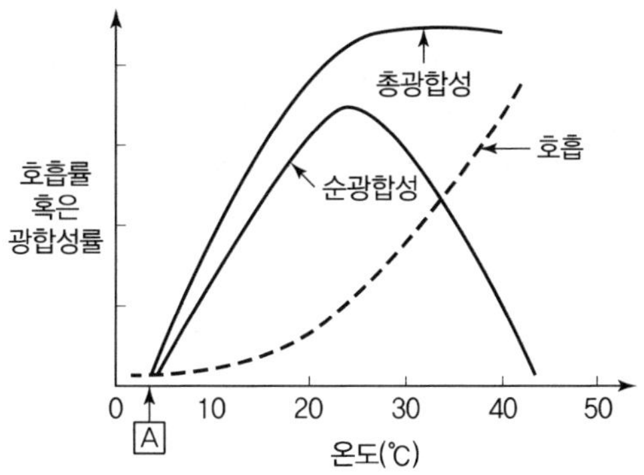

정답 072 ④ 073 ② 074 ③

① 총광합성에서 호흡을 뺀 값이 순광합성이다.
② CO_2의 흡수량, 배출량이 일치하는 지점은 10℃ 이하에서 나타난다.
③ X축이 광도일 경우, 광합성과 호흡이 만나는 점 A를 광포화점이라 한다.
④ 이 식물체에서 최대생장은 약 20~30℃ 범위에서 나타난다.
⑤ 호흡은 온도가 오를수록 빨라진다.

해설 광포화점이 아니라 광보상점이라 한다.

075 수목의 양엽과 음엽에 대한 일반적인 설명으로 옳지 않은 것은?

① 음엽의 광포화점은 양엽보다 낮다.
② 음엽은 낮은 광도에서 양엽보다 광합성 효율이 높다.
③ 양엽의 엽록소 함량은 음엽보다 많다.
④ 양엽의 책상조직은 음엽보다 촘촘하다.
⑤ 음엽이 더 넓어 낮은 광도에서 효율적이다.

해설 음엽의 엽록소 함량이 양엽보다 많다.

076 질소대사에 대한 내용 중 잘못된 것은?

① 산성화가 진행된 산림 토양에서는 균근의 도움을 받아 암모니아 형태로 흡수한다.
② 고등식물의 질소동화작용은 질산과 암모니아 같은 무기물의 형태에서 아미노산이나 다른 유기화합물로 전환되는 과정이다.
③ 글루타민은 많은 생합성과정에서 질소수용체로 작용한다.
④ 식물세포에서 암모늄이온과 질산을 흡수하는 과정이다.
⑤ 광호흡으로 발생하는 암모니아가 축적되어 독성이 생기는 것을 방지하지만 아미노산 합성에는 기여하지 않는다.

해설 탈아미노반응으로 생성된 암모니아는 식물에서는 글루타민과 아스파라긴의 아미드가 되어 축적되는 일이 많다. 광호흡 질산순환작용은 세포 내에 광호흡으로 발생하는 NH_4^+가 축적되어 독성이 나타나는 것을 방지할 수 있고 아미노산 합성에 기여한다.

정답 075 ③ 076 ⑤

077 수목 내 질소 분포의 계절적 변화로 잘못 설명된 것은?

① 어린가지, 어린뿌리에서 농도가 높다.
② 수간의 질소 함량은 낮다.
③ 목본은 가을, 겨울에 질소 함량이 높다.
④ 봄철 줄기 생장 시기에 질소 함량이 가장 낮다.
⑤ 낙엽 직전에 잎의 질소화합물이 증가한다.

해설 낙엽 직전 잎의 질소화합물은 감소한다.

078 다음 중 질소 고정 식물이 아닌 것은?

① 아카시아
② 오리나무
③ 싸리류
④ 칡
⑤ 줄사철나무

해설 질소 고정하는 수목은 콩과식물이 기주인 *Rhizobium* 뿌리혹박테리아, 오리나무류, 보리수나무, 소귀나무 등 주로 목본류가 기주인 *Frankia* 방선균 등이 있다. 줄사철나무는 노박덩굴과 사철나무속에 속한다.

079 호흡량과 밀식된 임분에서의 관계를 틀리게 설명한 것은?

① 수목이 자라는 속도가 느려지는 이유 중의 하나는 호흡량이 밀식되지 않은 임분보다 증가하기 때문이다.
② 개체수가 더 많으면서 작은 직경을 가지고 있기 때문에 호흡작용을 하는 형성층의 표면적이 더 많아 호흡량이 많아진다.
③ 저조한 광합성과 많은 호흡으로 인해 생장량이 감소하게 된다.
④ 적기에 간벌을 실시해야 하며, 가지치기도 도움이 된다.
⑤ 하층에서 햇빛을 제대로 받지 못하는 밑가지는 광합성량은 적고 호흡량도 감소한다.

해설 호흡량은 일정하므로 수간의 직경생장에 기여할 만큼 탄수화물을 공급하지 못하거나 오히려 탄수화물을 뺏아갈 수 있다.

정답 077 ⑤ 078 ⑤ 079 ⑤

080 대기 중의 이산화탄소와 작물의 생리작용에 대한 설명으로 옳은 것은?

① 광선이 있을 때 1% 이상의 이산화탄소는 작물의 호흡을 증가시킨다.
② 이산화탄소의 농도가 높으면, 온도가 높을수록 동화량은 감소한다.
③ 빛이 약할 때에는 이산화탄소 보상점이 높아지고, 이산화탄소 포화점은 낮아진다.
④ 시설 내에서 탄산가스는 광합성 능력이 저하되는 오후에 시용한다.
⑤ 여름철에는 이산화탄소 농도가 높고 가을철에는 낮아진다.

해설 ① 광선이 있을 때 1% 이상의 이산화탄소는 호흡을 멈추게 한다(이산화탄소 포화점 7~10배).
② 동화량은 증가한다.
④ 일출 후 30분에 시용한다.
⑤ 여름철에는 이산화탄소 농도가 낮고 가을철에 높아진다.

081 수목의 호흡에 대한 설명 중 틀린 것은?

① 호흡은 저장되어 있는 탄수화물을 소모하고 수목의 건중량을 감소시킨다.
② 여러 가지 대사 작용에 필요로 하는 에너지를 발생시키는 과정이므로 피할 수 없는 작용이다.
③ 일반적으로 수목의 호흡량은 단위 건중량을 기준으로 할 때 초본식물이나 미생물보다 많이 나타난다.
④ 식물은 온도가 올라감에 따라 호흡량이 같이 증가하는데, 온도가 10℃ 상승함에 따라 나타나는 호흡량의 증가율을 Q_{10}이라 한다.
⑤ 대부분의 식물은 5~20℃에서 Q_{10}의 값이 2.0~2.5이다.

해설 죽어 있는 지지조직이 많기 때문에 호흡량이 적게 나타난다.

082 해당과정(glycolysis)에 대한 설명으로 옳지 않은 것은?

① 해당과정은 기질수준 인산화 반응을 포함한다.
② 해당과정은 에너지를 생산하기 위해 산소(O_2)가 필요하다
③ 해당과정은 1개의 포도당 분자로부터 2개의 NADH 분자를 얻는다.
④ 해당과정은 1개의 포도당 분자로부터 2개의 피루브산(pyruvate) 분자를 생성한다.
⑤ 해당과정은 세포질에서 일어나며 에너지 생산 효율은 비교적 낮다.

해설 해당과정에는 산소가 필요 없다.

정답 080 ③ 081 ③ 082 ②

083 산림의 호흡에 대한 설명으로 옳지 않은 것은?

① 어린숲은 전체 광합성에 대한 호흡의 비율이 성숙한 숲에 비해 높다.
② 심재부위의 세포는 대부분 죽어 있어 호흡을 거의 하지 않는다.
③ 잎은 여러 기관 중에서도 유세포가 많아 호흡활동이 가장 왕성한 기관이다.
④ 온대지방에서는 광합성이 호흡에 비해 더 낮은 온도에서 최고치에 도달한다.
⑤ 녹색식물의 일반적인 호흡량은 광합성량의 30~40%에 해당하며, 수목의 나이가 증가할수록 호흡량의 비율이 증가한다.

해설 어린숲은 전체 광합성에 대한 호흡의 비율이 성숙한 숲에 비해 낮다.

084 미토콘드리아에서 진행되는 전자전달계와 산화적 인산화에 대한 설명으로 옳지 않은 것은?

① 전자전달계에서 전달되는 전자는 NADH 및 $FADH_2$에서 유래한다.
② 자유에너지가 높은 전자전달복합체로부터 상대적으로 낮은 분자로 전자전달이 진행된다.
③ 전자의 최종수용체인 산소(O_2)가 전자를 받아들여 물(H_2O)이 미토콘드리아 기질(matrix)에서 생성된다.
④ 양성자(H^+)가 ATP합성효소복합체를 통과함에 따라 막사이 공간(intermembrane space)에서 ATP가 생성된다.
⑤ 1분자의 포도당이 해당 작용과 TCA 회로를 거치면 4ATP, 10NADH, $2FADH_2$가 생산된다.

해설
- H^+가 전기화학적 기울기에 따라 막 사이 공간(P쪽)에서 미토콘드리아 기질(N쪽)로 ATP 생성효소를 통해 확산될 때 방출되는 에너지로 ATP를 합성한다.
- 미토콘드리아 내막을 경계로 생성된 H^+의 전기화학적 기울기에 의해 H^+가 ATP 생성효소를 통해 막사이 공간에서 미토콘드리아 기질로 확산될 때 ATP가 합성됨
- 해당 작용(에너지 투자기) : 2분자의 ATP가 투입되어 포도당이 과당 2인산으로 전환
- TCA 회로 : 1분자의 피루브산이 TCA 회로를 거치면 $3CO_2$, 1ATP, 4NADH, $1FADH_2$가 생산
- 산화적 인산화 : 전자 전달계와 화학 삼투에 의한 ATP 합성은 산화 환원 반응에 의해 이루어지므로 산화적 인산화라고 함
- 1분자의 포도당이 해당 작용과 TCA 회로를 거치면 4ATP, 10NADH, $2FADH_2$가 생산
- 10NADH, $2FADH_2$가 산화적 인산화를 거치면 총 34ATP로 전환(1NADH → 약 3ATP, $1FADH_2$ → 약 2ATP 생산)
- 포도당 1분자가 이산화탄소와 물로 완전히 분해되면 총 38ATP 생산

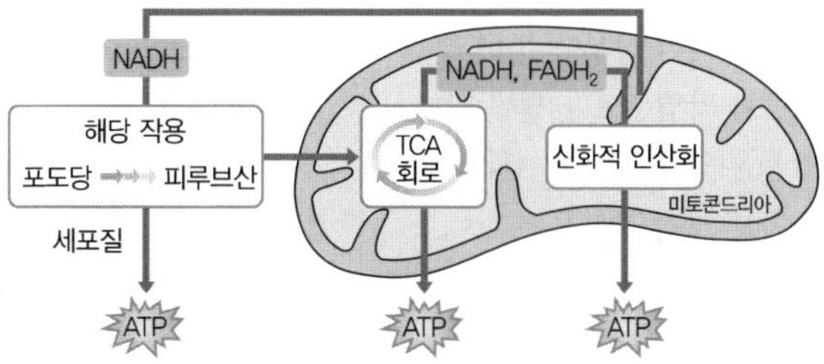

정답 083 ① 084 ④

085 다음 중 수목의 기관의 호흡에 대한 설명으로 틀린 것은?

① 여러 기관 중에서 잎의 호흡활동이 가장 왕성하다.
② 굵은 가지나 수간의 호흡은 수피와 형성층 주변조직에서 주로 일어나며, 새로 만들어진 사부와 최근 수년 이내 만들어진 목부조직이 생리적 활동을 하면서 이들이 호흡의 대부분을 차지한다.
③ 세근은 살아 있는 유세포로 구성되어 있고 세포분열을 왕성하게 하며 무기염을 흡수하는데, 많은 ATP를 소모하지 않으므로 호흡량이 적다.
④ 수피 중에 맨 바깥쪽에 있는 조피는 죽어 있는 조직이지만, 가스교환을 촉진하기 위하여 피목을 가지고 있다.
⑤ 피목을 통하여 CO_2와 산소를 교환하기도 한다.

해설 세근은 ATP를 소모하므로 호흡량이 많다.

086 수목조직의 호흡에 관한 사항 중 연결이 잘못된 것은?

① 방사선조직 : 유세포조직이 많아 호흡이 많다.
② 심재부위 : 세포 대부분이 죽어 호흡량이 거의 없다.
③ 형성층의 조직 : 외부와 접촉되지 않아 산소가 부족하며 혐기성 호흡이 일어나는 경향이 있다.
④ 조피 : 죽어 있는 조직이지만 가스교환을 위한 피목을 가지고 있다.
⑤ 뿌리 : 나무 전체 호흡량의 8%가량을 차지한다.

해설 방사선조직은 유세포조직이 적어 호흡이 적다.

087 수목의 체내에서 진행되는 탄수화물의 대사 과정에 대한 설명으로 옳은 것은?

① 광합성을 통해 합성된 탄수화물은 주로 목부를 통해 뿌리로 이동한다.
② 아카시나무는 겨울철 전분의 함량이 감소하고 환원당과 같은 당의 함량은 증가한다.
③ 수목 체내에서 탄수화물 함량의 계절적인 변화는 낙엽수보다 상록수가 크다.
④ 수목 체내에 존재하는 올리고당 중 sucrose는 단당류에 속한다.
⑤ 유세포가 분화하여 원형질을 잃어버리거나 죽으면 저장되어 있던 탄수화물은 회수되지 않는다.

해설 ① 목부가 아니라 사부를 통해 뿌리로 이동한다.
③ 상록수가 낙엽수보다 훨씬 작다.
④ 설탕은 이당류(포도당+과당)이다.
⑤ 탄수화물은 회수된다.

정답 085 ③ 086 ① 087 ②

088 수목 내부 탄수화물의 이동에 대한 설명으로 옳은 것은?

① 탄수화물 운반은 목부조직을 통하여 이루어진다.
② 운반되는 탄수화물 성분은 근본적으로 환원당으로 구성된다.
③ 탄수화물의 이동 방향은 수용부에서 공급원으로 향한다.
④ 열매는 탄수화물 이동의 강한 수용부 역할을 한다.
⑤ 공급원과 수용부의 위치는 고정되어 있다.

해설 ① 사부조직을 통해 이루어진다.
② 비환원당으로 구성된다.
③ 공급원에서 수용부로 이동한다.
⑤ 잎의 나이와 열매의 유무에 따라 바뀐다.

089 광합성에 의하여 형성된 탄수화물에 대한 요구도가 높은 것부터 나열된 것은?

ㄱ. 정아	ㄴ. 성숙한 잎	ㄷ. 형성층
ㄹ. 열매나 종자	ㅁ. 저장조직	ㅂ. 뿌리

① ㄱ－ㄴ－ㄷ－ㄹ－ㅁ－ㅂ
② ㄷ－ㅁ－ㅂ－ㄱ－ㄴ－ㄹ
③ ㄹ－ㄱ－ㄴ－ㄷ－ㅂ－ㅁ
④ ㅁ－ㄹ－ㄱ－ㅂ－ㄷ－ㄴ
⑤ ㄱ－ㄴ－ㄷ－ㄹ－ㅂ－ㅁ

해설 열매, 종자 → 어린잎, 줄기 끝의 눈(정아) → 성숙한 잎 → 형성층 → 뿌리 → 저장조직

090 다음 설명 중 틀린 것은?

① 온대지방의 낙엽수종에서 줄기의 탄수화물 농도가 가장 낮은 시기는 늦은 봄이다.
② 수목의 잎에서 만들어진 탄수화물이 뿌리까지 이동하는 통로는 줄기의 수피이다.
③ 압력유동설은 탄수화물이 공급원과 수용부 간의 삼투압 차이에서 생기는 압력에 의해 수동적으로 밀려간다고 본다.
④ 목본식물은 탄수화물의 운반 자체에도 에너지를 소모하고 적재, 하적 과정에서도 에너지를 소모한다.
⑤ 탄수화물의 운반은 양방향성을 띠고 있다.

해설 운반 자체는 에너지를 소모하지 않는다.

정답 088 ④ 089 ③ 090 ④

091 이소프레이노이드 화합물에 대한 설명 중 틀린 것은?

① 피톤치드, 테르펜 등 정유 물질로 독특한 냄새를 내는 휘발성 물질이다.
② 카르테노이드는 40개의 탄소로 구성되어 다양한 색깔을 형성한다.
③ 수지는 송진으로 10~30개의 탄소를 가지며, 부패, 소나무좀 등에 대한 저항성을 증진시킨다.
④ 고무는 쌍자엽식물에서 발견되고, 페놀은 초식동물이 잘 소화시킬 수 있다.
⑤ 식물 스테롤(phytosterols)은 동물에게 먹이로서 sterol을 제공하는 중요한 역할을 한다.

해설 페놀은 초식동물이 잘 소화시킬 수 없다.

092 페놀 화합물에 대한 설명 중 틀린 것은?

① 방향족 고리를 가지고 있고 목본식물이 초본식물보다 훨씬 많다.
② 테다소나무 어린가지는 건중량의 43%가 페놀이다.
③ 리그린은 세포벽의 주성분이며, 압축강도를 보강하고, 초식동물이 잘 먹는다.
④ 리그린은 페놀의 한 종류로 대부분의 용매에 불용성이다.
⑤ 식물생장을 억제하는 능력이 있어서 타감물질 역할을 한다.

해설 초식동물이 소화하기 어려워 먹이로 사용되는 것은 방지한다.

093 다음 설명 중 틀린 것은?

① 타닌은 미생물 침입을 억제하는 타감물질이며, 초식동물이 기피한다.
② 플라보노이드는 수용성 화합물로 액포에 존재하며 단풍을 만든다.
③ 안토시아닌은 화려한 단풍을 만드는 성분이다.
④ 지질은 함량이 낮으나, 월동기간에는 에너지 저장 및 내한성을 높이기 위해 낮아지고 여름철에 증대된다.
⑤ 안토시아닌은 열매와 꽃잎에서 아름다운 색을 만들어 종자의 번식과 수분을 용이하게 한다.

해설 월동기간에 높아지고 여름철에는 낮아진다.

정답 091 ④ 092 ③ 093 ④

094 내건성이 강한 수목의 특성에 대한 설명으로 옳지 않은 것은?

① 건조할 때에는 호흡이 낮아지는 정도가 크고, 광합성이 감퇴하는 정도가 낮다.
② 기공의 크기가 커서 건조 시 증산이 잘 이루어진다.
③ 저수능력이 크고, 다육화의 경향이 있다.
④ 삼투압이 높아서 수분 보유력이 강하다.
⑤ 세포 내 당의 축적량이 많다.

해설 기공이 작아서 건조 시 증산이 잘 이루어지지 않는다.

095 다음 설명 중 틀린 것은?

① 토양 공극 내 표면장력에 의해 유지되는 수분으로 식물에 의해 유효하게 이용될 수 있는 것은 모세관수이다.
② 토양 수분의 형태로 점토질 광물에 결합되어 있어 분리시킬 수 없는 수분은 결합수이다.
③ 식물이 이용할 수 있는 토양의 유효수분은 포장용수량~영구위조점 사이의 수분이다.
④ 식물 생육에 가장 알맞은 최적함수량은 대개 최대용수량의 20~30%의 범위에 있다.
⑤ 유효수분은 토양입자가 작을수록 커진다.

해설 최적함수량은 최대용수량의 60~80%이다. 즉 포장용수량부근에 있다.

096 임목과 수분과의 관계에 대한 설명으로 옳은 것은?

① 증산작용이 아침에 시작되면 나무 아래쪽의 수분이 먼저 없어지고, 그 다음에 위쪽의 수분이 없어진다.
② 수분스트레스는 춘재에서 추재로 이행되는 것을 억제한다.
③ 토양온도가 낮아지면 수목 뿌리의 흡수력이 증가한다.
④ 낙엽수는 한겨울에도 가지와 줄기에서 증산작용이 이루어진다.
⑤ 소나무는 기공이 깊숙이 숨어있어 수분손실에 대한 저항성이 낮다.

해설 ① 위에서부터 수분이 먼저 없어진다.
② 수분스트레스 시 왜소개체에서 춘재에 대한 추재의 비율이 정상개체의 것보다 더 높게 나타난다. 즉, 춘재에서 추재로의 이행을 촉진한다.
③ 토양온도가 낮아지면 수목 뿌리의 흡수력이 감소한다.
⑤ 소나무는 기공이 깊숙이 숨어있어 수분손실에 대한 저항성이 높다.

정답 094 ② 095 ④ 096 ④

097 수목의 수분포텐셜에 대한 설명으로 옳지 않은 것은?

① 삼투압이 높을수록 수분을 흡수하는 힘으로 작용하는 수분포텐셜은 높아진다.
② 수목의 수분포텐셜은 삼투포텐셜, 압력포텐셜, 기질포텐셜로 구성된다.
③ 수목 내에서 수분의 이동은 수분포텐셜이 높은 곳에서 낮은 곳으로 이루어진다.
④ 압력포텐셜은 원형질막이 세포벽을 향하여 밀어내는 압력으로 팽압을 의미한다.
⑤ 압력포텐셜과 삼투포텐셜이 같으면 세포의 수분포텐셜이 0이 되므로 팽만 상태가 된다.

해설 삼투압이 높을수록 수분포텐셜은 낮아진다.

098 식물체의 수분포텐셜에 대한 설명으로 옳은 것은?

① 수분포텐셜은 토양에서 가장 낮고, 대기에서 가장 높으며, 식물체 내에서는 중간의 값을 나타내므로 토양 → 식물체 → 대기로 수분의 이동이 가능하게 된다.
② 수분포텐셜과 삼투포텐셜이 같으면 압력포텐셜이 100이 되므로 원형질분리가 일어난다.
③ 압력포텐셜과 삼투포텐셜이 같으면 세포의 수분포텐셜이 0이 되므로 팽만상태가 된다.
④ 식물체 내의 수분포텐셜에는 매트릭포텐셜이 가장 많은 영향을 미친다.
⑤ 수화한 세포의 매트릭포텐셜은 아주 크다.

해설 ① 수분포텐셜은 토양이 가장 높고 대기가 가장 낮다.
② 수분포텐셜과 삼투포텐셜이 같으면 압력포텐셜은 0이 된다.
④ 삼투, 압력포텐셜이 더 큰 영향을 미친다(막압=0, 삼투 p=−5).
⑤ 수화한 세포의 매트릭포텐셜은 아주 작다.

099 식물체 내 수분포텐셜에 대한 설명으로 옳지 않은 것은?

① 매트릭포텐셜은 식물체 내 수분포텐셜에 거의 영향을 미치지 않는다.
② 세포의 수분포텐셜이 0이면 원형질분리가 일어난다.
③ 삼투포텐셜은 항상 음(−)의 값을 가진다.
④ 세포의 부피와 압력포텐셜이 변화함에 따라 삼투포텐셜과 수분포텐셜이 변화한다.
⑤ 시든 식물에 물을 주면 다시 싱싱해지는 것도 원형질복귀에 의한 현상이다.

해설 수분포텐셜이 0이면 팽만 상태가 된다.
※ 원형질분리 : 세포 내의 수분이 삼투압이 높은 외액(용질의 농도가 높고 수분이 적음)으로 빠져나가서 원형질이 세포막에서 떨어져 축소되는 현상(막압=0, 삼투P=−25)

정답 097 ① 098 ③ 099 ②

100 토양의 수분에 대한 설명으로 옳지 않은 것은?

① 최대용수량은 모관수가 최대인 상태로 토양의 모든 공극이 물로 포화된 상태를 말하며, 이때 토양수분장력이 최대가 된다.

② 포장용수량은 포화된 토양에서 증발을 방지하면서 중력수를 배제하고 남은 수분상태를 말하며, 최소용수량이라고도 한다.

③ 초기위조점은 작물의 생육이 정지하고 하위엽이 마르기 시작하는 수분상태로, pF(potential force)는 약 3.9 정도이다.

④ 토양의 유효수분은 포장용수량과 영구위조점 사이의 수분이며, 최적용수량은 최대용수량의 60~80% 범위에 해당된다.

⑤ 수분당량은 물로 포화시킨 토양에 중력의 1,000배(1,000G)에 상당하는 원심력을 작용시킬 때 토양 중에 남아 있는 수분이다.

해설 최대용수량에서 토양수분장력은 0이 된다.

101 토양 수분에 대한 설명으로 옳지 않은 것은?

① 비가 온 후 하루 정도 지난 상태인 포장용수량은 작물이 이용하기 좋은 수분 상태를 나타낸다.

② 작물이 주로 이용하는 모관수는 표면장력에 의해 토양공극 내에서 중력에 저항하여 유지된다.

③ 흡습수는 토양입자 표면에 피막상으로 흡착된 수분이므로 작물이 이용할 수 있는 유효수분이다.

④ 위조한 식물을 포화습도의 공기 중에 24시간 방치해도 회복하지 못하는 위조를 영구위조라고 한다.

⑤ 풍건토양의 일정량을 100~110℃로 가열하여 줄어든 수분량을 건토에 대한 중량 백분율로 환산하여 쉽게 구할 수 있는데, 이를 흡습계수 또는 흡습도라 한다.

해설 흡습수는 작물이 이용할 수 없다.

- 결합수 : 토양입자의 한 구성 성분으로 되어 있는 수분으로서 결정수 · 화합수. 토양을 100~110℃로 가열해도 분리되지 않는 10,000bar(pF 7) 이상인 수분이며 식물에는 흡수되지 않지만 화합물의 성질에 영향을 줌 ↔ 자유수(중력수)
- 흡습수 : 분자 간 인력에 의하여 토양입자 표면에 흡착된 수분으로서 부착수. 31bar(pF 4.5) 이상의 힘으로 흡착되어서 식물이 이용하지 못하는 무효수분으로 100~110℃에서 8~10 시간 가열하면 제거되며, 물이 흡착될 때에는 유리에너지가 열로 방출되는데 이를 습윤열이라고 함

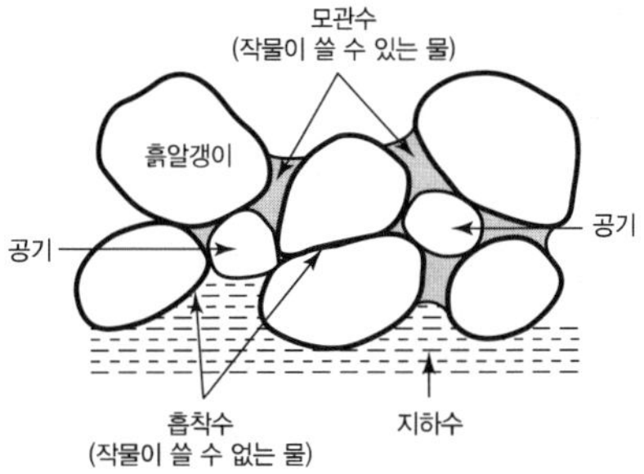

정답 100 ① 101 ③

102 물의 특성에 대한 설명 중 잘못된 것은?

① 물은 높은 비열, 높은 기화열을 가지고 있다.
② 광합성과 생화학적 가수분해의 반응물질이며, 살아 있는 세포 생중량의 80~90%가 물이다.
③ 낮은 용해열을 가지고 있다.
④ 양전기와 음전기를 동시에 띠고 있다.
⑤ 자외선과 적외선을 흡수한다.

해설 물은 높은 용해열(80cal/g)을 가지고 있다.
※ 비열 : 1cal/g, 기화열 : 586cal/g

103 수분흡수와 토양조건에 대한 설명 중 옳지 않은 것은?

① 모세관수는 중력에 저항하여 토양입자와 물분자 간의 부착력에 의해 남아있는 물로, 식물이 이용할 수 있다.
② 포장용수량이란 토양의 모세관수만을 최대로 보유할 때이다.
③ 영구위조점은 토양의 수분포텐셜과 뿌리의 수분포텐셜이 일치할 때를 말한다.
④ 토성에 따라 모세관수는 토양건중량의 3~13%를 사토에서 나타내며 식토에서는 10~23%의 함량을 보인다.
⑤ 토양온도는 뿌리의 흡수력에 영향을 미치며 이는 물에 대한 뿌리의 투과성이 변하여 발생한다.

해설 양토에서 10~23%를, 식토에서는 19~42%를 나타낸다.

104 식물의 증산작용의 기능에 대한 설명 중 옳지 않은 것은?

① 증산작용은 식물 내 수분이동과 수액의 이동 속도, 토양의 수분흡수 속도를 결정한다.
② 무기염의 흡수와 이동이 증산작용으로 촉진된다.
③ 식물은 체내 사부의 용액을 목부로 재분배시키므로 증산작용이 무기염 이동에 필수적인 것은 아니다.
④ 습도가 낮아 증산작용이 과도하면 무기염이 촉진되어 독성이 된다.
⑤ 증산작용은 잎의 온도를 올려주는데, 이유는 물의 높은 기화열 때문이다.

해설 증산작용은 잎의 온도를 낮아지게 만든다.

정답 102 ③ 103 ④ 104 ⑤

105 증산작용에 대한 설명 중 잘못된 것은?

① 기공의 공변세포가 수분을 흡수하는 것은 삼투포텐셜이 낮아지기 때문이다.
② 기공은 이산화탄소 농도가 낮으면 열리고 잎의 수분포텐셜이 낮으면 닫힌다.
③ 소나무류의 단위 엽면적당 증산량은 활엽수보다 적다.
④ 잎의 각피층이 두껍거나 털이 많으면 증산량이 늘어난다.
⑤ 공변세포의 삼투포텐셜이 높아지면 기공이 닫힌다.

해설 잎의 각피층이 두껍거나 털이 많을 경우 증산량은 줄어든다.

106 수액상승과 관련된 설명 중 옳지 않은 것은?

① 목부수액이 사부수액보다 더 묽으며 목부수액의 pH는 4.5~5.0, 사부액의 pH는 7.5이다.
② 수액의 상승속도는 대낮에 단풍류인 산공재에서 1시간당 15~45m로 가장 빠르다.
③ 수액의 상승은 수직 방향이 아니라 나선 방향이다.
④ 목부수액을 수액이라 부르며 무기염, 질소화합물, 탄수화물, 효소, 식물호르몬 등이 용해되어 있는 용액이다.
⑤ 탄수화물의 농도는 겨울과 이른 봄에 높으며 주성분은 설탕, 포도당, 과당이다.

해설 단풍나무 산공재는 1~6m이고 참나무류 환공재가 15~45m이다.

107 수액상승 원리에 대한 설명으로 옳지 않은 것은?

① 뿌리에서 잎까지 연결되는 도관 내의 수분이 장력하에서 물 연속적으로 연결될 수 있는 것은 물 분자의 응집력 때문이다.
② 응집력은 식물의 수분 상승과 뿌리에서의 수분 흡수도 수동적임을 뜻한다.
③ 도관 내 기포 문제는 도관의 직경이 큰 환공재에서 더 심각하다.
④ 수목의 높이에 비례하여 수분포텐셜이 낮아지고 잎의 중량과 밀도가 증가한다.
⑤ 수액상승은 물분자 이동에 대한 세포 자체의 저항에도 불구하고 물분자응집력으로 인해 키 큰 나무 꼭대기까지 물이 도달하는 데 어려움이 없다.

해설 수액은 중력의 저항을 받아 키가 큰 나무의 경우 어려움을 겪는다.

정답 105 ④ 106 ② 107 ⑤

108 산림 내의 질소순환에 대한 설명으로 옳은 것은?

① 질소대사에서 암모늄은 Nitrosomonas의 관여로 아질산이 되고, Nitrobacter의 관여로 질산이 된다.
② 암모늄은 산화하여 아질산이 되고, 아질산은 질산이 되는데 이런 과정을 암모늄화작용이라 한다.
③ 질소고정에 관련된 콩과식물에는 오리나무, 족제비싸리, 칡 등이 있다.
④ 콩과식물에 근류를 형성하는 Azotobacter와 Clostridium은 질소의 공급원으로서 중요하다.
⑤ 암모니아를 아질산염으로 전환하는 암모니아산화균은 혐기성 세균이다.

해설 ② 질산화작용이라 한다.
③ 오리나무류(자작나무과)는 콩과식물이 아니다.
④ 아조토박터, 클로스트리디움, 각종 광합성 세균, 기타 수종의 세균, 남조류 등은 질소의 공급원이 아니라 단생질소고정균이다.
⑤ 호기성 세균이다.

109 산림생태계의 질소고정에 대한 설명으로 옳은 것은?

① 지구생태계에서는 생물학적 질소고정량이 산업적 질소고정량보다 적다.
② 수목과 상리공생하는 Mycorrhiza는 질소를 고정하는 미생물이다.
③ Cyanobacteria는 기주세포 밖에서 질소고정을 하는 미생물이다.
④ 콩과수목 뿌리에 공생하는 Azotobacter는 질소고정을 하는 미생물이다.
⑤ Rhizobium은 혐기성 세균이다.

해설 Cyanobacteria는 외생공생 질소고정을 한다(지의류, 소철).
① 생물학적 질소고정량이 산업적 질소고정량보다 많다.
② Mycorrhiza는 균근균이다.
④ Azotobacter는 단독질소고정을 하는 호기성 세균이다.
⑤ Rhizobium은 호기성 세균이다.

정답 108 ① 109 ③

110 산림 내 유기태 질소의 분해에 대한 설명으로 옳은 것은?

① 분해작용 순서는 '질산화작용 → 암모늄화작용 → 탈질작용'이다.
② 질산화작용 관련 미생물은 혐기성 박테리아이다.
③ 질산태질소는 산소공급이 부족한 혐기성 상태가 되면 질소가스로 환원된다.
④ 탈질작용은 주로 곰팡이균에 의해 이루어진다.
⑤ 산성을 띤 산림토양은 박테리아가 좋아하는 산성토양이다.

해설 ① 분해작용순서는 '암모늄화작용 → 질산화작용 → 탈질작용'이다.
② 암모니아산화균은 Nitrosomonas, 아질산산화균은 Nitrobacter이며 호기성이다.
④ 탈질작용은 Pseudomonas, Bacillus, Mycrococcus, Achromobacter 등의 세균에 의해 이루어진다.
⑤ 산림토양은 박테리아가 싫어하는 토양이다.

111 암모니아태질소($NH_4^+ - N$)와 질산태질소($NO_3^- - N$)의 특성에 대한 설명으로 옳지 않은 것은?

① 논에 질산태질소를 시용하면 그 효과가 암모니아태질소보다 작다.
② 질산태질소는 물에 잘 녹고 속효성이다.
③ 암모니아태질소는 토양에 잘 흡착되지 않고 유실되기 쉽다.
④ 암모니아태질소는 논의 환원층에 주면 비효가 오래 지속된다.
⑤ 암모니아태질소는 같은 양이온인 칼륨(K^+), 칼슘(Ca^{++}), 마그네슘(Mg^{++})의 흡수를 억제한다.

해설 암모니아태질소는 잘 흡착되고 유실되지 않는다.

112 콩과식물의 뿌리혹에는 박테리아가 존재한다. 박테리아는 뿌리에서 영양분을 섭취하고 콩과식물에 질소를 공급한다. 이러한 경우를 일컫는 것은?

① 기생(parasitism)
② 촉진(facilitation)
③ 상리공생(mutualism)
④ 편리공생(commensalism)
⑤ 편해공생 (Amensalism)

해설 상리공생은 쌍방의 생물이 둘 다 서로 이익을 얻는 경우를 말한다.
① 기생 : 기생물만 이익을 얻고, 숙주는 피해를 입는 경우
④ 편리공생 : 한쪽만 이익을 얻고 다른 한쪽은 아무 영향 없는 경우
⑤ 편해공생 : 한쪽만 피해를 입고 다른 한쪽은 아무 영향 없는 경우

정답 110 ③ 111 ③ 112 ③

113 질소를 고정하는 비콩과 식물만 나열한 것은?

① 소귀나무, 피나무, 소나무
② 보리수나무, 소귀나무, 오리나무
③ 보리수나무, 느릅나무, 음나무
④ 오리나무, 단풍나무, 자작나무
⑤ 담자리꽃나무, 느릅나무과, 싸리나무

해설 보리수나무, 소귀나무, 오리나무, 담자리꽃나무는 Frankia에 의한 질소고정이다.

114 수목의 질소대사에 대한 설명으로 옳지 않은 것은?

① 수목은 질산태질소(NO_3^-)와 암모니아태질소(NH_4^+)를 뿌리에서 흡수할 수 있다.
② 소나무는 척박한 토양에서 자라면서 뿌리에서 질산환원이 일어난다.
③ 낙엽 직전에 잎의 질소량은 감소하지만 칼슘량은 증가하는 경향이 있다.
④ 수목의 질소부족현상은 오래된 잎보다는 어린잎에서 먼저 발견된다.
⑤ 산림의 C/N율은 25 : 1 정도로 높다.

해설 어린잎보다 오래된 잎에서 먼저 발견된다.

115 산림생태계의 질소순환에 대한 설명으로 옳지 않은 것은?

① 연간 질소수지는 생태계 밖에서 공급되는 양이 유실량보다 적다.
② 연간 질소 증가량은 현존량에 비해 매우 적다.
③ 토양 중 질소는 유기태가 대부분이며 무기태는 매우 적다.
④ 토양미생물과 식물의 작용으로 유기태와 무기태 질소 상호 간 변환이 일어난다.
⑤ 산림수목은 생장이 농작물보다 느린 만큼 적은 양의 질소를 요구한다.

해설 1ha당 질소고정으로 연간 14kg, 강우로 7kg의 질소를 추가하는 반면 유수로 밖으로 유출되는 양은 4kg가량이므로 질소의 공급량이 더 많다.

질소의 순환

- 암모니아작용(ammonification) : 죽은 동식물의 잔유물이 토양 중에 환원되어 토양미생물에 의해 함질소화합물이 암모니아로 분해되는 것
- 질산화작용(nitrification) : 생성된 암모니아가 산소의 공급이 충분한 환경에서 질산으로 산화되는 작용
- 탈질작용(denitrification) : 질산은 혐기성의 토양미생물에 의해 환원되어 N_2또는 N_2O의 형태로 되고 이것이 공기 중으로 달아나기도 하는데 이와 같은 질소의 손실을 말함
- 용탈(leaching) : 질산이 암모늄과 같이 토양에 잘 흡착되지 않아 토양의 하층으로 유실되는 것

정답 113 ② 114 ④ 115 ①

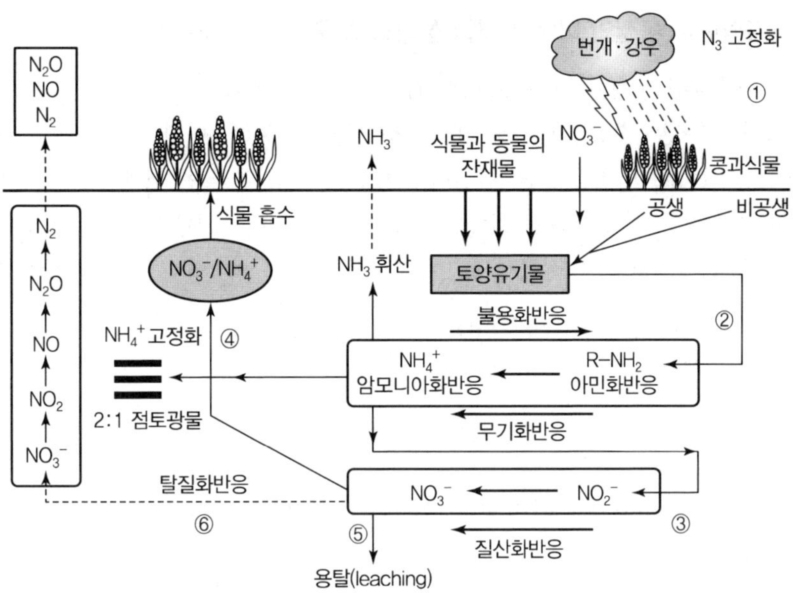

116 **다음 그림은 질소 순환 과정을 모식적으로 나타낸 것이다. 질소 순환에 대한 설명으로 옳은 것은?**

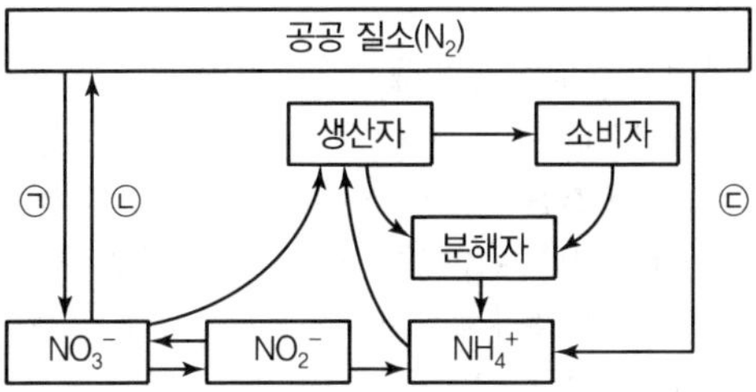

① ㉠은 탈질소과정이다.

② ㉡ 과정은 콩과식물의 뿌리에 공생하는 세균에 의해 일어난다.

③ ㉢ 과정은 번개와 같은 공중방전에 의해 일어나기도 한다.

④ 식물이 직접 이용할 수 있는 질소 형태는 질산 이온이나 암모늄이온이다.

⑤ ㉠에 의한 질소고정량이 가장 많다.

해설 ① ㉠ 광화학적질소고정 : 번갯불에 의한 질소고정

② ㉡ 탈질작용 : 호기성 세균이 산소가 없는 조건에서 질산태 질소 또는 아질산태 질소를 호흡계의 전자수용체로 이용하여 기체상태인 N_2 또는 N_2O를 생성하는 과정

③ ㉢ 생물적 질소고정 : 남세균, 아조토박터, 콩과식물의 뿌리에 공생하는 뿌리혹박테리아, 오리나무 뿌리의 방선균 등의 토양 세균은 질소 원자간 결합을 끊을 수 있는 효소를 가지고 있어 질소 분자를 암모늄 이온(NH_4^+)의 형태로 고정

⑤ ㉠ 광화학적 질소고정으로 질소고정량이 가장 적고, ㉢과 같은 생물학적 질소고정의 질소고정량이 가장 많음

정답 116 ④

117 세포막에서 물질의 이동에 대한 설명으로 옳지 않은 것은?

① 단순확산은 에너지를 필요로 하지 않는 수동수송이다.
② 촉진확산은 수송단백질이 ATP를 소모하는 능동수송이다.
③ 삼투현상은 반투과성막을 통하여 물이 용질의 농도가 낮은 곳에서 높은 곳으로 이동하는 것이다.
④ 세포외배출작용(exocytosis)은 단백질 등을 소낭(vesicle)을 통해 세포 밖으로 내보내는 것이다.
⑤ 단백질은 통로단백질로서 운반체보다도 더 빠른 속도로 이온을 통과시킨다.

해설 촉진확산은 분자나 이온이 특정한 운반단백질을 통해 생체막을 건너서 통과하는 것이며 별도의 에너지 소비가 없다.

118 촉진확산(facilitated diffusion)과 능동수송(active transport)의 공통점은?

① ATP를 필요로 한다.
② 수송단백질을 이용한다.
③ 농도의 구배를 거슬러 용질을 이동시킨다.
④ 지질에 대한 해당물질의 용해도에 의존한다.
⑤ 반투막을 통한 물의 확산이다.

해설
- 대부분 물질 확산(Diffusion)을 통해 세포막을 통과한다. 즉 물질들은 농도구배에 따라 움직이며 고농도에서 저농도로 이동한다.
- 촉진확산 : 고농도에서 저농도로 이동하는 것이지만 특정한 운반자가 세포막에 존재하여 이 운반자를 통하여 확산이 일어나는 것이다. 삼투는 반투막을 통한 물의 확산이다.
- 능동수송 : 농도구배에 역행하여 물질을 수송시키는 것, 즉 저농도에서 고농도쪽으로 물질을 이동시키는 것이며, 이때 ATP 에너지를 소모한다.

세포의 작용 – 유동 모자이크 모델(fluid mosaic model)
- 생장하기 위하여 외부로부터 영양소를 흡수하며 노폐물은 밖으로
- 세포막은 각 분자에 대한 선택적 투과성으로 수송과정을 조절
- 인지질의 2중층은 본질적으로 얇은 기름막, 단백질 운반체, ATPase효소, 통로 단백질
- 수동 확산 : 농도가 높은 곳에서 낮은 곳으로 분자들이 이동
- 촉진 수송 : 운송 분자에 의해 이루어지며, 단백질로 이루어져 있고 세포막에 존재함

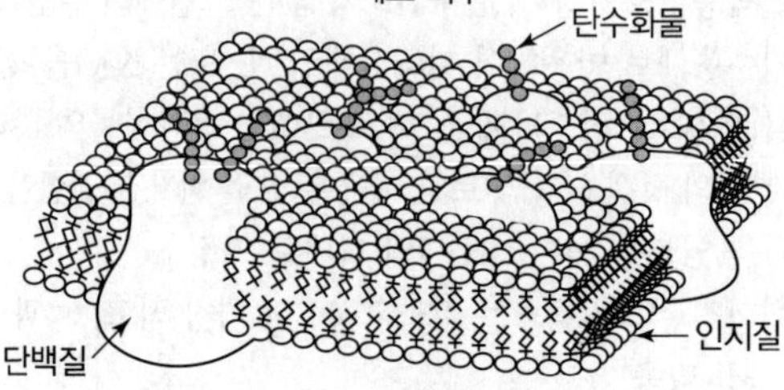

정답 117 ② 118 ②

119 효소에 대한 설명으로 옳은 것만을 묶은 것은?

ㄱ. 효소는 고유의 삼차원 구조로 인해 기질과 특이적으로 반응한다.
ㄴ. 효소 자체는 반응에서 소모되지 않아 적은 양으로도 작용할 수 있다.
ㄷ. 효소는 반응에서 활성화 에너지를 높이는 역할을 한다.
ㄹ. 효소의 활성은 온도 및 pH 변화와 무관하다.

① ㄱ, ㄴ ② ㄱ, ㄹ
③ ㄴ, ㄷ ④ ㄷ, ㄹ
⑤ ㄴ, ㄹ

해설 ㄷ. 활성화 에너지 화학반응을 일으킬 수 있는 분자의 운동에너지를 낮추어서 화학반응을 촉진
ㄹ. 효소의 활성은 최적 온도와 pH 범위 밖에서 현저하게 감소한다.

효소의 특징
- 반응 중 분해되지 않음
- 물질대사 반응을 촉진
- 기질과 특이적으로 결합
- 반응의 활성화 에너지를 낮춤

120 식물호르몬에 대한 설명으로 옳지 않은 것은?

① Gibberellin은 주로 신장 생장을 유도하며 체내 이동이 자유롭고, 농도가 높아도 생장억제 효과가 없다.
② Auxin은 주로 세포 신장 촉진 작용을 하며 체내의 아래쪽으로 이동하는데, 한계 이상으로 농도가 높으면 생장이 억제된다.
③ Cytokinin은 세포분열과 분화에 관계하며, 뿌리에서 합성되어 물관을 통해 수송된다.
④ Ethylene은 성숙 호르몬 또는 스트레스 호르몬이라고 하며, 수분 부족 시 기공을 폐쇄하는 역할을 한다.
⑤ 유기물로 한곳에서 생성되어 다른 곳으로 이동하여 생리적 반응을 나타내며 아주 작은 농도에서 작용하는 화합물이다.

해설 기공 개폐는 에브시식산(ABA)에 의해 일어난다. 에틸렌은 무색의 불포화탄화수소로 과일의 성숙과 식물조직의 노화를 촉진시키는 식물호르몬 중의 하나이다. 식물의 생장에 부적합한 환경요인을 스트레스라 하는데, 식물의 조직은 상처 또는 스트레스에 반응하여 에틸렌을 생산한다. 이때 발생되는 에틸렌을 스트레스에틸렌이라고 하며, 상처를 입거나 병원에 감염된 식물조직에서 발생한다.

정답 119 ① 120 ④

121 식물 호르몬인 Auxin의 작용에 대한 설명으로 옳지 않은 것은?

① 어린잎에서 합성된 후 정단으로 이동하여 꽃이나 새로운 잎의 형성을 유도하고 물관부의 분화를 촉진한다.
② 줄기의 굴광성은 빛이 조사되는 반대쪽에 auxin이 높은 농도로 축적되어 세포신장이 더 활발할 때 일어난다.
③ 식물을 수평으로 놓으면 줄기는 중력과 반대인 위로, 뿌리는 아래로 자라게 하는 데 auxin이 관여한다.
④ Auxin의 이동은 아래로만 이동하는 단일방향 수송을 나타내며, 줄기를 거꾸로 세워도 auxin은 아래쪽으로 이동한다.
⑤ 식물에게 높은 농도로 처리하면 식물의 대사 작용을 혼란시켜 잎이 뒤틀리거나 종양을 형성시키며 더 높은 농도는 식물을 죽게 한다.

해설 Auxin은 위쪽으로 이동한다(구기적 : 밑동을 향하는 성질).

122 Auxin에 대한 설명 중 잘못된 것은?

① 측아나 액아의 생장을 억제하여 정아우세현상을 나타낸다.
② 낮은 농도의 auxin은 세포생장을 촉진하지만 높은 농도의 auxin은 식물을 죽게 하므로 제초제 효과를 나타낸다.
③ Auxin의 운반은 에너지를 소모하며 ATP의 생산을 억제하는 약제를 처리해도 운반은 계속된다.
④ 줄기의 어린잎이나 눈에서 다량으로 생산되며 뿌리에서도 줄기와 비슷한 농도로 존재한다.
⑤ 극성을 나타내며 줄기에서는 항상 구기적 방향, 뿌리에서는 구정적 방향으로 운반된다.

해설 ATP의 생산을 억제하는 약제를 처리하면 옥신의 운반이 중단된다.

123 토양 산성화와 관련된 설명으로 옳은 것은?

① 토양의 pH값이 4~5 이하의 수준으로 떨어져 토양이 산성화되면 H^+ 가 감소하여 식물 뿌리의 양분 흡수력과 뿌리 안의 효소작용이 촉진된다.
② 토양의 pH값이 낮아져서 4~5 이하로 유지되면 인산의 가용성은 감소하지만 알루미늄의 용해도는 증가한다.
③ 토양이 산성화될수록 토양세균과 소동물의 활동이 증가된다.
④ 삼나무와 느티나무는 산성토양에 대한 저항력이 강한 식물이다.
⑤ 산림토양을 아래로 파 보았을 때 발달 순서는 '낙엽층 → 발효층 → 부식층 → 집적층 → 용탈층' 순이다.

정답 121 ④ 122 ③ 123 ②

해설 ① 토양이 산성화되면 H^+가 증가하여 뿌리 안의 효소작용은 감소한다.
③ 토양이 산성화될수록 토양세균과 소동물의 활동이 감소한다.
④ 삼나무는 산성에 약한 식물이다.
⑤ '낙엽층 → 발효층 → 부식층 → 용탈층 → 집적층' 순이다.

124 다음 설명 중 틀린 것은?

① 산림토양유기물층으로서 식물조직이 파악되지 않는 부식층은 H층이다.
② 입단이 발달한 토양은 대체로 비옥하고 토양 침식이 줄어든다.
③ 온대나 한대식생의 한랭습윤한 기후하에서 산성 토양 위에 나타나는 임상으로서, 낙엽 낙지의 분해가 느리고 불완전하여 밑에 있는 무기토양층과 섞이지 않으므로 임상에서 무기질토양으로의 이행이 급진적으로 이루어지는 부식은 조부식층이다.
④ 유용 염기의 유실 및 용탈에 의해 토양 내 양분결핍이 나타난다.
⑤ pH가 4.0~5.5인 산성토양에서는 활엽수보다 침엽수의 생육이 불리하다.

해설 pH 5.0 이하의 산림지역은 활엽수보다 침엽수가 식재에 더 바람직하다.

125 핵산과 원형질막의 구성 성분이고, 광합성과 호흡작용에서 당류와 결합하여 여러 가지 대사를 주도하며, 특히 소나무의 경우 결핍되면 잎이 자주색을 나타내기도 하는 성분으로 만든 비료는?

① 질소질비료
② 인산질비료
③ 칼리질비료
④ 석회질비료
⑤ 칼슘질비료

해설 인산은 일반적으로 새로운 잎이나 뿌리선단의 대사활동이 왕성한 분열조직에 많이 함유되어 있는데 질소와는 달리 체내에서 무기태나 유기태로 존재한다. 그리고 인산 유기화합물로서는 lecithin, 각종 당 인산, phosphatid, 핵단백질, 핵산 등이 있고 종자에는 대부분 phythin으로 함유되어 있다. 생리기능은 핵산, 핵산단백질, 인지질 등은 원형질의 주요조성 원소이며 이외에도 당 대사와 에너지 대사에 필수 유기성분이다.

정답 124 ⑤ 125 ②

126 산림토양과 경작토양의 차이점에 대한 설명으로 옳은 것은?

① 유기물은 산림토양에는 풍부하지만 경작토양에는 빈약하다.
② 경작토양의 C/N율은 산림토양보다 높다.
③ 산림토양에 존재하는 무기태질소는 주로 질산태이다.
④ 경작토양은 산성이 강하고 산림토양은 알칼리성이 강하다.
⑤ 양이온 치환능력은 산림토양이 경작토양보다 크다.

해설 ② 산림토양이 더 높다.
③ 암모늄태이다.
④ 경작토양은 중성, 산림토양은 산성이다.
⑤ 양이온 치환능력은 산림토양이 경작토양보다 작다.

127 산림토양에 대한 설명으로 옳지 않은 것은?

① 용적밀도가 높은 토양은 식물의 뿌리 자람과 배수성이 좋다.
② 화강암과 같은 산성암을 모재로 하는 토양은 비교적 밝은색을 띤다.
③ 토양산도가 높을수록 미생물의 활성도와 양분의 유효도가 낮다.
④ 일반적으로 산림토양의 pH는 경작토양보다 낮다.
⑤ 산림토양 내 유기물의 함량은 기여도가 점토보다 낮다.

해설 용적밀도가 낮은 토양의 뿌리 자람과 배수성이 좋다.

128 산림토양의 수직적 단면에 나타나는 각 층 위에 대한 설명으로 옳지 않은 것은?

① 집적층 : 풍화작용이 가장 활발하게 이루어지고, 낙엽이 쌓여 분해되고 있는 층
② 용탈층 : 위층의 유기물과 광물질 토양이 혼합된 층
③ 유기물층 : 나무나 풀의 죽은 잎과 줄기, 곤충의 사체 등이 모여 있는 층
④ 모재층 : 토양 생성작용이 거의 없는 거친 입자로 구성된 층
⑤ H층 : 부식층이며 낙엽이 썩어 더 이상 분해 되는 않는 층

해설 집적층이 아닌 유기물층에 대한 설명이다.

정답 126 ① 127 ① 128 ①

129 식물체의 필수원소 중 다량원소에 대한 설명으로 옳지 않은 것은?

① 칼륨은 세포의 삼투압을 높이는 데 기여하고 기공의 개폐에 관여한다.
② 칼슘은 체내에서 이동이 안 되기 때문에 항상 어린 조직에서 결핍증이 일어난다.
③ 마그네슘은 체내에서 쉽게 이동되기 때문에 성숙잎에서 먼저 결핍증이 나타난다.
④ 인산은 토양 pH 5 이하에서 철분이나 알루미늄과 결합하여 가용성 인산으로 바뀌기 때문에 식물의 흡수가 용이하다.
⑤ 황은 cysteine, methionine과 같은 아미노산의 구성성분이다.

해설 인산은 불용성으로 식물이 흡수하기가 어렵다.

130 다음 설명 중 틀린 것은?

① 토양 입단 형성과 발달을 도모하는 것은 유기물과 석회 시용, 콩과식물 재배, 토양 피복 등이다.
② 입단이 발달한 토양은 대체로 비옥하고 토양 침식이 줄어든다.
③ 산성 토양에서는 Al^{3+}이 용출되어 식물생육에 장해를 초래한다.
④ 염기성 토양은 토양세균과 토양 소동물의 활성 감퇴를 초래한다.
⑤ 유용 염기의 유실 및 용탈에 의해 토양 내 양분 결핍이 나타난다.

해설 산성 토양에 대한 설명이다.

131 토양의 입단에 대한 설명으로 옳지 않은 것은?

① 입단은 부식과 석회가 많고 토양입자가 비교적 미세할 때에 형성된다.
② 나트륨이온(Na^+)은 점토의 결합을 강하게 하여 입단 형성을 촉진하고, 칼슘이온(Ca^{2+})은 토양입자의 결합을 느슨하게 하여 입단을 파괴한다.
③ 토양에 피복작물을 심으면 표토의 건조와 비바람의 타격을 줄이며, 토양 유실을 막아서 입단을 형성 · 유지하는 데 효과가 있다.
④ 입단이 발달한 토양에서는 토양미생물의 번식과 활동이 좋아지고, 유기물의 분해가 촉진된다.
⑤ 토양은 입단화가 될수록 모세 및 비모세 공극이 많아져서 수분의 저장력이 커지고 공기의 유통이 좋아져 수목이 잘 생육할 수 있는 조건이 된다.

해설 나트륨이온이 입자에 흡착 시 토양입자가 분산되며 입단 구조가 파괴된다.

정답 129 ④ 130 ④ 131 ②

132 다음 설명 중 틀린 것은?

① 수목 상위엽의 잎맥 사이가 황화(chlorosis)되었고, 토양 조사를 하였더니 pH가 9이면 황성분의 결핍증으로 추정한다.
② 담수 후 유기물 분해가 왕성할 때에는 미생물이 소비하는 산소의 양이 많아 전층이 환원상태가 된다.
③ 석회와 유기물을 충분히 시용하고 염화칼륨, 인분뇨, 녹비 등의 연용을 피한다.
④ 유효태인 구용성인산을 함유하는 용성인비를 시용한다.
⑤ 붕소는 10a당 0.5~1.3 kg의 붕사를 주어서 보급한다.

해설 황성분이 아닌 철성분의 결핍증으로 추정한다.

133 작물의 지하부생장량에 대한 지상부생장량의 비율에 관한 설명으로 옳지 않은 것은?

① 질소를 다량 시용하면 상대적으로 지상부보다 지하부의 생장이 억제된다.
② 토양함수량이 감소하면 지상부의 생장보다 지하부의 생장이 더욱 억제된다.
③ 일사가 적어지면 지상부의 생장보다 뿌리의 생장이 더욱 저하된다.
④ 수목의 경우 파종기가 늦어질수록 지하부의 중량 감소가 지상부의 중량 감소보다 크다.
⑤ 석회 부족일 경우 지상부에 비해 지하부의 생장이 저조해진다.

해설 지상부의 생장보다 지하부의 생장이 더욱 촉진된다.

134 산림토양의 층위에 대한 설명으로 옳지 않은 것은?

① A_0층은 낙엽낙지층, 발효층, 부식층으로 구성되어 있다.
② A층은 유기물과 광물질토양이 혼합된 표층토로 되어 있다.
③ B층은 부식이 적은 광질토층으로 용탈층을 말한다.
④ C층은 모재층으로 이루어져 있다.
⑤ A층은 점토와 Fe, Al 산화물이 용탈된다.

해설 B층은 A층에서 용탈된 물질들이 축적되는 집적층이다.

정답 132 ① 133 ② 134 ③

135 토양의 산도와 생육이 적당한 수종과의 연결이 옳지 않은 것은?

① pH 4.8~5.5 : 가문비나무, 잣나무
② pH 5.6~6.5 : 피나무, 단풍나무
③ pH 6.6~7.3 : 호두나무, 측백나무
④ pH 7.4~8.0 : 개오동나무, 물푸레나무
⑤ pH 8.1~8.5 : 낙엽송, 플라타너스

해설 pH가 4.0~4.7일 시 생육이 적당한 수종은 소나무, 리기다소나무, 낙엽송 등이다.

산도	생육수종
3.9 이하	지의류, 선태류
4.0~4.7	소나무, 리기다소나무, 낙엽송 등
4.8~5.5	잣나무, 참나무류, 가문비나무류 등
5.6~6.5	대부분의 침엽수 및 참나무류, 단풍나무류, 피나무류
6.6~7.3	호두나무, 양버즘나무, 측백나무 등
7.4~8.0	오리나무, 네군도단풍, 물푸레나무, 측백나무 등
8.1~8.5	포플러 등

136 무기양분에 대한 설명으로 옳지 않은 것은?

① 몰리브덴은 콩과 작물의 자체적인 질소양분공급에 필요하다.
② 아미노산을 구성하는 미량원소에는 황과 칼륨이 있다.
③ 엽록소를 구성하는 원소는 탄소, 수소, 산소, 질소, 마그네슘이다.
④ 수체 내에서의 이동성이 낮아 어린잎일수록 무기영양소의 결핍증상이 먼저 나타나는 원소는 칼슘이다.
⑤ 질소가 결핍되면 T/R률이 커진다.

해설 질소가 결핍되면 지상부의 생장이 저조하여 T/R률이 작아진다.

정답 135 ⑤ 136 ⑤

137 우리나라 서해안 간척 당시의 토양에 대한 설명으로 옳지 않은 것은?

① 육지에서 운반된 암석풍화성분의 퇴적물이기 때문에 일반적으로 비옥하다.
② 해면 아래에 다량 집적되어 있던 황화물은 환원과정을 거쳐 토양을 강산성으로 만든다.
③ 지하수위가 높아서 쉽게 심한 환원상태가 되어 유해한 황화수소 등이 생성된다.
④ 점토가 과다하고 토양의 투수성과 통기성이 나쁘다.
⑤ 높은 염분농도로 인해 식물 생육이 저해된다.

해설 해면 아래에 다량 집적되어 있던 황화물은 간척하면 산화과정을 거쳐 황산이 생성되면서 강산성을 나타낸다.

138 토양의 구조에 대한 설명으로 옳은 것만을 모두 고른 것은?

ㄱ. 경운을 하면 토양통기가 좋아지고 입단 형성에 도움이 된다. ㄴ. 입단이 발달한 토양은 비옥하고 수분과 비료분의 보유력도 크다. ㄷ. 칼슘이온은 점토의 결합을 느슨하게 하여 입단을 파괴한다. ㄹ. 단립구조에서는 대공극이 많고 소공극이 적으며, 토양통기와 투수성이 좋다.

① ㄱ, ㄷ
② ㄴ, ㄹ
③ ㄴ, ㄷ, ㄹ
④ ㄱ, ㄴ, ㄷ, ㄹ
⑤ ㄴ, ㄷ

해설 ㄱ. 경운을 하면 기계로 인해 토양이 다져지고 단립구조는 토양입자들이 서로 결합되지 않고 개개의 입자들로 흩어져 있는 상태로 수목생육에는 불리한 상태가 된다.
ㄷ. 칼슘이온은 구조형성에 유리하게 작용한다.

139 식물의 필수원소에 대한 설명으로 옳지 않은 것은?

① 질소화합물은 늙은 조직에서 젊은 생장점으로 전류되므로 결핍증세는 어린 조직에서 먼저 나타난다.
② 칼륨은 이온화되기 쉬운 형태로 잎, 생장점, 뿌리의 선단에 많이 함유되어 있다.
③ 붕소는 촉매 또는 반응조절물질로 작용하며, 석회 결핍의 영향을 덜 받게 한다.
④ 철은 호흡효소의 구성성분으로 엽록소의 형성에 관여하고, 결핍하면 어린잎부터 황백화하여 엽맥 사이가 퇴색한다.
⑤ 몰리브덴은 17가지 원소 중에서 체내에서 가장 적은 농도로 발견된다.

해설 질소화합물은 늙은 조직에서 젊은 생장점으로 전류되므로 결핍증세는 성숙한 조직에서 먼저 나타난다.

정답 137 ② 138 ② 139 ①

140 수체를 구성하는 무기영양소에 대한 설명으로 옳은 것은?

① 질소는 단백질과 엽록소 등의 구성성분이 되며, 결핍증상은 성숙한 잎에서 먼저 나타난다.
② 인은 전자전달계의 단백질과 효소 등의 구성성분이 되며, 결핍증상은 어린잎에서 먼저 나타난다.
③ 칼륨은 세포벽 등의 구성성분이 되며, 결핍 증상은 성숙한 잎에서 먼저 나타난다.
④ 마그네슘은 아미노산과 조효소 등의 구성성분이 되며, 결핍 증상은 어린잎에서 먼저 나타난다.
⑤ 토양이 알칼리화되었을 때 양분 가급도가 감소되어 작물생육에 불이익을 주는 것은 B, Ca, P 등이다.

해설 ② 철에 대한 설명이다.
③ 칼슘에 대한 설명이다.
④ 황에 대한 설명이다.
⑤ 토양이 산성화되었을 때의 양분 가급도가 감소되어 작물생육에 불이익을 주는 것은 B, Ca, P 등이다.

141 산림생태계의 물질순환과 역할에 대한 설명으로 옳지 않은 것은?

① 인(P)은 침전형 양분순환으로 육상생태계와 수생생태계를 순환하고 임목에 흡수된 인은 낙엽으로 이탈된 후 분해된다.
② 황(S)은 임목의 단백질 구성요소이며 화산 활동과 화석연료 연소 후 대기로 방출되고 토양으로 돌아와 임목에 흡수된다.
③ 질소(N)는 대부분 물리적 과정을 통해 변환된 형태로 임목에 흡수되며 낙엽으로 임목에서 이탈된 후 분해된다.
④ 탄소(C)는 임목의 세포벽 구성성분이며 광합성작용으로 임목에 축적되고 호흡으로 방출된다.
⑤ 칼륨(K)은 결핍되면 잎의 검은 반점 및 잎 주변의 황화현상이 나타나고, 뿌리썩음병에 대한 저항성이 약해진다.

해설 대기 중의 질소는 질소고정세균에 의해 암모늄으로 고정되거나 번개 등 공중방전으로 산화질소를 형성한후 빗물에 녹아 땅 속으로 들어가서 질산염이 된 다음에 식물에 이용된다. 즉, 물리적 작용은 없고 생물학적, 광화학적, 산업적 질소고정 등이 있다.

정답 140 ① 141 ③

142 다음 중 외생균근에 대한 설명으로 틀린 것은?

① 균근은 토양곰팡이와 식물뿌리 간의 공생관계를 맺고 있는 상태이다.
② 외생균근은 주로 목본식물인 소나무과, 자작나무과, 참나무과 버드나무과에서 발견된다.
③ 피층보다 더 안쪽까지 침투하여 하티그망(Hartig net)을 만든다.
④ 외생균근은 접합자균과 담자균, 자낭균에 의해 형성된다.
⑤ 감염된 뿌리에는 뿌리털이 형성되지 않는다.

해설 피층까지 침투하지 않고 뿌리 표면을 두껍게 싼다. 피층보다 더 안쪽까지는 들어가지 않는다.

143 내생균근에 대한 설명으로 틀린 것은?

① 기주식물 범위는 초본류와 목본류에서 형성된다.
② VAM균근을 형성한다.
③ Glomus와 Scutellospora가 가장 흔하게 발견된다.
④ 포자는 직경이 커서 바람에 전파되지 못하는 것이 특징이다.
⑤ 기주범위는 외생균근보다 훨씬 넓다.

해설 초본류 및 목본류에서 모두 발생한다.

144 수목의 수액상승에 대한 설명 중 틀린 것은?

① 침엽수는 가도관으로 수액상승 속도가 느리다.
② 활엽수는 도관으로 수액상승 속도가 빠르다.
③ 만경류의 도관은 직경이 크고 길어 효율적으로 수분을 이동시킨다.
④ 가도관은 기포 등에 의해 막히는 tylosis현상이 발생한다.
⑤ 느릅나무와 물푸레나무는 당년에 만들어진 도관을 통해 수분이 이동한다.

해설 가도관이 아닌 환공재에서 tylosis현상이 발생한다.

정답 142 ③ 143 없음 144 ④

145 수액 성분에 대한 설명 중 틀린 것은?

① 질소화합물에서는 아미노산과 ureides가 검출된다.
② 목부식물의 수액에서는 NO_3^-가 발견되지 않는다.
③ 탄수화물의 농도는 겨울철과 봄철에 높으며 설탕, 포도당, 과당이 주성분이다.
④ 고로쇠나무 수액의 주성분은 맥아당이다.
⑤ 수액에는 호르몬은 존재하지만 효소는 없다.

해설 수액에는 효소도 일부 존재한다.

146 수목의 특징에 대한 설명 중 틀린 것은?

① 2차 생장은 유관속 형성층에 의해 2차 조직인 2차 목부와 2차 사부를 만드는 것을 의미한다.
② 방추형 시원세포는 주로 접선면에서 분열하며 바깥쪽의 세포는 2차 물관부로 분화한다.
③ 은행나무, 주목, 전나무 등은 책상조직과 해면조직으로 분화되어 있으나 소나무는 분화되어 있지 않다.
④ 나자식물의 경우 표피 조직의 아래에 수지구가 있어 이곳에서 송진을 분비한다.
⑤ 잣나무류는 유관속이 1개이고, 목재의 성질은 소나무류보다 비중이 낮고 연하며 전이가 점진적으로 진행된다.

해설 안쪽의 세포가 2차 물관부로 분화한다.

147 눈에 대한 설명으로 연결이 잘못된 것은?

① 정아 : 가지 끝의 한복판에 자리 잡고 있는 눈을 의미하며 주지를 만듦
② 액아 : 대와 잎 사이의 겨드랑이에 위치한 비교적 작은 눈을 의미하며, 주로 새로운 잎을 만들어 냄
③ 잠아 : 눈 중에서 자라지 않고 계속 휴면상태에 남아 있는 눈
④ 부정아 : 수목의 새로운 부위에서 불규칙하게 형성되는 것을 의미하며 상처 입은 유상조직이나 형성층 근처에서 만들어짐
⑤ 화아 : 꽃을 만드는 눈

해설 부정아는 수목의 오래된 부위에서 발생하며 아흔이 없다.

정답 145 ⑤ 146 ② 147 ④

148 기공이 열리는 기작으로 틀린 것은?

① 칼륨이온의 농도가 높아져 삼투포텐셜을 낮춘다.
② 햇빛을 받으면 공변세포의 전분이 분해되어 3탄당인 PEP로 변하고 이어서 CO_2를 흡수해 유기산인 OAA로 바뀌면서 malic acid가 된다.
③ 말산이 해리되면 양전기를 띤 $malate^+$의 농도가 높아진다.
④ 주변 세포에서 칼륨이온이 공변세포 안으로 들어온다.
⑤ malate와 K^+으로 인해 삼투포텐셜이 낮아져 수분을 흡수할 수 있게 된다.

해설 음전기를 띤 $malate^-$의 농도가 높아진다.

149 개화 다음 해에 결실하는 수종이 아닌 것은?

① 소나무
② 잣나무
③ 섬잣나무
④ 상수리나무
⑤ 가시나무

해설
- 개화 당년에 결실하는 수종 : 이깔나무, 전나무, 편백, 가문비나무, 삼나무
- 개화 당년에 익음 : 갈참, 졸참, 신갈, 떡갈, 종가시, 가시, 개가시

150 형성층에 대한 설명으로 틀린 것은?

① 직경을 증가시키는 분열조직의 옆 부분에 있다고 하여 측방분열조직이라 한다.
② 나무가 살아 있는 한 분열조직은 생육기간 동안 거의 쉬지 않고 세포분열을 계속한다.
③ 형성층은 봄에 일찍 세포분열을 개시하여 자신보다 안쪽으로는 목부를 만들고 바깥쪽으로는 사부를 만들어 직경이 굵어지더라도 형성층의 위치는 항상 마지막 생산된 목부와 사부 사이에 남게 된다.
④ 줄기가 외부의 충격으로 껍질이 벗겨질 때 형성층이 나무껍질에 붙어서 함께 떨어져 나가고 매끈매끈한 흰 부분이 노출되는데 이것이 마지막으로 생산된 사부조직이다
⑤ 목부와 사부가 만들어지는 것은 병층분열에 의한 것이다.

해설 마지막으로 생산된 목부조직이다.

정답 148 ③ 149 ⑤ 150 ④

151 다음 설명 중 틀린 것은?

① 심재는 시간이 경과함에 따라 세포가 죽어 버리고 대신 기름, 껌, 송진, 타닌, 페놀 등의 물질이 축적되어 짙은 색깔을 나타낸다.
② 변재는 형성층이 비교적 최근에 생산된 목부조직으로서 수분이 많고 살아 있는 부분이며 탄수화물을 저장한다.
③ 춘재는 세포의 지름이 작고 세포벽이 두꺼워진다.
④ 수선은 유세포로 이루어져 있으며 원형질을 가지고 있는 살아 있는 세포이다.
⑤ 수피에는 사부, 조피, 피목 등이 포함된다.

해설 추재에 대한 설명이다. 춘재는 봄철에 만들어지고 세포의 지름이 크며 세포벽이 얇다.

152 뿌리에 대한 설명으로 틀린 것은?

① 일반적으로 배수가 잘 되고 건조한 토양에서는 주로 직근의 발달이 깊게 이루어지는 반면 습기가 많거나 배수가 불량한 토양에서는 직근 대신 측근이 얕게 퍼진다.
② 소나무류의 경우에는 장근과 단근의 구별이 뚜렷하지 않다.
③ 장근은 빨리 뻗어 나가면서 새로운 근계를 개척하고 형성층에 의해 직경이 굵어지면서 주근을 이루며 오래토록 살아남는다.
④ 단근은 뻗어나가는 장근에서 기원하여 천천히 자라는데, 형성층이 없어서 직경생장을 하지 않는다.
⑤ 단근은 1년 혹은 2년간 살다가 죽어 버리며 실제로 수분과 영양분 흡수를 담당하고, 곰팡이와 균근을 형성하는 세근이 된다.

해설 소나무류는 장근과 단근의 구별이 뚜렷하다.

153 목본식물의 조직 연결이 잘못된 것은?

① 분비조직 : 수지구, 선모, 밀선
② 코르크조직 : 코르크 형성층, 수피, 피목
③ 유조직 : 수선, 통도조직, 저수조직
④ 후막조직 : 엽병, 엽맥, 줄기
⑤ 사부 : 사관세포, 반세포

해설
- 후막조직 : 호두껍질, 섬유세포
- 후각세포 : 엽병, 엽맥, 줄기

정답 151 ③ 152 ② 153 ④

154 태양광선의 생리적 효과와 거리가 먼 것은?

① 660~730nm의 적색 광선은 식물의 형태와 생리에 독특한 역할을 한다.
② 고에너지광효과는 광도가 1,000lx 이상에서 나타나 광합성을 가능하게 한다.
③ 저에너지광효과는 광도가 100lx 이하에서도 생리적 효과를 나타내는 경우인데 광주기나 굴광성 등은 저에너지광효과 때문이다.
④ 어두운 활엽수림에 있는 종자가 발아되지 않는 이유는 광합성을 할 수 있는 가시광선은 적고 적외선의 양이 많기 때문이다.
⑤ 녹색식물은 인간의 눈과 다르게 파장 340~760nm의 가시광선 및 적외선 부근의 광선도 이용한다.

해설 인간의 눈과 마찬가지로 파장 340~760nm의 가시광선만을 이용한다.

155 일장에 관계된 사항이 아닌 것은?

① 일장이 짧아지면 수목의 줄기에 비해서 뿌리의 생장량이 상대적으로 감소한다.
② 낮과 밤의 상대적인 길이의 변화로 식물의 개화에 중요한 영향을 미친다.
③ 수목의 생장 개시 및 휴면에 더 중요한 영향을 준다.
④ 온대지방에서 자라는 목본식물은 낮의 길이가 바뀌는 것을 통하여 계절의 변화를 감지한다.
⑤ 광주기에 따라 수목의 줄기생장, 직경생장, 낙엽 시기, 휴면 진입 및 타파, 내한성, 종자 발아 등이 결정된다.

해설 일장이 아닌 광도와 관계가 있다.

156 직경생장에 관한 설명으로 틀린 것은?

① 광주기의 영향을 받는다.
② 많은 수목의 경우 직경생장은 줄기가 자라고 있는 동안에 이루어지고 줄기생장이 정지하면 곧 직경생장도 중단한다.
③ 광주기는 줄기의 생장과 직경생장에 함께 영향을 준다.
④ 고정생장을 하는 수목의 경우 줄기생장과 직경생장이 동시에 일어나고 끝난다.
⑤ 광주기가 직경생장을 가을까지 연장시킬 수 있다.

해설 고정생장을 하는 수목의 경우 줄기생장은 여름 일찍 정지하지만 직경생장은 더 늦게까지 계속되는 경향이 있다.

정답 154 ⑤ 155 ① 156 ④

157 올리고당류에 대한 설명으로 틀린 것은?

① 단당류의 분자가 2개 이상 연결된 형태이다.
② sucrose(설탕)은 2당류로서 포도당과 과당이 결합된 형태로 살아 있는 세포 내에 널리 분포하며 비교적 높은 농도로 존재한다.
③ 사부를 통하여 이동하며 탄수화물이 주성분이다.
④ 맥아당은 전분이 분해될 때 생긴다.
⑤ 3당류인 raffinose, 4당류인 stachyose, 5당류인 verbascose는 주로 사부조직에서 발견되며 환원당으로서 농도는 낮은 편이다.

해설 비환원당으로서 농도는 낮은 편이다.
※ 3당류인 raffinose : 너도밤나무의 눈이나 어린잎에서도 발견됨
※ 올리고당도 다당류와 같이 수용성이기 때문에 체내에서 이동이 쉽게 이루어짐

158 다당류의 성분과 설명의 연결이 잘못된 것은?

① 셀룰로스 : 세포벽의 주성분으로 지구상 생물의 유기물 중에서 가장 흔한 화합물이며 초식동물의 주요한 먹이
② 전분 : 목본식물의 가장 흔한 저장 탄수화물로 저장 부위는 살아 있는 유세포가 많은 곳으로서 잎에 가장 많이 축적되며 내수피의 사부조직에는 가을철에 많이 축적됨
③ 펙틴 : galacturonicacid의 중합체. 세포벽의 구성성분으로서 중엽층에서 이웃세포를 서로 접합시키는 시멘트 역할을 말함
④ 수지 : 벚나무속 기둥이 상처를 받을 때 밖으로 분비되는 물질
⑤ Mucilage : 콩과식물의 경우 콩꼬투리에서, 느릅나무의 경우 내수피, 잔뿌리의 표면 주변에서 분비되는 물질

해설 수지가 아닌 gum에 대한 설명이다. 수지는 나무가 분비하는 탄화수소로 된 진을 말한다. 나무가 스스로의 상처를 보호하거나 곤충과 균류를 죽이는 데에 쓰는 것으로 알려져 있다. 또한 신진 대사 과정에서 초과 생산된 물질이 배출되기도 한다.

정답 157 ⑤ 158 ④

159 탄수화물의 축적과 분포에 대한 설명으로 틀린 것은?

① 목본식물에 축적되는 탄수화물의 형태는 주로 전분으로 살아 있는 유세포에 저장되며 유세포가 죽으면 저장 탄수화물을 회수한다.
② 축적 농도는 뿌리가 높으나 수목이 생장함에 따라 지상부의 탄수화물 총량이 더 많아진다.
③ 저장 탄수화물은 분열이 왕성한 곳으로 이동하여 새 조직을 형성하고 대사에 필요한 에너지를 얻기 위한 호흡작용에 사용된다.
④ 공생관계의 세균 · 균근곰팡이에게 탄수화물을 제공한다.
⑤ 낙엽수는 가을에 낙엽이 질 때 줄기의 탄수화물 농도가 최저치에 도달한다.

해설 가을에 낙엽이 질 때 탄수화물 농도가 최고치에 도달하여 겨울철 내한성을 증대시키고 겨울철 호흡에 필요한 에너지를 생산하며, 봄에 신초와 잎의 개장을 위해 저장 탄수화물을 이용하므로 탄수화물 함량은 늦은 봄에 최저치가 된다. 잎이 개장되어 광합성을 시작하면서부터는 가을까지 서서히 탄수화물 농도가 증가한다.

160 다음 설명 중 틀린 것은?

① Appolast는 식물조직 중에서 죽어 있는 부분, 즉 세포벽과 목부조직인 도관(가도관)세포로 이루어진 부분을 의미한다.
② Symplast는 세포의 살아 있는 부분, 즉 원형질로 구성되어 원형질연락사로 이웃하고 있는 세포와 연결되어 있는 부분을 의미한다.
③ 카스페리안대의 역할은 흡수된 무기염이 내피에 도착하면 자유공간이 일단 없어지는 것을 의미한다.
④ 카스페리안대의 구성물질은 슈베린이다.
⑤ 카스페리안대에서는 에너지 소모 없이 원형질막상에서 필요로 하는 무기염을 선택적으로 흡수할 수 있도록 한다.

해설 에너지를 소모한다.

정답 159 ⑤ 160 ⑤

161 수액에 관한 설명 중 틀린 것은?

① 피자식물의 경우 도관을 이용하여 수액이 상승하는데, '환공재 → 반환공재 → 산공재' 순으로 수액 상승 속도가 차이가 난다.
② 나자식물은 가도관의 굵기가 매우 가늘고 가도관끼리 서로 끊어져 있어 기포발생이 억제되며 수액상승이 정지될 우려가 적다.
③ 목부수액은 산성으로 pH 4.5~5.0인 데 비하여 사부수액은 알칼리성으로 pH 7.5이다.
④ 수액은 무기염, 질소화합물, 탄수화물, 효소, 식물호르몬 등이 용해되어 있는 묽은 용액이다.
⑤ 도관 내 무기염의 이동속도는 증산속도와 상관이 없다.

해설 도관 내 무기염의 이동속도는 증산속도와 비례한다.

162 수액의 상승속도에 대한 설명 중 올바른 것은?

① 일중 변화가 심하지 않다.
② 야간에는 빠른 속도로 이동한다.
③ 낮 12시부터 3시경까지는 가장 빠른 속도로 상승한다.
④ 산공재가 환공재보다 이동속도가 빠르다.
⑤ 침엽수가 활엽수보다 이동속도가 빠르다.

해설 증산작용을 하지 않는 야간에는 극히 느린 속도로 이동하며, 증산작용을 왕성하게 하는 낮 12시부터 3시경까지는 가장 빠른 속도로 상승한다.
① 일중 변화가 매우 심하다.
② 야간에는 극히 느린 속도로 이동한다.
④ 환공재가 산공재보다 이동속도가 빠르다.
⑤ 활엽수가 침엽수보다 이동속도가 빠르다.

163 수액에 관한 설명 중 틀린 것은?

① 목부조직에서 수액은 점진적으로 나선 방향으로 돌면서 올라간다.
② 수액의 상승은 나선상 목리구조로 인해 수액을 수관에 골고루 배분하는 역할을 한다.
③ 도관 내의 수분이 장력하에 있더라도 물기둥이 끊어지지 않고 연속적으로 연결될 수 있는 것은 물분자 간의 응집력 때문이라는 이론은 응집력설이다.
④ 물분자끼리의 부착력은 물분자 간의 수소이온 결합에 의해 생긴다.
⑤ 수분(수액) 상승의 궁극적인 힘은 태양에너지에 의한 증산작용이다.

해설 수소이온 결합이 아닌 응집력에 의해 생긴다. 부착력은 물이 다른 물질과 붙으려는 성질을 말한다.

정답 161 ⑤ 162 ③ 163 ④

164 다음 설명에 해당하지 않는 수목은?

> 도관의 기포 발생을 막기 위해 새로운 잎을 만들기 전에 새로운 도관을 만들어서 수액을 상승시키고 전년도의 도관은 사용하지 않는 전략을 취한다.

① 단풍나무　　② 밤나무
③ 느릅나무　　④ 물푸레나무
⑤ 음나무

해설 주어진 설명은 환공재에 대한 설명이다. 단풍나무, 피나무 등은 산공재이다.

165 나자식물에 대한 설명 중 틀린 것은?

① 배주가 노출되어 대포자엽 혹은 실편의 표면에 부착되어 있는 식물을 의미한다.
② 양성화가 없으며, 모두 1가화 또는 2가화이다.
③ 소철류와 은행나무는 대표적인 2가이다.
④ 꼬리화서를 가진다.
⑤ 소나무과, 낙우송과, 측백나무과는 1가화로서 암꽃과 수꽃이 한 그루에 달린다.

해설 꼬리화서를 갖는 것은 나자식물이 아닌 피자식물이다.

166 피자식물에 대한 연결이 잘못된 것은?

① 불완전화 : 버드나무류, 자작나무류
② 양성화 : 버드나무류 자작나무류
③ 1가화 : 참나무류, 오리나무류
④ 2가화 : 버즈나무류, 포플러류
⑤ 잡성화 : 물푸레나무, 단풍나무류

해설 버드나무류, 자작나무류 등은 양성화가 아닌 단성화이다. 양성화인 식물은 벚나무, 자귀나무이다.

정답 164 ① 165 ④ 166 ②

167 다음 수종 중 가장 늦게 개화하는 수종은?

① 히말라야시다　② 회화나무
③ 자귀나무　④ 잣나무
⑤ 적송

해설
- 3월 중 가장 일찍 개화하는 수종 : 오리나무, 개암나무
- 3월 말경에 개화하는 수종 : 잎갈나무
- 4월 하순에 개화하는 수종 : 적송
- 5월 중순에 개화하는 수종 : 잣나무
- 6~7월 중에 개화하는 수종 : 자귀나무
- 7~8월 중에 개화하는 수종 : 회화나무
- 10월 중에 개화하는 수종 : 개잎갈나무, 히말라야시다

168 수정에 관한 설명 중 틀린 것은?

① 피자식물은 중복수정을 하며 나자식물은 단일수정을 한다.
② 피자식물의 배는 난자(n)와 정핵(n)이 결합하여 2n이 된다,
③ 피자식물의 배유는 2개의 극핵(2n)과 정핵(n)이 결합하여 3n이 된다.
④ 나자식물의 수정 과정에서 난세포의 소기관이 소멸되어 웅성배우체의 세포질유전이 이루어진다.
⑤ 단위생식은 종자가 없이 열매가 성숙하는 경우로 단풍나무, 느릅나무, 물푸레나무, 자작나무, 튤립나무에서 관찰된다.

해설 단위생식이 아닌 단위결과에 대한 설명이다. 단위생식은 배주가 수정됨이 없이 배로 발달하여 종자가 형성되는 경우이다.

169 종자의 발아에 대한 설명으로 틀린 것은?

① 발아 생리는 '수분 흡수 → 식물호르몬 생산 → 효소 생산 → 저장물질의 분해와 이동 → 세포분열과 확장 → 기관 분화'의 순서이다.
② 지하자엽형은 종자가 큰 대립종자인 참나무류, 밤나무, 호두나무, 개암나무류 등이다.
③ 지하자엽형은 발아할 때 배의 하배축이 길게 자라면서 자엽을 지상 밖으로 밀어내는 방식이다.
④ 종자가 천연광이나 적색광을 받으면 발아가 촉진된다.
⑤ 수목의 종자가 빛의 파장에 반응을 나타내는 것은 파이토크롬 색소가 존재하기 때문이다.

해설 지상자엽형에 대한 설명이다. 지하자엽형 발아는 자엽은 지하에 남아 있고 상배축이 지상으로 자라올라와서 본엽을 형성하는 경우이다.

정답 167 ① 168 ⑤ 169 ③

170 옥신 호르몬에 대한 설명 중 틀린 것은?

① 옥신(auxin)은 호르몬 중에서 제일 먼저 알려진 것이다.
② 천연은 IAA, 4-chloro IAA, PAA, IBA 등이다.
③ 운반은 목부나 사부를 통해 이동하지 않고, 유관속조직에 인접해 있는 유세포를 통해 이루어진다.
④ 탄수화물보다 빠르게 진행된다.
⑤ 주광성, 굴지성, 개화 및 정아우세에도 관여한다.

해설 옥신 호르몬은 탄수화물보다 느리게 진행된다.

171 지베렐린에 의한 역할이 아닌 것은?

① 세포분열과 기관 형성
② 개화 및 결실 촉진
③ 종자의 휴면 타파
④ 신장생장
⑤ 과수의 단위결과 유도

해설 세포분열과 기관 형성은 시토키닌의 역할이다.

172 에브시식산에 대한 설명으로 틀린 것은?

① 15개의 탄소를 가진 세스퀴테르펜의 일종으로 이소프렌의 3분자로 구성되어 있다.
② ABA의 식물체 내 운반은 목부와 사부를 통해 이루어지며 극성이 있다.
③ ABA의 가장 일반적인 생리적 효과는 생장 정지를 유도하는 것이다.
④ ABA는 목본식물에서 눈과 종자의 휴면을 유도한다.
⑤ 외부환경으로부터 받는 스트레스를 감지하는 스트레스 호르몬이다.

해설 ABA의 경우 극성이 없다.

정답 170 ④ 171 ① 172 ②

173 에틸렌에 대한 설명으로 틀린 것은?

① 과실의 성숙과 저장에 영향을 주는 액체 호르몬이다.
② 식물 뿌리가 장기간 침수 될 경우 뿌리에서는 에틸렌 전구물질인 ACC가 생성, 줄기로 올라온 후 산소공급을 받아 에틸렌으로 생합성된다.
③ 식물에 옥신을 처리하면 에틸렌 생산이 촉진된다.
④ 식물에 상처, 압박 등을 줄 경우 에틸렌 생산이 촉진되어 종자식물의 모든 조직에서 생산된다.
⑤ 지용성으로 지질에는 쉽게 녹아 원형질막에 쉽게 부착한다.

해설 에틸렌은 기체 호르몬이다.

정답 173 ①

PART

04

산림토양학

Tree Doctor

CHAPTER 01

토양생성과 발달

1. 토양의 의미와 모암

(1) 토양

① 땅의 일부(흙)로 식물이 자라고 있으면 토양이라 볼 수 있음

② 모암(암석)에서 풍화과정으로 붕괴, 파쇄 및 분해되어 모재(1차 광물)가 되고 최종적으로 물리적, 화학적 풍화과정으로 토양,즉 2차 광물이 생성됨

(2) 모암(암석)

① 마그마가 분출되면서 형성된 화성암

② 모든 암석의 근원으로 퇴적암, 변성암 등을 이룸

(3) 화성암의 분류

냉각장소에 따라 \ SiO_2 함량	산성암 (66~75%)	중성암 (52~66%)	염기성암 (40~52%)
심성암	화강암	섬록암	반려암
반심성암	석영반암	섬록반암	휘록암
화산암	유문암	안산암	현무암

(4) 우리나라 토양

① 우리나라 중부지방 화강암은 화성암이며, 화강암의 변성작용을 받은 변성암인 화강편마암이 주류를 이룸

② 제주도, 철원평야는 현무암으로 이루어짐

(5) 퇴적암(= 성층암 = 침전암 = 수성암)

① 무게로는 5%, 지표면의 75%를 덮고 있음

② 종류 : 사암, 역암, 혈암, 석회암, 응회암

(6) 변성암

① 화성암, 퇴적암이 고열, 고압에 의해 변성작용을 받아 생성
② 조직이 치밀하며 비중이 큼
③ 편마암(화강암), 편암(혈암, 점판암, 염기성 화성암)
④ 천매암(점판암), 규암(사암), 대리석(석회암)

2. 암석의 풍화와 모재의 생성

(1) 개요

① 암석의 풍화 : 물리적(기계적), 화학적, 생물적 풍화 작용이 동시에 병행해서 발생
② 최종적인 토양 속에 3개 집단
㉠ 규산염 점토광물
㉡ 풍화가 극도로 진행된 후 안정된 철과 알루미늄 산화물
㉢ 석영과 같이 풍화에 대한 안정성이 매우 큰 1차 광물

(2) 풍화내성정도

① 1차 광물 : 석영 > 백운모(K) > 미사장석(K) > 정장석(K) > 흑운모(K) > 조장석(Na) > 각섬석(Ca, Mg, Fe) > 휘석(Ca, Mg, Fe) > 회장석(Ca) > 감람석(Mg, Fe)
② 2차 광물 : 침철광 > 적철광 > 깁사이트 > 점토광물 > 백운석 > 방해석 > 석고

(3) 물리적인 붕괴를 통한 암석의 파쇄 과정

팽창과 수축, 결빙, 암석 내부와 외부의 온도 차이(박리)

(4) 물리적 붕괴 과정

① 입상 붕괴 : 결정형광물이 입자상으로 분리되며 부피 변화에 의해 발생
② 박리 : 암석 내부와 외부의 온도 차이로 인해 벗겨지는 현상
③ 절리면 분리 : 기반암에 생긴 평행절리에 따라 분리되는 현상
④ 파쇄 : 단단한 암석이 불규칙한 암편으로 부서지는 현상

(5) 화학적 풍화 과정

① 용해, 가수분해, 수화, 산성화, 산화 등이 있으며 표면적 증가, 고온다습 시 상승
② 물과 용액 예 정장석의 가수분해와 수화

③ 편마암(화강암이 변성되어 생성), 편암(혈암, 점판암, 염기성 화성암 등이 변성되어 생성), 천매암(점판암이 변성되어 생성), 규암(사암이 변성되어 생성), 대리석(석회암이 변성되어 생성)

(6) 생물적 풍화 과정

① 식물뿌리나 미생물의 호흡작용을 통하여 생성된 이산화탄소가 물과 반응하여 H^+을 생성하고 암석의 분해를 촉진, 유기산을 분비함
② 풍화작용은 기후조건, 조암광물의 물리적 성질 및 화학적 특성의 영향

(7) 기후조건

① 성격과 속도를 지배하는 가장 중요한 인자
② 건조 시 : 화학적 풍화↓, 온도와 바람에 의한 물리적 풍화작용, 모재와 동일
③ 습윤 시 : 기계적+화학적 반응
④ 조암광물 : 처음에는 굵은 입자(온도에 의한 암석의 팽창 등)가 기계적 풍화가 쉽고 이후에는 고운광물이 더 쉽게 풍화됨

(8) 풍화산물의 이동과 퇴적

① POLYNOV의 가동률(Cl^-의 가동율 100)
② 제1상 : Cl^-, SO_4^{2-} 등은 풍화에 가동되어 양이온과 용탈
③ 제2상 : Ca^{2+}, Na^+, Mg^{2+}, K^+ 등의 알칼리금속 및 알칼리토류(kaoline) 용탈
④ 제3상 : 반토규산염의 규산이 용탈
⑤ 제4상 : 철과 알루미늄의 산화물

(9) 모재

① 잔적 모재, 퇴적유기 모재, 운적 모재 등이 있음

모재별	생성 과정	분포지형
잔적층 모재	풍화되어 원위치에 생성	저구릉, 구릉 및 산악지
붕적층 모재	중력에 의한 운반과 퇴적	산록경사지
충적층 모재	물에 의한 운반과 퇴적	선상지, 하성충적지, 하해혼성충적지
화산회 모재	화산 분출 용암류대지	분석구
유기질 모재	식물잔해의 집적	이탄, 흑니

② 물에 의한 운반과 퇴적

㉠ 선상지 퇴적물 : 산 계곡물이 평야지에서 퇴적 → 선정, 선앙(밭), 선단(논)

㉡ 범람원 : 강 하류, 요함지, 후습지

㉢ 하해혼성 퇴적지 : 강물이 바다에 이르러 만조 시 정체 → 삼각주, 특이산성토

㉣ 해안퇴적물 : 사주, 석호, 사구

㉤ 바람에 의한 퇴적 : 황사, 화산성분출물

③ 붕적 퇴적

㉠ 산지의 바위 풍화물질들이 경사면을 중력에 따라 이동

㉡ 포행, 산사태, 동활, 토석류

㉢ 충적퇴적은 물에 의해 퇴적됨, 붕적퇴적은 중력에 의해 퇴적됨(충적붕적모재＝물＋중력)

3. 토양생성인자

(1) 모재

① 화학적 비옥도(산성 : 석영, 1가 양이온, 염기성 : 2가 양이온)

② 산성 화성암 : 포드졸, 물리성이 양호한 토양

③ 염기성 화성암 : 갈색, 높은 비옥도, 식생이 풍부

④ P－E지수(강수효율 : 1년 동안의 월별 P－E를 더한 값)

⑤ T－E지수(기온효율 : 1년 동안의 월별 T－E를 더한 값)

⑥ 강수량이 많은 습윤지역 : 양이온 용탈로 미포화 산성교질

⑦ 건조 또는 반건조 지역 : Ca, Mg, Na 집적층 형성

⑧ 강수량이 많을수록 토양유기물 함량 증가

⑨ 온도가 높을수록 유기물의 분해가 빨라짐

※우리나라 모암 : 화강암, 화강편마암(2/3), 반암, 혈암, 사암, 역암, 석회암

(2) 기후

① 강우량 : 토양 생성 속도, 토심, 침식

② 기온 : 온도가 10℃ 올라가면 화학반응이 2～3배 높아져 풍화 속도로 빨라짐

③ 열대지방은 철의 산화도가 높고 유기물 축척량이 적음

(3) 지형

① 지표면의 형상과 기복

② 경사가 급한 지형 : 토양생산량보다 침식량이 많아 암쇄토 형성

③ 평탄지 : 표토 안정, 투수량이 많아져 토심이 깊게 발달한 단면 B층이 생성, 유기물 분해량이 많아짐(총질소량감소)
④ 볼록지형 : 건조연쇄, 모세관 상승량이 많아져 알칼리화 촉진
⑤ 오목지형 : 습윤연쇄
⑥ 토양유기물의 주공급원, 초지 A층 발달, 산림 O층 발달
⑦ 식물뿌리 : 토양구조발달, 광물의 풍화촉진
⑧ Plaggen표층 : 초지농업지대 – 토양발달도로 나타냄, 층위 수나 두께, 질적 차
⑨ 동일 모재 : 기후 조건에 따라 속도가 달라짐(석회암은 건조 조건에서 풍화 속도가 매우 느림)

(4) 생물

식생(식물)을 말하며 기후의 영향을 가장 많이 받는 종속변수임

(5) 시간

누적효과

4. 토층

① O층 : 낙엽이나 풀 등이 부패되어 쌓여 있는 층
② A층 : 토양수에 의해 광물질과 유기물이 용탈되는 층(유기물이 풍부하고 생물 활동이 활발)
③ B층 : A층으로부터 유입된 물질들이 집적되는 층
④ C층 : 토양의 모재(母材)가 되는 퇴적물, 암석의 풍화물이 쌓여 있는 층

토층 명칭	특징
H	물로 포화된 유기물층
O층 유기물층	• 주로 식물의 유체 등 유기물이 많이 축적되어 있는 토층 • Oi : 미부숙 유기물층, Oe : 중간정도부숙 유기물층, Oa : 잘 부숙 유기물층
A층 무기물층	• 성토층의 가장 윗부분 • 기후 및 식생 등의 영향을 직접 받아 가용성 염기류가 용탈 • 경우에 따라 점토, 부식 등과 같은 물질도 아래층으로 이동
E층 용탈층	• A2층을 말하며, 점토와 철, 알루미늄 등의 산화물 또는 염기 등이 아래층으로 용탈되어 담색을 나타냄 • A층의 용탈이 이곳에서 이루어짐(최대용탈층)
B층 집적층	• 점토, 철, 알루미늄, 부식 등이 집적되고 구조가 어느 정도 뚜렷하게 발달하여 빛깔이 다른 층위보다 진함 • 집적층상부 토층에서 용탈된 철과 알루미늄의 산화물 및 점토 등이 집적
C층 모재층	무기물층으로 아직 토양생성작용을 받지 않은 모재층

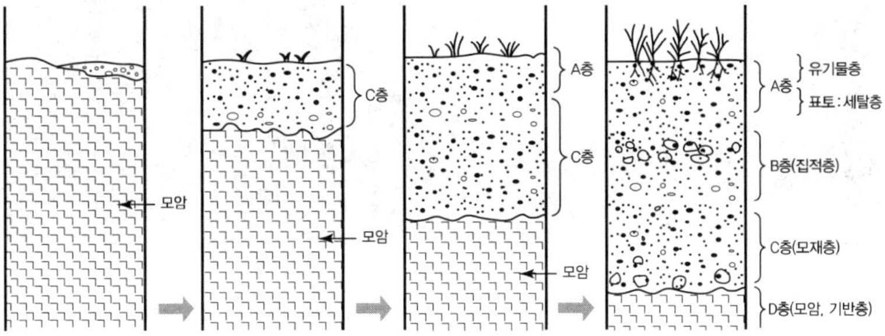

5. 토양생성 작용

① 회색화작용 : 토양이 과습하여 포화된 상태에서 철과 망간이 작용 → Fe^{3+}은 Fe^{2+}으로, Mn^{4+}, Mn^{3+}은 Mn^{2+}으로 변화, 제1철 화합물이 풍부한 청록회색

② 염기용탈작용 : 강수량이 증발량보다 클 때 K, Na, Ca, Mg이 용탈

③ 점토의 기계적 이동작용 : 점토, 철의 산화물, 수산화물, 세립1차 → 하방 이동 → A<B

※ **토양발달 : 미숙토(Entisols) → 반숙토(Inceptisols) → 완숙토(Alfisols) → 과숙토(Ultisols)**

④ 포드졸화 : 습윤, 한대지방의 침엽수림. 낮은 온도, 미생물 활동 느림. 풀브산(강산성, 저분자 부식물질), 용탈층은 회백색(E층), 집적층(부식 : 흑갈색, 철 : 적갈색)

⑤ 염류화작용 : 증발산이 강수량보다 클 때 발생, 염류 집적

⑥ 알칼리작용 : pH(탄산나트륨, 탄산수소나트륨의 가수분해)

⑦ 석회화작용 : 건조, 반건조 지대 → $CaCO_3$나 $MgCO_3$은 토양에 축적

⑧ 수성표백작용 : 물포화상태일 때 철과 망간이 가용성인 Fe^{2+}, Mn^{2+}로 변하고 삼투수와 함께 아래층으로 용탈되어 표층이 회백색으로 표백됨

CHAPTER 02

토양의 물질적 성질

1. 토성(Texture)

① 토양의 성질로 토양 내에 포함된 모래(사토), 미사, 점토의 상대적 비율
② 투수성, 통기성 등 토양의 물리적 성질과 토지의 생산성에 영향
③ 공극률이 낮으면 공기의 순환이 원활하지 않고 빗물의 침투가 어려움
④ 공극률이 높으면 물 침투가 잘 되지만, 수분이 빨리 빠져나가 보수력 낮음
⑤ 토양입자의 구분과 그 물리성
㉠ 모래(sand) : 직경 0.05~2.0mm, 대공극을 이루고 있음, 보수력, 보비력이 약하며 모관력도 약함
㉡ 미사(silt) : 직경 0.002~0.05mm, 침식에 가장 취약하며 바람에 날리고 물에 쓸림
㉢ 점토(clay) : 직경 0.002mm 이하, 소공극을 이루며 공기, 물의 이동이 상당히 느림(모관력 매우 강함)

2. 비표면적

토양 1g 속의 입자 수나 1g을 지면으로 한 cm^2당 표면적으로 분류

입자 명칭	입자의 지름(mm)	1g당 입자수	비표면적(cm^2/g)
왕모래	2.0~1.0	90	11
보통모래	0.5~0.25	5,700	45
점토	0.05~0.002	90,260,853,000	8,000,000

3. 토양의 종류(12가지)

실험실에서 분석한 입자별 함량에 의한 토성등급(Soil textural classes) 구분
① 사토(Sand) : 미사(점토 함량의 1.5배를 합한 수치) < 15%, 모래 ≥ 85%
② 양질사토(Loamy Sand) : 미사(점토 함량의 1.5배를 합한 수치) > 15%, 모래 85~90% 또는 미사(점토 함량의 2배를 합한 수치) < 30%, 모래 75~85%
③ 사양토(Sandy loam) : 점토 < 20%, 미사(점토 함량의 2배를 합한 수치) > 30%, 모래 > 52% 또는 점토 < 7%, 미사 < 50%, 모래 43~52%

④ 양토(Loam) : 점토 7~27%, 미사 28~50%, 모래<52%
⑤ 미사질양토(Silt Loam) : 미사≥50%, 점토 12~27% 또는 미사 50~80%, 점토<12%
⑥ 미사토(Silt) : 미사≥80%, 점토<12%
⑦ 사질식양토(Sandy Clay Loam) : 점토 20~35%, 미사<28%, 모래≥45%
⑧ 식양토(Clay Loam) : 점토 27~40%, 모래 20~45%
⑨ 미사질식양토(Silty Clay Loam) : 점토 27~40%, 모래<20%
⑩ 사질식토(Sandy Clay) : 점토≥35%, 모래≥45%
⑪ 미사질식토(Silty Clay) : 점토≥40%, 미사≥40%
⑫ 식토(Clay) : 점토≥40%, 미사≤40%, 모래<45%

4. 촉감(Feel methode)에 의한 토성

① 토양을 리본 형태로 만들 수 있는지를 결정(점토의 함량)
② 띠의 길이와 촉감 : 사토는 부서짐, 양토는 2.5cm 이하(쉽게 부서짐), 식양토는 2.5~5cm(까칠까칠한 느낌), 식토는 5cm(매끄러운 느낌)

5. 입단구조

① 토양의 구성 성분들이 서로 결합하여 배열되는 상태
② 입자가 집합하여 입단(Aggregate)을 형성하며 공극을 이룸
③ 물의 보유, 공기 유통
④ 토양 입단은 입상, 판상, 괴상, 주상에 의해 세분화
⑤ 토양 입단(Aggregate)의 형성
㉠ 입단 구성은 양이온 흡착력에 영향을 받고, 물 분자는 단단하게 결속됨
㉡ 길이는 짧아지며, 강하게 되어 콜로이드 입자가 단단하게 결합

⑥ 떼알구조
㉠ 토양입자의 결합 상태와 공간적 배열양식
㉡ 토양생물군집과의 관계에 있어서 토양이 나타내는 미세구조로 단립구조 등이 있음

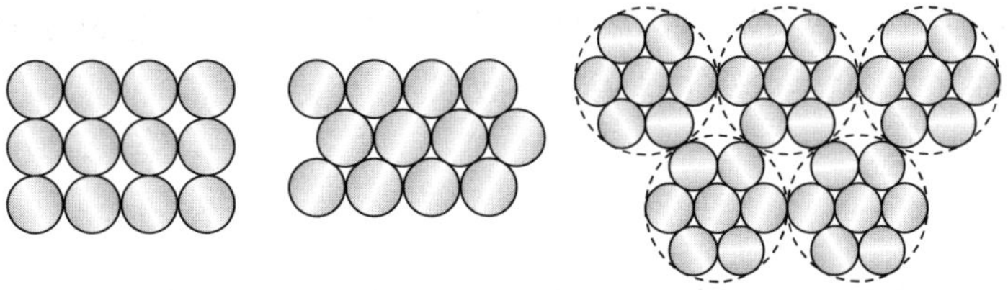

⑦ 홑알구조를 떼알구조로 만들기 위해서는 토양의 휴작과 석회 및 유기물의 시비로 토양의 구조를 개선시켜 지력을 높여서 작물의 생육환경을 조성해 주는 것이 급선무

6. 토양구조

구조	입단의 상태	층위
입상(구상)	유기물 많은 표토층, 입단 결합 약함	A층위
판상	습윤지 토양, 배수불량	논토양, 경반층
괴상	블록다면체, 배수와 통기성 양호, 뿌리 발달	Bt층위, 심토층
주상	세로배열, 건조 및 반건조 심토층	Bt층위
원주상	수평면이 둥글게 발달, Na, B층	논토양, 심토층

7. 용적과 질량의 관계

(1) 용적밀도(bulk density)

① 일정한 용적의 토양 질량을 토양의 부피로 나눈 값(g/cm^3)
② 고상, 액상, 기상의 자연상태의 종합된 밀도(토양무게/부피)
③ 공기의 유통, 물의 저장능력 등 작물의 생육상태 이해 기준
④ 용적밀도＝건조토양 질량(g)/부피(cm^3)

(2) 입자밀도(particle density)

① 공극이 없는 암석(고상) 자체만의 밀도(2.5~3.0g/cm^3)
② 유기물 함량이 높은 토양은 입자밀도가 낮음
③ 진밀도는 일정하고, 유기물과 무기물의 차이가 없는 경우 밀도는 차이가 없음

(3) 공극

① 입자와 입자 사이에 공기나 물로 채워지는 공간, 물과 공기의 이동, 미생물의 서식처
② 용적 밀도와 밀접한 관계가 있음
③ 즉, 용적 밀도를 구한 후 공극(porosity)의 미세한 입자는 밀착되지 않기 때문에 공간이 생성되고 공극이 유지되어 보수력이 높지만 공기와 물의 이동이 어려움
④ 공극율(%)＝100－(가밀도/진밀도×100)
⑤ 비모세관공극(큰 공극, 공기의 통로)과 모세관공극(수분 보유)으로 분류
⑥ 균형유지는 식물생육에 좋은 영향을 끼침

(4) 토양 공기

① 미생물과 식물 뿌리의 호흡으로 CO_2가 생성되고, O_2는 대기보다 적으며 질소는 일정
② 확산 작용 : O_2는 대기에서 토양으로, CO_2는 토양에서 대기로 확산(독성화 방지)

③ 통기가 불량한 토양 : 공극의 크기나 양이 작아서가 아니고 물이 존재하기 때문(점토)
④ 공극이 물로 채워지면 산소의 확산율이 느리게 되고 산소의 결핍이 생겨 식물 고사
⑤ 미생물 : 토양 공기가 부족하면 활동이 불량하고, 유기물 분해도 느리게 됨
⑥ 식물 생육의 산소 함유량 : 10%의 산소 함유

(5) 토양색

① 토양색 : 유기물 함량, 배수조건, 통기, 생성조건 등 토양의 특성 분석 자료
② 유기물 : 무색에서 변성(화학적, 미생물학적)하여 흑갈색으로 변함(부식화)
③ 부식화 : 부식화가 클수록 흑색이 짙음
④ 토양의 적색, 갈색, 황색 등은 수화된 산화철에 의해 형성
⑤ 산화철은 함수도가 높은 경우 회청색, 녹색이며 탈수 시 적색으로 변함
⑥ 철 함수량과 빛깔의 관계 : 철의 산화=붉은색, 철의 수화=청색, 녹색
⑦ 온대기후 : 다량의 광물질로 인하여 토양이 밝은 색
⑧ 토양색의 표시법 : 물체의 색을 나타내는 3가지 속성은 먼셀의 색표시법이 널리 사용됨. 즉 색상(H), 명도(V), 채도(C)의 조합으로 나타냄
예 5R 4/3 : 5R=색상, 4=명도, 3=채도를 의미

(6) 토양온도

① 식물 생육, 미생물 활동, 토양 생성 작용의 주요 요소
② 온도가 낮아지면 유기물 분해가 서서히 진행되므로 부식물이 쌓이고, 반대로 온도가 높아지면 분해가 빨라지므로 부식물은 쌓이지 않음
③ 종자 발아와 생장에 큰 영향을 줌
④ 토양 1g을 1℃ 올리기 위한 열량은 물 1g을 1℃ 올리는 데 필요한 열량의 1/5에 해당
⑤ 토양 수분 함량과 배수는 지온 변화에 영향이 큼(수분이 많을 경우 쉽게 변화되지 않음)
⑥ 온도가 높을수록 생육에 이롭지 않음

(7) 토양의 열전도도

① 태양의 열을 받아 토양온도가 상승하는 것은 열전도도에 의함
② 토양 조직이 거칠 때에는 열전도가 늦고 조밀할 때는 빠름
③ 습윤한 토양은 건조한 토양보다 열전도율이 빠름
④ 토양 입자가 클수록 빠름
⑤ 토성에 따른 열전도율은 사토>양토>식토>이탄토 순으로 작아짐
⑥ 경운을 실시하면 열전도율이 낮아짐
⑦ B층의 열전도율이 O층의 열전도율보다 높음
⑧ 열전도도는 무기입자>물>부식>공기 순으로 작아짐

(8) 토양의 견지성

① 강성(견결성) : 토양이 건조하여 딱딱하게 되는 성질

② 이쇄성(역쇄성, 송성) : 반고태의 것으로서 토양을 경운하더라도 이겨지는 일이 없고, 입자는 연하고 부드러운 입단으로 되어 있음

③ 가소성(소성) : 물체에 힘을 가했을 때 파괴되는 일이 없어 모양이 변환되고 힘이 제거된 후에도 원형으로 돌아가지 않는 성질

㉠ 소성 상태의 토양을 경운하면 입단이 파괴됨

㉡ 가소성(소성)은 토양의 결지성 중에서 가장 중요

㉢ 소성계수의 크기는 montmorillonite > illite > halloysite > kaolinite > 가수 halloysite 순

(9) 토양 입자의 기계적 분석

① 침강법 : 체를 이용하는 모래를 구별(지름 0.05~2.0mm, 체 번호 10~325번 이용), 미사, 점토는 침강법으로 사용

㉠ 피펫법 : 토양의 현탁액을 일정 시간 정치했다가 일정한 깊이에서 현탁액 일정량을 취하여 그 속에 남아 있는 토양 입자를 조사하는 데 이용

㉡ 비중계법 : 토양의 현탁액에 특수한 비중계를 꽂고 그 농도를 조정하는 방법

※ Stokes의 법칙 : 구형의 입자가 액체 내에서 침강할 때 침강속도는 입자의 크기와 액체의 점성에 의하여 결정된다는 법칙, 구형입자의 침강속도(v)는 액체의 점성계수에 반비례하고 입자의 비중과 입자 반지름의 제곱에 비례

(10) 계산 공식 정리

① 입자밀도 = 고형입자의 무게/고형입자의 용적

② 용적밀도 = 고형입자의 무게/전체용적

※ 일정 면적의 토양의 무게를 환산하는 데 중요한 인자

③ 공극률 = 공극의 용적(액상 + 기상)/전체 토양의 용적 = 1 − (용적밀도/입자밀도)

※ 용적밀도와 공극률은 서로 반비례

④ 공극비 = 공극용적(액상 + 기상)/고상용적

⑤ 공기충전공극률 = 공기용적/전체 토양의 용적

⑥ 중량수분함량 = 토양수분 함량/건조 토양의 무게

⑦ 용적수분함량 = 토양수분함량/전체 토양의 용량 = 중량수분함량 × 용적밀도

⑧ 수분포화도 = 액상용적/공극의 용적

※ 공극이 물로 포화되면 수분포화도는 100

CHAPTER

03 토양수분

1. 물의 특성

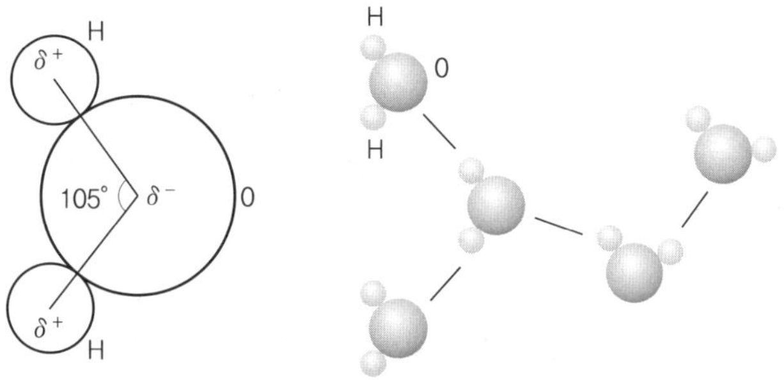

▌물의 분자구조와 수소결합▐

① 수소원자와 산소원자 사이에 공유결합

② 물 분자는 전기적으로 중성이지만, 전기음성도가 높은 산소원자 주변에 전자가 이끌려 상대적으로 많은 전자가 분포

③ 극성을 가지고 있기 때문에 물질을 용해시킬 수 있는 용매가 됨

④ 수소결합

㉠ 물 분자의 산소원자와 다른 물 분자의 수소원자는 서로 전기적으로 끌려 산소의 $\delta -$와 수소의 $\delta +$사이에 느슨한 결합을 이루게 되는데 이를 수소결합이라 함

㉡ 비열과 증발열을 갖게 함

2. 응집력과 부착력

① 응집력(cohesion) : 물 분자들끼리 서로 끌어당기는 힘

② 부착력(adhesion) : 토양입자와 물 분자 사이에 서로 끌어당기는 힘

③ 토양입자의 표면에서는 부착력이 상대적으로 크게 작용하고, 토양입자의 표면으로부터 멀어질수록 응집력이 더 크게 작용함

④ 토양입자의 표면으로부터 멀리 떨어져 있는 수분은 비교적 쉽게 식물이 이용할 수 있음

3. 모세관 현상

① 관의 반지름과 액체의 점도에 반비례
② 공식 : $H=2T\ COS\alpha/rdg$
(단, T : 표면장력, $COS\alpha$: 물의 표면과 모세관 벽면과의 흡착각도, r : 모세관의 반지름, d : 액체의 밀도, g : 중력가속도)

4. 토양수분의 에너지

(1) 개요

① 토양 중 물의 이동은 에너지의 차이로 인해서 높은 곳에서 낮은 곳으로 이동
② 토양수분 함량은 양적인 개념, 수분포텐셜은 토양수분의 동적인 측면임

(2) 토양수분 포텐셜

① 토양수분 포텐셜은 중력포텐셜+매트릭포텐셜+압력포텐셜+삼투포텐셜로 구성
② 중력포텐셜 : 중력의 작용에 생김(기준점 위 +, 아래 −)
③ 매트릭포텐셜(matric potential) : 건조토와 스펀지에 물이 스미는 현상
㉠ 부착력과 토양공극 모세관 작용에 의해서 생성된 물의 에너지
㉡ 기준 상태인 자유수에 비하여 낮은 포텐셜, 항상 −값을 가짐

④ 압력포텐셜(pressure potential) : 물이 누르는 압력
㉠ 기준 : 대기와 접촉하고 있는 수면, 지하수면을 기준으로 지하수면은 0
㉡ 포화상태의 토양은 +값을 가짐
㉢ 불포화상태의 토양에서는 토양수분이 대기압과 평형상태이므로 0

⑤ 삼투포텐셜(osmotic potential) : 토양 중에 존재하는 이온이나 용질 때문에 생김
㉠ 용액 중의 이온이나 분자들은 수화현상으로 물 분자들을 끌어당기기 때문에 물의 포텐셜에너지가 낮아짐
㉡ 기준 : 순수한 물을 0으로 하기 때문에 토양용액은 항상 −값을 가짐

5. 토양수분의 에너지 단위

① 물기둥은 그 수치가 너무 커서 불편하므로 토양수분포텐셜은 pF, bar, kPa, Mpa 단위 사용
② pF=log(수두)
③ 물기둥의 높이 1,020cm는 pF 3.0 → bar −1.0 → kPa -100
④ 최초에 포화된 토양이 건조하기 시작하면 토양수분의 물리적인 작용

⑤ 식물생육과의 관계가 점진적 연속적으로 변하게 되는데 이때는 매트릭포텐셜이 중력포텐셜보다 크게 작용하게 됨

6. 수분의 종류

(1) 최대수분용량(최대용수량, Maximum retentive capacity)

① 토양의 모든 공극이 물로 채워진 상태, 즉 포화된 상태로 토양이 최대한 가질 수 있는 수분함량으로 매트릭포텐셜이 0kPa(0bar)

② 용적수분함량이 전체 공극의 양과 같은 상태

③ 비가 올 때 수계유역에서 토양이 일시적으로 빗물을 저장할 수 있는 능력을 파악하는 데 사용되며, 홍수 조절 기능

(2) 포장용수량(Field capacity)

① 식물이 이용할 수 있는 최대의 수분 상태

② 큰 공극에 존재하는 과잉수분이 중력에 의해 배수된 상태의 토양수분함량

③ 토양수분은 대부분 매트릭포텐셜에 의하여 남아있는 상태가 됨(강우 후 1~3일)

④ 큰 공극은 공기로 채워지고 작은 공극은 물로 채워져서 식물생육에 좋은 조건이 됨

⑤ 매트릭포텐셜은 −30kPa(−0.3bar)정도임

(3) 위조점(wilting point)

① 일시 위조점

㉠ 토양수분이 점진적으로 감소하여 식물의 수분 부족에 의하여 시들게 되는 시점의 수분함량

㉡ 시든 식물을 수분으로 포화된 공기 중에 두면 다시 살아남

② 영구 위조점

㉠ 수분함량이 더욱 감소하여 위조가 심해지면 수분으로 포화된 공기 중에 두어도 다시 살아나지 않는 수분상태

㉡ −1,500kPa(−15bar)

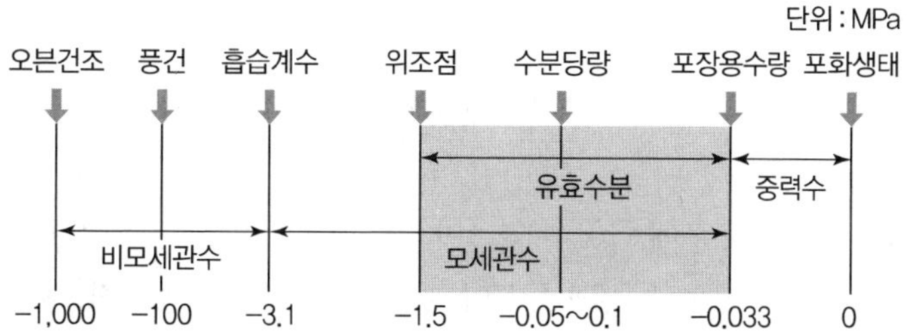

PART 04 산림토양학

CHAPTER 04 토양의 화학성

1. 점토광물의 개요

① 모암 → 모재(1차 광물) → 점토광물(2차 광물)
② 점토광물 : 입경은 0.002mm 이하, 교질(colloids)은 1μm
③ 토양교질물 : 부식인 유기교질물과 점토광물이 주를 이룸

입자 명칭	입자의 지름	1g당 입자 수	비표면적(cm^2/g)
왕모래	2.0~1.0	900	11
보통모래	0.5~0.25	5,700	45
점토	0.002	90,260,853,000	8,000,000

2. 점토광물의 특징

① 암석이나 모재가 풍화되는 가정에서 원광물이 변성, 가용성 성분으로 녹았다가 다시 재결합에 의해 생성된 새로운 광물(환경조건 영향)
② 온난 습윤한 기후, 염기용탈 : kaolinite
③ 다량의 Mg 존재하의 염기용탈 : montmorillonite
④ 규산염 점토광물이 많음
⑤ 대부분 규산판과 알루미늄판이 결합되어 판상의 결정구조를 이룸
⑥ 큰 표면적과 표면에 전하를 가진 아주 작은 입자, 교질(colloid)의 특성을 가짐

3. 점토광물의 구조

(1) 규산 4면체

① 1개의 규소원자가 산소이온 4개와 결합하여 4개면 형성(규산판 : 규산 4면체가 판상으로 배열)
② 정육각형의 내부에 공극이 있으며 NH_4^+나 K^+의 크기와 비슷
③ 비료로 사용된 NH_4^+나 K^+가 이 부분에 고정되며, 농경적으로 중요함

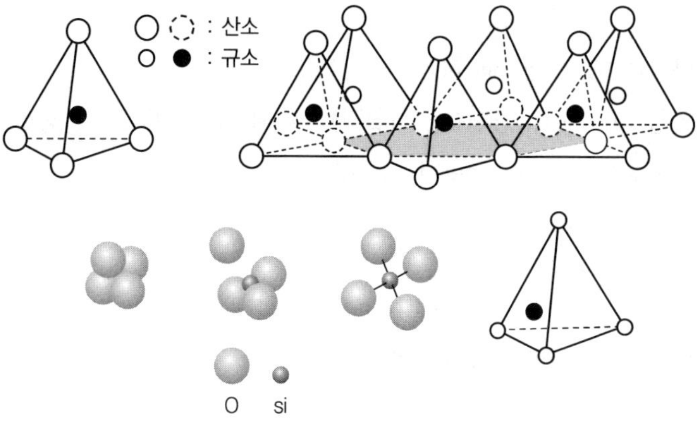

(2) 알루미늄 8면체

① 중심 양이온(Al^{3+}, Fe^{2+}, Mg^{2+})에 6개의 산소나 수산기이온(OH^-)이 결합하여 8개면 형성

② 알루미늄 8면체가 판상으로 배열. 규산염광물구성의 단위 구조

③ 내부에 공극이 없어 양분의 고정이 없음

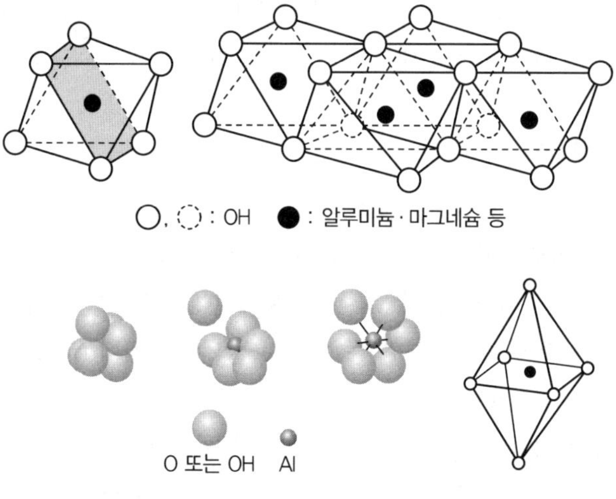

4. 점토광물의 종류

① 1 : 1형 광물 : kaolinite, halloysite

② 2 : 1형 광물

㉠ 비팽창형 : illite

㉡ 팽창형 : vermiculite, montmorillonite, beidellite, saporonite, nontronite

③ 혼층형광물(규칙혼층형) : chlorite

④ 산화광물

㉠ 산화알루미늄 : gibbsite(Al_2O_3 $3H_2O$)

㉡ 산화철 : hematite(Fe_2O_3, 적철광), goethite($Fe_2O_3H_2O$, 침철광)

㉢ 무정형광물 : allophane[SiO_2, $(Al_2O_3)m(H_2O)n$]

5. 점토광물별 특성

(1) kaoline계(kaolinite, halloysite)

① 1 : 1 격자형, 표면에 OH^-기가 노출 인산이 고정

② 동형치환이 일어나지 않음. 음하전량이 적고, 비팽창형 점토광물

③ 변두리전하에 의존, 분말도를 증대하면 음전하량 증가

④ 입자가 크므로 점착성, 응집성, 수축성이 적어 토양구조가 안정적임

⑤ 온난습윤한 기후의 강수량이 많고 배수 양호한 곳에서 규산과 염기물질이 신속히 용탈될 때 생성(podzol토양의 주요 점토광물)

⑥ CEC는 3－15$cmol_c$/kg, 비표면적은10－80 m^2g^{-1}으로 흡착력이 적음(표면활성 낮음)

⑦ 우리나라 점토광물의 대부분을 차지(도자기의 원료 : 고령토)

(2) Montmorillonite계

① 2 : 1 격자형, 팽창형 점토광물(산성백토)

② 입자가 미세하며, 점착성, 응집성, 수축성이 큼

③ K이 많은 규반염광물이 Mg이 많은 조건에서 염기가 서서히 용탈될 때 생성

④ 염기성 규반염광물의 염기가 서서히 용탈되는 조건에서 고토가 많을 때 토양 중에서 재합성

⑤ CEC는 80~150$cmol_c$/kg로 흡착력이 큼

⑥ 생성조건에 따라 알루미늄 8면체의 Al^{3+}가 다른 양이온으로 치환

㉠ saponite : 2개의 Al^{3+}가 3개의 Mg^{2+}로 치환되어 생성

㉡ nontronite : Al^{3+}가 Fe로 치환되어 생성

㉢ sauconite : Al^{3+}가 Zn으로 치환되어 생성

(3) Vermiculite

① 2 : 1 격자형, 팽창형 점토광물이나 700℃에서 팽창하지 못함

② 운모류에서 K^+나 Mg^{2+}가 풍화과정 중 용탈될 때 생성

③ CEC(100－150$cmol_c$/kg)가 커 토양개량제로 사용

④ 칼륨 고정능력이 가장 큼

(4) allophane

① 일정한 형태가 없는 부정형 점토광물, 화산회토양의 주요 점토광물(제주도)
② 부식을 흡착하는 힘이 강하며, 인산 고정력이 큼
③ 음전하의 발생은 주로 pH 의존 전하임. CEC는 150cmol$_c$/kg
④ 비표면적 : 100－800m^2/g

(5) illite계

① 2 : 1 격자형, 비팽창형 점토광물
② 규산 4면체 중의 규소 15%가 Al^{3+}로 치환
③ 규산 4면체의 Si가 Al^{3+}로 치환 시 부족한 양이온은 결정단위와 단위 사이의 K^+가 결합
④ CEC : 10~40cmol$_c$/kg
⑤ 점토광물 중 SiO_2와 $K_2O(K^+)$가 가장 많음
⑥ 운모류광물이 풍화되는 동안 탈수되거나 K^+, Mg^{2+} 등이 용탈되었을 때 생성(가수운모)

(6) 철 알루미늄의 산화

① 수산화 광물로 고온다습한 열대나 아열대 지역에서는 광물의 풍화속도가 매우 빠르고 용탈이 심하게 일어남
② Polynov 제3상인 규산(SiO_2)까지 거의 용탈, 용해도가 가장 낮은 제4상인 Fe_2O_3나 Al_2O_3 및 이들의 수산화물인 $Fe(OH)_3$나 $Al(OH)_3$ 등이 토양에 남게 됨
③ 동형치환이 일어나지 않기 때문에 이들이 갖는 음전하는 pH에 따라서 변하며 낮은 pH에서는 오히려 양전하를 띠기도 함
④ Gibbsite : 대표적인 광물이자 Oxisol 토양의 대표적인 토양점토광물
⑤ Geothite, Hematite

6. Humus(부식)

① 유기물이 상당 기간 분해되어 유기성분만이 남아서 생긴 것으로 C/N율 10 내외임
② 부식에는 단백질, 리그닌, 다당류 성분들이 약 30% 함유
③ 우론산의 다당류는 토양입단을 접착시키는 역할
④ C : 50% 함유, N : 5% 함유, 소량의 $SO4^{2-}$, $H_2PO_4^-$및 각종 미량원소 함유
⑤ CEC가 100－300meq/100g으로 점토교질에 비해 수배나 큼
⑥ 특히 토양의 주 점토광물인 kaolinite에 비하여 약 20배나 큼

7. 동형치환

① 영구전하에 의해 생성되며 층상 광물들의 결정화단계에서 형성

② 광물결정의 변두리에 존재해 결합에 관여하지 않는 여분의 음전하 때문에 생성형태의 변화 없이 형성

③ 규산 4면체나 알루미늄 8면체의 격자 내 중심원자가 크기 비슷하며, 산화가가 다른 원자로 치환되는 현상

④ 치환이 일어나면 광물의 결정에 양전하가 부족하게 되며 O 또는 OH의 음전하가 중화되지 못하고 남게 되므로 광물은 순 음전하를 가지게 됨

예 Si^{4+} → Al^{3+} 원자가 치환, Al^{3+} → Fe^{2+}나 Mg^{2+} 원자가 치환

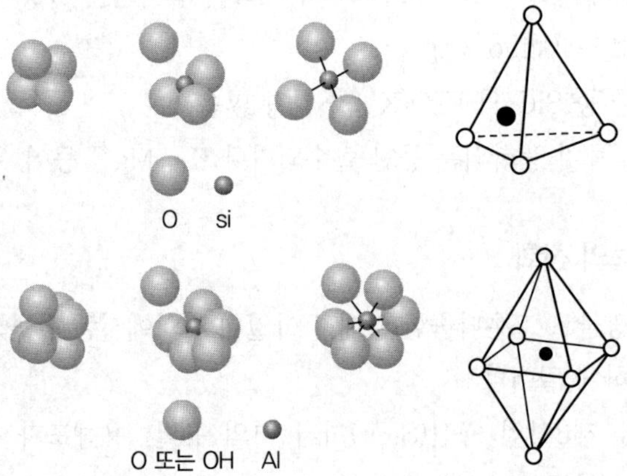

8. 가변전하(일시적 전하, pH 의존전하)

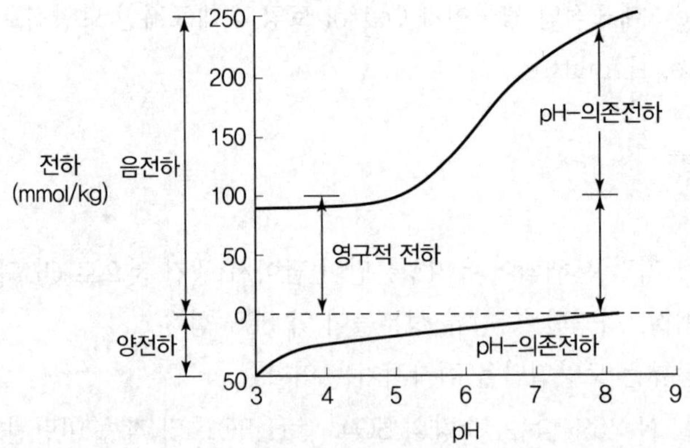

① pH가 낮은 조건에서는 양전하가 생성되고, pH가 높은 조건에서는 과량의 음전하가 생성
② 변두리전하(edge charge)는 층상의 광물결정이 무한정 확장될 수 없기 때문에 양 끝에 절단면이 생김
③ 그 면에는 규산 4면체나 알루미늄 8면체의 O 또는 OH가 외부에 노출되어 있으며, 이들은 중심 양이온에 의하여 정상적으로 공유되지 못하고 결국 광물은 음전하를 가지게 됨
④ 토양은 음전하가 우세하지만 양전하를 가지고 있는 부위가 있음
⑤ Fe와 Al의 산화, 수산화 광물과 규산염점토광물 끝의 절단면에 양성자와 결합한 하전부위가 형성(음이온 교환체)
⑥ pH 의존 가변전하를 가지고 있는 교질물은 pH가 낮아지면 토양의 순전하가 양전하를 띠게 됨
⑦ 철 알루미늄의 산화 수산화광물이 많이 함유되어 있는 토양은 낮은 pH에서 양전하가 우세하여 순양전하를 띠게 됨
⑧ 유기물의 작용기들이 낮은 pH에서는 H^+이온들을 받아들여 양성자(protonation)되어 양(+)으로 하전하게 됨

9. 양이온 교환용량(CEC)

① 일정량의 토양이나 교질물이 양이온을 흡착 · 교환할 수 있는 능력
② 토양 100g에 교환할 수 있는 양이온의 총량을 밀리당량(meq)으로 표시하며 단위는 me/100g으로 전하의 몰수(mol_c)사용 시에는 $cmol_c/kg$로 표시
③ 건조토양 1kg이 교환할 수 있는 양이온의 총량을 $cmol_c$로 나타냄

예 6me/100g = 60$mmol_c$/kg soil(60$mmol^+$/kg soil)
= 6$cmol_c$/kg soil(6$cmol^+$/kg soil)

④ 식물양분의 저장과 공급, 토양의 완충기능, 정화기능 등과 관련
⑤ 교환성 K, Ca, Mg는 식물 양분의 주공급원
⑥ 석회 시용량은 CEC가 클수록 증가
⑦ K, NH_4는 이동성이 낮아져 용탈이 방지됨
⑧ Cd, Zn, Ni, Pb 등 중금속 이온을 흡착하여 독성 경감

10. 토성과 토양콜로이드의 양이온 교환용량

① 확산이중층 내부의 양이온과 용액 중의 유리 양이온이 서로 그 위치를 교환하는 현상
② CEC는 토성, 점토광물의 종류와 함량, 유기물 함량에 따라서 다름
③ 토성에 따른 크기 : 유기교질물 > 식양토, 무기교질물 > 양토 > 사토
④ 철 및 알루미늄 산화물은 CEC가 매우 낮음

⑤ 양이온들의 콜로이드에 대한 흡착강도의 순서 : Al^{3+}, $H^{+} > Sr^{2+} > Ca^{2+} = Mg^{2+} > Cs^{+} > K^{+} = NH^{4+} > Na^{+} > Li^{+}$

⑥ 용액 속의 양이온 농도가 높을수록, 원자가가 클수록 큼

⑦ 원자가가 같으면 수화된 원자의 직경이 작을수록 콜로이드 입자 표면에 가까이 이동하여 강하게 흡착

11. 염기포화도(Base Saturation Percentage ; BSP)

① 전체 양이온 교환용량에 대한 염기성 양이온 합의 비율을 나타냄

② 양이온 중에서 산(Al과 H 이온)과 염기(Ca, Mg, K, Na)로 구분함

③ 교환성 염기는 토양을 알칼리성으로 만들려는 경향이 있고, 교환성 수소이온은 반대로 산성을 만들려는 경향이 있음

④ 토양의 염기포화도가 높을수록 알칼리성을 띠고, 낮을수록 산성으로 됨

⑤ 우리나라 토양은 염기포화도가 50% 내외

⑥ 시설재배지 토양은 양분 과다 사용으로 염기포화도가 100%에 가까움

12. 토양 반응

① 토양이 나타내는 산성 또는 알칼리성의 정도

② 토양용액 중에 들어 있는 수소이온 농도의 역수의 대수 값 pH로 나타냄

③ $pH = \log 1/[H^{+}] = -\log[H^{+}]$

④ 토양 중 각종 양분의 유효도, 유해물질의 용해도, 식물뿌리 및 미생물의 생리화학 반응에 작용함

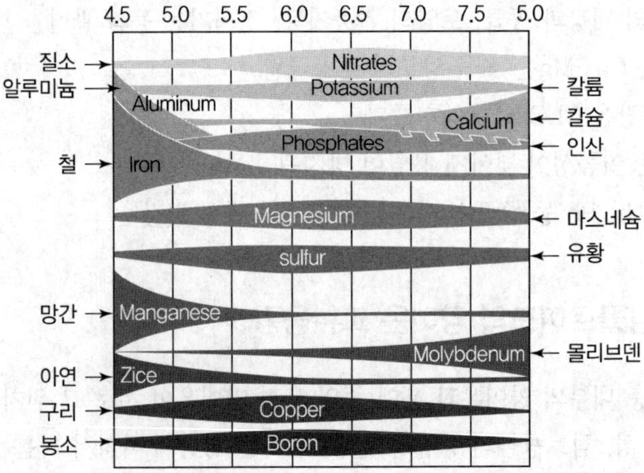

13. 음이온 교환용량(Anion Exchange Capacity ; AEC)

① 토양교질의 양전하(+) 부위에 정전기적으로 흡착되었던 음이온(−)은 용액 중에 다른 음이온과 화학량론적으로 교환용량을 나타냄

② Cl^-, NO_3^-은 정전기적 인력에 의한 비특이적 흡착임

③ HPO_4^{2-}, HPO_4^{2-}은 배위자결합(비가역적)에 의한 특이적 흡착임

14. 활산도와 잠산도

① 활산도는 토양용액 중의 H^+의 활동도를 말하며, 토양용액은 식물의 뿌리나 미생물 활동의 중요한 환경이므로 활산도는 매우 중요함

② 잠산도는 토양입자에 흡착되어 있는 교환성수소와 알루미늄에 의한 것을 말하며 완충성이 없는 염류용액(KCl, NaCl)으로 용출시켜 측정함

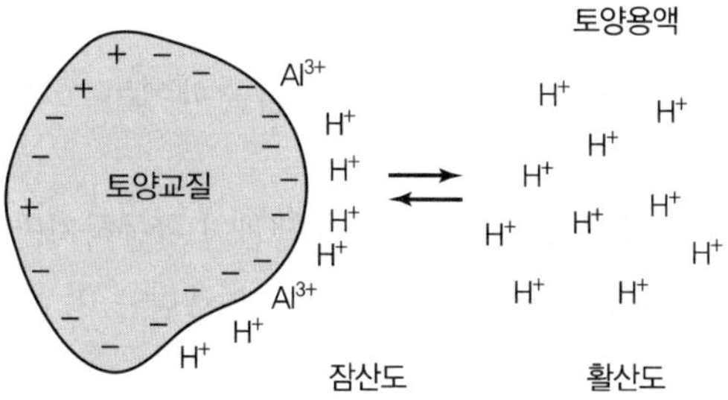

15. 토양 산성화의 원인

① 개요 : 토양의 산성화는 H^+의 증가, 염기의 용탈에 의한 것임

② 교환성 양이온 중에서 수소이온과 여러 형태의 Al−hydroxyl 이온이 차지하는 비율 증가로 발생

③ 모암이 원래 산성암인 화강암과 화강편마암인 경우와 기후조건 중 강우에 의한 염기의 용탈로 발생

④ 점토에 흡착된 H^+의 해리[$Al^{3+} + H_2O \Leftrightarrow Al(OH)^{2+} + H^+$]인 경우

⑤ 부식에 의한 산성화로 −COOH와 −OH에서 H^+의 해리가 발생할 경우

⑥ CO_2에 의한 산성화 : $CO_2 + H_2O \Leftrightarrow H_2CO_3 \Leftrightarrow H^+ + HCO_3^- \Leftrightarrow H^+ + CO_3^{2-}$

⑦ 유기산에 의한 산성화로 미생물에 의해 유기물이 분해될 때 유기산이 생성됨

⑧ 무기산에 의한 산성화로 산성비가 있음

⑨ 비료에 의한 산성화로 $NH_4^+ + 2O_2 \rightarrow NO_3^- + H_2O + H^+$인 경우

16. 토양의 산화 환원 반응(oxidation reduction potential, redox potential, Eh)

① 화학반응을 예측하는 단서가 됨

② 토양 중 식물양분의 유효도, 미생물 활동, 중금속의 용해도에 영향을 미침

㉠ 산화 : 화합물이 전자를 잃어 산화수가 증가하는 반응

㉡ 환원 : 전자를 얻어 산화수가 감소하는 반응

㉢ 전극의 표면과 용액 사이에 생기는 전위차

㉣ 표준수소전극의 전위차(Eh＝0volt)를 기준으로 상대적 전위차를 나타냄

㉤ 산화형 물질의 비율이 높아지면 Eh값도 높아짐

㉥ 환원형 물질의 비율이 낮아지면 Eh값도 낮아짐

③ Eh값을 측정하는 실질적인 목적은 토양 중에 있는 산화 및 환원물질의 상대적인 양을 알기 위함

④ 식물양분의 유효도, 토양 중에 존재하는 화학성분의 이온형태, 용해도, 이동성, 독성 등에 영향을 주기 때문에 중요함

⑤ 논토양이 담수되면, 분해되기 쉬운 유기물이 많을 때에는 호기성 미생물의 활동에 의하여 하루 이틀 이내에 산소가 고갈

⑥ 처음에는 산소를 전자수용체로 이용하는 미생물이 활동하지만, 산소가 고갈되면 곧 산소대신 토양 속에 있는 다른 화합물들의 전자수용체로 이용하는 미생물이 활동하게 되어 환원은 더욱 더 진행됨

⑦ 토양의 변화

㉠ 담수하여 산소가 없어지면 혐기적 분해과정에서 혐기성 미생물이 토층 내의 산화물 중 산소를 전자수용체로 이용하므로 환원이 됨

㉡ 산화환원전위가 낮은 조건에서는 철이 환원되어 인산의 용해도가 증가

㉢ 산화환원전위가 높아져 호기상태가 되면 유기물 분해가 빨라짐

㉣ 산화환원전위가 낮으면 유기물은 유기산이나 메탄으로 변함

㉤ 산화환원전위(Eh) 값은 환원이 심할수록 작고 산화가 심할수록 큼

17. 알칼리토양과 염류토양

(1) 나트륨성토양

① Na가 교질물로부터 해리되어 $NaCO_3$ 형성하며, 흑색 알칼리토양이고 석고($CaSO_4$)로 개량함

② ESP(교환성 나트륨) : 15% 이상

③ SAR(나트륨흡착비) : 13% 이상

④ 전기전도도 EC : 4ds/m 이하

⑤ pH : 8.5 이상

(2) 염류토양

① 염화물, 황산염, 질산염 등의 가용성 염류가 비교적 많으며, 백색 알칼리토양

② ESP(교환성 나트륨) : 15% 이하

③ SAR(나트륨흡착비) : 13% 이하

④ 전기전도도 EC : 4ds/m 이상

⑤ pH : 8.5 이하

(3) 염류나트륨성토양

① 나트륨성토양과 염류토양의 중간적 특성으로 물리적 · 화학적 조건은 염류토양과 유사

② ESP(교환성 나트륨) : 15% 이상

③ SAR(나트륨흡착비) : 13% 이상

④ 전기전도도 EC : 4ds/m 이상

⑤ pH : 8.5 이하

구분	EC	ESP	SAR	pH
정상토양	<4.0	<15	<13	<8.5
염류토양	>4.0	<15	<13	<8.5
나트륨성토양	<4.0	>15	>13	>8.5
염류나트륨성토양	>4.0	>15	>13	<8.5

CHAPTER 05

토양의 식물영양

1. 토양의 생산성

① 식물의 생육에 관여하는 토양의 총체적인 능력을 말함
② 기후 인자, 토양 인자 및 작물 인자가 관여함

2. 토양의 비옥도

① 화학적 측면에 중점을 둔 잠재적인 양분공급능력을 말함
② 비옥한 토양이 반드시 생산성이 높은 토양은 아님

3. 필수영양소

① 무기물 형태이며, 수경, 사경 재배로 알 수 있음
② 생명 현상 유지에 꼭 필요하며, 대체 불가한 원소만의 특이적인 기능을 가짐
③ 직접관여하며, 모든 식물에 공통적으로 적용됨
④ 리비히(Liebig)의 최소 양분율
㉠ 독일의 화학자 리비히는 작물의 수량은 가장 부족한 양분(제한 인자)에 의해서 결정된다고 주장
㉡ 나무물통에 비유하면 물통에 담긴 물의 양은 가장 높이가 낮은 나무판자에 좌우되듯이 작물 생산성도 가장 적은 양분에 의해 지배된다는 법칙

4. 영양소의 특징

① 식물은 종류별로 각 영양소에 대한 요구도가 다른데 이는 유전적으로 결정됨
② 어린 식물체나 조직일수록 N, P, K의 함량이 비교적 많지만 식물이 성숙하면서 점차 Ca, Mn, Fe, B의 함량이 상대적으로 많아짐
③ 다량필수영양소는 %로 표시, 미량필수영양소는 mg/kg로 나타냄

④ 표기 단위

㉠ 1% = 1/100 = 10,000/1,000,000 = 10,000ppm

㉡ mg/kg = mg/L = ppm

5. 식물영양소의 유효도

① 토양용액 속에 녹아서 식물로 공급함

② 식물은 토양용액으로부터 양이온을 흡수하면서 뿌리로부터 H^+을 방출하고, 반대로 음이온의 영양소를 흡수하면서 OH^-, HCO_2^- 등과 같은 음이온을 방출함

③ 토양입자의 표면에 흡착된 이온은 영양소 공급을 위한 완충 역할을 하며 이로 인하여 토양용액 중 이온의 농도가 적절하게 유지

④ 유효태영양소는 토양 중 총영양소 중에서 식물이 직접 흡수 · 이용할 수 있는 형태의 영양소를 말함

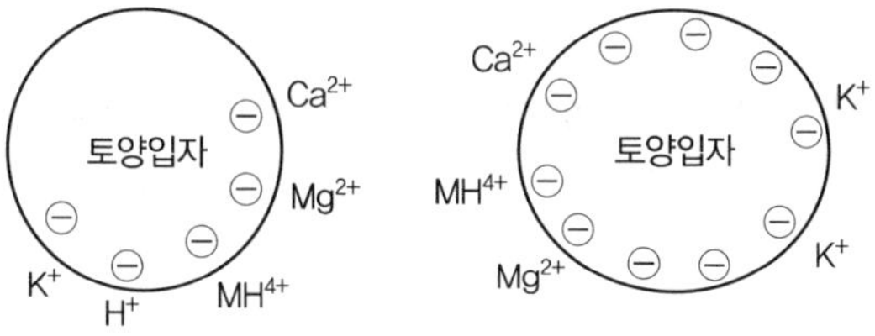

6. 필수식물영양소 흡수형태 및 기능

구분	원소	함량	흡수형태	식물체 내 주요 작용
다량 원소	탄소(C)	45%	CO_2, H_2O	–
	산소(O)	45%		–
	수소(H)	6%		–
	질소(N)	1.5%	NH_4^+, NO_3^-	세포 원형질을 구성하는 단백질의 원소
	칼륨(K)	1.0%	K^+	식물생장 조절물질의 공급 및 기공의 개폐작용
	칼슘(Ca)	0.5%	Ca^{2+}	세포의 신장과 분열 및 조직 강화
	마그네슘(Mg)	0.2%	Mg^{2+}	엽록소 구성원
	인(P)	0.2%	$H_2PO_4^-$, HPO_4^{2-}	세포 및 체구성물질과 대사 에너지
	황(S)	0.1%	SO_4^{2-}	아미노산 합성
미량 원소	철(Fe)	100ppm	Fe^{2+}, Fe^{3+}	산화, 환원효소의 합성
	염소(Cl)	100ppm	Cl^-	세포의 pH 조절과 아밀라아제의 활성
	망간(Mn)	50ppm	Mn^{2+}	광합성작용 과정 중 물의 광분해
	아연(Zn)	20ppm	Zn^{2+}	옥신류의 생성과 단백질 합성

구분	원소	함량	흡수형태	식물체 내 주요 작용
미량 원소	붕소(B)	20ppm	H_2BO_3-	세포막 형성 및 유관속 발달
	구리(Cu)	6ppm	Cu^{2+}	산화 · 환원작용의 조절관련 효소
	몰리브덴(Mo)	0.1ppm	MoO_4^{2-}	질산환원효소의 구성원소

7. 영양소의 유효도에 관계되는 요인

① 토양요인, 영양소 공급기작, 영양소 완충용량이 유효도에 관계됨

② 토양용액에 존재하는 양이온은 Ca > Mg > K > Na 순

③ 토양용액 중 주된 음이온은 NO_3, SO_4^{2-}, Cl 등이고 $H_2PO_4^-$, HPO_4^{2-} 형태로 존재하는 인산의 농도는 매우 낮음

④ 토양용액 중 영양소의 농도는 토성, 수분함량, 양이온 교환용량(CEC) 등 토양의 물리 · 화학적 특성에 큰 영향을 받음

⑤ 완충용량은 토양에 영양소를 지속적으로 공급하여 토양용액의 농도를 일정하게 유지하려는 능력을 말함

8. 영양소의 공급기작

① 뿌리차단은 뿌리가 자라면서 토양의 영양분에 직접 접촉하여 흡수하는 것으로 뿌리차단에 의하여 식물이 흡수할 수 있는 영양소의 양은 토양 중의 유효태 영양소의 1% 미만임

② 집단류는 식물이 흡수하는 물의 양을 나타내며 물에 함유하고 있는 영양소의 농도임

㉠ 증산작용으로 인한 수분퍼텐셜 기울기에 형성

㉡ 온도가 높을 때 $K^+ > NO_3^- > Mg^{2+} > H_2PO_4^- > Ca^{2+}$ 순으로 흡수

③ 확산

㉠ 불규칙한 열운동에 의하여 이온이 높은 농도에서 낮은 농도 쪽으로 이동하는 현상으로 주로 인산, 칼륨임

㉡ 토양에서 영양소의 확산속도는 NO_3^-, SO_4^{2-}, $Cl^- > K^+ > H_2PO_4^-$ 순으로 확산

9. 질소의 순환

① 질소는 식물의 생장에 가장 많이 요구되는 필수 무기원소로 단백질 구성원소이며, 암석에는 질소가 없어 초기단계에 결핍현상이 나타남

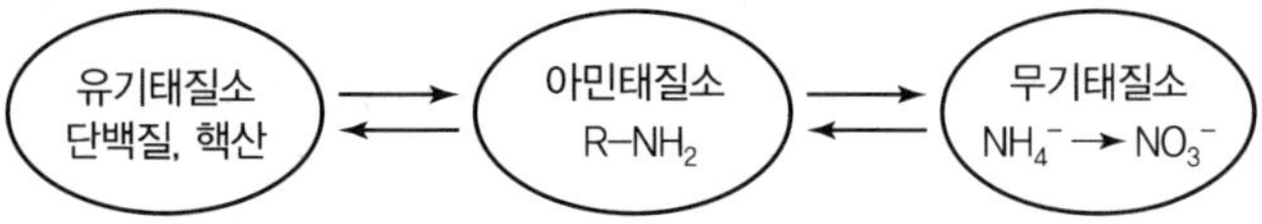

② 무기화작용과 고정화작용

㉠ C/N율이 30 이상일 때 고정화 반응

㉡ C/N율이 20~30 사이일 때 고정화 반응＝무기화작용

㉢ C/N율이 20 이하일 때 무기화작용 우세

③ 질소기아현상은 고정화 반응이 무기화 반응보다 클 때 미생물이 토양용액 중의 무기태질소를 흡수함으로써 식물이 일시적으로 질소 부족증상을 일으키는 현상

10. 질산화작용 및 탈질

(1) 질산화작용

토양 pH 4.5~7.5, 포장용 수량, 온도 25~30℃, 산성 토양(Ca, Mg 부족, Al 독성), 알칼리 토양(NH_2가 축적으로 질산화작용 저해)에서 일어남

$$NH_4^+ \xrightarrow[\text{nitrosomonas}]{O_2} NO_2^- \xrightarrow[\text{nitrobacter}]{O_2} NO_3^-$$

(2) 탈질작용

① 토양 내 탈질균에 의하여 NO_3^-가 N_2까지 되는 반응

② 배수 불량, 산소부족의 토양조건(통성혐기성균 NO_3^-전자수용체사용), N_2O 형태가 가장 많이 손실, 주로 중성토양, 유기물의 함량이 많은 토양에서 발생

③ 느려지는 조건 : 5℃ 이하 산성토양에서 느려지고, 10℃ 이하에서는 매우 느려지며 2℃ 이하가 되면 일어나지 못함

11. 생물학적 질소고정

① 미생물이 분자상태의 질소를 암모니아 형태로 만듦
② 효소 nitrogenase에 의해 N_2가 NH_3로 환원되는 반응
③ $N_2 + 6e^- + 6H^+ \rightarrow 2NH_3$가 되는 과정
④ 공생적(뿌리에 근류 형성) : 식물은 미생물에 탄수화물(10Kg)을 제공하고 미생물은 식물에 NH_3^+(1Kg)을 공급하며 질소고정
   ㉠ 특이성(동일 교호접종)
   ㉡ Rhizobium속, meliloti, trifolii, leguminosarum, japoricum, phaseoli, lupini

⑤ 비공생적(단독고정균) : Azotobacter, Beijerinchia, Clostridium, Achromobacter, Pseudomonas, blue-green algae(Anabaeba, Nostoic)
⑥ 에너지효율성은 공생적 고정이 비공생적보다 큼
⑦ 필수영양소 : 코발트, 몰리브덴, 인, 칼륨

12. 질소의 휘산과 용탈

① 휘산 : 질소가 기체 상태인 암모니아가 되어 대기 중으로 손실되는 현상
   ㉠ 요소, 암모늄 형태의 질소질비료 사용 시
   ㉡ 습한 토양 조건 : 요소는 urease에 의해 탄산암모늄이 암모니아로 휘산, pH가 7.0 이상, 온도가 높고 건조한 조건, $CaCO_3$가 많이 존재하는 석회질토양

② 용탈 : 토양질소는 이동성이 낮지만 NO_3^-은 음이온으로 쉽게 용탈

13. 흡착과 고정

① 흡착 : 암모늄이온(NH_4^+)은 양이온 교환현상에 의하여 점토광물이나 유기물 표면에 흡착
② 고정 : 암모늄이온은 vermiculite나 illite와 같은 2 : 1형 점토광물에 의하여 고정

CHAPTER

06 토양미생물 및 유기물

1. 분류

① 대형동물군 : 지렁이, 쥐며느리, 거미, 개미
② 중형동물군 : 진드기, 톡토기
③ 미소동물군 : 선형(선충), 원생동물(아메바)
④ 미소식물군
　㉠ 사상균 : 버섯균, 곰팡이, 효모
　㉡ 방선균 : actinomycesspp, Streptomycesspp
　㉢ 세균(bacteria) : 호기성, 혐기성세균 등
　㉣ 균근균(mycorrhizae) : 외생균, 내생균, 내외생균
　㉤ 조류(algae) : 녹조류(green algae), 남조류(blue green algae), 규조류(diatom)

2. 토양생물의 활성화

① 개체수(Colony Forming Unit ; CFU), 생체량, 호흡량
② 개체수 : 세균 > 방선균 > 사상균 > 조류

3. 대형동물군

① 대형동물군은 잘게 부수며(직접 분해하지는 않음), 입단화를 함
② 지렁이 : Lumbricidae과, 토양구조개선, 입단화, 분변토
③ 선충 : pH중성, 유기물풍부(식물뿌리 근처), 식균성, 초식성, 포식성 및 잡식성
④ 원생동물 : 세균과 조류의 포식자
⑤ 조류 : 광합성, 유기물 생성(산소풍부), 지의류 생성(사상균)

4. 미소식물균

① 사상균 : 종속영양생물, 산성토에서도 생육 가능, 호기성, 분해자
② 균근균 : 양분과 수분 흡수, 항생물질, 입단화, 인산화 유효도 증가
③ 외생균근
　㉠ 근권 확장 약 10배 이상의 양분과 수분을 식물에게 전달
　㉡ 염과 중금속 이온의 흡수를 최소화하며, 항생물질 생성 및 병원균의 침입을 억제

④ 내생균근(Endomycorrhizae) : 뿌리의 내부조직에 군락을 이룸
　㉠ 뿌리의 피층 세포벽을 뚫고 들어가 낭상체와 나뭇가지 모양의 수지상체를 형성
　㉡ 지구상의 80% 이상의 식물이 내생균과 공생(symbiosis)
　㉢ 내생균을 형성하지 않는 식물 : 양배추, 시금치, 근대, 겨자, 브로콜리, 사탕무

⑤ 글로말린(glomalin) : 당단백질(glycoprotein)을 생성하여 토양입자를 결합시키는 토양입단(soil aggregate) 형성에 기여

5. 세균

구분	탄소원	에너지원	미생물
화학자급영양	CO_2	무기물	질산화세균, 황산화세균, 수소산화세균
화학종속영양	유기물	유기물	부생성 세균, 공생세균
광합성자급영양	CO_2	빛	녹조류, 남조류, 자색황세균

6. 부식의 교질

(1) 리그닌

① 토양 부식 중 가장 중요한 성분
② 식물 구성물 중 리그닌은 분해가 가장 느리며 비교적 저항성이 큼

(2) 플브산

① 토양 중 함유된 부식물질로서 알칼리와 산에 모두 용해되는 것
② 부식산, 풀빈산, 휴민 : 부식(humus)을 이루고 있는 구성 물질

(3) 화학적 역할

① 작물체에 영양분 공급원
② 양이온 치환용량이 크므로 무기양분의 보비력이 좋아서 이들의 유실 용탈을 방지

③ 산이나 염기 유입에 따른 토양반응의 완충 역할
④ 중금속과 킬레이트 화합물을 형성하여 중금속의 유해 작용을 완화시킴
⑤ 인산의 유효도 증진
⑥ 보수력을 증대시켜 한해를 경감하고 위험강우기에 토양 유실량 감소
⑦ 토양의 입단구조를 형성하여 통수성 및 통기성을 좋게 하고 보수력을 높여줌
⑧ 색이 검어서 토양온도 상승 효과
⑨ 토양미생물의 영양원이 되어 유용한 미생물의 생장 · 번식을 가능케 함

(4) 부식의 주요기능

① 염기치환 용량이 크며, 보수력이 큼
② 토양의 완충 능력을 증대, 토양 산성의 심한 변화를 막음
③ 구리(Cu)와 같은 중금속 이온의 유해 작용을 감소
④ 토립을 연결시켜 안정한 입단구조를 형성, 토양의 물리적 성질을 개선함
⑤ 부식은 토양 중 유효 인산의 고정을 억제

7. 질소(NH_4^+, NO_3^-)

① 건물의 1~6%를 차지, 아미노산, 핵산, 엽록소 등 유기화합물로 구성
② NH_4^+ : 뿌리에서 아미노산 형태로 동화
③ NO_3^- : 줄기, 잎으로 이동 후 환원 동화(pH가 낮은 조건일 때)
④ 질소함유량 : 요소 $CO(NH_2)_2$(45%) > 질산암모늄(32%) > 염화암모늄(25%) > 유안(20%)

8. 인[$H_2PO_4^-$(산성), HPO_4^{2-}(염기성)]

① pH 7.0 이상 → $Ca(H_2PO_4)^2$, 산성 → Fe－OH, Al－OH
② 흡착과 고정이 일어남, 이동성이 낮음
③ 에너지의 저장과 전달하고 핵산 인지질, 세포분열, 개화, 결실에 관여
④ 과인산석회 : 인광석＋황산, 속효성
⑤ 중과린산석회 : 인광석＋인산
⑥ 용성인비 : 인광석 용융
⑦ 용과린 : 과인산＋용성인비

9. 칼륨(K^+)

① 운모류, 장석류, illite, 교환성 칼륨이 많이 존재
② 팽압, 효소작용의 활성화, 수량과 품질에 영향
③ 황산칼리, 염화칼리

10. 칼슘[Ca^{2+}(석회암)]

① 세포벽(펙틴), 세포신장, 분열, calmodulin효소작용 조절
② 이동성 낮음, 결핍 시 토마토 배꼽썩음병, 사과 고두병
③ 생석회(열, 80%), 소석회(생석회＋물, 60%), 석회석, 석회고토

11. 마그네슘(Mg^{2+})

① NH_4^+ 경쟁, 흑운모
② 엽록소 구성 성분, 체관부 이동, 고토석회로 산성화토양 중화

12. 황(SO_4^{2-})

① pylite(FeS, FeS_2)
② 아미노산, cysteine, methionine의 구성 성분

13. 미량원소

구분	개요	결핍증상
철	착화합물(산화,환원), leghaemoglobin, 시토크롬, 전자공여체	어린잎부터 발생
망간	토양의 pH가 높거나 유기물 함량이 많으면 결핍, SOD의 보조인자	황백화 현상
아연	인산과 경쟁 관계, 단백질대사 작용 관여	로제트 현상
구리	산화, 환원에 관련 효소	백화 현상
붕소	새로운 세포의 발달과 생장	생장점, 어린잎 생장저해
몰리브덴	식물의 요구도 가장 낮음, 산화 환원 효소, nitrate reductase(질소고정)	황화 현상

CHAPTER

07 토양오염

1. 점오염원과 비점오염원

구분	점오염원	비점오염원
배출원	공장, 가정하수, 분뇨처리장, 축산농가 등	대지, 도로, 논, 밭, 임야 대기 중의 오염물질 등
특징	• 인위적 • 배출지점이 특정, 명확 • 관거를 통해 한 지점, 처리장으로 집중적 배출 • 자연적 요인에 영향을 적게 받음 • 모으기 용이, 처리효율이 높음	• 인위적 및 자연적 • 배출지점이 불특정, 불명확 • 희석하여 넓은 지역으로 배출 • 강우 등 자연적 요인에 따른 배출량의 변화가 심하여 예측이 어려움 • 모으기 어렵고, 처리효율이 일정하지 않음

2. 중금속 오염의 특징

① 수은(Hg) : 미나마타병의 원인

② 카드뮴(Cd) : 이타이이타이병의 원인

③ 크롬 (Cr) : Cr^{6+}의 독성 문제가 크며 Cr^{3+}은 무독성임

④ 중금속의 용해도는 토양 pH가 낮을수록 증가

⑤ Fe와 Mn은 산화조건에서 불용화, Cd와 Cu는 환원조건에서 불용화

3. 오염토양 복원기술

(1) 생물학적 처리기술

① Biodegradation : 토착미생물의 활성

② Bioventing 공법 : 오염토양 내에 산소를 공급하여 지중 내에 있는 토착 지중 미생물의 활성을 촉진시켜 생분해도를 최대화시키는 공법

③ Landfarming : 토양굴착 후 정기적으로 뒤집어 줌

④ Phytoremediation : 식물복원방법으로 수목, 초본식물, 수생식물 등을 이용하여 환경오염물질을 제거, 분해, 안정화시키는 것

⑤ Phytoextraction : 식물뿌리가 오염물질, 유해금속이나 방사선물질을 흡수하여 축적시킴

⑥ Phytodegradation : 식물체가 생산한 효소로 식물체 내에서 오염물질을 대사 분해시킴
⑦ Phytostabilization : 식물을 재배함으로써 현장에서 독성금속을 불활성화시킴

(2) 물리 · 화학적 처리 기술

① Soil flushing 공법 : 오염토양 내에 적정의 세척제를 주입하여 오염물질을 추출, 처리하는 것
② Soil vapor extraction(SVE) 공법 : 불포화지역 내의 오염토양에 대한 진공압을 걸어 공기압에 의하여 주로 휘발성 오염물질을 제거
③ 안정화 및 고형화 처리기술
④ Chemical reduction/oxidation

4. 토양오염 기준

(1) 토양오염의 우려기준

사람의 건강 및 재산과 동식물의 생육에 지장을 초래할 우려가 있는 토양오염의 기준

등급	기준(mg/kg)																				
	카드뮴	구리	비소	수은	납	6가 크롬	아연	니켈	불소	유기인 화합물	PCB	시안	페놀	벤젠	톨루엔	에틸 벤젠	크실렌	석유계 총 탄화 수소	트리 클로로 에틸렌	테트 라클 로로 에틸렌	벤조 (a) 피렌
1 지역	4	150	25	4	200	5	300	100	400	10	1	2	4	1	20	50	15	500	8	4	0.7
2 지역	10	500	50	10	400	15	600	200	400	10	4	2	4	1	20	50	15	800	8	4	2
3 지역	60	2,000	200	20	700	40	2,000	500	800	30	12	120	20	3	60	340	45	2,000	40	25	7

(2) 토양오염 대책기준

우려기준을 초과, 사람의 건강 및 재산과 동식물의 생육에 지장을 주어서 토양오염에 대한 대책을 필요로 하는 기준

등급	기준(mg/kg)																				
	카드뮴	구리	비소	수은	납	6가 크롬	아연	니켈	불소	유기인 화합물	PCB	시안	페놀	벤젠	톨루엔	에틸 벤젠	크실렌	석유계 총 탄화 수소	트리 클로로 에틸렌	테트 라클 로로 에틸렌	벤조 (a) 피렌
1 지역	12	450	75	12	600	15	900	300	800	–	3	5	10	3	60	150	45	2,000	24	12	2
2 지역	30	1,500	150	30	1,200	45	1,800	600	800	–	12	5	10	3	60	150	45	2,400	24	12	6
3 지역	180	6,000	600	60	2,100	120	5000	1,500	2,000	–	36	300	50	9	180	1,020	135	6,000	120	75	21

(3) 지역구분

① 1지역 : 전, 답, 과수원, 목장용지, 광천지대(주거의 용도로 사용되는 부지), 학교용지, 구거, 양어장, 공원, 사적지, 묘지인 지역과 어린이 놀이시설

② 2지역 : 임야, 염전, 대(1지역에 해당하는 부지 외의 모든 대), 창고용지, 하천, 유지, 수도용지, 체육용지, 유원지, 종교용지 및 잡종지

③ 3지역 : 공장, 주차장, 주유소, 도로, 철도용지, 제방, 국방, 군사시설 부지

CHAPTER 08

토양관리

1. 토양침식

① 지질침식
㉠ 굴곡이 심한 지연지형을 고르고 평평하게 하는 과정으로 속도가 느림
㉡ 새로운 토양의 생성을 가능하게 함

② 가속침식
㉠ 지질침식보다 10배~1,000배의 파괴력을 지님
㉡ 강우가 많은 경사지역에서 발생

③ 침식인자 : 지형, 기상 조건(강우 강도), 식물생육 등

2. 토양성질에 따른 침식

① 물에 의한 침식 : 분산탈리, 이동, 퇴적
② 바람에 의한 침식 : 건조, 반건조 지대에서 일어남
㉠ 약동 : 0.1~0.5mm, 50~90%
㉡ 포행 : 1mm 이상, 5~25%
㉢ 부유 : 0.25~0.1, 15~40%

③ 면상침식
토양 표면을 따라 얇고 일정하게 침식

④ 세류침식
㉠ 불규칙하게 발생
㉡ 식물이 새로 식재된 곳
㉢ 흉한지, 협곡에서 발생

⑤ 협곡침식
㉠ 세류침식의 규모가 커짐
㉡ 농기계가 들어 갈수 없고 원래의 평탄한 경작지로의 개간이 어려움

3. 토양유실예측 공식(USLE) : A=R×K×LS×C×P

① R : 강우 인자로 강우 강도가 R값에 영향력이 큼
② K : 토양침식성 인자(0.025~0.04)로 침투율과 안정성이 중요한 특성
③ LS : 경사도와 경사장 인자(표준포장 길이 22.1m, 경사도 9%)로 경사면이 길수록 경사도가 커질수록 유거의 속도가 증가
④ C : 작부인자로 작물의 피복종류에 따라 달라짐, 피복되지 않은 곳의 C값은 1에 가까움
⑤ P : 토양관리 인자로 토양관리활동을 말함. 상 · 하경(1.0), 등고선재배(0.63), 초생대(0.17)

4. 풍식예측 공식 : E=I×K×C×L×V

① I : 토양풍식성 인자
② K : 토양면의 조도
③ C : 기후 인자
④ L : 포장의 나비
⑤ V : 식생 인자

5. 침식방지

① 지표면의 피복 : 유속 감소, 뿌리 발달, 목초
② 토양개량 : 물의 침투력(심토경운, 수직부초 설치)
③ 유거의 속도조절 및 경작법 : 등고선(대상)재배
④ 승수로 설치

6. 토양관리 기술

① 정밀농업 : GPS(위치), GIS(토양특성 측정센서), 농업투입자재 조절
② 지속농업 : 보전농업, 보속농업, 영속농업, 환경친화형농업(유기농업)

CHAPTER 09

토양분류

1. 토양통

① 토양분류의 최소 단위
② 처음 발견된 지명을 따서 명명
③ 단면의 특성이 같은 페돈(pedon)으로 분류
④ 같은 통의 토양은 대개 모재가 같음

2. 분류단위

① 고차단위 : 목 → 아목 → 대군 → 아군 → 속 → 통
② 저차단위 : 토양형, 토양통, 토양구, 토양상

3. 토양단면기술

① 토양조사지점의 개황 : 단면번호, 토양명, 고차분류단위, 조사일자, 조사자, 조사지점, 해발고도, 지형, 경사도, 식생 또는 토지이용, 강우량 및 분포, 월별 평균기온
② 조사토양의 개황 : 모재, 배수등급, 토양수분, 지하수위, 표토의 석력과 암반노출정도, 침식정도, 염류집적 또는 알칼리토양 흔적, 인위적 영향도 등
③ 단면의 개략적 기술 : 지형, 토양의 특징(구조발달도, 유기물 집적도, 자갈 함량 등), 모재의 종류
④ 개별 층위의 기술 : 토층기호, 층위의 두께, 주 토색, 반문, 토성, 구조, 견고도, 점토피막, 치밀도나 응고도, 공극, 돌, 자갈, 암편 등의 모양과 양, 무기물 결괴, 경반, 탄산염 및 가용성 염류의 양과 종류, 식물뿌리의 분포 등

4. 토양목

구분	표기	설명	생성된 곳
Entisol	ent	발달하지 않은 새로운 토양	모든 기후
Vertisol	ert	팽윤, 수축 반복, 팽창성 점토	건습 교호되는 아열대, 열대기후
Inceptisol	ept	발달 시작한 젊은 토양	온대, 열대의 습윤기후
Moliisol	oll	두껍고 팽윤된 암색표층	반건, 반습의 초원
Aridsol	id	건조지 토양으로 어느 정도 발달	건조지대
Spodosol	od	podzol을 뜻하며 사질인 모재, 주로 spodic층이 발달됨	온대의 습윤기후
Alfisol	alf	Al, Fe 하층에 집적	습윤온대, 아열대기후
Ultisol	ulf	세탈이 극심, 염기가 매우 적은 토양	온난습윤, 열대, 아열대
Oxisol	ox	Al, Fe 풍부	산화층, 주로 습윤열대
Histisol	ist	늪지 토양	담수상태, 산성조건
Andisol	and	화산분출물	화신회토양
Gelisol	el	빙하토, 영구동결층	한대기후 조건

5. 감식표층

토양목을 결정하는 주요한 특성

① anthropic : 인산풍부, 인위적 암색표층

② folistic : 건조 유기물 표층

③ histic : 과습 부식질 표층

④ melanic : 화산회와 식생에 의한 OM 혼합집적

⑤ mollic : 염기풍부(염기포화도BS > 50%), 암색 표층

⑥ ochric : 담색표층

⑦ plaggen : 구비 연용으로 퇴적된 암색표층

⑧ umbric : 염기결핍(BS < 50%), 암색표층

6. 감식차표층

토양단면 조사를 통하여 감식토층의 존재여부에 따라 토양분류단위를 결정(아목)

7. 토양온도 상태를 기준으로 분류

① pergelic : 0℃ 이하
② cryic : 0~8℃
③ frigid : 8℃ 이하
④ mesic : 8~15℃
⑤ thermic : 15~22℃
⑥ hyperthermic : 22℃ 이상

CHAPTER 10

산림토양

1. 산림토양과 경작토양의 비교

(1) 단면

항목	산림토양	경작토양
토양단면의 유기물층	L층(낙엽층), F층(발효층), H층(부식층)	없음

(2) 물리적 성질

구분	산림토양	경작토양
토성	모래와 자갈이 많음(점토유실)	미사와 점토가 많음
보수력	낮음(모래, 경사지)	높음
통기성	좋음(모래, 배수 양호)	보통
토양공극	많음(뿌리, 유기물)	적음(트랙터 사용으로 다져짐)
용적비중	작음(공극 많음)	큼
온도(변화의 폭)	적음(낙엽층의 피복)	큼(노출됨)

(3) 화학적 성질

구분	산림토양	경작토양
유기물 함량	많음	적음
C/N율	높음(섬유소의 계속적 공급)	낮음(시비 효과)
타감물질	축적됨(페놀, 타닌)	거의 없음
pH	낮음(humic acid 생산)	중성부근
양이온치환능력	낮음	높음(점토함량 높음)
비옥도	낮음	높음(시비효과)
무기태질소 형태	주로 암모늄(NH_4^+)	주로 질소(NO_3^-)

(4) 생물학적 성질

토양미생물	곰팡이	박테리아, 곰팡이
질산화작용	억제됨(낮은 pH)	왕성함(중성 pH)

2. 산림토양의 특징

① 토양 단면은 뚜렷한 유기물층으로 임상을 이룸
② 경작지토양은 주기적으로 갈아엎기 때문에 경운층이 있는 반면 산림토양은 경운층이 없으며 대신에 낙엽층이 있음
③ 산림토양은 낙엽층의 분해로 인해 토양의 물리적, 화학적, 생물학적 성질이 다름
④ 경사지의 산림토양은 표토의 작은 입자가 강우로 인해 유실되고 사토 혹은 자갈성분 위주로 남아 있게 됨
⑤ 통기성과 배수성이 양호한 반면 보수력은 떨어져 봄, 가을에 건조가 심각하고, 무기양료의 함량도 낮아 소나무, 참나무류와 같은 수종이 주로 자람
⑥ 유실표층이 집적되는 비옥한 곳에서는 단풍나무, 서어나무, 물푸레나무, 전나무 등이 주로 자람

3. 산림토양의 세부적 특징

(1) 공극

① 토양공극과 용적비중 : 평균 공극률 40~60%
② 기계화의 영향이 없으며 유기물이 풍부함
③ 수목 뿌리가 뻗으면서 토양을 느슨하게 만들어 공극이 많고 용적비중이 적음
④ 공극률은 보통 40~60%가 되며, 용적비중은 0.8~1.6 정도임
⑤ 토양수분 : 유기물층과 식생층에 의해 수분 보유능력이 향상되어 경작지 토양에 비해 수분보유량이 높으나, 식생에 의한 과도한 증산작용은 토양수분 유지에 부정적 영향을 끼침

(2) 유기물

① 경작지 토양에 비해 풍부한 유기물층을 가짐
② 지속적인 유기물 첨가로 인해 토양을 산성화시킴(부식산 humic acid의 생산)
③ 분해산물인 페놀(phenol)이나 탄닌(tannin)과 같은 화합물에 의한 미생물의 활동이 억제됨(타감효과 : Allelopathy)
④ 두터운 낙엽층에 의해 종자발아가 방해받아 조림과 갱신에 지장을 줌

(3) pH

① 낙엽분해 → 산성화 → 인산의 불용화 → 인산결핍
② 낙엽분해로 인한 산성화가 경작토양에 비해 심화. 보통 pH 5.6~6.0 정도이거나 5.0 이하

(4) 인산

① 인(P), 칼슘, 마그네슘, 붕소 등의 무기영양소가 유용성이 낮아지게 되는데, 특히 인은 철분(Fe)이나 알루미늄(Al)과 결합하여 불용성(Insoluble)으로 존재하여 식물들에게 인산결핍현상이 나타남
② 인산의 불용화 과정
㉠ 수용성이온 → 불용성화합물
㉡ $H_2PO_4^-$ + 토양 중 Al^{3+}, Fe^{3+} → $AlPO_4$, $FePO_4$

(5) 양이온 치환용량(Cation Exchange Capacity ; CEC)

산림토양은 산성화가 심화되어 있으며 점토의 함량이 경작지 토양보다 낮아 비록 유기물에 의한 양이온 치환용량이 보상되기는 하나 전반적으로 적음

(6) 토양 미생물(Soil Microbes)

① 토양 산성화에 의해 세균류(Bacteria)의 활동이 억제되는 반면 곰팡이류(Fungi)가 절대적 우위를 차지
② 암모늄태질소(NH_4^+)를 질산화(NO_3^-)를 진행시키는 질산화 박테리아의 활동이 억제되어 산림토양 내 질소는 암모늄태 질소(NH_4^+)로 존재함
③ 토양의 양이온 치환용량에 저장되었던 암모늄태 질소는 곰팡이의 균사를 통해 흡수되었다가 식물에게 흡수됨

(7) 탄질비(C/N율)

① 경작지 토양은 8 : 1~15 : 1이며 산림토양은 15 : 1~30 : 1 정도
② 산림토양은 시비하는 경우가 거의 없어 낙엽 내 탄소비율이 높아지게 됨
③ 8 : 1~15 : 1의 경작지 토양에 비해 다소 높은 15 : 1~30 : 1을 유지하여 낙엽 분해속도가 떨어짐
④ C/N율이 대체로 60 이상(Mor Type)
㉠ 유기물층과 무기토양층의 구분이 확연히 나타남
㉡ Oa/A, 흔히 A층이 없으며 바로 B층이 나타남
㉢ 침엽수류 및 산성토양에 잘 버티는 수종

⑤ C/N율이 30~45 정도(Morder Type, 중부식 또는 반부식)

㉠ Oa/A/E, Mull과 Mor의 중간형

㉡ 참나무류 등 대부분의 활엽수 중심의 혼효림, 우리나라 대부분

⑥ C/N율이 25 이하인 낙엽층(Mull Type, 정부식)

㉠ 유기물과 무기토양층이 섞인 부위(Oi/A 또는 Oe/A)가 나타남

㉡ 오리나무류, 아까시나무 등 질소고정 수종 및 토양 개량용 수종

(8) 임관 차단(수관 차단)

① 비가 올 때 숲의 바닥에 떨어지지 않고 나무의 가지와 잎에 묻었다가 비가 그친 후 바로 증발하는 현상

② 증발, 증산, 낙엽층 차단, 수관통과수, 수간유하, 뿌리흡수

③ 식생은 유거수의 양과 흐름 속도를 조절

3. 국내 산림토양 분류

① 분류방식 : 8개의 토양군, 11개의 토양아군, 28개의 토양형

② 토양군(soil great group) : 토양 생성작용이 같고 토양단면 내 특징적 층위(Stratum)의 배열과 성질이 유사한 것끼리의 단위

③ 토양아군(soil subgroup) : 전형적인 토양군은 유사하나 다른 토양 생성작용이 가해진 것

④ 토양형(soil type) : 지형, 토양수분, 단면의 형태, 층위의 발달 정도, 각 층의 구조 및 토색의 차이에 의해 구분

⑤ 분류방법은 자연적 계통분류방식에 의거하여 고차에서 저차 카테고리로의 하강식 분류 방식을 채택하고 있음

⑥ 분류체계는 토양군, 토양아군, 토양형의 3단계를 설정하고, 토양군의 고차 카테고리인 토양목과 토양형의 저차 카테고리인 토양아형은 설정하지 않음

⑦ 토양군은 토양생성 작용이 같고 토양층위의 배열이 유사한 토양의 집합

⑧ 토양아군은 토양군의 전형적인 성질을 갖고 있는 토양아군과, 다른 토양아군으로 이행해가는 중간적인 성질을 갖는 토양아군으로 구분

⑨ 토양형은 지형조건에 따른 수분환경을 감안해서 A0층 발달정도, 토양단면 형태, 층위 발달정도 및 각 층위 구조, 토색 등의 차이로 구분

4. 한국의 산림토양의 분류

8개의 토양군, 11개의 토양아군, 28개의 토양형
① 갈색산림토양(B)
② 적,황색산림토양(RY)
③ 암적색산림토양(DR)
④ 회갈색산림토양(GrB)
⑤ 화산회산림토양(Va)
⑥ 침식토양(Er)
⑦ 미숙토양(Im)
⑧ 암쇄토양(Li)

5. 산림토양의 세부분류

(1) 갈색산림토양군(Brown forest soils ; B)

① 적윤한 온대 및 난대 기후하에 분포하는 토양으로 A－B－C 층위가 발달하며 암갈색~흑갈색으로 부식을 다량 함유
② B층은 갈색~암갈색의 광물질층인 산성토양으로 전국 산지에 대부분 출현하는 토양
③ 형태적 특징은 A층이 대부분 흑갈색으로 토심은 비교적 깊고 적윤한 상태를 보이며, 단립, 입상구조가 많이 나타남. B층은 갈색으로 적윤하며 괴상구조가 발달하며, 임목의 생육상태는 양호
④ 종류 및 특징
㉠ 갈색의 건조한 산림토양(B_1)
- 산정의 능선부근 및 산복사면 상부 등 건조한 곳에 주로 분포하는 건조한 토양으로 A층에 균사 및 균근이 보이며 균사속의 영향으로 부식의 침투가 어려워 양분이 결핍된 토양
- 토립의 결합력이 없어 침식을 받기 쉬운 토양으로 A층은 암갈색으로 토심이 얕고 건조하며 입상~세립상 구조가 대부분 출현
- B층은 건조하며 입상~견과상구조가 발달
- 임목의 생육상태는 불량

㉡ 갈색의 약건한 산림토양(B_2)
- 완만한 산정 및 풍충지, 바람이 스치는 산복에 분포하는 약간 건조한 토양이며 A0층이 비교적 두껍게 발달. A층은 얕은 편이며 약건하고 대부분 입상구조가 출현
- B층은 갈색으로 약건하고 상부는 주로 입상~견과상 구조가 하부에는 견과상구조가 발달
- 임목의 생육상태는 B_1형보다 양호

㉢ 갈색의 적윤한 산림토양(B_3)

- 사면의 요형지형 및 산록 완사면에 분포하며 A0층이 B_1, B_2형에 비해 얕고 H층은 거의 표토에 유입
- B_1, B_2형보다 수분 및 기타의 양분 분해조건이 양호. 또한 자갈이 적당하게 혼입되어 있어 통기성 및 투수성도 양호하여 식물근이 B층 깊이까지 뻗고 있음

㉣ 갈색의 약습한 산림토양(B_4)

- 산록사면 및 산복 완사면의 요형지형에 주로 분포하며 B_3형보다 수분은 많으나 과습하지는 않음
- 수분이 적당하기 때문에 A0층의 분해가 빨라 B_1, B_2형과 같이 뚜렷하게 쌓이지 않고 B_3형과 마찬가지로 표토 속으로 유입된 상태를 보임
- B_3형과 거의 유사하나 지형적 조건차이로 하층의 수분상태가 약습한 상태를 보임
- A층은 흑갈색으로 깊은 편이며 적윤하고 단립구조
- B층은 흑갈색으로 약간 습한상태를 나타내며 괴상 및 벽상구조가 발달하고 토층이 치밀한 곳에서는 무구조가 출현하기도 함
- 임목의 생육상태는 양호

㉤ 적색계 갈색의 건조한 산림토양(rB_1)

- 저 해발산지의 산정~산복에 주로 출현하는 건조한 토양으로 A0층이 약간 발달하며 토심이 얕음
- 적색풍화 현상에 의해 표토층은 명갈~암적갈색으로 점착성이 없고 송한 토양
- A층은 갈색~명갈색으로 약도의 세립상 구조 또는 입상구조가 출현
- B층은 약도의 견과상구조가 발달한 토양

㉥ 적색계 갈색의 약건한 산림토양(rB_2)

- 저해발 산지의 산복 이하의 약건~적윤한 지역에 주로 분포하며 적색풍화 현상이 일어나는 곳에 나타남
- A층은 명갈색을 띠는 약간 건조하며 입상구조가 발달한 점착성이 약한 토양
- B층은 견과상~입상구조가 발달하고 자갈 및 잔돌이 있음
- 임목의 생육상태는 약간 양호한 상태

(2) 적, 황색 산림토양군(Red&Yellow forest soils ; RY)

① 해안 인접지의 홍적대지에 분포하며 퇴적상태가 견밀하고 물리적 성질이 불량한 토양

② 종류 및 특징

㉠ 적색의 건조한 산림토양(R_1)

- 주로 야산지 및 내륙 구릉지의 건조한 산정~산복에 출현하는 정적토
- 형태적 특징은 A층이 명적갈색으로 견밀함

• 토양구조는 거의 세립상 구조, B층은 적갈색을 띠며 점토함량이 많은 관계로 견밀한 토층을 형성하고 견과상구조가 발달함
• 임목의 생육상태는 매우 불량

㉡ 적색의 약건한 산림토양(R_2)
• 완구릉지 및 야산지의 산복~산록에 주로 출현하는 정적토
• 토층이 견밀하며 통기성과 투수성이 불량한 토양
• A층은 적황색으로 건조하며 입상구조가 나타남
• B층은 명적갈색으로 부식함유율이 낮으며 견과상구조가 발달
• 임목의 생육상태는 R_1형보다 좋으나 갈색산림토양의 임목생장에 비하여 불량

㉢ 황색의 건조한 산림토양(Y)
• 해안지역의 야산지 및 구릉지에 주로 출현하며, 해풍의 영향으로 건조하고 견밀한 토양
• A층은 황갈색으로 유기물이 적고 입상구조가 발달
• B층은 황갈색으로 토심이 비교적 얕고, 미사가 많은 견밀한 토양으로 통기성 및 투수성이 불량하며 견과상구조가 발달
• 임목의 생육상태는 불량

(3) 암적색 산림토양군(Dark Red forest soils ; DR)

① 석회암 등을 모재로 하는 토양에 주로 출현하는 약산성토양으로 모재층에 가까워질수록 암적색이 강하게 나타남
② 염기성암에서 유래하여 Ca^{++}, Mg^{++} 함량이 높고 점질이 많아 견밀하고 통기성이 불량한 토양으로 물리적 성질이 불량함
③ 종류 및 특징

㉠ 암적색의 건조한 산림토양(DR_1)
• 석회암지역의 산정~산복 남사면의 건조한 지형에서 출현
• 토심은 일반적으로 얕고 자갈이 많음
• A층은 적갈색을 띠며 점착성이 강함
• Ca^{++}, Mg^{++}의 함량이 특히 높으며 입상구조가 발달한 토양으로 식물근이 많고 자갈, 잔돌이 섞여있는 건조한 토양

㉡ 암적색약건산림토양(DR_2)
• B층은 명적갈색을 띠며 점착성이 강함. 건조~약건한 토양으로 견과상 구조를 보이며 자갈이 섞여있음
• 임목의 생육상태는 DR_1형보다 양호

㉢ 암적갈색의 약건한 산림토양(DRb_2)
• 퇴적암지역의 응회암, 응회암질사암, 역암류를 모재로 생성된 약산성 토양으로 약건하며 단면 내 자갈 함량이 많음

• A층은 주로 명갈색을 띠며 건조하고 입상구조가 발달
• B층은 명적갈색으로 약건~적윤하고 산복 이하에 주로 나타남
• 임목의 생육상태는 DRB_1형보다 양호

㉣ 암적색의 적윤한 산림토양(DR_3)

• 석회암지역의 완사면 산록 및 계곡에 출현하며 A층은 암갈색~암적갈색으로 단립(團粒)구조가 발달
• Ca^{++}, Mg^{++}이 다량 함유되어 약산성을 보이며, 토양의 견밀도는 연~송함
• B층은 적윤~약습하며 점착성이 강하고 미사함량이 높음
• 괴상구조 또는 벽상구조를 보이며 자갈이 많음
• 임목의 생육상태는 DR_1, DR_2형보다 양호

㉤ 암적갈색의 건조한 산림토양(DRb_1)

• 퇴적암지역의 응회암, 응회암질사암, 역암류를 모재로 생성된 약산성 토양
• 건조하며 단면 내 자갈 함량이 많고 점착성이 있으며 유기물 함량이 낮은 토양
• A층은 명갈색을 띠며 건조하고 입상구조가 발달
• B층은 명적갈색으로 건조하며 심층으로 갈수록 모재색을 강하게 나타내는 토양
• 임목의 생육상태는 불량

㉥ 암적갈색 약건산림토양(DRb_2)

(4) 회갈색산림토양군(Grey Brown forest soils ; GrB)

① 퇴적암지역의 혈암, 이암, 회백질 사암을 모재로 생성된 토양으로 과거 심한 침식을 받은 건조하고 점착성이 강한 회갈색토양
② 통기성 및 투수성이 불량하여 식물근이 거의 없음
③ A층은 암회황색으로 견밀하고 입상구조가 출현
④ B층은 회갈색으로 건조~약건하며 대단히 견밀하고 배수가 불량
⑤ 임목의 생육상태는 극히 불량
⑥ 종류

㉠ 회갈색건조산림토양(GrB_1)
㉡ 회갈색약건산림토양(GrB_2)

(5) 화산회산림토양군(Volcanic ash soils ; Va)

① 화산활동작용에 의해 생성된 토양으로 암적갈색~흑색으로 가비중이 매우 낮은 다공질 토양으로 토립의 결합력이 약함
② 유기물 함량이 높으며 인산 고정력이 강하고 염기용탈이 쉽게 일어나는 토양

③ 종류

㉠ 화산회건조산림토양(Va_1)

㉡ 화산회약건산림토양(Va_2)

㉢ 화산회적윤산림토양(Va_3)

㉣ 화산회습윤산림토양(Va_4)

㉤ 화산회자갈많은산림토양(Va－gr)

㉥ 화산회성적색건조산림토양($Va-R_1$)

㉦ 화산회성적색약건산림토양

(6) 침식토양군(Eroded soils ; Er)

① 산정 및 凸형의 산복지형에 주로 출현하는 토층의 일부가 유실된 토양

② L, F층이 B층 또는 C층 위에 얇게 퇴적되어 있고 H－A층이 분상으로 형성되는 경우도 있음

③ 층위 분화가 불완전하여 모재의 특성이 강하게 나타나는 토양

④ 과건하여 세립상 구조가 발달하나 점토 및 유기물 등의 양분 용탈이 심하게 일어나는 보비력이 약한 토양

⑤ 종류와 특징

㉠ 사방지토양(Er－c)

- 과거 심한 침식을 받았던 토양으로 사방공사에 의해 토양유실이 일시 정지된 상태로 토양의 층위가 미발달된 토양
- 임목의 생육상태는 불량

㉡ 약침식 토양(Er1)

- A층의 대부분 또는 B층의 일부가 유실된 토양으로 경사가 완만한 산정, 산복의 凸형 지형에 출현하는 토양
- 과건한 관계로 세립상구조가 발달
- 식물세근이 지표면에 집중 분포하며 심토층은 무구조를 가지며 임목의 생육상태는 불량

㉢ 강침식토양(Er2)

- 침식을 받아 B층 또는 C층의 일부까지 유실된 토양이며 경사가 급한 산정이나 산복에 출현
- 임목의 생육상태는 매우 불량

(7) 미숙토양군(Immature soils ; Im)

① 주로 산록하부 및 저산지에 출현하며 성숙토양과 달리 토양생성 시간이 짧아 층위의 분화 및 발달이 불완전한 토양

② 퇴적작용에 의해 토심은 깊은 편이나 조공극력이 많아 보수력이 약하고 이화학적 성질이 불량한 토양

(8) 암쇄토양군(Lithosols ; Li)

① 산정 및 경사가 급한 산복사면에 주로 분포
② A~C층의 단면형태로 암쇄퇴적물이 섞여있는 토양으로 A층이 얇거나 결여됨
③ 토양입자는 비교적 조립질이며 큰 자갈이 많음
④ 임목의 생육상태는 매우 불량

※ 한국의 산림토양의 분류

토양군	기호	토양아군	기호	토양형	기호
갈색산림토양 (Brown forest soils)	B	갈색산림토양	B	갈색건조산림토양 갈색약건산림토양 갈색적윤산림토양 갈색약습산림토양	B_1 B_2 B_3 B_4
		적색계갈색산림토양	rB	적색계갈색건조산림토양 적색계갈색약건산림토양	rB_1 rB_2
적황색산림토양 (Red&Yellow forest soils)	RY	적색산림토양	R	적색건조산림토양 적색약건산림토양	$RY-R_1$ $RY-R_2$
		황색산림토양	Y	황색건조산림토양	R · Y－Y
암적색산림토양 (Dark Red forest soils)	DR	암적색산림토양	DR	암적색건조산림토양 암적색약건산림토양 암적색적윤산림토양	DR_1 DR_2 DR_3
		암적갈색산림토양	DRb	암적갈색건조산림토양 암적갈색약건산림토양	DRb_1 DRb_2
회갈색산림토양 (Gray Brown forest soils)	GrB	회갈색산림토양	GrB	회갈색건조산림토양 회갈색약건산림토양	GrB_1 GrB_2
화산회산림토양 (Volcamic ash forest soils)	Va	화산회산림토양	Va	화산회건조산림토양 화산회약건산림토양 화산회적윤산림토양 화산회습윤산림토양 화산회자갈많은산림토양 화산회성적색건조산림토양 화산회성적색약건산림토양	Va_1 Va_2 Va_3 Va_4 Va－gr $Va-R_1$ $Va-R_2$
침식토양 (Eroded soils)	Er	침식토양	Er	약침식토양 강침식토양 사방지토양	Er_1 Er_2 Er－c
미숙토양 (Immature soils)	Im	미숙토양	Im	미숙토양	Im
암쇄토양 (Lithosols)	Li	암쇄토양	Li	암쇄토양	Li
8개 토양군		11개 토양아군		28개 토양형	

※ 기타

1. 경사분류도

구분	기준
완경사비	15° 미만
경사지	15~20°
급경사지	20~25°
험준지	25~30°
절험지	30° 이상

2. 견밀도

구분	기준			
	측정값		지압법	토양입자의 결합력
	mm	kg/cm^2		
심송	4 이하	0.4 이하	누르면 저항을 거의 느끼지 못함	토양입자의 결합력이 거의 없음
송	5~8	0.5~1.0	누르면 약간의 저항을 느끼거나 잘 들어감	매우 연하여 약간의 외력에도 잘 부서짐
연	9~12	1.1~2.0	힘을 가하면 저항이 있어 지흔이 생김	비교적 단단해 손으로 눌러야 부서짐
견	13~16	2.1~3.5	단단하여 지흔이 겨우 생김	단단하여 힘을 가해야 부서짐
강견	17 이상	3.5 이상	힘을 가해도 지흔이 거의 생기지 않음	매우 단단하여 상당한 힘을 가해야 부서짐

3. 토양건습도 분류표

구분	기준	해당지	비고
건조	손으로 꽉 쥐었을 때 수분에 대한 감촉이 거의 없다.	산정, 능선	지피식생 단순
약건	꽉 쥐었을 때 손바닥에 습기가 약간 묻는 정도이다.	산복, 경사면	지피식생 보통
적윤	꽉 쥐었을 때 손바닥 전체에 습기가 묻고 물의 감촉이 뚜렷하다.	계곡, 평탄지, 계곡평지, 산록	지피식생 다양
약습	꽉 쥐었을 때 손가락 사이에 약간의 물기가 비친다.	경사가 완만한 계곡 및 평탄지	지피식생 다양
습	꽉 쥐었을 때 손가락 위에 물방울이 맺힌다.	요지로 지하수위가 높은 곳	지피식생 다양

PART 04

기출 및 연습문제

001 다음 토양의 분류 중 성대성토양으로만 묶인 것이 아닌 것은? 기출

① 라테라이트, 적색토
② 사막토, 체르노젬
③ 밤색토, 갈색토
④ 포드졸, 툰드라토
⑤ 이탄토, 테레로사

해설 간대토양, 테라로사, 화산회토, 레구르, 이탄토, 글레이토는 간대성토양에 속한다.
- 성대성토양 : 기후나 식생과 같이 넓은 지역에 공통적으로 영향을 끼치는 요인에 의하여 생성된 토양
- 간대성토양 : 좁은 지역 내에서 토양종류의 변이를 유발하는 지형과 모재의 영향을 주로 받아 형성된 토양

002 우리나라 산림토양의 분류에 관한 설명으로 틀린 것은? 기출

① 분류방식은 토양군(8), 토양아군(11), 토양형(28)이다.
② 토양군은 토양 생성작용이 같고 토양단면 내 특징적 층위의 배열과 성질이 유사한 것끼리의 단위를 묶은 것으로 주로 단면의 성숙도로 구분한다.
③ 토양아군은 토양군의 전형적인 성질을 갖고 있는 토양아군과, 다른 토양아군으로 이행해 가는 중간적인 성질을 갖는 토양아군으로 구분한다.
④ 토양형은 지형조건에 따른 수분조건을 감안해서 낙엽층의 발달정도, 토양단면 형태의 차이, 층위의 발달정도 및 각 층위의 구조, 토색 등의 차이로 구분한다.
⑤ 기상조건과 지형, 생물, 모암에 따라 다양한 형태로 산림토양이 형성된다.

해설 토양 성숙도의 차이로 구분하는 것은 주로 토양형이다.

정답 001 ⑤ 002 ②

003 다음 내용과 관계가 있는 토양군은? 기출

- 적윤한 온대 및 난대 기후하에 분포하는 토양으로 A-B-C 층위가 발달하며 암갈색~흑갈색으로 부식을 다량 함유
- B층은 갈색~암갈색의 광물질층인 산성토양으로 전국 산지에 대부분 출현하는 토양

① 회갈색산림토양(GrB)
② 적 · 황색산림토양(R · Y)
③ 갈색산림토양군(B)
④ 암적색산림토양(DR)
⑤ 화산회산림토양(Va)

해설 갈색산림토양군은 A층이 대부분 흑갈색으로 토심은 비교적 깊고 적윤한 상태를 보인다. 또한 단립, 입상구조가 많이 나타나며 B층은 갈색으로 적윤하며 괴상구조가 발달한다. 임목의 생육상태는 양호하다.

004 토양의 점토광물에서 가장 많이 차지하고 있는 원소는? 기출

① Al_2O_3
② SiO_4
③ MgO
④ Fe_2O_3
⑤ CaO

해설 암석권을 구성하는 광물을 원소별로 분석하면(토양의 구성원소도 비슷) '산소 : 46.7%, 규소 : 27.7%, 알루미늄 : 8.1%, 칼슘 : 3.6%, 나트륨 : 2.8%, 칼륨 : 2.1%, 마그네슘 : 2.1%'이다.

005 토양조사 시 단면의 개략적 기술과 관련된 내용이 아닌 것은? 기출

① 식물 뿌리의 분포
② 지형
③ 유기물집적도
④ 자갈함량
⑤ 모재의 종류

해설 단면의 개략적 기술에 따른 세부 사항은 지형, 토양의 특징(구조발달도, 유기물집적도, 자갈함량 등), 모재의 종류 등이 있다. 식물 뿌리의 분포는 개별층의 기술에 따른 세부 기록 사항이다.
- 개별층의 기술 : 토층기호, 층위의 두께, 토색, 반문, 토성, 구조, 견고도, 점토피막, 치밀도나 응고도, 공극, 돌, 자갈, 암편 등의 모양과 양, 무기물 결괴, 경반, 탄산염 및 가용성 염류의 양과 종류, 식물 뿌리의 분포

정답 003 ③ 004 ② 005 ①

006 경작토양과 비교하여 산림토양의 특징이 아닌 것은? 기출

① O층이 있다. ② 공극률이 높다.
③ C/N율이 낮다. ④ pH가 낮다.
⑤ 타감물질이 많다.

해설 산림토양은 섬유소가 계속 공급되어 C/N율이 높다.

007 다음 중 2 : 1형 광물이 아닌 것은? 기출

① 일라이트 ② 버뮤큐라이트
③ 몽모리올나이트 ④ 할로이사이트
⑤ 스멕타이트

해설 할로이사이트는 1 : 1형 점토광물이다.

008 수분포텐셜이 －30KPa~－1,500KPa(pF 2.5~4.2)일 때 토양수분의 종류는? 기출

① 흡습수 ② 유효수
③ 결합수 ④ 영구위조점
⑤ 중력수

해설 유효수분은 포장용수량에서 위조점으로 단위는 MPa＝1,000KPa이다.

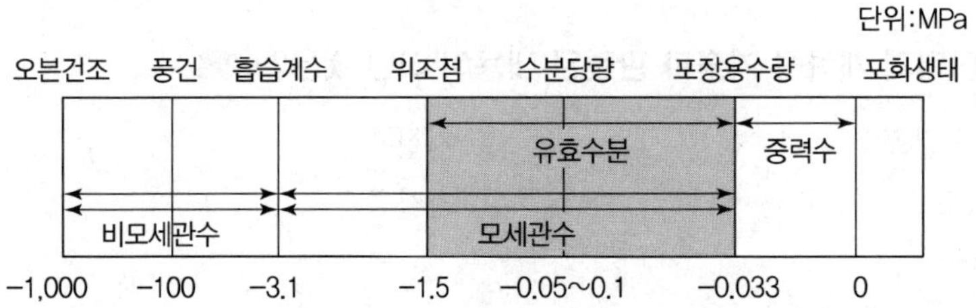

정답 006 ③ 007 ④ 008 ②

009 토양의 침식인자에 대한 설명으로 틀린 것은? 기출

① 기후인자 중 강우가 가장 큰 비중을 차지한다.
② 토성은 강우에 의한 입자의 분산, 침투정도 등에 의하여 침식에 영향을 미친다.
③ 밀집된 식물은 강우를 차단하여 침식방지에 효과가 크다.
④ 경사도는 유출량과 유속에 의해 침식을 좌우한다.
⑤ 침식은 강우강도보다는 강우량에 더 큰 영향을 받는다.

해설 침식은 강우량보다 강우강도에 더 큰 영향을 받는다.

010 다음 중 부식의 기능이 아닌 것은? 기출

① 식물에 대한 무기양분의 공급원이다.
② 분해될 때 생성되는 유기산은 난용성성분의 용해도를 높인다.
③ 미량원소와 킬레이트 화합물을 만들어 양분의 유효도를 증가시킨다.
④ 생리활성물질로 식물의 생육을 촉진한다.
⑤ 유독성 중금속과 공유 결합 구조를 만들어 독성을 감소시킨다.

해설 유독성 중금속과 킬레이트 구조를 만들어 독성을 감소시킨다.
※ 킬레이트(chelate) : 한 개의 리간드가 금속 이온과 두 자리 이상에서 배위결합을 하여 생긴 착이온

011 다음 설명 중 옳지 않은 것은? 기출

① 점토광물들은 양전화와 음전하를 동시에 가질 수 있다.
② 점토광물의 음전하는 양이온 교환현상이나 흡착현상에 기여한다.
③ 영구전하는 토양 pH의 영향을 전혀 받지 않는 전하이다.
④ 토양의 순전하량은 양전하와 음전하의 합이다.
⑤ 가변전하와 일시적 전하는 상반된 전하이다.

해설 가변전하는 일시적 전하 또는 pH의존전하라고도 한다.

정답 009 ⑤ 010 ⑤ 011 ⑤

012 균근균에 대한 설명 중 옳지 않은 것은? 기출

① 소나무, 자작나무, 참나무류는 외생균근을 형성한다.
② 나무로부터 탄수화물을 공급받고 수분과 무기물 흡수를 도와준다.
③ 외생균근은 식물체의 피층세포는 하르티히망(HartigNet)이라는 균사의 망에 의해 둘러싸여 있을 뿐 균사에 의해 침투되지 않는다.
④ 내생균근은 세포 안으로 침투한 균사는 균낭(vesicle)이라는 난형의 구조와 균지(arbuscule)라는 분지 구조를 형성한다.
⑤ 배추과(Brassica oleracea)에 특히 많이 존재한다.

해설 배추과는 균근균을 형성하지 않는다.

013 식물의 필수영양소에 대한 설명으로 옳은 것은? 기출

① 식물이 필요로 하는 영양소는 유기태이다.
② 탄소 수소 산소는 무기성 영양소에 속한다.
③ 식물 영양학적으로 다량원소가 미량원소보다 중요하다.
④ 철, 구리, 황은 식물의 요구량이 적은 미량원소에 속한다.
⑤ 칼슘과 마그네슘은 다량원소이나 토양에서 잘 결핍되지 않는다.

해설 ① 식물이 필요로 하는 영양소는 무기태이다.
② 탄소, 수소, 산소는 비무기성 영양소에 해당한다.
③ 다량원소와 미량언소 모두 중요하다.
④ 황은 다량원소에 해당한다.

014 다음 중 토양생성과 발달에 관한 설명으로 틀린 것은? 기출

① 생성인자는 지형, 식생, 모재, 지형, 시간이다.
② 성대성토양의 적극적(능동적)인자는 기후와 식생이다.
③ 냉대 습윤한 침엽수림에서는 포드졸이 생성된다.
④ 고온 다습한 활엽수림에서는 plaggen이 생성된다.
⑤ 제주도와 함북은 현무암, 충북 일부는 석회암, 그 외 대부분 지역은 화강암과 화강편마암으로 이루어져 있다.

해설 고온 다습한 활엽수림에서는 라테라이트가 생성된다. 플라겐(plaggen, 잔디) 표층은 주로 서유럽 지역에서 오랜 기간 퇴구비의 시용으로 조성된 암흑색의 인위적 층위에서 연유한다.

정답 012 ⑤ 013 ⑤ 014 ④

015 용적밀도 1.5g/cm³, 입자밀도 2.5g/cm³, 토양깊이 30cm일 때 1ha 토양의 총무게는?

기출

① 200 ton
② 450 ton
③ 750 ton
④ 4,500 ton
⑤ 7,500 ton

해설 무게는 용적밀도×부피이고, 1ha는 10,000m²이다. 따라서 1ha 토양의 총무게는 1.5×1,000×10,000×0.3=4,500톤이다.

016 토양의 색에 대한 설명으로 틀린 것은? 기출

① 토양이 색을 띠게 하는 주 원인물질은 토양유기물과 산화철이다.
② 덜 썩은 이탄(peat)은 보통 갈색이지만 부식과 같이 잘 분해된 유기물은 흑색이다.
③ 토양색의 표시방법은 색상 명도/채도이다.
④ 토양의 생성연대가 오래되지 않은 미숙토양의 경우에는 모암과 같은 색을 갖게 된다.
⑤ 산화철의 수화도가 증가하면 적색이 증가하고 반대로 수화도가 낮아지면 황색이 증가한다.

해설 산화철의 수화도가 증가하면 회(청)색이 증가하고 반대로 수화도가 낮아지면 적(황)색이 증가한다.

구성요소	성분	토색	형성요인
산화철	Fe^{3+}	적색, 주황색, 노란색	불포화 수분 상태
환원철	Fe^{2+}	회청색, 밝은 녹색	포화 수분상태
부식	부식	짙은 밤색, 검은색	부식 기간 및 함량
염류	석회, 석고	흰색, 회색	반건조지역
화산회	화산재	회색, 검은색	화산폭발

017 다음 중 점토, 미사, 모래 함량의 비율 차이가 가장 작은 토양은? 기출

① 사양토
② 양토
③ 식양토
④ 미사질양토
⑤ 미사질식토

해설 식양토는 모래 28~45, 점토 27~40, 미사 15~53의 함량을 가지고 있다.

정답 015 ④ 016 ③ 017 ③

018 토성에 대한 설명 중 틀린 것은? 기출

① 토양 내 모래, 미사, 점토는 다양한 방법으로 측정이 가능하며, 침전속도가 다르다는 Stokes' Law를 기본으로 한다.

② 체를 이용하여 모래(2mm)를 분석하고, 미사와 점토는 침강속도를 이용한 비중계법과 피펫법을 사용한다.

③ 촉감법으로 띠를 만들 때 약 5cm까지 늘어나는 것은 식양토이다.

④ 침강법은 산을 이용한 탄산염의 제거도 필요하며 토양시료를 혼합, 분산한 후에 ASTM 10번 체로 모래를 제거한다.

⑤ 촉감에 의한 간이토성분석법으로 토성명을 결정할 수 있다.

해설 토양시료를 혼합, 분산한 후 ASTM 325번 체로 모래를 제거한다.
※ 비중계법 : 피펫법보다 간단하고 빠르며, 미사와 점토의 근사 값을 측정할 때 사용한다.

019 산림토양의 탄질률에 대한 설명으로 옳지 않은 것은? 기출

① 미생물에 의한 유기물 분해정도 또는 분해정도 예측의 지표로 활용될 수 있다.

② 토양 유기태질소의 무기화정도나 질소의 유료도를 나타내므로 토양 비옥도를 판정하는 유력한 기준으로 이용될 수 있다.

③ 토양 내 탄질률이 30에 도달하게 되면 질소무기화가 시작되며 그 값보다 높으면 질소는 부동화할 가능성이 있다.

④ 분해가 계속되어 C/N율이 10의 수준에 도달하였을 때 질소무기화로부터 생성된 무기태질소는 식물에 이용될 수 없게 된다.

⑤ 낙엽 내 질소 함량이 낮은 침엽수의 경우 50~120, 낙엽 내 질소함량이 높은 활엽수는 40~70 정도이고 분해가 잘 된 산림토양 표토층의 C/N율은 12~13정도이다.

해설 무기태질소는 식물에 이용할 수 있다.

정답 018 ④ 019 ④

020 다음 중 지위지수에 대한 설명으로 틀린 것은? 기출

① 해송, 잣나무, 참나무는 수령 30년을 기준, 기타 수종은 20년을 기준으로 한다.
② 우세목의 평균 수고로 만들며, 주요 수종의 기준 수령이 20년일 때 수고가 8m면 지위지수는 8이 된다.
③ 지위 관련 인자는 생물적 인자, 임분밀도, 유전적 차이, 경쟁조절, 병충해 등이다.
④ 비생물적 인자는 기후, 지형, 토양 등이다.
⑤ 나라마다 지위지수기준은 동일하다.

해설 지위는 임지가 가지고 있는 잠재적인 생산능력으로 나라마다 지위지수의 기준이 다르다.

021 다음 중 심층토에서 주로 발달하고 입단의 모양은 불규칙한 토양구조는? 기출

① 입상구조
② 괴상구조
③ 각주상구조
④ 원주상구조
⑤ 판상구조

해설 괴상구조는 배수와 통기성이 양호하고 뿌리의 발달이 원활한 심층토에서 흔히 볼 수 있다.

토양구조	세부내역	특이 사항
구상구조 (=입상구조)	유기물이 많은 표토층에 존재, 초지나 지렁이 같은 토양 동물의 활동이 많은 곳	입단결합 약함, 부서지기 쉬움
괴상구조	배수와 통기성 양호, 뿌리의 발달이 원활한 심층토	대개 6면체, 각괴, 아각괴
각주상구조	건조, 반건조지역의 심토층, 지표면과 수직, 기둥모양	습윤(배수불량), 팽창특성의 점토가 많은 토양
원주상구조	기둥모양의 주상구조, 수평면에 둥글게 발달한 구조 Na가 많은 토양의 B층	하성 또는 해성 퇴적물를 모재로하는 논토양의 심층토
판상구조	수평배열의 토괴로 구성, 모재의 특성을 그대로 간직 논토양경운시(15cm) 형성	용적밀도가 크고 공극률이 급격히 낮아짐, 경반층(수분, 뿌리생장 불량)

정답 020 ⑤ 021 ②

022 다음에 해당하는 염류집적 토양은? 기출

EC<4, ESP>15, SAR>13, pH>8.5

① 나트륨성토양 ② 염류성토양
③ 염류나트륨성토양 ④ 석회질토양
⑤ 수성표백토양

해설

구분	EC(dS/m)	ESP	SAR	pH
정상토양	< 4	< 15	< 13	< 8.5
염류토양	> 4	< 15	< 13	< 8.5
나트륨성토양	< 4	> 15	> 13	> 8.5
염류나트륨성토양	> 4	> 15	> 13	< 8.5

※ EC(dS/m) : 전기전도도, ESP : 교환성 나트륨퍼센트, SAR : 나트륨흡착비

023 질소의 손실이 아닌 것은? 기출

① 탈질 ② 용탈
③ 휘산 ④ 유실
⑤ 고정

해설 질소의 손실이란 NO_3이 토양에 흡착되지 않고 유실, 환원되어 N_2, NO, N_2O로 탈질, 휘산되는 것이다. 질산은 암모늄과 같이 토양중에 잘 흡착되지 않으므로 토양의 하층으로 유실되는 데 이것을 용탈(leaching)이라고 한다.

024 오염된 토양을 식물재배로 정화하는 방법은? 기출

① biodegradation ② bioventing
③ landfarming ④ soil flushing
⑤ phytomediation

해설 Phytomediation

- 중금속과 유기오염물질에 대해 흔히 사용되는 식물정화법의 종류로는 뿌리여과, 식물분해, 뿌리분해, 식물안정화와 식물추출법이 있다.
- 식물추출법은 식물축적법(Phytoaccumulation)이라 불리기도 한다.
- Phytomediation 식물복원방법은 수목, 초본식물, 수생식물 등을 이용하여 환경오염물질을 제거, 분해, 안정화시키는 것이다.

※ Phytoextration : 뿌리를 통해 토양 내 금속오염물질을 흡수하여 식물의 지상 쪽 부분으로 이동시키는 것을 일컫는다.

정답 022 ① 023 ⑤ 024 ⑤

025 산림토양에서 유기물이 적고 광물질이 집적되어 있는 토양은? 기출

① A층
② B층
③ C층
④ L층
⑤ H층

해설 B층은 모재의 풍화에 의해 생성된 철화합물로 이루어져 있는 광물질토층이다. A층에 비해 약간 밝은 색을 띠며, 약간의 세근 및 굵은 뿌리가 주로 분포한다. 대부분 A층에 비해 유기물의 양이 적고, 토양이 견밀하다. 부식의 차이 등에 의해 B_1, B_2, BC 층으로 세분화하기도 한다.

산림토양의 단면형태 및 층위별 특성

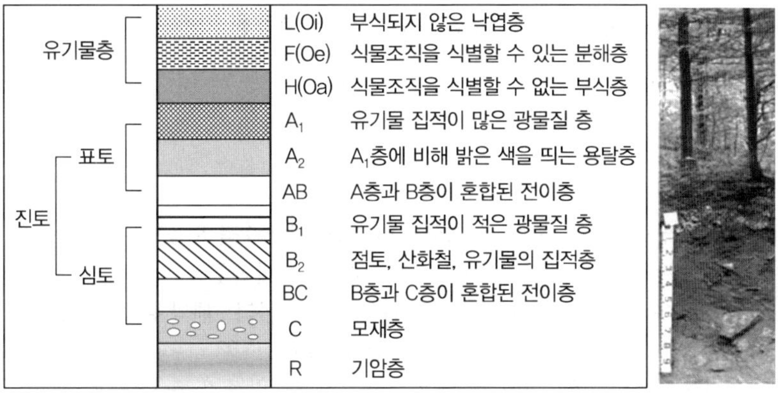

- O층 : 유기물층은 주로 식물의 낙엽낙지물의 분해 정도에 따라 낙엽층(L), 부식층(F), 분해층(H)으로 구분하는데, 일반적으로 수분조건이 건조하고 광 유입량이 적으며 난분해성 낙엽일수록 유기물층의 구분이 뚜렷
- A층 : 동 · 식물 유체의 분해에 의해 생성된 부식이 많은 가장 윗부분 토층으로 유기물이 풍부하여 심토층에 비해 어두운 색을 띠며, 세근이 많고, 다양한 토양 소동물의 활동으로 크고 작은 공극이 많고 부드럽다. A층은 부식의 차이 등에 의해 상층부터 A1, A2, AB 층으로 상세 구분

026 경작지 토양과 비교했을 때 산림토양에 대한 설명으로 틀린 것은? 기출

① 토양의 온도 변화가 심하지 않다.
② 용적비중이 크다.
③ 배수성이 양호하다.
④ 유기물 함량이 높다.
⑤ 지표유출량이 많다.

해설 산림토양은 공극이 많고 용적비중이 작다. 공극률은 보통 40~60%가 되며, 용적비중은 0.8~1.6 정도이다.

정답 025 ② 026 ②

027 식재지토양의 물리성을 판단하는 인자로 옳지 않은 것은? 기출

① 토성
② 통기성
③ 토양공극
④ 토양산도
⑤ 토양의 3상

해설 토양산도는 화학적 성질을 판단하며, 이외에도 C/N율, 타감물질, 양이온 치환능력, 비옥도, 무기태 질소 형태 등이 있다.

028 다음 중 길항작용의 관계에 있는 필수원소를 알맞게 연결한 것은? 기출

① K－Mo
② Fe－K
③ N－Mg
④ P－Mg
⑤ Ca－Mg

해설
- 질소 : 칼륨과 붕소름의 흡수를 억제하고 마그네슘의 흡수를 도움
- 인 : 철, 칼륨, 구리의 흡수를 방해하고 마그네슘 흡수에 도움
- 칼륨 : 칼슘, 마그네슘, 붕소의 흡수를 방해하고 철과 몰리브덴의 흡수를 도움
- 마그네슘 : 칼슘, 칼륨의 흡수를 억제하고 인의 흡수를 도움
- 붕소 : 다른 원소의 영향을 받을뿐 자기는 아무런 영향을 주지 못함
- 철 : 인의 흡수를 방해
- 칼슘 : 마그네슘, 아연, 붕소, 철, 칼륨, 망간의 흡수를 방해
- 몰리브덴 : 붕소와 같이 다른 원소로부터 흡수를 방해
- 구리 : 철과 몰리브덴의 흡수를 억제
- 아연 : 철의 흡수를 억제

029 토양 3상에 대한 설명으로 틀린 것은? 기출

① 기상은 토양공기로서 대기에 비해 O_2 농도는 낮고 CO_2 농도는 높다.
② 고상은 암석의 풍화산물인 무기물과 동식물로부터 공급되는 유기물로 구성된다.
③ 경작지 토양이거나, 부식이 많고 입단화될수록 기상과 액상의 비율이 크다.
④ 미경작지 토양 또는 점토나 모래가 많을수록 고상의 비율이 크다.
⑤ 액상은 토양수분으로 각종 유기 및 무기물질과 이온을 함유하며, 수목에 적합 것은 최대용수량이다.

해설 수목에 적합한 것은 포장용수량(최소용수량)이며 최대용수량의 60~80%에 해당한다.

정답 027 ④ 028 ⑤ 029 ⑤

030 수분포텐셜의 이동에 관한 설명 중 틀린 것은? 기출

① 세포질의 삼투포텐셜과 세포벽의 압력포텐셜의 절댓값이 같아지면 세포의 수분포텐셜은 0이 되어 더 이상 물의 흡수는 없다.

② 왕성하게 증산하는 도관 또는 가도관의 압력포텐셜은 인장력(tension) 상태에 있는데 이때의 부호 값은 +가 된다.

③ 식물의 수분포텐셜이 낮아지면 위조현상과 기공폐쇄가 수반되면서 CO_2의 부족으로 광합성률과, 팽압이 저하되어 생장감소가 일어난다.

④ 순수한 물의 화학포텐셜(자유에너지 $\mu 0$)을 0에 기준으로 삼고, 어떤 용액, 토양, 세포 등에 존재하는 물의 화학포텐셜(자유에너지)을 μ라고 할 때 $\mu 0-\mu$의 값을 몰용량(V)으로 나눈 값이 그 용액, 토양, 세포의 수분포텐셜이다.

⑤ 세포벽이 있는 식물세포의 수분포텐셜은 $\Psi cell=\Psi s+\Psi p+\Psi m$로서 세포액의 수분포텐셜 즉, 삼투포텐셜과 세포가 팽윤했을 때 세포벽 및 원형질막의 압력포텐셜과 기질포텐셜의 합이다.

해설 압력의 반대개념인 장력은 음(−)의 값이 된다.

031 고상 60%, 질량기준 수분함량 20%(w/w), 전용적밀도 1.5g/cm³인 토양의 기상비율은? 기출

① 10%
② 15%
③ 20%
④ 25%
⑤ 30%

해설
- 용적수분함량 = 중량수분량 × 용적밀도 = 0.2 × 1.5 = 0.3 = 30%
- 기상비율 = 100 − 고상비율 − 용적수분함량 = 100 − 60 − 30 = 10%

032 토성별 수종 적지의 연결이 잘못된 것은? 기출

① 사토 : 소나무, 리기다소나무, 아까시나무, 버드나무
② 양토 : 잣나무, 참나무 등 대부분 수종
③ 석력토 : 대나무, 밤나무, 벚나무
④ 식토 : 낙엽송, 서어나무, 가문비나무
⑤ 식질양토 : 소나무류, 전나무

정답 030 ② 031 ① 032 ③

해설 벚나무는 석력토가 아닌 식토에서 잘 자란다.

토성	수종
사토	소나무, 리기다소나무, 버드나무, 아까시나무, 황철나무류 등
사양토	대부분의 수종 생장 가능
양토	잣나무, 참나무류 등 대부분 수종 생장 가능
미사질양토	잣나무 등 대부분 수종 생장 가능
식질양토	소나무류, 전나무 등
식토	낙엽송, 서어나무, 가문비나무, 벚나무 등
석력토	대나무, 밤나무 등

033 산림토양의 특성에 대한 설명으로 틀린 것은? 기출

① 우리나라의 토양산도는 전체평균 pH가 4.0~6.0이다.

② 건전한 산림토양의 3상 비율은 고상 40%, 기상 30%, 액상 30%이다.

③ 우리나라 산림토양의 물리적 성질 중 토성은 제주도를 제외하고 A층, B층 모두 대부분이 사양토이다.

④ A층의 토양 삼상은 기상(40.2%) > 고상(35.9%) > 액상(23.9%), B층은 고상(38.2%) ≥ 기상(37.5%) > 액상(24.3%)으로 고상과 기상이 유사한 경향을 보이고 있다.

⑤ 용적밀도의 경우 화산회 모재로부터 생성된 산림토양이 주를 이루는 제주지역이 A층 0.56g/cm^3, B층 0.73g/cm^3으로 타 지역 0.8~1.0g/cm^3에 비해 매우 낮은 값을 보이고 있다.

해설 우리나라 산림토양의 토성은 제주도를 제외하고 A층, B층 모두 대부분이 양토이다.

034 조경수 생장에 적합한 토양기준의 연결이 잘못된 것은? 기출

① 토성 : 사질양토~양토

② 산도 : pH 5.5~6.5

③ 전기전도도 : 0.5dS/m 미만

④ 염분농도 : 0.05% 미만

⑤ 양이온 치환용량 : 30~40cmol/kg

해설 조경수의 생장에 적합한 양이온 치환용량은 10~20cmol/kg이다.

정답 033 ③ 034 ⑤

035 다음 중 비결정형 2차광물에 해당하는 것은? 기출

① Koalinite ② gibbsite
③ smectite ④ vermiculte
⑤ illite

해설 **비결정형의 종류**

- Amorphous volcanic aluminosilicates : allophane, imogolite
- FeOOH : geothite
- Fe_2O_3 : hematite
- Al oxide[$Al(OH)_3$] : gibbsite

036 토양유실예측 공식(USLE)을 구성하는 인자에 관한 설명으로 옳지 않은 것은? 기출

① 토양침식성인자(K)에 가장 큰 영향을 미치는 토양특성은 침투율과 구조적 안정성이다.
② 다년생 목초재배는 일년생 작물재배에 비하여 피복관리인자(C)가 더 크다.
③ 침식성강우인자(R)는 총강우량이 기준이지만 강우의 집중 및 계절적 분포가 더 중요하게 작용한다.
④ 보전관리가 전혀 시행되지 않았다면 보전관리인자(P)는 1.0이다.
⑤ 유실량 공식에서 A=R×K×LS×C×P이며 LS는 경사도와 경사장 인자이다.

해설 다년생 목초재배는 일년생 작물재배에 비하여 피복관리인자(C)가 작다.

037 다음 중 인산비료에 대한 설명으로 틀린 것은? 기출

① 과인산석회는 속효성이며 수용성이다.
② 과인산석회는 인광석에 황산을 처리하여 만든다.
③ 중과인산석회은 인광석에 인산을 처리하여 만든다.
④ 용성인비은 인광석을 용융하여 만든다.
⑤ 용과린은 과린산석회에 중과인산석회를 혼합한 것이다.

해설 용과린은 과린산석회에 용성인비를 혼합한 것이다.

정답 035 ② 036 ② 037 ⑤

038 다음 중 양이온의 흡착세기를 순서대로 바르게 나열한 것은? 기출

① $Al(OH)_2 > H^+ > Ca^{2+} = Mg^{2+} > K^+ = NH_4^+ > Na$
② $Ca^{2+} = Mg^{2+} > K^+ = NH_4^+ > Na > H^+ > Al(OH)_2$
③ $H^+ > Al(OH)_2 > Ca^{2+} = Mg^{2+} > K^+ = NH_4^+ > Na$
④ $Ca^{2+} = Mg^{2+} > K^+ = NH_4^+ > Na > Al(OH)_2 > H^+$
⑤ $H^+ > Ca^{2+} = Mg^{2+} > K^+ = NH_4^+ > Na > Al(OH)_2$

해설 양이온의 특성이 흡착력의 세기 또는 이탈의 용이성을 결정한다.
- 흡착력은 양이온이 띤 전하량과 정비례한다.
- H^+이온은 크기가 매우 작고 높은 전하를 띠므로 매우 특이하여 흡착력은 가장 크다.
- 전하량이 유사한 양이온의 흡착력 세기는 수화반지름이 클수록 이온 교환부위에 밀착될 수 없기 때문에 흡착력이 떨어지게 된다.
- 일반적으로 원자가가 크고 원자량이 큰 양이온의 교환 침투력이 크다.

039 토양 3상에 대한 설명 중 틀린 것은? 기출

① 산림토양의 용적밀도는 유기물층 0.2, A층 0.8이며, B층은 1.0 내외이다.
② 유기물이 많을수록 용적밀도는 낮으며 과도한 방목, 기계화작업, 휴양림으로 인한 답압은 용적밀도를 높인다.
③ 고상은 미생물과 동식물 등의 유기체와 모래, 자갈, 1차 및 2차 광물 등의 무기물로 구성되어 있다.
④ 액상은 유기물질과 무기물질이 용존해 있는 수용액이며 일반적으로 토양수분은 식물의 생육을 지배하는 중요한 인자이다.
⑤ 대기와 토양 사이의 가스이동은 교환(massflow) 또는 확산(diffusion)에 의해 이루어지게 되며 대기압차에 의해 일어나는 가스교환은 매우 중요하다.

해설 가스교환은 비교적 중요치 않은 반면에 확산은 토양 내 가스이동의 중심적인 부분이다.

040 교환성양이온(단위 : m.e/100g)이 각각 Ca^{++} 14.6, Mg^{++} 6.0, K^+ 0.3, Na^+ 0.1, H^+ 9.0 인 토양의 염기포화도는? (단, 토양의 CEC는 30.0m.e/100g이다.) 기출

① 21%　　② 51%
③ 70%　　④ 80%
⑤ 100%

해설 염기포화도는 양이온 치환용량에 대한 치환성 염기(Ca^{2+}, Mg^{2+}, K^+, Na^+)의 비율로 (치환성 염기량/양이온 치환용량)×100으로 나타낸다. 총 CEC는 30이며, 치환성염기량은 14.6+6.0+0.3+0.1=21이므로 염기포화도는 (21/30)×100=70%이다. 참고로 염기포화도를 구할 때 H^+와 Al의 값은 제외한다.

정답 038 ③ 039 ⑤ 040 ③

실제 시험에 출제되고 있는 토양학 출제유형(41~205)

※ 문화재수리기술자 식물보호 토양학 실제기출문제

041 다음 반응에 관한 설명으로 옳은 것은?

$3MgFeSiO_4$	+	$2H_2O$	→	$H_4Mg_3Si_2O_9$	+ SiO_2	+	$3FeO$
(Olivine)				(Serpentine)			(Ferrous oxide)
(감람석)				(사문석)			(산화1철)

① 가수분해　　② 산화
③ 환원　　④ 수화작용

해설 화학적 풍화에는 용해, 가수분해(물이 없어짐), 수화(물이 곱해짐), 산성화, 산화가 있는데 산화는 철(Fe)을 함유한 암석에서 반응한다.
- 산화작용이 특별히 철에서 많이 발생하는 이유는 철이 쉽게 산화되는 원소이기 때문이다.
- 2가철(Fe^{2+})이 3가철(Fe^{3+})로 산화되면 광물결정의 이온균형이 깨진다.

042 지름이 2mm인 토양입자를 분석하는 데 사용하는 미국 ASTM 표준 체 번호는?

① 10　　② 20
③ 30　　④ 40

해설 체 번호 10~18는 지름이 2~1mm인 극조사, 거친모래의 입자를 분석할 때 사용한다.
- 체 번호 35 : 0.5mm(조사, 거친모래)
- 체 번호 60 : 0.25mm(중간모래)
- 체 번호 270~325 : 0.053~0.045mm(매우 고운모래)

043 토양색에 관한 설명으로 옳지 않은 것은?

① 토양색의 차이는 토양을 구성하는 광물성분과 토양수분 함량에 따라 변한다.
② 토양색의 표기방법은 '색상 · 명도/채도'로 표기한다.
③ 토양색은 토양 내 유기물 함량과 이온화된 성분에 따라 색이 결정된다.
④ 토양색 분류의 기본체계는 색상(Hue ; H), 명도(Chroma ; C), 채도(Value ; V)를 적용하여 결정한다.

해설 토양색 분류는 색상(Hue ; H), 명도(Value ; V), 채도(Chroma ; C)로 구분하여 표시하는데 Munsell의 기호와 토색첩을 사용하고 있다.

정답 041 ② 042 ① 043 ④

044 완충곡선에 의한 석회소요량을 구하는 공식으로 옳은 것은?

① $\frac{\text{토양시료량}}{\text{전체 토양량}} \times$ 전산도($cmol_c$) × 500($mg/cmol_c$) = $CaCO_3$ 요구량($CaCO_3$, $1cmol_c = 500mg$)

② $\frac{\text{전체 토양량}}{\text{토양시료량}} \times$ 전산도($cmol_c$) × 500($mg/cmol_c$) = $CaCO_3$ 요구량($CaCO_3$, $1cmol_c = 500mg$)

③ $\frac{\text{전체 토양량}}{\text{토양시료량}} \times$ 곡선에서 얻은 석회의 요구량 = $CaCO_3$ 요구량

④ $\frac{\text{토양시료량}}{\text{전체 토양량}} \times$ 곡선에서 얻은 석회의 요구량 = $CaCO_3$ 요구량

해설 완충곡선을 이용하여 석회소요량을 구하는 경우 곡선에서 얻은 석화의 요구량을 찾아 ③과 같이 계산한다.

※ 석회요구량 : pH 값과 토성, 점토종류 및 유기물함량에 따라 다르며 토성이 고울수록, CEC가 높은 점토광물일수록, 그리고 유기물함량이 많을수록 더 많은 수소이온을 가지므로 석회를 더 많이 요구(인산의 고정을 예방)

045 동일한 조건의 환경에서 양이온 교환용량이 큰 순서대로 바르게 나열한 것은?

① Montmorillonite > Hydrous mica > Kaolinite > Sesquioxides
② Sesquioxides > Hydrous mica > Montmorillonite > Kaolinite
③ Hydrous mica > Kaolinite > Sesquioxides > Montmorillonite
④ Kaolinite > Montmorillonite > Hydrous mica > Sesquioxides

해설 동일한 조건의 환경일 때 CEC는 부식 > 알로폰 > 버미큐라이트 > 몽모리오나이트 > 하이돌로스 > 일라이트 > 크롤나이트 > 카올리나이트 순으로 높다. Sesquioxides(알루미늄산화물) 등은 CEC가 거의 존재하지 않는다.

046 토양생성작용에 관한 설명으로 옳지 않은 것은?

① 철·알루미늄집적 : 염기와 규산의 용탈
② 회색화 : 건조한 산화상태의 토양
③ 이탄집적 : 장기적 혐기상태의 요함지
④ 포드졸화 : 습윤한 한대지방의 침엽수림

해설 토양이 과습하여 공극이 물로 포화되면 공기의 유통이 차단되고, 호기성 미생물이 유기물의 분해과정에서 산소를 소비하게 된다. 이때 3가 철이 2가 철로 4가 망간이 3, 2가 망간으로 되면서 암회색으로 변하는 현상을 회색화라고 한다.

정답 044 ③ 045 ① 046 ②

047 건조지역에서 발달한 토양으로 ochric표층을 가지고 있으며 유기물이 축적되지 못하여 밝은 색을 띠는 토양목은?

① Oxisol ② Aridisol
③ Mollisol ④ Histosol

해설 Aridisol은 건조한 기후에서 생성된 운적모재이다.
① Oxisol : 고온다습(카올리, 석영, 철, 알루미늄)에서 생성
③ Mollisol : 표층에 유기물, Ca이 많음
④ Histosol : 연못, 습지 토양 40cm 깊이에서 형성

048 토양조사지점의 개황에 관한 세부기록사항으로 옳지 않은 것은?

① 단면 번호, 토양명 ② 조사지점, 해발고도
③ 경사도, 식생 또는 토지이용 ④ 염류집적 또는 알칼리토흔적

해설 염류집적 또는 알칼리토흔적은 조사토양의 개황에 관한 세부 사항이다. 토양조사지점의 개황에 관한 세부기록사항은 '단면 번호, 토양명, 고차분류단위, 조사일자, 조사자, 조사지점, 해발고도, 지형, 경사도, 식생 또는 토지이용, 강우량 및 분포, 월별 평균기온'이다.

049 토성분석에 관한 설명으로 옳지 않은 것은?

① 풍건토양시료 중 지름이 2mm인 체를 통과한 입자를 사용한다.
② 체를 이용한 입경분석은 지름이 0.05mm 이상인 모래를 분석하는 데 사용한다.
③ 촉감법에서 양토는 엄지와 검지로 띠를 만들 때 100mm 이상의 띠가 만들어진다.
④ 침강속도를 이용한 입경분석에는 비중계법과 피펫법이 있다.

해설 촉감법으로 띠를 만들 경우 사토는 부서짐, 양토 2.5cm, 식양토 5cm, 식토 5cm 이상의 띠가 만들어진다.

050 토양 10.0 g을 1.0℃ 올리는데 5.0cal가 소요되었다. 이 토양의 비중이 4.0 g/cm³일 때 용적열 용량은?

① 1.0 cal/cm³ · ℃ ② 1.5 cal/cm³ · ℃
③ 2.0 cal/cm³ · ℃ ④ 2.5 cal/cm³ · ℃

해설 용적열용량은 비열×입자밀도(비중)로 구한다. 따라서 용적열 용량은 $0.5 \times 4 = 2$(cal/cm³ · ℃)이다.

정답 047 ② 048 ④ 049 ③ 050 ③

051 토양이 산성화되는 원인으로 옳지 않은 것은?

① pH 의존 전하의 양성자화
② 식물의 양이온 흡수
③ 양이온의 침전
④ 철화합물의 산화

해설 pH 의존 전하의 양성자화는 산성화의 원인이 아니다.

- 미생물 호흡으로 배출된 이산화탄소가 물에 녹아 탄산이 되고 용해된 탄산의 해리로 수소이온생성
- 미생물에 의하여 유기물이 분해될 때 유기산이 생성
- 질소질비료의 시용으로 질산화작용이 발생하면서 수소이온생성
- 철의 황화물이 미생물의 작용이나 화학적 반응을 통하여 황산이온으로 산화되면 수소이온 생성
- 작물 수확물의 제거로 염기용탈
- 호흡 : 이산화탄소 → 탄산, 유기물분해유기산생성
- 비료 : 질소질비료의 질산화작용 → 수소이온생성
- 황 : 철의 황화물, 미생물 산화
- 수확물 : 염기제거

052 담수된 논토양의 환원층에서 발생하는 반응으로 옳지 않은 것은?

① $NH_4^+ + 2O_2 \leftrightarrows NO_3^- + 2H^+ + H_2O$
② $2NO_3^- + 12H^+ + 10e- \leftrightarrows N_2$
③ $SO_4^{2-} + H_2O + 2e- \leftrightarrows SO_3^{2-} + 2OH^-$
④ $Fe(OH)_3 + e^- \leftrightarrows Fe(OH)_2 + OH$

해설 산소가 부족한 상태에서는 혐기성 미생물들의 밀도가 높아지며 산소 대신 다른 전자수용체를 이용하게 되는데 제일 먼저 NO_3^-, 다음으로 MnO_2, $Fe(OH)_3$, SO_4^{2-}, SO_3^{2-} 순으로 사용한다.

053 규산염 점토광물로 옳지 않은 것은?

① kaolinite
② vermiculite
③ gibbsite
④ chlorite

해설 gibbsite은 알루미늄 수산화물에 해당한다.

정답 051 ① 052 ① 053 ③

054 C/N율이 400인 활엽수 톱밥을 토양에 시용하였을 때 토양에서 발생하는 현상으로 옳은 것은?

① 유기물 분해속도가 증가한다.
② 질소기아현상이 일어난다.
③ 질소의 무기화작용이 증가한다.
④ 부식 생성량이 증가한다.

해설 C/N율이 30 이상일 때 고정화 반응이 무기화 반응보다 우세하여 질소기아현상이 발생한다. 질소기아현상이란 식물이 이용할 무기태질소를 미생물이 흡수하여 식물내에서 일시적으로 질소가 부족한 현상을 말한다.

055 토양미생물에 의한 물질변환의 설명으로 옳지 않은 것은?

① 황환원균은 혐기적조건에서 메틸코발라민에 있는 메틸기를 수은이온에 전이한다.
② Pseudomonas 같은 탈질세균은 호기적조건에서 NO_3^-을 N_2O와 N_2 등으로 변환시킨다.
③ 화학자급영양세균은 탄소원을 CO_2로부터, 에너지원은 무기물로부터 얻는다.
④ Thiobacillus ferrooxidans는 호기적조건에서 철을 산화하여 에너지를 얻는다.

해설 Pseudomonas 같은 탈질세균은 혐기적조건에서 NO_3^-을 N_2O와 N_2 등으로 변환시킨다.

056 부식이 토양에 미치는 영향으로 옳지 않은 것은?

① 토양 입단화 증진
② 인산질 비료의 불용화 촉진
③ 토양의 보수력 증가
④ 양이온 치환능력 증진

해설 부식은 인산질 비료의 가용화를 촉진시킨다.

057 토양에서 탈질작용이 가장 용이하게 일어날 수 있는 조건은?

① 분해속도가 빠른 유기물이 많은 토양
② 토양의 pH가 5 이하로 감소
③ 토양온도가 2℃ 이하로 저하
④ 통기성과 투수성이 양호한 토양

해설 탈질작용은 탈질균에 의하여 NO_3^-가 N_2까지 되는 반응으로 유기물이나 질산의 함량이 많은 토양에서 대량으로 발생한다. 이외에도 배수 불량, 10% 이하의 산소 부족, 토양조건(통성혐기성균 NO_3^- 전자수용체 사용), N_2O 형태 손실, pH 중성, 25~35℃인 토양에서 탈질작용이 활발해진다. 반면 pH 5 이하, 10℃ 이하인 토양에서는 탈질작용이 느려진다.

정답 054 ② 055 ② 056 ② 057 ①

058 **탄소 58.0% 그리고 질소 5.8%인 부식의 질소량이 25.0g이었을 때 탄소와 부식의 양은 얼마인가? (단, 부식의 C : N : S : P는 100 : 10 : 1 : 1이며, 소수점 이하는 생략한다.)**

① 탄소 : 250g, 부식 : 431g
② 탄소 : 500g, 부식 : 862g
③ 탄소 : 1,000g, 부식 : 1,724g
④ 탄소 : 1,724g, 부식 : 1,000g

해설 탄소는 58 : 5.8 = x : 25이므로 x = 250이다. 부식은 1 : 0.58 = y : 250이므로 y = 431이다.

059 **토양 내 중금속에 관한 설명으로 옳지 않은 것은? (단, As, Mo 제외한다.)**

① 유기물과 점토광물에 흡착된다.
② 산성에서 토양흡착이 감소한다.
③ 식물체의 효소작용을 증가시킨다.
④ 산성토양에서 식물흡수량은 증가한다.

해설 중금속은 광합성, 질소와 같은 효소작용을 억제시킨다.

060 **식물에게 필수요소이나 일정 농도 이상에서는 독성을 나타내는 물질로만 짝지어진 것은?**

① As, Cu
② Cd, Mo
③ Hg, As
④ Cu, Mo

해설
- LCC, UCC(필수원소) : Cu, Zn, Mo
- UCC(비필수원소) : Cd, Pb

061 **유류물질로 오염된 토양을 쌓아두고 폭기, 영양물질, 수분을 가함으로써 호기성 미생물들의 활성을 극대화시켜서 유류분해를 촉진하는 토양복원기술로 옳은 것은?**

① Biopile
② Biostimulation
③ Landfarming
④ Biofilter

해설 바이오파일은 오염된 토양을 쌓아놓고 공기, 미네랄, 영양분, 수분 등의 공급을 통하여 호기성 미생물의 활성을 증가시켜 토양입자에 흡착되어 있는 석유류 오염물질을 분해시키는 기술이다.

정답 058 ① 059 ③ 060 ④ 061 ①

062 토양에서 식물이 주로 흡수하는 인(P)의 형태로 옳은 것을 모두 고르면?

ㄱ. PO_4^{2-}	ㄴ. PO_4^{3-}	ㄷ. HPO_4^{2-}
ㄹ. $H_2PO_4^{-}$	ㅁ. H_3PO_4	

① ㄱ, ㄴ
② ㄴ, ㄷ
③ ㄷ, ㄹ
④ ㄹ, ㅁ

해설 인산 흡수형태는 주로 HPO_4^{2-}, $H_2PO_4^{-}$로 유효도는 토양의 pH에 따라 다른데 pH가 높을 때는 HPO_4^{2-}가 Ca과 결합하여 불용화되고 낮을 때는 Al나 Fe과 결합하여 불용화된다.

063 토양비옥도의 관리에 관한 설명으로 옳은 것은?

① 일반적으로 인위적인 관리가 어렵다.
② 시비량 결정은 토양 내 영양원소의 총함량을 기준으로 한다.
③ 식물의 생육은 부족한 성분에 의해 지배된다.
④ 식물에서 영양원소의 결핍증상이 육안으로 관찰되었을 때는 해당 영양소의 결핍이 막 시작된 것이다.

해설 최소량의 법칙(Law of Minimum, Liebig, 1840)이란 필수 영양소 중 넘치는 요소가 아니라 가장 최소량으로 공급되는 요소가 성장을 결정한다는 법칙이다.

064 토양구조에 관한 설명으로 옳지 않은 것은?

① 구상구조는 유기물이 많은 심층토에서 발달하며 입단결합이 강하다.
② 괴상구조는 주로 배수와 통기성이 양호하며 뿌리의 발달이 원활한 심층토에서 발달한다.
③ 각주상구조는 건조 또는 반건조 지역의 심층토에서 주로 지표면과 수직한 형태로 발달한다.
④ 판상구조는 모재의 특성을 그대로 간직하고 있는 것이 특징이다.

해설

구조	입단의 상태
입상(구상)	유기물이 많은 표토층, 입단 결합이 약함
판상	습윤지토양, 배수불량
괴상	블록다면체, 배수와 통기성 양호, 뿌리 발달
주상	세로배열, 건조 반건조 심토층
원주상	수평면이 둥글게 발달, Na, B층

정답 062 ③ 063 ③ 064 ①

065 깊이 10cm까지의 토양수를 관개수의 전기전도도 값으로 유지하기 위하여 처리할 총관개수의 양으로 옳은 것은? (단, 관개수전기전도도 : 1.20 dS/m, 배출수전기 전도도 : 5.00 dS/m이다.)

① 10.24cm　　② 12.40cm
③ 14.20cm　　④ 15.00cm

해설 LR(용탈요구량) = 관개수 EC / 배출수 EC = 1.2 / 5 = 0.24이므로 10 + (10 × 0.24) = 12.4이다.
용탈요구량이 0.24으로 계산되며 관개수량의 토양의 깊이(10cm)를 고려해야 한다.

066 토양수분에 관한 설명으로 옳지 않은 것은?

① 포장용 수량에서 토양수분은 소성의 하부한계에 가깝게 된다.
② 중력수란 포장용 수량과 위조점 사이에서 쉽게 배수되어 빠져나가는 토양수를 말한다.
③ 흡습계수에서 토양수분은 토양표면에 강하게 결합되어 있어 오직 수증기 상태로만 이동할 수 있다.
④ 포화상태의 토양용적수분함량은 전체 공극률과 같다.

해설 중력수란 최대용수량과 포장용수량 사이에서 쉽게 배수되어 빠져나가는 토양수를 말한다.
- 포화상태 – 포장용수량(중력수), 포장용수량 – 위조점(유효수분)
- 토양은 함수량이 증가함에 따라 고체 – 반고체 – 소성 – 액성
- 소성한계(PL) : 반고체에서 소성상태로 변하는 순간의 함수비(소성하한)

067 토양환경보전법상 토양오염기준과 관련된 사항으로 옳은 것을 모두 고르면?

ㄱ. 토양오염기준에는 우려기준과 대책기준이 있다.
ㄴ. 우려기준은 1지역과 2지역으로 구분한다.
ㄷ. 카드뮴, 구리, 비소의 1지역 우려기준이 4, 150, 25mg/kg – 1이라면, 1지역 대책기준은 각각 12, 450, 75mg/kg – 1이다.
ㄹ. 60Co, 137Cs, 90Sr은 토양환경보전법상 토양오염물질이다.

① ㄷ　　② ㄱ, ㄷ
③ ㄴ, ㄹ　　④ ㄱ, ㄴ, ㄷ, ㄹ

해설 ㄴ. 우려기준은 1지역, 2지역, 3지역으로 구분한다.
ㄹ. 60Co, 90Sr, 137Cs는 해양환경에서 방사성 동위원소의 측정과 이용한다.

우려기준에 따른 구분
- 1지역 : 전 · 답 · 과수원 · 목장용지 · 광천지 · 대(주거의 용도) · 학교용지 · 구거(溝渠) · 양어장 · 공원 · 사적지 · 묘지인지역과 「어린이 놀이시설(실외에 설치) 부지」

정답 065 ② 066 ② 067 ②

- 2지역 : 임야 · 염전 · 대(1지역부지 외의 모든 대) · 창고용지 · 하천 · 유지 · 수도용지 · 체육용지 · 유원지 · 종교용지 및 잡종지
- 3지역 : 주차장 · 주유소용지 · 도로 · 철도용지 · 제방 · 잡종지(2지역에 해당 부지 외의 모든 잡종지)인 지역과 국방 · 군사시설부지

068 토성 결정에 이용하는 스톡스법칙(Stokes' law)의 가정으로 옳지 않은 것은?

① 토양입자는 단단한 구형으로 동일한 입자밀도를 갖는다.
② 입자가 침강할 때 입자 사이의 마찰은 무시한다.
③ 입자의 침강종말속도(finalvelocity)는 난류(turbulence)현상이 일어나는 임계속도를 초과하지 않는다.
④ 입자는 액체분자의 브라운 운동을 받지 않을 정도로 충분히 작다.

해설 스톡스법칙(Stokes' law)이란 침강속도는 액체의 점성계수에 반비례, 입자의 비중과 입자반지름의 제곱에 비례한다는 이론이다. 입자들은 액체분자들의 브라운 운동을 받지 않을 정도로 충분히 크다.

069 토양유기물의 분획에 관한 설명으로 옳지 않은 것은?

① 부식산(humicacid)은 고분자 물질로 알칼리(NaOH)에 녹으나 산(HCl)에는 녹지 않는다.
② 풀브산(fulvicacid)는 저분자물질로 산(HCl)에 녹으나 알칼리(NaOH)에는 녹지 않는다.
③ 부식은 유기물이 분해되어 재합성된 리그닌－단백질 고분자 축합물이다.
④ 점토와 복합체를 형성하는 휴민(humin)은 알칼리(NaOH)에 녹지 않는다.

해설 풀브산(fulvicacid)은 산뿐만 아니라 알칼리에도 녹는다.

070 우리나라 개략토양도의 작도단위에서 토양부호와 토양연접군의 연결로 옳지 않은 것은?

① Apa－산악 곡간지
② Fba－해안지
③ Afa－하천 범람지
④ Fma－해안 평탄지

해설 Apa는 내륙 평탄지에 분포된 토양도이다.
- 내륙 평탄지에 분포된 토양 : Apa · Apb · Apc · Apd 등
- 산악 곡간지에 분포된 토양 : Ana · Anb · Anc · And 등
- 하천 범람지에 분포된 토양 : Afa · Afb · Afc · Afd 등
- 해안지 및 해안 평탄지에 분포된 토양 : Fba · Fma · Fmb · Fmc · Fmg 등
- 구릉지, 산록지, 저구릉곡간지에 분포된 토양 : Rab · Rac · Rad · Rea · Rla · Rsa · Rxa · Rvb 등

정답 068 ④ 069 ② 070 ①

071 토양반응에 관한 설명으로 옳지 않은 것은?

① 활산도는 토양용액에 해리되어 있는 수소이온에 의해 나타나는 산도이다.
② 토양의 산도에 따라 양분의 유효도가 달라진다.
③ 일반적으로 가수산도는 교환성산도보다 값이 크다.
④ 잠산도는 유기물과 점토의 비교환성자리에 결합되어 있는 알루미늄과 수소이온과 관련이 있다.

해설 잠산도는 유기물과 점토의 교환성자리에 결합되어 있는 알루미늄과 수소이온과 관련이 있다.

072 토양 이경성(易耕性, soil tilth)관리를 위한 적절한 방법으로 옳은 것을 모두 고르면?

ㄱ. 식물잔사(plant residue)로 토양을 피복한다.
ㄴ. 석고와 합성중합체 같은 토양개량제를 혼용한다.
ㄷ. 가능한 자주 경운한다.
ㄹ. 식물잔사, 퇴비, 가축분뇨와 같은 유기물을 토양에 시용한다.

① ㄱ, ㄴ, ㄷ　② ㄴ, ㄷ, ㄹ
③ ㄱ, ㄴ, ㄹ　④ ㄱ, ㄷ, ㄹ

해설 경운을 자주하는 것은 토양을 산화상태로 유도하여 입자의 결합제로 되어 있는 유기물의 분해를 증진시키기 때문에 또한 토양의 입단을 파괴하는 것으로 알려져 있다. 경운의 용이성, 즉 토양 이경성을 개선하는 방법으로는 적정한 수분함량일 때의 경운(tillage), 유기물 및 기타 토양개량재 시용 등이다.

073 문화재 발굴지토양의 양이온 교환용량(CEC)이 20cmolkg^{-1}이고, Al^{3+}, Ca^{2+}, Cd^{2+}, H^+, K^+, Mg^{2+}, Na^+가 각각 2, 5, 2, 1, 2, 3, 1 cmolkg^{-1}이었다. 이 토양의 염기포화도는 얼마인가?

① 50%　② 55%
③ 65%　④ 75%

해설 염기포화도는 염기성 양이온(cmol$_c$ · kg^{-1}의 단위로 나타낸 Ca^{2+}, K^+, Mg^{2+}, Na^+의 합)이 차지하는 비율이며 (염기성 양이온/CEC)×100으로 계산한다. 따라서 ($Ca^{2+}+K^++Mg^{2+}+Na^+$/CEC)×100=(5+2+3+1/20)×100=55%이다.

정답 071 ④　072 ③　073 ②

074 어느 작물의 질소(N) 표준시비수준이 100kg/ha이다. 이에 해당하는 요소비료[$(NH_2)_2CO$]의 시비량은 약 얼마인가?

① 117kg/ha　② 157kg/ha
③ 217kg/ha　④ 257kg/ha

해설 요소비료는 질소 46%를 함유하고 있으므로 표준시비를 100kg하려면 100/0.46=217

075 토양유실예측공식(USLE)에 관한 설명으로 옳지 않은 것은?

① 강우인자(R)는 빗방울의 운동에너지와 10분 기준 최대 강우강도의 곱이다.
② 토양침식성인자(K)의 가장 큰 값은 1.0이다.
③ 경사인자(LS)는 경사 길이 22.1m, 경사도 9%인 기준토양에 대한 상댓값이다.
④ 식생피복인자(C)는 작물의 종류, 경운방법, 관개관리 등의 요인에 따라 달라진다.

해설 강우인자(R)는 빗방울의 운동에너지와 30분 기준 최대 강우강도의 곱이다

076 1차 광물로 옳지 않은 것은?

① $(Mg, Fe)_2SiO_4$　② SiO_2
③ FeOOH　④ $KAlSi_3O_8$

해설 FeOOH은 침철광(goethite)으로 2차 광물에 해당한다.
① $(Mg, Fe)_2SiO_4$: 감람석
② SiO_2 : 석영
④ $KAlSi_3O_8$: 미사장석

077 감식층위 중 argillic층에 관한 설명으로 옳은 것은?

① 감식표층이다.
② 점토와 결합한 Fe와 Al 함량이 낮은 담색의 용탈층위이다.
③ 상부층으로부터 이동되었거나 제자리에서 생성된 규산질점토가 차표층에 축적된 층위이다.
④ 유기물과 알루미늄 산화물이 축적되어 있다.

해설 미국 신토양분류법 중 감식표층(토양목을 결정)과 감식차표층으로 설정한다. argillic층은 감식차표층위명으로 argilla 흰 점토이 어원이다.
① 토양단면의 감식차표층(대군, 아군)에 해당한다.
② A층과 E층에서 이동한 점토집적(성숙토결정)으로 이루어졌다.
④ spodic에 대한 설명이다.

정답 074 ③ 075 ① 076 ③ 077 ③

078 토양의 중금속오염에 관한 설명으로 옳지 않은 것은?

① 일반적으로 산성조건에서는 중금속의 이동성이 높아진다.
② 환원상태의 비소가 산화상태의 비소보다 독성이 더 높다.
③ 석회석은 중금속의 유출을 줄이는 작용을 한다.
④ 토양에 인산함량이 높아지면 비소의 이동성은 줄어든다.

해설 토양에 인산함량이 높아지면 비소의 이동성은 증가한다.
- 산성에서 독성을 나타내는 것 : 아연, 6가크롬, 구리, 카드뮴
- 환원에서 독성을 나타내는 것 : 철, 망간, 3가 비소
- 산화 $Cr^{6+} > Cr^{3+}$, 환원 $As^{3+} > As^{5+}$

079 부식의 특성에 관한 설명으로 옳지 않은 것은?

① 비결정질로서 교질의 성질을 강하게 띤다.
② 부식의 음전하는 모두 pH의존 전하이다.
③ pH가 높을수록 순 음전하가 감소한다.
④ 비표면적과 흡착능은 층상의 점토광물에 비하여 훨씬 크다.

해설 pH가 높을수록 순 음전하가 증가한다.

080 염해(salt－affected)토양에서 식물생육이 제한되는 이유로 옳지 않은 것은?

① Ca와 Mg의 함량이 높을 경우 토양투수성이 낮아져 뿌리호흡이 저해된다.
② Na 함량이 높을 경우 식물에 독성을 일으킨다.
③ 토양에 존재하는 수용성 염으로 인해 뿌리의 수분흡수가 어려워진다.
④ 주로 삼투압효과와 특정 이온에 의한 영향으로 양분흡수의 불균형을 초래한다.

해설 Ca와 Mg의 함량이 높을 경우 토양투수성이 높아진다.

정답 078 ④ 079 ③ 080 ①

081 토양유기물의 효과로 옳지 않은 것은?

① 유효수분 보유력증대 효과는 세립질토양에서, 통기성 개선효과는 조립질토양에서 크다.
② 거친 유기물을 지표면에 멀칭(mulching)하면 토양침식을 방지하고 불필요한 수분소모를 방지한다.
③ 화학물질에 의한 토양질악화에 대한 완충작용을 한다.
④ 수용성 착화합물(complex)을 형성하여 미량 금속원소의 식물유효도를 높인다.

해설 유효수분 보유력증대 효과는 조립질토양에서, 통기성 개선 효과는 세립직 토양에서 크다.

082 식물생육에 대한 균근(mycorrhizae)의 영향으로 옳지 않은 것은?

① 토양입단의 안정화에 기여한다.
② 식물의 양분흡수를 도와준다.
③ 항생물질을 생성하여 병원균으로부터 식물을 보호한다.
④ 내생균근은 식물뿌리에 침투하여 피층의 세포 주변에 존재한다.

해설 내생균근은 식물뿌리에 침투하여 피층의 세포 주변 공간, 피층세포벽을 뚫고 수지상체를 형성한다.

083 공생적 질소고정 작용을 하는 미생물이 아닌 것은?

① Rhizobium
② Bradyrhizobium
③ Frankia
④ Azotobacter

해설 Azotobacter(단생, 호기성)은 비공생적으로 질소고정을 한다.

084 토양 내 칼륨의 존재형태와 식물생육에 미치는 영향에 관한 설명으로 옳지 않은 것은?

① 토양 내 칼륨의 원천적인 공급원은 장석과 같은 1차광물이다.
② 식물체내 흡수된 칼륨은 가용성 K^+ 형태로 존재하며 체내 이동성이 매우 크다.
③ 칼륨은 인산보다 용탈되기 쉽다.
④ 1 : 1 점토광물은 2 : 1 점토광물에 비해 칼륨을 많이 고정할 수 있다.

해설 1 : 1 점토광물보다 2 : 1 점토광물이 칼륨을 더 많이 고정할 수 있다.

정답 081 ① 082 ④ 083 ④ 084 ④

085 통기성이 불량한 토양에 나타나는 현상으로 옳지 않은 것은?

① 토양의 산화환원전위가 낮아진다.
② 메탄과 아산화질소의 생성이 감소한다.
③ 유기물의 분해가 느려진다.
④ 대공극이 많은 토양도 수분이 포화될 경우 통기성이 나빠진다.

해설 메탄과 아산화질소의 생성이 증가한다.

086 토양의 양이온 교환에 관한 설명으로 옳지 않은 것은?

① 토양입자표면에 내부계면복합체(inner−sphere complex)를 형성하여 흡착된다.
② 산성토양에 석회를 시용하여 토양산도를 교정한다.
③ 간척지에서 석고 시용으로 물리성을 개량한다.
④ Cd^{2+}, Pb^{2+} 등을 흡착하여 오염 확산을 방지한다.

해설 양이온 교환용량에 의해 토양입자표면에 흡착된다.

087 토양 산성화의 원인으로 옳지 않은 것은?

① 유기물의 호기성 분해
② 탄산염의 방출 및 용해
③ 빗물에 의한 Ca, Mg의 용탈
④ 질소질비료의 산화

해설 이산화탄소가 탄산이 되고 용해된 탄산의 해리와 수소이온이 생성된다.

088 토양 입단화 및 공극에 관한 설명으로 옳은 것은?

① 점토함량이 낮을수록 전용적밀도(bulk density)는 작아진다.
② 토양 무기입자가 분산되면 입자밀도는 증가한다.
③ 식토(clay soil)는 사토(sand soil)에 비해 공극률이 낮다.
④ 사질토양에 비해 점질토양에서 토양의 입단화가 더 잘 일어난다.

해설 ① 점토함량이 낮을수록 전용적밀도(bulk density)는 커진다.
② 토양 무기입자가 분산되면 입자밀도는 감소한다.
③ 식토(clay soil)는 사토(sand soil)에 비해 공극률이 높다.

정답 085 ② 086 ① 087 ② 088 ④

089 토양 내 질소변환에 관한 설명으로 옳은 것은?

① Nitrosomonas와 Nitrobacter는 질소의 환원반응에 관여한다.
② 암모늄태질소에 비해 질산태질소는 용탈되어 손실되기 쉽다.
③ 담수상태의토양(논, 습지)에서 질산태질소는 탈질작용에 의해 암모늄태질소로 손실되기 쉽다.
④ 토양의 탄질(C/N)비가 30 이상으로 높으면 무기화반응이 우세하게 일어난다.

해설 질산화작용은 $NH_4^+ > NO_2^- > NO_3^- > N_2O^- > N_2$ 순으로 진행된다.
① Nitrosomonas와 Nitrobacter는 질소의 질산화반응에 관여한다.
③ 담수상태의 토양(논, 습지)에서 질산태질소는 탈질작용에 의해 질소산화물을 거쳐 최종적으로 N_2까지 전환되는 반응이다.
④ 토양의 탄질(C/N)비가 30 이상으로 높으면 고정화반응이 우세하게 일어난다.

090 토양의 생성인자에 관한 설명으로 옳지 않은 것은?

① 침엽수지역에 비해 활엽수지역 토양이 산성화되기 쉽다.
② 일반적으로 붕적모재는 화학적 풍화보다는 물리적 풍화가 우세하기 때문에 조립질이며 자갈 함량이 높다.
③ 산의 경사면은 대부분 잔적모재로 이루어져 있다.
④ 토양생성주요인자는 모재, 강수, 기온, 생물, 지형, 시간 등이다.

해설 침엽수는 활엽수보다 C/N율이 커서 침엽수가 산성화되기 쉽다.

091 토양생성인자에 관한 설명으로 옳은 것은?

① 토양생성인자는 기후, 생물(상), 유기물, 모재, 시간 등이 있다.
② 모재는 토양의 성질에 큰 영향을 준다.
③ 토양생성과정은 생성인자 간 독립적인 작용이다.
④ 지질은 생물학적 작용에 가장 큰 영향을 준다.

해설 ① 토양생성인자는 기후, 생물(상), 지형, 모재, 시간 등이 있다.
③ 토양생성과정은 생성인자 간 상호 · 동시 작용이다.
④ 식물은 생물학적 작용에 가장 큰 영향을 준다.

정답 089 ② 090 ① 091 ②

092 산에서 계곡물이 평야지로 빠져나오는 계곡 입구에서 퇴적되어 생성된 운적모재는?

① 선상지 ② 범람원
③ 삼각주 ④ 빙하퇴토

해설 선상지는 산에서 계곡물이 평야지로 빠져나오는 계곡 입구에서 퇴적되며, 선정, 선앙, 선단을 형성한다.

모재별	생성과정	분포 지형
잔적층 모재	풍화되어 원위치에 생성	저구릉, 구릉 및 산악지
붕적층 모재	중력에 의한 운반 · 퇴적	산록경사지
충적층 모재	물에 의한 운반 · 퇴적	선상지, 하성충적지, 하해혼성충적지
화산회 모재	화산 분출 용암류대지	분석구
유기질 모재	식물잔해의 집적	이탄, 흑니

093 토양구조에 관한 설명으로 옳지 않은 것은?

① 입상구조 : 토양생물의 활동이 많은 토양에서 발달한다.
② 괴상구조 : 심층토에서 주로 발달한다.
③ 각주상구조 : 반건조나 건조지역의 심토층에서 발달한다.
④ 판상구조 : 건조지대 작토층에서 발달한다.

해설 판상구조는 습한(논토양) 작토층에서 발달된다.

094 토양의 산화환원상태에 따른 식물의 생육을 설명한 것으로 옳은 것을 모두 고르면?

ㄱ. 환원상태에서 발생되는 CH_4, NH_3, H_2S 등은 식물에 유해할 수 있다.
ㄴ. Fe^{2+}와 Mn^{2+} 형태는 용해도가 높아 식물에 피해를 유발할 수 있다.
ㄷ. 논토양이 환원상태로 유지되면 토양 pH는 중성을 유지한다.

① ㄱ ② ㄱ, ㄴ
③ ㄴ, ㄷ ④ ㄱ, ㄴ, ㄷ

정답 092 ① 093 ④ 094 ④

095 다음 토양통에 관한 설명으로 옳은 것은?

> Kwanghal, sandy loam, mixed, nonacid, mesic, Typic Haplaquents

① 풍화와 용탈이 매우 심하다.

② 토양의 발달과정이 거의 진행되지 않았다.

③ 건조한 기후대에서 aridic수분상의 조건에서 생성된다.

④ 유기물이 풍부하다.

해설 신분류법에 의한 토양분류구조는 '통－속－아군－대군－아목－목'으로 구성된다.

※ Kwanghal, sandy loam, mixed, nonacid, mesic, Typic Haplaquents

- Typic Haplaquents의 ents목으로 Entisol목에 속하는 미숙토양
- aquents는 아목으로 과습한 미숙토양, Haplaquents는 토양층위의 발달이 매우 미약한 경우의 대군
- Typic는 표준이 되는 전형적인 토양이라는 의미의 아군
- sandy loam, mixed, nonacid, mesic : 토성이 사양질이며 여러 점토광물들이 혼합된 비산성이고 연평균온도가 8~15℃ 속
- Kwanghal : 광활통으로 통을 나타냄

096 나트륨성토양(sodic soil)에 관한 설명으로 옳지 않은 것은?

① 전기전도도(EC)는 4dS/m 이하이다.

② 교환성나트륨비(ESP)가 15% 이상이다.

③ 나트륨흡착비(SAR)는 13 이상이다.

④ pH가 높은 이유는 $CaCO_3$의 가수분해 때문이다.

해설
- 나트륨성 토양 : 전기전도도 4dS/m 이하, 교환성나트륨퍼센트 15% 이상, 나트륨흡착비 13 이상, pH 8.5 이상, Na이 교질물로부터 해리되어 Na_2CO_3가 형성되며 흑색알칼리토양이라고도 한다.
- 염류토양 : 전기전도도 4dS/m 이상, 교환성나트륨퍼센트 15% 이하, 나트륨흡착비 13 이하, pH 8.5 이하, $CaSO_4$, $CaCO_3$, $MgCO_3$ 등이 들어있으며 백색알칼리토양이라고도 한다.

097 토양 내 이산화탄소농도가 산소농도보다 매우 높을 때 일어나는 현상이 아닌 것은?

① NO_3^-가 생성된다.

② 메탄의 생성이 증가된다.

③ Fe^{3+}이온이 Fe^{2+}로 전환된다.

④ 혐기성 미생물의 활동이 활발해진다.

해설 NO_3^-가 아닌 NH_4^{2-}가 생성된다.

정답 095 ② 096 ④ 097 ①

PART 04 산림토양학

098 **직육면체 토양시료채취기(가로 5cm, 세로 5cm, 높이 4cm)로 채취한 습윤 토양의 무게는 150g이었고, 건조 후 토양의 무게는 130g이었다. 이 토양의 입자밀도(particle density)는 2.60g/cm³이고 물의 밀도가 1.00g/cm³이라 할 때, 공극률 (porosity)은?**

① 0.30 ② 0.40
③ 0.50 ④ 0.60

해설 전체용적은 5×5×4=100이고, 용적밀도는 130/100=1.3이다. 따라서 공극률은 1-(용적밀도/입자밀도)=1-(1.3/2.6)=0.5이다.

099 **토양의 통기성을 결정하는 주요 인자가 아닌 것은?**

① 토양구조 ② 수분함량
③ 소성 ④ 토성

해설 토양공기의 지배요인은 토성, 토양구조, 경운, 토양수분, 토양미생물과 식생이다. 토양에 함유된 수분이 높음에서 낮음으로 이동함에 따라 액성-점성-점착성-소성-팽연성-강성의 순으로 변하는데, 이와 같은 토양의 성질을 견지성 또는 결지성이라 하고 강성>이쇄성>소성 순으로 응집성이 크다. 힘을 가했을 때 파괴되지 않고 모양이 변화되나 힘을 제거해도 원형으로 돌아오지 않는 성질을 소성이라 한다.

100 **토양에 관한 설명으로 옳지 않은 것은?**

① 점토는 가소성과 응집성을 가진다.
② 점토입자는 0.02mm 이하의 크기를 말한다.
③ 모래 함량이 증가하면 투수성이 증가한다.
④ 점토 함량이 많으면 양분저장능력이 증가한다.

해설 점토입자는 0.002mm 이하의 크기를 말한다.

정답 098 ③ 099 ③ 100 ②

101 다음에서 설명하는 점토광물은?

- 대표적인 알루미늄 수산화물이다.
- Ultisol이나 Oxisol과 같은 토양에 많이 존재한다.
- 결정구조 내부의 Al^{3+}은 6개의 OH와 결합한다.

① Gibbsite
② Goethite
③ Hematite
④ Immogolite

해설 Gibbsite에 대한 설명이다.
②, ③ Goethite, Hematite : 철 산화물
④ Immogolite : short-range order(allophane)

102 토양의 산화환원반응에 관한 설명으로 옳지 않은 것은?

① 토양 내 산화환원상태는 식물양분유효도에 영향을 미친다.
② 통기성과 배수성은 토양의 산화환원상태에 영향을 미친다.
③ 토양 내 산화형물질의 비율이 높아지면 산화환원전위(Eh)는 낮아진다.
④ 환원상태에서 철의 환원은 pH를 증가시킨다.

해설 토양 내 산화형물질의 비율이 높아지면 산화환원전위(Eh)는 높아진다.

103 특이산성토양에 관한 설명으로 옳지 않은 것은?

① 강의 하구나 해안지대의 배수가 불량한 곳에서 발달하며 황철석(FeS_2)와 같은 황화물(sulfide)을 많이 함유하고 있다.
② 황화수소(H_2S)가 발생하여 작물에 피해를 준다.
③ 생식생장기에 K^+, Ca^{2+}, Mg^{2+} 등 양분흡수가 크게 저해되어 벼 수확량이 감소한다.
④ 습윤 또는 담수 상태에서 황화합물이 환원되어 토양의 pH는 4.0 이하가 보통이다.

해설 통기성이 좋은 상태에서 황화합물이 산화되어 토양의 pH가 4.0 이하인 강한 산성이 된다.

정답 101 ① 102 ③ 103 ④

104 토양의 양이온 교환에 관한 설명으로 옳은 것은?

① 양이온의 흡착량은 교환체의 음전하가 증가할수록 감소한다.
② 토양에서 양이온의 흡착세기는 $Al^{3+} < Ca^{2+} < K^+ < Na^+$ 순이다.
③ Kaolinite는 Smectite보다 양이온 교환용량이 낮다.
④ 양이온 교환용량은 건조토양 100g이 교환할 수 있는 양이온의 총량을 $cmol_c$로 나타낸 것이다.

해설 ① 교환체의 음전하가 증가할수록 양이온의 흡착량도 증가한다.
② $H^+ > Al^{3+} > Ca^{2+} = Mg > K^+ = NH_4 > Na^+$
④ meg/100g = $cmol_c$/kg = cmol + /kg

105 점토가 90%, 부식이 10%인 토양의 CEC($cmol_c$/kg)는? (단, 점토의 CEC는 10$cmol_c$/kg, 부식의 CEC는 200$cmol_c$/kg이다.)

① 21 ② 29
③ 35 ④ 39

해설 이 토양의 CEC는 (0.9×10)+(0.1×200)=9+20=29($cmol_c$/kg)이다.

106 토양 내에서 일어나는 반응으로 옳지 않은 것은?

① H^+와 Al^{3+} 이온은 토양산성화에 영향을 준다.
② 강우량이 많은 지역의 토양은 Mg^{2+}, Ca^{2+}, K^+, Na^+ 등의 염기가 용탈되어 산성이 된다.
③ 산성토양에서는 B와 Zn의 유효도는 감소한다.
④ 토양용액내 H^+의 농도가 증가하면 pH가 감소한다.

해설 산성토양에서는 B, Zn, Fe, Cu의 유효도는 증가한다. Mo는 예외이다.

107 토양미생물에 의해 변형된 친유성 물질로서 물고기나 새 등의 지방질에 축적되어 먹이사슬(food chain)을 통하여 인체에 축적되면 신경기관에 치명적인 영향을 준다고 알려진 물질은?

① Hg^{2+} ② Hg^+
③ CH_3Hg^+ ④ Hgo

해설 토양에 들어간 수은원소(Hg)는 수은이온(Hg^{2+})으로 변형되고 미생물에 의하여 CH_3Hg^+(메틸수은), $(CH_3)2Hg^+$(디메틸수은)으로 변형된다. 메틸수은과 디메틸수은은 친유성으로 물고기나 새 등의 지방질에 축적되어 먹이사슬을 통하여 인간의 체내에 축적된다.

정답 104 ③ 105 ② 106 ③ 107 ③

108 식물에 필수적인 금속이 아닌 것은?

① 아연(Zn)　② 구리(Cu)
③ 카드뮴(Cd)　④ 몰리브덴(Mo)

해설 Cd는 중금속에 해당하며 중금속에는 Cu, As, Hg, Pb, Cr 등이 있다.
- 다량필수원소 : C ,H, O, N, S, P, Ca, Mg, K
- 미량필수원소 : Fe, Mn, Zn, Cu, Mo, Cl, B

109 Glucose 함량이 3%인 유기물의 분해 특성을 glucose 함량 변화로 조사한 결과, 반응 후 2시간 후 2.4%, 4시간 후 1.8% 이었다. 이 유기물이 완전 분해되는 데 소요되는 총 시간은? (단, 0차 반응이다.)

① 6시간　② 8시간
③ 10시간　④ 12시간

해설 Glucose 함량이 3%인 유기물이 분해되는 데 걸리는 시간은 다음과 같다.
- 3%−2.4 %=0.6%(2시간)
- 2.4%−1.8%=0.6%(4시간)
- 1.8%−1.2%=0.6% (6시간)
- 1.2%−0.6%=0.6%(8시간)
- 0.6%−0.6%=0(10시간)

110 중형동물군으로만 짝지어진 것은?

① 개미, 갑충　② 진드기, 톡토기
③ 톡토기, 선충　④ 선충, 개미

해설 진드기, 톡토기는 중형동물군에 해당한다. 선형(선충), 원생(아메바, 편모충, 섬모충)동물은 미소동물군에 속한다.

정답 108 ③　109 ③　110 ②

111 다음은 토양에서 일어나는 질소의 화학반응 중 하나이다. 화학반응에 관여하는 미생물은?

$$RCHNH_2COOH + \frac{1}{2}O_2 + H^{+} \rightarrow RCOCOOH + NH^{3} \rightarrow NH^{4+}$$

① 질산화균
② 질소고정균
③ 암모니아생성균
④ 탈질균

해설 암모니아생성균(세균, 방선균, 사상균)이 관여한다.
① 질산화균($NH^{3} \rightarrow NO^{3-}$)
② 질소고정균($N^{2} \rightarrow 2NH4^{+}$)
④ 탈질균($NO^{3-} \rightarrow N^{2}$)

112 다음에서 설명하는 토양정화 방법은?

토양 내 오염물질을 식물체가 흡수하여 식물체 내의 효소로 토양오염물질을 분해하는 기술

① Phytodegradation
② Phytoextraction
③ Phytostabilization
④ Enhanced rhizosphere biodegradation

해설 ② Phytoextraction : 식물의 뿌리
③ Phytostabilization : 비독성금속고정, 토양개량제, 식물재배
④ Enhanced rhizosphere biodegradation : 근권, 미생물

113 토양의 pH에 따른 인산의 형태와 식물이 흡수하는 형태에 관한 설명으로 옳은 것은?

① pH 3~7 정도의 토양에서는 HPO_4^{2-}가 주종을 차지한다.
② pH 7~9 정도의 토양에서는 PO_4^{3-}가 주종을 차지한다.
③ 식물이 흡수하는 P의 형태는 주로 $H_2PO_4^{-}$와 HPO_4^{2-} 형태이다.
④ pH가 대략 7.22의 토양에서는 HPO_4^{2-}와 PO_4^{3-}의 농도가 같다.

해설 ① pH 3~7 정도의 토양에서는 $H_2PO_4^{-}$가 주종을 차지한다.
② pH 7~9 정도의 토양에서는 HPO_4^{2-}가 주종을 차지한다.
④ pH가 대략 7.22의 토양에서는 HPO_4^{2-}와 PO_4^{3-}의 농도가 같지 않다.

정답 111 ③ 112 ① 113 ③

114 산성토양에서 인산의 유효도를 낮추는 물질은?

① Fe^{3+}　② Cl^{-}
③ Mn^{2+}　④ Ca^{2+}

해설 • 산성일 때 : Fe－OH, Al－OH 형태로 불용이 됨
• 알칼리일 때 : $Ca_2(PO_4)_2$ 형태로 불용이 됨

115 바람에 의한 토양의 침식 중 약동하는 토양입자의 크기 범위는?

① 0.05~0.1mm　② 0.1~0.5mm
③ 0.5~1.0mm　④ 1.0~2.0mm

해설 약동하는 토양입자의 크기는 0.1~0.5mm이다.
• 포행 : 1.0mm 이상
• 부유 : 0.25~0.1

116 양이온 교환용량(CEC)이 가장 작은 토양교질(colloid)은?

① 수화운모(hydrous mica)　② 부식(humus)
③ 카올리나이트(kaolinite)　④ 알로판(allophane)

해설 CEC의 순서는 부식 > 알로폰 > 버미큘라이트 > 몽모리올나이트 > 하이둘러스미카 > 일라이트 > 클로나이트 > 카올리나이트 순으로 커진다.

117 다음 특성을 가진 점토광물은?

• 2 : 1형 팽창성 점토광물, 기저면 간격 1.0~1.5nm
• 운모 또는 녹니석으로부터 각각 층간 칼륨이온과 수산화물판이 제거되어 생성
• 전하는 주로 규소4면체층에서 Al^{3+}이 Si^{4+}을 동형치환하여 발생

① 일라이트(illite)　② 카올리나이트(kaolinite)
③ 클로라이트(chlorite)　④ 버미큘라이트(vermiculite)

해설 ① 일라이트 : 2 : 1 형, 비팽창형, K^{+} 함량이 많은 퇴적물
② 카올리나이트 : 1 : 1 형, 비팽창형, 동형치환이 거의 일어나지 않음
③ 클로라이트 : 2 : 1 : 1형, 비팽창형, brucite층을 가짐

정답 114 ① 115 ② 116 ③ 117 ④

118 토양생성에 관한 설명으로 옳은 것은?

① 강수량이 많은 습윤지대에서 Ca, Mg, K 등이 포화되면서 Ca과 Na 집적층을 형성한다.
② 고온기후에서 강수량이 많으면 유기물 함량이 높은 토양이 생성된다.
③ 굵은 입자의 모재로부터 생성된 배수가 잘 되는 토양에서는 물질의 이동이 활발하여 회색화현상(gleyzation)이 발달한다.
④ 같은 평탄지의 경우, 배수로 주변의 지하수위가 낮은 표층토양에서는 유기물 분해가 활발해지고 총질소 함량은 낮아진다.

해설 ① 강수량이 많은 습윤지대에서 Ca, Mg, K 등이 용탈된다.
② 고온기후에서 강수량이 많으면 유기물 함량이 낮은 토양이 생성된다.
③ 회색화작용은 물로 포화되어 있으면 공기의 유통이 차단되고 남아 있던 산소는 호기성 미생물이 유기물의 분해과정에서 회색토층으로 된다.

119 다음은 토양조사 시 고려해야 할 사항을 구분한 것으로, 각 구분에 따른 세부 내용의 연결이 옳지 않은 것은?

① 조사지점의 개황 – 단면번호, 해발고도
② 조사토양의 개황 – 경사도, 강우량 및 분포
③ 단면의 개략적 기술 – 토양의 특징, 모재종류
④ 개별층위의 기술 – 층위 두께, 식물뿌리분포

해설 경사도, 강우량 및 분포는 조사지점의 개황에 따른 세부 내용이다. 토양 조사지점의 개황에 따른 세부 내용은 '단면번호, 토양명, 고차분류단위, 조사일자, 조사자, 조사지점, 해발고도, 지형, 경사도, 식생 또는 토지이용, 강우량 및 분포, 월별 평균기온'이다.

120 토양분리물과 토성에 관한 설명으로 옳지 않은 것은?

① 토양 보수력은 공극의 크기 분포와 공극률에 따라 다르다.
② 토양이 무기물이나 유기화합물을 흡착하여 보유하는 능력은 비표면적이 높을수록 작아진다.
③ 모래는 양분의 흡착이나 교환과 같은 토양화학성과는 무관하다.
④ 점토는 수분이 많으면 가소성과 응집성이 커지는 반면 건조하면 단단해진다.

해설 비표면적이 높을수록 커진다.

정답 118 ④ 119 ② 120 ②

121 토양구조와 관련된 설명으로 옳은 것은?

① 괴상구조(blocky structure)는 점토가 많고, 수축 팽창이 일어나는 심토에서 발달한다.
② 원주상구조(columnar structure)는 경반층, 점토반층, 퇴적물에서 발달한 하층토에서 나타난다.
③ 판상구조(platy structure)는 유기물이 풍부한 초지의 표토에서 발달한다.
④ 입상구조(granular structure)는 건조 또는 반건조 지대의 수직방향 균열이 심한 하층토에서 발달한다.

해설 ② 판상구조에 대한 설명으로 논토양경운사를 형성한다.
③ 구상조직에 대한 설명이다.
④ 각주상구조에 대한 설명이다.

122 pH가 낮아지는 토양에서 나타나는 특징으로 옳지 않은 것은?

① 알루미늄(Al) 용해도가 증가한다.
② 망간(Mn) 용해도가 증가한다.
③ 곰팡이에 비하여 세균의 활성이 우세해진다.
④ 몰리브덴(Mo)과 붕소(B)의 유효도는 감소한다.

해설 pH가 낮아지는 토양에서는 세균에 비해 곰팡이의 활성이 우세해진다.

123 석회요구량(lime requirement) 결정 시 고려해야 할 사항을 모두 고른 것은?

ㄱ. pH	ㄴ. 토성
ㄷ. 점토의 종류	ㄹ. 유기물 함량

① ㄱ　　② ㄱ, ㄴ
③ ㄱ, ㄴ, ㄷ　　④ ㄱ, ㄴ, ㄷ, ㄹ

해설 pH, 토성, 점토의 종류 유기물 함량 외에도 토양의 풍화정도, 모재를 고려해야 한다.

정답 121 ① 122 ③ 123 ④

124 염류-나트륨성토양과 나트륨성토양의 개량방법으로 적합한 것을 모두 고르면?

ㄱ. 석고($CaSO_4 \cdot 2H_2O$) 시용	ㄴ. 심근성 식물 재배
ㄷ. 원소 황(S) 시용	ㄹ. 공기 주입

① ㄱ　② ㄱ, ㄴ
③ ㄱ, ㄴ, ㄷ　④ ㄱ, ㄴ, ㄷ, ㄹ

해설 염류-나트륨성 토양을 과잉의 가용성 염류와 교환성 Na를 뿌리로부터 제거하기 위하여 Ca염을 첨가하고 충분한 배수 용탈 및 퇴비, 석고, 인산 및 황의 분말을 사용한다.

125 유기탄소화합물을 영양원으로 이용하는 세균은?

① 황산환원세균　② 철산화세균
③ 질산화세균　④ 황산화세균

해설 황산환원세균은 화학종속영양생물로 탄소원(유기물), 에너지원(유기물)를 이용한다.
② 철산화세균
③ 질산화세균
④ 황산화세균 : 화학자급영양생물 → 탄소원(CO_2), 에너지원(무기물)

126 균근(mycorrhizae)을 형성하지 않는 식물들로 나열된 것은?

① 양배추, 시금치　② 소나무, 옥수수
③ 복숭아나무, 콩　④ 사과나무, 보리

해설 균근을 형성하지 않는 식물로는 배추, 겨자, 카놀라, 브로커리, 사탕무, 근대, 시금치 등이 있다.

127 유기물 분해에 관한 설명으로 옳지 않은 것은?

① 한대지방은 온도가 낮아 토양유기물분해속도가 느리다.
② 조건이 비슷한 경우, 점토가 많은 토양이 모래가 많은 토양보다 부식의 양이 많다.
③ 열대지방에서는 식물의 생장량이 많아 일반적으로 토양유기물 함량이 높다.
④ 유기탄소, 전질소 함량이 각각 40 %, 1 %인 옥수숫대는 42 %, 0.6 %인 볏짚보다 분해되기 쉽다.

해설 열대지방에서는 유기물 함량이 적다.

정답 124 ④　125 ①　126 ①　127 ③

128 토양유기물의 주요 기능에 관한 설명으로 옳지 않은 것은?

① Al 또는 기타 유독성 중금속과 chelate를 만들어 독성을 감소시킨다.
② 내수성 입단을 형성하여 토양물리성을 개량한다.
③ 식물에 대한 무기양분공급원이다.
④ 유기물 분해 시 생성되는 유기산은 양분유효도를 감소시킨다.

해설 양분유효도를 가용화시킨다.

129 토양유실예측공식(USLE)을 구성하는 인자에 관한 설명으로 옳지 않은 것은?

① 토양침식성인자(K)에 가장 큰 영향을 미치는 토양특성은 침투율과 구조적 안정성이다.
② 다년생 목초재배는 일년생 작물재배에 비하여 피복관리인자(C)가 더 크다.
③ 침식성강우인자(R)는 총강우량이 기준이지만 강우의 집중 및 계절적 분포가 더 중요하게 작용한다.
④ 보전관리가 전혀 시행되지 않았다면 보전관리인자(P)는 1.0 이다.

해설 다년생 목초재배는 일년생 작물재배에 비하여 피복인자가 작다.

130 대도시 중심부에서 유류를 운반하던 트럭이 전복하여 주변 토양을 오염시켰을 때, 현장 내에서 적용할 수 있는 생물학적 토양복원방법은?

① 토양 증기추출법(soil vapor extraction) ② 유리화법(vitrification)
③ 퇴비화(composting) ④ 바이오벤팅(bioventing)

해설 바이오벤팅은 불포화지역에서 자생미생물을 이용, 토양에 흡착된 유기물을 생분해시키는 원위치 복원기술이다. 장비가 간단하므로 설치가 용이하며, 적당한 조건하에서 보통 6개월에서 2년 정도 소요되며, 다른 기술과의 병합 사용이 용이하다.

131 토양의 전용적밀도(bulk density)에 관한 설명으로 옳지 않은 것은?

① 토양의 단위용적에 대한 고상의 질량을 말한다.
② 전용적밀도는 인위적인 요인에 의해 변하지 않는다.
③ 전용적밀도가 너무 높으면 뿌리발달이 억제된다.
④ 토양에 공극이 많아지면 전용적밀도는 감소한다.

해설 전용적밀도는 인위적인 요인에 의해 변한다. 공식은 '용적밀도 = 고형입자의 무게/전체 용적으로 나눈 것'이다.

정답 128 ④ 129 ② 130 ④ 131 ②

132 토양 침투율에 영향을 미치는 요인으로 옳지 않은 것은?

① 모래함량이 많을수록 침투율은 증가한다.
② 빗방울에 의한 입단파괴는 침투율을 감소시킨다.
③ 표토에 소수성을 가진 유기물이 많을 경우 침투율은 증가한다.
④ 동결된 토양에서는 침투현상이거의 일어나지 못한다.

해설 표토에 소수성을 가진 유기물이 많을 경우 침투율은 감소한다.
※ 소수성 : 물분자에 대한 친화력이 없거나 거의 없는 분자 및 표면이 물에 녹지 않거나 그 표면에서 물을 밀어내는 성질을 말한다.

133 토양교질의 특성에 관한 설명으로 옳지 않은 것은?

① 토양교질의 입경 및 표면적은 매우 작다.
② 토양화학성은 토양교질에 의해 결정된다.
③ 토양유기물이 교질특성을 지니게 되는 것은 부식 때문이다.
④ 토양교질의 내외표면은 정전기적 전하를 띠고 있다.

134 식물양분으로서 칼슘에 관한 설명으로 옳은 것은?

① 칼슘은 화강암을 모암으로 생성된 토양에 특히 많다.
② 토양이 알칼리성으로 변하면 칼슘의 용탈은 가속화된다.
③ 칼슘이 부족할 경우 식물의 생장점조직이 파괴되어 뿌리신장이 나빠진다.
④ 토양으로부터 흡수된 칼슘은 체내 이동성이 매우 좋다.

해설 B, S, Ca, Cu, Fe은 이동성이 낮다.
① 칼슘은 석회암을 모암으로 생성된 토양에 특히 많다.
② 산성화 될 수록 칼슘함량이 적어지고, 알칼리성으로 변하면 칼슘의 함량이 많아진다
④ B, S, Ca, Cu, Fe은 이동성이 낮다.

135 엽록소 생성에 관여하며, 어린잎과 석회질 토양에서 주로 결핍현상이 일어나는 미량 원소는?

① 몰리브덴 ② 철
③ 구리 ④ 붕소

해설 철에 대한 설명이다.

정답 132 ③ 133 ① 134 ③ 135 ②

136 토성 결정방법에 관한 설명으로 옳지 않은 것은?

① 손가락 촉감을 이용한 간이 토성분석법도 있다.
② 피펫법을 이용하여 분석할 때는 유기물을 포함해야 한다.
③ 모래, 미사 및 점토의 구성비로 토성분급 삼각도표에서 토성을 결정한다.
④ 토성결정에 입경이 2mm 이상인 입자는 사용할 수 없다.

해설 토성이란 직경 2mm 이상인 자갈을 제외하고 모래, 미사, 점토의 상대 구성비율 즉 전체 100% 중에 이들이 각각 몇 %나 차지하는가를 구분하고 토성 삼각도표에서 보아 그 흙의 토성을 결정하게 된다. 기계적 분석법은 피펫법과 비중계법이 있으며, 촉감에 의한 간이토성분석법도 있다. 사토는 부서지며 양토는 2.5cm, 식양토는 5cm, 식토는 5cm 이상 띠를 만들 수 있다.

137 토양 내 질소변환에 관한 설명으로 옳지 않은 것은?

① 탈질작용은 호기성 세균이 산소가 없는 조건에서 질산태질소를 전자수용체로 이용하는 반응이다.
② 탈질과정 중 아질산환원효소가 저해되었을 때 N_2O의 생성비율이 높아진다.
③ 질산화 작용에는 독립영양세균인 Nitrosomonas속과 Nitrobacter속이 관여한다.
④ 암모니아 휘산작용은 pH가 높아지면 많이 일어난다.

해설 탈질과정 중 아질산환원효소가 저해되었을 때 N_2O의 생성비율이 낮아진다.

138 표준 질소시비량이 100kg N/ha이고 1ha 면적에 요소비료[$CO(NH_2)_2$]를 시비할 경우 시비량은?

① 약 117kg　　② 약 167kg
③ 약 217kg　　④ 약 267kg

해설 요소에는 질소 성분이 46% 들어 있으므로 시비량은 100/0.46=약 217이다.

정답 136 ②　137 ②　138 ③

139 문화재 발굴터에서 조사한 토양단면이 Oe－A－EB－Bt－2C－R층으로 구성되어 있을 때, 이 단면에 관한 설명으로 옳은 것은?

① 진토층은 A－EB－Bt이다.
② 전이층은 집적층의 성질이 우세하다.
③ 유기물층은 완전히 부식된 유기물로 구성되어 있다.
④ 규산이 집적된 층을 가지고 있다.

해설
- EB 전이층은 용탈층의 성질이 우세하다.
- Oe 유기물층은 중간 정도 부식된 유기물로 구성되어 있다.
- Bt 집적층은 규산염점토가 집적된 층을 가지고 있다.
- 집적종속층 : k(탄산염), n(Na), q(규산), t(규산염점토), y(석고), z(염류)

140 식물복원(phyto－remediation)에 관한 설명으로 옳지 않은 것은?

① 오염된 토양의 양분이 부족한 경우 비료성분을 첨가할 수 있다.
② 화학적으로 강하게 흡착된 화합물은 분해하기 어렵다.
③ 난분해성 유기물질을 분해할 수 없다.
④ 복원하는 데 장시간이 소요된다.

해설 식물복원으로 난분해성 유기물질을 분해할 수 있다.

141 질소의 토양 반응과 식물 이용에 관한 설명으로 옳은 것은?

① 담수된 논토양에서 질산태질소는 산화되어 대기로 쉽게 손실된다.
② 사탕무와 같은 일부 식물은 대기 중 질소(N_2)를 직접 이용할 수 있다.
③ 알카리토양에서 암모늄태질소는 암모니아태질소로 휘산된다.
④ 암모늄태질소는 토양 내 이동성이 높으며 2 : 1 점토광물내부층에 고정되면 식물 이용성이 증가한다.

해설 ① 담수된 논토양에서 질산태질소는 환원되어 대기로 쉽게 손실된다.
② 분자질소는 대기 중에 풍부하지만 고등식물이 직접 이용할 수 없으며, 반드시 암모니아와 같은 화합한 형태가 되어야만 양분이 된다.
④ 암모늄태질소는 토양 내 이동성이 높으며 2 : 1 점토광물내부층에 고정되면 식물 이용성이 증감소한다.

정답 139 ① 140 ③ 141 ③

142 **토양침식에 영향을 끼치는 토양의 특성으로 가장 거리가 먼 것은?**

① 토성 ② 토양색
③ 토양구조 ④ 유기물 함량

해설 토양의 성질은 토성, 구조, 투수성, 유기물 함량, 토양수분, 토양 표면의 상태, 점토광물의 종류, 모재 등에 영향을 받는다.

143 **조사토양의 개황에 대한 세부 내용으로 옳지 않은 것은?**

① 배수등급, 토양수분 정도 ② 지하수위, 알칼리토흔적
③ 표토 석력, 암반노출 정도 ④ 층위 두께, 유기물 집적도

해설 조사토양의 개황은 모재, 배수등급, 토양수분, 지하수위, 표토의 석력과 암반노출정도, 침식정도, 염류집적 또는 알칼리토양흔적, 인위적 영향도 등을 기록한다. 반면, 개별 층위의 기술은 토층기호, 층위의 두께, 주 토색, 반문, 토성, 구조, 견고도, 점토피막, 치밀도나 응고도, 공극, 돌, 자갈, 암편 등의 모양과 양, 무기물 결괴, 경반, 탄산염 및 가용성 염류의양과 종류, 식물뿌리의 분포 등을 기록한다.

144 **부피가 1,000cm^{3}인 토양이 고상이 50%, 액상과 기상은 각각 25%였다. 이로부터 얻을 수 있는 정보로 옳지 않은 것은? (단, 물의 밀도 : 1 g/cm^3, 용적밀도 : 1.1 g/cm^3, 입자밀도 : 2.6 g/cm^{3}이다.)**

① 공극비는 1.0이다.
② 포화에 소요되는 수분함량은 250g이다.
③ 토양부피가 10% 감소해도 용적밀도는 불변한다.
④ 공극률계산에 따른 공극의 부피는 실제 액상과 기상의 부피를 합한 값보다 크다.

해설 용적밀도는 고형입자의 무게/전체용적으로 구한다. 따라서 토양부피가 변한다는 것은 전체용적이 변함을 의미한다.
① 공극비=(기상부피+액상부피)/고상부피=1
④ 공극률=1−(1.1/2.6)=0.58>0.5(0.25+0.25)

정답 142 ② 143 ④ 144 ③

145 점토광물이 가지는 전하와 양이온 교환용량(CEC)에 관한 설명으로 옳지 않은 것은?

① 점토광물은 양전하와 음전하를 동시에 가진다.
② 점토광물을 분쇄하여 분말도를 높이면 양이온 교환용량이 증가한다.
③ 비표면적이 질석보다 큰 카올리나이트의 임시전하량은 질석보다 낮다.
④ 가변전하는 토양의 pH에 따라 점토광물의 표면에서 발생하는 수소이온의 해리와 결합에 기인한다.

해설 비표면적이 질석(Vermiculite)보다 작은 카올리나이트의 임시전하량은 질석보다 낮다.

146 2가철이 3가철로 산화되는 과정에서 생성되는 에너지를 이용하여 생육하는 세균은?

① Leptothrix속
② Micrococcus속
③ Achromatium속
④ Nitrosomonas속

해설 Leptothrix ochracea은 전 세계의 지하수 속에 존재하는 철로 산화 박테리아의 일종이다.

147 다음 조건을 충족하는 토양은?

• 나트륨흡착비(SAR)>13	• 교환성나트륨퍼센트(ESP)>15
• pH>8.5	• EC<4.0 dS/m

① 염류토양
② 석회질토양
③ 나트륨성토양
④ 염류나트륨성토양

해설 나트륨성 토양은 전기전도도 4dS/m 이하, 교환성나트륨퍼센트 15% 이상, 나트륨흡착비 13 이상, pH 8.5 이상, 흑색알칼리토양이다.

148 토양분류 시 사용하는 토양온도상(태)으로 옳은 것은?

① Mesic
② Udic
③ Ustic
④ Xeric

해설 토양온도상태는 'pergelic : < 0, cryic : 0~8, frigid : < 8, mesic : 8~15, thermic : 15~22, hyper thermic > 22'으로 구분한다.

정답 145 ③ 146 ① 147 ③ 148 ①

149 영구음전하량이 가장 높은 광물은?

① 질석(vermiculite)
② 침철광(geothite)
③ 유기물(organic matter)
④ 알루미늄 수산화물(gibbsite)

해설 질석(vermiculite)은 2 : 1형 팽창형 점토광물로 영구음전하가 높다.
②, ④ 금속산화물[침철광(goethite), 알루미늄 수산화물(gibbsite)] : 규산염광물과는 달리 결정 내에서의 동형치환현상이 일어나지 않으므로 영구음전화는 가질 수 없으며 유기물과 같이 pH 의존전하를 갖는다.

150 파이펫(pipette)을 이용한 입경분석법 과정으로 옳지 않은 것은?

① 전처리를 통해 완전히 분산시킨 토양시료는 체를 이용하여 모래입자를 분리하고 건조시켜 모래함량을 측정한다.
② 현탁액은 1L 실린더에 옮겨 담아 물로 1L로 정량하고 온도는 20℃로 유지한다.
③ 파이펫 끝을 현탁액 표면으로부터 10cm 깊이에 위치하여 5초 동안 10mL 현탁액을 취해 건조한 후 무게를 측정한다.
④ 8시간 경과 후 직경이 0.02mm 이상인 토양입자는 10cm 깊이 이하로 침강된다.

해설 직경이 0.05mm인 미사는 46초, 0.002mm인 점토는 8시간 경과 후 침강된다.

151 중금속이 식물의 생육에 미치는 영향으로 옳지 않은 것은?

① Cu, Fe, Zn, Mn, Mo은 식물생육 필수원소이다.
② 비필수중금속은 하위한계농도만 존재한다.
③ 필수중금속은 하위한계농도와 상위한계농도가 존재한다.
④ 중금속은 식물 원형질막의 투과성 변경과 식물효소의 억제작용 등을 통하여 생육에 영향을 미친다.

해설 비필수중금속은 상위한계농도만 존재하며 Cd, Pb 등이 있다.

정답 149 ① 150 ④ 151 ②

152 토양에 유입된 식물 잔재물의 분해속도에 중요한 영향을 끼치는 인자를 모두 고른 것은?

ㄱ. 토양 통기성
ㄴ. 식물 잔재물의리그닌 함량
ㄷ. 식물 잔재물의 탄소/질소 비율
ㄹ. 토양 온도
ㅁ. 토양 수분

① ㄱ, ㅁ
② ㄴ, ㄷ, ㄹ
③ ㄴ, ㄷ, ㄹ, ㅁ
④ ㄱ, ㄴ, ㄷ, ㄹ, ㅁ

해설 유기물분해에 미치는 요인으로는 환경요인[토양의 pH, 산소의 유통(수분상태)], 유기물의 구성요소, 탄질률이 있다.

153 점토나 유기물과 비특이결합(nonspecific adsorption)을 하는 음이온이 아닌 것은?

① 황산이온
② 인산이온
③ 질산이온
④ 염소이온

해설 NO_3^-, Cl^-, ClO_4^-은 비특이흡착을 하고, F, $H_2PO_4^-$ · HPO_4^{2-}은 음이온특이흡착을 한다.

154 균근(mycorrhizae)에 관한 설명으로 옳은 것은?

① 십자화과에 속하는 겨자는 균근과 공생관계를 형성한다.
② 수지상균근(arbuscular mycorrhizae)은 대표적인 외생균근이다.
③ 토양용액 중에서 이동이 어렵고 매우 낮은 농도로 존재하는 양분을 식물이 흡수하도록 도와준다.
④ 균근의 균사는 식물 뿌리털이 도달하지 못하는 작은 공극에 도달하기 때문에 토양 입자의 분산에 기여한다.

해설 ① 균근을 형성하지 않는 작물로는 배추, 겨자, 카놀라, 브로커리, 사탕무, 근대, 시금치가 있다.
② 수지상균근(arbuscular mycorrhizae)은 대표적인 내생균근이다.
④ 균근의 균사는 식물 뿌리털이 도달하지 못하는 작은 공극에 도달하기 때문에 토양 입자의 입단에 기여한다.

정답 152 ④ 153 ② 154 ③

155 **토양 내 NH_4^+이 36mg/kg일 때 NH_4^+ + −N로 환산한 양(mg/kg)은?**

① 14 ② 28
③ 35 ④ 56

해설 NH_4^+ + −N은 $NH_4^+ \times$[(N의 원자량/ NH_4^+의 분자량)]이므로 36mg/kg×(14/18)=28mg/kg이다.

156 **토양 내 중금속 동태에 관한 설명으로 옳은 것은?**

① 대부분의 중금속은 pH가 중성 근처 또는 그 이상에서 유동성이 증가한다.
② 6가 크롬의 용해도는 3가 크롬보다 낮으며, pH 5.5 이상에서 용해도가 감소한다.
③ 비소는 3가 아비산(AsO_3^{3-})과 5가 비산(AsO_4^{3-})이온으로 존재하는데, 5가 비산의 이동성이 더 크다.
④ 아산화셀레늄은 배수가 불량한 산성인 조건에서 주로 존재하며 산화셀레늄염보다 독성 유효도가 낮다.

해설 ① 대부분의 중금속은 pH가 중성 근처 또는 그 이상에서 유동성이 감소한다.
② 6가 크롬의 용해도는 3가 크롬보다 높으며, pH 5.5 이상에서 용해도가 감소한다.
③ 비소는 3가 아비산(AsO_3^{3-})과 5가 비산(AsO_4^{3-})이온으로 존재하는데, 3가 비산의 이동성이 더 크다.

157 **다음에서 설명하고 있는 토양목은?**

- 토양발달과정이 거의 진행되지 않음
- 풍화에 대한 저항성이 매우 강한 모재로된 토양에서 나타남
- 인위적 유기물 시용으로 인해 암갈색의 표층이 나타날 수 있음

① Alfisols ② Entisols
③ Aridisols ④ Inceptisols

해설 엔티졸(Entisols)에 대한 설명이다. 엔티졸은 토양 생성 발달이 미약하여 층위의 분화가 없는 새로운 토양이다.
① 알피졸(Alfisols) : 점토집적층이 있으며, 염기포화도가 35% 이상인 토양
③ 아리디졸(Aridisols) : 건조지대의 염류 토양으로 토양발달이 미약
④ 인셉티졸(Inceptisol) : 토양의 층위가 발달하기 시작한 젊은 토양

정답 155 ② 156 ④ 157 ②

158 다음에서 카올린(kaolin)계 광물로만 짝지어진 것은?

① 녹니석(chlorite), 카올리나이트(kaolinite)
② 카올리나이트(kaolinite), 녹점토(smectite)
③ 카올리나이트(kaolinite), 핼로이사이트(halloysite)
④ 핼로이사이트(halloysite), 녹니석(chlorite)

해설 카올린(kaolin)계 광물은 카올리나이트(Kaolinite), 할로이사이트(Halloysite)이다.

159 알루미늄(Al^{3+})이 토양을 산성화시키는 원인으로 옳은 것은?

① 물을 가수분해하여 수소이온을 형성
② 점토 또는 부식질 등과 외부계면복합체를 형성
③ 토양에서 식물뿌리 주변에 있는 수소이온과 결합
④ 토양입자표면에서 염기인 Ca^{2+} 이온과 교환 반응

해설 토양산성에 가장 큰 영향을 끼치는 양이온은 토양에 흡착되어 있는 H^+와 Al^{3+}이다.
$Al^{3+} + H_2O \leftrightarrow Al(OH)_2^+ + H^+$

160 토양공기의 특성과 토양 내 이동에 관한 설명으로 옳지 않은 것은?

① 기체의 용해도는 헤스법칙을 따른다.
② 토양 내 기체교환은 분압에 따라 방향이 결정된다.
③ 산소 고갈 시 이산화탄소도 전자수용체로 작용한다.
④ 온도와 분압이 같을 때 이산화탄소가 산소보다 더 잘 녹는다.

해설 헨리의 법칙(Henry's law)이란 일정 온도에서 기체의 용해도가 용매와 평형을 이루고 있는 그 기체의 부분압력에 비례한다는 법칙이다.

161 토양입자표면에 물이 흡착될 때 나타나는 현상으로 옳지 않은 것은?

① 열 방출
② 물분자의 동 감소
③ 물의 에너지 함량 감소
④ 높은 에너지 준위의 물로 전환

해설 낮은 에너지 준위의 물로 치환된다.

정답 158 ③ 159 ① 160 ① 161 ④

162 **다음 과정에 관한 설명으로 옳은 것은?**

$$\begin{array}{ccccc} & O_2\downarrow & & O_2\downarrow & \\ NH_4^+ & \rightarrow & NO2^- & \rightarrow & NO_3^- \\ & H^+(가) & & & \end{array}$$

① 알카리토양에서 잘 일어난다.
② 포장용수량 수분함량에서 잘 일어난다.
③ (가)의 작용에 관여하는 세균은 nitrobacter이다.
④ NO_3^-은 토양입자에 쉽게 고정되므로 식물이 매우 쉽게 이용한다.

해설 표는 질산화 작용으로 pH 4.5~7.5 범위에서 잘 일어나며, 포장용수량 정도의 적당한 수분함량에서 가장 잘 일어나며. 최적온도는 25~30℃이다. 저해되는 조건은 매우 산성화된 토양과 수분함량이 많을수록 호기적인 반응이 느려지고 산소부족으로 거의 일어나지 않으며 5℃ 이하 또는 40℃ 이상에서는 크게 저해된다.

163 **토양 중의 부식과 점토광물의 상호작용에 의해 형성되는 부식점토복합체(clay - humus complexes) 형성반응으로 옳지 않은 것은?**

① 물 분자를 매개로 결합하는 반응
② 배위자 교환에 의한 배위자 결합 반응
③ 점토와 부식 간의 이온교환에 의한 이온결합반응
④ 양전하를 띤 점토입자와 음전하를 띤 부식과의 정전기적 결합 반응

해설 • $Al-OH^{2+} \rightarrow OOC-R-COO \leftarrow +H_2O-Al$
• $Mn^+ \leftarrow OOC-R-COO \rightarrow Mn^+$

164 **0, −33, −150, −1,500 kPa의 토양 수분포텐셜하에서 상대적 질량수분 함량(%)은 각각 31, 28, 20, 8이었다. 이 토양의 유효수분함량(v/v, %)으로 옳은 것은? (단, 물의 밀도 : $1g/cm^3$, 용적밀도 : $1.3g/cm^3$이다.)**

① 8　　② 11
③ 23　　④ 26

해설 MPa = 1,000KPa이므로 −0.033MPa(= −33KPa : 포장용수량)에서 −1.5MPa(= −1,500KPa : 위조계수) 사이가 유효수분이므로 유효질량수분은 28 − 8 = 20이다. 유효수분함량은 중량수분함량 × 용적밀도이므로 20 × 1.3 = 26이다.

정답 162 ② 163 ③ 164 ④

165 음이온의 형태로 식물에 흡수되지 않는 미량영양원소는?

① 망간　② 염소
③ 붕소　④ 몰리브덴

해설 망간은 Mn^{2+} 양이온 형태로 흡수하며 염소, 붕소, 몰리브덴은 Cl^-, $H_2BO_3^-$, MoO_4^{2-}의 음이온 형태로 식물에 흡수된다.

166 다음 식물영양소 중 음이온 형태로 흡수되는 것은?

① 철(Fe)　② 아연(Zn)
③ 구리(Cu)　④ 몰리브덴(Mo)

해설
- 음이온 형태로 흡수되는 것 : HCO_3^-, CO_3^{2-}, NO_3^-, SO_4^-, MoO_4^{2-}, Cl^-
- 양이온형태 흡수하는 것 : 철(Fe^+), 아연(Zn^+), 구리(Cu^+)

167 토양 양이온 교환용량의 크기에 대한 설명으로 옳지 않은 것은?

① 토양용액의 이온농도에 비례한다.
② 토양 pH가 상승함에 따라 커진다.
③ 토양 무기입자의 크기와 반비례한다.
④ 토양 내 부식 함량이 증가하면 커진다.

해설 양이온 교환용량은 단지 이온농도가 높은 것에 비례하지 않고 양이온 농도에 비례한다.

168 토양색에 영향을 미치는 요인에 대한 설명으로 옳지 않은 것은?

① 철은 산화상태에서 붉은색을 띤다.
② 수분함량이 높아지면 짙은 색을 띤다.
③ 망간은 산화상태에서 회색을 띤다.
④ 유기물이 많은 토양은 어두운색을 띤다.

해설 망간을 산화상태에서 붉은색을 나타낸다.

구분	성분	토양의 색깔	형성 요인
산화철	Fe^{3+}	붉은색, 주황색, 노란색	불포화수분 상태
환원철	Fe^{2+}	회청색, 밝은 녹색	포화수분 상태
부식	Humus	짙은 밤색, 검은색	부식기간 및 함량
염류	Lime, gysum	흰색, 회색	반건조 지역
화산회	Volcanic, ash	회색	

정답 165 ① 166 ④ 167 ① 168 ③

169 토양목을 풍화 정도가 큰 순서대로 바르게 나열한 것은?

① 엔티솔 < 알피솔 < 옥시솔
② 알피솔 < 엔티솔 < 옥시솔
③ 옥시솔 < 알피솔 < 엔티솔
④ 알피솔 < 옥시솔 < 엔티솔

해설 토양목의 풍화는 미숙토(앤티솔) < 반숙토(인셉티솔) < 성숙토(알피솔) < 과숙토(울티졸), (옥시솔) 순으로 커진다.

170 토양의 산도에 대한 설명으로 옳은 것을 모두 고르면?

ㄱ. 활산도는 토양용액내 수소이온의 활동도에 의해 나타난다.
ㄴ. 교환성산도는 완충력이 강한 염기성염을 가하여 측정한다.
ㄷ. 잔류산도는 유기물과 점토의 비교환성자리에 결합된 수소와 알루미늄에 의해 나타난다.
ㄹ. 전산도에서 활산도가 차지하는 비율이 가장 크다.

① ㄱ, ㄴ
② ㄱ, ㄷ
③ ㄴ, ㄹ
④ ㄷ, ㄹ

해설 ㄴ. 교환성산도(염교환산도)는 완충성이 없는 KCl, NaCl 등과 같은 염용액에 의하여 용출되는 산도이다.
ㄹ. 전산도는 활산도보다 잠산도가 더 큰 영향을 준다.

171 토양 수분함량과 수분포텐셜에 대한 설명으로 옳은 것은?

① 수분포텐셜이 동일하면 사질토가 식질토보다 수분함량이 높다.
② 수분함량이 동일하면 사질토가 식질토보다 수분포텐셜이 낮다.
③ 위조점에 해당하는 수분조건에서, 식질토가 사질토보다 수분함량이 높다.
④ 수분함량이 동일한 사질토와 식질토를 접촉시키면, 식질토에서 사질토로 토양수가 이동한다.

해설 ① 수분포텐셜이 동일하면 사질토가 식질토보다 수분함량이 낮다.
② 수분함량이 동일하면 사질토가 식질토보다 수분퍼텐셜이 높다.
④ 수분함량이 동일한 사질토와 식질토를 접촉시키면, 사질토에서 식질토로 토양수가 이동한다.

정답 169 ① 170 ② 171 ③

172 토양 내 무기인(phosphorus)의 불용화에 대한 설명으로 옳지 않은 것은?

① 금속수산화물에 의한 인산의 불용화
② 혐기토양조건에서 철 환원에 의한 불용화
③ 알칼리성토양에서 인산칼슘 형성으로 인한 불용화
④ 산성토양에서 금속양이온과 결합으로 인한 불용화

해설 혐기토양조건에서는 철이 활성철로 변한다. 무기인이 산성일 때 철, 알루미늄(Fe−OH, Al−OH)과 결합하며 알칼리 때는 칼슘[$Ca_2(PO_4)_2$]과 결합하여 불용화된다.

173 [보기 1]의 질소전환과정과 연관된 [보기 2]의 유기물의 특성을 바르게 연결한 것은?

[보기 1]
ㄱ. 질소 무기화 작용이 느리게 진행되는 경우
ㄴ. 질소 부동화 작용이 빠르게 진행되는 경우

[보기 2]
a. 탄질비가 낮고 리그닌 함량이 많은 유기물
b. 탄질비가 낮고 리그닌 함량이 적은 유기물
c. 탄질비가 높고 리그닌 함량이 적은 유기물
d. 탄질비가 높고 리그닌 함량이 많은 유기물

	ㄱ	ㄴ		ㄱ	ㄴ
①	a	c	②	a	d
③	b	c	④	b	d

해설 탄소는 미생물들이 생장하기 위한 에너지원으로, 질소는 생장에 필요한 단백질합성에 주로 쓰인다. 질소의 무기화작용은 유기태질소가 무기태질소인 NH_4^+−N로 변화사는 과정이다. 고정화작용은 무기태 질소가 유기태 질소의 형태로 변화되는 반응으로 무기화의 반대과정이다.

174 점토함량이 4%이고 용적밀도가 1.2 g/cm³인 1,000m² 농경지가 있다. 작토층 10cm를 점토함량 12%로 개량하고자 할 때, 필요한 점토함량 36%인 객토원의 양은?

① 20Mg ② 40Mg
③ 60Mg ④ 80Mg

해설
- 10a = 1,000m², 1ha = 10,000m²
- 10cm 두께의 토양용적 = 1,000m² × 0.1m = 100m³
- 토양의 질량 = 토양용적 × 용적밀도 = 100m³ × 1.2 × 1,000 = 120,000kg

∴ 36%은 12%의 3배이므로 120,000/3 = 40,000kg = 40Mg

정답 172 ② 173 ① 174 ②

175 필수식물영양소인 칼슘과 마그네슘에 대한 설명으로 옳지 않은 것은?

① 칼슘은 세포벽의 주 구성성분이고, 마그네슘은 엽록소의 주 구성성분이다.
② 토양 내 주 공급원은 점토와 부식화합물에 결합된 교환성형태로 존재한다.
③ 식물이 흡수하는 칼슘과 마그네슘의 양은 비슷하거나 마그네슘이 다소 적다.
④ 두 원소는 화학적 특성이 유사하나 마그네슘이 칼슘보다 점토표면흡착력이 크다.

해설 점토표면흡착력은 $H > Al(OH)_2 > Ca^{2+} = Mg^{2+} > NH_4 = K > Na$ 순으로 커진다.

176 토양침식 예측모델의 주요인자인 토양 침식성인자(K)에 대한 설명으로 옳지 않은 것은?

① K값은 강우의 침식능력에 의해 유실된 토양의 양을 나타낸다.
② 안정된 토양 입단 구조가 형성되면 K값이 작아진다.
③ 침투율이 높고 유거량이 적어지면 K값이 커진다.
④ K값의 범위는 0~0.1 사이이다.

해설 침투율이 높고 유거량이 적어지면 K값이 작아진다.

177 다음에서 설명하는 토양생성작용으로 가장 적절한 것은?

- 지하수위가 높은 저습지나 배수 불량지에서 발생한다.
- 철의 용해성이 증가하여 하층으로 이동한다.
- 유기물의 분해가 느리게 진행된다.

① 라테라이트화작용(laterization)
② 갈색화작용(braunification)
③ 점토생성작용(argillation)
④ 회색화작용(gleyzation)

해설 토양이 지하수위가 높은 과습한 저습지나 물로 포화되어 있을 때 환원상태가 되면서 Fe^{3+}는 Fe^{2+}로, Mn^{4+}는 Mn^{3+}, Mn^{2+}으로 되는데 이때 암회색으로 변하는 작용을 회색화작용 또는 글레이화작용이라고 한다.

정답 175 ④ 176 ③ 177 ④

178 토양의 통기성과 관련된 설명으로 옳지 않은 것은?

① 통기성이 좋은 토양은 뿌리호흡과 유기물 분해가 원활하다.
② 대공극이 많은 토양은 통기성이 좋아지고 산소확산율이 작아진다.
③ 통기성이 불량한 환원상태에서 발생하는 황화수소는 작물 생육에 유해하다.
④ 토양 수분 함량이 증가하면 토양 공기 중 산소 함량이 감소하고 이산화탄소 함량은 증가한다.

해설 대공극이 많은 토양은 통기성이 좋아지고 산소확산율이 높아진다.

179 토양 유기물의 주공급원인 식물체의 구성성분에 대한 설명으로 옳은 것은?

① 단백질은 식물 건물량에서 무게비가 가장 큰 성분이다.
② 셀룰로오스는 포도당의 중합체로 구성되어 있다.
③ 전분은 토양부식을 구성하는 주성분이다.
④ 폴리페놀은 생분해가 용이하다.

해설 식물체 건물의 대부분이 탄소(C)와 산소(O)로 원소점유율이 84%이다. 식물체는 셀룰로오스 45%, 헤미셀로오스 18%, 리그닌 20%, 단백질이 8%로 구성되어 있다.

180 염류토양(saline soil)의 특성에 대한 설명으로 옳은 것을 모두 고르면?

ㄱ. 포화추출액의 전기전도도>4dS/m, pH<8.5
ㄴ. 교환성나트륨 비율<15%
ㄷ. 알칼리 가수분해에 의해 탄산염과 중탄산염을 다량 함유
ㄹ. 토양교질물이 분산되어 투수성 저하

① ㄱ, ㄴ　② ㄱ, ㄷ
③ ㄴ, ㄹ　④ ㄷ, ㄹ

해설 염류토양은 대부분 염화물, 황산염, 질산염 등의 가용성 염류가 비교적 많으며 가용성 탄산염은 보통 들어 있지 않다. 건조기에는 백색을 나타내므로 백색알칼리토양이라 부른다. 토양의 pH는 8.5 이하, 교환성나트륨퍼센트가 15% 이하, 나트륨흡착비가 13 이하, 전기전도도가 4dS/m 이상이다.

정답 178 ② 179 ② 180 ①

181 pH 4.5인 토양을 pH 6.5로 교정하기 위하여 완충곡선법으로 실험한 결과, 토양 1kg당 12cmol의 H^+가 중화되었다. 이 토양 10Mg을 $CaCO_3$로 교정할 때 필요한 $CaCO_3$의 양은? (단, $CaCO_3$의 분자량은 100g/mol이다.)

① 30kg ② 60kg
③ 120kg ④ 180kg

해설 $CaCO_3$의 $cmol_c$은 분자량/원자가 = 100g/2 = 50g/molc = 0.5g/$cmol_c$이다. 따라서 필요한 $CaCO_3$는 0.5×12 = 60kg이다.

182 토양 균근균(mycorrhizalfungi)에 대한 설명으로 옳지 않은 것은?

① 균근균은 식물뿌리로부터 탄수화물을 직접 얻는다.
② 균근균의 균사에 감염된 식물뿌리는 양분흡수율이 높아진다.
③ 균근균에 의해 식물은 가뭄에 대한 저항성이 낮아진다.
④ 균근균의 균사는 토양의 입단화를 촉진시켜 통기성을 높인다.

해설 균근균은 식물의 근권의 확장으로 감염된 식물은 10배 정도의 수분과 양분을 흡수할 수 있다.

183 토양의 식물 양분 순환에 대한 설명으로 옳지 않은 것은?

① 유기물 형태의 황이 식물에 이용되기 위해서는 무기화되어야 한다.
② 인은 기체형태로 유실이 발생하지 않으며 대기로부터 공급량도 매우 적다.
③ 칼륨은 광물성분이며 풍화과정에 의해 토양으로 유리되어 식물에 이용된다.
④ 토양에 존재하는 유효태질소의 주공급원은 대기로부터 침적되는 질소기체이다.

해설 토양 중의 질소 형태는 유기태 질소와 무기태 질소가 있으나 비료를 주지 않은 상태에서는 무기태 질소의 비율은 매우 적은 1~3%에 지나지 않으며 대부분이 유기태 질소의 형태로 존재한다. 유기태 질소는 토양 유기물에 함유되어 있는 질소로서 동식물과 미생물의 유체로부터 공급된 것으로 이것이 토양 미생물에 의해서 분해되어 무기태 질소로 변형 되어 NO_3^-, NH_4^+ 형태로 식물에 공급된다.

184 토양오염물질의 화학적 처리방법에 대한 설명으로 옳지 않은 것은?

① 시안이온은 2가 철과 반응시켜 불용화할 수 있다.
② 카드뮴은 석회질 자재를 투여하여 불용화할 수 있다.
③ 3가 비소는 5가 비소로 산화시켜 독성을 저감할 수 있다.
④ 3가 크롬은 6가 크롬으로 산화시켜 독성을 저감할 수 있다.

해설 산화상태의 6가 크롬이 환원상태의 3가 크롬보다 독성이 훨씬 강하다.

정답 181 ② 182 ③ 183 ④ 184 ④

185 식물 미량영양원소의 기능에 대한 설명으로 옳지 않은 것은?

① 아연은 유해 활성 산소를 없애는 superoxide dismutase의 보조인자로 작용한다.
② 니켈은 요소를 암모니아로 전환하는 반응에 관여하는 urease의 구성원소이다.
③ 구리는 광합성 과정에 필요한 cytochrome oxidase의 구성 원소이다.
④ 코발트는 콩과작물의 질소고정 과정에 필요한 원소이다.

해설 유해 활성 산소를 없애는 superoxide dismutase의 보조인자로 작용하는 것은 망간이다.

186 탄질률(C/N)이 30 이상인 유기물을 토양에 가하는 경우 일어나는 현상으로 옳지 않은 것은?

① 미생물 증식이 지속적으로 증가한다.
② 질소의 부동화가 일어난다.
③ 일시적 질소기아현상이 일어난다.
④ 유기물의 분해가 느리게 진행된다.

해설 탄질률이 30 이상이면 질소가 부족하여 미생물이 지속적으로 증가하지 않는다.

187 다음의 시설재배지 염류집적을 경감하는 관리 방안에서 옳은 것을 모두 고르면?

ㄱ. 윤작	ㄴ. 심토반전
ㄷ. 심근성 작물 재배	ㄹ. 작물잔재투입

① ㄱ, ㄴ, ㄷ ② ㄴ, ㄷ, ㄹ
③ ㄱ, ㄷ, ㄹ ④ ㄱ, ㄴ, ㄷ, ㄹ

해설 시설재배지 염류집적을 경감하는 관리 방안으로는 피복제거, 건조방지, 시비를 나누어 실시, 환토, 객토, 답전윤환, 제염작물 재배, 윤작, 심경이 있다.

188 토양 중 미량원소의 가용성에 대한 설명으로 옳지 않은 것은?

① 염기성 토양에서 철, 망간, 붕소의 결핍이 발생한다.
② 철, 망간, 구리는 환원형보다 산화형일 때 용해도가 낮다.
③ 미량원소의 불용성 킬레이트 형성은 식물 유효도를 높인다.
④ 담수 토양에서 철, 망간, 구리의 식물 유효도가 증가한다.

해설 미량원소는 불용성 킬레이트 형성이 아니다.

정답 185 ① 186 ① 187 ④ 188 ③

189 우리나라 토양 생성의 특징으로 옳은 것을 모두 고르면?

ㄱ. 강원도와 충북의 일부 지역에는 석회암지대가 분포한다.
ㄴ. 산림지 잔적토와 하천변충적토는 토양생성연대가 짧다.
ㄷ. 국토의 2/3가 화강암, 화강편마암을 모재로 하는 산성 토양이다.
ㄹ. 강우로 인한 침식작용으로 구릉지 토양이 많고 염기가 용탈된 토양이다.

① ㄱ, ㄴ, ㄷ
② ㄴ, ㄷ, ㄹ
③ ㄱ, ㄷ, ㄹ
④ ㄱ, ㄴ, ㄷ, ㄹ

해설 ㄱ. 석회암지대 : 카르스트 지형이 분포해 있고 알칼리성이 강한 토양이 나타남
ㄴ. 잔적토(residual soil) : 모암에서 직접 형성된 토양으로 생성 연대가 비교적 짧은 편
충적토(alluvial soil) : 하천이나 범람에 의해 퇴적된 젊은 토양으로 생성 연대가 매우 짧은 편
ㄷ. 산성 화성암 및 변성암이기 때문에 산성 토양이 주로 형성
ㄹ. 여름철 집중 강우가 많아 침식이 활발하게 일어남

190 안정적인 토양 입단 형성이 가장 불리한 경우는?

① 부식 함량이 높고, 토양 용액 중 Ca^{2+} 농도가 높다.
② 부식 함량이 낮고, 토양 용액 중 Ca^{2+} 농도가 높다.
③ 부식 함량이 높고, 토양 용액 중 Na^{+} 농도가 높다.
④ 부식 함량이 낮고, 토양 용액 중 Na^{+} 농도가 높다.

해설 부식은 입단을 촉진하며 Na^{+}는 입단을 파괴 분산시킨다.

191 산성조건에서 표토의 토양교질이순양전하(Net positive charge)를 나타낼 수 있는 토양 목(Order)에 가장 부합하는 것은?

① Mollisols
② Oxisols
③ Vertisols
④ Alfisols

해설 Oxisol은 라테라이트라고도 하며 고온다습한 열대나 아열대에 존재하며 알루미늄과 철의 산화물이 풍부하고 1 : 1 점토 함량이 많은 적색의 열대토양에 적합하다.

정답 189 ④ 190 ④ 191 ②

192 **다음 그림은 토양단면에서 나타나는 감식층위의 사례이다. 이에 대한 다음 설명 중 옳은 것을 모두 고르면?**

ㄱ. Ochric표층은 두께가 얇고, Mollic 또는 Umbric층위보다 유기물 함량이 낮은 표층이다.
ㄴ. Kandic층위는 점토피막(clay skin)이 있고, Fe, Al 산화물이 집적되어 양이온 치환용량이 높은 층위이다.
ㄷ. Kandic층위에서 양이온 치환용량이 증가한 이유는 상부 층위에서 용탈된 점토의 집적에서 기인한다.
ㄹ. Ochric표층의 양이온 치환용량이 Albic층위보다 큰 이유는 Albic층위보다 유기물 함량이 많기 때문이다.

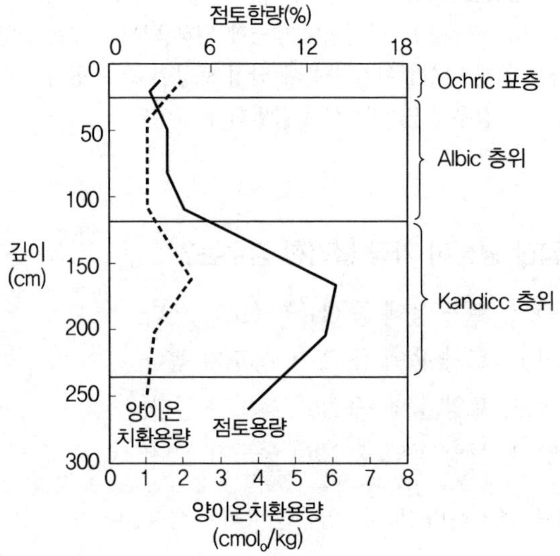

① ㄴ, ㄷ　　② ㄷ, ㄹ
③ ㄱ, ㄴ, ㄹ　　④ ㄱ, ㄷ, ㄹ

해설 Kandic층위는 점토피막(clay skin)은 없고, Fe, Al 산화물이 집적된 층이다. 양이온 치환용량이 매우 낮은 불활성 점토가 토양의 점토 분획을 주로 차지하는 층이다.

- Ochric : 담색
- Kandic : 불활성점토(CEC<16, 두께>25)

정답 192 ④

193 다음 수분 특성의 토양에서 중력수, 모세관수, 유효수분 함량을 순서대로 바르게 나열한 것은?

수분 특성 인자	용적수분 함량(%, v/v)
포화상태	50
포장용수량	40
위조점	10
흡수계수	5

① 5%, 35%, 30%
② 10%, 35%, 30%
③ 5%, 30%, 35%
④ 10%, 30%, 35%

해설
- 중력수 : 포화상태 − 포장용수량 = 50 − 40 = 10%
- 모세관수 : 포장용수량 − 흡수계수 = 40 − 5 = 35%
- 유효수분 : 포장요수량 − 위조점 = 40 − 10 = 30%

194 토양침식(수식)의 발생 및 영향에 관한 설명으로 옳지 않은 것은?

① 토양침식은 입단의 안정성이 클수록 감소한다.
② 협곡침식보다 면상침식과 세류침식에 의해 일어난다.
③ 토양침식은 강우의 토양침투율이 클수록 증가한다.
④ 초생대 설치는 유거수 속도를 줄여 토양침식을 저감한다.

해설 토양침투율이 커지면 지하 침투량이 많아져 침식이 감소된다.

195 다음 중 유기오염물질의 지하수 오염 가능성을 증가시키는 특성을 모두 고른 것은?

ㄱ. 물 용해도가 크다.
ㄴ. 토양 흡착계수가 크다.
ㄷ. 증기압이 크다.
ㄹ. 생분해도가 크다.

① ㄱ
② ㄱ, ㄷ
③ ㄴ, ㄷ
④ ㄷ, ㄹ

해설 유기오염물질이 물에 용해도가 크면 물에 녹는 양이 많아져 지하수 오염 가능성이 커진다.
ㄴ. 유기오염물질이 토양 흡착계수가 크며 토양에 흡착되어 지하수오염을 줄여준다.
ㄷ. 유기오염물질이 증기압이 크면 공기로 휘산하는 양이 많아져 지하구 오염을 줄여준다.
ㄹ. 유기오염물질이 생분해도가 크면 미생물에 오염물질을 분해하여 오염을 줄여준다.

정답 193 ② 194 ③ 195 ①

196 **토양에 부숙퇴비를 과다하게 시용하는 경우 결핍 가능성이 가장 큰 미량원소는?**

① Cu　　② Al
③ Fe　　④ Cl

해설 Cu는 유기물과의 결합력이 매우 강하다.

197 **토양 중 인산의 유효도를 높이는 관리방안이 아닌 것은?**

① 유기물을 시용한다.
② 작물의 근권 가까이 시비한다.
③ 알칼리성 토양의 경우, 유안과 함께 시비한다.
④ 균근(mycorrhizae)의 증식을 억제한다.

해설 균근은 인산의 유효도를 높여주기 때문에 증식을 활성화해야 한다.

198 **뿌리혹을 형성하지 않는 질소고정세균(nitrogen fixing bacteria)과 공생하는 식물은?**

① 알팔파　　② 아졸라
③ 콩　　④ 오리나무

해설 질소고정 능력을 갖는 남조류의 일종인 아나바에나 속이 수생 양치식물인 아졸라와 공생체를 형성하여 질소를 고정한다.

※ 공생유리질소고정세균 : 뿌리혹박테리아 형성하며 콩과식물과 Rhizobium 비콩과식물 주로 목본류 이 기준인 Frankia가 있음

199 **토양 - 생물 - 대기 간의 질소순환에 대한 설명으로 옳지 않은 것은?**

① 유기물 시용은 NH_4^+ - N의 질산화를 촉진한다.
② 탈질작용은 산소 농도가 낮은 토양조건에서 일어난다.
③ 알칼리성 토양에 요소 시비는 NH_3 - N의 휘산을 촉진한다.
④ NO_3 - N는 용탈되어 지하수 오염의 원인이 된다.

해설 유기물 시용은 NH_4^+ - N 의 무기화를 촉진한다. 질소의 무기화작용은 유기태 질소가 무기태 질소인 NH_4^+ - N로 변환되는 과정이다. 질산화작용은 암모늄이온(NH_4^+)이 미생물 작용에 의하여 아질산(NO_2^-)과 질산(NO_3^-)으로 산화되는 과정이다.

정답 196 ① 197 ④ 198 ② 199 ①

200 **다음의 토양 중에서 pH를 4.5에서 6.5로 교정할 때, 석회시용이 가장 많이 필요한 토양은?**

① 유기물의 함량이 2%이고, 점토의 함량이 30%인 kaolinite 토양
② 유기물의 함량이 3%이고, 점토의 함량이 25%인 kaolinite 토양
③ 유기물의 함량이 5%이고 , 점토의 함량이 20%인 vermiculite 토양
④ 유기물의 함량이 5%이고, 점토의 함량이 20%인 chlorite 토양

해설 양이온 교환용량은 유기물이 가장 크고 점토, 다음으로 2 : 1 점토광물이 크다

201 **pH 5.0 이하에서 토양교질입자 표면에 가장 많이 흡착하는 양이온은?**

① K^+
② Na^+
③ Ca^{2+}
④ Al^{3+}

해설 pH가 낮은 산성토양에서는 Fe, Mn, Zn, Cu, Al 등이 용해가 커 토양표면에 흡착이 잘 된다.

202 **표토 10cm에서 공극률이 50%인 토양의 중량수분함량이 20%이다. 이 토양에서 표토가 수분으로 포화되기 위해서 필요한 관개량은? (단, 물의 밀도 1.0g/cm³, 토양의 용적밀도 1.3g/cm³, 표토 아래로의 수분이동과 표토 위 담수층은 없다.)**

① 24mm
② 26mm
③ 74mm
④ 76mm

해설 용적수분함량은 중량수분함량×용적밀도으로 계산하는데, 중량수분함량은 0.2(20%)이고 용적밀도는 1.3이므로 0.2×1.3=0.26, 즉 26%이다. 10cm의 높이 중 물의 높이는 2.6cm이고, 공극률이 50%이므로 5cm가 공극이다. 따라서 포화되기 위해 필요한 관개량은 5cm−2.6cm=2.4cm, 즉 24mm이다.

정답 200 ③ 201 ④ 202 ①

203 **다음은 pH 변화에 따른 토양교질의 표면전하특성을 나타낸 것이다. ㉠~㉢에 해당하는 토양교질을 순서대로 바르게 나열한 것은?**

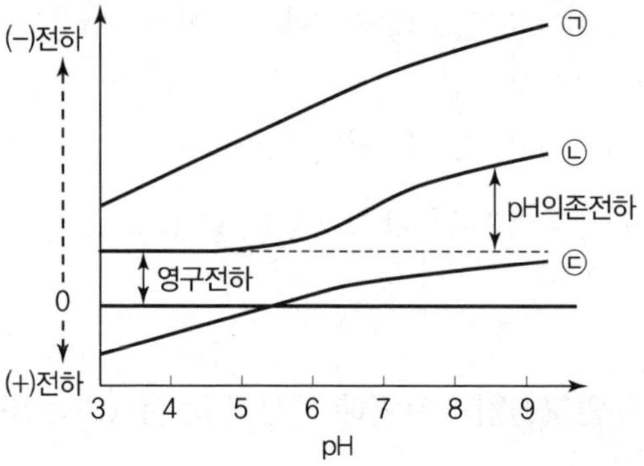

	㉠	㉡	㉢
①	Humus	Kaolinite	Gibbsite
②	Vermiculite	Chlorite	Goethite
③	Montmorillonite	Vermiculite	Allophane
④	Humus	Montmorillonite	Kaolinite

해설 pH 의존적인 전하 중 유기물인 Humus는 양이온 교환용량이 크며 Gibbsite는 아주 작다. 영구전하를 가지는 Montmorillonite는 양이온 교환용량이 크다.

㉠ pH 의존적인 전하에 속하는 유기물인 Humus는 양이온 교환용량이 가장 크다.

㉡ 동형치환으로 생긴 많은 영구전하를 갖는 2 : 1 결정질인 Montmorillonite, Vermiculite 팽창형 점토광물

㉢ 동형치환으로 생긴 적은 영구전하를 갖는 1 : 1 결정질인 Kaolinite 비팽창형 점토광물

204 **양이온 치환용량이 10cmol$_c$/kg인 토양에서 Mg^{2+}의 포화도는 20%이다. 이 토양 2kg이 지니고 있는 치환성 Mg^{2+}의 양은 몇 mg 인가? (단, Mg 원자량은 24이다.)**

① 240mg ② 480mg
③ 960mg ④ 1,920mg

해설 Mg^{2+}가 1kg의 토양에 들어 있는 양이온 치환용량은 10cmolc/kg×0.2=2cmolc/kg이고 토양 2kg에 들어 있는 Mg^{2+}는 2kg×2cmolc/kg=4cmolc/kg이다. Mg^{2+}의 몰은 24/2=12로 1몰 농도는 0.012이다. 따라서 10×0.2×2×0.012=4cmolc/kg×0,012=0,048cmolc/kg이므로 정답은 480mg이다.

※ 1molc=100cmolc, 1,000g=1,000,000mg

정답 203 ④ 204 ②

205 다음 중 촉감법으로 토성을 결정할 때 옳은 것은?

토양 리본의 길이 (cm)	촉감	토성결정
2.5 미만	갈리는 소리가 들리고, 모래와 같이 껄끄러운 느낌이 강함	㉠
2.5 이상~5 미만	껄끄럽고 부드러운 느낌이 약하고, 갈리는 소리가 분명치 않음	㉡
5 이상	밀가루같이 부드러운 느낌이 강함	㉢

	㉠	㉡	㉢
①	사양토	식양토	미사질식토
②	사토	양질사토	식토
③	미사질양토	사질식양토	식토
④	사양토	미사질식양토	미사질식토

해설 **띠의 길이와 촉감**

- 사토 : 부서짐
- 양토 : 2.5cm 이하(쉽게 부서짐)
- 식양토 : 2.5~5cm(까칠까칠한 느낌)
- 식토 : 5cm(매끄러운 느낌)

정답 205 ①

PART

05

수목관리학

Tree Doctor

CHAPTER 01

수목관리 및 식재(1)

1. 수목관리 개요

① 수목관리 : 다년생 목본식물을 육성하고 관리하는 것
② 수목관리의 목표 : 대상 식물을 활력적으로 건강하고 구조적으로 튼튼하게 유지하는 것
③ 수목관리의 경제적 원칙 : 최소의 비용으로 목표를 달성하여 최대의 편익을 확보하는 것
④ 식재수목 선정 시 고려사항과 목표 : 적지적수
㉠ 식재수목의 선정의 한계가 존재
㉡ 식재목적, 식재부지환경, 수목의 특성
㉢ 완벽한 환경과 수목특성의 확보의 한계

2. 식재의 목적

수목이 제공하는 편익은 다음과 같다.
① 대기의 질 향상
② 수목에 의한 공기 정화(활엽수, 공해 저항성 수종)
③ 이산화탄소의 흡수와 저장(속성수)
④ 에너지 절약(열섬 완화, 건물온도 완화, 증산, 구형의 녹음수)
⑤ 공기의 흐름 차단, 전환(방풍림)
⑥ 빗물 유출과 침식조절(상록의 침엽수)
⑦ 소음 저감
⑧ 심리적, 사회적, 생태적 편익(다양성, 안정성 제공)
⑨ 경제적 가치(대체원가법)

3. 기능별 특성 및 수종

기능별	특성	수종
방화 식재용	• 잎이 두텁고 함수량이 많은 수종 • 잎이 넓으며 밀생하고 있는 수종 • 수피가 두껍고(코르크층), 맹아력 강한 수종 • 치밀한 수관부위의 상록수	아왜나무, 가시나무, 상수리나무, 은행나무, 단풍나무, 층층나무
방풍 식재용	• 지엽이 치밀하고 가지가 강한 수종 • 심근성이며 상록수 • 방풍효과의 범위는 수목의 높이와 관계를 가지며, 감속량은 밀도 따라 좌우(바람 위쪽 수고의 6~10배, 아래쪽 25~30배 거리, 수림대의 길이는 수고의 12배 이상)	곰솔, 향나무, 소나무, 아왜나무, 리기다소나무, 느티나무, 동백나무
녹음 식재용	• 햇빛량은 엽질의 일반적으로 전수광량의 10~30% 정도임 • 적당히 차지하고, 수관이 클 것 • 잎이 크고 밀생할 것, 병충해와 답압의 피해가 적을 것 • 악취 및 가시가 없는 수종, 낙엽교목이 적합(겨울의 일조량)	느티나무, 버즘나무, 가중나무, 은행나무, 칠엽수, 오동나무, 회화나무, 팽나무

4. 식재

(1) 식재원칙

① 적기 식재를 원칙으로 한다.

② 식재식물에 따른 식재 적기

식재식물	식재 적기	비고
침엽수	3월 중순~4월 중순	–
활엽수	3월 초순~5월 중순 (새잎이 나기 전) 10월 초순~12월 하순	• 엄동기, 성하기를 제외 • 식재 적기 폭이 넓어질 수 있음
배롱나무, 석류나무 등	다소 시기 늦어져도 무방 3월 하순~4월 하순	새 잎 나기가 늦은 수종
대나무 등 특수수종	3~5월	• 죽순이 지상으로 나타나기 직전 • 내한성이 강한 수종은 가을 이식
유카류	5~6월	생육지에서는 겨울만 제외하면 언제든지 이식 가능
잔디, 지피 및 초화류	각 초종별 식재 적기	–

(2) 굴취

① 수목 굴취 시에는 해당 수목을 확인한 후 수고 4.5m 이상의 수목은 가지주를 부착하고 가지치기, 기타 양생을 하여 작업에 착수함

② 표준적인 뿌리분의 크기는 다음의 방식으로 산출하며, 분의 깊이는 세근의 밀도가 현저히 감소된 부위에서 실시함

표준적인 뿌리분의 크기(cm) 뿌리분직경 = 24 + (N − 3) × d
• N : 근원직경
• d : 상수 4(낙엽수를 털어서 올릴 때는 5)

③ 기계에 의해 굴취 수목이 손상되지 않도록 주의

④ 뿌리분의 둘레는 원형, 측면은 수직으로, 저면은 둥글게 다듬기

⑤ 뿌리분 중 외부로 돌출한 굵은 뿌리는 약간 길게 톱질하여 자르며, 절단면은 거적 등으로 충분히 양생

⑥ 세근이 밀생한 곳은 뿌리분에 붙여 보존

⑦ 절단된 부분이 일그러지거나 깨지는 등 손상을 받는 곳은 예리한 칼로 절단하고, 석회유황합제 등으로 방부 처리

⑧ 뿌리분은 분이 부서지지 않도록 결속재료로 잘 고정시켜 뜸

⑨ 지엽이 지나치게 무성한 수목은 굴취 시 수형의 기본형이 변형되지 않는 범위 내에 지엽을 전지(필요한 경우 증산억제제 등의 약품을 처리)

⑩ 운반에 지장을 받지 않고 수목에 무리가 가지 않는 범위 내에서 가지를 새끼, 밧줄 등으로 잡아맴

⑪ 굴취구덩이는 굴취 후 즉시 잔토로 메워 지형과 일치되도록 정리함

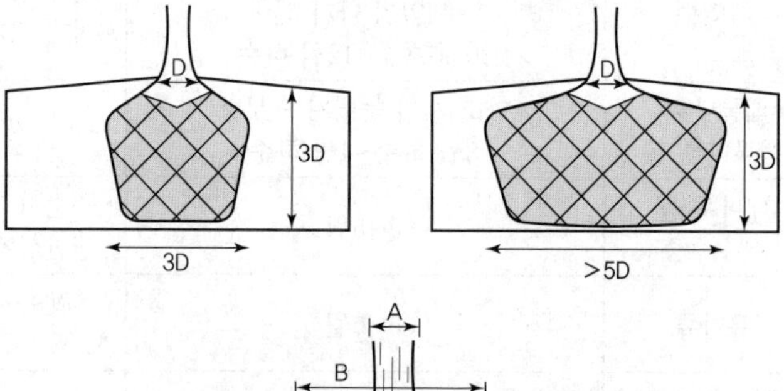

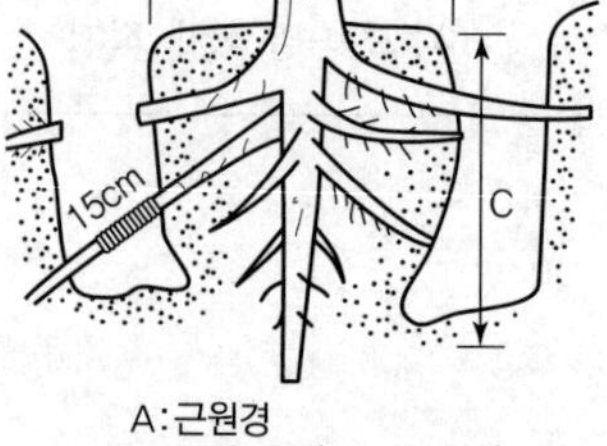

A:근원경
B:분의 직경(A의 3~5배)
C:분의 깊이(B와 동일)

(3) 구덩이 파기

① 토양은 지주 역할 및 영양공급의 근원지임
② 너무 깊이 심으면 산소, 배수의 문제가 발생하여 수목이 정상적으로 생장을 못함. 너무 얕게 심으면 겨울에는 동해, 여름에는 가뭄을 탐
③ 식재구덩이의 너비를 최소한 분 크기의 1.5배 이상 확보함
④ 식재구덩이의 깊이는 분의 깊이(높이)와 구덩이 바닥에 깔게 되는 흙, 퇴비 등의 높이를 고려하여 적절한 깊이를 확보함
⑤ 밑바닥은 흙을 부드럽게 고른 후 원활한 배수를 위해 중앙부분을 볼록하게 높임
⑥ 표토와 심토는 따로 갈라놓았다가 원래 있던 자리인 표토와 심토를 구분하여 넣어 줌

(4) 수목운반

① 수목운반 및 상 · 하차 시 뿌리분 및 지엽을 건조함
② 훼손방지를 위해 대형목 운반은 크레인 등 중기를 사용하여 안전하게 다룸
③ 무리한 작업에 의한 충격으로 뿌리분이 털리거나 잔뿌리가 절단되지 않도록 뿌리분의 보호 · 지조는 작업이 편리하도록 묶음
④ 상 · 하차 시 수피가 상하지 않도록, 비포장도로로 운반할 때는 뿌리분이 충격을 받지 않도록 가마니, 짚 등의 완충재를 사용함
⑤ 수목과 접촉하는 고형부에는 완충재를 삽입
⑥ 운반도중 바람에 의한 증산을 억제하며 뿌리분의 습기 탈취를 방지하기 위하여 증산방지제 등을 살포함
⑦ 차량의 용량과 수목의 중량 및 부피를 감안하여 적정량을 적재하며 이중적재는 금함

(5) 수목가식

① 바로 식재하는 것을 원칙이나 부득이한 경우는 가식 후 사용
② 뿌리분의 건조, 지조부의 손상방지를 위하여 바람이 없고 약간 습하며 그늘진 곳에 가식함
③ 거적덮기, 흙덮기, 밸트덮기 등 건조방지를 위한 보호시설을 설치함
④ 가식장소는 사질양토로서 배수가 양호한 곳으로 하며 가급적 배수로를 설치함
⑤ 통풍불량으로 지근부 등이 손상되는 일이 없도록 충분한 식재간격을 유지
⑥ 가식장은 관수 등 가식기간 등의 관리를 위한 작업통로를 설치
⑦ 가식 후에는 충분히 관수하며 뿌리분은 충분히 복토하여야 함
⑧ 가식장의 수목은 버팀목을 설치하여 풍해에 의한 전도를 막아야 함
⑨ 가식기간을 고려하여 병충해 피해 및 생육상태를 관찰하여 수시로 관리 작업을 병행함

(6) 식재

① 뿌리를 다듬고 주간을 정돈하여 보기 좋게 식재구덩이의 중심에 수직으로 식재하고, 분의 흙이 부서지지 않도록 주의
② 수목의 굴취 및 운반, 식재는 같은 날에 완료하는 것을 원칙이지만 부득이한 경우에는 가식 또는 보양조치하였다가 식재함
③ 기비는 완숙된 유기질 비료를 식재구덩이 바닥에 넣어 수목을 앉히며, 흙을 채울 때도 유기질 비료를 혼합하여 넣음
④ 식재 시에는 뿌리분을 감은 거적과 고무바, 비닐끈 등 분해되지 않은 결속재료를 완전히 제거하는 것이 원칙
⑤ 식재 시 수목이 묻히는 근원부위는 굴취 전에 묻혔던 부위와 일치
⑥ 방향은 원래의 생육방향과 동일하게 식재함을 원칙으로 함
⑦ 생육이 부진한 쪽을 남향으로 두고 경관, 기능 등을 고려 · 적의 조정하여 식재함
⑧ 재구덩이를 판 후 수목의 생육에 해로운 불순물을 제거한 다음 바닥을 부드럽게 파서 좋은 흙을 넣고 고름
⑨ 뿌리분을 식재구덩이에 넣어 방향을 정해 나무를 앉힘
⑩ 잘게 부순 양토질흙을 뿌리분 높이의 1/2 정도 넣은 후, 수형을 살펴 수목의 방향을 재조정하고, 다시 흙을 깊이의 3/4 정도까지 추가해 넣은 후 잘 정돈함
⑪ 수목 앉히기가 끝나면 물을 식재구덩이에 충분히 넣고 각목이나 삽으로 저어 흙이 뿌리분에 완전히 밀착되도록 흙속의 기포를 제거함
⑫ 물조임이 끝나고 고인 물이 완전히 흡수된 후에 흙을 추가하여 구덩이를 채우고, 물턱을 낸 다음 식재구덩이의 주변을 정리

(7) 약제살포

① 약제는 상표 등록을 받은 것으로 사용함
② 부적기에 식재한 나무에는 뿌리 절단부위에 발근촉진제를 처리해야 함
③ 식재 후에도 일정한 간격을 두고 영양제, 증산억제제를 살포 주입하여 수목을 보호
④ 식재수목에서 병충해가 발견되는 경우에는 약제를 뿌려 구제하고 확산을 방지

(8) 수간 감기

① 여름의 일소 및 겨울의 상해 등으로부터 피해를 방지하기 위하여 수피가 얇은 수목에 수간감기를 하되 수목의 상태나 식재시기 등을 고려해야 함
② 대개 수간으로 12~22% 이상의 수분이 증산되므로 활착에 많은 지장을 초래함
③ 수분 증산을 억제하기 위하여 이식 후 뿌리가 활착될 때까지 수간의 둥치와 굵은 수간은 모두 새끼, 황마제테이프, 또는 마직포 등으로 감고 증산을 막아 주어야 함

④ 지표로부터 주간을 따라 감되 수고의 60% 정도가 피복되어야 함
⑤ 새끼는 감은 후 진흙을 바르고, 황마포는 10cm 정도가 겹치도록 하며 황마제 테이프의 폭이 1/2 정도 겹치도록 감음

(9) 지주 세우기

① 박피통나무, 각목, 대나무, 특별히 고안된 재료(파이프, 플라스틱)
※ 단, 지주용 목재는 내구성이 강한 것이나 방부 처리한 것

② 지주대와 수목을 결박하는 부위에는 수간에 완충재를 대어 수목의 손상을 방지
③ 식재지역에 지반침하가 우려되는 경우에는 침하 후 지주대가 유동하지 않도록 조치
④ 수고 2m 이상의 교목류에는 수목뿌리의 활착을 도모하기 위하여 수목보호 용지주를 설치하고, 2m 미만의 교목이나 단독 식재하는 관목의 경우에도 필요에 따라 지주를 설치
⑤ 지주는 식재지의 자연환경과 수목의 생태적 · 형태적 특성을 고려하여 적합한 유형 및 규격을 선정

(10) 관수

① 수관폭의 1/3 정도 또는 뿌리분 크기보다 약간 높게 물받이를 만들어, 물을 줄 때 물이 다른 곳으로 흐르지 않도록 함
② 관수는 지표면관수와 엽면관수로 구분하여 실시함
③ 여름의 관수는 정오 전후의 직사광선이 강한 시간대는 가능한 피하고, 겨울에는 따뜻한 날에 관수하며 혹한기를 피함
④ 식재 후에는 물집이 손상되지 않도록 주의하여 충분히 관수
⑤ 관수 시기는 일반적으로 3~10월경까지의 생육기간 중에 실시하며, 특히 여름에는 건조가 계속되어 아침이나 저녁에 실시하는 것이 바람직함
⑥ 관수량은 토양조건, 식물종류, 기후 등에 따라 산정하나 적어도 토양이 10cm 이상 젖도록 함

(11) 관수법

① 침수법 : 수간 주위에 도랑을 파서 수분 공급 측방에서 천천히 스며들도록 하는 것으로 지면을 고르게 해야 하며, 표토 유실방지를 위해 자갈 등으로 피복하면 효과적임
② 도랑식관수법 : 투수율, 토양의 경사도, 유속 등에 따라 도랑을 통해 비교적 균일하게 관수가 가능함
③ 스프링쿨러식 관수 : 토양내로의 정상적인 투수속도보다 빠르므로 유량 조절이 가능함
④ 점적관수 : 호스로 수목의 뿌리부분에 서서히 물이 스며들게 하는 방법으로 필요한 시기에 물을 공급하여 시간 및 인건비를 절감할 수 있으나 설치경비가 많이 소요됨

(12) 관수 시기와 판단 요령

① 초기위조점 : 식물의 관찰로 하위엽이 시들기 시작하는 시점

② 토양의 상태관찰 : 표토를 주먹으로 쥐어 덩어리로 뭉쳐지면 과습한 상태이고, 뭉쳐지지 않으면 건조한 상태임

③ 장력계 사용 : 30cb에서부터 영구위조점인 1,500cb가 식물이 사용가능한 수분 범위임

※ 토양수분장력 : 흙이 물을 잡아당기는 힘을 말함. 즉 흙이 건조할수록 물을 잡아당기는 힘이 크므로 측정값이 클수록 토양수분이 적음을 나타냄. 1cb(10mb)=1kPa

④ 전기 저항계 : 범위는 100~1,500cb이며, 식물 가용수분은 100cb 정도부터 이뤄짐 [1cb(10mb)=1kPa]

⑤ 증산흡수 추정 : 토심, 토성에 따라 이용 수분양이 다름

⑥ 엽면온도 측정 : 토양수분이 감소하면, 태양에 노출 시 증산정지로 엽면의 온도가 증가

CHAPTER 02 수목관리 및 식재(2)

1. 모양잡기

① 수목식재 후에는 수형 정리 및 바람직한 성장을 유도하기 위해서 전지 실시
② 위에서 아래로, 우측에서 좌측으로 돌아가면서 공통원칙을 지켜 시행함
③ 고사지나 병지는 제거함
④ 통풍과 일광이 양호하도록 가지를 솎아줌
⑤ 수세가 고르게 수형의 균형을 잡아줌
⑥ 해당 나무 고유의 수형이나 이식 전의 수형을 잘 살펴서 다듬기
⑦ 가지의 제거는 잔가지부터 자르고, 굵은 가지를 제거한 경우에는 유합제를 도포하여 부패를 방지

2. 발근촉진제 처리

① 뿌리의 부패를 방지함
② 빠른 발근력과 뿌리의 활착 및 식물의 조기회복에 영향
③ 물에 녹여서도 사용 가능
④ 이식 후의 몸살 방지
⑤ 사용방법
　㉠ 사용할 흙과 혼합사용하며 물에 녹여서도 사용 가능
　㉡ 물에 희석하여 뿌리에 관주하며, 수간주사를 이용해 수액층에 직접 흡수하도록 함

⑥ 사용범위 : 이식 및 삽목 시 사용
⑦ 종류 : 루톤(삽목용), 호르몬(IBA, NAA)

3. 증산억제제

① 수분증발을 억제하여 잎마름, 화상, 풍상, 냉해 및 동해를 예방함
② 식재 부적기에 이식 시 수목의 몸살 완화 및 뿌리의 활착을 촉진함
③ 산성비 및 대기오염에 의한 피해를 줄여줌

④ 수목의 장기간 운반 시 건조에 의한 피해를 줄여줌
⑤ 사용방법 : 잎과 줄기에 분무기를 사용하며 피막이 형성됨
⑥ 사용범위 : 이식, 삽목, 장기간 수송 및 보관 시 사용
⑦ 종류 : 크라우드카바, 그리너

4. 시비

(1) 화목류의 시비

① 기비(밑거름)
㉠ 이른 봄 퇴비(우분, 돈분, 계분 등에 왕겨, 짚, 톱밥 등을 섞어 부숙시킨 것) 등 완효성 유기질 비료 1~2kg/m^2 이상 시비
㉡ 부족분은 질소, 인산, 칼리 각각 6g/m^2 화학비료 추가

② 추비(덧거름)
㉠ 꽃이나 열매가 관상 대상인 수목에 관상기가 끝난 후 수세 회복 위하여 실시함
㉡ 가을에 시비하는 추비에 질소질 비료가 많으면 내한성이 약해져서 동해를 받기 쉬우므로, 질소질이 적게 든 화학비료를 사용하는 것이 바람직함
㉢ 1회 시비량은 질소, 인산, 칼리 각각 10g/m^2 기준

(2) 일반 수목류의 시비

① 기비 : 유기질 비료를 늦가을 낙엽 후 땅 얼기 전인 10월 하순~11월 하순, 또는 2월 하순~3월 하순의 잎피기 전에 연 1회를 기준으로 사용

② 시비량
㉠ 관목 및 소교목류 : 5kg/년
㉡ 중교목류(수고 2.0m~4.0m) : 10kg/년
㉢ 대교목류(수고 4.0m 이상) : 20kg/년
㉣ 군식관목 : 10kg/년

③ 추비
㉠ 화학비료를 수목생장기인 4월 하순~6월 하순에 1회 사용하거나 2회로 분시
㉡ 시비량 및 시비방법은 여건에 따라 정함

5. 엽면시비

① 빠른 흡수

㉠ 생장이 빠른 기간 생육 초기~전성기에 효과적임

㉡ 잎이 시작한 후에 실시

㉢ 잎이 완전히 핀 후에 수간주입

② 생리작용이 활발한 어린잎이 성엽보다 흡수가 빠르며, 잎의 뒷면(기공부위)이 흡수력 높음

③ 병해충에 대한 저항성 높이기 위해 작물보호제나 다른 영양제들과 함께 공급

④ 뿌리가 장애(이식, 절제)를 받은 경우 토양시비가 작업상 곤란함

⑤ 굴취하여 이식 후 부족한 성분을 조기에 공급해 생리장애(위조, 탈수)로부터 빠른 회복 가능

⑥ 전착제 시용은 가급적 억제함

⑦ 시기는 잎에 탄수화물의 축적이 많고 요소의 동화에 좋은 때인 바람이 없는 날 아침이나 저녁이 좋음

6. 쇠조임(bracing)

① 쇠막대기를 이용해 수간이나 가지를 관통시켜 약한 분지점을 보완하거나 찢어진 곳을 봉합하는 작업

② 쇠조임은 여러 가지 재료를 쓸 수 있으나 그중에서 가장 튼튼한 방법은 줄기에 구멍을 뚫고 쇠막대기형의 볼트와 너트로 고정하는 것

③ 줄기가 좁은 각도로 분지돼 있는 경우 두 줄기의 직경이 굵어지면서 팽창압력에 의해 갈라진 곳(분지점)이 찢어지기 쉬우며, 이때 조임쇠를 가지가 갈라진 곳 바로 아랫부분에 수평으로 실시

④ 구멍이 너무 크면 빗물이 스며들기 때문에 쇠막대기가 꼭 맞을 만큼의 구멍만 있어야 하며, 너트로 한쪽 끝을 고정할 때 워셔를 이중으로 씀

⑤ 수피를 필요한 만큼 원형으로 벗겨내고 형성층 안쪽의 목질부까지 깊이 너트를 박아 넣음

⑥ 설치 후 형성층의 조직이 자라 너트를 완전히 감싸게 되므로 수목에 해가 되지 않음

⑦ 가지가 굵거나 이미 찢어져 봉합하고자 할 때에는 한 개의 조임쇠로 부족하므로 윗부분에 2개를 추가로 설치하는 것이 좋음

⑧ 아래와 위 조임쇠 간의 거리를 가지 직경의 2배로 하는 것이 역학적으로 가장 튼튼함

7. 줄당김

① 줄당김은 꼬아 만든 굵은 철사를 이용하여 가지와 가지 사이 혹은 가지와 수간 사이를 서로 붙들어 매 줌으로써 구조적으로 보강하는 작업
② 줄당김을 실시하기 전에 하중을 줄일 수 있도록 가지치기를 통해 수형을 바로잡을 수 있는지를 먼저 검토해야 함
③ 가지치기가 끝나면 보강하려는 가지의 크기와 각도, 분지점, 부패 정도를 고려하여 가장 효율적인 줄당김 형태를 결정함
④ 처지는 가지를 수간에 붙들어 매는 것
⑤ 가지와 당김줄의 각도를 45° 이상 위쪽에 매야 안전함
⑥ 수간이 지제부에서 여러 개로 갈라져 있는 상태에서 밖으로 기울어지려고 할 때는 수간끼리 서로 의지하도록 수평으로 연결함
⑦ 당김줄을 설치할 때 충분한 하중을 실어 주기 위해서는 가지나 줄기에 견고하게 연결함(가지의 직경은 굵어지므로 당김줄을 가지 둘레에 단순하게 돌려 매는 것은 절대 금물)
⑧ 가지를 관통하여 쇠막대를 집어넣을 때 반대편 끝 고리볼트가 있는 쇠막대를 사용하고, 너트가 목질부에 묻히도록 깊숙이 넣어야 형성층이 자라서 유합조직을 만드는 데 방해가 되지 않음
⑨ 줄을 거는 고정 장치는 지지를 받는 가지의 위쪽 2/3 지점에 당김줄과 평행하게 설치함
⑩ 당김줄의 각도는 가지와 줄기가 이루는 각도를 이등분하는 선과 직각으로 만나도록 유지

8. 전정(가지치기)

① 수종별 고유의 수형유지, 수관 내 일조, 통풍 증대로 병충해 예방
② 가지의 도장 억제 및 수세의 균형 유지
③ 강풍, 강설에 의한 전도나 가지 꺾임 예방
④ 수관 상부의 지엽 솎음으로 하목 및 하초류 광선 공급
⑤ 생장 촉진을 위한 하지제거와 동해 방지를 위한 수관 조절
⑥ 갱신을 위해 묵은 가지를 잘라 내어 수세 회복을 위함
⑦ 개화, 결실 촉진을 위해 유실수의 화아나 엽아 형성을 촉진하고 해거리 조절
⑧ 수목 이식 시 단근작업으로 지상부의 증산량을 줄이고 적정한 T/R율을 유지하기 위함

⑨ 계절별 전정시기

계절	시기	특이 사항
겨울 전정	12~2월	• 해충, 각종병균의 피해 및 상처가 적음 • 불필요한 가지제거, 전체 수형정리가 쉬움 • 추위가 심한 경우는 상처를 통해 냉기가 스며들어 한해 발생 • 해빙기인 2~3월이 적합
봄 전정	3~5월	• 가지를 솎아 내거나 길이를 줄이는 정도 • 감탕나무, 녹나무 등 상록활엽수의 경우 해동의 전후가 적기 • 봄까지 마른 잎이 붙어 있는 참나무류의 경우 묵은 잎 떨어지고 새잎이 피어날 때가 적기 • 진달래, 철쭉, 목련 등 화목류는 낙화직후가 적기
여름 전정	6~8월	• 수광과 통풍이 불량, 병충해 발생과 도장지가 많이 발생하므로 이를 방지하기 위해 전정 • 비대생장 및 월동, 동화물질을 저장하는 시기로 강전정은 피하고(꼭 필요시 2~3회), 장지, 포복지, 맹아지 제거

⑩ 세부 전정시기

㉠ 온대지방의 수목은 발육기 피함

㉡ 낙엽수는 제2휴면기 시작 직전, 상록수는 반휴면기(신초 생장 직전)

㉢ 화목류는 꽃이 진 직후 (화아분화 형성 이전), 배롱나무, 무궁화, 금목서, 싸리나무 등은 다음해 화아분화, 다음해 봄에 실시

㉣ 굵은 가지 전정은 동계전정

㉤ 전정유형

유형	그림	내용
제거절단	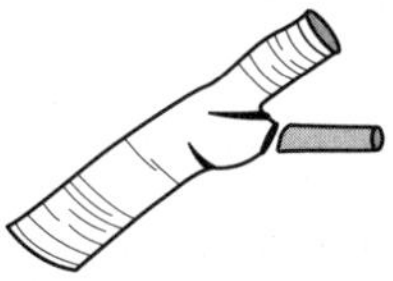	• 가지 수간이나 모지로부터 제거하는 절단 • 가지 깃의 바깥에서 가지 제거 • 수관 축소
축소절단	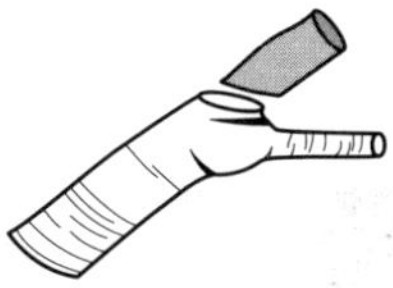	• 축지를 남기고 줄기나 모지를 제거(축지 절단) • 가지나 줄기 축소
두절	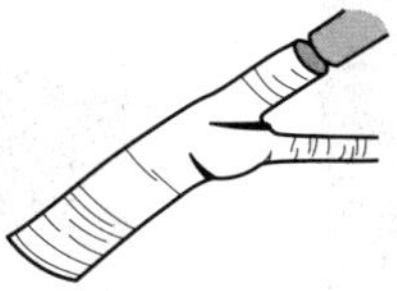	• 인접한 축지의 위치, 제거될 줄기나 가지의 굵기 고려치 않고 줄기나 가지의 길이 축소 • 다양한 피해 발생

㉥ 잔가지 전정하기 : 정아우세성은 옥신에 의해서 형성되므로, 눈 위치의 반대편까지 비스듬하게 하는 것이 실시하는 것이 원칙

ⓢ 굵은 가지 전정하기

- 수피 찢어지는 것을 방지, 가지의 하중을 먼저 제거
- 자연표적 가지치기 : 지피융기선과 지륭을 길잡이로 해서 지피융기선과 지륭이 잘려나가지 않도록 지피융기선의 상단부의 바로 바깥쪽에서 시작해서 지륭이 끝나는 지점을 향해 가지를 절단
- 지피융기선 : 줄기와 가지의 분기점에 주름살 모양의 융기된 부분지피융기선을 경계로 줄기조직과 가지조직이 갈라지는 경계선
- 지륭(가지밑살) : 가지를 지탱하기 위해 줄기조직으로부터 자라나온 가지의 하단부에 있는 약간 부어오른 듯한 불룩한 조직

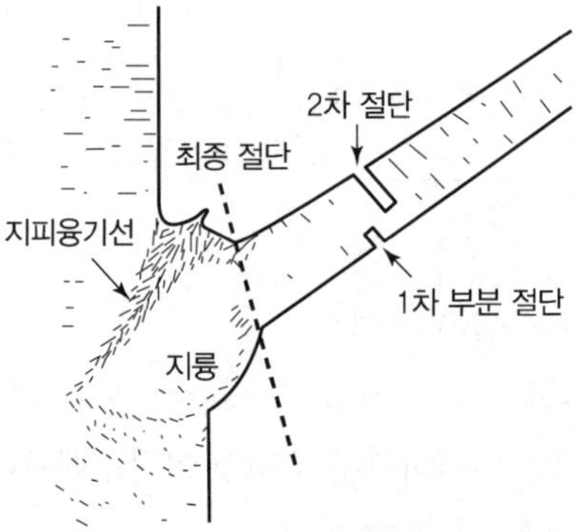

9. CODIT 법칙(Compartmentalization Of Decay In Trees)

① 1977년 미국 Shigo 박사가 제창한 "수목 부후의 구획화"

② 상처에 대한 나무의 자기방어기작

㉠ 상처를 입게 되면 재질 부후균 등 미생물의 침입을 봉쇄함

㉡ 감염된 조직의 확대를 최소화하기 위해 상처 주위에 여러 방향으로 화학적 또는 물리적 방어벽을 만들어 저항함

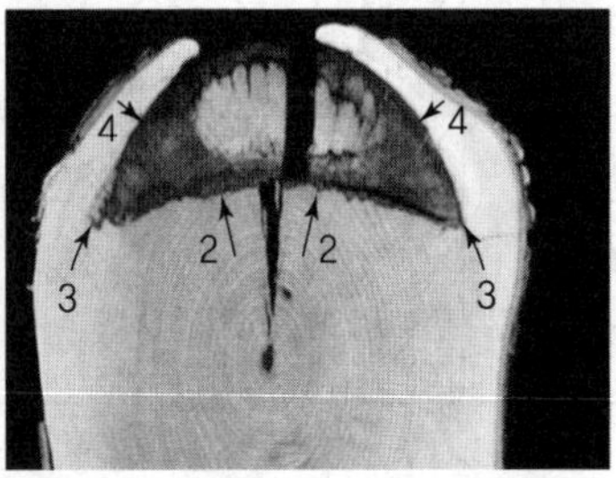

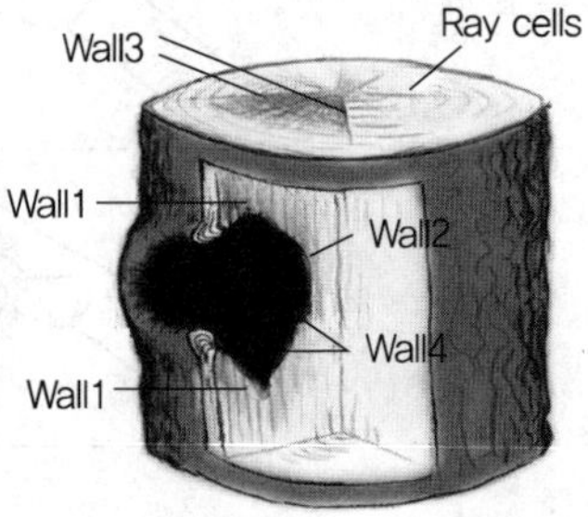

ⓒ Wall 1~4의 특징

- Wall 1 : 상처를 통해 침입하는 부후미생물이 목재의 상하로 확산되는 것을 막는 벽
- Wall 2 : 목재의 중심을 향해 안쪽으로 이동하는 부후유발 미생물의 전진을 억제하는 벽
- Wall 3 : 부후가수 간의 좌우 둘레로 퍼지지 않도록 저항하는 벽으로 형성층 바깥 사부에서부터 목재의 중심을 향해 뻗어 있는 방사조직이 맡고 있음
- Wall 4 : 상처로 인한 변색과 부후가 상처 발생 이후 새로이 만들어지는 조직으로 확산되는 것을 막는 가장 강력한 방어벽

10. 외과수술

① 고사지 및 쇠약지 제거

② 부패부 제거 : 고사 수피 및 노출 목질부 처리, 공동 속의 부패부 제거

③ 살균처리 : 공동 속의 부후균의 균사나 포자를 완전히 제거

④ 살충처리 : 해충살충, 침투이행성이 강한 살충제와 훈증 효과

⑤ 방부처리 : 공동 내 습기 발생 방지, 황산동과 중크롬산가리를 혼합해 사용

⑥ 공동충전 : 곤충, 빗물 이상 들어가지 않고 수간 지지력을 보완

⑦ 방수처리 : 수지, 접착력 좋고 조직 속 깊숙이 침투될 수 있는 것

⑧ 매트처리 : 인위적인 피해, 빗물, 병충해 등 침입방지하기 위해 매트(부직포류)를 재단하여 작은 못으로 고정해 피복

11. 뿌리외과수술

① 지상 20cm 이내에 잔뿌리를 확인하고, 잔뿌리가 나타나지 않으면 복토 가능성이 큼

② 굵은 뿌리에서 수피의 색이 붉은 갈색이면 살아 있는 뿌리이고, 검은색이면 죽은 뿌리임

③ 뿌리 중 살아 있는 부분을 찾아서 절단, 박피를 하여 새로운 뿌리의 발달을 촉진하고 토양개량을 함. 양료 흡수가 용이한 3~9월 사이에 실시함

④ 살아 있는 뿌리가 발견되면 손상되지 않도록 예리한 칼을 이용해 3cm 폭으로 벗기거나 7~10cm 길이로 부분 절단을 실시함

⑤ 직경이 작은 뿌리는 이보다 좁게 혹은 짧게 수피를 벗겨야 하며, 절단된 부분에는 발근촉진제인 옥신을 10~50ppm 분제로 조제하여 뿌려 주고 바세린이나 살균제를 발라줌

12. 수목위험평가와 관리

① 육안조사 : 명백한 결함, 특정상태 확인, 전반적 건강, 수관배치, 기울기, 초살도, 상처, 균열, 공동, 곰팡이, 지표면, 뿌리상태

② 정밀조사 : 장비의 비용과 유효성, 기술적 전문성, 생장추, 천공, 저항기록, 음향측정장치

③ 초살도 : 수고 · 흉고직경, 줄기나 가지가 아래쪽에서 위쪽으로 향하면서 가늘어지는 정도를 나타내며, 초살도가 높은 수목은 구조적으로 튼튼하여 강한 바람에도 잘 꺾이지 않음

④ 분지의 직경 비율과 각도 : 0.7 이하는 가지가 부러지기 쉽고, 0.7 이상은 연결부위가 찢어지기 쉬움

13. 수목관리 작업안전[하인리히 법칙(1 : 29 : 300)]

① 개인보호구 및 구급용구는 필수임

② 작업 전 안전원칙을 숙지하며 기계톱은 단독작업이지만, 산림현장에는 단독으로 접근하지 않도록 함

③ 작업에 필요한 안전거리는 작업자 사이에서는 최소 5m 이상 요구됨

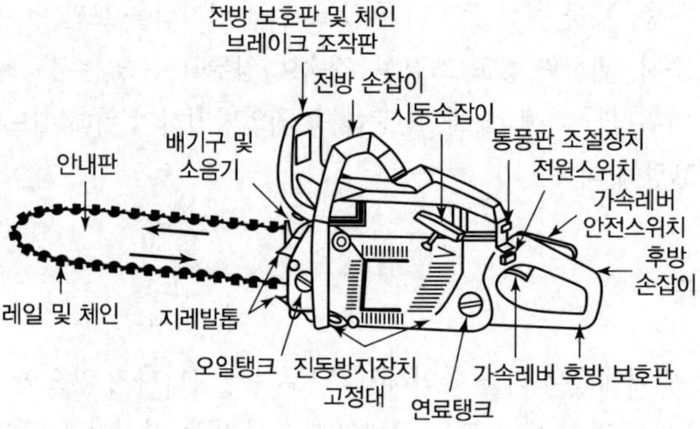

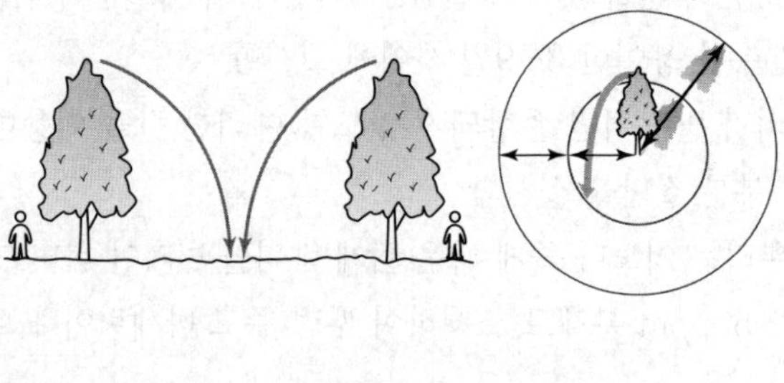

④ 반발(Kick back)

㉠ 기계톱의 톱날이 회전하고 있는 상태에서 안내판의 코 윗부분이 나무에 접촉될 경우, 갑자기 작업자 방향으로 기계톱의 톱날이 되튀는 현상

㉡ 작업현장에서는 일반적으로 킥백(Kick back)이라고 함

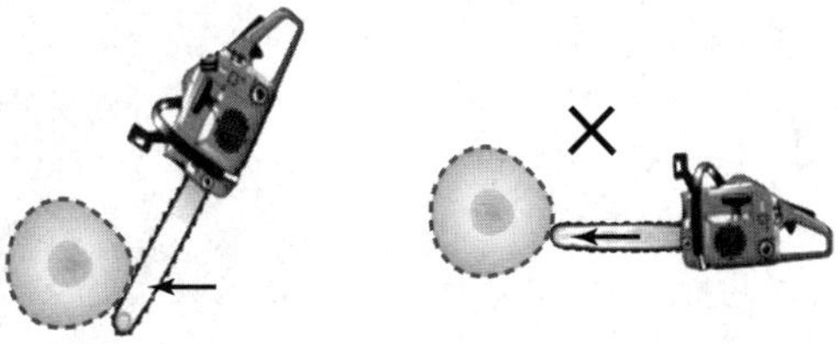

적절한 접근 방법　　　안내판 코 윗부분 접근 절대금지

⑤ 브레이크밴드의 손상 여부 점검
  ㉠ 체인브레이크와 클러치 드럼사이에 톱밥, 송진 및 먼지 등을 털어냄
  ㉡ 먼지나 마모가 체인브레이크의 작동을 둔화시킬 수 있음
  ㉢ 체인브레이크밴드가 마모되지 않았는지(최소 0.6mm 이상) 정기적으로 점검
  ㉣ 전방 손 보호가드 작동 점검 : 밀고 당겨서 클러치커버가 제대로 작동하는지 확인
  ㉤ 관성브레이크 작동 점검 : 가이드바가 그루터기에 부딪히는 순간에 브레이크가 작동되어야 정상
  ㉥ 체인잡이 손상되지 않고 톱의 몸체에 잘 부착되어 있는가를 점검

PART 05 수목관리학

CHAPTER 03

비생물적 피해

1. 비생물적(비전염성) 피해의 개요

① 생물적 병 : 병원체에 의해 발병(곰팡이, 세균, 바이러스, 파이토플라스마, 원생동물, 선충, 기생식물)

② 비생물적 병 : 병원체를 제외한 나머지 요인에 의한 병

㉠ 수목의 열악한 도시환경에 노출, 도시의 토양환경, 국지적 기상상태, 대기오염, 자동차와 인간에 의한 교란 등으로 정상적인 수목생장에 불리함

㉡ 적지적수 및 예방과 정기적인 관리와 점검으로 피해를 줄임

㉢ 기후(고온, 저온, 건조, 습해, 바람), 토양(배수, 통기, 답압), 화학적 성질(영양결핍, 극단적인 산도 등)등에 의해 발생함

2. 수목병 진단

수목병 진단은 피해증상에 의한 원인 규명하는 것으로 다음과 같은 요인을 확인한다.

① 피해목 : 수종명, 수령, 크기, 과거 3년간 가지의 생장량, 이웃나무의 발병 상황, 해충 여부

② 증상 : 발병부위, 발병 시기, 병징(잎, 눈, 가지, 수간, 뿌리)

③ 생육환경 : 위치, 대기오염 상태, 주변 상황

④ 관리역사 : 식재년도, 지난 1주간, 1년간, 3년간

⑤ 토양조사 : 토성, 투수성, 견밀도, 표토의 포장, 멀칭여부, 물리 · 화학적 분석

⑥ 기상조사 : 전년도, 최근 기후

⑦ 엽분석 : 무기영양함량을 조사하는 것으로, 7~8월 가지의 중간 잎을 조사함

3. 영양결핍 진단

① 영압결핍 : 조직 내 무기양료 부족, 양료요구도 낮음

② 무기양분의 이동성

이동성	양료(원소)의 종류	먼저 나타나는 조직
쉽게 이동	질소, 인, 칼륨, 마그네슘	성숙잎, 성숙조직
중간 정도	황, 아연, 망간, 구리, 몰리브덴	어린잎, 성숙잎, 가지
극히 안 됨	칼슘, 철, 붕소	어린잎, 어린가지, 어린열매

③ 시비 실험 : 의심되는 결핍원소를 엽면시비 후 결핍증상이 없어지는지를 관찰(철분 결핍 염화철 $FeCl_3$: 0.1% 용액을 뿌려 봄)

④ 토양분석 : 지표면 10cm 깊이에서 토양을 채취하여 유효양료의 함량을 측정

⑤ 엽분석

㉠ 가지의 중간부위에서 성숙한 잎을 채취하여 무기양료 함량 분석

㉡ 봄 잎은 6월 중순, 여름 잎은 8월 중순, 엽분석을 할 수목 5~10주 선정하며 그루당 5~10매 채취함

⑥ 결핍증상 : 영양결핍 현상은 우선 잎에 나타남

㉠ 잎 : 황화현상(질소, 인, 칼륨, 황), 가장자리 변색(마그네슘), 괴사, 백화현상, 큰 반점, 작은 반점, 불규칙한 얼룩반점, 비틀림, 타죽음, 낙엽현상, 엽맥은 녹색유지 조직만 황색(칼륨, 철, 망간)

㉡ 가지 : 로제트형(rosette : 마디의 생장이 안 되어 잎이 촘촘히 붙어 있는 상태), 왜성형, 고사, 변색현상 등

㉢ 열매 : 기형, 변색, 왜소화

4. 영양결핍의 치료

① 모든 원소는 토양이 산성화될수록 토양 내에서 불용성으로 존재, 결핍현상이 나타남(Fe 제외)

② 알카리성 토양에서 Fe의 결핍이 자주 나타남

③ 아연, 구리, 몰리브덴의 결핍은 수목에서 거의 관찰되지 않음

④ 대량원소(질소, 인, 칼륨, 칼슘, 마그네슘, 황)와 철, 붕소 등 8개 양료를 대상으로 영양결핍 진단하고 치료함

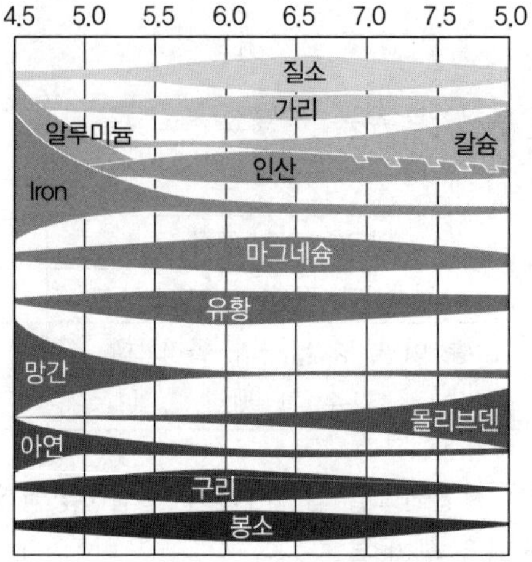

⑤ 토양 pH와 양분 유효도

㉠ pH가 7(6.5~7)부근에서는 영양분의 흡수율이 증가함

㉡ pH 7이 넘게 되면 Fe, Mn, Cu, Zn, B 등의 필수영양소들은 흡수율이 감소하는데, 반대로 Mo만은 그 유효도가 증가

㉢ 사질토양에 다량의 석회가 시용되었을 경우에는 Fe, Mn, Cu, Zn, B의 결핍을 초래함

㉣ 유효태 인산은 점점 산성토양이 될수록 유효도가 매우 적어짐(Al과 Fe와 결합)

⑥ 양분 사이의 상호작용

㉠ 길항작용 : 상대이온의 흡수를 억제(Fe－Mn, Cu－Zn, Cu－Fe)

㉡ 상호작용 : 상대이온의 흡수를 촉진(N－P, P－Mg)

⑦ 토양상태를 결정하는 인자

물리성	자연 비옥도	양분의 풍부	장해성
입경분포(토성) 토양구조 및 경도 자갈함유량 삼상조성 가비중(용적중) 투수성 수분 보수력	pH(H_2O) pH(KCl) 치환산도 양이온치환용량 부식 C/N ratio 인산흡수력	암모니아태질소 초산태질소 유효태 인산 치환성 칼슘 치환성 마그네슘 치환성 칼륨	전기전도도 염분 유산이온 치환성알루미늄

5. 고온피해(엽소와 피소)

(1) 엽소현상

① 잎이 열에 의한 높은 증산작용으로 탈수상태가 되어 잎의 가장자리가 누렇게 타는 현상
② 예민한 수종 : 단풍, 층층, 물푸레나무, 칠엽수, 느릅나무
③ 한대성 수종 : 주목, 잣나무, 전나무, 자작나무 등
④ 엽소방지 방법 : 통풍 도모, 기온상승 시 관수, 유기물 멀칭

(2) 피소현상

① 햇빛이 강하면 수간의 남서쪽 수피가 열에 의해 피해를 입는 현상
② 밀식 재배하던 수목을 이식, 단독으로 식재한 경우
③ 수피가 얇은 벚나무, 단풍나무, 목련, 매화나무, 물푸레, 배롱나무 등
④ 피소방지 방법 : 여름철 관수, 수피를 녹화마대로 싸주거나 흰색도포제(석회유) 도포, 아스팔트 대신 유기물로 멀칭함

6. 저온피해(만상과 조상)

(1) 만상(늦서리)

① 4월 말 야간 온도가 영하 시 서리에 의해 봄에 나온 새순, 잎, 꽃이 시듦
② 활엽수 : 잎이 검은색 변색(목련, 튤립나무, 모과, 단풍, 철쭉)
③ 침엽수 : 붉은색으로 변색 후 고사(주목)

(2) 조상(첫서리)

① 따뜻한 가을 날씨가 계속되다가 갑자기 첫 서리가 내리는 경우 조상의 피해가 만상보다 심함(내한성을 가지고 있지 않기 때문)

② 조상방지 방법
㉠ 늦여름 시비를 자제함
㉡ 가을생장 정지시킴
㉢ 서리 오기 전 스프링클러에 의한 관수

7. 저온피해(냉해와 동해)

(1) 냉해

① 생육기간 중에 빙점 이상의 온도에서 나타나는 저온의 피해
② 온대지방의 사과나무 0~4°에서 피해
③ 작물의 체내 이온농도가 높으면 어는점이 내려가 저온에 강하게 되며 특히 질소와 칼륨의 양이 중요
④ 지질조성의 변화, 구성 지방산의 불포화도 증가, sucrose(설탕) 등의 당성분 및 단백질의 수체 및 초체 내의 축적
⑤ 세포 밖 공간의 얼음과 주변 세포벽 또는 원형질막과의 직접 접촉에 의한 손상을 막기 위해서 세포 밖 공간에 당 등의 함량을 높이는 일도 저온순화기간에 일어남

(2) 동해

① 기온이 빙점 이하로 내려갈 때 나타나는 식물의 피해
② 식물이 순화되지 않은 상태에서 빙점에 노출될 경우 피해를 입음
③ 상록활엽수의 경우 잎의 끝과 가장자리 괴사 갈색을 띔
④ 내한성 원리 : 체내물질 생성으로 세포 내 빙점 낮춤
⑤ 내한성 큰 수목 : 자작, 오리, 사시, 버드나무류, 소나무류
⑥ 내한성 약한 수목 : 삼나무, 편백, 해송, 금송, 히말라야시다, 배롱나무, 피라칸다, 자목련, 사철나무, 가이즈까향나무, 능소화, 오동나무
⑦ 동해방지 방법 : 건강하고 충분한 햇빛, 방풍림, 짚, 유기물

(3) 상열

① 수간이 동결하는 과정에서 바깥쪽의 변재 부위가 안쪽에 단열되어 있는 심재부위보다 더 심하게 수축함으로써, 두 부위 간에 수축의 불균형이 생기는 장력으로 종축(수직)방향으로 갈라지는 현상
② 상열 위치 : 온도차가 많은 남서쪽

(4) 동계건조

① 늦은 겨울~이른 봄에 날씨가 따뜻해지면 기온은 쉽게 상승하지만 토양은 얼어 있는 상태
② 상록수는 증산작용으로 많은 수분이 필요하나 토양이 얼어 수분흡수가 원만하지 못해 말라 죽는 현상 발생
③ 증상은 피해 즉시 나타나지 않고 토양이 녹은 후 수관전체가 적갈색으로 변하면서 고사함

④ 동계건조방지 방법

㉠ 방풍림을 설치

㉡ 토양의 배수상태 양호 유지

㉢ 기온 상승 시 해토가 빨리 되도록 유도

㉣ 증산억제제 살포

㉤ 지표면의 멀칭재

8. 풍해

① 적절한 바람은 수목의 뿌리발달과 나무 밑동의 생장을 촉진하고 수고생장 감소

② 풍해는 바람에 의해 발생하는 물리적 · 생리적 피해

③ 강풍에 의한 피해 : 활엽수보다 인장강도가 약한 침엽수가 큼

④ 천근성 : 바람에 약함(가문비, 낙엽송)

⑤ 바람의 피해를 받는 나무

㉠ 수관이 빽빽하거나 가지의 각도가 넓거나 좁은 경우

㉡ 병든 가지, 수간에 공동을 가진 경우

⑥ 풍해방지 방법 : 주기적인 가지치기, 수관의 크기 작게 유지, 초살도 높임

9. 낙뢰피해

① 위치와 장소에 따른 낙뢰피해

㉠ 홀로 자라거나 모여 있는 나무 중 수고가 가장 높은 나무

㉡ 가장자리나 물가에서 자라는 나무

② 체내 구성성분과 수피의 특징에 따른 낙뢰피해 차이

㉠ 낙뢰피해 많은 나무 : 참나무, 느릅나무, 소나무, 튤립나무, 포플러, 물푸레나무, 단풍나무, 백합나무, 야자수, 사시나무, 아까시나무

㉡ 낙뢰 피해 적은 나무 : 자작나무, 마로니에, 너도밤나무

③ 낙뢰피해가 발생한 경우

㉠ 낙뢰에 의해 노출된 상처는 부직포나 비닐로 덮어 건조 방지

㉡ 영양물질의 이동과 저장을 담당하는 방사조직(원형질)이 파괴되어 형성층에서 세포분열에 필요한 영양원으로 활용되지 못하여 성장이 저하되고 서서히 고사함

④ 감수성(피해 발생이 많은 조건)
㉠ 심근성 교목 부후진행수목 > 천근성 건강한 수목
㉡ 전분이 많은 수목 > 기름이 많은 수목
㉢ 깊게 갈라진 수피 > 매끈한 수피

⑤ 낙뢰피해방지 방법 : 피뢰 시스템
㉠ 직경 1cm 정도의 동선으로 피뢰침 설치
㉡ 설치 기준 : 돌침, 구리전선, 접지막대 등으로 설치
㉢ 유지관리
- 휴면기 점검 : 손상 여부, 동침 높이 적정 여부
- 돌침 : 생장을 고려해 2~3년마다 높여 줌
- 구리전선 : 90° 이하 급격하게 휘지 않도록 주의

10. 건조피해

① 건조기간이 계속돼 토양수분이 부족하면 생리적으로 세포의 수분 결핍으로 생육이 억제되거나 고사함
② 수간, 가지, 잎으로부터의 증산량(수분의 지출)과 뿌리로부터의 흡수량(수분의 수입)의 균형이 깨지면 나타나는 현상
③ 입목의 가뭄피해는 진행 속도가 느림
④ 토양수분의 감소 정도가 가벼운 경우에는 잎이 시들거나 생장 저하
⑤ 과도할 경우에는 잎이 변색되거나 고사
⑥ 잎은 피해 후에도 상당히 긴 기간 녹색을 띠는데 줄기나 가지의 끝부터 뿌리까지 살아 있는 상태이고, 박피해를 보면 새하얀 빛을 띰(동해는 갈색)
⑦ 가뭄피해는 활착이 불충분한 식재당년의 어린 나무에 발생하기 쉬움
⑧ 식재 후 2년 이상 경과하면 거의 발생하지 않음
⑨ 생리적으로 우량한 건전묘식재는 지표가 건조한 경우에도 깊게 심으면 유효함
⑩ 일반적인 식재방법은 묘목 지상부의 1/4을 땅 속에 들어가도록 식재하고, 건조지 또는 건조 시기에는 1/3까지 깊게 식재함
⑪ 특히 실생 2년생 산출묘는 근계가 가늘며 뿌리를 얕게 확장하므로 식재당년은 내건성이 약해 피해가 발생함
⑫ 식재 후 가뭄피해를 받기 쉬운 묘목의 형질은 간장이 길고 뿌리 용적이 작으며, 근원경이 작은 도장묘나 T/R율이 높음

⑬ 환경 조건의 완화에 의한 대책

㉠ 보잔목 및 보호수대 설치 : 기상 환경 조절 기능이 크고 기상 재해 방지 효과가 크며 조림지의 어린 나무를 보호하고 임지의 이상건조를 조절함

㉡ 산지에서의 기상 환경 조절과 기상 재해 방지 효과

㉢ 조림지의 어린 나무를 보호하고 임지의 이상건조를 조절

㉣ 풍속을 조절하며 그늘을 만들어 주어 임지에서의 증발산량을 작게 하고, 토양 표면을 낙엽이나 키가 작은 초본류 및 지피물 등으로 피복함 → 보잔목 및 보호수대의 역할

⑭ 식혈부근의 토양 표면을 낙엽, 초본류로 피복하여 토양 수분 증발 억제

㉠ 초본류를 지피물로서 활용하는 경우에는 초본 자체가 증산하므로 나지보다 증발산량이 큼

㉡ 이상 건조인 해에는 밑풀깎기를 조기에 실시하여 토양 수분의 손실을 방지함

⑮ 내건성 대한 수종별 저항성

내건성	침엽수	활엽수
높음	곰솔, 노간주나무, 눈향, 소나무, 섬잣, 향나무	가죽나무, 물오리, 보리수, 사시, 사철, 아까시나무, 호랑가시, 회화나무
낮음	낙우송, 삼나무	느릅나무, 능수버들, 단풍, 동백, 마로니에, 물푸레, 주엽나무, 층층나무, 황매화

11. 과습피해

① 지하수위가 높아 토양이 과습하면 수목생장이 불량함

② 습하면 엽병이 노랗게 변하고 잎이 마르고 어린가지가 고사함

③ 부득이한 경우 과습에 잘 견디는 수종으로 선정하여 식재

④ 공기부족으로 뿌리가 호흡장해를 받음으로써 토양 내 무기양분(N, P, K, Ca, Mg 등)의 흡수능력 저하

⑤ 과습한 토양에 대한 수종별 저항성

저항성	침엽수	활엽수
높음	낙우송	단풍나무류(은단풍, 네군도), 물푸레, 미국느릅나무, 버드나무류, 버즘나무류, 오리나무, 주엽나무, 포플러류
낮음	가문비, 서양측백, 소나무, 전나무, 주목, 해송, 향나무류	단풍나무류(설탕, 노르웨이), 벚나무류, 사시나무류, 아까시나무, 자작

⑥ 여름철 과습한 토양에 강 일광으로 지온이 상승할 경우 메탄가스, 질소가스, 이산화탄소가 발생하여 토양 내의 산소가 고갈됨

⑦ 토양미생물에 의하여 철(Fe^{++}), 망간(Mn^{++}) 등의 환원성 유해물질이 생성되어 피해 발생

⑧ 과습토양에서 장마 뒤 3~4일 무더위가 계속될 경우 뿌리 기능 장해로 나무가 급작스럽게 붉게 변하며 말라 죽음
⑨ 초기증상 : 엽병이 누렇게 변하면서 잎이 마르고 어린가지가 고사함. 겨울철 동해에도 약함
⑩ 만성적증상 : 수관상부의 가지 끝부터 서서히 죽어 내려오면서 수관 축소
⑪ 과습피해방지 방법 : 명거배수 및 암거배수, 모래 첨가, 5일 이내 물을 배수함

12. 염해

① 바닷가의 토양에 염분이 많거나, 겨울철 노면에 살포되는 염화칼슘에 의한 피해 발생
② 해빙이 되는 봄철에 급속한 잎의 탈수 현상
③ 광합성 기능 저해로 수세가 급격히 약화됨
④ 토양에 스며든 염화칼슘은 물리 · 화학적으로 불량하게 해 pH를 알칼리화, 배수불량 등 피해 및 뿌리의 모든 기능을 저하
⑤ 초기 증상은 생장감소와 조기낙엽
㉠ 활엽수 : 잎의 가장자리가 타들어가고 심하면 낙엽이 짐
㉡ 침엽수 : 겨울철에 잎의 끝 부분부터 괴사현상
⑥ 염해에 강한 수종 : 낙우송, 칠엽수, 가죽나무, 보리수, 주엽, 버즘단풍, 양버들, 루브라참나무
⑦ 방지법
㉠ 즉시 물로 씻어내고 충분한 관수
㉡ 잎에 증산억제제, 토양에 활성탄을 넣어 소금을 흡착함
⑧ 바닷가 및 임해매립지 조경에는 반드시 내염성 있는 수목으로 식재해야 함

13. 답압

① 사람, 장비에 의해 표토가 다져져 견밀화되는 토양경화 현상
② 배수가 잘 안 되고 통기성이 나빠져 수목생장 불량
③ 깊게는 토심 30cm 이상까지 영향을 미치며, 이 때문에 표층 0~4cm에서 용적밀도가 급격히 증가함
④ 대공극은 현저히 줄어 공기와 물의 유동이 곤란한 토양 조건임
⑤ 공극량의 감소는 통기성과 투수성의 저하로 이어지고 이는 다시 토양의 양분 및 수분 저장능력 상실
⑥ 기존 토양이 경화돼 토양 공극이 감소하고 수분과 산소 공급을 어렵게 해 수세가 약화됨
⑦ 증세 : 장기적으로 서서히 나타남. 가지 생장 저조, 잎의 왜소화, 가지 끝의 점진적 고사(토양의 과습피해와 흡사)

⑧ 개량법 : 천공 후 다공성 물질 투입(모래, 유기물, 질석) 도랑치기, 멀칭, 동력 오가로 직경 5cm 구멍을 30cm 깊이로 뚫음

14. 복토

① 5cm 이상의 복토는 수목에 피해, 세근의 90% 이상이 표토 20cm 이내에 분포
② 뿌리의 기능 : 호흡 기능, 흡수 기능, 생장 기능, 저장 기능, 지지 기능이 있음
③ 뿌리 기능의 쇠약 원인 : 주위의 물리적인 토양 환경 변화와 뿌리썩음병과 같은 전염성 토양 장애로 인해 주요 기능인 호흡 작용과 흡수 작용에 이상이 발생
④ 포장 공사 : 뿌리 조사 및 뿌리 수술 없이 도로나 인도 등의 포장 공사를 진행하면 기존 뿌리가 훼손되어 수세가 급격히 나빠짐
⑤ 주변 지피, 초본, 관목의 과다한 번식은 대상 수목과 물리적인 공간, 수분, 양분의 경합으로 뿌리 발달을 약화시킴
⑥ 토양 공극에 물이 차게 되면 수분, 산소 공급이 원활하지 않아 뿌리가 부패 및 토양 온도의 저하로 뿌리의 흡수 기능이 원활하지 않아 수세가 급격히 약화됨

15. 산불

① 낙엽과 생물량의 연소과정에서 방출되는 양이온 때문에 산불 직후 토양의 pH 증가
② 소나무림 산화지에서는 비산화지의 토양 pH가 4.5~4.9이었는데 비해 수관화지역의 토양 pH는 6.4로 증가
③ 특히 칼륨과 칼슘의 증가가 두드러짐. 동일한 산화지에서 수관화지소의 칼슘함량은 인접한 비산화지에 비해 8배나 증가
④ 산화지의 칼슘과 마그네슘 함량은 비산화지에 비해 2배 이상 증가
⑤ 암모니아태질소의 함량도 비산화지에 비해 5배 이상 증가
⑥ 유효인 함량도 3배 이상 증가
⑦ 생성된 검은색의 재는 햇빛을 효율적으로 흡수하기 때문에, 토양의 온도가 상승하여 표층토의 수분함량이 감소함

수관화	• 나무의 수관에서 수관으로 번지는 불 • 잎까지 전부 탐, 전부 죽게 됨 • 진화하기 어렵고 큰소실을 가져오는 불 • 바람이 부는 방향으로 V자형으로 뻗어감
수간화	• 나무의 줄기가 타는 불 • 줄기를 그을음, 일부 살 수 있음 • 수간화는 불꽃을 공중에 비산시켜(나무의 공동부가 굴뚝작용) 수관화와 지표화를 일으킴

지표화	• 낙엽과 지피물, 지상관목층, 치수 등이 피해이며 가장 흔한 산불 • 숲 바닥, 낙엽만 태우는 것 • 바람부는 방향으로 타원형으로 확산됨
지중화	• 땅속에 있는 연료가 타는 것(조부식층의 하부와 부식층이 타는 불) • 진화하기 까다로운 불 • 이탄층, 땅속 유기물을 태우며 몇 달간 불끄기 어려움

CHAPTER 04

농약학 개론

1. 농약관리법에서의 농약

① 농작물과 임산물을 해하는 병 · 충 · 기타 동 · 식물의 방제에 사용하는 살균제 · 살충제 · 제초제를 말함
② 농림산물에 직접 영향을 끼치는 약제, 기타 농림수산부장관이 지정하는 약제
③ 살균제, 살충제, 살비제, 살선충제, 제초제, 식물생장조절제, 유인제, 기피제, 보조제 등이 해당됨

2. 농약의 명칭

① 화학명 : IUPA나 CA, 화합물이 가지는 공통 구조에서 유래됨
② 일반명
㉠ ISO, BSI, ANSI에서 승인, 채용되어 국제적 통용됨
㉡ 모핵화합물의 기본구조를 암시, 단순화시킨 것(mancozeb)

③ 품목명
㉠ 농림수산부(KMAF)에서 농약의 제제화와 관련하여 붙여진 이름
㉡ 영문의 일반명을 한글로 표시하고 뒤에 제형을 붙임(만코제브유제, 수화제)

④ 상품명
㉠ 농약 제조회사에서 붙인 이름
㉡ 제조회사에 따라 조제처방이 다름
㉢ 일반적으로 여러 가지 상품명으로 판매됨

⑤ 시험명
㉠ 농약 개발회사의 약자임
㉡ 약종의 상징문자에 선택번호를 부여하여 농약개발 기간 동안 사용함
예 • 화학명 : 1,1′−dimethyl−4,4′−bipyridinium
• 일반명 : paraquat dichloride
• 품목명 : 패러콰 디클로라이드 액제
• 상품명 : 제조사에 따라 그라목손인티온, 뉴속사포, 파라손명

3. 사용목적에 따른 농약 분류

(1) 살충제

① 식독제 : 소화중독제, 입(유기인계, 카바메이트계, BT제)
② 접촉제 : 직접접촉제, 잔효성접촉제(대부분 살충제가 이에 해당됨)
③ 침투성 살충제 : 식물을 걸쳐 흡즙해충의 선택적 작용, 효력 지속, 천적 살해 없음, 잔류성 위험 없음
④ 유인제 : 유인하여 살멸함
⑤ 기피제 : 접근하지 못하게 함
⑥ 불임화제 : 해충의 생식기관의 발육 저해, 알 또는 정충의 생식능력을 없앰

(2) 살균제

① 보호살균제 : 병 발생 이전에 예방 목적으로 사용하므로 약효 지속시간이 김. 부착성+고착성(보르도액)
② 직접살균제 : 병원균 살멸(침투성약제)
③ 종자소독제, 토양살균제, 과실방부제

(3) 제초제

① 선택적(2.4-D) 제초제와 비선택적 제초제가 있음
② 작용기작 : 광합성 저해, 광활성화 독물생산, 산화적인 산화 저해, 식물호르몬 작용 저해, 단백질 생합성 저해
③ 사용시기 : 발아전처리, 발아후처리

(4) 보조제

① 계면활성제 : 동일 분자 내에 친수성기와 소수성기를 갖고, 계면(기체-액체, 액체-액체, 액체-고체)의 성질을 바꾸는 효과가 큰 물질
㉠ 습윤작용, 분산작용, 침투작용, 세정작용, 고착작용 등이 있음
㉡ 음성이온성, 양성이온성, 비이온성 및 양성이온성의 4종류가 있음
㉢ 농약제재에는 음성이온성과 비이온성이 쓰임
㉣ 최대의 역할은 주성분과 물과의 사이에 개재하여 주성분을 보다 작은 알맹이 상태로 부유시키는 일
㉤ 주성분끼리 집합-단결을 방지함

② 용제 : 농약의 유효성분을 녹이는데 쓰이는 약재로, 다른 보조제를 잘 녹이지만 유효성분은 분해시키지 않아야 함
㉠ 작물에 약해를 일으키지 않는 용매류
㉡ 탄화수소류, 할로겐화탄화수소, 알코올류, 케톤류, 에테르류, 아미드류 등

③ 고체증량제
㉠ 입제, 분제 등 고형제등의 조제에 쓰여지는 무기광물 성분
㉡ 규조토, 활석, 산성백토, 석회분말, kaolin, bentonite 등

④ 기타 보조제
㉠ 고착제 : 유효성분이 작물에 잘 부착하게 함(casein, gelatin, 아교, 고무질수지, polyvinyl alcohol 등)
㉡ 안정제 : 농약의 저장 중 또는 살포 후에 유효성분이 분해하는 것을 방지함(방향족 아민류, 고급지방산 등)
㉢ 분사제 : 연무제 제제에 있어서 분무의 압력을 주기 위해 쓰이는 물질

4. 농약제재의 분류

(1) 액체시용제

① 유제(EC)
㉠ 주제의 성질이 지용성으로 물에 녹지 않을 때 이것을 유기용매에 녹여 유화제를 첨가한 용액
㉡ 사용 시 다량의 물에 희석하여 안전한 유탁액으로 한 다음, 분무기를 사용하여 살포함

② 액제(liquid) : 주제가 수용성으로 가수분해의 우려가 없는 경우, 주제를 물에 녹이고 동결방지제를 가하여 제제화한 것
③ 수용제(SP) : 수용성의 유효성분(10% 이상 물 용해성이 있어야 됨)을 수용성인 증량제로 희석, 분상 또는 입상의 고체로 제제화한 것이며, 물에 용해시켜 사용함
④ 수화제(WP)
㉠ 물에 녹지 않는 주제를 Kaolin, bentonite 등의 점토광물과 계면활성제, 분산제를 배합, 혼합 분쇄 제제화, 미분말이 수중에 분산한 현탁액 형태로 사용함
㉡ 증량제는 pH가 중성인 점토광물, 활석분 등
㉢ 가장 많이 사용되는 것은 점토광물인 kaolin, montmorillonite 등과 talc의 혼합 사용

⑤ 플로우어블제(flowable)
㉠ 용제에 녹기 어려운 고체의 유효성분을 액제화한 것
㉡ 유효성분을 물에 분산시킨 현탁 액제임

⑥ 미량살포제(ultra low volume spray)

㉠ 유효성분을 ellosolve 등의 용제에 녹여서(60% 이상) 조제한 제제, 미량 살포에 적합하도록 조제한 것

㉡ 현재는 공중살포에 사용됨

(2) 고형시용제

① 분제

㉠ 유효성분을 talc, 점토광물 등의 고체증량제와 소량의 보조제를 혼합 분쇄한 미분말

㉡ 유효성분의 농도는 1~5%, 살충, 살균제, 입도는 250~300mesh 이상, 44μm 이하

㉢ 대기 중으로의 표류비산이 문제이므로 표류비산이 적은 다른 제제로 교체되어가고 있음

② DL 분제 : 매우 가는 10μm 이하의 미분의 분제를 제거하여 20~30μm의 부분이 중심으로 된 새로운 형태

③ 플로어더스트제(Flow Dust ; FD)

㉠ 미분쇄로된 분제(평균입경 2μm), 시설재배에 병해충 방제를 목적으로 개발됨

㉡ 농약의 미립자가 시설 내에 장시간 부유하고 균일하게 확산됨

㉢ 보통분제의 약 10배 농도의 성분을 함유하는 고농도의 미분제

④ 입제(Granule ; G)

㉠ 유효성분을 담체인 고체증량제와 혼합분쇄, 보조제로서 고결제, 안정제, 계면활성제를 가해 입상으로 성형함

㉡ 입상으로 담체에 유효성분을 0.25~1.5mm 정도 피복(압출조립법, 흡착법, 피막법 등이 있음)

㉢ 입제의 장단점

- 장점 : 살포 용이, 표류비산이 적어서 환경에 대한 안정성이 높음
- 단점 : 다른 제형에 비하여 많은 양의 농약 주성분이 투여되어야 하며, 생산단가가 비쌈

⑤ 미립제(F, MG, FG) : 분제의 결점인 표류비산을 적게 넣을 목적, 입경은 62~210μm, 공중살포에 적합

⑥ 훈증제

㉠ 비등점 낮은 농약 주제 액상

㉡ 고상 또는 압축가스의 형태

㉢ 용기 내에 충전한 것

㉣ 대기 중 가스상으로 방출, 병해충에 독작용을 나타내는 제형

㉤ 내부에 가스를 발생시켜 살충 및 살균 목적으로 이용됨

⑦ 훈연제 : 유효성분이 연기와 함께 공중에 분산시켜 시설원예에 사용됨

⑧ 연무제

㉠ 용제, 분사제 등과 bombe에 충진

㉡ 압력을 가해 공기 중에 분출함

㉢ 고체 ,액체의 콜로이드가 분산 부유하는 제제(가정용 살충제)

⑨ 모기향 : 연무제 pyrethrin, allethrin 등 불완전연소로 유효성분을 공기 중에 휘산시킴

⑩ 마이크로 캡슐제 : 젤라틴, 아라비아고무 등의 polymer로 균일하게 피복한 미세한 입자로 된 제제

⑪ 도포제 : 농약을 호상으로 한 제제로서 살서제, 훈연제나 수목의 수간 등에 도포함

5. 농약제제의 물리적 성질

① 유화성 : 유제(원액)를 물에 가한 경우 기름 입자가 균일하게 분산하여 유탁액으로 되는 성질

② 습전성 : 살포한 약액이 작물이나 해충의 표면을 잘 적시고 퍼지는 성질로 계면활성제가 습윤제로써의 역할을 함

③ 표면장력 : 공기가 접하는 계면에 있어서의 계면장력(적당량의 계면활성제를 첨가하여 표면장력을 낮춤)

④ 접촉각 : 정지액체의 자유표면이 고체와 접하는 부분에서 액면과 고체면이 이루는 각(계면활성제를 첨가 시 접촉각이 적어짐)

⑤ 수화성 : 수화제와 물과의 친화도를 나타내는 성질

⑥ 현수성 : 수화제의 현탁액에서 고체입자가 균일하게 분산 · 부유하는 성질과 그 안정성을 나타내는 것

⑦ 부착성 : 살포한 약액이 식물체나 충체에 붙는 성질

⑧ 고착성 : 부착한 약제가 이슬이나 빗물에 씻겨 내리지 않고 식물체 표면에 붙어 있는 성질(이 성질들은 잔효성을 필요로 하는 보호살균제에서 특히 중요함)

⑨ 침투성

㉠ 살포된 약제가 식물체나 충체에 스며드는 성질

㉡ 일반적으로 침투성이 강한 약제는 약해가 일어나기 쉬움

6. 농약의 독성 및 잔류와 안전사용

① 급성독성의 강도 : 흡입독성 → 경구독성 → 경피독성 순

② 급성독성의 강도 비교 : 생쥐, 쥐 등의 동물을 공시하여 경구, 경피적으로 투여하거나 피하, 복강 또는 정맥 주사하고 1주일 이내에 발생하는 사망수를 조사하여 체중 1kg당 50% 치사약량 [medium lethal dose ; mg(LD50 mg/kg)]으로 표시

7. 농약잔류와 안전사용

① 인체 1일 섭취허용량(ADI)

㉠ 실험동물에 매일 일정량의 농약을 장시간 (약 2년) 투여하여 2세대 이상에 걸쳐서 자손에 미치는 영향을 조사

㉡ 전혀 건강에 영향이 없는 양(부작용량, No Observed Effect Level ; NOEL)을 구한 후 100배의 안전계수(적어도 0.01배)를 곱하여 산출한 값

② 부작용량(NOEL) : 사람이 어떤 약물을 평생 동안 걸쳐서 섭취해도 현재의 독물학적 지식으로는 전혀 장해를 받지 않는 1일당 최대량

③ 잔류허용한계(잔류한계농도, Maximum Residue Limit ; MRL)

$$\text{허용한계 (ppm)} = \frac{\text{ADI(mg/kg/일)} \times \text{체중(kg)}}{\text{적용농산물 섭취량(kg/일)}}$$

8. 농약의 작물에 대한 약해 및 다른 생물에 미치는 영향

① 약해의 종류

㉠ 급성 약해 : 발아 및 유근의 불량, 엽소, 반점, 잎의 위조, 낙엽, 낙과 등, 약제 살포 1주일 이내에 나타남

㉡ 만성 약해 : 서서히 식물체의 영양 생장, 화아형성, 과실의 발육 등 저해 생육의 억제, 수량의 감소 및 품질의 저하를 가져옴

㉢ 약제 살포 1주일 이상 또는 수확 후에 나타나는 것이 보통임

② 약해의 원인 : 농약제제의 품질과 약해

㉠ 불순물의 혼합에 의한 약해

㉡ 원제 부성분에 의한 사례

㉢ 경시변화에 의한 유해성분의 생성

㉣ 섞어 쓰기, 동시 사용, 근접살포 등

③ 약해의 품종 간 차이

① 같은 농약에 대해 작물의 종류에 따라 감수성이 다른 것은 선택성 제초제에서 볼 수 있음

② 석회보르도액과 같은 구리제에 대해 복숭아나무, 살구나무, 자두나무, 어린 감나무 등은 약해를 받기 쉽고, 어린 오이류는 유기염소계에 의하여 약해를 받기 쉬움

③ 생육시기와 약해 : 생육단계별 농약에 대한 감수성은 유묘기 > 생식생장기 > 영양생장기 순

9. 살포액의 희석법

① 배액 조제법

㉠ 일반적으로 농민에게 추천하는 희석액 조제법

㉡ 소요약량 = 단위 면적당 사용량/소요희석 배수

예 fenthion 유제 50%를 1,000배로 희석하여 10a당 8말 살포시 약제의 소요량은?
→ 8말 × 18,000cc/1,000 = 144cc

② 퍼센트액 조제법

㉠ 중량으로 희석 시에는 제품의 유효성분량을, 용량으로 희석 시에는 유효성분과 비중을 알아야 함

㉡ 요구하는 일정농도의 원액을 퍼센트 액으로 희석 시 필요한 물량을 구하는 식

㉢ 원액의 용량 × (원액의 농도/희석할 농도) − 1 × 원액의 비중=희석에 쓸 물의 양

예 phenthoate 20% 유제 100cc를 0.05%로 희석 시 요구되는 물의 양은? (단, 원액의 비중은 1로 가정한다.)
→ 100 × {(20/0.05) − 1} × 1 = 39,900cc

③ 퍼센트액으로 살포 시 10a당 소요약량을 구하는 식

예 A약제의 유제 50%를 0.08%로 희석하여 10a당 5말로 살포 시 소요약량은? (단, 비중은 1.25이다.)
→ 10당 소요약량 = 추천농도(%) × 10a당 살포량/약액농도 × 비중
= 0.08 × 5말 × 18,000/50 × 1.25 = 115.2ml

CHAPTER 05

농약학(살균제)

1. 살균제

① 세균 · 진균의 감염을 예방 · 치료 목적
② 보호살균제 : 식물체의 표면에 엷은 피막을 만들고 외부에서 모여드는 병원균 포자의 발아를 저지, 살멸시켜 병원체가 식물체 내에 침입하는 것을 방지(석회보르도액)
③ 직접살균제 : 병원균이 식물체에 직접 접촉하여 침입할 때는 물론, 식물체 내의 균사 또는 포자에 직접 접촉해서 살멸시키며 살균력이 강하고 침투성이 요구됨

2. 작용기작에 의한 분류

① 호흡저해제(에너지대사) : SH 저해제, 전자전달 저해제, 탈공역제(에너지소모 없게 함), 산화적 인산화 저해제(ATP생합성저해), TCA회로의 저해제 등
② 생합성 저해제 : 단백질합성 저해제, 핵산합성 저해제, 세포벽합성 저해제(키틴), sterol, 인지질, 멜라닌 등 생합성 저해
③ 기주식물 저항성 증대제 : 병원균에 대한 기주식물 저항성을 증대시킴

3. 주성분의 화학적 조성에 의한 분류

① 구리제(동제)
㉠ 보르도액=황산구리($CuSO_4$, $5H_2O$)+생석회(CaO)
㉡ 보르도액은 보호살균제이며 구리수화제는 보호살균제로 세균병에 탁월한 효과가 있음

② 무기황제
㉠ 각종 작물의 흰가루병, 녹병 등에 대한 살균작용과 동시에 과수의 응애류, 깍지벌레에 대한 살충작용도 지니고 있음
㉡ 황분말, 수화성황제, 석회황합제(lime-sulfur mixture) 등이 있음

③ 유기황제 : zineb, maneb, mancozeb, ferbam, ziram, iram

④ 작용기작

표시	작용기작	분류	농약명	비고
가1	생합성 저해	–	메탈락실	–
나1	세포분열 저해 (미세소관 생합성저해)	벤지미다졸계	티오파네이트메틸 베노밀	베노밀, 카벤다짐 등
다3	호흡저해 (에너지 생성저해)	스트로빌루린계	아족시스트로빈, 크레속심메틸	~스트로빈, 파목사돈, ~돈
라 2~5	아미노산 및 단백질 분해 저해	• 라2–(신장기 및 종료기) : 블라시티시딘–에스 • 라3–단(개시기)(헥소피라노실계) : 가스가마이신 • 라4–단(개시기)(글루코피라노실계) : 스트렙토마이신 • 라5–단(테트라사이클린계) : 옥시테트라사이클린		–
사1	막에서 스테롤 생합성 저해(탈메틸효소 기능저해)	트리아졸계	헥사코나졸, 매트코나졸, 테부코나졸, 디페노코나졸, 트리아다메폰	~몰, ~코나졸, ~포린, ~졸 테부코나졸, 페나리몰
카	다점저해	보호살균제, 무기유황제 무기구리제, 유기비소제 등	만코제브, 보르도혼합액, 티람 클로로타로닐	~황, ~구리, ~이트, ~네브 등 보르도액, 만코제브 등
생	생물학적 제제	미생물~	–	바실~, 스트렙토~

⑤ 1b의 작용기작 표시 : 아세틸콜린에스테라제 기능저해 표시

CHAPTER

06 농약학(살충제)

1. 체내 침입경로나 사용법에 따른 분류

① 접촉제 : 피부나 기공을 통해 충 체내로 들어가서 독작용
② 식독제 : 곤충의 입을 통하여 충 체내에 들어가서 독작용

2. 침투성 살충제

식물의 뿌리, 줄기, 잎 등을 통해 침투 이행하는 성질을 지닌 살충제

3. 훈증제

① 살충제를 가스상으로 사용 시 주로 호흡기관을 통하여 곤충 체내로 침입
② 속효성, 비선택성, 사용범위가 한정됨

4. 살충작용점

① 신경기능저해
㉠ AChE기능저해(효소방해) : 유기인계, carbamate계
㉡ 시냅스 전막에 작용 : γ－BHC, 환상 dien살충제
㉢ 시냅스 후막에 작용 : 니코틴, nereistoxin(cartap)
㉣ 신경축색전달저해(나트륨, 칼륨이동) : DDT, pyrethroid계

② 에너지생성계 저해(ATP) : rotenone, 청산가스(해당＋TCA＋호흡)
③ chitin 생합성 저해 : 요소유도체(우레아요소계통)
④ 호르몬기능 교란 : 탈피호르몬, 유충(유약호로몬)

5. 살충 작용기작

표시	작용기작	분류	농약명	비고
1a	아세틸콜린에스테라제 기능저해	카바메이트계	카보퓨란	~카브, 카보퓨란~, 메토밀
1b	–	유기인계	페니트로티온(스미치온), 포스티아제이트	~티온, ~포스, 다이아지논, 파라티온
3a	Na 통로조절	합성피레스로이드계	에토펜프록스, 델타메트린, 람다사이할로트린	~트린, 델타메트린
4a	신경전달물질 수용체 차단	클로로니코티닐계, 네오니코티노이드계		아세타미프리드, 티아클로프리드, 이미다클로프리드, 클로티아니딘, 플루피라디퓨론
6	염소통로활성화	아버멕틴계	아버멕틴, 밀베멕틴	~ 멕틴
8f	다점저해(훈증제)	8f-이소티오시안 메틸 발생기	메탐소듐, 메틸브로마이드(8a-할로젠화 알킬계)	–
11a	미생물에 의한 중장세포막 파괴	Bt독성 단백질	비티쿠루스타키	비티~
14	신경전달물질 수용체 통로폐쇄	–	칼탑, 벤설탑	–
15	키틴합성저해(O형)	벤조일우레아계	디플로벤주론, 클로르플루아주론	~주론
16	키틴합성저해(I형)	–	뷰프로페진(히로인)	~페진
24a	전자전달복합체 저해	–	포스핀훈증제	–

6. 유기인계 살충제(1b)

① 현재 사용 농약 중 가장 많은 종류
② 살충력이 강하고 적용해충 범위가 넓으며, 식물 · 동물의 체내에서 분해가 빠르고 축적되지 않음
③ 약제 살포 후 광선 등에 의하여 빨리 소실되어 잔효성 비교적 적은 편임
④ 인축에 대한 독성 강한 약제가 많음. 동식물의 체내에서 활성화되어 독력이 커짐
⑤ 알칼리성 물질에 의하여 분해되기 쉬움
⑥ 약해가 비교적 적은 편이며, 식물의 생육에 대하여 좋은 영향을 끼치는 일도 있음
⑦ 고온일 때 살충효과가 좋고, 저온일 때 효과가 감소함
⑧ 약 이름에 "P"(mep, pap, dep)+thio+포스로 끝남 : 파리치온, 클로피리포스

⑨ 작용기작 : 아세틸콜린 저해제, 파라티온, 페니트로티온, 아세페이트, 다이아지논, 펜티온, 클로르피리포스

7. Carbamate계 살충제

① 작용기작은 유기인계와 같은 AChE 저해제이며, 인축에 대한 독성이 낮고 비교적 안정한 화합물임
② 속효성 침투이행성은 좋으나 잔효력이 길지 않음
③ 진딧물 등 흡즙성 해충에 효과적임
④ 유기염소제와 같이 체내에 축적되는 일 없이 체내에서 빨리 대사되므로 만성독성의 염려가 없음
⑤ 약 이름에 "카바"나 "카보"가 들어감 : carbaryl(NAC), 카바릴, 카보퓨란, 카보설판

8. 유기염소계 살충제

① 강력한 살충력으로 저렴하고 적용범위 넓음
② 저항성 해충의 유발, 유용천적의 살해, 높은 어류독성, 인체에 대한 잔류독성 등 많은 문제점 있음
③ 농약잔류 문제 때문에 전세계적으로 유기염소제의 사용은 급격히 감소되거나, 금지되어 있음
④ 약 이름에 "drin"이 들어감
⑤ 사용금지 : DDT, BHC, aldrin, dieldrin, endrin

9. 유기합성 살충제

① abamectin : 토양 방선균의 배양액에서 분리된 새로운 형태의 항생제계 살충 · 살비제
② bensultap : 갯지렁이에서 추출한 천연살충 물질인 nereistoxin의 유도체
③ Cartap : 벼, 과수, 채소의 각종 해충방제제
④ methomyl : 주로 벼와 채소의 해충방제에 사용
⑤ thiocyclam : 갯지렁이의 신경독소에서 분리된 nereistoxin을 기초로 함

10. 합성 피레스로이드계 살충제

① 피레스린은 강한 살충력은 있으니 불안전하여 빨리 분해되기 때문에 인공적으로 합성
② 위생해충과 농업해충에 높은 살충려과 속효성이나 인축에는 독성이 낮음
③ 축삭에 작용하여 반복흥분을 유발하는 녹다운 효과
④ 델타메트린, 펜발러레이트, 펜프로파틴, 비펜트린, 사이플루트린, 사이할로트린

11. 네오니코티노이드계

① 담배에서 추출한 니코틴, 노르니코틴등의 유기합성화합물
② 침투이행성이 높아 흡즙성 해충 방제에 사용
③ 꿀벌의 집단붕괴현상(Colony Collapse Disorder ; CCD)의 원인으로 지목
④ 이미다클로프리드, 아세타미프리드, 클로티아니딘, 디노테퓨란, 티아클로프리드, 티아메톡삼

12. 천연산식물성 살충제

① pyrethrin제 : pyrethroids
　㉠ 제충국제로 국화과 숙근초인 제충국의 꽃에 함유된 pyrethrin을 이용한 것
　㉡ pyrethroid 살충성분에는 pyrethrin, jasmolone 등이 있음

② 니코틴제 : 니코틴과 그 유연화합물(nornicotine, anabasine)
③ Rotenone(rotenoids, derris제)
　㉠ 콩과 식물의 뿌리에서 분리한 살충성분
　㉡ Derris속 및 Lonchocarpus속에 속함

④ 광유유제
　㉠ 석유류 유제
　㉡ 기계유 유제 : 기계유를 비누로 유화시킨 것
　㉢ 값이 싸고 독이 없어 과수의 깍지벌레 · 응애류 등의 방제에 많이 이용되고 있음

13. 살충제 저항성

① 저항력을 가지는 계통이 출현
② 교차저항성
　㉠ 하나의 병원균이나 약제에 저항성이 있는 개체가 유사한 다른 병원균이나 약제에 저항성을 나타내는 현상
　㉡ 유기인계와 carbamate계에 저항성을 나타내는 현상 : 한 유전자의 다면발현으로 항상 동일현상이 나타남

③ 복합저항성
　㉠ 살충작용이 다른 2종 이상의 약제에 대하여 동시에 해충이 저항성을 나타내는 현상
　㉡ 두 가지 이상의 유전자가 별개로 관여하고 있기 때문에 항상 같은 현상이 나타난다는 것이 한정되어 있지 않음

14. 살충제 저항성의 기작

① 약제저항성 해충의 가능한 저항성 기작

② 약제를 살포한 곳의 기피를 위한 식별능력 증가

③ 살충제의 충체 침투를 막기 위한 피부 두께의 증대와 활력 증가

㉠ 살충제의 피부투과성의 감소, 살충제의 독성활성화 저지

㉡ 살충제의 보다 신속한 대사와 배설작용의 촉진, 해독작용 증대

④ 저항성 해충의 방제대책

㉠ 살충제의 과잉사용과 동일 계약제의 연용을 피할 것

㉡ 작용기구가 다른 살충제를 교호사용할 것

㉢ 발생횟수가 많고 저항성 유발이 쉬운 응애류의 방제는 작용기구가 다른 한 약제를 연 1회씩 교호방식으로 사용하면 그 약제의 수명연장과 효과적 방제를 기대할 수 있음

CHAPTER 07 농약학(제초제)

1. 제초제의 활성에 따른 분류

① 선택적 제초제
　㉠ 2.4D, butachlor. Bentazon 등은 작물에는 피해를 주지 않지만 잡초에만 피해를 줌
　㉡ 수목이 뿌리를 통해 흡수하거나 잎에 묻으면 수목의 호르몬 대사 균형을 잃으면서 피해가 나타남

② 비선택적 제초제 : glyphosate, paraquat 등은 잡초와 수목을 모두 고사시키나잎에 묻지 않으면 피해 없음

③ 접촉형 제초제 : paraquat, diquat 등 처리된 부분에서 제초효과가 나타남

④ 이행성 제초제 : bentazon, glyphosate 등 처리된 부분에서 양분이나 수분의 이동통로를 통해 이동하여 다른 부위에도 약효가 나타나는 제초제

2. 작용기작

① 광합성 저해
　㉠ psII전자전달 저해 : urea계, amide계, triazine계, uracil계, benzothiadiazole계
　㉡ Cartenoid생합성 저해 : pyrazole계
　㉢ Chlorophyll 생합성 저해 : diphenyl ether계
　㉣ psI전자전달 저해 : bipyridylium계

② 에너지 생성과정 저해 : phenol계, Nitrile계

③ 단백질 생합성 저해 : acetanilide, amide, organophosphate, thiocarbmate

④ 지방산 생합성 저해, Acetyl Co-A Carboxylase 저해

⑤ 아미노산 생합성 저해, 아세토락테이트 합성효소 저해, 글루타민 합성효소 저해

⑥ 호르몬 작용교란 : 2.4-D, 디캄바, phthalamate계

3. 나무에서 주로 문제가 되는 제초제

① 디캄바(Dicamba, 상품명 : 반벨, 페녹시계)

㉠ 호르몬형 침투이행성의 선택성제초제로서 화본과식물(벼, 보리, 잔디 등)은 저항성이 강하나, 소나무나 광엽 잡초 특히 콩과 식물(칡, 아까시나무, 콩 등)은 매우 쉽게 고사됨

㉡ 광엽흡수제로 식물의 잎이나 줄기 등 살아 있는 조직에 묻으면 식물체 속으로 침투, 이행되고, 토양에 살포한 약제는 토양수분에용해, 이동하여 식물의 뿌리로 흡수됨

㉢ 한번 식물체 속으로 침투하면 내부의 모든 기관으로 이행하며 식물체의 생리작용 계통을 교란시켜 광합성작용및 생장을 방해하여 식물체를 고사시킴

② 패러쾃디클로라이드(Paraquat, 그라목손, 비선택적)

③ 글리포세이트(Glyphosate, 근사미, 비선택적)

08 농약학(작용기작그룹)
[농약 작용기작별 분류기준(제3조제2항 관련)]

CHAPTER

1. 살균제

작용기작 구분	표시기호	세부 작용기작 및 계통(성분)
가. 핵산 합성 저해	가1	RNA 중합효소 I 저해
	가2	아데노신 디아미나제 효소 저해
	가3	핵산 활성 저해
	가4	DNA 토포이소메라제 효소(type Ⅱ) 저해
나. 세포분열 (유사분열) 저해	나1	미세소관 생합성 저해(벤지미다졸계)
	나2	미세소관 생합성 저해(페닐카바메이트계)
	나3	미세소관 생합성 저해(톨루아마이드계)
	나4	세포분열 저해(페닐우레아계)
	나5	스펙트린 단백질 저해(벤자마이드계)
	나6	액틴/미오신/피브린 저해(시아노아크릴계)
다. 호흡 저해 (에너지 생성 저해)	다1	복합체 I 의 NADH 기능 저해
	다2	복합체 Ⅱ 의 숙신산(호박산염) 탈수소효소 저해
	다3	복합체 Ⅲ : 퀴논 외측에서 시토크롬 bc1기능 저해 (아족시스트로빈, 피콕시스트로빈, 피라클로스트로빈, 크레속심메틸, 오리사스토로빈, 파목사돈, 페나미돈, 피리벤카브 등)
	다4	복합체 Ⅲ : 퀴논 내측에서 시토크롬 bc1기능 저해 (사이아조파미드, 아미설브롬)
	다5	산화적인산화 반응에서 인산화반응 저해
	다6	ATP 생성효소 저해
	다7	ATP 생성 저해
	다8	복합체 Ⅲ : 시토크롬 bc1기능 저해(아메톡트라딘)
라. 아미노산 및 단백질 합성 저해	라1	메티오닌 생합성 저해(사이프로디닐, 피리메타닐)
	라2	단백질 합성 저해(신장기 및 종료기)
	라3	단백질 합성 저해(개시기)(헥소피라노실계)
	라4	단백질 합성 저해(개시기)(글루코피라노실계)
	라5	단백질 합성 저해(테트라사이클린계)

작용기작 구분	표시기호	세부 작용기작 및 계통(성분)
마. 신호전달 저해	마1	작용기구 불명(아자나프탈렌계)
	마2	삼투압 신호전달 효소 MAP 저해(플루디옥소닐)
	마3	삼투압 신호전달 효소 MAP 저해(이프로디온, 프로사이미돈)
바. 지질생합성 및 막 기능 저해	바2	인지질 생합성, 메틸 전이효소 저해(이프로벤포스)
	바3	지질 과산화 저해(에트리디아졸)
	바4	세포막 투과성 저해(카바메이트계)
	바6	병원균의 세포막 기능을 교란하는 미생물
	바7	세포막 기능 저해
	바8	에르고스테롤 결합 저해
	바9	지질 항상성, 이동, 저장 저해
사. 막에서 스테롤 생합성 저해	사1	탈메틸 효소 기능 저해(피리미딘계, 이미다졸계 등)
	사2	이성질화 효소 기능 저해
	사3	케토환원효소 기능 저해(펜헥사미드, 펜피라자민)
	사4	스쿠알렌 에폭시다제 효소 기능 저해
아. 세포벽 생합성 저해	아3	트레할라제(글루코스 생성) 효소기능 저해(발리다마이신)
	아4	키틴 합성 저해(폴리옥신)
	아5	셀룰로오스 합성 저해 (디메토모르프, 벤티아발리카브, 발리페날레이트)
자. 세포막내 멜라닌 합성저해	자1	환원효소 기능 저해(트리사이클라졸)
	자2	탈수 효소 기능 저해(페녹사닐)
	자3	폴리케티드 합성 저해(톨프로카브)
차. 기주식물 방어기구 유도	차1	살리실산 경로 저해(벤조티아디아졸계, 아시벤졸라 에스 메틸)
	차2	벤즈이소티아졸계(프로베나졸)
	차3	티아디아졸카복사마이드계
	차4	천연 화합물 계통
	차5	식물 추출물 계통
	차6	미생물 계통
카. 다점 접촉작용	카	보호살균제 무기유황제, 무기구리제, 유기비소제 등
작용기작 불명	미분류	메트라페논, 사이목사닐, 사이플루페나미드 등

2. 살충제

작용기작 구분	표시기호	계통 및 성분
1. 아세틸콜린에스터라제 기능 저해	1a	카바메이트계
	1b	유기인계
2. GABA 의존 Cl 통로 억제	2a	유기염소 시클로알칸계
	2b	페닐피라졸계
3. Na 통로 조절	3a	합성피레스로이드계
	3b	DDT, 메톡시클로르
4. 신경전달물질 수용체 차단	4a	네오니코티노이드계
	4b	니코틴
	4c	설폭시민계
	4d	부테놀라이드계
	4e	메소이온계
5. 신경전달물질 수용체 기능 활성화	5	스피노신계
6. Cl 통로 활성화	6	아버멕틴계, 밀베마이신계
7. 유약호르몬 작용	7a	유약호르몬 유사체
	7b	페녹시카브
	7c	피리프록시펜
8. 다점저해(훈증제)	8a	할로젠화알킬계
	8b	클로로피크린
	8c	플루오르화술푸릴
	8d	붕사
	8e	토주석
	8f	이소티오시안산메틸 발생기
9. 현음기관 TRPV 통로 조절	9b	피리딘 아조메틴 유도체
10. 응애류 생장저해	10a	클로펜테진, 헥시티아족스
	10b	에톡사졸
11. 미생물에 의한 중장 세포막 파괴	11a	B.t 독성 단백질
	11b	B.t 아종의 독성 단백질
12. 미토콘드리아 ATP합성효소 저해	12a	디아펜티우론
	12b	유기주석 살선충제
	12c	프로파자이트
	12d	테트라디폰
13. 수소이온 구배형성 저해	13	피롤계, 디니트로페놀계, 설플루라미드
14. 신경전달물질 수용체 통로 차단	14	네레이스톡신 유사체
15. 0형 키틴합성 저해	15	벤조일요소계

작용기작 구분	표시기호	계통 및 성분
16. I형 키틴합성 저해	16	뷰프로페진
17. 파리목 곤충 탈피 저해	17	사이로마진
18. 탈피호르몬 수용체 기능 활성화	18	디아실하이드라진계
19. 옥토파민 수용체 기능 활성화	19	아미트라즈
20. 전자전달계 복합체Ⅲ 저해	20a	하이드라메틸논
	20b	아세퀴노실
	20c	플루아크리피림
	20d	비페나제이트
21. 전자전달계 복합체 I 저해	21a	METI 살비제 및 살충제
	21b	로테논
22. 전위 의존 Na 통로 차단	22a	옥사디아진계
	22b	세미카르바존계
23. 지질생합성 저해	23	테트론산 및 테트람산 유도체
24. 전자전달계 복합체Ⅳ 저해	24a	인화물계
	24b	시안화물
25. 전자전달계 복합체Ⅱ 저해	25a	베타 케토니트릴 유도체
	25b	카복시닐라이드
28. 라이아노딘 수용체 조절	28	디아마이드계
29. 현음기관 조절-정의되지 않은 작용점	29	플로니카미드
30. GABA 의존 Cl 통로 조절	30	메타-디아마이드계
작용기작 불명	미분류	아자디락틴, 디코폴 등

3. 제초제

작용기작	표시기호	세부 작용 기작 및 계통
지질 합성저해제	H01	• 식물 세포막 형성과 생장에 필수 물질인 지질의 생합성 효소 ACCase 작용 저해, 이행형 • Aryloxyphenoxy계, Cyclohexanedione계
아미노산 합성저해제	H02	• 식물의 지방족아미노산 합성효소 • ALS 또는 AHAS저해, 토양 및 경엽 처리형다년생 잡초 초기 생장 억제 • Sulfonylurea계, Imidazolinone, Pyrimidinylbenzoate계
작용기작	H09	• 방향족 아미노산 합성과정 중 시킴산생합성 저해, 이행형, 비선택성제초제 • Glycines계 : glyphosate
지질 합성저해제	H10	• Glutamine 생합성을 방해 • Phosphinicacids계

작용기작	표시기호	세부 작용 기작 및 계통
광합성 저해제	H05	• 광계 II의 전자경로광합성 저해 • 발아전토양처리제 • C1그룹 : Triazine계(simazine, simetryne), Triazine계(hexazinone, metribuzin) • C2그룹 : Urea계(linuron, dymron, siduron, metabenzthizuron), Amide계(propanil)
	H06	• 광계 II의 전자경로 quinone과 plastoquinone 사이의 작용해 광합성 저해, 경엽처리 • Benzothiadiazinone계 : bentazon
	H22	• 광계I에서 O_2^-를 생성해 전자 차단 • 생육기경엽처리형, 접촉형 비선택성 제초제 • Bipyridylium계 : paraquat와 diquat
색소 생합성저해제	H14	• 엽록소 생합성 저해, 산화효소 PPO를 저해 • Diphenylether계 : oxyfluorfen • Phenylpyrazole계 : pyraflufen-ethyl • N-Phenylimide계 : saflufenacil, tiafenacil • Oxadiazole계 : oxadiazon, oxadiargly
	H12 H27 H34 H13	• 카로티노이드생합성중 • Pyrazole계, Triketone계, Triazole계 : amitrole • Isoxazolidinone : clomazone, bixlozone
엽산생 합성저해제	H18	엽산의 생합성과정 합성효소 저해
세포분열 저해제	H03 H23 H15	• 세포의 미소관배열저해제 • 세포의 유서분열 억제 • 세포막의 주성분 합성 억제
세포벽 (셀룰로스) 합성저해제	H29	• Nitrile계 : dichlobenil • Benzamide계 : isoxaben • Alkylazine계 : indaziflam
생장조절제/ Auxin 작용교란제	H04	• 옥신균형교란 • Phenoxy계 : 2, 4D, MCP, MCPP • Benzoic acid계 : dicamba

[별첨] 수목병에 따른 처리약제

병명	처리 약제(수목병에 등록 여부)
흰가루병	베노밀(나1), 메트코나졸(사1), 폴리옥신비(아4), 헥사코나졸(사1), 마이클로뷰타닐(사1), 티오파네이트메틸(나1), 트리아디메폰(사1), 트리포린(사1), 이미녹타딘트리스알베실레이트(카), 플루퀸코나졸(사1), 디페노코나졸(사1), 클로로탈로닐(카)
잎마름병	아족시스트로빈(다3), 메트코나졸(사1)
가지마름병	테부코나졸(사1)
녹병	만코제브(카), 테부코나졸(사1), 아족시스트로빈(다3), 페나리몰, 디니코나졸(사1), 마이클로뷰타닐, 헥사코나졸(사1), 페나리몰, 벨쿠트, 이미녹타딘트리스알베실레이트액상수화제, 트리아디메폰
점무늬병	만코제브(카), 메트코나졸(사1), 아족시스트로빈(다3), 이미녹타딘트리스알베실레이트, 클로로탈로닐, 마이클로뷰타닐, 폴리옥신비, 디페노코나졸, 디티아논, 헥사코나졸
그을음병	※ 깍지벌레진딧물방제 : 페니트로티온(1b), 이미다클로프리드(4a), 에마멕틴벤조에이트(6), 아세페이트(1b), 디메토에이트(1b), 클로티아니딘(○), 뷰프로페진(16), 스피로테트라맷(23), 아세타미프리드(4a)
갈색무늬 구멍병, 얼룩무늬병, 두창병, 떡병	등록약제 없음
응애류	아바멕틴(6), 비펜트린(3a), 피리다벤(21a), 페나자퀸(○), 펜피록시메이트(○), 아미트라즈(○), 클로르페나피르(○), 사이에노피라펜(○), 아크리나트린(○), 아조사이클로틴(○), 펜프로파트린(○), 스피로디클로펜(○), 비페나제이트(○), 아세퀴노실(○), 테부펜피라드(○), 사이헥사틴(○), 에톡사졸(○), 스피로메시펜(○), 밀베멕틴(○), 디메토에이트(○), 프로파자이트(○), 플루페녹수론(○)
깍지벌레류	페니트로티온(1b), 이미다클로프리드(4a), 에마멕틴벤조에이트(6), 디노테퓨란(4a), 클로티아니딘(4a), 디메토에이트(1b), 뷰프로페진(16), 티아메톡삼(4a), 아세타미프리드(4a), 뷰프로페진(16), 클로르피리포스(○)
진딧물류 (페니트로티온×)	아세페이트(1b), 비펜트린(3a), 이미다클로프리드(4a), 아세타미프리드(4a), 디노테퓨란(4a), 클로티아니딘(4a), 에토펜프록스(3a), 뷰프로페진 · 설폭사플로르(○), 티아메톡삼(4a), 델타메트린(3a), 클로르피리포스(○), 클로르페나피르(○), 람다사이할로트린(○), 스피로테트라맷(○)
방패벌레류	페니트로티온(1b), 이미다클로프리드(4a), 디플루벤주론(15), 아바멕틴(6), 비티쿠르스타키(11a), 클로르페나피르(13), 클로르피리포스(1b), 에토펜프록스(3a), 아세페이트(1b), 클로르플루아주론(15), 델타메트린(3a), 카탑하이드로클로라이드(○), 아세타미프리드(4a), 비티아이자와이(○), 람다사이할로트린(○)
선녀벌레류	페니트로티온(1b), 이미다클로프리드(4a), 감마사이할로트린(3a), 티아메톡삼(4a), 티아클로프리드(4a), 아세타미프리드(4a), 디노테퓨란(4a)
나무좀류	페니트로티온(1b), 감마사이할로트린(3a) 광릉긴나무좀 : 메탐소듐
잎벌류	*입벌류 등록약제 없음 디노테퓨란(×), 디플루벤주론(×), 다이아지논(×), 아세페이트(×), 에토펜프록스(×), 페니트로티온(×), 티아클로프리드(×), 트랄로메트린(장기미생산), 클로르플루아주론(×), 티아메톡삼(×)

병명	처리 약제(수목병에 등록 여부)
매미충류	페니트로티온(1b), 이미다클로프리드(4a) 델타메트린(3a), 아세타미프리드(4a), 디노테퓨란(4a), 아세타미프리드(4a), 디노테퓨란(4a), 에토펜프록스(3a), 설폭사플로르(4c), 클로티아니딘(4a)
나무이류 (페니트로티온×)	이미다클로프리드(4a), 아바멕틴(6), 아세타미프리드(4a), 디노테퓨란(4a), 에토펜프록스 이미다클로프리드(○), 아세타미프리드(4a), 디노테퓨란(4a)
나방류	페니트로티온(1b), 이미다클로프리드(4a), 디플루벤주론(15), 비티쿠르스타키(○), 클로르페나피르(○), 클로르피리포스(○), 아바멕틴(6), 에토펜프록스(○), 아세페이트(○), 클로르플루아주론(○), 람다사이할로트린(○), 비티아이자와이(○), 카탑하이드로클로라이드(○), 델타메트린(○), 아세타미프리드(○)

PART 05 기출 및 연습문제

001 **식물 종류별 생존, 생육토심에 대한 설명으로 옳지 않은 것은? (단, 토양등급 중급 이상의 자연토를 기준이다.)** 기출

① 잔디와 초화류 : 생존최소토심 30cm
② 소관목 : 생육최소토심 45cm
③ 대관목 : 생존최소토심 45cm
④ 천근성수목 : 생육최소토심 90cm
⑤ 심근성교목 : 생존최소토심 90cm

해설 잔디와 초화류의 생존최소토심은 15cm이다.

종류	생존최소토심(cm)	생육최소토심(cm)
잔디, 초화류	15	30
소관목	30	45
대관목	45	60
천근성교목	60	90
심근성교목	90	150

002 **다음 식재에 대한 사항 중 틀린 것은?** 기출

① 식재를 위해 필요한 토양의 깊이는 생육최소토심 이상으로 한다.
② 식재지반은 우수정체를 방지하기 위하여 지표면은 2% 경사지게 한다.
③ 식재지반이 임해 매립지인 경우 염분의 상승으로 수목생장에 영향이 있거나, 토양수분 부족이 우려되는 식재지에는 관수시설을 설치한다.
④ 쓰레기 매립지 위에 식재기반을 조성할 경우에는 차단층, 배수층, 여과층, 식재기반으로 구성한다.
⑤ 임해 매립지의 식재지반은 모세관 현상에 의해 염분이 도달되는 층의 상부로 교목식재지는 1.0m 이상, 관목식재지는 0.6m 이상, 초본류 및 잔디식재지는 0.5m 이상으로 확보한다.

해설 교목식재지는 1.5m 이상, 관목식재지는 1.0m 이상, 초본류 및 잔디식재지는 0.6m 이상 확보한다.

정답 001 ① 002 ⑤

003 다음 식재기반에 대한 사항 중 틀린 것은? 기출

① 인공지반 위에 조성할 경우 방수, 방근조치를 하며 배수층 하부의 구조물은 1.5~2.0%의 표면 경사지를 유지한다.

② 인공지반 위에 식재지 반층의 두께는 수목의 생육최소토심 이상이며 배수층의 두께도 같은 깊이를 확보하여야 한다.

③ 준설매립토 위에 객토를 하는 경우 준설매립토의 토성이 사질토가 아니고 포화투수 계수가 10^{-3}cm/sec 이상일 경우 유공관과 같은 지하배수용 시설을 설치하여야 한다.

④ 임해매립지의 염분의 상승높이는 토양의 최대 다짐일도 80% 이상에서 시험에 의하여 측정하며 수분상승이 정지된 후 48시간 이상 경과된 지점의 높이로 한다.

⑤ 쓰레기 매립지위에 조성 시 침출수의 상승, 가스 확산을 방지하기 위하여 복토층 위에 설치한다.

해설 임해매립지의 염분의 상승높이는 토양의 최대 다짐일도 95% 이상에서 시험에 의하여 측정하며 수분상승이 정지된 후 48시간 이상 경과된 지점의 높이로 한다.

004 병원체 방제 시 살균 살충제 안전사용 기준으로 옳지 않은 것은? 기출

① 적용대상과 사용량을 지켜 살포한다.

② 농약포장지의 사용약량(희석배수, 살포량)을 준수한다.

③ 장시간 살포작업을 하지 않으며, 통상 2시간 이내에 살포작업을 마친다.

④ 농약은 바람을 등지고 살포한다.

⑤ 산림방제 시 사용량이 정해지지 않을 때는 산림청장 허가받아서 처리한다.

해설 산림방제 시 사용량이 정해지지 않을 때는 농림축산식품부(이하 농식품부)의 허가를 받아서 처리한다.

005 다음 중 방풍림으로 적당하지 않은 수종은? 기출

① 삼나무
② 편백
③ 곰솔
④ 느티나무
⑤ 단풍나무

해설 방풍림의 숲이 바람을 약화시키는 기능을 통해 폭풍이나 풍해로부터 농경지, 과수원, 목장, 가옥, 도로, 철도, 또는 바다의 물결이나 모래를 막기 위한 용도이며, 그 종류에는 내륙 방풍림과 해안 방풍림이 있다. 주로 키가 크고 성장이 빠르며 바람을 이기는 힘이 큰 것으로, 낙엽수보다는 상록수나 수명이 긴 침엽수가 알맞다. 예를 들어 삼나무, 편백, 곰솔, 느티나무, 미루나무, 아카시아나무, 느릅나무, 팽나무, 왕버들, 후박나무, 상수리나무, 낙엽송, 전나무, 가시나무, 참나무류, 포플러 등이 있다. 방풍림의 너비는 20~40m가 안전하며, 풍향의 직각 방향으로 설치, 방풍림 사이의 간격은 수고의 20배 정도이다.

정답 003 ④ 004 ⑤ 005 ⑤

006 토양 중 인산의 형태와 순환에 대한 설명으로 옳은 것은? 기출

① 토양인산의 주요공급원은 대기이다.
② 토양에서 기체형태의 인산화합물로 존재한다.
③ 약산성 토양에서는 주로 $H_2PO_4^{2-}$ 형태로 존재한다.
④ 토양표면에 흡착이 어려워 주로 용탈에 의해 손실된다.
⑤ 토양중 철이나 알루미늄과 결합하여 유효태로 되기 쉽다.

해설 **토양 인산의 형태**

- 토양용액의 인산
  - 식물이 이용하는 P는 용액인산
  - 산성 $H_2PO_4^-$, 알칼리성 HPO_4^{2-}
- 토양 인산염 형태
  - 유기태 인산 : 10%
  - 무기태 인산 : 90%(산성 Al－P, Fe－P/알칼리성 Ca－P)
- 인산의 고정
  - 80~90% 고정되고, 10~20%만 흡수 이용
  - 논에서는 일부 가급태화, 밭은 유효도 낮음
  - 침전에 의한 고정

산성	Al－P, Fe－P 인산염으로 침전[$Al(OH)_2+H_3PO_4$]
알칼리성	Ca－P의 난용성염으로 침전

- 유리산화물, 교질상 Al에 의한 고정 : 산화 Al, Fe가 산성에서 gel되어 다량의 인산 고정
- 미생물에 의한 고정 : 미생물 몸체의 2.5%가 인산, 사체의 인산은 가급태화

007 소나무 재선충병 방제의 기본방향 중 틀린 것은? 기출

① 방제체계 구축
② 단순하게 방제
③ 현장점검 강화
④ 유인헬기 약제살포 최소화
⑤ 우화기 이전 재선충병 피해목 전량방제

해설 피해특성이 복합적이므로 다양한 방제방법을 적용한다. 자체 임차헬기 또는 드론 등 무인항공기를 항공예찰에 활용한다.

정답 006 ③ 007 ②

008 **버즘나무방패벌레를 방제하기 위하여 에토펜프록스유제 20%를 살포하기 위하여 1,000배액 희석액 50L를 조제하는 데 필요한 양은?** 기출

① 100mL ② 25mL
③ 50mL ④ 100mL
⑤ 250mL

해설 농약량=물의 양(mL)/1,000=50×1,000/1,000=50ml

009 **농약과 인체중독에 대한 해독제의 연결로 옳지 않은 것은?** 기출

① 칼탑－BAL ② 유기인계－PAM
③ 카바메이드－PAM ④ 유기인계－황산트로핀
⑤ 피레스트로이드계－황산트로핀

해설 ① 칼탑, 메틸브로마이드, 유기비소계 : BAL
②, ④ 유기인계 : PAM, 황산아트로핀
⑤ 카바메이트, 피레스트로이드계 : 황산아트로핀
※ 유기염소계 : 개발 약제 없음

010 **만성 독성시험에서 실험동물에 영향을 주지 않는 독성용량을 구하고 안전계수를 곱한 것은?** 기출

① 최대 잔류법 ② 생물농축계수
③ 잔류허용기준 ④ 최대부작용량
⑤ 1일 섭취허용량

해설 농약의 1일 섭취허용량(Acceotable Daily Intake ; ADI)은 농약을 평생 매일 섭취하여도 시험동물에 아무런 영향을 주지 않는 농약의 최대 약량(최대무작용약량, NOEL)을 구한 후 이 값에 안전계수를 곱한 값으로 정한다. 농약의 1일 섭취허용량은 mg(약량)/kg(체중)으로 나타내므로 체중에 따라 섭취허용량이 달라진다.
③ 잔류허용기준(Maximum Residue Limits ; MRL) : 사람이 평생 섭취해도 건강에 이상 없는 수준의 허용량
※ 농약의 최대잔류허용량=1일 섭취허용량(ADI, mg/kg)×국민평균체중(kg)/해당농약이 사용되는 식품의 1일 섭취량

정답 008 ③ 009 ③ 010 ⑤

011 나무의사 등의 자격취소 및 정지처분의 세부기준 설명 중 옳지 않은 것은? 기출

① 거짓이나 부정한 방법으로 자격을 취득한 경우 : 1차 자격취소
② 동시에 두 개 이상의 나무병원에 취업한 경우 : 1차 자격정지 2년, 2차 자격취소
③ 자격정지 기간에 수목진료를 한 경우 : 1차 자격정지 2년, 2차 자격취소
④ 나무의사 자격증을 빌려준 경우 : 1차 자격정지 2년, 2차 자격취소
⑤ 고의로 수목진료를 사실과 다르게 행한 경우 : 1차 자격취소

해설 자격정지 기간에 수목진료를 한 경우에는 1차 자격취소 처분을 받는다.

위반행위	행정처분기준			
	1차 위반	2차 위반	3차 위반	4차 이상 위반
거짓이나 부정한 방법으로 나무의사 등의 자격을 취득한 경우	자격취소			
두 개 이상의 나무병원에 취업하거나 자격증을 빌려준 경우	자격정지 24개월	자격취소		
법 제21조의5에 따른 결격사유에 해당하게 된 경우	자격취소			
자격정지 기간에 수목진료를 행한 경우	자격취소			
고의로 수목진료를 사실과 다르게 행한 경우	자격취소			
과실로 수목진료를 사실과 다르게 행한 경우	자격정지 2개월	자격정지 6개월	자격정지 12개월	자격취소

012 농약의 품목명에 대한 설명으로 옳은 것은? 기출

① 제제화에 관련하여 명명
② 제품에 따라 회사별로 고유한 명명
③ 농약원제의 화학구조에 따른 명명
④ 회사가 개발한 이름을 따라 명명
⑤ 모핵화합물을 암시하며 단순화시킨 명명

해설 품목명은 농약의 형태를 첨가하여 표기한 것이다.

- 화학명 : 화학물질을 의미한다.
- 일반명 : 국제표준화기구 (ISO)에서 권장하여 통용한다.
- 상품명 : 제조사가 판매를 위해 붙인다.

예 패러

- 화학명 : 1, 1′-dimethyl-4, 4′-bipyridinium
- 일반명 : paraquat dichloride
- 품목명 : 패러쾃 디클로라이드액제
- 상품명 : 제조사에 따라 그라목손인티온, 뉴속사포, 파라손명

정답 011 ③ 012 ①

013 생활환경림의 생육환경을 개선하기 위한 솎아베기 효과 중 옳지 않은 것은? 기출

① 고사목 발생방지
② 임내 토양온도 상승
③ 하층식생 유입효과
④ 옹이 없는 목재생산
⑤ 임내 광환경 개선효과

해설 솎아베기는 나무의 경제적 가치를 높이기 위하여 하는 작업이다. 경제적으로 값이 비싼 나무는 수간(나무줄기)이 굵고 곧으며 이런 나무를 만들기 위해 나무의 성장과정에 따라서 가꾸어 주어야 한다. 따라서 나무의 솎아베기를 하면 생장 증가, 수원함양, 탄소 흡수능력 증가, 하층식생 발생량 증가 등의 효과를 볼 수 있다.

- 임분무육(Stand tending) : 주어진 임분에서 계획된 목표임분과 생산목표를 달성하기 위한 생육단계별 무육조치(풀베기 → 어린나무가꾸기 → 간벌 등)
- 가지치기 : 옹이 없는 좋은 목재 생산

014 광환경에 따른 수목의 생장특성으로 옳지 않은 것은? 기출

① 양수는 음수보다 광포화점이 높다.
② 음엽은 엽육이 얇으며 엽록소가 적다.
③ 양엽은 광포화점이 높고 엽육이 두껍다.
④ 양수는 낮은 광도에서 음수보다 광합성 효율이 낮다.
⑤ 음수는 높은 광도에서 광합성 효율이 낮다.

해설 음엽은 엽육이 얇으며 엽록소가 많다.

양엽	• 높은 광도에서 효율적인 광합성을 하도록 적응 • 광포화점 높고 책상조직이 빽빽하게 배열함 • 증산작용을 억제하기 위해 큐티클층과 잎의 두께가 두꺼움
음엽	• 낮은 광도에서도 광합성을 효율적으로 하도록 적응 • 광포화점이 낮고 책상조직이 엉성함 • 잎이 양엽보다 넓으며 엽록소 함량도 더 많음 • 큐티클층과 잎의 두께가 얇으므로 내건성 능력이 떨어짐

- 광합성에 의한 유기물의 생성속도와 호흡에 의한 유기물의 소모속도가 같아지는 이산화탄소 농도를 이산화탄소 보장점이라고 한다.
- 이산화탄소 농도가 어느 한계까지 높아지면 그 이상 높아져도 광합성속도는 그 이상 증대하지 않는 상태에 도달하게 되는데 이 한계점의 이산화탄소 농도를 이산화탄소 포화점이라고 하며, 작물의 이산화탄소 포화점을 대기 중 농도의 7~10배가 된다.

정답 013 ④ 014 ②

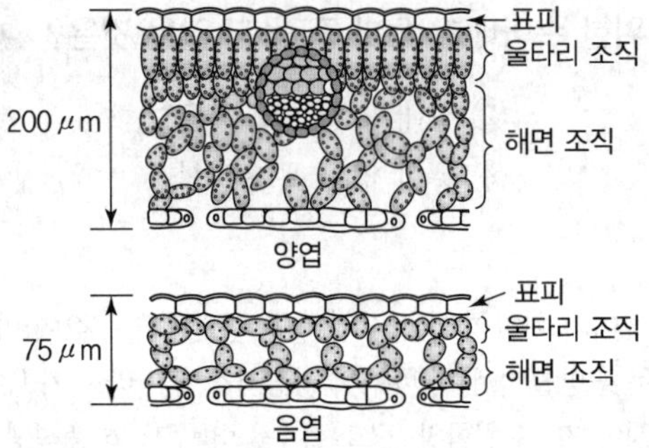

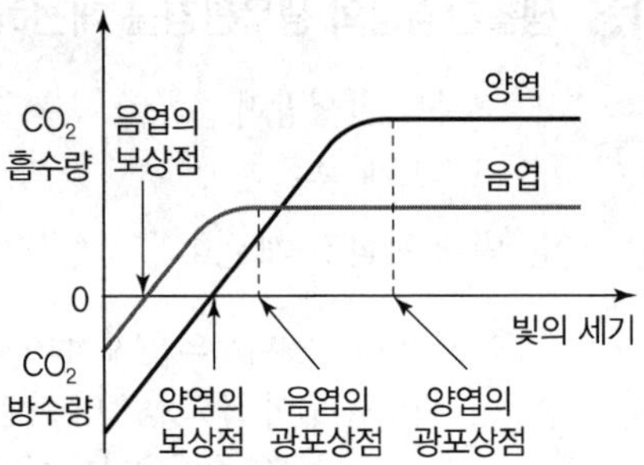

015 종자 노천매장법의 설명 중 틀린 것은? 기출

① 발아기간 단축
② 발아촉진
③ 보습온도처리
④ 건조저장
⑤ 휴면종자저장

해설 노천매장법은 발아촉진법으로 종자를 하루 동안 맑은 물에 담궜다가 종자의 1~3배 가량의 젖은 모래와 혼합하여 땅속에 묻어두는 방법이다. 묻는 방법은 두께 2~3cm의 판자로 깊이 30~40cm의 상자를 만들고 상자의 상하는 철망을 붙여 설치류의 피해를 예방한다.

건조저장	• 종자의 함수량이 5~10%가 되도록 말려서 저장하는 방법 • 이듬해 봄에 씨뿌림 할 종자는 포대나 가마니, 양파자루에 넣어 공기가 잘 통하고 습기 없는 건조한 창고에 매달거나 선반에 쌓아 놓은 방법(소나무, 해송, 오리나무, 자작나무 등)
습사저온저장(냉습적법)	밤, 도토리, 호두, 은행, 침엽수 등과 같이 전분, 단백질이 많은 대립종자는 함수율이 35% 이하로 떨어지면 발아력이 상실되므로 정선된 종자를 젖은 모래에 섞어 건조하지 않고 얼지 않도록 노천매장, 저온(1~2℃)으로 저장하는 방법
건사저장(보호저장)	종자를 파종하기 전에 마른 모래 2, 종자 1의 비율로 섞어 종자를 건조하지 않도록 실내 또는 창고 등에 보관하는 방법
밀봉건조	낙엽송, 포플러류 등의 종자를 수분 5% 내외로 건조시켜 유리병이나 양철통에 황화칼륨 등 종자 활력제와 실리카겔 등 건조제를 종자와 함께 밀봉하여 2~4℃의 낮은 온도로 저장
층적법	매장 시 종자와 축축한 모래를 층층으로 넣어서 마르지 않게 저장하는 방법
노천매장	• 습사저온자장과 같이 건조, 발아력이 떨어지거나 변온처리를 해야 발아되는 종자의 저장 및 발아 촉진 방법 • 채집하여 정선한 종자를 땅 속에 묻어 두었다가 파종하는 종자 저장법

정답 015 ④

016 다음 중 내화성 수종이 아닌 것은? 기출

① 은행나무
② 잎갈나무
③ 굴거리나무
④ 삼나무
⑤ 사철나무

해설 수피 조직이 두텁게 발달한 수종(굴참나무, 황벽나무), 엽내의 수분 함량이 높은 상록활엽수종(동백나무, 아왜나무)이다.

구분	내화성이 강한 수종	내화성이 약한 수종
침엽수	은행나무, 잎갈나무, 분비나무, 가문비나무, 개비자나무, 대왕송	소나무, 곰솔, 삼나무, 편백
활엽수	아왜나무, 굴거리나무, 후피향나무, 붓순나무, 협죽도, 황벽나무, 동백나무, 빗죽이나무, 사철나무, 가시나무, 회양목	녹나무, 구실잣밤나무
낙엽 활엽수	피나무, 고로쇠, 마가목, 고광나무, 가중나무, 네군도단풍나무, 난티나무, 참나무, 사시나무, 음나무, 수수꽃다리	능수버들, 벽오동나무, 벚나무, 참죽나무, 조릿대, 아까시나무

017 급성 경구, 고독성 액체일 경우 반수치사량 범위는? 기출

① 5~50
② 50~500
③ 20~200
④ 200~2,000
⑤ 10~100

해설

구분	반수치사량(mg/kg)			
	급성 경구		급성 경피	
	고체	액체	고체	액체
맹독성	5 미만	20 미만	10 미만	40 미만
고독성	5 이상~50 미만	20~200	10~100	40~400
보통독성	50~500	200~2,000	100~1,000	400~4,000
저독성	500 이상	2,000 이상	1,000 이상	4,000 이상

정답 016 ④ 017 ③

018 각각의 나무병원 역할에 대한 연결로 옳지 않은 것은? 기출

① 국립나무병원 : 공립나무병원(수목진단센터) 운영 총괄, 생활권 산림병해충 민간컨설팅 운영 실태 모니터링

② 국립나무병원 : 산림병해충 방제 농약직권 등록시험, 수목진료 발전협의회 운영, 산림병해충 기술교본 발간

③ 국립나무병원 : 대국민 수목진단 서비스 제공, 무분별한 농약사용 문제점과 전문적 수목진료 필요성 홍보

④ 국공립나무병원(수목진단센터) : 지역별 특성화된 수목진료 전문조직 육성 및 전문인력 확충, 친환경 방제기술 개발 · 보급 등 수목진료체계의 정부 역할 강화

⑤ 국공립나무병원(수목진단센터) : 생활권 산림병해충 민간컨설팅제도 운영, 민간의 수목진료 전문가(나무병원) 활용

해설 대국민 수목진단 서비스 제공, 무분별한 농약사용 문제점과 전문적 수목진료 필요성을 홍보하는 곳은 국공립나무병원(수목진단센터)이다.

019 물과 유기용매에 난용성인 원제를 다른 제형으로 제조한 것으로서, 비산을 줄이기 위하여 개발된 제형은? 기출

① 수화제 ② 액상수화제

③ 액제 ④ 입상수화제

⑤ 유탁제

해설 액상수화제(SC)는 물과 유기용매에 난용성인 원제를 액상의 형태로 조제한 것으로 수화제에서 분말의 비산 등의 단점을 보완하기 위하여 개발된 제형이다. 분류기준은 액상 또는 점질액상으로서 물에 희석하였을 때 수화되는 농약으로 검사항목은 유효성분, 수화성, 분말도이다.

① 수화제(WP) : 원제에 증량제, 계면활성제를 가하여 혼합하고 분말도가 44μm이라(325mesh 통과분 98% 이상)가 되도록 작게 분쇄하여 만든다. 분류기준은 분상으로서 물에 희석하였을 때 수화되는 농약이다.

③ 액제(SL) : 원제가 수용성이며 가수분해의 우려가 없는 경우에 원제를 물 또는 Methanol에 녹이고, 계면활성제나 동결 방지제등을 첨가하여 제제한 액상제형이다. 분류기준은 액상으로서 물에 희석하였을 때 용해되는 농약으로 검사항목은 유효성분(전착제는 표면장력), 수용성이다.

④ 입상수화제(Water-dispersible granule) : 작은 덩어리 가루 형태로 되어있다.

⑤ 유탁제 : 유제에 사용되는 인화성 용제를 바꾼 제형으로 농약원제를 물에 녹지 않는 적은 양의 용매에 녹인 후 유화제를 사용하여 물에는 녹지는 않으면서 작은 낱알 상태로 분산되도록 제조한다.

정답 018 ③ 019 ②

020 다음 중 농약제제의 물리성에 대한 설명이 옳지 않은 것은? 기출

① 유화성 : 유립자가 균일하게 분산하여 유탁액으로 되는 성질
② 습전성 : 살포한 약액이 작물이나 해충의 표면에 잘 적시고 퍼지는 성질
③ 현수성 : 현탁액에 있어서 충체에 잘 스며드는 성질
④ 부착성 : 식물체나 충체에 붙는 성질
⑤ 접촉각 : 접촉각이 크면 적셔지기 어렵고, 작으면 적셔지기 쉬운 성질

해설 현수성은 현탁액에 있어서 고체의 입자가 균일하게 분산, 부유하는 성질과 안정성의 특징을 갖는다. 약제가 식물체나 충체에 스며드는 성질은 침투성이다.

021 동제에 의하여 약해를 일으키기 쉬운 작물은? 기출

① 오이
② 감자
③ 포도
④ 복숭아
⑤ 토마토

해설 오이, 감자, 포도는 유기동제에는 강하지만 석회유황합제에는 약해가 발생하기 쉽다. 핵과류(복숭아)는 동제, 황제 모두 약하고, 배추의 경우 동제에는 약하고 황제는 약해가 없다.

022 상열에 대한 설명 중 틀린 것은? 기출

① 겨울철 수간이 동결하는 과정에서 바깥쪽 변재부위가 안쪽에 단열되어 있는 심재부위보다 더 심하게 수축함으로써 두 부위 간의 불균형으로 생기는 장력때문에 갈라지는 현상이다.
② 상열의 위치는 온도차가 더 많은 남서쪽 수간이다.
③ 활엽수보다 침엽수에서 더 자주 관찰된다.
④ 직경 15~30cm가량 되는 나무에서 더 심하다.
⑤ 상열의 피해를 막기 위해서는 피소현상을 방치할 때처럼 수간을 마대로 싸거나 흰 페인트를 발라준다.

해설 상열은 침엽수보다 활엽수에서 더 자주 관찰된다.

정답 020 ③ 021 ④ 022 ③

023 쓰레기 매립지에 관한 설명 중 틀린 것은? 기출

① 유기물과 종이는 부패하면서 주로 메탄가스와 이산화탄소를 배출한다.
② 토양의 색깔은 청회색이나 흑회색을 띠고 유화수소가스에 의해 계란 썩는 냄새가 나며, 땅이 불규칙하게 가라앉거나 금이 간다.
③ 토양 내 유독가스에 의해 이산화탄소가 많고 산소는 부족하기 때문에, 토양의 통기성이나 배수가 불량한 경우와 비슷한 증세가 서서히 나타난다.
④ 수목의 생장이 불량하여 초기에는 가지가 엉성하고 잎이 작아진다.
⑤ 뿌리는 검은색을 띠면서 물에 젖은 것 같은 색깔을 나타내면 죽어가고 있다는 가장 뚜렷한 증거이다.

해설 수목의 뿌리가 청색을 띠면 죽어가고 있다는 증거이다.

024 염해에 강한 수종이 아닌 것은? 기출

① 곰솔
② 주목
③ 노간주나무
④ 향나무
⑤ 소나무

해설 염해는 바닷가에서 해풍이나 해일, 매립지에서 염분 상승, 도시에서 겨울철에 노면에 뿌린 해빙제(염화칼슘)에 의해 발생한다. 염해에 강한 수종은 곰솔, 노간주, 리기다소나무, 메타, 주목, 향나무, 가죽, 감탕, 느티나무, 무궁화, 참나무, 칠엽수, 회양목, 능수버들, 동백나무, 때죽나무, 팽나무, 후박나무이다. 반대로 약한 수종은 소나무, 가문비나무, 낙엽송, 삼나무, 스토로브잣나무, 은행나무, 전나무, 히말라야시다, 목련, 단풍, 백합, 벚나무, 진달래, 가시나무, 개나리, 양버들, 피나무이다.

염해의 증상 및 방지법

- 활엽수 : 잎의 가장자리가 타 들어가고 심하면 낙엽이 지고 눈이 더 이상 자라지 않고 가지가 죽음
- 침엽수 : 해빙제의 경우 겨울철에 잎의 끝 부분부터 괴사현상이 나타남
- 초기증상은 생장감소와 조기 낙엽현상이기 때문에 다른 생리적 피해와 쉽게 구별이 안 됨
- 방지법 : 물로 씻어냄, 염류관수로 제거, 도로변 토양을 비닐로 사전에 덮어 주거나 증산 억제제를 뿌려 주거나, 토양에 숯가루(활성탄)을 넣어 소금을 흡착시킴

025 피소에 약한 수종이 아닌 것은? 기출

① 벚나무, 단풍나무, 목련
② 물푸레나무, 매실나무, 양버즘나무
③ 낙우송, 메타세콰이어
④ 가문비나무, 오동나무, 호두나무
⑤ 소나무, 해송, 측백나무

정답 023 ⑤ 024 ⑤ 025 ⑤

해설 소나무, 해송, 측백나무는 열에 강한 수종이다. 피소는 직사광선, 복사열로 지표면에(지상 2m 이내) 가까운 부분에 수피가 발생한다. 조직이 죽어 불규칙하게 나타나고 위아래로 갈라져 목부조직이 들어나는 경우도 많다. 밀식 재배하던 수목을 이식 단독 식재한 경우나, 한대성 수종(주목, 잣나무, 전나무, 자작나무)에서 자주 발생한다. 이를 방지하기 위해 수피를 녹화마대로 싸주거나 흰색도포제(석회유)를 도포한다.

※ 엽소 : 과다한 증산, 수분부족으로 잎의 가장자리부터 마름. 도로 근접, 실외기 근처, 반사가 잘 되는 남 · 서 방향에서 증상이 심함

026 내화력(방화)이 강한 수종이 아닌 것은? 기출

① 황벽나무
② 삼나무
③ 가시나무
④ 아왜나무
⑤ 은행나무

해설
- 내화력이 약한 수종 : 소나무, 곰솔, 삼나무, 편백, 녹나무, 구실잣밤나무, 능수버들, 벽오동, 벚나무, 아까시나무, 조릿대 등
- 내화력이 강한 수종
  - 침엽수 : 은행나무, 대왕송, 가문비나무, 개비자나무, 잎갈나무
  - 상록활엽수 : 황벽나무, 회양목, 가시나무, 아왜나무, 굴거리나무, 동백나무
  - 낙엽활엽수 : 피나무, 사시나무, 느티나무, 참나무, 음나무
  - 특징 : 잎이 두텁고 함수량이 많은 수종, 잎이 넓고 밀생한 수종, 상록수이다. 수관의 중심이 추녀보다 낮고, 나무의 키가 지붕보다 낮은 위치에 있는 수종이 내화력이 강하다. 침엽 수종처럼 키가 큰 나무는 방화용으로 적합하지 않다. 복사열은 직선상 방사되므로 수목은 열 차단 효과, 화염과 불꽃이 나는 것을 방지(기류 움직임 방해), 녹지대는 수고 10m 이상, 폭은 6~10m, 교호 또는 수열 배치가 적절하다.

027 전정의 목적이 아닌 것은? 기출

① 나무모양을 가꾸기 위해
② 생장을 조정하기 위해
③ 생장을 촉진하기 위해
④ 갱신을 위해
⑤ 개화결실을 촉진시키기 위해

해설 전정은 생장을 억제하기 위함이다.

전정의 목적 및 시기

- 미관상 : 자연수형의 충분한 수형 가치가 있는 경우 인공적으로 조정함
- 실용상 : 산불방지, 산울타리, 바람막이, 그늘막 등의 가지와 잎의 밀생을 요하는 경우 통풍을 원활하게 하거나 태풍에 가지가 부러지거나 쓰러지는 일이 없도록 한정된 공간에 맞게 조화를 위한 크기를 조절함

정답 026 ② 027 ③

• 생리적 : 통풍, 채광이 잘되게 하여 병충해 방지, 풍해, 설해에 대한 저항력 증가, 과수나 화목류의 개화 결실을 촉진, 식재이식 시 많은 뿌리가 절단되어 초래한 경우 약해진 나무의 수세를 회복함

계절	특징
겨울	• 휴면기인 12~3월 사이 실시(가장 중요한 시기) • 잎(부정아)이 없기 때문에 가지 배치, 수형 잘 나타남, 전정 영향 없음 • 병충해의 피해를 입은 가지 발견이 쉽고 작업이 쉬움
봄	• 새로운 가지와 잎이 나오는 3~5월 사이에 하는 전정 • 활엽수는 최대의 생장기 : 순지르기나 눈따기 등 약전정
여름	• 6~8월 전정, 가지와 잎이 무성하게 자라 수광, 통풍이 좋도록 함 • 꽃나무들 화아분화기. 7~8월에 집중, 6월 중에 전정을 마침 • 봄에 꽃피는 꽃나무들은 화아분아 중. 완료된 화아를 자르면 이듬해 꽃을 보지 못함
가을	• 침엽수 : 10~11월경, 늦겨울, 이른 봄 • 상록수 : 생장이 멈추는 5~6월경 초가을, 신장한 가지가 멈추는 9~10월경 활엽수 • 11~3월경과 새잎이 줄기가 나와 굳어지는 7~8월, 꽃나무류는 꽃이 진 후 바로 하되, 화아분화 시기와 꽃피는 습성에 따라 다름

028 과습에 대한 증상과 대책으로 틀린 것은? 기출

① 지하수위가 낮아 토양이 과습하면 수목생장이 불량해진다.
② 엽병이 노랗게 변하고 잎이 마르고 어린가지가 고사한다.
③ 아랫부분의 잎이 갑자기 떨어지거나 잎이 누렇게 되며 식물체의 전체적인 활력이 떨어진다.
④ 주목과 같은 일부 수종은 과습돌기(edema, 이데마) 현상이 발생해 쉽게 발견할 수 있다.
⑤ 부득이 한 경우는 과습에 잘 견디는 수종 선정하여 식재한다.

해설 지하수위가 높을 때 과습이 발생한다.

과습에 대한 피해

• 뿌리가 썩어버리거나 죽어서 더 이상 자라지 못하며, 병원균 침입이 용이해 지상부 전체의 건강을 위협함
• 아랫부분의 잎이 갑자기 떨어지거나 잎이 누렇게 되며, 식물체의 전체적인 활력이 떨어짐
• 주목과 같은 일부 수종은 과습돌기(edema, 이데마) 현상이 발생
• 주변에 구덩이를 판 후 물고임 상태와 물빠짐 상태를 확인해 판별함
• 잎이 처짐, 잎의 괴사, 고사, 이데마 형성(식물부종)

저항성	침엽수	활엽수
높음	낙우송	단풍나무류(은단풍, 네군도), 물푸레, 미국느릅나무, 버드나무류, 버즘나무류, 오리나무, 주엽나무, 포플러류
낮음	가문비, 서양측백, 소나무, 전나무, 주목, 해송, 향나무류	단풍나무류(설탕, 노르웨이), 벚나무류, 사시나무류, 아까시나무, 자작, 층층나무

정답 028 ①

029 다음 중 멀칭의 효과가 아닌 것은? 기출

① 강우로 표토가 씻겨나가는 토양의 유실 방지
② 잡초발생의 억제
③ 수분증발을 억제하여 한해를 방지, 토양수분의 유지
④ 겨울에 지온을 높여 동해를 방지
⑤ 생장억제

해설 멀칭의 효과는 생장 증진, 토양의 수분 증발 억제, 양분 손실 방지, 지온 급변 완화, 잡초 발생 억제, 이화학적 성질 개선이다.

030 다음 중 방음수종의 특징으로 틀린 것은? 기출

① 잎이 크고 두꺼우며, 가지가 무성한 나무
② 지하고에 따른 관목과 교목의 혼합식재
③ 잎이 수평 방향으로 치밀한 수종
④ 배기가스 등 공해에 강한 수종
⑤ 바람, 전정에 대한 강한 저항력이 있는 수종

해설 방음수종은 잎이 수직으로 치밀한 수종이다.

방음수종의 특징
- 수종 : 가시나무류, 녹나무, 아왜나무, 측백, 편백, 돈나무, 꽝꽝나무, 가죽나무, 느릅나무류, 포플러류, 양버즘나무, 회화나무 등
- 식재대 : 소음원에서 부터 가깝게 위치하도록 함, 식재대폭(20~30m), 수고는 식재대 중앙부에서 13.5m 이상
- 수림대의 길이 : 음원에서 수음점 거리의 2배 이상 되도록 함

031 공사 중 교목 보호구역 설정에 대한 설명으로 틀린 것은? 기출

① 차량이나 중장비의 통행 시 토양 답압과 기계적인 뿌리 피해를 최소화하기 위한 조치이다.
② 목재칩으로 두께 15~30cm의 멀칭을 해주거나 두께 10cm 이상의 멀칭을 한 다음 위에 두께 2cm의 합판을 깔아주면 부하를 분산한다.
③ 뿌리 절단의 위치는 수간에서 가까울수록 좋으며 수간 직경의 12배 거리가 적당하다.
④ 낙수선 바깥으로 이식할 때 수간 직경의 5~6배 되는 반경(즉, 근분직경은 수간 직경의 10~12배가 됨)에서 뿌리를 절단한다.
⑤ 보존될 수목 근처에서의 기계적인 굴착으로 뿌리가 절단될 수밖에 없다면, 뿌리가 찢어지거나 뭉개지게 내버려 두는 것보다 사전에 깔끔하게 절단해 주는 것이 좋다.

해설 뿌리 절단의 위치는 수간에서 멀수록 좋다.

정답 029 ⑤ 030 ③ 031 ③

032 엔진톱 사용 시 안전하게 사용하는 방법 중 틀린 것은? 기출

① 체인브레이크와 클러치드럼 사이에 톱밥, 송진, 먼지 등을 떨어낸다.
② 체인브레이크밴드가 마모되지 않았는지(최소 0.6mm 이상) 정기적으로 점검을 하여야 한다.
③ 전방의 손 보호가드를 앞뒤로 밀고 당겨서 클러치커버가 제대로 작동하는지 확인한다.
④ 가이드바가 그루터기에 부딪히는 순간에 브레이크가 작동되어야 정상이다.
⑤ 시동을 걸었다가 정지스위치를 정지위치에 놓았을 때 엔진이 지속됨을 확인한다.

해설 엔진톱의 시동을 걸었다가 정지스위치를 정지위치에 놓았을 때 엔진이 정지됨을 확인한다.

033 다음 중 농약에 의한 방제대상이 되지 않은 것은? 기출

① 장미 모자이크병
② 향나무 녹병
③ 벚나무 빗자루병
④ 대추나무 빗자루병
⑤ 과수 불마름병

해설 바이러스병(모자이크 등)은 농약으로 방제가 되지 않는다.

034 수목에 사용되는 농약과 작용기작이 틀리게 연결된 것은? 기출

① 약제 포장지의 표시기호로 살균제는 가－나－다 순, 제초제는 1－2－3 순으로 나타낸다.
② 약제별 작용기작 표시제도는 사용자가 약제를 뿌리기 전에 표시기호를 직접 확인할 수 있어 약제저항성을 줄일 수 있다.
③ 약제저항성은 농약을 살포하는 동안 해충이 농약에 대한 저항성을 갖게 돼 죽지 않는 현상을 말한다.
④ 약제저항성은 한 가지 약제 또는 동일한 작용원리의 약제들을 연속으로 사용했을 때 발생한다.
⑤ 약제저항성을 이전에 사용한 약제와 비교해 작용원리가 다른 약제를 선택하거나 다른 계통의 약제를 번갈아 사용해야 한다.

해설 제초제는 A－B－C 순, 살충제는 1－2－3 순으로 표시기호가 나타난다.

정답 032 ⑤ 033 ① 034 ①

035 생장조절제 중 묘목의 삽목증식에서 발근제로서 사용되는 것이 아닌 것은? 기출

① 인돌비액제(IAA+BA)
② 루톤(NAA)
③ IBA
④ ethephon
⑤ IAA

해설 옥신은 어린 줄기 선단부(맨 윗부분)에 있으며, 세포 신장생장(길게 늘어나는 것)을 촉진한다. 식물에 흔한 옥신은 IAA(인돌아세트산)이며, IAA, IBA, NAA 같은 옥신제품은 발근제(식물 뿌리를 잘 나게 도와주는 제품)로 쓰인다. 발근촉진제는 옥신류(IAA, IBA 등), 피리독신(Pyritoxin), 티아민(Thiamin), 니아신(Niacin) 등의 비타민을 혼합처리한다.

036 농약의 토양잔류성에 영향을 주는 요인 중 영향이 가장 적은 것은? 기출

① 수질악화는 먹이사슬을 통해 생물농축에 영향을 미친다.
② 토양 중에 축적은 농장물의 농약잔류에 영향을 미친다.
③ 생물군의 변화는 곤충 수의 감소로 천적이 줄어든다.
④ 생태계의 변화는 생물 간 균형이 파괴된다.
⑤ 농약의 안정성은 농약 고유의 성질로서 쉽게 분해된다.

해설 농약의 안정성은 쉽게 분해되지 않는다.

037 근분작업에 대한 설명 중 틀린 것은? 기출

① 어린 묘목의 경우 근원경으로 표시하며 직경 10cm 미만은 지상 15cm에서 측정하고, 직경 10cm 이상 되는 나무는 지상 30cm 높이에서 측정한다.
② 일반적으로 직경 5cm 미만의 나무는 근분의 직경이 주간직경의 12배가량 되도록 하며 직경이 8~15cm의 나무는 수간직경의 10배가량으로 한다.
③ 근분의 높이는 근분이 작을 경우 근분의 직경과 비슷한 크기로 제작하지만 근분이 커질수록 직경보다 크게 만든다.
④ 근분의 높이는 근분의 직경에 비례하여 제작할 필요가 없으며 최고 100cm이면 족하다.
⑤ 운반 중에 근분이 마르거나 깨지지 않도록 주의해야 한다.

해설 근분의 높이는 근분이 커질수록 직경보다 작게 만든다. 근분의 깊이는 직경에 비례하여 키울 필요가 없다. 뿌리가 대부분 지표면 가까이에 분포하고 있기 때문이다. 근분의 적절한 깊이는 뿌리의 밀도를 기준으로 결정할 수 있는데, 뿌리의 밀도가 현저하게 감소할 때까지 굴취하면 충분하고, 더 깊이 들어가면 근분의 크기와 무게만 늘어날 뿐이다.

정답 035 ④ 036 ⑤ 037 ③

038 교목벌도와 제거에 대한 설명 중 틀린 것은? 기출

① 수구각 따기는 벌목작업 중 가장 중요한 것으로 대다수 사망 사고가 수구각을 따지 않아 사망 사고가 발생하고 있다.

② 벌목하려는 나무의 흉고직경의 10cm 이상의 나무는 방향베기를 반드시 실시하고 흉고직경 20cm 이상의 나무는 방향베기 시 반드시 수구각 따기를 올바른 방법을 이용하여 실시한다.

③ 방향베기 방법 중 아래로 따기는 가장 안전하며 목재의 손실이 가장 적은 방법이다.

④ 방향베기 방법 중 위로 따기는 가장 손쉬운 방법이며 목재손실 및 경첩부분이 찢어질 우려도 없다.

⑤ 방향베기 방법 중 크게 따기는 나뭇가지가 지면에 닿기 전에 경첩부가 찢어지지 않아 쪼개지기 쉬운 나무, 얼어서 딱딱한 나무 벌목 등에 사용한다.

해설 방향베기 방법 중 위로 따기는 가장 손쉬운 방법이지만 목재손실 및 경첩부분이 찢어질 우려가 있다.

아래로 따기	• 가장 안전하고 권장하는 방법 • 목재의 손실이 가장 적음 ※ 목재의 손실이 우려되어 수구각 따기를 실시하지 않는 경향이 있으므로 아래로 따기를 실시하여 안전성 확보 및 목재의 손실을 줄일 수 있음
위로 따기	• 아래로 따기와 반대로 방향베기 실시 • 가장 손쉬운 방법 • 벌도목의 목재 손실 발생 및 경첩부가 찢어질 우려가 있음
크게 따기	• 평평하거나 경사진 지형 • 나무가 지면에 닿기 전에 경첩부가 찢어지지 않아 쪼개지기 쉬운 나무, 얼어서 딱딱한 나무 벌목 등에 사용 • 그루터기 높이가 높고 목재 손실이 많음
아래로 크게 따기	• 벌도목이 바로 튕겨져 앞으로 나아가지 않고 바로 아랫방향으로 넘어가게 되어 있어 깊은 계곡 등 가파른 경사지 직경이 큰 나무 벌목 시 이용 • 벌도목이 넘어가면서 반대편과 충돌되어 두동강 나는 것을 예방

039 다음 중 관수시기의 판단요령에 대한 설명으로 틀린 것은? 기출

① 잎이 시들기 시작하면 광택이 없어지며, 녹색이 점차 회색으로 변하게 되며, 잎은 점차적으로 고사하여 낙엽지게 된다.

② 토양의 건습 정도는 표토를 손으로 꽉 쥐었을 경우 쉽게 덩어리로 뭉쳐지면 과습한 편이며, 덩어리로 뭉치지 않으면 건조한 편이다.

③ 장력계를 사용할 경우 0~80cd의 범위 내에서 가장 정확한 측정치를 읽을 수 있다. 영구위조점의 경우는 1,500cd 정도이다.

④ 전기저항계의 경우 100~1,500cd 범위를 측정하는 데 적합하다. 이는 대부분의 식물이 가용수분의 흡수 시 100cd 정도부터 이루어지기 때문이다.

⑤ 토심이 비교적 깊은 경우 뿌리가 뻗어 내린 깊이는 교목 및 대관목은 2.0m, 중관목 및 만경목은 1.0m, 소관목 및 지피식물은 0.6m이다.

해설 교목 및 대관목의 뿌리가 뻗어 내린 깊이는 1.2m(100cd = 100centibars = 1atmosphere)이다.

정답 038 ④ 039 ⑤

040 다음 중 가뭄피해에 설명 중 틀린 것은? 기출

① 이식목에서 제일 먼저 발생하여 천근성 수종이거나 토심이 낮은 곳, 모래 토양이나 남쪽 사면에서 나타난다.
② 성숙잎과 줄기의 시들음 현상이 나타나고, 남 · 서향 방향 더 심하다.
③ 직경생장이 급격히 감소, 나이테가 좁아지면서 위연륜이 만들어진다.
④ 토양수분이 제한됨에 따라 호흡작용은 감소되며, 그로인해 엽면의 온도는 상승하게 된다.
⑤ 가뭄에 예민한 수종은 단풍나무류, 마로니에, 층층나무, 물푸레나무, 느릅나무가 있다.

해설 가뭄으로 어린잎과 줄기의 실들음 현상이 나타난다.

041 수목에 물주기에 대한 설명 중 틀린 것은? 기출

① 나무를 새로 이식한 후 물주기 할 때에는 웅덩이에 1주일에 한 번씩 물주기를 하되, 20~30cm 가량의 물을 충분히 주어서 토양 40cm 깊이까지 젖도록 해야 한다.
② 점적관수의 경우에는 2~3일 간격으로 물주기를 하는 것이 좋다.
③ 잎이 축 늘어지거나 시들기 시작하면 물주기가 필요하며, 나무전체 잎에 광택이 없어지거나 녹색이 연녹색으로 색깔이 퇴화하기도 한다.
④ 삽으로 흙을 20cm 깊이에서 채취하여 손 위에 놓고 주먹을 쥐어 둥그렇게 덩어리로 뭉쳐지지 않으면 너무 건조한 상태고, 덩어리로 된 흙을 문지를 때 부서지지 않으면 수분이 너무 많은 상태이다.
⑤ 스프링클러에 의한 관수는 대개 점심시간에 하는데 이때 수압이 높고, 바람이 적으며, 새벽에 젖어 있던 잎과 가지가 낮에 마름으로써 습기로 인한 병을 예방할 수 있다.

해설 스프링클러에 의한 관수는 새벽시간에 한다.

- 관수시기
  - 잎이 처지는 현상이 발생 시(잎의 색이 옅어지는 경우 지속적으로 수분이 부족한 경우가 많음)
  - 토양 표면에서 5cm 하부가 말라 있을 경우
  - 토양 수분측정기를 사용하여 토양 내 함수량이 15%(−35kPa) 미만일 경우
  - 물집의 크기는 뿌리분과 동일한 크기로 제작(물집의 높이는 10~20cm 높이)
  - 대형목이거나 편분일 경우에는 구획을 나누어 관수
  - 관수량은 R15당 20ℓ 이상으로 주 1회 관수
  - 초기 수분흡수 증진을 위해 발근제 1,000배액(0.1%)을 혼합하여 관수
- 관수 방법
  - 스프링클러 관수 : 30분 이상 관수
  - 스프링클러는 식물 잎에 관수되는 것으로 병을 전염하므로 잎의 물이 저녁까지 남아있지 않도록 해야 한다.

정답 040 ② 041 ⑤

042 가로수의 전정방법에 대한 설명 중 틀린 것은? 기출

① 가로수는 자연형을 육성하는 것을 원칙으로 한다.
② 가로수는 매년 또는 격년에, 3~4년마다 1회 전정해야 하는 수종이 있는가 하면 동기에 전정하는 수종 또는 하절기에 전정하는 수종이 있다.
③ 전정을 할 때는 나무의 수형에 따라 다르지만 통풍이 잘되고 전선줄의 방해가 되지 않게 가지를 솎아내어야 한다.
④ 나뭇가지를 잘라 내는 정도에 따라 C/N율이 달라지나 수령과 수세에 따라 전정의 정도는 조절하지 않아도 된다.
⑤ 상가, 농경지, 생육제한지에 대한 문제를 해결할 수 있는 수형을 개발하고, 도로표지판, 시계제한 문제의 해결방안을 제시한다.

해설 나뭇가지를 잘라 내는 정도에 따라 C/N율이 달라지므로 수령과 수세에 따라 전전의 정도를 조절해야 한다.

043 옮겨심기(이식)에 관한 설명 중 틀린 것은? 기출

① 굴취작업 2~3일 전에 충분한 물주기를 실시하고 수관의 30% 이외의 가지를 고르고 전정토록 한다.
② 하단 가지나 뿌리 주 부위의 움싹은 그대로 두고 수관을 새끼로 묶어 운반이 편리하게 한다.
③ 뿌리분의 크기는 가장 작은 크기로 가장 많은 뿌리를 보호할 수 있어야 하나 수종, 토성 등에 따라 달라진다.
④ 분의 지름은 근원경의 3~5배(수종에 따라서 5~10배), 깊이는 측근의 발생밀도가 현저하게 줄어든 부위까지로 하되, 뿌리의 발생상태를 보아 다소 조절하여 실시한다.
⑤ 옮겨심기가 곤란한 수종이나 토양이 불량하여 분이 만들어지지 않을 때에는 생명토와 같은 특수토양을 사용하면 잔뿌리의 발생을 높일 수 있고 분도 양호하게 만들 수 있다.

해설 하단 가지나 뿌리 주부위의 움싹을 제거하고 수관을 새끼로 묶어 운반이 편리하게 한다.

정답 042 ④ 043 ②

044 다음 중 이식목 본뜨기에 관한 설명 중 틀린 것은? 기출

① 수목을 옮겨심기 전 수목의 활착을 도와주기 위해 수목 주근 주변의 뿌리를 절단, 박피 등을 하여 잔뿌리 발생을 유도하는 작업이다.

② 이식 공사발주에 반영하는 뿌리돌림은 근원직경 50cm 이상 수목에 적용하며, 기타 수목은 규격에 관계없이 이식이 어려운 수종, 희귀수종 등 뿌리돌림이 필요한 경우에 적용할 수 있다.

③ 낙엽활엽수는 이른 봄 수액이 오르기 직전과 장마직후 신초가 굳어진 때 실시한다.

④ 침엽수, 상록활엽수는 이른 봄 수액이동이 시작될 때와 눈이 움직이기 시작하기 15일 정도 앞선 시기에 실시한다.

⑤ 최소한 이식시기로부터 1~2개월 전에 뿌리돌림을 하여야 한다.

해설 최소한 이식시기로부터 6개월~3년 전에 뿌리돌림을 하여야 한다.

045 전정에 관련된 용어 중 다음에서 설명하는 것은? 기출

> 유실수 수목의 신초지생장은 가지의 각도와 밀접한 관계를 가지는데 가지가 수직으로 생장할수록 생장이 왕성하나 꽃눈 형성이 나빠지고, 수평에 가까워질수록 가지의 생육이 약해져 생장이 불량하게 되는 것을 말한다. 따라서 각도가 좁은 가지를 유인하면 생장이 억제되고 꽃눈 형성이 촉진된다.

① C/N율
② T/R률
③ 리콤의 법칙
④ 정부우세의 원칙
⑤ 분지각도

해설 ① C/N율 : 탄소동화작용에 의해 잎에서 만들어진 탄수화물(C)과 뿌리에서 흡수된 질소(N)성분의 비율을 말한다.
② T/R율 : 수목줄기와 뿌리의 비율을 말하며, 대개 T/R율은 1이지만 노지에서의 비옥한 토양일 경우 T/R율이 높아진다.
④ 정부우세의 원칙 : 전정 후 가지 중에서 가장 높은 곳에 위치한 잎눈에서 세력이 강한 새 가지가 자라고, 그 영향으로 아래쪽 가지의 생장이 억제되거나 숨은 눈이 되는 현상을 말한다.
⑤ 분지각도 : 수목의 수간과 주지, 주지와 부주지, 부주지와 아주지의 수평 사이각을 말한다.

정답 044 ⑤ 045 ③

046 굴취에 대한 설명 중 잘못된 것은? 기출

① 어린 묘목이나 소경목을 이른 봄에 이식하고자 할 경우 나근상태로 이식할 수 있으며, 뿌리가 공기 중에서 마르지 않게 수태를 넣어 즉시 덮어야 한다.

② 나근 시 펼쳐진 뿌리의 폭이 근원경의 10배 이상 되도록 굴취한다.

③ 가장 바람직한 실내 보관온도는 5~10℃이며 4주 이상 보관할 수 있다.

④ 가식은 뿌리에 흙을 덮어서 임시 보관하는 것인데 동서방향으로 구덩이를 파고 묘목을 45도 각도로 눕혀서 가지 끝은 태양의 반대방향으로 향하게 둔다.

⑤ 상록수를 가식할 때는 가지가 서로 겹치지 않게 묘목 간에 간격을 약간 둔다.

해설 가장 바람직한 실내 보관온도는 0~4℃이며 4주 이상 보관할 수 있다.

047 다음 중 전기톱 반동위험(kickback)을 증가시키는 요인이 아닌 것은? 기출

① 톱 체인의 느슨한 장력과 전기톱부품의 부적절한 설치가 원인이다.

② 느슨한 전기 톱 리벳과 둔한 체인으로 발생할 수 있다.

③ 체인 각도가 부적절하게 연마되었을 때 발생할 수 있다.

④ 부적절한 톱 유지 보수가 반동위험을 유발한다.

⑤ 가이드바의 코가 길수록 안전하다.

해설 가이드바의 코가 길수록 위험이 커진다.

048 다음 중 지구의 이산화탄소 농도는? 기출

① 100ppm ② 200ppm

③ 300ppm ④ 400ppm

⑤ 600ppm

해설 지구의 이산화탄소 농도는 400ppm이며, 이산화탄소는 과거 화석 연료의 과도한 사용으로 증가하였다.

- 1%=1/100, ppm=1/1,000,000, 1%=10,000ppm
- 대기/토양에 존재하는 비율 : 질소(79%~75~80%), 산소(20.9%→14~20.6%), 이산화탄소(0.035%→0.5~6%)

정답 046 ③ 047 ⑤ 048 ④

049 다음 중 산불에 대한 설명으로 틀린 것은? 기출

① 목재원이나 여려 산림자원의 손실을 가져온다.
② 산불 후에 발생하는 2차 재해를 유발하기도 한다.
③ 낙엽, 낙지 등의 유입량 감소와 함께 질소, 인, 칼륨, 황 등과 같은 여러 가지 양분의 손실을 초래한다.
④ 토양 pH 농도가 감소한다.
⑤ 양분 유효도에 영향을 주어 산화지에서 재생되는 식물 생장에 영향을 미치게 된다.

해설 재의 양, 토양 pH 농도의 증가와 함께 임지의 양분수지와 변화가 생긴다.

050 다음 중 방풍림의 풍상방향의 방풍효과가 50m일 때 수목의 수고는? 기출

① 5m
② 10m
③ 15m
④ 20m
⑤ 25m

해설 풍상 방향의 방풍효과는 수고의 5배 정도 되므로 수목의 수고는 10m이다.

- 방풍수의 조건
  - 상록성으로서 겨울의 한풍을 막을 수 있을 것
  - 직근성이고 속성수로서 도복에 강할 것
  - 가지가 단단하고 발아력이 강할 것
  - 수관 폭이 좁아서 많은 면적을 차지하지 않을 것
- 수종 : 바람에 견디는 힘이 좋은 상록수, 특히 오래 사는 침엽수가 알맞음(삼나무, 편백, 해송, 낙엽송, 전나무, 가시나무, 참나무류, 느티나무, 포플러 등)
- 방풍의 효과
  - 방풍높이의 약 20배 거리까지며, 방풍림으로부터 8배 정도의 거리에서 약 50% 정도의 풍속 감소를 가져옴
  - 적당한 방풍림의 밀도는 바람이 40~50% 정도 투과할 수 있게 하는 것이 좋음
  - 풍상방향에서 수고의 5배 정도, 풍하방향에서 평균수고의 15~20배 정도
  - 방풍림의 너비는 20~40m 정도가 안전하며, 주된 풍향에 직각 방향으로 설치해야 함
  - 방풍림 사이 간격은 나무 높이의 20배 정도

정답 049 ④ 050 ②

051 다음 중 나무수간주사에 설명으로 틀린 것은? 기출

① 주입공의 각도는 나무의 수직 방향으로 부터 약 45°가 되도록 한다.
② 깊이는 목질부 속으로 경사 깊이가 활엽수는 약 3cm, 침엽수는 약 5cm 정도가 되도록 한다.
③ 지제부로 부터 약 15cm 높이에서 실시한다.
④ 나무의 한쪽에만 주입공이 집중되지 않도록 사방에 균등한 비율로 주입공 위치를 배치한다.
⑤ 단풍나무나 회화나무처럼 도관이 위치하는 변재부의 두께가 얇거나 수피가 연약해 수간주사의 지지가 어려운 경우 깊이는 곧 바로 뚫는다.

해설 수간주사의 지지가 어려운 경우 수평으로 목질부 중식을 빗겨서 사선방향으로 천공한다.

052 다음 중 공해에 강한 수종이 아닌 것은? 기출

① 은행나무
② 양버즘나무
③ 상수리나무
④ 느티나무
⑤ 소나무

해설 공장, 도로변과 같이 오염농도가 높은 곳에 강한 수종은 교목류이다.

- 교목류 : 은행나무, 목백합, 양버즘나무, 은단풍나무, 가중나무, 상수리나무, 졸참나무, 참느릅나무, 느티나무, 팽나무, 오동나무, 배롱나무, 밤나무, 백목련, 벚나무, 서어나무, 칠엽수, 회화나무, 감나무, 때죽나무, 층층나무, 자두나무
- 관목류
  - 주택가 등 오염정도가 심하지 않은 곳에서 자람
  - 매화나무(매실나무), 박태기, 자목련, 무궁화, 개나리, 낙상홍, 수수꽃다리, 산수유
- 공해에 약한 수종 : 소나무, 전나무, 자작나무, 독일가문비나무

053 다음 중 엽분석에 대한 설명으로 틀린 것은? 기출

① 신초의 생장이 정지된 식물의 중간부위에서 엽령이 비슷한 성엽을 채취한다.
② 잎의 무기영양 함량조사를 목적으로 한다.
③ 가장 정확한 양분 결핍 진단법이다.
④ 잎의 채취 시기와 부위는 7월 초 가지의 중간에서 실시한다.
⑤ 잎의 무기성분 농도 변화가 많을 시 실시한다.

해설 잎의 무기성분 농도 변화가 적은 시기에 엽분석을 실시한다. 가지의 중간부위에서 성숙한 잎을 채취하여 무기양료 함량을 분석한다(봄 잎은 6월 중순, 여름 잎은 8월 중순).

정답 051 ⑤ 052 ⑤ 053 ⑤

054 다음 중 이식이 가장 용이한 수종에 해당하는 것은? 기출

① 낙우송, 은행나무
② 가중나무, 상수리나무
③ 자작나무, 느티나무
④ 배롱나무, 은행나무
⑤ 소나무, 동백나무

해설 이식이 쉬운 수종은 낙우송, 메타, 편백, 화백, 측백, 가이즈까, 은행, 버즘, 단풍, 쥐똥, 박태기, 화살나무 등이다. 반면 이식이 어려운 수종은 가문비, 전나무, 주목, 가시, 굴거리, 태산목, 후박, 다정큼, 파라칸사, 목련, 자작, 칠엽수, 마가목 등이 있다.

055 다음 중 토양 답압에 의한 피해 증상이 아닌 것은? 기출

① 공극량의 감소는 통기성과 투수성의 저하로 이어진다.
② 토양생물은 활동범위의 제약을 받아 그 수와 활성이 줄어든다.
③ 산소부족으로 인한 호흡이 저해된다.
④ 피해를 입으면 토양의 견밀도가 상승하여 식물의 생장이 어렵고 수목의 세근이 발달하기 어렵다.
⑤ 토양의 이화학적 특성이 상승되는 효과가 있다.

해설 토양 답입은 토양의 이화학적 특성을 저하시킨다.
※ 토양개량 : 물리성 개선에 중점, 도시녹지의 경우 식물－토양생물－토양이라고 하는 일련의 토양생물계가 파괴, 유기질 자재 토양개량이 필요, 악화된 토양의 투수성 및 통기성 개선에 있으며, 토양 속 공극을 줌. 이를 위해 수관하부를 경운 또는 파쇄하고 유기질 퇴비, 토양 개량자재(버미큘라이트, 펄라이트 등) 등을 투입

056 다음 중 수목 줄기 상처 시 치료방법이 잘못된 것은? 기출

① 이물질을 깨끗이 제거한다.
② 노출된 목질부가 마르기 전에 수피를 원래 있던 자리에 잘 맞춘다.
③ 수피가 벗겨져 생긴 상처의 크기가 줄기 둘레의 45% 미만이면 대개 상처가 아물면서 나무에게 영구적인 피해는 일어나지 않는다.
④ 비닐로 패드부분을 덮고 햇볕이 투과하지 않도록 녹화마대 등으로 감아준다.
⑤ 상처 부위가 마르지 않도록 여러 겹의 물티슈나 젖은 타올 등으로 패드를 만들어 상처 부위를 덮는다.

해설 수피가 벗겨져 생긴 상처의 크기가 줄기 둘레의 25% 미만이면 대개 상처가 아문다.

정답 054 ① 055 ⑤ 056 ③

057 대기오염에 의한 피해 중 측정단위를 ppb로 측정 가능하지 않은 것은? 기출

① 미세먼지 ② 아황산가스
③ 이산화질소 ④ 오존
⑤ 일산화탄소

해설 미세먼지는 $\mu g/m$ 단위로 측정하고, 아황산가스, 이산화질소, 오존, 일산화탄소는 ppb로 측정한다.

- 가스상 오염 물질 : ppm 또는 ppb 단위 사용(용량비)
  - ppm(part per million) = 1/1,000,000 백만분의 1 단위
  - ppb(part per billion) = 1,000,000,000 십억분의 1 단위
  - 1ppm=1,000ppb
- 입자상 오염물질 : $\mu g/m^3$ 단위 사용(중량농도) 또는 No/cm^3(개수농도)
  - $1\mu g = 10^{-3}mg = 10^{-6}g$

058 다음 중 꽃이 잎보다 먼저 피는 수종이 아닌 것은?

① 철쭉 ② 왕벚
③ 갯버들 ④ 자목련
⑤ 생강나무

해설 꽃이 잎보다 먼저 피는 수종에는 왕벚, 생강나무, 계수나무, 자목련, 살구나무, 복숭아나무, 아스라지, 박태기나무, 팥꽃나무, 진달래, 버드나무, 호랑버들, 갯버들, 오리나무, 물오리나무/산오리나무, 소사나무, 서어/서나무, 개암나무이다.

059 수목의 뿌리돌림에 대한 설명으로 틀린 것은?

① 뿌리돌림은 수간 둥치 지름의 3~5배 거리에서 뿌리를 끊어 잔뿌리가 내리도록 해 쉽게 이식하기 위한 작업이다.
② 적어도 6개월~3년 전에 뿌리돌림이 돼 있어야 하는데 봄에 실시하는 것이 가을보다 효과적이다.
③ 겨울 동안 여러 가지 부패균이 저온으로 인해 절단부위에 침입하지 못하므로 무난히 칼루스(callus)가 형성되어 가을에 뿌리돌림을 하면 상처가 잘 아문다.
④ 이식이 곤란한 수종을 이식하려고 하거나, 비이식 적기에 이식할 때, 거목을 이식하고자 할 때 뿌리돌림을 실시한다.
⑤ 안전한 활착을 요하거나, 개화 결실을 촉진시키려고 할 때, 건전한 묘목이나 수목을 육성하고자 할 때 등에 뿌리돌림을 실시한다.

해설 가을에 뿌리돌림을 하면 상처가 잘 아물지 않는다.

정답 057 ① 058 ① 059 ③

060 다음 중 당김줄의 설치사항으로 틀린 것은?

① 가지와 당김줄과의 각도를 45° 이상이 되도록 위쪽에 매야 안전하다
② 가장 쉬운 형태는 처지는 가지를 수간에 붙들어 매는 것이다.
③ 당김줄의 설치 위치가 분기로부터 멀수록 설치효과는 작아진다.
④ 줄을 거는 고정 장치는 지지를 받는 가지의 위쪽 2/3 지점에 당김줄과 평행하게 설치한다.
⑤ 줄당김을 실시하기 전에 하중을 줄일 수 있도록 가지치기를 통해 수형을 바로잡을 수 있는지를 먼저 검토해야 한다.

해설 당김줄의 설치 위치가 분기로부터 멀수록 설치효과는 커진다.

- 줄당김 : 꼬아 만든 굵은 철사를 이용하여 가지와 가지 사이, 혹은 가지와 수간 사이를 서로 붙들어 매 줌으로써 구조적으로 보강하는 작업
- 가지치기가 끝나면 보강하려는 가지의 크기와 각도, 분지점, 부패 정도를 고려하여 가장 효율적인 줄당김 형태를 결정
- 가지와 당김줄과의 각도를 45° 이상이 되도록 위쪽에 매야 안전함
- 수간이 지제부에서 여러 개로 갈라져 있는 상태에서 밖으로 기울어지려고 할 때는 수간끼리 서로 의지하도록 수평으로 연결할 수 있으며, 대각선 연결법, 삼각 연결법 혹은 중앙고리연결법
- 당김줄을 설치할 때 당김줄에 충분한 하중을 실어 주기 위해서는 당김줄이 가지나 줄기에 견고하게 연결

061 남부임해공업단지 주변의 산업공원에 식재하기 접합한 아닌 수종은?

① 느티나무
② 후박나무
③ 후피향나무
④ 참나무류
⑤ 향나무

해설 향나무는 중부임해공업단지에 식재하기 적합하다. 남부임해공업단지에는 비자나무, 개비자나무, 소나무, 곰솔(해송), 구상나무, 가시나무, 계수나무, 금목서, 꽝꽝나무, 녹나무, 동백, 먼나무, 돈나무, 배롱, 모과, 비파, 비자, 사철, 산수유, 미산딸, 산딸, 식나무, 아왜, 애기동백, 은목서, 이팝, 청단풍, 단풍, 호랑가시, 태산목, 홍가시, 후박, 소귀나무, 모밀잣밤나무, 구실잣밤나무, 가시나무류, 모람, 멀꿀, 붓순나무, 녹나무, 생달나무, 후박나무, 센달나무, 참식나무, 가마귀쪽나무, 돈나무, 조록나무, 만년콩, 유자나무, 귤, 굴거리나무, 회양목, 호랑가시나무, 감탕나무, 먼나무, 사철나무, 줄사철나무, 후피향나무, 비쭈기나무, 동백나무, 사스레피나무, 송악, 팔손이나무를 식재하기 적합하다.

정답 060 ③ 061 ⑤

062 생활권 가로수의 문제점이 아닌 것은?

① 도심의 열섬현상 및 토양의 양료 부족으로 인한 수목의 생육 및 활력이 낮다.
② 부적절한 식재로 생육이 불량하거나 고사한 가로수가 발생한다.
③ 지속적인 수고생장으로 전선과의 마찰우려와 수관확폭으로 차량통행 방해가 우려된다.
④ 수목의 근계 발육에 필수적인 토양 입자 토층구조, 통기성이 좋아 도로까지 뿌리가 자란다.
⑤ 병해충이 큰 문제로 수목의 생육 왕성시기에 새순이 자람과 가지 뻗음 등 활력이 낮고 우산살 모양으로 쇠퇴하고 있다.

해설 생활권 가로수의 문제점은 수목의 근계 발육에 필수적인 토양 입자 토층구조, 통기성이 좋지 않아 도로까지 뿌리가 자란다. 또한 가로수 수종 선정 시 환경조건과 수목의 생리적특성이 고려되지 않은 채 부적절한 수종을 식재하고, 가로수 수형관리 전문 기술 및 인력 등의 부족으로 가로수의 경관기능 발휘에 미흡하다.

063 "에르고 스테롤생합성 저해" 기작을 일으키는 살균제가 아닌 것은?

① 디페노코나졸
② 디니코나졸
③ 헥사코나졸
④ 마이클로뷰타닐
⑤ 가스가마이신

해설 세포막 형성의 저해[에르고스테롤(ergosterol)의 생합성 저해제] 기작을 일으키는 살균제는 디페노코나졸, 디니코나졸, 헥사코나졸, 마이클로뷰타닐, 뉴아리몰, 트리아디메폰 등이다.

- 호흡(에너지 대사과정)의 저해 : 구리제, 유기수은제, 유기유황제, 클로로타로닐, 캡탄, 폴펫 등
- 단백질 생합성의 저해 : 대부분 항생물질

합성 개시기 저해	스트렙토마이신, 가스가마이신
펩타이드 신장기 저해	블라스티시딘-에스
합성 종료기 저해	테누아조닉산
합성 전과정 저해	사이클로헥시마이드

- 세포벽 형성의 저해 : 병원균의 키틴생합성 저해에 의한 세포벽 형성 저해제[폴리옥신, 에디펜포스, 이프로벤포스(IBP) 등]
- 세포분열의 저해 : 세포분열 시 핵의 이동에 관여하는 진균의 미소관형성을 억제(베노밀, 티오파네이트메틸, 벤지미다졸계살균제)
- 숙주식물의 병해저항성 유발

예 벼 도열병 예방약제인 트리사이클라졸(tricyclazole)은 벼의 세포벽에 집적되는 멜라닌색소의 합성을 억제하며 도열병균 부착기로부터의 물리적 침입을 억제하므로, 벼 자체의 방어능력이 강화되어 도열병에 대한 예방효과

정답 062 ④ 063 ⑤

064 농약의 저항성 방지 대책으로 옳지 않은 것은?

① 약제는 규정농도를 지켜서 사용하여야 한다.
② 같은 약제를 연 1~2회 이상은 살포하지 말고 작용특성이 다른 약제로 바꾸어 번갈아 가며 살포하여야 한다.
③ 적용대상 농작물과 적용대상 병해충에만 사용한다.
④ PLS에서 허용하는 농약은 동일계통을 연용하여 사용하여도 된다.
⑤ 연속적으로 같은 숫자(1, 2, 3 …) 또는 기호(가1, 나1 …)인 농약을 사용하지 않는다.

해설 식약처에서는 잔류허용기준이 없는 경우 작물에 일률기준(0.01ppm)을 적용하는 PLS 제도를 도입 시행한다. 농약을 혼용할 때 하나씩 희석하고, 제형이 다른 경우는 전착제, 유제, 수화제 순으로 희석한다. PLS은 잔류허용기준이 없는 경우 작물에 일률기준(0.01ppm)을 적용한 제도이며, 동일계통 약제의 연용을 피하도록 작용기작 그룹표시를 포장지 앞면 용도구분 하단에 표시하는 것은 저항성이 발생을 막으려는 것이므로 다른 개념이다.

065 소나무 재선충 반출금지거리로 허가받고 반출하는 가능한 거리는?

① 2km
② 5km
③ 10km
④ 20km
⑤ 50km

해설 시장, 군수, 구청장은 재선충병의 방제 및 확산방지를 위하여 발생지역과 발생지역으로부터 5km 이내의 범위이다. 대통령령으로 정하는 일정거리 이내인 지역에 대하여는 「지방자치법」 제4조의2 제4항에 따른 행정동리 단위로 소나무류 반출금지구역으로 지정하여야 한다(대통령으로 정하는 일정거리 이내란 2km 이내를 말함).

066 「산림보호법」상에서 제시하는 소나무 재선충 방제법이 아닌 것은?

① 벌채
② 파쇄
③ 훈증
④ 소각
⑤ 끈끈이롤트랩

해설 감염목 등의 소유자 또는 대리인에 대한 해당 임목의 벌채명령, 훈증, 소각, 파쇄 등의 조치명령을 내린다. 또한 해당 임목 등의 양도·이동의 제한 또는 금지명령을 내리고, 발생지역의 운반용구, 작업도구 등 물품이나 작업장 등 시설의 소유자 또는 대리인에 대한 해당 물품 또는 시설의 소독 등의 조치명령을 한다.

정답 064 ④ 065 ② 066 ⑤

067 나무병원의 등록기준에 대한 설명 중 옳은 것은?

① 2종 나무병원은 시설과 관련된 조건이 없다.
② 1종, 2종 모두 자본금은 1억으로 같다.
③ 나무병원 변경등록은 지방산림청에서 한다.
④ 수목진료를 사업을 하려는 자는 대통령령으로 정하는 나무병원의 종류별 기술수준, 자본금 등의 등록기준을 갖추어 산림청자에게 등록을 하여야 한다.
⑤ 나무병원의 중요한 등록사항은 나무병원의 명칭, 대표자, 소재지, 연락처 등의 사항이다.

해설 ① 시설은 사무실을 갖추고 있어야 한다.
③ 나무병원의 등록사항이 변경된 경우에는 14일 이내에 변경신청서를 첨부하여 시 · 도지사에게 변경신청을 하여야 한다.
④ 시 도지사에게 등록해야 한다.
⑤ 연락처는 관계 없고 나무의사 등의 선임에 관한 사항을 등록해야 한다.

종류	업무범위	등록기준/인력	자본금/시설
1종 나무병원	수목진료	• 2018년 6월 28일~2020년 6월 27일까지 : 나무의사 1명 이상 • 2020년 6월 28일 이후 : 나무의사 2명 이상 또는 나무의사 1명과 수목치료기술자 1명 이상	1억원 이상, 사무실
2종 나무병원	수목진료 중 처방에 따른 약제살포	• 2018년 6월 28일부터 2020년 6월 27일까지 : 다음 각 목의 어느 하나에 해당하는 사람 1명 이상 가. 수목치료기술자 나. 「건설기술 진흥법」에 따른 조경 분야의 초급 이상 건설기술자 또는 「국가기술자격법」에 따른 조경기술사 · 기사 · 산업기사 · 기능사의자격을 갖춘 사람으로서 「건설산업기본법」에 따라 등록한 조경공사업 또는 조경식재공사업에서 1년 이상 종사한 사람 • 2020년 6월 28일~2023년 6월 27일까지 : 나무의사 또는 수목치료기술자 1명 이상	1억원 이상, 사무실

068 다음 중 영양결핍에 관한 설명으로 틀린 것은?

① 아연, 구리, 몰리브덴의 결핍은 수목에서 많이 관찰된다.
② 가지에는 로제트형, 왜성형, 고사, 변색현상 등이 나타난다.
③ 철(Fe)을 제외한 모든 원소는 토양이 산성화될수록 토양 내에서 불용성으로 존재하기 때문에 결핍현상이 나타난다.
④ 알카리성 토양에서는 철(Fe)의 결핍이 자주 나타난다.
⑤ 영양결핍 현상은 우선 잎에 나타나며 흔한 증상은 황화현상, 괴사, 백화현상, 큰 반점, 작은 반점, 불규칙한 얼룩반점, 비틀림, 타죽음, 낙엽현상 등이 있다.

해설 아연, 구리, 몰리브덴의 결핍은 수목에서 거의 관찰되지 않는다.

정답 067 ② 068 ①

069 다음 중 무기양료에 이동에 관한 설명으로 틀린 것은?

① 식물 체내 이동이 어려운 것은 칼슘, 철, 붕소, 등이 있으며 어린 잎, 어린 가지, 어린 열매에서 결핍증상이 먼저 나타난다.
② 식물 체내 이동이 쉽게 되는 것은 질소, 인, 칼륨, 마그네슘 등이 있으며 성숙잎, 성숙조직에서 결핍증상이 먼저 나타난다.
③ 토양분석은 지표면 10cm 깊이에서 토양을 채취하여 유효 양료의 함량을 측정한다.
④ 수목기관들 사이의 미량원소의 농도는 잎 → 뿌리 → 목질부 → 가지 → 나무껍질 순이다.
⑤ 무기염은 극히 적은 일부가 물에 녹아서 수용성 상태, 즉 양전기 혹은 음전기를 띤 이온의 형태가 될 때 비로소 식물이 이용할 수 있게 된다.

해설 수목기관들 사이의 미량원소의 농도는 잎 → 가지 → 목질부 → 뿌리 → 나무껍질 순이다. 체내이동이 쉬운 원소는 어린잎으로 이동하는 경우이고 체내이동이 어려운 원소는 다른 부위로 옮겨지지 않는다.

070 저온 스트레스에 대한 설명 중 틀린 것은?

① 세포 내의 높은 나트륨 이온(Na^+)과 염소이온(Cl −)은 세포 내 결빙을 억제한다.
② 만상은 봄철에 식물의 발육이 시작된 후 0℃ 이하로 기온이 갑작스럽게 하강하면서 식물체에 피해를 주는 현상을 말하며 피해를 입으면 어린 가지나 낙엽교목이 고사한다.
③ 상렬은 추운 겨울밤에 수액이 얼고 부피가 증대돼 수간의 외층이 냉각 수축하면서 중심방향으로 갈라져 껍질과 수목의 수직적인 분리를 뜻한다.
④ 동해는 식물조직 내의 수분이 0℃ 이하에서 동결되고 저온이 계속되면 결빙이 점점 커져 조직이 파괴되어 고사하는 것이다.
⑤ 조상은 가을철 서리에 의한 피해이며, 초가을 계절에 맞지 않게 추운 날씨가 계속될 경우 수목의 피해가 심하다.

해설 세포 내의 높은 칼슘 이온(Ca^{++})과 마그네슘이온(Mg^{++})은 세포 내 결빙을 억제한다.

072 다음 중 냉온으로 인한 대사기능의 장해가 아닌 것은?

① 양분흡수 저해(질소, 인산, 칼리, 규산, 마그네슘 등)
② 동화물질의 전류 저해
③ 질소동화 저해로 암모니아 축적 감소
④ 호흡감퇴로 원형질 유동감퇴 또는 정지
⑤ 세포 내의 생리현상 교란

해설 질소동화 저해로 암모니아 축적이 증가한다.

정답 069 ④ 070 ① 072 ③

071 다음 중 엽면시비에 관한 설명으로 틀린 것은?

① 29℃ 이상 고온과 저습상태에서는 양분흡수가 감소되므로 바람이 없는 날 아침과 저녁이 좋다.
② 비료희석액이 가지와 잎에서 방울져 떨어지는 시점까지 분무한다.
③ 계면활성제(전착제) 혼합살포는 시비효과를 증대시키나 그 양이 많으면 양분흡수가 감소하고 농도장해를 일으켜 잎이 탄다.
④ 농도는 다소 약하고 자주 실시하며, 어린 잎이 늙은 잎보다 흡수율이 높다.
⑤ 뿌리장해 수목, 특정 양분을 고정시키는 토양조건, 이식수 활착증진 태풍, 동해, 상처 수목 등에 필요하며 앞의 앞면 흡수가 더 높다.

해설 뿌리장해 수목, 특정 양분을 고정시키는 토양조건, 이식수 활착증진 태풍, 동해, 상처 수목 등에 필요하며 잎의 뒷면 흡수가 더 높다.

073 수목부후의 구획화(CODIT)에 대한 설명으로 연결이 잘못된 것은?

① Wall 1은 상처를 통해 침입하는 부후미생물이 목재의 상하로 확산되는 것을 막는 벽이다.
② Wall 2는 목재의 중심을 향해 안쪽으로 이동하는 부후유발 미생물의 전진을 억제하는 벽이다.
③ Wall 3은 부후가 수간의 좌우 둘레로 퍼지지 않도록 저항하는 벽인데, 이 역할은 형성층 바깥 사부에서부터 목재의 중심을 향해 뻗어있는 방사조직이 맡고 있다.
④ Wall 4는 상처로 인한 변색과 부후가 상처 발생 이후 새로이 만들어지는 조직으로 확산되는 것을 막는 가장 강력한 방어벽이다.
⑤ 나무는 구획화를 통해 삶을 이어갈 수는 있으며 이로 인한 에너지 손실은 거의 없다.

해설 수목부후의 구획화(Compartmentalization Of Decay In Tree ; CODIT)는 상처부위를 철저히 격리시켜 이로 인한 피해가 최소화되도록 하는 방어기작이다. 나무는 구획화로 인해 에너지 손실이 막대하여 생장이 크게 위축되는 피해를 입는다.

① Wall 1 : 활엽수는 전충체, 검, 과립 물질, 페놀 등으로 도관 세포를, 침엽수는 수지(resin)나 테르펜 등으로 가도관세포를 각각 채운다. 시간이 지나면 수분증발, 허물어지기 때문에 가지제거로 인해 생기는 상처는 아래쪽으로, 상하로 긴 부후기둥이 형성된다.
② Wall 2 : 목재의 중심을 향해 안쪽으로 이동하는 부후유발 미생물의 전진을 억제하는 벽으로 이는 두 나이테 사이의 경계에 존재하는 살아 있는 종축 유세포에 의해 구축된다. 이 유세포가 곰팡이를 억제하는 유독한 화합물을 생산하여 상처로 인한 부후나 변색이 연륜 사이에서 멈춘 것처럼 보인다.
③ Wall 3 : 부후가수 간의 좌우 둘레로 퍼지지 않도록 저항하는 벽으로 형성층 바깥 사부에서부터 목재의 중심을 향해 뻗어있는 방사조직이 맡고 있다. 방사조직은 사부에서 에너지를 공급받고 있기 때문에 부후미생물이 쉽게 통과하지 못한다. 좌우 경계를 구축하고 있는 방사조직은 수직의 폭이 좁기 때문에, 목재 내 중첩해서 존재하고 있지만, 부후균의 확산을 완벽하게 차단하지는 못한다.
④ Wall 4 : 형성층에 의해 상처가 발생하는 당시에 존재하는 가장 바깥 나이테의 가장자리를 따라 만들어지고, 시간이 흐르면서 변색과 부후가 확산되면 수간의 둘레와 상하로 확대 파이프 모양의 튼튼한 벽을 구축하여 새로운 조직을 보호한다. 새로운 목재가 건전하게 유지하며, 상처가 발생하기 전에 만들어진 목재가 모두 부후되어 없어져도 새로운 목재에 의해 수간이 파이프처럼 유지되어 살아가게 된다.

정답 071 ⑤ 073 ⑤

074 다음 중 수피이식에 대한 설명으로 틀린 것은?

① 수피이식은 형성층이 휴면에 들어가는 가을에 실시할 경우 가장 성공률이 높다.
② 상처부위를 깨끗하게 청소한 다음 상처의 위 · 아래에서 높이 2cm가량의 살아 있는 수피를 수평 방향으로 벗겨낸다.
③ 격리된 상하 상처부위에 다른 곳에서 벗겨 온 비슷한 두께의 신선한 수피를 이식하여 덮어야 한다.
④ 상처가 수평방향으로 길게 이어져 있을 경우에는 이식하려는 수피를 약 5cm 길이로 잘라서 연속적으로 밀착하여 부착시킨 후 작은 못으로 고정해야 한다.
⑤ 수피이식이 끝나면 젖은 천으로 패드를 만들어 덮은 다음 비닐로 덮어서 건조하지 않게 하고 그늘을 만들어 주는 것이 좋다.

해설 수피이식은 상처의 크기가 줄기 둘레의 25% 미만(상처는 아물면서 나무는 상처 극복, 영구적인 피해는 일어나지 않음), 수피가 줄기 둘레의 50% 이상 폭넓게 벗겨지면 일부 가지들이 죽으면서 나무는 점점 쇠약해지며 심하면 죽을 수 있다. 따라서 세포분열이 완성되는 봄에 수피이식을 실시할 경우 성공률이 높다.

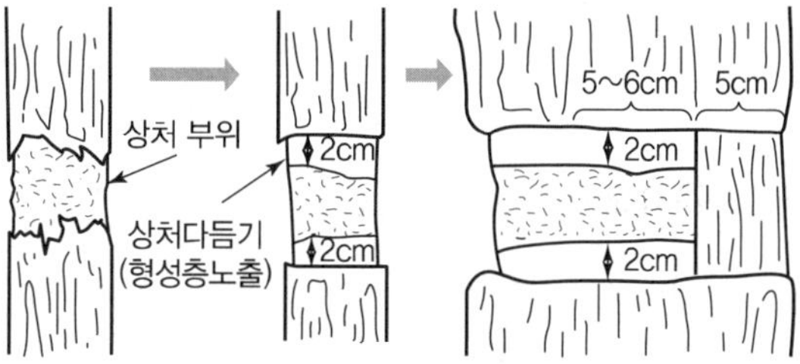

수피이식 과정

- 상처부위에 있는 들뜬 수피 말끔히 제거(바깥쪽으로 약 2cm 이내) 후 살아 있는 온전한 수피를 수평 방향으로 약 6cm 길이로 도려낸다.
- 다른 나무의 줄기, 굵은 가지에서 새로 노출된 상처와 높이가 같고 너비 5cm 정도 되는 비슷한 두께의 신선한 수피절편, 위아래 방향이 바뀌지 않도록 주의, 노출된 상처부위에 밀착한다.
- 밀착시킨 후, 녹슬지 않는 작은 못으로 고정. 상처가 수평방향으로 길게 이어져 있으면 위와 같은 크기(너비 약 5cm)의 수피절편을 노출된 상처부위가 모두 덮이도록 연속적으로 밀착시킨 후 작은 못으로 고정한다.
- 수피이식을 할 때에는 노출된 상처부위와 벗겨온 수피절편이 마르지 않도록 각별히 주의한다.
- 수피절편을 모두 밀착 · 고정하고 나면 여러 겹의 물티슈나 젖은 천으로 패드를 만들어 덮은 다음 비닐로 덮고, 접착테이프로 단단히 묶은 후 건조하지 않게 그늘을 만들어 준다.
- 수피이식을 하고 나서 1~2주 후에 상처부위의 형성층과 수피절편이 맞닿은 틈새에서 유합조직(칼루스)이 자라나오면 수피이식에 성공했다는 증거이다.

정답 074 ①

075 다음 중 교목류의 규격표시로 옳지 않은 것은?

① 기본적으로 '수고(m)×흉고직경(cm)'으로 표시하며, 필요에 따라 수관폭, 수관의 길이, 지하고, 뿌리분의 크기, 근원직경 등을 지정할 수 있다.

② 근원직경으로 규격이 표시된 수목은 수종의 특성에 따른 '흉고직경－근원직경' 관계식을 구하여 산출하되, 특별히 관련성이 구해지지 않으면 R＝1.2B의 식으로 흉고직경을 환산・적용할 수 있다.

③ '곧은 줄기수고 H(m)×흉고직경B(cm)' 또는 '수고 H(m)×수관폭W(m)×흉고직경B(cm)'으로 표시한다.

④ 줄기가 흉고부 아래에서 갈라지거나 다른 이유로 흉고부의 크기를 측정할 수 없는 수목은 '수고 H(m)×근원직경 R(cm)' 또는 '수고 H(m)×수관폭W(m)×근원직경 R(cm)'으로 표시한다.

⑤ 주로 상록성 침엽수로서 가지가 줄기의 아랫부분부터 자라는 수목은 '수고 H(m)×수관폭 W(m)'으로 표시하며, 덩굴성 식물과 같이 수고 외의 수관폭이나 줄기의 굵기가 무의미한 수목은 '수고 H(m)'와 감긴 수목의 지름 'W(m)'으로 표시한다.

해설 줄기의 굵기가 무의미한 수목은 '수고 H(m)'로 표시한다.

076 다음 중 관목류의 규격표시로 틀린 것은?

① 기본적으로 '수고(m)×수관폭(m)'으로 표시하며, 필요에 따라 뿌리분의 크기, 지하고, 가지수(주립수), 수관길이 등을 지정할 수 있다.

② 일반적인 관목류로서 수고와 수관폭을 정상적으로 측정할 수 있는 수목은 '수고 H(m)×수관폭W(m)'으로 표시한다.

③ 수관의 한쪽 길이 방향으로 성장이 뛰어난 수목은 '수고 H(m)×수관폭W(m)×수관길이 L(m)'로 표시한다.

④ 줄기의 수가 적고 도장지가 발달하여 수관폭의 측정이 곤란하고 가지수가 중요한 수목은 '수고 H(m)×{수관폭W(m)}×가짓수(지)'로 표시한다.

⑤ 수고 H(m)로, 수관폭W(m)×가짓수(지)로 표시한다.

해설 중관목류의 규격표시는 수고 H(m)로, ○년생×가짓수(지)로 표시한다.

정답 075 ⑤ 076 ⑤

077 수목식재 보조재료로 설명이 틀린 것은?

① 수목보호용 지주는 3년 이상 식재수목을 지지할 수 있을 정도의 내구성이 있어야 하며, 자연친화적인 재료를 사용해야 한다.
② 뿌리보호 덮개는 공간, 이용특성, 장식효과, 유지관리 등을 고려하여 재료 · 색채 · 외양 등에서 자연친화적인 재료를 선정한다.
③ 멀칭재는 바크, 왕겨, 색자갈, 볏짚, 분쇄목, 모래, 톱밥, 낙엽 등 병충해에 감염되지 않은 자연친화적 자재로서 자연상태에서 분해 가능한 재료를 우선 선정한다.
④ 녹화테이프는 고무액을 바른 중간 또는 거친 정도의 두께 2mm 이상인 코코넛섬유시트, 엷게 타르를 바른 사이잘삼실로 한다.
⑤ 녹화마대는 황마로 만든 천연섬유시트를 사용한다.

해설 녹화테이프는 고무액을 바른 중간 또는 거친 정도의 두께 5mm 이상인 코코넛섬유시트, 엷게 타르를 바른 사이잘삼실로 한다.

078 수목이식 시 반드시 지켜져야 할 사항이 아닌 것은?

① 수목 뿌리 분 밑바닥은 물빠짐이 좋고 통기성이 좋아 뿌리내림이 빠르게 진행된다.
② 수목 뿌리 분 주위에는 물리, 화학성의 조성을 하고 미생물을 없애 주어야 한다.
③ 도심지의 가로수 식재지역 및 공원조성지역의 토양은 유기물 함유량이 거의 전무하므로 토양개량을 실시 후 작업한다.
④ 잘린 뿌리의 캘러스를 유도할 수 있는 유기산과 식물호르몬이 있어야 하며, 세포를 형성할 때 가장 필수적인 각종 미량요소가 충분히 공급되어야 한다.
⑤ 수목이식 후 잘린 뿌리의 상처를 빠르게 치유해야 한다.

해설 수목이식 시 미생물이 빠르게 서식할 수 있는 환경을 조성하여야 한다.

079 식재수종을 선정할 때 고려해야 하는 요소들에 대한 설명 중 틀린 것은?

① 어릴 때의 유목에만 양호한 구조 구축에 초점을 맞추면 된다.
② 수목관리원칙에 부합하는 식재를 하기 위해서는 식재부지에 적합한 수종을 식재해야 하는데, 이를 한마디로 표현한 용어가 '적지적수'이다.
③ 수목을 식재하는 목적을 분명히 하여야 한다.
④ 식재할 부지의 환경을 종합적으로 분석하고, 식재후보 수종들의 유전적 특성을 정확하게 파악하여 가장 적합한 수종을 선정해야 한다.
⑤ 경제원칙을 기반으로 '최소의 수목 관리비용으로 수목으로부터 최대의 편익을 얻는 것'을 수목 관리 원칙으로 설정할 수 있을 것이다.

해설 성목의 안정적인 구조 유지까지 관리 초점을 바꾼다.

정답 077 ④ 078 ② 079 ①

080 수목관리에 대한 설명 중 틀린 것은?

① 목본식물을 적지적수로 육성 · 관리한다.
② 대상 식물을 건강하게 관리하기 위해 예방체계가 중요하다.
③ 어릴 때는 양호한 구조를 구축하고 성목은 안정적인 구조의 유지가 필요하다.
④ 최소비용으로 목표를 달성하고 최대수익을 창출한다.
⑤ 생장단계에 따라 관리의 초점이 바뀐다.

해설 수목관리는 최소의 비용으로 목표를 달성하여 최대의 편익을 확보하는 것이다.

081 다음 중 수목의 특성에 대한 설명으로 틀린 것은?

① 초기 영양생장에만 치중하여 에너지의 소비가 없어 오래 산다.
② 철저한 독립채산제로 운영하며 수종별 고유한 유전 특성을 갖는다.
③ 주어진 환경에 잘 적응하며 생육환경이 불리하면 휴면한다.
④ 상처가 발생하면 구획화하지만 한번 훼손되면 회복이 안 된다.
⑤ 뿌리 수명이 지상부 수명보다 짧다.

해설 수목의 특성은 뿌리가 약 80,000년 정도로 지상부보다 오래 산다.

082 다음 설명 중 틀린 것은?

① 미국의 수목관리 국가 표준 기호는 ANSI이다.
② 우리나라 산림토양평균 pH 5.5이다.
③ 근분의 폭은 근원경×4~5배이다.
④ 수목이식공정은 수목선정 – 뿌리돌림(대형목의 경우) → 굴취 및 분매기 → 전지 및 전정 → 운반 → 식재(구덩이 파기) → 분 앉히기 → 흙넣기 → 물받이 설치 → 지주목 설치 순으로 이루어진다.
⑤ 두절은 가지가 있는 마디에서 가지를 남기고 줄기나 모지를 제거하는 작업이다.

해설 두절이 아닌 축소절단에 대한 설명이다. 두절은 인접한 측지의 위치, 제거될 줄기나 가지의 굵기 등을 고려하지 않고 줄기나 가지의 길이를 축소하는 절단방법이다.

정답 080 ④ 081 ⑤ 082 ⑤

083 다음 중 수목 식재에 관한 설명으로 틀린 것은?

① 모래토양은 다소 깊게(2.5~5cm) 심는다.
② 점질토는 지면보다 5~7.5cm 높게 심는다.
③ 답압된 토양의 주변은 경운을 한다.
④ 초기 뿌리의 성장에 지장이 없도록 구덩이를 넓게 판다.
⑤ 식재 시 많은 시비를 한다.

해설 토양개량이 불필요하므로 시비를 금지한다. 만약 필요한 경우 발효된 유기물의 부피를 기준으로 10% 미만 적은 시비를 한다.

084 관수에 관한 설명 중 틀린 것은?

① 물주기는 1회를 실시하더라도 충분히 뿌리에 스며들게 실시한다.
② 여름철 심한 건조에는 한 번에 수분이 스며들기 어려우므로, 흙이 젖어 들어가는 것을 확인하면서 2~3회 횟수를 나누어 주도록 한다.
③ 봄부터 초가을에는 오전 7~11시(해 뜨고 기온 상승 전), 건조 상태에 따라 추가 관수 필요 시 오후 6~7시에 실시한다.
④ 여름에는 수목의 뿌리근뿐만 아니라 수관부 전체까지 관수하여 식물체의 체온을 내려준다.
⑤ 침수식은 물이 밖으로 흘러나가지 않게 30cm 깊이로 흙을 돋아 관수하는 방법이며, 그 외 도랑식관수, 스프링클러식, 물주머니 방식이 있다.

해설 봄부터 초가을에는 건조 상태에 따라 추가 관수 필요 시 오후 2~4시에 실시한다.

085 내염성이 높은 수종이 아닌 것은?

① 동백나무
② 위성류
③ 곰솔
④ 자귀나무
⑤ 구상나무

해설 구상나무는 내염성 약한 수종이다.

내염성이 강한 수종
- 상록침엽교목 : 주목, 섬잣나무, 곰솔, 히말라야시다.
- 상록활엽교목 : 가시나무, 태산목, 후박나무, 먼나무, 동백나무, 아왜나무.
- 낙엽교목 : 참느릅나무, 팽나무, 계수나무, 목련, 모과나무, 귀룽나무, 복사나무, 자귀나무, 아까시나무, 쉬나무, 가죽나무, 참빗살나무, 네군도단풍, 피나무, 벽오동, 위성류, 석류나무, 배롱나무, 말채나무, 감나무, 때죽나무, 모감주나무, 대추나무, 이팝나무

정답 083 ⑤ 084 ③ 085 ⑤

086 5~6월에 개화하는 수종이 아닌 것은?

① 쥐똥나무
② 작살나무
③ 마가목
④ 팥배나무
⑤ 칠엽수

해설 작살나무는 8월에 개화하는 수종이다.

- 5월 개화 : 팥배나무, 미국덜꿩나무, 미국산딸나무, 등나무, 비목나무, 칠엽수, 노린재나무, 말채나무, 산사나무, 매자나무, 층층나무, 일본목련, 병꽃나무, 해당화, 이팝나무, 찔레꽃, 귀룽나무, 댕강나무, 오동나무, 괴불나무, 포포나무, 함박꽃나무, 아까시나무, 조팝나무, 위성류, 튜립나무, 덩굴장미, 붉은인동덩굴, 피라칸사, 산딸나무, 쪽동백나무, 안개나무, 국수나무, 족제비싸리, 붉은병꽃나무, 다래나무, 때죽나무, 모과, 마가목 등
- 6월 개화 : 인동덩굴, 가막살나무, 감나무, 장미, 나래쪽동백, 고광나무, 쥐똥나무, 인동덩굴, 황금쥐똥나무, 꽃말발도리, 싸리, 낙상홍, 밤나무, 딱총나무, 꽃개오동, 미국낙상홍, 박쥐나무

087 우량 수목 조건에 대한 설명 중 틀린 것은?

① 외줄기 수간이 수관의 끝까지 이어져 있고, 수간에 상처나 손상이 없어야 한다.
② 가지가 일정 간격으로 단단하게 부착되어 있고, 고유의 수형을 유지하고 있어야 한다.
③ 굵은 뿌리가 많은 건강한 뿌리를 가지고 있어야 한다.
④ 실용적 가치와 형태미가 뛰어나 관상가치가 높으며 번식재배가 잘 되고 관리에 용이해야 한다.
⑤ 식재지의 불리한 환경이나 병충해에 대한 저항력과 적응성이 강하며, 이식이 용이하여 이식 후 활착이 잘 되는 것이어야 한다.

해설 굵은 뿌리가 아닌 잔뿌리가 많은 것이 우량 수목 조건에 해당한다.

088 이식 방법에 대한 설명 중 틀린 것은?

① 나근은 어린수목(1.25~2.5cm) 중 나근식재적합 수종을 대상으로 한다.
② 이식방법은 나근, 포장근분, 박스처리근분 등이 있다.
③ 나근이식은 굴취 후 12~24시간 이내 식재한다.
④ 박스처리는 뿌리분에 밀착이 안 되어 단기간 저장만 가능하다.
⑤ 이식기 이용은 인력절감에 도움이 되며, 이식 후 생존율도 높다.

해설 이식 방법 중 박스 처리는 박스 근분에 밀착, 굴취 후 장기간 보관이 가능하다.

정답 086 ② 087 ③ 088 ④

089 증산억제제의 역할에 대한 설명 중 틀린 것은?

① 인위적 기공 폐쇄
② 불투성 물질로 활엽수 윗면 피복
③ 수분손실감축
④ 침엽수 동계 한해 방지
⑤ 겨울철 해빙염 피해 방지

해설 증산억제제는 수분 스트레스를 줄여 이식목의 활착에 도움이 된다. 기공이 있는 곳인 활엽수 잎의 뒷면, 침엽수는 잎의 안쪽에 살포한다. 뿌리를 끊어내는 작업 또는 이식 이전에 살포하는 것이 효과적이고, 단근이 이루어지는 굴취작업시점에는 수분 공급량이 줄어들며, 이식 후 이동 과정에서 바람의 영향으로 증산작용은 더욱 활발하다. 이식목의 차량 운반 시에는 바람을 막아줄 보호조치가 필요하다. 수목의 잎, 가지, 줄기 전체에 살포하며, 활엽수는 수피를 통해서도 증산작용이 일어나 겨울철에도 가능하다.

090 전정을 피해야 할 시기에 대한 설명 중 틀린 것은?

① 수목 에너지가 최저인 봄철 중순
② 스트레스가 심할 때
③ 병해충 피해 우려 시기
④ 이른 봄
⑤ 동해 우려되는 초가을

해설 가지치기를 가급적 피해야 할 시기는 봄철 중순과 초가을이다.

- 봄철 중순 : 수피에 수분이 많아서 쉽게 수피가 벗겨지거나 상처가 생길 수 있다. 겨울눈이 튼 후 잎과 가지가 가장 왕성하게 자라고 있기 때문에 탄수화물을 적게 가지고 있어 상처치유가 더디다.
- 초가을 : 겨울 준비에 필요한 양분을 저장하는 시기이기 때문에 상처치유가 느리다. 목재부후곰팡이의 포자가 가장 많이 생산돼 공기 중에 떠돌아다니는 시기라 수목이 병충해에 감염될 수 있으므로 가급적 전정을 피해야 한다.

091 다음 중 전정에 대한 설명으로 잘못된 것은?

① 구조 전정은 특정 부위의 생장을 촉진하기 위해 다른 부위에서 살아 있는 가지를 제거하는 것이다.
② 성목 전정은 수관청소, 수관솎기, 수관축소, 수관높이기 등이 있다.
③ 원추형, 원주형 수목은 높은 전정을 요구한다.
④ 전정을 하지 않는 수종은 금송, 히말라야시다, 나한백, 동백나무, 치자나무, 굴거리나무, 녹나무, 태산목, 만병초, 팔손이, 남천, 다정큼나무, 월계수, 느티나무, 팽나무 등이 있다.
⑤ 전정의 순서는 위에서 아래로, 밖에서 안으로 한다.

해설 원추형, 원주형 수목은 낮은 전정을 요구한다.

정답 089 ② 090 ④ 091 ③

PART 05 수목관리학

092 다음 중 전정에 관한 설명으로 틀린 것은?

① 성목의 전정 주기 5년 주기를 권장한다.
② 전정을 한 번에 많이 30% 이상 하면 타격을 받는다.
③ 길이를 줄이기 위해 상대적으로 더 굵은 가지, 줄기를 제거하는 유형을 축소 절단이라 한다.
④ 제거 절단 전정 방법은 지피융기선과 가지 깃 바깥을 절단하는 것이다.
⑤ 부후저항성이 높은 수종은 과도한 축소절단을 하여도 된다.

해설 한계가 있으므로 과도한 축소절단은 삼가야 한다.
- 지륭(가지 밑살, 가지 깃) : 가지의 무게를 지탱하기 위하여 발달한 가지 밑살로서 화학적 보호층을 가지고 있어 나무의 방어체계 중 하나를 구성하는 부분
- 지피융기선 : 줄기와 가지 또는 두 가지가 서로 맞닿아서 생긴 주름살로서 가지 밑쪽에 발달한 지륭(가지밑살)과 달리 줄기와 가지 사이 또는 가지와 가지 사이의 위쪽에 나타남
- 수종과 개체에 따라서 지륭을 만들지 않는 경우는 수직으로 전정해도 됨
- 가지치기를 할 때 절단이 시작되는 부위에 해당하며 이 지점으로 부터 지륭을 보호하는 지점까지가 가지치지기의 올바른 절단선이 됨
- 절단하려고 하는 가지의 하중으로 인해 지륭 부위 수피가 찢겨지지 않도록 조치하는 것이 핵심
- 생육기 내의 성목으로부터 25% 미만의 잎만 제거하도록 주의를 주고 있음

093 다음 중 절단에 대한 설명으로 틀린 것은?

① 제거절단은 가지를 수간이나 모지로부터 제거하는 절단방법으로, 가지 깃의 바로 바깥에서 가지를 제거하기 때문에 깃 절단이라 한다.
② 두절을 실시하면 수목의 크기가 줄어들기 때문에 맹아지 발생과 피소 가능성이 증가하고 수목의 건강도 다소 악화될 수 있으나 수목의 구조를 바로잡기 위해 불가피하게 진행하는 것을 전정절단이라고 한다.
③ 축소절단은 제거절단과는 달리 측지를 남기고 줄기나 모지를 제거하는 방법으로, 측지절단으로도 부른다.
④ 축소절단은 가지나 줄기의 길이를 축소하기 위해 실시하는데, 이때 주의할 점은 남겨질 측지의 굵기가 제거되는 줄기나 모지 대비 일정 수준 이상 되어야 한다는 것이다.
⑤ 제거절단은 주로 수관의 밀도를 낮출 때 사용하는 방법으로, 맹아지 발생 등 수목에 부정적인 반응을 유발하지 않으면서 건강에 도움을 줄 수 있기 때문에 권장하는 방법이다.

해설 축소절단에 대한 설명이다.

정답 092 ⑤ 093 ②

094 생울타리 전정에 대한 설명 중 틀린 것은?

① 사철나무, 회양목, 쥐똥나무, 명자나무, 측백나무, 눈주목, 향나무 등이 이용된다.
② 생울타리 수종의 전정 시기는 봄에 새싹이 자라 올라와 잠깐 생장이 정지되는 5~6월과 여름 생장이 끝나고 양분 저장기에 접어드는 9월경에 실시한다.
③ 화목류는 꽃이 피고 난 후 꽃눈 형성 전에 한다.
④ 꽃이 중요하지 않을 시 연중이 가능하다.
⑤ 상단과 하단 넓이를 동일하게 전정한다.

해설 생울타리 전정은 상단보다 바닥이 넓게 유지하고, 바닥까지 햇빛이 도달할 수 있도록 한다.

095 다음 중 초살도 제고에 대한 사항으로 틀린 것은?

① 줄기나 가지가 아래쪽에서 위쪽으로 향하면서 가늘어지는 정도를 말한다.
② 초살도가 높은 수목은 줄기나 가지의 아래쪽이 위쪽보다 굵기 때문에 구조적으로 튼튼하여 강한 바람에도 잘 꺾이지 않는다.
③ 줄기나 가지의 직경생장은 여기에 부착된 가지에 의해 촉진된다.
④ 초살도가 높은 수간을 가진 수목을 생산하기 위해서는 수간의 아래쪽에 있는 가지를 제거하여야 한다.
⑤ 아래 가지는 수간의 직경생장에는 기여하면서 나중에 제거된 후에는 수간이 쉽게 아물 수 있는 작은 상처를 남기도록 생장을 일정한 수준인 길이가 30~50cm 정도로 억제해 주어야 한다.

해설 초살도가 높은 수간을 가진 수목을 생산하기 위해서는 수간의 아래쪽에 있는 가지를 제거하면 안 된다.

096 특수목 전정에 대한 설명 중 틀린 것은?

① 과수는 낮고 넓은 수관을 유지하며 10% 미만으로 제거한다.
② 당해지 개화수종에는 배롱나무가 해당된다.
③ 두목 전정은 매년 같은 자리에서 발생하는 맹아지 제거하여야 한다.
④ 두목작업에 적합한 수종으로는 버즘나무류, 단풍나무류, 산사나무류, 물푸레나무류, 참나무류, 피나무류, 느릅나무류 등이 있다.
⑤ 송전선 아래에는 키가 작은 중교목을 식재한다.

해설 특수목 전정은 송전선과 접촉하는 가지 · 줄기를 제거하는 소교육 식재에 자주하는 방식이다. 두절 후에 발생하는 절단 부위 주변의 맹아지는 휴면기에 해당 맹아지의 기부 가까이에서 제거해 주고, 이듬해 봄이 되면 남겨진 기부에서 다시 맹아지가 발생하게 되는데 이들을 제거하는 작업이다.

정답 094 ⑤ 095 ④ 096 ⑤

097 공사 전 단계인 수목 단근에 대한 설명 중 틀린 것은?

① 수목의 굵은 뿌리를 끊어 놓아 잔뿌리가 많이 발생하게 하는 것은 이식 조경 후 활착력이 좋아지도록 하는 준비 작업이다
② 뿌리돌림은 가급적으로 혹한기나 혹서기 및 가뭄이 계속되는 시기는 피하는 것이 좋으며 연중 언제나 가능하나, 봄 잎이 피기 전이 가장 좋은 시기이다.
③ 낙수선 안쪽에서 절단하는 것이 좋다
④ 수간직경의 5배 거리에서 절단하여야 한다.
⑤ 흉고직경의 1~1.5배 거리에서 절단하여야 한다.

해설 낙수선 바깥쪽에서 절단하는 것이 좋다.

098 해안 매립지의 수목 환경 관리에 대한 설명 중 틀린 것은?

① pH(토양 산도)가 8 정도로 높고, 전기 전도도가 5~10 이상의 수치를 보여 매우 불량한 토양 화학성을 가진다.
② 매립지에는 토양을 60cm 이상 성토하여 마무리한다.
③ 매립지에는 토양침하, 메탄, 열 등이 발생된다.
④ 해안지역에는 염분, 물보라, 바람 피해가 발생된다.
⑤ 해안지역에는 모래 언덕이 형성되나 복토 피해는 발생하지 않는다.

해설 해안지역은 모래 언덕 형성으로 복토 피해가 발생한다.

099 수목의 하수구 건물 피해에 대한 설명 중 틀린 것은?

① 가로수 뿌리로 하수관의 막힘이 발생한다.
② 속성의 호습성인 메타세콰이아, 버드나무류가 피해를 준다.
③ 상하수도 파손, 누수로 뿌리가 침투한다.
④ 구조물 안전 문제는 사질토에서 문제가 발생한다.
⑤ 수목의 증산작용으로 토양 건조 발생 시 구조물의 안전 문제가 발생한다.

해설 점토질 토양에서 문제가 발생하며, 건조하면 수축하고 포화되면 팽창한다.

정답 097 ③, ⑤ 098 ⑤ 099 ④

100 피뢰(번개)의 피해 및 대책에 대한 설명 중 틀린 것은?

① 감수성 낮은 수종은 마로니에(서양, 가시칠엽수), 너도밤나무 등이 있다.
② 피뢰시스템의 돌침은 돌출부위에 설치한다.
③ 피뢰시스템 접지는 막대 수간에서 7.5m 이상 떨어져 설치한다.
④ 접지막대는 땅속으로 최소 3m 박고, 구리전선은 돌침과 접지막대를 연결한다.
⑤ 돌침은 수목생장 여부와 무관하다.

해설 번개 감수성이 높은 수종은 단풍, 물푸레, 백합, 야자수, 사시, 참, 아까시, 느릅나무 등이 있다. 피뢰시스템－돌침은 수목의 생장을 고려하여 2~3년마다 높인다.

101 수목 위해 요소에 대한 설명 중 틀린 것은?

① 수목 위해 3요소는 수목 결함, 피해 입을 대상, 환경이다.
② 수목 위해 평균적인 점검은 1~2년 주기로 실시한다.
③ 수고가 10m이고 흉고직경이 20cm인 경우 초살도는 50이다.
④ 수관(지관) 높이 6m이고, 수고가 10m인 경우 살아 있는 수관비율은 1.7이다.
⑤ 수간 부후탐지법은 나무망치, 저항기록드릴, 음파측정장치, 기타(X－ray, 열화상 이미지, 핵자기공명, 단층촬영기) 등이 있다.

해설 수관(지관) 높이 6m이고, 수고가 10m인 경우 살아 있는 수관비율은 6/10＝0.6이다.
- 초살도 : 수고 직경 비율(height－caliper ratio) 수고를 직경으로 나눈 비율
- 수관비율(Live Crown Ratio ; LCR) : 관(가지길이)를 총수고(가지 길이)로 나눈 비율

102 다음 설명 중 틀린 것은?

① 답압된 토양 개량 방법은 경운작업, 천공 후 모래, 유기물 넣기, 방사선 도랑 설치, 멀칭 등이 있다.
② 토양 산도 pH를 높일 수 있는 효과적인 방법은 석고이다.
③ 염분 토양 개량 방법은 배수시설, 관수, 석고시비, 멀칭 등이 있다.
④ 나무를 식재해야 활착율이 높아지는데 생육환경 개선 방법은 구덩이 공간 확보, 백토, 유공관 설치, 멀칭이다.
⑤ 토양의 질산태질소(NO_3^-)의 적정기준도 수목에 따라 다르지만 보통 50~200mg/kg 범위이다.

해설 석회시비가 pH를 높인다.

정답 100 ⑤ 101 ④ 102 ②

103 조경수 생장에 적합한 토양의 기준으로 틀린 것은?

① 토성은 사질양토~양토이다.
② 산도(pH)는 5.5~6.5이다.
③ 전기전도도(EC)는 2dS/m 미만이다.
④ 염분농도는 0.05% 미만이다.
⑤ 유기물은 2.0% 이상이다.

해설 전기전도도(EC)는 0.5dS/m 미만이다.

104 식재용토의 일반에 대한 설명 중 틀린 것은?

① 산흙, 화강풍화토(마사토), 모래, 부엽토, 바아크, 피트모스, 펄라이트, 질석, 화산회토 등의 토양개량제를 혼합한 배합토 또는 혼합 포장되어 있는 인공배합토를 사용한다.
② 토양부피에 대한 토양습윤 상태하의 무게비중이 0.6~1.2g/cm^2이며, 적합한 토양산도(pH) 범위는 6.0~7.0이 되도록 한다.
③ 배합토의 비중을 가볍게 하기 위해 유기물과 공극이 큰 입자의 토양개량제를 첨가한다.
④ 토양산도를 중화시키려면 질산칼슘비료나 석회를 첨가하고, 산성화시키려면 토양배합물에 피트모스를 첨가한다.
⑤ 물의 침투와 이동이 불량할 경우 무기물이나 유기물을 첨가하여 공극률을 감소시킨다.

해설 물의 침투와 이동이 불량할 경우 무기물이나 유기물을 첨가하여 공극률을 증대시킨다.

105 무기영양상태 진단에 대한 설명 중 틀린 것은?

① 잎의 연령에 따라 차이가 거의 일정하다.
② 엽분석이 가장 신빙성이 크다.
③ 잎의 채취시기는 7월 말~8월이다.
④ 채취 위치는 가지의 중간이다.
⑤ 수목의 무기영양상태를 진단할 수 있는 방법 가시적 결핍증 관찰, 시비실험, 토양분석, 엽분석이 있다.

해설 잎의 연령에 따라 차이가 있다.

정답 103 ③ 104 ⑤ 105 ①

106 수목 내 무기영양소에 대한 설명 중 틀린 것은?

① 뿌리의 함량이 제일 높고, 수간의 함량이 제일 낮다.
② 꽃이 지고 난 후 N, P, K의 함량이 어린잎에서 제일 높고, 그 후 계속 감소하여 특히 가을에 접어들면 급격히 감소한다.
③ 꽃이 지고난 후 Ca은 계속 증가하다가 낙엽 직전 급격히 증가한다.
④ 가을이 가까워짐에 따라 이동이 용이한 N, P, K 등의 함량은 잎에서 감소하며, Ca와 같이 이동이 용이하지 않은 원소는 증가한다.
⑤ 낙엽 전 영양소의 재분배를 통하여 N, P, K는 수피로 회수하여 저장하고, Ca은 노폐물과 더불어 밖으로 배출시키기 위한 방법이다.

해설 무기영양소는 잎의 함량이 제일 높고, 수간의 함량이 제일 낮다.

107 무기영양소에 대한 설명 중 틀린 것은?

① 요구도는 농작물(비옥한 토양) → 활엽수 → 침엽수 → 소나무(척박한 토양)이다.
② 소나무류는 비옥한 토양에서 활엽수와 경쟁에서 지기 때문에 활엽수나 보통 침엽수가 자랄 수 없는 척박한 토양으로 밀려나 자란다.
③ 토양 pH는 무기영양소의 유용성에 영향을 끼친다.
④ 산성토양에서 결핍이 나타날 수 있는 영양소로 P, Ca, Mg, B가 있으며, 인의 경우 pH 5.0 이하일 경우 Fe, Al과 결합하여 불용성으로 바뀐다.
⑤ 평상시 Al은 점토 구성성분으로 식물이 흡수할 수 없지만, 토양이 알칼리화가 되면 치환성으로 변하여 식물이 흡수하여 체내 축적되어 Al독성을 유발한다.

해설 토양이 산성화가 되면 치환성으로 변하여 식물이 흡수하여 체내 축적되어 Al독성을 유발한다.

108 다음 중 수목건강관리(PHC) 프로그램에 관한 설명으로 틀린 것은?

① PHC 개념의 핵심은 수목을 상호의존적인 기능을 가진 여러 조직이 결합된 하나의 유기체로 본다.
② 과거에 개별적으로 수행되던 전정, 시비, 병해충 방제 등의 수목관리수단을 모두 동원하여 종합적으로 접근함으로서 수목을 건강하게 키우는 것이 목적이다.
③ PHC를 통해 기상변화나 병해충 공격 등의 외부 스트레스에 대한 수목의 저항성을 높이는 것이다.
④ 검역을 통한 격리, 천적의 증대, 천적을 기생선충과 같은 조제된 제품을 이용하는 것 등은 생물적 방제에 속한다.
⑤ 주된 천적이 없는 상태에서 들어온 외래 병해충을 방제하기 위한 신종의 천적을 도입하는 것도 방제의 한 방법이다.

해설 검역은 생물적 방제가 아닌 법적 방제이다.

정답 106 ① 107 ⑤ 108 ④

109 다음 중 수간주사에 관한 설명으로 틀린 것은?

① 수간주사는 뿌리가 제구실을 못하고 다른 시비방법이 없을 때 또는 빠른 수세 회복을 원할 때 제대로 실시하면 가장 확실한 시비방법이다.

② 원칙적으로 미량원소를 투여할 때 쓰이는 방법이며, 특히 철분과 아연의 결핍증을 치료할 경우 가장 효과가 크다.

③ 방제가 어려운 천공성 해충방제, 소나무재선충, 솔잎혹파리, 대추나무, 벚나무빗자루병 등 병충해 방제에 사용된다.

④ 수간주사는 수간에 구멍을 형성층 안쪽의 목부까지 뚫어 주사기를 통해 영양액이 줄기 아래로 내려가도록 하는 방법이다.

⑤ 중력식 수간주사는 중력유도형으로 병원에서 쓰는 링거병과 같은 원리를 이용한 것이다.

해설 수간주사는 수간에 구멍을 형성층 안쪽의 목부까지 뚫어 주사기를 통해 영양액이 줄기 위로 올라도록 하는 방법이다.

110 수간주사 투여 시 주의사항이 아닌 것은?

① 압력식 약제는 농축액이어서 직경 6cm 미만의 작은 나무와 엽량이 적은 나무에 주사하면 약해를 입을 수 있다.

② 주사가 끝나면 상처 도포제를 발라 병균이나 빗물이 들어가지 않게 해야 한다.

③ 중력식 수간주사는 중력에 의해 약액이 침투하므로 잎이 나오지 않는 이른 봄에는 사용이 어렵다.

④ 뚫어놓은 구멍에 공기가 남아있으면 물기둥이 연결되지 않아 약액이 못 들어가 먼저 약액을 넣어 공기를 제거한 후 주사기를 꽂아야 한다.

⑤ 소나무의 경우 약액을 넣기 전에 에틸알코올을 먼저 넣어 송진을 녹인 다음 주사하는 것이 좋고 구멍 속에 남아있는 톱밥을 제거해야 약액 침투가 용이하다.

해설 중력식 수간주사는 중력에 의해 약액이 침투하므로 이른 봄에도 사용이 가능하다.

정답 109 ④ 110 ③

111 다음 설명 중 틀린 것은?

① 가장 튼튼한 다간형수목을 육성하기 위해서는 짧은 수간에서 나오는 여러 줄기를 10~15cm의 수직 간격으로 배치한다.
② 양호한 구조전정을 위해 가지를 수간의 직경 대비 1/2 미만으로 유지하여야 한다.
③ 정착된 대형목을 수간 가까이에서 뿌리전정을 하면 얕은 토양에서는 부후유발곰팡이가 많아 뿌리 부후가 비교적 쉽다.
④ 웃자란 관목의 크기를 대폭적으로 줄이기 위한 전정 방법은 가능하면 2~3년에 걸쳐 필요한 작업을 수행한다.
⑤ 수목의 결함을 탐지하는 시각적 수목평가(VTA) 요소는 약한 가지, 높은 초살도, 부후, 죽은 가지 등이다.

해설 수목의 결함을 탐지하는 시각적 수목평가(VTA) 요소는 약한 가지, 낮은 초살도, 부후, 죽은 가지 등이다.

112 알칼리성 토양에 식재하기 적합한 수종으로 짝지어진 것은?

① 소나무, 느티나무
② 측백나무, 회양목
③ 철쭉, 측백나무
④ 동백나무, 진달래
⑤ 잣나무, 소나무

해설 알칼리성 토양에 식재하기 적합한 수종은 측백나무, 회양목이다.

수종 적응 토양산도표

토양산도 pH	수종
3.9 이하	지의류, 선태류
4.0~4.7	소나무, 리기다소나무, 낙엽송 등
4.8~5.5	잣나무, 참나무류, 가문비나무류 등
5.6~6.5	대부분의 침엽수 및 참나무류, 단풍나무류, 피나무류
6.6~7.3	호두나무, 양버즘나무, 측백나무 등
7.4~8.0	오리나무, 네군도단풍, 물푸레나무, 측백나무 등
8.1~8.5	포플러 등

정답 111 ⑤ 112 ②

113 다음 중 관목의 전정 방법으로 적절하지 않는 것은?

① 관목은 맹아지가 발생치 않아 1~2년생 가지를 전정해야 한다.
② 땅에 닿는 가지, 병든 가지, 부러진 가지, 약한 가지 등을 전정한다.
③ 수관 밖으로 튀어나온 도장지를 전정할 수 있다.
④ 회양목은 대개 가지 끝에 있는 눈에서 가지가 발생하기 때문에 전정 시 주의한다.
⑤ 개나리는 솎아주기 전정을 통해 활력을 얻을 수 있다.

해설 관목은 지상부 가까운 곳에 잠아가 많고, 가지 중간에도 잠아가 있어서 어디를 전정하더라도 맹아지가 잘 나온다. 일 년 내내 푸른 모습을 보여주며 낮게 자라 통일감과 안정감을 주는 상록관목은 6월과 10월에 연 2회 정도 전정을 해주는 것이 좋다. 교목과 마찬가지로 꽃을 감상하는 관목의 전정시기도 꽃눈의 분화시기를 고려하여 결정한다. 지난 해 줄기에서 꽃이 피는 관목은 꽃이 피고 난 직후 다음 해 꽃눈이 만들어지기 전에 전정해야 한다.

114 수목 결함 평가 중 시각적 수목평가에 대한 설명으로 옳지 않은 것은?

① 원추형 수목의 중앙 주지가 손상을 받아 하나 이상의 주지가 발생하면 가지가 약하게 부착된다.
② 굵기가 같은 두 개 이상의 주지는 하나의 주지를 가진 수목보다 파손될 가능성이 크다.
③ 가지의 굵기보다 가지의 부착각도가 부착강도에 큰 영향을 미친다.
④ 구조물 등에 보호되던 수목이 노출되면 바람에 쓰러지기 쉽다.
⑤ 옥죄는 뿌리는 수목의 안전성을 확보할 수 있다.

해설 옥죄는 뿌리는 수목의 안전성을 위태롭게 할 가능성이 있다.

115 수목 파손에 영향을 주는 요소에 대한 설명으로 옳지 않은 것은?

① 도시수목은 산림에서 자라는 수목보다 특정한 장애에 피해를 받을 가능성이 더 높다.
② 대부분의 파손은 태풍이 불 때 발생한다.
③ 침엽수는 활엽수보다 얼음이나 눈에 수관이 더 잘 손상된다.
④ 침엽수는 활엽수보다 가지 파손이 흔하다.
⑤ 대부분의 침엽수에서 수목 파손의 큰 원인은 뿌리와 근원의 부후이다.

해설 활엽수는 침엽수보다 가지 파손이 흔하다.

정답 113 ① 114 ⑤ 115 ④

116 다음 중 수목 이식 시기로 가장 적절한 것은?

① 소나무는 증산 작용이 가장 활발한 여름철이 이식 적기이다.
② 수목은 계절의 영향을 적게 받기 때문에 연중 언제든지 이식할 수 있다.
③ 우리나라는 봄철에 수목을 이식하는 것은 적절하지 않다.
④ 대부분의 수목은 휴면기에 식재할 경우 고사한다.
⑤ 일반적으로 온대지방의 경우 적절한 이식 시기는 봄철이다.

해설 ①, ② 소나무류와 증비나무, 구상나무 등 추운 지방을 원산지로 하는 수종은 겨울눈이 커지는 시기인 이른 봄이 가장 적기이며, 새 잎이 난 후에는 이식 후 활착이 어렵다.
③ 이른 봄에 겨울눈이 커지는 것은 수목이 휴면에서 깨어나고 있다는 증거이다. 이때 활엽수, 침엽수, 상록 활엽수 등을 이식하면 된다.
④ 수목을 이식하기에 가장 적절한 시기는 수목이 휴면상태에 있는 기간이다.

117 내건성 수종으로 알맞게 짝지어진 것은?

① 노간주나무, 향나무
② 낙우송, 노간주나무
③ 동백나무, 느릅나무
④ 향나무, 느릅나무
⑤ 물푸레나무, 동백나무

해설 • 내건성이 강한 수종 : 소나무, 노간주나무, 향나무, 아까시나무, 배롱나무, 오리나무 등
• 호습성 수종 : 낙우송, 태산목, 동백나무, 물푸레나무, 오리나무, 버들, 위성류, 층층나무, 풍년화, 병꽃나무 등

118 다음 중 전정 후 보편적으로 나타나는 반응으로 적합하지 않은 것은?

① 복숭아나무는 휴면기 전정 이후 더 많은 꽃을 형성한다.
② 올바른 휴면 전정된 수목은 구조가 더 튼튼해진다.
③ 어린 수목과 꽃눈이 거의 없는 수목을 심하게 전정하면 전체 수목의 생장이 억제된다.
④ 남겨진 개별 가지의 활력이 좋아진다.
⑤ 신초 끝을 제거하면 낙엽수의 봄 뿌리 생장이 늦어질 수 있다.

해설 복숭아나무는 2년생 가지 개화수종으로 묵은 가지에 꽃이 피고 열매가 달린다. 여름 전정(6~8월 사이) 중 대부분 7~8월에 화아분화기한다.

정답 116 ⑤ 117 ① 118 ①

119 침엽수 전정 시 고려사항으로 가장 적합하지 않은 것은?

① 삼나무, 낙우송의 측지는 무작위로 발생한다.
② 가문비나무는 사전에 형성된 원기가 완전히 성장한 이후에도 연속적으로 생장한다.
③ 주목은 여건이 좋으면 어느 정도 생장이 지속된다.
④ 소나무는 잎이 없는 오래된 목질부까지 가지가 전정되면 그 가지는 보통 죽는다.
⑤ 주목은 잎이 있는 곳에 수많은 생장점을 가지고 있으며 오래된 목질부에도 약간의 생장점이 있다.

해설 고정 생장하는 수종은 소나무, 잣나무, 가문비나무, 솔송나무, 참나무류 등이 있다. 당년에 생장하는 가지(신초)의 잎의 수는 전년도에 형성된 동아 속의 엽원기의 수로 고정된다. 당년에 형성하는 엽원기는 당년에 잎이나 신초로 발달하지 않고 그 다음해 생장한다. 고정 생장하는 나무는 매년 1마디의 줄기 생장만을 하기 때문에 수간 마디 수로 나무의 나이를 추정할 수 있고 줄기의 생장은 대부분 봄철에 이뤄진다. 반면, 자유 생장하는 수종은 낙엽송, 은행나무, 포플러, 버드나무, 자작나무, 사과나무 등이다. 전년에 미리 만들어진 동아 속의 엽원기가 춘엽을 만들고 이어서 당년에 만들어지는 엽원기가 계속해서 하엽을 만들면서 여름 내내 계속하는 줄기가 생장한다. 자유 생장 수종의 수고생장기간은 고정 생장 수종보다 길다.

120 수목이식에 관한 설명으로 틀린 것은?

① 이식률이 낮은 것은 가시나무이며, 높은 것은 은행나무이다.
② 나무가 작을수록 이식에 따른 수목의 스트레스가 줄어들기 때문에 가능한 어릴 때 이식하는 것이 좋다.
③ 가장 중요한 것은 활력으로 성숙 잎의 색깔이 짙은 녹색이어야 하며, 잎이 크고 촘촘히 달려 있는 것이 건강한 수목의 모습이다.
④ 줄기의 생장량은 1년에 최소 30cm가량 돼야 하고, 수피는 밝은 색을 띠면서 금이 가거나 상처가 없어야 한다.
⑤ 수간은 한 개의 줄기로 이뤄진 것이 좋고 굵은 가지가 될 골격지의 배치가 적절한 간격을 두고 네 방향으로 균형 있게 뻗어 있으며, 수관의 높이가 수고의 1/3가량 되는 것이 좋은 나무라고 할 수 있다.

해설 수관의 높이가 수고의 2/3가량 되는 것이 좋은 나무라고 할 수 있다.

정답 119 ② 120 ⑤

121 이식 시 뿌리상태에 관한 설명으로 틀린 것은?

① 뿌리의 상태에 따라 이식묘는 나근묘, 용기묘, 근분묘 등으로 나눌 수 있다.
② 나근묘는 작은 이식묘의 뿌리가 노출된 상태로 이식하며, 근원경 5cm 미만의 활엽수를 봄이나 가을에 이식하는 경우이다.
③ 나근묘는 꼬인 뿌리가 없이 뿌리의 뻗음이 좋을수록 유리하고 밑동에서 직접 나온 측근이 4개 이상 펼쳐지고 뿌리의 폭이 근원경의 10배 이상 되어야 한다.
④ 직근이 발달한 수종의 경우 직근을 자르고 측근의 발달을 촉진시키기 위해 묘포장에서 상채(판갈이)를 최소한 1회 이상 실시해야 한다.
⑤ 용기묘는 4ℓ 용기와 20ℓ 플라스틱 용기에서 생산된 조경수로 사용할 때에는 동그랗게 있는 뿌리를 그대로 심는다.

해설 용기묘는 용기의 벽을 따라 동그랗게 꼬여 있는 뿌리를 그대로 심으면 꼬인 뿌리가 계속해서 그 상태로 굵어지면서 나중에 생장장애를 가져올 수 있다. 따라서 꼬인 뿌리가 없는 묘목을 고르거나 가위로 꼬인 부분을 절단한 후 식재하는 것이 바람직하다.

122 꽃 색깔이 적색 – 황색 – 백색계열로 묶여 있는 것은?

① 목련 – 죽단화 – 산수유
② 조팝나무 – 마가목 – 복사나무
③ 진달래 – 해당화 – 골담초
④ 박태기나무 – 생강나무 – 함박꽃나무
⑤ 쪽동백 – 미선나무 – 히어리

해설
- 적색 : 동백나무(3월), 박태기(4월)
- 황색 : 풍년화, 생강나무, 산수유(3월) 황매화, 히어리(4월), 죽단화, 골담초
- 백색 : 백목련, 조팝나무, 자두나무(4월) 쪽동백, 덜꿩나무, 말채나무, 산딸나무, 산사나무, 백당(5월), 미선나무, 마가목, 함박꽃나무
- 분홍색 : 복사나무(연분홍색), 해당화

123 다음 중 조경수목의 관리상 저온에 대한 피해를 최소화하려는 대책과 무관한 것은?

① 낙엽이나 피트모스 등을 피복재료로 사용한다.
② 강정지, 강전정을 실시한다.
③ 액체 피막제를 잎에 살포한다.
④ 바람막이를 설치한다.
⑤ 토양의 배수상태 양호하게 유지하여 기온 상승 시 해토가 빨리 되도록 유도한다.

해설 저온에 대한 피해를 최소화하려면 약정지, 약전정해야 한다.

정답 121 ⑤ 122 ④ 123 ②

124 다음 설명 중 틀린 것은?

① 방화용수는 잎이 두껍고 함수량이 적으며 넓은 잎을 가진 치밀한 수관부위의 상록수종이 좋다.
② 방풍용수는 심근성으로 지엽이 치밀한 가지와 줄기를 지닌 수종이 좋다.
③ 방진용수는 수관층이 넓거나 지면이 빽빽히 덮을 수 있은 수종이 좋다.
④ 방조용수는 강한 바람에 견디며 척박한 토양환경을 극복할 수 있은 수종이 좋다.
⑤ 염해에 강한 수종은 낙우송, 칠엽수, 가죽나무, 보리수, 주엽, 버즘나무, 단풍나무, 양버들, 루브라참나무 등이 있다.

해설 방화용수는 함수량이 많은 수종이다.

- 산울타리 · 차폐 : 도로나 주택 인접 경계, 동선 및 공간 분할
- 차폐용
  - 시각적으로 불량하거나 불쾌감을 주는 지역에 식재함
  - 하부가 고사하지 않고 지엽이 밀생, 맹아력이 강한 것
  - 측백나무, 삼나무, 광나무, 사철나무, 대나무류 등
- 산울타리용 : 탱자나무, 쥐똥나무, 회양목, 사철나무, 개나리 등
- 방풍
  - 풍압은 풍속의 제곱에 비례함
  - 강한 풍압에 견딜 수 있어야 하고 심근성수종이 적합함
  - 지엽이 치밀하고 잘 부러지지 않아야 함
  - 소나무, 곰솔, 팽나무, 후박나무, 동백나무, 솔송나무, 편백 등
- 방조
  - 해안매립지 및 해안 주변 공원에 식재함
  - 강풍에 강하고 염분에 적응성이 있는 수종이 적합함
  - 곰솔, 다정큼나무, 돈나무, 자귀나무, 찔레꽃, 꽝꽝나무 등
- 방연
  - 도시 내부 녹지, 공장 주변, 가로수에 적합한 수종
  - 각종 배기오염물질에 내성이 강한 수종
  - 오존, 아황산가스, PAN, 이산화질소, 배기가스 등에 견디는 수종
  - 은행나무, 칠엽수, 양버즘나무, 겹벚나무, 아까시나무 등
- 방화수종
  - 잎이 넓고 두껍고 밀생, 함수량이 많은 수종
  - 은행나무, 식나무, 호랑가시나무, 사철나무
- 임해매립지 식재
  - 내염성, 내조성이 있고 척박한 토양에 잘 자라는 수종
  - 해송, 리기다소나무, 향나무, 태산목, 동백나무, 사철나무, 해당화, 칠엽수

정답 124 ①

125 수목을 식재한 후 일반적으로 지주목을 설치한다. 다음 중 지주목의 설치 필요성이 아닌 것은?

① 수고 생장에 도움을 준다.
② 바람에 의한 피해를 줄일 수 있다.
③ 수간의 굵기가 균일하게 생육할 수 있도록 해 준다.
④ 도시미관을 위해 필수적이다.
⑤ 뿌리의 활착을 증진한다.

해설 지주목이란 외부로부터의 물리적 충격에 대하여 수목을 보호할 목적으로 설치하는 보조시설로 수고의 생장에 도움을 주고, 바람에 의한 피해를 방지한다. 또한 수목의 새로운 뿌리가 생성되어 자리를 잡고 지상부 수관이 안정성을 갖출 때까지 보조해 주기 위한 수단으로 사용한다. 단점으로는 수목의 상처를 입히고 물질부의 생육저하와 경관적 가치를 떨어트린다.

126 조경수에 동해가 발생하기 쉬운 조건은?

① 건조한 토양에서 많이 발생한다.
② 오목한 지형에서 많이 발생한다.
③ 구름이 있고, 바람이 불 때 발생한다.
④ 유령목보다 성목에서 많이 발생한다.
⑤ 북사면이 남향, 남서향보다 많이 발생한다.

해설 동해를 받기 쉬운 특성은 오목한 지형, 북사면보다는 일교차가 큰 남향~남서향, 맑고 바람 없는 날, 큰 나무보다는 어린 나무, 건조한 토양보다는 과습한 토양에서 나타난다.

127 조경수의 정지와 전정에 관한 설명으로 가장 적절한 것은?

① 주지는 일반적으로 3~5개가 적합하다.
② 도장지는 최대한 보호한다.
③ 평행지를 최대한 유도한다.
④ 가지의 유인은 뿌리의 자람방향을 고려한다.
⑤ 안으로 향한 가지는 그대로 보호한다.

해설 ① 수목의 주지는 가급적 하나로 자라게 한다.
② 도장지는 꽃눈이 거의 붙지 않으므로 처음부터 잘라 주는 것이 좋다.
③ 평행지는 만들지 않는다.
⑤ 안으로 향한 가지는 통풍을 막고 모양을 나쁘게 하므로 잘라낸다.

정답 125 ④ 126 ② 127 ④

128 척박지에 산림복원을 위한 식재를 하고자 한다. 다음 중 척박한 토양에 잘 적응하지 못하는 수종은?

① 소나무, 오리나무
② 상수리나무, 노간주나무
③ 졸참나무, 자작나무
④ 이팝나무, 물푸레나무
⑤ 보리수, 다릅나무

해설 척박지에 잘 견디는 수종은 소나무, 노간주나무, 오리나무, 버드나무, 자작나무, 등나무, 아카시아, 자귀나무, 보리수나무, 다릅나무, 상수리나무이다. 비옥지를 좋아하는 수종은 주목, 이팝나무, 물푸레나무, 철쭉, 측백나무, 회양목, 벽오동, 벚나무, 불두화, 장미, 부용, 모란이 있다.

129 공장주변의 녹지를 조성할 때 전국에 걸쳐 식재가 가능한 수종은?

① 비자나무
② 가이즈까향나무
③ 후박나무
④ 나한송
⑤ 후박나무

해설 가이즈까향나무는 공해에 강해서 공장주변의 완충식재로 이용할 수 있다. 바닷가에서 내륙까지 어느 땅이나 가리지 않고 전국적으로 잘 자란다.

130 다음 수목들 중 비료목에 해당되지 않은 것은?

① 자귀나무, 족재비싸리, 칡
② 사방오리, 산오리나무, 오리나무
③ 다릅나무, 두릅나무, 자작나무
④ 아까시나무, 싸리나무, 사방오리나무
⑤ 박태기, 등나무, 소철

해설 비배목(비료목)은 임지의 생산력을 유지 및 증가하기 위해 보조적으로 심어주는 나무이다.

- 콩과 : 아카시나무, 자귀, 싸리, 박태기, 등나무, 칡 등
- 자작나무과 : 사방오리, 산오리, 오리나무,
- 보리수나무 : 보리수나무, 보리장나무
- 소철과 : 소철

정답 128 ④ 129 ② 130 ③

131 임해매립지 녹화를 위한 선정 및 배식방법에 대한 설명으로 맞는 것은?

① 가능한 내륙지역의 자생수종을 선정한다.
② 식재밀도를 높게 하여 되도록 바람의 피해를 줄인다.
③ 이식이 용이하면 염해에 약한 수종을 선정해도 좋다.
④ 해안선에 바로 붙여 수목을 식재한다.
⑤ 값싼 비용으로 나쁜 환경에서 보다 천천히 대량의 녹음을 조성해야만 하는 것이다.

해설 ① 식재대상지 주변의 자생수종을 조사 · 활용하는 것이 바람직하다.
③ 내염성이 강한 수종을 선정한다.
④ 임해매립지의 식재 시 해안선에 바로 붙이지 않는다.
⑤ 신속히 대량의 녹음을 조성해야 한다.

132 조경수목의 생태적인 특성에 대한 설명이 틀린 것은?

① 녹나무, 동백나무, 후박나무는 난대성 수목이다.
② 수목의 내한성은 식재설계 시 반드시 고려해야 할 필수 요건이다.
③ 일반적으로 조경수목은 사질양토와 양토에서 생육이 왕성하다.
④ 수목은 전 부위의 10%가 수분이므로 임지에 있어서 건습은 수목의 성장관계를 좌우한다.
⑤ 내연성, 내조성, 내염성이 모두 강한 수종은 사철나무이다.

해설 수분은 식물체 내에 70% 정도를 차지하고 있으며 유기물합성에 중요한 역할을 하므로 적당하게 공급되어야 한다.

133 식재수종 선정 시 환경과의 관계에서 고려해야 할 요소가 아닌 것은?

① 식물이 생육하는데 필요한 광선 요구도
② 대기오염에 의한 공해나 염해, 풍해, 설해 등 각종 환경피해에 대한 적응성
③ 수목의 맹아, 신록, 결실, 홍엽, 낙엽 등의 계절적 현상
④ 식물의 천연분포, 식재분포와 관련되는 기온
⑤ 식재토심, 토질, 토양개량 여부, 식재지반의 마감 높이, 수목의 중량, 통풍성, 급 · 배수, 수종 선정

해설 식재수종 선정 시 환경과의 관계에서 고려해야 할 요소는 온도, 광선, 공해 등이다. 따라서 계절적 현상은 고려해야 할 요소가 아니다.

정답 131 ② 132 ④ 133 ③

134 가지치기에 대한 설명으로 틀린 것은?

① 성숙한 자작나무와 단풍나무는 이른 봄에 실시한다.
② 활엽수는 가을에 낙엽이 진 후 봄에 생장을 개시하기 전 휴면 기간 중에는 아무 때나 가지치기를 할 수 있다.
③ 침엽수는 이른 봄에 새 가지가 나오기 전에 실시하는 것이 가장 좋다.
④ 침엽수는 추운 지방에서 가을에 전정을 하면, 상처부위가 동해를 입을 수 있기 때문에 가급적이면 이른 봄에 실시하는 것이 더 바람직하다.
⑤ 잎이 나온 후 상처가 가장 왕성하게 치유되는 특성을 이용하여 봄 일찍 가지치기를 한다.

해설 성숙한 자작나무와 단풍나무는 늦가을, 겨울 초기에 가치지기를 한다. 잎이 완전히 나온 후 전정하면 액이 나오는 시기를 피할 수 있다.

135 가지치기에 대한 설명으로 틀린 것은?

① 봄 중간은 수피에 수분이 많아서 쉽게 수피가 벗겨지거나 상처를 받기 쉽다.
② 겨울눈이 튼 후 잎과 가지가 가장 왕성하게 자라고 있기 때문에 상처 치유에 필요한 탄수화물을 많게 가지고 있다.
③ 초가을은 겨울준비에 필요한 양분을 저장할 시기이기 때문에 상처치유가 늦다.
④ 초가을은 목재부후곰팡이의 포자가 가장 많이 생산되어 공기 중에 떠돌아다니는 시기이므로 감염의 가능성이 크다.
⑤ 제1단계는 줄기와 가지가 갈라지는 분지점을 기준으로 수 cm 떨어진 아래쪽을 1/4 정도 자른 후 가지의 위쪽을 자른다.

해설 겨울눈이 튼 후 잎과 가지가 가장 왕성하게 자라고 있기 때문에 상처 치유에 필요한 탄수화물을 적게 가지고 있다.

136 가지치기에 대한 설명으로 틀린 것은?

① 봄 일찍 개화하는 수목과 화관목은 이른 봄에 전정하면 꽃눈이 제거되어 꽃을 볼 수 없으므로 당년도 개화가 끝난 직후에 아직 내년도 꽃눈이 생기기 전에 전정하여야 한다.
② 여름에 개화하는 무궁화, 배롱나무, 금목서는 당년도 가지에 각각 5~7월에 꽃눈이 형성되니, 봄에 생장이 시작될 때 4월에 전정해도 된다.
③ 등나무는 5월에 꽃이 피고 난 후 곧 새로운 꽃눈이 생기므로, 꽃이 지자마자 곧 전정해야 다음 해에 꽃을 볼 수 있다.
④ 백목련과 치자나무는 꽃이 피고 나서 30일 이내에 전정한다.
⑤ 철쭉류는 가을에 전정해야 한다.

해설 철쭉류는 전정 후 30~40일 이내에 꽃눈이 생기므로 그 사이에 전정한다.

정답 134 ① 135 ② 136 ⑤

137 가지치기에 대한 설명으로 틀린 것은?

① 가는 가지는 지피융기선을 건드리지 않아야 한다.
② 옆가지(측지)제거는 굵기가 5cm 이상일 경우 수피가 찢어지는 것을 방지하기 위해 지피융기선을 기준으로 하여 지륭을 그대로 남겨 둘 수 있는 각도를 유지하여 바짝 자른다.
③ 지륭(가지밑살)은 가지의 하중을 지탱하기 위하여 가지 밑에 생기는 불룩한 조직으로써, 목질부를 보호하기 위하여 화학적 보호층이 있어 가지치기할 때 제거하지 않도록 주의해야 한다.
④ 활엽수의 경우 가지치기를 실시하면 주변에서 맹아가 튀어나오는 경우가 많은데 이러한 맹아는 즉시 제거하는 것이 좋다.
⑤ 침엽수는 2~3년마다 수형을 가다듬어야 하며, 전정으로 과격한 수형변화가 필요하다.

해설 과격한 수형변화를 시도하면 안 된다.

138 다음 중 줄기감기(wrapping)의 효과가 아닌 것은?

① 상처를 보호한다.
② 줄기보온으로 맹아를 촉진한다.
③ 병해충 침입을 예방한다.
④ 일광에의 노출, 찬바람을 막아 동해예방, 일소 및 수분수탈을 방지하여 이식수의 활착률을 높인다.
⑤ 은행나무와 참나무류는 줄기감기를 해야 한다.

해설 수피가 두꺼운 은행나무, 참나무는 줄기감기를 할 필요가 없다. 석류나무, 배롱나무는 수피가 매끄럽지만 겨울철 한해방지를 제외하고는 줄기감기를 하지 않아도 된다.

139 이식력에 대한 설명 중 틀린 것은?

① 수근계나무는 주근계나무보다 강하다.
② 낙엽수는 상록수보다 강하다.
③ 작은 나무는 큰 나무보다 강하다.
④ 배수가 좋은 토양에서 자란 나무는 강하다.
⑤ 저장탄수화물의 보유가 좋은 건강한 나무는 빈약한 나무보다 이식이 잘 된다.

해설 배수가 좋은 토양에서 자란 나무는 근계가 넓고 깊게 발달하여 이식 시 뿌리손상이 더 크므로 약하다. 점토함량이 높고 고결이 잘 되어 뿌리분포권이 좁은 토양인 무거운 토양에서 배수가 좋고 습윤하여 근계가 넓게 확산되는 토양인 가벼운 토양으로 이식된 나무는 강하다.

정답 137 ⑤ 138 ⑤ 139 ④

140 전정 후 상구유합속도에 대한 설명 중 틀린 것은?

① 햇빛이 잘 드는 남쪽, 남서쪽은 느리다.
② 차광이 되는 방향(서북, 북쪽)은 빠르다.
③ 부패 위험성이 있는 수종은 소나무류, 낙엽송, 삼나무 등이다.
④ 가지가 가늘고 수평으로 뻗은 품종이 빠르다.
⑤ 성장이 왕성한 수관 상층부가 아래쪽보다 빠르다.

해설 진정 후 부패 위험성이 큰 수종은 단풍나무류, 느릅나무, 벚나무류, 느티나무, 물푸레나무류, 오동나무, 가문비나무류, 자작나무류, 버드나무류, 사시나무류, 너도밤나무이다. 반면 위험성이 없는 수종은 소나무류, 낙엽송, 삼나무, 편백 등 수지함량이 많은 나무이다.

141 수간주입(주사)에 대한 설명으로 틀린 것은?

① 시비효과는 2~3일 이내 나타난다.
② 구멍의 크기는 직경 0.5~1cm, 깊이 3~4cm, 구멍이 깊을수록 주입시간은 지연된다.
③ 구멍과의 간격은 15cm, 나선상으로 배치하고 구멍 속의 톱밥을 깨끗이 청소한다.
④ 주입 후 구멍은 봉하지 않아도 되지만 부후균침입이 가능하다.
⑤ 수간중력식 수간주사, 캡슐 삽입시비, 압력식 수간주입 등의 방법이 있다.

해설 시비효과는 3주 이내 나타난다.
- 휴면기, 생장초기보다는 새잎이 핀 후에 주입률이 더 높다(증산).
- 10~11시 30분부터 미풍이 있는 이른 저녁때가 주입이 잘 된다.

142 다음 중 식재에 대한 설명으로 틀린 것은?

① 낙엽활엽수는 봄 이식이 가장 바람직하다.
② 절대 깊게 심지 말고 이식 전에 심겨졌던 깊이만큼 심어야 한다.
③ 심근성이면서 타닌과 같은 내한성 물질을 지니고 있는 소나무류와 구상나무 등 추운 지방을 원산지로 하는 수종은 겨울눈이 커지는 시기가 가장 적기로, 새 잎이 난 후에는 이식 후 활착이 어렵다.
④ 구덩이의 크기는 분 크기의 1.5~2배 이상으로 하는 것이 좋으며 척박한 토양에서는 비옥지보다 좀 더 크게 파야 한다.
⑤ 뿌리 밑의 시비량은 나무크기에 따라 다르나 잘 썩은 퇴비를 본당 5~15kg씩 구덩이 바닥에 넣어 나무의 뿌리에 비료가 직접 닿도록 한다.

해설 5cm 이상의 흙을 덮은 비료가 나무의 뿌리에 직접 닿지 않도록 유의한다.

정답 140 ③ 141 ① 142 ⑤

143 옮겨심기에 대한 설명 중 틀린 것은?

① 일반적 옮겨심기가 잘 안 되는 나무는 사질토양이나 밀생된 지역에서 자란 나무들이다.
② 뿌리분의 지름은 근원경의 3~5배(수종에 따라서 5~10배), 깊이는 측근의 발생밀도가 많은 부분에서 실시한다.
③ 옮겨심기가 잘 안 되는 수종이라도 옮겨심기 1~3년 전 사전에 뿌리돌림을 실시하여 잔뿌리를 발달시키면 활착율을 높일 수 있다.
④ 굴취작업 2~3일 전에 충분한 물주기를 실시하고 수관의 30% 이외의 가지를 고르고 전정토록 한다.
⑤ 소나무, 백송, 리기다소나무, 백합나무, 동백나무, 벚나무, 금송, 가시나무, 태산목, 가문비나무 이식이 잘 안 되는 나무이다.

해설 측근의 발생밀도가 현저하게 줄어든 부위까지로 실시한다.

이식이 잘 되는 나무	이식이 잘 안 되는 나무
향나무, 주목, 은행나무, 화백, 개나리, 수양버들, 무궁화, 섬잣나무, 회양목, 아왜나무, 자작나무, 산수유나무, 젓나무, 철쭉, 배롱나무, 모과나무, 목서나무, 칠엽수, 느릅나무, 히말라야시다, 측백나무, 버즘나무, 철쭉, 연상홍, 느티나무	소나무, 백송, 리기다소나무, 백합나무, 동백나무, 벚나무, 금송, 가시나무, 태산목, 가문비나무, 낙엽송, 상수리나무류, 분비나무, 오동나무, 층층나무, 참죽나무, 마가목, 복자기, 헛개나무, 쪽동백, 황칠나무, 고로쇠나무, 음나무 등

144 다음 중 전정할 가지에 해당되지 않은 것은?

① 평행지
② 안으로 향한 가지
③ 아래로 향한 가지
④ 가지 밑살이 있는 가지
⑤ 줄기에 움돋은 가지와 뿌리 밑둥에서 올라온 가지

해설 지륭(자리를 지탱하기 위해 발달한 가지 밑살)은 가지의 하중을 지탱하기 위해 가지 밑에 생기는 불룩한 조직으로, 목질부를 보호하기 위해 화학적 보호층을 갖고 있기 때문에 가지치기할 때 제거하지 않도록 주의한다.

정답 143 ② 144 ④

145 임해매립지의 조성에 관한 설명으로 틀린 것은?

① 현장 토양관리 반입토기준은 양토내지 양질사토이다.
② 뿌리분의 규격은 일반분의 1.2배분을 굴취하여 반입한다.
③ 염분차단층포설은 식혈의 바닥에 보수성이 양호하면서도 하층부로부터의 염분을 차단할 수 있는 차단층(양질의 토사+유기질 비료)과 혼합한다.
④ 물분을 만들어 뿌리분과 식혈 사이에 공극을 두며 관수량은 일반 식재보다 3~4배 많이 한다.
⑤ 임해매립지는 지반이 안정되지 않은 20cm 내외의 침하가 예상되는 지역이므로 일반 식재지 높이보다 높혀서 식재한다.

해설 뿌리분과 식혈사이에 공극이 발생하지 않도록 한다.

146 낙뢰 피해를 받기 쉬운 상황이 아닌 것은?

① 건물과 떨어진 수목
② 집단에서 가장 키 큰 나무
③ 가장자리 있는 키 큰 나무
④ 습한 토양이나 수체에 인접한 수목
⑤ 고립수목

해설 건물과 가까이 붙어 있는 수목이 낙뢰 피해를 받기 쉽다.
- 감수성 높은 수종 : 단풍, 물푸레, 백합, 야자수, 사시, 참, 아까시, 느릅나무
- 감수성 낮은 수목 : 마로니에, 너도밤나무

147 식재밀도에 따른 수목 생장에 대한 설명으로 옳은 것은?

① 식재밀도가 높으면 초살형으로 자란다.
② 식재밀도가 높을수록 단목재적이 빨리 증가된다.
③ 식재밀도는 수고생장보다 직경생장에 더 큰 영향을 끼친다.
④ 식재밀도가 낮을수록 경쟁이 완화되어 단목의 생활력이 약해진다.
⑤ 초살도가 낮아서 상부직경과 하부직경이 비슷한 수간을 초살재라고 한다.

해설 ① 식재밀도가 낮으면 초살형으로 자란다.
② 식재밀도가 낮을수록 단목재적이 빨리 증가된다.
④ 식재밀도가 낮을수록 경쟁이 강해진다.
⑤ 완만재에 대한 설명이다.

정답 145 ④ 146 ① 147 ③

148 간벌과 가지치기가 임목에 미치는 영향으로 올바르지 않은 것은?

① 간벌지에서는 무간벌지보다 봄부터 가을까지 더 높은 토양수분을 유지하며 잎의 수분포텐셜이 더 높게 유지되어 생장이 양호해진다.
② 간벌 후 광선이 많아지고 잎의 수분상태가 양호해져서 광합성량이 증가한다.
③ 간벌 후 수관과 엽면적의 증가로 많은 탄수화물이 수관으로 이동하여 직경생장 및 재적생장이 촉진되고 초살도가 커진다.
④ 가지치기를 하면 수간의 연륜 폭을 고르게 하고 마디를 없애 주므로 목재의 질을 향상시킨다.
⑤ 가지치기를 하면 수간하부의 연륜 폭이 넓어지고 반대로 수간상부의 연륜 폭은 좁아지는 현상이 나타낸다.

해설 수간하부는 좁아지고, 수간상부는 넓어진다. 수간의 초살도가 완만해지고 연륜 폭이 고르게 되어 마디 없는 목재가 생산된다.

149 초살도에 대한 설명으로 틀린 것은?

① 수목의 형성층에 의한 직경생장은 바람에 의해 일반적으로 촉진되고, 초살도가 감소한다.
② 수목은 평소에 바람에 노출됨으로써 바람에 대한 저항성이 증가하며 잎갈나무류의 경우에도 자유롭게 흔들리는 나무에서 목재생산량이 더 많으며, 대신 붙잡아 둔 나무는 수고생장이 더 촉진된다.
③ 불량한 환경에서 수간과 가지 모두 30 : 1의 비율을 초과하면 부러지거나 넘어진다.
④ 수간초살도는 수고 · 직경비율로 나타낼 수 있다.
⑤ 살아 있는 수관비율은 수목과 가지의 무게중심의 위치를 나타내는 지표이다.

해설 수목의 형성층에 의한 직경생장은 바람에 의해 일반적으로 촉진되고, 초살도가 증가한다.

150 다음 수목관리 사항 중 틀린 것은?

① 배수가 좋은 토양은 주 1회 30~40cm 깊이 뿌리권까지 천천히 관수한다.
② 계면활성제(전착제) 혼합살포는 시비효과를 증대시키고 그 양이 많으면 양분흡수가 촉진된다.
③ 식재는 대기습도와 지중습도가 높고 비 온 다음 날, 흐리고 바람 없는 날, 아침과 저녁 때 실시하는 것이 좋다.
④ 비료가 부족하면 잎이 작아지고 색깔이 황색으로 퇴색하면서 윤택이 없어진다.
⑤ 잦은 관수는 주위 토양의 과습, 토양 내 산소결핍, 절단된 뿌리에는 부후균의 감염을 조장한다.

해설 양이 많으면 양분흡수가 감소하고, 농도장해로 잎이 탄다.

정답 148 ⑤ 149 ① 150 ②

151 대기오염물질 중 SO_2에 대한 설명으로 틀린 것은?

① NO_2 ,CO_2와 같이 기공을 통해서 흡수된다.
② 기공을 폐쇄하여 더 이상의 SO_2를 흡수할 수 없도록 피해를 줄이지만, CO_2 흡수도 억제되므로 광합성이 억제된다.
③ 세포내에서 물에 녹으면 SO_2는 아황산(HSO_3), 황산(H_2SO_4), 황산염 등을 만들며 농도가 높지 않을 때에는 유해작용이 없이 정상적으로 대사작용에 이용, 황비료의 효과가 있다.
④ 아황산과 황산이 발생하면 수소이온에 의하여 엽록소분자의 Ca^{++}를 추출하므로 잎이 황화되고 광합성이 저하된다.
⑤ 황산염은 그 자체는 유해하지 않지만 황산염이 축적되면 칼슘의 이용을 저해하고, 영양분의 균형을 파괴한다.

해설 아황산과 황산이 발생하면 수소이온에 의하여 엽록소분자의 Mg^{++}를 추출하므로 잎이 황화되고 광합성이 저하된다.

형태	종류
황화합물	SO_x(SO_2 등), H_2S(황화수소)
질소화합물	NH_3(암모니아), NO_x(NO, NO_2, N_2O)
탄화수소 및 산소화물	메탄, 아세틸렌, 알코올, 에테르, 페놀, 알데히드
할로겐 화합물	HF, HBr, Br_2
광화학 산화물	O_3, NO_3, PAN(Peroxy Acetyl Nitrate)
미립자	검댕, 먼지, 중금속(Pb, As, Ti)

- 수목의 대기오염에 의한 피해의 방지는 근본적으로 오염원이 제거되지 않는 한 어려운 문제이지만 대기오염에 저항성을 지닌 수목을 선정하여 조경수로 활용하는 방법이 있다.
- 비교적 저항성이 큰 수목으로는 소나무, 느티나무, 팽나무, 오동나무, 배롱나무, 밤나무, 백목련, 벚나무류, 칠엽수, 회화나무, 감나무, 때죽나무, 층층나무, 자두나무, 매화나무, 박태기나무, 자목련 등이 있다.

152 광화학적 스모그에 대한 설명으로 틀린 것은?

① CO, NO, HCs 등의 1차 대기오염 물질 물질들이 적외선의 영향하에 서로 반응하여 형성된다.
② NO_3, HNO_3, O_3, PANs 등의 2차 대기오염 물질들이 결합되어 형성된 것이다.
③ 광화학적 스모그가 자주 발생하는 도시지역 기후는 일반적으로 맑은 날이 많고 기온이 높고 건조한 것이 특징이다.
④ 기온역전 상황에서는 지상에서 발생한 각종 대기오염 물질이 위쪽으로 상승, 확산되지 못하여 결과적으로 지표면 가까이에 고농도로 유지된다.
⑤ 열섬현상으로 형성된 지붕 형태의 먼지들이 태양 에너지의 지표 가열을 촉진한다.

해설 ① 자외선의 영향하에 서로 반응한다.
⑤ 열섬현상으로 형성된 지붕 형태의 먼지들이 태양 에너지의 지표 가열을 방해한다.

정답 151 ④ 52 ①, ⑤

153 불화수소에 대한 설명으로 틀린 것은?

① 기공을 통해 엽내에 흡수되면 수분에 용해되어 엽내 조직을 괴사시키는데 독성이 매우 강해 대기 중에 약 5ppb만 존재해도 식물에 피해를 입힌다.
② 피해 증상은 아황산가스와 비슷하지만 괴사 조직과 건전 조직 간의 차이가 아황산가스에서 보다 훨씬 뚜렷하고 주로 엽선단과 주위에 발생한다.
③ 접촉된 수목은 수 시간 동안 건조 현상을 나타내며 점차 녹색에서 황갈색으로 변해 나중에는 갈색이 된다.
④ 저항성인 침엽수는 소나무, 향나무, 전나무, 일본전나무가 있다.
⑤ 저항성인 활엽수에는 가중나무, 양버즘나무, 아까시나무, 떡갈나무, 버드나무류가 있다.

해설 불화수소에 접촉된 수목은 수 시간 동안 건조 현상을 나타낸다.

154 오존에 관한 설명 중 틀린 것은?

① 강력한 산화 작용에 의한 것으로 엽의 표면에 한정되며 책상조직이 오존에 대하여 가장 약하여 제일 먼저 공격을 받는다.
② 활엽수는 엽표면에 작은 반점이 형성되고 반점이 점점 합쳐져서 표면이 검은색으로 된다.
③ 침엽수는 엽주변부터 괴사가 되기 시작하고 황화 현상으로 반점이 생기고 왜성화되는 경향이 있다.
④ 오존은 일반적으로 대기 중 농도가 0.03ppm 이상(8시간 기준)이 되면 수목에 피해를 준다.
⑤ 저항성은 삼나무, 해송, 편백, 화백, 서양측백, 은행나무가 있다.

해설 활엽수는 엽표면에 작은 반점이 형성되고 반점이 점점 합쳐져서 표면이 백색으로 되며, 버즘나무, 굴참나무, 졸참나무, 누리장나무, 개나리, 사스레피나무, 금목서, 녹나무, 광나무, 돈나무, 협죽도, 태산목이 있다.

155 다음 중 산성비에 대한 설명으로 틀린 것은?

① 산업화와 도시화로 인한 대기오염 물질들이 많이 섞여 있으면 이것들과 결합하여 pH가 6.5 이하로 떨어지는 강수를 말한다.
② 산성비의 주된 원인 물질은 황산화물과 질소산화물이다.
③ 강수의 산도는 활엽수에서 pH 3.0 전후 침엽수에서 pH 2.0 이하로 내려가면 가시적인 피해가 나타난다.
④ 피해는 엽록소를 감소시켜 광합성을 저해하고, 생장 장해를 초래하여 발아 또는 개화가 지연되고 그로 인해서 엽이나 꽃이 작아진다.
⑤ 병해충, 부적합한 생육 환경에 대한 내성이 약화되어 피해를 유발한다.

해설 산성비는 pH가 5.6 이하로 떨어지는 강수를 말한다.

정답 153 없음 154 ② 155 ①

156 다음 중 뿌리에 피해를 주는 사례로 연결이 잘못된 것은?

① 포장 공사에 의한 피해 : 뿌리 조사 및 뿌리 수술 없이 도로나 인도 등의 포장 공사를 진행 시 피해
② 주변 식생과의 경합에 의한 피해 : 주변 지피, 초본, 관목의 과다한 번식은 수목과 물리적인 공간, 수분, 양분의 경합으로 뿌리 발달을 약화
③ 복토와 심식에 의한 피해 : 뿌리의 산소 공급을 어렵게 해 생장을 억제하거나 고사시킬 뿐만 아니라 토양 내 유익한 미생물의 활동이 증가되어 수목의 영양 공급을 방해
④ 답압에 의한 피해 : 기존 토양이 경화되어 토양 공극이 감소하고 수분과 산소 공급을 어렵게 해 수세가 약화
⑤ 배수 불량에 의한 피해 : 토양 공극에 물이 차게 되면 수분, 산소 공급이 원활하지 않아 뿌리가 부패

해설 복토와 심식에 의해 토양 내 유일한 미생물의 활동이 억제되어 수목의 영양 공급을 방해한다.

157 다음 중 제초제에 대한 피해증상 및 방제로 틀린 것은?

① 호르몬이행성 제초제의 경우 침엽수는 가지가 휘어지거나 비대해진다.
② 활엽수는 잎 끝부분이 말리거나 타들어가고 잎의 변형 및 기형이 생기거나 누렇게 되거나 갈변하며 잎이 떨어진다.
③ 제초제 성분을 없애기 위한 가장 좋은 방법은 엽면시비이다.
④ 피해지의 토양을 흡착성분을 지닌 활성탄, 숯 등을 기존 토양과 혼합해 처리한다.
⑤ 피해 잎은 기본 생리가 파괴돼 수세가 약해지므로 영양제 수간주사, 무기양료 엽면시비, 토양관주 등의 응급조치를 해주도록 한다.

해설 제초제 성분은 토양 중에 잔류되어 있으므로 아예 토양을 바꿔주는 것이 가장 좋은 방법이다.

158 다음 중 제초제의 피해 증상으로 틀린 것은?

① 잎 가장자리의 퇴색, 잎말림, 조기낙엽, 기형, 뒤틀림, 변색, 황화 등 다양하며, 피해는 즉시 나타나고 오래가지는 않는다.
② 디캄바(O)의 피해 증상은 광엽에서는 딱딱하게 굳고, 느티나무 잎에서는 꼬이고, 갈변하며, 잎자루가 처지는 현상이 나타난다.
③ 광합성 저해제(C) 벤타존의 경우는 신초부터 시작하여 줄기 전체까지 갈변하며 고사하기도 한다.
④ 아미노산합성 저해제인 플라자설퓨론(B)은 보통 잔디에 처리하여 풀을 죽이는데 많이 이용되며 수목에 피해를 줄 수 있다.
⑤ 소나무, 은행나무는 피해를 받은 후 활성탄, 목초액, 엽면시비 등을 하면 회복되는 시기가 자연적인 회복시기보다 훨씬 빠르게 나타난다.

정답 156 ③ 157 ③ 158 ①

해설 제초제의 피해는 몇 달 또는 몇 년까지도 나타난다.

디캄바(Dicamba, 상품명 : 반벨)
- 호르몬형 침투이행성의 선택성 제초제로서 화본과 식물(벼, 보리, 잔디 등)은 저항성이 강하나, 소나무나 광엽 잡초 특히 콩과 식물(칡, 아까시나무, 콩 등)은 매우 쉽게 고사
- 디캄바는 광엽흡수제로 식물의 잎이나 줄기 등 살아 있는 조직에 묻으면 식물체 속으로 침투, 이행되고, 토양에 살포한 약제는 토양수분에 용해, 이동하여 식물의 뿌리로 흡수
- 한번 식물체 속으로 침투하면 내부의 모든 기관으로 이행하며 식물체의 생리작용 계통을 교란시켜 광합성 작용 및 생장을 방해하여 식물체를 고사시킴

159 염화칼슘에 대한 일반적인 피해 및 방제 대책으로 틀린 것은?

① 그해 겨울에는 피해가 눈에 띄지 않으나 최저 기온이 영상이 되는 3월부터는 잎에 급속한 탈수현상이 발생하고 광합성 기능이 저하되는 등 수세가 쇠약하게 된다.
② 염화칼슘이 토양에 고농도의 염류로 집적되면 식물이 양분과 수분을 흡수하기 어렵게 하여 잎의 생육이 왕성한 6월부터 잎의 황화나 괴사, 조기낙엽, 신진 대사 장애 등을 유발함으로써 수세 약화, 병충해 저항성 저하로 인한 고사의 원인이 된다.
③ 잣나무의 반응 특성은 구엽과 신엽이 모두 마르고 갈변하며 잎이 달려있는 반면, 소나무는 구엽부터 마르고 갈변하면서 낙엽이 지는 특성을 나타낸다.
④ 염화칼슘에 의한 피해 발생지에 대해서는 토양산도교정, 환토와 객토, 유기물 자재투입 등을 통하여 토양의 물리적 화학적 환경을 적정 수준으로 개선하는 관리가 필요하다.
⑤ 토양산도가 pH 7.2 이하로 되어 뿌리로부터 양분과 수분의 흡수가 어렵게 되며, 토양구조의 불량으로 인해 토양의 응집을 분산시켜 황화와 고사, 조기낙엽 등 신진대사의 장애를 가져와 결국 수세쇠약과 병해충 저항성이 저하됨에 따라 고사되게 된다.

해설 토양이 pH 7.2 이상 알칼리성분으로 하여 염화칼슘에 대한 피해를 막을 수 있다.

160 식재밀도와 간벌이 임목의 재질 및 초살도에 미치는 영향으로 옳지 않은 것은?

① 식재밀도가 수고생장보다 직경생장에 더 큰 영향을 끼친다.
② 간벌을 하면 수간하부의 직경생장이 증가되어 초살도가 작아진다.
③ 식재밀도가 낮을수록 단목재적이 빨리 증가된다.
④ 식재밀도가 낮을수록 경쟁이 완화되어 단목의 생활력이 강해진다.
⑤ 식재밀도가 낮으면 초살형으로 자란다.

해설 간벌을 하면 초살도가 커지고, 가지치기를 해 주면 초살도가 작아진다.
- 초살도가 낮아서 상부직경과 하부직경이 비슷한 수간을 완만재라고 한다.
- 단목은 하나의 생명체로서 생육하고 있는 개별 임목이다.

정답 159 ⑤ 160 ②

161 산불에 대한 설명으로 잘못된 것은?

① 지중화는 조부식층과 부식층, 이탄층이 타는 산불로 산소공급이 막혀 연기도 적고 불꽃도 없으나 높은 고열로 지속적, 균일적으로 진행한다.
② 지표화에서 피해가 가장 크다.
③ 수간화는 나무줄기가 타는 불로 화염온도가 600℃ 이상에서 발생한다.
④ 수관화는 수지가 많은 침엽수(소나무, 삼나무), 특히 20~30년된 장령림의 침엽수림에서 많이 발생한다.
⑤ 지표화는 산불 중 가장 발생하고 지표에 쌓여 있는 낙엽 지피물 지상관목이나 치수 등이 타는 화재이다.

해설 지표화가 아닌 수관화에서 피해가 가장 크다.

162 다음 중 염해에 강한 수종으로 묶인 것이 아닌 것은?

① 독일가문비, 소나무
② 곰솔, 히말라야시다
③ 가시나무, 동백나무
④ 느릅나무, 팽나무
⑤ 주목, 섬잣나무

해설 내염성이 약한 수종은 독일가문비, 소나무, 일본목련, 왕벚나무 등이다.

내염성이 강한 수종

- 상록침엽교목 : 주목, 섬잣나무, 곰솔, 히말라야시다
- 상록활엽교목 : 가시나무, 태산목, 후박나무, 먼나무, 동백나무, 아왜나무
- 낙엽교목 : 참느릅나무, 팽나무, 계수나무, 목련, 모과나무, 귀룽나무, 복사나무, 자귀나무, 아까시나무, 쉬나무, 가죽나무, 참빗살나무, 네군도단풍, 피나무, 벽오동, 위성류, 석류나무, 배롱나무(목백일홍), 말채나무, 감나무, 때죽나무, 모감주나무, 대추나무, 이팝나무
- 상록관목 : 눈향나무, 돈나무, 피라칸사, 다정큼나무, 호랑가시나무, 사철나무, 우묵사스레피, 팔손이, 식나무, 영산홍, 광나무, 협죽도, 치자나무
- 낙엽관목 : 무화과나무, 둥근잎말발도리, 박태기나무, 싸리나무, 탱자나무, 낙상홍, 화살나무, 보리수나무, 홍철쭉, 진달래, 철쭉나무, 산철쭉(혹은 겹철쭉, 백철쭉), 노린재나무, 미선나무(천연기념물), 쥐똥나무, 수수꽃다리, 좀작살나무, 누리장나무, 괴불나무, 백당나무, 꽃댕강나무, 가막살나무, 분꽃나무, 무궁화

정답 161 ② 162 ①

163 다음 설명 중 틀린 것은?

① 수목의 형성층에 의한 직경생장은 바람에 의해 일반적으로 촉진된다.
② 적당한 바람에 의해 초살도가 증가한다.
③ 수목은 평소에 바람에 노출됨으로써 바람에 대한 저항성이 증가한다.
④ 테다소나무를 흔들리지 않게 붙잡아 매어 두면 기부의 직경생장이 감소하여 초살도가 적어진다.
⑤ 잎갈나무류는 자유롭게 흔들리는 나무에서 목재생산량이 더 많으나 붙잡아 둔 나무는 수고 생장을 하지 않는다.

해설 잎갈나무류의 나무는 붙잡아 두면 수고생장이 더 촉진된다.

164 가지치기에 대한 설명 중 틀린 것은?

① 침엽수의 생리 중에서 오래 된 가지에 잠아가 거의 없어서, 묵은 가지를 중간에서 제거하면 그 자리에서 맹아지가 발생하지 않는다.
② 활엽수와는 달리 침엽수는 2~3년마다 수형을 가다듬어야 하며, 전정으로 과격한 수형변화를 시도하면 안 된다.
③ 관목은 지상부 가까운 곳에 잠아를 많이 가지고 있으며, 가지 중간에도 잠아가 없어 맹아지가 잘 나오지 않는다.
④ 작업은 생장이 빠르고 맹아의 발생이 왕성한 버드나무, 포플러, 플라타너스, 아까시나무 같은 수종의 가로수에 적용할 수 있다.
⑤ 매우 연약하여 가지의 중간 혹은 그 아래 부분을 손끝으로 끊어버리거나 가위로 잘라 버리면 길이가 짧아지는데 이 작업을 적심이라 한다.

해설 가지 중간에도 잠아가 있어서, 어디를 전정하더라도 맹아지가 잘 나온다.

165 나무병원의 등록에 대한 사항 중 틀린 것은?

① 수목진료 사업을 하려는 자는 법인으로서 대통령령으로 정하는 나무병원의 등록기준을 갖추어 산림청장에게 등록하여야 한다.
② 등록한 사항 중 대통령령으로 정하는 중요 사항이 변경된 경우에는 농림축산식품부령으로 정하는 기간에 변경등록을 하여야 한다.
③ 나무병원의 등록을 하지 아니하고는(국가 또는 지방자치단체가 산림병해충 방제사업을 시행, 국가 · 지방자치단체, 수목의 소유자가 직접 수목진료를 경우 제외) 수목을 대상으로 수목진료를 할 수 없다.
④ 국가 또는 지방자치단체가 산림병해충 방제사업을 시행하거나, 국가 · 지방자치단체 또는 수목의 소유자가 직접 수목진료를 하는 경우에는 그러하지 아니하다.
⑤ 나무병원의 등록 또는 변경등록의 절차, 그 밖에 필요한 사항은 농림축산식품부령으로 정한다.

해설 수목진료 사업을 하려는 자는 시 · 도지사에게 등록하여야 한다.

정답 163 ⑤ 164 ③ 165 ①

166 다음 사항 중 틀린 것은?

① 나무의사 및 수목치료기술자(이하 "나무의사 등"이라 한다)는 동시에 두 개 이상의 나무병원에 취업하여서는 아니 된다.

② 나무의사 등의 자격을 보유한 자가 아니면 나무의사 등의 명칭이나 이와 유사한 명칭을 사용하지 못한다.

③ 미성년자, 피성년후견인 또는 피한정후견인 및 「농약관리법」, 「소나무재선충병 방제특별법」을 위반하여 징역의 실형을 선고받고 그 집행이 종료되거나 집행이 면제된 날부터 1년이 지나지 아니한 사람은 나무의사가 될 수 없다.

④ 나무의사 자격시험의 응시자격, 시험과목 등 시험에 필요한 세부적인 사항은 대통령령으로 정한다.

⑤ 수목치료기술자가 되려는 사람은 수목치료기술자 양성기관에서 교육을 이수하여야 한다.

해설 미성년자, 피성년후견인 또는 피한정후견인 및 「농약관리법」, 「소나무재선충병 방제특별법」을 위반하여 징역의 실형을 선고받고 그 집행이 종료되거나 집행이 면제된 날부터 2년이 지나지 아니한 사람은 나무의사가 될 수 없다.

167 처방전 발급 등에 대한 사항으로 틀린 것은?

① 나무의사는 진료부를 갖추어 두고 자기가 직접 수행한 수목진료사항에 대해 진료부에 기록 · 서명하여야 하며, 필요한 경우 처방전 · 진단서 또는 증명서를 발급한다.

② 나무의사는 자기가 직접 진료하지 아니하고는 처방전 등을 발급해서는 아니 된다.

③ 직접 진료한 나무의사가 부득이한 사유로 진단서 또는 증명서를 발급할 수 없을 때에는 모든 나무병원에 종사하는 다른 나무의사가 진료부 등에 의하여 발급할 수 있다.

④ 나무의사는 직접 진료한 수목에 대해 수목진료 신청인으로부터 처방전등의 발급을 요구받았을 때에는 정당한 사유 없이 이를 거부하여서는 아니 된다.

⑤ 수목진료사업을 수행하는 나무병원이 「농약관리법」에 따른 농약을 수목진료과정에서 사용할 경우에는 반드시 나무의사의 처방전을 발급받아야 하며, 나무병원은 그 처방전에 따라 농약을 사용하여야 한다.

해설 직접 진료한 나무의사가 부득이한 사유로 진단서 또는 증명서를 발급할 수 없을 때에도 같은 나무의사가 발급해야 한다.

- 제4항에 따라 처방전을 발급한 나무의사는 농약을 사용하는 자가 처방전에 표시된 농약의 명칭 · 용법 및 용량 등에 대하여 문의한 때에는 즉시 이에 응답하여야 한다.
- 제1항에 따른 진료부와 처방전 등의 서식, 기재사항, 보존기간 및 보존방법, 그 밖에 필요한 사항은 농림축산식품부령으로 정한다.

정답 166 ③ 167 ③

168 다음 중 1차 위반 시 나무의사 자격취소가 되는 것이 아닌 것은?

① 거짓이나 부정한 방법으로 나무의사 등의 자격을 취득한 경우
② 동시에 두 개 이상의 나무병원에 취업한 경우
③ 나무의사 등의 자격정지기간에 수목진료를 행한 경우
④ 고의로 수목진료를 사실과 다르게 행한 경우
⑤ 미성년자, 피후견인 또는 피한정후견인 경우

해설 동시에 두 개 이상의 나무병원에 취업한 경우 1차는 자격정지 2년, 2차는 자격취소가 된다.

• 나무의사 등의 자격최소 및 정지처분의 세부기준

위반행위	행정처분기준			
	1차위반	2차위반	3차위반	4차위반
거짓이나 부정한 방법으로 나무의사 등의 자격을 취득한 경우	자격취소	–	–	–
동시에 두 개 이상의 나무병원에 취업한 경우	자격정지 2년	자격취소	–	–
미성년자, 피후견인 또는 피한정후견인, 농약법, 재선충특별법	자격취소	–	–	–
나무의사 등의 자격증을 빌려준 경우	자격정지 2년	자격취소	–	–
나무의사 등의 자격정지기간에 수목진료를 행한 경우	자격취소	–	–	–
고의로 수목진료를 사실과 다르게 행한 경우	자격취소	–	–	–
과실로 진목진료를 사실과 다르게 행한 경우	자격정지 2개월	자격정지 6개월	자격정지 12개월	자격취소

• 일반기준
- 위반행위의 횟수에 따른 행정처분기준은 최근 3년 동안 같은 위반행위로 처분을 받은 경우에 적용한다. 이 경우 기간의 계산은 위반행위에 대하여 행정처분을 받은 날과 그 처분 후 다시 같은 위반행위를 하여 적발된 날을 기준으로 한다.
- 가목에 따라 가중된 행정처분을 하는 경우 가중처분의 적용 차수는 그 위반행위 전 부과처분 차수(가목에 따른 기간 내에 행정처분이 둘 이상 있었던 경우에는 높은 차수를 말한다)의 다음 차수로 한다.
- 위반행위가 둘 이상인 경우로서 그에 해당하는 각각의 처분기준이 다른 경우에는 그 중 무거운 처분기준에 따르고, 둘 이상의 처분기준이 같은 자격정지인 경우에는 각 처분기준을 합산한 기간 동안 자격을 정지하되 3년을 초과할 수 없다.

정답 168 ②

169 나무의사의 보수 교육에 대한 설명 중 틀린 것은?

① 보수교육의 기간, 내용, 방법, 절차, 비용 및 그 밖에 필요한 사항은 산림청장이 정한다.
② 산림청장은 농림축산식품부령으로 정하는 시설 · 인력 및 교육실적 등의 기준에 적합한 기관 및 단체를 보수교육을 실시하는 기관으로 지정할 수 있다.
③ 산림청장은 보수교육기관이 거짓이나 부정한 방법으로 지정을 받은 경우에는 그 지정을 취소하여야 한다.
④ 보수교육을 이수하지 아니한 자를 이수한 것으로 처리한 경우가 있는 보수교육기관은 지정을 취소하여야 한다.
⑤ 나무병원에 종사하는 나무의사는 전문성과 윤리의식을 높이기 위하여 보수교육을 정기적으로 받아야 한다.

해설 보수교육의 기간, 내용, 방법, 절차, 비용 및 그 밖에 필요한 사항은 농림축산식품부령이 정한다.

170 한국나무의사 협회에 관한 설명으로 틀린 것은?

① 나무의사는 나무의사의 복리 증진과 수목진료기술의 발전을 위해 산림청장의 인가를 받아 한국나무의사협회를 설립할 수 있다.
② 협회는 법인으로 한다.
③ 협회 회원의 자격과 임원에 관한 사항, 협회의 업무 등은 정관으로 정하며, 그 밖에 정관에 포함되어야 할 사항은 산림청장이 정한다.
④ 협회에 관하여 이 법에서 규정한 사항을 제외하고는 「민법」 중 사단법인에 관한 규정을 준용한다.
⑤ 사업에 관한 사항, 회원의 가입과 탈퇴 및 권리와 의무에 관한 사항, 회원의 교육에 관한 사항 등로 포함된다.

해설 협회 회원의 자격과 임원에 관한 사항, 협회의 업무 등은 정관으로 정하며, 그 밖에 정관에 포함되어야 할 사항은 대통령령으로 정한다.

정답 169 ① 170 ③

171 나무병원의 1차 위반 시 등록 취소에 해당하는 것을 모두 고르면?

ㄱ. 거짓이나 부정한 방법으로 등록을 한 경우
ㄴ. 등록기준에 미치지 못하게 된 경우
ㄷ. 변경등록을 하지 아니하거나 부정한 방법으로 변경등록을 한 경우
ㄹ. 다른 자에게 등록증을 빌려준 경우
ㅁ. 영업정지 기간에 수목진료 사업을 하거나 최근 5년간 3회 이상 영업정지 명령을 받은 경우
ㅂ. 폐업한 경우

① ㄱ, ㄴ, ㄷ
② ㄱ, ㅁ, ㅂ
③ ㄴ, ㄹ, ㅁ
④ ㄷ, ㅁ, ㅂ
⑤ ㄹ, ㅁ, ㅂ

해설 ㄴ. 등록기준에 미치지 못하게 된 경우 : 1차 위반(영업정지 6개월), 2차 위반(영업정지 12개월), 3차 위반(등록취소)
ㄷ. 변경등록을 하지 않는 경우 : 1차 위반(영업정지 3개월), 2차 위반(영업정지 6개월), 3차 위반(영업정지 12개월), 4차 이상 위반(등록취소)
ㄹ. 다른 자에게 등록증을 빌려준 경우 : 1차 위반(영업정지 12개월), 2차 위반(등록취소)

나무병원의 등록 취소에 해당하는 경우

- 거짓이나 부정한 방법으로 등록을 한 경우
- 영업정지 기간에 수목진료 사업을 하거나 최근 5년간 3회 이상 영업정지 명령을 받은 경우
- 폐업한 경우

172 나무병원의 등록 시 대통령령으로 정하는 중요 사항에 해당하지 않은 것은?

① 나무병원의 명칭
② 나무병원의 대표자
③ 나무병원의 소재지
④ 나무병원의 연락처
⑤ 나무의사 등의 선임에 관한 사항

해설 **나무병원의 등록 시 대통령령으로 정하는 중요 사항**

- 나무병원의 명칭
- 나무병원의 대표자
- 나무병원의 소재지
- 나무의사 등의 선임에 관한 사항

정답 171 ② 172 ④

173 **한국나무의사협회의 정관에 포함되어야 하는 사항을 모두 고르면?**

ㄱ. 목적
ㄴ. 명칭
ㄷ. 주된 사무소의 소재지
ㄹ. 사업에 관한 사항
ㅁ. 회원의 가입과 탈퇴 및 권리와 의무에 관한 사항
ㅂ. 회원의 교육에 관한 사항
ㅅ. 재산 및 회계에 관한 사항
ㅇ. 기구 및 조직에 관한 사항
ㅈ. 총회 및 이사회에 관한 사항
ㅊ. 정관의 변경에 관한 사항

① ㄱ~ㅂ
② ㄱ~ㅅ
③ ㄱ~ㅇ
④ ㄱ~ㅈ
⑤ ㄱ~ㅊ

해설 ㄱ~ㅊ까지 모두 한국나무의사협회의 정관에 포함되어야 한다.

174 **산림청장 및 지방자치단체의 장은 재선충병을 예방하고 그 확산을 방지하기 위하여 방제대책을 수립하는 항목이 아닌 것은?**

① 재선충병의 방제를 위한 조직, 인력, 예산 및 장비 확충
② 재선충병의 예방 및 조기발견 신고체계
③ 재선충병의 방제를 위한 기술연구개발과 지원
④ 재선충병의 방제를 위한 관계 기관과의 협조대책
⑤ 재선충병에 대한 예방약의 선정

해설 재선충병에 대한 예방약의 선정이 아닌 교육 및 홍보가 필요하다.

정답 173 ⑤ 174 ⑤

175 나무의사 자격시험의 시행에 대한 설명으로 옳지 않은 것은?

① 나무의사 양성기관에서 교육을 이수한 사람의 수 등을 고려할 때 나무의사 자격시험에 응시할 사람이 아주 적거나 없을 것으로 예측되는 경우 매년 1회 이상 시행하지 않아도 된다.

② 나무의사 자격 취득자가 산업수요에 비하여 지나치게 많은 경우 매년 1회 이상 시행하지 않아도 된다.

③ 산림청장은 각 호의 사항을 포함한 다음 연도 나무의사 자격시험의 시행계획을 확정하여 매년 11월 1일까지 홈페이지 등에 공고하여야 한다.

④ 규정한 사항 외에 나무의사 자격시험의 시행 등에 필요한 사항은 산림청장이 정한다.

⑤ 1차 시험에 합격한 사람에 대해서는 해당 1차 시험에 합격한 날부터 2년 동안 1차 시험을 면제한다. 다만, 해당 1차 시험에 합격한 날부터 2년 동안 나무의사 자격시험이 2회 미만으로 시행된 경우에는 그 다음에 이어지는 1차 시험 1회를 면제한다.

해설 나무의사 자격시험의 시행계획을 매년 12월 1일까지 공고한다.

- 나무병원의 종류별 등록기준(제12조의9제1항 관련)

종류	업무 범위	등록기준		
		인력	자본금	시설
1종 나무병원	수목진료	–2018년 6월 28일부터 2020년 6월 27일까지 : 나무의사 1명 이상 –2020년 6월 28일 이후: 나무의사 2명 이상 또는 나무의사 1명과 수목치료기술자 1명 이상	1억원 이상	사무실
2종 나무병원	수목진료 중 처방에 따른 약제 살포	–2018년 6월 28일부터 2020년 6월 27일까지 : 다음 각 목의 어느 하나에 해당하는 사람 1명 이상 가. 수목치료기술자 나. 「건설기술 진흥법」에 따른 조경 분야의 초급 이상 건설기술인 또는 「국가기술자격법」에 따른 조경기술사 · 기사 · 산업기사 · 기능사의 자격을 갖춘 사람으로서 「건설산업기본법」에 따라 등록한 조경공사업 또는 조경식재공사업에서 1년 이상 종사한 사람 –2020년 6월 28일부터 2023년 6월 27일까지 : 나무의사 또는 수목치료기술자 1명 이상	1억원 이상	사무실

- 나무의사 자격시험의 응시자격(제12조의6제1항 관련)
  1. 「고등교육법」 제2조 각 호의 학교에서 수목진료 관련 학과의 석사 또는 박사 학위를 취득한 사람
  2. 「고등교육법」 제2조 각 호의 학교에서 수목진료 관련 학과의 학사학위를 취득한 사람 또는 이와 같은 수준의 학력이 있다고 인정되는 사람으로서 해당 학력을 취득한 후 수목진료 관련 직무분야에서 1년 이상 실무에 종사한 사람
  3. 「초 · 중등교육법시행령」 제91조에 따른 산림 및 농업 분야 특성화고등학교를 졸업한 후 수목진료 관련 직무분야에서 3년 이상 실무에 종사한 사람

정답 175 ③

4. 다음 각 목의 어느 하나에 해당하는 자격을 취득한 사람
   가. 「국가기술자격법」에 따른 산림기술사, 조경기술사, 산림기사 · 산업기사, 조경기사 · 산업기사, 식물보호기사 · 산업기사자격
   나. 「자격기본법」에 따라 국가공인을 받은 수목보호 관련 민간자격으로서 「자격기본법」 제17조 제2항에 따라 등록한 기술자격
   다. 「문화재수리 등에 관한 법률」에 따른 문화재수리기술자(식물보호 분야) 자격
5. 「국가기술자격법」에 따른 산림기능사 또는 조경기능사 자격을 취득한 후 수목진료 관련 직무분야에서 3년 이상 실무에 종사한 사람
6. 수목치료기술자 자격증을 취득한 후 수목진료 관련 직무분야에서 4년 이상 실무에 종사한 사람
7. 수목진료 관련 직무분야에서 5년 이상 실무에 종사한 사람

176 C/N율에 관한 설명으로 틀린 것은?

① C/N율이 높으면 꽃눈 형성과 결실이 좋아진다.
② 보통 C/N율이 30보다 작으면 질소기아 현상이 발생하고, 15보다 크면 유기물이 무기물화되어 질소를 효과적으로 이용할 수 있다.
③ 삽목 시 C/N율이 높으면 발근이 잘 된다.
④ 식물의 체내에 광합성에 의하여 만들어진 탄소(C)와 뿌리 등에서 흡수한 질소(N)와의 비율이다.
⑤ C/N율이 낮으면 식물체 내에 질소가 많으며 이때는 영양생장시기이며 잘 자라고 있는 것이다.

해설 C/N율이 30보다 크면 질소기아 현상, 15보다 작으면 질소를 효과적으로 이용할 수 있다.

177 묘목의 T/R율을 설명한 것 중 틀린 것은?

① 지상부와 지하부의 중량이다.
② 묘목의 근계발달과 충실도를 설명하는 개념이다.
③ 일반적으로 큰 값을 가지는 묘목이 충실하다.
④ 수종과 묘목의 연령에 따라서 다르지만 해송의 경우 일반적으로 3.0 정도가 좋다.
⑤ 토양 내에 수분이 많거나 질소의 과다시용, 석회부족, 일조부족 등의 경우에는 T/R율이 높아지게 된다.

해설 일반적으로 작은 값을 가지는 묘목이 충실하다.

정답 176 ② 177 ③

178 **다음 설명 중 틀린 것은?**

① 가장 오래 전부터 제조되어 사용되었던 농약은 Lime sulfur이다.
② 피레드린(Pyrethrin) 성분을 함유하는 천연살충용 식물은 데리스이다.
③ 식물호르몬작용 저해제와 비슷한 작용특성을 보이기 때문에 식물이 고사하는 것보다 기형인 경우가 많은 제초제의 작용기작은 단백질 합성저해제이다.
④ 식물 생육단계 중 약해의 염려가 가장 적은 시기는 휴면기이다.
⑤ 해충의 주화성을 이용하는 약제는 유인제이다.

해설 피레드린(Pyrethrin) 성분을 함유하는 천연살충용 식물은 제충국이다.

179 **분말이 물에 잘 젖지 않고, 부드럽고 미끈한 촉감을 주며, 액성은 알칼리성을 보이나 안정하므로 각종 농약의 분제 제조용으로 많이 사용되는 증량제는?**

① 탈크
② 벤토나이트
③ 필로필라이트
④ 카올린
⑤ 펄라이트

해설 탈크(talc : 활석)의 pH는 알카리성이나 안전하므로 분제 제조용으로 널리 쓰이는 종량제이다.

180 **다음 설명 중 틀린 것은?**

① 만코제브 수화제는 유기유황제 계통의 농약이다.
② 묘포장산림에서 사용되는 제초제 중 선택성인 것은 글리포세이트이다.
③ 각종 응애류를 방제하는데 적합하며 특히 소나무 재선충에 대해 살선충활성을 보이는 약제는 밀베멕틴(Milbemectin)이다.
④ 미분쇄로된 분제인 플로우더스트(FD) 제형의 평균 입경은 2μm이다.
⑤ 6－BA 식물생장조절제이다.

해설 묘포장 산림에서 사용되는 제초제 중 선택성인 것은 벤타존(bentazon)이다. 글리포세이트는 비선택성이다.

정답 178 ② 179 ① 180 ②

181 다음 중 농약 허용기준 강화제도(PLS)에 대한 설명으로 틀린 것은?

① 국내 사용등록 또는 잔류허용기준(MRL)이 설정된 농약 이외에 등록되지 않은 농약은 원칙적으로 사용을 금지하는 제도이다.
② 잔류농약 허용기준이 설정된 농산물은 현재와 같이 기준 이하에만 적합하다.
③ 잔류농약 허용기준이 미설정된 농산물은 일률기준(0.01ppm) 이하에만 적합하다.
④ 2018년 1월 1일부터 전체 농산물에 전면시행하고 있다.
⑤ PLS는 Positive List System의 약자이다.

해설 농약 허용기준 강화제도는 2019년 1월 1일부터 전체 농산물에 전면시행하고 있다.

182 다음 중 전착제에 대한 설명으로 틀린 것은?

① 계면활성제는 그 분자 내에 친유기와 친수기가 겸유되어 있으며 이 양기가 적당한 평가 HBL (hydrephile-lipophilebalance)을 이루었을 때 계면활성을 보인다.
② 대체로 HBL가 7~8인 것은 침윤작용이 크며, 8~18인 것은 OW형의 유제 제조용에 적합하고, 15~18인 것은 가용화작용이 크다.
③ 부착성은 식물체상에 부착되는 성질을 말한다.
④ 고착성은 비가 와도 씻기지 않는 성질을 말한다.
⑤ 습윤성은 골고루 퍼지는 성질을 말한다.

해설 습윤성은 작물이나 해충을 고루 적시는 성질을 말한다. 골고루 퍼지는 성질은 확전성이다.

183 다음 중 약해에 대한 설명으로 틀린 것은?

① 식물에 처리된 약제에 의해서 식물의 생리작용에 변이상태를 일으키는 현상이다.
② 급성은 처리하고 2~4일 후 잎이 타거나 반점이 생기거나 오그라드는 것이 심하면 낙과도 한다.
③ 만성은 눈에 띌 정도로 나타나지 않고 서서히 식물의 생리작용이나 영양관계에 장해를 일으켜 생육의 억제, 수량의 감소, 임실의 지연 등을 가져온다.
④ 보르도액의 경우 약해방지를 위해 비산염에 소석회를 넣는데, 이것은 가용성 동염비산염을 석회와 결합시켜 불용성 화합물로 만들기 위함이다.
⑤ 작물이 흡수하는 농약의 양이 많아지면 약해가능성은 낮아진다.

해설 작물이 흡수하는 농약의 양이 많아지면 약해가능성도 높아진다.

정답 181 ④ 182 ⑤ 183 ⑤

184 다음 설명 중 틀린 것은?

① 현수성은 현탁액을 형성하기 위해 미립자를 오래도록 물속에 분산시키려고 하는 성질이다.
② 유화성은 작은 입자나 물에 녹지 않는 용제와 주제를 녹인 액체의 입자를 물에 균일하게 분산시키려는 성질이다.
③ 농약관리법에서 규정하는 농약의 범위에는 종자소독제, 잡초방제제, 발근촉진제, 천연식물보호제도 포함된다.
④ 바이러스에 의한 장미 모자이크병도 방제가 가능하다.
⑤ 수목용 농약으로 많이 사용하고 있는 유기인계 살충제 페니트로치온(fenitrothion)이다.

해설 바이러스에 의한 장미 모자이크병은 방제가 불가능하다.

185 다음 중 유기인계 살충제가 아닌 것으로 묶인 것은?

① Parathiion, Ethylparathion
② Diazinon, EPN
③ Malathion, dichlorvos(DDVP)
④ fenitrothion(MEP), 파프(PAP)
⑤ BHC, 알드린

해설 BHC, 알드린은 유기염소계이다.

186 다음 중 제형에 대한 설명으로 틀린 것은?

① 유제(EC) – 농약 원제를 용제에 녹이고 계면활성제를 첨가하여 제제한 것으로 다른 제형에 비하여 제제가 복잡하다.
② 입제(GR) – 농약원제에 활석, 점토 등의 증량제와 PVA, 전분과 같은 점결제 및 계면활성제와 같은 분산제를 균일하게 혼합, 분쇄한 후에 물로 반죽하여 만든다.
③ 수용제(SP) – 수용성 고체 원제와 유안이나 망초, 설탕과 같이 수용성인 증량제를 혼합, 분쇄하여 만든 분말제제이다.
④ 수화제(WP) – 원제가 액체인 경우에는 흡유율이 높은 white carbon과 증량제(점토, 규조토 등), 계면활성제를 가하여 혼합하고 부말도가 44μm 이하가 되도록 작게 분쇄하여 만든다.
⑤ 수화제에 사용하는 증량제 – 규조토(Diatomite), 활석(Talc), Bentonite, 고령토 등이 있다.

해설 유제(EC)는 농약 원제를 용제에 녹이고 계면활성제를 첨가하여 제제한 것으로 다른 제형에 비하여 제제가 간단하다.

정답 184 ④ 185 ⑤ 186 ①

187 다음은 무엇에 대한 설명인가?

> 인간이 농약을 함유하는 식물을 일생 동안 섭취하여도 현재까지 알려진 지식으로는 아무런 장해가 일어나지 않는 양(사람이 일생동안 먹어도 안정된 양)이다. 즉 무작용량에 안전계수(일반적으로 1/100)를 곱한 값이다.

① 최대 잔류법
② 생물농축계수
③ 잔류허용기준
④ 최대부작용량
⑤ 일일섭취허용량

해설 농약의 일일섭취허용량은 mg(약량)/kg(체중)으로 나타내므로 체중에 따라 섭취허용량이 달라진다.

188 다음 중 살균제에 대한 설명으로 틀린 것은?

① Benzimidazole계는 제일 유명한 벤질고리에이미다졸(질소)과 베노밀 등이 있다.
② triazole계는 질소 3개로 구성된다.
③ 유기인계은 인(P)을 중심으로 각종 원자 또는 원자단으로 구성되어 있으며 황이 많을수록 안정화 된다.
④ Dithiocabamate는 유기유황제인 만코제브, 지람등이 있다.
⑤ Urea계는 우레아요소로 이루어져 있으며 이름에 '우론'이 들어간다.

해설 Urea계는 살균제가 아닌 제초제이다.

189 다음 중 농약과 작용기작이 틀리게 연결된 것은?

① 테부코나졸 – 에르고스테롤 합성저해
② 티오파네이트메틸 – 마이크로튜블린 합성저해
③ 하이멕사졸 – DNA/RNA 합성저해
④ 아족시스트로빈 – 산화적 인산화 전달저해
⑤ 테트라사이클린 – 다점접촉작용

해설 테트라사이클린은 아미노산 및 단백질 합성을 저해한다. 다점접촉작용은 보호살균제 무기유황제, 무리구리제와 관련이 있다.

정답 187 ⑤ 188 ⑤ 189 ⑤

190 농약의 작용기작에 따른 분류로 틀린 것은?

① 작용기작을 나타내며 농약 라벨 왼쪽 위에 있다.
② 농약의 연용을 피하기 위한 것이다.
③ 저항성 출현의 대책은 교호처리이다.
④ 농약의 제형과 관련이 있다.
⑤ 살균제의 표시기호는 가-나-다 순, 살충제는 1-2-3 순, 제초제는 A-B-C 순으로 분류해 사용자들이 한눈에 알아보기 쉽도록 나타냈다.

해설 농약의 제형과는 관련이 없다.

191 다음 설명 중 틀린 것은?

① 살충제 중 곤충의 신경전달 과정에 이상을 일으켜서 죽게 하는 약제는 유기인계, 카바메이트계, 피레스로이드계, 니코티노이드계 등이다.
② 농약 중 일반적으로 토양 및 환경잔류성이 가장 긴 것은 DDT와 같은 유기염소계이다.
③ 농약을 식별하기 위해 살균제는 분홍색, 살충제는 녹색, 제초제는 황색, 생장조절제는 청색의 포장지와 병뚜껑을 사용한다.
④ 농약의 범위에는 토양소독, 종자소독제, 생리기능증진 억제제, 전착제, 제제하를 위한 보조제, 천적 등이 포함된다.
⑤ 유기유황계 약제에는 만코제브, 지람, 디티오카바메이트계, 석회보르도액 등이 있다.

해설 보로도액은 살균제 농약으로 유산동과 생석회와의 반응으로 생성하는 염기성 유산동칼슘이 주성분이다.

- 보르도액의 제조 과정(4-4식 석회보르도액 20ℓ 제조 시)
  - 황산구리와 생석회를 준비한다.
  - 한 용기에 16ℓ의 물에 황산구리 80g을 녹여서 황산구리액을 만든다.
  - 다른 용기에 생석회 80g을 소량의 물(생석회가 개일 정도)로 잘 섞은 후 물을 첨가하여 4ℓ의 석회유를 만든다.
  - 황산구리액과 석회유를 충분히 냉각시킨 후 석회유를 잘 저으면서 황산구리액을 천천히 가하여 석회보르도액을 만든다.
- 4-4식 물 1리터당 황산구리 4g, 생석회 4g
- 4-8식 물 1리터당 황산구리 4g, 생석회 8g
- 6-6식 물 1리터당 황산구리 6g, 생석회 6g

정답 190 ④ 191 ⑤

192 다음 설명 중 틀린 것은?

① 제초제 2, 4D가 저해하는 것은 옥신의 높은 농도 때문이다.
② 직접살포제의 종류에는 분제, 입제, 액상수화제 등이 있다.
③ 살충제의 작용점은 신경계, 대사계, 원형질, 피부, 호흡기관 등이 있다.
④ 식독제가 작용하기 위해 장액의 pH가 중요하다.
⑤ 살균제는 병원균의 표면을 뚫고 침투하기 위해 친유성과 친수성을 동시에 가져야 한다.

해설 액상수화제는 직접살포제가 아닌 희석살포제이다.

193 다음 설명 중 틀린 것은?

① 살균제의 작용기작은 세포막 구조파괴, 생합성저해, 세포벽 합성저해, 호흡저해 등이 있다.
② 제초제의 광합성 작용기작은 PS I, PS II 의 전자전달저해, Carotenoid, Chlorophy II 생합성 저해 등이 있다.
③ 곤충의 키틴 생합성 저해제는 diflubenzuron, chlorfluazuron이 있다.
④ Parathion은 유기인계 살충제, Acetycholinesterase는 활성 저해제이다.
⑤ DDT는 유기염소계 살충제로 호르몬 기능을 교란시킨다.

해설 DDT는 신경축색 전달을 저해한다.

194 다음 중 제제(제형)에 대한 설명으로 틀린 것은?

① 수화제는 입자의 크기와 현수성이 중요하며 원제가 액체인 경우 조제할 때 white carbo이 필요하다.
② 액상수화제는 물을 증량제로 사용하며 물과 용기 용매에 난용성인 원제를 액상으로 조제한 것이다.
③ 유탁제는 희석살포용 제형으로 소량의 소수성 용매에 농약원제를 용해하고 유화제를 사용하여 물에 유화시켜 제제한 것이다
④ 액제는 희석살포액으로 수용성원제를 사용하며 계면활성제나 동결방지제가 첨가된다.
⑤ 유제는 농약원제를 석유계용제, ketone, alcoho류에 녹이고 계면활성제는 넣지 않는다.

해설 유제는 농약원제를 석유계용제, ketone, alcoho류에 녹이고 계면활성제를 첨가해 제조한다.

정답 192 ② 193 ⑤ 194 ⑤

195 다음 중 살포액의 조제에 대한 설명으로 틀린 것은?

① 살포액의 조제를 잘못하면 농약의 이화학적 성질에 영향을 주어 약효가 저하되기도 하고 약해가 일어나는 경우가 있다.

② 알칼리 용수, 공업 폐수 등의 오염된 물을 농약의 희석용수로 사용하면 농약 주성분의 분해 촉진 효과가 떨어진다.

③ 소요 농약량(ml)은 단위면적당 소정농약살포액량(ml)/희석배수이다.

④ 물 1리터에 500배로 처리할 때 농약의 사용량은 0.5ml이다.

⑤ 유제나 수화제를 조제할 때 혼화가 불충분하면 살포액의 유화성 또는 수화성이 불량하게 되어 약해의 원인이 되기도 한다.

해설 물 1리터는 1,000ml이므로 500배로 처리할 때 농약의 사용량은 1,000÷500=2ml이다.

196 다음 설명 중 틀린 것은?

① 농약의 일일 섭취허용량(ADI)은 농약을 함유한 음식을 일생 동안 섭취하여도 장해를 받지 않는 1일당 최대의 양을 말한다.

② NOEL(No Observed Effect Level)이란 일생 동안 매일 섭취하여도 아무런 영향을 주지 않는 약량이다.

③ 일일섭취허용량(ADI)은 NOEL×안전계수(0.001)이다.

④ 실용적 최대 잔류허용량(MRL)은 이론적 잔류 허용한도(PL)에서 실제 농약 잔류량을 고려한 것이다.

⑤ PL은 ADI(mg/kg/일)×체중(kg)/일일 농산물섭취량(kg/일)이다.

해설 일일섭취허용량(ADI)은 NOEL×안전계수(0.01)이다.

197 다음 중 연결이 잘못된 것은?

① 신경독(nerve poison)－유기인제, BHC, 피레트린

② 원형질독(protoplasmic poison)－비소제, 유기수은제

③ 피부독(skin poison)－기계유 유제

④ 호흡독(respiratory poison)－청산가스

⑤ 근육독(muscle poison)－Bt제

해설 근육독(muscle poison)은 데리스와 관련이 있으며, Bt제와 관계있는 것은 미생물살충제이다.

정답 195 ④ 196 ③ 197 ⑤

198 다음 설명 중 틀린 것은?

① 급성치사량의 단위는 mg/kg, ppm이다.
② 소정에 용수의 양에 참가할 약제의 양을 계산하는 것은 배액조제법이다.
③ 약제의 유효성분 함량과 비중을 고려하여 약제의 소요약량을 계산하는 것은 퍼센트액조제법이다.
④ 비중 1.15인 ㅇㅇ유제(50%)를 0.05%액으로 조제하여 10a당 5말(100L)을 살포할 때 농약량은 5ml이다.
⑤ 반수 치사량(LD50) 또는 반수 치사 농도(LC50)는 피실험대상동물에 실험대상물질을 투여했을 때 피실험동물의 절반이 죽게 되는 양을 말한다.

해설 소요농약량은 추천농도×단위면적당 살포액량/농약유효성분(%)×비중이므로 0.05×100×1,000/(50×1.15)=86.95이다.

199 제초제의 작용기작으로 아닌 것은?

① 광합성 저해
② 에너지생성과정 저해
③ 단백질생성과정 저해
④ 키틴 생합성 저해
⑤ 아미노산 생합성 저해

해설 키틴 생합성저해는 살균제, 살충제 작용기작에 속한다.

200 살균제의 작용기작이 아닌 것은?

① 단백질 생합성 저해
② 키틴 생합성 저해
③ 인지질 생합성 저해
④ 멜라닌 생합성 저해
⑤ 색소체 생합성 저해

해설 색소체 생합성 저해는 제초제 작용기작에 속한다.

201 다음 살균제의 작용기작 중 연결이 잘못된 것은?

① 세포분열(유사분열) – 벤지미다졸계(나1)
② 호흡저해(에너지생성저해) – 아족시스트로빈(다3)
③ 아미노산 및 단백질 합성저해 – 테트라사이클린계(라5)
④ 신호전달 – 이프로디온(마3)
⑤ 다점 접촉작용 – 카바메이트계

해설 다점 접촉작용은 보호살균제보로도액, 만코제브(카)의 작용기작이다. 카바메이트계(바4)는 지질생합성 및 기능저해이다.

정답 198 ④ 199 ④ 200 ⑤ 201 ⑤

Tree Doctor

나무의사
[필기+실기 통합본]

PART

06

실전모의고사

실전모의고사

실전모의고사 정답 및 해설

Tree Doctor

PART 06 실전모의고사

PART 01 | 수목병리학

01 다음 중 표징에 대한 설명으로 틀린 것은?

① 선충의 표징은 난괴와 선충 자체가 표징이다.
② 기생식물의 경우, 기생식물 그 자체가 표징이다.
③ 바이러스와 파이토플라스마는 표징이 없다.
④ 일부 곰팡이와 세균은 표징을 갖고 있지 않다.
⑤ 암종, 버섯, 균핵, 흡기는 표징에 속한다.

02 수목의 병징과 병징의 원인으로 연결이 잘못된 것은?

① 혹 – 바이러스 – 토양수분 과다 – 흡즙성 해충
② 빗자루 – 곰팡이 – 제초제 – 흡즙성 해충
③ 구멍 – 세균 – 동해 – 천공성 해충
④ 황화 – 뿌리썩음 – 영양부족 – 흡즙성 해충
⑤ 궤양 – 바이러스 – 토양수분 부족 – 흡즙성 해충

03 면역학적 진단에 대한 설명 중 틀린 것은?

① 항혈청을 이용하여 바이러스병 및 진균병, 세균병 등을 진단한다.
② 특이성과 신속성이 있다.
③ 응집과 침강반응, 한천이중확산법 등이 속한다.
④ 데이터베이스에 등록되어 있지 않은 신종 병원균 동정에 어려움이 있다.
⑤ 식물병의 진단에 가장 많이 이용되는 방법은 면역효소항체법이다.

04 다음 중 코흐의 원칙에 적용되는 병원체는?

① 배롱나무 흰가루병
② 대추나무 빗자루병
③ 잎가마름병
④ 향나무녹병
⑤ 소나무 수지궤양병

05 무성포자에 대한 설명 중 틀린 것은?

① 핵의 융합이나 감수분열 과정을 거치지 않고 세포분열로 생산하는 번식체로 영양체인 균사체와 같으며 보통 균사의 선단에 형성된다.
② 무성포자는 균류의 생장 중에 반복해서 형성되며 단시간에 분포범위를 확대된다.
③ 분생포자는 분생포자경이라는 균사의 특별한 정단세포와 그 주변 세포에서 형성된다.
④ 유주포자는 유주포자낭 안에서 형성되며 편모가 달려있다.
⑤ 후벽포자는 균사의 선단 또는 중간에 세포가 둥글고 두꺼운 벽을 갖는데 나중에 떨어져 하나의 포자로 되며 환경변화에 약하다.

06 모잘록병에 대한 설명으로 틀린 것은?

① 병원균은 *Pythium spp.*, *Rhizoctonia solani*, *Phytophthora*, *Fusarium* 등 여러 종이 관여한다.
② *Pythium*의 감염은 잔뿌리에 국한하여 발생한다.
③ *Pythium*은 효소를 분비하여 조직을 연화시키는 화학적 방법으로 침입한다.
④ *Rhizoctonia solani*는 감염된 뿌리나 토양입단에서 균핵 또는 균사로 월동한다.
⑤ *Rhizoctonia solani*는 뿌리에서 감염되어 줄기로 진전된다.

07 파이토프토라뿌리썩음병(*Phytophthora cactorum, P. cinnamomi*)에 대한 설명으로 틀린 것은?

① 병원균 우점병이며 조직 특이적 병해이며 연화성병해이다.
② 뿌리에서 줄기, 과실 등 거의 모든 부위를 침입하는 병원균이다.
③ 초기에 잔뿌리는 죽고 그 후 큰 뿌리는 갈색, 흑색, 쇠락증상을 나타낸다.
④ 습하고 배수가 불량한 곳에서 발생한다.
⑤ 방제는 침투성 살균제로 토양소독이나 종자소독을 실시한다.

08 리지나뿌리썩음병에 대한 설명으로 틀린 것은?

① 학명은 *Rhizina undulata*이다.
② 자낭균이며 부정형의 버섯 자실체로 색깔은 적갈색, 테두리 황백색으로 파상땅해파리버섯이 병원균이다.
③ 포자 발아에 적당한 온도 35~45℃에서 발아한다.
④ 뿌리의 껍질 목부표면에 나무좀류와 같은 천공성 해충들의 가해 흔적과는 다른 방사상의 부후흔적이 나타난다.
⑤ 방제법으로는 석회로 중화하며 병원체 이동 방지용 도랑을 설치한다.

09 아밀라리아 뿌리썩음병에 대한 설명으로 틀린 것은?

① 병원균은 *Armillaria mellea*이다.
② 초본 및 목본 식물 다수 발생한다.
③ 6월부터 가을에 걸쳐 잎 전체가 갈색이 되며 줄기 밑동이나 굵은 뿌리에서 송진이 유출된다.
④ 초가을에는 병든 나무의 뿌리나 줄기 밑동에 자실체인 뽕나무버섯이 매년 무리지어 형성된다.
⑤ 자연림보다 조림지에서 큰 피해를 준다.

10 다음 설명 중 틀린 것은?

① 안노섬뿌리썩음병(*Heterobasidion annosum*)은 담자균문으로 적송과 가문비나무가 감수성이다.
② 안노섬뿌리썩음병은 구멍장이버섯과 말굽버섯이 표징이다.
③ 자줏빛날개무늬병(*Heterobasidion mompa*)은 담자균목이목으로 개간 과수원에서 많이 발생한다.
④ 흰날개무늬병(*Rosellinia necatrix*)은 자낭균 꼬투리버섯목이며 10년 이상 된 과수원에서 많이 발생한다.
⑤ 아까시재목버섯에 의한 줄기밑동썩음병은 침엽수 성목과 오래된 나무의 줄기에 발생한다.

11 소나무류 수지궤양병에 대한 설명 중 틀린 것은?

① 송진가지마름병 또는 푸사리움마름병이라고 하며 병원균은 *Fusarium circinatum*이다.
② 기주는 리기다, 곰솔, 테다소나무, 리기테다소나무 등이다.
③ 강한 병원균이며 1월 평균기온이 약 0℃ 이하인 냉대기후지역에서 발생한다.
④ 줄기, 가지 및 구과와 노출된 뿌리 수지가 흘러내리고 상처 통해 침입 균주가 침입한다.
⑤ 종자소독으로 병원균을 제거한다.

12 소나무 피목가지마름병에 대한 설명으로 틀린 것은?

① 병원균은 *Diplodia pinea*이다.
② 해충피해나 이상건조등에 수세가 약할 때 발생한다.
③ 자낭반을 형성하며 피해부위와 건전 부위의 경계가 뚜렷하다.
④ 송진이 유출되며 죽은 부위는 검은색의 병원균의 미숙한 자실체가 다수 형성된다.
⑤ 방제로는 고사한 나무와 병든 가지를 잘라 소각하며 솎아베기를 실시하며 죽은 가지는 제거한다.

13 **병원균 *Seiridium unicorne*에 대한 설명으로 틀린 것은?**

① 기주는 편백, 화백, 노간주나무 등 측백나무과이며 가지마름병을 일으킨다.
② 불완전균류에 속하며 분생포자층은 방추형이며 6개 세포로 양끝 세포무색이며 부속사가 있으며 중앙 4개 암갈색을 띤다.
③ 병든 부분의 중앙부에는 세로로 갈라진 흑색의 작은 분생자좌가 형성되어 습기가 많을 때에는 갈라진 부위로 흑색의 삼각뿔 모양을 한 포자각(spore horn)이 분출한다.
④ 이식묘 또는 10년생 이하의 어린나무에서 발생하며 수지가 흰색을 띤다.
⑤ 방제로는 감염된 가지를 포함한 건전한 부위까지 잘라 태우며 보르도액 살포한다.

14 **벚나무 빗자루병에 대한 설명으로 틀린 것은?**

① 병원균은 *Taphrina wiesneri*이며 주로 병든 가지와 눈조직 내에서 균사상태로 월동한다.
② 전 세계 발생하며 우리나라는 제주도 30년생 이상된 벚나무에 피해가 심하다.
③ 자낭균문으로 자낭포자와 분생포자인 나출자낭을 형성한다.
④ 병원균이 세포생장을 촉진하는 auxin과 세포분열에 관여하는 cytokinin을 생산하여 식물체에 이상 증상을 일으킨다.
⑤ 4월 중순 이후 병든 부분의 잎은 쪼글쪼글해지고, 잎 뒷면에는 미세한 검은색 가루(병원균의 포자)가 많이 형성된다.

15 **다음 중 *Pestalotiosis*에 의한 병이 아닌 것은?**

① 은행나무 잎마름병
② 삼나무 잎마름병
③ 철쭉류 잎마름병
④ 장미 검은 무늬병
⑤ 동백나무 겹무늬병

16 **다음 중 *septoria*에 의한 병이 아닌 것은?**

① 자작나무 갈색무늬병
② 오리나무 갈색무늬병
③ 느티나무 흰별무늬병
④ 밤나무 갈색점무늬병
⑤ 두릅나무 더뎅이병

17 **소나무 잎떨림병에 대한 설명으로 틀린 것은?**

① 엽진병이라 하고 병원균은 *Lophodermium* spp. 이다.
② 당년생 잎을 감염하는 병원성이다.
③ 3~5월에 묵은 잎의 1/3 이상이 떨어진다.
④ 자낭각으로 노란색을 띠며 점차 갈색띠를 만든다.
⑤ 방제로는 통풍이 잘 되게 하며 병든 잎은 소각한다.

18 **다음 중 흰가루병을 일으키는 병원균이 아닌 것은?**

① *Phyllactinia* ② *Meliolacea*
③ *Erysiphe* ④ *Podosphaera*
⑤ *Sawadaea*

19 **녹병에 대한 설명 중 틀린 것은?**

① 담자균문 녹병균목에 속한다.
② 종자식물 및 양치식물을 침해한다.
③ 순활물기생체이다.
④ 대부분 서로 다른 두종의 기주를 필요로 하는 이종기생성이다.
⑤ 흡기가 없어 주로 기공과 상처를 통한다.

20 **소나무류 잎녹병의 기주 연결이 잘못된 것은?**

① *Coleosporium asterum* – 참취, 개미취
② *C. eupatoril* – 골등골나무, 등골나물
③ *C. campanulae* – 금강초롱꽃, 넓은잔대
④ *C. phenllodendri* – 뱀고사리
⑤ *C. xanthoxyli* – 산초나무

21 **다음 중 녹병균의 생활환과 특징 및 핵상이 잘못 연결된 것은?**

① 녹병정자 – 단세포, 평활 – n – 무성생식
② 녹포자 – 단세포 구형 난형 – n+n – 기주교대
③ 여름포자 – 반복감염 – n+n – 분생포자역할
④ 겨울포자 – 4개담자포자 – n+n → 2n – 월동, 동포자
⑤ 담자포자 – 무색단핵포자 – n – 소생자, 기주교대

22 **잣나무 털녹병에 대한 설명으로 틀린 것은?**

① 세계 3대 수목병으로 병원균은 *Cronartium ribicola* 이다.
② 15년생 이하 잣나무에서 많이 발생한다.
③ 병원균은 잎의 기공침입 줄기로 전파, 잎에 황색의 미세한 반점을 형성한다.
④ 2년 후 적갈색으로 변하며 방추형으로 부풀고, 8월 이후는 표면에 황색을 띤 달콤한 점질상 물방울이 생긴다.
⑤ 한냉하고 습기가 많은 해발 700m 이하의 임지에서 피해가 심하다.

23 **녹병에 관한 설명 중 틀린 것은?**

① *Gymnosporangium asiaticum*의 중간기주는 배나무류, 명자나무, 산당화, 모과나무, 산사나무이다.
② *G. yamada*의 중간기주는 윤노리 나무이다.
③ 버드나무 잎녹병(*Melampsore capraearum*)의 중간기주 일본잎갈나무이다.
④ 소나무혹병은 2~3월경 테부코나졸유제를 흉고직경 10cm당 1개 나무주사로 예방주사로 예방한다.
⑤ 회화나무녹병(*Uromyces truncicola*)은 담자균이며 동종기생성이다.

24 **시들병에 대한 설명으로 틀린 것은?**

① 느릅나무 시들음병(*Ophiostoma ulmi*)은 자낭균문에 속하며 매개충은 유럽느릅나무좀으로 목부형성층을 가해한다.
② 참나무 시들음병은 병원균은 *Raffaelea quercus – mongolicae*이다.
③ 참나무 시들음병은 병원균이 목재변색를 변색시키고 체관부에서 양분이동을 방해한다.
④ Verticillium 시들음병(*verticillium dahlia*)의 기주는 단풍나무와 느릅나무이다.
⑤ 참나무 시들음병(*Ceratocystis fagacearum*)의 매개충은 nitidulid 나무이다.

25 **목재의 부후 및 변색에 관한 설명으로 틀린 것은?**

① 목재의 세포벽의 구성성분은 셀룰로스(40~50%), 헤미셀룰로스(25~40%), 리그닌(20~35%) 순이다.
② 백색부후균은 목재의 세포벽을 구성하고 cellulose (hemicelluose 포함)와 lignin을 모두 분해한다.
③ 갈색부후균은 활엽수 더 흔하게 관찰되며 담자균이다.
④ 연부균은 자낭균과 불완전균에 속한다.
⑤ cellulose를 분해하는 효소인 cellulase를 분비하여 1개 혹은 2개의 포도당 단위로 끊어 놓는다.

PART

02 | 수목해충학

26 **다음 중 월동태가 같은 것끼리 묶인 것은?**

① 향나무하늘소, 알락하늘소
② 오리나무좀, 나무이
③ 참긴더듬이잎벌, 남포잎벌
④ 진달래방패벌레, 전나무잎응애
⑤ 매미나방, 자귀뭉뚝날개나방

27 다음 중 수목해충에 대한 설명으로 올바른 것은?

① 돌발해충은 특정 해충의 방제로 인해 곤충상이 파괴되면서 새로운 해충이 주요 해충화하는 경우로서 응애, 진딧물, 깍지벌레류 등 미소흡수성해충이 대표적인 예이다.
② 2차해충은 매년 만성적, 지속적인 피해를 나타내는 해충으로 효과적인 천적이 없는 경우가 대부분으로 인위적인 방제가 실행되지 않을 경우 심각한 손실을 가져올 수 있다.
③ 돌발해충에는 솔잎혹파리, 솔껍질깍지벌레 등 현재 문제가 되고 있는 해충들이 여기에 속한다.
④ 미국 선녀벌레의 천적은 이탈리아와 프랑스에서 서식하는 벼룩좀벌이며 꽃매미의 천적은 기생봉이다.
⑤ 비경제 해충 중에서도 환경조건이 바뀌어 밀도의 증가로 돌발해충이나 주요해충이 될 가능성 있는 그룹을 잠재해충이라고 한다.

28 다음 설명에 해당하는 해충명은?

- 원래 북미산 외래 곤충으로 한국에서는 한 번도 기록된 적이 없는 노린재목의 곤충이다. 창원 지역에서 처음으로 발견되었으며 이 노린재는 소나무류의 열매즙을 빨아먹는 경제 해충이다.
- 몸은 전체적으로 적갈색이고, 머리는 흑갈색이나 중엽과 겹눈을 따라 세로로 적갈색의 줄이 있다. 겹눈은 흑갈색이나 겉은 투명하며 몸의 앞쪽으로 짧은 털이 빽빽하게 나있다. 더듬이에도 전체적으로 털이 많으나 더듬이 둘째 마디에 털이 가장 길고 많다. 더듬이 첫째, 둘째 및 다섯째 마디는 흑갈색이고 셋째 마디와 넷째 마디는 황갈색이다.

① 썩덩나무 노린재 ② 소나무허리 노린재
③ 알락주둥이 노린재 ④ 광대 노린재
⑤ 담배장님 노린대

29 다음 설명에 해당하는 2차 대사물질인 것은?

피톤치드의 역할도 하면서 식물 자신을 위한 활성물질인 동시에 곤충을 유인하거나 억제하고 다른 식물의 생장을 방해는 등의 복합적인 작용을 한다.

① 페놀 ② 테르펜
③ 알칼로이드 ④ 카르테노이드
⑤ 안토시안

30 물리적, 기계적 방제가 아닌 것은?

① 유살법 ② 식물방역법
③ 소각법 ④ 파쇄법
⑤ 끈끈이트랩

31 소나무재선충병 방제방법이 아닌 것은?

① 20mm 이하로 파쇄한다.
② 훈증처리 후 6월이 경과되지 아니한 훈증처리목의 훼손 및 이동은 금한다.
③ 모두베기 방법으로 감염목을 벌채한 경우 산림소유자등은 3년 이내에 소나무류 이외의 수종으로 조림을 하여야 한다.
④ 육림사업의 경우 직경 2cm 이상의 나뭇가지 등 산물을 수집 및 제거한다.
⑤ 피해지역으로부터 도면상 직선거리 10킬로미터 이내의 지역에서는 소나무류의 조림 및 육림을 금지한다.

32 다음 중 내분비계에 유약호르몬에 대한 설명으로 틀린 것은?

① 알라타체에서 생산한다.
② 주요 작용으로는 유충기에는 유충의 형질을 유지, 성충기에는 난소의 성숙 등 생식기능의 발달을 들 수 있다.
③ 유충기에 있어 유약호르몬이 분비된 후에 전흉선호르몬이 분비되면 유충탈피를 일으킨다.
④ 성 페로몬의 생산을 일으키기도 하고 메뚜기류 등에서는 체색의 녹색화를 촉진하는 작용도 한다.
⑤ 이화명나방 등의 휴면유충에서는 유약호르몬 농도가 높아짐에 따라 뇌로부터 전흉선자극호르몬의 분비가 억제되어 휴면이 타파된다.

33 곤충의 소화기관에 대한 설명 중 틀린 것은?

① 곤충의 소화기관은 전장, 중장, 후장으로 이루어져 있다.
② 모이주머니(소낭)에서 각종 소화효소가 나와서 소화시키는데 도움을 준다.
③ 흡즙성 곤충은 여과실이라는 특수기관이 있다.
④ 중장에서만 소화된 물질 흡수하여 혈림프로 보낸다.
⑤ 매미목 충은 창자내 여과실이 있어 소화효소가 먹이에 닿기전에 수분을 흡수한다.

34 다음 중 번데기에 대한 설명으로 틀린 것은?

① 나용은 더듬이, 날개, 다리 등의 부속지가 몸에서 떨어져 있는 형태로 가장 많은 종류에서 볼 수 있다.
② 나용은 벼룩목, 부채벌레목, 대부분의 딱정벌레목, 벌목, 파리목 일부에서 볼 수 있다.
③ 피용은 부속지가 몸에 꼭 붙어있고 그 바깥쪽은 최종령유충이 탈피할 때 분비한 물질로 둘러 싸여있는 형태이며 대부분의 나비목, 파리목과 벌목의 일부가 있다.
④ 위용 유충이 번데기가 된 후 피부가 경화되고, 그 속에 나용이 형성된 상태이며 파리목의 일부가 속한다.
⑤ 피용에는 수용과 대용이 있으며 수용은 머리를 아래로 하여 매달린 번데기 모양을 한다.

35 주성에 대한 설명 중 틀린 것은?

① 어떤 진딧물은 머리쪽이 땅을 향하여 앉는데 이것은 양성 주지성이다.
② 빛에 유인되는 것으로 나비, 나방은 양성 주광성을, 구더기, 바퀴류는 음성 주광성을 가지며 유아등에 의한 해충의 구제는 나방의 주광성을 이용한 것이다.
③ 화학물질에 유인되는 것으로 어떤 곤충은 특수한 식물에 알을 낳고, 어떤 유충은 특수한 식물만 먹는 것은 주화성이다.
④ 물에 유인되는 것으로 수서곤충에서 많이 볼 수 있는데 딱정벌레류, 반날개류 등은 물가에 모이는 성질이며 주수성이라 한다.
⑤ 다른 물건에 접촉하려는 것으로 나방이나 딱정벌레 중에는 주류성에 의해 나무의 싹이나 가지 틈에 서식하는 종류가 있다.

36 보호색이 아닌 것은?

① 은폐　② 변태
③ 모방　④ 의태
⑤ 경고색

37 매미아목에 속하는 해충이 아닌 것은?

① 거품벌레　② 꽃매미
③ 진딧물　④ 깍지벌레
⑤ 방패벌레

38 버즘나무 방패벌레에 대한 설명 중 틀린 것은?

① 1년에 3회 출현한다.
② 주로 양버즘나무를 가해한다.
③ 성충으로 버즘나무 수피틈에서 월동한다.
④ 성충과 약충이 동시에 기주의 뒷면에서 집단으로 모여 즙액을 빨아 먹는다.
⑤ 응애류의 피해와 비슷하여 검은색의 배설물과 탈피각이 없다.

39 미국흰불나방에 대한 설명 중 틀린 것은?

① 학명은 *Hyphantria cunea*(Drury)이다.
② 생활권 수목보다 산림수목에 많이 발생한다.
③ 수피 사이나 지피물밑 등에서 고치를 짓고 그 속에서 번데기로 월동한다.
④ 1년에 보통 2회 발생하나 간혹 3회 발생할 경우도 있다.
⑤ 5월 하순부터 부화한 유충은 4령기까지 실을 토하여 잎을 싸고 그 속에서 군서 생활을 하면서 엽육만을 식해하고 5령기부터 흩어져서 엽맥만 남기고 7월 중 · 하순까지 가해한다.

40 갈색날개매미충에 대한 설명 중 틀린 것은?

① 기주식물에 집단으로 붙어 흡즙하며 식물은 생육이 불량해지거나 많은 양의 배설물은 잎이나 과실에 그을음병을 일으켜 상품성을 떨어뜨린다.
② 유충은 흰색 밀랍을 분비한다.
③ 천적으로 거미류가 있다.
④ 2년생 가지에 산란한다.
⑤ 피해가 심한 지역에서는 과수원 내로 이동하는 성충을 막기 위해서는 방충망을 설치하기도 한다.

41 다음에서 설명하고 있는 해충은?

- 날개를 편 길이가 100~120mm나 되는 대형나방으로 성충은 연 1회 7~9월 중 발생하고, 주로 한국 · 일본 · 타이완 · 중국 등에 분포하고 있다.
- 불빛에 유인되어 도심에 떼로 나타나 혐오감을 유발해 주민불편을 초래하고 있다. 2013년에 강원도 평창에서 대발생한 것은 최근 기후변화로 인한 겨울 · 봄철의 이상 고온 현상으로 알로 월동하는 월동 치사율이 감소하였다. 또한, 새와 박쥐와 같은 나방의 천적들이 감소하면서 개체수가 급격하게 증가한 것에 기인된 것으로 판단된다.

① 복숭아명나방 ② 복숭아유리나방
③ 밤바구미 ④ 붉은매미나방
⑤ 밤나무산누에나방

42 소나무좀 방제법으로 틀린 것은?

① 수세 쇠약목을 주로 가해하기 때문에 수세를 강화시키는 것이 가장 좋은 예방법이다.
② 수세가 쇠약한 나무는 미리 제거하고 원목과 침적은 5월 이전에 수피를 벗겨 번식처를 없앤다.
③ 1~2월 중에 벌채된 소나무 원목을 1m가량 잘라 2월 말에 임내에 세워 유인 산란시킨 후 5월 중에 껍질을 벗겨 유충을 구제한다.
④ 숲 가꾸기 지역 내 벌채목을 제거하여 9월에 신성충의 후식 피해를 막는다.
⑤ 기생성 천적인 좀벌류, 맵시벌류, 기생파리류 등을 보호한다.

43 복숭아명나방에 대한 설명으로 틀린 것은?

① 번데기 상태로 겨울을 난다.
② 주요 밤 종실해충이며, 밤에서 가장 피해를 많이 주는 해충이다.
③ 1세대 유충의 방제가 효과적이다.
④ 백색의 벌레똥을 밤송이에 붙여 놓아 피해유무를 쉽게 알 수 있다.
⑤ 수확기별로는 조생, 중생, 만생종 순으로 피해가 심하다.

44 매미나방 천적이 아닌 것은?

① 풀색딱정벌레 ② 검정명주딱정벌레
③ 무늬수중다리좀벌 ④ 독나방살이고치벌
⑤ 황다리독나방맵시벌

45 다음 중 진딧물류의 중간기주 연결이 잘못된 것은?

① 사사키잎혹진딧물 – 쑥
② 때죽납작진딧물 – 나도바랭이새
③ 복숭아혹진딧물 – 배추, 무
④ 조팝나무진딧물 – 명자나무, 귤나무
⑤ 벚잎혹진딧물 – 벼과

46 잎, 줄기, 과실을 모두 가해하는 해충은?

① 오갈피나무이 ② 붉나무혹응애
③ 때죽납작진딧물 ④ 사사키혹진딧물
⑤ 느티나무외줄면충

47 다음 설명 중 틀린 것은?

① 암컷 단위생식하는 해충에는 밤나무순혹벌, 민다듬이벌레, 진딧물류(여름) 수벌 등이 있다.
② 천적의 구비조건은 공격력, 번식력, 분산력 등이 왕성하고 강한 것이고, 진딧물과 깍지벌레류 포식충은 무당벌레, 꽃등애, 풀잠자리 등이 있다.
③ 톡토기의 입틀은 씹는 형으로 머릿속으로 들락날락거리며 좀붙이형은 씹는 입틀로 머릿속으로 들어간다.
④ 하루살이목은 아성충이 된 후 날개가 발생된 후에 다시 탈피하지 않는다.
⑤ 내한성을 나타내는 물질로는 글리세롤, 솔비톨, 트레할로스 등이 있다.

48 다음 중 내분비샘의 작용에 대한 설명으로 틀린 것은?

① JH의 함량이 높으면 유충 또는 약충이 다음령기의 유충으로 탈피한다.
② JH의 함량이 감소되면 번데기로 된다.
③ JH가 없으면 성충으로 될 수 없다.
④ JH는 곤충의 발생과정동안에 주기적으로 외골격을 벗는 변태과정을 조절한다.
⑤ JH는 성체의 경우 암컷이 정상적으로 알을 생산하는 데 관여한다.

49 곤충이 지구상에 번성하게 된 원인을 잘못된 것은?

① 기관계의 발달로 근육까지 외부로부터 직접 산소를 전달한다.
② 냉혈로 저온에서 영양분의 소모가 없다.
③ 불완전변태 시 종내 서식처를 달리하거나 불량환경 적응한다.
④ 날개가 있어 이주와 이입이 가능하고, 따라서 교미와 생식력을 높일 수 있으며, 먹이를 얻는 범위도 크게 넓힐 수 있다.
⑤ 수중 유영생활을 하는 물방개는 기관이 변형된 기관아가미로 되어 수중호흡이 가능토록 진화되었다.

50 거미줄이 피해흔적이 수관에 나타나지 않는 해충은?

① 천막벌레나방　② 잎응애류
③ 잎말이나방류　④ 명나방류
⑤ 선녀벌레류

PART 03 | 수목생리학

51 다음 중 압력유동설에 의한 탄수화물을 운반하기 위해서 충족될 사항이 아닌 것은?

① 반투과성막이어야 한다.
② 종축방향으로의 이동수단이 있어야 하며 저항이 적어야 한다.
③ 두 장소 간 삼투압의 차이가 존재해야 하며 압력이 있어야 한다.
④ 공급원에는 적재기작이 수용부에는 하적기작이 있어야 한다.
⑤ 양방향성을 띠고 있어야 한다.

52 나자식물의 체관세포에 대한 설명으로 틀린 것은?

① 기본세포는 사세포로서 사관세포보다 길다.
② 사관이 없고 사부막공을 통해 비효율적으로 탄수화물이 이동한다.
③ 반세포는 살아 있는 세포로서 탄수화물 이동을 도와준다.
④ 보조세포는 알부민세포이다.
⑤ 보조세포는 세포질이 많고 핵이 있다.

53 탄수화물의 합성과 전환에 대한 설명 중 틀린 것은?

① 광합성을 하는 잎조직의 세포내에는 단당류인 glucose나 fructose의 농도보다는 2당류인 설탕의 농도가 훨씬 더 높다.
② Calvin Cycle에서 만들어진 화합물이 즉시 다른 당류로 합성된다.
③ 설탕의 합성은 세포질에서 이루어진다.
④ 전분은 잎의 경우 엽록체에 직접 축적된다.
⑤ 유세포가 죽으면 저장 탄수화물은 폐기된다.

54 임분의 밀도와 그늘에 대한 설명으로 틀린 것은?

① 밀식된 임분에서 수목이 자라는 속도가 느려지는 이유는 호흡량이 밀식되지 않은 임분보다 증가하기 때문이다.
② 똑같은 단면적 합계를 가진 밀식된 임분은 개체수가 더 많으면서 작은 직경을 가지고 있기 때문에 호흡작용을 하는 형성층의 표면적이 더 많아 호흡량이 많아진다.
③ 밀식된 임분은 저조한 광합성과 많은 호흡으로 인해 생장량이 감소하게 된다.
④ 밀식된 임분내에서 하층에서 햇빛을 제대로 받지 못하는 밑가지는 광합성량은 적지만 호흡량을 그대로 유지한다.
⑤ 녹색식물의 일반적인 호흡량은 광합성량의 70~80%에 해당한다.

55 수목의 질소대사에 대한 설명 중 틀린 것은?

① 흡수된 NO_3^-(질산태질소)는 뿌리에서 환원 없이 잎으로 이동된다.
② 작물과 대부분의 식물은 토양으로부터 질산태(NO_3^-)의 형태로 질소를 흡수한다.
③ 경작토양에서는 암모늄(NH_4^+) 질소비료를 시비한다 하더라도 질산화 박테리아에 의해 곧 질산태(NO_3^-) 형태로 토양에 존재한다.
④ 토양산성화가 되면 질산화박테리아의 활동이 억제되어 토양 중에 암모늄태질소(NH_4^+)가 축적된다.
⑤ 토양의 산성화가 심한 산림토양의 경우에는 수목이 균근의 도움을 받아 NH_4^+ 형태의 질소를 직접 흡수한다.

56 질소의 체내 분포에 대한 설명으로 틀린 것은?

① 수목체내의 질소 함량 분포는 주로 살아 있는 조직 내에 질소함량이 높다.
② 수피에도 질소함량이 적으며 사부조직은 질소함량이 거의 없다.
③ 수간 중심의 지지역할을 하는 2차 목부에는 질소함량이 극히 적다.
④ 조직이 고사하면 질소를 회수하여 살아 있는 새로운 조직으로 재분배한다.
⑤ 심재부에는 극히 낮고 변재부의 형성층에 가까울수록 질소함량이 높다.

57 다음 중 isoprenoid 화합물이 아닌 것은?

① terpenes ② flavonoids
③ carotenoids ④ 고무
⑤ 수지

58 다음 설명 중 틀린 것은?

① 개화 결실을 촉진시키는 처리로는 간벌, 박피, 뿌리손상, 질소시비 등이 있다.
② 발아에 끼치는 중요한 환경요인은 광선, 산소, 온도, 수분이다.
③ 가을에 개화하는 수종은 자귀나무이다.
④ 형성층의 기능은 세포분열을 통한 생장기능이다.
⑤ 수목의 광합성 시 이용하는 파장대로 PAR (Photosynthetically active radiation)라고 표현하는 영역은 400~700nm이다.

59 다음 중 자유생장하는 수종끼리 묶인 것은?

① 팽나무, 은행나무 ② 소나무, 자작나무
③ 잣나무, 버드나무 ④ 가문비나무, 낙엽송
⑤ 참나무 포플러

60 **수목의 구조에서 가장 바깥쪽부터 순서대로 나열된 것은?**

① 조피–코르크형성층–사부–형성층–변재–심재
② 주피–코르크형성층–사부–형성층–변재–심재
③ 표피–조피–코르크형성층–변재–심재
④ 표피–주피–코르크형성층–사부–형성층–변재–심재
⑤ 주피–형성층–사부–코르크형성층–변재–심재

61 **줄기에서 춘재에만 집중적으로 환상배열 하는 경우의 수종으로 옳은 것은?**

① 참나무, 물푸레나무
② 단풍나무, 버드나무
③ 소나무, 배롱나무
④ 가문비나무, 수국
⑤ 오리나무, 솔송나무

62 **광합성 색소에 대한 설명 중 옳지 않은 것은?**

① 엽록소는 Pyrrole이 4개 모여서 고리를 만들며 고리 한복판에 마그네슘 분자가 있다.
② 카로테노이드는 광합성시 보조색소의 역할을 한다.
③ 나자식물은 청색광에서 광합성의 효율이 좋다.
④ 엽록소a는 청록색, 엽록소b는 황록색을 띈다.
⑤ 엽록소 전체로 볼 때 비극성을 띠어 물에 잘 녹지 않는다.

63 **식물의 CO_2 고정과정의 설명이 틀린 것은?**

① C－3식물군은 C－4식물군 보다 광합성을 더 느리게 한다.
② C－4식물군은 광포화점이 높고 CO_2 보상점이 낮다.
③ CAM식물군은 CO_2를 액포에 저장한다.
④ C－4와 CAM이 거의 동일하나 CAM은 낮과 밤에 따라 양상이 다르다.
⑤ C－4는 탄소 5개와 CO_2 분자가 더해져서 탄소가 6개가 되고, 다시 반으로 나뉘어 3개가 된다.

64 **수목의 질소고정에 대한 설명 중 바르지 않은 것은?**

① 질소고정 미생물에 외생공생하는 것은 Frankia이다.
② 비콩과 식물로는 오리나무류, 보리수나무류가 있다.
③ 광화학적 질소고정은 번개에 의해 대기권에서 질소가 산화되어 NO, NO_2로 된다음 NO_3^-의 형태로 빗물에 녹아 지표면으로 떨어진다.
④ 산림의 C/N율은 보통 25 : 1로 높은 편이다.
⑤ 낙엽 직전의 잎에는 N ,P ,K가 줄어들고 Ca, Mg는 증가한다.

65 **호르몬에 관한 설명 중 틀린 것은?**

① 에틸렌은 지용성으로 종자식물의 모든 살아 있는 조직에서 생산된다.
② ABA는 탈리현상을 촉진하며 그 효과는 간접적이다.
③ 사이토키닌의 운반은 뿌리에서 사부조직을 통하여 상승한다.
④ GA의 이동은 목부와 사부를 통하여 위아래 양방향으로 운반된다.
⑤ 합성옥신으로는 NAA, MCPA, 2–4D가 있다.

66 **소나무에 대기오염의 피해 정도를 주기적으로 수목에 (　　)를 사용하여 테스트하여 잎의 반응을 살펴 보았다. 결과는 물에 젖은 듯한 모양이고 적갈색으로 변색되었다. 괄호에 들어갈 오염 물질을 고르시오.**

① SO_2　　② F
③ PAN　　④ O_3
⑤ NOx

67 **이상재 현상에 관한 내용 중 맞지 않은 것은?**

① 이상재 형성에는 옥신과 ethylene이 관련된다.
② 활엽수류는 신장이상재, 침엽수류는 압축이상재를 형성한다.
③ 이상재는 주로 주풍에 의해 편심생장이 형성된다.
④ 침엽수류는 수간이 바람이 불어오는 쪽 즉 긴장력을 받는 쪽에 교질섬유가 많은 편의생장이 생긴다.
⑤ 이상재는 바람이 수간을 구부리려는 힘에 저항하여, 바로 서기 위해 나타내는 반응이다.

68 **빈칸에 들어갈 말을 순서대로 나열한 것을 고르시오.**

> • 목부수액의 pH는 ( ) 사부수액의 pH는 ( )이다.
> • 일반적으로 수액의 이동속도는 ( ), ( ), ( ) 순서로 느리다.

① 알칼리성, 중성, 가도관, 반환공재, 환공재
② 알칼리성, 산성, 가도관, 반환공재, 환공재
③ 산성, 중성, 환공재, 반환공재, 가도관
④ 산성, 알칼리성, 가도관, 반환공재, 환공재
⑤ 산성, 중성, 환공재, 반환공재, 가도관

69 **무기염의 흡수 기작에 대한 설명 중 틀린 것은?**

① 카스페리안대는 수베린으로 되어있다.
② 자유공간의 제1단계는 내피 직전까지이며, 세포질로 이동한다.
③ 자유공간을 이용한 무기염의 이동은 비선택적, 가역적이며, 에너지를 소모하지 않는다.
④ 일반적으로 목본식물은 총건중량의 20% 내외가 뿌리로 되어 있지만, 수분이 부족하면 뿌리의 비율이 줄어든다.
⑤ 능동운반은 농도가 낮은 곳에서 높은 곳으로 농도구배에 역행하여 운반된다.

70 **일장에 대한 설명으로 틀린 것은?**

① 일장이 짧아지면 수목의 줄기에 비해서 뿌리의 생장량이 상대적으로 감소한다.
② 수목에서는 생장개시 및 휴면에 더 중요한 영향을 준다.
③ 온대지방에서 자라는 목본식물은 낮의 길이가 바뀌는 것을 통하여 계절의 변화를 감지한다.
④ 수목의 줄기생장, 직경생장, 낙엽시기, 휴면진입 및 타파, 내한성, 종자 발아 등이 결정된다.
⑤ 많은 종류의 수목이 계절의 변화에 따라서 점차적으로 생리적으로 준비하는 시기가 일치하게 됨으로써 동시에 개화하고 동시에 휴면에 들어가게 된다.

71 **다음은 캘빈회로에 관한 설명이다. 옳지 않은 것은?**

① 탄소고정 → 3PG의 환원 → RuBP 재생의 세 단계로 이루어져 있다.
② NADPH는 3PG의 환원과 RuBP 재생 단계 모두 이용된다.
③ 명반응에서 만든 ATP와 NADPH를 이용하여 포도당을 만든다.
④ CO_2 고정 최초산물은 3PG(3-인산글리세르산)이다.
⑤ 루비스코는 5개의 탄소로 이루어진 RuBP(리불로스이인산)와 CO_2를 결합시켜 두 분자의 3PG(3-인산글리세르산)를 생성한다.

72 **호흡작용에 대한 설명 중 틀린 것은?**

① 해당과정은 세포질에서 일어나며 산소유무에 관계없이 진행된다.
② 해당과정은 1분자의 포도당이 산화하여 2분자의 피루브산으로 전환된다.
③ 피루브산은 아세틸 CoA로 변환하여 크렙스(Krebs) 회로에 들어간다.
④ $NADP^+$는 전자의 최종 수용체이며 전자와의 친화력이 가장 크다.
⑤ 호흡작용의 전자전달계는 NADH나 $FADH_2$에서 나온 고에너지 전자를 이용하여 미토콘드리아 내막에서 ATP를 생성하는 과정이다.

73 **햇빛이 임관을 통과하여 임상에 도달할 때, 파장의 구성성분, 즉 광질이 변화한다. 다음 괄호 안에 들어갈 말이 순서대로 올바른 것은?**

> 활엽수림 밑의 임상에는 ( )이 주종을 이루고, 침엽수림 밑의 임상에는 ( )의 스펙트럼이 골고루 분포한다.

① 자외선, 가시광선
② 자외선, 적색광선
③ 적색광선, 가시광선
④ 가시광선, 자외선
⑤ 가시광선, 적색광선

74 **2차 오염물질로서 광화학산화물 중 가장 독성이 큰 것은?**

① O_3
② 중금속
③ NOx
④ PAN
⑤ F

75 **수목 내 지질의 분포와 변화에 대한 설명으로 틀린 것은?**

① 수피의 지질함량은 목부의 심재나 변재보다 높다.
② 열매나 종자의 지질함량은 영양조직보다 훨씬 더 높다.
③ 지방이 분해되는 과정은 산소를 소모하고 ATP를 생산하는 호흡작용에 해당한다.
④ 첫 단계는 프로테아제 효소에 의해 지방이 글리세롤과 지방산으로 분해한다.
⑤ 추운 지방에서 자라는 식물은 따뜻한 지방의 식물보다 불포화지방산, 특히 linoleic 산과 linolenic 산의 함량이 많다.

PART

04 | 산림토양학

76 **기계적 풍화과정에 대한 설명 중 올바른 것은?**

① 입상붕괴는 비결정형광물들이 팽창, 수축계수의 차이 등에 의하여 일어난다.
② 박리는 기반암에서 생기며 평행절리를 따라 분리되는 현상이다.
③ 파쇄는 단단한 암석이 규칙적인 암석으로 부서지는 현상이다.
④ 토양생성의 첫 단계는 암석의 물리적인 붕괴를 통한 암석의 파쇄과정이다.
⑤ 풍화작용은 기계적, 화학적, 생물적 작용으로 나누며 각각 독립적으로 일어난다.

77 **토양단면의 골격을 이루는 기본토층에 대한 설명으로 틀린 것은?**

① O층은 고산악 또는 고위도 삼림지에서 흔히 볼 수 있고, 초지에서는 쉽게 분해되어 무기물과 혼합되기 때문에 존재하지 않는다.
② A층은 부식화된 유기물과 섞여 있기 때문에 물리성이 좋고, 입단구조가 발달되어 있으며 식물의 잔뿌리가 많이 뻗어 있다.
③ B층은 집적층으로 위, 아래층보다 색깔이 더 진하고 토괴의 표면에는 점토피막이 형성되어 있기 때문에 구조의 발달을 볼 수 있다.
④ 전이층은 두 가지 토층의 특성을 동시에 지닌 토층으로서 두 가지의 특성 중에서 우세한쪽의 토층명을 뒤에 쓴다.
⑤ 유기물의 변화를 주도하는 생성작용에는 이탄집적작용과 부식집적작용이 있다.

78 **토양물질의 이동에 의한 생성에 대한 설명으로 틀린 것은?**

① 석회화 작용은 건조 또는 반건조지대의 비세탈형 토양수분조건에서 볼 수 있으며 염화물과 황산염 등의 염류는 토양 중에 축적된다.
② 포드졸화 작용을 받은지대의 토양용액은 풀브산과 같은 강산성을 띠는 수용성 고분자 부식물질을 많이 함유하고 투수성이 큰 조립질토에서는 토양용액의 하방이동이 많다.
③ 회색화 작용은 수직배수가 잘 안 되는 투수불량지나 지하수위가 높은 곳에서 볼 수 있다.
④ 점토입자의 응집일부에서 보호콜로이드 작용이 나타나는데 저분자의 규산에 의해서도 생긴다.
⑤ 집적층에는 흑갈색의 부식(humus)이 집적되고 적갈색을 띤 포드졸토층이 형성되어 층위분화가 명료한 E층이 생성된다.

79 다음 설명 중 올바른 것은?

① 공기충전공극률과 수분포화도는 동일한 개념을 나타낸다.
② 중량수분함량은 토양수분함량의 부피를 기준으로 나타낸다.
③ 일반적인 현장토양의 중량수분함량은 25~60%이다.
④ 용적수분 함량은 점토가 많은 토양의 경우 60% 이하가 될 수 있다.
⑤ 공극비는 전체 토양용적에 대한 공극의 비율를 나타낸다.

80 다음 설명 중 올바른 것은?

① 소공극은 0.005~0.03mm이며 미생물이 자랄 수 없는 공간이다.
② 입단이 잘 형성된 토양은 전체적인 공극률이 커진다.
③ 입단의 형성은 점토사이의 음이온에 의한 응집현상으로도 나타난다.
④ Na는 수화도가 낮다.
⑤ 균근균은 글로멀린을 생성하여 작은 입단을 생성한다.

81 토양입자의 크기가 토양의 성질에 미치는 요인 중 올바르지 않은 것은?

① 모래의 통기성은 다른 입자보다 좋다.
② 점토의 풍식감수성은 다른 입자보다 높다.
③ 미사의 수식감수성은 다른 입자보다 높다.
④ 골프장에 지하수의 오염을 방지하기 위해 점토를 사용하기도 한다.
⑤ 팽창형 점토광물이 많은 토양에서는 기후의 작용에 의한 입단형성이 많이 일어난다.

82 토양의 견지성 중 소성에 대한 설명으로 옳은 것은?

① 토양에 힘을 가하면 쉽게 부스러지는 성질을 말한다.
② 토양이 소성을 가지는 최대수분함량을 소성한계라고 한다.
③ 점토광물별로는 카올린나이트가 할로이시트보다 소성계수가 높다.
④ 소성한계가 10%이고 액성한계가 15%일 때 소성지수는 5%이다.
⑤ 소성계수는 동일 점토광물일 경우 점토함량이 증가하면 소성지수가 감소한다.

83 공극에 대한 설명 중 틀린 것은?

① 대공극과 소공극이 적절하게 균형을 유지해 식물이 잘 자라게 한다.
② 입단이 잘 형성된 토양에서는 입단 사이에 대공극이, 입단 내에서 소공극이 형성된다.
③ 용적밀도가 높은 토양에서 식물이 잘 자란다.
④ 용적밀도가 클수록 단위용적당 토양의 비율이 높아 식물 생육에 불리하다.
⑤ 고상의 비율이 작은 토양일수록 뿌리가 뻗는데 양호해진다.

84 수분의 에너지상태를 직접 측정하는 방법을 고르시오.

ㄱ. 중성자법	ㄴ. TDR법
ㄷ. tensiometer	ㄹ. psychrometer

① ㄱ, ㄴ ② ㄴ, ㄷ
③ ㄷ, ㄹ ④ ㄱ, ㄹ
⑤ ㄱ, ㄷ

85 **토양에 의한 수분보유에 대한 설명 중 틀린 것은?**

① 토양입자에 의한 수분보유 작용인력은 부착력과 응집력이다.
② 토양입자 표면으로부터 멀리 떨어질수록 부착력이 크게 작용한다.
③ 토양에서의 흡착각도는 0이다.
④ 용액의 표면장력과 흡착력에 비례한다.
⑤ 일반토양에서 삼투퍼텐셜의 영향은 흔히 무시한다.

86 **다음 중 옳은 것은?**

① 흡습수를 결합수나 결정수라고도 한다.
② 포장용수량의 수분함량은 점토함량이 많을수록 많아지는데 이는 소공극이 많고 공극률이 높기 때문이다.
③ 포화상태에서 물의 이동은 습윤한 곳에서 건조한 곳으로 이동한다.
④ 토양이 불포화 상태일 때 포화상태보다 수리전도도가 더 높다.
⑤ 수리전도도는 물의 이동정도를 나타내므로 사토일수록 낮아진다.

87 **다음 중 옳은 것은?**

① 수증기에 대한 물의 이동은 염분이 낮은 곳에서 높은 곳으로 일어난다.
② 사질 토양보다 식질 토양에서 침투율이 증가한다.
③ 식생이 형성되면 침투율이 증가한다.
④ 물 흡수능력은 뿌리의 발달깊이보다 뿌리의 밀도에 의해 결정된다.
⑤ 수분퍼텐셜이 동일하면 사질토가 식질토보다 수분함량이 높다.

88 **양이온교환에 관한 설명 중 틀린 것은?**

① 교환반응은 화학량론적으로 이루어지며 토양콜로이드에서 Ca^{2+}은 2개의 K^{+} 와 교환된다.
② 흡착의 세기는 양이온의 전하가 증가할수록, 양이온의 수화반지름이 작을수록, 교환체의 음전하가 증가할수록 증가한다.
③ 양이온교환반응은 오염물질의 확산을 방지한다.
④ 산성토양의 pH를 높이기 위한 석회요구량은 CEC가 클수록 적어진다.
⑤ 이온흡착은 물리적 흡착에 비하여 훨씬 크다.

89 **토양반응에 관한 설명 중 틀린 것은?**

① 작물생육에 적절한 토양의 pH는 무기질 토양에서는 6.5 정도, 유기물토양에서는 5.5정도이다.
② 미량원소인 B, Zn, Fe, Cu 등은 pH가 높아짐에 따라 유효도가 낮아진다.
③ pH의 상승은 식물에 의한 Cd, Pb 및 Zn의 흡수를 억제시킨다.
④ Mo 낮은 pH에서 유효도가 높아진다.
⑤ 활산도는 pH값으로 나타내며 토양용액에서 H^{+}의 활동도를 측정한 값이다.

90 **다음 설명글이 나타내는 토양은?**

- 해안지대나 건조 반건조 내륙지방에서는 염류의집적에 의해 염기포화도와 토양 중 염기농도가 높아진다.
- NaCl $CaCl_2$ MgCl KCl 가용성 염류의 용탈이 쉽게 일어나지 않는 환경조건에서 발달된다.
- pH가 너무 높거나 Na 및 기타 염류들의 함량이 많아 식물의 생장에 피해를 준다.

① 알칼리토양
② 나트륨성토양
③ 산성토양
④ 염류나트륨성 토양
⑤ 석회질토양

91 다음 중 필수영양소의 주요기능이 잘못 연결된 것은?

① Cl – 광합성반응에서 산소 방출
② Cu – 산화요소의 구성요소
③ Mn – 탈수소효소 및 카르보닐효소 구성요소
④ Zn – 질소환원효소 구성요소
⑤ Ca – 세포벽 중엽층의 구성요소

92 다음 설명 중 틀린 것은?

① 뿌리차단은 뿌리가 직접 자라나가면서 토양중의 영양소와 접촉함으로써 영양소가 뿌리까지 공급되는 기작을 말한다.
② 집단류란 물의 대류현상으로 확산과 대비되는 개념이다.
③ 인산이나 칼륨과 같은 영양소는 주로 집단에 의해 공급된다.
④ 확산은 불규칙한 열운동에 의하여 이온이 높은 농도에서 낮은 농도 쪽으로 이동한다.
⑤ 확산 계수가 가장 작은 것은 $H_2PO_4^{2-}$ 이다.

93 중금속 중 생명체에 없어서는 안 되는 필수 원소가 아닌 것은?

① Cu ② Zn
③ Co ④ Ni
⑤ Pb

94 토양이 침식을 덜 받기 위한 경우가 아닌 것은?

① 팽창성 점토광물이 적어야 한다.
② 유기물의 함량이 많아야 한다.
③ 토심이 깊어야 한다.
④ 토양피각이 생겨야 한다.
⑤ 토양의 구조가 발달하고 각주상이 B층에 없어야 한다.

95 산림토양에 대한 설명으로 옳지 않은 것은?

① 용적밀도가 높은 토양은 식물의 뿌리자람과 배수성이 좋다.
② 화강암과 같은 산성암을 모재로 하는 토양은 비교적 밝은 색을 띤다.
③ 토양산도가 높을수록 미생물의 활성도와 양분의 유효도가 낮다.
④ 일반적으로 산림토양의 pH는 경작토양보다 낮다.
⑤ 산림토양의 표토에서 많이 나타나고 유기물이 풍부하고 보수성과 통기성이 좋아서 수목의 생장에 가장 적합한 토양구조는 입상구조이다.

96 토양 산성화와 관련된 설명으로 옳은 것은?

① 토양의 pH값이 4~5 이하의 수준으로 떨어져 토양이 산성화 되면 H^+이 감소하여 식물 뿌리의 양분흡수력과 뿌리 안의 효소작용이 촉진된다.
② 토양의 pH값이 낮아져서 4~5 이하로 유지되면 인산의 가용성은 증가하지만 알루미늄의 용해도는 감소한다.
③ 토양이 산성화될수록 토양세균과 소동물의 활동이 증가된다.
④ 삼나무와 느티나무는 산성토양에 대한 저항력이 강한 식물이다.
⑤ 유용 염기의 유실 및 용탈에 의해 토양 내 양분결핍이 나타난다.

97 산림토양과 경작토양을 비교한 것으로 가장 옳지 않은 것은?

① 산림토양은 경작토양보다 공극이 많아서, 일반적으로 용적비중이 더 작다.
② 산림토양은 경작토양보다 낙엽층 분해로 인해, 일반적으로 C/N율이 더 낮다.
③ 산림토양은 경작토양보다 산성화되어, 일반적으로 pH가 더 낮다.
④ 산림토양은 경작토양보다 질산화작용이 억제되어, 주로 암모늄 형태로 질소를 흡수한다.
⑤ 산림토양은 경작토양보다 CEC(양이온교환능력)가 작다.

98 토양 침식에 관한 설명 중 옳지 않은 것은?

① 가속침식은 토양생성과정의 일환으로 속도가 매우 느려 두꺼운 토양단면이 형성된다.
② 습지대의 초지 및 삼림보다 인간에 의해 훼손된 농경지등의 토양유실량이 더 많다.
③ 빗방울의 타격은 토양의 분산탈리, 입단의 파괴, 입자의 비산과 같은 중요한 작용을 한다.
④ 협곡침식보다 면상침식이나 세류침식에 의해 대부분의 토양유실이 일어난다.
⑤ 토양침식성인자는 0~0.1 사이의 값을 가진다.

99 다음 사항 중 틀린 것은?

① 우리나라에는 없는 토양목은 Oxisol이다.
② 신토양분류법 중에서 가장 최근에 추가된 토양은 Gelisol이다.
③ 토양통은 토양분류에서 가장 기본이 되는 단위이며 표토를 제외한 심토의 특성이 유사한 페돈들을 모아 하나의 토양통으로 분류한다.
④ 기후조건에 관계없이 풍화에 대한 저항성이 매우 강한 모재로 된 토양은 Entisol이다.
⑤ 신토양분류법의 분류체계는 목－아군－대군－아목－속－통 등의 6단계로 구성되어 있다.

100 한국의 산림토양의 분류 중 8개 토양군에 속하지 않은 것은?

① 황색산림토양(Y)
② 적 · 황색산림토양(R · Y)
③ 암적색산림토양(DR)
④ 회갈색산림토양(GrB)
⑤ 화산회산림토양(Va)

PART

05 | 수목관리학

101 계면활성제의 성질에 대한 설명 중 틀린 것은?

① 그 분자 내 친유기와 친수기가 겸유되어 있다.
② 식물체상에 부착되는 성질인 부착성을 갖추어야 한다.
③ 미립자를 오래도록 물속에 분산시키려는 현수성을 갖추어야 한다.
④ 유분의 작은 입자나 물에 녹지 않은 용제에다 주제를 녹인 액체의 입자를 물에다 균일하게 분산시키려는 성질인 확전성이 있어야 한다.
⑤ 작물이나 해충을 고루 적시는 성질인 습윤성이 있어야 한다.

102 PLS에 대한 설명 중 틀린 것은?

① 2019년 1월 1일 모든 농산물에 확대 적용 시행하였다.
② 잔류농약 허용기준이 미 설정된 농산물은 일률기준 0.01ppm 이하로 지정되었다.
③ 농약 구매 시 농약 판매업자에게 확인하고 농약 사용 시 농약 포장지 라벨을 확인하여야 한다.
④ 잔류허용기준(MRL)이 설정된 농약 이외에 등록되지 않은 농약은 코덱스(CODEX) 기준에 적용하는 제도를 말한다.
⑤ 2016년 12월 31일 시행하여 견과종실류 및 열대과일류를 대상으로 우선 적용하였다.

103 식물호르몬 작용 저해제와 비슷한 작용특성을 보이기 때문에 식물이 고사하는 것보다 기형인 경우가 많은 제초제의 작용기작은?

① 단백질 합성 저해
② 광합성 저해
③ 호흡 저해
④ 아미노산 합성 저해
⑤ 지방산 생합성 저해

104 분말은 물에 잘 젖지 않고, 부드럽고 미끈한 촉감을 주며, 액성은 알칼리성을 보이나 안정하므로 각종 농약의 분제 제조용으로 많이 사용되는 증량제는?

① 벤토나이트 ② 탈크
③ 필로필라이트 ④ 카올린
⑤ 벤토나이트

105 45% 유제를 600배로 희석하여 10a당 120L를 살포하여 해충을 방제하려고 할 때 유제의 소요량은?

① 100mL ② 200mL
③ 300mL ④ 400mL
⑤ 500mL

106 다음 중 농용 항생제가 아닌 것은?

① 클로로피크린(Chloropicrin)
② 블라스티시딘 에스(Blasticidin-S)
③ 카수가마이신(Kasugamycin)
④ 스트렙토마이신(Streptomycin)
⑤ 사이클로헥사마이드(Cyclohexamide)

107 살균제의 작용기작으로 연결이 잘못된 것은?

① 세포분열(유사분열) 저해 - 미세소관 생합성 저해(벤지미다졸계)
② 호흡 저해(에너지 생성 저해) - 에너지 생성 저해(아족시스트로빈)
③ 아미노산 및 단백질 합성 저해 - 단백질 합성 저해(테트라사이클린계)
④ 신호전달 저해 - 삼투압 신호전달 효소 MAP 저해(이프로디온)
⑤ 다점 접촉 작용 - Acetyl Co-A Carboxylase 저해

108 다음 중 살충제 작용기작 연결이 잘못된 것은?

① 아세틸콜린에스터라제 기능 저해 - 카바메이 계, 유기인 계
② 신경전달물질 수용체 차단 - B.t 독성 단백질
③ 유약호르몬 작용 - 페녹시카브 피리프록시펜
④ I형 키틴합성 저해 - 뷰프로페진
⑤ Na 통로 조절 - 합성피레스로이드 계

109 글리포세이트(glyphosate)(근사미)에 대한 설명으로 틀린 것은?

① 식물체내에서 방향족 아미노산의 생합성을 저해한다.
② 비선택성 제초제이다.
③ 경엽처리제 및 이행성 제초제이다.
④ 파라쿼트보다는 빠르게 작용한다.
⑤ 뿌리와 경엽을 통하여 흡수하며, 비산 시 약해가 발생한다.

110 소나무재선충병 예방 약제로 적합한 것은?

① 메탐소듐 액제
② 에마멕틴벤조에이트 유제
③ 티오파네이트메틸 수화제
④ 옥시테트라사이클린 수화제
⑤ 티아클로프리드

111 다음 설명에 해당하는 살충제는?

> • 삭물의 뿌리나 잎, 줄기 등으로 약제를 흡수시켜 식물체 내의 각 부분에 도달하게 하고, 해충이 식물체를 섭식함으로써 사망하는 것으로, 가축의 먹이에 혼합하거나 주사하여 기생하는 해충을 방제하기도 한다.
> • 식물체 내에 약제가 흡수되어 버리므로 천적이 직접적으로 피해를 받지 않고 식물의 줄기나 잎내부에 서식하는 해충에도 효과가 있다.

① 소화중독제 ② 직접 접촉제
③ 침투성 살충제 ④ 훈증제
⑤ 기피제

112 **다음 중 유기유황제에 속하지 않은 것은?**

① 지네브(Zineb)제 ② 캡탄(Captan)제
③ 지람(Ziram)제 ④ 퍼밤(Ferbam)제
⑤ 치람(Thiram)제

113 **일조가 부족한 곳에서도 자라는 수종이 아닌 것은?**

① 측백 ② 주목
③ 칠엽수 ④ 동백나무
⑤ 회양목

114 **방음, 방진, 공해방지를 위한 수림대 구성에 대한 설명 중 틀린 것은?**

① 상층목은 잎이 밀생한 활엽수로 맹아력이 크고 병충해가 적은 수종이 좋다.
② 중・하층목으로는 내음성이 강한 것이 좋다.
③ 생장이 빠르고 발근력이 왕성하여 뿌리 뻗음이 깊고, 넓게 퍼지며, 지상부가 무성하면서 지엽이 바람에 상하지 않는 수목이 좋다.
④ 임내 지표면이 보이도록 하는 것이 좋다.
⑤ 수림대 전후에 키가 작은 초지가 있으면 모래 분진의 포착이나 비산방지에 큰 역할을 한다.

115 **T/R율과 생육관계로 틀린 것은?**

① 나무의 생장에 있어서 지상부(top)와 지하부(root) 생장의 중량 비율을 T/R율이라고 한다.
② 토양 내에 수분이 많거나 질소의 과다 경우에 지상부에 비하여 지하부의 생육이 나빠져서 T/R율 균형을 잃게 된다.
③ 나무를 옮겨 심거나 뿌리가 많이 손상된 경우에는 지상부의 가지도 적당히 잘라주어 T/R율을 조절해 주어야 신초생장이 약해지지 않는다.
④ 강 전정을 하였을 경우에는 뿌리의 양분 수분 흡수에 비하여 지상부의 눈(芽)수가 적어 도장지의 발생이 많아진다.
⑤ 일조부족, 석회부족의 경우 지하부에 비해 지상부의 생육이 나빠져 T/R율이 작아지게 된다.

116 **염해에 대한 설명 중 틀린 것은?**

① 염화칼슘의 사용은 토양에 고농도의 염류를 쌓이게 함에 따라 토양의 알칼리화(pH 7.2 이상)를 유발시킨다.
② 나무가 뿌리로 부터 수분과 양분을 흡수할 수 없게 되어, 잎이 누렇게 변화하거나 비정상적으로 일찍 떨어진다든지 잎과 가지의 일부가 말라 죽는 현상이 나타난다.
③ 피해증상은 늦은 봄에 5월경에 급속하게 잎의 탈수 현상을 일으키고 광합성 기능을 저하시켜 나무를 약하게 만든다.
④ 소나무, 은행나무, 스트로브잣나무 등은 저항성이 강한 나무이다.
⑤ 칠엽수, 산벚나무, 이팝나무, 느티나무, 산딸나무 등은 저항성이 약한 나무이다.

117 **다음 설명 중 틀린 것은?**

① 볕데기 피해 수종은 오동나무, 호두나무, 가문비나무 등이며 코르크층 미발달과 태양광선을 받는 지점 장소에서 발생한다.
② 염풍에 강한 수종은 해송, 향나무, 사철나무, 자귀나무, 후박나무, 팽나무, 돈나무 등이다.
③ 임목에 피해를 발생하는 염도는 0.5% 이상이다.
④ 서리피해는 흐리고 바람이 많이 부는 날과 기온이 낮은 새벽녘 분지에서 잘 일어나다.
⑤ 조상은 가을과 초겨울 사이 목화되지 않은 연약한 새가지에 피해를 입힌다.

118 **다음 설명 중 틀린 것은?**

① 상렬은 나무줄기의 지표면 가까운 부분 중 남서쪽 줄기 표면에 세로로 잘 일어나다.
② 상렬은 치수가 아닌 교목의 수간에 주로 발생한다.
③ 상렬은 고립목이나 임연부에서 피해가 자주 발생한다.
④ 동해는 기온이 0도 이하로 내려가도 조직내 얼음이 형성되지 않으면 열대림 수목외에는 피해가 나타나지 않는다.
⑤ 세포 내 동결은 자연상태에서 자주 발생한다.

119 동해에 대한 설명 중 틀린 것은?

① 추운지역 수목은 조직 내 얼음에 형성되어도 정상적인 생장이 가능하다.
② 세포 내 동결 시 원형질탈수와 콜로이드구조 파괴로 세포의 기능이 정지된다.
③ 동해예방법으로는 남사면이 북사면보다 내동성이 천천히 증가되어 남사면 피해가 더 심하므로 남사면에 가급적 조림을 피하고 조림 시에는 내동성 수종을 선택한다.
④ 남부지방이 원산지인 수종을 북쪽지방에 조림하면 만상의 피해를 받기 쉽다.
⑤ 묘포지 서리피해 방지를 위해 조기에 묘목의 뿌리를 절단하면 봄에 잎이 피는 것을 지연된다.

120 설해 예방법 중 틀린 것은?

① 밀식을 피한다.
② 피해다발지역에는 삼각식재 등을 통해 경사방향의 임목간 거리를 넓게 유지한다.
③ 가늘고 긴 수간을 가진 임목은 관설해의 피해를 받기 쉽다.
④ 형상비가 70을 넘으면 관설해 피해를 입지 않는다.
⑤ 시비를 통한 직경생장 촉진하여 매설기간을 단축시킬 수 있다.

121 다음 중 산불에 대한 설명으로 틀린 것은?

① 지중화는 토양의 유기질층 발달이 두드러진 고위도 및 고산지대 산림이나 이탄층이 발달한 저습지대에 발생하기 쉽다.
② 수목 형성층 치사온도는 55~65℃로 52℃에서부터 죽기 시작한다.
③ 잎갈나무는 낙엽의 가연성이 낮고 산불이 자주 발생하는 봄철에 수분이 많은 새잎이 나서 연소가 잘 안 되므로 내화력이 강한 수종이다.
④ 활엽수의 경우 상록수가 낙엽수보다 내화력이 강하다.
⑤ 은행나무는 낙엽이 잘 타고 생가지에 수분이 없어 내화력이 약하다.

122 산불에 관련한 설명 중 틀린 것은?

① 성숙목은 높은 내화력으로 일단 산불 발생할 경우에도 큰 피해를 입기 않는다.
② 낮에는 계곡에서 산정부로 밤에는 산정에서 계곡부로 분다.
③ 바람은 공기의 밀도가 높은 고기압에서 저기압으로 분다.
④ 산불의 위험도와 직접 관련이 있는 것은 임내 가연물 함수량이다.
⑤ 산불은 경사기부에서 발생할 때 피해가 가장 크다.

123 다음 설명 중 산불에 관한 설명 틀린 것은?

① 좁은 협곡에서 발생시 골짜기 바람이 대류열의 영향받아 돌풍으로 변화하여 비화를 발생시킨다.
② 넓은 협곡에서 발생한 산불은 좁은 협곡에서 발생한 산불보다 진행속도가 느리다.
③ 산불 직후 토양의 산도는 감소하여 생물종 다양성이 현저히 감소된다.
④ 지표화가 발생되면 바람이 불어오는 쪽의 반대편 수간 하부수피가 그을리게 된다.
⑤ 수목의 생엽 발화온도와 발염온도가 유사한 것은 주목과 소나무이다.

124 대기오염에 대한 설명 중 산성비의 내용으로 틀린 것은?

① 산성비는 pH 5.6 이하의 비를 말한다.
② 이산화황과 질소산화물이 원인이다.
③ 빗물에 녹아 든 수소이온은 토양의 알루미늄과 철 등의 중금속 용해를 증가시킨다.
④ 빗물에 녹아 있는 질산염이 잎에 흡수되면 잎속에 양분용탈시킨다.
⑤ 산성비의 민감도는 단자엽>쌍자엽>침엽수 순이다.

125 지구온난화을 유발하는 직접적인 온실가스가 아닌 것은?

① CO_2(이산화탄소)　② CH_4(메탄)
③ N_2O(아산화질소)　④ CFC_S(프레온가스)
⑤ 수증기

PART 06

실전모의고사 정답 및 해설

01	02	03	04	05	06	07	08	09	10
⑤	⑤	④	⑤	⑤	⑤	①	④	④	⑤
11	12	13	14	15	16	17	18	19	20
③	①	③	⑤	④	⑤	④	②	⑤	④
21	22	23	24	25	26	27	28	29	30
①	⑤	②	③	③	②	⑤	②	②	②
31	32	33	34	35	36	37	38	39	40
①	⑤	②	④	⑤	②	⑤	⑤	②	④
41	42	43	44	45	46	47	48	49	50
⑤	④	①,③	⑤	⑤	①	④	③	③	⑤
51	52	53	54	55	56	57	58	59	60
⑤	③	⑤	⑤	①	②	②	③	①	①
61	62	63	64	65	66	67	68	69	70
①	③	⑤	①	③	①	④	④	②	①
71	72	73	74	75	76	77	78	79	80
②	④	③	④	④	④	④	②	③	②
81	82	83	84	85	86	87	88	89	90
②	④	③	③	②	②	③	④	④	①
91	92	93	94	95	96	97	98	99	100
④	③	⑤	④	①	⑤	②	①	⑤	①
101	102	103	104	105	106	107	108	109	110
④	④	①	②	②	①	⑤	②	④	②
111	112	113	114	115	116	117	118	119	120
③	②	①	④	⑤	③	④	⑤	④	④
121	122	123	124	125					
⑤	①	③	⑤	⑤					

01 암종은 병징에 속한다.

02
- 궤양 병징 : 곰팡이와 동해 및 물리적피해에 의해 나타남
- 오갈 병징 : 바이러스, 파이토플라스마, 선충, 기생식물, 영양부족, 저온, 토양수분부족, 흡즙성 해충에 의해 나타남

03 분자생물학적 진단(PCR)에 대한 설명이다. 데이터베이스에 등록되지 않은 신종 병원균은 기존 데이터베이스에 비교할 서열 정보가 없기 때문에, 유사성을 기반으로 하는 분자생물학적 동정 방식으로는 정확한 식별이 어렵다.

04 코흐의 원칙 예외사항은 바이러스, 파이토플라스마, 물관부국재성세균, 원생동물, 녹병균, 흰가루병균, 노균병균과 같은 절대기생체이다.

05 내환경성 포자이다.

06 지제부 줄기가 감염된 후 아래로 병이 진전된다.

07 조직 비특이적이다.

08 유사하다.

09 매년 발생하지 않는다.

10 활엽수에서 발생한다.

11 1월 평균기온이 약 0℃ 이상인 아열대성 기후지역에서 발생한다.

12 소나무 피목가지마름병의 병원균은 *Cenangium ferruginosum*이고, 소나무 가지끝마름병의 병원균은 *Sphaerosis sapinea, Diplodia pinea*이다.

13 페스탈로치아병에 대한 설명이다.

14 흰색가루가 형성된다.

15 *Marssonina*에 속한다.

16 두릅나무 더뎅이병은 *Elsinoe araliae*에 의한 병이고, 가중나무 갈색무늬병은 *septoria*에 의한 병이다.

17 자낭반이다.

18 *Meliolacea*, *Astertinacea*는 그을음병을 일으킨다.

19 기주의 형성층과 체관부의 세포간극 침입 후 흡기로 세포막을 뚫고 들어간다.
※ 후박나무, 회화나무는 단일기주이다.

20 *C. phenllodendri* – 넓은잎 황벽나무, 황벽나무
Uredinopsis komagatakensis – 전나무 잎녹병 – 뱀고사리

병원균	기주	중간기주
Coleosporium asterum	소나무, 잣나무	참취, 개미취, 과꽃, 개쑥부쟁이, 까실쑥부쟁이
C. eupatoril	잣나무	골등골나무, 등골나물
C. campanulae	소나무	금강초롱꽃, 넓은잔대
C. phenllodendri	소나무	넓은잎황벽나무, 황벽나무
C. xanthoxyli	곰솔	산초나무

21 녹병정자 – 유성생식
※ 녹병균의 생활환과 핵상

기호	세대형	특징	핵상	비고
0	녹병정자	단세포, 평활, 기주식물표피, 곤충유혹	n	원형질융합녹포자생성, 유성생식
I	녹포자	단세포 구형 난형, 녹포자기	n+n	기주교대
II	여름포자	단세포 구형, 난형, 반복감염	n+n	여름포자퇴(분생포자역할)
III	겨울포자	포자퇴(갈색, 검은색), 담자기(4개담자포자)	n+n → 2n	월동, 동포자
IV	담자포자	무색단핵포자	n	소생자, 기주교대

22 700m 이상이다.

23 사과나무, 꽃사과 , *G. Japonicum*의 중간기주는 윤노리나무이다.

24 물관부에서 물과 양분이동을 방해한다.

25 침엽수에서 더 흔하게 관찰된다.

26 오리나무좀, 나무이는 성충 월동한다.
① 향나무하늘소(성충), 알락하늘소(유충)
③ 참긴더듬이잎벌(알), 남포잎벌(유충)
④ 진달래방패벌레(성충), 전나무잎응애(알)
⑤ 매미나방(알), 자귀뭉뚱날개나방(번데기)

27 ① 2차해충에 대한 설명이다.
② 관건해충(Key pests)이라고도 하며 매년 만성적, 지속적인 피해를 나타내는 해충으로 효과적인 천적이 없는 경우가 대부분으로 인위적인 방제가 실행되지 않을 경우 심각한 손실을 가져올 수 있다.
③ 관건해충(주요해충)은 솔잎혹파리, 솔껍질깍지벌레 등 현재 문제가 되고 있는 해충들이 여기에 속한다. 돌발해충은 매미나방류, 잎벌류, 대벌레나 외래종 주홍날개꽃매미, 미국선녀벌레, 갈색날개매미충 등이다.
④ 미국 선녀벌레의 천적은 이탈리아와 프랑스에서 서식하는 기생봉(일명 집게벌)이다. 꽃매미의 천적은 벼룩좀벌이다.

28 소나무허리 노린재에 대한 설명이다. 원래 북미산 외래 곤충으로 한국에서는 한 번도 기록된 적이 없는 노린재목의 곤충이다. 창원 지역에서 처음으로 발견되었으며 이 노린재는 소나무류의 열매즙을 빨아 먹는 경제 해충이다. 날개 혁질부(딱딱하게 경화된 부분)의 말단부에 V자를 거꾸로 한 흰색의 문양이 각각 하나씩 있으며 뒷다리의 넓적다리 마디에 강하고 짧은 가시들이 있으며 종아리 마디는 나뭇잎 모양으로 넓적하게 발달하여 그 말단에는 몇 개의 작은 가시가 분포한다.

29 이소프레노이드(테르펜)는 정유의 주요 성분으로서 함유되어 있다. 10개의 탄소로 되어 있는 가장 작은 테르펜 분자를 모노테르펜이라고 하고 여기에 5개의 탄소로 이루어진 단위체가 한 번에 하나씩 늘어나는 보다 큰 분자들은 각각 세스퀴테르펜, 디테르펜, 트리테르펜, 테트라테르펜이라고 한다. 모노테르펜은 휘발성이 가장 크며 따라서 향이 강하다. 종종 강한 냄새가 나고 초식 동물을 저지하거나 초식 동물의 포식자와 기생충을 끌어들임으로써 식물을 보호할 수 있다.

30 식물방역법은 법적 방제이다. 포살법, 매몰법, 박피법, 제재법, 진동법, 차단법(그물망차단, 끈끈이롤트랩)은 물리적, 기계적 방제이다.

벌채산물 처리에 따른 구분
- 산물을 활용할 수 없는 경우 파쇄, 소각, 매몰, 박피, 그물망 피복, 훈증 등의 방법으로 처리함
- 산물을 활용하기 위해 대용량 훈증, 파쇄, 제재, 건조, 열처리 등의 방법으로 처리함

31 15mm 이하로 파쇄한다.

32 휴면이 유지된다.

내분비계 호르몬 역활
- 체내 호르몬 체계
- 호르몬은 혈액을 따라 이동
- 신경분비세포(신경분비호르몬)
- 카디아카체(전흉선자극호르몬)
- 전흉선(전흉샘, 엑디스테로이드)
- 알라타체(유약호르몬, JH)

※ 호르몬의 특성 : 성장과 생식에 중요한 호르몬으로 엑디스테로이드(석식을 통해 공급, 탈피호르몬의 주요소), 유약호르몬(JH, 변태조절과 생식적 성장조절), 신경호르몬(신경분비세포에서 분비, 곤충의 성장, 항상성, 대사, 생식 등을 총괄하는 일종의 조절지배자)
※ 카디아카체 : 당과 지질의 이용을 촉진하는 호르몬, 심장, 소화관, 말피기관의 근육운동을 자극하는 호르몬

33 효소가 나오는 것이 아니라 먹은 것이 침과 섞일 때 소화가 일어난다. 소화효소는 침샘뿐만 아니라 중장과 그 기장(岐腸)의 세포에서 분비된다. 침샘에서 분비되는 가장 중요한 효소는 아밀라아제이며, 중장에서서는 프로테아제, 라이페이스, 아밀라아제, 인버타아제 등 많은 효소가 분비된다. 소화산물은 중장에서 간단히 흡수된다.

34 위용 유충이 번데기가 된 후 피부가 경화되고, 그 속에 피용이 형성된 상태이며, 파리목의 일부가 속한다.
※ 전용 : 유충의 탈피각 안에 들어있는 번데기를 말하며, 유충의 표피가 진피층에서 떨어지고 잠시 동안 발육 중인 번데기가 유충의 표피 안에 그대로 들어있다.

35 주촉성
- 주류성 : 소금쟁이와 같이 물이 흘러오는 쪽을 향해서 운동하는 성질이 있다.
- 주풍성 : 잠자리, 나비는 바람이 불어오는 쪽을 향해서 날며(양성 주풍성), 메뚜기는 바람을 타고 이동한다(음성 주풍성).
- 주열성 : 땅강아지, 귀뚜라미, 오이잎벌레, 벌, 딱정벌레 등이 늦가을에 따뜻한 인가 부근으로 모이는 것으로 주온성이라고도 한다.
- 음성 주지성 : 모기는 위를 향하여 앉는다.
- 주화성(특정한 화학물질에 반응) : 호랑나비는 탱자나무나 귤나무에 알을 낳고, 배추흰나비는 십자화과채소에 알을 낳는다.

37 방패벌레는 노린재목이다.
- 매미아목 : 매미상과, 멸구, 매미충, 거품벌레상과, 꽃매미상과
- 진딧물아목 : 가루이상, 진딧물상과, 깍지벌레상과, 나무이상과
- 노린재목 : 빈대하목(방패벌레과), 노린재하목

38 배설물과 탈피각이 같이 붙어 있다.

39 생활권수목이 더 많이 발생하고 산림수목에는 거의 발생하지 않는다.

40 신초 조직을 찢고 알을 낳는 습성으로 인해 신초가 말라죽을 수 있다. 따라서 1년생 가지에 열매를 맺는 과수의 경우 그 피해는 치명적이라 할 수 있다.

42 9월이 아닌 6월이다.
- 화학적 방제 : 약제 방제로는 3월 하순~4월 중순에 페니트로티온 유제(50%) 또는 티아클로프리드 액상수화제(10%) 500배액을 1주일 간격으로 2~3회 살포한다.
- 생물적 방제
  - 기생성 천적인 좀벌류, 맵시벌류, 기생파리류 등을 보호한다.
  - 딱따구리류 및 해충을 잡아먹는 각종 조류를 보호한다.
- 물리적 방제 : 1~2월 중에 벌채된 소나무 원목을 1m가량 잘라 2월 말에 임내에 세워 유인 산란시킨 후 이것을 수집하여 소각한다.

43 복숭아명나방은 유충으로 월동한다. 또한 2세대 유충에 방제가 효과적이며 2세대 최성기기와 말기에 2회 거쳐 약을 살포한다.

44 청노린재, 송충알벌, 짚시벼룩좀벌, 황다리납작맵시벌, 송충잡이자루맵시벌, 포라맴시벌, 흰발목벼룩좀벌, 오렌지다리납작맵시벌

45 벚잎혹진딧물 – 쑥

46 오갈피나무이는 잎과 줄기에 기생하여 직접적인 흡즙에 의한 피해뿐만 아니라 충영을 형성하여 피해를 준다. 월동성충이 산란하여 부화한 약충은 잎과 줄기를 선택하여 흡즙하며 충영을 형성하며 제1세대 부화약충은 종실과 가지를 흡즙하여 충영을 형성한다.

47 다시 탈피한다(다른 곤충은 성충이 된 후 탈피하지 않는다).

48
- 유충호르몬(Juvenile Hormone ; JH)은 곤충의 알라타체에서 분비되는 호르몬을 통틀어 이르는 말
  - 탈피호르몬 : 앞가슴샘에서 분비되는 호르몬
  - 유약호르몬 : 알라타체에서 나오는 호르몬
- 두 호르몬의 상대적인 농도에 따라 탈피와 변태를 결정
  - JH의 함량이 높으면 유충 또는 약충이 다음령기의 유충으로 탈피
  - JH의 함량이 감소되면 번데기가 됨
  - JH가 없으면 성충으로 됨

49 완전변태와 관련된 설명이다.

50 선녀벌레류(솜이나 밀납)에 대한 설명이다.

51 양방향성을 띠고 있는데 압력 유동설은 한방향으로만 이동할 수 있는 점이다.

52 반세포는 피자식물의 체관세포이다.

53 유세포가 죽으면 저장 탄수화물을 회수된다.

54 녹색식물의 일반적인 호흡량은 광합성량의 30~40%에 해당한다.

55 뿌리에서 곧 NH_4^+ 로 환원되거나, 혹은 NO_3^-(질산태질소) 형태로 잎으로 이동된 후 잎에서 NH_4^+(암모늄태질소)로 바뀐다.

56 수피에도 질소함량이 많은데 특히 사부조직은 질소함량이 높다.

58 가을에 개화하는 수종은 개잎갈나무이고 자귀나무는 6월 초~8월에 개화한다.

59
- 고정생장 : 소나무, 잣나무, 가문비나무, 참나무
- 자유생장 : 팽나무, 은행나무, 낙엽송, 포플러, 버드나무, 자작나무

61 • 환공재 : 연륜 경계부위(조재부)에 지름이 큰 관공이 1~ 수열씩 환상으로 배열하며 참나무속(가시나무류 제외 – 방사공재), 느티나무속, 물푸레나무속, 오동나무속, 느릅나무속, 팽나무속 등
• 산공재 : 일정한 지름의 관공이 횡단면 전체에 균일하게 분포하며 자작나무속, 오리나무속, 단풍나무속, 피나무속,사시나무속, 버드나무속, 서어나무속, 너도밤나무속 등

62 침엽의 큐티클층이 청색을 많이 반사하여 효율이 낮다.

63 C–3에 대한 설명이다.

64 외생공생하는 것은 시아노박테리아(Cyanobacteria)이다.

65 사이토키닌의 운반은 뿌리에서 목부조직을 통하여 상승한다.

66 급성피해는 가시적 피해라고도 한다. 고농도의 아황산가스를 단시간에 흡수했을 때 나타나는데, 세포 내의 엽록소가 급격히 파괴되어 이로 인한 세포의 붕괴 및 괴사현상이 발생한다.

67 활엽수에 대한 설명으로 교질섬유는 세포벽이 목화되지 않은 섬유를 말한다.

68 목부수액의 pH는 산성(pH 4.5~5.0)이고 사부수액은 알카리성(pH 7.5)이다.

69 세포벽으로 이동한다.

70 광도에 대한 설명으로 광도가 적어지면 수목의 줄기에 비해서 뿌리의 생장량이 상대적으로 감소한다.

71 NADPH는 3PG의 환원에만 사용한다.

※ 캘빈회로 과정

① 루비스코는 5개의 탄소로 이루어진 RuBP(리불로스이인산)와 CO_2를 결합시켜 두 분자의 3–인산글리세르산(3PG)를 생성한다.

② 두 번째 단계는 3–인산글리세르산(3PG)이 환원과정을 거쳐 글리세르 알데하이드3인산(G3P)으로 전환되는 과정이다. 이때 명반응에서 생성된 에너지인 ATP를 사용한 인산화반응과 NADPH를 사용하여 환원이 이루어진다.

③ RuBP(리불로스이인산)의 재생이 일어나는 반응이다. 두 번째에서 생성된 글리세르 알데하이드3인산(G3P)은 RuMP(리불로스일인산)을 거쳐 ATP와의 작용을 통해 RuBP(리불로스이인산)으로 전환된다.

72 호흡에서는 산소가 전자의 최종 수용체이며 산소가 없으면 전자의 전달이 진행되지 않는다. 광합성에서는 $NADP^+$가 전자수용체이다.

73 **광질(파장의 구성성분)**
• 단풍나무 활엽수림 밑의 임상에는 파장이 긴 적색광선이 주종을 이룬다.
• 소나무 침엽수림 밑의 임상에는 스팩트럼이 골고루 분포한다.

74 • 1차 오염물질, 1차 대기 오염물질 : 대기오염 발생원으로부터 직접 배출된 오염물질
예 SO_2, SO_3, NO, NO_2, 탄화수소 등
• 2차 오염물질, 2차 대기 오염물질 : 자동차 배기가스 등에 포함되어 있는 질소산화물, 탄화수소 등의 오염물질이 햇빛에 포함된 자외선에 의해 광화학 반응이 일어나서 새로운 오염물질이 합성될 수 있는데 이렇게 생성된 오염물질을 2차 오염물질이라고 함
예 O_3(오존), 광화학 스모그, PAN(독성이 가장 큼)

75 지질분해효소는 리파아제 효소이며 단백질 분해효소는 프로테아제이다.

76 ① 결정형광물
② 박리는 화강암등에서 일어나고 절리면 분리는 기반암
③ 파쇄는 불규칙적으로 부서지는 현상
⑤ 각각 독립적으로 일어나는 것이 아니고 동시에 병행해서 일어남

77 우세한 쪽의 토층 명을 먼저 쓴다.

78 저분자의 부식물이다.

79 ① 반대의 개념을 나타낸다.
② 무게를 기준으로 한다.
④ 60% 이상이 될 수 있다.
⑤ 공극률에 대한 설명이다.

80 ① 세균의 자랄 수 있는 공간
③ 양이온에 의한 응접현상
④ 수화도가 높음
⑤ 큰 입단형성

81 점토의 풍식감수성은 다른 입자보다 낮다.

82 ① 이쇄성에 관한 설명이다.
② 소성상한 = 액성한계이다.
③ 점토광물의 소성계수는 몽트몬모릴나이트 > 일라이트 > 할로이시트 > 카올린나이트 순이다. 소성한계와 액성한계의 차이를 소성지수라고 한다.
⑤ 소성지수가 증가한다.

83 용적밀도가 높아지면 소공극이 많은 식토에서는 공극의 크기가 작아지고 공극 량이 줄어 식물의 뿌리가 깊게 자라지 못한다 즉, 수분과 공기가 들어갈 수 있는 공간이 작은 것을 의미한다.

84 토양수분함량측정에는 텐시오미터법, 중성자법, 전기저항법, TDR법, 싸이클로미터법이 있다.

85 토양의 고체입자표면에서는 상대적으로 부착력이 크게 작용하고 토양입자표면으로부터 멀리 떨어지면 부착력보다 응집력이 더 크게 작용한다.

86 ① 오븐건조수분에 관한 설명이다.
③ 포화상태는 모두 습윤하므로 건조한 곳이 없다.
④ 불포화상태에서 기포가 움직임을 방해하므로 수리전도도가 낮다.
⑤ 사토일수록 높아진다.

87 ① 수증기는 공기이므로 확산에 의해 움직인다. 따라서 염분농도가 높은 곳에서 낮은 곳으로 이동한다.
② 감소한다.
④ 물 흡수능력은 뿌리 발달 깊이에 의해 더 많은 영향을 받는다.
⑤ 수분퍼텐셜이 동일하면 사질토가 식질토 보다 수분함량이 낮다.

88 CEC가 클수록 많아진다.

89 유휴도가 낮아진다.

90 **알칼리토양(나트륨토양)**
- 전기전도도가 4ds/m 이하, 교환성 나트륨 퍼센트가 15% 이상인 토양
- 어두운색을 띠어 흑색알칼리토양이라 불림
- 점토가 아래로 이동하여 경반층을 형성하여 수분의 이동 차단

91
- Zn – 알코올탈수소효소 구성요소
- Mo – 질소환원효소 구성요소

92 확산에 의해 주로 이동한다.

93 Pb, Hg는 비필수원소이다.

94 토양피각이 생기지 않아야 한다.

95 용적밀도가 높은 토양은 식물의 뿌리자람과 배수성이 나쁘다.

96 ① 토양의 pH가 산성이 될수록 H^+이 증가하여 뿌리의 양분흡수력과 뿌리 안의 효소작용이 억제된다.
② 토양의 pH값이 낮아져서 4~5 이하로 유지되면 인산의 가용성은 감소하지만 알루미늄의 용해도는 증가한다.
③ 토양이 산성화될수록 토양세균과 소동물의 활동이 억제된다. 대부분 미생물들은 중성상태를 좋아한다.
④ 산성토양에서 잘 자라는 수종은 소나무, 리기다소나무, 낙엽송 등이다.

97 C/N율이 더 높다.

98 지질침식에 관한 설명이다.

99 신토양분류법의 분류체계는 목–아목–대군–아군–속–통 등의 6단계로 구성되어 있다.

100 우리나라 산림토양은 전체 8개 토양군, 11개 토양아군, 28개 토양형으로 분류하며, B 갈색산림토양, RY 적갈색산림토양, DR 암적색산림토양, GrB 회갈색산림토양, Va 화산회산림토양, Er 침식토양, Im 미숙토양, Li 암쇄토양이다.

101 유화성에 대한 설명으로 확전성은 퍼지게 하는 성질을 말한다.

102 잔류허용기준(MRL)이 설정된 농약 이외에 등록되지 않은 농약은 원칙적으로 사용을 금지하는 제도이다.

103 단백질 합성을 저해함으로써 세포분열을 방해하여 생장을 멈추게 하며 주로 어린싹부터 흡수되나 뿌리에서도 흡수되어진다. 잎이 지나치게 진한색으로 변해서 작아지거나 생장점이 기형화된다.

104 탈크(Talc, 활석)는 알카리성이나 안전하므로 분제 제조용으로 널리 쓰인다.

105 농약사용량=물의량/희석배수 = 120 × 1,000/600=200

106
- 항세균제 : 스트렙토마이신(Streptomycin), 클로람페니콜(Chloramphenicol)
- 항곰팡이제 : 가스가마이신(Kasugamycin), 폴리옥신(Polyoxin), 발리다마이신(Validamycin), 사이클로헥사마이드(Cyclohexamide), 셀로사이딘(Cellocidine), 블라스티사이딘S(Blasticidine–S),

107
- 다점 접촉작용 – 보호살균제, 무기유황제, 무기구리제
- 지질생합성저해 – Acetyl Co–A Carboxylase 저해

108
- 신경전달물질 수용체 차단 – 네레이스톡신계, 니코틴계
- 미생물에 의한 중장 세포막 파괴 – B.t 독성 단백질

109 파라쿼트보다는 느리게 고사한다.

110 에마멕틴벤조에이트 유제는 천연물질에서 유래된 성분으로 분자량이 1,000이 넘을 정도로 복잡한 구조의 화합물이다. 에마멕틴벤조에이트 성분은 2005년과 2009년 소나무 재선충 및 솔껍질깍지벌레에 등록된 뒤 조달청 단가계약 약제가 되면서 소나무 병해충 방제 시장 및 보전에 큰 역할을 하고 있다.

111 침투성 살균제는 식물의 뿌리, 줄기, 잎 등으로부터 흡수되어 식물체내에 침투이행하여 곤충의 체내로 침입하는 약제(유기인제 및 카바메이트계의 일부)이다.

112 캡탄제는 네레이스톡신계 살충제인 캡탄(Captan)제는 종자소독과 잿빛곰팡이병 및 모잘록병의 방제에 사용된다.

113 • 극음수 : 전광의 1~3% 생존가능, 주목, 금송, 개비자나무, 나한백, 굴거리 나무, 백량금, 사철나무, 식나무, 자금우, 호랑가시나무, 황칠나무, 회양목
• 극양수 : 잎갈나무, 버드나무, 자작나무,
• 양수 : 은행나무, 소나무, 측백나무, 향나무, 낙우송, 밤나무, 오리나무, 오동나무, 사시나무

114 임내 지표면이 보이지 않도록 주의해야 한다

115 일조부족, 석회부족의 경우 지상부에 비해 지하부의 생육이 나빠져 T/R율이 커지게 된다.

116 기온이 영상으로 오르는 이른봄 3월경

117 서리피해는 맑고 바람없는 날에 잘 일어난다.

118 세포 내 동결은 자연상태에서 잘 발생하지 않는다.
※ 임연부 : 숲의 가장자리

119 • 남부지방이 원산지인 수종을 북쪽지방에 조림하면 조상의 피해를 받기 쉽다.
• 북부지방이 원산인 수종을 남쪽지방에 조림하면 만상의 피해를 받기 쉽다.

120 형상비가 70을 넘으면 관설해 피해를 입기 쉽다. '입목 형상비 = 수고/흉고직경'이 90을 넘으면 피해 받을 위험이 크고, 70 이하인 경우는 위험도가 낮다.

121 은행나무는 낙엽이 잘타지 않고 생가지에 수분이 많아 내화력이 강하다.

122 성숙목은 높은 내화력에 불구 일단 산불 발생할 경우 더 큰 피해를 입기 때문에 유령목이나 성숙목 모두 피해를 받는다.

123 산불 직후 토양의 산도는 증가하며 생물종 다양성이 현저히 감소된다.

124 산성비의 민감도는 쌍자엽 > 단자엽 > 침엽수 순이다.

125 온실효과와 직접적으로 관련이 없는 기체는 수증기이다.

제 (   )회 나무의사 자격시험 1차 시험 답안지

성 명	검정색 사이펜 사용

수 험 번 호							
⓪	⓪	⓪	⓪	⓪	⓪	⓪	⓪
①	①	①	①	①	①	①	①
②	②	②	②	②	②	②	②
③	③	③	③	③	③	③	③
④	④	④	④	④	④	④	④
⑤	⑤	⑤	⑤	⑤	⑤	⑤	⑤
⑥	⑥	⑥	⑥	⑥	⑥	⑥	⑥
⑦	⑦	⑦	⑦	⑦	⑦	⑦	⑦
⑧	⑧	⑧	⑧	⑧	⑧	⑧	⑧
⑨	⑨	⑨	⑨	⑨	⑨	⑨	⑨

필적감정용 기재란
합격의 기쁨
검정색 사이펜 사용

감독관 확인란	검정색 사이펜 사용

제1과목 수목병리학		제2과목 수목해충학		제3과목 수목생리학		제3과목 수목생리학		제3과목 수목생리학	
문항	답란	문항	답란	문항	답란	문항	답란	문항	답란
1	① ② ③ ④ ⑤	26	① ② ③ ④ ⑤	51	① ② ③ ④ ⑤	76	① ② ③ ④ ⑤	101	① ② ③ ④ ⑤
2	① ② ③ ④ ⑤	27	① ② ③ ④ ⑤	52	① ② ③ ④ ⑤	77	① ② ③ ④ ⑤	102	① ② ③ ④ ⑤
3	① ② ③ ④ ⑤	28	① ② ③ ④ ⑤	53	① ② ③ ④ ⑤	78	① ② ③ ④ ⑤	103	① ② ③ ④ ⑤
4	① ② ③ ④ ⑤	29	① ② ③ ④ ⑤	54	① ② ③ ④ ⑤	79	① ② ③ ④ ⑤	104	① ② ③ ④ ⑤
5	① ② ③ ④ ⑤	30	① ② ③ ④ ⑤	55	① ② ③ ④ ⑤	80	① ② ③ ④ ⑤	105	① ② ③ ④ ⑤
6	① ② ③ ④ ⑤	31	① ② ③ ④ ⑤	56	① ② ③ ④ ⑤	81	① ② ③ ④ ⑤	106	① ② ③ ④ ⑤
7	① ② ③ ④ ⑤	32	① ② ③ ④ ⑤	57	① ② ③ ④ ⑤	82	① ② ③ ④ ⑤	107	① ② ③ ④ ⑤
8	① ② ③ ④ ⑤	33	① ② ③ ④ ⑤	58	① ② ③ ④ ⑤	83	① ② ③ ④ ⑤	108	① ② ③ ④ ⑤
9	① ② ③ ④ ⑤	34	① ② ③ ④ ⑤	59	① ② ③ ④ ⑤	84	① ② ③ ④ ⑤	109	① ② ③ ④ ⑤
10	① ② ③ ④ ⑤	35	① ② ③ ④ ⑤	60	① ② ③ ④ ⑤	85	① ② ③ ④ ⑤	110	① ② ③ ④ ⑤
11	① ② ③ ④ ⑤	36	① ② ③ ④ ⑤	61	① ② ③ ④ ⑤	86	① ② ③ ④ ⑤	111	① ② ③ ④ ⑤
12	① ② ③ ④ ⑤	37	① ② ③ ④ ⑤	62	① ② ③ ④ ⑤	87	① ② ③ ④ ⑤	112	① ② ③ ④ ⑤
13	① ② ③ ④ ⑤	38	① ② ③ ④ ⑤	63	① ② ③ ④ ⑤	88	① ② ③ ④ ⑤	113	① ② ③ ④ ⑤
14	① ② ③ ④ ⑤	39	① ② ③ ④ ⑤	64	① ② ③ ④ ⑤	89	① ② ③ ④ ⑤	114	① ② ③ ④ ⑤
15	① ② ③ ④ ⑤	40	① ② ③ ④ ⑤	65	① ② ③ ④ ⑤	90	① ② ③ ④ ⑤	115	① ② ③ ④ ⑤
16	① ② ③ ④ ⑤	41	① ② ③ ④ ⑤	66	① ② ③ ④ ⑤	91	① ② ③ ④ ⑤	116	① ② ③ ④ ⑤
17	① ② ③ ④ ⑤	42	① ② ③ ④ ⑤	67	① ② ③ ④ ⑤	92	① ② ③ ④ ⑤	117	① ② ③ ④ ⑤
18	① ② ③ ④ ⑤	43	① ② ③ ④ ⑤	68	① ② ③ ④ ⑤	93	① ② ③ ④ ⑤	118	① ② ③ ④ ⑤
19	① ② ③ ④ ⑤	44	① ② ③ ④ ⑤	69	① ② ③ ④ ⑤	94	① ② ③ ④ ⑤	119	① ② ③ ④ ⑤
20	① ② ③ ④ ⑤	45	① ② ③ ④ ⑤	70	① ② ③ ④ ⑤	95	① ② ③ ④ ⑤	120	① ② ③ ④ ⑤
21	① ② ③ ④ ⑤	46	① ② ③ ④ ⑤	71	① ② ③ ④ ⑤	96	① ② ③ ④ ⑤	121	① ② ③ ④ ⑤
22	① ② ③ ④ ⑤	47	① ② ③ ④ ⑤	72	① ② ③ ④ ⑤	97	① ② ③ ④ ⑤	122	① ② ③ ④ ⑤
23	① ② ③ ④ ⑤	48	① ② ③ ④ ⑤	73	① ② ③ ④ ⑤	98	① ② ③ ④ ⑤	123	① ② ③ ④ ⑤
24	① ② ③ ④ ⑤	49	① ② ③ ④ ⑤	74	① ② ③ ④ ⑤	99	① ② ③ ④ ⑤	124	① ② ③ ④ ⑤
25	① ② ③ ④ ⑤	50	① ② ③ ④ ⑤	75	① ② ③ ④ ⑤	100	① ② ③ ④ ⑤	125	① ② ③ ④ ⑤

제 (　　　)회 나무의사 자격시험 1차 시험 답안지

성 명	검정색 사이펜 사용

수 험 번 호							
⓪	⓪	⓪	⓪	⓪	⓪	⓪	⓪
①	①	①	①	①	①	①	①
②	②	②	②	②	②	②	②
③	③	③	③	③	③	③	③
④	④	④	④	④	④	④	④
⑤	⑤	⑤	⑤	⑤	⑤	⑤	⑤
⑥	⑥	⑥	⑥	⑥	⑥	⑥	⑥
⑦	⑦	⑦	⑦	⑦	⑦	⑦	⑦
⑧	⑧	⑧	⑧	⑧	⑧	⑧	⑧
⑨	⑨	⑨	⑨	⑨	⑨	⑨	⑨

필적감정용 기재란
합격의 기쁨
검정색 사이펜 사용

감독관 확인란	검정색 사이펜 사용

제1과목 수목병리학		제2과목 수목해충학		제3과목 수목생리학		제3과목 수목생리학		제3과목 수목생리학	
문항	답란	문항	답란	문항	답란	문항	답란	문항	답란
1	① ② ③ ④ ⑤	26	① ② ③ ④ ⑤	51	① ② ③ ④ ⑤	76	① ② ③ ④ ⑤	101	① ② ③ ④ ⑤
2	① ② ③ ④ ⑤	27	① ② ③ ④ ⑤	52	① ② ③ ④ ⑤	77	① ② ③ ④ ⑤	102	① ② ③ ④ ⑤
3	① ② ③ ④ ⑤	28	① ② ③ ④ ⑤	53	① ② ③ ④ ⑤	78	① ② ③ ④ ⑤	103	① ② ③ ④ ⑤
4	① ② ③ ④ ⑤	29	① ② ③ ④ ⑤	54	① ② ③ ④ ⑤	79	① ② ③ ④ ⑤	104	① ② ③ ④ ⑤
5	① ② ③ ④ ⑤	30	① ② ③ ④ ⑤	55	① ② ③ ④ ⑤	80	① ② ③ ④ ⑤	105	① ② ③ ④ ⑤
6	① ② ③ ④ ⑤	31	① ② ③ ④ ⑤	56	① ② ③ ④ ⑤	81	① ② ③ ④ ⑤	106	① ② ③ ④ ⑤
7	① ② ③ ④ ⑤	32	① ② ③ ④ ⑤	57	① ② ③ ④ ⑤	82	① ② ③ ④ ⑤	107	① ② ③ ④ ⑤
8	① ② ③ ④ ⑤	33	① ② ③ ④ ⑤	58	① ② ③ ④ ⑤	83	① ② ③ ④ ⑤	108	① ② ③ ④ ⑤
9	① ② ③ ④ ⑤	34	① ② ③ ④ ⑤	59	① ② ③ ④ ⑤	84	① ② ③ ④ ⑤	109	① ② ③ ④ ⑤
10	① ② ③ ④ ⑤	35	① ② ③ ④ ⑤	60	① ② ③ ④ ⑤	85	① ② ③ ④ ⑤	110	① ② ③ ④ ⑤
11	① ② ③ ④ ⑤	36	① ② ③ ④ ⑤	61	① ② ③ ④ ⑤	86	① ② ③ ④ ⑤	111	① ② ③ ④ ⑤
12	① ② ③ ④ ⑤	37	① ② ③ ④ ⑤	62	① ② ③ ④ ⑤	87	① ② ③ ④ ⑤	112	① ② ③ ④ ⑤
13	① ② ③ ④ ⑤	38	① ② ③ ④ ⑤	63	① ② ③ ④ ⑤	88	① ② ③ ④ ⑤	113	① ② ③ ④ ⑤
14	① ② ③ ④ ⑤	39	① ② ③ ④ ⑤	64	① ② ③ ④ ⑤	89	① ② ③ ④ ⑤	114	① ② ③ ④ ⑤
15	① ② ③ ④ ⑤	40	① ② ③ ④ ⑤	65	① ② ③ ④ ⑤	90	① ② ③ ④ ⑤	115	① ② ③ ④ ⑤
16	① ② ③ ④ ⑤	41	① ② ③ ④ ⑤	66	① ② ③ ④ ⑤	91	① ② ③ ④ ⑤	116	① ② ③ ④ ⑤
17	① ② ③ ④ ⑤	42	① ② ③ ④ ⑤	67	① ② ③ ④ ⑤	92	① ② ③ ④ ⑤	117	① ② ③ ④ ⑤
18	① ② ③ ④ ⑤	43	① ② ③ ④ ⑤	68	① ② ③ ④ ⑤	93	① ② ③ ④ ⑤	118	① ② ③ ④ ⑤
19	① ② ③ ④ ⑤	44	① ② ③ ④ ⑤	69	① ② ③ ④ ⑤	94	① ② ③ ④ ⑤	119	① ② ③ ④ ⑤
20	① ② ③ ④ ⑤	45	① ② ③ ④ ⑤	70	① ② ③ ④ ⑤	95	① ② ③ ④ ⑤	120	① ② ③ ④ ⑤
21	① ② ③ ④ ⑤	46	① ② ③ ④ ⑤	71	① ② ③ ④ ⑤	96	① ② ③ ④ ⑤	121	① ② ③ ④ ⑤
22	① ② ③ ④ ⑤	47	① ② ③ ④ ⑤	72	① ② ③ ④ ⑤	97	① ② ③ ④ ⑤	122	① ② ③ ④ ⑤
23	① ② ③ ④ ⑤	48	① ② ③ ④ ⑤	73	① ② ③ ④ ⑤	98	① ② ③ ④ ⑤	123	① ② ③ ④ ⑤
24	① ② ③ ④ ⑤	49	① ② ③ ④ ⑤	74	① ② ③ ④ ⑤	99	① ② ③ ④ ⑤	124	① ② ③ ④ ⑤
25	① ② ③ ④ ⑤	50	① ② ③ ④ ⑤	75	① ② ③ ④ ⑤	100	① ② ③ ④ ⑤	125	① ② ③ ④ ⑤

성 명	검정색 사이펜 사용

수 험 번 호							
⓪	⓪	⓪	⓪	⓪	⓪	⓪	⓪
①	①	①	①	①	①	①	①
②	②	②	②	②	②	②	②
③	③	③	③	③	③	③	③
④	④	④	④	④	④	④	④
⑤	⑤	⑤	⑤	⑤	⑤	⑤	⑤
⑥	⑥	⑥	⑥	⑥	⑥	⑥	⑥
⑦	⑦	⑦	⑦	⑦	⑦	⑦	⑦
⑧	⑧	⑧	⑧	⑧	⑧	⑧	⑧
⑨	⑨	⑨	⑨	⑨	⑨	⑨	⑨

필적감정용 기재란
합격의 기쁨
검정색 사이펜 사용

감독관 확인란	검정색 사이펜 사용

제 (　　　)회 나무의사 자격시험 1차 시험 답안지

제1과목 수목병리학		제2과목 수목해충학		제3과목 수목생리학		제3과목 수목생리학		제3과목 수목생리학	
문항	답란	문항	답란	문항	답란	문항	답란	문항	답란
1	① ② ③ ④ ⑤	26	① ② ③ ④ ⑤	51	① ② ③ ④ ⑤	76	① ② ③ ④ ⑤	101	① ② ③ ④ ⑤
2	① ② ③ ④ ⑤	27	① ② ③ ④ ⑤	52	① ② ③ ④ ⑤	77	① ② ③ ④ ⑤	102	① ② ③ ④ ⑤
3	① ② ③ ④ ⑤	28	① ② ③ ④ ⑤	53	① ② ③ ④ ⑤	78	① ② ③ ④ ⑤	103	① ② ③ ④ ⑤
4	① ② ③ ④ ⑤	29	① ② ③ ④ ⑤	54	① ② ③ ④ ⑤	79	① ② ③ ④ ⑤	104	① ② ③ ④ ⑤
5	① ② ③ ④ ⑤	30	① ② ③ ④ ⑤	55	① ② ③ ④ ⑤	80	① ② ③ ④ ⑤	105	① ② ③ ④ ⑤
6	① ② ③ ④ ⑤	31	① ② ③ ④ ⑤	56	① ② ③ ④ ⑤	81	① ② ③ ④ ⑤	106	① ② ③ ④ ⑤
7	① ② ③ ④ ⑤	32	① ② ③ ④ ⑤	57	① ② ③ ④ ⑤	82	① ② ③ ④ ⑤	107	① ② ③ ④ ⑤
8	① ② ③ ④ ⑤	33	① ② ③ ④ ⑤	58	① ② ③ ④ ⑤	83	① ② ③ ④ ⑤	108	① ② ③ ④ ⑤
9	① ② ③ ④ ⑤	34	① ② ③ ④ ⑤	59	① ② ③ ④ ⑤	84	① ② ③ ④ ⑤	109	① ② ③ ④ ⑤
10	① ② ③ ④ ⑤	35	① ② ③ ④ ⑤	60	① ② ③ ④ ⑤	85	① ② ③ ④ ⑤	110	① ② ③ ④ ⑤
11	① ② ③ ④ ⑤	36	① ② ③ ④ ⑤	61	① ② ③ ④ ⑤	86	① ② ③ ④ ⑤	111	① ② ③ ④ ⑤
12	① ② ③ ④ ⑤	37	① ② ③ ④ ⑤	62	① ② ③ ④ ⑤	87	① ② ③ ④ ⑤	112	① ② ③ ④ ⑤
13	① ② ③ ④ ⑤	38	① ② ③ ④ ⑤	63	① ② ③ ④ ⑤	88	① ② ③ ④ ⑤	113	① ② ③ ④ ⑤
14	① ② ③ ④ ⑤	39	① ② ③ ④ ⑤	64	① ② ③ ④ ⑤	89	① ② ③ ④ ⑤	114	① ② ③ ④ ⑤
15	① ② ③ ④ ⑤	40	① ② ③ ④ ⑤	65	① ② ③ ④ ⑤	90	① ② ③ ④ ⑤	115	① ② ③ ④ ⑤
16	① ② ③ ④ ⑤	41	① ② ③ ④ ⑤	66	① ② ③ ④ ⑤	91	① ② ③ ④ ⑤	116	① ② ③ ④ ⑤
17	① ② ③ ④ ⑤	42	① ② ③ ④ ⑤	67	① ② ③ ④ ⑤	92	① ② ③ ④ ⑤	117	① ② ③ ④ ⑤
18	① ② ③ ④ ⑤	43	① ② ③ ④ ⑤	68	① ② ③ ④ ⑤	93	① ② ③ ④ ⑤	118	① ② ③ ④ ⑤
19	① ② ③ ④ ⑤	44	① ② ③ ④ ⑤	69	① ② ③ ④ ⑤	94	① ② ③ ④ ⑤	119	① ② ③ ④ ⑤
20	① ② ③ ④ ⑤	45	① ② ③ ④ ⑤	70	① ② ③ ④ ⑤	95	① ② ③ ④ ⑤	120	① ② ③ ④ ⑤
21	① ② ③ ④ ⑤	46	① ② ③ ④ ⑤	71	① ② ③ ④ ⑤	96	① ② ③ ④ ⑤	121	① ② ③ ④ ⑤
22	① ② ③ ④ ⑤	47	① ② ③ ④ ⑤	72	① ② ③ ④ ⑤	97	① ② ③ ④ ⑤	122	① ② ③ ④ ⑤
23	① ② ③ ④ ⑤	48	① ② ③ ④ ⑤	73	① ② ③ ④ ⑤	98	① ② ③ ④ ⑤	123	① ② ③ ④ ⑤
24	① ② ③ ④ ⑤	49	① ② ③ ④ ⑤	74	① ② ③ ④ ⑤	99	① ② ③ ④ ⑤	124	① ② ③ ④ ⑤
25	① ② ③ ④ ⑤	50	① ② ③ ④ ⑤	75	① ② ③ ④ ⑤	100	① ② ③ ④ ⑤	125	① ② ③ ④ ⑤

성 명	검정색 사이펜 사용

수 험 번 호							
⓪	⓪	⓪	⓪	⓪	⓪	⓪	⓪
①	①	①	①	①	①	①	①
②	②	②	②	②	②	②	②
③	③	③	③	③	③	③	③
④	④	④	④	④	④	④	④
⑤	⑤	⑤	⑤	⑤	⑤	⑤	⑤
⑥	⑥	⑥	⑥	⑥	⑥	⑥	⑥
⑦	⑦	⑦	⑦	⑦	⑦	⑦	⑦
⑧	⑧	⑧	⑧	⑧	⑧	⑧	⑧
⑨	⑨	⑨	⑨	⑨	⑨	⑨	⑨

필적감정용 기재란
합격의 기쁨
검정색 사이펜 사용

감독관 확인란	검정색 사이펜 사용

제 ( )회 나무의사 자격시험 1차 시험 답안지

제1과목 수목병리학		제2과목 수목해충학		제3과목 수목생리학		제3과목 수목생리학		제3과목 수목생리학	
문항	답란	문항	답란	문항	답란	문항	답란	문항	답란
1	① ② ③ ④ ⑤	26	① ② ③ ④ ⑤	51	① ② ③ ④ ⑤	76	① ② ③ ④ ⑤	101	① ② ③ ④ ⑤
2	① ② ③ ④ ⑤	27	① ② ③ ④ ⑤	52	① ② ③ ④ ⑤	77	① ② ③ ④ ⑤	102	① ② ③ ④ ⑤
3	① ② ③ ④ ⑤	28	① ② ③ ④ ⑤	53	① ② ③ ④ ⑤	78	① ② ③ ④ ⑤	103	① ② ③ ④ ⑤
4	① ② ③ ④ ⑤	29	① ② ③ ④ ⑤	54	① ② ③ ④ ⑤	79	① ② ③ ④ ⑤	104	① ② ③ ④ ⑤
5	① ② ③ ④ ⑤	30	① ② ③ ④ ⑤	55	① ② ③ ④ ⑤	80	① ② ③ ④ ⑤	105	① ② ③ ④ ⑤
6	① ② ③ ④ ⑤	31	① ② ③ ④ ⑤	56	① ② ③ ④ ⑤	81	① ② ③ ④ ⑤	106	① ② ③ ④ ⑤
7	① ② ③ ④ ⑤	32	① ② ③ ④ ⑤	57	① ② ③ ④ ⑤	82	① ② ③ ④ ⑤	107	① ② ③ ④ ⑤
8	① ② ③ ④ ⑤	33	① ② ③ ④ ⑤	58	① ② ③ ④ ⑤	83	① ② ③ ④ ⑤	108	① ② ③ ④ ⑤
9	① ② ③ ④ ⑤	34	① ② ③ ④ ⑤	59	① ② ③ ④ ⑤	84	① ② ③ ④ ⑤	109	① ② ③ ④ ⑤
10	① ② ③ ④ ⑤	35	① ② ③ ④ ⑤	60	① ② ③ ④ ⑤	85	① ② ③ ④ ⑤	110	① ② ③ ④ ⑤
11	① ② ③ ④ ⑤	36	① ② ③ ④ ⑤	61	① ② ③ ④ ⑤	86	① ② ③ ④ ⑤	111	① ② ③ ④ ⑤
12	① ② ③ ④ ⑤	37	① ② ③ ④ ⑤	62	① ② ③ ④ ⑤	87	① ② ③ ④ ⑤	112	① ② ③ ④ ⑤
13	① ② ③ ④ ⑤	38	① ② ③ ④ ⑤	63	① ② ③ ④ ⑤	88	① ② ③ ④ ⑤	113	① ② ③ ④ ⑤
14	① ② ③ ④ ⑤	39	① ② ③ ④ ⑤	64	① ② ③ ④ ⑤	89	① ② ③ ④ ⑤	114	① ② ③ ④ ⑤
15	① ② ③ ④ ⑤	40	① ② ③ ④ ⑤	65	① ② ③ ④ ⑤	90	① ② ③ ④ ⑤	115	① ② ③ ④ ⑤
16	① ② ③ ④ ⑤	41	① ② ③ ④ ⑤	66	① ② ③ ④ ⑤	91	① ② ③ ④ ⑤	116	① ② ③ ④ ⑤
17	① ② ③ ④ ⑤	42	① ② ③ ④ ⑤	67	① ② ③ ④ ⑤	92	① ② ③ ④ ⑤	117	① ② ③ ④ ⑤
18	① ② ③ ④ ⑤	43	① ② ③ ④ ⑤	68	① ② ③ ④ ⑤	93	① ② ③ ④ ⑤	118	① ② ③ ④ ⑤
19	① ② ③ ④ ⑤	44	① ② ③ ④ ⑤	69	① ② ③ ④ ⑤	94	① ② ③ ④ ⑤	119	① ② ③ ④ ⑤
20	① ② ③ ④ ⑤	45	① ② ③ ④ ⑤	70	① ② ③ ④ ⑤	95	① ② ③ ④ ⑤	120	① ② ③ ④ ⑤
21	① ② ③ ④ ⑤	46	① ② ③ ④ ⑤	71	① ② ③ ④ ⑤	96	① ② ③ ④ ⑤	121	① ② ③ ④ ⑤
22	① ② ③ ④ ⑤	47	① ② ③ ④ ⑤	72	① ② ③ ④ ⑤	97	① ② ③ ④ ⑤	122	① ② ③ ④ ⑤
23	① ② ③ ④ ⑤	48	① ② ③ ④ ⑤	73	① ② ③ ④ ⑤	98	① ② ③ ④ ⑤	123	① ② ③ ④ ⑤
24	① ② ③ ④ ⑤	49	① ② ③ ④ ⑤	74	① ② ③ ④ ⑤	99	① ② ③ ④ ⑤	124	① ② ③ ④ ⑤
25	① ② ③ ④ ⑤	50	① ② ③ ④ ⑤	75	① ② ③ ④ ⑤	100	① ② ③ ④ ⑤	125	① ② ③ ④ ⑤

마킹 주의	바르게 마킹 : ● 잘 못 마킹 : ✓ ⊗ ◉ ◎

(예 시)

성 명	홍길동 (검정색 사인펜 사용)

수	험		번	호			
1	2	3	4	5	6	7	8
⓪	⓪	⓪	⓪	⓪	⓪	⓪	⓪
●	①	①	①	①	①	①	①
②	●	②	②	②	②	②	②
③	③	●	③	③	③	③	③
④	④	④	●	④	④	④	④
⑤	⑤	⑤	⑤	●	⑤	⑤	⑤
⑥	⑥	⑥	⑥	⑥	●	⑥	⑥
⑦	⑦	⑦	⑦	⑦	⑦	●	⑦
⑧	⑧	⑧	⑧	⑧	⑧	⑧	●
⑨	⑨	⑨	⑨	⑨	⑨	⑨	⑨

필적감정용 기재란
합격의 기쁨
합격의 기쁨 (검정색 사인펜 사용)

수험자 유의사항

1. 답안지는 반드시 지워지지 않는 컴퓨터용 검정색 사인펜으로 기재하고 마킹하여야 합니다.
2. 답안지의 채점은 전산 판독결과에 따르며 답안 란의 마킹 누락, 마킹착오로 인한 불이익은 전적으로 수험자의 귀책사유임을 알려드립니다.
3. 답안지를 잘못 작성했을 시에는 답안지를 새로 교체하거나 수정테이프를 사용하여 수정할 수 있으나 불완전한 수정처리로 인해 발생하는 전산자동판독불가 등 불이익은 수험자에게 있으니 주의하시기 바랍니다.
   - 수정테이프 이외의 수정액, 스티커 등은 사용불가
   - 답안지 왼쪽(성명, 수험번호 등) 작성란을 제외한 "답안지마킹란"만 수정테리프로 수정 가능
   - 답안지 교체 시 교체한 답안지는 수험자가 직접 x 표시 후 감독관에게 제출
4. 부정행위 방지를 위하여 시험 문제지에도 수험번호와 성명을 기재하여야 합니다.
5. 감독관 확인란에 감독관의 서명을 받아야 하며, 서명이 없는 답안지는 무효 처리됩니다.
6. 시험 중 대화를 하거나 물품을 빌릴 수 없으며, 질문이 있거나 답안지 교체를 원하는 경우 손을 들어야 합니다.
7. 시험시간 종료 후에는 감독관 지시에 따라 답안지를 제출하여야 합니다.

부정행위 처리규정

▣ 부정행위자 처리

부정행위자는 산림보호법 제21조의8에 따라 해당 시험을 정지시키거나 무효로 하며, 그 시험 시행일부터 3년간 응시자격을 정지한다.

▣ 부정행위자 기준

부정행위자는 다음 각 호의 행위를 하는 사람과 같다.

부정행위에 가담한 자가 여럿일 경우에는 해당자를 모두 부정행위자로 처리한다.

1. 시험 중 타인과 시험과 관련된 대화를 하는 행위
2. 시험 중 타인과 문제지 및 답안지 등 시험과 관련된 자료를 교환하는 행위
3. 시험 중 다른 수험자의 답안을 보거나 본인의 답안지 등을 작성하는 행위
4. 시험장 내·외의 자로부터 도움을 받고 답안지 등을 작성하는 행위
   (다만, 제49조에 따른 별도 내규에서 정하는 감독관이 이기할 수 있는 경우는 제외)
5. 고의로 다른 수험자와 인적사항을 바꾸어 제출하는 행위
6. 대리시험을 치르게 하거나 대리로 시험에 응시하는 행위
7. 부정한 자료 또는 부정한 표시를 가지고 있거나 이용하는 행위
8. 시험시간 중에 허용되지 않는 통신기기 및 전자기기(휴대용 전하기, 휴대용 개인정보단말기(PDA), 휴대용 멀티미디어 재생장치(PMP), 휴대용 컴퓨터, 태블릿, 휴대용 카세트, 음성파일 변환기(MP3), 휴대용 게임기, 기타 카메라 기능 또는 녹화 기능이 있는 기기, 블루투스 등 통신기 가능한 기기, 기타 저장기능이 있는 기기 등)를 사용하는 행위
9. 시험 종료 전에 문제지 및 답안지를 시험실 외부로 유출하는 행위
10. 시험문제가 비공개인 시험의 문제 및 답안을 유출하는 행위
11. 그 밖에 부정한 방법으로 본인 또는 다른 숳머자의 시험결과에 영향을 미치는 행위

2026

나무의사 필기

1차 · 2차 통합본

내가 뽑은 1 원픽!

최신 출제경향에 맞춘 최고의 수험서

www.yeamoonedu.com

내가 뽑은 원픽!

최신 출제경향에 맞춘 최고의 수험서

2026

나무의사 실기

1차 · 2차 통합본

윤준원 편저

예문에듀 EDU

내가 뽑은 원픽!

최신 출제경향에 맞춘 최고의 수험서

2026

나무의사

실기

1차 · 2차 통합본

윤준원 편저

예문에듀 EDU

목차

Tree Doctor
나무의사
[필기+실기 통합본]

PART

01

실기시험 개요

Tree Doctor

PART 01

실기시험 개요

1. 실기시험(2차 시험) 개요

구분	시험과목	시험방법	배점	문항수
2차 시험	실기시험(작업형, DVD 등) －수목 및 병충해의 분류, 약제처리와 외과수술	논술형 및 단답형	100점	－
	서술형 필기시험 －수목피해 진단 및 처방		100점	－

※ 시험과 관련하여 법률 · 규정 등을 적용하여 정답을 구하여야 하는 문제는 해당 시험시행일 기준으로 시행 중인 법률 · 기준 등을 적용하여 정답을 구하여야 함

※ 시험시간, 시험방식 등은 원서접수 시 상세공지

※ 수목 및 병충해의 분류는 '산림청 국립수목원 국가생물종지식정보시스템 국가표준목록'을 기준으로 함

2. 과목별 상세 안내

(1) 실기시험

수목 및 병해충의 분류	1. 수목의 기관(잎, 줄기, 꽃, 열매 등) 사진을 보고 수목명과 특성(생리적, 이용적, 분류적)을 제시할 수 있다. 2. 수목 피해 사진 또는 유해생물의 사진을 보고 병원체, 해충, 비생물적 피해의 종류를 파악하고 원인 및 피해 특성을 설명할 수 있다. 3. 수목진단장비의 종류와 사용방법을 이해하고, 활용하여 병원체 및 해충의 특성을 파악하고 동정할 수 있다. 4. 기타
약제처리와 외과수술	• 농약을 방제 대상, 화학조성, 작용기작, 제형에 따라 분류할 수 있다. • 대상 수목 및 병해충에 맞는 농약 처리 방법을 알고 있다. • 수목의 외과수술의 대상과 시술의 장단점을 파악할 수 있다. • 외과수술 대상에 적합한 시술방법을 알고 있다. • 외과수술 사후 관리 방법에 대해 설명할 수 있다. • 기타

(2) 서술형 필기시험

수목 피해 진단 및 처방	• 수목의 생리, 토양, 병, 해충, 기상, 인위적 원인 등 수목 피해와 관련된 제반 요인들의 특성 및 상호 관계를 이해할 수 있다. • 수목의 피해를 종합적으로 진단하고 피해를 줄이거나 원천적으로 차단할 수 있는 방법을 제시하고 적용할 수 있다. • 진단 결과에 따라 진단 및 처방서를 작성할 수 있다. • 기타

3. 기출문제 유형 예시

(1) 작업형

① 수목명

구분	1회	2회
수목명	① 모감주나무 ② 미선나무 ③ 계수나무 ④ 회화나무 ⑤ 자귀나무 ⑥ 복자기 ⑦ 구상나무 ⑧ 노각나무 ⑨ 굴거리나무 ⑩ 전나무	① 산딸나무 ② 녹나무 ③ 독일가문비나무 ④ 마가목 ⑤ 벽오동 ⑥ 오리나무(사방오리나무) ⑦ 아왜나무 ⑧ 이팝나무 ⑨ 쪽동백나무 ⑩ 산사나무

② 수목병

구분	1회	2회
수목병	① 사철나무 흰가루병 ② 향나무 녹병 ③ 두릅나무 녹병 ④ 붉나무 점무늬병 ⑤ 참나무 시들음병 ⑥ 배나무 붉은별무늬병 ⑦ 소나무 혹병 ⑧ 전나무 잎녹병 ⑨ 단풍나무 타르점무늬병 ⑩ 작약 흰가루병	① 무궁화 그을음병 ② 잣나무 털녹병 ③ 산철쭉 민떡병 ④ 붉나무 빗자루병(마름무늬매미충) ⑤ 버드나무 흰가루병 ⑥ 향나무 녹병 ⑦ 칠엽수 잎마름병 ⑧ 참나무 겨우살이 ⑨ 붉나무 점무늬병 ⑩ 대추나무 빗자루병

③ 수목해충

구분	1회	2회
수목해충	① 거북밀깍지벌레 ② 갈색날개매미충 ③ 낙엽송잎벌 ④ 벚나무사향하늘소 ⑤ 복숭아명나방 ⑥ 오리나무잎벌레 ⑦ 도토리거위벌레 ⑧ 광대노린재 ⑨ 팽나무알락진딧물 ⑩ 갈색날개노린재	① (주홍날개)꽃매미(4령충) ② (밀)깍지벌레과(약충) ③ 흰불나방(번데기) ④ 소나무굴깍지벌레 ⑤ 회양목명나방(유충) ⑥ 매미나방(1세대) ⑦ 황다리독나방 ⑧ 갈색여치(알) ⑨ 버들잎벌레 ⑩ 미국선녀벌레(1세대)

(2) 서술형

① 1회

01 제초제 오용으로 인해 수목에 나타나는 증상과 처방 및 토양의 복구 방법을 서술하시오. (15점)

02 1958년에 국내에 들어와 대발생하여 버즘나무, 벚나무, 단풍나무, 포플러류 등 활엽수 160여 종을 가해한 해충의 국명과 생태적 · 피해적 특징 및 생물적 · 물리적 · 화학적 방제 방법을 서술하시오. (15점)

03 흰가루병, 그을음병을 식물병리학적으로 비교 · 설명하시오. (15점)

04 ○○공원 내 단풍나무 지제부 수분의 수피가 부풀어 오르고 구멍 주위에 지저분하게 수지와 배설물들이 나와 있었으며, 도롯가의 나무는 일렬로 지제부의 수피가 거칠게 부풀어 올라 벗겨져 있었다. 이를 바탕으로 피해를 진단하는 방법을 설명하시오. (55점)

② 2회

01 아밀라리아 뿌리썩음병에 대하여 다음 물음에 답하시오. (15점)

02 참나무시들음병의 매개충에 대하여 다음 물음에 답하시오. (15점)

03 이미다클로프리드 유제와 테부코나졸 수화제를 4,000배로 희석하여 1리터를 살포하는 데 필요한 약량과 희석방법 및 산출식을 쓰시오. (10점)

04 사람과 차량의 통행량이 많은 도심 한복판에 식재된 소나무가 있다. 이곳은 한밤중에도 불빛이 환하고 온도가 높으며, 소나무는 15년 전에 식재되었다. 소나무를 진단하는 방법과 진단 결과를 서술하시오. (50점)

- 어떤 해에는 소나무의 끝가지가 마르는 증상이 나타났으며, 그 직전 해의 강수량이 적음
- 소나무 수피에 1~2mm의 작은 구멍이 다수 발견됨
- 6년 전부터 생장량이 감소하기 시작함

4. 실기시험 준비 사항

(1) 작업형 – DVD

① 교재에 있는 모든 그림을 우선적으로 정리

② 양성기관, 산림청 자료, 기타 도감 등의 자료를 정리

③ 작업형 DVD 종류

㉠ 수목명 : 중부수종 위주로 정리하고 남부수종을 추가

㉡ 수목병 : 특히 교재에 있는 그림 위주로 정리

㉢ 수목해충 : 주요 해충은 학명도 함께 정리하고, 월동 형태 등 생활사 및 특이사항을 정리

(2) 작업형 – 현미경

① 광학/해부 현미경 관찰 연습 : 해부현미경으로 시료를 채취하고 광학 현미경으로 병원체를 관찰하는 연습

② 기출 사례

- 1회 : (배나무붉은무늬병 걸린 잎을 주고) 시료를 떠서 관찰하고 그것이 보이는 상태로 두고 나가시오.
- 2회 : (녹병이 걸린 나뭇잎과 줄기마름병이 걸린 나무줄기 시료를 주고) 시료를 관찰하여 그 형태를 그리고 포자의 색깔과 관찰한 현미경의 배율을 적으시오.

(3) 작업형 – 산도 측정

① 토양 산도 측정기의 사용법을 정확히 알고 있을 것

② 기출 사례

- 1회
  - A, B, C의 산도를 각각 측정하여 기록하시오.
  - A, B, C 중 알칼리성 토양을 고르고, 계량방법을 고르시오. (석회 또는 황)
- 2회
  - A, B, C의 산도를 각각 측정하여 기록하시오.
  - 세 가지 흙의 토성을 촉감법으로 구분하시오.
  - A, B, C 중 수목에 적합한 산도를 측정하고 산림토양에 적정한 토양을 고르시오.

(4) 작업형 – 외과수술

① 외과수술의 개요, 작업 순서, 주의할 점 등을 숙지하여 서술하는 연습이 필요함

② 기출 사례

• 1회 : 노거수의 외과수술 과정을 서술하시오. • 2회 : 동일

※ 본래 작업형이나 서술형으로 대체함

(5) 서술형

① 정확한 문제 분석 : 질문의 내용에 집중

② 핵심 포인트 도출

㉠ 키워드 제시를 통한 내용 구성

㉡ 체계적인 목차 구성 방법

③ 간결하고 산뜻하게 보이도록 작성

④ 서론, 본론, 결론으로 나누어 작성하고, 결론에서는 본인의 생각을 기술

Tree Doctor

나무의사

[필기+실기 통합본]

PART

02

실기시험 기출복원문제

Tree Doctor

PART 02

실기시험 기출복원문제

1. 작업형

기출문제 분석표

1. 수목병

구분	항목 목록	
3회	• 은사시나무 • 자작나무 • 스트로브잣나무 • 까치박달 • 백당나무	• 목련 • 중국단풍나무 • 상수리나무 • 산벚나무 • 화백
4회	• 고로쇠나무 • 굴참나무 • 산수유 • 산딸나무 • 양버즘나무	• 산수국 • 왕버들 • 칠엽수 • 백송 • 메타세쿼이아
5회	• 일본잎갈나무 • 리기다소나무 • 팽나무 • 당단풍 • 대왕참나무	• 멀구슬나무 • 때죽나무 • 매자나무 • 산철쭉 • 꽃사과나무
6회	• 서양측백 • 남천 • 생강나무 • 물오리나무 • 호랑가시나무	• 죽단화 • 가막살나무 • 협죽도 • 호두나무 • 박태기나무
7회	• 물푸레나무 • 층층나무 • 소사나무 • 죽순대(=맹종죽) • 개잎갈나무	• 졸참나무, 신갈나무 • 편백 • 먼나무 • 단풍나무 • 모과나무
8회	• 꽝꽝나무(동그란열매) • 졸참나무(잎과 열매) • 황벽나무(잎과 열매) • 참느릅나무(시과, 단일거치) • 가죽나무(잎기부 근처 선점)	• 박달나무(열매와 잎이 함께) • 잣나무(오엽과 잣 구과) • 누리장나무(꽃 사진) • 비목나무(열매 사진) • 백합나무(수피와 동아)

9회	• 명자나무(빨간 꽃, 탁엽) • 전나무(구과가 위로 향하고 구과가시 뒤로 젖혀짐) • 회화나무(콩과, 열매) • 스트로브잣나무수피(어린가지 : 녹색 → 회갈색), 5엽속 • 자작나무(흰색 수피)	• 좀작살나무[잎톱니(1/3), 전체톱니(작살)] • 노각나무(꽃과 수피, 가지가 사슴뿔처럼) • 굴피나무(암꽃, 수꽃, 깃꼴겹잎) • 구골나무[잎 마주보고(구골), 어긋나기(호랑)] • 세로티나벚나무(총상열매, 꽃받침과 꽃자루에 털이 없음)
10회	• 솜대(왕대, 맹종죽) • 장구밥나무, 헛개나무 • 굴참나무, 상수리나무 • 느티나무 • 개비자나무, 비자나무	• 함박꽃나무, 일본목련 • 히어리 • 찰피나무, 피나무 • 초피나무, 산초나무 • 팥배나무, 개벚나무
11회	• 측백나무 • 낙우송 • 붉나무 • 돈나무 • 병아리꽃나무	• 해당화 • 황칠나무 • 꼬리진달래 • 가침박달 • 매실나무

2. 수목해충

구분	항목 목록	
3회	• 솔껍질깍지벌레(가장 피해가 심한 때 : 후약충) • 대나무쐐기알락나방(유충으로 월동) • 갈색날개매미충(알로 월동) • 별박이자나방(연 1회 발생) • 진달래방패벌레	• 때죽납작진딧물(알로 월동) • 복숭아유리나방(유충으로 월동) • 털두꺼비하늘소(성충으로 월동) • 가중나무껍질밤나방 • 극동등에잎벌
4회	• 노랑쐐기나방(유충으로 월동) • 소나무가루깍지벌레(유충으로 월동) • 노랑털알락나방(알로 월동) • 사철나무혹파리(유충으로 월동) • 장미등에잎벌(유충으로 월동)	• 개나리잎벌(연 1회) • 미국선녀벌레(연 1회) • 매미나방(알로 월동) • 호두나무잎벌레(성충으로 월동) • 진달 진달래방패벌레(성충으로 월동)
5회	• 이세리아깍지벌레(성충 사진 제시) • 등무늬차색풍뎅이(성충 사진 제시) • 회양목명나방(피해 사진 제시) • 알락하늘소(성충 사진 제시) – 노숙유충(월동태) • 벚나무모시나방(유충 사진 제시)	• 복숭아명나방(유충으로 월동) • 아까시잎혹파리 – 번데기(월동태) • 외줄면충 – 대나무(여름기주 쓰기) • 붉나무혹응애(피해 사진 제시) • 사사키잎혹진딧물
6회	• 목화진딧물(기주 : 무궁화) • 갈색날개노린재 • 미국선녀벌레 • 때죽납작 진딧물 • 뽕나무이	• 오리나무잎벌레 • 밤나무혹벌(연 1회 발생) • 노랑털알락나방(알로 월동) • 사철깍지벌레 • 개나리잎벌
7회	• 사철나무혹파리(유충으로 월동) • 도토리거위벌레 • 알락하늘소 • 대나무쐐기 알락나방 • 미국흰불나방	• 버즘나무방패벌레(성충으로 월동) • 공깍지벌레 • 줄솜깍지벌레(연 1회) • 가중나무고치나방 • 극동등에잎벌
8회	• 넓적다리잎벌(월동태) • 오리나무잎벌레 • 조팝나무진딧물 • 큰이십팔점박이 무당벌레 • 진달래방패벌레	• 철쭉띠띤애 매미충 • 주홍날개꽃매미 • 솔수염하늘소(암수 구분) • 독나방(연 1회 발생) • 솔거품벌레

9회	• 노랑배허리노린재 • 쥐똥밀깍지벌레 • 썩덩나무노린재 • 미국흰불나방 • 때죽납작진딧물(중간기주 : 나도바랭이세) • 북방수염하늘소(암컷) • 매미나방 • 외줄면충(월동태 : 알) • 아까시잎혹파리 • 황다리독나방(1년 1회 발생)
10회	• 곱추무당벌레 • 주둥무늬차색풍뎅이(산성충 우화 시기 : 8월) • 밤나무혹벌(잎눈에 유충으로 월동, 1년 1회) • 뽕나무이(성충으로 월동, 1년 1회 발생) • 식나무깍지벌레 • 느타나무벼룩바구비(잎에 구멍 뚫는 충태 : 성충) • 줄솜깍지벌레(약충으로 가지에서 월동, 1년 1회 발생) • 털두꺼비하늘소(성충으로 월동) • 큰팽나무이
11회	• 갈색날개매미충(산란 사진) • 노랑털알락나방(월동태 : 알로 월동) • 미국선녀벌레(발생횟수 : 성충 사진, 1년 1회 발생) • 루비깍지벌레(발생횟수 : 1년 1회 발생) • 거북밀깍지벌레(월동태 : 수정한 암컷성충) • 먹무늬재주나방(월동태 : 번데기) • 팽나무알락진딧물 • 진달래방패벌레 • 외줄면충(여름기주) 대나무류 • 모리츠잎혹진딧물

3. 수목병

구분	항목 목록
3회	• 사철나무 탄저병 • 대추나무 빗자루병(치료 : 테트라사이클린) • 철쭉류 떡병 • 흰가루병(유성세대는 자낭구) • 복숭아잎 오갈병 같은 병원균으로 발생(벚나무빗자루병) • 아까시재목버섯 • 아밀라리아(자실체를 제외한 표징 뿌리꼴균사다발, 부채꼴균사판) • 갈색부후병 • 벚나무 갈색무늬구멍병 • 바이러스
4회	• 잣나무털녹병(중간기주 : 송이풀, 까치밥나무) • 고약병(회색, 갈색) • 벚나무 번개무늬병(바이러스) • 마가목 점무늬병 • 회양목 잎마름병 • 감나무 둥근무늬낙엽병 • 자낭 자낭반(피목가지마름병) • 흰가 흰가루병(병원균사진 제시) • 분생포자반(장미 검은무늬병 월동 균사) • 동백나무 흰말병
5회	• 명자(모과)나무 붉은별무늬병-향나무(기주 병해, 중간기주) • 버드나무 잎녹병 • 대나무 개화병 • 소나무류 푸사리움 가지마름병 • 버즘나무탄저병 • 배롱나무 흰가루병 • 느티나무 흰별무늬병-분생포자각(무성세대) • 오동나무 빗자루병 : 담배장님노린대(매개충 1개 적기) • 밤나무 줄기마름병 : 자낭각 • 잎떨림병(소나무류)
6회	• 가문비나무 안노섬뿌리 썩음병 • 복숭아오갈병 • 포플러류 잎녹병(여름포자) • 회화나무 녹병, 곰팡이 • 감귤 궤양병(세균) • 배롱나무 그을음병 • 배나무 불마름병 • 산수유 두창병 • 밤나무 잉크병 • 청변병
7회	• 메타세쿼이아잎마름병(병원균 : 페스탈로티옵시스) • 호두나무 갈색썩음병 • 담쟁이덩굴 둥근무늬병 • 감나무 모무늬낙엽병 • 대나무 잎녹병 • 동백나무 흰말병 • 장미 검은무늬병 • 치마버섯(백색부후균) • 피목가지마름병, 스클레로데리스 가지마름병(소나무병징 줄기 사진 제시, 자낭균병 자낭반 형성하는 병 2개 적기) • 소나무 잎녹병, 포자 이름, 중간기주 녹포자황벽나무 : 산초나무, 황벽나무, 참취, 과꽃, 쑥부쟁이

8회	• 이팝나무 잎녹병 • 칠엽수 잎마름병(무성세대 : 분생포자각) • 벚나무 갈색무늬구멍병(유성세대 : 자낭각) • 뿌리꼴균사다발과 같은 병해 표징 : 부채꼴균사판 • 버즘나무 흰가루병	• 동백나무 떡병 • 참나무갈색 둥근무늬병 • 철쭉 민떡병(유성세대 : 담자포자) • 소나무 혹병(중간기주 : 졸참나무) • 소나무류피목가지 마름병, 모과나무붉은별무늬병, 단풍나무흰가루병 중 병원균 문이 다른 것 병명 적기(모과나무 붉은별무늬병)
9회	• 이팝나무잎녹병 • 비늘버섯(갈색부후) • 스클레로데리스 가지마름병(Scleroderris) • 대나무 깜부기병[담자균(후막포자)] • 포플러류잎녹병(중간기주 : 낙엽송)	• 쥐똥나무둥근무늬병(Cercospora에 의한 병) • 마가목점무늬병(Mycovellosiella ariae) • 두릅나무 더뎅이병(Elsinoe araliae) • 벚나무 번개무늬병(바이러스) • 참느릅나무 검은무늬병[Stegophoraoharana, Asteromaoharanum(무성)]
10회	• 호두나무갈색썩음병 • 소나무류잎떨림병(자낭반) • 전나무 잎녹병 • 대추나무 빗자루병	• 대나무류 붉은떡병 • 두릅나무 녹병 • 배롱나무흰가루병(자낭구) • 동백나무 겨우살이
11회	• 간버섯(백색부후균) • 벚나무 균핵병 • 참죽나무 녹병(앞면 – 여름포자퇴, 뒷면 – 겨울포자퇴) • 회양목 잎마름병–분생포자각 • 산철쭉 녹병	• 새삼, 양분 빼앗는 부분 : 줄기에서 흡기를 내서 • 복자기 작은 타르점무늬병 • 회화나무 녹병과 향나무녹병(사진 중에서 동일수종에서만 나타나는 병 : 회화나무녹병) • 느티나무 흰무늬병 • 두릅나무 더뎅이병(Elsinoe araliae : 자낭각, 균사상태로 월동, 분생포자)

3회 기출문제 풀이

■ **미소해충관찰** : 루페시험(제한시간 10분, 15점)

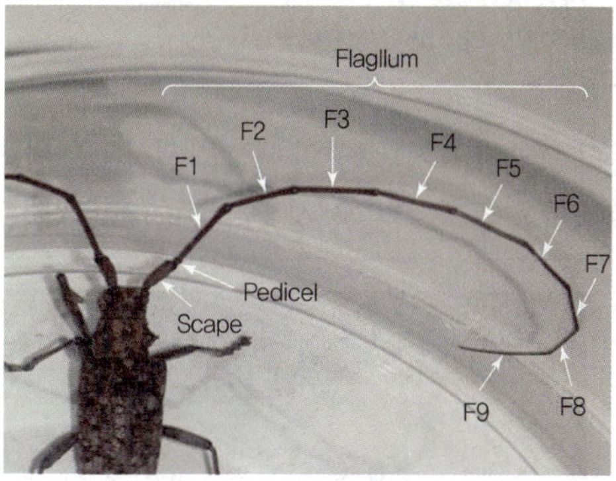

① (솔수염하늘소 암, 수 표본과 그림을 주고) 더듬이를 관찰하시오. (10점)

- 수컷의 더듬이가 암컷 더듬이보다 길었고 수컷의 더듬이의 전체 길이는 58.2±12.1mm(2~2.5배 정도)
- 암컷의 더듬이 전체 길이는 35.8±1.8mm(1~1.5배)
- 생체중, 체장, 체폭 : 암컷이 수컷보다 높음
- 두 폭은 암수 간에 차이가 없음
- 암컷 촉각 : 모든 편절 마디의 기부 쪽 절반 정도가 회백색의 미모로 덮여 있음
- 수컷 촉각 : 편절 마디는 전체적으로 흑갈색의 미모로 덮여 있음

② 암, 수 더듬이의 특징을 비교하시오. (5점)

(밑마디, 흔들마디, 채찍마디 구분)
- 암컷 : 밑마디 1, 흔들마디 1, 채찍마디 9
- 수컷 : 밑마디 1, 흔들마디 1, 채찍마디 9

■ **토양 진단 : 용적밀도 구하기 (15점)**

① (전자저울이 놓여 있고, 건조 토양시료가 채취기(원통)에 흙이 담겨 있고, 옆에 여분의 접시가 놓여 있고) 무게를 특정하여 용적밀도를 구하시오.

※ 지름 40mm, 높이 40mm, 토양무게 60g

- 원통형 부피 = $\pi \times r^2 \times h = 3.14 \times 20 \times 20 \times 40 = 50.24cm^3$
- 용적밀도 = 무게/전체부피 = $60/50.24 = 1.194g/cm^3$

② (무게 45.4g이 미리 주어지고) 토양의 용적밀도를 구하시오.

※ 지름 40mm, 높이 40mm

- 원통형 부피 = $\pi \times r^2 \times h = 3.14 \times 20 \times 20 \times 40 = 50.24cm^3$
- 용적밀도 = 토양무게/부피 = $45.4/50.24 = 0.9g/cm^3$

③ (토색첩 그림 주고 토양색 표기) 토양의 색깔을 색상(H), 명도(V), 채도(C) 순으로 표기하시오.

※ Munsell 토색첩에서 각 쪽은 색상, Y축은 명도, X축은 채도를 나타냄

■ **외과수술** : 외과수술 순서를 제시해 주고 그중에서 매트처리와 인공수피에 대한 부분만 구체적으로 서술하는 문제 (10점)

① 수목 외과수술 분야 중 매트처리와 인공수피처리에 대한 방법과 주의사항을 서술하시오.

1. 매트처리

① 충전제로 가장 널리 쓰이는 폴리우레탄폼은 여러 가지 장점이 있으나 경도가 약하여 조그만 충격으로도 구멍이 날 수 있으므로 내구성을 위하여 표면을 경화처리하고 보호할 필요가 있다.

② 과거에는 유리섬유를 사용하였으나 인체에 해롭기 때문에 최근에는 부직포를 사용한다. 부직포 자체는 부드러워서 표면경화에 도움이 안 되지만, 접착용으로 폴리에스테르 수지와 함께 쓰면 굳은 후에 경도가 커진다.

③ 부직포를 적당한 크기로 재단하여 공동의 가장자리에 밀착시키고 목질부에 작은 놋쇠못을 박아 고정시킨다.

④ 방수처리로 쓰이는 에폭시수지 혹은 불포화 폴리에스테르 수지를 즉석에서 배합하여 흠뻑 그 위에 발라 주어 접착제 역할을 하도록 한다.

2. 인공수피처리

① 햇빛에 의한 에폭시수지 혹은 폴리에스테르 수지의 산화를 방지한다.

② 자연스러운 수피모양과 색깔을 만들기 위하여 외과수술에서 최종적으로 실시하는 성형에 해당한다.

③ 재료로는 천연적으로 생산되는 코르크 가루를 이용하며, 접착제로는 표면경화처리에서 쓰는 에폭시수지, 폴리에스테르 수지를 사용한다.

④ 표면경화처리 과정에서 표면이 굳기 전에 에폭시수지나 불포화 폴리에스테르 수지를 바른 후 코르크 가루를 적절한 두께로 붙인다.

⑤ 성형이 불완전하게 된 부분이 있으면 코르크 가루의 양을 조절하여 재차 성형할 수 있는 기회가 있으므로 깨끗하고 자연스럽게 마무리한다.

⑥ 마지막으로 에폭시수지나 폴리에스테르 수지를 바른 후 마른 코르크 가루를 다시 한번 손으로 두드려서 붙여준다.

⑦ 코르크는 수목에서 천연적으로 만들어진 산물이며, 햇빛에 의하여 산화가 안 되고 색소를 첨가하여 수술을 받는 나무의 수피색과 비슷하게 바꿀 수 있는 장점이 있다.

⑧ 인공수피 제작과정에서 가장 중요한 것은 마무리된 인공수피의 높이이다.

※ 높이는 공동을 충전하고, 표면경화처리하고, 인공수피를 입힌 상태에서 마지막으로 고정된 인공수피의 상대적 위치를 의미

※ 인공수피의 높이는 주변에 노출된 형성층의 높이보다 약간 낮아야 함(형성층으로 부터 새로운 조직이 자라 나와서 살아 있는 목질부와 인공수피가 맞닿는 곳을 감싸도록 하기 위하여는 형성층의 높이가 인공수피보다 높아야 가능하기 때문)

4회 기출문제 풀이

■ **미소해충관찰** : 루페 동정(LED 루페 10배, 40배) – 벚나무모시나방 관찰 (15점)

① 표본 앞날개의 주맥과 둔맥의 수를 구하고, 더듬이의(촉각) 그림을 그리시오.

아래 날개의 주맥(Cu) 3개, 둔맥(A) 3개

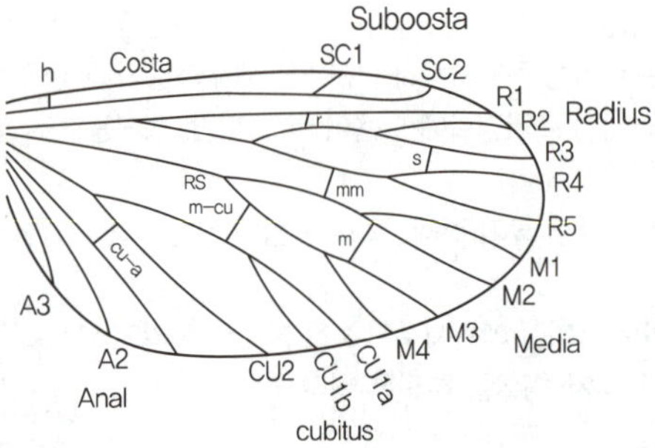

- C(costa) : 전연맥
- SC(subcosta) : 아전연맥
- R(radius) : 경맥
- M(media) : 중맥
- Cu(cubitus) : 주맥
- A(anal veins) : 둔맥
- 벚나무모시나방 더듬이 : 빗살 모양

■ **토양진단** : 단면분석(5점), 수분함량과 중량수분함량 구하기 (10점)

① (그림을 주고) Fe, Al 등이 용탈되어 집적되는 층이 A, B, C 중 어디인지 고르고 층 이름을 쓰시오.

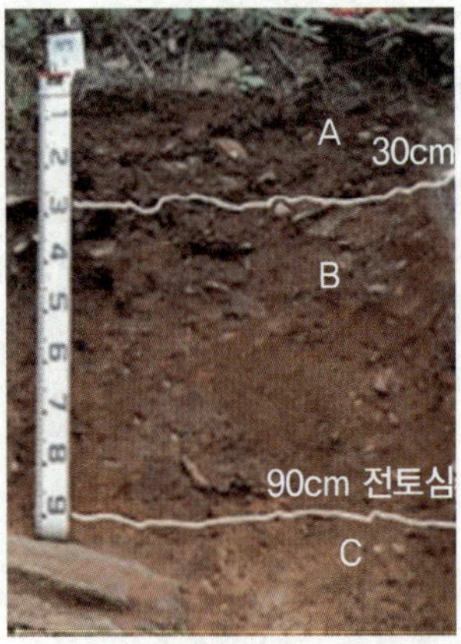

- A층 : 동식물 유체의 분해에 의해 생성된 부식이 많은 최상부의 토층으로 부식의 차이 등에 따라 상층부터 A1, A2, A3층 등으로 세분화됨
- B층 : 모재의 풍화에 의해 생성된 철화합물로 이루어져 있는 광질토층으로 B1, B2, B3층 등으로 세분됨
- C층 : 토양의 모재층으로 토양화가 거의 진행되지 않아 토색은 채도가 낮고 구성물질도 비교적 조립질이며 자갈함량이 많음

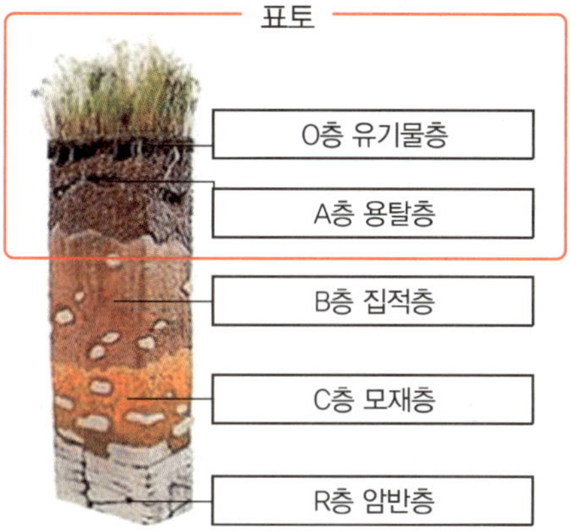

② 제시된 건조 토양과 과습한 토양의 무게를 측정하여 수분의 무게(g)와 질량수분함량(%)을 구하시오. (전자저울, 계산기 제공)

※ 건조 토양 127g, 습한 토양 147g, 용기 무게 27g

- 수분의 무게(함량) = 20g
- 중량(질량)수분함량 = 수분함량/건조토 무게 = 20/100 = 20%

■ 외과수술 (10점)

① 뿌리 외과수술에서의 과정을 서술하시오.

1. 뿌리절단과 박피

① 죽은 뿌리, 쇠약한 뿌리, 상처가 심한 뿌리는 모두 제거하되 살아 있는 부분에서 절단하여야 새로운 뿌리 발생

② 환상박피, 부분박피하여 지지효과 최대한 활용(습기침투가 못하게 발근촉진제를 첨가한 바세린를 발라주어 발근 유도)

2. 토양소독과 토양개량

토양 속 각종 병원균, 부훈균, 해충 등이 많으므로 토양소독(보라톤, 아이아톤, 오드란, 마릭스캡탄분제, 지오판수화제, 치람수화제 등)

3. 뿌리수술의 시행 목적

① 수목 주위 토양환경 개선 : 토양의 물리적 성질 변화에 의해 뿌리의 발달과 기능에 지장을 주는 경우, 수간 주위 복토, 도로공사에 의한 지표의 시멘트 포장, 몰탈 포장에 의한 공기 유통 방해로 뿌리 호흡작용에 피해를 받을 경우, 인근 시설물에 의한 뿌리절단, 복토에 의한 뿌리기능 상실 등으로 수세가 쇠약해질 때 토양환경을 개선하여 수목 생육에 적당한 토양조건으로 개선

② 부패(고사)한 뿌리제거 및 새로운 뿌리발근 유도 : 토양 내 공기유통 불량, 배수불량, 토양과습에 의하여 뿌리가 부패되어 뿌리의 기능(호흡기능, 흡수기능, 저장기능)이 상실되면 수목의 수세쇠약으로 이어지게 되므로 고사된 뿌리는 제거하고, 상처 난 뿌리는 치료하며 연고제 및 생리증진제 등의 약제를 환부에 처리하여 새로운 뿌리의 발근을 유도

4. 방법 및 효과

① 토양제거, 뿌리조사
- ㉠ 복토 및 답압된 토양, 지표에 포장된 시멘트나 몰탈을 제거한 후 뿌리 주변의 흙을 조심스럽게 제거
- ㉡ 복토, 답압된 토양을 제거하므로 토양 통기성을 회복
- ㉢ 뿌리수술이 끝난 후에 다시 복토하지 않고 원지반 높이로 유지

② 뿌리박피, 단근처리
- ㉠ 고사되거나 부패한 뿌리, 쇠약한 뿌리는 살아 있는 조직에서 절단하고 굵은 뿌리는 환상박피 또는 부분박피를 실시
- ㉡ 살아 있는 뿌리에서 절단하고 박피함으로써 새로운 뿌리의 발근을 유도할 수 있으며 절단부분과 박피부분에 발근촉진 호르몬인 옥신류 호르몬의 증대로 인해 많은 세근이 발생토록 함
- ㉢ 발근제와 무기양료(질산칼슘, 황산마그네슘, 제일인산칼륨, 염화철 등 1,000~2,000배로 희석)

③ 약품처리
- ㉠ 생리증진 및 발근제 처리 : 절단되거나 박피된 뿌리에 생리증진 및 발근촉진제를 처리하여 생리증진 및 생육생장을 증대시킴
- ㉡ 유합조직연고제 처리 : 뿌리의 절단부위, 박피부분에는 각종 병원균과 습기가 침입하게 되며, 특히 토양에는 각종 부후균과 뿌리썩음병균이 많고, 과습하여 병원균의 침입번식이 용이함
- ㉢ 그러므로 상처부위가 썩거나 건조하면 유합조직이 형성되지 않으므로 이러한 현상을 방지하기 위하여 상처부위를 도포함으로써 수분 및 부후균의 침입을 방지하며, 상처를 치유하고 절단부위에는 유합조직이 형성될 수 있도록 함

④ 토양소독 : 토양 속에는 각종 해충이나 균이 존재하므로 토양소독을 실시하여 뿌리치료로 조직이 드러난 부분에 각종 병충해와 부후균의 침입을 방지

⑤ 토양개량 : 사양토, 양토, 유기질 비료와 기존의 흙을 혼합하고 채워 토양의 물리적 성질(배수성, 통기성)과 화학적성질(무기양료, 토양산도)을 개량

⑥ 유공관설치
- ㉠ 구멍이 뚫린 관(직경 10~15cm)을 지면과 수직으로 뿌리 부근에 설치
- ㉡ 유공관을 설치하면 절단된 뿌리 부근이나 지하 속에 있는 뿌리에 산소공급 및 지표면의 온도 전이가 용이하여, 새로운 뿌리발근을 유도하고 뿌리의 호흡작용, 흡수작용 등 생리 작용에 도움을 줌
- ㉢ 흙을 30cm 이상 덮어야 할 경우와 주위 환경이 뿌리 발근에 지장을 주는 습도와 공기 유통의 장애가 있을 때에는 유공관을 설치하고 자갈로 유공관 내부에 처리하여 토양 통기 조건을 향상시킴

⑦ 지상부의 수형조절 : 세근의 손실로 물과 무기양료공급 부족으로 지상부와의 균형을 유지하기 위하여 수형이 파괴되지 않는 범위 내에서 쇠약지, 도장지, 수형에 불필요한 가지 등을 제거

⑧ 수간주사 및 엽면시비 : 5% 포도당에 질소, 인산, 칼륨, 칼슘, 마그네슘, 유황, 철 등을 혼합, 수간주사, 0.5~1% 요소 4종 비료

5회 기출문제 풀이

■ 자낭구 길이 구하기

① (자를 나누어 주고) 자낭구의 길이를 구하시오.

※ 모니터에 직접 자를 대서 5μm의 크기를 읽어 0.7cm를 알아내고 자낭의 길이도 재어 4.3cm 비례식으로 계산하면 체장의 길이를 알 수 있다.

5μm : 0.7cm = X : 4.3cm, 0.7X = 21.5, X = 30.7μm ∴ 약 31μm

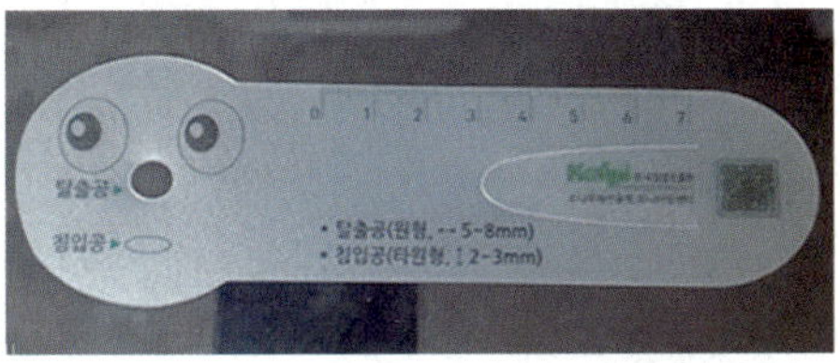

예 아래 자낭의 길이 구하기

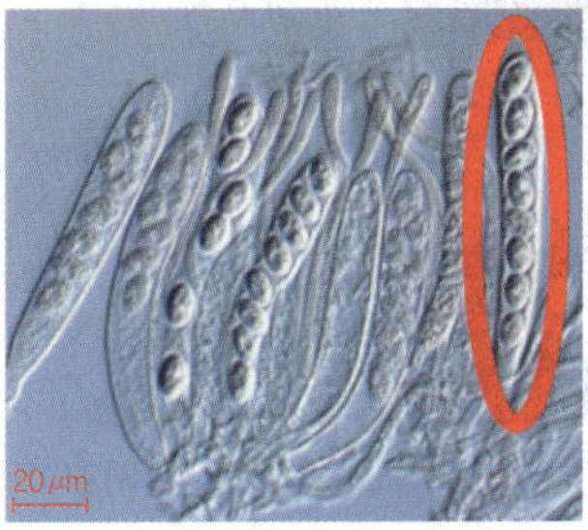

- 20μm : 11mm = X : 45mm
- 11X = 900, X = 82μm

■ 광학 현미경 사용하여 관찰하기 : 병해충 동정문제 (3문제 각각 5점, 총 15점, 시간 15분)

① 다음 6개 중 움직이는 캐터필러형 유충을 관찰하는 도구 3개를 고르시오.

※ 현미경 두 가지(해부현미경과 광학현미경), 토양경도계, 핀셋, 물, 루페 주어짐

해부현미경, 핀셋, 루페

② (현미경 사용법 동작법 화면을 4개 주면서) 다음 동작이 옳은지, 옳지 않은지를 표시하시오.

- 대물대를 아래에서 위로 이동하는 동작 : ×
- 대물렌즈를 저배율에서 고배율로 돌리는 동작 : ○
- 초점이 뚜렷한 상태에서 흐린 상태로 맞추는 동작 : ×

③ 시료통의 원기둥 지름이 7.2cm, 높이가 10cm, 건조 전 토양무게가 573.77g/cm^3, 건조 후 토양무게가 261.68g/cm^{3}일 때 용적밀도와 수분함량은?

- 용적밀도 = 고형입자의무게/전체용적 = 261.68/406.9 = 0.64g/cm^3
- 원통의 부피 : 3.14×3.6×3.6×10 = 406.9
- 중량수분함량(%, w/w) = 수분의 무게/건조토무게 = (573.77 − 261.68)/261.68
  = 312.09/261.68 = 1.192 = 119.2%
- 용적수분함량(%, v/v) = 중량수분함량 × 용적밀도 = 119.2% × 0.64 = 76.3%

■ 촉감법에 의한 토성 구분문제

① 토색첩에 의한 표기

② 촉감법에 의한 토성 구분

양토

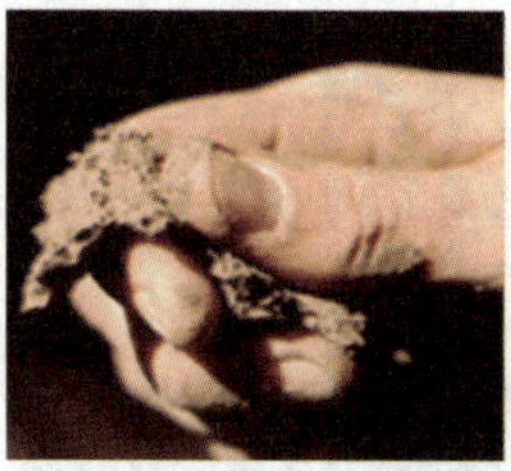

띠길이 < 2.5cm

식양토

2.5cm < 띠길이 < 5cm

식토

5cm < 띠길이

점토, 띠형성, 손에 붙음
식토

양토, 띠형성, 쉽게 부서짐
양토

사토, 띠형성 안 됨, 거칠음
사토

■ 외과수술 (10점)

① 공동의 입구가 큰 수목

② 외과수술의 부후 중 제거, 살균, 살충, 방부, 방수과정 서술 및 주의사항은?

p.962 외과수술 참고

6회 기출문제 풀이

■ 토양진단 (10점)

① 전체용적이 300cm^{3}의 토양 522g을 건조기에 돌린 후 450g이 되었다. 이때 용적밀도, 공극률, 중량수분함량, 용적수분함량을 구하시오.

※ 입자밀도 : 2.65g/cm^3

※ 소수점 둘째 자리에서 반올림할 것

- 용적밀도 = 고형의 무게/전체 용적 = 450/300 = 1.5g/cm^3
- 공극률 = {1 − (용적밀도/입자밀도)} × 100 = {1 − (1.5/2.65)} = 43.39% = 43.4%
- 수분의 무게 = 522 − 450 = 72g
- 중량수분함량(%) = 수분의 무게/건조토 = 72/450 = 0.16 × 100 = 16%
- 용적수분함량(%) = 중량수분함량 × 용적밀도 = 16 × 1.5 = 24%

■ 병해진단 (10점)

① (보기 주어지고) 다음 사진에 해당하는 병해를 보기에서 고르시오.

A 푸사리움

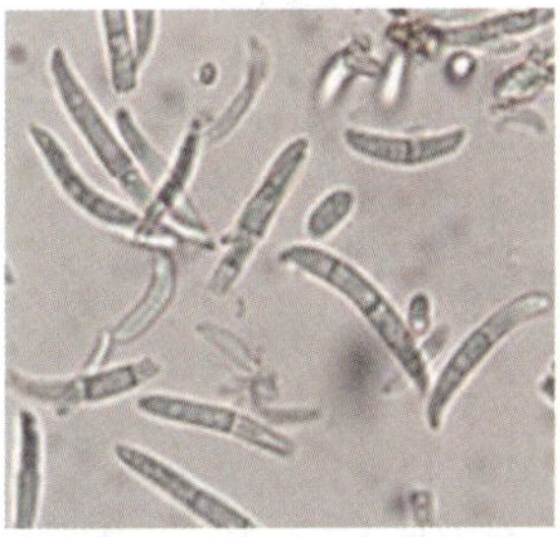

B 페스탈로치아병

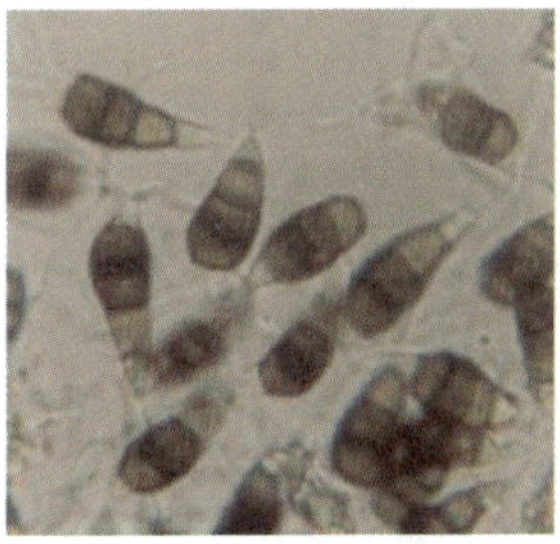

C 파이토플라스마(2가지 고르기)

D 난균류(3가지 고르기)

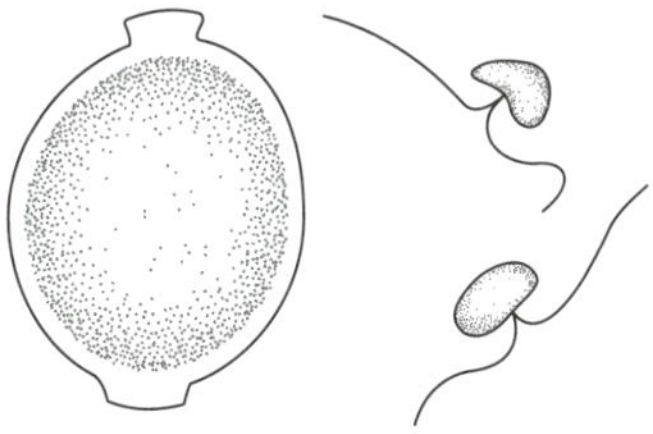

- A 푸사리움 : 푸사리움가지마름병
- B 페스탈로치아병 : 은행나무 잎마름병, 동백나무 갈색잎마름병, 철쭉류 잎마름병
- C 파이토플라스마 : 뽕나무 오갈병, 쥐똥나무 빗자루병
- D 난균류 : 모 잘록병, 파이토프토라뿌리썩음병(역병), 밤나무잉크병

■ **외과수술** (10점)

① 외과수술 중 공동충전 시 공동 가장자리의 형성층 노출이 중요한 이유와 노출방법에 대하여 서술하시오.

※ 본래 작업형이나 서술형으로 대체함

1. 공동충전 시 공동 가장자리의 형성층 노출이 중요한 이유

① 노출된 형성층에서 자라난 유합 조직이 인공 수피를 덮어, 공동충전물과 수피가 서로 분리되는 것을 방지

② 수피와 충전물과의 경계선을 형성층 조직이 완전히 감싸도록 유도하기 위함

2. 노출방법

① 공동의 가장자리를 따라서 안쪽으로 말려 들어간 부분의 형성층을 노출시켜야 함(노출된 형성층은 외과수술에서 가장 조심해야 할 보호 조직)

② 도구를 이용하여 공동 가장자리를 따라 깎아내어 형성층을 노출시킴

③ 공동 메우기 공정 시 표면이 상기 노출된 형성층보다 20~30mm 낮도록 깎아 정리하고 상기 정리된 충전재 표면에 실리콘 실란트를 5mm 두께로 도포 · 경화시킴

④ 노출된 형성층은 여러 가지 작업과정에서 약해를 받지 않고 마르지 않게 보호해야 함(미리 바셀린을 발라놓는 것도 좋은 방법)

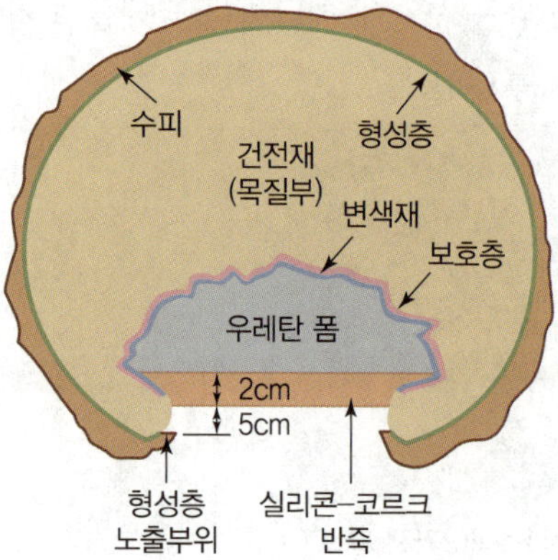

7회 기출문제 풀이

■ 외과수술 (20점)

① 공동이 크고 깊은 수목 부후부제거 방법 및 주의해야 할 점을 서술하시오.

※ 본래 작업형이나 서술형으로 대체함

1. 공동의 부패조직을 제거하여 단단한 목질조직을 노출

2. 목질조직에 살균 및 살충처리는 건조 후 내부 처리

3. 공동의 가장자리를 따라서 안쪽으로 말려 들어간 부분의 형성층을 노출시켜야 함
외과수술에서 가장 조심해야 할 보호조직

4. 부패부 제거
① 공동은 지저분하고 습기를 가지고 있어서 각종 미생물과 곤충의 서식지 역할을 하므로 부패한 조직을 자귀, 긁기, 끌 등을 이용하여 완전히 제거하고 깨끗하게 청소함
② 조직이 푸석푸석하거나 부스러지는 부분은 부패한 것이므로 모두 제거해야 함
③ 목질부가 단단하게 남아 있는 부분에서 제거 작업을 정지함
④ 작업 시 약간 변색된 부분은 그대로 둠
⑤ 수목은 상처를 받으면 자체적으로 방어벽(CODIT, barrier zone)을 만드는데, 부패부를 제거할 때 형성층의 방어벽을 건드리지 않도록 노력해야 함
⑥ 끌이나 칼을 이용하여 건전한 목질부가 나올 때까지 조금씩 부패부를 제거하되, 함부로 더 깊이 더 넓게 건전한 목질부를 노출시켜서는 안 됨

5. 공동 가장자리의 형성층 노출
① 공동충전물과 수피가 서로 분리되는 것을 방지함
② 수피와 충전물과의 경계선을 형성층 조직이 완전히 감싸도록 유도하기 위하여 살아 있는 형성층 조직을 일부 노출시켜야 함
③ 이때 공동의 가장자리를 따라서 안쪽으로 말려 들어간 부분의 형성층을 노출시킴
④ 노출된 형성층은 외과수술에서 가장 조심해야 할 보호조직임. 이 형성층으로부터 새로운 조직(유합조직, callus)이 나와서 공동의 입구를 성공적으로 막아 버릴 수도 있음
⑤ 수술이 끝난 후 물이 스며들어갈 경우이 형성층 노출부분을 통해서 주로 들어가기 때문임
⑥ 노출된 형성층은 다음의 여러 가지 작업과정 에서 약해를 받지 않게 그리고 마르지 않게 특별히 보호해야 함
⑦ 티오파네이트메틸 도포제나 테부코나졸 도포제를 바름

6. 소독 및 방부처리
① 공동이 더 이상 부패하거나 해충의 피해를 받지 않게 하기 위하여 살균제와 살충제를 차례로 처리함
② 살균제로서 70% 에틸알코올을 사용함
③ 살충제로서 침투성이 좋은 페니트로티온(1b)(200배액)과 훈증효과가 있는 다이아지논(1b)(100배액)을 혼합하여 분무기로 구석까지 처리함
④ 살충제는 엽면살포 할 때보다 더 농축된 용액을 사용하여 목질부 표면에 장기간 남아 있도록 함
⑤ 방부제로서 유산동(10% 용액)과 중크롬산카리(0.5% 용액)를 섞어서 충분히 도포함
⑥ 외과수술시 건조 방지, 유상조직(Callus) 형성을 돕기 위하여 상처도포제를 사용함
㉠ 티오파네이트메틸도포제(상표명 : 톱신페스트) : 효과 있음
㉡ 테부코나졸도포제(상표명 : 실바코) : 효과 있음

■ 참나무 시들음병 PET 줄기분사법 빈칸 채우기 (10점)

① 약제줄기 분사법

㉠ 식물추출물을 원료로 한 친환경 약제를 방제 대상목에 직접 뿌려 매개충에 대한 살충 효과와 침입저지 효과를 동시에 발휘

㉡ 원료로 Paraffin, Ethanol, Turpentin 등의 혼합액을 사용

② 실행방법 : 원료 혼합액을 방제 대상목의 살포 가능한 높이까지 골고루 뿌림

③ 살포시기 : 지역별로 우화시기를 고려하여 5월 말부터 6월 말까지 살포

④ 방제실행 : 보존가치가 있는 지역에 제한적으로 실행

■ 병원균 동정 (10점)

① 순활물병원균(절대기생체) : A, E, F(녹병과 흰가루병)

② 녹병의 여름포자와 겨울포자 : E(여름포자), A(겨울포자)

〈보기〉

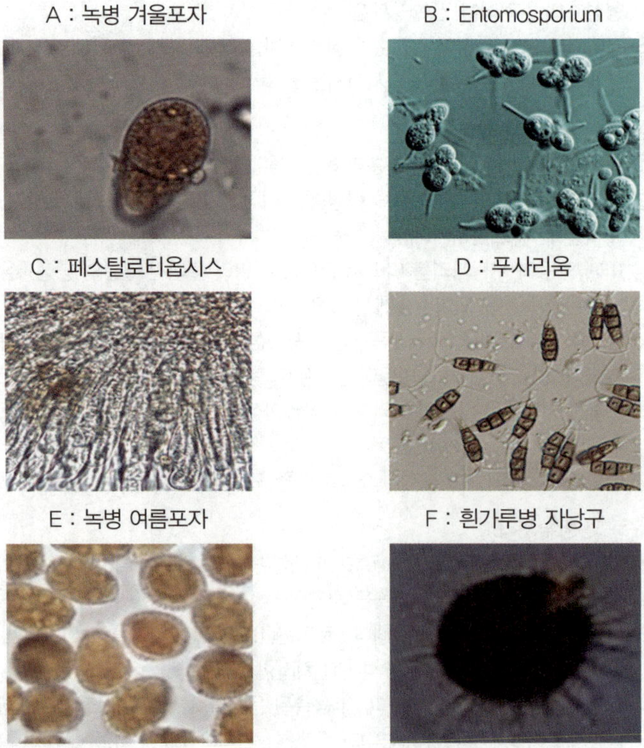

■ 해충 피해 동정하기 (10점)

① 벚나무 사향하늘소, 소나무좀, 박쥐벌레의 피해 증상을 2개 고르시오.

② 형성층 목질부 가해 – 소나무좀

③ 수세약화 수목가해 – 소나무좀

④ 목질을 위, 아래로 가해 – 박쥐나방

⑤ 거미줄 – 박쥐나방, 우드칩 – 벚나무사향하늘소, 수액 – 벚나무 사향하늘소

해충명	피해동정
벚나무사향하늘소	배출된 목설은 줄기와 지재부에 쌓임
복숭아유리나방	수피에 소량의 목설과 수액이 붙어 있음
소나무좀	소나무 수간, 수피에 미세한 톱밥
박쥐나방	수피와 목질부 표면을 환상으로 식해, 거미줄을 토하여 벌레 똥과 먹이 찌꺼기로 바깥에 철하므로 혹같이 보임

1. 소나무좀

① 1차 피해 : 월동한 성충이 3~4월 수간에 들어가 지면과 직각으로 모갱을 만들고 산란함. 알은 부화 인피부와 목질부를 가해 지면과 수평방향으로 가해

② 3월 하순부터 4월경에 쇠약한 나무 또는 이식한 나무의 수피를 관찰하여 미세한 톱밥이 수피 사이에 있는지 여부를 수시로 관찰

2. 벚나무사향하늘소

① 지면으로부터 1m 높이 이내 유충 침입공이 많이 발견, 흉고직경이 50cm 이상인 경우 지면으로부터 1m 이상에서도 피해가 발견

② 벚나무 등 장미과 수목, 감나무, 참나무류 등 다양한 수종 가해

③ 성충은 7월 초순에 발생해 8월 말까지 활동. 7월 중 줄기나 가지의 수피 틈에 1~6개의 알을 산란하고 10일 정도 후 유충이 부화

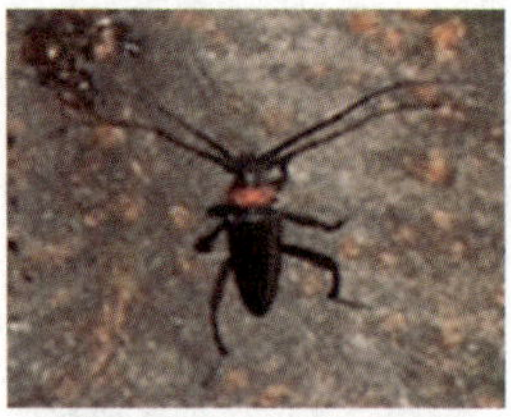

〈벚나무사향하늘소 성충〉

〈유충 침입 후 배출 중인 목설〉

〈유충 침입공과 목설 흔적〉

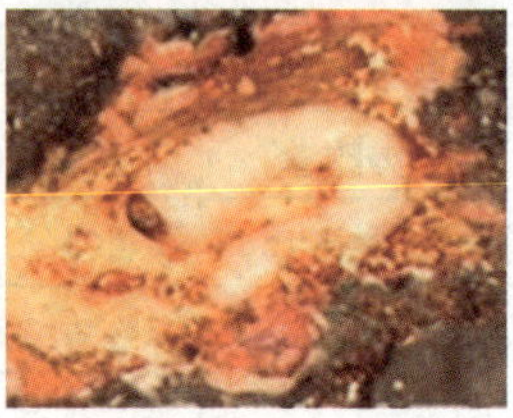

〈수피 아래를 가해 중인 유충〉

3. **박쥐나방** : 나비목 · 박쥐나방과, 1년에 1세대, 2년에 1세대

① 지표면에서 알로 월동, 5월에 부화, 어린 유충은 처음에는 연한 줄기 속을 먹다가 나무의 줄기나 가지로 이동하여 생활

② 부화유충이 주로 땅에 접한 표피를 둥글게 가해하고 목질부로 파고 들어가 피해를 주며 가해하면서 배출한 배설물을 파고 들어간 구멍 입구에 붙여 놓고, 또한 피해를 받은 줄기는 잘 꺾어지므로 눈에 쉽게 띔. 살아 있는 식물과 말라 죽은 나무에도 뚫고 들어감

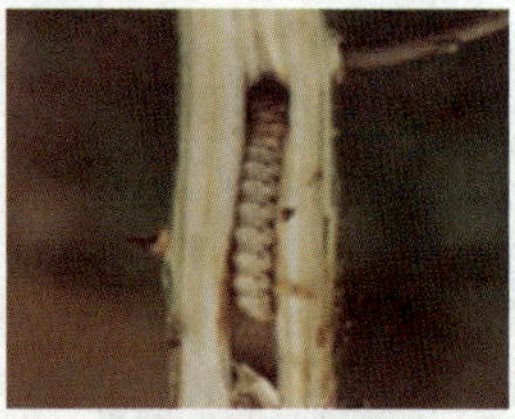

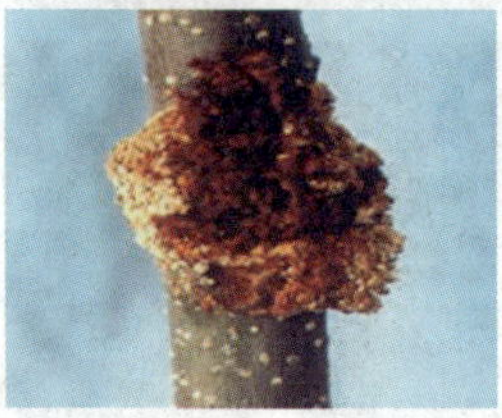

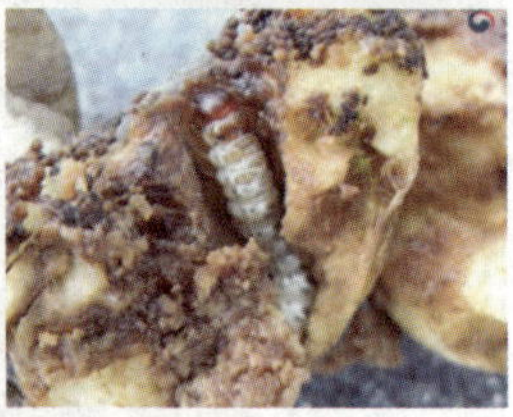

8회 기출문제 풀이

■ 호두나무잎벌레 / 낙엽송잎벌 / 극동등에잎벌에 대하여 각각 기주, 발생횟수, 월동태를 고르시오. (10점)

① 호두나무잎벌레 : 호두나무, 1회, 성충
② 낙엽송잎벌 : 일본잎갈나무, 3회, 번데기(전용)
③ 극동등에잎벌 : 진달래, 3~4회, 유충

■ 다음 문제를 보기에서 골라 두 개씩 적으시오. (10점)

〈보기〉

ㄱ. 향나무 녹병	ㄴ. 밤나무 잉크병	ㄷ. 포플러 잎녹병
ㄹ. 오동나무 탄저병	ㅁ. 소나무 잎떨림병	ㅂ. 동백나무탄저병
ㅅ. 벚나무 번개무늬병	ㅇ. 벚나무 유과균핵병	ㅈ. 은행나무 잎마름병
ㅊ. 모잘록병	ㅋ. 소나무 피목가지마름병	ㅌ. 파이토프토라뿌리썩음병

① *Sclerotium*(균핵) : ㅇ, ㅊ
② *Phytophthora* : ㄴ, ㅌ
③ *Colletotrichum* : ㄹ, ㅂ
④ 자낭반 : ㅁ, ㅋ
⑤ 녹병균(겨울포자) : ㄱ, ㄷ

■ 감나무 둥근무늬낙엽병, 벚나무 갈색무늬구멍병, 모과나무 붉은별무늬병에 사용하는 디페노코나졸(10%) 수화제를 물 500리터에 2,000배액으로 사용하려고 한다. 다음 질문에 답하시오. (10점)

① 농약의 분류계통 : 트리아졸계
② 농약의 작용기작 : 막에서 스테롤생합성 저해(사1)
③ 농약 희석방법 : 500L/2,000배=0.25L(250ml) → 250ml 원액, 물을 500L에 희석하여 완전한 현탁액이 된 후 살포함
④ 농약 처리방법

수목병	처리방법
감나무 둥근무늬낙엽병	5월 하순~7월 상순 사이에 7~10일 간격으로 2~3회 전면 살포
벚나무 갈색무늬구멍병	5월과 장마 이후 3~4회 전면 살포
모과나무 붉은별무늬병	4월 초부터 전면 살포하거나 발병 초기 10일 간격으로 경엽 처리

⑤ 농약 살포 안전사용기준

- 농약살포 시 바람을 등지고 살포
- 신선한 아침, 저녁에 살포
- 안전보호구(방독 마스크, 고무장갑, 방제복 등) 착용 후 살포

9회 기출문제 풀이

■ **병원체 동정후병해와 연결하기** (5개 사진, 10점)

(가)

(나)

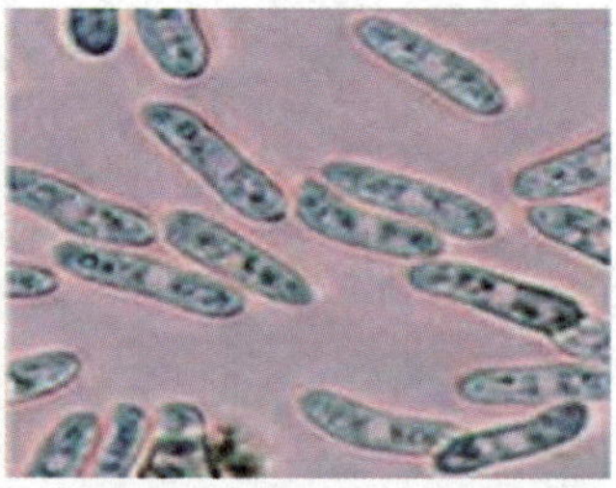

(다)

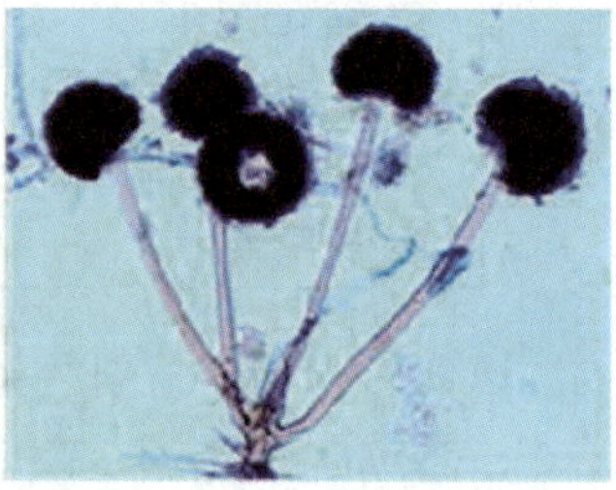

(라)

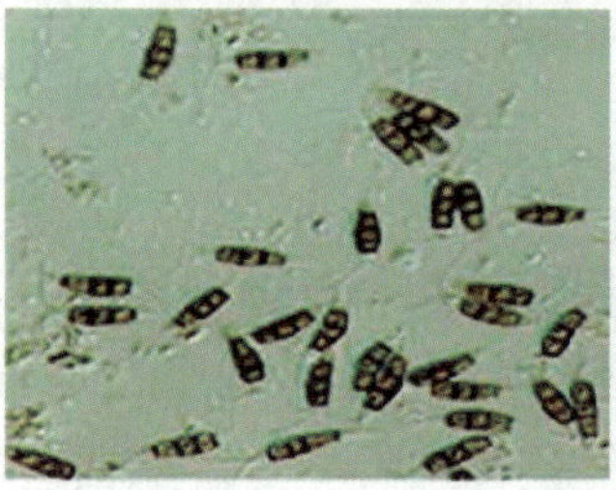

(마)

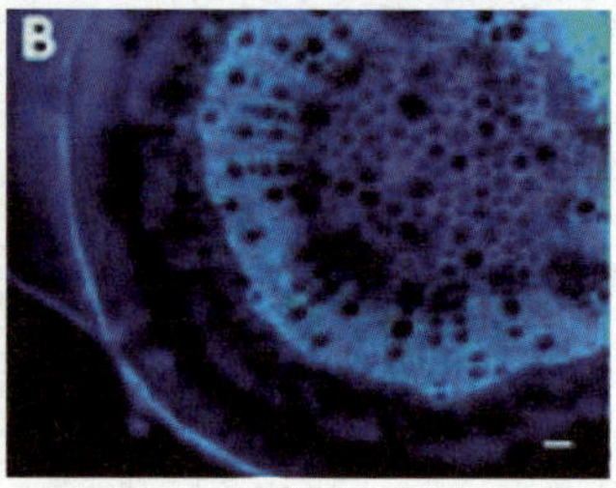

- Ophiostoma novo－ulm : 나무목재청변병, 느릅나무 시들음병
- 탄저병 : 사철나무탄저병, 단풍나무탄저병
- Verticillum 시들음병
- Pestalotiopsis : 동백나무잿빛잎마름병, 측백나무잎마름병
- 파이토플라스마 : 오동나무빗자루병, 쥐똥나무빗자루병

■ 2023년 산림병해충 방제기준에 의거 솔잎혹파리의 방제를 위하여 이미다클로프리드를 이용한 나무주사방법(사용시기와 천공방법)을 기술하시오. (10점)

㉠ 사용시기

- 피해도 '중' 이상 지역 또는 중점관리지역, 주요 지역 등 실행 시 임업적방제 후 저독성약제를 사용한 적기 나무주사
- 저독성약제 사용을 통한 생태적 방제사업 추진 : 인체 및 환경 피해가 적은 저독성약제를 사용

㉡ 천공방법

- 천공수 : 대상 나무의 가슴높이 지름에 따라 결정
  - 천공당 약제주입량(수피를 제외한 깊이)
  - 1개당 : 지름 1cm, 깊이 7~10cm(평균 7.5cm)
  - 주입량 4mℓ, 가슴높이 지름이 10~12cm인 경우 깊이 6cm 이내는 구멍 1개당 약 4mℓ(3.888mℓ)
  - 약제주입구 : 지면으로부터 50cm 아래 수피의 가장 얇은 부분
  - 천공은 밑을 향해 중심부를 비켜서 45° 되게 나무줄기 주위에 고루 분포
  - 약제주입기를 구멍에 깊이 넣고 서서히 당기면서(주입량 준수), 1개 구멍에 1회 주입(급히 주입하면 약제가 넘쳐 나옴)
- 나무주사 천공 깊이와 약제주입량
  - 천공 깊이는 평균 7.5cm로 하고, 최대주입량 5.498mℓ의 75%(산지 경사 등을 감안) 산정하여 4.123mℓ(약 4mℓ)

〈천공(구멍 뚫는) 요령〉

- 천공방향

밑을 향해 45° 되게

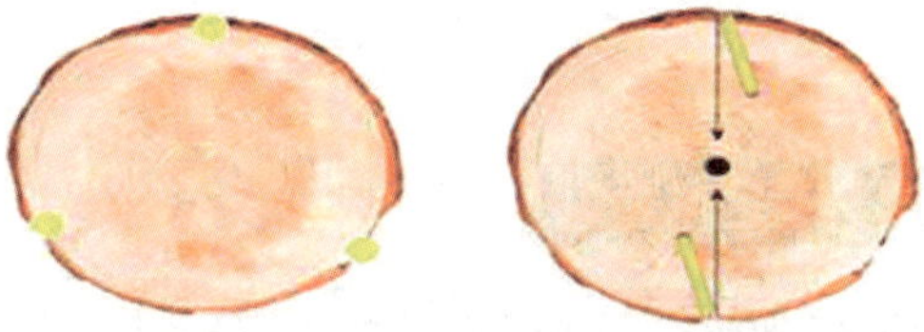

나무줄기에 고루 분포시키고 중심부를 비켜서 뚫음

- 천공당 약제주입량

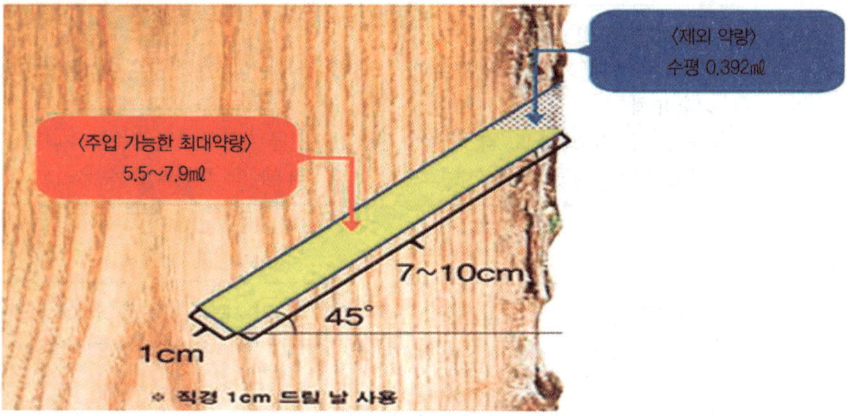

■ 노거수의 부후부를 제거하는 과정을 CODIT 이론에 근거하여 설명하시오. (10점)

㉠ CODIT 이론

- CODIT(Compartmentalization Of Decay In Trees) 법칙
- 1977년 미국 Shigo 박사가 제창한 '수목 부후의 구획화', '상처에 대한 나무의 자기방어기작'

㉡ 제거 과정

① 수목은 상처를 입게 되면 재질부후균 등 미생물의 침입을 봉쇄, 감염된 조직의 확대를 최소화하기 위해 상처 주위에 여러 방향으로 화학적 내지 물리적 방어벽을 만들어 저항한다.
② 부후부 제거 시 조직이 푸석푸석하거나 부스러지는 부분은 부패한 것이므로 모두 제거하고 목질부가 단단하게 남아 있는 부분에서 정지하며, 약간 변색된 부분은 그대로 둔다.
③ 수목은 상처를 받으면 자체적으로 방어벽(CODIT)을 만드는데, 부패부를 제거할 때 이 방어벽을 건드리지 않도록 하여야 한다. 도구를 사용하여 건전한 목질부가 나올 때까지 조금씩 부패부를 제거하되, 함부로 더 깊이 더 넓게 건전한 목질부를 노출시켜서는 안 된다.
④ 캘러스(Callus, 혹은 유합조직, 유상조직)
- 분화되지 않은 부정형의 세포덩어리로 식물체에 상처가 났을 때 상처 주변에 생기는 분열조직이 형성한 종양조직이 대표적
- 식물은 크게 세포분열을 하는 분열조직과 그렇지 않는 영구 조직으로 구성되어 있는데 처음 분열 조직의 세포를 영양 배지에 넣고 키우면 캘러스가 형성 그 후 부정배가 형성되고 식물체로 분화
⑤ 공동충전물과 수피가 서로 분리되는 것을 방지하고, 수피와 충전물과의 경계선을 형성층 조직이 완전히 감싸도록 유도하기 위하여 살아 있는 형성층 조직을 일부 노출시켜야 한다. 이때 공동의 가장자리를 따라서 안쪽으로 말려 들어간 부분의 형성층을 노출시킨다.

10회 기출문제 풀이

■ 갈색날개매미충 · 미국선녀벌레 · 꽃매미의 산란장소, 산란특성적기를 서술하시오. (10점)

㉠ 갈색날개매미충

- 1년에 1회 발생, 알 상태 월동
- 5월경 부화해 일정 기간 약충상태로 지냄, 약충기간에는 성충보다 많은 수액을 먹으며 4번의 탈피를 거쳐 성충이 됨
- 7월 중순 무렵 성충이 되고 약 1개월의 산란 전기간을 거친 뒤 8월 중순부터 나뭇가지 속에 산란
- 주로 1년생 어린 나뭇가지에 산란 그로 인해 나무의 생장에 피해를 줄 수 있음

㉡ 꽃매미

- 1년에 1회 발생, 성충은 비를 피할 수 있는 곳이면 나무줄기, 시멘트 기둥 등 어디에나 산란을 하고 알로 월동
- 알은 30~50개씩 무더기로 낳음. 봄철 약충은 주변의 초본이나 신초 등에 빨대같이 생긴 입을 꽂고 즙액을 빨아먹으며 성장
- 7월경 꽃매미는 성충이 되고 주로 목본(가죽나무, 포도나무, 복숭아나무) 등을 집중적으로 가해. 이후 11월 중순경이 되면 주로 가죽나무 등의 껍질에 알집을 만들고 알을 낳고 생을 마감

ⓒ 비교

구분	갈색날개매미충	미국선녀벌레	꽃매미
산란 장소	주로 1년생 어린 나뭇가지에 산란	수피 아래 갈라진 틈 사이에 산란	나무껍질에 열을 지어 붙여 낳음
산란 특성	 2줄로 비스듬히 산란, 이로 인해 가지가 말라 죽음	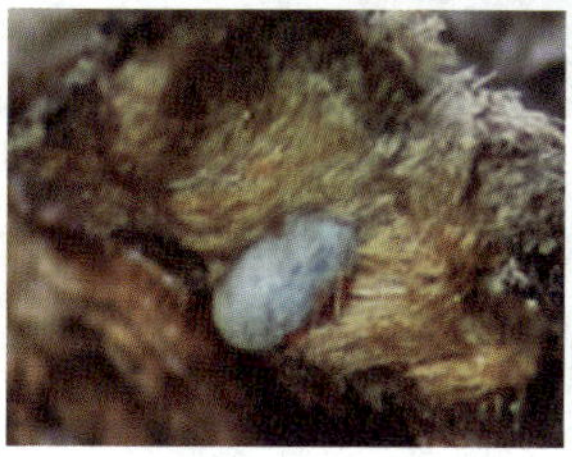 알을 하나씩 낳음	 흙 같은 갈색의 왁스질을분비해서 위를 덮음

■ **병해와 병원균 사진 연결** (10점)

① 병해와 병원체 사진 하나씩 연결하시오.

1. 밤나무 잉크병–Phytophtora
2. 참나무 갈색둥근무늬병–Marssonina
3. 은행나무 잎마름병–Pestalotoiopsis
4. 두릅나무 녹병사진–녹포자
5. 흰가루병–자낭구
6. 푸사리움가지마름병–푸사리움사진

1. 밤나무 잉크병

Phytophtora

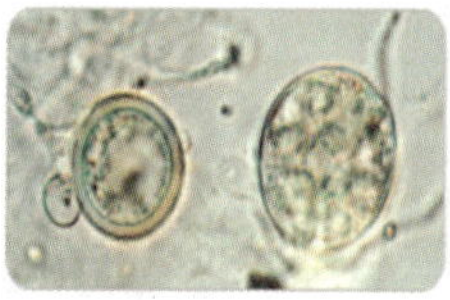

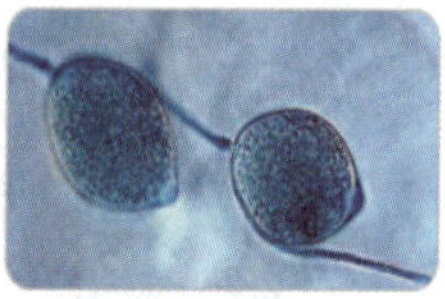

2. 참나무 갈색둥근무늬병

Marssonina

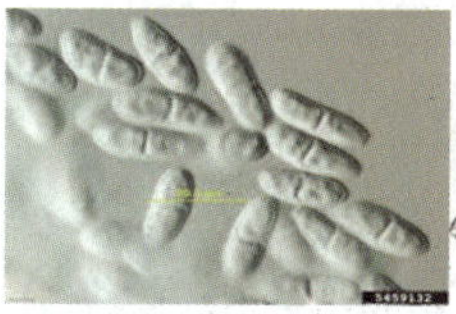

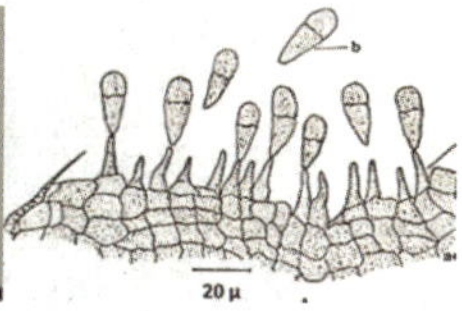

3. 은행나무 잎마름병

Pestalotoiopsis

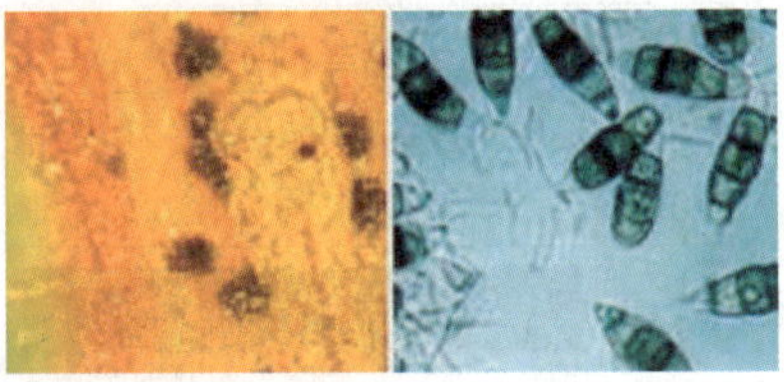

4. 두릅나무 녹병사진

녹포자

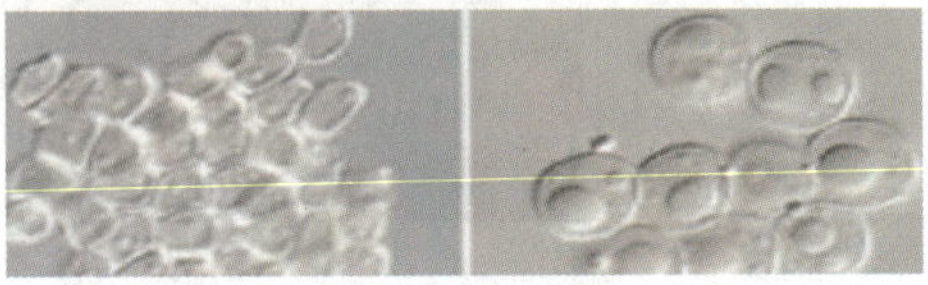

5. 흰가루병

자낭구

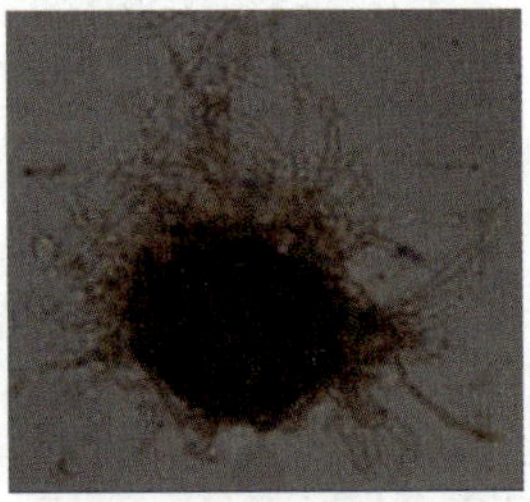

6. 푸사리움 가지마름병

fusarium

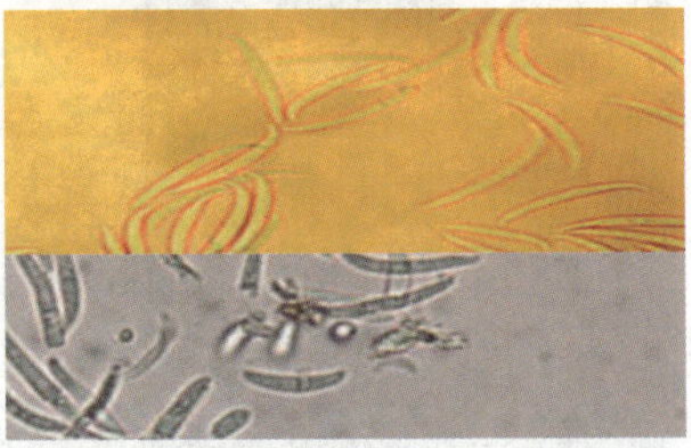

7. 벚나무빗자루병

Taphrina

■ 외과수술 (10점)

① 뿌리 외과수술의 아래 사항에 대해 설명하시오.

㉠ 단근과 박피

> ① 우선 죽어 있는 부분을 절단해서 제거해야 하는데, 반드시 살아 있는 부분에서 예리하게 칼로 절단해야 함
> ② 살아 있는 뿌리가 발견되면 손상되지 않게 조심하면서 예리한 칼로 3cm 폭으로 벗기거나 7~10cm 길이로 부분절단을 실시. 직경이 작은 뿌리는 이보다 좁게 혹은 짧게 수피를 벗겨야 함
> ③ 절단된 부분에는 발근촉진제인 옥신을 10~50ppm 분제로 조제하여 뿌려 주고 바세린이나 살균제를 발라줘야 함
> ④ 살아 있는 뿌리에서 절단하는 이유는 새로운 뿌리의 발달을 유도하기 때문

㉡ 토양 되메우기

> ① 토양 속에는 각종 병원균, 부후균, 해충 등이 많으므로 토양소독을 실시하여야 하며 토양살충제는 보라톤, 아이아톤 등 시중에 많이 있으므로 선택하여 사용하면 됨. 다만 캡탄분제, 지오판수화제, 치람수화제를 사용하기도 함
> ② 흙 넣는 뿌리에 발근을 유도할 수 있는 조건을 주기 위하여 공기유통이 양호한 토양을 소독된 퇴비와 썩어 절단된 뿌리에 넣으며 이때 무기양료를 혼합하여 처리하면 더욱 효과적
> ③ 흙을 덮어주는 두께는 가급적 20cm를 넘지 않도록 하여야 함. 30cm 이상의 흙을 덮거나 주위환경이 뿌리발근에 지장을 주는 경우에는 유공관을 설치하고 자갈로 복토하여 절단된 뿌리나 일반뿌리에 산소공급, 지표면의 토양온도를 쉽게 전달시켜 새로운 뿌리발근, 호흡작용, 흡수작용 등 생리작용을 도움
> ④ 유공관은 길이 1~1.5m의 PVC 파이프를 사용하여 임의로 묻되 끝부분이 반드시 지상에 노출되도록 하고 파이프 주변에는 자갈로 채움
> ⑤ 뿌리 외과수술 : 수간의 외과수술보다 간단하나 흙을 파내야 하는 번거로움이 있음
> - 기본적으로 뿌리수술은 뿌리 중에서 아직도 살아 있는 부분을 찾아서 뿌리를 절단하고, 살아 있는 뿌리에 박피를 실시함으로써 새로운 뿌리의 발달을 촉진
> - 토양을 개량하여 양료흡수를 용이하게 해줌
> - 수술은 3월부터 9월 사이에 실시하는 것이 좋음

■ 농약 실습 (10점)

① 농약 제조 시 주의사항 2개(약해방지법)

> - 농약 사용 전에 항상 라벨을 먼저 읽으시고 라벨에 적혀있는 주의사항을 준수
> - 농약은 제형과 성분, 사용 방법 등에 따라 주의해야 할 사항이 다르므로 사용하시는 농약의 특성을 정확히 파악하시는 것이 중요
> - 희석배율을 지킴

② 농약 제조 후 살포 시 주의사항 6개

- 살포자의 체력유지를 위해 살포작업은 시원한 시간대에 살포
- 농약은 바람을 등지고 살포
- 주변 환경(하천, 양어장, 뽕밭 등)을 고려하여 영향을 주지 않도록 함
- 장시간 살포작업을 하지 않으며 통상 2시간 이내에 살포작업을 마침
- 살포작업 중에 흡연 및 음식물 섭취를 삼가
- 살포 시에는 소지품이 오염되지 않도록 청결히 관리
- 뜨거운 날씨에는 농약살포 작업을 피하고 충분한 휴식을 취함

11회 기출문제 풀이

■ 수목병 문제 (20점)

① 파이토플라스마 염색시약 형광색소를 쓰시오.

- DAPI : 이들은 일반 현미경으로는 관찰이 어려워 형광염색(fluorescent staining) 기법을 자주 사용
- 주요특징 : DNA 결합, 세포핵 및 파이토플라스마 핵산 염색, 고정된 시료에 적합
- 파장 : 358/461nm (청색 형광)
- 형광염색 절차 요약(예 DAPI)
  - 식물체의 체관조직 절단
  - 에탄올/아세트산으로 고정
  - DAPI 처리 → 10분 이상 염색
  - PBS로 세척 후 슬라이드 마운트
  - 형광현미경(UV 필터 사용)으로 관찰
- 면역형광법(Immunofluorescence)도 병행 가능 : 파이토플라스마 특이 항체에 FITC 등의 형광색소를 결합하여 항원－항체 반응 기반 검출이 가능 이 경우 다양한 파장 대역의 형광 탐지 가능

② (빗자루병 사진 제시) 어느 조직을 집중적으로 봐야 하는지 서술하시오.

- 체관
- 파이토플라스마(Phytoplasma)는 세포벽이 없는 원형질성 미생물로, 식물의 체관에 기생하여 황화, 왜소화, 빗자루병 등을 유발한다.

■ 수목해충 문제 : (극동등에잎벌, 장미등에잎벌, 개나리잎벌, 매미나방, 오리나무잎벌레, 회양목명나방의 유충 사진 제시) 아래 사항에 해당하는 것을 고르시오. (20점)

① 기주연결이 잘못된 것을 고르시오.

② 같은 목끼리 고르시오.

③ 월동태가 같은 것을 고르시오.

④ 발생횟수가 같은 것을 고르시오.

⑤ 번데기형이 다른 것을 고르시오.

구분	극동등에잎벌	장미등에잎벌	개나리잎벌	매미나방	오리나무잎벌레	회양목명나방
학명	Arge similis	Arge pagana	Apareophora forsythiae	Lymantria dispar	Agelastica coerulea	Glyphodes perpectalis
분류	벌목 –등애잎벌과 (Hymenoptera)	벌목 –등애잎벌과	벌목–잎벌과	나비목 –독나방아과	딱정벌레목 –잎벌레과	나비목 –명나방과
기주	진달래 · 철쭉류	장미, 찔레, 해당화	개나리	침 · 활엽수 25종 이상 (참나무)	오리나무류, 박달나무류, 개암나무류	회양목
발생 횟수	3~4회	3회	1회	1회	1회	2회(3회 발생하기도 함)
월동	유충 (땅속의 고치속)	유충(땅속)	노숙유충 (땅속 흙집)	알	성충(지피물 또는 토양)	유충 (가지 사이)
산란	잎 가장자리 조직 속 일렬로 낳음	가지를 찢고 그 속에 덩어리로 낳음	개나리 잎의 조직 속에 1~2줄	덩어리로 줄기나 가지	잎 뒷면에 50~60개 무더기	잎 뒷면에 덩어리로 5~20개
번데기 형태	나용(자유형)	나용(자유형)	나용(자유형)	피용(억제형)	나용(자유형)	피용(억제형)
사진						

■ 농약 관련 (10점)

① 소나무재선충병 관리지침에 따른 에마멕틴벤조에이트로 나무주사 실시할 때 아래 질문에 답하시오.

㉠ 사용시기에 대해 서술하시오.

- 사용 시기 : 3월 하순~5월 상순 사이
- 솔수염하늘소(매개충) 성충의 우화 전까지 약제를 주입해야 함
- 수관에 수액이 활발히 상승하는 시기가 주입에 적절함
- 참고사항
  - 예방나무주사 : 11월부터 이듬해 3월 말로 하되, 미리 송진유출 여부 등을 확인하여 수액의 이동이 정지된 시기에 시행
  - 매개충나무주사 : 3월 15일부터 4월 15일(제주지역은 4월 10일부터 5월 10일)까지 실행하되, 지역별로 매개충 우화초일과 말일을 고려하여 실시
  - 합제나무주사 : 2월부터 3월까지 실행(솔수염하늘소, 북방수염하늘소 모두 해당)

㉡ 약제의 작용기작에 대해 서술하시오.

- 성분함량 : Emamectin benzoate EC 2.15% 작용기작(6)
- Cl 통로 활성화, 아버멕틴계, 밀베마이신계 독성 : 저독성Ⅳ 어독성 : Ⅲ급
- 신경독 작용을 하며 글루탐산 수용체(GluCl)에 결합하여 신경 흥분 차단, 마비 후 사멸 유도, 소나무 내부에 흡수되어 선충 및 매개충 모두 방제 가능

㉢ 2개 이상 구멍을 뚫을 때 주의점 2가지를 서술하시오.

- 주입공 간격은 최소 10cm 이상 유지 : 약제 중복투입 방지 및 조직 손상 최소화
- 같은 나선(수평면)에 구멍을 뚫지 않음
- 구조적 약화 방지(다음 해 주사 대비 위해 위치 분산 필요)

㉣ 약제처리 이후 할 일 2가지를 서술하시오.

- 공구 및 주입구 철저 소독 : 병원균 전파 방지 및 다음 사용을 위한 위생 관리(예 알코올, 락스 희석액 등으로 소독)
- 주입구 마개 또는 전용 캡으로 밀봉 : 병원균 침입, 수분 손실 및 이물 유입 방지

■ 수목외과수술 (10점)

① 부후부제거 시 주의할 점과 이유에 대해 서술하시오.

- 수목외과수술의 순서는 부후부제거 → 살균처리 → 살충처리 → 방부처리 → 방수처리 → (공동충전) → (매트처리) → 인공수피 → 산화방지처리로 진행하며, 공동충전과 매트처리는 필요시 적용한다.
- 제거 과정에서 수목의 건강한 조직까지 손상되지 않도록 주의해야 하며, 제거 후에는 상처 부위 소독 및 보호 조치를 철저히 해야 한다.
- 부후부제거 시 수목에 과도한 상처를 입히면 회복이 더디거나 추가적인 질병 감염의 원인이 될 수 있다.
- 부후균이 제거되지 않은 채로 방치될 경우 재발의 위험이 높으므로 제거 후에도 지속적인 관찰과 관리가 필요하다.
- 부후부와 건강한 조직의 경계를 명확히 파악하여 불필요한 손상을 방지해야 한다.
- 날카로운 도구 사용하여 깨끗한 절단면으로 처리한다.
- 제거 후에는 소독제를 사용하여 상처 부위를 소독하고, 추가적인 감염을 예방해야 한다.
- 상처 부위에 방수 및 통풍이 잘 되는 보호재를 사용하여 외부 환경으로부터 보호해야 한다.
- 부후부가 제거되지 않은 채로 방치될 경우, 다른 병해충의 침입을 유발하여 수목 전체를 위험에 빠뜨릴 수 있다.
- 부후부 제거 후 재발할 경우, 추가적인 치료와 관리가 필요하며, 이는 비용과 시간을 낭비하는 결과를 초래할 수 있다.

② 발포성 수지로 공동충전하는 법에 대해 서술하시오.

- 발포성 수지를 정해진 비율에 따라 혼합하여 공동에 충전한다.
- 발포성 수지는 부피가 크게 팽창하므로, 필요한 양보다 적게 사용하는 것이 좋다.
- 과도하게 채울 경우, 수지가 팽창하면서 나무껍질을 손상시킬 수 있다.
- 특히 발포성 수지의 부피 팽창을 고려하여 적절한 양을 사용하고, 공동충전 후에는 형성층과 충전물 사이의 틈을 메워 방수 및 추가적인 부패를 방지해야 한다.

③ 인공수피(매트처리) 처리 시 주의할 점과 이유에 대해 서술하시오.

- 인공수피 재료는 통기성이 좋고 방수 및 방부 기능이 있는 것을 선택해야 한다.
- 에폭시, 부직포, 코르크 등을 사용한 재료는 유연성이 부족하여 갈라짐이나 틈이 발생할 수 있으므로 주의한다.
- 상처 부위는 썩은 부분을 깨끗하게 제거하고 살균, 방부 처리한 후 인공수피를 부착해야 한다.
- 인공수피는 상처 부위에 밀착하여 접착해야 하며, 틈이 발생하지 않도록 주의해야 한다.
- 인공수피는 통기성이 확보되어야 하며, 덮개 역할을 하면서도 수목의 호흡을 방해하지 않도록 해야 한다.
- 인공수피가 갈라지거나 틈이 생기면 외부 오염 물질이 유입되어 부패가 진행될 수 있으므로, 유연성이 좋은 재료를 사용하거나 보완 조치를 해야 한다.
- 인공수피는 수분 증발을 막아 상처 부위의 건조를 방지하지만, 과도한 수분 증발 억제는 오히려 부패를 유발할 수 있다.
- 인공수피는 외부 오염 물질(미세먼지, 곤충 등)이 상처 부위로 유입되는 것을 막아 2차 감염을 예방한다.
- 인공수피는 상처 부위의 생육 환경을 개선하여 수목의 회복을 돕고 건강한 생장을 유지하도록 한다.
- 수목의 종류와 상처 부위 상태에 따라 적절한 인공수피 처리 방법을 선택해야 한다.

2. 작업형 DVD

(1) 1회 기출문제

① 수목명

모감주나무

미선나무

계수나무

회화나무

자귀나무

복자기

구상나무

노각나무

굴거리나무

전나무

② 수목해충

거북밀깍지벌레

갈색날개매미충

낙엽송잎벌

벚나무시향하늘소

복숭아명나방

오리나무잎벌레

도토리거위벌레

광대노린재

팽나무알락진딧물

갈색날개노린재

③ 수목병

사철나무 흰가루병

향나무 녹병

두릅나무 녹병

붉나무 점무늬병

참나무 시들음병

배나무 붉은별무늬병

소나무 혹병

전나무 잎녹병

단풍나무 타르점무늬병

작약 흰가루병

(2) 2회 기출문제

① 수목명

산딸나무

녹나무

독일가문비나무

마가목

벽오동

오리나무

아왜나무

이팝나무

쪽동백나무

산사나무

② 수목해충

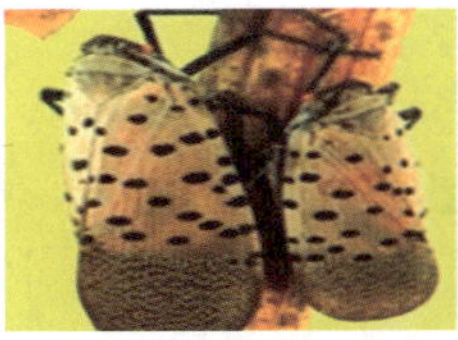

주홍날개꽃매미/4령충

거북밀깍지벌레/약충

미국흰불나방/번데기

솔껍질깍지벌레

회양목명나방/유충

매미나방/1세대

황다리독나방/층층나무

갈색여치/알

버들잎벌레

미국선녀벌레/1세대

③ 수목병

무궁화 그을음병

잣나무 털녹병

산철쭉 민떡병

향나무 녹병

칠엽수 잎마름병

참나무 겨우살이

버드나무 흰가루병

소나무 혹병/
중간기주(참나무류)

대추나무 빗자루병

붉나무 빗자루병/
매개충 마름무늬매미충

3. 작업형 – 현미경

(1) 문제

(녹병이 걸린 나뭇잎과 줄기마름병이 걸린 나무줄기 시료를 주고) 시료를 관찰하여 그 형태를 그리고 포자의 색깔과 관찰한 현미경의 배율을 적으시오.

(2) 측정

① 프레파라트 제작

재료 가공 → 슬라이드 글라스 위에 재료 위치 → 증류수 떨어뜨림 → 커버글라스 덮음(45° 기운 상태로 서서히 덮음) → 커버글라스 밖으로 새어 나온 물기 제거 → 관찰

② 측정 방법

㉠ 주변이 잘 정리되고 먼지가 없는 공간에 현미경을 설치한다.
㉡ 조동나사로 재물대 높이를 낮춘 후 프레파라트를 놓는다.
㉢ 광원을 작동시켜 시야를 밝게 하고 배율이 가장 낮은 대물렌즈를 선택한다.
㉣ 조동나사로 대물렌즈와 프레파라트의 거리를 최대한 근접시켰다가 작동거리를 넓히면서 초점을 맞춘다.
㉤ 미동나사를 이용하여 초점을 정밀하게 맞추고 물체를 관찰한다.
㉥ 고배율로 관찰하기 위해 다음 단계의 대물렌즈로 바꾸고 미동나사를 이용하여 선명한 상을 얻는다.

4. 작업형 – 산도 측정(1, 2회 동일)

① pH 측정기로 3개 통 A, B, C의 산도 측정 후 답지에 측정값을 적으시오. (15점)

- A(　　　), B(　　　), C(　　　)
- 수목에 적합한 토양은? (　　　)
- 강알카리성 토양은? (　　　)
- 강알카리성 토양을 개량하는 것을 골라 적으시오. (　　　)

–황, 석회, 염화마그네슘

> 1. 염류집적토양 개량 방법
>
> 관개용수에 의한 가용성 염류의 유출, 석고의 시용에 의한 탈알카리화, 황산철 · 황산암모늄 · 황 등 산성시약의 시용, 흙 넣기 · 깊이 갈기 등
>
> 2. 석고 비료
>
> - 용해도가 높아 칼슘 공급이 원활하게 되어 간척지, 임해매립지 토양의 나트륨(Na)을 효율적으로 치환 · 제거할 수 있고, 알칼리성 임해 매립지 토양을 중성화시키킨다.
> - 식재 지반을 입단화하고, 토양 구조를 개선하며, 나트륨 피해를 줄여주는 칼슘 공급 토양 개량제이다. 특히, 인산부산 석고 비료의 CaO 함량은 약 25%(공정규격 23% 이상)이다.

② 촉감법으로 토성을 적으시오.

> - 사토 : 반 이상이 모래 느낌이다. 모래가 많아서 사글사글한 느낌을 주면서 끈기가 없으며, 젖으면 뭉쳐지나 마르면 곧 부서진다.
> - 사양토 : 1/3 정도의 모래 느낌이다. 센 모래보다는 가루 모래가 많다. 어느 정도 끈기가 있으며, 젖으면 뭉쳐지나 약간의 힘을 주면 부서진다.
> - 양토 : 알맞게 혼합된 모래와 점토의 느낌이다. 센 모래와 가루 모래가 알맞게 들어 있어 부드러운 느낌이며, 젖었을 때 뭉쳐 놓으면 약간의 힘을 주어도 부서지지 않는다.
> - 식양토 : 점토와 모래의 섞임 비가 2:1인 느낌이다. 아주 가는 입자(가루)의 느낌을 준다. 젖으면 끈기가 있고 비비면 나뭇잎처럼 펴지지만 비벼 늘리면 가는 막대처럼 길어지다 끊어진다.
> - 식토 : 점토의 점성이 대부분이라는 느낌이다. 끈기가 강하고 비비면 나뭇잎처럼 펴지며, 비벼 늘리면 굵은 실 정도로 길어지다 끊어진다.

5. 서술형

기출문제 분석표

1. 단답형

구분	병리	해충	비생물적
1회	흰가루병과그을음병 비교	미국흰불나방	제초제
2회	아밀라리아뿌리썩음병	광릉긴나무좀	농약 희석 배액 조제 계산
3회	Septoria(잎병)	솔껍질깍지벌레	제초제 피해
4회	과수화상병(불마름병)	솔잎혹파리	농약의 유효성분, 작용기작
5회	소나무혹병과 밤나무뿌리혹병 비교	매미나방	농약 페니트로티온의 유효성분, 작용기작 및 해독제
6회	향나무녹병	솔나방	소나무재선충병 예방주사의 농약품목과 작용기작
7회	빗자루병, 참나무 겨우살이 비교	미국선녀벌레	디플로벤주론 작용기작
8회	참나무시들음병, 소나무재선충병, 느릅나무시들음병 비교	솔껍질깍지벌레	디노테퓨란과 디플로벤주론 비교, 붉가시나무 동해피해 처방전 작성
9회	푸사리움 가지마름병	소나무재선충 매개충 과정 및 방제	산성토양 생성 원인 개량방법
10회	개나리 만상피해 산사나무 붉은별무늬병	벚나무사향하늘소, 복숭아유리나방, 복숭아혹진딧물, 벚나무응애	토양 산성화 완충용량요인과 방제, 농약살포
11회	철축류, 떡병, 잎녹병, 민떡병	복숭아혹진디물 VS 때죽납작진딧물 비교	토양의 유효수분, 소나무의 동계건조

2. 복합문제

구분	수목	병리	해충	비생물적
1회	단풍나무	넥트리아줄기마름병	알락하늘소	건조, 인위적 피해, 염해, 열해
2회	소나무	소나무가지끝마름병	소나무좀	답압, 건조, 열해
3회	벚나무	빗자루병	복숭아유리나방, 벚나무사향하늘소	답압, 습해, 열해
4회	곰솔	리지나뿌리썩음병	솔껍질깍지벌레	답압, 태풍(해풍), 염해
5회	버즘나무	탄저병, 목재부후병	버즘나무방패벌레	제설제, 과습
6회	느티나무	흰무늬병, 흰별무늬병	외줄면충	복토
7회	벚나무	갈색무늬구멍병	사사키잎혹진딧물	피소, 제초제, 과습(뿌리썩음)
8회	소나무	가지끝마름병, 그을음잎마름병	소나무좀, 큰솔알락명나방, 소나무순나방	복토, 대기오염, 답압
9회	단풍나무	흰가루병	알락하늘소	피소, 복토, 배수불량(투수불량)

10회	공원의 수목	피목가지마름병, 푸사리움 가지마름병, 아밀라리아 뿌리썩음병, 목재부후병	외줄면충	수분부족 목쇠퇴 (답압, 환경오염, 건조, 기후변화 등)
11회	–	잎떨림병, 흰가루병	깍지벌레류, 응애류, 느티나무알락진딧물, 미국흰불나방	열해, 탄질률, 공사로 차량피해, 지주목, 고무바

1회 기출문제 풀이

① 제초제 오용으로 인해 수목에 나타나는 증상과 처방 및 토양의 복구 방법을 서술하시오. (15점)

㉠ 답안 요약

- 서론 : 현장에서 많이 발생하고 있다는 점을 강조
- 본론
  - 제초제의 종류와 작용 기작
  - 제초제의 피해 증상
  - 방제법
  - 농약 살포 시 주의점
- 결론 : 농약 사용보다는 풀베기나 가지치기, 시비 등으로 건강한 나무를 만들 것을 주장

㉡ 모범 답안

- 서론

– 생활권 내의 수목을 관리하기 위해서는 잡초의 제거가 필수적이다. 이때 인건비나 시간을 아낄 수 있는 방법으로 제초제가 많이 사용되고 있다. 그러나 제초제를 사용할 경우 의도치 않게 수목에 피해를 입힐 수 있어, 그 문제점과 해결책을 찾고자 한다.

– 수목의 피해 진단 방법으로는 '최근의 제초제 사용 기록 확인', '처리된 지역의 수목과 처리하지 않은 지역의 수목 형태 및 피해증상 비교', '병충해 방제를 위한 농약 살포 여부 확인 및 토양 확인' 등이 있다.

- 본론

1. 제초제의 종류와 각각의 작용 기작은 다음과 같다.
   ① 비선택적 제초제 : 잡초와 수목을 모두 고사시키나, 잎에 묻지 않으면 피해 없음
   ② 선택적 제초제
      ㉠ 식물호르몬인 옥신 계통의 제초제로, 높은 농도로 살포할 경우 제초제의 역할을 함
      ㉡ 2.4D, MCP, MCPB 등의 피해가 있음
      ㉢ 수목이 뿌리를 통해 제초제를 흡수하거나 제초제가 잎에 묻으면 수목의 호르몬 대사가 균형을 잃으면서 피해가 나타남

2. 제초제로 인한 피해 증상은 다음과 같이 정리할 수 있다.
   ① 성장 장애, 말라 오그라짐, 기형, 왜소화, 변색, 황화, 반점, 부분 고사 및 전체 고사, 가지의 휨, 뒤틀림, 비대 등
   ② 활엽수 : 잎의 가장자리가 타들어가며 불규칙한 반점이 발생
   ③ 침엽수 : 소나무의 경우 잎 끝이 꼬부라지고 새 가지 끝이 비대해지며 적갈색으로 변색됨. 주목의 경우 황화현상 발생

3. 제초제로 인한 피해 방제법은 다음 방법들을 들 수 있다.
   ① 토양 잔류 농약 제거 : 토양에 활성탄을 집어넣어 농약을 흡착, 농도를 낮추거나, 부엽토나 완숙퇴비, 석회 등을 사용해 제초제를 흡착시킴
   ② 토양의 건조 방지 : 관수로 제초제를 씻어냄(단, 과다한 관수는 농약에 대한 저항성을 저하시키므로 주의)
   ③ 표토 교체 : 표토를 신선한 흙으로 대체(이때, 잔뿌리가 다치지 않도록 유의)
   ④ 농약 혼용 시 주의사항 점검
      ㉠ 농약혼용적부표를 점검, 약해의 발생 여부를 확인
      ㉡ 유기인계 혹은 카바메이트계 농약과 알카리성인 석회보르도액 혹은 석회황합제를 섞는 경우 약효가 사라짐
   ⑤ 권장 농도 준수, 연속하여 다른 농약을 사용할 경우 용기와 호스 등을 깨끗이 세척
   ⑥ 약해 발생 및 살포 시기 유의
      ㉠ 약제가 수목 내로 쉽게 침투할수록 약해 발생이 더 커지므로 일조량이 부족하거나 그늘에서 자라 나무의 조직이 연약한 경우, 기온이 높은 경우, 가뭄으로 잎에 탈수 현상이 있을 경우, 태풍이 지나간 직후 잎과 가지에 마찰에 의한 상처가 많을 경우 등에는 약제 살포에 유의하고, 약제 살포 직후 비가 오면 약제가 희석되며 씻겨 내려가므로 역시 유의할 것
      ㉡ 이상적인 약제 살포 시기는 바람이 적고 날이 갠 날의 오전 혹은 늦은 오후임

• 결론

– 제초제에 의해 수목이 피해를 받게 되면 회복이 어려울 뿐만 아니라 회복되더라도 원래의 수관 모양을 유지하기 어렵기 때문에, 제초제의 살포 시에는 기주와의 약해 관계를 철저히 숙지한 후 살포하여야 할 것이다. 제초제 피해를 받은 수목은 즉시 관수를 통해 토양 내 제초 성분을 없애거나 목초액 및 활성탄 등을 이용해 제초성분을 흡착 · 제거해야 제초제로 인한 피해를 경감할 수 있다.
– 무엇보다 제초제의 무분별한 사용보다는 지속적인 풀깎기 등을 통해 미관을 유지하는 것이 수목의 건강 유지와 토양의 황폐화 방지에 도움이 될 것이다.

② 1958년부터 들어와 대발생하여 버즘나무, 벚나무, 단풍나무, 포플러류 등 활엽수 160여 종을 가해한 해충의 국명과 생태적 · 피해적 특징 및 생물적 · 물리적 · 화학적 방제 방법을 서술하시오. (15점)

㉠ 국명 : 미국흰불나방(Hyphantria cunea)

㉡ 생활사 및 피해 특징

- 1년에 약 2~3회 발생하며, 수피 사이나 지피물 밑 등에서 고치를 짓고 그 속에서 번데기로 월동한다.
- 5월 하순부터 부화한 유충은 4령기까지 실을 토하여 잎을 싸고, 군서생활을 하면서 엽육만을 식해하며, 5령기부터는 흩어져서 엽맥만을 남기고 7월 중 · 하순까지 가해한다.
- 유충 1마리가 100~150cm^{2}의 잎을 섭식하며, 2화기의 피해가 심하다. 산림 내에서의 피해는 경미한 편이지만 도시 주변의 가로수, 조경수, 정원수 등에는 특히 피해가 심하다.

㉢ 방제 방법

1. 화학적 방제
약제 살포는 1세대 발생 초기인 5월 하순~6월 초순과 2세대 발생 초기인 7월 중 · 하순에 페니트로티온 유제(50%) 2,000배액, 디플루벤주론 액상수화제(14%) 4,000배, 수화제(25%) 6,000배 또는 클로르푸루아주론 유제(5%) 6,000배액을 1~2회 살포한다.

2. 생물적 방제
① 곤충병원미생물제인 핵다각체병바이러스를 어린 유충 가해기인 1화기 6월 중 · 하순, 2화기 8월 중 · 하순에 1ha당 450g 1,000배액으로 희석하여 수관에 살포한다.
② 혹은 포식성 천적인 꽃노린재, 검정명주딱정벌레, 흑선두리먼지벌레, 납작선두리먼지벌레나 기생성 천적인 무늬수중다리좀벌, 긴등기생파리, 나방살이납작맵시벌, 송충알벌 등을 보호한다.

3. 물리적 방제
① 나무 껍질 사이, 판자 틈, 지피물 밑, 잡초의 뿌리 근처, 나무의 공동 등에 고치를 짓고 그 속에 들어가 있는 번데기를 연중 채취한다. 특히 10월부터 11월 하순까지, 익년 3월 상순부터 4월 하순까지 월동하고 있는 번데기를 채취하면 밀도를 감소시킬 수 있다.
② 또는 5월 상순~8월 중순에 알 덩어리가 붙어 있는 잎을 따서 소각하거나 5월 하순~10월 상순까지 잎을 가해하고 있는 군서 유충을 잡아 죽이는 방법, 5월 중순~9월 중순의 성충활동시기에 피해 임지 또는 그 주변에 유아등이나 흡입포충기를 설치하여 성충을 유인해 죽이는 방법 등이 있다.

③ 흰가루병, 그을음병을 식물병리학적으로 비교 · 설명하시오. (15점)

㉠ 흰가루병 병원균

- 자낭균류 흰가루병균목 절대기생체(모든 병원균)이다.
- 장미나 벚나무, 사철나무 등 흰가루병은 각 균종에 따라 기주특이성을 지닌다.
- 수목 전체에 밀가루를 뿌려 놓은 듯이 보이며, 심하면 생기를 잃고 나무가 고사한다.
- 증상이 발견될 경우 새 눈이 나오기 전 석회황합제를 살포하고, 병든 잎과 가지를 소각해야 한다.
- 여름에는 베노밀, 지온판(1g당 1리터의 양으로 희석), 만코제브 등의 약제를 살포한다.
- 병든 낙엽을 모아 제거하고 통풍, 채광, 배수가 잘 되도록 관리한다.
- 발병 초기에 마리클로뷰타닐 소화제 1,500배액 등 적용 약제를 10일 간격으로 2회 이상 살포하고, 질소과다에 유의하여 관래해야 한다.

ㄴ 그을음병

- 일부 자낭균에 속하는 것도 있으나 대부분은 불완전균, 부생성이다.
- 기주는 낙엽송, 소나무류, 주목, 버드나무, 동백나무, 후박나무, 식나무, 대나무 등이다.
- 나무가 말라 죽는 일은 없으나 동화작용이 방해되어 수세가 쇠약해지며, 관상수의 경우 미관이 손상되어 관상 가치를 떨어뜨린다.
- 깍지벌레, 진딧물의 배설물에 의해 발생하며, 잎과 줄기에 그을음을 형성한다. 따라서 발견 즉시 살충제로 깍지벌레와 진딧물을 구제해야 한다.
- 통기 불량, 음습, 양료 부족에 의한 생육 불량 또는 질소질비료의 과다가 발병 유인이 되므로 주의한다.
- 휴면기의 경우 기계유유제 20~25배액을 살포하고, 발생기에는 메치온유제 1,000배액을 살포하여 깍지벌레 등을 구제한다.

④ ㅇㅇ공원 내 단풍나무 지제부 수분의 수피가 부풀어 오르고 구멍 주위에 지저분하게 수지와 배설물들이 나와 있었으며, 도롯가의 나무는 일렬로 지제부의 수피가 거칠게 부풀어 올라 벗겨져 있었다. 이를 바탕으로 피해를 진단하는 방법을 설명하시오. (55점)

ㄱ 진단법

- 피해명 : 알락하늘소
- 보통 1년에 한 세대, 성충은 6월 중순~7월 중순에 우화하여 가해부위에서 탈출한다.
- 성충은 수관으로 올라가 수피나 잎을 수식하며, 성숙하여 8~12일경부터 산란을 시작한다. 후식할 때 줄기의 수피를 고리 모양으로 식해하므로 가지고 고사한다.
- 알 기간은 10~15일이고, 부화 유충은 처음에는 껍질 밑에서 식해하지만, 나중에는 일단 목질부 깊이 먹어 들어간 후 위를 향하여 먹어 올라가며, 침입공으로서 톱밥을 배출하므로 발견하기는 쉽다.
- 노숙한 유충으로 월동하고, 5월 갱도 끝에서 번데기가 되며 번데기 기간은 20~30일이다. 번데기가 될 시기가 되면 아래쪽 지제부로 이동하여 줄기의 형성을 식해하므로 피해가 크다.
- 수제가 쇠약해져 나무가 고사하고 바람에 의해 줄기가 부러지기도 하며, 성충의 후식 피해는 크지 않으나 잔가지의 수피를 깨끗이 갉아 먹어 버리기 때문에 가지가 말라 죽기도 한다.
- 조경용으로 식재된 은단풍 등에 큰 피해를 주고 있으며 정원수 및 과수에 피해가 증가하는 경향을 보인다.

ㄴ 방제법

1. 화학적 방제
   ① 성충의 후식기간인 6월 중순경부터 약제를 수관 살포, 비산을 막을 수 있으므로 성충 우화 최성기인 6월 하순에 페니트로티온 유제(50%) 또는 티아클로프리드 액상수화제(10%)를 1주일 간격으로 살포한다.
   ② 8월 이후 산란한 알 및 유충을 구제하기 위해 메티트로티온 유제(50%) 또는 티아클로프리드 액상수화제(10%) 50배액을 수간이 흠뻑 젖도록 살포하거나 침입공에 주사기를 이용하여 주입한다.

2. 생물적 방제
   ① 기생성 천적인 좀벌류, 맵시벌류, 기생파리류 등을 보호한다.
   ② 딱따구리류 및 해충을 잡아먹는 각종 새를 보호한다.

3. 물리적 방제
   피해목이나 가지를 채취하여 소각하고, 철사를 침입공으로 넣어 서식하고 있는 유충을 찔러 죽인다.

㉢ 비생물적 피해

1. 제설제에 대한 피해

① 염화칼슘이 토양에 고농도의 염류로 집적되면 식물이 양분과 수분을 흡수하기 어렵게 한다. 이는 잎의 생육이 왕성한 6월부터 잎의 황화나 괴사, 조기낙엽, 신진대사 장애 등을 유발함으로써 수세 약화 및 병충해 저항성 저하로 인한 고사의 원인이 된다.

② 염화칼슘에 대한 일반적인 피해 증상은 잎마름, 갈변, 조기낙엽 등이나 이러한 증상은 염화칼슘 외 다른 원인으로도 발생한다.

③ 염화칼슘에 대한 잣나무의 반응 특성은 구엽과 신엽이 모두 마르고 갈변하며 잎이 달려 있는 반면, 소나무는 구엽부터 마르고 갈변하면서 낙엽이 지는 특성을 나타낸다. 또한 구상나무의 경우는 신엽 끝부터 갈변하는 반응을 보인다.

※방제 방법
- 엽록소 생성 효소인 철 결핍에 의한 황화 현상이므로 미량 요소 수간주사용 영양제를 수간 주사한다.
- 토양 산도 개량을 위해 부엽토와 황산마그네슘, 고형비료 등을 1:3~1:4로 섞어 부분적으로 환토한다.
- 토양 물리성 및 pH 보정을 위해 염분 중화제 및 식물 영양제를 관수할 때마다 섞어서 시행한다.
- 유공관을 설치하여 관수 시에 주변 토양의 염류가 가라앉거나 흩어지게 한다.
- 건조된 유기물이나 바크칩, 우드칩을 두께 5cm 정도로 균일하게 깔아준다(멀칭). 멀칭은 염분 피해가 집중적으로 나타나는 5~6월과 고온기에 토양의 온도를 낮춰 토양을 통해 추가로 올라오는 염분을 억제한다.

2. 물리적 피해

① 조경수목은 인간의 생활 주변에 있기 때문에 인간과 기계에 의해서 물리적 상처를 받기 쉽다. 또한 수목을 의도적으로 파괴하는 행위나 자동차 등에 의한 충돌사고도 아파트 단지 내에서 자주 발생한다.

② 공사로 인한 피해, 제초기의 부주의한 사용이나 지주와 당김줄의 부적절한 설치 등도 조경수목의 수피에 큰 상처를 내 심한 경우 고사에 이르게 된다.

※방지 방법

수목이 식재된 후 약 5년 정도까지는 사람의 접근을 막거나 인근에서 제초기를 사용해 제초작업을 벌일 경우 조경수목에 보호망을 설치하는 것을 고려한다.

㉣ 병리

- 명칭 : Nectria 궤양병(*Nectria galligena Bres*)
- 병원체는 진균의 일종으로 자낭균에 속하며 세계적으로 심각한 병의 하나인 넥트리아 궤양병을 일으킨다.
- 감염 시 다년생 윤문을 형성하고, 병원균은 매년 형성층을 조금씩 파괴하며 봄에 수목 유합조직을 형성한다.
- 90% 정도의 환상박피까지 생장 감소가 없고, 붉은색 자낭각이 궤양의 가장자리에 생긴다.
- 호두, 백양, 단풍, 자작, 느릅, 참피, 사과나무 등 활엽수에 주로 발생한다.
- 불완전세대 : *Cylindrocarpon*
- 방제 방법 : 간벌 시 벌채한다.

2회 기출문제 풀이

① 아밀라리아 뿌리썩음병에 대하여 다음 물음에 답하시오. (15점)

1. 서론

주요 문화재 지역에 아말라리아 뿌리썩음병이 나타나 문제이다.

2. 병징 및 표징

① 세계적으로 수백 종의 목본 및 초본에 발생해서 큰 피해를 주는 병으로, 뿌리에 형성된 근상균사다발이 주변 나무의 뿌리에 침입해 감염된다.

② 6월부터 가을에 걸쳐 잎 전체가 갈색으로 변하면서 말라 죽는다.

③ 줄기 밑동이나 굵은 뿌리에서 송진이 유출되고, 수피를 벗기면 그 아래에 버섯 냄새가 나는 흰색 균사층이 형성된다.

④ 목질부와 감염된 뿌리에는 흑갈색 실 모양의 근상균사 다발이 있으며, 초가을에는 병든 나무의 뿌리나 줄기 밑동에 자실체인 뽕나무버섯이 무리지어 형성된다.

3. 피해 수종

침엽수, 활엽수를 가해하며, 최근에는 잣나무림에서 자주 관찰된다.

4. 방제 방법

① 병든 뿌리는 뽑아서 태워야 한다.

② 자실체 및 병든 뿌리는 발견 즉시 제거하고, 주변에 깊은 도랑을 파서 균사 확산 저지대를 만든다.

③ 병원체가 발생한 곳에서는 수년간 입목의 식재를 피해야 하는 만큼 조기 발견이 매우 중요하다.

② 참나무시들음병의 매개충에 대하여 다음 물음에 답하시오. (25점)

㉠ 병원균 : 곰팡이(*Raffaelea quercus-mongolicae*)

㉡ 매개충 : 광릉긴나무좀(*Platypus koryoensis*)

㉢ 기주 : 참나무류(주 피해수종은 신갈나무)

㉣ 진단 요령(외부 증상 및 주 활동 시기)

- 매개충이 참나무류에 침입할 때 생기는 목분가루가 있다.
- 침입에 의한 구멍(직경 1mm)이 발생한다.
- 피해목의 부분 또는 전체 나뭇잎이 마른다.
- 피해가 심한 경우 나무에서 알코올 냄새가 난다.
- 매개충의 주 활동 시기 : 6월 중순~7월 초순

㉤ 방제 방법

- 소구역 선택베기 : 11월~이듬해 3월까지 피해지를 대상으로 참나무류 위주로 벌채한다. 이때 넓이는 5ha 미만이 되도록 한다.
- 벌채훈증 : 7월~이듬해 4월까지 고사목을 대상으로 메탐소듐을 이용한 벌채훈증을 한다. 이때 그루터기도 훈증처리해야 한다.
- 끈끈이롤트랩 : 전년도 피해목은 4월에, 신규 피해목은 5월~6월에 중점관리지역 및 고사목을 중심으로 20m 내에 집중 설치한다.
- 대량포획장치 : 4월에 전년도 피해목을 대상으로 줄기에 설치한다.

- 유인목 설치 : 4월에 피해지를 대상으로 핵타르당 10개소에 20cm 원목을 설치한다.
- 지상 약제 살포 : 6월에 피해지를 대상으로 살충제(페니트로티온 유제)를 살포한다. 이때 줄기에 살포해야 한다.

③ 이미다클로프리드 유제와 테부코나졸 수화제를 4,000배로 희석하여 1리터를 살포하고자 하는데 필요한 약량과 희석 방법의 산출 방법과 산출식을 쓰시오. (10점)

- 희석농약량 : '단위면적당 농약 살포량(ml)/희석배수'이므로 약제량은 '1,000/4,000 = 0.25ml'이다.
- 혼합의 순서 : 수화제를 먼저 섞고 잘 휘저은 다음 액제나 수용제를 섞는다. 이때 혼합 후에 화학반응이 일어나는 것을 피해야 한다. 따라서 혼합 후 15분 정도 가만히 두어서 부유물 혹은 침전물이 발생하거나 혼합액의 온도가 높아지는 등의 현상이 발생하면 그 혼합액은 사용해선 안 된다.

④ 사람과 차량의 통행량이 많은 도심 한복판에 식재된 소나무가 있으며, 한밤에도 불빛이 환하고 높은 온도가 나타난다. 소나무는 15년 전에 식재하였는데, 다음 증상을 바탕으로 진단하는 방법과 진단 결과를 서술하시오. (50점)

- 어떤 해에는 소나무의 끝가지가 마르는 증상이 나타났는데, 지난해의 강수량이 적음
- 소나무의 수피에 1~2mm의 작은 구멍이 다수 발견됨
- 6년 전부터 연 생장량이 감소하기 시작함

㉠ 서론 : 문제에 제시된 공원 상황의 진단상 문제점을 핵심 용어만을 이용하여 서술

㉡ 본론

1. 비생물적 피해(답압 : 인위적 피해)
   ① 도시 공원 및 녹지 공간과 같이 방문객의 통행이 잦은 곳에서는 답압에 의한 피해가 빈번하게 발생한다.
   ② 기존 토양이 경화되어 토양 공극이 감소하고 수분과 산소 공급을 어렵게 해 수세가 약화된다. 또한 토양의 견밀도가 상승하여 식물의 생장이 어려워지고 수목의 세간이 발달하기 어려우며, 토양의 이화학적 특성이 저하된다는 문제점이 있다.
   ③ 대책으로는 경운작업으로 흙을 파서 섞어줌으로써 다져진 흙을 부드럽게 하는 방법, 유기질 퇴비를 시용하는 방법, 유공관을 설치하는 방법, 우드칩 등을 이용해 토양 표면을 피복하는 멀칭, 버미큐라이트나 펄라이트 등의 토양 개량 자재를 투입하는 방법 등이 있다.

2. 건조 피해
   ① 토양 내의 수분이 부족해 광합성이 불량해지면 다양한 방식으로 증상이 나타나는데, 주로 뿌리가 넓게 발달하지 못한 이식목, 인공 지반과 같이 토심이 낮은 곳에 위치한 천근성 수종, 모래 토양에 심겨진 수종 등에서 나타난다.
   ② 건조 증상은 어린 잎과 줄기의 시들음과 가지 처짐, 마름, 왜소화, 말림, 낙엽 등이 있다. 이 경우 광합성 저조로 잎의 크기가 작아지고 잎의 가장자리부터 타들어 가는데, 색깔이 변한 부분의 경계가 뚜렷하면 건조피해, 뚜렷하지 않으면 과습피해이다. 또한 야간 조명이 너무 강력하여 열을 발생시킬 경우 가까이 있는 잎이 마를 수도 있다.
   ③ 예방법으로는 수세가 약한 수목을 대상으로 물주머니를 설치하는 방법(점적관수)이 있다. 또 관수를 할 때 하층토까지 완전히 젖을 수 있도록 충분히 관수하는 것이 같은 양의 물을 여러 번으로 나누어 표층토만 젖도록 관수하는 것보다 효과적이다.

3. 소나무좀

① 수세가 약한 벌목, 고사목 등에 기행하며, 월동성충이 수피를 뚫고 들어가 산란한 알에서 부화한 유충이 수피 밑을 식해하는 것이다. 지제부의 수피틈에서 월동한 성충이 3월 말~4월 초 평균기온이 15℃ 정도 2~3일 지속되면 월동처에서 나와 쇠약목으로 침입한다.

② 쇠약한 나무나 벌채한 나무에 주로 기생하지만, 대발생할 때는 건전한 나무도 가해하여 고사시킨다. 특히 신성충은 신초속을 뚫고 들어가 식해하여, 고사 시 연 1회 발생하지만 봄과 여름 두 번 가해한다.

③ 예방법으로는 수세쇠약목을 주로 가해하므로 수세를 강화하는 방법이 있다. 수세가 쇠약한 나무는 미리 제거하고, 벌근은 5월 이전에 수피를 벗겨 번식처를 없앤다. 1~2월 중에 벌채된 소나무 원목을 1m가량 잘라 2월 말에 임내에 세워 유인산란시킨 후 5월 중에 껍질을 벗겨 유충을 구제한다.

4. 소나무가지끝마름병

① 가뭄이나 해충의 피해를 받아 약해진 나무에 발생한다. 주로 당년생 신초의 침엽기부와 가지를 고사시키는데, 어린 나무보다는 10~30년생의 큰 나무에서 발생하고 건강한 나무에서는 약해진 가지에 병이 발생한다.

② 줄기와 종실에 침입하여 수지성 줄기마름병과 종실부패병을 일으키며, 조경수에 발생이 심하다. 특히 솔잎혹파리 피해지에서 균의 빈도가 높게 나타나는 것으로 보아 솔잎혹파리를 방제할 필요가 있다.

③ 방제법으로는 나무가 강건할 수 있도록 비배관리를 철저히 하고 병든 낙엽은 태우거나 땅에 묻는다. 수관하부에서 발생이 심하기 때문에 통풍이 원활하도록 제초관리를 한다. 또 6~8월에 2주 간격으로 베노밀 수화제 1,000배액과 만코제부 수화제 500배액을 살포한다.

㉢ 결론

- 앞서 설명한 병해충은 여러 가지 환경적인 스트레스에 의해 약해진 나무에 발생하므로 수세가 건강하도록 비배관리를 철저히 하고 건조한 봄과 여름철 관수는 되도록 나뭇잎을 적시지 않도록 해야 한다.
- 병든 낙엽과 가지는 잘라 태우거나 묻는 것이 좋으며, 가지를 자르는 것은 병 발생 밀도가 경미할 경우 또는 주변에 병든 나무가 없을 경우 병의 확산을 막는 효과적인 방법이 된다.
- 가지는 병든 부위로부터 대략 60cm 정도 아래 지점을 제거하고, 솔방울의 경우 주요 전염원이 되므로 반드시 제거한다. 또한 가지치기에 사용하는 도구는 알코올이나 표백제 등으로 소독하여 사용해야 한다.
- 무엇보다 정기적인 예찰 관리 강화로 생활권 수목들이 스트레스 없이 자랄 수 있도록 해야 한다.

3회 기출문제 풀이

① 수목병 : *Septoria*에 의한 잎병의 병징, 표징, 방제에 대하여 서술하시오. (15점)

• *Septoria*에 의한 병 : 불완전아균문 유각균강 분생포자균목/자낭균아문 소방자낭균

병명	병원균	병징 및 병환
자작나무 갈색무늬병	*Septoria betulae*	적갈색 점무늬, 분생포자각
오리나무 갈색무늬병	*Septoria alni*	다각형 내지 부정형병반
느티나무 흰별무늬병	*Septoria beliceae*	다각형 내지 부정형병반
밤나무 갈색점무늬병	*Septoria quercus*	경계 황색의 띠
가중나무 갈색무늬병	*Septoria sp.*	겹둥근무늬, 흰색 포자덩이

• 방제 : 묘포에서 반드시 약제(살균제로 방제), 파종 시 종자소독, 병든 낙엽소각(가을, 이른봄), 밀식 피함, 비배관리

② 수목해충 : 1963년 전남 고흥에서 처음 발생하여 해안가의 곰솔림에 막대한 피해를 준 해충의 국명과 학명, 생태적 특징, 선단지에서의 예찰방법을 서술하고, 소나무 재선충병이 함께 발생한 곰솔에 수간주사로 처방 가능한 등록된 약제 1종을 서술하시오.

1. 서론

솔껍질깍지벌레 피해가 소나무재선충병과 혼재되어 나타남으로써 확산과 방제에 대한 사회적 이슈가 확산되고 있다. 최근에는 나무주사 및 강도의 솎아베기 중심의 임업적 방제실시로 피해감소 효과가 있었지만 최근 섬지역 등 일부지역에 다시 솔껍질깍지벌레 의한 임목고사가 진행되어 친환경 방제법에 대한 필요성이 요구되고 있어 자세히 알아보고자 한다.

2. 본론

(1) 해충명(국명)과 학명 : 솔껍질깍지벌레(*Matscoccus matsumurae*)

(2) 생태적 특징 및 생활사

① 암컷성충(2월 하~5월 초) : 불완전변태

㉠ 암컷성충의 몸길이는 2.0~5.0mm이고 날개가 없으며, 장타원형으로 황갈색을 띰

㉡ 더듬이는 몸색과같은 색으로 육질이며 9절로 되어 있음

㉣ 다리는 발달되어 있으며 구기는 없음

② 수컷성충(2월 하~5월 초) : 완전변태

㉠ 수컷성충은 몸길이가 1.5~2.3mm로 한 쌍의 날개가 있음

㉡ 작은 파리와 비슷한 형태이며, 긴 흰꼬리를 달고 있음

③ 알(3월 초순~5월 중순)

㉠ 0.5mm 정도의 크기로 보통 150~450개(평균 280개)씩 산란함

㉡ 나무껍질 틈, 솔방울이나 가지 사이의 작은 흰 솜덩어리 모양의 알주머니 안에 모여 있음

④ 부화약충(4월 초순~5월 하순)

㉠ 0.4~0.5mm 정도로 타원형

㉡ 담황갈색으로 더듬이는 6절로 되어 있음

⑤ 정착약충(4월 중순~9월 중순)
㉠ 약 0.4~0.8mm 정도의 크기로 인편 밑 또는 수피 틈에 정착하여 다갈색 몸 주위에 흰 왁스물질을 분비
㉡ 인피부에 실과 같은 입을 꽂고 즙액을 흡수함
⑥ 후약충(9월 중순~익년 3월 중순)
㉠ 0.8~2.3mm로 둥근형
㉡ 체피는 경화되어 있고 다갈색이며, 다리 및 더듬이는 완전히 퇴화되었음
⑦ 수컷 전성충(2월 중순~3월 하순)
㉠ 다리가 발달되어 있고, 장타원형
㉡ 황갈색으로 암컷 성충과 비슷한 모양을 나타내나 크기가 1.5~2.5mm로 약간 작은 것이 특징
⑧ 수컷고치(2월 중순~4월 하순)
㉠ 수컷만이 번데기 기간을 갖는데 타원형의 고치를 짓고 그 속에서 번데기가 됨
㉡ 장타원형으로 크기가 2.0~2.5mm 정도

(3) 선단지에서 예찰방법
① 약충이 가는 실모양의 구침을 수피에 꽂고 가해할 때 양료의 손실, 세포막 파괴 및 세포 내 물질의 분해가 복합되어 피해가 나타남
② 피해를 받은 인피부는 갈색 반점이 생기고 해충밀도가 높은 경우 반점이 연결되어 극심한 수세약화를 일으키고 임목이 고사
③ 전형적인 피해증상은 4~5년생의 수관 하부 가지의 잎부터 갈색으로 변하며 심한 경우에는 수관 전체가 갈변하여 고사
④ 침엽이 갈변하는 시기는 3~5월이며 여름과 가을에는 외견상 피해 진전이 없다가 이듬해 봄에 다시 갈변하기 시작
⑤ 방제를 하지 않고 방치한 임분은 솔껍질깍지벌레 침입 4~5년 경과 후 피해 극심기에 도달
⑥ 피해가 오래된 지역에서는 가지가 밑으로 쳐지는 현상이 나타나지만 선단지에서는 피해가 빠르게 진전되므로 수관 형태가 그대로 유지된 채 고사하는 경우가 많음

(4) 소나무 재선충병이 함께 발생한 곰솔에 수간주사로 처방 가능한 등록된 약제 1종
① 소나무 재선충병과 혼생지에서는 앞으로 나무주사 시기에 대한 정밀한 검정 시험을 거친 후에 적절한 시기에 에마멕틴벤조에이트유제(2.15%)와 아바멕틴유제(1.8%)를 나무주사 한다면 이들 해충으로부터 소나무류를 보호하는 데 아주 적절한 방제방법이 됨
② 시기 : 11월 중순~12월

③ 비생물적 피해 : (사진 제시) 제초제 피해에 대하여 설명하시오. (15점)

1. 원인
제초제에 의한 피해

2. 진단방법
① 호르몬 이행성 제초제의 경우 침엽수는 가지가 휘어지거나, 비대해짐
② 활엽수는 잎 끝부분이 말리거나 타들어가고 잎의 변형 및 기형이 생기거나 누렇게 되거나 갈변하며 잎이 떨어지는 등의 증상이 나타남

3. 방제
① 제초제 피해가 나면 제초제 성분이 토양 중에 잔류되어 있으므로 토양을 바꿔주는 것이 가장 좋은 방법임. 그러나 넓은 면적 또는 아파트의 경우에는 교목이나 관목이 식재되어 있고 시설물이 배치되어 있어 피해지의 토양을 바꿔주는 일은 그리 쉬운 일이 아님
② 흡착성분을 지닌 활성탄, 숯 등을 기존 토양과 혼합해 처리, 활성탄은 며칠 후에 제거해 산업폐기물이 되지 않도록 유의
③ 피해 잎은 제 기능을 하지 못하고 기본 생리가 파괴돼 수세가 약해지므로 영양제 수간주사, 무기양료 엽면시비, 토양관주 등의 응급조치를 해주도록 함
④ 소방호스를 이용해 관수를 여러 번 해 주어 토양이나 잎에 흡착된 제초제가 씻겨 내려가 희석될 수 있도록 하고 무기양료를 공급해 새잎이 다시 나오도록 해야 함

④ 종합문제 : 다음의 조사 결과를 보고 벚나무에 발생한 병, 해충, 비생물적 피해에 대하여 추가적, 종합적 진단과 방제법을 서술하시오. (50점)

※ 조사결과 내용

- 수종 및 수령 : 벚나무로 평균 수령 60년이 넘음
- 환경
  - 진해 군항제 행사로 100만명이 방문하여 토양의 용적밀도가 증가하고 견고해짐
  - 가지 끝 잔가지가 말라 죽었으며 지제부에 이끼가 나타나 있음
  - 축제기간(7일) 동안 가로등이 계속 켜져 있었음
  - 얇은 가지가 모여 자란 것이 여러 그루에서 발견됨
  - 줄기에서 갈색의 수액과 배설물, 목설 등이 흘러나옴

1. 수목병
(1) 병원균 및 병환 : 빗자루병(*Taphrina wiesneri*, 자낭균류)
① 균사에는 격막이 있고 잘 발달되어 균조직으로서 균핵, 자좌를 형성, 나출자낭
② 유성생식에 의해 자낭 속에 8개의 자낭포자가 만들어지며 자낭균은 분생포자로 이뤄지는 무성생식과 자낭포자로 이뤄지는 유성생식으로 세대를 이뤄감
③ 보통 자낭포자는 월동 후 1차 전염원이 되고 분생포자는 2차 전염원의 역할을 하며, 병원균은 균사의 형태로 병든 가지에 월동하고 다음 해 봄에 포자를 형성해 감염을 일으킴
(2) 방제법
① 병든 가지를 제거한 후 도포제를 상처 부위에 발라주어 빠른 유합을 도모, 시비를 적절히 해 수세를 회복시킴
② 사전 방지로 tebuconazole(테부코나졸수화제, 유탁제 등)과 같은 triazole계의 농약이 우수한 항균 효과를 나타냄

2. 수목해충

(1) 복숭아유리나방

① 특징

㉠ 목설은 나무의 수액과 함께 배출되고 섬유질의 형태를 띠는 것이 특징

㉡ 유충이 수간부조피 밑을 가해하여 껍질과 목질부 사이(형성층)를 먹고 다님

㉢ 가해부위는 적갈색의 굵은 배설물과 함께 수액이 흘러나와 겉으로 쉽게 눈에 띔

㉣ 어린유충 가해 시 수액분비가 적고 가는 똥이 배출되므로 나방류 피해로 오인되기 쉬움

② 생태

㉠ 연 1회 발생, 유충으로 월동하나 월동유충은 어린유충에서 노숙유충으로 다양

㉡ 월동태가 노숙 유충일 경우 6월경 성충으로 발생하므로 연 2회 발생하는 것처럼 보임

㉢ 월동유충은 보통 3월 상순경부터 활동을 시작하여 가해하며, 이때 어린유충은 껍질 바로 밑에 있기 때문에 방제하기 쉬우나, 성장할수록 껍질 아래로 깊숙이 들어가기 때문에 방제가 곤란

③ 방제

㉠ 성충의 발생시기가 일정치 않고 일단 줄기 속으로 들어가면 약제방제가 곤란하므로 봄철에 가해를 시작하기 이전에 벌레똥이나 나무진을 찾아서 철사 등으로 유충을 잡아주는 것이 좋음

㉡ 피해가 많은 과수원에서는 6~8월 비산 최성기에 부화억제 약제를 줄기에 충분히 살포

(2) 벚나무사향하늘소

① 특징

㉠ 벚나무를 포함한 장미과 수목, 감나무, 참나무류, 중국굴피나무, 사시나무 등 다양한 수종을 넘나들며 피해를 줌

㉡ 성충의 몸길이는 25~35mm 정도인 대형 하늘소이며 전체적으로 광택이 있는 검은색이나 앞가슴등판의 일부가 주황색을 띰

② 생태

㉠ 성충은 7월 초순에 발생해 8월 말까지 활동하며, 7월 중에 줄기나 가지의 수피 틈에 1~6개의 알을 산란하고 10일 정도 후 유충이 부화함. 유충은 수피 아래 형성층과 목질부를 가해하며 자라다가 2~3번의 월동을 거쳐 번데기가 됨

㉡ 피해는 주로 가로수로 식재된 흉고직경이 큰 벚나무에서 주로 확인이 되고 있으며 지면으로부터 1m 높이 이내에서 유충 침입공이 많이 발견됨. 흉고직경이 50cm보다 큰 벚나무에서는 가지가 굵어짐에 따라 지면으로부터 1m 이상에서도 피해가 발견됨

㉢ 벚나무사향하늘소에 의한 피해는 목질부에서 유충에 의한 다량의 목설(목분)이 배출되는 모습으로 확인이 가능함

㉣ 배출된 목설은 줄기와 지재부에 쌓이게 되므로 수피에 소량의 목설과 수액이 붙어 있는 복숭아유리나방 피해와는 확연하게 구분됨

③ 방제

㉠ 유충이 목설(톱밥과 같은 가루)을 배출하는 구멍 속에 훈증 효과가 있는 방제제(겨자오일 등)를 주입한 후 구멍을 점성이 있는 유토로 막아 유충을 사멸하는 방식

㉡ 성충 방제를 위해 나무의 줄기를 오가는 성충의 생태 특성을 고려해 끈끈이 트랩을 활용

3. 토양 추가 조사사항

① 토양상태 확인 및 뿌리의 세근 발달상태, 고사상태 확인

② 토양단면을 굴취하게 되는데 이때 토색, 토심, 건습도, 견밀도 등 토양단면형태를 기록하면 토양분석 data와 함께 토양관리에 유용한 자료로 활용됨

③ 전토심 : 표층토에서 하층토까지의 깊이를 cm로 기록

④ 유효토심 : 일반적으로 임목이 생장하며, 영향을 주는 깊이로 식물근이 가장 많이 분포되어 있는 부분의 하단까지를 cm로 기록하는데 인위적인 부지조성지는 최소한 1m 깊이까지의 토양단면 형태를 기록

⑤ 토색 : 각 층위의 토괴를 자연상태로 채취하여 음지에서 토색첩의 명도와 채도를 기록
⑥ 유기물 : 유기물함량은 화학분석으로 판정되나 현지에서는 토색첩을 이용하여 토색을 가지고 간이로 추정할 수 있음
⑦ 토성 : 실험실에서 기계적으로 분석하여 입경분포에 따라 토성을 가리는 것이 원칙이나 토양조사 시 현지에서 점토, 미사, 모래함량을 대략 손의 감촉으로 판정

4. 비생물적 피해

(1) 답압

① 인간이나 장비에 의해 토양이 다져져서 견밀화되는 토양경화 현상을 의미하며 식재 시 각종 장비에 의해 발생하거나 식재 이후 사람들이 빈번히 지나다니면서 발생
② 지하수위가 높아 토양이 과습하면 수목생장이 불량해짐
③ 통기환경이 나빠지고 뿌리의 활착이 제대로 이뤄지지 못해 수목의 원활한 생장을 방해
④ 답압이 진행된 토양을 개선하고 조경수목의 생장을 돕기 위해서는 토양을 개량해야 함
⑤ 과습하면 엽병이 노랗게 변하고 잎이 마르며 어린가지가 고사함
⑥ 부득이 한 경우는 과습에 잘 견디는 수종을 선정하여 식재
⑦ 토양의 개량은 유기물을 첨가하고 토양 위에 미생물 등의 서식을 촉진하는 것으로 이뤄지며, 토양에 구멍을 뚫고 모래와 유기물을 투여하는 천공식방법과 수간으로부터 방사방향으로 도랑을 파 유기물을 첨가하는 방법, 유기질 물질과 왕모래 등을 수목이 식재된 토양 주변에 깔아 덮는 멀칭(Mulching) 등이 있음
⑧ 가장 널리 쓰이는 방법은 멀칭으로 이는 잡초의 발생을 최소화하고 토양으로부터 수분증발을 감소시키며 토양의 공극률을 높이는 역할을 함
⑨ 토양의 비옥도를 높이고 미생물의 생장을 촉진시켜 산성화된 토양을 중성화시키고 겨울철 수목의 동결 방지 효과를 제공함. 단, 멀칭 작업 시 볏짚이나 가는 톱밥을 사용하거나 너무 두껍게 실시(5~15cm 두께가 적절)하여 공기 유통을 막으면 오히려 역효과를 줄 수 있음

(2) 배수불량

① 지형적으로 지대가 낮아서 물이 고이거나 지하수위가 너무 높아서 물이 밑으로 빠져나가지 못하는 곳
② 진흙이 많은 점토질 토양
③ 토양이 과습상태로 그 기간이 길어지면 세근발달 불량, 뿌리호흡 불량, 세근부후 등의 피해가 발생함
④ 수목피해
　㉠ 수관 상부의 가지부터 수관 전체가 잎이 마르고 조기 낙엽함
　㉡ 방향성 없이 수관의 일부 가지가 고사
　㉢ 살아 있는 가지의 눈 형성 불량
　㉣ 배수불량 및 답압은 토양 내 산소 부족으로 뿌리의 호흡작용을 방해하기 때문에 나무에 치명적인 피해를 줌
　㉤ 수목의 뿌리호흡 및 생장 저해, 발육부진, 고사
⑤ 조치사항
　㉠ 점토질토양을 통기성, 배수성이 높은 양토나 사양토로 환토로 뿌리의 생육환경을 개선
　㉡ 톱밥퇴비를 혼합하여 지력을 증진
　㉢ 생육토심 1m 이하인 곳에서는 정체수 방지를 위해 심토층 배수시설을 함
　㉣ 복토 깊이가 약한 지역에서는 상향 생장하고 있는 다수의 가근이 발생되고 있어 복토 제거 후 나무가 받을 스트레스를 최소화함
　㉤ 소화할 수 있는 깊이를 선정하여 흙을 제거 다수의 수직 유공관을 설치하여 토양 내 산소의 공급이 원활할 수 있게 조치

5. 결론

① 벚나무가 식재된 대부분의 지역에는 많은 사람들이 운집하므로 차량에 의한 토양 답압과 생육공간 토양 내의 물리성 저하로 수세가 약화되기 쉬워, 과감한 수형 조절과 토양개량 및 뿌리수술을 시행해 다량의 새로운 뿌리를 유도해야 한다. 새로운 뿌리는 저항력을 증대시키고 주요 병충해의 60% 이상은 자연 소멸되는 효과를 주기도 한다.

② 노령목으로 수세가 쇠약하거나 식재 후 뿌리 안착이 제대로 이뤄지지 않은 지역에서 발생하므로 과감한 수형조절과 토양개량, 뿌리수술로 뿌리의 기능력을 높여 생장을 유지하는 것이 근본적 조치이며 4종 비료나 영양제의 사용을 금해야 한다.

4회 기출문제 풀이

① 수목명 : 최근 과수 등에서 피해를 주고 있는 불마름병에 대하여 다음 물음에 답하시오. (15점)

㉠ 병징과 표징

㉡ 감염 및 전염방법

㉢ 방제법

p.924~926. 11. 불마름병(과수화상병) 참고

② 소나무 잎의 기부에 혹을 만들고 가해하는 해충에 대하여 다음 물음에 답하시오. (20점)

㉠ 국명과 학명 : 솔잎혹파리(*Thecodiplosis japonensis*)

㉡ 생활사

- 연 1회 발생, 지피물 밑이나 1~2cm 깊이의 흙속 유충으로 월동
- 5월 상순~6월 중순에 고치를 짓고 그 속에서 번데기가 되며 번데기 기간은 20~30일로서 기온과 습도에 따라 차이가 많음
- 성충우화기는 5월 중순~7월 중순, 우화최성기는 6월 상 · 중순이며 특히 비가 온 다음 날에 우화수가 많음
- 우화최성기는 지방에 따라, 임지방위, 표고에 따라서도 차이가 있으며 이는 봄철의 기온, 우화기의 강우량 등과 관계가 깊음
- 1일 중 우화시각은 11~18시이며 15시경에 가장 많이 우화
- 우화 직후의 성충은 임 내의 하층목 또는 풀잎 사이를 날면서 교미
- 교미 후 수컷은 수 시간 내 죽고 암컷은 산란을 위해 1~2일 생존
- 암컷은 새로 자라고 있는 솔잎에 평균 6개씩 산란하며 포란 수는 110개 정도이나 실제 산란 수는 90개 정도
- 알은 5~6일 후 부화하여 솔잎 기부로 내려가 잎 사이에서 수액을 빨아 먹으면서 벌레혹으로 형성
- 6월 하순 벌레혹이 형성되기 시작하면서 솔잎 생장은 중지
- 벌레혹의 크기는 길이 6~8mm, 폭 2mm 정도이고 벌레혹당 유충 수는 1~18마리로 평균 5.7마리
- 유충은 2회 탈피하며 6월부터 8월 하순~9월 상순까지는 1령기, 9월 하순까지는 2령기, 그 후는 3령기이며, 2령기부터 빠르게 성장
- 유충은 9월 하순~다음 해 1월(최성기 11월 중순)에 벌레혹에서 탈출하여 낙하하며 특히 비오는 날에 많이 낙하(지피물, 흙 속 월동)

㉢ 충태별 방제방법

- 월동 유충을 대상으로 토양처리제를 살포 : 11월 중~하순 비오는 날 전후에 가장 많이 낙하하므로 이 시기를 잘 맞춰 토양처리제(다이아지논 입제, 이미다클로프리드 입제, 카보류란 입제 등)를 기준량으로 피해를 받은 소나무 주변 토양에 전면으로 처리
- 우화한 성충을 대상으로 한 수관살포 : 성충을 구제할 목적으로 수관에 직접 약제를 살포하는 방법. 수관 살포 시기는 솔잎혹파리가 성충으로 우화하는 5월 중순~7월 중순이며, 우화 최성기인 6월 상~중순 강우가 발생된 직후가 적합한 시기
- 소나무에 침투한 산란 유충을 대상으로 한 나무주사 처리 : 소나무 기부에 산란한 알에서 유충이 벌레혹을 형성해 소나무 기부를 가해하기 시작하는 5월 하순~6월 하순 사이 처리하는 것이 가장 효율적이며, 흉고직경 6cm 이상 나무에만 적용

㉣ 천적기생봉 4종류

- 기생성천적으로 솔잎혹파리먹좀벌, 혹파리살이먹좀벌, 혹파리등뿔먹좀벌, 혹파리반뿔먹좀벌이 있으므로 이들 천적이 분포하지 않는 지역이나 기생률이 낮은 지역에 이식
- 솔잎혹파리먹좀벌 또는 혹파리살이먹좀벌을 5월 하순~6월 하순에 ha당 20,000마리를 이식
- 포식성곤충류로 11종, 포식성거미류로 늑대거미를 비롯한 25종, 포식성조류로 박새, 쇠박새, 곤줄박이 등 14종, 병원미생물로 백강균 등 10여 종 등을 보호

③ 다음 농약들에 대하여 물음에 답하시오. (10점)

㉠ 메트코나졸(살균제)의 유효성분과 작용기작

- 유효성분 : 트리아졸계(사1)
- 작용기작 : 막에서 스테롤생합성 저해(탈메틸효소 기능 저해 : 피리미딘계, 이미다졸계 등)

㉡ 델타메트린(살충제)의 유효성분과 작용기작

- 델타메트린(살충제)의 유효성분과 작용기작
- 유효성분 : 합성피레스로이드계(3a)

  ※ 합성 pyrethroids계 : 제충국(pyrethrin)은 안전하고 우수한 반면 넓은 재배 면적과 재배 기일이 오래 소요된다는 단점, deltamethrin은 접촉독과 소화중독효과를 지닌 살충제

- 작용기작 : Na 통로 조절(전위 의존 Na 통로를 열린 상태로 유지하여 axon 세포막에서 탈분극상태를 재분극상태로 되돌리는 과정을 저해하는 것)

④ 농약에 대한 저항성을 줄이기 위한 농약의 사용법에 대하여 설명하시오. (5점)

- 약제저항성의 정의 : 과거에는 살충제를 살포하면 잘 죽던 해충이 현재에는 같은 종류의 약을 같은 양으로 똑같이 살포하여도 죽지 않게 되는 현상
- 저항을 줄이기 위한 농약 사용법
  - 농약은 규정농도를 지켜서 사용
  - 같은 약제를 연간 1~2회 이상은 살포하지 말고, 작용특성이 다른 약제로 바꾸어 번갈아 가며 살포
  - 농약 살포를 매년 같은 시기에 정기적으로 살포하는 것을 삼가
  - 과거에 사용하지 않았던 약제와 유용천적에 영향이 적은 약제를 선택하여 살포
  - 농약 살포를 기록(방제 및 살포 횟수, 농약의 종류, 농약사용량 등)

⑤ 2015년 9월 21일 고사되어 진단 의뢰가 들어온 해안가 곰솔들에 대한 조사내역이 다음과 같을 때 각각의 조사자료에 대해 추가적인 진단과 종합처방을 서술하시오. (50점)

1. 40본의 곰솔수관 하부의 잎이 적갈색으로 변하고 고사하며 그중 5본의 잎이 처져서 고사하였다.
2. 취사행위 흔적이 발견되었고 사진과 같은 자실체가 다수 발견되었다.
3. 최근 해수욕장 방문객이 급증하여 입자밀도가 1.2g/cm³에서 1.5g/cm³까지 상승하였다.
4. 해일과 태풍으로 해수가 토양에 유입됐으며 토양조사결과 Ph가 8.15이고 교환성나트륨 퍼센트(ESP)가 17%였다.

1. 해충명과 학명

솔껍질깍지벌레(*Matsucoccus matsumurae*) : 회 수목해충과 동일

2. 병해 : 리지나 뿌리썩음병(*Rhizna undulata*)

① 병원균 : 자낭균문반균강, 주발버섯목에 속하는 파상땅해파리버섯

② 감수성 수종 : 곰솔(해송), 소나무, 낙엽송, 전나무, 가문비나무

③ 병징과 표징

㉠ 초기에는 땅가의 잔뿌리가 흑갈색으로 부패, 점차 굵은 뿌리로 확대되어 나중에는 뿌리 전체가 갈색으로 변함

㉡ 습한 기후에서는 병든 나무뿌리가 회백색 또는 담황색의 균사로 덮히고, 장마가 지난 후에 나무 밑동 부위에 낙엽과 가지 더미에 자실체가 형성(균사는 최초 발생지에서 불규칙적인 동심원 형태로 진행)

㉢ 땅속에서는 감염된 뿌리에서 분비되는 수지가 토양입자와 섞여 딱딱한 덩어리로 되고 감염된 뿌리의 표면에는 병원균에 의해 감염된 흔적이 나타나며, 지상부에서는 잎이 누렇게 변하고, 수세가 약해지면 나무가 말라 죽음

④ 병 발생 특징

㉠ 토양전염성병으로 토양 내에 존재하는 포자는 소나무 뿌리 근처의 온도가 35~45℃로 증가한 곳(공원, 휴양지)에서 발아하여 뿌리의 피층이나 체관부(사부)를 침입하며, 감염된 세포는 수지로 가득차게 됨

㉡ 초기 땅가의 잔뿌리가 흑갈색으로 부패, 점차 굵은 뿌리로 확대

㉢ 피층의 유세포는 균사로 가득차게 되고, 체관부도 균사로 채워지거나 둘러싸이게 되며 처음에 회백색이던 균사가 점차 갈색으로 변하면서 목질화됨

㉣ 이 병은 감염과정에서 병원균에 의하여 분비되는 섬유소분해효소 또는 펙틴분해효소가 관여하여 발생하는 연화성 병

㉤ 동일 수종 밀식 시 쉽게 전염됨

⑤ 진단방법

㉠ 땅속 자실체와 지상부와 곰솔 지제부에 파상땅해파리버섯(여름철과 늦가을)을 확인

㉡ 병 발생 포장에 포착법으로 일정기간이 지난 후 표징과 병징을 확인

㉢ 잎이 시들고 말라 죽은 나무의 표층 20~30cm 내외에 존재하는 뿌리의 껍질을 제거하고 뿌리의 형성층 관찰 시 방사상 부후 흔적이 발견됨

⑥ 방제방법

㉠ 불 난 자리에서 많이 발생하므로 임지 내에서는 모닥불을 피우거나 취사행위 등 불을 취급하는 일을 금지

㉡ 피해목은 벌채, 수피나 잔가지를 임지에서 태우지 않도록 함

㉢ 산성토양에서 발생한 경우 병 발생지에서 10m 이격하여 폭 1m, 깊이 80cm로 석회로 방어벽을 설치하고, 석회로 토양을 중화시키면 병원균의 생장이 억제되어 병 발생이 감소함

㉣ 산불 발생지역에서 재조림 시 저항성 수종을 식재

3. 비생물적 피해

① 답압의 피해

㉠ 차량 및 중장비의 기계적 힘과 인간의 이동으로 인하여 토양이 다져져 공극은 감소하고, 용적밀도는 증가하는 현상

㉡ 견밀도의 정의 : 압력을 가했을 때 토양이 저항하는 정도(응집력과 점착력의 정도)

㉢ 측정 방법

- 답압은 식물 식재지에서 중력 방향으로 압력을 받아 토양이 치밀해지는 것을 말하며, 식물 피해는 토양 환경의 3상에서 공기가 차지하는 공간인 기상이 감소하여 뿌리의 생육이 불량해짐
- 토양이 압력을 받아 답압이 되면 토양입자(고상)와 토양수분(액상)은 변화하지 않고, 공기가 차지하는 공간인 기상만 줄어든 부피만큼 감소
- 물의 총량은 토양입자인 고상의 특성에 따라 변화되는 것으로 전체량은 변화하지 않지만, 식재지의 총 부피가 감소되어 수분함량은 상대적으로 증가하게 됨

㉣ 답압이 되면 대공극은 사라지고 소공극만 남게 되는데, 대공극(지름 0.25~5.0mm)은 공기의 통로가 되고 소공극(0.02~0.25mm)은 물을 보유하여 토양 산소량이 극감하게 됨. 대공극이 많은 사질토양은 답압되지 않고 소공극이 많은 점질토양은 답압이 쉽게 되어 많은 피해가 발생

㉤ 식재지의 답압은 토양 내 통기 및 배수불량에 의해 식물의 상태가 불량해지는 것으로 한 가지 증상으로 나타나지 않고 복합적으로 발생하여 판단은 쉽지 않음

㉥ 답압피해 증상

- 과습피해가 나타남
- 뿌리가 지면으로 돌출함
- 뿌리가 줄기를 죄며 답압된 식재지에서 먼저 나타나는 증상은 과습피해와 유사한 증상을 보임

② 태풍의 직접적 피해

㉠ 풍속 29m/s 이상이 되면, 수간이 부러지고, 도복이 일어나며. 활엽수 보다 침엽수의 피해가 큼. 특히 해안가 사질토양에서는 빗물의 침투가 용이, 토양과 뿌리의 결합이 약해져 뿌리 뒤집힘이 발생

㉡ 처음에는 나무 끝, 가지, 잎 등의 약한 부분에서 발생하여 휨, 부러짐, 탈락을 초래. 강한 바람에 잎과 잎이 충돌하여, 상처를 만들어 2차적으로 병원균과 해충의 침입이 발생

㉢ 줄기에 할렬, 연륜박피 등의 파괴 및 목재 내부의 부분 압축파괴, 윤할(연륜을 따라 발생하는 할렬), 입피(수피의 일부가 목질부 내부에 파묻히는 피해현상) 등의 결점

㉣ 토양이 얇거나 지하수위가 높은 경우에는 뿌리의 생장이 저해

㉤ 해안가의 경우 NaCl이 비산되어, 직접적으로 잎에 침착되어 염의 피해가 발생

③ 해수의 토양 유입 피해

㉠ 해수의 성분 : 물 96.5%, 염화나트륨 2.71%, 기타 염류 0.79%

㉡ 해수가 토양에 집적되어 pH 상승으로 인한 알칼리화로 토양 입단이 붕괴되고, 양이온교환(CEC) 감소

㉢ 인(P)은 Ca와 결합하여 불용화되고, 철(Fe), 구리(Cu), 아연(Zn), 망간(Mn), 알루미늄(Al)의 흡수가 감소하여, 수목 생리에 불균형이 일어남

㉣ Ca, Cl의 과다 흡수로 공변세포의 K 활동을 방해하여, 기공폐쇄와 광합성과 물질대사 감소로 수세가 약화 되어 병 발생과 해충 피해의 직접적인 원인을 제공

㉤ 해수 유입 후 한발(가뭄)이 일어나면, 건조에 의한 수분 증발로 Na, Ca, Cl 등의 증가하여, 토양의 수분포텐셜이 낮아져, 수분과 무기염의 흡수가 저해되어 심한 수분스트레스를 받음

㉥ 유용미생물의 감소로 토양의 유기물 분해 기능이 감소하고, 균근의 인(P)공급이 줄어듬

㉦ 방제방법 : 배수시설, 지속적 관수, 토양 치환, 석고 및 황 시비, 완숙한 톱밥 퇴비 시용, 활성탄 등(m^3당 20kg)

④ 염해 : 토양 용액 중에 염분이 과다하여 직접적으로 해를 받는 것을 의미

㉠ 토양 중의 염분농도가 높아 수목의 삼투압 증가로 뿌리 기능 저해를 받는 생리적인 작용과 토양용액으로부터 염분의 이상 흡수로 물질대사에 저해를 받는 생화학적인 작용으로 구분, 이것은 제염을 충분히 하면 염해를 회피할 수 있음

㉡ 염기의 교환반응에 의한 토양 물리성 악화 즉 나트륨 점토와 마그네슘 점토의 생성에 따른 간접적인 피해와 염해지에서 발생하기 쉬운 황화물의 피해를 포함

㉢ 단순한 제염뿐만 아니라 명거 및 암거배수 등 배수방법의 개량, 객토 등과 같은 토양개량이 따라야 함

⑤ 양분결핍증상

㉠ 가로수의 대부분은 매년 낙엽 · 낙지가 수집되어 퇴비로 사용되거나 매립되기 때문에 토양으로부터 계속적인 양분손실이 발생

㉡ 식물은 생장에 필수적인 영양 원소 중 어느 하나라도 부족하게 되면 양분결핍증상을 나타내게 되는데, 이러한 양분손실은 식물에 양분결핍을 초래

㉢ 육안에 의해 관찰 : 왜성화, 황화현상, 조직의 괴사

㉣ 왜성화 : 무기영양소의 결핍으로 발생, 잎의 크기가 감소하여 엽면적이 줄어들거나 황색을 띠고 괴사하는 경우도 있음

㉤ 황화현상 : 식물의 광합성에 관계하는 엽록소의 이상으로 발생하는데 주로 엽록소의 구성성분이나 광합성에 관계되는 원소인 질소, 마그네슘, 칼륨, 철, 망간 등의 부족이 원인

㉥ 수분부족이나 이상기온, 여러 가지 독성물질의 피해를 받았을 때도 황화현상이 관찰되며 알카리성 토양에서 흔히 관찰되는 황화현상은 철분이 부족하기 때문. 특히 조기낙엽현상은 최근 오존이나 대기오염물질 등에 의한 피해로 발생할 수 있지만 수분부족이나 광부족이 원인

㉦ 가로수에서 나타나는 주요한 병징이나 양분 : 대부분의 특징이 토양과 관련이 있으며 수세 쇠약은 토양수분공급이나 산소 부족, 양분결핍 등이 원인. 황화현상은 질소나 철 등이 부족할 때 주로 발생하는 현상이나 염화칼슘과 염류집적 피해로 나타나기도 함

5회 기출문제 풀이

① 소나무혹병과 밤나무 뿌리혹병에 대하여 다음 물음에 답하시오. (16점)

㉠ 각각 병원균 (4점)

㉡ 각각 기주 (4점)

㉢ 혹의 발병부위 (4점)

㉣ 침입방식 (4점)

문항	소나무혹병	밤나무혹병
병원체	*Cronatium quercuum Miyabe ex Shirai* (곰팡이 담자균 녹병)	*Agrobacterium tumefaciens*(세균)
기주	소나무류와 참나무류를 기주교대하는 이종기생균(소나무, 해송, 졸참나무, 신갈나무)	밤나무, 포플러류, 버드나무, 참나무류, 벚나무, 무화과나무 등을 포함한 60과160여속의 임목, 과수와 농작물을 침해하는 다범성병해
발생부위	줄기에 다양한 크기의 혹을 형성, 가지나 줄기에 작은 혹이 발생	주로 줄기 및 뿌리와 땅가 부분에 발생하지만 드물게는 가지에도 발생
침입방식	겨울포자는 9~10월에 발아하여 담자포자를 형성하며 이 담자포자는 당년에 자란 소나무 어린가지를 침입한 후 약 10개월의 잠복기간을 거쳐 이듬해 여름부터 가을 사이에 발병하여 혹을 형성함	병원균은 어린 혹, 땅속에 남아 있는 부스러진 혹 조직 등에서 월동, 땅속에서도 수년간 생존하면서 주로 나무의 상처부위를 통해서 침입, 지하부의 접목부위, 뿌리의 절단면, 삽수의 하단부 등은 좋은 침입처

② (매미나방의 유충과 수컷 사진 주고) 다음 물음에 답하시오. (18점)

㉠ 국명, 성충의 암수 (3점)

㉡ 암수 구별 방법 (4점)

㉢ 유충 가해 형태 (3점)

㉣ 생활사 (8점)

구분	수컷	암컷
색깔	몸과 날개는 암갈색이고, 날개 위에 구부러진 검은 무늬	날개와 몸은 갈색을 띤 백색이고 더듬이와 다리는 검은색, 통통한 몸통
몸길이	17~21mm(접은 상태) 41~54mm(날개를 편 상태)	20~40mm(접은 상태) 78~93mm(날개를 편 상태)
더듬이	깃털 모양	실 모양의 더듬이
다리	–	다리에는 검은색의 횡대가 4개
알, 유충	• 알은 둥근형 1.7mm 정도, 암컷의 노란 털로 덮여 있음 • 다 자란 유충의 몸길이는 55mm이며, 머리는 황색이고 앞쪽에 팔자형의 무늬가 있음 • 등 위 앞쪽의 돌기는 암청색이고, 뒤쪽의 것은 암적색으로 각 돌기에는 검은 긴 털이 많이 나 있음	

③ 솔잎혹파리 페니트로티온(성분 50%)에 대해서 다음 물음에 답하시오. (12점)

㉠ 유효성분 (2점) : 유기인계(Fenitrothion : MEP)

㉡ 1b 작용기작설명 (10점)

• 아세틸콜린에스테라제(AChE) 저해제, 곤충신경계 작용

※ 유기인계와 카바메이트계 살충제는 AChE의 분해 작용을 저해하여 후막에 AChE이 계속적으로 축적되므로 신경자극의 정상적인 전달이 차단되어 곤충이 죽게 된다.

• 유기인계
 - 현재 사용 중인 살충제 중 종류가 가장 많음
 - 환경생물에 대한 영향도가 가장 큰 농약
 - 인축에 대한 독성이 높음
 - 자연계에서 분해가 빠름(광선이나 기타요인, 알칼리)
 - 잔효성이 비교적 적음
 - 아세틸콜린에스테라제(AChe)의 활성 저해제이고 식물의 경엽에도 침투가 용이하므로 주로 접촉독제나 침투성약제로 사용됨
 - 유기용매에는 용해성이 우수한 친유성화합물이므로 곤충의 체내에 침투하여 작용점에 쉽게 도달할 수 있음
 - 인(P)을 중심으로 결합된 산소(O)와 황(S)의 위치 및 수에 따라 phosphate, thiophosphate, dithiophosphate 3가지 형태로 구분됨
 - 황(S) 원자가 많을수록 지효성과 잔효성이 증가
 - phosphate형은 속효성, dithiophosphate형은 화학적으로 안전성이 크고 약효기간이 김
 - 농약 중독 시 해독제

농약	해독제
유기인계	팜(PAM), 황산아트로핀
유기염소계	개발약제 없음
카바메이트계	황산아트로핀
피레스로이드계	황산아트로핀
칼탑, 지오사이크람계	발(BAL), 글루타치온(glutathione) 등 SH계 해독제
디치오카바메이트계	스테로이드계
메틸브로마이드, 이디비제	발(BAL), 아미노페린(aminopherin)
유기비소계	발(BAL)
염소산염계	황산소다를 중탄산소다에 용해시킨 것

④ 다음 빈칸에 들어갈 내용은? (2점)

페니트로티온은 (　　　)에 잔류독성이 강하므로 봄부터 개화가 끝날 때까지 살포를 금한다.

꿀벌

※ 꽃이 질 때까지 살포하지 말아야 한다.

⑤ 1,000배액(약제 20L당 물 20ml 사용 시)으로 희석 시, ppm 농도를 구하시오. (2점)

- 20ml/20L = 1/1,000, 1ppm = 1/1,000,000
- 1,000배액 = 1,000ppm
- 백만분율 : ppm(partspermillion)이라는 기호를 사용(ppm은 백만분의 1이라는 뜻)
- 고체시료의 농도를 나타낼 경우 용액 1kg에 들어있는 용질의 mg(또는 mg/kg)을 나타내며, 액체시료의 경우 용액의 밀도가 대부분 1kg/L라고 근사하여 1L에 들어있는 용질의 mg 수를 나타내기도 함
- ppm 값을 10,000으로 나누면 %(백분율)로 단위를 변환할 수 있고, 주로 대기나 해수, 지각 등에 존재하는 미량 성분의 농도를 나타낼 때 사용

농도정리	농도비교
• % 농도 : 백분율(1/100) • ppm(parts per million) : 100만분의 1(mg/L) • ppb(parts per billion) : 10억분의 1	• 1L=1,000mℓ=1,000g=1,000cc • 1g=1,000mg=1,000,000μg • 1g=1mℓ=1cc

⑥ 다음 상황에 대한 추가조사 사항과 관리대책을 병해, 충해, 비생물적 피해로 구분하여 작성하시오.

※ 진단결과(24점) : 병해(8점), 충해(8점), 비생물적(8점)
개선을 위한 방제(24점) : 병해(8점), 충해(8점), 비생물적(8점)

- 환경
  - 500m 도로변 가로수로 식재된 양버즘나무가 있음
  - 90년대 초 이식되었고, 흉고는 40cm
  - 가로수 지역 낮은 지대로 7월 초 2~7일간 호우가 계속됨
  - 겨울철 여러 번 제설 후 나무 밑에 쌓아놓음
- 기초 조사사항
  - 토양 pH : 7.0
  - 일부 잎 황백색, 뒷면에 검은색 잔재물이 있었음
  - 일부 잎엽맥과 주변괴사
  - 줄기에 상처, 공동
  - 지제부에 버섯

1. 수목병

① 버즘나무탄저병

㉠ 기주 : 버즘나무, 양버즘나무

㉡ 병원균 : *Apiognomonia veneta*

㉢ 환경 : 이른 봄에 잎이 나온 후 기온이 12~13℃ 이하로 낮고 비가 자주 오면 많이 발생(장마철)

㉣ 병징 및 표징

- 봄에 새잎과 어린 가지가 갈색으로 모두 말라 죽어 수관이 엉성하게 됨(마치 늦서리 맞은 것 같은 모습)
- 다 자란 잎은 잎맥을 따라 갈색반점(번개 모양)의 죽은 조직이 나타남
- 가지는 수피가 거칠게 터지는 궤양증상이 나타나면서 말라 죽음

• 잎 뒷면의 갈색 병반과 가지의 병반에는 작은 흑갈색 점(분생포자반)이 다수 나타나고, 다습하면 크림색 분생포자덩이가 솟아오름
• 병든 낙엽이나 가지에서 균사 또는 분생포자반으로 월동

㉣ 방제 방법
• 병든 낙엽을 모아서 태우거나 땅속에 묻음
• 봄에 잎이 나올 때부터 메트코나졸 액상수화제 3,000배액 또는 프로피네브 수화제 600배액을 10일 간격으로 3~4회 살포
• 상습 발생지에서는 새싹이 나오는 시기 예방 위주로 실시. 봄철의 발아 직전에 석회유황합제 5%액을 살포하고 장마가 끝난 후에도 실시(일평균기온 15℃ 이하인 경우 반드시 살균제 살포)

② 목재부후병
㉠ 발생 조건(환경)
• 상처는 수목의 일생에서 자주 발생하며 가지가 부러질 때마다 수피에 손상이 일어나 목질부가 노출되면서 상처가 생김
• 상처를 통해 침입하는 미생물과 수목의 조직간 상호작용이 일어나면서 목재부후와 변색이 진행
• 목재부후는 땅해파리(자낭균)를 제외하고 모두 담자균에 의해 발생

㉡ 기생부위에 따른 분류(기주)
• 심재부후 : 살아 있는 수목의 줄기(말굽버섯속 등)
• 근계부후 : 살아 있는 수목의 뿌리[뽕나무버섯속, 해면버섯속, 땅해파리속(자낭균)]
• 변재부후 : 수목의 죽은 부분과 목재(잔나비버섯속)

㉢ 분해성분에 따른 분류
• 백색부후 : cellulose, hemicellulose, Lignin을 분해(구름버섯속, 말굽버섯속)
  – 주로 활엽수재에 많이 발생하지만 침엽수재에도 발생
  – 바닐라 아이스크림과 같은 색상으로 나타나기도 함
  – 백색 또는 갈색의 띠모양과 백색의 반점모양으로 나타남
• 갈색부후 : cellulose, hemicellulose를 분해(잔나비버섯속)
  – 주로 침엽수에서 많이 발생
  – 목재의 강도를 매우 빠르게 저하
  – 주로 대형 목구조물의 내부를 가해하는 경우가 많음
• 연부후균 : 피해를 받은 목재는 표면이 종횡으로 할렬이 일어나며, 갈색부후나 백색부후에 의한 부후와는 달리 주로 표면에서만 일어남

㉣ 방제방법 : 적지에 적합한 수종을 선택하여 식재
• 가지치기(전정)
• 관수 및 시비 등을 통하여 수목을 건강하게 유지관리
• 줄기 하부와 뿌리에 상처가 생기지 않도록 함
• 병원균에 의해 감염된 수목에 버섯이 형성되는 것을 확인하는 즉시 수목을 제거하여 다른 수목에 감염을 일으키는 것을 사전에 방지하는 것이 필요

2. 수목 해충
① 버즘나무방패벌레
㉠ 노린재목/방패벌레과 : *Corythucha ciliata*
• 연 3회 발생하고 성충으로 월동
• 잎 뒷면에 산란하고 알 기간이 2주이며 약충기간은 5~6주

㉡ 약충이 버즘나무류의 잎 뒷면에 모여 흡즙, 가해하며 피해 잎은 황백색으로 변함
• 장마가 끝난 후 2세대 시기인 7월 초순 이후에 피해가 심함

- 8월 이후에는 모든 충태가 동시에 존재
- 응애류에 의한 피해와 비슷하나 가해부위에 검은색의 배설물과 탈피각이 붙어 있어 구분
- 임목을 고사시킬 정도로 심한 피해를 주지 않으나 가로수인 버즘나무의 잎을 변색시켜 경관을 크게 해침

ⓒ 방제

- 화학적 방제
  - 7월 2세대 발생 초기에 이미다클로프리드 등을 10일 간격으로 2회 살포
  - 1세대 발생 초기인 5월 초순에 이미다클로프리드 분산성액제(20%)를 흉고직경 cm당 0.3mℓ씩 나무주사
- 생물적 방제 : 포식성천적인 무당벌레류, 풀잠자리류, 거미류 등을 보호
- 물리적 방제 : 피해 잎을 제거하여 소각

3. 비생물적 피해

① 제설제 피해

㉠ 원인

- 토양에 고농도의 염류를 쌓이게 함에 따라 토양의 알칼리화(pH 7.2 이상)를 유발함
  ※ 지문에서 pH가 7.0이라 함은 염기 성분이 지표면에서 용탈된 상태로 추정
- 염분이 토양 속 수분의 삼투압을 늘려 뿌리가 수분과 양분을 흡수하는 것을 방해
- 제설작업에 사용된 염화칼슘 녹은 물이 바람에 날려 잎에 접촉되어 피해 발생
- 염류집적으로 인한 토양의 물리성(토양구조도 나빠져 통기성과 배수성이 떨어짐) 및 pH 등 화학성 변화

㉡ 피해 증상

- 겨울 동안에는 당장 피해현상이 눈에 띄지 않지만 기온이 영상으로 오르는 3월에 급속하게 잎의 탈수현상을 일으키고 광합성 기능을 저하시켜 나무를 약하게 만듦
- 잎이 누렇게 변화하거나 비정상적으로 일찍 떨어진다든지 잎과 가지의 일부가 말라 죽는 현상이 나타남
- 나무의 모양이 훼손되고 건강성과 저항력이 약화되어 고사되거나 병해충에 취약해짐
- 도로변 잎, 가지, 변색, 조기낙엽, 세근발달 불량

ⓒ 방제법

- 보호막 설치 : 염화칼슘 유입차단막 설치
- 방지용 보호덮개 설치 : 가로수에 볏짚 울타리를 세워놓으면 제설제 차단막 기능을 하여 키 작은 관목들의 고사율을 낮출 수 있음
- 가로수 밑에 목재칩을 두껍게 깔면 염화칼슘에 의한 직접적 피해를 예방
- 제설작업 시 염화칼슘 함유된 수목 주변 적치 금지
- 활성탄이 용염분 흡착 제거
- 토양객토 : 뿌리가 자라는 주변의 흙을 통기성이 좋은 모래나 사질토양을 섞어 객토, 환토, 유기물 투입, 알칼리성일 경우 토양산도교정 등
- 봄에 피해가 예상되는 가로수나 화단 등의 세척작업도피해를 줄이는 방안

② 과습에 의한 피해

㉠ 원인

- 배수불량으로 인해 과습으로 인해 뿌리가 괴사되고 기능을 상실하여 건조증상과 유사하게 나타남
- 지하수위가 높거나 논매립지 등에 식재공사 후 피해 발생
- 침수나 과습피해를 받으면 뿌리가 썩어버리거나 죽어서 더 이상 자라지 못하며 병원균 침입이 용이해 지상부 전체의 건강이 위협받기도 함

㉡ 증상

- 수관 전체에서 끝 가지부터 고사하므로 수형이 파괴됨
- 잎의 크기가 정상잎에 비하여 작음
- 봄에 신초가 나와 생장이 잘 되다가 장마철 후 잎이 황화되면서 조기 낙엽
- 주목과 같은 일부 수종은 과습돌기(edema, 이데마) 현상이 발생해 쉽게 발견

㉢ 방제

- 배수체계를 마련해야 하며 물빠짐이 좋도록 토양층을 개량해야 하며 필요한 경우 암거배수관을 토심 50cm 이하 심층에 매설해야 함
- 인공지반에서 과습피해가 많은데 지하에 집수관이나 암거배수관과 자갈층이 기본적으로 매설되어야 함
- 토양이 경화되면서 점질토양으로 바뀌어 발생한 경우에는 뿌리가 자라는 주변의 흙을 통기성이 좋은 모래나 사질토양을 섞어 객토를 해 줌

6회 기출문제 풀이

① 기주교대를 하는 향나무 녹병에 대하여 다음 물음에 답하시오. (18점)

㉠ 기주명, 각각의 병징과 표징

- 향나무 녹병(*Gymnosporangium sp*) : 장미과 식물의 녹병과 동일한 병균으로 이종기생균, 향나무류(겨울포자), 장미과 수목(녹병정자, 녹포자)

녹병균	병명	녹병정자, 녹포자세대	겨울포자
Gymnosporangium asiaticum	향나무 녹병	배나무	향나무

- 5월 하순~6월경 장미과 수목의 잎 앞면(녹포자)에는 붉은 반점(붉은별 무늬)이, 잎의 뒷면에는 흰색의 털모양 녹포자퇴가 다량으로 형성되어 혐오감을 줌
- 병든 잎은 일찍 떨어지므로 조경수목으로서의 미관적 가치가 크게 손상됨
- 향나무는 잎과 가지가 일부 고사되어 적갈색 부분이 군데군데 나타나기 시작
- 향나무류에서는 나무가 죽는 피해는 없는 것으로 알려져 있었으나, 눈향나무의 경우 병원균의 겨울포자퇴가 가지 및 줄기에 침입하여 수년간 피해를 받으면 나무 전체가 말라 죽음

㉡ 병환에 대하여 기술(기주와 기주교대, 포자세대를 포함하여 기술할 것)

기호	세대형	특징	핵상	비고
0	녹병정자	단세포, 평활, 기주식물표피, 곤충유혹	n	원형질융합녹포자 생성, 유성생식
I	녹포자	단세포 구형 난형, 녹포자기	n+n	기주교대
III	겨울포자	포자퇴(갈색, 검은색)	n+n → 2n	월동, 동포자
IV	담자포자	무색단핵포자 담자기(4개담자포자)	n	소생자, 기주교대

ⓒ 방제법

- 향나무 부근에는 모과나무, 배나무, 사과, 명자꽃, 산사, 산당화, 윤노리나무 등 장미과 식물을 근접하여 식재하지 않도록 하며, 가능한 향나무와는 2km 이상 떨어질 수 있도록 심어야 함
- 향나무에는 4~5월과 7월, 중간기주 수목에는 4월 중순부터 6월까지 붉은별무늬병 전용약제를 10일 간격으로 5~6회 살포
- 효과적인 약제는 티디폰 500~800배 희석액, 훼나리 2,000~2,600배 희석액, 포리옥신 1,000배 희석액 등
- 4월경 비가 내린 후 향나무에 붉은색의 돌기가 나타나면 중간기주인 모과나무와 명자나무, 배나무 등에 이들 약제를 살포
- 살포기간은 7~10일 간격으로 1개월 정도 살포하는데 비가 다시 내리면 재살포해야 함
- 병든나무는 지속적으로 제거하고 저항성 수종으로 대체
- 살균제의 방제는 각 포자의 비산 시기에 맞추어 포자 비산 전에 살포하여야 함

② 아래의 유충 사진에 대하여 다음 물음에 답하시오. (19점)

ⓐ 해충의 국명과 과명

- 국명 : 솔나방(Dendrolimus spectabilis)
- 과명 : 나비목/솔나방과

ⓑ 암컷 성충과 수컷 성충의 형태적 차이점

구분	암컷	수컷
크기	40mm	30mm
무늬발달 정도	회백색, 암갈색, 검은색	연한 적갈색에서 흑갈색

ⓒ 생활사

- 연 1회 발생하고 제5령 충으로 월동
- 대부분 지역에서는 수피 틈이나 지피물 밑에 숨어서 유충으로 월동
- 봄에 17℃ 이상 되는 날이 계속되는 4월경에 월동처에서 나와 솔잎을 먹고 자라 3회의 탈피를 거쳐 8령충이 됨
- 노숙유충은 7월 초 · 중순에 솔잎 사이에 실을 토하여 고치를 만들고 몸을 비틀어 고치에 몸의 센털을 찔러놓고 번데기가 됨

PART 02 실기시험 기출복원문제

- 20일 내외의 번데기 기간을 거친 후 7월 하순~8월 중순에 성충으로 우화
- 성충의 수명은 9일 정도로 밤에만 활동하고 낮에는 숨어 있으며 주광성이 강함
- 우화 2일 후부터 산란하는데 보란수의 75%인 500개 정도를 솔잎에 몇 개의 무더기로 나누어 낳음
- 어린 유충은 처음에는 솔잎에 모여서 솔잎의 한쪽만을 식해하고 바람이나 충격에 의해 실을 토하며 낙하하여 분산함
- 솔나방이 한 세대를 거치면서 사망률이 가장 높은 시기는 부화유충기이며 이 시기의 사망원인으로는 강우가 중요한 요인이 됨

㉣ 방제법

- 화학적 방제 : 월동한 유충의 가해초기인 4월 중 · 하순이나 어린 유충시기인 9월 상순에 클로르푸루아주론 유제(5%) 또는 트랄로메트린 유제(1.3%) 2,000배액을 수관 살포
- 생물적 방제
  - 병원성 세균인 Bt균(Bacillus thuringiensis)을 살포
  - 기생성 천적인 좀벌류, 맵시벌류, 알좀벌류, 기생파리류 등을 보호
  - 포식성 천적인 무당벌레류, 풀잠자리류, 거미류 등을 보호
  - 유충을 쪼아 먹은 박새, 찌르레기 등의 조류를 보호
- 물리적 방제
  - 봄철에는 소나무 잎을 가해하고 있는 유충이나 7월 초 · 중순에 솔잎에 붙어 있는 고치가 쉽게 발견되므로 솜방망이로 석유를 묻혀 죽이거나 집게 또는 나무젓가락으로 잡아 죽임
  - 유충은 낮에 줄기에 한곳에 모여 정지하고 있는 습성이 있으므로 이들 유충을 잡아 죽이는 것도 효과적
  - 성충은 주광성이 강하므로 7월 하순~8월 중순까지 성충 우화 시기에 유아 등이나 유살 등으로 유인하여 잡을 수 있음

③ 소나무재선충병에 대한 병징과 예방주사의 농약품목과 작용기작에 대하여 설명하시오. (5점)

㉠ 재선충병의 병징

- 주 피해수종은 소나무와 해송이며 건강한 수목이 재선충에 감염되면 수분과 양분의 이동이 차단되어 솔잎이 아래로 처지며 시들기 시작함
- 기온이 높은 시기에 다량의 소나무재선충이 침입하면 빠르게 병징이 나타남
- 3주가 지나면 외관상 묵은 잎의 변색을 확인할 수 있고 1개월 정도 경과하면 잎 전체가 갈색으로 변하면서 고사되기 시작
- 감염시기가 늦어지거나 소량의 재선충이 침입하였을 경우 병징이 늦게 나타나 이듬해에 감염목이 고사하기도 하며, 일부 가지만 죽는 경우도 있음

㉡ 예방주사의 품목명과 작용기작

- 작용기작 : 6으로 표시, Cl 통로 활성화
- 아바멕틴(Abamectin) : 신경근육연접부위의 마비 유발을 통하여 해충을 치사에 이르게 함, 방사상균에 의해 생산되는 발효물질인 미생물에서 기원한 살충제, 접촉독, 식독 작용 약간의 침투이행성을 가짐
- 에마멕틴벤조에이트(Emamectin benzoate) : 신경전달 과정에서 억제정보(GABA)의 방출을 촉진시켜서 근육 수축을 억제해 마비증상이 나타나게 하는 작용기작. 토양박테리아에서 추출한 천연성분의 유도체

④ (디캄바, 테부코나졸 등 농약 10여 가지를 나열하고) 다음에 해당하는 농약을 골라 한가지씩 기재하시오. (8점)

- Na 이온 통로조절 살충제 (합성피레스로이드계) 3a – 람다사이할로트린
- 호흡 저해(에너지 생성 저해 : 시토크롬기능 저해) 다3, 침투이행성 – 아족시스트로빈
- 막에서 스테롤생합성 저해(탈메틸 효소기능 저해) 사1, 푸사리움 가지마름병 나무주사 – 테부코나졸
- 아미노산 생합성저해(글루타민합성효소 저해) H, 비선택성제초제 – 글루포시네이트암모늄

⑤ 종합문제 : 다음의 진단사항을 보고 병 · 해충, 비생물적 피해의 진단과정, 진달결과를 서술하시오. (50점)

※ 진단사항

- 200년 된 느티나무로 남서 방향 15m 거리의 4차선 도로에 위치해 있고, 동남쪽 고층건물로 인한 그늘이 발생, 9년 전 도로공사로 지면이 높아지고 5년 전부터 수관 아래에서 직경 3cm 정도 되는 가지가 떨어짐
  – 잎 왜소화, 가지가 불규칙하게 고사
  – 수관 하부의 잎에서 회백색이 중앙에 있는 갈색무늬병징이 있는 잎이 있음
  – 표주박 모양이 혹이 있는 잎이 있음
  – 나무의 잎은 건강한 나무의 1/3 수준
  – 토양조사결과표를 제시함(도표에 도로 확장공사에서 지반이 상승한 이력이 제시, 토층이 O(5cm)–B(50cm)–A–B–C층, 50cm 복토됨, 기타 토심, 토색, pH, 탄소율, 질소율 등 제시)

1. 서론

느티나무는 장수목으로 보호수로 가장 많이 분포하고 최근에는 조경수로 많이 사용되고 있는 유용수종이다. 치명적인 병해는 거의 없으나 경관적 피해나 생육불량을 일으키는 병충해인 흰무늬병, 흰별무늬병, 외줄면충과 비생물적 피해 및 방제방법을 알아보고자 한다.

2. 본론

(1) 병해

① 느티나무흰무늬병(= 갈색무늬병, *Pseudocercospora zelkowae*)

㉠ 어린 묘목에서 발생했을 때에는 조기 낙엽으로 생장에 지장을 주지만 큰 나무에서는 수세에 별다른 영향을 주지 않는 병원균

㉡ 주로 수관 하부에서 발생하여 상부로 진전되는 특성을 가지고 있으며, 잎에 갈색원형 또는 부정형의 작은 반점들이 나타나다가 피해가 진전됨에 따라서 병반이 합쳐져서 모양이 일정하지 않은 대형 병반이 형성

㉢ 병반 주변은 퇴색하여 황록색으로 변하고, 건전부와 이병부의 경계가 뚜렷하지 않고, 병든 잎은 안쪽으로 말리면서 조기 낙엽

㉣ 심한 경우에는 잎이 갈색으로 말리면서 조기에 떨어지므로 나무는 상층부의 잎만 남아있는 엉성한 모습을 나타냄

㉤ 병원균은 분생포자경에 형성되는 형식으로 확대하여 보면 쥐색 털과 같은 모습을 나타냄

② 느티나무흰별무늬병

㉠ 묘목과 어린나무에서 주로 발생하고, 큰 나무에서는 별다른 피해를 주지 않은 병원균

㉡ 주로 여름~초가을 장마가 끝난 후부터 병이 발생하기 때문에 느티나무의 2차 생장기에 피해가 많음

㉢ 잎에 짙은 갈색의 작은 반점이 생겨 병징이 확대됨에 따라서 병반이 엽맥과 경계를 이루면서 불규칙한 다각형의 병반을 이루고 병반의 중앙부위에 회백색으로 변함

㉣ 병든 부위에 작은 점 모양의 병자각이 나타남

③ 방제

㉠ 흰무늬병과 흰별무늬병의 경우 수세가 강하고, 생육이 왕성한 나무에는 거의 피해가 없으므로 나무를 건강하게 키우는 것이 가장 근본적인 대책이 됨

㉡ 대부분 생육공간이 협소하거나 불리한 가로수 또는 도심에 있는 수목에 주로 피해가 나타나는 경우가 많으므로 기상적으로도 병 발생에 유리한 환경이 조성될 때에는 적절한 방제를 병행

㉢ 피해가 심한 지역은 5~9월에 동제나 만코제브수화제를 살포하여 병의 진전을 막음

㉣ 병든 낙엽에서 월동하여 이듬해 봄에 제1차 전염원이 되므로 병든 낙엽은 모아서 묻거나 태움

(2) 충해

① 특징

㉠ 느티나무 잎에 표주박 모양의 녹색 벌레혹을 형성하며 수액을 흡즙 가해 흔적

㉡ 유시태생 암컷 성충이 벌레혹으로부터 탈출하면 벌레혹은 갈변하여 경화된 채로 잎 위에 남아 있음

㉢ 대발생하면 전체 잎에 벌레혹이 형성되기 때문에 미관을 해침

㉣ 연마다 수차례 발생하며 수피틈에서 알로 월동, 알은 4월 중순에 부화하며 약충은 새로운 잎 뒷면에 기생

㉤ 기생된 잎은 약충의 흡즙 자극에 의해 오목하게 들어가며 잎 표면에는 표주박 모양의 벌레혹이 형성

㉥ 벌레혹은 비대해지기 시작하여 약 20일 후에는 암컷성충이 벌레혹 속에서 약충을 낳기 시작

㉦ 5월 하순~6월 상순에 유시태생 암컷 성충이 출현하여 중간기주인 대나무류에 이주함

㉧ 무시태생 성충이 낳은 약충은 중간기주의 근부에서 여름을 지내고 10월 중·하순 유시태생 암컷 성충이 출현하여 주기주인 느티나무로 이동

㉨ 유시태생 암컷성충이 낳은 양성 암컷성충은 수컷과 교미 후, 체내에 포란한 상태로 수피상에서 죽음

② 방제

㉠ 화학적 방제 : 4월 중순 부화약충 시기에 이미다클로프리드 액상수화제(8%) 2,000배액 또는 메티다티온 유제(40%) 1,000배액을 10일 간격으로 2회 살포

㉡ 생물적 방제 : 포식성 천적인 무당벌레류, 풀잠자리류, 거미류 등을 보호

㉢ 물리적 방제 : 피해 잎을 제거하여 소각

(3) 비생물적 피해 – 복토

① 특징

㉠ 복토는 토양표면을 높이거나 흙을 임시로 쌓아두는 것을 의미하는데 5cm보다 두꺼운 복토는 기존의 수목에게 피해를 줌

㉡ 굵은 뿌리는 식물을 지지하고 고정하기 위해서 3m 이상 깊은 위치까지 자라지만 양분과 수분을 흡수하는 뿌리는 대부분 지면 20~30cm에 분포

㉢ 수목의 뿌리 중 세근이 주로 양분과 수분을 흡수하는데 전체 세근의 90%가량이 표토 20~30cm 이내에 모여 있으며, 세근은 수명이 짧고 계속해서 새로 만들어져 왕성하게 호흡작용을 하고 있기 때문에 많은 양의 산소가 필요

㉣ 세근은 표토주변에 집중적으로 모이게 되므로 복토를 하면 세근이 고사하고 이어서 굵은 뿌리들도 죽게 됨
㉤ 뿌리가 고사되고 생장이 좋지 못하며 잎이 작아지고 신초가 고사하여 엽량이 줄어서 수관이 엉성해 보이며, 조기 낙엽되거나 마른 잎이 오래도록 붙어 있음

② 진단
㉠ 나무 밑둥의 상태로 확인 : 상부에서 하부로 고사가 지속적으로 발생이 되고, 땅과 접하는 지제부의 밑둥이 잘 드러나지 않으면 복토을 의심
㉡ 장비를 이용한 확인 : 검토장(soil auger)을 이용하여 토양의 색이나 질감이 다른 토양의 깊이가 얼마나 되는지 판단하거나, 삽을 이용하여 직접 나무 주변의 뿌리를 확인
㉢ 자연상태나 정상적인 뿌리보다 10cm 이상 흙으로 덮여있으면 피해가 발생하며 점질토양과 과습상태에서는 5cm 정도의 두께에서도 증상이 나타나기도 함

③ 방제
㉠ 복토 된 흙 제거 : 굵은 뿌리가 나올 때까지 제거하거나 뿌리분을 노출 시킬 수 있도록 토양을 제거
㉡ 기존 지면과 새로 덮이는 토양을 완전히 단절시켜야 하고 통기관을 적절히 설치하여 기존 뿌리가 통기관과 자갈 등을 통하여 호흡할 수 있어야 함
㉢ 유공관의 위치는 수관폭을 기준으로 설치하고 자갈설치 구간은 수관폭 이상이 되어야 함
㉣ 기존 지면은 반드시 유지한 상태에서 통기성이 좋은 굵은 재료를 이용하여 멀칭

3. 결론 : 습해의 피해도 추정됨

※ 토양의 화학적 특성 평가항목과 평가기준(조경설계기준 2019, 국토부)

평가항목		평가등급			
항목	단위	상급	중급	하급	불량
토양산도(pH)	–	6.2~6.5	5.5~6.0 6.5~7.0	4.5~5.5 7.0~8.0	4.5 미만 8.0 이상
전기전도도(EC)	dS/m	0.2 미만	0.2~1.0	1.0~1.5	1.5 이상
염기치환용량(CEC)	cmol/kg	20.0 이상	20.0~6.0	6.0 미만	
염분농도	%	0.05 미만	0.05~0.2	0.2~0.5	
유기물 함량(OM)	%	5.0 이상	5.0~3.0	3.0 미만	

7회 기출문제 풀이

① 오동나무 빗자루병, 대추나무 빗자루병, 벚나무 빗자루병, 참나무겨우살이에 대하여 비교 서술하시오. (20점)

㉠ 병징비

㉡ 표징비

㉢ 방제비

구분	오동나무빗자루병	대추나무빗자루병	벚나무빗자루병	참나무겨우살이
병원균	파이토플라스마	파이토플라스마	진균(자낭균류)	상록 기생 관목
병징	잎이 위축, 가는 가지 총생, 마디 짧고 작은 잎 다수발생, 황화증상	엽화현상-잔가지잎이 밀생, 총생	가지 일부분 혹모양 부풀고 잔가지가 빗자루모양 총생, 작은잎 밀생	그 부위가 국부적으로 둥글게 부풀어 오르며 병든 부위의 윗부분은 위축
표징	없음	없음	잎 뒷면 자낭이 줄지어 형성	없음
방제 비교	무병묘목을 심고, 매개충(담배장님노린재) 구제, 제거	무병묘목을 심고, 매개충(마름무늬매미충) 구제, 제거, 테트라사이클린 수간주사	병든 가지 자르고 지오판도포제 바름	나무줄기 쪽으로 제거

② 미국선녀벌레 유충 사진 (20점)

㉠ 국명, 목, 과명 : 노린재목 매미아목 선녀벌레과(연 1회 발생, 기주의 나뭇가지 틈에서 알로 월동)

㉡ 약충, 성충 형태 특징 설명

- 약충 : 유백색으로 머리는 앞기슴 등판보다 훨씬 좁으며 앞가슴등판은 비스듬하게 돌출된 줄이 있는 역 V자 모양이고 중앙에서 분기하는 원형의 홈이 있음
- 성충 : 몸길이 5~8mm, 머리와 앞가슴은 각각 약간 연한 황갈색을 띠고, 넓은 삼각형의 앞날개가 몸에 수직으로 달라붙어 있고, 위에서 볼 때 옆쪽이 압착된 쐐기모양을 이루고 있음

㉢ 생활경과표

- 월동한 알은 4월 중하순에 부화하며, 약충은 5령을 거치고 전체 약충발육기간은 25℃에 평균 42일임
- 7월 중순부터 우화하고 8월부터 산란을 시작하며, 10월까지 발견되고, 암컷 1마리가 90개의 알을 산란함

㉣ 방제방법

- 방제 시기는 성충보다 약제 감수성이 높고 이동력이 떨어지는 약충시기에 단지별로 공동으로 방제하는 것이 효과적임
- 1차 방제는 5월 중순~6월 초순, 2차 방제는 6월 중순~7월 초순, 성충은 1차 방제를 7월 하순~8월 중순, 2차 방제는 8월 하순~9월 초순까지 권장
- 점프 및 비행을 통해 인접 기주식물로 쉽게 옮겨갈 수 있음. 방제가 쉽지 않아 여러 번 방제해야 함. 주변 야산까지 방제해야 효과가 있음
- 등록약제 : 16개 품목명 등록(티아메톡삼, 디노테퓨란, 에토펜프록스 등)

③ 미국선녀벌레 방제와 벤조일우레아계 살충제 (10점)

㉠ 약제 연용하면 안 되는 이유 해결 방법

- 약제저항성은 한 가지 약제 또는 동일한 작용기작(작용원리)의 약제들을 연속 사용했을 때 발생
- 이를 막기 위해 방제할 때마다 이전에 사용한 약제와 비교해 작용기작이 다른 약제를 선택하거나 다른 계통의 약제를 번갈아 사용해야 함

㉡ 미국흰불나방에게 디플로벤주론이 효과가 좋은 이유

- 벤조일우라아(Benzoyl Urea계)작용에서 "O형 키틴합성저해"
- 곤충의 키틴합성저해 살충제
- 곤충성장조절제(Inset Growth Regulators ; IGR)라 부르며 인축에 독성이 낮고 환경오염이 적으며 곤충과 동물 간에 선택 독성이 높음. 저독성이며 잔효성이 긴 것이 특징

④ 9월 진단 나가서 소나무 솔잎혹파리 피해 입은 상황을 보고 병징과 방제 서술하시오. (10점)

㉠ 병징 : 소나무와 해송의 솔잎 밑부분(기부)에 충영을 형성함. 그 속에서 수액을 빨고 피해 잎은 생장이 중지(건전한 잎의 1/2)되고 그 해에 변색되어 낙엽이 되고 당년도에 고사하지 않으나 피해가 심하게 반복되면 나무가 고사함

㉡ 연 1회 발생. 유충으로 토양에서 월동 대체로 5월 중순에서 7월 사이에 성충이 되어 신초에 산란, 알에서 부화한 유충이 혹을 형성 9월 하순~1월 사이에 탈출해 지면으로 낙하하므로 가을 즈음에 가장 피해가 심함

㉢ 방제

- 수간주사 : 5~6월 방법. 천공기로 구멍을 뚫고(직경 1cm, 길이 5~10cm), 항공엽면시비
- 임내정리(위생간벌, 피해목벌채, 간벌) : 6~11월
  - 고립목의 경우 피해를 덜 입음
  - 하기벌목 : 충영속의 유충제거
- 천적방사 : 5~6월, 솔잎혹파리먹좀벌, 솔잎혹파리등뿔먹좀벌, 솔잎혹파리반뿔먹좀벌
- 임내비닐피복 : 성충이 되어 나무로 올라가는 것과 유충이 땅속으로 잠입하는 것을 차단함

⑤ 종합문제 : 주어진 표에서 중량수분함량과 용적수분함량을 구하여서 수분함량 파악해서 서술하시오. (40점)

㉠ 왕벚나무(25년) 5년 전 이식하였으며 점점 잎이 작아지고 가지 마름

㉡ 나무 줄기에 위 아래로 갈라짐

㉢ 잎에 갈색 반점이 터져 구멍이 생기고 갈변해 떨어짐

㉣ 잎 앞면 잎맥 부분에 벌레혹이 한 개 혹은 여러 개 보임

㉤ 1달 전 선택성제초제 뿌림

㉥ 뿌리가 썩고 냄새가 남

㉦ 토성(식토)과 토양수분함량을 고상 단위질량당 수분 단위질량으로 표현하는 중량수분함량(w/w)과 토양 전체 용적당 수분용적으로 표현하는 용적수분함량(v/v) 주어짐

벚나무갈색무늬구멍병, 사사키잎혹진딧물, 제초제, 습해 등

1. 수목병 : 벚나무갈색무늬구멍병(*Mycosphaerella cerasella Aderhold*)

(1) 병징

① 잎은 5~6월부터 잎에 자그마한 자갈색 반점이 나타나고, 점차 확대되어 1~5mm 크기의 둥근 갈색 반점이 됨

② 수관 하부에서부터 발생하여 점차 위쪽으로 번짐

③ 병반은 더 이상 확대되지 않으며 병반과 건전부의 경계에 이층이 생겨 병반이 떨어져 나가 작은 구멍이 생김

④ 갈색 병반위에는 솜털 같은 회갈색 분생포자덩이로 뒤덮인 작은 점(분생포자좌)이 나타남

⑤ 오래된 병반중앙부에는 암회색의 분생포자가 형성되고, 심하면 그 중앙부의 조직이 파열되어 구멍이 뚫리기도 함

⑥ 심하게 진전되면 잎 전체가 마르고 떨어짐

(2) 방제

① 잎이 필 때부터 4-4식 보르도액을 3~4회 살포함

② 나무주사 : 발생 전 테부코나졸유탁제(Tebuconazole EW) 원액을 흉고직경10cm당 5ml를 수간주사하여 예방함

③ 수간살포 : 꽃이 진 후 tebuconazole, difenoconazole, difenoconazole 등의 성분으로 제조된 살균제를 2주 간격으로 3~4번 뿌림

④ 비화학적 방제방법: 병든 낙엽을 모아 태우거나 땅속에 묻음

2. 수목해충 : 사사키잎혹진딧물

(1) 피해

① 벚나무 새 눈에 기생하는 진딧물로 잎 표면의 잎맥을 따라서 주머니 모양의 벌레혹을 형성함

② 벌레혹의 길이는 20mm, 폭은 8mm로 경화되어 있음

③ 형성초기의 벌레혹은 황백색이나 성숙하면서 황녹색~홍색으로 변하기 때문에 발견하기 쉬움

(2) 생활사

① 알로 월동하며 4월 상순에 부화하여 새 눈의 뒷면에 기생함

② 기생부위가 몸쪽으로 오목하게 들어가며 잎 표면은 주머니모양의 벌레혹을 형성함

③ 벌레혹은 약 20일간 비대 성장하며 뒷면에 개구부가 있음

④ 벌레혹 내에 정착한 암컷성충이 낳은 약충은 약 1주일 경과되어 성장을 완료함

⑤ 무시태생암컷이 되며, 계속해서 약충을 낳기 때문에 단기간 내에 벌레혹 내는 황색의 약충, 성충과 백색의 탈피각으로 가득함

⑥ 5월 하순~6월 중순에 유시태생 암컷이 출현하며 중간기주인 쑥에 이동함

⑦ 쑥의 잎 뒷면에서 여름기간을 나며 10월 하순경 유시 암컷과 유시 수컷이 출현함

(3) 방제

① 생물적 방제 : 포식성 천적인 무당벌레류, 풀잠자리류, 거미류 등을 보호함

② 물리적 방제 : 잎에서 성충이 탈출하기 전에 벌레혹을 채취 소각함

3. 비생물적(제초제) 피해 : 선택성제초제 뿌림

(1) 병징

① 호르몬이행성 제초제의 경우 침엽수는 가지가 휘어지거나, 비대해짐

② 활엽수는 잎 끝부분의 말림, 잎 끝부분이 타들어가거나 잎의 변형, 잎의 기형, 누렇게 되거나 갈변하며 잎이 떨어지는 등의 증상이 나타남

(2) 방제

① 흡착성분을 지닌 활성탄, 숯 등을 기존 토양과 혼합해 처리한 활탄은 며칠 후에 제거해 산업폐기물이 되지 않도록 유의함

② 피해 잎은 제 기능을 하지 못하고 기본 생리가 파괴돼 수세가 약해지므로 영양제 수간주사, 무기양료 엽면시비, 수간주사로 수세 회복 촉진

③ 토양관주 등의 응급조치 : 소방호스를 이용한 관수를 여러 번 해 토양이나 잎에 흡착된 제초제가 씻겨 내려가 희석될 수 있도록 하고 무기양료를 공급해 새 잎이 다시 나오도록 유도

4. 습해(토양수분 과다의 피해)

(1) 수분 과다의 원인

① 토성의 종류에 따라 물빠짐이 나쁨

② 홍수 또는 장마로 인하여 물이 오랫동안 잠겨 있을 때

③ 오목한 지형으로 지하수위가 높고 배수가 나쁜 장소

(2) 습해 과습한 토양

① 공기부족으로 뿌리가 호흡장해를 받음으로써 토양 내 무기양분(N, P, K, Ca, Mg 등)의 흡수능력을 저하

② 여름철 과습한 토양에 강 일광이 쪼여 지온이 상승할 경우 메탄가스, 질소가스, 이산화탄소가 발생하여 토양내의 산소를 더욱 고갈시켜 뿌리의 호흡장해를 조장

③ 토양미생물에 의하여 철(Fe^{++}), 망간(Mn^{++}) 등의 환원성 유해물질이 생성되어 피해가 짐

(3) 수분과다의 증상

① 잎의 황화현상 및 꼭지가 아래로 처짐

② 줄기에 종양, 융기 돌기가 생김

③ 생장이 불량해지며 심하면 정지

④ 피해가 아래 부분에 먼저 나타남

(4) 방제

① 물이 잘 빠지는 토양으로 개량(사질양토, 사질토양)

② 강우나 장마 시 지표면에 비닐을 피복

③ 습한지대 내 크고 작은 배수구를 파서 배수시설을 좋게 하기 위해 토양에 PVC관을 묻어 공기유통이 원활하게 함

④ 지온상승이나 이탄의 분해를 꾀함

⑤ 식재장소를 배수구를 파서 생긴 토양으로 높게 하여 심는 방법

(5) 습해 관련 공식들

① 중량수분함량 = 토양수분 함량/건조 토양의 무게

② 용적수분함량 = 토양수분 함량/전체토양의 용량 = 중량수분함량 × 용적밀도

5. 피소(볕데기)현상

① 햇빛이 강하면 수간의 남서쪽 수피가 열에 의해 피해 발생(형성층과 내수피의 사부조직이 괴사)

② 줄기 밑동부터 시작됨, 밀식재배 수목을 이식 후 단독식재

③ 토양 표면이 50~60℃까지 올라가면 토양 표면 근처에 있는 남쪽 수간조직의 수피에 급격한 수분증발이 생겨 말라 죽는 현상

④ 수피가 얇은 벚나무, 단풍나무, 목련, 매화나무 등

⑤ 동계피소 : 한겨울 수간의 남쪽 부위가 햇빛에 의해 가열되면 그늘진 쪽 수간보다 20℃ 이상 올라가 일시적으로 수간세포 조직의 해빙현상이 나타나는데, 일몰 후 급격히 온도가 떨어지면 다시 조직이 동결되어 형성층이 괴사하는 현상

⑥ 방제

㉠ 수간에 흰 페인트나 흰 테이프, 혹은 녹화마대 등으로 감싸서 보호

㉡ 여름철 관수

6. 상렬현상

① 겨울철 기온이 내려가면서 수액이 얼면 부피가 증대되고, 줄기의 외층목질부가 줄기 중간에서 나무의 세로 방향으로 갈라 터지는 현상(나무의 중심부를 향하여 방사상으로 진행)

② 주야의 온도 차이가 큰 2~3월에 줄기와 굵은 가지의 남쪽면에서 가끔 일어나는데 낮에는 태양광선에 가열되고 야간에는 대기온도가 −20℃ 가까이 급 하강하면 목질부의 세포 내 수분이 세포간극으로 이동하면서 부피가 증대. 반면 줄기 중심부 방향의 세포는 그대로 있어 수축의 차이가 생김

③ 목부의 외층(변재)과 내층(심재)의 수축 불균형으로 상당한 압력차이가 발생하여 수선(나무의 뼈대)을 따라 갈라 터짐

④ 검정색 수피를 가진 나무, 재질이 단단한 나무이면서 수선이 발달한 낙엽활엽수에서 자주 일어나는데 굴참, 갈참, 느릅, 물푸레나무, 벚나무, 칠엽수, 단풍나무, 서어나무 등과 구상나무, 전나무, 메타세쿼이어 등에서 잘 일어남

⑤ 방제 : 방풍림설치, 토양배수상태 양호유지, 지면 멀칭재처리

8회 기출문제 풀이

① 수목의 외과수술 (10점)

㉠ 공동내부를 건조시키는 이유와 방법을 서술하시오.

- 이유 : 건조가 충분하지 않으면 충전 후 수액이나 외부로부터 물이 스며들어 실패의 중요한 원인이 됨
- 방법 : 동력송풍기를 이용해서 공동 내에 물기가 하나도 없도록 보송보송하게 말려야 함

㉡ 보호막 처리 이유와 방법을 서술하시오.

- 이유 : 우레탄 폼으로 공동을 메울 때 공동 내의 목질부와 우레탄 폼이 직접 맞닿는 것을 차단하기 위함

• 방법 : 공동 내부가 완전히 말라서 물기가 없는 것을 확인한 후 락발삼이나 오파네이트메틸도포제, 테부코나졸도포제와 같은 상처도포제를 포함

② 참나무시들음병 (15점)

㉠ 병원균의 학명을 서술하시오.

㉡ 우리나라에서 가장 피해가 큰 참나무 종류를 서술하시오.

㉢ 끈끈이롤트랩 설치시기 및 방법을 서술하시오.

㉣ 전반과정을 소나무재선충병과 비교하시오.

㉤ 소나무재선충병과 느릅나무 시들음병의 해가 나타나는 과정을 비교하시오.

1. 학명
   Raffaelea quercus-mongolicae

2. 가장 피해 받는 수종
   신갈나무

3. 끈끈이롤트랩
   ① 설치시기
      ㉠ 전년도 피해목 : 매개충의 우화 이전에 설치(4월부터)
      ㉡ 신규 피해목 : 우화 최성기 이전까지 설치(5~6월)
   ② 설치방법
      ㉠ 설치할 수목 주변에 설치에 방해가 되는 초본류나 소경목은 잘라서 정리한다.
      ㉡ 줄기에 2m 이상 감아주거나 매개충의 침입 흔적이 있는 높이까지 감는다.
      ㉢ 아래쪽에서 위쪽으로 감아 내부에 물의 침투가 적도록 감는다. 처음 시작 부위와 끝부분은 핸드카타나 작은 못으로 고정시킨다.
      ㉣ 광릉긴나무좀은 줄기 아래쪽에서 주로 침입하므로 지제부까지 빈틈없이 감싼다.

4. 전반과정을 소나무재선충병과 비교
   ① 참나무시들음병의 전반과정
      ㉠ 5월 말부터 수컷이 먼저 구멍 뚫고 집합페로몬을 발산하여 암컷을 유인하고 교미한다.
      ㉡ 암컷이 구멍 뚫고 산란하며, 유충이 분지 공을 뚫는다.
      ㉢ 매개충의 몸에 묻어 들어와서 생장한 암브로시아균을 유충이 먹으며 생장한다.
      ㉣ 월동한 후 5월경 빠져나와 새로운 나무 가해한다(주활동시기 : 6~7월).
      ㉤ 암브로시아균이 물관을 막아 시들면서 빨갛게 고사하며, 갈변잎이 죽은 나무에 달린 채로 남아있고 술냄새가 난다.
   ② 소나무재선충병의 반과정
      ㉠ 매개충의 산란 및 월동
         • 매개충이 고사목에 산란
         • 매개충이 유충상태로 월동
      ㉡ 매개충의 우화 및 재선충의 기문 침입
         • 노숙유충이 번데기방을 만들고 재선충 모여듬(분산3기)
         • 성충 우화시 재선충이 매개충 기문에 올라탐(분산4기)
      ㉢ 매개충후식 및 재선충전파
         • 매개충이 고사목 탈출 후 신초후식
         • 소나무재선충전파, 소나무 고사

5. 소나무재선충병과 느릅나무 시들음병의 피해가 나타나는 과정 비교

① 소나무재선충병 피해 과정

㉠ 매개충이 고사목을 탈출하여 신초를 후식할 때 하늘소의 기관에 있던 선충이 기도를 통해 나와 상처 난 가지나 줄기를 통해 소나무의 재질 속으로 들어감

㉡ 소나무재선충은 매우 빨리 증식하여 통도작용을 저해하게 되어 쇠락증상을 보이고 고사하게 됨

② 느릅나무 시들음병의 피해 과정

㉠ 유럽느릅나무좀이나 미국느릅나무좀이 기주 수목의 잔가지를 가해하여 상처를 낼 때 감염됨

㉡ 나무좀이 물관을 가해할 때 최근에 형성된 물관이 노출되고 나무좀의 몸체 표면에 있던 병원균이 피해입은 물관 내로 유입됨

③ 느릅나무 시들음병[*Ophiostoma*(*Ceratocystis*) *ulmi*]

㉠ 느릅나무 목재에 의해 1928년 미국으로 병이 들어옴. 효과적인 매개충도 같이 들어옴. 몇 년 후 미국에 정착하며 엄청난 수의 느릅나무를 죽임

㉡ 매개충 : 유럽느릅나무좀(European elm bark beetle), cotyltusmultistriatus, American elm bark beetle Hylurgopinusrufipes

㉢ 시들음의 기작 : 곰팡이(포자/균사체)가 도관을 막고 세포벽 분해효소를 생성함. 곰팡이가 물의 점성을 높이는 다당류 생성, 전충체의 생성, 도관의 붕괴, 페놀물질의 생성, 껌의 생성, 공기방울의 발생

㉣ 병징 : 초기는 한쪽 가지 또는 나무전체 잎이 갑작스럽게 또는 서서히 시드는 현상, 시든잎은 말리며 노랗게 변한 후 갈변조기 낙엽, 대부분 병든가지는 낙엽 후 죽음. 때로는 나무 전체에 갑자기 병징이 나타나서 수일내에 죽기도 함. 보통 봄이나 초여름에 감염된 나무는 빨리 죽는 반면, 늦여름에 감염된 나무는 그리 경미하게 피해를 받지 않으므로 다시 감염되지 않으면 회복

㉤ 진전 : 병원균은 죽어가거나 죽은 느릅나무와 베어진 통나무의 수피에서 균사나 포자를 함유하고 분생포자경 다발 상태로 월동

㉥ 느릅나무좀은 가뭄이나 병들어 쇠약해진 나무의 수피와 목질부 사이의 내부 공간에 알을 낳음 알이 부화하면 유충은 어미가 만들어 놓은 갱도의 직각방향으로 터널을 만듦

㉦ 만약 나무가 이미 병원균에 감염되었다면 이 병원균은 나무좀이 만들어 놓은 터널에 균사와 끈끈한 graphium형 포자를 형성. 따라서 성충이 출현하면 이들의 체내외에는 수천개의 포자를 갖고 있게 됨

㉧ 방제

- 발견 : 지속적인 감시와 소동을 하여 죽은 느릅나무를 빠르게 발견해야 함
- 파괴 : 죽은 나무를 제거하여 태우거나 깊숙이 묻어야 함. 만약에 자연적으로 많은 수의 느릅나무가 있다면 이것만으로는 효과적이지 않음
- 나무 저항성 : 아시아 느릅나무와 잡종인 다양한 품종이 더 저항성이 있어, 이것을 가로수로 사용해야 함

③ 솔껍질깍지벌레(20점)

㉠ 생활경과표

㉡ 피해증상을 소나무재선충병과 비교

㉢ 정착약충기, 후약충기, 성충기에 따른 시기별 예찰 및 방제

구분	예찰	방제
정착약충기	• 여름에는 별 피해를 주지 않음 • 9월경부터 생장하며 가해하기 시작	• 4~5월에 예정지를 선정하고 7~8월에 열세목을 제거 • 무당벌레류, 침노린재류 등 천적을 보호
후약충기	• 11월경에 2령약충으로 탈피 • 겨울에 즙액을 많이 흡수하며 생장	• 후약충시기인 11~12월에 에마멕틴벤조에이트유제, 이미다클로프리드분산성 액제 등을 수간주사 • 나무주사가 불가능한 지역은 3월에 뷰프로페진 액상수화제 등의 적용약제를 살포
성충기	• 4월경에 선단지전방의 곰솔림에서 알덩어리 발생 여부 조사 • 성페로몬트랩 이용	대량 포획

④ 디노테퓨란과 디플로벤주론을 비교하시오. (10점)

㉠ 미국선녀벌레에 사용하는 디노테퓨란이 효과적인 이유에 대해 서술하시오. (5점)

- 디노테퓨란은 네오니코티노이드계 살충제로 아세틸콜린수용체와 결합하여 신경전달을 저해함으로써 살충효과를 나타내며 접촉 및 소화중독 작용을 일으킴
- 작용기작 : 신경전달물질 수용체 차단(4a)
- 침투이행성이 강하여 흡즙성 해충인 미국선녀벌레방제에 효과적임

㉡ 미국흰불나방에 사용하는 디플루벤주론이 효과적인 이유를 서술하시오. (5점)

- 디플루벤주론은 키틴합성저해제로 곤충이 탈피할 때 새로운 외골격을 정상적으로 형성하지 못하게 하여 탈피와 용화가 불가능해짐
- 작용기작 : O형 키틴합성저해(15)
- 미국흰불나방의 키틴합성을 저해하여 탈피와 용화를 불가능하게 하므로 미국흰불나방 방제에 효과적임

⑤ 피해상황이 아래와 같을 때 처방전을 작성하시오. (10점)

■ 산림보호법 시행규칙[별지 제10호의18서식] 〈개정 2023. 6. 26.〉

처 방 전

※ [ ]에는 해당되는 곳에 √표를 합니다.

진료 일자	년 월 일	[ ]소유자	성명	
유효기간		[ ]관리자	전화번호	

수목의 표시	소 재 지		수목의 종류		
	본수 또는 식재면적		식재연도 또는 수목의 나이		
	수목의 높이		흉고직경		
생육환경	햇빛 조건				
	토양 견밀도		토양 산도		토양 습도
	관리사항 및 기타				
수목의 상태	잎				
	줄기 및 수간				
	뿌리				
진 단					
처방	※ 농약을 처방한 경우에는 농약의 명칭 · 용법 · 용량 및 처방일수를 기재해야 합니다.				

발급 일자: 년 월 일

나무병원 명칭: (나무병원 등록번호: 제 호)

나무병원 주소: (전화번호:)

나무의사 성명: (서명 또는 인) (나무의사 자격번호: 제 호)

※ 피해 상황

- 공원 잔디밭에 수령 80년 붉가시나무 식재되어 있음
- 잔가지가 고사하고 개엽이 지연됨
- 1월 평균 기온이 0도인데 영하 15도인 날이 나흘 가량 지속

• 수목의 형성층 전기저항활력도는 정상 범위
• 주변 다른 수목들도 비슷한 증상
• 처방전 양식으로 작성할 것

■ 산림보호법 시행규칙[별지 제10호의18서식] 〈개정 2023. 6. 26.〉

처 방 전

※ [ ]에는 해당되는 곳에 √표를 합니다.

진료 일자	2023년 2월 11일	[ ]소유자	성명	홍 길 동
유효기간		[ ]관리자	전화번호	000-0000-0000

수목의 표시	소 재 지	000 000 000	수목의 종류	붉가시나무
	본수 또는 식재면적	20그루	식재연도 또는 수목의 나이	수령 80년
	수목의 높이	8 ~ 10 m	흉고직경	20 ~ 30 cm

생육환경	햇빛 조건	보통(집단목)				
	토양 견밀도	견(13~16)	토양 산도	pH 6.5	토양 습도	25%
	관리사항 및 기타					

수목의 상태	잎	잎눈에 문제로 잎이 나오지 않음.
	줄기 및 수간	고사한 잔가지가 많이 보이고 수형이 파괴 됨.
	뿌리	잔뿌리 발달이 미약함

진 단	1. 영하 15도인 날이 나흘 정도 지속되었으므로 동해 피해를 입어 개엽시기가 평년보다 2~3주 정도 늦어지고 있음 2. 다만, 일부 가지에 눈이 살아있는 것으로 보아 잎이 날 가능성이 있음 3. 가지만 앙상하게 남아 있는 수목도 있으며 수형이 파괴되었음 4. 줄기나 가지에 동해 피해를 받으면 병원균 침입으로 반점이 나타나고 점차 환상으로 확대되어 나무를 고사시킴
처방	1. 영양제를 희석한 토양관주를 우선 실시. 2. 추후 상시 모티터링을 통해 잎의 생장추이를 지켜보며 수간주사, 엽면시비등을 추진. 3. 줄기나 가지의 작은 병환 부위의 병환부를 도려내고 알콜로 소독한 후 도포제를 발라줌. 4. 건전한 나무의 동해를 방지하기 위하여 수피를 녹화마대로 싸주거나 흰색도포제(석회유)도포 처리함. * 특이사항 : 엽면시비, 토양관주, 수간주사방법 – 약제 : 대량원소(질산칼륨, 질산칼슘, 제1인산암모늄, 황산마그네슘), 미량원소(염화칼륨, 붕산, 황산망간, 황산아연, 황산동, 몰리브덴산, 철분), 전착제 가용 – 처리방법 : 10~15일 간격으로 3~5회 잎에 충분히 묻도록 살포함 ※ 농약을 처방한 경우에는 농약의 명칭 · 용법 · 용량 및 처방일수를 기재해야 합니다.

발급 일자: 2023 년 2 월 11 일

나무병원 명칭: (나무병원 등록번호: 제 호)
나무병원 주소: (전화번호:)
나무의사 성명: (서명 또는 인) (나무의사 자격번호: 제 호)

⑥ 종합문제 : 조사 결과가 다음과 같을 때 병해, 충해, 기타 피해에 대하여 근거 제시 및 추가진단을 하고, 종합대책을 기술하시오. (45점)

※ 조사 결과

- 화력발전소에서 1km 떨어진 공원에 소나무 50여 그루 중 일부 피해가 있음
- 농약 살포 이력 1년 내 없음, 화력발전소에서 가까울수록 소나무 침엽의 위치(수관상부, 하부)에 관계없이 끝이 마르고 갈변
- 25년 전부터 소나무가 존재했으며 5년 전에 복토 실시, 지제부와의 경계에서 굵기가 동일하고 흙을 제거하니 지제부에 병목현상이 있음. 뿌리쪽 조사시 잔뿌리 거의 발달 못하고 뿌리 수피가 힘없이 벗겨짐
- 일부 수목의 수관 상층부에서 소나무 침엽이 짧아지고 갈색으로 변색되며 수지 흐르고 신초와 침엽이 처짐. 신초에서 구멍 발견됨
- 최근 몇 개월은 건조하였으나 봄에 pH 5.7의 비가 자주 내림
- 토양 깊이 25cm 기준으로 경계가 뚜렷함

1. 병해

① 일부 수목의 수관 상층부에서 침엽이 짧아지고 갈색으로 변색. 새순에 송진이 흘러나와 굳으면 가지는 쉽게 부러짐

② 초여름부터 초가을까지 잎집 밑에 작고 까만 점(분생포자각)이 형성되며 이것이 진단 단서임

③ 진단근거 및 추가진단

㉠ 수지가 흐르고 신초와 침엽이 처진 현상을 육안 관찰

㉡ 추가 진단으로 현미경 검경하여 분생포자각을 확인하여 소나무 가지끝마름병으로 진단

④ 소나무 가지끝마름병(*Sphaeropsissapinea=Diplodiapinea*)

㉠ 봄에 새순과 어린 침엽이 회갈색으로 변하면서 급격히 고사

㉡ 봄비를 맞으면 분생포자각의 분생포자가 튀어 흩어짐으로써 전염

㉢ 병원성이 약한 기생균, 주로 가뭄이나 해충의 피해를 받아 약해진 나무에 병이 발생, 주로 당년생 신초의 침엽기부와 가지를 고사시킴

㉣ 어린 나무보다는 20~30년생의 큰 나무에서 피해가 발생하고, 활력이 좋고 건전한 나무에서는 약해진 가지만을 고사시킴

㉤ 기와 종실에 침입하여 수지성줄기마름병과 종실부패병을 일으키나, 산림보다는 주로 정원수 혹은 조경수 등에서 발생이 심함

⑤ 방제

㉠ 죽은 가지를 가을에 잘라내어 소각 매립

㉡ 풀베기와 가지치기 등 통풍 관리, 비배관리 등으로 수세 강화

㉢ 새잎이 자라는 시기에 봄비가 오면 적용약제 살포하여 초기 발병 억제(베노밀수화제, 티오파네이트메틸수화제, 만코제수화제)

2. 충해

① 진단근거 및 추가진단 : 신초에서 구멍을 발견하였고 새순과 어린 가지에 송진이 흘러나와 있는 것을 육안 관찰하였음

② 추가진단으로 수피를 벗겨서 모갱과 유충갱을 확인하고 소나무좀의 피해로 진단함

③ 소나무좀

㉠ 성충과 유충이 수피 바로 밑에서 형성층과 목질부를 갉아 먹으며 수세가 쇠약한 이식목, 벌채목, 고사목등에서 피해를 줌, 건전한 나무를 가해하여 고하시키는 경우도 있음

㉡ 월동한 성충은 3월 하순~4월 상순에 수피에 구멍을 뚫고 침입

㉢ 암컷성충이 먼저 구멍을 뚫고 뒤따라 수컷이 들어가 교미

㉣ 부화유충은 모갱과 직각으로 내수피를 갉아 먹음

㉤ 신성충은 6월 상순부터 당년생가지에 구멍을 뚫고 들어가 위쪽으로 목질부 속을 갉아 먹음

㉥ 늦가을이 되면 상부에 구멍을 뚫고 탈출하여 월동처로 이동

㉦ 후식 피해는 수관의 하부보다는 상부측이 측아지보다 정아지의 피해가 높음

④ 대책

㉠ 수세가 쇠약한 나무를 주로 가해하기 때문에 수세 강화로 예방

㉡ 수세가 쇠약한 나무나 고사목은 미리 제거

㉢ 2월 하순에 유인목을 세워 유인한 후 5월 하순에 수피를 벗겨 유충을 구제

㉣ 천적 보호(기생봉류, 맵시벌류, 기생파리류)

㉤ 3월 하순~4월 중순에 살충제를 살포하거나 주입하면 효과적이나 등록된 약제는 없음

⑤ 소나무좀의 생활사

㉠ 1년에 1회 발생, 1년에 1마리가 3개 이상의 새순을 가해

㉡ 11월부터 성충의 형태로 수간의 지면 가까운 부분이나 뿌리 근처의 수피 틈에서 월동

㉢ 월동한 성충은 3월 하순~4월 상순에 평균기온이 15℃로 2~3일 계속되면 월동처에서 나와 수세가 쇠약한 나무, 벌채목 등의 수피에 구멍을 뚫고 침입

㉣ 암컷 성충이 앞서 구멍을 뚫고 들어가면 뒤따라 수컷이 들어가 교미

㉤ 교미를 한 암컷은 상부로 10cm가량 갱도를 뚫고 갱도 양측에 한 개씩 약 60개의 알을 낳음

㉥ 산란된 알은 12~20일 후에 부화하고 부화유충은 모갱과직각으로 내수피를 갉아먹으며 5~6cm에 유충갱도를 만듦

㉦ 유충기간은약 20일이고 2회 탈피

㉧ 노숙유충은 어미가 파 놓은 갱도와 직각으로 굴을 파고 5월 하순~6월 하순 구멍 속에서 목질섬유로 둘러싼 후 타원형의 번데기 집을 만들고 그 속에서 번데기가 됨

㉨ 3월 하순~4월 상순에 월동 성충이 벌채된 나무나 수세가 쇠약한 나무의 수피 밑 형성층에 구멍을 뚫고 침입하여 밑에서 위로 10cm 정도의 갱도를 뚫고 양쪽에 60개 내외의 알을 낳음

㉩ 6월 초순부터 성충이 우화하여 10월 하순까지 소나무 새순에 구멍을 뚫고 먹어 들어가 새순은 적갈색으로 고사함

3. 비생물적 피해

① 진단1 – 잔뿌리의 발달이 거의 없고 뿌리 껍질이 힘없이 벗겨짐

㉠ 근거 및 추가진단

- 5년 전에 복토 실시했음을 이력 조사
- 지제부와의 경계에서 굵기가 동일함을 육안 관찰
- 흙을 제거하여 지제부의 병목현상 및 잔뿌리가 거의 없고 수피가 힘없이 벗겨짐을 확인하여 추가로 진단하여 복토피해로 진단

㉡ 복토

- 흙을 덮어 표토 두께가 두꺼워지므로 토양 속 산소가 부족해짐
- 뿌리의 활력이 나빠지면서 지상부에 증세가 서서히 나타남
- 초기증상은 황화현상, 잎과 가지의 왜화 등 생장이 감소됨
- 진전되면 수관 꼭대기부터 서서히 죽기 시작하여 아래로 확산
- 수관이 축소되면서 건강이 극도로 약화됨
- 복토기간이 경과하면서 밑동의 수피가 썩어 탄수화물이 뿌리로 잘 공급이 안 됨

- 복토된 흙을 제거
- 영양공급(엽면시비, 수간주사, 토양관주)

ⓒ 대책
- 흙을 제거한 후 나무 주변이 낮아져서 배수가 잘 되지 않을 경우 배수구를 만들어 배수 처리
- 부후된 뿌리 조치(뿌리수술)

② 진단2

㉠ 근거 및 추가진단
- 화력발전소에서 가까울수록 소나무 침엽의 위치(수관 상부, 하부)에 관계없이 끝이 마르고 갈변함을 육안 관찰함
- 화력발전소는 연료를 연소시켜 얻는 수증기로 터빈을 돌려서 전기를 만드는 발전소로서 석탄, 석유, 천연가스 등을 사용함
- 석탄사용 시 아황산가스가 주요 대기오염물질이며 검댕과 먼지는 식물생장에 지장을 주므로 대기오염 피해라 진단함

㉡ 대기오염 피해
- 대기오염에 의한 피해는 가장 왕성한 대사작용을 수행하는 잎에서 제일 먼저 나타남
- 침엽수의 잎에서는 황화현상, 잎끝 의적갈색 변색과 괴사현상이 나타남
- 검댕이나 먼지는 잎과 줄기의 표면에 붙거나 기공을 막아서 광합성을 방해함으로써 생장이 나빠지고 낙엽, 가지고사 등의 증세를 보임

ⓒ 대책
- 왕성한 대사작용을 할 때 대기오염에 예민해지므로 생장억제제를 살포하여 생장을 둔화시킴
- 분진을 없애기 위해 잎을 주기적으로 세척
- 봄과 가을에 2회씩 엽면시비를 하여 수목의 건강도를 높여 줌

4. 기타 진단사례

① 병해 : 소나무 그을음잎마름병

② 충해 : 큰솔알락명나방, 소나무순나방, 솔애기잎말이나방

③ 비생물적 피해 : 답압

9회 기출문제 풀이

① 푸사리룸 가지마름병의 방제 약제 1가지를 제시하고 방제방법과 방제시기를 설명하시오. (10점)

㉠ 푸사리룸 가지마름병 : 푸사리룸 가지마름병(Pitch canker, *Fusarium circinatum*)이라는 강한 병원균에 의해 발병하며 1월 평균기온이 약 0℃ 이상인 아열대성 기후지역에서 주로 발생하는 병으로 테다소나무와 리기다소나무를 비롯한 소나무류 약 30여 종을 기주

㉡ 방제 약제 : 테부코나졸 20% 유제(에르고스테롤억제제, 트리아졸계, 사1, 막에서 스테롤생합성 저해)

㉢ 방제방법과 방제시기

- 3~4월/9~10월 사이 감염피해목이나 피해가 예상되는 소나무에 나무주사제 형식으로 투입하여 방제
- 새순이 나오는 초봄(3월경)부터 초가을(10월)에 걸쳐 테부코나졸 20% 액상수화제를 감염피해목이나 피해가 예상되는 소나무에 살포 주기적으로 기간을 나누어 3~4회 살포

② 다음 사항을 설명하시오. (15점)

㉠ 소나무재선충이 북방수염하늘소로 매개되는 과정을 발육단계별로 설명하시오.

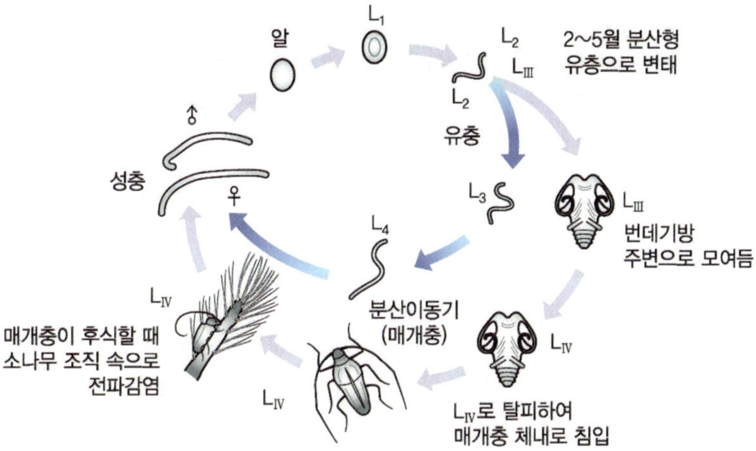

재선충 (1mm 내외)	매개과정	북방수염 하늘소	비고
분산형 3기	LIII때 하늘소의 번데기 방에 모여듦	번데기	
분산형 4기	LIV로 탈피하여 매개충 체내로 침입 (새순 갉아 먹을 때 상처 통해 나무에 침입)	우화	

㉡ 솔수염하늘소의 방제약제(4a) 1개와 재선충방제에 사용하는 약제(6) 1개를 제시하고 사용시기와 사용방법에 대하여 서술하시오.

• 방제약제
 – 4a(신경전달물질수용체 차단, 네오니코티노이드계)
 – 6. Cl 통로 활성화, 아바멕틴계, 밀베마이신계
• 사용시기와 사용방법
 – 예방나무주사 : 11월~3월 말로 하되, 미리 송진유출여부 등을 확인하여 수액의 이동이 정지된 시기에 시행
 – 매개충나무주사 : 3월 15일~4월 15일(제주지역 4월 10일~5월 10일)까지 실행하되, 지역별로 매개충우화 초일과 말일을 고려
 – 합제나무주사 : 2~3월까지 실행(솔수염하늘소, 북방수염하늘소 모두 해당)
 – 매개충유인 트랩설치 : 매개충발생 주의보가 발령되면 신속히 설치를 완료
 – 북방수염하늘소만 분포하는 지역은 3월 초~4월 초까지 설치 완료
 – 북방수염하늘소, 솔수염하늘소의 혼생지는 3월 초~4월 초순까지 설치 완료
 – 솔수염하늘소만 분포 지역은 4월 초~5월 초순까지 설치 완료

③ 노거수에서 세력이 동일한 가지 2개가 갈라지려고 하고 일부는 조금 갈라져 있다. 또한, 길게 늘어진 가지가 아래로 처져 있고 일부 부후가 진행되어 부러질 위험에 처해있다. 위 수목에 쇠조임과 줄 당김을 설치할 부위를 적고 설치방법을 기술하시오. (15점)

㉠ 쇠조임, 줄 당김 개요

- 줄 당김, 지지대, 전정 등이 포함된 수목외과수술의 광의적 개념 내 외과치료에 해당하는 협의 개념
- 줄 당김(cabling)은 가지나 줄기 사이에 철선이나 합성섬유로 연결하여 지지력을 보강하는 시스템으로 가지의 갈라짐을 사전에 예방하기 위하여 가지와 가지를 와이어로프 등으로 묶어서 당겨주는 일
- 쇠조임(bracing)은 찢어진 가지나 줄기를 관통해서 나사막대를 삽입하여 조직을 꿰매는 보강하는 시스템으로 쇠막대기를 이용해 수간이나 가지를 관통시켜서 약한 분지점을 보완하거나 찢어진 곳을 봉합하는 작업

㉡ 줄 당김(cabling) 설치방법

- 줄 당김은 과도하게 뻗은 가지에 대한 지지력 제공, 추가적인 부하에 노출될 수 있는 가지에 대한 지지력 제공, 동일 세력 줄기나 가지의 움직임 제한, 약하게 부착된 가지의 움직임 제한
- 건전한 목재가 수간이나 가지 직경의 40% 미만인 부후 된 부위에는 관통하는 고정 장치(anchor)를 설치해서는 안 되며 동적 줄 당김의 설치도 삼가야 함
- 줄 당김은 다른 지지방법이 없는 경우 최후의 수단이 되어야 하므로 설치여부에 신중을 기해야 하며 설치시기는 휴면기를 이용
- 수관이 비대칭적이거나 수간에 광범위한 부후가 존재하는 수목이나 심하게 기울어진 수목에는 부적절하므로 피해야 함
- 고정장치는 지지될 굵은 가지나 수간 길이의 2/3 지점 또는 이 지점 가까이에 설치
- 설치각도는 설치되는 두 조직 사이의 각도를 이등분하는 임의의 선에 평행하게 함
- 한 줄기에 두 줄 이상의 철선이 설치되면 이들 간의 수직적인 거리는 설치 지점의 줄기 직경보다 더 커야 함
- 철선은 팽팽하게 설치하되 가지를 압박할 정도의 조임은 하지 않도록 함
- 줄 당김은 꼬아 만든 굵은 철사를 이용하여 가지와 가지 사이, 혹은 가지와 수간 사이를 서로 붙들어 매줌으로써 구조적으로 보강하는 작업이며 실시하기 전에 하중을 줄일 수 있도록 가지치기를 통해 수형을 바로잡을 수 있는지를 먼저 검토
- 가지치기가 끝나면 보강하려는 가지의 크기와 각도, 분지점, 부패 정도를 고려하여 가장 효율적인 줄 당김 형태를 결정
- 가장 쉬운 형태는 처지는 가지를 수간에 붙들어 매는 것으로 이때 가지와 당김줄과의 각도를 45° 이상이 되도록 위쪽에 매야 안전
- 수간이 지제부에서 여러 개로 갈라져 있는 상태에서 밖으로 기울어지려고 할 때는 수간끼리 서로 의지하도록 수평으로 연결할 수 있으며, 대각선 연결법, 삼각 연결법 혹은 중앙고리연결법을 쓰면 됨

㉢ 쇠조임(bracing) 설치방법

- 가장 튼튼한 것은 줄기에 구멍을 뚫고 쇠막대기형의 볼트와 너트로 고정하는 방법
- 줄기가 좁은 각도로 분지되어 있는 경우 두 줄기의 직경이 굵어지면서 팽창압력에 의해 갈라진 곳(분지점)이 찢어지기 쉬우므로 이때 조임쇠를 가지가 갈라진 곳 바로 아랫부분에 수평으로 실시
- 구멍을 뚫을 때 구멍이 너무 크면 빗물이 스며들기 때문에 쇠막대기가 꼭 맞을 만큼의 구멍만 있어야 하며 너트로 한쪽 끝을 고정할 때 워셔(washer)를 이중으로 사용
- 우선 수피를 필요한 만큼 원형으로 벗겨내고 형성층 안쪽의 목질부까지 깊이 너트를 박아 넣어야 함
- 설치 후 형성층의 조직이 자라 나와 너트를 완전히 감싸게 되므로 더 튼튼해지며 수목에 해가 되지 않음
- 가지가 굵거나 이미 찢어진 가지를 봉합하고자 할 때에는 한 개의 조임쇠로는 부족하므로 윗부분에 2개를 추가로 설치하는 것도 좋으며 이때 아래와 위 조임쇠 간의 거리를 가지 직경의 2배로 하는 것이 역학적으로 가장 튼튼함

④ 토양의 산성화는 수목생장에 저해 요인으로 작용한다. 토양이 산성화되는 원인과 대책을 서술하시오. (15점)

㉠ 원인 : 토양 속에 수소이온(H^+)의 농도가 높아져 토양 pH가 본래의 수치보다 낮아짐을 의미

- 우리나라 토양 자체가 산성 : 모재가 화강암, 화강편마암
- 산성비료(황산암모늄, 염화칼륨, 황산칼륨, 인분뇨, 녹비 등) 연용, 암모늄태질소가 질산태질소로 변화하는 질산화)
- 강우량 등으로 토양중 치환성염기(Ca^{2+}, Mg^{2+}, K^+ 등)가 용탈되어 미포화교질이 늘어나는 경우
- 부엽토는 부식산으로 산성화
- 식물의 뿌리나 미생물의 활동으로 생성되는 CO_2가 물에 녹으면 탄산(H_2CO_2)이 되고 이것이 해리되면 수소이온이 생성

㉡ 대책 : 산성토양을 개량하기 위해서는 알칼리성 물질을 첨가하여 산성의 농도를 낮춰 줌

- 일반적인 개량목표는 pH 6.5로 산성토양에서는 불용성으로 존재해 식물이 이용할 수 없음
- 개량 시에 사용되는 알칼리 물질은 석회석 분말, 백운석 분말, 조개껍질 분쇄된 패사, 규회석 등
- 유기물과 함께 지중침투성을 높여 중화효과를 더 깊은 토양까지 미치게 하며 유기물을 통한 부족한 미량원소들의 공급
- 토양의 성질, 산도 및 석회질 물질의 종류, 분말도에 따라 다름
- 인산질비료를 시비하는데 산성토양에서는 작물이 흡수 이용할 수 있는 양의 비율은 더욱 떨어져 인산의 부족현상을 일으킬 우려가 있음
- 붕소 등 미량요소를 주도록 하며 산성토양은 붕소가 결핍되는 경우가 많은데 붕소는 산성 조건에서 용해도가 증가하여 유실되기 쉽기 때문임
- 산성에 강한 수종을 식재

⑤ ㅇㅇ군에 원래는 논밭이었던 곳을 14년 전 그린공원으로 조성하였다. 최근에 단풍나무를 이식하였는데 수세가 약해지고 일부 고사하여 진단의뢰 하였으며 현장조사 내역은 다음과 같았다.

※ 현장조사 내역

1. 단풍나무의 일부 가지가 말라 있었고 죽은 가지 아래에는 남서쪽 수간은 불규칙하게 갈라져 있었다.
2. 일부 수목의 잎에는 가장자리가 마르는 증상과 흰가루를 뿌린 듯 보였다.
3. 일부 수간에는 몇 개의 구멍과 목설이 발견되었다.
4. 일부 수목은 30cm 정도 복토가 되어있었다.
5. 건조 시 지표면이 갈라지는 현상을 보였다.
6. 낮은 지대에 위치한 수목일부는 장마 이후 조기낙엽되고 일부가 고사하였다.
7. 토양조사상태

토성	전기전도도 (dS/m)	활력도(KΩ)	pH	투수력 (40~60cm)	견밀도
식양토	0.8~1.2	8.9~11.1	6~6.5	10-5cm/sec	22mm

㉠ 위 조사내용을 근거로 진단결과를 서술하시오.

1. **수목병 : 단풍나무 흰가루병**(*Sawadaea polyfida*)

(1) 피해 특징

① 잎 앞면과 뒷면 모두에서 발생하며 밀식되어 통풍이 불량한 곳이나 습하고 그늘진 곳에서 잘 발생함

② 중국단풍나무는 햇빛이 잘 들고 바람이 잘 통하는 곳에 심었더라도 흰가루병이 심하게 발생하여 큰 피해를 주기도 함

③ 한 번 발생한 군락에서는 병원균이 어린 가지에서 월동하기 때문에 매년 반드시 발생함

(2) 병징 및 표징

① 8월 이후부터 잎에 작고 흰 반점 모양 균총(균사와 분생포자의 무리)이 나타나고, 종종 점차 진전되면서 잎 전체가 밀가루를 뿌려 놓은 것처럼 보일 때도 있음

② 가을이 되면 잎의 균총위에 작고 둥근 노란 알갱이(자낭구)가 다수 나타나기 시작하고 성숙하면 검은색으로 변하면서 흰색 부속사로 둘러싸임

(3) 방제

① 병든 낙엽은 모두 모아서 태움으로써 이듬해의 전염원을 없앰

② 조경수목에서는 이른 봄 가지치기를 할 때 병든 가지를 모두 제거

③ 봄에 새순이 나오기 전에는 석회유황합제를 1~2회 살포하며 여름에는 만코지수화제, 지오판수화제 등을 2주 간격으로 살포

④ 묘포에서는 심하게 발생하는 경우가 흔하므로 장마철 이후에는 반드시 예방위주의 약제살포가 필요

2. **수목해충 : 알락하늘소**(*Anoplophora chinensis*)

(1) 생활사 및 특징

① 연 1회 발생하며 노숙유충으로 줄기에서 월동

② 월동한 유충은 5월 상순에 목질부 내에서 번데기가 됨

③ 6월 중순~7월 중순에 가해 부위에서 우화하여 탈출

④ 유충이 줄기 아래쪽 목질부 속으로 갉아 먹으며 밖으로 목설을 배출

⑤ 노숙유충시기에는 지제부로 이동하여 형성층을 갉아 먹어 수세가 쇠약해지거나 고사하여 바람에 쓰러지기 쉬움

⑥ 성충은 후식피해는 크지 않으나 가지의 수피를 고리모양(환상)으로 갉아 먹음

(2) 방제

① 피해목이나 가지를 제거하여 반출 소각

② 철사를 침입공으로 넣어 내부의 유충을 찔러 죽임

③ 알락하늘소살이고치벌 등의 고치벌류, 좀벌류, 맵시벌류, 기생파리류 등의 천적 보호

④ 성충 우화기에 아세타미프리드, 뷰프로페진유제 등의 적용약제를 살포

3. **비생물적 피해 : 피소, 복토, 배수불량(하부층 과습)**

(1) 피소 특징

① 단풍나무를 단독으로 식재하면 장기간 직사광선에 노출되거나 수관발달이 미약해 그늘이 형성되지 못한 경우 지제부의 수간이 찢어지는 현상이 발생 몇 년간 피해를 받으면 수관부의 2분의 1 이상이 말라 버섯(치마버섯)이 피고 수간의 수피가 들떠, 제 기능을 못 하는 상태가 됨

② 수간의 남서쪽 수피가 열에 의해 피소 현상이 생길 수 있으며 특히 밀식 재배하던 수목을 이식해 단독으로 심는 경우 발생하며 흉고지경 15~20cm 정도의 줄기 2m 이내에서 나무에 피해가 발생하기 쉬움

③ 수피가 얇은 수종을 이식할 때는 발생하며 벚나무, 단풍나무, 목련, 매화나무 등은 피소 현상에 약한 수목들

(2) 방제
① 이른 초봄~여름 관수를 충분하여 수세를 강하게 유지
② 남서쪽 큰 관목을 식재하여 햇빛에 의한 피소 현장을 방지
③ 수피에 흰 도포제(석회유, 수성페인트, 살충제)를 발라주거나 천공성해충의 피해와 녹화마대를 이용해 감싸주면 더위로 인한 피해를 막을 수 있음
④ 도로주변에 1m 정도의 관목(철쭉류 등)이나 수목을 심어 보습 및 멀칭으로 직사광선 노출을 저하시킬 수 있음
⑤ 뿌리근처에 토양 멀칭을 해주면 여름철 지온 상승으로 인한 고온피해를 줄이는 데 도움이 되며 냉각효과가 있는 관수를 해 주면 피소방지에 도움이 됨
⑥ 죽은 형성층 조직은 목재 부후균이 침입해 썩어들어가므로 상처를 아물게 하려면 수피외과 수술로 상처 부위를 도려내고 살아 있는 세포조직(형성층)이 상처를 감싸도록 유도

ⓛ 추가 진단사항을 쓰시오.
ⓒ 종합적인 관리방안을 서술하시오.

1. 조경수식재지 토양

항목	단위	함량
토성	사질양토-양토	
산도	pH	5.5~6.5
유기물	%	2.0 이상
총 질소	%	0.1 이상
유효인산	mg/kg	50~100
양이혼치환용량(CEC)	cmol/kg	10~20
치환성 K^+	cmol/kg	0.25~1.0
치환성 Ca^+	cmol/kg	2.5~5.0
치환성 Mg^+	cmol/kg	0.5~2.0
전기전도도(EC)	dS/m	0.5 미만
염분농도	%	0.05 미만

2. 수목의 활력도 측정

(1) 형성층 주변조직(목부, 사부)
① 수분과 탄수화물을 이동시키는 통도조직
② 건강할 때 수분함량이 많이 이동
③ 건강할 때 전기를 통하면 전기저항도가 낮음
④ 스트레스로 열악한 환경이나 죽어 있으면 수분함량이 줄어 들어 전기저항도가 높아짐

(2) 형성층의 활력도(CER)를 측정하여 살아 있는 부분과 죽어 있는 부분을 정확하게 찾아낼 수 있음

(3) CER(Cambil Electrical Resistance, 형성층의 전기 저항)

구분	측정값 범위(KΩ)
건강한 나무	4~13KΩ
건강하지 못한 형성층	15KΩ 이상
죽어가고 있는 나무	20KΩ 이상
죽은 나무	40~50KΩ 이상

3. 배수불량(투수불량)

(1) 육안으로 하는 투수성 알기

① 투수성 측정 : 뿌리 분의 깊이를 고려해 50~60cm 터 파기 → 원통형관(PVC나 강관)을 설치 → 물을 30cm가량 채움 → 1시간, 24시간 후 투수량(물이 스며든 정도) 측정

② 24시간 후 물이 대부분 흡수되는 것이 좋으며 지나치게 빨리 흡수된 경우(3시간 이내)에는 여름 무더위, 가뭄 시 고사의 우려가 있음

③ 물에 잠겨 침수된 토양은 산소가 부족하게 되고 결국 뿌리가 숨을 쉬지 못하게 되어 썩거나 죽어서 수목에 치명적이고 배수가 안 되면 토양이 욕조가 되어 수목 뿌리가 질식해서 죽게 됨

④ 배수가 너무 잘 되는 토양은 물과 영양분 공급에 차질이 생길 수 있으며, 반대로 배수가 잘 되지 않는 토양은 뿌리가 필요로 하는 공기를 막아 질식시키고 뿌리 썩음을 일으켜 결국 고사에 이르게 됨

(2) 배수 불량의 원인과 증상

① 점토질 배율이 높은 경우, 토양 경화 과정에서 압력을 받아 경도가 높아진 경우

② 지하부에 암반이나 인공지반의 깊이가 낮은 경우 혹은 그 외의 요인으로 지하수위가 높은 경우

③ 토심 20cm 부근에 청회색이나 회색으로 얼룩진 토양색을 보이거나 표시가 나타남

④ 수관 전체에서 끝가지부터 고사하며 잎의 크기가 정상잎에 비하여 작아지며 잎의 황변화, 잎마름증상, 가지 고사

⑤ 봄에 신초가 나와 생장이 잘 되다가 장마철 후 잎이 황화되면서 조기 낙엽, 노면에 이끼나 녹조 같은 것이 나타남

(3) 방제

① 수목의 식재지의 환경과 수목의 특성을 고려하여 적합한 수종을 선택하고, 수목의 생장환경을 적절하게 조절하는 것이 중요

② 교목 식재의 경우는 충분한 유효토심를 위한 추가 성토

③ 투수층에 이를 때까지 구멍을 뚫고 입자가 굵은 토양으로 메워 배수개선 및 겉도랑 빼기 같은 명거배수나 땅속 물길을 만들어 주는 암거배수시설을 설치해 배수여건을 개선하고 진흙이 많이 섞여 있으면 사양토(모래흙)로 바꿔 주도록 함

④ 양토 - 모래, 점토가 거의 비슷한 양으로 섞여 있고 소량의 유기물이 들어 있는 토양과 사양토는 공기 · 물의 유통이 좋고 비료의 분해가 빠르며 투수층에 이를 때까지 구멍을 뚫고 입자가 굵은 토양으로 메워 배수개선

10회 기출문제 풀이

① 2024년 4월 중순 아파트 내 식재된 지 10년 이상 된 개나리 잎이 검게 변해 있었다. 남서쪽 방향의 피해가 더 크다. 지난주 야간시간에 기온이 영하로 떨어지는 날이 있었다. (10점)

㉠ 생리적 기작을 근거로 진단하시오.

- 만상(늦서리)피해 : 이른 봄(4월) 내한성 해지 상태에서 서리피해로 온도가 상승하여 생리활동을 시작할 즈음, 야간온도가 빙점 이하로 내려가 얼면서 피해 관목, 소교목에서 피해가 심함(4월경 맑게 갠 날 밤 기온이 영하로 내려갈 때 발생)
- 어린잎, 새순(신초), 꽃이 얼면서 검은색이나 진갈색으로 변색, 피해가 주로 새순에 발생
- 침엽수의 경우 붉은색, 적갈색으로 변색하면서 말라서 죽는데 가지 끝이 아래로 휘는 것이 특징임
- 위연륜이 생기며 영구적으로 흔적을 남김

㉡ 처방에 대해 설명하시오.

- 동절기 만상대비로 토양에 멀칭실시, 지하부측 뿌리가 생장하는 토양의 방한 필요(우드칩, 짚, 왕겨 등)
- 수세회복을 위한 영양제를 엽면시비, 토양관주
- 고사지 제거는 잎이 충분히 전개된 후 실시

② 적성병 피해 입은 산사나무가 동해 피해를 심하게 입은 이유에 대해 생리학적인 측면에서 근거와 추가 방지 대책를 설명하시오. (10점)

㉠ 답변 요약

- 분산된 병원균이 나무껍질 표면에 부착되어 있어도 수세가 강건하면 잘 발병되지 않으며, 수체 내 탄수화물이 적어져 내한성이 약해지고 수액의 유동이 불량해지면 동해나 한해의 발생이 많아져 발병의 좋은 조건이 됨
- 생리적 원인에 의한 병해는 수분의 불균형, 동화량의 감퇴, 호흡량의 증대에 기인하여 수목을 쇠약하게 만듦

㉡ 생리학적인 측면에서의 근거

1. **피해명 : 적성병(*Gymnosporangium asiaticum*) 피해**
   ① 향나무와 기주교대(이종기생성병)로 5~6월에 흔히 발생 잎 뒷면에 털 같은 돌기가 무리지어 돋아나고 심하면 일찍 떨어짐
   ② 5월 상순부터 잎 앞면에 2~5mm 크기의 노란색 원형 병반이 나타나고, 병반 위에 작은 흑갈색 점(녹병정자기)이 형성되며, 이 녹병정자기에서 끈적덩이(녹병정자)가 흘러나옴. 5월 중순~6월 하순에 병반 뒷면에 약 5mm 크기의 털 모양 돌기(녹포자기)가 무리지어 나타나고, 이 녹포자기에서 노란색 가루(녹포자)가 터져 나옴
2. **피해명 : 동해**
   ① 월동 중에 0℃ 이하 저온으로 조직이 결빙되어 조직과 식물체가 동사하는 피해, 갑작스럽게 하강한 저온

② 식물이 순화하지 않은 상태에서 빙점 이하의 온도에 노출되거나, 순화된 식물이라도 빠른 속도로 빙점 이하의 온도에 노출되면 동해를 입게 됨
③ 피해를 받게 되는 원인은 식물의 조직이 국부적으로 목질화되지 않았거나 목질화 과정이 없었기 때문
④ 피해증상
- 낙엽수의 경우 어린 가지가 죽고, 상록활엽수의 경우 잎의 끝과 가장자리가 괴사하여 갈색을 띔
- 식물체를 서서히 냉각시키면 어는점 이하로 온도가 내려가도 바로 결빙되지 않는 경우를 과 냉각상태라 하고 조직 내부에 얼음이 형성되지 않으면 열대/아열대림의 수목 이외에는 거의 피해가 없음
- 저온으로 인해 조직 내 결빙현상이 발생하여 원형질분리, 원형질 응고를 유발시켜 식물체 전체를 죽게 하는 경우(온대식물)
- 세포 내 동결 → 동상, 세포 외 동결 → 만상과 조상
- 원형질분리가 일어나서 곧 풀리면 원상회복 풀리지 않고 오래 가면 원형질 응고가 일어나 죽음
- 내한성 수종 : (한대수종) 자작나무, 사시나무, 버드나무류, 소나무, 잣나무, 전나무 등. (온대 남부지역) 삼나무, 편백, 해송, 금송, 히말라야시다, 대나무, 노각나무, 배롱나무, 피라칸다, 남천 등
- 활엽수의 경우 어린 가지가 동해를 입으면 봄에 동아에서 새싹이 나오지 않더라도 가지를 미리 잘라 버리면 안 됨

㉢ 추가 방지 대책

- 월동 전에 충분히 관수하되, 토양의 배수를 철저히 하여 토양이 깊게 어는 것을 방지
- 방풍림을 만들어 겨울 한풍을 막아 줌
- 토양을 유기물로 덮어 토양 동결을 완화
- 늦여름이나 초가을 전정을 자제하여 나무가 월동 준비
  - 잔가지, 새싹, 꽃눈은 내동성이 약하며 1월 혹한은 개화율 저하
  - 초겨울 추위가 위험(목질화 전)
  - 늦겨울, 이른 봄 부분적인 내동성 약화기의혹 한싹 눈보다 줄기조직피해가 더 큼

③ 아래 사항에 대해 설명하시오. (10점)

㉠ 벚나무사향하늘소와 복숭아유리나방 목설 비교

비교	벚나무사향하늘소	복숭아유리나방
목설 형태	• 길이가 짧고 넓으며, 유충이 큰 경우에는 다소 길이가 긴 목설이 뒤섞여 있음 • 배출된 목설은 줄기와 지재부에 쌓이게 됨	• 섬유질 형태이나 수지와 배설물과 같이 뭉쳐 있어 원형에 가까운 형태 • 수피 밖으로 배출된 목설은 소량의 수지와 함께 뭉쳐져 있음
목설 색깔 및 특징	• 목질부의 색깔과 유사한 밝은 갈색 • 목질부에서 유충에 의한 다량의 목설이 배출되는 모습으로 확인이 가능	• 수액과 뒤섞여 진한 적갈색 • 물에 젖어있는 듯한 느낌 • 유충이 수간부 조피밑을 가해하여 껍질과 목질부 사이(형성층)를 먹고 다님
배출 형태	• 점액에 목설이 섞여 있지 않음(지제부에 쌓임) • 목설이 지제부에 쌓일 정도이면 전년도에 침입한 유충이 가해하고 있음을 의미함	• 점액에 소량의 목설이 섞여 있으며 지제부에 목설이 쌓이지 않음 • 유충이 형성층을 부위를 가해하면서 끈끈한 점액을 흘러나오며 겉으로 쉽게 눈에 띔 • 어린 유충이 가해시는 수액분비가적고 가는 똥이 배출되므로 나방류피해로 오인되기 쉬움

㉡ 복숭아혹진딧물과 벚나무응애 비교

복숭아혹진딧물	벚나무응애
매미목/진딧물과 (Aphidinae)	진드기목/응애과 (Tetrany chusuiennensis)
• 월동한 암컷은 3월 중순경 증식을 시작하며, 4~5월이 되면 약 1주일 만에 성충이 되기 때문에 짧은 기간 내에 많이 발생 • 여름에는 일시 감소 9월 상순에 다시 증식하여 발생, 연간 30세대 이상 발생. 건조, 고온이 계속되면 발생	• 벚나무에서 4월 중순부터 11월 중순까지 발생하며, 6월 발생최성기 잎의 뒷면에 기생하여 흡즙하므로 피해 잎은 흰점이 생기며 황갈색으로 변색되어 조기 낙엽됨 • 심하면 꽃눈 형성이나 종자 등에 영향을 줌

㉢ 복숭아혹진딧물 사용 농약 중 기호 4a의 사용 시기와 사용 방법

- 작용기작 : 곤충 신경계 작용, 신경전달물질 수용체 차단
- 사용시기 : 4월 개화기 및 낙화기 처리 시, 6월 상순~하순 처리 시 진딧물 발생초기에 처리 시 진딧물과 복숭아순나방에 우수한 동시 방제효과를 나타냄
- 네오니코티노이드계의 디노테퓨란으로 만들어진 약제로서 속효성이 우수하며, 특히 가루이류, 꼬마배나무이에 높은 활성을 나타냄
- 네오니코티노이드계인 '클로티아니딘'과 곤충생장조절제인 '뷰프로페진'의 합제, 다양한 흡즙해충까지 방제
- 담배 추출물인 니코틴에서 개발돼 사용되고 있으며 신경전달물질인 아세틸콜린에스터라제 수용체와 결합해 해충을 죽이는 작용
- 접촉독과 섭식독을 통하여 이중으로 살충효과를 나타내며 액상수화제이므로 사용하기 전에 병을 잘 흔들어 내용물이 잘 섞이도록 한 다음 사용
- 사용약량을 지켜 물에 희석한 후 분무기를 이용하여 수목에 충분히 묻도록 살포

④ 다음에서 제시하는 고려사항을 근거로 하여 질문에 답하시오. (10점)

※ 고려사항

1. 도시림 A
   - 모래 81%, 미사 10%, 점토 9%(양질사토), EC 0.4
   - 용적밀도, 경도 크고, 전질소와 유기물함량, cec는 적고 나트륨함량은 큼

2. 도시림 B
   - 양토, 전질소 0.11%, 유기물 2.0% 정도, cec 5 용적밀도 1.1 정도, 토양경도 19
   - 용적밀도 경도 작고, 전질소와 유기물함량, cec는 크고 나트륨함량은 작음

㉠ A토양은 B토양에 비해 산성화되는데 토양의 완충용량 주요인자 3가지와 A에서 완충용량을 어떻게 늘릴지에 대하여 서술하시오.

- 완충용량 주요인자 : A토양은 용적밀도, 경도 및 전질소와 유기물함량, cec는 적어 산성화됨
  - 산성토양의 pH를 높이기 위한 석회요구량은 CEC가 클수록 많아짐. 흡착된 Ca^{2+}, Mg^{2+}, K^+, Na^+, $NH4^+$ 등의 이온들은 쉽게 용탈되지 않음

- 석회는 토양의 pH를 중화시키고, 동시에 칼슘과 마그네슘과 같은 필수 영양소를 공급함. 이러한 수정제의 사용은 토양의 화학적 특성을 개선하고, 식물의 성장에 필요한 조건을 조성
• 완충용량을 늘리는 방안 : 유기물은 토양의 물리성 개선과 미생물 활성에 영향을 미침. 적정 유기물 시용은 토양의 입단을 형성하는 데 도움을 주어 공극률 증가에 의한 물리성 개선

⑤ 30년 이상 인위적인 간섭 없이 나무들이 건강하게 잘 유지되고 있는 ㅇㅇ공원은 눈이 많이 내리는 ㅇㅇ시의 대표적 시민휴식처로 많은 사람들이 해마다 방문하고 있다. 공원 내에는 수령 50~200년 되는 수목이 500주가 있다.

㉠ 숲이 중앙부로 상부가 울창하고 이끼가 끼며 지표면에 주름버섯목자실체가 발생하고 낙엽부식이 늘고 있다. 단 10년 전 일괄하여 가지치기를 실시한 이력이 있다. 조사 결과 남서쪽 경사지 20여 그루 이팝나무잎이 마르고 낙엽이 지며 수세가 쇠약하고 특히 수관 상부에 마른 가지 발생하였다.

(1) 상태 : 이끼가 끼며 지표면에 주름버섯목 자실체가 발생하고 낙엽 부식이 증가
(2) 병명 : 아밀라리아뿌리썩음병(*Armillaria mellea, A. solidipes*, 담자균류)
① 기주 : 소나무, 낙엽송, 삼나무, 편백, 자작나무, 전나무, 참나무, 느티나무 등 침엽수, 활엽수 및 초본류까지 광범위 전세계적으로 한대, 온대, 열대지방의 자연림과 조림지에서 가장 큰 피해를 주는 수목병
② 특징 : 주름버섯목에 속하며 수목의 연령에 관계없이 피해를 주나 피해정도는 임분의연령이 증가할수록 감소하는 경향이 있음
㉠ 우리나라의 경우 *A. solidipes*와 *A. mellea*가 아밀라리아뿌리썩음병의 주병원균이며 식재된 잣나무에 주로 피해
㉡ 병원성이 약한 몇몇 아밀라리아종들은 산림내에서 부생체로서 이로운 역할과 병원성이 강한 종들 임지에 부적응 된 개체들을 제거하는 자연간벌자로서의 역할
③ 병징 및 표징 : 뿌리꼴균사다발(근상균사속), 부채꼴균사판, 뽕나무버섯 등의 표징 발현
㉠ 뿌리꼴균사다발 : 뿌리처럼 보이는 갈색~검은 갈색의 보호막안에 실처럼 가는 균사가 뭉쳐 있는 다발, 구두끈처럼 보이기도 하며, 뿌리처럼 잔가지가 있음
㉡ 토양 또는 뿌리에 부착되어 자라며 인접한 민감기주의 뿌리를 통해 전염
㉢ 부채꼴균사판 : 수피와 목질부 사이에서 자라는 하얀 부채모양의 균사조직, 버섯 냄새가 나며, 나무의 아래쪽과 밑둥부분을 감염
㉣ 뽕나무버섯: 매년 발생하지 않고 발생 후 몇 주내 말라 고사, 늦여름 또는 가을(8~10월)에만 관찰
④ 감염 수목의 뿌리 또는 뿌리목 부근에서 나타나며, 옅은 갈색으로 1개 또는 무리 지어 나타남
⑤ 감염된 잣나무의 경우 나무 밑둥부분에서 토양근접부분 까지 송진이 흘러 굳어있는 병징이 관찰되며 감염된 뿌리 또는 나무 밑둥부분을 잘라보면 부후한 목재를 관찰할 수 있음
⑥ 아밀라리아는 백색 부후곰팡이이며, 부후부분에서 대선(zone line)을 볼 수 있고 감염수목은 정아의 생장이 저하, 수관 쇠퇴와 황화현상을 보이며 가지가 말라 죽는 현상이 관찰
⑦ 병환 : 죽은 나무뿌리에서 수년간 생존 가능하므로 한 번 감염된 임지에서 지속적으로 병을 일으킬 수 있으며 감염경로는 국소적 감염과 담자포자로 인한 감염

⑧ 국소적 감염으로 병원균이 주로 뿌리를 따라 감염된 수목에서 건전 수목으로 감염(대부분)
⑨ 담자포자-버섯에서 생산되는 담자포자가 기주를 감염(극히 일부)

(2) 방제 방법
① 저항성수종 식재 : 아밀라리아병원균은 굉장히 넓은 기주범위로 선별이 쉽지 않음
② 그루터기 제거 : 가로수, 정원수, 소규모 과수원, 양묘장 등에서 실행 가능한 방법으로 병확산속도를 늦출 수 있음
③ 석회처리 : 병원성이 강한 아밀라리아균은 산성토양에서 생장이 원활하므로 석회처리를 통해 확산속도를 늦출 수 있음

ⓛ 지면의 낙엽에서는 검은점무늬병과 붉은별무늬병병원균이 확인되었다. 몇몇 활엽수는 가슴높이에 반원형 자실체가 관찰되고 자실체 근처에 큰 공동이 있다. 느티나무의 잎에 표주박 모양의 혹이 있고 혹은 갈색으로 변해 있다.

1. 검은무늬병(*Alternaria kikuchiana*)
① 잎, 가지, 과실에 발생. 잎에 발생하면 원형 또는 부정형의 흑색병반이 윤문과 함께 생기고 심하면 조기 낙엽이 됨
② 어린 가지에도 흑갈색의 병반이 생기며 건전부위와 접하고 경계부위가 쪼개짐. 유과에 발생하면 약간 움푹 들어간 흑색병반이 생기고, 중앙에 흑색분말의 곰팡이(분생포자)가 밀생되는데, 오래되면 경화되고, 열과가 되며 조기 낙과
③ 병원균은 균사상태로 잎이나 가지의 병든 부위에서 월동, 분생포자를 형성하고 비산하며, 기주의 각피, 기공, 피목 등으로 침입하여 병을 일으킴
④ 5월 이후 10월까지 계속하여 발생하고, 특히 발생환경이 알맞은 6~7월에 심하게 발생함. 20세기 계통의 배나무에 피해가 크고 관리가 부실한 과수원에서 발생이 심함

2. 이팝나무 잎녹병
① 이팝나무에서 피해가 가장 많은 병으로 나무가 고사하지는 않으나 발생하면 잎이 노란색으로 변하면서 조기낙엽이 지며 심할 경우 초여름에 가지만 앙상하게 남아 미관을 크게 저해할 수 있음
② 6월부터 잎에 원형 갈색 병반이 나타나고 이 병반은 점차 확대됨. 병원균은 아직까지 동정되어 있지 않고 이종기생성으로서 중간기주는 대나무류로 현재 추정됨

ⓒ 몇몇 활엽수는 가슴높이에 반원형 자실체가 관찰되고 자실체근처에 큰 공동이 있다. 활엽수 10그루에 사람 키 만한 높이에 목질화된 10~15cm 자실체가 몇 년째 커지고 있었다. 두 그루는 공동이 생겨있었다. (50점)

1. 목재부후균

구분	갈색부후균(담자균)	백색부후균(담자균)
특징	• 셀룰로스, 헤미셀룰로도스 등의 물질을 분해하는 부후된 재는 갈색을 띠고 있기 때문에 이 경우의 현상을 일으키는 균 • 암황색 네모난 형태로 쪼개짐 • 주로 침엽수에 나타남	• 셀룰로스 외에 리그닌물질도 분해하는 부후는 목재가 백색을 띠게 되는데 그것을 유발하는 균 • 흰색스폰지처럼 쉽게 부서짐 • 주로 활엽수에 나타남
버섯종류	구멍버섯, 조개버섯, 개떡버섯, 덕다리버섯	말굽버섯, 조개껍질버섯, 느타리, 표고, 구름버섯, 영지버섯

2. 느티나무 외줄면충

(1) 증상

① 느티나무의 잎에 표주박 모양의 혹이 있고 혹은 갈색으로 변해 있음
② Homoptera(매미목), 연 수회 발생, 수피 틈에서 알로 월동
③ 가해수종 : 느티나무, 대나무류, 느릅나무 등
④ 형태 : 무시태생 암컷성충은 소형으로 암녹색을 띠며 백색 밀랍으로 덮여있으며 머리는 작고, 가슴과 배는 볼록하며, 등면은 막질로 가는 털이 있으며, 더듬이는 4절
⑤ 녹색 벌레혹을 형성하며 수액을 흡즙가해하며 대발생 시 미관을 해침
⑥ 알은 4월 중순에 부화, 약충은 새로운 잎 뒷면에 기생
⑦ 약충의 흡즙자극에 의해 오목하게 들어가며 잎 표면에는 표주박 모양의 벌레혹이 형성되며 비대해지기 시작하여 약 20일 후에는 암컷성충이 벌레혹 속에서 약충을 낳기 시작
⑧ 5월 하순~6월 상순에 유시태생암컷 성충이 출현하여 중간기주인 대나무류에 이주
⑨ 무시태생성충이 낳은 약충은 중간기주의 근부에서 여름을 지내고, 10월 중 · 하순 유시태생 암컷성충이 출현하여 주기주인 느티나무로 이동
⑩ 유시태생 암컷성충이 낳은 양성 암컷성충은 수컷과 교미 후, 체내에 포란한 상태로 수피 상에서 죽음

(2) 방제

① 화학적 방제 : 4월 중순 부화약충 시기에 이미다클로프리드 액상수화제(2,000배액 또는 메티다티온유제 1,000배액을 10일 간격으로 2회 살포
② 생물적 방제 : 포식성천적인 무당벌레류, 풀잠자리류, 거미류 등을 보호
③ 물리적 방제 : 유시충이 탈출하는 하순 전에 피해 잎을 제거하여 소각 및 여름기주인 대나무를 제거

㉣ 주차장 근처에는 2m 크기 정도인 잣나무는 5월부터 잎끝이 마르고 잎이 조기낙엽현상이 발생하고 스토로브 잣나무는 수액이 흐르고 밑동과 노출뿌리 부위에 자실체다발이 형성되었던 흔적이 보였다.

1. 피목가지마름병

수목병	병징, 표징, 생리, 생태, 방제	기주
피목가지마름병 (*Cenangium ferruginosum Fries*)	• 환경적 피해 장애로 인한 내성적 병해 • 늦은 봄~여름까지 죽은 가지 및 줄기의 피목에는 암갈색의 자낭반이 형성 • 감염성 무성포자를 생성하지 않음 • 햇볕이 잘 들지 않아 수세가 쇠약하거나 뿌리발육이 부진한 장소에서 일부 가지가 죽는 피해를 줌 • 식재 이후 3~5년에 걸쳐 소나무가 부분적으로 가지가 말라 죽는 현상이 자주 발생 • 피해 입은 2~3년생 이상 가지는 적갈색으로 말라 죽음	소나무, 곰솔, 잣나무, 전나무, 가문비나무의 줄기와 가지에서 발생

2. 소나무류 수지궤양병

수목병	병징, 표징, 생리, 생태, 방제	기주
소나무류 수지궤양병 (푸사리움가지마름병, Pitch canker, *Fusarium circinatum*)	• 강한 병원균에 의해 발병 1월 평균기온이 약 0℃ 이상인 아열대성 기후지역에서 주로 발생하는 병 • 침입경로 : 바람, 매개충의 식해 등에 인한 상처로 감염되며, 포자로 전파. 감염목은 가지, 줄기, 구과 등 감염부위에서 송진이 누출되면서 고사 • 특히 활력도(건강성)가 떨어진 소나무류 숲에서 잘 발생 • 전형적인 병징은 줄기, 가지, 새가지(신초), 구과, 노출된 뿌리에까지 궤양이 형성 수지가 흘러내림 • 궤양이 형성되면 수관상부는 마름증상 • 새가지나가지의 조직이 파괴되고 침엽은 노란색에서 적갈색으로 변함 • 종자 병원균 제거 : 농약으로 방제가 불가능해 병든 가지와 줄기는 소각하고, 수종갱신 또는 숲가꾸기를 통해야 건강한 숲을 회복	몬터레이소나무, 버지니아소나무, 왕솔나무, 스토로브잣나무, 리기다소나무(줄기에 궤양), Slash pine, shortleafpine, 테다소나무(마름증상), 소나무와 잣나무는 저항성 수종

㉤ 활엽수류는 6월에 잎가장자리가 마르고 7월에 조기 낙엽증상이 나타났다.

(1) 수분 부족
① 잎의 가장자리가 갈색으로 변하면서 잎 전체적으로 말려 들어가는 증상을 보이는 경우가 있으며 일반적으로 장마철 이전에 35℃ 이상의 기온이 며칠 지속될 때 피해를 봄
② 수분 부족에 의해 잎이 기능을 상실해 조기낙엽. 이런 경우 주기적인 관수를 해줌으로써 큰 효과를 볼 수 있음

(2) 식엽성 해충
종류에 따라 가해 양식이 다소 차이가 나며 잎을 모두 갉아 먹어 형태가 없어지는 경우와 표피조직은 놔두고 잎살만 먹는 경우가 있으며 표피조직은 건드리지 않아 잎의 모양은 그대로 유지되며, 모두 잎이 기능을 상실하거나 저해되기 때문에 조기낙엽 되는 원인이 되고 있음

㉥ 공원의 전반적인 수목 상태에 대한 진단과 추가진단을 실시하고 이를 토대로 종합진단하며, 앞으로 ○○공원의 지속적인 관리방안을 설명하시오.

• 추가진단

구분	원인	대책
오염가스의 피해	–아황산가스, 질소산화물과 오존에 의한 만성적 피해, 엽육조직이 물리적 파괴 –화학적 광합성기능 마비	대기오염에 대한 저항성과 오염물질 흡수능력 높은 환경정화수로 식재
무기영양소의 용탈	–산성비로 인하여 잎의 wax층이 붕괴 –오존 등이 세포막을 파괴함으로써 잎에서 K, Mg, Ca 등이 용탈	성숙림시비는 직접 양분을 임목에 공급하는 것 외에도 낙엽층 및 부식층의 분해를 도와 임지의 양분순환을 촉진하여 임지의 비옥도를 향상
토양의 알루미늄 독성	산성강화물로 인하여 토양의 pH가 낮아져 토양 내 수용성 알루미늄의 농도 증가로 독성이 나타남	토양에 부식질함량을 높여 주는 방법이 가장 효과적인 방법임
토양 pH 산성화, 토양의 치밀도(답압), 염분	–산림토양의 양분은 줄고 독성금속물질 농도 증가 –산성화된 토양은 미생물의 활력이 떨어져 나무에 영양공급이 차단 –많은 사람들 방문으로 인해 토양답압 발생	–토양산도를 약산성으로 만들어 줌 –산림생물 다양성 증진사업의 일환으로 알칼리성 토양개량제를 투입하여 산성화를 저감 –울타리 설치, 관목 및 초본식물 식재, 유기물 자재 시용
대기오염, 공해	배기가스를 포함해 아래와 같은 환경공해 물질들은 수목의 정상적인 생장과 미관을 해치고 토양을 산성화시킴	대기오염에 저항성 수종을 선정하여 식재하며 지표식물도 함께 심어 환경오염 지속 파악
지구온난화에 따른 기후변화	–기후변화로 산림병해충 발생과 피해도 증가할 것으로 예상 –폭염 발생빈도, 호우 현상 발생빈도가 증가 등 악기상의 발생확률이 매우 커짐 –수종이 미래의 기후에 부적합해질 가능성이 높아지므로 산림생산성이 저하 –멸종에 처하거나 개체군의 크기가 크게 감소하여 유전적 다양성이 줄어들 가능성이 큼	–병해충 예찰 및 검역 강화 및 조기발견 조기진압체계를 구축 –내병해충수종을 식재하거나 개체군의 선발도 필요 –기후변화에 발맞춰 새로운 서식지로 이동하기 어려운 수종의 경우 인위적 –전진적이고 사전예방적인 조치가 필요
영양의 불균형	공원 내 건성 및 습성 강화물으로부터 질소가 과다하게 공급되는 반면에 산성토양으로부터 Ca, Mg 등 용탈	수목의 건강상태, 교목과 관목, 수목의 위치와 수고, 개화시기와 결실에 따라 시비방법이 달라질 수 있으며, 주로 표토시비가 권장되나 상황에 따라 엽면시비, 영양제 나무주사 등을 겸해야 하는 경우가 있음

구분	원인	대책
기후에 대한 저항성 약화	세근의 발달이 억제됨으로 한발에 대한 저항성이 약해짐	기후변화로 인한 산림병해충 발생 및 피해를 사전에 줄이도록 체질을 개선하고, 병해충 예찰, 검역 강화 및 조기발견, 조기방제 실시
병해충의 피해	활력이 약해진 피해목은 여러가지 뿌리썩음병 등의 피해 증가	수세회복을 위한 관리로 피해 수목의 뿌리나 잔재를 제거한 다음 토양소독을 실시

• 지속적인 관리방안

- 수종갱신 시 식재부지 환경에 대한 적응성이 높고 주변 환경과 조화를 이루는 수종을 올바르게 선정하여 식재
- 장기적 관리를 요구하는 생활권 도심공원 등은 기후변화 적응을 고려해야 하고 생태 · 사회 · 경제적 측면을 모두 고려해야 함
- 온난화된 조건에서 생장이 매우 빠른 어느 한 클론으로 조성된 조림지가 있다고 가정하였을 때 이 숲은 변화하는 환경에서 장기간 버티기가 어렵거나 병해충에 취약할 수 있음
- 어떤 방안을 시행하기에 앞서 사회경제적인 영향은 물론 생태계에서 다양성 확보를 통한 건강성과 저항성 및 회복력을 유지할 수 있는지에 대하여 장기적이고 종합적인 평가가 우선되어야 함
- 전진적이며 사전예방적인 적응방식의 기후변화 적응조치가 필요
- 산림생태계의 프로세스에 대하여 이해하고 영향과 취약성을 평가한 다음 대책 마련

11회 기출문제 풀이

① 아래 보기를 보기 각 항목에 답하시오.(10점)

〈보기〉

철쭉류떡병, 산철쭉잎녹병 철쭉류 민녹병

㉠ 각병의 증상 및 병징을 비교하시오.

병명	주요 기주	증상 (병징)	특징
찰쭉류떡병	*Exobasidium spp.*	가지나 줄기에 회백색~황갈색의 떡 모양 종괴 형성되며 심하면 고사함	• 병반이 붉고 단단한 종괴 형태로 커짐 • 병반이 종괴형으로 돌출됨
산철쭉녹병	*Chrysomyxa rhododendsis*	잎 뒷면에 황색~주황색의 분생포자층이 형성되며 나중에 갈색으로 변하며 탈락함	전형적인 녹병(leaf rust) 증상
철쭉류 민녹병	*Exobasidium vaccinii*	어린잎에 녹병반(녹색 돌기 또는 포자층), 생육 저해 및 잎 탈락 유도	민녹병 특유의 균열과 함께 포자형성

㉡ 각 병의 병원균 구분 및 방제법을 제시하시오.

병명	병원균	병원균 분류	방제법
찰쭉류떡병	*Exobasidium spp.*	담자균류 (떡병균)	• 병든 가지 제거 • 새순 발생기 이전에 살균제 살포 • 유효 약제 : 티오파네이트메틸, 마네브 등
산철쭉잎녹병	*Chrysomyxa rhododensis*	담자균류 (녹병균)	• 병든 잎 및 가지 제거 • 건전묘 식재 • 유효 약제 : 트리아졸계, 스트로빌루린계 살균제 (예 프로피코나졸, 아조시스트로빈)
철쭉류 민녹병	*Exobasidium vaccinii*	담자균류 (녹병균)	• 전정 시 병든 조직 제거 • 주변 청결 유지 • 발병 전후 살균제 살포 • 유효 약제 : 트리플록시스트로빈, 헥사코나졸 등

② 복숭아혹진디물과 때죽납작진딧물에 대하여 비교하여 서술하시오. (10점)

㉠ 생활사, 기주

㉡ 여름기주, 겨울기주 및 피해증상

㉢ 방제법 : 화학적방제 외 2가지 작성

구분	복숭아혹진딧물	때죽납작진딧물
㉠ 생활사 및 기주	• 1년에 수회 발생 • 겨울기주 : 복숭아나무, 매실, 자두나무의 겨울눈이나 조피 아래에서 알로 월동 • 여름기주 : 초본류(무, 배추, 오이, 고추, 등)	• 1년에 수회 발생 • 겨울기주 : 때죽나무의 가지에서 알로 월동 • 여름기주 : 나도바랭이새
㉡ 피해증상	• 잎, 어린 줄기, 신초에서 영양을 흡즙하여 생장 저하, 잎 탈색, 꼬임 • 감로(배설물)로 끈적이는 당질로 그을음병 유발 및 식물 바이러스 전염시킴	• 잎 뒷면에 군집, 심한 흡즙으로 잎 말림 • 잎 탈색 및 조기 낙엽 발생 가능 • 감로로 검은 그을음병 유발
㉢ 방제법 (화학적 외 2가지)	• 물리적 방제 –기주식물 제거 또는 가지 절단 –노린재망 설치, 끈끈이 트랩 등 • 생물적 방제 –천적 보호 및 방사(무당벌레, 꽃등에 유충 등) –기생봉 이용 등 • 화학적 방제 –이미다클로프리드 : 침투이행성 강함, 흡즙억제 –아세타미프리드 : 신속한 작용, 흡즙·접촉	• 물리적 방제 –가지절단 및 점차트랩 설치 –월동알 제서 • 생물적방제 : 천적 보호 방사(무당벌레, 풀잠자리, 꽃등에 유충) • 화학적방제 –이미다클로프리드 : 흡즙해충에 효과적, 침투이행성, 4~5월 1회 살포 –아세타미프리드 : 접촉·섭식효과 있음, 5월 중·하순

③ 사람들이 많이 다니는 ○○ 유원지의 토양상태를 조사를 실시한 결과가 다음과 같았다. 각 항목에 답하시오. (15점)

※ 토양상태 조사 실시 결과

- 토성 : 사질양토였고(SL)

조사구	모래	미사	점토	용적밀도 (g/cm^3)	유기물	수분함량(g/100g)		
						−33KPa	−1,500kPa	−3,100KPa
A	75%	20%	5%	1.2	2	10	3	1
B	45%	30%	25%	1.5	2	15	7	3
C	24%	26%	50%	1.3	2	25	15	5

㉠ A 조사구의 모세관수를 g/100으로 구하시오.

> 모세관수 = 포장용수량~흡습계수이며 표에서 −33kPa~−3100kPa이다.
> → 모세관수 = 10 − 1 = 9g/100g이다.

㉡ B 조사구의 0~20cm 유효수분량을 cm로 구하시오.

> - 중량수분함량 = 토양수분의 무게/건조한 토양입자의 무게
> - 10~12g/100g의 의미 : 건조한 토양 100g당 수분이 10~12g 포함되어 있다는 뜻으로 중량 수분함량이 10~12%라는 의미이다.
> - 문제에서 유효수분은 포장용수량~위조점이므로 15 − 3 = 2g/100g(중량수분함량)을 구할 수 있고, 여기에 용적밀도를 곱하면 용적수분함량이 나오며 토양깊이가 20cm이므로 20cm 곱해주면 된다.
>   → 용적수분함량(%) = 중량수분함량 × 용적밀도 = 12 × 1.5 = 8% × 깊이 2cm = 3.6cm

㉢ 유효수분이 제일 많은 조사구은 어떤 조사구이며 그 이유를 쓰시오.

> 유효수분이 가장 많은 조사구는 C 조사구이다. C 조사구는 점토함량이 높아 보수력이 크고, 포장용수량과 영구위조점의 차이가 커서 유효수분량이 가장 많다. 또한 용적밀도도 상대적으로 낮아 수분 저장에 유리한 구조이다.

㉣ 유효수분이 제일 적은 조사구는 어떤 조사구이며 그 이유를 쓰시오.

> A 조사구는 모래함량이 많고 점토가 적은 사질토로, 보수력이 낮아 포장용수량 자체가 낮고, 유효수분량(포장용수량 − 영구위조점)도 작다. 또한, 용적밀도도 가장 낮아, 단위 부피당 저장 가능한 수분량이 적기 때문이다.

㉤ 유효수분을 많게 하려면 어떤 조치가 필요한지 쓰시오.

> - 점토 또는 유기물 함량을 증가시키기
> - 토양 구조 개선(입단화 촉진) : 객토 및 심토파쇄, 경운작업으로 공극 증가
> - 기물 함량 증가 : 퇴비, 볏짚 등 유기물 시용으로 입단 구조 개선
> - 절한 관개 및 배수 관리 및 pH 및 염도조절

※ 핵심포인트

토양수분포텐셜(KPa)	상태	의미
−33	포장용수량	토양이 포화된 후 중력수 배출 뒤 남는 수분으로 식물 이용 가능 수분 최고치
−100	이용 가능 수분 중간값	일부 수분 손실 후의 상태
−1500	영구위조점	이 이하에선 식물 수분 흡수 불가

- 여기서 −33kPa은 포장용수량이고, −1500KPa는 위조점이므로 유효수분은 포장용수량에서 위조점을 빼면 됩니다.
- 중량수분함량 : 토양수분의 무게/건조한 토양입자의 무게을 뜻한다.
- 10~12g/100g의 의미 : 건조한 토양 100g당 수분이 10~12g 포함되어 있다는 뜻으로 중량 수분함량이 10~12%라는 의미이다.
- 용적수분함량 = 중량수분함량×용적밀도

구성 성분	비율(%)	특징
모래(Sand)	70~90%	배수성 좋음, 양분 유지력 낮음
미사(Silt)	5~20%	보수력, 양분보유력 중간
점토(Clay)	0~10%	보수력 좋지만 사질토양에선 적음

- 식물 뿌리 생장에 적절한 용적밀도 범위는 1.1~1.4 g/cm^3 정도이다.

지점	용적밀도(g/cm^3)	해석
A 지점	1.2	이상적, 통기성 양호, 식물 뿌리 발달 적합
B 지점	1.5	다소 치밀, 통기성 ↓, 수분 침투 ↓
C 지점	1.3	양호, 일반적 식재지로 적합

④ 소나무와 곰솔 3월 후반에 수관 꼭대기에 가지마름 증상과 잎에 피해가 발생하고 기상상황을 조사한바 겨울철 평균 기온이 평년보다 3~4℃ 높았고 바람이 많이 불었으나 비나 눈은 거의 내리지 않았다. 아래 질문에 대해 답하시오. (10점)

㉠ 수목의 피해 상황을 진단하고 그 이유를 설명하시오.

- 동계건조로 인한 생리장해피해 : 수분공급 부족
- 겨울철 지속적인 저온과 무강수 → 토양 수분 고갈 뿌리는 활동하지 못하고, 잎은 증산 지속 → 수분 불균형
- 강한 바람 : 수관 상부일수록 바람의 직접 영향을 많이 받아 증산량 증가, 상록침엽수의 특성상 잎이 겨울에도 존재하므로 수분 부족 시 곧바로 잎마름/갈변 등의 피해가 발생
- 피해 증상
  - 수관 꼭대기 또는 일사 · 바람에 노출된 방향부위부터 가지마름
  - 잎이 말라가고, 갈변 또는 적갈색으로 변함

㉡ 수목 피해에 대한 관리 방안과 피해 예방법을 설명하시오.

가을철 충분한 관수와 토양 피복, 방풍망 설치 등을 통해 수분 손실을 줄이는 조치가 필요하며, 피해 이후에는 피해 부위를 제거하고 회복을 위한 시비 및 관리가 요구됨

⑤ 7월 중순 입주가 5년 된 아파트에서 수목에 전반적인 진단의뢰가 들어 왔다. 진단결과는 아래와 같은 내용들이 나왔다. 공동주택 수목의 피해에 대하여 추가 진단하시고 분석에 필요한 사항을 작성하시고 종합 처방 및 장기적 종합적 관리 방안을 제시하시오. (55점)

※ 진단결과

A) 소나무와 반송은 단지 내 북쪽 광장의 그늘지고 지피식생이 많은 토양에서 소나무와 반송은 3~4월경 잎이 적갈색으로 변색되고 낙엽이 발생하여 묵은 잎이 떨어지고 있었다. 병든 잎에서는 루페로 검은점(자낭반)이 관찰되었다.

B) 벚나무에는 아파트 조성 시 설치한 지주목이 제거되지 않아 묶인 자리에 수피의 상처가 발생하고 병목현상으로 지주목 맞닿는 윗부분은 볼록해지고 아랫부분은 가늘어져 있었다.

B-1) 남쪽방향의 수피가 세로로 상처가 생겨있었다.

B-2) 지면 지제부 부분에는 고무바가 노출되어 나와 있었다.

B-3) 테니스장 옆 공사장 출입구 위치 한 벚나무 줄기에 불규칙하게 상처가 나 있었다.

C) 커뮤니센터의 환풍기가 있는 앞쪽에 사철나무 울타리의 사철나무 잎들은 회백색으로 시들고 일부 수관이 고사한 상태였다.

D) 그늘진 곳에 사철나무의 잎은 누렇게 변하고 새순과 새잎은 흰밀가루를 뿌려놓은 듯한 모습이 나타나고, 줄기, 가지, 잎에 해충이 가해 중이고 우산모양 두툼한 균사판이 발견되었다.

E) 단지 남쪽에 식재된 단풍나무 잎에는 거미줄 철해 놓고 그 안에서 식해하는 유충의 무리가 보였다.

F) 주목에는 해충 가해부의 하얀색으로 뒤덮여 있었으며 황화 증상이 나타났다.

G) 남쪽 분리수거장 인근에 식재된 느티나무는 성숙잎의 황변, 잎 크기 감소 등 생육 불량 증상을 보이고 있었다.

H) 남쪽 분리수거장 근처에 느티나무는 성숙잎의 황변, 잎 크기 감소 등 생육불량 증상을 보였다. 낙엽을 수거해 쌓아놓아 토양과 섞여 부숙이 안 되고 있는 상태로 있었고, 낙엽분석결과 탄소 48%, 질소 0.6%로 탄진률이 60에 해당하며 토양 내 질소는 0.1%(0.15%), 인은 100이었고 pH 등은 정상으로 확인되었다.

1. 수목의 병리에 관한 사항들

A) 소나무류 잎떨림병

- 자낭균의 일종인 *Lophodermium seditiosum*에 의해 발생함
- 7~9월 사이에 비를 맞으면 자낭포자가 비산하여 병원균이 새잎의 기공으로 침입하여 병반을 형성하며 새로 침입받은 잎은 노란 점무늬가 나타나며 갈색 띠 모양으로 진전함
- 다음 해 3~5월에 피해가 급진전되어 묵은 잎의 1/3 이상이 적갈색으로 변하며 대량으로 떨어지며 새잎만 남으며 병든 낙엽에는 6~7월에 자낭반이 형성됨
- 특히 15년생 이하 어린 나무의 수관 하부에서 발생이 심함
- 강우가 많거나 가을에서 겨울 사이의 기온이 따뜻하면 이듬해 피해가 심해질 수 있음

• 방제법
  – 묘포에서 비배관리를 철저히 하고 늦봄부터 초여름 사이에 병든 잎을 모아서 태우거나 땅속에 묻음
  – 하부에 많이 발생함으로 풀깎기와 더불어 가지치기를 실시하여 통풍을 좋게 함
  – 살균제 살포는 7~9월의 자낭포자가 비산하는 시기에 실시함

D) 사철나무 흰가루병(Erysiphe euonymicola)
• 사철나무 잎에 흰색 또는 회색 가루 모양의 곰팡이가 생기는 병임
• 주로 햇볕이 잘 들지 않고 습하고 그늘지고 통풍이 안 되는 곳에서 발생하며, 심하면 잎 전체가 흰색 가루로 덮이고 잎이 누렇게 변하여 말라 죽을 수 있음
• 나무의 생육에는 큰 피해를 주지 않지만 대발생할 경우에는 나무의 미관을 크게 해침
• 한 번 발생한 나무에서는 거의 매년 되풀이해서 발생하므로 나무의 생육환경을 개선시켜 줌
• 기주특이성이며 순활물생균으로 식물 세포 내에서 영양분을 흡수함
• 시기 : 봄부터 가을까지 발생하며, 특히 기온이 25~28℃일 때 발병하기 쉬움
• 피해상태 : 4~6월경 새 잎이 자라날 때 잎의 앞뒤 양면에 흰색의 작은 둥근 무늬들이 이곳저곳에 흩어져 나타나고, 이들이 점차 퍼지면서 어린잎과 새 순을 뒤덮어 마치 밀가루를 두껍게 뿌려놓은 것처럼 보임. 심하게 감염된 새순과 어린잎들은 노란색을 띠면서 뒤틀리거나 오그라들기도 함. 잎의 흰가루병징은 봄부터 가을까지 관찰됨
• 방제법
  – 나무 주변을 깨끗하게 관리하고, 통풍이 잘 되도록 가지치기를 해주는 것이 좋음
  – 병든가지를 잘라내는 것은 매우 좋은 방제법임
  – 사철나무의 휴면기(12~2월)에는 석회유황합제(50배액)를, 생육기(4~7월)에는 바리톤제, 지네브제, 베노밀제 등의 흰가루병 약제를 월 1~2회 살포함

D – 2) 고약병
• 수목의 가지나 줄기에 두꺼운 균사층이 형성되어 마치 고약을 붙인 듯한 모습을 보이는 병해로 주로 활엽수에서 발생하며, 균사층의 색에 따라 회색고약병과 갈색고약병으로 나뉨
• 병원균이 깍지벌레와 공생하며, 깍지벌레의 분비물을 영양원으로 삼아 증식함

병명	학명	주요피해 수종
회색고약병	*Septobasidium bogoriense*	매실나무, 느티나무, 호랑가시나무 등
갈색고약병	*Septobasidium tanakae*	사철나무, 자두나무, 뽕나무, 벚나무, 밤나무, 호두나무 등

• 균사층은 처음엔 부드럽고 원형~타원형이며 시간이 지나면 균열 생기며 벗겨지고 균사층이 줄기를 한 바퀴 감싸면 가지가 말라 죽을 수 있음
• 6~7월경 균사층 표면에 담자포자 발생하여 바람에 날려 확산됨
• 화학적 방제로는 겨울철 신초 나오기 전까지 석회유황합제 또는 기계유유제 살포로 깍지벌레 방제함
• 병든 가지 제거 후 티오파네이트메틸 도포제 바름
• 철솔로 균사층을 조심스럽게 긁어낸 뒤 도포제 처리함
• 가지치기로 채광과 통풍 개선으로 병 발생 억제함

2. 수목해충에 관한 사항들

D – 1) 사철깍지벌레(Unaspis euonymi)
• 기주 : 사철나무, 꽝꽝나무, 동백나무, 참빗살나무 등
• 생활사 : 연 2회 발생(1세대 : 5~6월, 2세대 : 7~9월), 수정한 암컷성충으로 잎, 가지, 줄기에서 월동
• 암컷 성충 : 약 2mm, 진갈색으로 굴 모양/수컷 성충 : 약 1.4mm, 흰색, 양옆이 평행한 형태
• 서식 부위 : 성충과 약충이 잎, 가지, 줄기 등 모든 부위에 집단으로 발생하며, 흡즙성 해충으로 식물의 수액을 빨아먹으며, 2차적으로 갈색고약병을 유발할 수 있음

- 수세가 약해지고 줄기나 가지가 말라 죽으며 미관 저해 및 고사 위험 발생
- 고약처럼 두툼한 균사판이 생기면 병해가 심각한 상태임
- 방제법
  - 정기적인 관찰로 잎 뒷면, 줄기 틈새를 중심으로 점검
  - 밀식 방지 및 통풍 확보 : 습하고 그늘진 환경은 해충과 병해에 취약
  - 피해 잎 · 가지 제거 및 소각, 굵은 솔로 줄기 표면의 고약병 긁어내기(수피 손상 주의)
  - 침투이행성 약제 네오니코니오드계(이미다클로프리드 등), 다른 약제 교차 살포로 내성 방지, 약충이 활동하는 5~6월, 7~9월이 가장 효과적

E) 미국흰불나방(Hyphantria cunea)의 피해
- 수종 : 단풍나무, 감나무, 버즘나무, 벚나무 등 활엽수
- 시기 : 5~6월, 8~10월
- 형태 : 노숙유충은 몸길이가 약 30cm로 몸에 검은점과 백색의 긴 털이 많이 나 있음
- 1화기 성충의 날개는 백색바탕에 검은점이 있으나 2화기 성충은 백색임
- 양상 : 유충이 어릴 때는 실을 통해 잎을 싸고 집단으로 모여서 갉아 먹다가 5령기 이후에는 분산해 잎맥을 제외한 잎 전체를 갉아 먹으며 피해가 심할 경우 잎이 골격만 남음
- 생활사 : 보통 연 2회 발생하여 수피 틈이나 지피물 밑에서 번데기로 월동함. 성충은 5월 중순~6월상순, 7월 하순~8월 중순에 나타나고, 유충은 5월 하순~6월 상순, 8월 상순~10월 상순에 나타나서 가해함

F) 주목나무에 발생하는 응애 피해
- 학명 : Tetranychus urticae(혹은 관련 응애류)
- 고온 건조한 환경에서 급격히 번지기 쉬워서 조경수 관리에 주의가 필요
- 크기 : 약 0.5mm, 붉은 점처럼 보이며 잎 뒷면에 서식
- 피해 증상
  - 잎이 회백색으로 퇴색되며 광택이 사라짐, 잎 뒷면에 하얀 가루처럼 보이는 흔적
  - 심하면 잎이 갈변 후 낙엽으로 이어짐
- 발생 시기 : 4월 부화 → 5~6월 밀도 증가 → 10월까지 지속 혼재
- 방제 방법 : 피리다벤 수화제, 펜피록시메이트 액상수화제 등
  - 잎 뒷면까지 골고루 약액이 묻도록 10일 간격으로 2~3회 반복 살포
  - 건조기 수분 공급 → 응애 밀도 억제(강한 물줄기)
  - 피해 잎에는 요소비료 엽면시비로 생육 회복 도움
  - 통풍이 잘되는 환경 유지
  - 먼지 많은 지역에서는 응애 발생률 높음
  - 잎 뒷면 정기 관찰로 조기 발견 가능

H) 느티나무알락진딧물(Tinocallis zelkowae), 노린재목(Hemiptera)/진딧물과(Aphididae)
- 기주수종 : 주로 느티나무(Zelkova serrata), 일부 풍게나무, 유럽느티나무 등
- 월동 : 알 상태로 주로 가지눈 주변에 붙어서 월동
- 세대 수 : 약 4~5세대(기온에 따라 6세대 이상 발생 가능)
- 발생시기 : 5월 중순부터 발생, 6월~8월에 급격히 개체 수 증가
- 피해부위 : 신초 및 잎 뒷면, 어린 줄기(잎 표면이 오글쪼글하거나 말림)
- 흡즙 특징 : 잎 뒷면에 밀집하여 흡즙 → 황화, 낙엽 유도 → 생육저하 및 미관 저해
- 감로를 다량 분비 : 그을음병 유발, 주변 시설물 오염
- 방제 : 월동기(겨울~초봄), 알 제거를 위한 전정, 수피 긁기, 발생 초기(4~5월), 고압살수기로 잎 뒷면 씻어냄

3. 비생물적인 피해에 사항들

B) 식재 시 설치한 지지목(지주목) 방치로 인한 수목 피해

- 아파트, 공원, 학교 등 조경 공간에 식재된 이식목(신규 식재목)에는 일반적으로 수관 안정과 고정 유지를 위해 지지목(지목)이 설치됨
- 그러나 이식 후 1~2년이 지나도 지목을 제거하지 않으면, 수간(줄기)에 지속적인 마찰과 압박이 가해져 심각한 수간 함몰 및 궤양형 상처가 발생. 나무의 부피 생장을 방해
- 대표적인 피해 증상 : 줄기 함몰 (끈, 철사, 밴드 자국이 깊게 파임), 수간 잘록현상 (일명 '허리 졸림'), 도관 손상으로 인한 생육 저하, 이차적인 부패균, 해충 침입 위험 증가
- 생리적 영향 : 형성층 손상으로 양분 · 수분의 수직 이동이 차단되며 상처 부위 주변 생장 불균형 발생
- 장기적으로 수목 고사로 이어질 수 있음
- 예방 및 관리 방법
  - 이식 직후 수목 고정 (바람, 자중 흔들림 방지)하며 이식 후 1~2년 이내 반드시 제거
  - 끈이나 와이어는 수간에 닿지 않게 패드 처리
  - 손상 수목 조치 : 상처 부위 소독 및 외과수술, 도포제 처리, CODIT 원리 적용
  - 기타 악천후 피해 : 태풍이나 강풍으로 인해 지주목이 넘어지거나 파손되어 나무를 손상시킬 수 있음
  - 정기적인 점검 및 관리 : 지주목의 노후 및 결속, 고정 상태, 나무와의 접촉 상태 등을 정기적으로 확인하여 지주목의 위치를 바꿔 주고 문제가 발생하면 즉시 조치
  - 제거 시기 준수 : 나무가 스스로 설 수 있을 정도로 성장하면 지체없이 지주목을 제거함
  - 보통 식재한지 3년 정도 후에 제거해 주어야 수목의 성장에도 좋으며 미관에도 좋음
  - 수간과 지주 사이의 결속 방법은 8자형 고리를 사용함. 8자형 결속은 수간을 안전하게 붙잡을 수있을 뿐만 아니라 유연성도 지닐 수 있음

B-2) 고무바 제거하지 않았을 때 발생 가능한 피해

- 뿌리 경부 협착 : 목근부(뿌리 경부)를 조이면서 물관 · 체관 흐름 차단 → 위로 수분 · 양분 공급 불가 → 수관 쇠약
- 뿌리 성장 방해 : 뿌리가 자연스럽게 퍼지지 못하고 고무바에 부딪혀 돌아가거나 멈춤 → 굴절 뿌리 발생 → 활착 부진, 불안정한 구조
- 뿌리 절단/절식 : 시간이 지나며 고무바가 뿌리를 물리적으로 절단하거나 박리, 뿌리 부패, 활착 실패
- 병해 감염 경로 제공 : 눌린 부위가 상처되면 선충, 균류 감염 경로로 작용함 → 부근에서 뿌리썩음병, 균핵병 등 발병 가능성
- 전신 쇠약&고사 : 지상부 잎의 황화, 수세 감소, 가지 마름, 부분고사 → 수년 내 전신 고사로 이어짐
- 식재 직후 : 뿌리분에서 모든 고무끈, 노끈, 철사, 망사, 플라스틱 벨트 등 완전 제거
  수년 후 발견 시 지표면 주변 조심스럽게 굴착 → 고무바 위치 확인
- 노출된 상처부 소독 (예 석회유황합제, 살균제 도포)
- 수세 쇠약 시 : 수관절단, 수세조절 가지치기 병행

C) 열해에 의한 수목 고사

- 외부의 지속적 또는 간헐적인 고온에 노출되어 식물이 생리적 스트레스를 받거나 조직이 손상되는 현상으로 도시 환경에서는 아파트 외벽, 에어컨 실외기, 한풍기, 배기덕트 등에서 발생하는 국소적 고온의 복사열 또는 열풍 직격이 주요 원인이 됨
- 생리적 영향으로는 증산의 불균형으로 수분 스트레스, 엽록소 파괴로 광합성 저하, 조직 괴사 등의 가해 원인이 됨
- 주요 증상
  - 잎 : 회백색 변색, 가장자리가 말리고 시듦, 급격한 탈색 또는 마름 현상

– 수관 : 열기 방향을 향한 일측성 고사, 전체 생육 부진
– 줄기 : 고온 노출면의 피층 괴사, 목질부 열화 가능
• 생리학적 작용
– 열 스트레스로 인한 세포막 변성 및 단백질 변성과 증산작용 과다로 수분 소실로 잎 시듦
– 뿌리에서 흡수된 수분 공급이 잎의 탈수 속도를 따라가지 못함
• 대응 및 예방 대책
– 피해지점 확인 : 실외기 방향, 벽면 복사열 영향 범위 조사
– 차폐 조치 : 수목과 실외기 사이에 방열판 또는 식생벽 설치
– 실외기 위치 변경 : 가능하면 열기 직격 회피 방향으로 조정
– 생육 환경 개선 : 수분 공급 강화, 열스트레스 완화 자재(천연 항스트레스제) 활용
– 식재 위치 재검토 : 복사열 집중지역엔 내열성 수종 선택 권장

H) 고탄질률 낙엽퇴비(C/N>30)의 특징
• 탄소 48%, 질소 0.6%이면 C/N ratio = 80 : 1~60 : 1(계산은 48÷0.6 = 80이나, 실질적 유효 탄소는 일부만 미생물 이용 가능하므로 분석상은 60으로 판단)
• 분리수거장 주변의 낙엽은, 다양한 수종 혼합, 초기 수거 후 부숙이 거의 안 된 상태임

① 부숙 지연
• 탄소가 과다하고 질소가 절대적으로 부족한 상태로, 미생물이 유기물을 분해하는 데 필요한 질소가 부족함
• 이로 인해 미생물의 분해 속도가 매우 느리며, 부숙 기간이 수개월~수년까지 지연될 수 있음
• 부숙이 덜 된 낙엽은 식물 생장에 오히려 피해(가스발생, 토양 질소고정)를 줄 수 있음
• 비료 효과는 거의 없으며 오히려 토양 질소를 빼앗음
• 뿌리호흡에 방해되어 생장이 둔화됨

② 질소 고정 현상
• 미생물이 탄소를 분해하려 할 때 질소가 필요하므로, 토양 내 존재하는 무기질소(NH_4^+, NO_3^-)를 흡수하게 되며 이로 인해 식물이 사용할 수 있는 질소가 부족해지고, 작물 생장이 저해될 수 있음
• Cellulose, Lignin 위주로 탄소 공급으로 미생물은 분해력 약한 균 우세하게 됨

③ 저온기 및 습윤 환경에서 더욱 부숙 어려움
• 특히 분리수거장 주변과 같은 음지 · 저온 · 수분 과잉 조건에서는 미생물 활동도 둔화되기 때문에, 낙엽 부숙은 사실상 정지 상태가 될 수 있음
• 고온 · 다습 조건 시 산성 액즙 침출 또는 부패 악취 유발 가능

④ 처리 방법 및 활용 전략
• 부숙을 위한 혼합재 투입
• 요소, 유기질비료, 닭분, 콩박 등 질소원이 반드시 필요
• 혼합 시 목표 탄질률 25~30 이하로 조정해야 미생물 활성화
• 낙엽만 쌓으면 층간 통기 불량 → 혐기발효 반드시 1.5m 이하 높이로 퇴적, 주기적 교반
• 가능하면 우드칩, 왕겨, 톱밥 등을 10~20% 비율로 섞어 공기 유통성 확보
• EM 발효액, 바실러스 제제 등 미생물 접종
• 발효촉진 자재로 부숙기간 단축 가능
• 뒤집기 및 통기를 위한 정기적인 교반으로 산소 공급 및 부숙 가속화
• 낙엽 퇴비의 적정 수분 함량조절 : 50~60% 유지

⑤ 공사차량에 의한 수목피해
• 기계적 충돌, 자재적치 : 상처 부위로 병원균(곰팡이, 박테리아) 침입, 물관 · 체관 손상

• 토양답압 : 뿌리호흡 저해, 수분 공급 장애
• 수간 균열 및 구조적 약화 : 강풍 시 기계적 붕괴 위험 증가
• 공사 전 · 중 · 후 수목 보호 방지대책
  – 보호틀 설치 : 지제부 및 수간을 둘러싸는 보호틀(합판, 철재망 등) 설치
  – 수간완충재 부착 : 완충재(짚단, 고무매트 등)로 충격 흡수층 확보
  – 작업계획 조정 : 뿌리권 및 임의 굴착 제한 구역 설정
  – 수목보호구역 지정 및 펜스 설치

⑥ 종합적 관리방안
• 통풍과 일조 개선 : 병해 및 응애류 억제 효과
• 예찰 강화 : 해충의 발생 시기 파악 후 적기 방제
• 토양개량 : 유기물 추가, 퇴비 탄질률 조절(C/N 20~30 적정)
• 기계적 장해 예방 : 공사 계획 시 수목 보호대책 사전 수립
• 정기 점검 및 사후관리 : 월별 병해충 · 환경 스트레스 항목별 모니터링 운영

구분	주요 항목	문제 요약	처방 방안
병해	–잎떨림병 –흰가루병	–잎 조기 낙엽 –백분상 곰팡이 발생 –광합성 저해 및 수세 약화	–병든 잎 · 가지 제거 및 소각 –통풍 개선 –살균제(유기유황, 테부코나졸) 살포
해충	–깍지벌레류 –응애류 –느티나무알락진딧물 –미국흰불나방	–흡즙 · 망상피해 –수세 쇠약 –진균 유발 –유충 시기 피해 집중	–발생초기 방제(5~6월, 8~9월) –깍지벌레 : 기계유유제, 이마메톡타프 –진딧물 : 피리프로록시펜, 이미다클로프리드 –응애 : 아바멕틴 –흰불나방 : BT제제 살포 및 유충집 제거
비생물적	–열해 –탄질률 –공사로 인한 차량피해 –지주목, 고무바	–조직 손상 –질소결핍 –상처로 인한 부후 –토양 내 뿌리생장 저조	–동해 · 열해 방지 : 피복, 바람막이 –질소 부족 : 유기질비료 추가 –공사피해 : 뿌리보호판, 통기성 토양복원 –차량교 : 물리적 보호조치 –지주목 · 고무바 제거 및 수간 점검

PART

03

실기시험 핵심 이론

TOPIC 1 작업형

TOPIC 2 서술형

TOPIC 3 실기시험 비교문제

Tree Doctor

PART 03

실기시험 핵심 이론

TOPIC 01 작업형

1. DVD 판독

(1) 수목명

명칭		특징
가래나무		• 가래나무과 가래나무속에 속하는 갈잎 큰키나무 • 약으로 쓰는 추목피는 나무껍질과 뿌리껍질 열매, 호두나무와 비슷함
가문비나무		• 수피는 짙은 회갈색으로 검은 껍질의 나무라는 의미 • 홍색 암꽃이삭과 황갈색 수꽃이삭이 달린 뒤 구과(솔방울)가 원통 모양으로 맺힘 • 제지산업에서 펌프 등으로 활용
감탕나무		• 꽃은 자웅이주로 4~5월에 황록색으로 피며 다음 해 가을에 핵과가 붉게 익음 • 재목은 도장 · 기구 · 세공재로 쓰이고 나무껍질은 끈끈이를 만듦
개암나무		• 자작나무과의 낙엽활엽 관목 • 잎은 어긋나고 타원형인데, 그 표면에는 자줏빛 무늬가 있고 뒷면에는 잔털이 있으며 가장자리에는 뚜렷하지 않은 결각과 더불어 잔 톱니가 있음 • 열매는 식용

명칭		특징
개오동		• 잎이나 꽃이 오동나무와 비슷함 • 6~7월에 꽃이 피며, 원추꽃차례로 피는 흰색에 가까운 연노란색 꽃임 • 열매는 10월에 열리며, 삭과로 길이가 20~30cm, 노끈처럼 가늘고 길게 늘어짐
개잎갈나무		• 원뿔 모양으로 아름다워 관상수로 많이 심음 • 큰 가지는 옆으로 뻗고 잔가지는 밑으로 드리워짐 • 나무 껍질은 검은 잿빛이고, 갈라지며 벗겨짐 • 잎은 단면이 삼각형이고 끝이 뾰족함 • 암수 한 그루로 10월에 짧은 가지 끝에 암꽃과 수꽃이 곧게 서 핌 • 꽃이 핀 다음 해 9~10월에 솔방울 열매가 밤색으로 여묾
계수나무		• 계수나무과에 속하는 낙엽활엽교목으로 원산지는 일본 • 소지는 대생하며 동아는 자홍색, 잎은 대생으로 넓은 심장형이며 가장자리에 톱니가 있음 • 암수 딴 그루로서 개화기에는 캐러멜과 같은 달콤한 향기가 남
고로쇠나무		• 단풍나무과의 큰 활엽교목 • 잎은 마주 나며 크고 얕게 갈라져 오각형에 가까운 손바닥 모양이고 각각의 잎 조각들은 삼각형을 하고 있음 • 잎 조각들의 가장자리는 톱니 없이 매끈함 • 고로쇠물을 채취하여 식용으로 사용
곰솔		• 소나무에 비해 잎이 억세고 크며 빛깔이 짙음 • 겨울눈은 회백색이고 나무껍질은 검은빛 • 열매조각의 겉이 회갈색이며 씨와 날개의 크기가 소나무에 비해 조금 큰 것이 특징
구상나무		• 한국에만 자생하는 IUCN 적색 목록 위기종 • 전나무속이며, 분비나무와는 전문가도 구별하기 어려울 정도로 유사함 • 5~6월에 잎 끝에 솔방울 같은 꽃이 피는데, 빛깔은 노란색, 분홍색, 자주색, 검은색 등 여러 가지 • 열매의 실인이 뒤로 젖혀진 점이 분비나무와 다름

명칭		특징
너도밤나무		• 껍질은 검은 회색이고 잎은 어긋나며 2줄로 배열됨 • 잎은 광택이 있고 뒷면에 비늘 모양의 털이 있으며 연갈색이거나 흰빛이 남 • 꽃은 암수 한 그루로 수꽃 이삭은 햇가지 윗부분의 옆겨드랑이에, 암꽃 이삭은 밑부분의 잎겨드랑이에 달림
굴거리나무		• 잎줄기와 겨울눈이 붉은빛이 도는 상록 활엽수 • 꽃은 암수 딴 그루이며, 3~4월에 지난 해에 자란 잎겨드랑이에서 나온 10cm 정도의 총상꽃차례로 잎겨드랑이에 모여 달림 • 수꽃은 꽃잎과 꽃받침이 없으며, 수술은 10여 개 내외
굴참나무		• 참나무과의 낙엽 활엽 교목으로 산기슭이나 산 중턱의 양지에서 자람 • 타원형 잎이 어긋나고 5월에 꽃이 피는데, 수꽃 이삭은 새 가지 아래 부분에, 암꽃 이삭은 잎겨드랑이에 달림 • 열매는 식용하며, 나무껍질은 코르크의 원료로 쓰임 • 한국, 일본, 타이완 등지에 분포함
꼬리조팝나무		• 장미과, 낙엽활엽관목으로 우리나라 원산 식물이며 2m까지 자람 • 조팝나무와 같이 뿌리 부근에서 많은 줄기가 올라와 포기를 만듦 • 잎은 어긋남
꽝꽝나무		• 감탕나무과 늘푸른넓은잎나무 • 주로 남부 지방의 해안에서 자람 • 잎이 두껍고 살이 많아 불에 태우면 꽝꽝 소리가 난다 하여 붙은 이름
나한송		• 잎이 길고 좁으며 짙은 녹색으로 광택이 남 • 곧고 통직하며(원추형) 수피는 회갈색, 수피 갈라지며 벗겨지는 성질 • 따뜻한 기후를 선호

명칭		특징
낙우송		• 미국 남부가 원산지인 낙우송과 낙엽 침엽 교목 • 나무 껍질은 붉은색을 띤 갈색이며, 나무 모양은 피라미드형 • 원추꽃차례이며 가을에 갈색 단풍이 짐
노각나무		• 차나무과의 낙엽 활엽 교목 • 타원형 잎이 어긋나고 여름에 흰 꽃이 핌 • 나무껍질은 흑적갈색으로 조각이 크며 약용으로 활용됨
노간주나무		• 측백나무과 늘푸른큰키나무 • 잎은 바늘 모양이며 열매는 10월에 열림 • 열매의 진은 향이 좋아 술로 만들며 약으로도 널리 쓰임
단풍나무		• 무환자나무목 무환자나무과의 식물 • 봄이 되면 잎사귀와 함께 붉은 꽃봉오리를 가진 꽃이 핌
당단풍		• 무환자나무과 낙엽교목 • 잎은 손바닥 모양이며 가장자리에 겹톱니가 있음 • 어린잎의 뒷면과 가지에 털이 나 있음
댕강나무		• 인동과 린네풀아과에 딸린, 겨울에 잎이 지는 넓은 잎 떨기나무 • 한반도 고유종이며 북부 지방에 주로 서식함

명칭		특징
마가목		• 쌍떡잎식물 이판화군 장미목 장미과에 속하는 낙엽소교목 • 작고 흰 꽃들이 겹산방하는 꽃차례 • 열매는 붉고 둥글며 나무껍질과 열매는 약용으로 사용됨
말채나무		• 층층나무과에 속하며 겨울에 잎이 지는 넓은잎 큰키나무 • 6월에 하얀 꽃이 피고 9~10월에 흑색의 열매가 열림 • 나무껍질은 그물처럼 갈라지며 흑갈색을 띰
매자나무		• 미나리아재비목 매자나무과 • 한국의 특산종 • 총상화서에 달리고 5월에 황색 꽃이 아래로 늘어져 핌 • 1~3개의 가시가 달림
먼나무		• 감탕나무과의 상록 교목 • 잎은 어긋나고 5~6월에 연한 자줏빛 꽃이 피며 열매는 10월에 붉게 익음 • 관상용으로 주로 심음
식나무		• 층층나무과에 속하는 상록의 활엽관목 • 잎은 마주나고, 긴 타원형으로 광택이 있으며 가장자리는 거친 톱니처럼 되어 있음
루브라 참나무		• 잎은 어긋나고, 3~9개로 깊게 갈라지며 긴 타원형임 • 잎에 큰 톱니가 있는 것이 특징

명칭		특징
편백		• 일본 원산의 상록교목 • 나무껍질은 적갈색이며, 작은 바늘 모양의 잎이 가지에 밀생 • 봄에 가지 위에 작은 꽃이 피며, 10월에 녹색의 구과가 붉은색으로 익음 • 피톤치드라는 천연 항균물질이 다량 함유되어 있어 살균작용을 함
삼나무		측백나무과에 속하는 일본 원산의 상록교목
서어나무		• 자작나무과의 낙엽 교목 • 나무껍질은 울퉁불퉁하며 잎은 어긋남 • 꽃은 5월에 잎보다 먼저 피는데, 암꽃 이삭은 위쪽에, 수꽃 이삭은 아래쪽에 늘어짐 • 건축재나 가구재 등으로 쓰임
산딸나무		• 온대 중부 이남의 산에서 자라는 관상수 • 십자 모양의 흰색 꽃이 피며 9~10월에 딸기 모양의 붉은색 열매가 열림
사방오리		• 자작나무과 오리나무속에 속함 • 산이 헐벗었을 때 이 나무를 심어 녹화를 함 • 남부 지방에서 볼 수 있음
뜰보리수		• 보리수나무과의 낙엽활엽관목 또는 소교목 • 잎은 긴 타원형이며 4월경에 개화 • 열매는 긴 타원형에 길이 1.5cm로 밑으로 처지며 6월에 적색으로 성숙함

명칭		특징
쥐똥나무		• 물푸레나무과 • 잎은 마주나고 긴 타원 모양 • 잎 끝이 약간 둔하고 가장자리에 톱니는 없으며, 뒷면 잎맥 위에 털이 있음 • 암수한그루로 5~6월에 개화
박태기나무		• 키가 3~4m까지 자라는 낙엽활엽관목 • 꽃 모양이 독특하고 화려하여 조경수로 이용 • 줄기나 뿌리껍질은 한약재로 이용됨
소사나무		• 자작나무과 서어나무속에 속하는 낙엽 활엽 소교목 • 잎은 작고 달걀형으로 침끝 또는 둔한끝임 • 꽃은 암수한몸 단성화로 잎보다 먼저(4~5월) 개화하며, 홍갈색의 수꽃 이삭은 작은 가지 끝과 밑부분에 달리는데 조밀하여 밑으로 늘어짐 • 내한성이 있고 건조한 곳에서 잘 자람
귀룽나무		• 장미과 벚나무속 낙엽 활엽 교목 • 목재는 가구재와 조각재로 쓰이며 조경수로도 좋음 • 열매와 일년생 가지, 잎 등을 약으로 사용 • 잎은 호상하며 타원형, 끝은 뾰족하고 밑부분은 혓바닥 형태이며 가장자리에는 톱니가 있음
백합나무		• 튤립나무라고도 불리며, 미주 쪽이 원산지임 • 나무가 잘 자라 관상용으로 좋음 • 낙엽 활엽 교목으로 잎에는 긴 잎자루가 있음 • 중부 이남 지역에서 주로 정원수나 조림수로 식재됨
층층나무		• 낙엽 활엽 교목으로 산지의 계곡에서 자람 • 높이는 20m에 달하며 가지가 층층으로 달려 수평으로 퍼짐 • 잎은 어긋나고 넓은 타원형이며 잎자루가 붉고 잎의 뒷면은 흰빛

(2) 수목해충

명칭		특징
나무가루깍지벌레	 	• 암컷 성충 기준 몸길이는 3.5~5.0mm이고 타원형이며 자갈색을 띰 • 몸은 등면이 백색 밀랍 가루로 덮여 있고 4개의 줄 모양 황색 무늬가 있음 • 가해 수종의 줄기와 가지에 기생하여 흡즙 가해하고 2차적으로 그을음병을 유발함 • 연 1회 발생하며 약충으로 월동, 난태생을 하며 약충은 6~7월에 출현함 • 포식성 천적인 무당벌레류, 풀잠자리류, 거미류 등을 보호할 것 • 피해 가지와 줄기는 제거하여 소각하고, 밀도가 낮거나 발생량이 적을 때는 면장갑이나 헝겊으로 문질러 죽임
조록나무혹진딧물	 	• 암컷의 길이는 1.5mm 정도이며 머리와 가슴은 암갈색, 배는 암녹색임 • 조록나무 잎에 벌레혹을 형성하며 약충과 성충이 흡즙 가해를 하여 가지의 신장이 저해되고 수세가 약화됨 • 연 4회를 경과하며 성충으로 월동함 • 이미다클로프리드 액상수화제 혹은 메티다티온 유제를 살포 • 포식성 천적인 무당벌레류, 풀잠자리류, 거미류 등을 보호할 것
땅딸보가시털바구미	 	• 북미로부터 유입된 해충 • 기주 : 상록활엽수, 피라칸사, 쥐똥나무, 매자나무, 노박덩굴속, 개나리, 라일락, 찔레나무 등 다양한 식물 • 5.0~6.0mm의 크기이며 성충, 유충 또는 알로 월동함 • 월 1회 발생하며, 알에서 부화한 유충은 흙속에서 식물의 뿌리를 가해하며 월동하고, 여름이면 성충이 지상에서 기주수목의 잎을 먹음

명칭		특징
밤나무혹벌	 	• 연 1회 발생하며, 눈의 조직 내에서 유충으로 월동함 • 동아 속의 유충은 3월 하순~5월 상순에 급속히 자라며, 충영은 4월 하순~5월 상순에 팽대해져 가지의 생장이 정지됨 • 노숙한 유충은 6월 상순~7월 상순 충영 내 충방에서 번데기가 되며, 7~9일간의 번데기 기간을 거쳐 우화함 • 천적인 중국긴꼬리좀벌을 4월 하순~5월 초 ha당 5,000마리씩 방사 • 남색긴꼬리좀벌, 노란꼬리좀벌, 큰다리남색좀벌, 배잘록꼬리좀벌 등을 보호할 것
복숭아명나방(나비목 명나방과)	 	• 잡식성 해충으로 활엽수형과 침엽수형 • 부화 초기에 주로 밤송이 가시를 잘라 먹고 성숙한 유충은 밤송이 속으로 파 먹어 들어가며 이때 똥과 즙액을 배출하고, 거미줄을 밤송이에 붙임 • 연 2회 발생하며, 활엽수형의 경우 유충이 나무 줄기의 수피 틈에서 고치를 만들어 월동함
버들하늘소		• 일부분이 부후한 노령목이나 상처를 입은 나무에 피해가 심하며, 유충이 부후 부분에서 생목재 속으로 뚫고 들어감 • 보통 몇 마리가 같이 식해하며 외부로 톱밥을 배출하므로 발견이 용이함 • 가지 절단부 및 상처부는 페니트로티온 유제(50%) 50배 정도의 희석액을 산란기에 몇 회 도포하면 방제에 도움이 됨 • 기생성 천적인 좀벌류, 맵시벌류, 기생파리류 등을 보호하고 해충을 잡아먹는 딱따구리류 등을 보호할 것

명칭		특징
느티나무 벼룩바구미	 	• 성충 몸길이는 2~3mm이며 체색은 황적갈색 • 뒷다리가 잘 발달되어 있어 벼룩처럼 잘 뜀 • 성충과 유충이 잎살을 식해, 주둥이로 잎 표면에 구멍을 뚫고 흡즙하며, 유충은 잎의 가장자리를 갉아 먹음 • 연 1회 발생하며 수피에서 성충으로 월동 • 부화한 유충은 5월 초순~하순에 잎 속으로 잠입, 성장을 계속하는데, 유충이 성장하는 잎 부분은 갈색으로 변하여 피해 증상이 뚜렷함 • 4월 초순과 7월 초순에 성충을 대상으로 페니트로티온 유제, 수화제 등을 살포하고 포식성 천적인 무당벌레류, 풀잠자리류, 거미류 등을 보호할 것. 또한 스티키 트랩으로 포획
갈색날개 매미충	 	• 집단 흡즙으로 식물의 생육 불량이 발생하며, 배설물은 잎이나 과실에 그을음병을 일으켜 상품성을 떨어뜨림 • 가장 큰 피해는 신초 조직을 찢고 알을 낳는 습성으로 인해 신초가 말라 죽을 수 있다는 것이며, 1년생 가지에 열매를 맺는 과수의 경우 그 피해는 치명적임 • 이동하는 성충을 막기 위해서는 방충망을 설치해야 하며, 노란색 롤 끈끈이 트랩을 산림에 감아 놓으면 예찰과 함께 방제 효과가 있음 • 알 덩어리는 왁스물질로 덮여 보호를 받고 있기 때문에 약제 방제가 어려워 알이 붙어 있는 가지는 잘라줘야 함 • 산란이 모두 끝난 11월 중순 이후에 가지치기를 실시하며, 늦어도 이른 봄 전에는 가지치기를 완료해야 함
목화진딧물	 	• 잎 뒷면에 군생하여 흡즙, 가해를 받은 새 잎은 생육이 부진함(기주 범위 넓음) • 대발생할 경우 잎이 뒤로 말리며 배설물에 의한 그을음병이 유발되어 품질이 저하됨 • 바이러스를 매개하므로 피해가 큼 • 무궁화나무, 석류나무, 부용나무 등의 겨울눈이나 조피에서 알로 월동함 • 4월 중~하순에 부화하며 간모가 되면 단위 생식을 함 • 1~2세대를 지낸 후 5월 하순부터 6월 중순경에 유시충이 나타나 여름 기주인 각종 작물(특히 박과류)로 이동, 산란성 암컷과 수컷이 나타나 짝짓기를 하여 알을 낳음 • 특히 4월 하순부터 5월 상순경 가로수나 정원의 무궁화나무 새싹에 많은 진딧물이 발생 • 유묘기 때부터 진딧물의 발생을 확인하여 발생 초기부터 철저히 방제해야 함

명칭		특징
미국선녀벌레		• 노린재목 매미아목 선녀벌레과의 곤충 • 성충의 몸길이는 5mm 정도 • 몸의 빛깔은 연한 청록색을 띠고 있으며, 머리와 앞가슴은 각각 약간 연한 황갈색 • 유충은 흰 밀랍 재질로 뒤덮여 있음 • 나무나 농작물의 즙을 빨아 먹고, 말려서 죽이는 피해를 줌
솔잎혹파리		• 유충은 땅속 1~2cm에서 월동 • 수컷은 교미 후 수 시간 내에 죽고 암컷은 산란을 위해 1~2일 생존 • 유충이 솔잎 기부의 엽조직 수액을 빨아 먹음 • 솔잎혹파리먹좀벌, 혹파리살이먹좀벌 등이 천적
솔나방		• 월동 후 유충기(4~6월 중)에 식해 • 일반적으로 묵은잎 식해 • 5령 유충으로 나무껍질이나 지피물 밑에서 월동
솔껍질깍지벌레		• 수간 하부에 피해 • 6월부터 하기 휴면하여, 10월경에 휴면이 끝나고 2령 약충인 후약충이 이듬해 3월까지 흡즙 및 발육, 5월 상순에서 6월 중순 부화약충으로 이동
소나무좀		• 성충과 유충이 수피 바로 밑에서 형성층과 목질부를 가해 • 신성충은 새 가지를 뚫고 들어가 새 가지가 구부러지거나 부러져 고사함 • 천공성 해충
소나무가루깍지벌레		• 암컷 성충의 몸길이는 3~4mm, 타원형이며 적갈색을 띠나 표면이 백색의 밀랍 가루로 덮여 있음 • 몸 둘레에는 뾰족하고 가는 센털이 있으며, 등면에는 가는 센털과 샘구멍이 있음 • 약충, 성충이 모여 흡즙성, 그을음병을 유발 • 소나무의 새 가지나 2년생 가지의 침엽 사이에 기생함

명칭		특징
누런솔잎벌		• 묵은잎을 식해하며, 연 1회 알로 월동함 • 어린 소나무림과 소개된 임분 및 임연부에 많이 발생하며, 울폐된 임분에는 거의 없음 • 묵은잎을 식해하므로 나무가 죽는 경우는 적으나, 피해가 계속되면 고사하기도 함
소나무굴 깍지벌레		• 암컷 성충의 깍지 길이는 2~4mm, 깍지 모양은 가늘고 길며 회색을 띤 암갈색 • 가해 수종의 잎에 기생하여 수액을 흡즙함 • 피해 잎은 황화현상, 2차적으로 그을음병 등이 유발되어 수세가 약화됨 • 주로 구엽에서 많이 발생
솔잎벌		• 벌목/솔잎벌과로 성충은 1cm 미만 • 가해 수종 : 적송, 오엽송, 곰솔, 낙엽송, 새잎갈나무 등 다수 • 연 2~3회 발생하며 4월 하순~5월, 9~10월에 나타남 • 침엽의 중간 부근에 한 잎당 한 개의 알을 낳으며 산란수는 약 70개 • 유충가해시기는 5~8월임
낙엽송잎벌		• 1년에 3회 발생하며 뭉쳐서 가해함 • 신엽을 가해하지 않고 2년 이상 된 잎만 가해함 • 한 번 발생한 지역에서는 재발생하지 않는 전형적인 돌발해충 • 지표면 부식층의 3cm 정도 깊이에서 번데기로 월동 • 천적은 맵시벌과 북방청벌붙이, 기생봉 및 기생파리류
극동등에 잎벌		• 연 3~4회 발생하며, 5~9월 철쭉류 잎을 가해 • 잎 뒷면에 군서, 부맥을 향해 먹으면서 주맥만 남김 • 고치를 짓고 유충으로 월동함 • 한 잎에 일렬씩 산란하고, 암컷 성충 단위생식을 함
장미등에 잎벌		• 유충 군서하며 잎을 식해 • 잎가부터 식해하며 주맥만 남김 • 연 3회 발생하며, 유충으로 흙속에서 월동함

명칭		특징
회양목명나방		• 연 2회 혹은 3회 발생하며 유충으로 월동 • 가지에 거미줄을 치고 그 속에서 잎의 표피와 잎살을 식해하여 잎이 반투명하게 됨 • 유충이 거미줄을 토하여 잎을 묶고 그 속에서 잎을 식해함 • 회양목이 관상수로 많이 식재되면서 이 해충이 대발생
드티나무외줄면충		• 연 수회 발생하며 수피틈에서 알로 월동 • 표주박 모양의 녹색 벌레혹을 형성하며 수액을 흡즙 가해 • 5월 하순~6월 상순에 유시태생, 암컷 성충이 출현하여 중간 기주인 대나무류에 이주함
솔박각시		• 유충이 침엽을 식해 • 군서로 살면서 가해하지는 않으므로 수목이 고사하거나 수목의 생장에 큰 저해를 줄 정도로 피해를 입히지는 않음 • 연 2회 발생하며 지표면 낙엽 밑에서 번데기로 월동 • 성충은 5~6월과 7~8월에 나타남 • 알은 침엽에 1개씩 산란하고, 부화 후의 유충은 침엽의 한쪽만을 섭식하다 성장하면 침엽 끝부터 기부까지 식해함
잣나무넓적잎벌		• 연 1회(일부는 2년에 1회) 발생하며 지표로부터 1~25cm의 땅속에 흙집을 짓고 유충으로 월동함 • 잎을 철해서 가해 • 20년생 이상의 밀생 임분에 발생하므로 잣 생산에도 막대한 손실을 입힘
벚나무모시나방		• 한국, 일본, 중국, 러시아에 분포 • 연 1회 발생하며 여름철 전국적으로 장미과 나무에 피해를 입힘 • 유충은 황색을 띠고 가운데 검은색 줄이 한 줄로 있음 • 돌발적으로 대발생해 폭식하며 유충이 집단으로 월동함
노랑배허리노린재		• 노린재목, 사철나무서식, 노박덩굴과의 식물 선호 • 등면이 균일한 흑갈색이며 아랫면은 연한 노란색 • 열매에 피해를 입힘 • 한국, 일본, 중국 등지에 분포

명칭		특징
주머니깍지벌레		• 연 2회 발생하며, 대부분 알로 월동 • 부화 약충이 신초나 잎, 과일로 이동하며 즙액을 빨아 먹으며, 성충이 되면 밀납질로 된 껍질의 주머니를 형성함 • 강력한 침투성을 가진 약제로 방제해야 하며, 겨울철 결정석회유황합제나 기계유유제를 선택 살포함
거북밀깍지벌레		• 연 1회 발생하며 6월 상순~중순에 산란, 6월 하순~7월 중순 사이에는 부화약충이 출현 • 성충 상태로 월동 • 6월 중순 전후 부화약충이 이동하는 시기에 2~3회 정도 농약으로 방제함
가중나무고치나방		• 연 2회 발생하며, 번데기로 월동함 • 성충은 6월과 8월에 우화하고 유충은 7~8월과 9~10월에 나타남 • 노숙한 유충은 나뭇잎을 길게 말고 그 속에 고치를 지어 번데기가 됨
노랑쐐기나방		• 연 1회 발생하며, 새알 같이 생긴 고치 안에서 유충 상태로 월동 • 유충은 6~7월에 잎을 식해한 뒷가지에 고치를 만들어 그 속에서 월동 • 성충은 밤에만 활동하며, 주광성은 수컷이 강하고 암컷은 약함 • 성충은 6~8월경에 출현 • 어린 유충은 잎 뒷면에서 엽육만 먹으나, 자란 후에는 잎의 주맥만을 남기고 식해함
검은배네줄면충		• 연 수회 발생하며, 느릅나무 수피 틈에서 알로 월동함 • 부화약충이 4월 상순에 잎 뒷면에서 구액을 빨아먹어 잎의 앞면에 붉은색 벌레혹을 형성 • 5월 중순 유시충이 벌레혹에서 탈출해 벼과식물의 뿌리로 이동함

명칭		특징
모리츠잎혹 진딧물/ 사사키잎혹 진딧물	 	• 벚나무 가지에서 알로 월동하며, 4월 상순에 부화해 새눈의 뒷면에 기생함 • 기생당한 잎은 흡즙 자극에 의해 기생 부위가 몸쪽으로 오목하게 들어가며, 잎 표면에는 주머니 모양의 벌레혹이 형성됨 • 5월 하순~6월 중순에 유시태생 암컷이 출현하며, 중간기주인 쑥으로 이동함
이세리아 깍지벌레	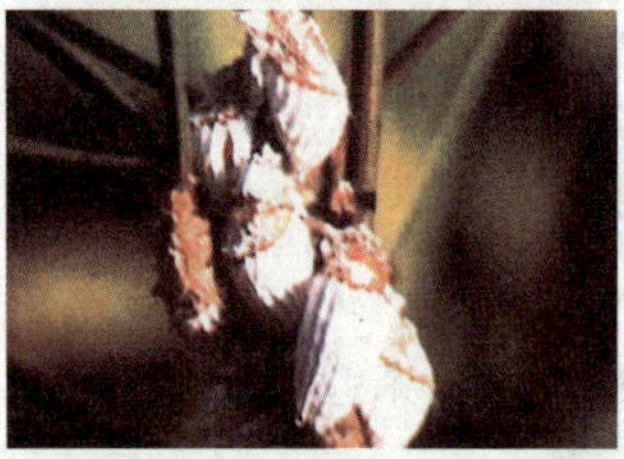	• 암컷 성충은 몸 크기 약 5mm 정도이며 적갈색을 띰 • 몸 표면의 일부 또는 전체가 백색 내지 황색의 왁스 물질(납 물질)로 덮여 있음
남포잎벌		• 연 1회 발생하며, 유충 상태로 토양 내에서 노숙유충으로 월동 • 가해 기주의 잎 뒷면에 잎맥을 따라 일렬로 산란하며 산란수는 150~200개 • 유충은 6령까지 가며 유충 기간은 16~19일
향나무 하늘소		• 연 1회 발생하며, 성충으로 피해목에서 월동 • 성충은 3~4월에 탈출하여 수피를 물어뜯고 그 속에 산란함 • 유충은 수피를 뚫고 침입해 형성층을 갉아 먹는데, 이때 목설을 밖으로 배출하지 않음 • 유충은 형성층을 불규칙하고 편평하게 먹어 들어가면서 갱도에 똥을 채워 놓음
노랑털 알락나방		• 연 1회 발생하며, 가는 가지 위에서 알로 월동함 • 봄에 부화한 어린 유충은 새 가지 끝에 군서하며 새 잎을 식해함 • 탈피도 잎 뒷면에 모여서 하므로 잎 뒷면에 탈피각이 남아 있음

명칭		특징
큰팽나무이		• 약충이 잎 뒷면에 기생하며 흰 분비물 깍지로 덮으며, 앞면에는 뿔 모양의 혹을 만듦 • 깍지로 틀어막고 있으므로 방제 시에는 확산이 잘 되는 약제를 사용
검털파리		• 애벌레로 월동하며 이듬해 성충으로 우화함 • 일반 파리와 달리 느리게 날고 풀잎 위나 땅 위를 기어다니기도 함 • 늦봄부터 이른 여름 사이 들판이나 숲 가장자리 입구에 발생
복숭아 유리나방		• 연 1회 발생하며 유충으로 월동함 • 유충이 수간부 조피 밑을 가해하여 목질부 사이(형성층)를 먹고 배설물을 배출
포도 유리나방		• 연 1회 발생하며, 고추 등 가지속 식물에서 유충으로 월동함 • 피해 부위는 줄기에 구멍이 뚫려 있으며, 거기에 똥이 나와 있음
뽕나무이		• 연 1회 발생하고 성충으로 잡초 등에서 월동함 • 약충이나 성충 모두 잎의 뒷면에서 즙액을 흡수 • 어린잎은 오갈이 들고, 약충은 꼬기로부터 흰색 실 모양의 끈적한 배설물을 분비하여 뽕잎을 더럽힘
솔알락명나방		• 연 1회 발생하며, 생활경과가 불규칙하여 토중에서 노숙유충으로 월동하거나 알이나 어린 유충으로 구과에서 월동함 • 잣송이를 가해하여 잣 수확을 감소시키는 중요한 해충 • 구과속의 바해 부위에 똥을 채워 놓고 외부로도 똥을 배출하여 구과 표면에 붙여 놓으며, 신초에도 피해를 줌

명칭		특징
뿔밀깍지벌레		• 연 1회 발생하며, 월동한 성충이 5월 중하순부터 깍지 끝에 산란 • 알은 5월 하순~6월 중순경에 부화하며, 부화유충은 약 1일 정도 기어다닌 후 정착하거나 바람에 날려 부근의 나무로 분산 이동 • 정착한 유충은 즙액을 흡즙하여, 7월 중순 이후 각상돌기가 형성되어 특유의 형태로 변함
솔거품벌레		• 연 1회 발생하며 나무 조직 속에서 알로 월동함 • 5~6월경 새 가지에 기생하여 흡즙하며 체표에 거품 모양의 물질을 분비 • 약충은 거품 안에서 수액을 흡즙함
솔여섯가시나무좀		• 연 1~2회 발생하며 첫 발생은 5월경 • 쇠약목이나 상해목의 수간부 및 가지 부분의 나무껍질 밑으로 천공 • 벌채하여 방치한 간벌목, 한랭지의 산불 피해목이나 설해목에서 번식 • 수컷은 먹이가 되는 나무를 천공하여 마름모꼴의 교미실을 만들고, 식흔을 따라 들어온 여러 마리의 암컷과 함께 일부다처성의 준사회생활을 영위함
박쥐나방		• 어린 유충은 초본류를 가해하다가 2~3령에 주변 수목으로 이동하여 수피와 목질부 표면을 환상으로 식해함 • 거미줄을 토하여 벌레똥과 먹이 찌꺼기를 바깥에 철하므로 혹처럼 보임 • 처음에는 줄기 바깥 부분을 고리 모양으로 식해하나 이어 줄기의 중심부로 먹어 들어가며, 위 · 아래 갱도를 뚫으면서 식해함
공깍지벌레		• 연 1회 발생하며 종령 약충으로 월동, 5월 상 · 중순에 성숙하여 충체 밑에 산란함 • 가해수종의 잎 뒷면에 기생하나 월동 전에 줄기 혹은 가지로 이동하여 흡즙 가해 • 벚나무, 매실나무의 피해가 특히 심하며, 밀도가 높은 나무는 가지와 줄기에 눈에 확연히 띌 정도로 많은 개체가 붙어 있음 • 봄이 건조할 경우 국부적으로 대발생함
졸솜깍지벌레		• 연 1회 발생하며 3령 약충으로 월동, 성충은 4~5월에 산란하며 원형의 긴 난낭을 형성함 • 가해수종의 가지나 잎에 기생하여 흡즙 가해하며, 피해를 심하게 받은 가지는 고사함 • 아래쪽 가지와 잎에서 주로 발생

(3) 수목병

명칭		특징
소나무류 피목가지마름병 (*Cenangium ferruginosum Fries*)	 	• 피목에 짙은 갈색의 균체가 발생 • 초기 수피를 약간 벗겨 보면 내피에 검은색의 미숙한 균체(미숙자낭반)가 있음 • 건강한 나무에는 침입할 수 없는 약한 병원성 2차 병원균 • 장마 시기 전에 병 발생 예찰 • 고사한 나무와 병든 가지는 잘라 태우고 가지 제거 등 무육 및 간벌을 주기적으로 실시할 것 • 배수 및 비배 관리를 철저히 실시하여 나무의 세력을 유지할 것
소나무 가지 끝마름병 (*Sphaeropsis sapinea*)	 	• 병원성이 약한 기생균으로, 주로 가뭄이나 해충의 피해를 받아 약해진 나무에 발생 • 주로 당년생 신초의 침엽기부와 가지를 고사하며, 어린 나무보다는 20~30년생의 큰 나무에서 발생함 • 활력이 좋고 건강한 나무의 경우 약해진 가지만을 고사하고 풀베기를 실시함 • 수세가 강건하도록 비배 관리를 하고, 6월 중순~8월 중순 사이에 2주 간격으로 베노밀 수화제, 만코제브 수화제를 살포
소나무류 푸사리움 가지마름병 (*Fusarium circinatum*)	 	• 기주 : 리기다, 리기테다, 테다, 해송, 2~3년생의 어린 나무에서부터 직경 30cm 이상의 큰 나무, 밀식 조림지에 피해가 심함 • 병원균의 병원성은 매우 높으며, 강한 바람이나 우박과 같은 기후적 원인에 의한 상처로 발생 • 피해가 심한 임지에서는 많은 나무가 일시에 고사함 • 나무좀류, 바구미류 등 해충에 의한 상처 또는 기계적인 상처 등을 통해 침입 • 과밀 임분의 경우 간벌을 실시할 것

명칭		특징
잣나무털 녹병		• 세계 3대 수목병해의 하나로 스트로브 잣나무림에 큰 피해를 끼침 • 밀도의 영향이 가장 크며, 한랭하고 습기가 많은 해발 700m 이상의 임지에서 특히 피해가 심함 • 2~4년간의 잠복기를 거쳐 줄기에 병징을 나타냄 • 기주 : 잣나무, 스트로브잣나무 • 여름철과 가을철의 경우 중간기주인 송이풀류, 까치밥나무류에 기생함
소나무류 잎떨림병		• 급격히 말라 죽지는 않으나 수년간 지속적으로 피해를 입혀 생장이 떨어짐 • 주로 15년생 이하 어린 나무의 수관 하부에서 발생이 심하며, 강우가 많거나 가을에서 겨울 사이의 기온이 따뜻하면 이듬해 피해가 심하게 발생함 • 3~5월 새 잎이 나오기 전에 묵은 잎이 적갈색으로 변하면서 떨어지기 시작 • 나무를 살짝만 건드려도 잎이 우수수 떨어지는 것이 특징
소나무 페스탈로치아 잎마름병 (*Pestalotiopsis*)		• 기주 : 소나무, 편백, 화백, 메타세콰이어, 나한백 등 • 통풍이 불량하거나 습기가 많을 경우 Cercospora, Phoma와 결합하여 자주 발생하며 병원성은 약함 • 건조, 장마 등의 요인에 의해 뿌리가 약해지거나 태풍, 이식 등에 따른 생리적 불량 등에 유인되어 발생함 • 잎과 가지가 갈색에서 회갈색으로 점차 변하다 회백색을 띠면 고사함

명칭		특징
소나무류 갈색무늬병 (*Lecanosticta acicula*)	 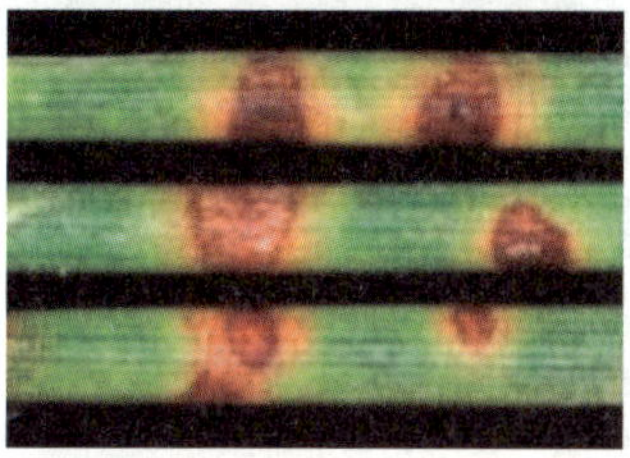	• 감염된 침엽에 0.5mm의 작은 적갈색 반점이 나타나며, 시간이 지날수록 커져 1.5mm의 짙은 점 혹은 밴드로 나타남 • 잎 색깔이 전체적으로 갈색으로 변하고 경계 부위는 어두운 색을 띰 • 병든 낙엽은 제거해야 하며, 다습한 환경에서 발생하므로 배수와 통풍 관리가 필요함 • 5~10월에 2주 간격으로 보르도액, 만코제브 수화제를 살포 • 침엽이 전개되는 6~7월에 집중 관리 필요
모잘록병 (*Phytophthora*, *Fusarium*, *Rhizoctonia*)	  	• 기주 : 침엽수(소나무류, 일본잎갈나무), 활엽수(참나무류, 자작나무류, 가시나무류) • 피해 침엽수의 어린 묘목에 기생균이 침입해 발생 • 묘상의 배수를 철저히 하여 과습을 피하고 통기성을 좋게 해야 함 • 파종량을 알맞게 하고 복토를 두텁지 않게 하며, 밀식되었을 때에는 솎음질을 할 것 • 질소질 비료는 많이 사용하지 않도록 하고, 인산질 비료를 충분히 사용 • 병든 묘목은 발견 즉시 뽑아 태우며, 병이 심한 포지는 돌려짓기할 것
돈나무 그을음병 (회양목 그을음병)	 	• Meliolaceae, Asterinaceae, Capnodiaceae과 및 불완전균류인 Dematiaceae과에 속하는 균 • 나무가 말라 죽는 일은 없으나 동화작용을 방해하여 수세가 쇠약해짐 • 어린 나무와 큰 나무의 구별 없이 잎과 가지, 줄기에 까만 그을음이 덮여 수목이 지저분하게 보이며, 조경수로서의 관상 가치를 떨어뜨림 • 깍지벌레, 진딧물 등 해충이 많이 발생하였던 수목에서 많이 발생

명칭		특징
베롱나무, 소나무 그을음병	 	• Capnodiaceae과 흡즙성곤충에 수반하여 부생하는 대표적인 균 • 그을음병이 발생한 부분의 검게 보이는 것은 병원균들의 균사와 포자가 짙은 갈색 또는 검은 회색을 띠기 때문 • 흡즙성 해출 배설물인 감로 위에 그을음이 발생 • 휴면기에 기계유유제 20~25배액을 살포하고, 발생기에는 페니트로티온 유제 1,000배액을 살포하여 깍지벌레를 구제
배롱나무 흰가루병 (*Uncinula Australiana*)	 	• 자낭균류로 병원균은 주로 병든 낙엽의 흰가루 병반 위에서 자낭구의 상태로 겨울을 나고 봄에 자낭구 안에 들어있는 자낭포자를 방출 • 자낭포자로 1차 감염, 그 후에는 새로 생긴 흰가루병반 위에 형성된 분생포자에 의해 가을까지 2차 전염을 되풀이함 • 최소 6시간 이상 일조를 하고 공기 흐름을 개선하며 습도를 감소시킬 것 • 병든 가지나 잎은 제거해야 함

2. 농약 희석 및 계산

(1) 농약 희석

① 제형

㉠ 액제 : 가루일 경우 휘산, 변질 등을 방지하기 위해 액상으로 만든 약제

㉡ 유제 : 기름성분에 녹여서 조제된 약제, 기름의 침투, 접착, 지속성을 이용하기 위해 기름에 녹인 것, 물에 균등히 퍼지는 약제 첨가

㉢ 수화제 : 가루로 되어 있으며 물에 타서 쓰게 만든 약제

② 농약의 입제 제형

피복식	• 광물에 주성분과 접착제를 혼합하여 도포시킴 • 모래알 형태에 색깔과 광택이 있는 구형으로 성분에 접착제 포함 • 알갱이가 큰 모래알 모양(투명하고 작은 구슬모양)
흡착식	• 흙모양의 불규칙한 아주 가는 가루로서 성분에 증량제 포함 • 알갱이가 작은 모래알 모양(흙처럼 불규칙한 모양)
압출조립식	• 주성분, 계면활성제, 증량제, 분해(산)제, 종합제를 물에 반죽하여 일정한 입경으로 성형, 건조한 것으로 대부분의 제초제 • 국수가닥이 끊어진 모양(라이타돌 모양 : 길이 2~3mm, 굵기 0.5mm), 샤프심을 잘라 놓은 모양

③ 살포 시 주의점

㉠ 농약을 혼용하여 살포액을 만들 때에는 동시에 두 가지 이상의 약제를 섞지 말고 한 약제를 먼저 물에 완전히 섞은 후 다음 약제를 차례대로 추가하여 섞도록 함

㉡ 수화제와 다른 약제와의 혼용 시에는 액제=수용제 → 수화제=액상수화제 → 유제 순으로 물에 섞도록 함

㉢ 혼용 희석하였을 때 침전물이 생긴 희석액은 사용하지 않음

㉣ 혼용 희석하여 조제한 살포액은 오래 두지 말고 당일에 사용하도록 함

㉤ 다종 혼용 시에는 농약을 표준량 이상으로 살포하지 않음

㉥ 혼용가부표에 없는 농약을 부득이 혼용할 경우에는 전문기관에 상담하거나 좁은 면적에 시험 살포하여 이상 유무를 확인한 후 살포

④ 농약의 희석 배수 구하는 방법

메프(유제)와 만코지(수화제)의 양제에 대한 약량이 다음과 같을 때, 희석 배수를 구하시오.

• 메프(유제) : 약제 20ℓ에 약량 20mℓ
• 만코지(수화제) : 약제 20ℓ에 약량 40g 등

모범답안

• 문제의 요지 : 살포하려고 만든 약제 20ℓ에 약량이 20mℓ(g)이 들어있다는 뜻이며, 이 농약의 희석액 20ℓ에 들어있는 약량이 20mℓ(g)일 때 희석 배수와 이 농약을 1ℓ 제조 할 때 필요한 약량을 구하면 되는 된다.
• 메프(유제) : 약제 20ℓ에 약량 20mℓ
  – 1 = 1,000mℓ이므로 20ℓ = 20,000mℓ
  – 살포약제 20,000mℓ에 약이 20mℓ 들어있는 것이므로 희석배수는 20,000mℓ/20mℓ = 1,000(배)
  – 따라서 1ℓ 제조 시 필요한 약량은 1mℓ이다.
• 만코지(수화제) : 약제 20ℓ에 약량 40g
  – 1ℓ = 1,000mℓ이므로 20ℓ = 20,000mℓ
  – 살포약제 20,000mℓ에 약이 40g 들어있는 것이므로 희석배수는 20,000mℓ/40g = 500(배)
  – 따라서 1ℓ 제조 시 필요한 약량은 2g이다.

구분	농약명	희석배수	농약량
유제	메프	1,000	1mℓ
수화제	만코지	500	2g

※ 농약량에서 유제(액제)는 mℓ, 수화제는 g 단위로 표기

⑤ 농약 희석 실습

㉠ 1,000배 희석, 1ℓ를 만드는 방법(1mℓ 약제+999mℓ 물)

- 준비물 : 1ℓ 비커 2개, 1ℓ 메스실린더 1개, 피펫 1개, 피펫휠러 1개
- 과정
  1. 비커 A(1ℓ)에 물(수돗물, 증류수) 1ℓ를 받아온다.
  2. 메스실린더에 물을 부어 999mℓ을 맞추어, 비커 B(1ℓ)에 100mℓ(소량) 정도 담는다.
  3. 피펫으로 약제 1mℓ 취하여 소량(100mℓ)의 물이 담긴 비커 B(1ℓ)에 넣고 유리막대(피펫)로 저어 잘 섞어준다.
  4. 메스실린더에 있는 나머지 물을 비커 B에 넣고, 유리막대(피펫)로 다시 저어준다.

㉡ 500배 희석, 1ℓ를 만드는 방법(2mℓ 약제+998mℓ 물)

- 준비물 : 1ℓ 비커 2개, 1ℓ 메스실린더 1개, 피펫 1개, 피펫휠러 1개
- 과정
  1. 비커 A(1ℓ)에 물(수돗물, 증류수) 1ℓ를 받아온다.
  2. 메스실린더에 물을 부어 998mℓ을 맞추어, 비커 B(1ℓ)에 100mℓ(소량) 정도 담는다.
  3. 피펫으로 약제 2mℓ 취하여 소량(100mℓ)의 물이 담긴 비커 B(1ℓ)에 넣고, 유리막대(피펫)로 저어 잘 섞어준다.
  4. 메스실린더에 있는 나머지 물을 비커 B에 넣고, 유리막대(피펫)로 다시 저어준다.
  5. 농약 희석 실습 시험 도구

⑥ 농약 희석 실습 시험 도구

액제, 유제	• 1ℓ 메스실린더 1개 • 1ℓ 비커 2개(또는 1ℓ 비커 1개와 500mℓ 비커 1개, 1ℓ 비커 1개만 놓여 있을 수도 있음) • 피펫 1개 • 피펫휠러 1개 • 유리막대 1개(주어지는 경우도 있고, 없을 때는 피펫 사용)
수화제	• 1ℓ 메스실린더 1개 • 1ℓ 비커 2개(또는 1ℓ 비커 1개와 500mℓ 비커 1개, 1ℓ 비커 1개만 놓여 있을 수도 있음) • 전자저울 1개 • 유산지 • 유리막대 1개(주어지는 경우도 있고, 없을 때는 피펫 사용)

⑦ 농도 정리 및 비교

농도 정리	농도 비교
% 농도 : 백분율(1/100)	1ℓ=1,000mℓ=1,000g=1,000cc
ppm(parts per million) : 100만분의 1(mg/ℓ)	1v=1,000mg=1,000,000μg
ppb(parts per billion) : 10억분의 1	1ℓ=1mℓ=1cc

※ 농약량 표기 : 유제, 액제 1mℓ, 수화제 g

(2) 농약 계산

① 문제 유형1(2회)

- 물 1ℓ에 농약희석 4,000배 이미다클로프리드 수화제, 테부코나졸 유제를 제조 시 농약 사용량을 구하시오.
- 제조방법 및 희석방법, 순서를 서술하시오.

모범답안

- 농약 사용량은 '물의 양/희석배수'이므로 1,000/4,000=0.25mℓ
- 혼합의 순서는 수화제를 먼저 섞고 잘 휘저은 다음 액제나 수용제를 섞는다. 혼합 후에 화학반응이 일어나는 것은 피해야 하는데 혼합 후 15분 정도까지 두어서 부유물이나 침전물이 발생하거나 혼합액의 온도가 높아지거나 하는 것이 관찰되면 사용하지 말아야 한다. 유제와 수화제의 혼용은 가급적 하지 말고 부득이한 경우에 액제, 수용제, 수화제(액상수화제), 유제의 순서로 물에 희석한다.

② 문제 유형2(1회 2차)

- 테부코나졸 수화제를 0.5ℓ에 1,000배액으로 시용 시 농약 사용량을 계산하시오.
- 살균제, 살충제, 제초제, 전착제를 구분하는 방법을 서술하시오.

모범답안

- 농약 사용량은 '물의 양/희석배수'이므로 500/1,000=0.5g
- 병뚜껑 바탕색에 의해 농약을 구분할 수 있다. 살균제는 분홍색, 살충제는 녹색, 제초제는 황색, 전착제는 흰색이다.

3. 외과수술

(1) 개요

수간이 여러 가지의 원인에 의하여 상처가 생기고 이것이 부패하여 공동(cavity)이 생길 때 부패가 더 이상 진전되지 않도록 조치하는 일련의 과정

(2) 목적

① 상처 부위나 공동이 더 이상 부패하지 않도록 조치
② 수간의 물리적 지지력을 높여줌
③ 미관상 자연스러운 외형을 가지도록 하는 것
④ 수목을 건강하게 키움으로써 상처 주변에 수목이 본능적으로 만드는 방어벽의 형성을 촉진하고, 부패하는 것보다 더 빠른 속도로 새로운 목질부 조직을 추가시키면 된다는 CODIT 개념 적용

(3) CODIT 법칙(Compartmentalization Of Decay In Trees)

① 1977년 미국 Shigo 박사가 제창한 "수목 부후의 구획화"
② 상처에 대한 나무의 자기방어기작
③ 상처를 입게 되면 재질부후균 등 미생물의 침입을 봉쇄, 감염된 조직의 확대를 최소화하기 위해 상처 주위에 여러 방향으로 화학적 내지 물리적 방어벽을 만들어 저항
④ Wall 1~4의 특징

구분	특징
Wall 1	상처를 통해 침입하는 부후 미생물이 목재의 상하로 확산되는 것을 막는 벽
Wall 2	목재의 중심을 향해 안쪽으로 이동하는 부후 유발 미생물의 전진을 억제하는 벽
Wall 3	부후가 수간의 좌우 둘레로 퍼지지 않도록 저항하는 벽 형성층 바깥 사부에서부터 목재의 중심을 향해 뻗어 있는 방사조직이 맡고 있음
Wall 4	상처로 인한 변색과 부후가 상처 발생 이후 새로이 만들어지는 조직으로 확산되는 것을 막는 가장 강력한 방어벽

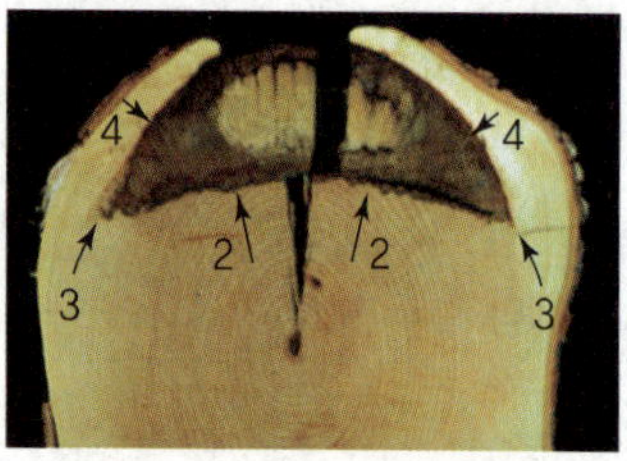

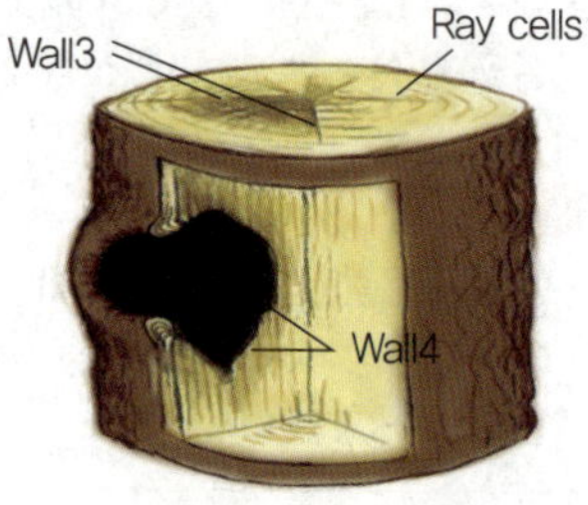

(4) 형성층 노출

① 형성층
㉠ 물관부와 체관부의 2차 조직을 형성
㉡ 충전 시 우레탄폼은 상기 형성층보다 20~30mm 낮게 작업

② 공동 가장자리의 형성층 노출 : 공동 내부의 보호막 처리가 끝나면 공동 가장자리의 살아 있는 형성층 조직을 적절하게 노출시켜 나중에 공동을 메웠을 때 형성층에서 자라나온 상구조직이 충전층 표면의 가장자리를 완전히 감싸도록 함

③ 공동의 가장 자리를 따라서 안쪽으로 말려들어간 상구조직의 수피를 본래의 목질부층에서 위쪽으로 약 2~3mm 정도 위치에서 예리한 칼이나 끌 등으로 매끈하게 도려내어 형성층을 노출시킴으로 공동을 본래의 목질부 높이까지 메우고자 함

④ 형성층이 노출되면 곧바로 지오판도포제와 같은 상구보호제를 발라서 노출된 상구를 보호하고 형성층이 마르지 않도록 함

(5) 수목 외과수술의 의의와 필요성

① 천연기념물, 보호수, 노거수, 희귀수가 오랜 세월을 지내는 동안 생물적 피해, 인위적 피해, 기상적 피해로 인하여 뿌리, 줄기, 가지에 외상을 받지 않은 나무는 거의 없는 실정이며 이로 인하여 고사, 부패, 도복, 쇠약, 부러짐, 갈라짐 등의 피해현상이 상당수 발생

② 보호면에서 볼 때 관리 잘못, 처리 잘못에 의한 피해 발생

③ 조상들의 얼과 전설이 담겨 있고 우리 역사의 증인이 될 수 있는 이들 거목을 잘 보존하여 우리의 전통과 문화유산을 후손에게 물려줌으로서 아름다운 국토를 보존

④ 나무는 생명체이므로 수백 년된 거목이 고사한 후에는 소생시킬 수 없으므로 피해방지에 최선을 다하여야 할 것이며 보호관리와 치료에 소홀함이 없어야 할 것

(6) 외과수술순서

① 고사지 및 쇠약지 제거

㉠ 쇠약지를 방치하면 가지 전체가 고사하는데, 가지의 중간 절단을 실시하면 가지에 공급되는 영양분 양과 가지의 생장 균형을 맞추는데 도움

㉡ 고사된 수피가 발견되면 수피를 벗겨버리고, 노출된 목질부의 피해상태를 조사하여 부패된 목질부는 제거, 가급적 건전한 목질부는 보존. 수피의 고사 부분과 살아 있는 부분을 조사하여 callus의 형성 유무를 확인한 후, callus이 형성되어 있지 않을 경우 피해 부위를 예리한 칼로 건전한 부위와 분리시킴

㉢ 활엽수류는 도관이기 때문에 가급적 럭비공 모양의 형태로 처리해 수분이동에 지장이 없도록 하는 것이 좋고, 침엽수류는 도관이 아닌 가도관을 지니고 있기 때문에 처리하지 않아도 큰 지장은 없음

② 부패부 제거

㉠ 고사 수피 및 노출 목질부 처리

㉡ 공동 속의 부패부 공동 속에 습기가 많은 부분은 병원균이나 해충 서식지의 근원이 되고 빗물이 스며드는 부분은 급속한 부패의 중요한 원인으로 부패되어 있는 부분은 모두 제거함

㉢ 습기가 많은 부분은 건조한 부분이 나타날 때까지 제거해야 하며, 만져보았을 때 푸석푸석한 부분은 모두 제거하나, 단단한 목질부가 나타날 경우 제거를 하면 안 됨

㉣ 목질부 부패부는 심하게 부패된 부분만 제거하는 것이 기존에 생성된 방어벽을 보호하는데 치료효과를 높일 수 있음

㉤ 방어층의 파괴는 다음 부후의 진전을 초래하므로, 수목에 대하여 어떠한 전정 또는 외과수술 등을 시행할 때에도 방어조직을 많이 파괴하지 않는 방법이어야 함(바세린이나 도포제로 처리)

③ 살균처리

㉠ 90% 이상의 순수 알콜을 사용, 고른 살포를 위해 붓을 사용하기보다는 분무기를 이용하는 것이 좋으며 가급적 반복처리하는 것이 효과적임

㉡ 부패부 $1m^2$당 $0.6\sim1.2\ell$ 정도를 사용(포르말린, 크레오소오트, 콜타르)

㉢ 부패부를 제거하더라도 공동 속의 부후균의 균사나 포자를 완전히 제거하는 것은 불가능하므로 수술 후 부패 진전을 방지하기 위하여 살균처리를 실시

④ 살충처리

㉠ 분무기를 이용하여 반복 살포하는 것이 효과적임

㉡ 사용 약제로는 침투성이 강한 스미치온(200~500배)과 훈증효과를 나타낼 수 있는 다이아톤(200~500배)을 혼합하여 부패부 $1m^2$당 $0.6\sim1.2\ell$를 살포

㉢ 부패부 내에 하늘소류, 나무좀류, 바구미류, 개미 등의 해충이 잔존해 목질부에 지속적인 피해를 주는 경향이 있고 이들 해충을 제거하지 않으면 목질부 부패가 지속되므로 최대한 제거하는데 심혈을 기울어야 함

⑤ 방부처리

㉠ 방부제로는 유기화합물보다 무기화합물을 사용하는 것이 좋음. 황산동, 중크롬산칼륨, 염화크롬, 아비산을 혼합해 사용함

㉡ 공동 내에 습기가 발생하면 목질부가 다시 부패할 가능성이 크며 가능성을 줄이기 위해 방부처리를 해주는 것이 효과적임

㉢ 빗물이 침투되면 물에 용해되어 방부효과를 내고, 건조하면 조직 속에 무기물로 남아 방부효과가 비교적 오래 지속됨

㉣ 지제부는 땅으로부터 습기가 올라오므로 콜타르나 석회를 바닥에 충분히 발라주는데, 노출된 형성층에는 닿지 않도록 주의함

⑥ 공동충전

㉠ 공동은 곤충이나 빗물이 더 이상 들어가지 않고, 수간의 지지력을 보완해 주기 위해 충전. 공동충전 시 습기가 내부에 존재하지 않아야 함

㉡ 습기나 빗물 등이 내부 부패를 촉진시키기 때문에 사전에 충분히 건조시킨 다음 공동충전을 실시함

㉢ 충전재로 시멘트, 목재, 고무밀납, 흙 등이 이용되었으나 소재로는 미흡한 점이 많아 현재는 우레탄에 의한 공동충전법을 씀
㉣ 수지에는 에폭시수지나 불포화 폴리에스테르수지, 발포성수지, 우레탄고무 등이 있고 발포성 폴리우레탄이 주로 이용
㉤ 발포성 수지(1~3호)의 경우 1호는 2~3배 증가하는 반면 3호는 7~10배 증가하여 경제적인 측면에서 3호가 보편적으로 사용됨

⑦ 방수처리
㉠ 수지를 이용한 방수처리가 이용되고 있는데, 접착력이 좋고 조직 속에 깊숙이 침투될 수 있는 수지를 선택하는 것이 좋음
㉡ 에폭시 수지가 가장 효과적이나 석유화합물이기 때문에 생조직에 접촉하면 부작용이 생기므로 주의
㉢ 에폭시 수지는 오랜 시간 햇빛에 노출되면 산화되는 특성이 있으므로 반드시 인공수피로 피복해 주어야 함

⑧ 매트처리
㉠ 인위적인 피해와 빗물, 병충해 등의 침입을 방지하기 위해 매트(부직포류)를 잘 재단하여 작은 못으로 고정해 피복하며 주의점은 매트처리 부위가 형성층이나 수피를 덮으면 callus의 형성이 들뜨거나 갈라질 위험이 있으므로 처리에 신중을 기해야 함
㉡ 예전에는 유리섬유 재질을 사용하였으나 친환경적이지 못해 최근에는 부직포를 사용함

⑨ 인공수피
㉠ 외과수술 후 직사광선이나 빗물 등의 피해로 인해 산화 · 변질되어 유지면에서 문제점이 됨
㉡ 이를 예방하기 위해 콜크분말을 이용한 인공수피 피복이 좋음

⑩ 표피성형처리
㉠ 수목의 콜크층 위에 성형물 부착 시 완전부착이 되도록 에폭시 수지 등을 반복 덧칠하고 성형물의 마감부위는 반드시 생육조직 안쪽으로 부착하여 생육조직의 형성 및 발육이 조기에 이루어지도록 치료함
㉡ 제작(성형)
- 성형물 제작 시 색소를 적당한 비율로 희석하여 수피의 고유색과 유사하게 함
- 성형물 제작 시 살균, 살충제 등을 성형물의 두께에 비례하여 희석하되 반드시 균과 충이 회피되도록 함
- 치료 대상 수목과 모양, 무늬 등이 유사하도록 성형틀 제작 시 신중을 기하고 색상에 따라 반복 덧칠하여 제작함

(7) 외과수술 후 관리방법

① 수술 후 빠른 회복을 위한 영양공급 : 엽면시비, 수관주사 등 실시
② 정기조사와 병충해 발생, 기상악화, 수목치료 전후에 수시조사를 시행 등 지속적 관리
③ 수술부위 지속적 모니터링

TOPIC 02 서술형

1. 뿌리피해

(1) 뿌리의 기능

호흡, 흡수, 생장, 저장, 지지 기능 등

(2) 뿌리에 피해를 주는 요인

① 물리적인 토양 환경 변화와 뿌리썩음병과 같은 전염성병의 토양 장애로 인해 주요 기능인 호흡 작용과 흡수 작용에 이상이 생김
② 토양 환경 변화의 조사 : 배수불량, 복토, 심식, 염해피해 등

(3) 배수불량(토양수분 과다)

① 원인
㉠ 지형적으로 지대가 낮아서 홍수와 장마 등에 의해 물이 고임
㉡ 지하수위가 너무 높아서 물이 밑으로 빠져나가지 못하는 곳에서 자주 나타남
㉢ 토성은 진흙이 많은 점토질 토양에서 자주 발생

② 증상 및 피해사례
㉠ 수목이 수관상부의 가지부터 수관전체가 잎의 꼭지가 마르고 아래로 처짐
㉡ 조기 단풍이 들어 낙엽이 되고, 수관의 방향성이 없이 일부 가지가 고사하며 살아 있는 가지의 눈 형성이 불량함
㉢ 줄기에는 종양, 융기, 돌기 발생하여 생장 감소 또는 정지됨
㉣ 토양이 과습 상태로 되고 그 기간이 길어지면 세근발달 불량, 뿌리호흡, 세근부후 등 피해 발생

③ 조사

㉠ 뿌리 발달 형태는 경계석과 기초 콘크리트 구조물로 인하여 사방이 막힌 화분 형태의 토양 내 세근이 과밀하게 발달함

㉡ 배수성, 통기성이 없는 점토질 토양으로 인하여 직경 1cm 이하의 뿌리가 세근 발생 없이 고사된 상태

㉢ 전토심 : 표층토에서 하층토까지의 깊이를 cm로 기록

㉣ 유효토심 : 일반적으로 임목이 생장하는 데 영향을 주는 깊이로 식물근이 가장 많이 분포되어 있는 부분의 하단까지를 cm로 기록하는데 인위적인 부지조성지는 최소한 1m 깊이까지의 토양단면 형태를 기록

㉤ 토색 : 각 층위의 토괴를 자연상태로 채취하여 음지에서 토색첩의 명도와 채도를 기록

㉥ 유기물 : 유기물함량은 화학분석으로 판정되나 현지에서는 토색첩을 이용하여 토색을 가지고 간이로 추정할 수 있음

㉦ 토성 : 실험실에서 기계적으로 분석하여 입경분포에 따라 토성을 가리는 것이 원칙이나 토양조사 시 현지에서 점토, 미사, 모래함량을 대략 손의 감촉으로 판정

④ 조치

㉠ 통기성 배수성이 높은 양토나 사양토로 환토하여 뿌리의 생육환경 개선

㉡ 건전한 뿌리발달과 정상적인 세근 발생을 위하여 수관폭의 80% 정도의 공간을 환토하는 것이 바람직함

㉢ 약해진 근계 재생을 위하여 토양에 톱밥퇴비를 혼합하여 지력 증진

㉣ 배수구 설치로 배수가 용이하게 함

㉤ 토양에 PVC관을 묻어 공기유통이 원활하게 함

⑤ 결론

㉠ 배수불량은 토양 내 산소부족으로 인하여 뿌리의 호흡작용을 방해하기 때문에 나무에 치명적인 피해를 줌

㉡ 지하수위가 높아서 토양이 과습하면 수목생장이 불량해지며, 과습한 토양에서 자라는 나무는 엽병(잎자루)이 누렇게 변하면서 잎이 마르고 어린 가지가 고사하며 겨울철 동해에도 약함

㉢ 과습한 토양에서 잘 견디는 수종을 골라서 식재함으로써 과습 피해를 예방할 수 있음

⑥ 수목의 대사활동에 반드시 필요한 수분이 과할 경우

㉠ 뿌리의 산소공급 저해와 과습으로 인한 뿌리 부패를 유발하므로 장기간 비가 내리는 장마기간에는 뿌리분 부분절개 등 관리가 필요

ⓛ 습해에 대한 저항성

저항성	침엽수	활엽수
높음	낙우송	단풍나무류(은단풍, 네군도), 물푸레, 미국느릅나무, 버드나무류, 버즘나무류, 오리나무, 주엽나무, 포플러류
낮음	가문비, 서양측백, 소나무, 전나무, 주목, 해송, 향나무류	단풍나무류(노르웨이), 벚나무류, 사시나무류, 아까시나무, 자작, 층층나무

(4) 복토

① 복토 피해 : 공원 개발 조성으로 경사지에 있던 노거수 팽나무를 복토하고 평탄화 작업을 한지 1년 후 조기낙엽과 황화현상이 시작되고 수관끝 부분의 고사가 시작되는 등 수세가 약해짐

② 진단

㉠ 수간 지제부가 복토된 흙에 의하여 경계선이 뚜렷한지 확인

㉡ 수간 지제부에 뿌리가 노출되어 있는지 확인

㉢ 복토된 수간지제부의 흙을 파내고 복토된 수간 상태를 확인

㉣ 복토된 깊이가 어느 정도인지 확인

㉤ 복토된 흙이 어떤 토양(자갈, 모래, 점토)인지 확인

③ 증상

㉠ 산소공급에 의한 호흡기능 차단 : 뿌리의 고사나 신진대사의 영향을 주어 물과 무기양료 흡수에 지장을 줌

㉡ 급성피해 : 잎이 괴사되고 조기 낙엽현상

㉢ 만성피해 : 복토가 낮게 이루어져 산소공급이 원활하지 못해 물과 무기양분 흡수 부진, 신초생장 억제, 잎의 크기가 작고 퇴색되며 고사지가 발생하는 등 서서히 수세가 쇠약해짐

④ 방제

㉠ 복토된 흙은 표토부분까지 제거하고 자갈 등으로 메움

㉡ 복토가 약한 지역은 복토 제거

㉢ 뿌리의 피해 정도에 따라 수관을 조절하여 뿌리와 잎의 생리기능 조절

㉣ 기존 지표에 자갈을 깔고 유공관을 설치하여 토양 내 산소의 공급이 원활하도록 조치

㉤ 복토제거 시 재생가능한 뿌리는 단근, 박피처리 후 발근촉진제 처리

㉥ 토양개량 : 마사토와 굵은 자갈, 펄라이트 등을 혼합한 토양을 부설

㉦ 토성이 사질토일 경우 양질의 유기질비료와 보습제 혼합하여 토양개량 실시, 최종 지면 마감은 바크나 우드칩으로 멀칭 처리

(5) 심식

① 원인 : 대형목 식재 시 도복의 위험이나 수형을 맞추기 위함

② 증상

㉠ 심식은 조경수목 식재 시 뿌리분의 상단면보다 깊게 심는 것을 말함

㉡ 심식하게 되면 뿌리의 기능인 호흡, 흡수, 생장, 호흡에 장애가 발생함(복토 피해와 유사함)

㉢ 잎이 왜소해 지게 되고 근부주변의 지제부가 부패하게 됨

㉣ 토양 속의 산소농도가 적고 온도가 낮아져 뿌리의 발근과 생장에 지장을 주어 식재 후 수세쇠약, 수형파괴로 심하면 고사됨

㉤ 심식하게 되면 뿌리의 기능인 호흡, 흡수, 생장, 호흡에 장애가 발생함

③ 진단

㉠ 나무이식 시 심식여부를 조사

㉡ 곁가지가 토양에서 나와 있으면 심식가능성 높음

㉢ 지제부 수간의 흙과 경계선이 뚜렷하면 심식가능성이 높음

④ 조치

㉠ 장력목이나 노령목 이식 시 심식을 피하고 기존 표토가 보이도록 함

㉡ 수목이식 시 발근 촉진을 위하여 상식하는 것이 좋음

㉢ 심식된 흙을 제거하고 자갈을 넣어 수평을 유지

㉣ 수세회복을 위해 무기양료 엽면 시 토양관주 및 수간주사 실시

(6) 염해

① 원인 : 겨울철 사용되는 제설제 염화칼슘이 나뭇잎에 닿으면 그해 겨울에는 피해가 눈에 띄지 않으나 최저 기온이 영상이 되는 3월부터는 잎에 급속한 탈수현상이 발생하고 광합성 기능이 저하되는 등 수세가 쇠약하게 됨

② 증상

㉠ 염화칼슘이 토양에 고농도의 염류로 집적되면 식물이 양분과 수분을 흡수하기 어렵게 하여 잎의 생육이 왕성한 6월부터 잎의 황화나 괴사, 조기낙엽, 신진 대사 장애 등을 유발함으로써 수세 약화, 병충해 저항성 저하로 인한 고사의 원인이 됨

㉡ 토양산도가 알칼리성으로 pH 7.0 이상 변하고 전기전도도(EC)가 높아짐

㉢ 삼투압으로 인하여 수분이 빠져나가는 역삼투압이 발생하여 건조피해처럼 말라 죽음

㉣ 나뭇잎의 괴사, 잎마름, 갈변, 조기낙엽 등이나 이러한 증상은 염화칼슘 외 다른 원인으로도 발생하는 증상이기 때문에 문제가 발생한 수목에 대한 보다 정확한 진단을 위해서는 염화칼슘에 대한 수종별 반응 특성 정보가 중요함

③ 염화칼슘에 대한 수종별 반응 특성

수종	반응 특성
잣나무	구엽과 신엽이 모두 마르고 갈변하며 잎이 달려있는 반응
소나무	구엽부터 마르고 갈변하면서 낙엽이 지는 반응
구상나무	신엽 끝부터 갈변하는 반응
느티나무	개엽기에 잎이 나면서 마르고 낙엽이 지는 반응
이팝나무	잎끝부터 마르거나 반점이 나타나면서 전체적으로 갈변하는 반응
동백나무	신엽에서 잎 가장자리가 괴사하고 구엽은 갈색반점이 나타나는 반응
후박나무	개엽이 늦어지고 잎의 가장자리 변색, 반점이 나타나는 반응

④ 방제

㉠ 동절기 전, 가로수 식재지 주변에 '짚으로 만든 보호막'을 설치하여 염화칼슘이 함유된 물(눈 녹은 물)이 차량통행 등으로 인하여 가로 토양에 유입되지 않도록 하는 것

㉡ 제설 작업 시 염화칼슘이 함유된 눈을 가로수 주변이나 화단에 쌓아두지 않도록 해야 함

㉢ 인도, 산책로 주변 등은 제설제 사용을 피하고, 힘들겠지만 눈을 쓸어내는 등 물리적인 방법을 우선하도록 시민 모두가 참여

㉣ 가로수 식재지 구배를 조절하여 제설작업 후 염화칼슘을 함유한 물이 식재지로 모여 토양에 축적되는 것을 최소화함

㉤ 가로수 식재 시에 파이프를 수직으로 설치하여 토양으로부터 염류의 배출이 용이하도록 유도하고 동시에 수분 부족을 사전에 예방하는 것이 좋음

㉥ 내염성이 강한 작은 나무를 혼식함으로써 수벽효과를 유도함

㉦ 염화칼슘에 의한 피해 발생지에 대해서는 토양산도 교정, 환토와 객토, 유기물자재 투입 등을 통하여 토양의 물리적 화학적 환경을 적정 수준으로 개선하는 관리가 필요

㉧ 수종별 염화칼슘에 대한 저항성

저항성	수종
높음	소나무, 은행나무, 스트로브잣나무 등
중간	회화나무, 잣나무, 버즘나무 등
낮음	칠엽수, 산벚나무, 이팝나무, 느티나무, 산딸나무 등

(7) 염류

① 개요

㉠ 소금 외에도 토양의 무기원소의 염류피해도 염분의 피해

㉡ 소금함량과 전기전도도가 높으면 Ca Fe, Mg 등의 무기원소 염화물의 함량이 높아 뿌리가 물과 양분을 흡수하지 못하여 나무생장에 중요한 제한 요인

㉢ 토양의 염류피해는 해안가나 간척지, 매립지에서 흔히 나타남

㉣ 눈이 많이 온 지역에서는 제설염을 살포하여 토양의 염도농도가 높아 나무에 피해가 나타나는 것을 쉽게 볼 수 있음

㉤ 바닷가에는 태풍에 의하여 바닷물의 피해를 받아 조기 낙엽되고 수세가 쇠약해지는 피해를 받을 수 있음

② 증상

㉠ 토양오염에 의한 피해와 잎에 묻은 피해로 나타남

㉡ 토양오염의 피해는 염류농도가 높아 물과 무기양료가 흡수가 안 되는 피해와 염류가 흡수되어 나타나는 피해

㉢ 피해증상은 잎이 황색, 갈색이 되어 조기 낙엽되고 심하면 고사

㉣ 활엽수는 엽면이 괴저되고 조기낙엽, 침엽수는 잎이 황색 또는 잎끝이 갈색이 되며 조기낙엽

㉤ 해변가에 있는 나무에 태풍이나 강풍에 의하여 바닷물이 잎에 묻어 나타나는 피해와 도로의 제설염이 잎에 묻어 나타나는 피해

㉥ 침엽수는 잎 끝부터 아래로 적갈색으로 변하고 낙엽됨

㉦ 활엽수는 잎가에 괴저현상이 일어나고 조기낙엽되며 봄에 잎의 발아가 지연되기도 하며 고사지가 생기기도 함

③ 진단

㉠ 간척지 매립지에서 피해가 나타남

㉡ 가뭄이 계속되어 토양 속에 수분이 감소하면 피해가 나타남

㉢ 활엽수는 잎 가장자리가 갈색으로 변하고 조기낙엽

㉣ 침엽수는 잎끝부터 갈색으로 변하고 조기낙엽

㉤ 피해증상이 나타나면 토양을 분석하여 소금(Nacl)농도와 전기전도도(EC)을 조사함

㉥ 소금은 0.05% 이상, 전기전도도는 0.4ds/m^2 이상이면, 뿌리의 흡수기능이 불가능하여 생장에 제한 요인이 됨

④ 치료

㉠ 염도의 피해는 흙이 건조하면 피해가 심하므로 건조 시 충분히 관수함

㉡ 배수구를 설치하고 양질의 수분을 충분히 관수하여 염분을 제거함

㉢ 염분의 피해가 심한지역은 석고($CaSO_4$)를 사용하고 퇴비를 충분히 주어 완충작용이 되도록 함

㉣ 알칼리성토양, 칼슘이 많은 토양은 유황을 토양에 혼합 처리함

⑤ 정리

㉠ 염류의 피해는 수분 부족, 무기양료 부족, 제초제 피해, 공해 피해와 비슷한 외부증상이 나타남

㉡ 염분농도 0.05% 이상, 전기전도가 0.4ds/m^2 이상이면 염류의 피해로 진단하고 토양을 개량하여야 함

㉢ 피해지역은 배수시설로 계속 관수로 염류를 제거 및 배수구 설치

㉣ 염류 피해는 가뭄에 의하여 토양이 건조하면 피해가 나타나므로 관수를 충분히 하여 피해를 극소화

㉤ 석고($CaSO_4$)을 처리하여 교정, 지하수가 높거나 배수가 잘 안 되는 토양은 소석회, 탄산석회를 처리하는 것이 좋음

㉥ 유기물퇴비를 혼합 처리하여 토양구조의 안전과 완충작용을 하는 것도 교정에 크게 도움이 됨

2. 대기오염

(1) 대기오염

① 대기 중에 있는 물질이 정상적인 농도 이상으로 존재할 때를 일컫는 말

② 고체, 액체, 혹은 고체 형태, 천연적, 인공적 오염원에서 직접적으로 발생하는 오염물질을 1차 오염물질이라고 하며, 방출된 물질로부터 대기권에서 새롭게 형성된 물질을 2차오염물질이라고 함

③ 대기오염물질의 형태 및 종류

형태	종류
황화합물	SO_x(SO_2, SO_3^{2-}, SO_4^{3-}), H_2S(황화수소)
질소화합물	NH_3(암모니아), NO_x(NO, NO_2, N_2O)
탄화수소 및 산소화물	CH_4(메탄), C_2H_2(아세틸렌), 알코올, 에테르, 페놀, 알데히드
할로겐 화합물	HF, HBr, Br_2 등
광화학 산화물	O_3, NO_3, PAN
미립자	검댕, 먼지, 중금속(Pb, As, Ti 등)

④ 대기오염이 산림에 미치는 구체적인 징후

㉠ 잎의 황화현상 : 엽량의 감소

㉡ 세근량의 감소 : 연간 생장량의 저하

㉢ 조기낙엽 : 병원균에 대한 저항역의 감소

㉣ 부정아의 이상 발생 : 광합성의 변화

ⓜ 잎의 형태 변화 : 종자의 이상생산
ⓑ 식물체의 수분 평형 변화 및 쇠퇴목의 조기고사 등

(2) 병징

① 수목의 여러 기관 중 외부 환경의 변화에 가장 예민하게 반응을 나타내는 곳은 잎으로 유세포가 집중적으로 모여 있으며 대사활동이 가장 왕성하기 때문
② 대기오염 물질은 기공을 통하여 잎 속으로 들어가서 엽육조직에 피해를 주기 때문에 가장 먼저 나타나는 병징은 잎의 황화현상임

③ 만성피해
㉠ 대기오염이 치명농도 이하에서 장기간 계속될 경우 발생
㉡ 황화현상으로 서서히 나타남
㉢ 기공 주변의 엽육조직에서 먼저 피해가 나타나면서 일부 조직의 괴사(necrosis) 동반

④ 급성피해
㉠ 치명적인 농도에서 급속히 노출될 경우 발생
㉡ 기공이 있는 하표피와 엽육조직이 붕괴됨
㉢ 엽록체가 뒤틀리면서 책상조직도 파괴됨
㉣ 통도조직은 비교적 피해를 적게 받음

⑤ 오염물질이 한 가지일 경우 비교적 병징이 독특함
⑥ 활엽수의 경우
㉠ 아황산가스(SO_2)에 노출되면 잎 가장자리 조직과 엽맥 사이에 있는 조직이 먼저 황화현상을 일으킴
㉡ 침엽수의 잎은 잎의 끝부분이 적갈색으로 변함
㉢ 만성적인 피해가 계속되면 1년생 이상된 잎이 대부분 고사, 당년생 잎만 남게 됨

(3) 독성 기작

① 아황산가스(SO_2)
㉠ 아황산가스는 엽면의 기공을 통하여 식물체에 침입하고, 기공으로 흡수된 SO_2의 대부분은 황산 또는 황산염으로 되어 피해를 주게 됨
㉡ 생체 내에서 산화되어 황산으로 변하여 증산작용, 호흡작용, 동화작용 등의 여러 작용을 쇠퇴시키게 됨
㉢ 접촉량이 많고 가스의 흡수속도가 빠르면 황산이 접촉부위 부근에 축적되어 피해가 현저해질 수 있음

㉣ SO_2에 의한 급성증상은 잎의 주변부와 엽맥사이에 조직의 괴사가 나타나고, 연반현상도 나타남

② 질소산화물(NOx)

㉠ 주로 차량의 배기가스와 각종 공장, 화력발전소의 연료연소에 의하여 배출됨

㉡ NO_2는 동 · 식물에 유해, 광화학적 스모그현상 및 산성비의 원인이 됨

㉢ 주 피해 징후는 잎의 표면에 수침상의 반전이 나타나 차츰 백색, 회백색, 남갈색의 연반이 불규칙한 반점 형태, 연반이 발생한 후에 낙엽현상, 낙과현상이 생김

③ 오존(O_3)

㉠ 오존(O_3)은 2차 오염물질이며, 대기 중에서 질소산화물, 탄화수소(HC)가 자외선에 의한 촉매반응으로 광화학스모그가 생성, 축적되며, 이렇게 생성된 광화학물질이 O_3와 PAN임

㉡ 광화학스모의 구성성분인 옥시던트의 90% 이상이 오존이며, 산화력이 강하기 때문에 많은 식물에 피해를 줌

㉢ O_3와 PAN에 의한 피해는 반드시 광에 노출될 때 발생함

㉣ 오존의 일반적인 피해는 잎의 표면에 나타나는데, 엽록체가 파괴되어 피해를 받은 식물은 잎에 적색화 및 황화현상이 일어나고, 잎의 앞면이 표백화되며 백색의 작은 반점이 생기고 암갈색의 점상 반점이 생김

㉤ 일반적으로 피해가 격심할 때 불규칙한 대형 괴사증상이 발생, 장기적으로 계속 영향을 받을 경우에는 잎, 꽃, 어린 열매의 낙과 및 생육의 감소 등이 일어남

㉥ 가시적인 피해는 책상조직이 선택적으로 파괴되는 경우가 많음

④ PAN

㉠ 대기 중에서 질소산화물, 탄화수소(HC)가 자외선에 의한 촉매반응으로 광화학산화반응으로 형성되는 2차 오염물질로서 옥시던트 중에 미량(2~10%)으로 존재하는 산화력이 매우 강한 유기물

㉡ 잎의 뒷면이 광택을 두른 은회색 또는 갈색이 변한 은회색을 나타내며, 피해가 극심하게 되면 잎의 표면에도 장해가 나타남

㉢ 잎의 뒷면이 황백화, 시간이 경과함에 따라 잎의 뒷면에 주로 은백색을 나타내는 식물과 청동색을 나타내는 식물이 있음

㉣ 유령기에 피해를 받으면 발육이 억제되어 결국 잎이 소형으로 되며 기형, 엽면적의 확대가 계속되는 미성숙 잎에 강하게 작용하며, 성숙 잎에는 해가 발생하기 어려움

㉤ PAN은 어린잎에, SO_2은 성숙잎에 피해가 나타남

⑤ 불화수소(HF)

㉠ 주로 알루미늄 제련공장, 인광석을 주원료로 한 인산비료인 과인산석회, 인산액 등을 제조하는 비료공장, 불소화합물을 원료로 하는 타일공장 및 기와공장 등에서 배출

㉡ 식물에 대한 독성이 매우 강하여 ppb의 단위에서도 민감한 식물에서는 피해 징후가 나타남

㉢ 물에 쉽게 녹는 성질이 있어서 기공을 통하여 흡수된 후 빠른 속도로 잎의 선단부와 엽록부분에 쌓임

㉣ ppb(parts per billion)는 10억 분의 1(10^{-9})이라는 뜻

㉤ 피해증상은 대부분잎의 선단부와 엽록부에 괴사반점이 생김

㉥ 괴사반점의 특징은 괴사부분과 건전한 조직 간에 명확히 식별할 수 있는 갈색 백드가 나타나는 것

㉦ 어린잎의 선단과 주변부에 백화현상 또는 황화현상을 일으킴

㉧ 피해를 받은 식물은 시들음 현상을 나타내기도 하며, 침엽수는 봄에 침엽이 신장할 때 피해가 크게 발생하고, 잎의 원형질과 엽록소를 분해하여 세포를 괴사시킴

㉨ 피해감정법은 클라디오스와 같은 지표식물을 현지에 식재함

⑥ 중금속

㉠ 카드뮴(Cd), 구리(Cu), 납(Pb), 수은(Hg), 니켈(Ni), 바나듐(V), 아연(Zn), 크롬(Cr), 코발트(Co), 탈륨(Tl) 등에 의해 발생

㉡ 효소작용의 방해, 항대사제의 역할, 주요 대사물질의 침전 혹은 분해, 세포막의 투과성 변경, 그리고 주요 원소를 대치함으로써 여러 가지 생리적 기능의 장애를 초래

⑦ 산성비

㉠ pH 5.6 이하에는 대기오염물질인 아황산가스와 질소산화물이 햇빛에 산화되어 황산기(SO_4^{2-})와 질산기(NO_3^-)의 형태로 존재

㉡ 산림에 산성비가 내리는 초기에는 비료의 역할을 하기 때문에 수목의 생장이 촉진되는 경우가 자주 있음

㉢ 토양의 산성화가 진전되면 생장장애가 나타나기 시작

⑧ 조직용탈

㉠ 강우, 이슬, 연무, 안개 등의 수용액에 의해 조직 내 물질이 조직 밖으로 빠져나가는 것을 의미

㉡ 강우는 조직 내의 무기염을 용탈시키며, 그중에서 특히 K를 가장 많이 용탈시킴

⑨ 오염물질에 따른 활엽수와 침엽수의 병징

오염물질	병징	
	활엽수	침엽수
SO_2	• 잎의 끝부분과 엽맥 사이 조직의 괴사 • 물에 젖은 듯한 모양(엽육조직 피해)	• 물에 젖은 듯한 모양 • 적갈색 변색
NO_x	• 초기에는 흩어진 회녹색 반점이 생김 • 잎의 가장자리 괴사 • 엽맥사이 조직 괴사(엽육조직 피해)	• 초기에는 잎끝의 자홍색~적갈색으로 변색 • 잎의 기부까지 확대 • 고사부위와 건강부위가 뚜렷함
O_3	• 잎 표면에 주근깨 같은 반점 형성 • 책상조직이 먼저 붕괴 • 반점이 합쳐져서 표면이 백색화됨	• 잎끝의 괴사 • 황화현상의 반점 • 왜성 황화된 잎
PAN	• 잎 뒷면에 광택이 나면서 후에 청동색으로 변함 • 고농도에서 잎 표면도 피해(엽육조직 피해)	잘 알려져 있지 않음
HF	• 초기에는 잎끝의 황화됨 • 잎 가장자리로 확대, 중륵을 따라 안으로 확대됨 • 황화조직의 고사	• 잎의 신장 확대 • 유엽끝의 황화현상 • 잎 기부로 고사 확대
중금속	• 엽맥 사이 조직의 황화현상 • 잎끝과 가장자리의 고사 • 조기낙엽 • 잎의 왜성화 • 유엽에서 먼저 발병	• 잎의 신장 억제 • 유엽 끝의 황화현상 • 잎기부로 고사 확대

3. 뿌리병해

(1) 모잘록병

① 묘포장에서 파종상에 큰 피해를 줌

② 발아초기부터 묘목이 어느 정도 자랄 때까지 피해를 주며 이른 봄~8월 초순까지 반복 감염된 후, 토양 속이나 병든 식물체에서 월동함

② 묘목, 밀식, 습하고 햇볕이 잘 들지 않는 조건에서 종자활력이 약해지거나 너무 깊이 파종하여 연약한 부분이 토양 중에 노출됨

③ 중복감염 : 습한 곳, 비교적 건조한 곳, 균사, 균핵 월동

④ 성질이 다른 여러가지 병원균이 관여함

⑤ 파종상에 서로 근접하여 서식하고 있어 실제로 병원균을 모두 조사하여 그 결과에 따라 방제법을 달리한다는 것은 어려움이 있음

⑥ 방제

㉠ 묘포의 위생, 환경정리, 토양소독, 종자소독, 시비, 약제 살포 등 종합적인 방제대책을 세워 피해를 경감시킬 수 있음

㉡ 환경개선에 의한 방제로 묘상의 배수를 철저히 하여 과습을 피하고 통기성을 좋게 하며, 파종량을 알맞게 하고 복토가 과다하지 않도록 하고, 인산질비료를 충분히 완숙한 퇴비를 줌

㉢ 병든 묘목은 발견 즉시 뽑아 태우며, 병이 심한 포지는 돌려짓기

㉣ 파종 1주일 전에 하이멕사졸 액제 100배액을 묘상에 관주하거나, 티오파네이트메틸 · 티람 수화제 200배액에 24시간 침지 후 파종

㉤ 모잘록병에 대한 피해가 발생하면 하이멕사졸 액제 600~1,000배액 관주함

(2) 리지나뿌리썩음병(*Rhizina undulata*)

① 자낭균, 직경 3~10cm, 두께 25mm인 원반형, 부정형의 버섯 자실체, 색깔 적갈색, 테두리 황백색으로 파상땅해파리버섯

② 포자 발아에 적당한 높은 온도로서 일반적으로 대부분의 곰팡이들의 포자는 20~30℃의 상온에서 발아

③ 뿌리의 껍질 목부 표면 형성층에 나무좀류와 같은 천공성해충들의 가해 흔적(식흔)과 유사한 방사상의 부후 흔적, 수지 노출

④ 방제 : 농약 살포, 석회, 병원체 이동 방지용 도랑 설치(약 10m 떨어져서 깊이와 폭이 약 50cm 정도 되는 도랑), 산림 내 출입 통제

(3) 역병(*Phytophthora spp*)

① 토양 내 배수 불량으로 인해 뿌리를 썩게 함

② 발견된 역병균들은 기주 범위가 넓어 수목뿐만 아니라 채소 재배지에서도 흔하게 발견

③ 무성세대 포자인 유주자는 과습한 토양이나 물에서 편모를 이용해 헤엄칠 수 있으므로 주로 배수에 문제가 있을 시 발생

④ 증상

㉠ 피해 잎에는 반점이나 마름 증상, 신초 또한 괴사되어 마르는 증상, 작거나 굵은 가지에는 마름 증상 및 궤양을 형성

㉡ 굵은 줄기 역시 검은색의 수액이 흘러나오고 조직이 물러지며 갈색으로 고사시키는 궤양을 형성

㉢ 뿌리는 썩어 죽고 결국 나무는 잎이 시들어 죽게 됨

㉣ 흘러나온 수액이나 괴사된 잎에 포자낭이 형성되며 육안으로는 확인

⑤ 방제방법

㉠ 발견 즉시 감염목을 모두 벌채하여 소각하는 것으로 주로 감염지역의 출입금지령과 함께 이행, 친환경적인 차원에서는 토양을 알칼리성으로 바꾸는 아조마이트를 처리

㉡ 역병균에 저항성을 보인 품종을 식재

㉢ 배수 관리를 철저히 하여 발병을 줄이고 이미 역병균에 감염된 토양은 훈증처리한 후 윤작

㉣ 또한 화학적 방제로서 아인산염과 석회보르도액은 주로 묘포장에서 이용가능하며 산림에서의 적용은 피하는 것이 좋음

㉤ 지역 · 국가 간의 식물이동을 통제하여 감염목이 수입되는 것을 예방하며 역병균이 발생된 지역에서는 방제 후에도 지속적인 모니터링과 관심이 요구됨

(4) 아밀라리아뿌리썩음병(*Armillaria mellea, A. ostoyae*)

① 초본, 목본 식물에 다수 발생

② 6월부터 가을에 걸쳐 잎 전체가 갈변, 줄기 밑동이나 굵은 뿌리에서 송진이 유출, 수피를 벗기면 버섯 냄새가 나는 흰색 균사층이 형성

③ 목질부와 감염된 뿌리에는 흑갈색 실 모양의 근상균사다발(뿌리모양으로 형성된 균사다발)

④ 초가을에는 병든 나무의 뿌리나 줄기 밑동에 자실체인 뽕나무버섯이 무리지어 형성

⑤ 방제

㉠ 병원체의 자실체는 발견 즉시 제거하고, 병든 뿌리는 뽑아서 태우며, 병든 식물의 주위에 깊은 도랑을 파서 균사가 전파되는 것을 방지

㉡ 발생한 곳에서는 수년간 수목의 식재를 피하며, 지속적인 예찰조사에 의한 초기 발견이 매우 중요함

(5) 안노섬뿌리썩음병(*Helicobasidium annosum*, 담자균문)

① 적송과 가문비나무 감수성

② 조밀, 밀집지역, 건강한 나무에는 안 걸림

③ 위황, 가지마름, 침엽수(구멍장이버섯과 말굽버섯)

(6) 자주날개무늬병(*Helicobasidium mompa*, 담자균목이목)

① 다범성병해, 개간 과수원 발생

② 조기황화, 낙엽, 위조, 균핵형성, 자색 자실체

③ 예방(잔재가 충분히 썩은 후 시비), 석회살포로 토양산도 조절

(7) 흰날개무늬병(*Rosellinia necatrix*, 자낭균 꼬투리버섯)

① 10년 이상된 과수원
② 흰색의 균사막

4. 벚나무 병해

(1) 벚나무 빗자루병(*Taphrina wiesneri*)

① 피해 : 벚나무를 가로수, 정원수 등으로 식재하면서 피해 증가
② 병든 나무를 방치하면 병환부가 진전, 나무 전체에 잔가지가 총생하면서 꽃이 피지 않게 되며 병든 잎은 흑색으로 변하고 얼마 후 말라서 낙엽이 됨
③ 진단특성
㉠ 처음에는 가지 일부분이 혹 모양으로 부풀어 커지고, 잔가지가 빗자루 모양으로 총생
㉡ 잔가지는 보통 직립하지만 때로는 수평으로 뻗기도 함
㉢ 병든 가지의 수피는 유연하고 이른 봄에 작은 잎이 밀생하게 되나 꽃이 피지 않음
㉣ 여러 종류의 벚나무에 발생하지만 특히 왕벚나무에 피해가 심함
㉤ 4월 하순 이후 병든 부분의 잎이 갈변하여 오그라들고 잎 아랫면에는 병원균의 포자가 많이 형성
㉥ 현미경으로 보면 병든 잎의 아랫면에 병원균의 자낭이 줄지어 형성되고 그 속에 길고 둥근 자낭포자가 들어 있음

④ 생태특성
㉠ 자낭은 드물게는 잎 양면에 형성되기도 함
㉡ 자낭은 각포를 갖고 있으며 곤봉형, 자낭포자는 난형~타원형이며 크기는 3.5~9㎛×3~6㎛로서 자낭 속에서 발아
㉢ 병원균은 병든 기주조직 속에서 월동

⑤ 방제
㉠ 겨울부터 이른 봄에 걸쳐서 병든 가지를 아래쪽의 부푼 부분을 포함하여 잘라내서 태움
㉡ 잘라낸 부분에는 티오파네이트메틸 도포제 등을 발라주도록 하고 잎이 나기 시작하면서 테부코나졸 수화제 희석액을 수관에 살포하거나, 꽃이 진 후 보르도액 또는 만코제브 수화제를 2~3회 전면 살포하여 방제

(2) 벚나무 갈색무늬구멍병(*Mycosphaerella cerasella Aderh*)

① 피해 : 잎에 구멍이 생기면서 잎이 일찍 떨어지게 되며 나무의 미관이 상할 뿐 아니라 생육도 나빠짐

② 진단특성

㉠ 5~6월부터 발생하기 시작해서 7~9월에 피해가 급격히 심해짐

㉡ 피해는 수관의 아래 잎에서 발생되어 점차 상층부로 퍼짐

㉢ 처음에는 잎에 바늘 머리만 한 작은 자갈색 반점이 나타나는데 차츰 동심원 모양으로 커지면서 지름 1~5mm 정도 되는 둥근 갈색 반점이 됨

㉣ 병반은 더 확대되지 않으며 나중에 병반과 건전부의 경계에 엷은 갈색의 이층이 생기면서 병반이 떨어져 나가고 잎에는 작은 둥근 구멍이 뚫림

③ 방제 : 나무가 쇠약해지지 않게 비배관리를 잘 하며 병든 잎은 모아서 태워 월동전염원을 없앰

(3) 벚나무 균핵병(*Monilinia kusano*)

① 피해

㉠ 꽃이 진 직후 잎이 피는 시기에 발생

㉡ 새로 나온 잎, 엽병 및 어린 신초가 뜨거운 물에 덴 것과 같이 연화하고 갈색으로 부패하면서 아래쪽으로 시들고, 병세가 진전되면 가지 끝이 말라 죽어 수세가 약화

② 진단특성

㉠ 잎은 기형으로 뒤틀리고 엽병과 어린 가지에서도 같은 증상이 나타남

㉡ 열매의 표면에도 갈색병반이 형성

㉢ 병반이 확대되어 열매의 전면에 파급되면 열매는 건조하게 되어 쭈그러 들고 병든 부위에 흰 가루 더미가 형성

㉣ 병든 열매의 과육 및 종자에 균핵이 발생

③ 생태특성 : 균핵은 땅속에서 월동하여 자낭반을 형성(깔때기~종 모양)

④ 방제 : 피해 부위와 떨어진 과실을 모아서 태우고 잎과 꽃이 피기 직전과 직후에 보르도액 또는 만코제브 수화제, 베노밀 수화제를 살포함

(4) 벚나무 세균성천공병(*Xanthomonas campestris*)

① 기주 : 벚나무, 복숭아나무, 살구나무, 매화나무 등 핵과류

② 피해

㉠ 잎과 가지에 발병

㉡ 잎에는 수침상의 작은 반점이 점차 확대되어 갈색으로 변하고 피해 부분은 탈락되어 구멍이 생김

㉢ 가지에는 자갈색의 수침상 병반이 생기며 병환 부분은 움푹 함몰

③ 진단특성

㉠ 갈색무늬구멍병과의 차이점은 잎의 갈색 병반 부위에 분생포자각이 생기지 않고 짧은 막대기 모양의 세균이 존재한다는 점

㉡ 세균의 크기는 1.0~1.5μm×0.5~0.8μm로 1~6개의 단극모

④ 생태특성 : 병원성 세균은 잎이나 가지의 궤양부위에서 월동한 후 1차 전염원이 되며 기주식물의 상처나 기공을 통하여 침입하여 병을 유발

⑤ 방제 : 스트렙토마이신 수화제를 4~5월경 1,000배 희석하여 2~3회 살포

5. 고온피해

(1) 엽소현상

① 도심지 내 국소적인 기온상승으로 도로 표면과 건물벽 가까이에 있는 잎이 열에 의해 타거나 마르는 현상

② 잎의 한쪽이 흑갈색으로 괴사, 심해지면 잎자루만 남고 잎 조직이 흑색으로 말라 죽는데 잎의 기능이 떨어진 노엽에서 많이 발생

③ 오후(1~2시) 햇빛을 집중적 받고 상대습도가 높은 날 수관의 남서향 잎이 높은 증산작용으로 탈수상태가 되어 잎이 누렇게 타는 현상

④ 기주 : 단풍, 층층, 물푸레나무, 칠엽수, 느릅나무와 한대성 수종인 주목, 잣나무, 전나무, 자작나무 등

⑤ 방지법

㉠ 통풍 및 뿌리 기능이 저하로 수분 흡수에 지장을 받게 될 경우 발생

㉡ 물빠짐이 좋도록 배수 시설을 철저히 설치

㉢ 가지와 잎이 과번무하지 않도록 균형 시비

㉣ 수분 관리가 원활 토양 개량과 유기물을 투입하여 뿌리의 기능을 활성화, 신장촉진 수분 흡수를 용이, 증산억제제를 이용

(2) 피소현상

① 남서쪽에 노출된 지표면에 가까운 수피가 여름철 햇빛과 열에 의해서 타서 형성층 조직이 죽어 벗겨지고, 그 속에 있는 목부조직이 노출되며 수직으로 갈라지는 현상

② 밀식 재배하던 수목을 이식하여 단독으로 식재한 경우

③ 기주 : 수피가 얇은 벚나무, 단풍나무, 목련, 매실나무 등

④ 피소방지

㉠ 수피를 녹화마대로 싸주거나 흰색도포제(석회유) 도포하며 천공성 해충의 피해도 줄일 수 있음

㉡ 2m 이내에서 잘 발생하므로 이 부분을 마대로 둥글게 쌈

6. 저온피해

(1) 냉해

① 3~11월 사이에 생육기간 내 저온에 따른 피해로 모든 대사기능(원형질 유동악화, 호흡과 광합성 저해, 단백질 합성 감소, 세포 생화학적 상해 등)의 장해가 유발

② 피해

㉠ 주로 잎에 나타나며 엽록소 파괴로 인한 백화현상

㉡ 온대지방의 사과나무 0~4°에서 피해

(2) 동해

① 기온이 빙점 이하로 내려갈 때 나타나는 식물의 피해

② 식물이 순화되지 않은 상태에서 빙점에 노출될 때 상록활엽수의 경우 잎의 끝과 가장자리 괴사 갈색을 띰

③ 온도가 빙점 이하 시 세포 내에서 얼음결정이 형성되어 세포막을 손상시키기 때문

④ 내한성 약한 수목 : 삼나무, 편백, 해송, 금송, 히말라야시다, 배롱나무, 피라칸다, 자목련, 사철나무, 가이즈까향나무, 능소화, 벽오동 등

⑤ 방제

㉠ 내한성이 높은 수종으로 방풍림 대(생 울타리) 조성

㉡ 북풍에 대비한 방풍책 설치

㉢ 뿌리 권역 피복, 멀칭 : 볏짚, 왕겨, 나뭇잎, 톱밥, 칩, 예초물, 이끼류

㉣ 증산억제제 살포 : 회양목, 동백 등 상록활엽수는 동절기에도 따뜻한 날에는 증산억제제를 살포하면 잎의 탈수가 억제돼 동해 피해 감소

(3) 만상과 조상

① 만상(늦서리)

㉠ 수목이 봄에 늦게 오는 서리에 의해 피해를 받는 현상으로 4월 말경 맑게 갠 날 야간 온도가 영하로 떨어지면 봄에 나온 새순, 잎, 꽃이 시듦

㉡ 활엽수 : 잎이 검은색으로 변색(목련, 튤립나무, 모과, 단풍, 철쭉, 영산홍 등 피해)

㉢ 침엽수 : 붉은색으로 변색 후 고사

② 조상(첫서리) : 가을에 첫번째 오는 서리에 의한 피해 따뜻한 가을날씨가 계속되다가 갑자기 서리가 내리는 경우, 조상의 피해가 만상보다 심함

③ 방제

㉠ 여름 시비를 금지하여 가을생장을 정지시킴

㉡ 링클러에 의한 관수 또는 연기 발생

(4) 상열

① 겨울철 수간이 동결하는 과정에서 바깥쪽의 변재 부위가 안쪽에 단열되어 있는 심재 부위보다 더 심하게 수축하여, 두 부위 간에 수축의 불균형이 생기는 장력 때문에 종축(수직) 방향으로 갈라지는 현상

② 마치 벌채해 놓은 통나무가 건조하면서 길게 갈라지는 현상과 유사한 원리로 발생

③ 상열 위치는 주로 낮에 햇빛에 의해 온도가 올라가서 온도차가 많은 남서쪽 수간

④ 침엽수보다는 활엽수에 많이 발생

⑤ 방제 : 수간을 싸거나 흰 페인트 도포(상열 피해방지와 동일)

(5) 동계건조

① 늦은 겨울 또는 이른 봄에 날씨가 따뜻해지면 기온은 쉽게 상승하지만 토양은 얼어있는 상태로, 이때 상록수는 증산작용으로 많은 수분 필요하나 토양이 얼어 수분흡수가 원만하지 못해 발생

② 증상은 피해 즉시 나타나지 않고 토양이 녹은 후 수관전체가 적갈색으로 변하면서 고사

③ 방지 : 방풍림을 설치하여 증산작용 최소화, 토양의 배수상태 양호하게 유지하여 기온상승 시 해토가 빨리 되도록 유도

④ 증산억제제 살포, 지표면의 멀칭재 걷어내 해토 촉진

7. 일조량에 의한 피해

(1) 원인

① 나무의 생장은 일조량에 의해 광합성이 잘 이루어져야 함
② 수종에 따라 일조량을 많이 요구하는 차이가 있음
③ 생활권수목의 경우 건물에 의한 일조량이 방해 받음

(2) 증상

① 일조량이 적은 피해(양수)
㉠ 건물 북쪽 그늘진 곳, 빽빽한 숲 등
㉡ 햇빛이 약해 광합성 부진으로 줄기가 가늘고 길어져 허약하게 됨
㉢ 뿌리생장의 부진으로 수세가 약해지고 병충해 피해가 발생되어 수형이 파괴되며 심하면 고사하게 됨

② 일조량이 많은 피해(음수)
㉠ 식재지의 위치, 방향에 따라 지나친 햇빛에 의해 피해 발생
㉡ 그늘이 없을 때도 피해
㉢ 강한 햇빛에 의해 외피와 책상조직이 파괴, 잎이 탈색, 조직이 괴사

(3) 진단

① 일조량이 적은 피해 : 우선 양수인지 확인하고, 햇빛과 그늘정도 평가, 건물 뒷편이나 그늘진 곳은 생장부진, 수세쇠약, 고사지발생, 수형이 파괴됨
② 일조량이 많은 피해 : 음수인 경우 피해 발생, 수관외부 잎의 피해가 심하고 내부 잎은 약함

(4) 치료

① 양수 : 그늘의 원인이 되는 구조물 제거하거나 가지치기로 햇빛이 강하게 함
② 음수 : 울타리 막, 그늘 천막, 차광막을 설치하여 피해 예방
③ 일조량에 따라 이식

분류	기준	침엽수	활엽수
극음수	전광의 1~3%에서 생존 가능	금송, 개비자나무, 나한백, 주목	굴거리 나무, 백량금, 사철나무, 식나무, 자금우, 호랑가시나무, 황칠나무, 회양목
음수	전광의 3~10%에서 생존 가능	가문비나무류, 솔송나무, 전나무류	너도밤나무, 녹나무, 단풍나무류, 서어나무류, 송악, 칠엽수, 함박꽃나무

분류	기준	침엽수	활엽수
중성수	전광의 10~30%에서 생존 가능	젓나무류, 편백, 화백	개나리, 노각나무, 느릅나무, 때죽나무, 동백나무, 마가목, 목련류, 물푸레나무류, 산사나무, 산초나무, 산딸나무, 생강나무, 수국, 은단풍, 참나무류, 채진목, 철쭉류, 탱자나무, 피나무, 회화나무
양수	전광의 30~60%에서 생존 가능	낙우송, 메타세콰이어, 삼나무, 소나무류, 은행나무, 측백나무, 향나무류	가중나무, 과수류, 느티나무, 라일락, 모감주나무, 무궁화, 밤나무, 배롱나무, 벚나무류, 산수유, 오동나무, 오리나무, 위성류, 이팝나무, 자귀나무, 주엽나무, 쥐똥나무, 튤립나무, 플라타너스
극양수	전광의 60% 이상에서 생존 가능	낙엽송, 대왕송, 방크스소나무, 연필향나무	버드나무, 자작나무, 포플러류

8. 가스에 대한 피해

(1) 원인

① 나무의 가스피해는 종종 수분부족, 통기부족, 뿌리의 질병, 제초제의 피해와 혼동되기 쉬움
② 가스관이나 하수관의 파괴와 매립지에서 나오는 가스인 메탄, 이산화탄소, 황화수소, 에틸렌, 시안화수소가 원인
③ 이들 가스와 뿌리 호흡에서 생긴 이산화탄소는 토양 속의 산소를 결핍시켜 뿌리의 흡수기능을 약화시키며 심하면 고사시킴
④ 수관 잎의 가스피해는 산업용 굴뚝이나 건물의 난방, 음식점의 배출구에서 방출되는 가스에 의하여 발생됨

(2) 증상

① 가스의 종류, 방출되는 양, 노출시간, 종의 민감도, 식물의 건강상태에 따라 치명적이거나 약하게 옴
② 가스의 농도가 높거나 장기적인 방출은 치명적이나, 장기간 약한 배출은 만성적인 피해가 될 수도 있음
③ 흙속의 가스방출 토양 속의 가스방출은 뿌리의 생리기능(호흡, 흡수, 생장)을 상실하게 하고 뿌리기 고사
④ 뿌리가 피해를 받으면 수분과 영양분의 흡수가 줄어들고 뿌리의 성장 및 발달에 영향을 줌
⑤ 외부증상으로는 처음에 수분결핍 증상과 비슷하고 생장이 느리고 잎이 작아지며 조기 낙엽
⑥ 뿌리는 물에 젖은 듯하고 흙은 적회색, 검은색으로 변하고 피해가 진전되면 수관 전체가 고사함

(3) 대기의 가스방출

① 산업용 굴뚝, 건물이나 음식점 배출구에서 가스가 방출되면 인근에 있는 수목에 피해증상이 나타남

② 처음에는 가스 배출구와 가까운 수관부의 잎에 피해가 나타나며 가스 방출량과 시간이 길어지면 수관전체에 피해

③ 암모니아 가스는 잎이 퇴색(탈색), 짙은 갈색, 검은색으로 변함

④ 염소가스는 잎이 퇴색(백화)되고 잎표면에 반점이 나타나고 붉게 고사

⑤ 소나무 등 침엽수는 침엽 끝이 밝은 적갈색으로 고사하고 아래 부분에 작은 띠 같은 고사 부분이 나타남

(4) 치료

① 가스 방출 원천을 차단하거나 배출라인을 수리함

② 매립지의 경우 유공관을 설치하여 가스를 지상으로 배출시킴

③ 흙이 변색되었을 경우 토양을 개량하고 식재함

④ 매립지의 경우 강한 수종을 식재함

⑤ 가스대기 방출 배출구의 방향을 바꾸거나 수관폭 위로 배출되도록 조치함

9. 공기 유통 부족

(1) 개요

① 토양의 입자크기에 따른 공극의 대소, 배수불량, 과습하여 공극에 수분이 차있어 공기 유통이 이루어지지 않음

② 산소부족현상에 의한 뿌리의 호흡에 지장

③ 수세쇠약 → 수관파괴 → 고사

④ 토양에는 이산화탄소, 메탄가스, 에틸렌가스가 많이 존재

⑤ 사질 토양은 공기 유통 양호, 점질 토양은 공기 유통 불량

⑥ 공극률 = 전체부피 − 고체부피/토양의 전체부피 × 100

(2) 증상

① 산소 결핍 현상을 일으켜 뿌리생리 기능 저해, 수세 쇠약

② 급성부족 : 잎이 시들거나 광범위하게 조기 낙엽, 잎이 변색, 줄기나 조직이 변색

③ 만성부족 : 생장이 더디고 가지의 길이가 짧고 잎의 크기가 작음, 나이든 잎이 먼저 피해, 조기낙엽, 가지가 늘어짐, 지제부에 부정근

(3) 진단

① 토양 속의 수분 정도를 측정함(축축한지 건조한지)
② 뿌리를 채취하여 상태를 조사함(변색, 냄새가 나는지)
③ 표토 및 내부의 배수상태를 평가함(지표수가 들어가는지 장애물은 없는지)
④ 지표면의 장애물을 조사함(아스팔트 등 장애물이 있는지)
⑤ 유기물 내용을 평가함(유기물이 많은지)
⑥ 잎 이면에 에디마 현상 여부(산소 결핍 증상이 있는지)

(4) 치료

① 유공관을 설치하여 공기 유통 촉진함
② 지표면에 배기구멍을 뚫고 공기 유통을 촉진함
③ 지표면에 설치된 피복물을 제거함
④ 배수가 용이한 대공극 토양으로 개량함
⑤ 배수가 불량한 지역은 배수구 설치함
⑥ 지표 표면 배수를 개선함
⑦ 유기물 투입을 금지함
⑧ 가로수의 경우 식수대로 빗물 유입 방지함
⑨ 이식 시 습한 지역은 마운딩을 하고 상식함

(5) 정리

① 뿌리의 호흡작용 : 산소농도 20% 양호, 8% 이하면 호흡 저하
② 토양 내에는 0.1~10% 정도로 이산화탄소의 농도가 높아 뿌리 호흡에 지장
③ 생활권 내 도심지의 나무 : 주위가 콘크리트, 아스콘, 보도블록, 대리석 등으로 포장, 공기 유통 불량으로 산소가 부족하여 수세쇠약 수형파괴 현상이 일어남
④ 토양개량 : 입자가 큰 조사(2~0.2mm), 세사(0.2~0.02mm)를 사용, 공기유통이 양호하도록 하며 그 위에 조경용 자갈을 덮거나 제거한 포장을 다시 덮음
⑤ 유공관 설치 : 굵은 자갈을 넣거나 구멍이 뚫린 마개를 덮어야 함

10. 산성토양

(1) 개요

① 산성토양은 토양에 수소이온 농도가 높고 무기양료가 적은 결과
② 토양산도는 pH 값이 7.0 이하면 산성이고, 7.0 이상이면 알카리성 토양

③ 토양산도가 pH 5 이하로 내려가면 강산성이라고 하고 나무가 많이 요구하는 다량원소인 암모니아태 질소, 인, 칼륨, 칼슘, 마그네슘의 흡수가 급격히 줄고 철, 망간, 아연, 구리, 니켈의 흡수가 증가하여 피해가 나타나고 생장이 크게 나빠짐

(2) 증상

① 필수원소의 부족은 생장이 부진하고 줄기가 가늘고 짧으며 잎이 왜소하고 황록색으로 퇴색되고 잎끝이 갈색으로 변하고 조직이 괴사하는 증상이 나타남
② 가지의 오래된 잎에 결핍증상의 원인은 질소 인산, 칼륨, 마그네슘, 부족의 증상이고 가지의 선단이나 새로 나온 잎의 결핍증상은 칼슘, 유황, 철, 망소, 망간, 구리, 아연 등의 결핍증상
③ 일반적으로 토양의 강산성에 의한 피해증상은 무기양료 결핍증상과 그 피해가 유사함

(3) 치료

① 석회와 유기물 퇴비를 흙과 혼합하여 산도를 교정하고 토양의 구조를 개선함
② 산성토양으로 결핍된 무기원소를 보충하기 위하여 무기양료 엽면시비, 수간주사, 토양관주를 실시하여 수세를 회복시킴

(4) 정리

① 공단, 자동차, 난방 연료로 유황함량이 많은 화석연료를 사용하여 아황산가스, 일산화탄소, 산화질소, 탄화수소가 대기 중에 방출되어 수분과 반응하여 산성비가 되어 토양을 산성화시킴
② 토양이 산성화되어 pH 5 이하로 내려가면 다량원소인 질소, 인산, 칼륨, 칼슘, 마그네슘, 유황이 흡수가 잘 되지 않아 결핍현상이 일어나고 철, 망간, 아연, 구리, 니켈의 흡수가 증가하여 독성이 나타나 생장에 지장을 줌
③ 산성토양은 유기물분해를 억제하여 토양의 이화학적 성질을 악화시키고 뿌리의 기능에 악영향을 주어 수세쇠약의 원인
④ 산성토양을 개량하기 위해서 탄산석회, 탄산마그네슘, 석회분말을 처리. 석회물질의 양은 토양의 성질, 산도 및 석회질의 종류 분말 등에 따라 소요량을 결정

11. 불마름병

(1) 개요

① 사과 · 배 · 비파 · 모과 등 장미과 39속 180여 종식물의 잎 · 꽃 · 가지 · 줄기 · 과일 등이 마치 불에 타서 화상을 입은 것과 같이 되어 조직이 검게 말라 피해를 주는 병

② 고온에서 전파 속도가 더 빠름

③ 식물방역법상 금지병으로 지정되어 화상병이 발생하고 있는 국가의 사과 · 배 등의 묘목 및 생과실의 수입을 금지

④ 특징

㉠ 짧은 막대모양 4~6개 주생편모

㉡ 장미과 수목에 발생

㉢ 2015년 경기도 안성에서 최초 발생

㉣ 병든 부분 물이 스며드는 듯한 모양

㉤ 늦은 봄 어린잎, 꽃, 작은 가지 시듦(갈색, 검은색)

(2) 증상

① 주로 식물의 새순에 발생하지만 잎, 가지, 줄기, 꽃, 열매에서도 발생

② 특히 잎에서는 잎자루와 만나는 곳에서 검은색의 병으로 생긴 반점이 처음으로 나타나기 시작하여 잎맥을 따라 흘러내리듯이 발달하여 결국에는 잎이 검거나 붉게 변해 말라 죽게 됨

③ 가지나 새순에서는 병으로 생긴 반점이 꼭대기에서부터 시작하여 아래쪽으로 확산되는데, 병세가 진전됨에 따라 새순이나 가지가 갑자기 시들어 구부러지며 흑색으로 변해 말라 죽어 마치 동해를 입은 것처럼 보이기도 함

④ 꽃에서는 주로 암술머리에서 발생하기 시작하여 꽃잎까지 파급되며 꽃 전체가 시들고 흑색으로 변함

⑤ 열매에서는 처음엔 뜨거운 물에 덴 것 같은 반점이 생기고 점차 흑색으로 변함

⑥ 병원균은 나무줄기의 궤양 가장자리의 살아 있는 조직에서 겨울을 나며 봄이 되어 기온이 18℃ 이상이 되면 활성화됨

⑦ 개화된 꽃이 가장 감염되기 쉬운 조직이며 바람, 비, 곤충 그리고 벌과 같은 화분매개 곤충에 의해 건전한 꽃으로 계속 감염이 전파

⑧ 2차 전염은 고온다습한 조건에서 피목, 기공 등을 통해 일어날 수 있으며 주로 진딧물, 매미충류, 혹파리류, 노린재류 등의 흡즙해충, 바람에 의한 마찰과 모래, 우박 등에 의한 상처를 통해 발생

(3) 방제

① 철저한 과원관리 : 과수원을 청결하게 관리하는 것이 가장 중요

② 출입 시 소독

㉠ 과수원 출입 시 사람과 작업도구를 수시로 소독

㉡ 농작업 도구를 70% 알코올 또는 유효약제(차아염소산나트륨) 0.2% 함유 락스(일반락스 20배 희석액)에 10초 담그거나 분무기로 골고루 살포

③ 방화곤충의 이동 제한 : 발생지 반경 2km 이내 사과, 배, 나무의 개화기(4~5월)에 수분용 방화곤충의 이동을 제한

④ 건전한 접수, 묘목 사용 : 과수 화목접수, 묘목 등은 발생시군과 인접 시군 또는 외국이나 출처가 불분명한 지역에서 유입을 금지하고 발생 시 · 군 내 자체에서 유통을 금지

⑤ 발생지 잔재물 이동 금지 : 과수화성병이 발생한 과수원의 나무 및 잔재물은 과수원 밖으로 이동을 금지

(4) 시기별 방제 방법

회차	생육단계	방제 시기
1	월동기(전국)	• 3월 중~4월 상(꽃눈 발아 직전) : 배 • 3월 중~4월 상(신초 발아 전) : 사과
2	개화기(발생지역)	• 4월 중~4월 하(만개 이후 5일±1) : 배 • 5월 상(만개 이후 5일±1) : 사과
3	개화기(발생지역)	• 4월 하~5월 상(1차 개화기 방제 후 10일±1) : 배 • 5월 중(1차 개화기 방제 후 10일±1) : 사과

(5) 화상병 예방

① 배나무는 3월 하순부터 4월 상순, 사과는 4월 상순에 등록된 동제 화합물 약제를 살포

② 화상병 발생 지역에서는 배나무와 사과나무 꽃피는 시기에 항생제를 살포

③ 꽃이 완전히 핀 이후 5일±1일에 등록된 항생제 약제로 1차 살포

④ 1차 방제일 이후 10일±1일에 살포

12. 해충

(1) 매미나방(*Lymantria dispar Linnaeus*), 집시나방

① 개요

㉠ 유충시기에 다양한 활엽수의 잎을 먹는 광식성 곤충

㉡ 7월 초 이른 더위와 이상 고온 현상으로 발생 시 낳은 알들이 봄에 부화하여 개체수가 늘고 있음

㉢ 매미나방 밀도 감소를 위해 지속적인 물리적 방제를 진행하고, 우화기(6월 하순)에는 페로몬 트랩을 이용한 성충 포획을 병행

㉣ 암컷은 짝짓기한 후 7월부터 수피나 단단한 벽, 바위 틈 등 다양한 곳에 배의 털을 섞어서 알덩이를 붙여 놓음

㉤ 알은 1mm 내외로 이른 봄이면 이미 알껍데기 안에서 부화해 있다가 날씨가 따뜻하면 알을 깨고 나옴

ⓑ 유충은 여름 숲 속, 산길에서 쉽게 볼 수 있으며, 털의 독성이 강해 피부에 닿으면 두드러기 같은 것이 생기기도 함

ⓢ 낮에는 줄기에 잠복해 있다가 야간에 활동해 활엽수 잎을 갉아 먹으며 지역에 따라 돌발적으로 대발생하여 피해를 줌

② 생활사

ⓐ 연1회 발생하여 알로 줄기에서 월동

ⓑ 유충기간은 45~66일로 기주식물에 따라 차이가 있음

ⓒ 4월 중순경 부화, 6월 중순~7월 상순 번데기가 됨

ⓓ 유충 1마리가 1세대 동안 수컷이 700~1,100cm^2, 암컷이 1,100~1,800cm^{2}의 참나무 잎을 먹음

ⓔ 4월 중순경 부화, 7월 상순~8월 상순 우화

ⓑ 알은 나무줄기에 난괴로 약 300개를 산란

ⓢ 예찰은 밤나무, 사과나무, 배나무, 감나무, 귤나무 등을 중심으로 6월 하순부터 7월 상순까지 번데기 혹은 약충 말기를 중심으로 집중 조사함

③ 방제

생물적 방제	• 곤충병원성미생물인 Bt균(Bacillus thuringiensis)이나 다각체바이러스를 살포 • 포식성 천적인 풀색딱정벌레, 검정명주딱정벌레, 청노린재 등을 보호 • 기생성 천적인 무늬수중다리좀벌, 긴등기생파리, 나방살이납작맵시벌, 송충알벌, 독나방살이고치벌, 짚시벼룩좀벌, 황다리납작맵시벌, 송충잡이자루맵시벌, 포라맵시벌, 흰발목벼룩좀벌, 오렌지다리납작맵시벌, 검정다리꼬리납작맵시벌 등을 보호
물리적 방제	• 성충 시기인 7월에 유아 등이나 유살 등을 이용하여 잡아 죽임 • 4월 이전에 줄기에 산란된 난괴를 채취, 소각하거나 땅에 묻음

(2) 주홍날개매미충, 미국선녀벌레, 갈색날개매미충

구분	주홍날개매미충	미국선녀벌레	갈색날개매미충
목명/과명	노린재목/꽃매미과	노린재목/선녀벌레과	노린재목/큰날개매미충과
학명	*Lycorma delicatula*	*Metcalfa pruinosa*	*Ricania shantungensis*
서식지	중국 남부 원산	북아메리카 원산	중국 동부 원산 추정
유입기	2006년 유입	2009년 유입	2010년 유입
기주식물	가중나무 등 광범위	아까시나무 등 145종	감나무 등 53과 114종
특징	• 밀랍이 없음 • 20여 개의 검은 점	• 밀랍이 있음 • 성충은 날개 뒤쪽 하얀 점 산재	• 밀랍이 있고 꽁지가 위로 향하고 있음 • 성충 암갈색, 유충 부채살 밀랍

구분	주홍날개매미충	미국선녀벌레	갈색날개매미충
산란처	알은 평행으로 배열되고 수목 줄기 등에 40~50개 산란	줄기의 갈라진 틈에 마리당 90여 개의 알을 산란	1년생 가지 수피 속에 2열로 산란
월동태	알	알(유충 밀랍으로 덮음)	알(파낸 톱밥+밀랍으로 덮음)
연/세대	연 1회 발생	연 1회 발생	연 1회 발생
피해형태	약충과 성충이 긴 구침을 이용수액 흡즙, 그을음병 유발	약충과 성충이 수액 흡즙	약충과 성충이 줄기, 잎, 가지, 과육 등 흡즙
방제법	• 알덩어리 및 기주 제거 • 약충 시 끈끈이트랩 설치기주식물 제거 • 이미다클로프리드 주사	• 알덩어리 제거 • 기주식물 대응 공동방제 • 약충(5~6월)과 성충(7월) 발생 화학적 방제	• 끈끈이트랩 설치 • 월동 산란 가지 제거 • 발생초기(5월 이후) 적용 약제 살초

TOPIC 03 실기시험 비교문제

1. 수목 병 · 해충

(1) 소나무 피목가지마름병, 푸사리움 가지마름병

구분	피목가지마름병	푸사리움 가지마름병
병원균	*Cenangium ferruginosum*(자낭균)	*Fusarium circinatum*(불완전균류)
기주	북반구의 잣나무, 소나무류, 가문비나무류, 전나무류를 포함한 침엽수림	리기다소나무, 리기테다소나무, 테다소나무, 버지니아소나무, 방크스소나무, 해송
조건	• 건조하기 쉬운 토양, 뿌리발육 불량, 과밀한 임목 밀도, 급격한 온도변화로 인한 스트레스 • 천연림보다는 인공림 등 다양한 환경 요인과 관련 • 내생균류	• 2~3년된 어린나무부터 직경 30cm 이상의 큰나무, 밀식된 조림지, 병원성이 높음 • 피해가 심한 지역에서는 일시에 고사 • 나무좀류, 바구미 등의 해충에 의한 상처 기계적상처를 통해 침입 • 주로 1~2년생의 가지가 말라 죽으며, 가지, 줄기, 구과 등의 감염부위로부터 송진이 흘러 흰색으로 굳어져 있음 • 가지는 변재부까지 송진이 침투되어 갈색~짙은 갈색으로 변색 • 아주 드물게 가지의 엽흔이나 구과 표면에 분홍색의 균퇴가 형성

구분	피목가지마름병	푸사리움 가지마름병
피해	• 4~5월에 발생, 피해가지 및 줄기에서 자낭반 성숙은 5~7월에 이루어짐 • 주로 장마철이 병원균의 이동, 6~8월 중 자낭포자의 비산이 완료 • 수피를 벗겨보면 병든 부위의 경계가 뚜렷하고 검은 점으로 보이는 돌기(병원균의 미숙한 자실체)가 다수 형성되어 있음	• 주로 1~2년생의 가지가 말라 죽으며, 가지, 줄기, 구과 등의 감염부위로부터 송진이 흘러 흰색으로 굳어져 있음 • 가지는 변재부까지 송진이 침투되어 갈색~짙은 갈색으로 변색 • 아주 드물게 가지의 엽흔이나 구과 표면에 분홍색의 균퇴가 형성
방제	• 나무가 건전하게 자랄 수 있도록 육림작업을 철저히 함 • 병든 가지는 6월까지 잘라 태움	• 농약살포 방제가 어려움 • 수종갱신(피해 심~중) 또는 숲가꾸기 등으로 활력도 회복 • 병든 가지 및 줄기 제거 소각 • 무병건묘생산공급

(2) 소나무 가지끝마름병, 갈색무늬잎마름병(소나무)

구분	가지끝마름병	갈색무늬잎마름병
병원균	*Sphaeropsis sapinea, Diplodia pinea*	*Lecanosticta acicola*
조건	• 건강한 나무 당년생 가지가 말라 죽으나 수세가 쇠약한 나무는 굵은 가지에도 발생, 가뭄, 토양답압, 과도한 피음 • 병원성이 약한 기생균 • 주로 당년생 신초의 침엽기부와 가지를 고사 • 어린 나무보다는 20~30년생의 큰 나무에서 피해가 발생, 활력이 좋고 건전한 나무에서는 약해진 가지만 고사	• 가을부터 감염된 침엽에 0.5mm의 작은 적갈색의 반점, 길이가 1.5mm의 짙은 점이나 밴드로 나타남 • 전체적으로 잎 색깔이 갈색으로 변하고 경계부위는 어두운 색 • 감염이 심하면 나무전체의 잎이 떨어짐 • 가을부터 표피아래에 검은색 분생자좌 형성하여, 이듬해 봄 이들이 성숙하면 자좌가 표피를 뚫고 잎표면에 형성
방제	• 스트레스에 의해 약해진 나무에 발생, 수세 건강하게 비배관리 철저, 건조한 봄과 여름철 관수, 통풍, 병든 낙엽과 가지는 잘라 태우거나 묻음 • 사용되는 도구 알코올이나 표백제 등으로 소독하여 사용 • 수관하부에 발생, 어린나무의 경우 풀베기를 실시	• 병든 낙엽은 제거해야 하며, 다습한 환경에서 발생하므로 배수와 통풍 관리 • 5~10월에 2주 간격으로 보르도액, 만코제브 수화제 살포 • 특히 침엽수는 6~7월에 집중 관리 • 다습한 환경에 자주 발생하므로 배수와 통풍이 잘 되도록 관리

(3) 소나무그을음잎마름병, 잎떨림병

구분	그을음잎마름병	잎떨림병
병원균	*Rhizosphaera kalkhoffii*	*Lophodermium* spp
기주	소나무, 잣나무, 리기다소나무, 전나무, 개잎갈나무	잣나무, 소나무, 곰솔, 스트로브잣나무, 리기다소나무, 리기, 테
조건	• 6월 상순 주로 초기 침엽의 끝 부분부터 적갈색으로 변하여 점차 확대, 변색부위와 건전부위의 경계가 명확하게 구분 • 7월 초 변색 부위에는 작은 검은 알갱이들(분생포자각)이 기공선을 따라 형성되고 적갈색의 병반은 점차 회갈색으로 변하면서 말라 죽음	• 3~5월 새잎이 나오기 전에 묵은 잎이 적갈색으로 변하면서 떨어지기 시작 • 나무 전체가 죽은 것처럼 보이며 나무를 살짝만 건드려도 잎이 떨어지는 특징 • 6월 초~7월 하에 걸쳐 떨어진 낙엽 또는 갈색으로 변한 침엽부위에 0.5mm 정도 되는 타원형의 검은 돌기(자낭반)이 형성
방제	• 조경목 경우 과밀한 가지를 잘라 내거나 풀베기를 통해 통풍이 원활하게 함 • 이른 봄에 묘포 및 임지가 과건 과습하지 않도록 관리 • 보르도액, 만코제브 수화제를 4월 하순~10월 사이 2주 간격 3~4회 살포	• 병든 낙엽은 태우거나 묻고, 수관하부 발생 심하므로 풀깍기, 가지치기를 통해 통풍이 원활하도록 관리 • 6월 중순~8월 중순 사이 2주 간격 만코제브 수화제를 살포 • 해마다 감염이 반복되어 피해 • 나무의 생장이 뚜렷하게 떨어짐 병의 조기발견이 중요

(4) 소나무 흰가루병, 그을음병

구분	흰가루병	그을음병
병원균	• 자낭균흰가루병균목, 절대기생체(모든 병원균) • *Phyllactinia corylea*, *Erysiphe*, *Podosphaera*, *Sawadaea*, *Cystotheca*	• 자낭균에 속하는 것이 대부분은 불완전균에 속함 • *Meliolacea*, *Astertinacea*
기주	장미나 벚나무, 사철나무 등 각 균종에 따라 기주특이성	낙엽송, 소나무류, 주목, 버드나무, 동백나무, 후박나무, 식나무, 대나무 등
증상	• 8월 이후 잎에 작고 흰 반점 모양 균총(균사와 분생포자의 무리)이 나타남 • 가을에 잎의 균총 위에 작고 둥근 노란 알갱이(자낭구)가 다수 나타나기 시작 성숙하면 검은색으로 변함	• 주로 잎 앞면에 원형 그을음 모양 균총을 형성하고 종종 서로 합쳐져서 모양이 불규칙한 커다란 병반이 되기도 함 • 균총 내부에는 작고 검은 점(자낭각)이 산재
방제	• 전체에 밀가루를 뿌려 놓은 듯 보임 • 심하면 생기를 잃고 나무가 고사 • 증상이 발견되면 새 눈이 나오기 전 석회황합제를 살포하고, 병든 잎과 가지를 소각 • 여름에는 베노밀, 지온판, 만코지 등의 약제 살포	• 동화작용이 방해되어 수세가 쇠약해지며 관상수의 경우 미관이 손상되어 관상가치를 떨어뜨림 • 깍지벌레, 진딧물의 배설물에 의해 발생 • 잎과 줄기에 그을음을 형성 발견 시 살충제로 깍지벌레, 진딧물을 구제

(5) 진달래 방패벌레와 버즘나무 방패벌레

구분	진달래 방패벌레	버즘나무 방패벌레
크기 및 특징	• 성충은 3.5~4mm, 몸은 흑갈색, 날개는 반투명접은 모양이 X자형 • 1년 3~4회 발생하여 성충은 낙엽 사이, 낙엽 밑에서 월동 • 4월경 나뭇잎 뒷면으로 날아가 산란, 연중 난, 유충, 성충 함께 보이며 유충, 성충이 동시에 즙액을 빨아먹어 피해가 큼	• 성충은 2.0~2.4mm, 몸은 암갈색 날개는 유백색 그물처럼 보임 • 유충 채색의 1, 2령은 갈색이나 3령 이후에는 암갈색이 되며 몸에 여러 개의 뿔이 있어 지저분하게 보임 • 성충으로 수피 속 월동 4월경 성충이 잎으로 이동하여 산란
피해 증상	• 초기에 잎의 주맥 중앙부가 회백색, 엽록소가 파괴되고 피해가 진전되면서 잎 전체가 회백색 조기낙엽 • 잎 뒷면을 관찰하면 점모양의 지저분한 배설물과 벌레의 탈피각과 성충이 보임	• 양버즘나무, 물푸레나무류, 닥나무에 피해가 확인 • 잎 뒷면에 군서하면서 성충과 약충이 수액을 빨아먹어 초기에 잎이 부분적으로 퇴색 • 피해가 확산되면서 잎 전체가 퇴색되어 수관전체로 확산 수관 전체의 잎이 황백색으로 변화
방제	• 피해초기에 버즘나무방패벌레에 준하여 7~10일 간격으로 2~3회 잎 뒷면에 충분히 뿌리면 효과적임 • 통기불량, 음습, 양료 부족에 의한 생육불량 또는 질소질비료의 과다가 발병유인	• 7월 2세대 발생 초 이미다클로프리드 살포 • 포식성 천적인 무당벌레류, 풀잠자리류, 거미류 보호 • 피해 잎을 제거하여 소각 • 통기불량, 음습, 양료 부족에 의한 생육불량 또는 질소질비료의 과다가 발병유인

(6) 벚나무 빗자루병, 벚나무 갈색무늬구멍병

구분	벚나무 빗자루병	벚나무 갈색무늬구멍병
병원균	*Taphrina wiesneri*	*Mycosphaerella cerasella*
피해형태	• 어린나무, 큰나무 발생 • 잔가지 잎빗자루모양 총생 • 잎은 흑변하여 낙엽 • 병원균은 가지 내 세포간극에 살면서 해마다 감염	• 봄부터 발생하기 시작 장마철 이후 급격히 심해짐 • 수목생장에는 큰 피해는 없지만 미관을 해침
병징과 표징	• 꽃이 피지 않고 작은 잎들이 빽빽이 뭉쳐 나옴 • 4월 하~5월 중 빗자루 잎 뒷면에 회백색가루 뒤덮임 • 나출자낭을 형성하며 오갈병	• 작은 구멍이 생기고 병반이 동심원상으로 확대 • 건전부와 경계에 이층 형성 병환부 탈락, 구멍이 뚫림 • 부정형, 옅은 동심윤문, 병반 안쪽에 검은색의 돌기
방제	• 겨울~봄 사이 감염된 가지뭉치 잘라 태움 • 잘라낸 부분 도포제로 2차 침입하는 것 방지 • 유합조직의 형성 촉진	• 병든 잎 소각, 땅속에 묻음 • 예방위주로 5월경 이후 살균제 3~4회 살포

(7) 불마름병, 세균성구멍병

구분	불마름병	세균성구멍병
병원균	*Erwinia amylovora*	*Xanthomonas campestris* pv.
피해형태	• 늦은 봄에 어린잎, 꽃, 작은 가지들이 시듦 • 잎의 가장자리에서 잎맥을 따라 불에 타는 것 같이 죽음	• 잎이 잎맥을 따라 부정형 백색병반, 담갈색, 자갈색으로 변함 • 병반에 구멍, 천공병
병징과 표징	• 병든 부분이 처음에는 물에 스며든 듯한 모양, 곧 빠른 속도로 갈색, 검은색 바뀜 • 가지는 선단부의 작은 가지부터 시작, 피층의 유조직 침해, 아랫부분으로 번져 큰 가지, 몸통에 궤양을 만듦	• 잎맥을 따라 1mm 정도의 병반이 담갈색, 자갈색으로 변하고 병반에 진전이 없고 낙엽 • 과실표면에 갈색 도는 암갈새의 작은 병반이 나타나서 흑갈색으로 확대, 낙과
방제	• 감염된 가지는 잘라내고 궤양은 수술 • 전정, 외과수술 시 도구 수술 • 질소함량비료 피하고 인산, 칼리 시비 • 봄에 정기적인 살충제로 매개 곤충 방제, 항생제	• 과실의 감염을 줄이기 위해 봉지 씌워 재배 • 무대재배에서는 적과시기를 늦추어 초기의 피해과 제거 동시 최종 적과 • 농용신 수화제가 효과적, 교차살포

2. 응애와 진딧물

구분	응애	진딧물
종류	• 거미강 진드기목 응애과 • 소나무잎응애, 전나무응애, 삼나무응애	• 곤충강 노린재목 진딧물과 • 소나무왕진딧물, 곰솔왕진딧물, 호리왕진딧물, 소나무좀진딧물
특징	대다수의 응애들이 식물 줄기나 잎에 침을 꽂아 세포액을 빨아먹어 식물의 생육을 방해	• 식물의 진액을 빨아먹어 말라 죽게 함 • 소화가 덜 된 진액을 배설로 식물의 기공을 막아 곰팡이 같은 것들이 끼게 유도 • 전염병을 옮김
크기	0.2~0.8mm : 먼지 크기이며 눈으로 발견이 힘들고 백색종이 위에 식별 가능	1~4.8mm : 육안으로 판별 가능
증상	수액을 먹고 잎과 가지 사이에 거미줄처럼 가는 실이 있고 실 중간 중간에 작은 하얀 점들이 있음	• 줄기의 즙을 빨아먹으며 피해 • 바이러스 매개 • 순식간 많아져 초기에 발견하는 게 중요 • 개미와 공생관계로 함께 발견
방제	한 가지 약제를 지속적으로 살포 시 약제의 면역성이 생겨 성분계통이 다른 약제를 교호 살포하여 효과적 방제를 기대	진딧물은 표피가 얇으며 쉽게 약제 살포로 구제방제가 용이

※ 흡즙성 해충, 발생 시기, 피해가 비슷함

※ 해충별 특징

구분	해충명(학명)	특징
1	솔잎혹파리 (*Thecodiplosis japonensis*)	• 생태 : 연 1회 발생, 유충으로 땅속에서 월동 • 특징 : 성충수명은 1~2일, 피해 솔잎은 건전엽에 비해 1/3~1/2 짧음, 기부에 충방형성 • 방제 : 침투성약제로 방제, 충영형성율이 50%정도는 회복 가능, 피해임지를 비닐로 피복, 솔잎혹파리먹좀벌, 혹파리살이먹좀벌, 혹파리반뿔먹좀벌, 혹파리등뿔먹좀벌을 천적기생율이 낮은 지역에 방사, 유충을 포식하는 조류 보호, 수간조사는 나무주사 20% 이상임지에 실시, 천적은 기생율 10% 미만일 때 방사, 피해목벌채는 "중"에서 실시
2	잣나무 넓적잎벌 (*Acantholyda parki*)	• 생태 : 연 1회 발생, 노숙유충으로 땅속 5~25cm 내외에서 월동 • 특징 : 실을 토해 잎을 묶어 집을 만듦, 20년생 이상 밀생임분에서 대발생 • 방제 : 디플루벤주론 등 IGR 약제 살포
3	소나무좀 (*Tomicus piniperda*)	• 생태 : 연 1회 발생, 성충으로 월동 • 특징 : 성충이 수피를 뚫고 산란, 부화 유충 수피 밑 식해, 신성충이 6월초 부터 새가지 천공(후식피해) • 방제 : 기생성 천적인 좀벌류, 맵시벌류, 기생파리류 등을 보호, 수세를 강화시키는 것이 가장 좋은 방법
4	낙엽송잎벌 (*Pachynematus itoi*)	• 생태 : 연 3회 발생, 지표면의 부식층의 3cm 정도 깊이에서 번데기로 월동 • 특징 : 어린유충이 뭉쳐서 잎 가해하며 신엽은 가해하지 않고 2년 이상 묵은 잎 가해 함, 돌발해충(대발생 : 한 번 발생한 임지에는 재발생 안 함) • 방제 : 맵시벌 2종과 북방청벌붙이 기생봉 및 기생파리류, 낙엽송잎벌살이뾰족맵시벌이 등 천적 보호
5	향나무하늘소 (*Semanotus bifasciatus*)	• 생태 : 연 1회 발생, 성충으로 피해목에서 월동 • 특징 : 유충이 수피를 뚫고 침입 형성층을 평편하게 불규칙적으로 갈아 먹으며 목설 배출을 하지 않음, 수간이나 가지를 환상으로 가해 • 방제 : 기생성 천적인 좀벌류, 맵시벌류, 기생파리류 등을 보호, 피해를 받은 나무나 가지는 10월부터 이듬해 2월까지 벌채 소각
6	소나무굴깍지벌레 (*Lepidosaphes pini*)	• 생태 : 연 2회 발생, 암컷은 잎 기부에 산란, 성충으로 월동 • 특징 : 잎에 기생하여 흡즙, 구엽을 주로 가해하며 그을음병을 유발시켜 수세가 약화됨 • 포식성 천적인 무당벌레류, 풀잠자리류, 거미류 등을 보호
7	소나무가루깍지벌레 (*Crisicoccus pini*)	• 생태 : 연 2회 발생, 약충으로 월동 • 특징 : 몸 둘레에 뾰족하고 가는 센털이 있고 백색의 밀랍가루로 덮여 있음, 2차적으로 그을음병, 피목가지마름병 유발 • 방제 : 포식성 천적인 무당벌레류, 풀잠자리류, 거미류 등을 보호, 피해가지와 줄기를 제거하여 소각, 밀도가 낮거나 발생량이 적을 때는 면장갑이나, 헝겊으로 문질러 죽임
8	미국흰불나방 (*Hyphanria cunea*)	• 생태 : 연 2~3회 발생, 월동생태는 번데기로 수피나 지피물에서 고치에서 월동 • 특징 : 유충 4령까지 군서생활 실을 토하고 잎을 싸고, 잎맥만 남기고 가해 • 방제 : 알, 번데기덩어리가 채취, 군서 유충포살
9	오리나무잎벌레 (*Agelastica coerulea*)	• 생태 : 연 1회 발생, 땅속 지피물 밑에서 성충월동 • 특징 : 유충, 성충이 동시에 잎 아래의 잎부터 식해 • 방제 : 포식성 천적인 무당벌레류, 풀잠자리류, 거미류, 조류 등을 보호, 5~6월에 알 덩어리나 모여 사는 유충이 있는 잎을 채취 소각
10	느티나무벼룩바구미 (*Rhynchaenus sanguinipes*)	• 생태 : 연 1회 발생, 수피에서 성충으로 월동 • 특징 : 잎의 가장자리부터 터널형성, 성충월동, 피해 잎 갈색으로 변함 느티나무, 비술나무 가해 • 방제 : 포식성 천적인 무당벌레류, 풀잠자리류, 거미류 등을 보호, 트랩을 이용하여 포획된 성충을 소각

구분	해충명(학명)	특징
11	매미나방 (집시나방) (*Lymantria dispar*)	• 생태 : 연 1회 발생, 알로(난괴 : 9개월) 월동 • 특징 : 유충기간이 45일~65일이며 기주범위가 넓음 • 방제 : 알덩이 제거, 천적인 벼룩좀벌, 짚시벼룩좀벌, 긴등기생파리, 황다리납작맵시벌 등 활동
12	버즘나무 방패벌레 (*Corythucha ciliata*)	• 생태 : 연 3회 발생, 성충으로 수피에서 월동 • 특징 : 8월 모든 충태(성충, 약충) 동시가해, 기주식물 잎뒷면 군서생활, 황백색 조기낙엽 • 방제 : 포식성 천적인 무당벌레류, 풀잠자리류, 거미류 등을 보호, 피해 잎을 제거하여 소각
13	남포잎벌 (*Caliroa carinata*)	• 생태 : 연 1회 발생, 월동 충태는 번데기로 땅속에서 월동 • 특징 : 신갈나무 만 가해, 굴참나무는 전혀 섭식하지 않음 • 방제 : 기생성 천적인 좀벌류, 맵시벌류, 기생파리류 등을 보호, 유충이 모여서 잎을 가해하므로 피해 잎을 채취하여 소각, 잎맥에 일렬로 산란한 잎을 채취하여 소각
14	황다리독나방 (*Ivela auripes*)	• 생태 : 연 1회 발생, 알(난괴)로 수간에서 월동 • 특징 : 층층나무만 가해하는 단식성, 엽의 주맥을 남기고 모조리 섭식 • 방제 : 황다리독나방기생고치벌 성충을 보호, 포식성 천적인 풀잠자리류, 무당벌레류, 거미류 등을 보호, 수간에서 월동 중인 난괴를 채취하여 소각하거나 문질러 죽임
15	꽃매미 (*Lycorma delicatul*)	• 생태 : 연 1회 발생, 평행으로 배열된 알로 수피에서 월동 • 특징 : 가죽나무, 포도원피해, 중국남부 원산지 외래해충, 성충과 약충이 나무의 즙액을 빨아먹고 그을음병 유발 • 방제 : 포식성 천적인 무당벌레류, 풀잠자리류, 거미류 등을 보호, 기주식물의 줄기에 붙어 있는 알을 제거
16	회양목명나방 (*Glyphodes perspectalis*)	• 생태 : 연 2~3회 발생, 유충으로 월동 • 특징 : 유충이 거미줄을 토하여 잎을 묶고 그 속에서 잎을 식해 • 방제 : 곤충병원성미생물인 Bt균나 다각체 바이러스를 살포, 포식성 천적인 무당벌레류, 풀잠자리류, 거미류 등을 보호, 피해가 심한 가지는 제거하여 소각, 벌레의 밀도가 낮을 때는 손으로 잡아 제거
17	밤나무혹벌 (*Dryocosmus kuriphilus*)	• 생태 : 연 1회 발생, 눈의 조직 내에서 유충으로 월동 • 특징 : 잎눈에 여러개의 알을 낳고 산란기간이 30일 내외로 길며 눈 조직에서 유충으로 월동, 복수 충영 • 방제 : 남색긴꼬리좀벌, 노란꼬리좀벌, 큰다리남색좀벌, 기생파리류, 중국 긴꼬리 좀벌 보호, 봄에 가지에 붙은 충영을 소각
18	오갈피나무이 (*Heterotrioza ukogi*)	• 생태 : 연 2회 발생, 성충으로 월동(월동처 : 이끼) • 특징 : 잎과 줄기에 기생하여 직접적인 흡즙에 의한 피해뿐만 아니라 충영을 형성하여 피해 • 방제 : 오갈피나무이에 기생하는 기생봉을 보호, 피해 잎을 채취하여 소각
19	천막나방(텐트나방) (*Malacosoma neustria*)	• 생태 : 연 1회 발생, 가지에서 알로 월동 • 특징 : 띠(반지)모양의 산란, 수컷 앞날개 두 개의 갈색선 암컷 앞날개 중앙부는 적갈색의 넓은 띠가 있음, 유충은 갈라진 부분데 거미줄로 천막을 치고 살며 낮에는 그 속에서 쉬고 밤에 나와서 잎을 식해 • 방제 : 천적으로는 먹수염납작맵시벌, 독나방살이고치벌, 황다리납작맵시벌, 왕병대벌레, 무늬수중다리좀벌, 긴등기생파리, 겨울에 난괴가 붙어 있는 가지를 채취 소각, 모여 사는 어린유충기에 벌레집을 제거하거나 솜방망이 불로 태워 죽임

구분	해충명(학명)	특징
20	개나리잎벌 (*Apareophora forsythiae*)	• 생태 : 연 1회 발생, 노숙유충으로 흙집을 짓고 월동 • 특징 : 유충은 모여서 개나리 잎만 가해, 성충은 4월에 부화하여 매개엽 조직 속에 1~2열로 산란 • 방제 : 천적조류를 보호 증식, 피해목을 흔들면 유충이 떨어지므로 이것을 잡아 죽임
21	진달래방패벌레 (*Stephanitis pyrioides*)	• 생태 : 연 4~5회 발생, 성충으로 낙엽 지피물 밑에서 월동 • 특징 : 잎 뒷면에 모여 살면서 흡즙 가해, 피해부위에 검은색의 벌레똥과 탈피각이 붙어 있으므로 성충과 약충이 서식하지 않아도 응애 피해와 구별됨 • 방제 : 포식성 천적인 무당벌레류, 풀잠자리류, 거미류 등을 보호, 피해 잎을 제거하여 소각
22	사철나무혹파리 (*Masakimyia pustulae*)	• 생태 : 연 1회 발생, 3령 유충으로 혹 속에서 월동 • 특징 : 유충이 사철나무 잎 뒷면에 울퉁불퉁하게 부풀어 오른 것 같은 벌레혹을 형성 • 방제 : 기생성 천적인 기생봉류와 기생파리류를 보호, 정원수인 경우 피해 잎을 채취하여 소각하거나 땅에 묻음
23	복숭아유리나방 (*Synanthedon bicingulata*)	• 생태 : 연 1회 발생, 줄기나 가지에서 유충으로 월동 • 특징 : 우화 최성기는 8월 초로 벚나무 수간에 수지 및 톱밥 부착, 가해 부위 굵은 배설물과 수액이 흘러나와 겉으로 쉽게 눈에 띰 • 방제 : 봄철에 가해를 시작하기 이전에 벌레똥이나 나무진을 찾아서 철사 등으로 유충을 잡음
24	박쥐나방 (*Endoclyta excrescens*)	• 생태 : 연 1~2회 발생, 토양(지표)에서 알로 월동 • 특징 : 분비물과 나무가루를 실로 철해 들어간 구멍(충공)위에 덮어 놓음, 지제부 가해하며 어린유충은 초목의 줄기 속 식해, 성장 후 수피와 목질부 환상 가해 • 방제 : 껍질을 벗겨내고 살충제 혼용한 백도제 바름, 철사로 포살, 초목류 풀깍기 실시
25	알락하늘소 (*Anoplophora malasiaca*)	• 생태 : 연 1회 발생, 노숙유충으로 목질부 내에서 월동 • 특징 : 아시아지역 분포, 성충 30~35mm에 광택이 있는 검은색, 흰점 15~16개, 은단풍 가해, 종령 유충시기 아래쪽 지제부 형성층 환상으로 식해하며 피해 큼, 톱밥과 같은 부스러기를 밖으로 배출, 성충 수피목질부사이 1개씩 산란 • 방제 : 피해지 비닐 피복하여 우화 성충의 출현 억제, 피해목 가지 채취소각, 철사를 침입공에 넣어 유충 찔러 죽임
26	도토리거위벌레 (*Mecorhis ursulus*)	• 생태 : 연 1회 발생, 노숙유충으로 흙집에서 월동 • 특징 : 7월부터 8월초순경 도토리에 구멍을 뚫고 산란관을 꼿은뒤 도토리 열매 속에 알 하나를 넣고 자신의 주둥이로 도토리가 달린 가지를 통채로 잘라 버림 • 방제 : 성충이 떨어뜨린 구과를 수집, 소각
27	복숭아명나방 (*Dichocrocis punctiferalis*)	• 생태 : 연 2~3회 발생, 중령유충으로 월동 • 특징 : 검은점이 앞날개 20개, 뒷날개 10개 정도 산재, 유충기간 옮겨다니며 여러 개의 과실 가해, 밤가시 식해 시 누렇게 변하고 백색의 실로 매단 쌀알 모양의 배설물 밖으로 배출하며 침엽수, 복숭아등의 과실 가해 • 방제 : 성페르몬 트랩설치, 곤충병원성미생물인 Bt균(Bacillus thuringiensis)이나 다각체바이러스를 살포
28	밤바구미 (*Curculio sikkimensis*)	• 생태 : 연 1회 발생, 노숙유충으로 흙집에서 월동 • 특징 : 최성기는 9월 중 · 하순 • 방제 : 성충이 불빛에 잘 유인되므로 유아등이나 유살등을 이용하여 잡아 죽임
29	솔여섯가시나무좀 (*Ips acuminatus*)	• 생태 : 연 1 회 발생, 성충으로 지제부 수피틈에서 월동 • 특징 : 3~4월 쇠약목에 침입

구분	해충명(학명)	특징
30	아카시잎혹파리 (*Obolodiplosis robiniae*)	• 생태 : 연 5~6회 발생, 9월 하순경 번데기로 월동 • 특징 : 6월 이후 성숙된 잎에서 가해를 할 때는 잎의 가장자리를 부분별로 말아 피해를 주며 피해가 경과되면 흰가루병과 그을음병 유발 • 방제 : 천적으로는 풀잠자리류 유충, 포식성 총채벌레류, 기생파리류, 기생봉류 등을 보호, 피해가 심한 나무는 수종 갱신
31	식나무깍지벌레 (*Pseudaulacaspis cockerelli*)	• 생태 : 연 2회 발생, 암컷성충으로 월동 • 특징 : 가해수종은 식나무 벚나무 쥐똥나무 사철나무 등, 부화 2주 후에 1회 탈피하며 밀납을 분비 하여 암수가 각기 다른 모양의 깍지를 형성, 그늘지고 습한 곳에 많이 발생 • 방제 : 묘목에 의해 전파가 많이 되므로 깍지벌레가 없는 묘목을 심는 것이 가장 중요, 재식거리를 유지하면 공간을 확보
32	줄솜깍지벌레 (*Takahashia japonica*)	• 생태 : 연 1회 발생, 3령충으로 월동 • 특징 : 성충은 4~5월 산란, 원형의 긴 난낭 형성 • 방제 : 발생이 적은 때는 피해가지나 알주머니를 직접 제거하는 것이 효과적이며 대발생 되었을때는 메치온유제 2~3회 살포
33	공깍지벌레 (*Lecanium kunoensis Kuwana*)	• 생태 : 연 1회 발생 종령약충으로 가지에서 월동 • 특징 : 부화약충은 5월 하순~6월 중순 잎 뒷면에 기생 • 방제 : 포식성 천적인 무당벌레류, 풀잠자리류, 거미류, 조류 등을 보호, 피해 받은 가지를 제거, 밀도가 높지 않을 경우는 면장갑을 낀 채로 문질러거나 떼어 냄
34	사철깍지벌레 (*Unaspis euonymi*)	• 생태 : 연 2회 발생, 수정한 암컷 성충으로 월동 • 특징 : 줄기, 가지, 잎에 기생하여 흡즙 가해하고 2차적으로 고약병을 유발 • 방제 : 포식성 천적인 무당벌레류, 풀잠자리류, 거미류 등을 보호, 피해가지와 줄기를 제거하여 소각
35	솔거품벌레 (*Aphrophora flavipes*)	• 생태 : 연 1회 발생. 소나무 조직 속에서 알로 월동 • 특징 : 5월에 약충 출현, 거품모양의 물질을 분비해 항상 거품 안에 숨어 있음 • 방제 : 새가지에서 거품이 발견되면 헝겊 등을 이용해 물리적으로 약충을 포살, 성충은 약충과 달리 민첩하게 날기 때문에 포살하기가 어려움
36	미국선녀벌레 (*Metcalfa pruinosa*)	• 생태 : 연 1회 발생, 나무줄기 틈에서 알로 월동 • 특징 : 흰색의 물질 분비하여 잎, 가지, 열매에 붙음, 바이러스 매개, 그을음병 발생 • 방제 : 생물적 방제법오 약충기생봉인 미국선녀벌레 집게벌이 알려져 있으며 국내 토착 천적으로 무당벌레와 풀잠자리가 약충을 포식
37	솔껍질깍지벌레 (*Matsucoccus thunbergianae*)	• 생태 : 연 1회 발생, 후약충으로 겨울(11월~3월)에 가지에서 흡즙하며 월동 • 특징 : 곰솔(남부, 도서지방)에 발생, 난괴 형태(흰솜),수컷(꼬리있음), 6월부터 4개월 간 하기휴면, 11월~3월에는 발육 왕성, 후약충기 가장 큰 피해 • 방제 : 항공약제살포, 침투성약제(이미타클로프리드) 나무주사, 7~8월에 열세목을 제거
38	외줄면충 (느티나무 외줄진딧물 (*Colopha moriokaensis*)	• 생태 : 연 수회 발생, 수피틈에서 알로 월동 • 특징 : 중간기주가 대나무 • 방제 : 4월 상순부터 아세타미프리드 수화제 2,000배액 또는 디노테퓨란 수화제 1,000배액을 10일 간격으로 3회 이상 살포
39	솔나방 (*Dendrolimus spectabilis*)	• 생태 : 연 1회 발생, 월동은 5령 유충으로 지제부에서 월동 • 특징 : 유충이 잎을 식해, 송충이라고 함. 한 세대 섭식량이 수컷이 약 40m, 암컷이 약 60m 정도 • 방제 : Bt균 살포, 천적인 좀벌류, 맵시벌류, 알좀벌류, 기생파리류등 보호
40	북방수염하늘소 (*Monochamus saltuarius*)	• 생태 : 연 1회 발생, 유충으로 월동, 4월 중순 ~ 5월 하순(5월초 최성기), 성충 몸길이 11~20mm • 특징 : 주로 수세 쇠약목, 고사목에서 발견 • 방제 : 고사목, 피압목 등 서식처 제거, 고사목 철저히 벌채, 소각하거나 톱밥으로 파쇄, 페르몬트랩, 우화후 후식기간 약제 수관 살포, 개미침벌 방사

구분	해충명(학명)	특징
41	솔수염하늘소 (*Monochamus alternatus*)	• 생태 : 연 1회 발생 , 유충으로 월동 • 특징 : 성충 몸길이 18~28mm. 6월 최성기, 고사된 소나무에 산란, 4월경에 번데기 만듦 • 방제 : 고사목, 피압목 등 서식처 제거, 고사목 철저히 벌채, 소각하거나 톱밥으로 파쇄, 페르몬트랩, 우화후 후식기간 약제 수관 살포
42	광릉긴나무좀 (*Platypus koryoensis*)	• 생태 : 연 1회 발생, 노숙유충으로 월동하나 일부는 성충으로 월동 • 형태 – 몸은 원통이고 가늘고 갈색, 암컷은 수컷보다 조금 더 크며, 수컷의 머리에는 점각이 많고 짧은 털이 많이 있으며 중앙에 세로줄 홈이 있음 – 앞가슴등판의 바깥 가장자리가 허리선처럼 오목하고 후반부에 큰 점각이 많이 있음 – 반면에 암컷은 머리에 4개의 줄과 점각의 세로줄 띠가 있으며 앞가슴등판의 뒤쪽에 원형의 함몰된 부분이 있고, 그 중앙에는 6개 내외의 곰팡이 주머니인 균낭(mycangia)이 있음 – 암컷, 수컷 모두 딱지날개는 세로줄과 점각이 밀생하고 끝이 절단된 모양이나, 수컷의 딱지날개 끝부분이 뾰족하게 돌출되어있는 형태적 특징으로 구분 • 생활사 – 봄에 기주식물의 상태 쇠약한 참나무류(주로 신갈나무)를 수컷 성충이 집단으로 공격하여, 침입공을 만든 후 교미하여, 갱도(나무 속 구멍)를 형성하고 그 속에서 번식하며, 이듬해 봄에 갱도에서 새로운 성충으로 우화한 개체들이 새로운 기주식물을 찾아 다시 집단 공격하는 생활사를 가지고 있음 – 광릉긴나무좀은 기주식물로 하는 나무의 목질부를 가해하고, 심재부 속으로 파먹어 들어가기 때문에 목재의 질을 약하게 하고, 피해를 입은 부위에서 5령 유충 또는 성충으로 월동함 – 성충은 5~6월에 모갱(mother gallery, 성충이 산란하기 위해서 뚫어놓는 굴)을 통하여 외부로 탈출하여 새로운 가해수종의 심재부를 식해함 – 나무를 뚫고 들어간 광릉긴나무좀은 구멍 안에서 짝짓기를 하고 알을 낳는데, 이때 암컷의 앞가슴등판에 있는 균낭에 암브로시아균을 운반하여 퍼트림 – 알을 까고 나온 애벌레는 알에서 우화한 유충은 분지공을 만들면서 암컷이 퍼트린 암브로시아균을 먹으며 자라는데, 이때 암브로시아균이 나무의 물관을 막아 말라 죽게 하는 것임 • 특징 : 암컷 등판에 균낭(5–11)으로 감염, 유충은 암브로시아균 섭식, 부화한 유충이 변재부에서 수평갱도 만들고 목분가루 배출 • 피해증상 : 피해를 입은 참나무는 7월 하순부터 빨갛게 시들면서 말라 죽으며 나무줄기에는 매개충이 침입한 구멍(직경 1mm 정도)이 많이 나 있고 침입한 구멍 주위 및 뿌리와 접한 땅 위에는 목재 배출물이 많이 나 있어 육안으로 관찰하기 쉬움. 피해부위를 잘라보면 매개충이 침입한 갱도를 따라 불규칙한 암갈색의 변색부가 형성돼 있고 알코올 냄새가 남 • 방제 : 피해목 벌채, 소각, 끈끈이 양면 롤트랩 설치, 피해목은 길이 1m 잘라 약제처리 1주일 이상, 침입공 약제 주입
43	솔알락명나방 (*Dioryctria abietella*)	• 생태 : 연 1회 발생, 토중에서 노숙유으로 월동하거나 알이나 어린 유충으로 구과에서 월동 • 피해 : 유충은 소나무 구과(잣나무)에 거미줄을 친 뒤 가해 • 방제 : 기생성 천적인 좀벌류, 맵시벌류, 알좀벌류 등을 보호, 구과를 탈각할 때 구과 내부에 들어있는 유충을 모아 잡아 죽임

학명	기주	학명	기주
포플러류 녹병 *Melampsora larici-populina* *M. magnusiana*	이태리포플러 중간기주 낙엽송 중간기주 현호색류	잣나무 털녹병 *Cronartium ribicola*	잣나무 중간기주 송이풀
대추나무 빗자루병 Phytoplasma	대추나무 매개충 모무늬매미충 *Hishimonus sellatus*	오동나무 빗자루병 Phytoplasma	오동나무 매개충 담배장님노린재, 썩덩나무노린재, 오동나무애매미충
소나무 재선충병 *Bursaphelenchus xylophilus*	소나무, 곰솔, 잣나무 매개충 : 솔수염하늘소 *Monochamus alternatus* 북방수염하늘소 *Monochamus saltuarius*	소나무류 송진가지마름병 *Fusarium circinatum* *F. subglutinans*	리기다소나무, 곰솔, 리기테다소나무. 테다소나무, 버지니아소나무, 구주소나무, 방크스소나무
참나무 시들음병 Raffaelea quercus mongolicae	신갈나무, 떡갈나무, 졸참나무, 갈참나무, 상수리나무 등 매개충 : 광릉긴나무좀 *Platypus koryoensis*	아밀라리아 뿌리썩음병 *Amillaria mellea* *A. solidipes(=A. ostoyae)*	침엽수와 활엽수 모두에 가장 큰 피해를 주는 산림병해의 중의 하나
밤나무 줄기마름병 *Cryphonectria parasitica*	미국밤나무, 유럽밤나무 일본, 중국밤나무 저항성	안노섬 뿌리썩음병 *Heterobasidium annosum*	적송과 가문비나무가 매우 감수성인 수종
그루터기썩음병 *Phaseolus schweinitzii*		침엽수 줄기썩음병 *Phellinus pini*	
파이토프토라 뿌리썩음병 *Phytophthora cannamomi* *P. cactorum* 등	기주범위 넓음. 미국의 남동부 지역 적송 묘목과 밤나무, 아보카도	모잘록병 *Pytium spp.* *Rhizoctonia solani*	수종에 관계없이 어린 묘목에 피해
리지나뿌리썩음병 *Rhizina undulata*	소나무류, 전나무류, 가문비나무류, 낙엽송류, 솔송나무 등 침엽수에 발생	자주날개무늬병 *Heterobasidium mompa* *H. purpureum*	주로 활엽수와 침엽수에 모두 발생하는 다범성 병해
흰날개무늬병 *Rosellinia necatrix*	과수원에서 주로 발생	구멍장이버섯속 *Polyporus* sp.	여러종의 뿌리를 침해하는 담자균
줄기밑둥썩음병 아까시흰구멍버섯 아까시재목버섯	아까시나무, 느티나무, 벚나무, 튤립나무 등	영지버섯속에 의한 뿌리썩음병 *Ganoderma lucidum* 잔나비불로초 (*Ganoderma applanatum*)	활엽수와 일부 침엽수의 뿌리와 하부 줄기가 감염
밤나무 잉크병 *Phytophthora katsurae*	밤나무 줄기마름병과 함께 밤나무에 가장 큰 피해를 입히는 병해	밤나무 가지마름병 *Botryosphaeria dothidea*	전 세계적으로 20과 100여속의 수목에 발생하는 다범성 병해(밤나무, 사과나무)
포플러류 줄기마름병 *Valsa sordida Nitschke* (무성세대 : *Cytospora* *chrysosperma*)	이태리포플러	오동나무 줄기마름병(부란병) *Valsa paulowniae* (무성세대 : *Cytospora* *paulowniae*)	오동나무
호두나무 검은돌기가지마름병(흑축지고병) *Melanconis juglandis* *Graves*	호두나무, 가래나무	Netria 궤양병 *Netria galligena Bres*	호두나무, 백양나무, 단풍나무, 자작나무, 느릅나무, 참피나무, 사과나무 등의 활엽수
Hypoxylon 궤양병 *Hypoxylon mammatum*	백양나무	Scleroderris 궤양병 *Gremmeniella abietina*, 동의어 : *Scleroderris lagerbergii*, *Ascocalyx abietina*	소나무, 방크스소나무, 구주소나무

학명	기주	학명	기주
소나무류 피목가지마름병 Cenangium ferruginosum	소나무, 곰솔, 잣나무, 전나무(젓나무), 가문비나무	소나무 가지끝마름병 *Sphaeropsis sapinea* *Diplodia pinea*	소나무류 곰솔, 소나무, 잣나무, 백송, 리기다소나무
낙엽송 가지끝마름병 *Guignardia laricina*	일본잎갈나무, 이깔나무	편백 화백 가지마름병 *Seiridium unicorne*	편백, 로손편백, 화백, 노간주나무 등 측백나무과
잣나무 수지동고병 *Valsa abieties* 무성세대 : *Cytospora abietis*	잣나무	참나무 급사병 *Phytophthora ramorum*	돌참나무류, 참나무류
회색/갈색고약병 *Septobasidium bogoriense*	느티나무, 벚나무, 포플러, 오동나무, 호두나무, 뽕나무, 매실나무 등 다수의 활엽수	벚나무 빗자루병 Taphrina wiesneri	어린 벚나무, 큰 벚나무, 왕벚나무
소나무 잎마름병 *Mycosphaerella gibsonii* *Pseudocercospora* *pini-densiflorae*	곰솔, 적송의 묘목에 주로 발생	삼나무 붉은마름병(적고병) *Passalora sequoiae* =*Cercospora sequoiae*	삼나무와 낙우송 묘목에서 발생
포플러 갈색무늬병(갈반병) *Pseudocercospora salicina*	포플러류, 이태리포플러, 은백양, 황철나무	느티나무 갈색무늬병 (갈반병) *Pseudocercospora zelkovae* *Cercospora zelkovae*	느티나무 묘목에서 주로 발생
벚나무 갈색무늬구멍병 (천공성갈반병) *Mycosphaerella carasella* *Cercospora circumscisssa*	벚나무류	명자꽃 점무늬병(반점병) *Pseudocercospora cydoniae*	명자꽃
무궁화 점무늬병(반점병) *Pseudocercospora* *abelmoschi* *Cercospora abelmoschi*	무궁화	배롱나무 갈색무늬병(갈반병) *Pseudocercospora* *lythracearum* *Cercospora lythracearum*	배롱나무
족제비싸리 점무늬병(반점병) *Passalora passaloroides* *Mycovellosiella* *passaloroides*	족제비싸리	때죽나무 점무늬병(반점병) *Pseudocercospora* *fukuokaensis*	때죽나무
두릅나무 뒷면모무늬병 (각반병) *Pseudocerspora araliae*	두릅나무의 성목에서는 드물게 발생, 어린나무에서는 흔히 발생	쥐똥나무 둥근무늬병 (원형반점병) *Pseudocercospora ligustri*	쥐똥나무
멀구슬나무 갈색무늬병 (갈반병) *Pseudocercospora subsessilis*	멀구슬나무	모과나무 점무늬병(반점병) *Pseudocercosporella* *chaenomelis* *Cercosporella chaenomelis*	모과나무
무궁화 점무늬병(반점병) *Corynespora cassiicola*	무궁화	*Corynespora cassiicola*에 의한 수목병	가중나무, 순비기나무, 황매화
소나무류 갈색무늬잎마름병 (갈반병) *Lecanosticta acicola*	소나무류	포플러류 점무늬잎떨림병 (낙엽병) *Drepanopeziza punctiformis* *Marssonina brunnea*	포플러류
참나무 갈색둥근무늬병 (갈색원성병) Marssonina martinii	참나무류	장미 검은무늬병(흑반병) *Marssonina rosae* *Diplocarpon rosae*	장미를 비롯한 rosae속

학명	기주	학명	기주
Marssonina spp.	호두나무 갈색무늬병 화살나무, 노박덩굴	홍가시나무 점무늬병(반점병) *Entomosporium mespili*	홍가시나무
채진목 점무늬병(반점병) *Entomosporium mespili*	채진목	Entomosporium에 의한 점무늬병	다정큼나무, 비파나무
은행나무 잎마름병(엽고병) *pestalotia ginkgo* Pestalotiopsis속으로 재정리 중	은행나무	삼나무 잎마름병(엽고병) *Pestalotiopsis gladicola*	삼나무
철쭉류 잎마름병(엽고병) *Pestalotiopsis spp*	진달래, 참꽃나무, 철쭉, 산철쭉 등	동백나무 겹둥근무늬병(윤문병) *Pestalotiopsis guepini*	동백나무
호두나무 탄저병 *Collectotrichum kawakamii* *Glomerella cingulata*	호두나무	동백나무 탄저병 Collectotrichum sp	동백나무
개암나무 탄저병 Monostichella coryli	개암나무	버즘나무 탄저병 *Apiognomonia veneta* *Gloeosporidina platani*	버즘나무
두릅나무 더뎅이병(창가병) *Elsinoe araliae* *Sphaceloma araliae*	두릅나무	*Elsinoe*에 의한 더뎅이병	느티나무, 산수유, 으름
자작나무 갈색무늬병(갈반병) *Septoria betulae*	자작나무	오리나무 갈색무늬병(갈반병) *Septoria alni*	오리나무
느티나무 흰별무늬병(백성병) *Sphaerulina abeliceae* *Septoria abeliceae*	느티나무	밤나무 갈색점무늬병(갈점병) *Septoria quercus*	밤나무
가중나무 갈색무늬병(갈반병) Septoria sp.	가중나무	가중나무 겹둥근무늬병(윤문병) *Ascochyta sp*	가중나무
다릅나무 회색무늬병(회반병) *Stagonospora maackiae*	다릅나무	회양목 잎마름병(엽고병) *Dothiorella candollei* *Macrophoma candollei*	회양목
참나무 둥근별무늬병(원성병) *Macrophoma quercicola*	신갈나무등 대부분의 참나무류에서 흔히 발생	참나무 갈색무늬병(갈반병) *Tubakia japonica*	신갈나무 등 참나무류
오동나무 새순무늬병(두창병) *Sphaceloma tsujii*	오동나무	말채나무 점무늬병(반점병) *Sphaerulina cornicola* *Septoria cornicola*	말채나무
가래나무 점무늬병(반점병) *Sphaerulina juglandis*	가래나무	소나무류 잎떨림병(엽진병) *Lophodermium spp*	소나무류
포플러 잎마름병(엽고병) *Septotis populiperda*	포플러류	칠엽수 얼룩무늬병(오반병) *Guignardia aesculi*	가시칠엽수, 일본칠엽수
철쭉류 떡병 *Exobasidium spp.*	철쭉류 진달래류	타르점 무늬병	단풍나무 *Rhytisma acerinum* *R. punctatum* 버드나무류 *R. salicinum* 인동덩굴 *R. lonicericola*

학명	기주	학명	기주
흰가루병(백분병) *Erysiphe* *Phyllactinia* *Podosphaera* *Sawadaea* *Cystotheca*	호두나무(*Erysiphe juglandis*), 오리나무류(*Erysiphe alni, Phyllactinia alni*), 개암나무류(*Erysiphe corylicola*), 밤나무(*Erysiphe castaneogena*), 참나무류(*Erysiphe alphitoides, Cystotheca wrightii*), 매자나무류(*Erysiphe berberidicola*), 벚나무류(*Phodosphaera tridactyla*), 아까시나무(*Erysiphe robiniae*), 가중나무(*Phyllactinia ailanthi*), 옻나무류(*Erysiphe verniciferae*), 물푸레나무류(*Erysiphe fraxinicola, Phyllactinia fraxinicola*), 오동나무류(*Phyllactinia salmonii*) 등이 있다.		
사철나무 흰가루병 *Erysiphe euonymicola*	모감주나무 흰가루병 *Sawadaea koelreuteriae*	목련 흰가루병 *Erysiphe magnoliae* *E. magnoliicola*	쥐똥나무류 흰가루병 *Erysiphe ligustri*
인동 흰가루병 *Erysiphe lonicerae*	장미 흰가루병 *Podosphaera pannosa*	꽃댕강나무 흰가루병 *Erysiphe abeliicola*	양버즘나무 흰가루병 *Erysiphe platani*
단풍나무류 흰가루병 *Erysiphe spp.* *Sawadaea spp.*	단풍나무, 복자기, 복장나무, 네군도단풍, 중국단풍나무	배롱나무 흰가루병 *Erysiphe australiana*	조팝나무류 흰가루병 *Podosphaera spp*
꽃개오동 흰가루병 *Erysiphe elevata*	수국 흰가루병 *Pseudoidium hortensiae*	그을음병(매병) *Meliolaceae* 및 *Capnodiaceae*과	사철나무, 쥐똥나무, 수수꽃다리, 무궁화, 피나무, 배롱나무, 산수유, 버드나무, 느티나무, 동백나무, 대나무류, 등
잣나무 털녹병 *Cronartium ribicola*	잣나무 중간기주 : 송이풀, 깍치밥나무	소나무 혹병 *C. quercuum*	소나무, 곰솔 중간기주 : 졸참나무, 신갈나무 등
소나무 줄기녹병 *C. flaccidum*	소나무, 중간기주 : 모란, 작약, 송이풀	소나무 잎녹병 *Coleosporium asterum*	소나무, 중간기주 : 참취, 쑥부쟁이
소나무 잎녹병 *C. phellodendri*	소나무, 중간기주 : 황벽나무	향나무 녹병 *Gymnosporangium asiaticum*	배나무, 중간기주 : 향나무
포플러 잎녹병 *Melampsora larici-populina*	포플러류, 사시나무 중간기주 : 일본잎갈나무(낙엽송), 댓잎현호색	포플러 잎녹병 *Melampsora magnusiana*	포플러류, 사시나무 중간기주 : 일본잎갈나무, 현호색
산철쭉 잎녹병 *Chrysomyxa rhododendri*	가문비나무(국내미기록) 중간기주 : 산철쭉	전나무 잎녹병 *Uredinopsis komagatakensis*	전나무 중간기주 : 뱀고사리
버드나무 잎녹병 *Melampsora capraearum* *M. larici-capraearum*	호랑버들, 육지꽃버들, 키버들 등의 버드나무류가 기주 중간기주 : 일본–일본잎갈 나무, 국내–미보고	오리나무 잎녹병 *Melampsoridium alni* *M. hirasukanum*	두메오리나무, 오리나무 중간기주 : 외국–일본잎갈 나무, 우리나라–미보고
회화나무 녹병 *Uromyces truncicola*	회화나무, 기주교대 하지 않는 동종기생성	느릅나무 시들음병 Ophistoma novo ulmi	느릅나무 매개충 : 유럽느릅나무 좀
참나무 시들음병 *Raffaelea quercus-mongolicae*	주로 신갈나무 매개충 : *platypus koryoensis*	참나무 시들음병 *Ceratocystis fagacearum*	루브라참나무, 큰떡갈나무 매개충 : nitidulid 나무이
Verticillium 시들음병 *Verticillium dahliae* *V. albo-atrum*	단풍나무, 느릅나무	갈색부후	주로침엽수, 활엽수에서도 나타남

학명	기주	학명	기주
백색부후	주로 활엽수, 침엽수에서도 나타난다	연부후	주로 오랫동안 수침상태로 지하나 바닷물에 잠겨 있다가 발견된 고목재
목재변색 목재의 표면에 주로 서식하는 오염균	*Penicillium, Aspergillus* *Fusarium, Rhizopus* 등	청변균	*Ceratocystis, Graphium* *Ophiostoma, Hypoxylon* *Xylaria, Diplodia* 등
혹병 *Agrobacterium tumefaciens*	배나무, 사과나무, 포도나무, 감나무 등 과수, 밤나무, 호두나무 등 유실수, 포플러, 벚나무 등 녹음수 등 많은 목본식물 초본식물	불마름병 *Erwinia amylovora*	사과나무, 살구나무, 벚나무, 산사나무, 산물푸레나무, 배나무, 감나무, 장미, 호두나무, 등 주로 장미과
잎가마름병 *Xylella fastidiosa*	느릅나무, 뽕나무, 참나무, 양버즘나무 등 조경수 및 녹음수와 포도나무 등 과수	세균성구멍병 *Xanthomonas arboricola*	복숭아나무, 자두나무, 살구나무, 매실나무 등 핵과류
감귤 궤양병 *Xanthomonas axonopodis*	감귤류	파이토플라스마 phytoplasma	뽕나무 오갈병 오동나무 빗자루병 대추나무 빗자루병 붉나무 빗자루병 쥐똥나무 빗자루병 감자 빗자루병
소나무 시들음병 *Bursaphelenchus xylophilus*	소나무, 곰솔, 잣나무	야자나무 시들음병 *Bursaphelenchus cocophilus*	야자나무류
뿌리혹선충 *Meloidogyne*	침엽수와 활엽수 포함 약 1,000여종 주로 밤나무, 아까시나무, 오동나무 등의 활엽수 피해가 심하다	감귤선충 *Tylenchulus semipenetrans*	감귤, 감, 포도, 올리브 등
뿌리썩이선충 *Platylenchus*	삼나무, 편백, 소나무, 일본잎갈나무, 가문비나무, 사과나무, 감나무, 복숭아나무, 두충나무, 장미, 백목련, 무궁화 등	토막(코르크)뿌리병 Dorylaimida 목의 *Xiphinema* 궁침(활)선충속 *Trichodorus, Paratrichodorus*	넓은 기주범위
참선충목(Tylenchida)의 외부기생성 선충	Anguinida과 *Ditylenchus* 나선선충과 (Hoplolaimidae)의 *Hopolaimus, Rotylenchus,* *Helicotylenchus* 침선충과 *Paratylenchus* 등	균근과 관련된 뿌리병	토양식균선충 *Tylenchus, Ditylenchus* *Aphelenchoides,* *Aphelenchus* *Aphelenchoides* spp. *Aphelenchus avenae*
포플러류 모자이크병 *Poplar mosaic virus*	포플러류	장미 모자이크병 *Prunus necrotic ringspot virus* *Apple mosaic virus* 등	장미
벚나무 번개무늬병 *American plum line pattern virus*	왕벚나무를 비롯 많은 벚나무류	겨우살이, 붉은겨우살이, 꼬리겨우살이, 동백겨우살이, 참나무겨우살이	활엽수 및 참나무류
새삼	아까시나무, 싸리나무, 버드나무, 포플러, 오동나무 등	조류	차나무, 커피나무, 카카오나무, 후추나무, 귤나무, 망고나무 등
지의류			

※ 토양평가 기준

- 토양의 화학적 특성 평가항목과 평가기준 : 토양의 화학적 특성에 대한 평가항목과 평가등급별 평가기준은 하단 표를 적용한다.

평가항목		평가등급			
항목	단위	상급	중급	하급	불량
토양산도(pH)	–	6.0~6.5	5.5~6.0 6.5~7.0	4.5~5.5 7.0~8.0	4.5 미만 8.0 이상
전기전도도(E.C.)	dS/m	0.2 미만	0.2~1.0	1.0~1.5	1.5 이상
염기치환용량(C.E.C.)	cmol/kg	20 이상	20~6	6 미만	
전질소량(T–N)	%	0.12 이상	0.12~0.06	0.06 미만	
유효태인산함유량(Avail. P2O5)	mg/kg	200 이상	200~100	100 미만	
치환성 칼륨(K^+)	cmol/kg	3.0 이상	3.0~0.6	0.6 미만	
치환성 칼슘(Ca^{++})	cmol/kg	5.0 이상	5.0~2.5	2.5 미만	
치환성 마그네슘(Mg^{++})	cmol/kg	3.0 이상	3.0~0.6	0.6 미만	
염분농도	%	0.05 미만	0.05~0.2	0.2~0.5	0.5 이상
유기물 함량(O.M.)	%	5.0 이상	5.0~3.0	3.0 미만	

- 토양의 물리적 특성 평가항목과 평가기준 : 토양의 물리적 특성에 대한 평가항목과 평가등급별 평가기준은 하단 표를 적용한다.

평가항목		평가등급			
항목	단위	상급	중급	하급	불량
입도분석(토성)[1]	–	양토(L) 사질양토(SL)	사질식양토(SCL) 미사질양토(SiL)	양질사토(LS) 식양토(CL) 사질식토(SC) 미사질식양토(SiCL) 미사토(Silt)	사토(S) 식토(C) 미사식토(SiC)
투수성[2]	m/s	10^{-5} 이상	10^{-5}~10^{-6}	10^{-6}~10^{-7}	10^{-7} 미만
공극률	m^3/m^3	0.6 이상	0.6~0.5	0.5~0.4	0.4 미만
유효수분량[3]	m^3/m^3	0.12 이상	0.12~0.08	0.08~0.04	0.04 미만
토양경도[4]	mm	21 미만	21~24	24~27	27 이상

주 1) 토성은 USDA법(삼각도표법에 의한 토성구분)에 따른다.
2) 투수성은 포화투수계수를 기준으로 한다.
3) 유효수분량은 체적함수율을 기준으로 한다.
4) 토양경도는 산중식(山中式)을 기준으로 한다.

참고문헌

- 신고 수목병리학 [향문사] 이종규, 차병진, 신현동, 나용준 외
- 수목생리학 [서울대출판문화원] 이경준
- 수목해충학 [향문사] 홍기정, 김철응, 권건형, 이광재, 문희종, 문성철, 우건석
- 토양학 [향문사] 김계훈 외
- 신해충도감 [국립산림과학원]
- 식물의학 [방송통신대학교 출판사] 최재을 외
- 수목의학 [서울대출판문화원] 이경준
- 식물보호(산업)기사 [부민사]
- 삼고 산림보호학 [향문사] 김종국 외
- 삼고 재배학원론 [향문사] 채제천 외
- 생활권 수목 병해도감 [국립산림과학원]
- 생활권 수목 해충도감 [국립산림과학원]
- 조경수 식재관리기술 [서울대출판문화원] 이경준, 이승제

■ 산림보호법 시행규칙[별지 제10호의18서식] <개정 2023. 6. 26.>

처 방 전

※ [ ]에는 해당되는 곳에 √표를 합니다.

진료 일자	년 월 일	[ ]소유자	성명	
유효기간		[ ]관리자	전화번호	

수목의 표시	소 재 지		수목의 종류			
	본수 또는 식재면적		식재연도 또는 수목의 나이			
	수목의 높이		흉고직경			
생육환경	햇빛 조건					
	토양 견밀도		토양 산도		토양 습도	
	관리사항 및 기타					
수목의 상태	잎					
	줄기 및 수간					
	뿌리					
진 단						
처방	※ 농약을 처방한 경우에는 농약의 명칭 · 용법 · 용량 및 처방일수를 기재해야 합니다.					

발급 일자: 년 월 일

나무병원 명칭: (나무병원 등록번호: 제 호)

나무병원 주소: (전화번호:)

나무의사 성명: (서명 또는 인) (나무의사 자격번호: 제 호)

나무의사 자격시험 2차 시험
답안지 작성 예시

- 본 예시는 2차 시험 수험자 편의를 위하여 자주하는 질문을 바탕으로 작성되었습니다. 여러 상황을 가정하여 작성된 단순 예시이며 모범 예시가 아니니 수험 편의 목적으로만 참고하시기 바랍니다.
- 실제 시험에 응시할 때에는 반드시 답안지에 안내되어 있는 **'답안 작성시 유의사항'에 근거하여 작성**하여야 합니다.
- 답안을 작성할 때에는 **지워지지 않는 검은색 펜**만 사용하여 작성해야 합니다. 연필, 샤프, 유색 필기구를 사용하여 작성한 문제의 답안은 0점 처리됩니다.
- 답안 수정 시 일부 삭제는 해당 부분에 두줄(=)을 긋고, 답안 전체 삭제는 크게 엑스(X)표시하고 다시 작성하여야 합니다.
- 답안지 예시는 본 누리집의 고객센터 탭에 별도로 공지되어 있습니다. (제목: 나무의사 자격시험 답안지 예시)

Kofpi 한국임업진흥원
Korea Forestry Promotion Institute

제0회 나무의사 자격시험 2차 시험 답안지

답안지 작성시 유의사항

1. 답안지는 표지 및 연습지를 제외하고 총 10면이며, 교부받는 즉시 면수와 순서 등 정상여부를 반드시 확인하고 **1매라도 분리하거나 훼손하여서는 안됩니다.**
2. 답안지 표지 앞면의 **굵은 선 안에 수험번호 8자리, 성명을 빠짐없이 정확하게 기재**하여야 합니다.
3. 수험자 인적사항 및 답안작성은 **지워지지 않는 검은색 펜만을 계속 사용**하여 작성하여야 하며, 지정된 필기구를 사용하지 아니하여 채점되지 않는 불이익은 수험자 책임입니다.
4. 문제번호와 문제를 간단히 기재(요약)하고 해당 답안을 기재하여야 합니다.(답안지에 문제 번호가 주어지는 등 별도의 지시사항이 있는 경우는 예외)
5. 요구한 문제수 보다 많은 문제를 답하는 경우 기재 순으로 요구한 문제수까지 채점하고 나머지 문제는 채점대상에서 제외됩니다.
6. 답안 작성 시 답안지 양면의 페이지 순으로 작성하시기 바랍니다.
7. 답안 정정시에는 두줄(=)을 긋고 다시 기재하여야 하며, 수정테이프·수정액 등을 사용할 경우 채점상의 불이익을 받을 수 있으므로 사용하지 마시기 바랍니다.
8. 기 작성한 문항 전체를 삭제하고자 할 경우 반드시 해당 문항의 답안 전체에 명확하게 ×표시(×표시 한 문항은 채점대상에서 제외) 하시기 바랍니다.
9. 수험자는 시험시간이 종료되면 즉시 답안 작성을 멈춰야 하며, 종료시간 이후 계속 답안을 작성하거나 감독위원의 **답안지 제출지시에 불응할 때**에는 규정에 따라 해당 과목 **0점 처리 또는 해당 시험이 무효**처리 될 수 있습니다.
10. 각 문제의 답안 작성이 끝나면 바로 옆에 "**끝**"이라고 쓰고, 최종 답안 작성이 끝나면 줄을 바꾸어 중앙에 **"이하여백"** 이라고 써야 합니다.
11. **다음 각호에 1개라도 해당되는 경우 답안지 전체 혹은 해당 문항이 0점 처리 됩니다.**

답안지 전체 0점 처리	가. 인적사항 기재란 이외의 곳에 성명 또는 수험번호를 기재한 경우 나. 답안지(연습지 포함)에 답안과 관련 없는 특수한 표시를 하거나 특정인임을 암시하는 경우
해당 문항 0점 처리	가. 지워지는 펜, 연필류, 유색 필기류, 2가지 이상 혼합사용 등으로 작성한 경우

삭제

(기재하지 말것)	교시	과 목
	1교시	수목 및 병충해의 분류, 약제처리와 외과수술

기재하지 말 것

감독 확인란	

(기재하지 말것)	교시	과 목
	1교시	수목 및 병충해의 분류, 약제처리와 외과수술

제0회 나무의사 자격시험 2차 시험 답안지

수험번호	00601111	성명	홍길동

답안지 하단, 수험번호 8자리 및 성명 반드시 기재

[연습지]

※ 연습지에 성명 또는 수험번호를 기재하지 마십시오.
※ 연습지에 기재한 사항은 채점하지 않으나 분리하거나 훼손하면 안됩니다.

성명 또는 수험번호 기재하거나 특정인임을 암시하는 경우, 답안지 전체 0점 처리되오니 유의하시기 바랍니다.

[답안 작성 변경사항]

① 답안 작성이 끝나고 "끝" 이라는 문구를 기재하지 않아도 됩니다.

② 다만, 1·2교시 최종 답안 작성이 끝나면 줄을 바꾸어 중앙에 "이하여백"이라고 써야 합니다.

1교시 실기시험(수목 및 병충해 분류) 답안지 작성 예시

① 답안 작성이 끝나고 "끝 " 이라는 문구를 기재하지 않아도 됩니다.

개정 이전(기존)

번호 [작성 일반]

1. 복숭아명나방 끝.

답안 작성이 끝나면 (끝) 이라고 기재

2. 소나무 끝.

1번 문제에 대한 답은 1번에만 기재를 하고,
2번 문제에 대한 답은 2번에만 기재를 하고,
⋮
N번 문제에 대한 답은 N번에만 기재하시기 바랍니다.

개정 이후(변경)

번호 [작성 일반]

1. 복숭아명나방

답안 작성이 끝나면 "끝" 없이 답만 기재

2. 소나무

1번 문제에 대한 답은 "끝"없이 1번에만 기재를 하고,
2번 문제에 대한 답은 "끝"없이 2번에만 기재를 하고,
⋮
N번 문제에 대한 답은 "끝"없이 N번에만 기재하시기 바랍니다.

1교시 실기시험(수목 및 병충해 분류)
답안지 작성 예시

① 답안 작성이 끝나고 "끝" 이라는 문구를 기재하지 않아도 됩니다.
② 문제번호 기재 순으로 요구한 문제번호에 맞게 답안을 작성하시기 바랍니다. (문제번호가 없는 곳에 답을 작성한 경우 채점하지 않습니다.)
③ 문제 작성이 불필요하오니 답만 작성하시기 바랍니다.

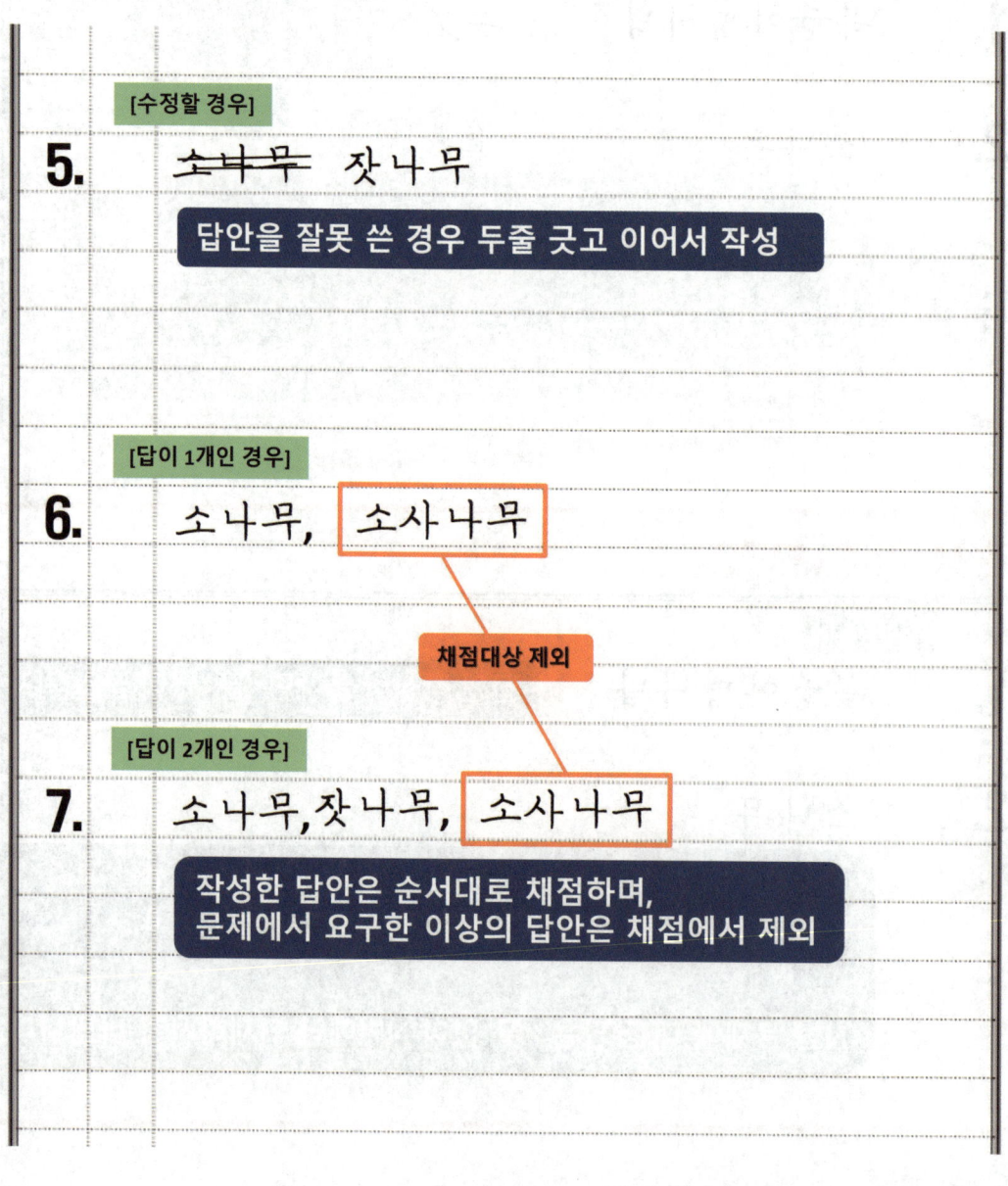

[수정할 경우]

5. ~~소나무~~ 잣나무

답안을 잘못 쓴 경우 두줄 긋고 이어서 작성

[답이 1개인 경우]

6. 소나무, 소사나무

채점대상 제외

[답이 2개인 경우]

7. 소나무,잣나무, 소사나무

작성한 답안은 순서대로 채점하며,
문제에서 요구한 이상의 답안은 채점에서 제외

1교시 실기시험[약제처리와 외과수술]
답안지 작성 예시

① 답안 작성이 끝나고 "끝" 이라는 문구를 기재하지 않아도 됩니다.
② 다만, [약제처리와 외과수술] 과목의 1교시 최종 답안 작성이 끝나면 줄을 바꾸어 중앙에 "이하여백" 이라고 써야 합니다.
③ 답안은 1권 내에 작성하는 것이 원칙이나 부득이하게 추가 답안지를 사용한 경우, 문제에 대한 답은 추가 답안지의 해당 번호에 정확히 기재 하여야 하며 오기재로 인한 불이익은 수험자 본인에게 책임이 있습니다.

번호	
	[전체 수정할 경우]
33.	~~애국가 4절 가사~~
	~~이 기상과 이 마음으로 충성을 다하여 괴로우나~~
	~~즐거우나 나라 사랑하세~~
	동해물과 백두산이 마르고 닳도록 하느님이 보우
	하사 우리나라 만세 무궁화 삼천리 화려 강산
	답안 전체를 삭제하고자 할 경우, 크게 X 표시 후 해당 번호에 이어서 작성
	이하여백
	모든 문제의 답안 작성이 끝난 경우, 마지막 문제 답안 하단에 줄을 바꿔 (이하여백)이라고 기재

2교시 서술형 필기(피해진단 및 처방)
답안지 작성 예시

① 답안 작성이 끝나고 "끝" 이라는 문구를 기재하지 않아도 됩니다.

번호

[작성 일반]

1 애국가 1절 가사 — 문제 요약 기재

왼쪽 선 안쪽으로 문제 번호를 크고 명확하게 기재

동해물과 백두산이 마르고 닳도록 하느님이 보우하사 우리나라 만세 무궁화 삼천리 화려 강산
대한 사람 대한으로 길이 보전하세

[일부 수정할 경우]

2 애국가 2절 가사

남산 위에 저 소나무 철갑을 두른 듯 바람 ~~소리~~ 서리
불변함은 우리 기상일세 무궁화 삼천리 화려 강산
대한 사람 대한으로 길이 ~~보존~~ 보전하세

답안을 잘못 쓴 경우 두줄 긋고 이어서 작성

문제 사이 줄 바꾸기

[소문제가 출제될 경우]

3 -1 애국가 3절 가사

소문제 번호도 함께 기재

가을 하늘 공활한데 높고 구름 없이 밝은
달은 우리 가슴 일편단심일세

3 -2 애국가 3절 가사

무궁화 삼천리 화려 강산
대한 사람 대한으로 길이 보전하세

① 답안 작성이 끝나고 "끝" 이라는 문구를 기재하지 않아도 됩니다.
② 다만, [수목 피해진단 및 처방] 과목의 2교시 최종 답안 작성이 끝나면 줄을 바꾸어 중앙에 "이하여백" 이라고 써야 합니다.

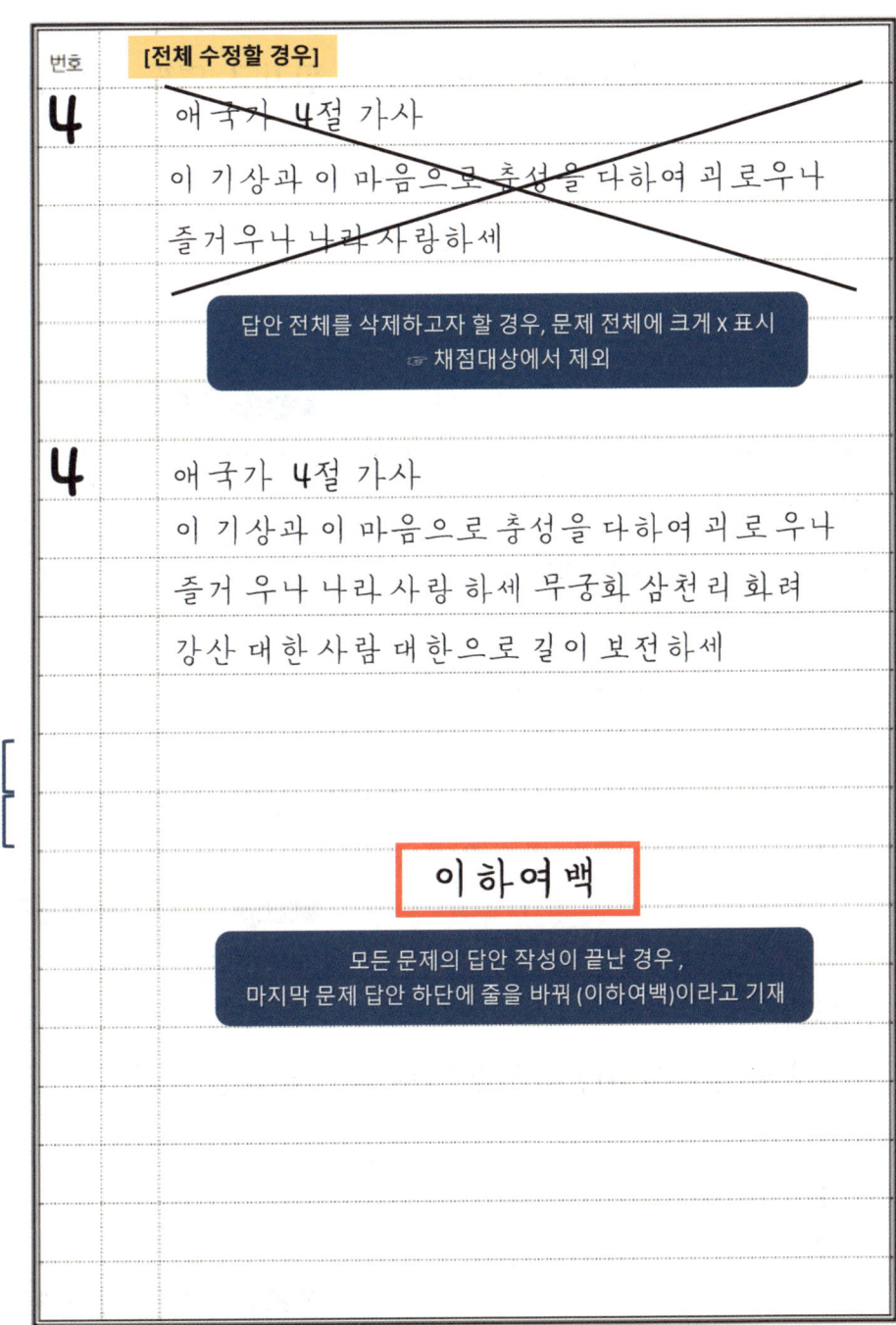

번호	[전체 수정할 경우]
4	~~애국가 4절 가사~~
	~~이 기상과 이 마음으로 충성을 다하여 괴로우나~~
	~~즐거우나 나라 사랑하세~~
	답안 전체를 삭제하고자 할 경우, 문제 전체에 크게 x 표시 ☞ 채점대상에서 제외
4	애국가 4절 가사
	이 기상과 이 마음으로 충성을 다하여 괴로우나
	즐거우나 나라 사랑하세 무궁화 삼천리 화려
	강산 대한 사람 대한으로 길이 보전하세
	이하여백
	모든 문제의 답안 작성이 끝난 경우, 마지막 문제 답안 하단에 줄을 바꿔 (이하여백)이라고 기재

모든 답안 작성 후 줄 바꾸기

수험자가 꼭! 알아야 할

채점 대상 제외 예시

[예시1]

지워지지 않는 검은색 펜 이외에 유색 필기구, 연필, 사프 등을 사용

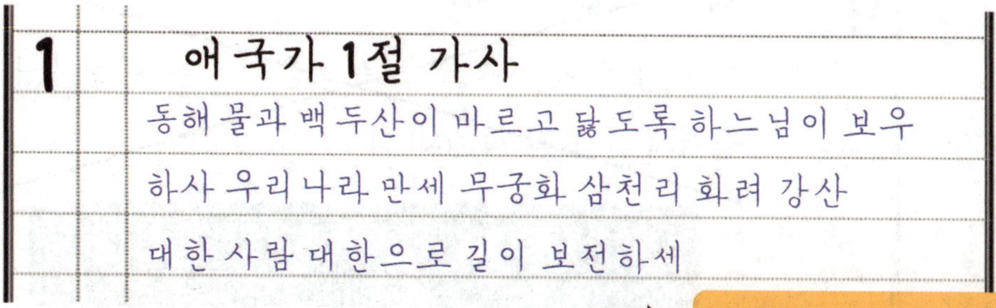
1
애국가 1절 가사
동해물과 백두산이 마르고 닳도록 하느님이 보우
하사 우리나라 만세 무궁화 삼천리 화려 강산
대한 사람 대한으로 길이 보전하세

→ **해당 문제 0점 처리**

[예시2]

수정테이프 · 수정액 등 안내된 수정 방법 외의 방법으로 수정

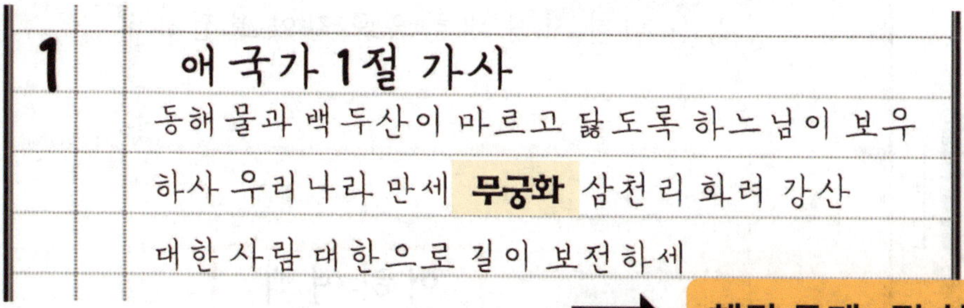
1
애국가 1절 가사
동해물과 백두산이 마르고 닳도록 하느님이 보우
하사 우리나라 만세 무궁화 삼천리 화려 강산
대한 사람 대한으로 길이 보전하세

→ **해당 문제 0점 처리**

[예시3]

특정인을 암시하거나 답안과 관련 없는 특수한 표시

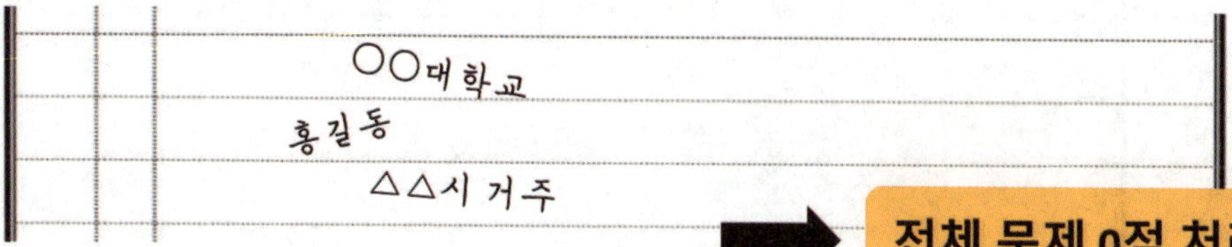

→ **전체 문제 0점 처리**

[연습지]

※ 연습지에 성명 및 수험번호를 기재하지 마십시오.
※ 연습지에 기재한 사항은 채점하지 않으나 분리하거나 훼손하면 안됩니다.

수험번호

성명

감독확인란

번호		

Tree Doctor

나무의사

[필기+실기 통합본]

Tree Doctor
나무의사
[필기+실기 통합본]

Tree Doctor

나무의사
[필기+실기 통합본]

2026 나무의사 필기+실기 통합본

초판발행 2020년 12월 15일
개정6판1쇄 2025년 09월 10일

편 저 윤준원
발 행 인 정용수
발 행 처 (주)예문아카이브
주 소 경기도 파주시 광인사길 79 4층(문발동)
T E L 031) 955 – 0550
F A X 031) 955 – 0660

등록번호 제2016 – 000240호

정 가 40,000원

홈페이지 http://www.yeamoonedu.com

ISBN 979-11-6386-503-2 [13520]

2026

나무의사 실기

1차 · 2차 통합본

내가 뽑은 1 원픽!

최신 출제경향에 맞춘 최고의 수험서

www.yeamoonedu.com